Kleinlogel/Haselbach **Rahmenformeln**

17. Auflage

Ernst & Sohn

Kleinlogel/Haselbach

Rahmenformeln

17. Auflage

Gebrauchsfertige Formeln für alle
statischen Größen zu allen praktisch
vorkommenden Einfeld-Rahmenformen
aus Stahlbeton, Stahl oder Holz

Ernst & Sohn

Prof. Dipl.-Ing. Werner Haselbach
Wachtelweg 86
64291 Darmstadt

Dieses Buch enthält 103 Rahmenformen mit 1609 Abbildungen. Mit Fällen allgemeiner und bestimmter Belastung einschließlich Wärmeänderung, nebst Einleitung und Anhang mit Belastungsgliedern und Anwendungsbeispielen.

Die Deutsche Bibliothek – CIP-Einheitsaufnahme

Kleinlogel, Adolf:
Rahmenformeln: gebrauchsfertige Formeln für alle statistischen Größen zu allen praktisch vorkommenden Einfeld-Rahmenformen aus Stahlbeton, Stahl oder Holz / Kleinlogel; Haselbach. – 17. Aufl. / von Werner Haselbach. – Berlin: Ernst, 1993
  ISBN 3-433-01271-7
NE: Haselbach, Arthur:; Haselbach, Werner [Bearb.]; HST

© 1993 Ernst & Sohn Verlag für Architektur und technische Wissenschaften GmbH, Berlin

Ernst & Sohn ist ein Unternehmen der VCH Verlagsgruppe
Ernst & Sohn is a member of the VCH Publishing Group

Alle Rechte, insbesondere die der Übersetzung in andere Sprachen vorbehalten. Kein Teil dieses Buches darf ohne schriftliche Genehmigung des Verlages in irgendeiner Form – durch Fotokopie, Mikrofilm oder irgendein anderes Verfahren – reproduziert oder in eine von Maschinen, insbesondere von Datenverarbeitungsmaschinen, verwendbare Sprache übertragen oder übersetzt werden.

All rights reserved (including those of translation into other languages). No part of this book may be reproduced in any form – by photoprint, microfilm, or any other means – nor transmitted or translated into a machine language without written permission from the publisher.

Die Wiedergabe von Warenbezeichnungen, Handelsnamen oder sonstigen Kennzeichen in diesem Buch berechtigt nicht zu der Annahme, daß diese von jedermann frei benutzt werden dürfen. Vielmehr kann es sich auch dann um eingetragene Warenzeichen oder sonstige gesetzlich geschützte Kennzeichen handeln, wenn sie als solche nicht eigens markiert sind.

Satz und Druck: Druckhaus Thamhayn GmbH, Gräfenhainichen
Bindung: Leipziger Großbuchbinderei GmbH, Leipzig

Printed in Germany

Vorwort zur siebzehnten Auflage

Nach dem Erscheinen der sechzehnten Auflage ist der Verfasser von vielen Anwendern angeregt worden, das Werk unter dem Aspekt der heute üblichen computergestützten Berechnungsverfahren zu überarbeiten. Trotz der vorhandenen Software für Stabtragwerke bleibt das Buch vielen Bauingenieuren eine willkommene und sichere Hilfe, sei es bei Überschlagsrechnungen etwa für Vordimensionierungen oder Kontrollen, sei es bei endgültigen Berechnungen. Wie bereits im Vorwort zur sechzehnten Auflage erwähnt, dienen die Rahmenformeln manchem auch als Quelle zur Algorithmierung eigener Programme für Kleincomputer.

Die vorliegende neubearbeitete Auflage möchte zwei Anliegen verbinden: dem durch die allgemeine Entwicklung entstandenen veränderten Verhalten der Benutzer entgegenkommen und den bisherigen Verwendungszweck möglichst nicht einschränken. Es sollen vielmehr zusätzliche Anwendungsmöglichkeiten geboten werden. Bei Gelegenheit der Neubearbeitung sind auch die nach DIN 1080 geänderten Bezeichnungen – soweit notwendig und sinnvoll – berücksichtigt.

Einem vielfach geäußerten Wunsch aus der Praxis entsprechend sind bei einigen häufig vorkommenden Rahmenformen die Fälle mit speziellen Belastungen vermehrt. Insgesamt kommen 55 solche Rahmenfälle hinzu, sodaß wieder der Höchststand von früheren Auflagen erreicht ist. Dies soll der Vereinfachung der Handrechnung bei Standard-Lastfällen dienen. Um auch die Möglichkeiten zur Berechnung allgemeiner Lastfälle von Hand zu verbessern, ist die Formelsammlung der Belastungsglieder im Anhang von 19 auf 32 Lastfälle erweitert.

Die heutige Normung verlangt von der Praxis häufiger die Anwendung der Theorie II. Ordnung. Um nun dem Benutzer der **„Rahmenformeln"** die Möglichkeit zur überschlägigen oder genaueren Bestimmung von Schnittgrößen nach Theorie II. Ordnung – z. B. mit dem ΔH-Verfahren – zu geben, werden bei den Lastfällen der wichtigsten Rahmenformen mit waagrechtem Riegel Formeln für die horizontale Auslenkung des Riegels (EIu_B) zusätzlich angegeben. Einige weitere Hinweise und ein Anwendungsbeispiel findet der Benutzer im Anhang, Abschnitt 6.

Die meisten Stützenfüße können exakt weder als fest eingespannt noch als frei drehbar betrachtet werden. Mit der Annahme einer Drehfeder oder einer elastischen Einspannung kann man den Einfluß der wirklichen Verhältnisse am Stielfuß auf die Rahmenschnittgrößen genauer erfassen. Deshalb werden die häufig vorkommenden neuen Rahmenformen 1, 2, 5, 28 und 77 mit elastischer Fußeinspannung eingefügt. Dabei wird die Größe ε, die Momentenfortleitungszahl des Endstabes, als Ersatz für die Federkonstante verwendet. Bei den einfachen zweistäbigen Rahmenformen 1 und 5 erschien es als ausreichend, nur die Formeln mit ε anzugeben; es wird auf die speziellen Formeln für gelenkige Lagerung und feste Einspannung verzichtet. Dagegen werden bei den beiden wichtigen Rahmenformen 28 und 77 zur leichteren Benutzung auch die alten Formelsätze (gelenkige Lagerung 29 und 78; feste Einspannung 30 und 81) beibehalten. Bei allen neuen Rahmenformen mit ε wird diese Größe als bekannt vorausgesetzt. Der Benutzer kann sie schätzen (z. B. $\varepsilon = 0,25$ für „halbe Einspannung") oder berechnen. Als Hilfen hierzu sind im Anhang in einem neuen Abschnitt – neben praktischen Hinweisen – die Zusammenhänge zwischen Bodenwerten und Fundamentabmessungen einerseits und der Drehfederkonstanten andererseits; sowie zwischen der Drehfederkonstanten, der Biegesteifigkeit des Endstabes und der Momentenfortleitungszahl ε dargestellt.

Verlag und Autor entschlossen sich dazu, die **„Rahmenformeln"** trotz der bis hierhin beschriebenen Erweiterungen in *einem* Band erscheinen zu lassen. Einige Kürzungen sind nicht zu vermeiden. Zunächst einmal entfallen die sehr speziellen Rahmenformen 64 und 65 (12. bis 16. Auflage). Außerdem erscheint es vertretbar, eine ganze Reihe von zweistäbigen Rahmenformen zu streichen, die in einfacher Weise als Durchlaufträger, etwa nach dem Festpunktverfahren berechnet werden können. Dies sind die Rahmenformen 1–4, 7–14 und 26–28 (12. bis 16. Auflage). Die weggefallenen Rahmenformen 1 bis 4 können zudem als Spezialfälle der elastischen Einspannung mit der neuen Rahmenform 1 berechnet werden, ebenso die alten Formen 7 und 8 mit der neuen Form 5. Schließlich wird mit Rücksicht auf die anderen entfallenen zweistäbigen Rahmenformen eine neue Rahmenform 6 eingeführt.

Die Belastungsglieder sind jetzt durchweg mit L und R bezeichnet, die statischen Momente der Lastresultierenden mit S_r und S_l usw. Die senkrechte Lastresultierende ist nicht mehr S sondern jetzt F. Im Abschnitt „Belastungsglieder" des Anhangs sind diese neuen Bezeichnungen in einer Tabelle den früheren gegenübergestellt. Damit ist für die 17. Auflage der **„Rahmenformeln"** sichergestellt, daß bei der Anwendung allgemeiner Lastfälle nach wie vor auf die vorhandene 9. Auflage der **„Belastungsglieder"** mit der alten Bezeichnungsweise zurückgegriffen werden kann.

Die Flächenmomente 2. Grades (Trägheitsmomente) sind mit I (anstatt J) bezeichnet. Der Wärmedehnkoeffizient heißt nun α_t, die Zugbandfläche A_z (vorher α_T bzw. F_z).

Die Vorzeichenregelung der Schnittgrößen entspricht nicht der DIN 1080 Teil 1. Für die Biegemomente wird die Faserregel beibehalten. Dies ist aus Gründen der Übersichtlichkeit vertretbar, zumal es sich um ebene Rahmen handelt und keine dreistäbigen, biegesteifen Knoten vorkommen. In der Einleitung wird auf die Vorzeichenregelungen für M, N und Q genauer eingegangen.

Allen Kollegen aus der Praxis, die mir schriftlich oder in Gesprächen nützliche Anregungen und Hilfen für die vorliegende Neubearbeitung gegeben haben, möchte ich danken, besonders Herrn J. Gut, Küsnacht (Zürich), Herrn A. Schmidt, Darmstadt und Herrn M. Thomsing, Darmstadt sowie seinen Mitarbeitern. Dem Verlag danke ich dafür, daß die oben beschriebenen sehr umfangreichen Änderungen in zwar mühevoller, aber reibungsloser Zusammenarbeit durchgeführt werden konnten.

Darmstadt, im Juli 1993					Werner Haselbach

Vorwort zur sechzehnten Auflage

Das vorliegende Buch erscheint nun in einer weitgehend stabilisierten Form, was seinen Umfang, seinen Inhalt und seine Gliederung betrifft.

Dies ist nicht zuletzt dem langjährigen regen Gedanken- und Erfahrungsaustausch zwischen den Benutzern des Buches und dem Herausgeber zu verdanken. Verfasser und Verlag wünschen, daß dieser Kontakt nicht abreißen möge.

Zum *Umfang* des Buches sei aus den Vorworten der ersten Auflagen zitiert: Schon bei der *ersten* Auflage (1914) hatte es sich gezeigt, daß die Herausgabe des Buches einem wirklichen Bedürfnis entsprochen hatte. Die sofort nach dem Kriege fertiggestellte *zweite* Auflage (1919) zeigte gegenüber der ersten eine Vermehrung um 58 Rahmenfälle. Eine wesentliche Ausdehnung war bei der *dritten* Auflage (1921) noch nicht in dem gewünschten Ausmaß möglich. Erst bei der *vierten* Auflage (1923) war es dank des weitgehenden Entgegenkommens des Verlages möglich geworden, die von den verschiedensten Seiten gewünschte wesentliche Erweiterung des Buches vorzunehmen.

Rahmenfälle hießen damals spezielle Lastfälle eines bestimmten Rahmens.

Seit der *sechsten* Auflage (1929) besteht die Gliederung in einzelne „Rahmenformen", für die jeweils allgemeine Lastfälle durch die **„Belastungsglieder"**, Einflußliniengleichungen und wenige zusätzliche spezielle Lastfälle geboten waren. Aufgrund der oben erwähnten Anregungen aus der Praxis wurde seit der *achten* Auflage (1939) bis zur *vierzehnten* Auflage (1967) die Anzahl der speziellen, häufiger gebrauchten Lastfälle wichtiger Rahmenformen stark vergrößert. Hierzu aus dem Vorwort zur vierzehnten Auflage:

Das vorliegende Buch dient dem Ingenieur der Praxis als Formelsammlung, aus der er die gerade benötigten Rahmen-Lastfälle möglichst schnell, sicher und bequem entnehmen kann. Wie aus vielen Zuschriften hervorgeht, und in Vorworten zu früheren Auflagen bereits besprochen wurde, sind fertige Formeln für ganz bestimmte Lastfälle zu diesem Zweck am besten. Aus leicht ersichtlichen Gründen können jedoch bei der großen Anzahl der gebotenen Rahmenformen nur besonders oft vorkommende Lastfälle direkt gebracht werden. Bei der jetzigen Überarbeitung habe ich die Anzahl der Lastfälle für die wichtigen Rahmenformen 39, 41, 44, 109 und 110 von insgesamt 43 auf 70 erhöht. Zusätzlich sichern die Lastfälle „Beliebige Belastung" für alle Rahmenformen in Verbindung mit den **„Belastungsgliedern"** die allgemeine Verwendbarkeit des Buches.

Weitere Möglichkeiten für den Benutzer sind zum Beispiel die symmetrischen und antimetrischen Lastfälle als Grundlagen zum B.-U.-Verfahren, die von der *zwölften* Auflage (1957) an vorliegen:

Bei allen *symmetrischen* Rahmenformen (das sind 32 Formen) wurden außer den Fällen symmetrischer Lastanordnung durchweg auch *Fälle antimetrischer Lastanordnung* hinzugenommen. Hierdurch hat der Benutzer die Möglichkeit, nach Belieben sich selbst unsymmetrische Lastfälle nach dem Belastungs-Umordnungs-Verfahren (B.-U.-Verf.) bilden zu können.

Die *Einleitung* und der *Anhang* des Werkes waren in früheren Auflagen viel umfangreicher als heute. In der vorliegenden Auflage sind nur die Grundlagen, Anwendungsregeln und einige wenige Belastungsglieder sowie Anwendungsbeispiele über Momentenangriffe, Einflußlinien und Wärmeänderung abgedruckt. Früher waren außerdem längere Abschnitte über die eigentlichen Belastungsglieder und die ω-Zahlen in der Einleitung enthalten. Diese Abschnitte sind in das selbständige Buch „**Belastungsglieder**" eingefügt worden, mit dessen Hilfe nun alle dort vorgegebenen Lastfälle für die Tragwerke berechnet werden können, die in den vorliegenden „**Rahmenformeln**" – und in den anderen *Kleinlogel*schen Formelbüchern – vorkommen.

Da der Formelaufbau durchweg den Abläufen für eine EDV-Programmierung entspricht, hat sich durch die weite Verbreitung programmierbarer Taschenrechner ein zusätzlicher Verwendungszweck der „**Rahmenformeln**" ergeben.

Darmstadt, im Februar 1979
Werner Haselbach

Inhaltsverzeichnis

Einleitung

Seite

1. Gliederung und Aufbau des Werkes XVII
2. Einiges über den Formelaufbau XVIII
3. Die wichtigsten Bezeichnungen XVIII
4. Vorzeichenregeln XX
5. Rechnerische Voraussetzungen XXI
6. Beliebige Stabbelastungen XXII
7. Windlast XXII

	Rahmenform 1 Seite 1 bis 6		Rahmenform 7 Seite 20 bis 25
	Rahmenform 2 Seite 7 bis 9		Rahmenform 8 Seite 26 bis 29
	Rahmenform 3 Seite 10 bis 12		Rahmenform 9 Seite 30 bis 40
	Rahmenform 4 Seite 13 bis 15		Rahmenform 10 Seite 41 bis 50
	Rahmenform 5 Seite 16 bis 18		Rahmenform 11 Seite 51 bis 55
	Rahmenform 6 Seite 19		Rahmenform 12 Seite 56 bis 66

	Rahmenform 13 Seite 67 bis 73		**Rahmenform 21** Seite 98 und 99
	Rahmenform 14 Seite 74 bis 78		**Rahmenform 22** Seite 100 und 101
	Rahmenform 15 Seite 79 bis 82		**Rahmenform 23** Seite 102 bis 105
	Rahmenform 16 Seite 83 bis 85		**Rahmenform 24** Seite 106 bis 109
	Rahmenform 17 Seite 86 bis 88		**Rahmenform 25** Seite 110 bis 113
	Rahmenform 18 Seite 89 bis 91		**Rahmenform 26** Seite 114 bis 116
	Rahmenform 19 Seite 92 bis 94		**Rahmenform 27** Seite 117 und 118
	Rahmenform 20 Seite 95 bis 97		**Rahmenform 28** Seite 119 bis 130

Rahmenform 29 Seite 131 bis 144	Rahmenform 37 Seite 179 bis 182
Rahmenform 30 Seite 145 bis 159	Rahmenform 38 Seite 183 bis 186
Rahmenform 31 Seite 160 bis 162	Rahmenform 39 Seite 187 bis 189
Rahmenform 32 Seite 163 bis 165	Rahmenform 40 Seite 190 bis 196
Rahmenform 33 Seite 166 bis 168	Rahmenform 41 Seite 197 bis 203
Rahmenform 34 Seite 169 bis 173	Rahmenform 42 Seite 204 bis 206
Rahmenform 35 Seite 174 und 175	Rahmenform 43 Seite 207 bis 211
Rahmenform 36 Seite 176 bis 178	Rahmenform 44 Seite 212 bis 215

Rahmenform 45 Seite 216 bis 219	Rahmenform 53 Seite 240
Rahmenform 46 Seite 220	Rahmenform 54 Seite 241 bis 246
Rahmenform 47 Seite 221 bis 224	Rahmenform 55 Seite 247
Rahmenform 48 Seite 225	Rahmenform 56 Seite 248 bis 252
Rahmenform 49 Seite 226 bis 229	Rahmenform 57 Seite 253 bis 258
Rahmenform 50 Seite 230	Rahmenform 58 Seite 259 und 260
Rahmenform 51 Seite 231 bis 234	Rahmenform 59 Seite 261 bis 266
Rahmenform 52 Seite 235 bis 239	Rahmenform 60 Seite 267 und 268

Rahmenform 61 Seite 269 bis 275	Rahmenform 69 Seite 306
Rahmenform 62 Seite 276 bis 280	Rahmenform 70 Seite 307 bis 309
Rahmenform 63 Seite 281 bis 288	Rahmenform 71 Seite 310 bis 313
Rahmenform 64 Seite 289 bis 292	Rahmenform 72 Seite 314
Rahmenform 65 Seite 293 bis 296	Rahmenform 73 Seite 315 bis 318
Rahmenform 66 Seite 297	Rahmenform 74 Seite 319 und 320
Rahmenform 67 Seite 298 bis 301	Rahmenform 75 Seite 321 bis 325
Rahmenform 68 Seite 302 bis 305	Rahmenform 76 Seite 326

Rahmenform 77 Seite 327 bis 334	Rahmenform 85 Seite 373 und 374
Rahmenform 78 Seite 335 bis 344	Rahmenform 86 Seite 375 bis 382
Rahmenform 79 Seite 345 bis 348	Rahmenform 87 Seite 383 und 384
Rahmenform 80 Seite 349 und 350	Rahmenform 88 Seite 385 bis 390
Rahmenform 81 Seite 351 bis 360	Rahmenform 89 Seite 391 und 392
Rahmenform 82 Seite 361 und 362	Rahmenform 90 Seite 393 bis 398
Rahmenform 83 Seite 363 bis 370	Rahmenform 91 Seite 399 bis 404
Rahmenform 84 Seite 371 und 372	Belastungsglieder P — Hilfstafeln zu den Rahmenformen 91 bis 94 Seite 405 bis 406

	Rahmenform 92 Seite 407 bis 409		**Rahmenform 97** Seite 428 bis 430
	Rahmenform 93 Seite 410 und 411		**Rahmenform 98** Seite 431 bis 438
	Rahmenform 94 Seite 412 bis 417		**Rahmenform 99** Seite 439 bis 444
	Rahmenform 95 Seite 418 bis 423		**Rahmenform 100** Seite 445 bis 449
	Rahmenform 96 Seite 424 bis 427		**Rahmenform 101** Seite 450 bis 456
			Rahmenform 102 Seite 457 bis 462

	Rahmenform 103 (Zellen), mit und ohne Zugbänder, nur für gleichmäßig verteilte Innenbelastung Seite 463 bis 466

Anhang

Seite

1. Belastungsglieder
   a) Allgemeines 467
   b) Formelsammlung der Belastungsglieder 469

2. Elastische Endeinspannung
   a) Allgemeines 479
   b) Elastische Einspannung durch den Baugrund 480

3. Momentenangriffe und Kragarmlasten
   a) Allgemeines 484
   b) Beispiel: Momentenangriffe und Kragarmlasten bei Rahmenform 39 . 484

4. Einflußlinien
   a) Allgemeines 492
   b) Zahlenbeispiel für die Aufstellung von Einflußlinien-Gleichungen ... 493

5. Wärmeänderung einzelner Rahmenstäbe
   a) Ungleichmäßige Wärmeänderung 499
   b) Gleichmäßige Wärmeänderung 499
   c) Beispiel: Wärmeänderung des Riegels bei Rahmenform 39 500

6. Näherungsberechnung nach Theorie II. Ordnung
   a) Allgemeines 503
   b) Beispiel: Rahmenform 30 503

Einleitung

1. Gliederung und Aufbau des Werkes

Die im Inhaltsverzeichnis in Bildern aufgeführten 103 Rahmenformen stellen ebenso viele *in sich geschlossene Abschnitte* dar.

Jeder „Rahmenform" ist ein *Titelblatt* vorangestellt, welches zwei Übersichtsbilder sowie die Rahmen-Festwerte und bei einigen Rahmenformen auch weitere allgemeine Angaben enthält. Das jeweils linke Titelbild zeigt die betreffende *Rahmenform* samt der Art der Auflagerung und enthält die Einschriebe aller Stablängen, Stabträgheitsmomente und Eckbuchstaben. In dem jeweils rechten Titelbild ist die *positive Richtung aller Stützkräfte* festgelegt. Außerdem sind die Koordinaten beliebiger Stabquerschnitte eingetragen, nebst der gestrichelten Faser zur Festlegung des Vorzeichens der Biegemomente im Stabzug.

Auf den weiteren Seiten einer „Rahmenform" befinden sich die als „Fall R/N" bezeichneten *Belastungsfälle*; hierbei bedeutet R die Nummer der Rahmenform und N die laufende Nummer des Falles. Bei allen Rahmenformen sind zumindest die *Fälle beliebiger Stabbelastungen* und der *Fall gleichmäßiger Wärmeänderung* behandelt. Für die Fälle beliebiger Stabbelastungen ist noch das selbständige Hilfsbuch **„Belastungsglieder)*"** oder der Abschnitt „Belastungsglieder" im Anhang dieses Buches erforderlich. Je nach der praktischen Wichtigkeit oder Häufigkeit einer bestimmten Rahmenform sind dann noch einige oder mehrere *Sonderlastfälle*, d. h. *Fälle mit ganz bestimmter Belastung* zum rascheren Gebrauch wiedergegeben.

Jedem „Fall R/N" sind in der Regel zwei Bilder beigegeben. Während das jeweils linke Bild das vollständige Rahmensystem mit der Belastung zeigt, gibt das jeweils rechte den *ungefähren Momentenverlauf* nebst den zugehörigen Auflagerkräften wieder. Den Fällen gleichmäßiger Wärmeänderung und einigen Fällen mit nur Eckeinzellasten ist jeweils nur *ein* Bild beigegeben.

Für jeden „Fall R/N" sind die formelmäßigen Anschriebe für mindestens alle Eck- und Einspannmomente, senkrechte und waagerechte Auflagerkräfte sowie für die Momente an beliebigen Stabpunkten gegeben. Bei Raummangel sind letztere Momente für alle nicht direkt belasteten Stäbe für alle Belastungsfälle zusammengefaßt angeschrieben. Bei solchen Rahmenformen, bei denen die Ermittlung der Querkräfte und insbesondere der Axialkräfte nicht so einfach ist, sind auch hierfür fertige Formeln entwickelt. Für einige Rahmenformen erschien es sogar ratsam, auch bestimmte Eckschnittkräfte bildlich und formelmäßig in Erscheinung treten zu lassen (s. z. B. Rahmenformen 9, 10, 12, 13).

---

*) Kleinlogel/Haselbach „Belastungsglieder, Statische und elastische Werte für den einfachen und eingespannten Balken als Element von Stabwerken." Neunte Auflage, vollständig neu bearbeitet von Dipl.-Ing. W. Haselbach, Baurat, Berlin/München 1966. Verlag von Wilhelm Ernst & Sohn. XII und 268 Seiten.

2. Einiges über den Formelaufbau

Sämtliche Rahmen wurden nach der *Maxwell-Mohrs*chen Arbeitsgleichung (Prinzip der virtuellen Verschiebungen) berechnet.

In der Regel sind zuerst und unmittelbar die Formeln für die Eck- und Einspannmomente angeschrieben. Die Auflagerkräfte und insbesondere die Momente an beliebiger Stabstelle sind dann mittels dieser Eckmomente zu berechnen.

Die Gestalt der Formeln ist abhängig vom Grad der statischen Unbestimmtheit und von der Form des biegefesten Stabzuges. Wo direkte Formeln der statischen Größen zu umständlich oder unübersichtlich würden, oder wo es sonstwie zweckmäßig erschien, wurden Hilfswerte X eingeführt, die dann zuerst zu berechnen sind. Bei schwierigeren zwei- und dreifach statisch unbestimmten Rahmen wurde die Darstellung der X-Werte in sehr übersichtlicher Matrixform gewählt. Die einzelnen Formelglieder erscheinen dann als Produkte aus „zusammengesetzten Belastungsgliedern B_i" und „Einflußzahlen n_{ik}".

Bei *symmetrischen* Rahmenformen sind in der Regel je zwei symmetrisch liegende Momente oder Kräfte nach dem sog. Belastungs-Umordnungsverfahren in einer Doppelformel zusammengefaßt. Eine solche hat ganz allgemein die Form

$$\left.\begin{array}{c}G_1 \\ G_2\end{array}\right\} = Y_1 \pm Y_2$$

und schließt also in sich ein die beiden Formeln

$$G_1 = Y_1 + Y_2 \quad \text{und} \quad G_2 = Y_1 - Y_2.$$

Hierin entspricht das Glied Y_1 einer symmetrischen, und das Glied Y_2 einer antimetrischen Lastanordnung in bezug auf den ganzen Rahmen.

3. Die wichtigsten Bezeichnungen

a) Punkte und Längen:

$A, B, C \ldots$	ausgezeichnete Punkte des Rahmenstabzuges (Auflager, Ecken, Zugbandanschlüsse);
$a, b, c \ldots; l, h, s$	Stablängen und sonstige Längenabmessungen;
$\alpha, \beta, \gamma \ldots; m, n$	Verhältniszahlen;
$x, x'; y, y'; z, z'$	veränderliche Längen (Koordinaten beliebiger Stabpunkte).

b) Festwerte:

$I_1, I_2, I_3 \ldots$	Stabträgheitsmomente;
$k_1, k_2, k_3 \ldots$	Biegsamkeitszahlen[1]) ($k = 0$ bedeutet starren Stab; $k = \infty$ bedeutet unendlich biegsamen Stab);

---

[1]) Die Bezeichnung der k-Zahlen als „Biegsamkeitszahlen" ist zutreffender als die bisher gebrauchte Bezeichnung „Steifigkeitszahlen". Letztere Bezeichnung kommt richtiger den Kehrwerten $K = 1/k$ zu. (Vgl. hierzu auch die Fußnote 2, S. 5, im Hilfsbuch „Belastungsglieder", 9. Aufl.)

N, A_Z, N_Z, L_Z, G	Nenner der statisch unbestimmten Größen und Zusatzglieder bei Rahmen mit Zugband;
$A, B, C \ldots; K, R, L$	Festwerte (Komplexe von k-Zahlen usw.);
n_{ik}	Einflußzahlen in Matrixform (Festwerte).

c) Lasten, Kräfte und Momente:

P	äußere Einzellast (senkrecht oder waagrecht);
q, p	auf die Längeneinheit bezogene verteilte Lasten;
M	Biege- und Angriffsmomente;
V	senkrechter Auflagerwiderstand (Auflagerdruck);
H	waagerechter Auflagerwiderstand (Horizontalschub);
Q	Stabquerkraft;
N	Stablängskraft;
Z	Zugkraft im Zugband;
X	Hilfsgröße (statisch unbestimmtes Biegemoment);
T	Hilfsgröße bei Temperaturfällen.

d) Belastungsglieder:

F, W	Lastresultierende bei beliebiger senkrechter bzw. waagerechter Stablast;
S_r, S_l	statisches Moment der Lastresultierenden, bezogen auf den rechten bzw. linken Stabendpunkt[2]);
L, R	Belastungsglieder (im engeren Sinne);
M_x^0, M_y^0	Biegungsmomente eines „Rahmenstabes als einfacher Balken" bei beliebiger senkrechter bzw. waagerechter Belastung.

Bemerkung: Alle vorstehenden **Belastungsglieder erscheinen im Satz stets fettgedruckt.**

e) Sonstiges:

Die Eckbuchstaben $A, B, C \ldots$ werden als Zeiger für die statischen Größen M, V und H verwendet (z. B. M_B, V_A, H_C usw.).

Die Momente und Querkräfte an beliebiger Stabstelle werden durch die Zeiger x, y oder z gekennzeichnet.

Alle sonstigen noch verwendeten Zeichen bzw. Größen sind jeweils an Ort und Stelle erklärt.

---

[2]) Die in der 6. bis 11. Auflage für die statischen Momente der Lastresultierenden benutzten Zeichen 𝔐$_r$ und 𝔐$_l$ werden künftighin durch die besser geeigneten Zeichen S_r und S_l ersetzt. Die Größen 𝔐$_r$ und 𝔐$_l$ bleiben, in der vorliegenden Auflage dargesellt durch M_r und M_l – auch in Übereinstimmung mit anderen Autoren – für die Bezeichnung der Volleinspannmomente vorbehalten. (Vgl. hierzu auch die Fußnote 2, S. 4, im Hilfsbuch „Belastungsglieder", 9. Aufl.)

4. Vorzeichenregeln

Als allgemeiner Rechnungsgrundsatz gilt beim Gebrauch der „Rahmenformeln", stets algebraisch zu rechnen. Jede Größe muß also immer mit ihrem Vorzeichen zusammen verwendet werden. Bei strenger Einhaltung dieser Grundregel muß sich automatisch jeder Formelwert, sowohl der Größe als auch dem Richtungssinn nach, richtig ergeben.

Die im *Belastungsbild* (das ist stets das linke Bild eines jeden „Lastfalles") dargestellte **Belastung** gilt als *positiv*. Ist die Belastung mit entgegengesetztem Richtungs-, Dreh- oder Wirkungssinn gegeben, so ist dieselbe mit negativem Vorzeichen in die Rahmenformeln einzusetzen.

Für die *positive* Richtung aller **Auflagerkräfte** ist jeweils das rechte Titelbild einer „Rahmenform" maßgebend. Hiernach sind die Auflagerwiderstände *positiv*, wenn dieselben von unten nach oben (V) bzw. von außen nach innen (H) gerichtet sind.

Ein **Biegemoment** ist *positiv*, wenn es an der *gestrichelten Stabseite Zug* erzeugt.

Die **Momentenflächen** sind stets an derjenigen Stabseite aufgetragen, an der die Momente *Zug* erzeugen. Positive Ordinaten sind also an der gestrichelten (inneren) Stabseite, negative an der äußeren Seite angetragen.

Der in jedem rechten Bild eines „Belastungsfalles" dargestellte **Momentenverlauf nebst zugehörigen Auflagerkräften** entspricht etwa den im Bild angenommenen Stablängenverhältnissen in Verbindung mit der vereinfachenden Annahme $k = 1$ für alle Rahmenstäbe. Bei Rahmenformen mit anderen Annahmen ist dies jeweils besonders vermerkt. Der beigegebene Momentenverlauf ist überhaupt nur als Anhalt zu werten. Für die einfachen Rahmenformen mit normalen Abmessungs- und Trägheitsmomentverhältnissen dürfte der dargestellte Momentenverlauf in der Regel zutreffend sein. Hingegen kann derselbe bei Rahmenformen mit mehreren elastisch verschieblichen Eckpunkten oder bei Vorhandensein außergewöhnlicher Abmessungs- und Trägheitsmomentverhältnisse erheblich von dem dargestellten abweichen; insbesondere können sogar Vorzeichenwechsel eintreten. **Die tatsächlichen Momenten- und Kräftevorzeichen ergeben sich** – wie schon gesagt – **automatisch richtig nur aus den Formeln.**

Ist eine Auflagerkraft bzw. ein Einspannmoment (V, H, Z bzw. M) oder ein Biegemoment an beliebiger Stabstelle (M_x, M_y, M_z) in dem jeweils rechten Bild eines „Belastungsfalles" *negativ wirkend dargestellt*, so ist der betreffende Einschrieb folgerichtig mit einem Minuszeichen versehen worden.

Eine **Querkraft** ist *positiv*, wenn sie an einem *linken* Stabende nach *oben* bzw. an einem *rechten* Stabende nach *unten* gerichtet ist.

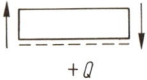

Eine **Längskraft** ist *positiv*, wenn sie im Rahmenstab oder im Zugband *Zug* erzeugt. Negatives Vorzeichen oder Rechenergebnis bedeutet also Druck.

Ergibt sich bei irgendeinem Lastfall für die **Längskraft in einem elastischen Zugband** ein negativer Zahlenwert, so würde dies bedeuten, daß das Zugband Druck bekommt. Dieser Druck ist nur dann zulässig, wenn derselbe bei Addition jeder möglichen Gruppe von Lastfällen wieder verschwindet; das heißt mit anderen Worten: Bei jedem praktisch möglichen einfachen oder zusammengesetzten Lastfall muß im Zugband eine *Zugkraft* verbleiben (welche natürlich auch den Grenzwert null annehmen kann). Bleibt die resultierende Längskraft aber negativ, so ist das Zugband wirkungslos, weil es als schlaffes Gebilde keinen Druck aufzunehmen imstande ist. In einem solchen Fall ist dann so zu rechnen, als sei kein Zugband vorhanden.

5. Rechnerische Voraussetzungen

Die **Entwicklung sämtlicher Formeln** beruht auf der Annahme starrer Widerlager, d.h. Unverschieblichkeit und Unverdrehbarkeit der Einspannstellen, Unverschieblichkeit der Auflagergelenke und in lotrechter Richtung unnachgiebiger Gleit- oder Rollenlager. Nur bei den Rahmenformeln 1, 2, 5, 28 und 77 sind die Einspannstellen elastisch drehbar; siehe hierzu Abschnitt 2 im Anhang, Seite 479.

Bei der Herleitung der Formeln ist der **Einfluß der Längs- und Querkräfte auf die Formänderungen** vernachlässigt worden. Es wurde vielmehr nur der Einfluß der Biegemomente auf die statisch unbestimmten Größen berücksichtigt. Praktische Erfahrungen haben gezeigt, daß die Vernachlässigung der Längskräfte und vollends diejenige der Querkräfte ihres geringen Betrages wegen im allgemeinen – abgesehen von außergewöhnlichen Fällen (z.B. gedrungene Rahmen) – statthaft ist. Der Rechenmehraufwand steht in den meisten Fällen in keinem Verhältnis zu der erreichten größeren Genauigkeit. Trotzdem muß hier darauf aufmerksam gemacht werden, daß es nicht als „Regel" gelten darf, den Einfluß der Längs- und Querkräfte auf die statisch unbestimmten Größen zu vernachlässigen.

Die **Verschiedenheit der Trägheitsmomente** der Rahmenstäbe ist durchweg berücksichtigt worden. Dies kommt in den Biegsamkeitszahlen k zum Ausdruck, von denen jedem Einzelstab eine solche zugeordnet ist. Eine derselben ist immer zu 1 angenommen. Ferner ist vorausgesetzt, daß das Trägheitsmoment eines Stabes auf dessen ganze Länge gleichbleibend ist.

Die **Elastizitätszahl E (Elastizitätsmodul)** ist für sämtliche biegesteif zusammenhängenden Rahmenstäbe gleich groß vorausgesetzt worden. Für die Zugbänder gilt indessen eine andere Elastizitätszahl als für die Stäbe (E_Z). Die Elastizitätszahlen erscheinen nur in den Formeln für Zugbandkräfte und für Wärmeänderung.

Der **Einfluß von Wärmeänderung** wurde für jede Rahmenform ermittelt. Die Ableitung der Formeln erfolgte unter Voraussetzung gleichmäßiger Wärmeänderung sämtlicher Rahmenstäbe. Bei Rahmen mit unten liegendem elastischem Zugband ist aber angenommen, daß dieses Zugband der gegebenen Wärmeänderung nicht mit unterliegt. Im anderen Fall entstehen im Rahmen keine Momente, Längs- und Querkräfte – vorausgesetzt, daß die Wärmedehnkoeffizienten des Rahmen- und des Zugbandmaterials gleich groß sind. Bei den äußerlich statisch bestimmt gelagerten allseitig geschlossenen Rahmen treten infolge gleichmäßiger Wärmeänderung sämtlicher Stäbe ebenfalls keine Momente, Quer- und Längskräfte auf. Bei Rahmen mit höher liegendem elastischem Zugband oder starrem Zug- bzw. Druckstab sind die Annahmen bezüglich Wärmeänderungen jeweils an Ort und Stelle vermerkt.

Besondere Annahmen, die nur für einzelne Fälle in Frage kommen, sind an der betreffenden Stelle angegeben.

6. Beliebige Stabbelastungen

Bei jedem Einzelstab aller Rahmenformen dieses Buches ist immer eine der zwei Stabseiten in der Biegeebene durch *Strichlierung* hervorgehoben, und zwar hier stets die *innere* Seite. Es sei nun ein für allemal vereinbart, jeden einzelnen Rahmenstab stets von seiner strichlierten, also hier von seiner inneren Seite her zu betrachten – um dann eindeutig von einer *oberen* und einer *unteren Stabseite* sowie von einem *linken* und einem *rechten Stabendpunkt* sprechen zu können.

Beliebige unsymmetrische Stablast ist in den Lastbildern stets durch Beigabe der strichpunktierten Lastresultierenden F bzw. W gekennzeichnet. Außerdem ist das Vorhandensein der eigentlichen Belastungsglieder L und R schematisch angedeutet durch Doppelstriche ∥ dicht an den Enden der jeweils belasteten Stäbe selbst oder – bei schrägen Stäben – entsprechend an den Enden der senkrechten oder waagerechten Projektionen dieser Stäbe (siehe hierzu beispielsweise Fall 5/1 und Fall 5/2, Seite 17; ferner siehe das Hilfsbuch „Belastungsglieder", Abschn. B, Ziff. 4 und Abschn. C, Ziff. 2: „Schräge Belastung und schräge Stäbe"). Größe und Bedeutung der statischen Momente S_r und S_l sowie des Momentes M_x^0 bzw. M_y^0 gehen aus Bild 1 Seite 467 im „Anhang" hervor.

Bei **beliebiger symmetrischer und antimetrischer Lastanordnung** bei *symmetrischen Rahmenformen* sind sämtliche Belastungsglieder stets so zu nehmen, wie dieselben auf die *linke Rahmenhälfte* wirken.

Wegen der elastischen Bedeutung und Herleitung der Belastungsglieder L und R sowie wegen aller sonstigen Fragen und Zusammenhänge betreffend beliebige Stablast wird ausdrücklich auf das **Hilfsbuch „Belastungsglieder"** hingewiesen (siehe die *-Fußnote Seite XVII).

7. Windlast

Die waagrechte Windlast wird nach DIN 1055 rechtwinklig zu der vom Wind getroffenen Fläche angesetzt. Sind nun bei geneigten Rahmenstäben Formeln für diesen Lastfall nicht angegeben, so kann man nach der auf Seite XXIII stehenden Skizze vorgehen. Bezeichnet man die auf die Längeneinheit der geneigten Stäbe bezogene Windlast mit p_w(N/m), so läßt sich die Wirkung dieser schrägen Linienlast bekanntlich dadurch erzeugen, daß man p_w einmal senkrecht und einmal waagerecht ansetzt und dann überlagert.

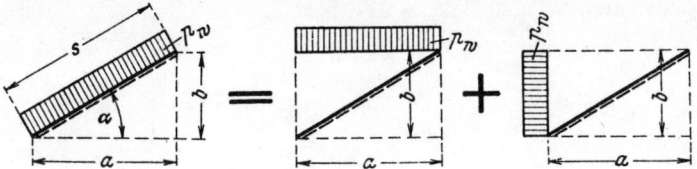

Bei symmetrischen Rahmenformen kann der Benutzer die gesamte Windbelastung (Druck und Sog) in einen symmetrischen und einen antimetrischen Lastfall aufspalten (nach dem Belastungs-Umordnungs-Verfahren), um dann die entsprechenden Formeln für Symmetrie und Antimetrie der Belastung anzuwenden und schließlich die Ergebnisse wieder zu überlagern.

Rahmenform 1

Einhüftiger Rahmen mit senkrechtem elastisch eingespannten Stiel und waagerechtem elastisch eingespanntem Riegel

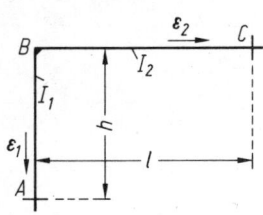
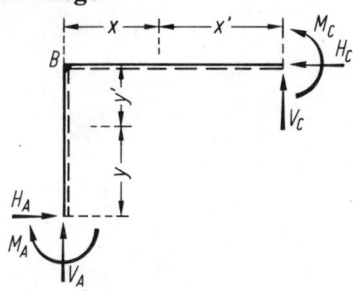

Rahmenform, Abmessungen und Bezeichnungen

Festlegung der positiven Richtung aller Stützkräfte und der Koordinaten beliebiger Stabpunkte. Positive Biegemomente erzeugen an der gestrichelten Stabseite Zug

Festwerte: $\quad k = \dfrac{I_2}{I_1} \cdot \dfrac{h}{l} \quad N = k(2 - \varepsilon_1) + 2 - \varepsilon_2.$

Die Festpunkt- oder Momentenfortleitungszahlen ε_1 und ε_2 werden als bekannt vorausgesetzt. Sie liegen zwischen 0 (freie Drehbarkeit, Gelenk) und 0,5 (volle Einspannung). Weitere Hinweise hierzu siehe im Anhang Seite 479.

Fall 1/1: Gleichmäßige Wärme**zu**nahme im ganzen Rahmen

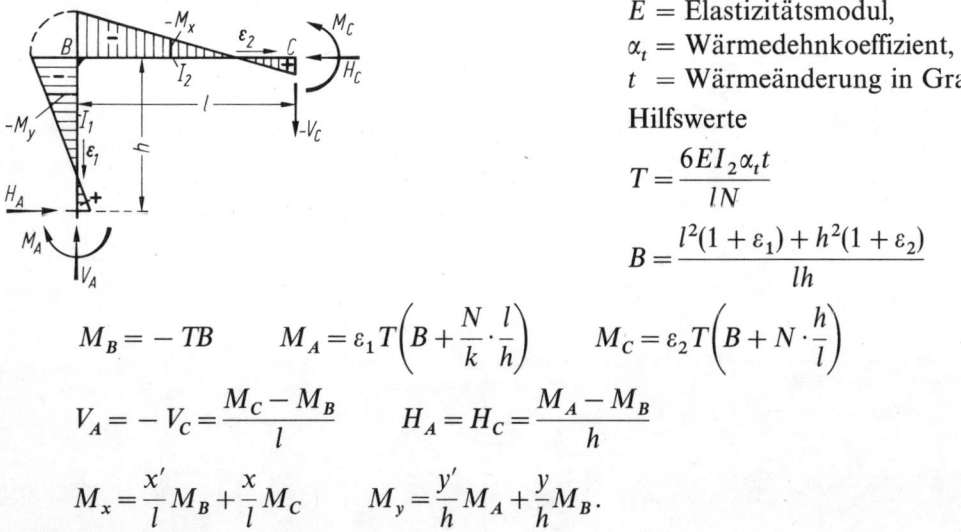

$E = $ Elastizitätsmodul,
$\alpha_t = $ Wärmedehnkoeffizient,
$t = $ Wärmeänderung in Grad.

Hilfswerte

$$T = \frac{6EI_2 \alpha_t t}{lN}$$

$$B = \frac{l^2(1 + \varepsilon_1) + h^2(1 + \varepsilon_2)}{lh}$$

$$M_B = -TB \qquad M_A = \varepsilon_1 T\left(B + \frac{N}{k} \cdot \frac{l}{h}\right) \qquad M_C = \varepsilon_2 T\left(B + N \cdot \frac{h}{l}\right)$$

$$V_A = -V_C = \frac{M_C - M_B}{l} \qquad H_A = H_C = \frac{M_A - M_B}{h}$$

$$M_x = \frac{x'}{l} M_B + \frac{x}{l} M_C \qquad M_y = \frac{y'}{h} M_A + \frac{y}{h} M_B.$$

Bemerkung: Bei Wärme**ab**nahme kehren alle Kräfte ihren Pfeilsinn um und alle Momente erhalten entgegengesetztes Vorzeichen.

Rahmenform 1

Festwerte: $\quad k = \dfrac{I_2}{I_1} \cdot \dfrac{h}{l} \qquad N = k(2 - \varepsilon_1) + 2 - \varepsilon_2$

Fall 1/2: Momentenangriff im Eckpunkt B

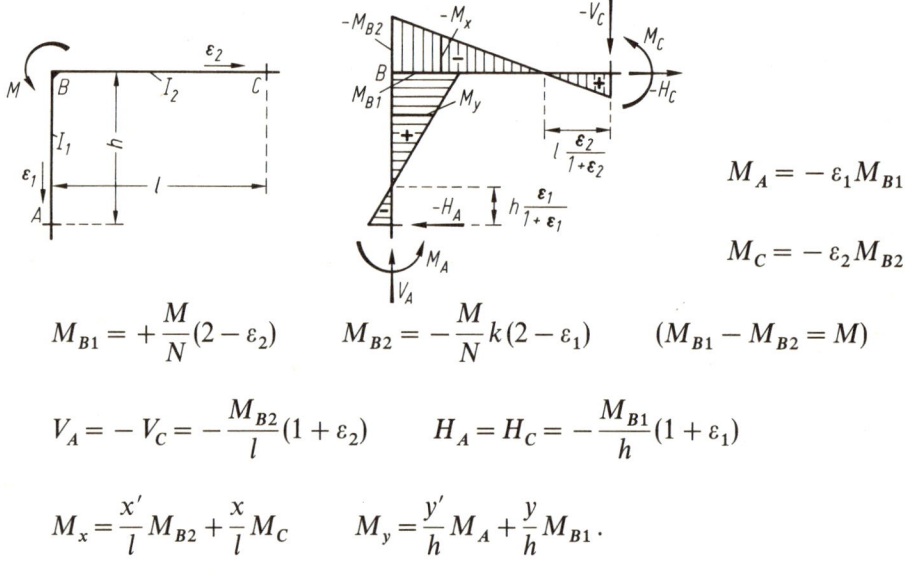

$$M_A = -\varepsilon_1 M_{B1}$$

$$M_C = -\varepsilon_2 M_{B2}$$

$$M_{B1} = +\dfrac{M}{N}(2 - \varepsilon_2) \qquad M_{B2} = -\dfrac{M}{N} k(2 - \varepsilon_1) \qquad (M_{B1} - M_{B2} = M)$$

$$V_A = -V_C = -\dfrac{M_{B2}}{l}(1 + \varepsilon_2) \qquad H_A = H_C = -\dfrac{M_{B1}}{h}(1 + \varepsilon_1)$$

$$M_x = \dfrac{x'}{l} M_{B2} + \dfrac{x}{l} M_C \qquad M_y = \dfrac{y'}{h} M_A + \dfrac{y}{h} M_{B1}.$$

Fall 1/3: Rechteck-Vollast auf dem Riegel

$$M_B = -\dfrac{ql^2}{4N}(1 - \varepsilon_2)$$

$$M_A = -\varepsilon_1 M_B$$

$$M_C = -\dfrac{ql^2}{4N}\varepsilon_2(k(2 - \varepsilon_1) + 1) \qquad x_o = \dfrac{V_A}{q} \qquad \max M = \dfrac{V_A x_o}{2} + M_B$$

$$V_A = \dfrac{ql}{2} - \dfrac{M_B - M_C}{l} \qquad V_C = \dfrac{ql}{2} + \dfrac{M_B - M_C}{l} \qquad H_A = H_C = -\dfrac{M_B}{h}(1 + \varepsilon_1)$$

$$M_x = \dfrac{qxx'}{2} + \dfrac{x'}{l} M_B + \dfrac{x}{l} M_C \qquad M_y = \dfrac{y'}{h} M_A + \dfrac{y}{h} M_B.$$

Rahmenform 1

Festwerte siehe Seite 1 oder 2

Fall 1/4: Rechteck-Vollast am Stiel

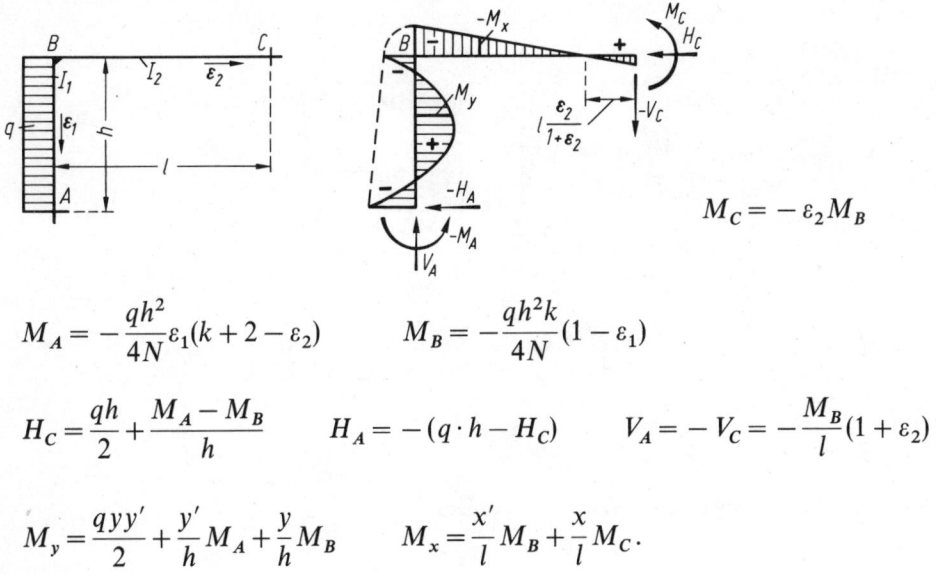

$$M_C = -\varepsilon_2 M_B$$

$$M_A = -\frac{qh^2}{4N}\varepsilon_1(k+2-\varepsilon_2) \qquad M_B = -\frac{qh^2 k}{4N}(1-\varepsilon_1)$$

$$H_C = \frac{qh}{2} + \frac{M_A - M_B}{h} \qquad H_A = -(q \cdot h - H_C) \qquad V_A = -V_C = -\frac{M_B}{l}(1+\varepsilon_2)$$

$$M_y = \frac{qyy'}{2} + \frac{y'}{h}M_A + \frac{y}{h}M_B \qquad M_x = \frac{x'}{l}M_B + \frac{x}{l}M_C.$$

Fall 1/5: Dreiecklast am Stiel

$$M_C = -\varepsilon_2 M_B$$

$$M_A = -\frac{qh^2}{60N}\varepsilon_1(9k+8(2-\varepsilon_2)) \qquad M_B = -\frac{qh^2 k}{60N}(7-8\varepsilon_1)$$

$$H_C = \frac{qh}{6} + \frac{M_A - M_B}{h} \qquad H_A = -\left(\frac{qh}{2} - H_C\right)$$

$$V_A = -V_C = -\frac{M_B}{l}(1+\varepsilon_2) \qquad M_x = \frac{x'}{l}M_B + \frac{x}{l}M_C$$

$$M_y = \frac{qh^2}{6}\cdot\omega'_D + \frac{y'}{h}M_A + \frac{y}{h}M_B, \quad \text{wobei} \quad \omega'_D = \frac{y'}{h} - \left(\frac{y'}{h}\right)^3.$$

Rahmenform 1 Festwerte siehe Seite 1 oder 2

Fall 1/6: Einzellast an beliebiger Stelle des Riegels

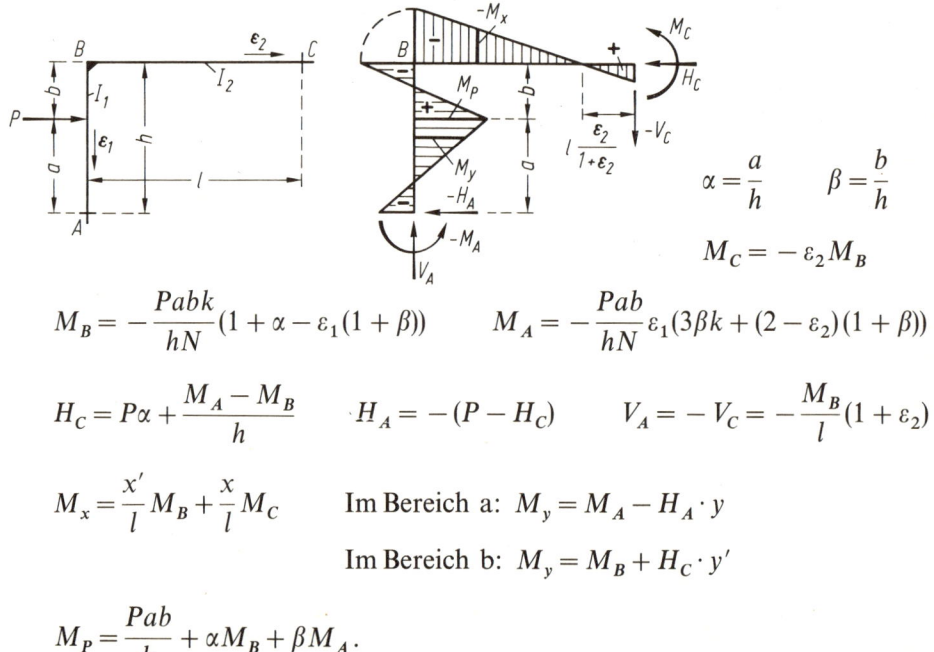

$$\alpha = \frac{a}{l} \qquad \beta = \frac{b}{l}$$

$$M_A = -\varepsilon_1 M_B$$

$$M_B = -\frac{Pab}{lN}(1+\beta-\varepsilon_2(1+\alpha)) \qquad M_C = -\frac{Pab}{lN}\varepsilon_2(k(2-\varepsilon_1)(1+\alpha)+3\alpha)$$

$$V_A = P\beta + \frac{M_C - M_B}{l} \qquad V_C = P - V_A \qquad H_A = H_C = -\frac{M_B}{h}(1+\varepsilon_1)$$

Im Bereich a: $M_x = V_A \cdot x + M_B$ \qquad Im Bereich b: $M_x = V_C \cdot x' + M_C$

$$M_P = \frac{Pab}{l} + \beta M_B + \alpha M_C \qquad M_y = \frac{y'}{h}M_A + \frac{y}{h}M_B.$$

Fall 1/7: Einzellast an beliebiger Stelle des Stieles

$$\alpha = \frac{a}{h} \qquad \beta = \frac{b}{h}$$

$$M_C = -\varepsilon_2 M_B$$

$$M_B = -\frac{Pabk}{hN}(1+\alpha-\varepsilon_1(1+\beta)) \qquad M_A = -\frac{Pab}{hN}\varepsilon_1(3\beta k + (2-\varepsilon_2)(1+\beta))$$

$$H_C = P\alpha + \frac{M_A - M_B}{h} \qquad H_A = -(P - H_C) \qquad V_A = -V_C = -\frac{M_B}{l}(1+\varepsilon_2)$$

$$M_x = \frac{x'}{l}M_B + \frac{x}{l}M_C \qquad \text{Im Bereich a: } M_y = M_A - H_A \cdot y$$

$$\text{Im Bereich b: } M_y = M_B + H_C \cdot y'$$

$$M_P = \frac{Pab}{h} + \alpha M_B + \beta M_A.$$

Festwerte siehe Seite 1 oder 2 **Rahmenform 1**

Siehe hierzu den Abschnitt „**Belastungsglieder**"

Fall 1/8: Riegel beliebig senkrecht belastet

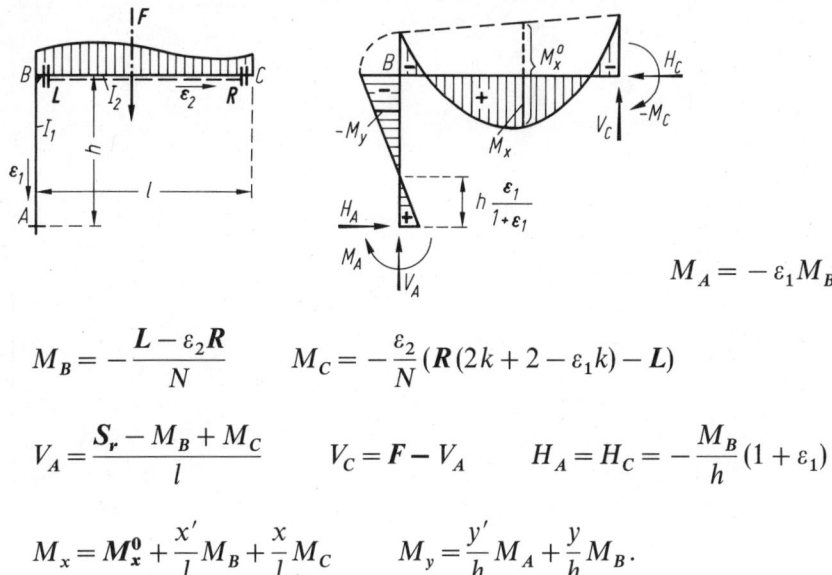

$$M_A = -\varepsilon_1 M_B$$

$$M_B = -\frac{L-\varepsilon_2 R}{N} \qquad M_C = -\frac{\varepsilon_2}{N}(R(2k+2-\varepsilon_1 k) - L)$$

$$V_A = \frac{S_r - M_B + M_C}{l} \qquad V_C = F - V_A \qquad H_A = H_C = -\frac{M_B}{h}(1+\varepsilon_1)$$

$$M_x = M_x^0 + \frac{x'}{l}M_B + \frac{x}{l}M_C \qquad M_y = \frac{y'}{h}M_A + \frac{y}{h}M_B.$$

Fall 1/9: Stiel beliebig waagerecht belastet

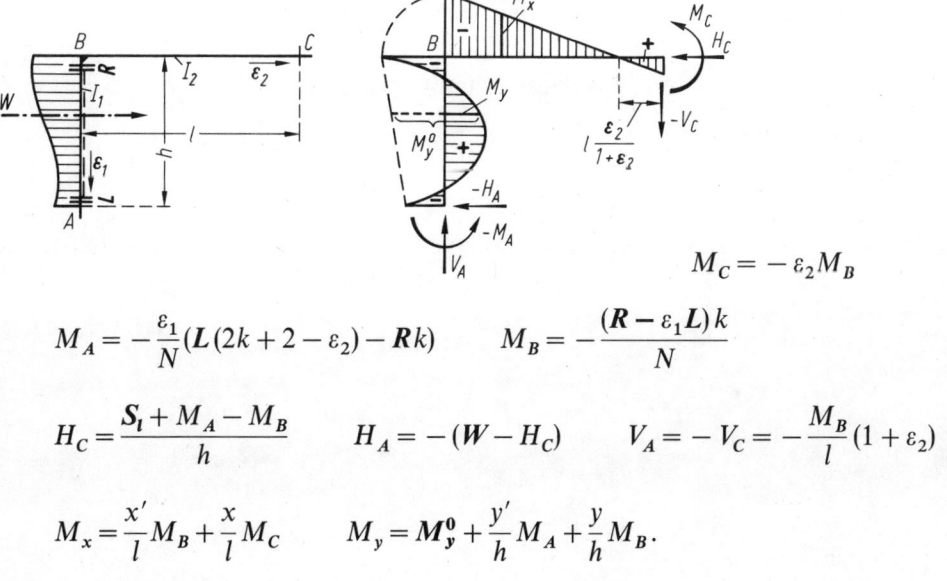

$$M_C = -\varepsilon_2 M_B$$

$$M_A = -\frac{\varepsilon_1}{N}(L(2k+2-\varepsilon_2) - Rk) \qquad M_B = -\frac{(R-\varepsilon_1 L)k}{N}$$

$$H_C = \frac{S_l + M_A - M_B}{h} \qquad H_A = -(W - H_C) \qquad V_A = -V_C = -\frac{M_B}{l}(1+\varepsilon_2)$$

$$M_x = \frac{x'}{l}M_B + \frac{x}{l}M_C \qquad M_y = M_y^0 + \frac{y'}{h}M_A + \frac{y}{h}M_B.$$

Rahmenform 1   Festwerte siehe Seite 1 oder 2

Fall 1/10: Konsollast am Stiel

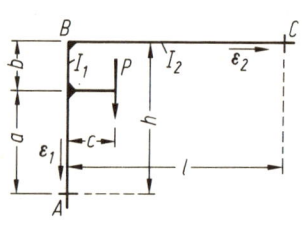
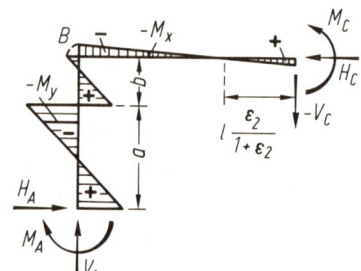

$$\alpha = \frac{a}{h} \qquad \beta = \frac{b}{h}$$

$$M_C = -\varepsilon_2 M_B$$

$$M_B = -\frac{Pck}{N}(1-3\alpha^2 - \varepsilon_1(3\beta^2 - 1))$$

$$M_A = -\frac{Pc}{N}\varepsilon_1(3\beta^2(2k+2-\varepsilon_2) - 3\beta(2-\beta)k - 2 + \varepsilon_2)$$

$$H_A = H_C = \frac{Pc}{h} + \frac{M_A - M_B}{h} \qquad V_C = \frac{M_B}{l}(1+\varepsilon_2) \qquad V_A = P - V_C$$

$$M_x = \frac{x'}{l}M_B + \frac{x}{l}M_C \qquad \text{Im Bereich a: } M_y = M_A - H_A \cdot y$$

$$\text{Im Bereich b: } M_y = M_B + H_C \cdot y'$$

Rahmenform 2

Einhüftiger Rahmen mit senkrechtem, elastisch eingespanntem Stiel, und waagerecht beweglichem Kipplager

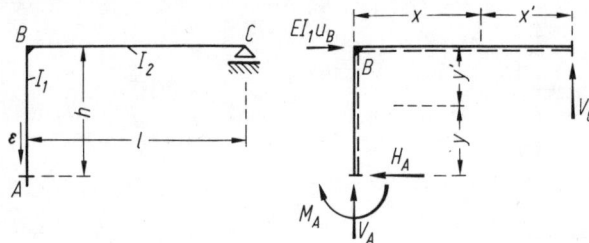

Rahmenform, Abmessungen und Bezeichnungen

Festlegung der positiven Richtung aller Stützkräfte*) und der Koordinaten beliebiger Stabpunkte. Positive Biegemomente erzeugen an der gestrichelten Stabseite Zug

Festwerte: $\quad k = \dfrac{I_2}{I_1} \cdot \dfrac{h}{l} \qquad N = \dfrac{k}{2} + \varepsilon(2k+1)$.

Die Festpunkt- oder Momentenfortleitungszahl ε wird als bekannt vorausgesetzt. Sie liegt zwischen 0 (freie Drehbarkeit, Gelenk) und 0,5 (volle Einspannung). Weitere Hinweise hierzu siehe im Anhang Seite 479.
Für volle Einspannung bei A ($\varepsilon = 0{,}5$) ist die Rahmenform 3 vorgesehen.

Fall 2/1: Gleichmäßige Wärmezunahme im ganzen Rahmen

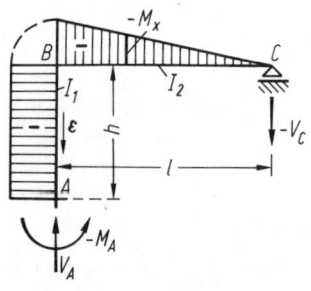

E = Elastizitätsmodul,
α_t = Wärmedehnkoeffizient,
t = Wärmeänderung in Grad.

$$M_A = M_B = -\frac{3EI_2 \alpha_t t h}{l^2 N} \cdot \varepsilon$$

$$V_A = -V_C = -\frac{M_B}{l} \qquad M_x = \frac{x'}{l} M_B.$$

Bemerkung: Bei Wärme**ab**nahme kehren alle Kräfte ihren Pfeilsinn um und alle Momente erhalten entgegengesetztes Vorzeichen.

---

*) Abweichend von den Festlegungen bei allen anderen Rahmen ist hier die positive Richtung des Schubes H_A aus leicht ersichtlichen Gründen von innen nach außen wirkend angesetzt.

Rahmenform 2 Festwerte siehe Seite 7

Fall 2/2: Rechteck-Vollast auf dem Riegel

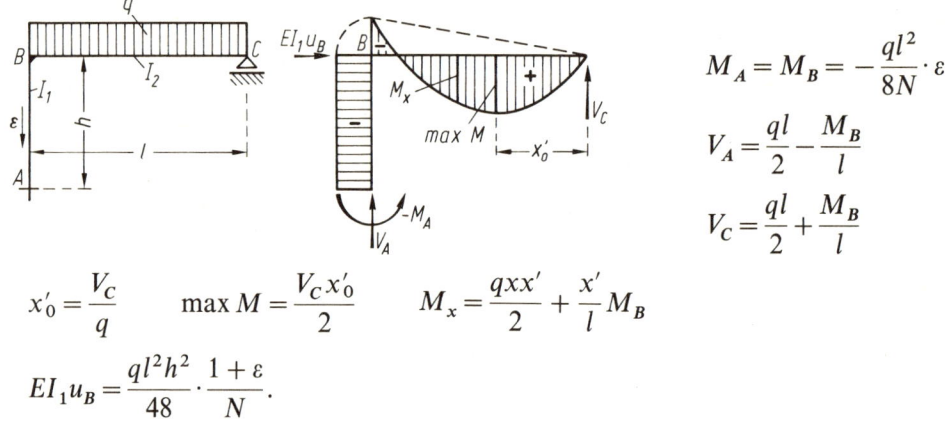

$$M_A = M_B = -\frac{ql^2}{8N} \cdot \varepsilon$$

$$V_A = \frac{ql}{2} - \frac{M_B}{l}$$

$$V_C = \frac{ql}{2} + \frac{M_B}{l}$$

$$x'_0 = \frac{V_C}{q} \qquad \max M = \frac{V_C x'_0}{2} \qquad M_x = \frac{qxx'}{2} + \frac{x'}{l} M_B$$

$$EI_1 u_B = \frac{ql^2 h^2}{48} \cdot \frac{1+\varepsilon}{N}.$$

Fall 2/3: Rechteck-Vollast am Stiel

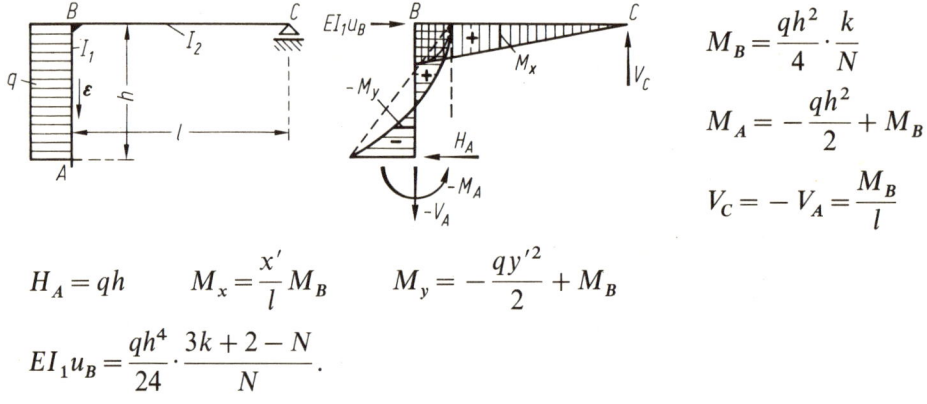

$$M_B = \frac{qh^2}{4} \cdot \frac{k}{N}$$

$$M_A = -\frac{qh^2}{2} + M_B$$

$$V_C = -V_A = \frac{M_B}{l}$$

$$H_A = qh \qquad M_x = \frac{x'}{l} M_B \qquad M_y = -\frac{qy'^2}{2} + M_B$$

$$EI_1 u_B = \frac{qh^4}{24} \cdot \frac{3k+2-N}{N}.$$

Fall 2/4: Waagerechte Einzellast in Riegelhöhe

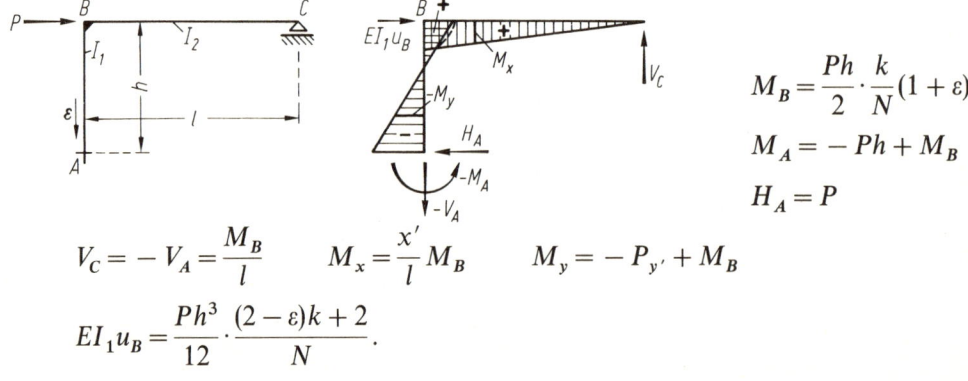

$$M_B = \frac{Ph}{2} \cdot \frac{k}{N}(1+\varepsilon)$$

$$M_A = -Ph + M_B$$

$$H_A = P$$

$$V_C = -V_A = \frac{M_B}{l} \qquad M_x = \frac{x'}{l} M_B \qquad M_y = -Py' + M_B$$

$$EI_1 u_B = \frac{Ph^3}{12} \cdot \frac{(2-\varepsilon)k+2}{N}.$$

Festwerte siehe Seite 7 **Rahmenform 2**

Siehe hierzu den Abschnitt **„Belastungsglieder"**

Fall 2/5: Riegel beliebig senkrecht belastet

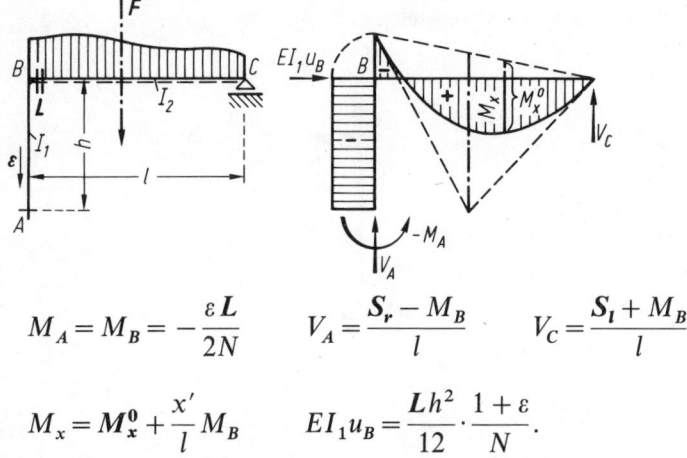

$$M_A = M_B = -\frac{\varepsilon L}{2N} \qquad V_A = \frac{S_r - M_B}{l} \qquad V_C = \frac{S_l + M_B}{l}$$

$$M_x = M_x^0 + \frac{x'}{l} M_B \qquad EI_1 u_B = \frac{Lh^2}{12} \cdot \frac{1+\varepsilon}{N}.$$

Fall 2/6: Stiel beliebig waagerecht belastet

$$M_B = \frac{(1+\varepsilon) S_l - \varepsilon (L+R)}{2} \cdot \frac{k}{N} \qquad M_A = -S_l + M_B$$

$$V_C = -V_A = \frac{M_B}{l} \qquad H_A = W$$

$$M_x = \frac{x'}{l} M_B \qquad M_y = M_y^0 + \frac{y'}{h} M_A + \frac{y}{h} M_B$$

$$EI_1 u_B = \frac{h^2}{12N} (S_l((2-\varepsilon)k + 2) - L\varepsilon(3k+2) + R(1+\varepsilon)k)$$

$$= \frac{h^2}{6} (M_A + 2M_B \frac{k+1}{k} + R).$$

Rahmenform 3

Einhüftiger Rahmen mit senkrechtem, eingespanntem Stiel und waagerechtem Riegel mit waagerecht beweglichem Kipplager

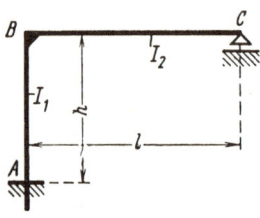

Rahmenform, Abmessungen und Bezeichnungen

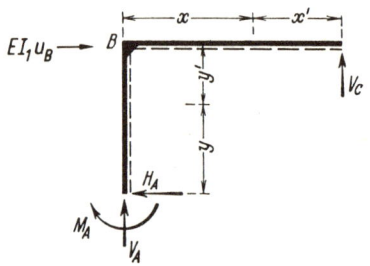

Festlegung der positiven Richtung aller Stützkräfte*) und der Koordinaten beliebiger Stabpunkte. Positive Biegemomente erzeugen an der gestrichelten Stabseite Zug

Festwerte: $\quad k = \dfrac{I_2}{I_1} \cdot \dfrac{h}{l} \qquad N = 3k + 1$.

Fall 3/1: Gleichmäßige Wärmezunahme im ganzen Rahmen

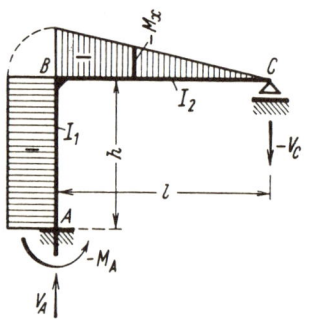

E = Elastizitätsmodul,
α_t = Wärmedehnkoeffizient,
t = Wärmeänderung in Grad.

$$M_A = M_B = -\frac{3EI_2 \alpha_t t h}{l^2 N};$$

$$V_A = -V_C = \frac{-M_B}{l}; \qquad M_x = \frac{x'}{l} M_B.$$

Bemerkung: Bei Wärme**ab**nahme kehren alle Kräfte ihren Pfeilsinn um und alle Momente erhalten entgegengesetztes Vorzeichen.

---

*) Abweichend von den Festlegungen bei allen anderen Rahmen ist hier die positive Richtung des Schubes H_A aus leicht ersichtlichen Gründen von innen nach außen wirkend angesetzt.

Rahmenform 3

Fall 3/2: Rechteck-Vollast auf dem Riegel

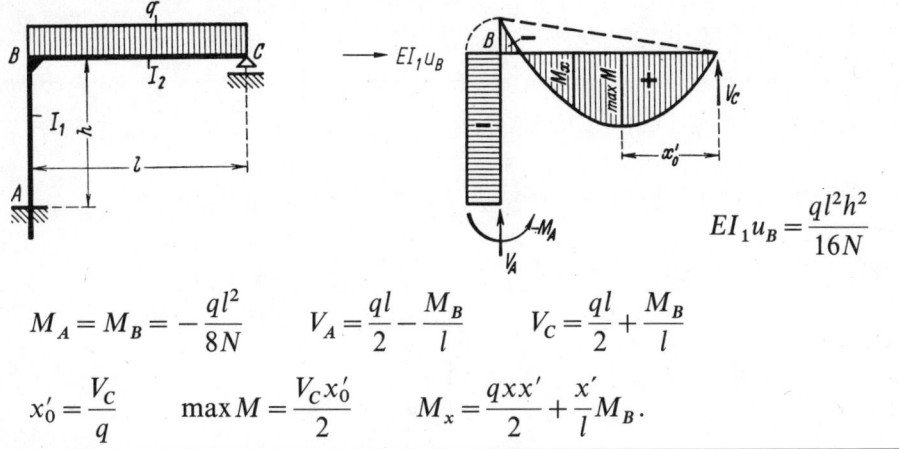

$$EI_1 u_B = \frac{ql^2 h^2}{16N}$$

$$M_A = M_B = -\frac{ql^2}{8N} \qquad V_A = \frac{ql}{2} - \frac{M_B}{l} \qquad V_C = \frac{ql}{2} + \frac{M_B}{l}$$

$$x_0' = \frac{V_C}{q} \qquad \max M = \frac{V_C x_0'}{2} \qquad M_x = \frac{qxx'}{2} + \frac{x'}{l} M_B .$$

Fall 3/3: Rechteck-Vollast am Stiel

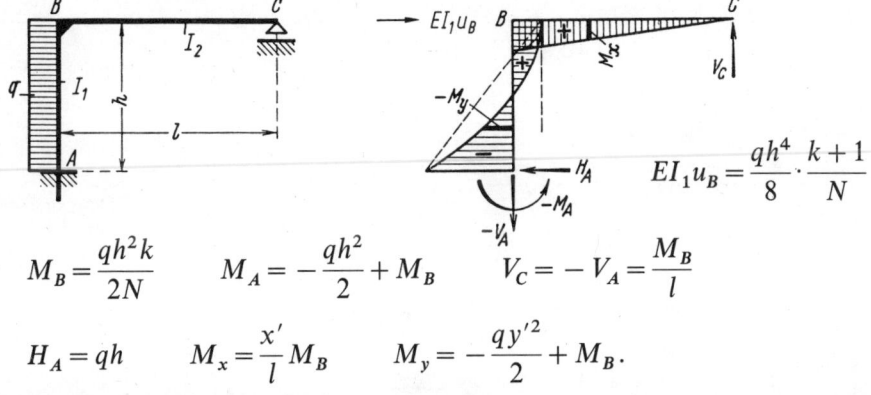

$$EI_1 u_B = \frac{qh^4}{8} \cdot \frac{k+1}{N}$$

$$M_B = \frac{qh^2 k}{2N} \qquad M_A = -\frac{qh^2}{2} + M_B \qquad V_C = -V_A = \frac{M_B}{l}$$

$$H_A = qh \qquad M_x = \frac{x'}{l} M_B \qquad M_y = -\frac{qy'^2}{2} + M_B .$$

Fall 3/4: Waagerechte Einzellast in Riegelhöhe

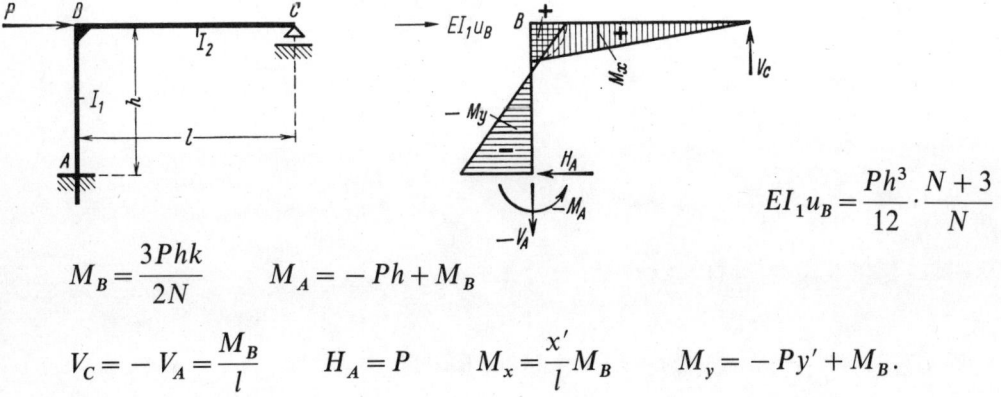

$$EI_1 u_B = \frac{Ph^3}{12} \cdot \frac{N+3}{N}$$

$$M_B = \frac{3Phk}{2N} \qquad M_A = -Ph + M_B$$

$$V_C = -V_A = \frac{M_B}{l} \qquad H_A = P \qquad M_x = \frac{x'}{l} M_B \qquad M_y = -Py' + M_B .$$

Rahmenform 3

Festwerte: $\quad k = \dfrac{I_2}{I_1} \cdot \dfrac{h}{l} \qquad N = 3k + 1.$

Siehe hierzu den Abschnitt **„Belastungsglieder"**

Fall 3/5: Riegel beliebig senkrecht belastet

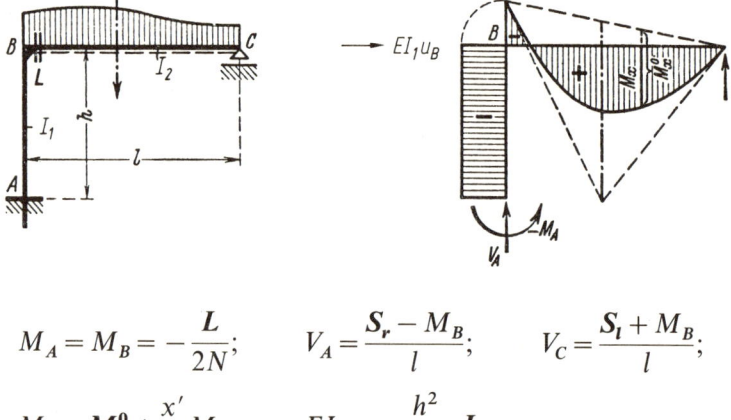

$$M_A = M_B = -\frac{L}{2N}; \qquad V_A = \frac{S_r - M_B}{l}; \qquad V_C = \frac{S_l + M_B}{l};$$

$$M_x = M_x^0 + \frac{x'}{l} M_B. \qquad EI_1 u_B = \frac{h^2}{4N} \cdot L$$

Fall 3/6: Stiel beliebig waagerecht belastet

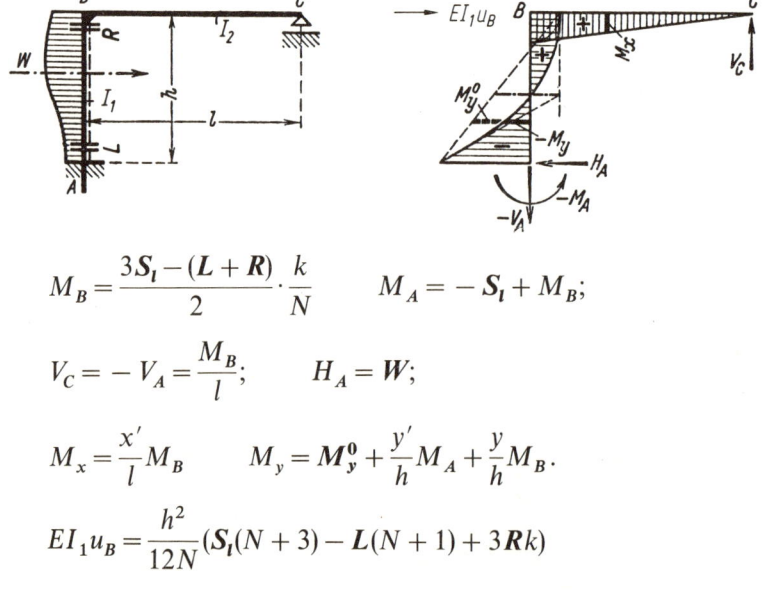

$$M_B = \frac{3S_l - (L + R)}{2} \cdot \frac{k}{N} \qquad M_A = -S_l + M_B;$$

$$V_C = -V_A = \frac{M_B}{l}; \qquad H_A = W;$$

$$M_x = \frac{x'}{l} M_B \qquad M_y = M_y^0 + \frac{y'}{h} M_A + \frac{y}{h} M_B.$$

$$EI_1 u_B = \frac{h^2}{12N}(S_l(N+3) - L(N+1) + 3Rk)$$

Rahmenform 4

Einhüftiger Rahmen mit waagerechtem, eingespanntem Riegel und senkrechtem Stiel mit waagerecht beweglichem Kipplager

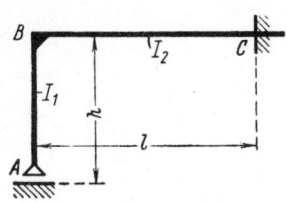

Rahmenform, Abmessungen und Bezeichnungen

Festlegung der positiven Richtung aller Stützkräfte und der Koordinaten beliebiger Stabpunkte. Positive Biegemomente erzeugen an der gestrichelten Stabseite Zug

Festwert: $\quad k = \dfrac{I_2}{I_1} \cdot \dfrac{h}{l}$

(nur für die Verformung u_A benötigt)

Fall 4/1: Gleichmäßige Wärmezunahme im ganzen Rahmen[1])

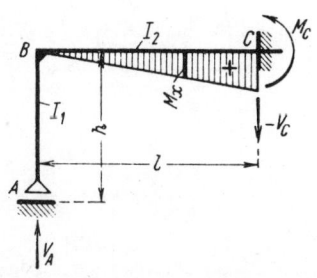

$E = $ Elastizitätsmodul,
$\alpha_t = $ Wärmedehnkoeffizient,
$t \ = $ Wärmeänderung in Grad.

$$M_B = 0 \qquad M_C = \frac{3EI_2\alpha_t th}{l^2};$$

$$V_A = -V_C = \frac{M_C}{l} \qquad M_x = \frac{x}{l}M_C.$$

Bemerkung: Bei Wärmeabnahme kehren alle Kräfte ihren Pfeilsinn um und alle Momente erhalten entgegengesetztes Vorzeichen.

---

[1]) Bei dem vorliegenden Rahmen hat nur die Wärmeänderung des Stieles einen Einfluß.

Rahmenform 4 $\qquad$ k und $EI_1 u_A$ siehe Seite 13

Fall 4/2: Rechteck-Vollast auf dem Riegel

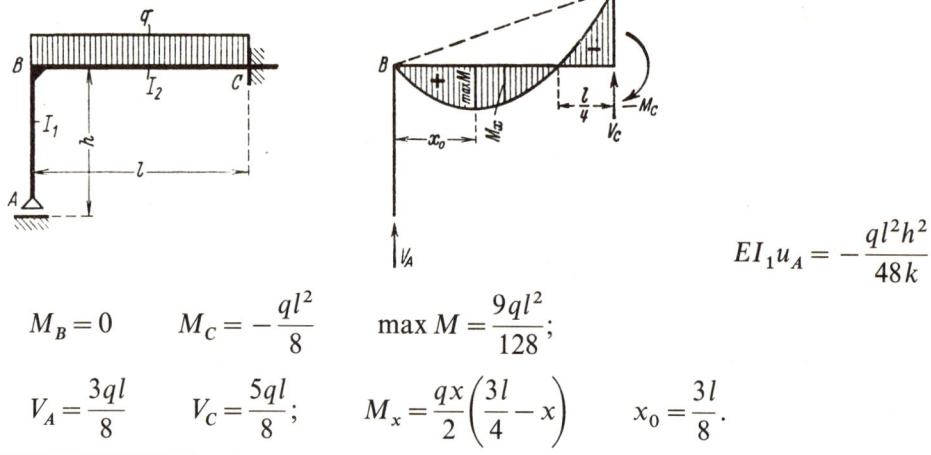

$$EI_1 u_A = -\frac{ql^2 h^2}{48k}$$

$M_B = 0 \qquad M_C = -\frac{ql^2}{8} \qquad \max M = \frac{9ql^2}{128};$

$V_A = \frac{3ql}{8} \qquad V_C = \frac{5ql}{8}; \qquad M_x = \frac{qx}{2}\left(\frac{3l}{4} - x\right) \qquad x_0 = \frac{3l}{8}.$

Fall 4/3: Rechteck-Vollast am Stiel

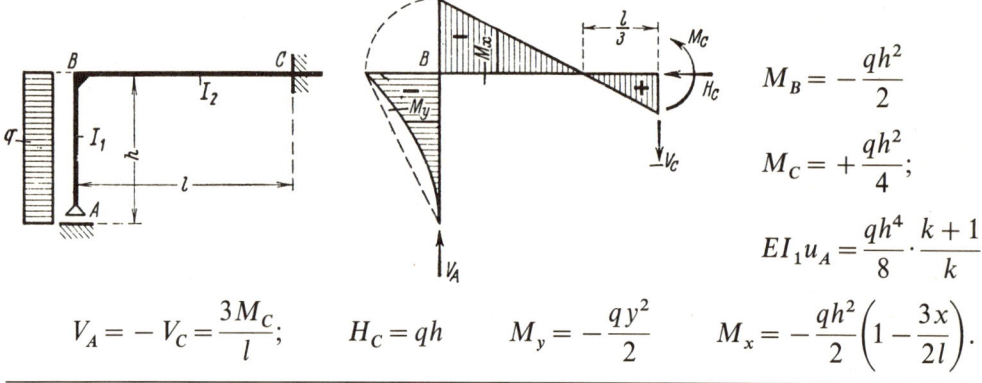

$$M_B = -\frac{qh^2}{2}$$
$$M_C = +\frac{qh^2}{4};$$
$$EI_1 u_A = \frac{qh^4}{8} \cdot \frac{k+1}{k}$$

$V_A = -V_C = \frac{3M_C}{l}; \qquad H_C = qh \qquad M_y = -\frac{qy^2}{2} \qquad M_x = -\frac{qh^2}{2}\left(1 - \frac{3x}{2l}\right).$

Fall 4/4: Momentenangriff am Eckpunkt B

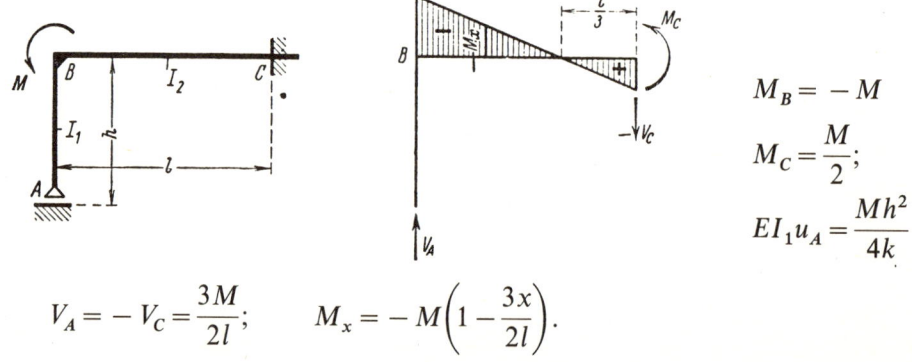

$$M_B = -M$$
$$M_C = \frac{M}{2};$$
$$EI_1 u_A = \frac{Mh^2}{4k}$$

$V_A = -V_C = \frac{3M}{2l}; \qquad M_x = -M\left(1 - \frac{3x}{2l}\right).$

k und $EI_1 u_A$ siehe Seite 13 — **Rahmenform 4**

Siehe hierzu den Abschnitt „**Belastungsglieder**"

Fall 4/5: Riegel beliebig senkrecht belastet

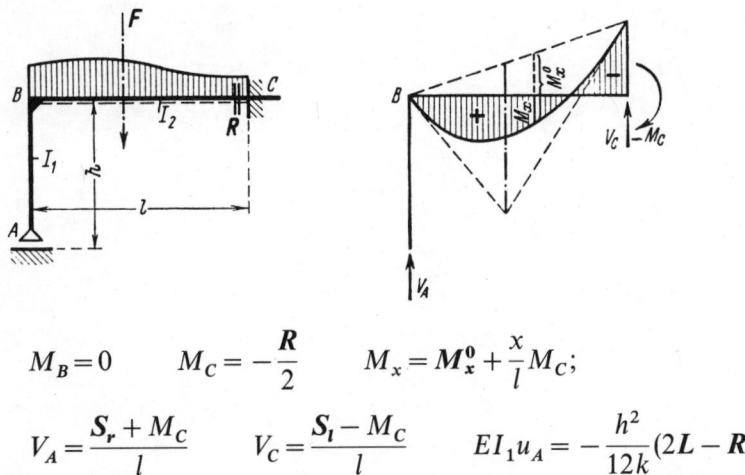

$$M_B = 0 \qquad M_C = -\frac{R}{2} \qquad M_x = M_x^0 + \frac{x}{l} M_C;$$

$$V_A = \frac{S_r + M_C}{l} \qquad V_C = \frac{S_l - M_C}{l} \qquad EI_1 u_A = -\frac{h^2}{12k}(2L - R)$$

Fall 4/6: Stiel beliebig waagerecht belastet

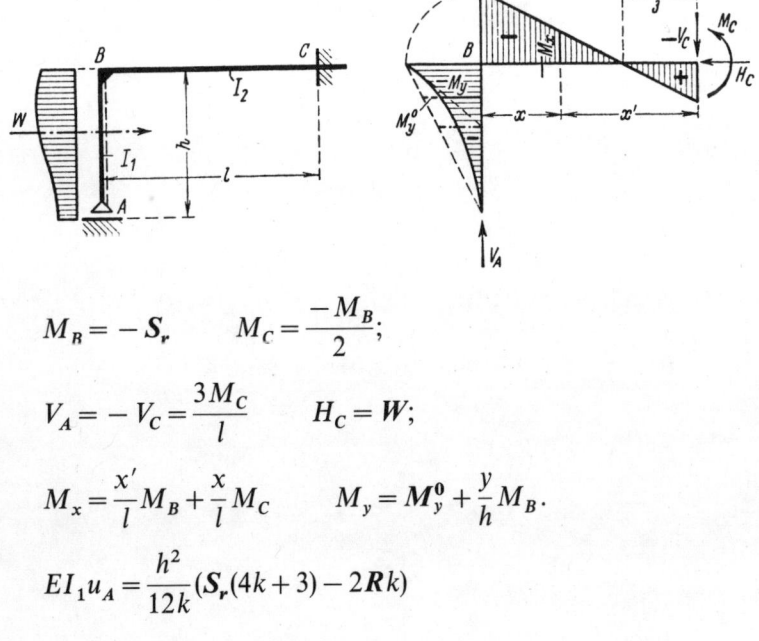

$$M_B = -S_r \qquad M_C = \frac{-M_B}{2};$$

$$V_A = -V_C = \frac{3 M_C}{l} \qquad H_C = W;$$

$$M_x = \frac{x'}{l} M_B + \frac{x}{l} M_C \qquad M_y = M_y^0 + \frac{y}{h} M_B.$$

$$EI_1 u_A = \frac{h^2}{12k}(S_r(4k+3) - 2Rk)$$

Rahmenform 5

Einhüftiger Rahmen mit senkrechtem elastisch eingespanntem Stiel und geneigtem elastisch eingespanntem Riegel

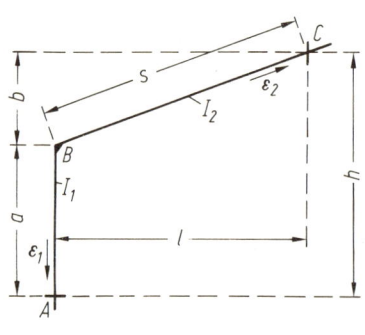

Rahmenform, Abmessungen und Bezeichnungen

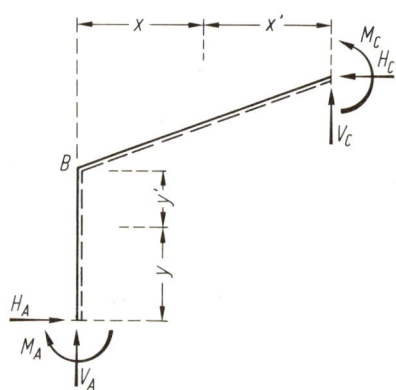

Festlegung der positiven Richtung aller Stützkräfte und der Koordinaten beliebiger Stabpunkte. Positive Biegemomente erzeugen an der gestrichelten Stabseite Zug

Festwerte: $\quad k = \dfrac{I_2}{I_1} \cdot \dfrac{a}{s} \qquad N = k(2 - \varepsilon_1) + 2 - \varepsilon_2.$

Veränderliche: $\quad \xi = \dfrac{x}{l} \qquad \xi' = \dfrac{x'}{l} \qquad \eta = \dfrac{y}{a} \qquad \eta' = \dfrac{y'}{a};$

$\qquad\qquad\qquad (\xi + \xi' = 1). \qquad\qquad (\eta + \eta' = 1).$

Die Festpunkt- oder Momentenfortleitungszahlen ε_1 und ε_2 werden als bekannt vorausgesetzt. Sie liegen zwischen 0 (freie Drehbarkeit, Gelenk) und 0,5 (volle Einspannung). Weitere Hinweise hierzu siehe im Anhang Seite 479.

Festwerte siehe Seite 16   **Rahmenform 5**

Siehe hierzu den Abschnitt „**Belastungsglieder**"

Fall 5/1: Riegel beliebig senkrecht belastet

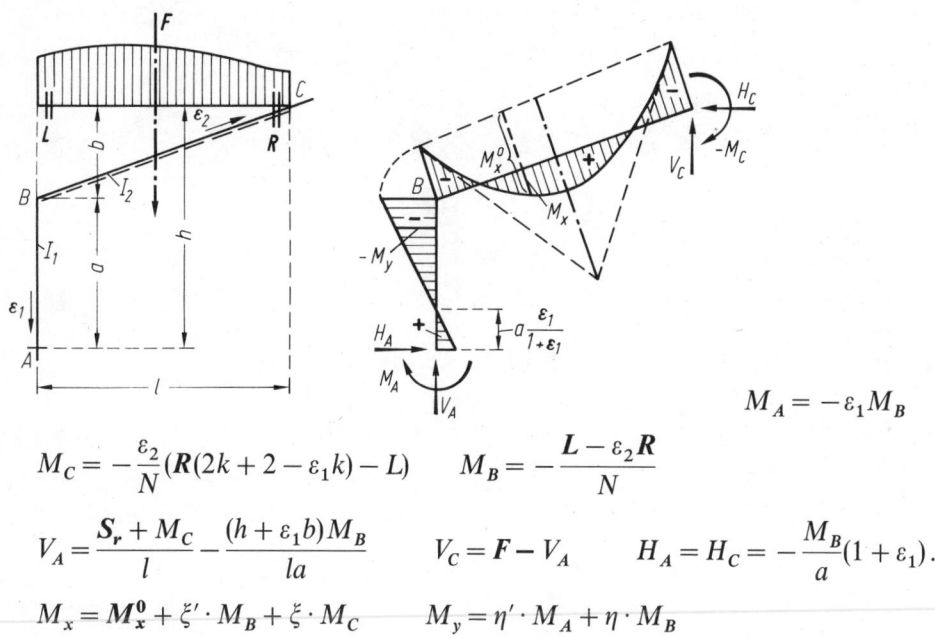

$$M_A = -\varepsilon_1 M_B$$

$$M_C = -\frac{\varepsilon_2}{N}(R(2k+2-\varepsilon_1 k) - L) \qquad M_B = -\frac{L-\varepsilon_2 R}{N}$$

$$V_A = \frac{S_r + M_C}{l} - \frac{(h+\varepsilon_1 b) M_B}{la} \qquad V_C = F - V_A \qquad H_A = H_C = -\frac{M_B}{a}(1+\varepsilon_1).$$

$$M_x = M_x^0 + \xi' \cdot M_B + \xi \cdot M_C \qquad M_y = \eta' \cdot M_A + \eta \cdot M_B$$

Fall 5/2: Riegel beliebig waagerecht belastet

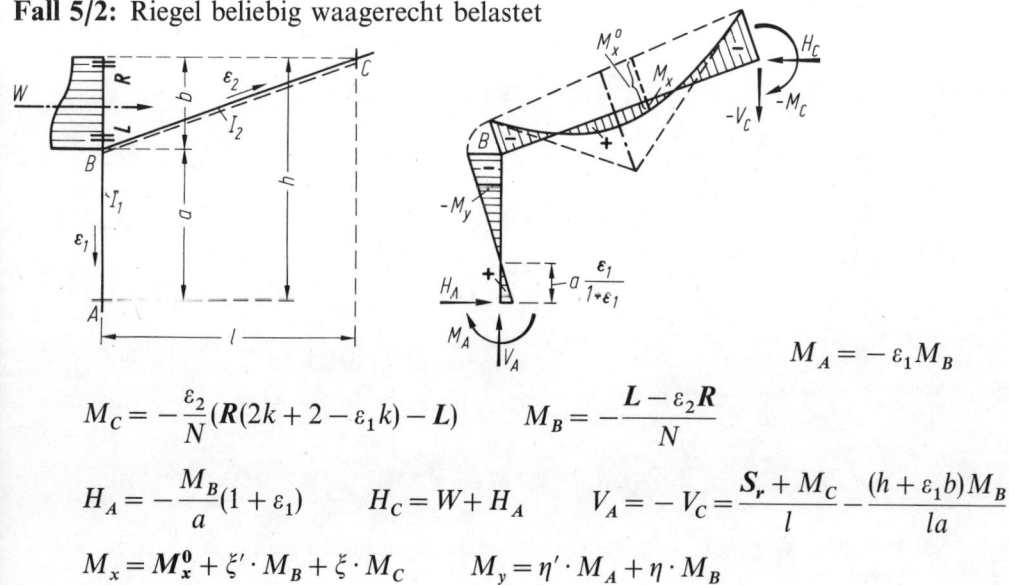

$$M_A = -\varepsilon_1 M_B$$

$$M_C = -\frac{\varepsilon_2}{N}(R(2k+2-\varepsilon_1 k) - L) \qquad M_B = -\frac{L-\varepsilon_2 R}{N}$$

$$H_A = -\frac{M_B}{a}(1+\varepsilon_1) \qquad H_C = W + H_A \qquad V_A = -V_C = \frac{S_r + M_C}{l} - \frac{(h+\varepsilon_1 b) M_B}{la}$$

$$M_x = M_x^0 + \xi' \cdot M_B + \xi \cdot M_C \qquad M_y = \eta' \cdot M_A + \eta \cdot M_B$$

Rahmenform 5 Festwerte siehe Seite 16

Siehe hierzu den Abschnitt **„Belastungsglieder"**

Fall 5/3: Stiel beliebig waagerecht belastet

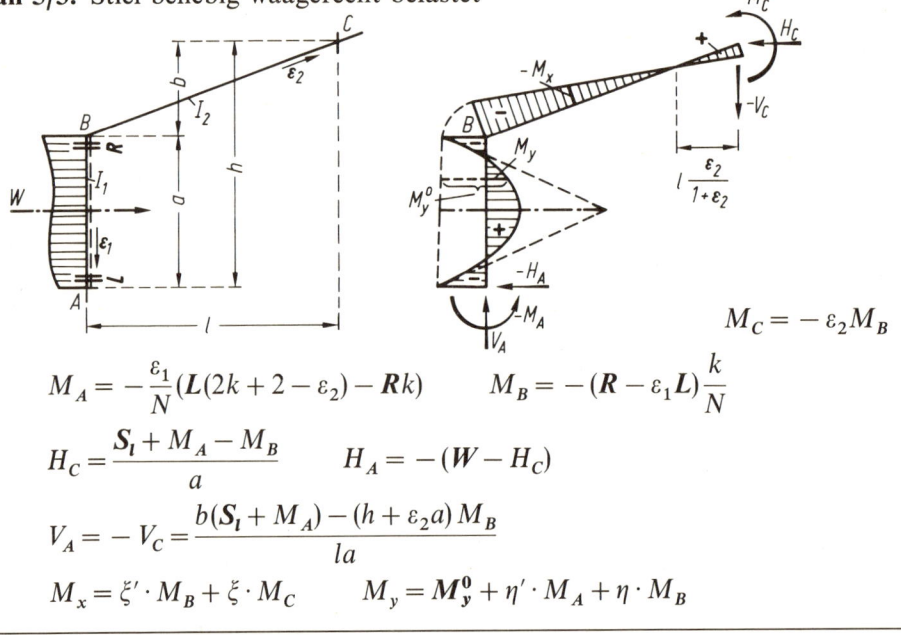

$$M_C = -\varepsilon_2 M_B$$

$$M_A = -\frac{\varepsilon_1}{N}(L(2k+2-\varepsilon_2) - Rk) \qquad M_B = -(R-\varepsilon_1 L)\frac{k}{N}$$

$$H_C = \frac{S_l + M_A - M_B}{a} \qquad H_A = -(W - H_C)$$

$$V_A = -V_C = \frac{b(S_l + M_A) - (h + \varepsilon_2 a)M_B}{la}$$

$$M_x = \xi' \cdot M_B + \xi \cdot M_C \qquad M_y = M_y^0 + \eta' \cdot M_A + \eta \cdot M_B$$

Fall 5/4: Gleichmäßige Wärmezunahme im ganzen Rahmen

$E = $ Elastizitätsmodul,
$\alpha_t = $ Wärmedehnkoeffizient,
$t = $ Wärmeänderung in Grad.
Hilfswerte:

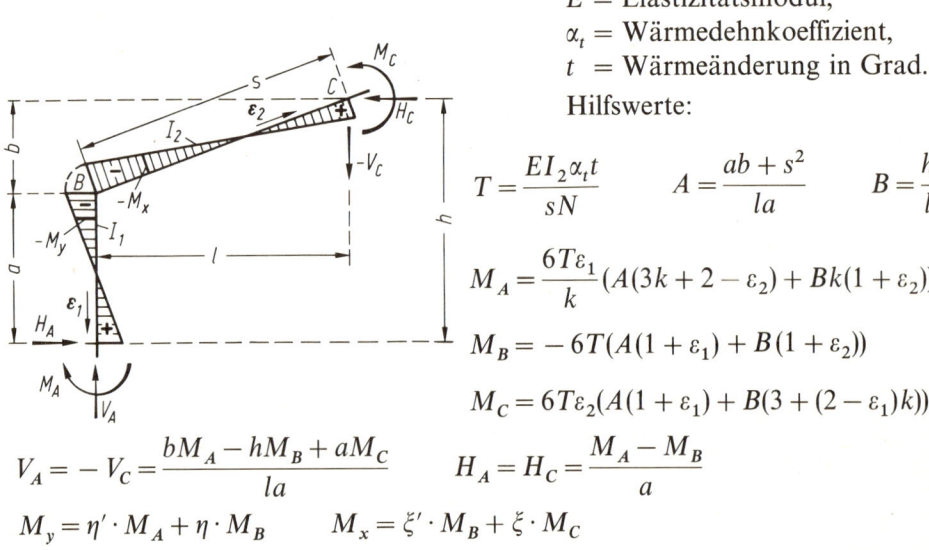

$$T = \frac{EI_2 \alpha_t t}{sN} \qquad A = \frac{ab+s^2}{la} \qquad B = \frac{h}{l}$$

$$M_A = \frac{6T\varepsilon_1}{k}(A(3k+2-\varepsilon_2) + Bk(1+\varepsilon_2))$$

$$M_B = -6T(A(1+\varepsilon_1) + B(1+\varepsilon_2))$$

$$M_C = 6T\varepsilon_2(A(1+\varepsilon_1) + B(3+(2-\varepsilon_1)k))$$

$$V_A = -V_C = \frac{bM_A - hM_B + aM_C}{la} \qquad H_A = H_C = \frac{M_A - M_B}{a}$$

$$M_y = \eta' \cdot M_A + \eta \cdot M_B \qquad M_x = \xi' \cdot M_B + \xi \cdot M_C$$

Bemerkung: Bei Wärmeabnahme kehren alle Kräfte ihren Pfeilsinn um und alle Momente erhalten entgegengesetztes Vorzeichen.

Rahmenform 6

Allgemeiner zweistäbiger Rahmen

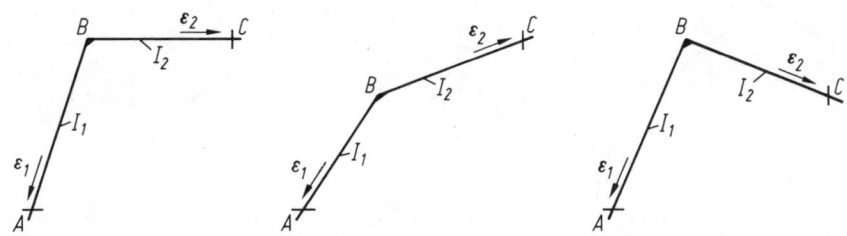

Die im Bild dargestellten zweistäbigen Rahmen mit unverschieblicher Knotengelenkfigur können als *Durchlaufträger*, etwa nach dem Festpunktverfahren berechnet werden. Die Stützmomente können aber auch nach den Formeln der Rahmenform 5, Seite 16, ermittelt werden, wenn man die entsprechenden Längen, Trägheitsmomente und Lastwerte einsetzt. Dabei sind noch die Einspannverhältnisse bei A und C, also die Festpunkt- oder Momentenfortleitungszahlen ε_1 und ε_2 zu beachten. Diese liegen zwischen 0 (freie Drehbarkeit, Gelenk) und 0,5 (volle Einspannung). Weitere Hinweise hierzu siehe im Anhang Seite 479.

Die Auflagerkräfte des allgemeinen zweistäbigen Rahmens hängen auch von den Richtungswinkeln der beiden Stäbe ab. Man bestimmt zweckmäßig zuerst die Stabendquerkräfte, die sich aus einfachen Gleichgewichtsbeziehungen des herausgeschnittenen belasteten Stabes mit (bekannten) Randmomenten ergeben. Schließlich erhält man die Längskräfte durch den Ansatz von Gleichgewichtsbedingungen am herausgeschnittenen Knoten B, wobei noch die (berechneten) Stabendquerkräfte und falls vorhanden äußere Knotenlasten anzusetzen sind. Die Auflagerkräfte ergeben sich, wenn man entsprechend mit den herausgeschnittenen Knoten A und C verfährt.

Rahmenform 7

Symmetrischer Dreieckrahmen mit Fußgelenken

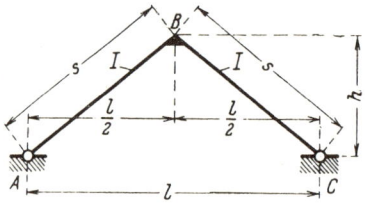

Rahmenform, Abmessungen und Bezeichnungen

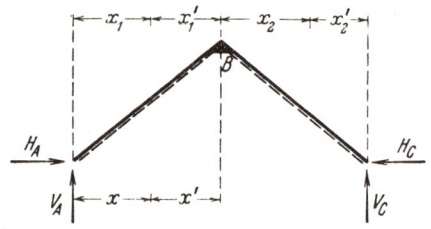

Festlegung der positiven Richtung aller Stützkräfte und der Koordinaten beliebiger Stabpunkte. Bei symmetrischer Rahmenlast wird x und x' verwendet. Positive Biegemomente erzeugen an der gestrichelten Stabseite Zug

Fall 7/1: Gleichmäßige Wärmezunahme im ganzen Rahmen

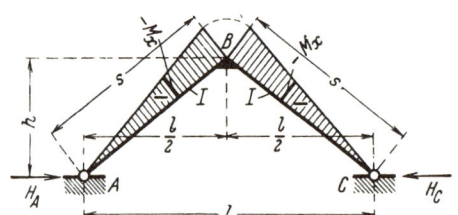

E = Elastizitätsmodul,

α_t = Wärmedehnkoeffizient,

t = Wärmeänderung in Grad.

$$M_B = -\frac{3EI\alpha_t t l}{2sh} \qquad H_A = H_C = \frac{-M_B}{h} \qquad M_x = 2M_B \frac{x}{l}.$$

Bemerkung: Bei Wärme**ab**nahme kehren alle Kräfte ihren Pfeilsinn um und alle Momente erhalten entgegengesetztes Vorzeichen.

Rahmenform 7

Siehe hierzu Titel-Seite 20

Fall 7/2: Rechteck-Vollast auf dem linken Stab

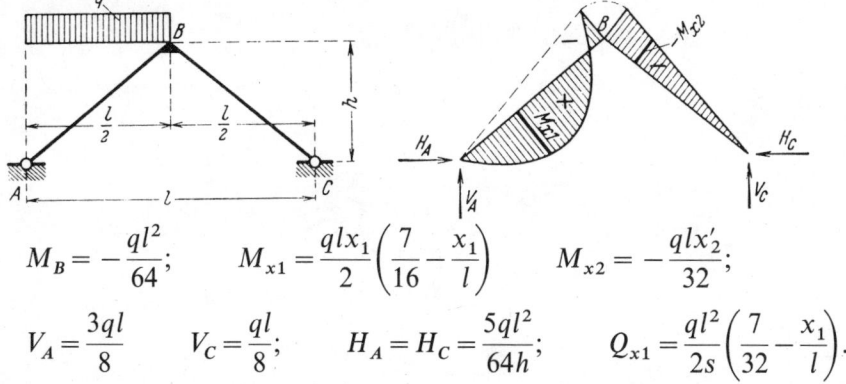

$$M_B = -\frac{ql^2}{64}; \qquad M_{x1} = \frac{qlx_1}{2}\left(\frac{7}{16} - \frac{x_1}{l}\right) \qquad M_{x2} = -\frac{qlx'_2}{32};$$

$$V_A = \frac{3ql}{8} \qquad V_C = \frac{ql}{8}; \qquad H_A = H_C = \frac{5ql^2}{64h}; \qquad Q_{x1} = \frac{ql^2}{2s}\left(\frac{7}{32} - \frac{x_1}{l}\right).$$

Fall 7/3: Rechteck-Vollast über dem ganzen Rahmen

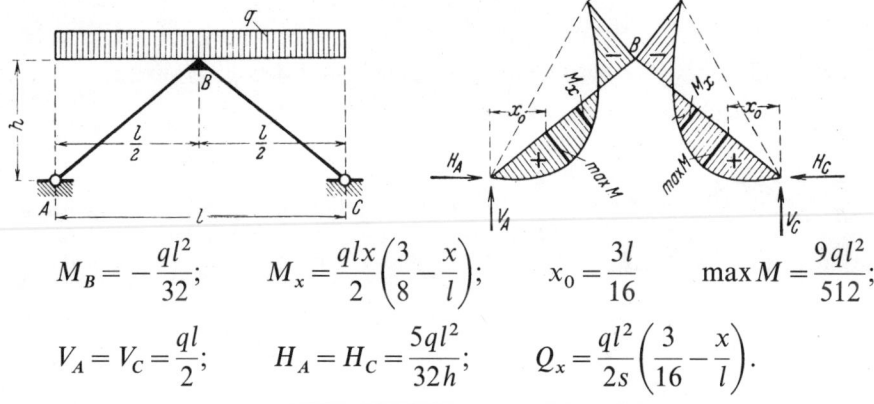

$$M_B = -\frac{ql^2}{32}; \qquad M_x = \frac{qlx}{2}\left(\frac{3}{8} - \frac{x}{l}\right); \qquad x_0 = \frac{3l}{16} \qquad \max M = \frac{9ql^2}{512};$$

$$V_A = V_C = \frac{ql}{2}; \qquad H_A = H_C = \frac{5ql^2}{32h}; \qquad Q_x = \frac{ql^2}{2s}\left(\frac{3}{16} - \frac{x}{l}\right).$$

Fall 7/4: Waagerechte Rechteck-Vollast von links her

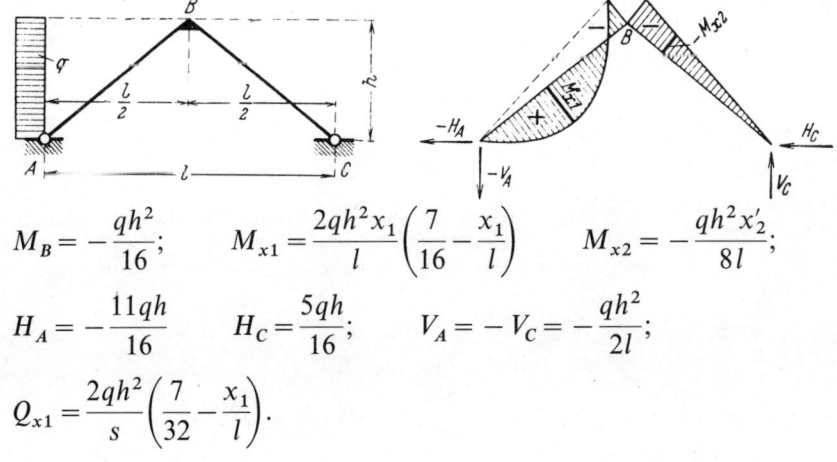

$$M_B = -\frac{qh^2}{16}; \qquad M_{x1} = \frac{2qh^2 x_1}{l}\left(\frac{7}{16} - \frac{x_1}{l}\right) \qquad M_{x2} = -\frac{qh^2 x'_2}{8l};$$

$$H_A = -\frac{11qh}{16} \qquad H_C = \frac{5qh}{16}; \qquad V_A = -V_C = -\frac{qh^2}{2l};$$

$$Q_{x1} = \frac{2qh^2}{s}\left(\frac{7}{32} - \frac{x_1}{l}\right).$$

Rahmenform 7   Siehe hierzu Titel-Seite 20

Siehe hierzu den Abschnitt „**Belastungsglieder**"

Fall 7/5: Linker Stab beliebig senkrecht belastet

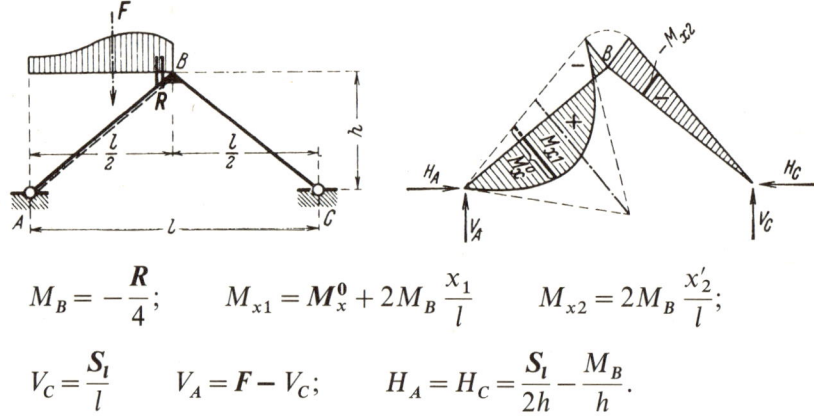

$$M_B = -\frac{R}{4}; \qquad M_{x1} = M_x^0 + 2M_B\frac{x_1}{l} \qquad M_{x2} = 2M_B\frac{x_2'}{l};$$

$$V_C = \frac{S_l}{l} \qquad V_A = F - V_C; \qquad H_A = H_C = \frac{S_l}{2h} - \frac{M_B}{h}.$$

Fall 7/7: Beide Stäbe beliebig senkrecht, aber gleich und *antimetrisch* Rahmen-Symmetrieachse belastet

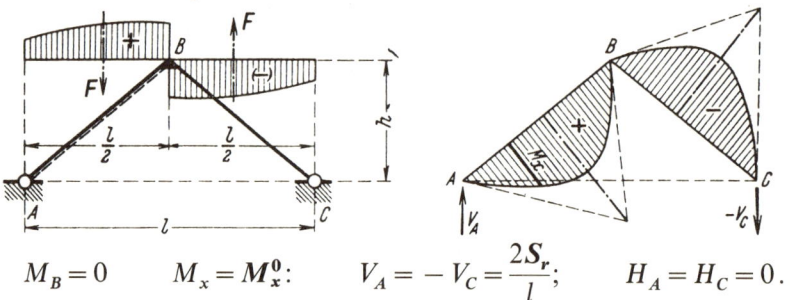

$$M_B = 0 \qquad M_x = M_x^0: \qquad V_A = -V_C = \frac{2S_r}{l}; \qquad H_A = H_C = 0.$$

Bemerkung: Alle Belastungsglieder sind auf den linken Stab bezogen.

Fall 7/9: Linker Stab beliebig waagerecht belastet

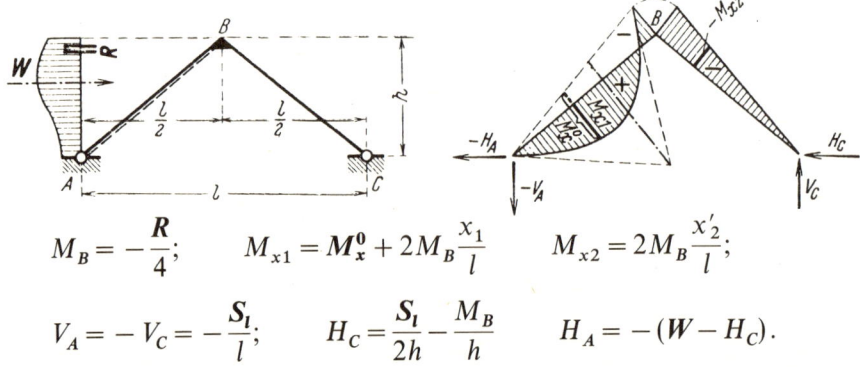

$$M_B = -\frac{R}{4}; \qquad M_{x1} = M_x^0 + 2M_B\frac{x_1}{l} \qquad M_{x2} = 2M_B\frac{x_2'}{l};$$

$$V_A = -V_C = -\frac{S_l}{l}; \qquad H_C = \frac{S_l}{2h} - \frac{M_B}{h} \qquad H_A = -(W - H_C).$$

Siehe hierzu Titel-Seite 20 **Rahmenform 7**

Siehe hierzu den Abschnitt „**Belastungsglieder**"

Fall 7/6: Beide Stäbe beliebig senkrecht, aber gleich und *symmetrisch* zur Rahmen-Symmetrieachse belastet

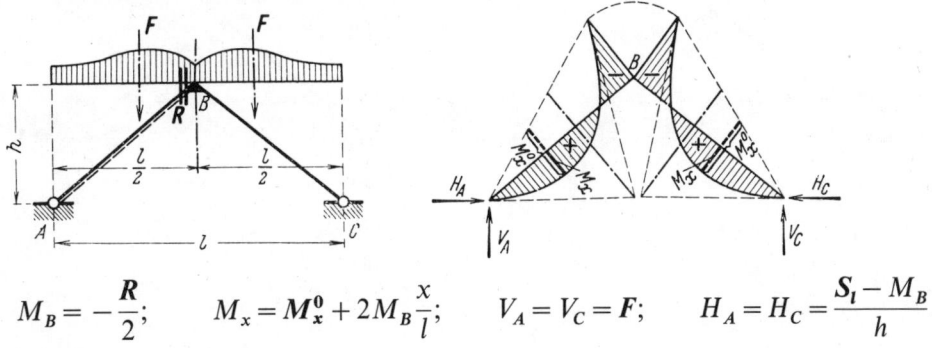

$$M_B = -\frac{R}{2}; \qquad M_x = M_x^0 + 2M_B\frac{x}{l}; \qquad V_A = V_C = F; \qquad H_A = H_C = \frac{S_l - M_B}{h}.$$

Bemerkung: Alle Belastungsglieder sind auf den linken Stab bezogen.

Fall 7/8: Beide Stäbe beliebig waagerecht, aber gleich und *antimetrisch* zur Rahmen-Symmetrieachse belastet

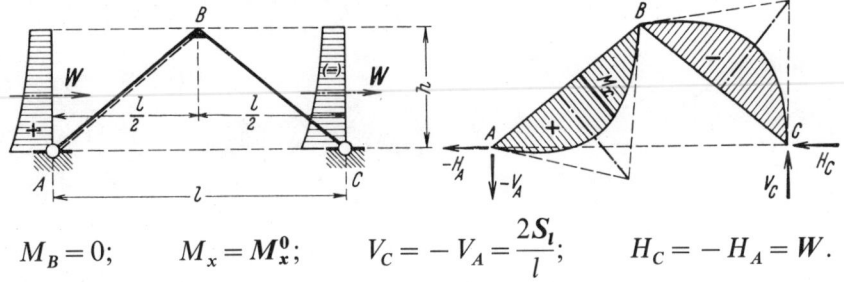

$$M_B = 0; \qquad M_x = M_x^0; \qquad V_C = -V_A = \frac{2S_l}{l}; \qquad H_C = -H_A = W.$$

Bemerkung: Alle Belastungsglieder sind auf den linken Stab bezogen.

Fall 7/10: Beide Stäbe beliebig, aber gleich belastet

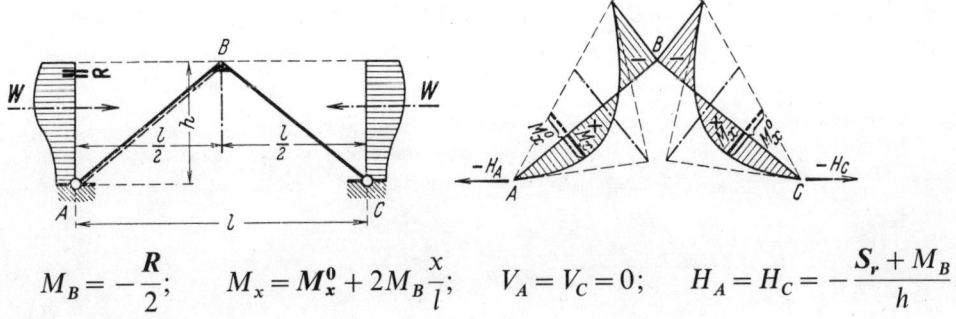

$$M_B = -\frac{R}{2}; \qquad M_x = M_x^0 + 2M_B\frac{x}{l}; \qquad V_A = V_C = 0; \qquad H_A = H_C = -\frac{S_r + M_B}{h}.$$

Bemerkung: Alle Belastungsglieder sind auf den linken Stab bezogen.

Rahmenform 7   Siehe hierzu Titel-Seite 20

Fall 7/11: Senkrechte Einzellast am Eckpunkt B

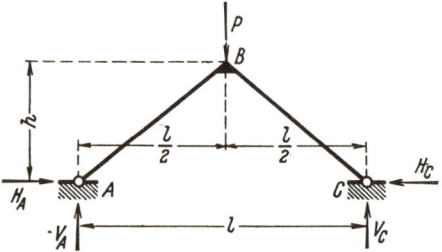

Es treten keine Biegemomente auf.

$$V_A = V_C = \frac{P}{2}$$

$$H_A = H_C = \frac{Pl}{4h}.$$

Fall 7/12: Waagerechte Einzellast am Eckpunkt B

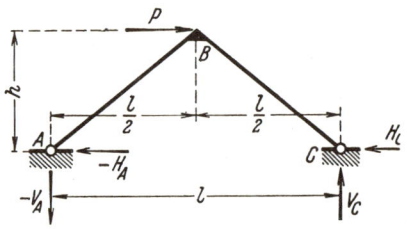

Es treten keine Biegemomente auf.

$$H_A = -H_C = -\frac{P}{2}$$

$$V_A = -V_C = -\frac{Ph}{l}.$$

Fall 7/13: 3 gleiche Einzellasten in den Stabmitten und im Firstpunkt

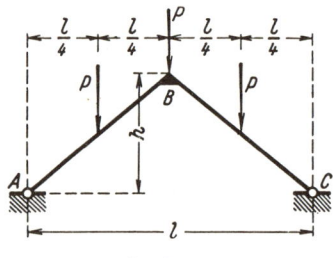 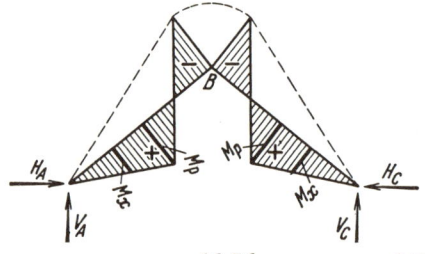

$$M_B = -\frac{3Pl}{32} \qquad V_A = V_C = \frac{3P}{2} \qquad H_A = H_C = \frac{19Pl}{32h} \qquad M_P = \frac{5Pl}{64}$$

Im Bereich AP: $M_x = \frac{5P}{16}x$ Im Bereich PB: $M_x = \frac{Pl}{4} - \frac{11P}{16}x.$

Fall 7/14: Momentenangriff im Firstpunkt B

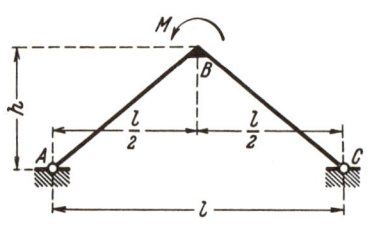 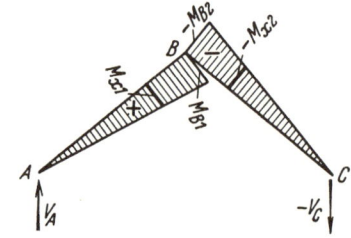

$$M_{B1} = +\frac{M}{2} \quad M_{B2} = -\frac{M}{2} \quad V_A = -V_C = \frac{M}{l} \quad M_{x1} = +\frac{x_1}{l}M \quad M_{x2} = -\frac{x'_2}{l}M.$$

Siehe hierzu Titel-Seite 20 **Rahmenform 7**

Fall 7/15: Senkrechte Einzellast an beliebiger Stelle des linken Stabes

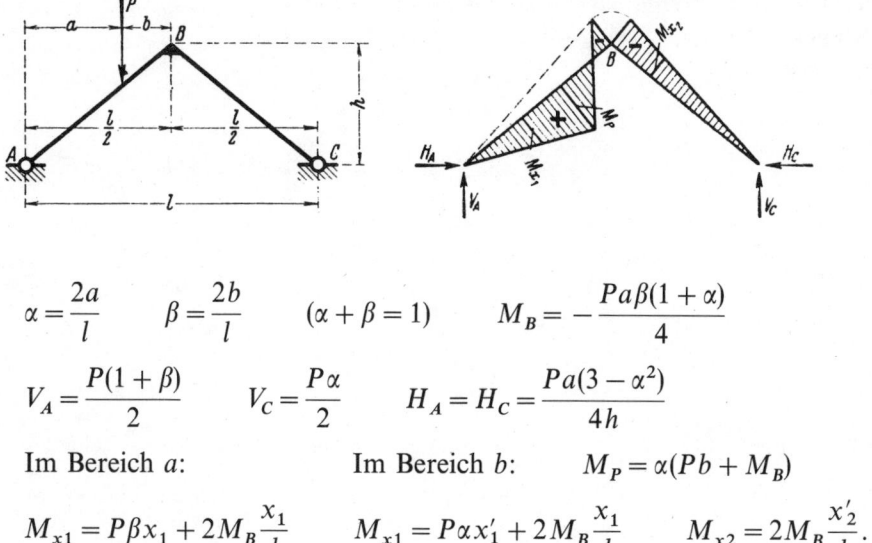

$$\alpha = \frac{2a}{l} \qquad \beta = \frac{2b}{l} \qquad (\alpha + \beta = 1) \qquad M_B = -\frac{Pa\beta(1+\alpha)}{4}$$

$$V_A = \frac{P(1+\beta)}{2} \qquad V_C = \frac{P\alpha}{2} \qquad H_A = H_C = \frac{Pa(3-\alpha^2)}{4h}$$

Im Bereich a: \qquad Im Bereich b: \qquad $M_P = \alpha(Pb + M_B)$

$$M_{x1} = P\beta x_1 + 2M_B \frac{x_1}{l} \qquad M_{x1} = P\alpha x'_1 + 2M_B \frac{x_1}{l} \qquad M_{x2} = 2M_B \frac{x'_2}{l}.$$

Fall 7/16: Senkrechte Einzellasten an beliebiger Stelle der Stäbe, *symmetrischer* Lastfall

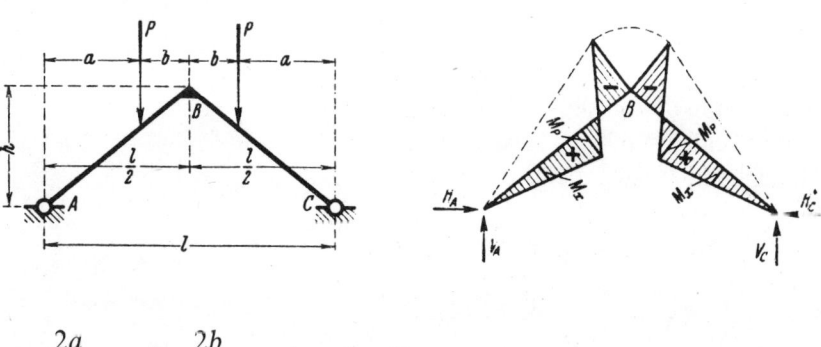

$$\alpha = \frac{2a}{l} \qquad \beta = \frac{2b}{l} \qquad (\alpha + \beta = 1)$$

$$M_B = -\frac{Pa\beta(1+\alpha)}{2} \qquad V_A = V_C = P \qquad H_A = H_C = \frac{Pa(3-\alpha^2)}{2h}$$

Im Bereich a: \qquad Im Bereich b:

$$M_x = P\beta x + 2M_B \frac{x}{l} \qquad M_x = P\alpha x' + 2M_B \frac{x}{l} \qquad M_P = \alpha(Pb + M_B).$$

Rahmenform 8

Symmetrischer Dreieckrahmen mit einem Fußgelenk und einem waagerecht beweglichen Auflager, verbunden durch ein elastisches Zugband

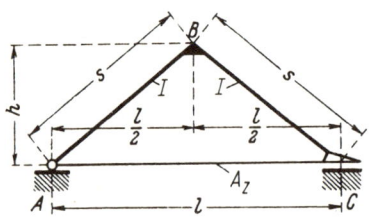

Rahmenform, Abmessungen und Bezeichnungen

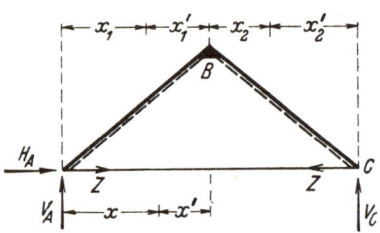

Festlegung der positiven Richtung aller Stützkräfte und der Koordinaten beliebiger Stabpunkte. Bei symmetrischer Rahmenlast wird x und x' verwendet. Positive Biegemomente erzeugen an der gestrichelten Stabseite Zug

Festwerte:

$$L_Z = \frac{3I}{h^2 A_Z} \cdot \frac{l}{s} \cdot \frac{E}{E_Z} \qquad N_Z = 2 + L_Z.$$

$E\ \ $ = Elastizitätsmodul des Rahmenbaustoffes,
E_Z = Elastizitätsmodul des Zugbandstoffes,
A_Z = Querschnittsfläche des Zugbandes.

Bemerkung betreffend antimetrische Lastfälle

Der antimetrische Fall 7/7, Seite 22 hat auch Gültigkeit für Rahmenform 8, da wegen $H = 0$ auch $Z = 0$ wird.

Für den antimetrischen Fall 7/8, Seite 23, wird mit elastischem Zugband und festem Gelenk bei A:

$$Z = \frac{2W}{N_Z} \qquad H_A = 2W; \qquad V_C = -V_A = \frac{2S_r}{l}; \qquad M_B = Wh \cdot \frac{L_Z}{N_Z}.$$

Festwerte siehe Seite 26   **Rahmenform 8**

Siehe hierzu den Abschnitt „**Belastungsglieder**"

Fall 8/1: Linker Stab beliebig senkrecht belastet

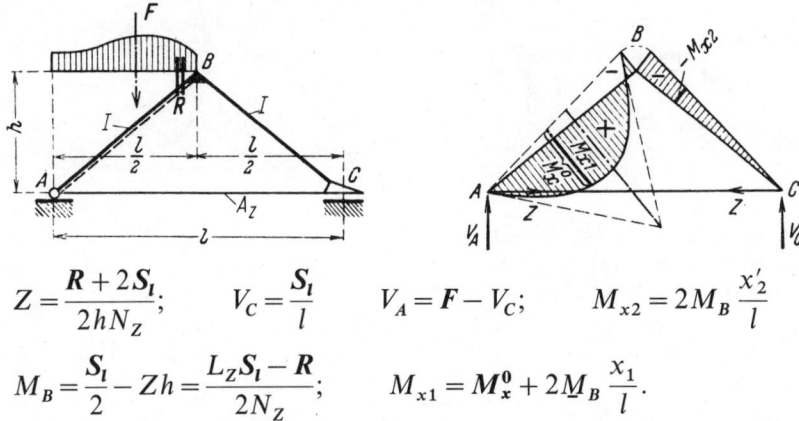

$$Z = \frac{R + 2S_l}{2hN_Z}; \qquad V_C = \frac{S_l}{l} \qquad V_A = F - V_C; \qquad M_{x2} = 2M_B \frac{x_2'}{l}$$

$$M_B = \frac{S_l}{2} - Zh = \frac{L_Z S_l - R}{2N_Z}; \qquad M_{x1} = M_x^0 + 2\underline{M}_B \frac{x_1}{l}.$$

Fall 8/2: Beide Stäbe beliebig senkrecht, aber gleich und symmetrisch zur Rahmen-Symmetrieachse belastet

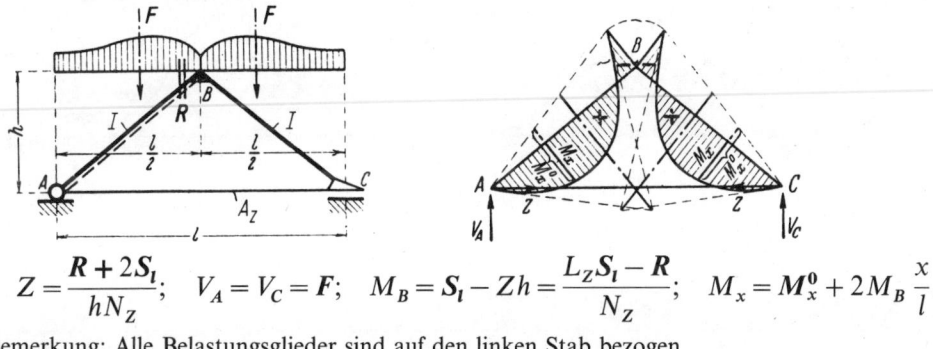

$$Z = \frac{R + 2S_l}{hN_Z}; \quad V_A = V_C = F; \quad M_B = S_l - Zh = \frac{L_Z S_l - R}{N_Z}; \quad M_x = M_x^0 + 2M_B \frac{x}{l}.$$

Bemerkung: Alle Belastungsglieder sind auf den linken Stab bezogen.

Fall 8/3: Linker Stab beliebig waagerecht belastet

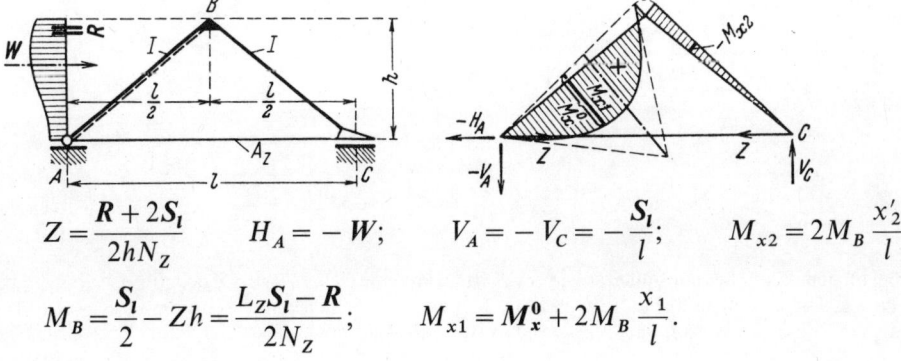

$$Z = \frac{R + 2S_l}{2hN_Z} \qquad H_A = -W; \qquad V_A = -V_C = -\frac{S_l}{l}; \qquad M_{x2} = 2M_B \frac{x_2'}{l}$$

$$M_B = \frac{S_l}{2} - Zh = \frac{L_Z S_l - R}{2N_Z}; \qquad M_{x1} = M_x^0 + 2M_B \frac{x_1}{l}.$$

Rahmenform 8   Festwerte siehe Seite 26

Siehe hierzu den Abschnitt „**Belastungsglieder**"

Fall 8/4: Rechter Stab beliebig waagerecht belastet

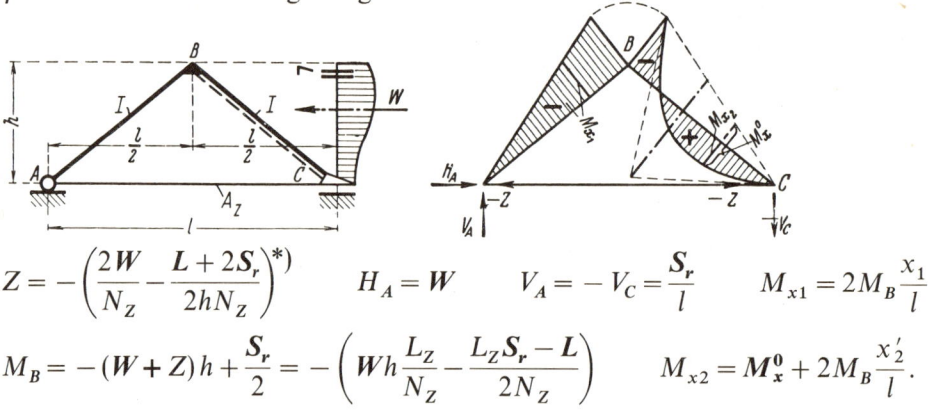

$$Z = -\left(\frac{2W}{N_Z} - \frac{L + 2S_r}{2hN_Z}\right)^{*)} \qquad H_A = W \qquad V_A = -V_C = \frac{S_r}{l} \qquad M_{x1} = 2M_B \frac{x_1}{l}$$

$$M_B = -(W+Z)h + \frac{S_r}{2} = -\left(Wh\frac{L_Z}{N_Z} - \frac{L_Z S_r - L}{2N_Z}\right) \qquad M_{x2} = M_x^0 + 2M_B \frac{x_2'}{l}.$$

Fall 8/5: Beide Stäbe beliebig waagerecht, aber gleich belastet

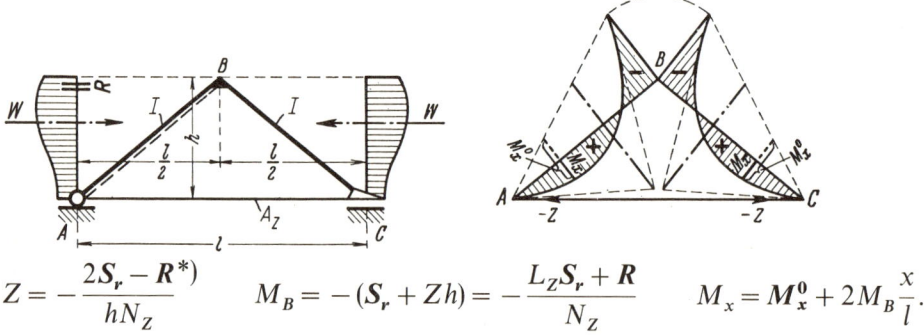

$$Z = -\frac{2S_r - R^{*)}}{hN_Z} \qquad M_B = -(S_r + Zh) = -\frac{L_Z S_r + R}{N_Z} \qquad M_x = M_x^0 + 2M_B \frac{x}{l}.$$

Bemerkung: Alle Belastungsglieder sind auf den linken Stab bezogen.

Fall 8/6: Waagerechte Einzellast am Firstpunkt *B* von rechts her

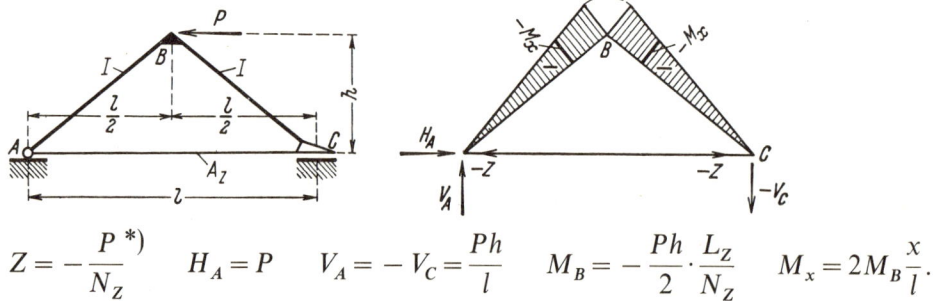

$$Z = -\frac{P^{*)}}{N_Z} \qquad H_A = P \qquad V_A = -V_C = \frac{Ph}{l} \qquad M_B = -\frac{Ph}{2} \cdot \frac{L_Z}{N_Z} \qquad M_x = 2M_B \frac{x}{l}.$$

*) Bei obigen drei Belastungsfällen sowie bei Wärme**ab**nahme (s. S. 29) wird Z negativ, d. h. das Zugband erhält Druck. Dieser Umstand hat selbstverständlich nur dann einen Sinn, wenn die Druckkraft kleiner bleibt als die Zugkraft aus ständiger Last, so daß stets ein Rest Zugkraft im Zugbande verbleibt.

Festwerte siehe Seite 26 — **Rahmenform 8**

Fall 8/7: Senkrechte Einzellast am Firstpunkt B

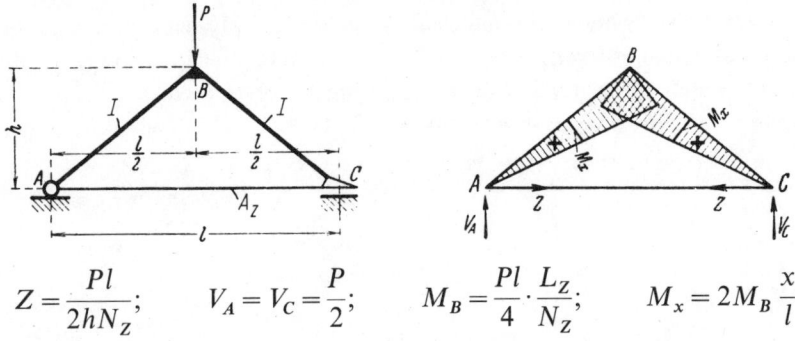

$$Z = \frac{Pl}{2hN_Z}; \qquad V_A = V_C = \frac{P}{2}; \qquad M_B = \frac{Pl}{4} \cdot \frac{L_Z}{N_Z}; \qquad M_x = 2M_B \frac{x}{l}.$$

Fall 8/8: Waagerechte Einzellast am Firstpunkt B von links her

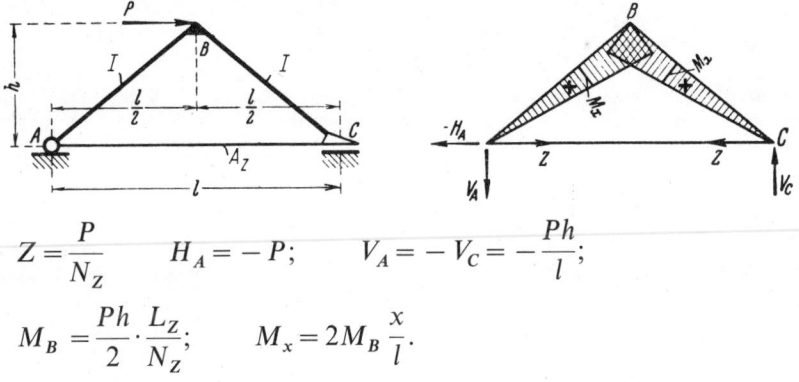

$$Z = \frac{P}{N_Z} \qquad H_A = -P; \qquad V_A = -V_C = -\frac{Ph}{l};$$

$$M_B = \frac{Ph}{2} \cdot \frac{L_Z}{N_Z}; \qquad M_x = 2M_B \frac{x}{l}.$$

Fall 8/9: Gleichmäßige Wärmezunahme im ganzen Rahmen

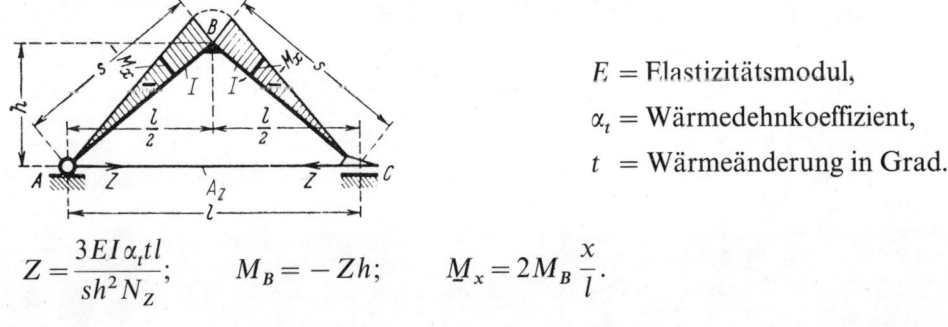

E = Elastizitätsmodul,
α_t = Wärmedehnkoeffizient,
t = Wärmeänderung in Grad.

$$Z = \frac{3EI\alpha_t t l}{sh^2 N_Z}; \qquad M_B = -Zh; \qquad M_x = 2M_B \frac{x}{l}.$$

Bemerkung: Bei Wärme**ab**nahme kehren alle Kräfte ihren Pfeilsinn um und alle Momente erhalten entgegengesetztes Vorzeichen*).

---

*) Siehe hierzu die Fußnote Seite 28.

Rahmenform 9

Symmetrischer Dreieck-Zweigelenkbinder mit in beliebiger Höhenlage gelenkig angeschlossenem starrem Druckstab und mit verschiedenen am Druckstabanschluß sich sprunghaft ändernden Trägheitsmomenten[1])
(Kehlbalkenbinder mit biegungssteifer Firstecke)

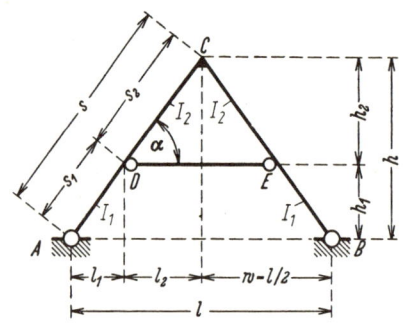 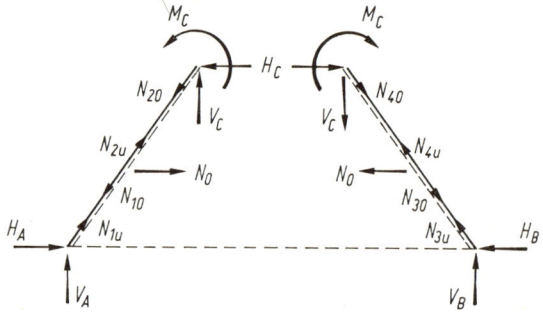

Rahmenform, Abmessungen und Bezeichnungen

Festlegung der positiven Richtung aller Stützkräfte, Schnittkräfte im First und Längskräfte[2])

Festwerte:

$$k = \frac{I_2}{I_1} \cdot \frac{s_1}{s_2}\,^{1)}; \qquad \left(\frac{s_1}{s_2} = \frac{l_1}{l_2} = \frac{h_1}{h_2}\right); \qquad \beta_1 = \frac{l_1}{w} = \frac{h_1}{h}; \qquad \beta_2 = \frac{l_2}{w} = \frac{h_2}{h};$$

$$K = 4k + 3. \qquad\qquad\qquad (\beta_1 + \beta_2 = 1).$$

Bemerkung: Die Momentenbilder der Fälle 9/1 bis 9/6 entsprechen mit der Annahme $I_1 = I_2$ jeweils dem zugehörigen Sonderfall b mit $q_1 = q_2$.

---

[1]) Für konstantes Trägheitsmoment I des ganzen Stabes s, also für $(I_1 = I_2) = I$, ist einfach $k = s_1/s_2$.
[2]) Positive Biegemomente M erzeugen an der gestrichelten Stabseite Zug. Positive Längskräfte N erzeugen im Stab Zug.

Festwerte usw. siehe Seite 30   **Rahmenform 9**

Siehe hierzu den Abschnitt „Belastungsglieder"

Fall 9/1: Ganzer Rahmen beliebig senkrecht, aber *symmetrisch* belastet

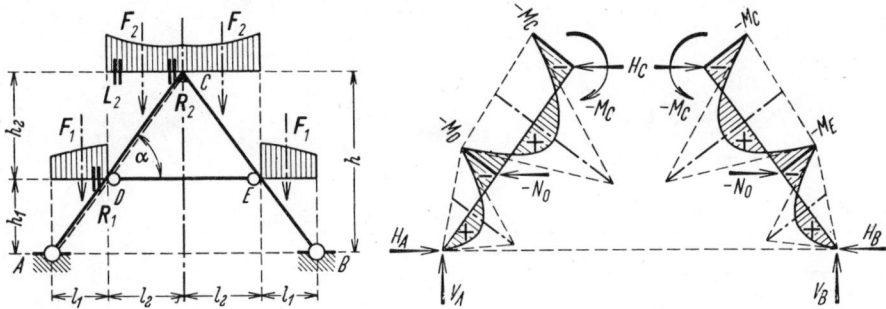

Hilfswert und Momente:

$$X = \frac{2R_1 k + (2L_2 - R_2)}{K}; \qquad M_C = \frac{-R_2 + X}{2} \qquad M_D = M_E = -X.$$

Stütz- und Schnittkräfte:

$$H_A = H_B = \frac{S_{l1} + F_2 l_1 - M_D}{h_1} \qquad H_C = \frac{S_{l2} - M_C + M_D}{h_2};$$

$$V_A = V_B = F_1 + F_2 \qquad V_C = 0; \qquad -N_0 = H_A - H_C.$$

Längskräfte:

$$N_{1u} = N_{3u} = -V_A \cdot \sin\alpha - H_A \cdot \cos\alpha \qquad N_{2o} = N_{4o} = -H_C \cdot \cos\alpha$$

$$N_{1o} = N_{3o} = -F_2 \cdot \sin\alpha - H_A \cdot \cos\alpha \qquad N_{2u} = N_{4u} = -H_C \cdot \cos\alpha - F_2 \cdot \sin\alpha.$$

Bemerkung: Alle Belastungsglieder sind auf die linke Rahmenhälfte bezogen.

Sonderfall 9/1a: Symmetrische Feldlasten $(R = L)$

$$H_A = H_B = \left(\frac{F_1}{2} + F_2\right) \cdot \cot\alpha - \frac{M_D}{h_1} \qquad H_C = \frac{F_2}{2} \cdot \cot\alpha + \frac{M_D - M_C}{h_2};$$

$$X = \frac{2L_1 k + L_2}{K}. \text{ Alle übrigen Formeln lauten wie vor.}$$

Sonderfall 9/1b: Gleichmäßig verteilte Feldlasten q_1 und q_2
In vorstehende Formeln werden eingesetzt:

$$F_1 = q_1 l_1 \qquad F_2 = q_2 l_2; \qquad L_1 = \frac{F_1 l_1}{4} \qquad L_2 = \frac{F_2 l_2}{4}.$$

Rahmenform 9 Festwerte usw. siehe Seite 30

Siehe hierzu den Abschnitt „**Belastungsglieder**"

Fall 9/2: Ganzer Rahmen beliebig waagerecht, aber *symmetrisch* belastet

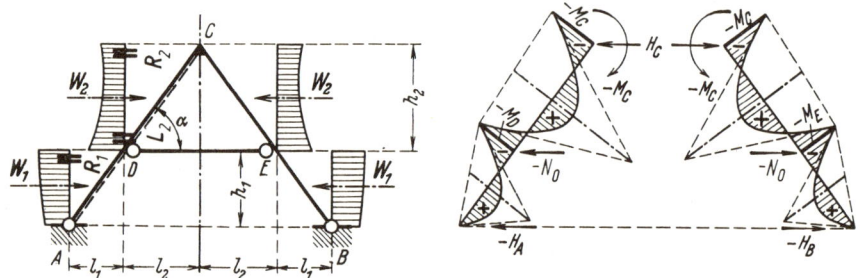

Hilfswert und Momente

$$X = \frac{2R_1 k + (2L_2 - R_2)}{K}; \qquad M_C = \frac{-R_2 + X}{2} \qquad M_D = M_E = -X.$$

Stütz- und Schnittkräfte

$$H_A = H_B = -\frac{S_{r1} + M_D}{h_1} \qquad H_C = \frac{S_{l2} - M_C + M_D}{h_2};$$
$$V_A = V_B = 0 \qquad V_C = 0; \qquad -N_0 = W_1 + W_2 + H_A - H_C.$$

Längskräfte:

$$N_{1u} = N_{3u} = -H_A \cdot \cos\alpha \qquad N_{2o} = N_{4o} = -H_C \cdot \cos\alpha$$
$$N_{1o} = N_{3o} = -(H_A + W_1) \cdot \cos\alpha \qquad N_{2u} = N_{4u} = -(H_C - W_2) \cdot \cos\alpha.$$

Bemerkung: Alle Belastungsglieder sind auf die linke Rahmenhälfte bezogen.

Sonderfall 9/2a: Symmetrische Feldlasten $(R = L)$

$$H_A = H_B = -\frac{W_1}{2} - \frac{M_D}{h_1} \qquad H_C = \frac{W_2}{2} + \frac{M_D - M_C}{h_2};$$

$$X = \frac{2L_1 k + L_2}{K}. \text{ Alle übrigen Formeln lauten wie vor.}$$

Sonderfall 9/2b: Gleichmäßig verteilte Feldlasten q_1 und q_2

In vorstehende Formeln werden eingesetzt:

$$W_1 = q_1 h_1 \qquad W_2 = q_2 h_2; \qquad L_1 = \frac{W_1 h_1}{4} \qquad L_2 = \frac{W_2 h_2}{4}.$$

Festwerte usw. siehe Seite 30 **Rahmenform 9**

Siehe hierzu den Abschnitt „**Belastungsglieder**"

Fall 9/3: Ganzer Rahmen beliebig senkrecht, aber *antimetrisch* belastet

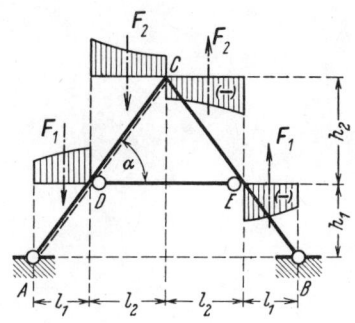 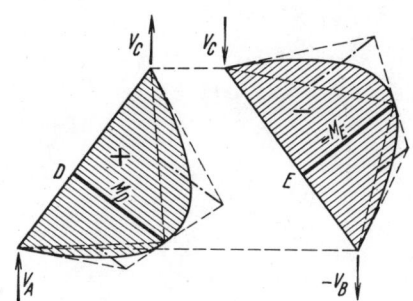

Momente:

$$M_C = 0 \qquad M_D = -M_E = S_{l1} \cdot \beta_2 + S_{r2} \cdot \beta_1.$$

Stütz- und Schnittkräfte:

$$V_A = -V_B = \frac{S_{r1} + F_1 l_2 + S_{r2}}{w} \qquad V_C = \frac{S_{l1} + F_2 l_1 + S_{l2}}{w};$$

$$H_A = H_B = 0 \qquad H_C = 0; \qquad N_0 = 0.$$

Längskräfte:

$$N_{1u} = -N_{3u} = -V_A \cdot \sin\alpha \qquad N_{2o} = -N_{4o} = +V_C \cdot \sin\alpha$$
$$N_{1o} = -N_{3o} = -(V_A - F_1)\sin\alpha = N_{2u} = -N_{4u} = -(F_2 - V_C)\sin\alpha.$$

Bemerkung: Alle Belastungsglieder sind auf die linke Rahmenhälfte bezogen.

Sonderfall 9/3a: Symmetrische Feldlasten ($S_l = S_r$)

$$V_A = -V_B = \frac{F_1(1 + \beta_2) + F_2 \cdot \beta_2}{2} \qquad V_C = \frac{F_1 \cdot \beta_1 + F_2(1 + \beta_1)}{2};$$

$$M_D = -M_E = \frac{(F_1 + F_2)l_1 l_2}{l}. \quad \text{Alle übrigen Formeln lauten wie vor.}$$

Sonderfall 9/3b: Gleichmäßig verteilte Feldlasten q_1 und q_2

In vorstehende Formeln werden eingesetzt:

$$F_1 = q_1 l_1 \qquad F_2 = q_2 l_2.$$

Rahmenform 9　　　　　　　　　　　　　　　　　　　　Festwerte usw. siehe Seite 30

Siehe hierzu den Abschnitt „**Belastungsglieder**"

Fall 9/4: Ganzer Rahmen beliebig waagerecht, aber *antimetrisch* belastet

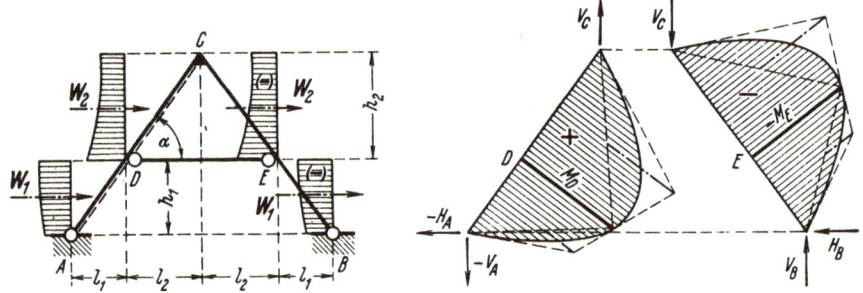

Momente:
$$M_C = 0 \qquad M_D = -M_E = S_{l1} \cdot \beta_2 + S_{r2} \cdot \beta_1.$$

Stütz- und Schnittkräfte:
$$V_B = V_C = -V_A = \frac{S_{l1} + W_2 h_1 + S_{l2}}{w}$$

$$H_B = -H_A = W_1 + W_2 \qquad H_C = 0 \qquad N_0 = 0.$$

Längskräfte:
$$N_{3u} = -N_{1u} = -V_B \cdot \sin\alpha - H_B \cdot \cos\alpha \qquad N_{4o} = -N_{2o} = -V_C \cdot \sin\alpha$$

$$N_{3o} = -N_{1o} = N_{3u} + W_1 \cdot \cos\alpha = N_{4u} = -N_{2u} = -V_C \cdot \sin\alpha - W_2 \cdot \cos\alpha.$$

Bemerkung: Alle Belastungsglieder sind auf die linke Rahmenhälfte bezogen.

Sonderfall 9/4a: Symmetrische Feldlasten ($S_l = S_r$)

$$M_D = -M_E = \frac{(W_1 + W_2)h_1 h_2}{2h}; \qquad V_B = V_C = -V_A = \frac{W_1 h_1 + W_2(h + h_1)}{l}$$

Alle übrigen Formeln lauten wie vor.

Sonderfall 9/4b: Gleichmäßig verteilte Feldlasten q_1 und q_2

In vorstehende Formeln werden eingesetzt:

$$W_1 = q_1 h_1 \qquad W_2 = q_2 h_2.$$

Festwerte usw. siehe Seite 30   **Rahmenform 9**

Siehe hierzu den Abschnitt **„Belastungsglieder"**

Fall 9/5: Linke Rahmenhälfte beliebig senkrecht belastet*).

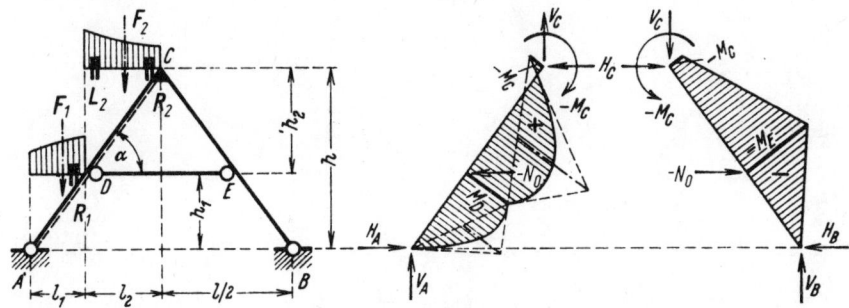

Momente (Hilfswert X genau wie beim Fall 9/1, Seite 31):

$$M_C = \frac{-R_2 + X}{4} \qquad \genfrac{}{}{0pt}{}{M_D \searrow}{M_E \nearrow} = -\frac{X}{2} \pm \frac{S_{l1} \cdot \beta_2 + S_{r2} \cdot \beta_1}{2}.$$

Stütz- und Schnittkräfte:

$$V_B = V_C = \frac{S_{l1} + F_2 l_1 + S_{l2}}{l} \qquad V_A = F_1 + F_2 - V_B;$$

$$H_A = H_B = \frac{V_B \cdot l_1 - M_E}{h_1} \qquad H_C = \frac{V_C \cdot l_2 - M_C + M_E}{h_2}; \qquad -N_0 = H_B - H_C.$$

Längskräfte:

$$N_{1u} = -V_A \cdot \sin\alpha - H_A \cdot \cos\alpha \qquad N_{2o} = +V_C \cdot \sin\alpha - H_C \cdot \cos\alpha$$
$$N_{1o} = N_{1u} + F_1 \cdot \sin\alpha; \qquad N_{2u} = N_{2o} - F_2 \cdot \sin\alpha;$$
$$N_3 = -V_B \cdot \sin\alpha - H_B \cdot \cos\alpha \qquad N_4 = -V_C \cdot \sin\alpha - H_C \cdot \cos\alpha.$$

Sonderfall 9/5a: Symmetrische Feldlasten ($R = L$)

$$\genfrac{}{}{0pt}{}{M_D \searrow}{M_E \nearrow} = -\frac{X}{2} \pm \frac{(F_1 + F_2) l_1 l_2}{2l}; \qquad V_B = V_C = \frac{F_1 \cdot \beta_1 + F_2(1 + \beta_1)}{4}.$$

Alle übrigen Formeln lauten wie vor. (Hilfswert X genau wie beim Sonderfall 9/1a, Seite 31).

Sonderfall 9/5b: Gleichmäßig verteilte Feldlasten q_1 und q_2.
In vorstehende Formeln werden eingesetzt:

$$F_1 = q_1 l_1 \qquad F_2 = q_2 l_2; \qquad (L_1 = F_1 l_1 / 4 \quad L_2 = F_2 l_2 / 4).$$

---

*) Für den Fall 9/5 könnten auch *alle Kräfte* nach dem B-U-Verfahren aus den Fällen 9/1 und 9/3 gebildet werden, wie es hier nur teilweise geschehen ist.

Rahmenform 9 Festwerte usw. siehe Seite 30

Siehe hierzu den Abschnitt „**Belastungsglieder**"

Fall 9/6: Linke Rahmenhälfte beliebig waagerecht belastet*)

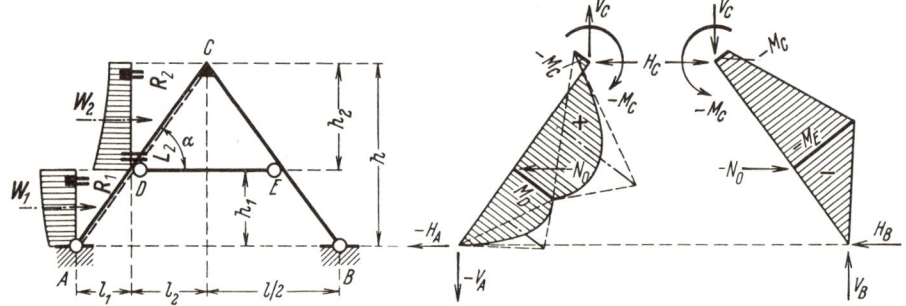

Momente (Hilfswert X genau wie beim Fall 9/2, Seite 32):

$$M_C = \frac{-R_2 + X}{4} \qquad \begin{matrix}M_D \searrow \\ M_E \nearrow\end{matrix} = -\frac{X}{2} \pm \frac{S_{l1} \cdot \beta_2 + S_{r2} \cdot \beta_1}{2}.$$

Stütz- und Schnittkräfte:

$$V_B = V_C = -V_A = \frac{S_{l1} + W_2 h_1 + S_{l2}}{l}; \qquad H_C = \frac{V_C \cdot l_2 - M_C + M_E}{h_2}$$

$$H_B = \frac{V_B \cdot l_1 - M_E}{h_1} \qquad H_A = -W_1 - W_2 + H_B; \qquad -N_0 = H_B - H_C.$$

Längskräfte:

$$N_{1u} = -V_A \cdot \sin\alpha - H_A \cdot \cos\alpha \qquad N_{2o} = +V_C \cdot \sin\alpha - H_C \cdot \cos\alpha$$
$$N_{1o} = N_{1u} - W_1 \cdot \cos\alpha; \qquad N_{2u} = N_{2o} + W_2 \cdot \cos\alpha;$$
$$N_3 = -V_B \cdot \sin\alpha - H_B \cdot \cos\alpha \qquad N_4 = -V_C \cdot \sin\alpha - H_C \cdot \cos\alpha.$$

Sonderfall 9/6a: Symmetrische Feldlasten ($R = L$)

$$\begin{matrix}M_D \searrow \\ M_E \nearrow\end{matrix} = -\frac{X}{2} \pm \frac{(W_1 + W_2)h_1 h_2}{4h}; \qquad V_B = V_C = -V_A = \frac{W_1 h_1 + W_2(h + h_1)}{2l}.$$

Alle übrigen Formeln lauten wie vor. (Hilfswert X genau wie beim Sonderfall 9/2a, Seite 32).

Sonderfall 9/6b: Gleichmäßig verteilte Feldlasten q_1 und q_2.
In vorstehende Formeln werden eingesetzt:

$$W_1 = q_1 h_1 \qquad W_2 = q_2 h_2; \qquad (L_1 = W_1 h_1/4 \quad L_2 = W_2 h_2/4).$$

---

*) Für den Fall 9/6 könnten auch *alle Kräfte* nach dem *B-U*-Verfahren aus den Fällen 9/2 und 9/4 gebildet werden, wie es hier nur teilweise geschehen ist.

Rahmenform 9

Fall 9/7: Gleichmäßig verteilte *symmetrische* Vollast, rechtwinklig zu den Schrägstäben wirkend

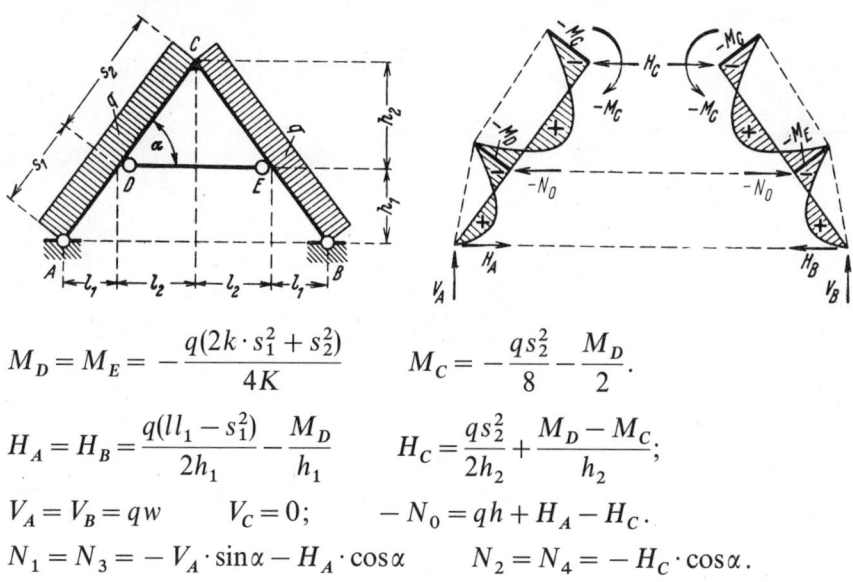

$$M_D = M_E = -\frac{q(2k \cdot s_1^2 + s_2^2)}{4K} \qquad M_C = -\frac{qs_2^2}{8} - \frac{M_D}{2}.$$

$$H_A = H_B = \frac{q(ll_1 - s_1^2)}{2h_1} - \frac{M_D}{h_1} \qquad H_C = \frac{qs_2^2}{2h_2} + \frac{M_D - M_C}{h_2};$$

$$V_A = V_B = qw \qquad V_C = 0; \qquad -N_0 = qh + H_A - H_C.$$

$$N_1 = N_3 = -V_A \cdot \sin\alpha - H_A \cdot \cos\alpha \qquad N_2 = N_4 = -H_C \cdot \cos\alpha.$$

Fall 9/8: Gleichmäßig verteilte *antimetrische* Vollast, rechtwinklig zu den Schrägstäben wirkend (Druck und Sog)

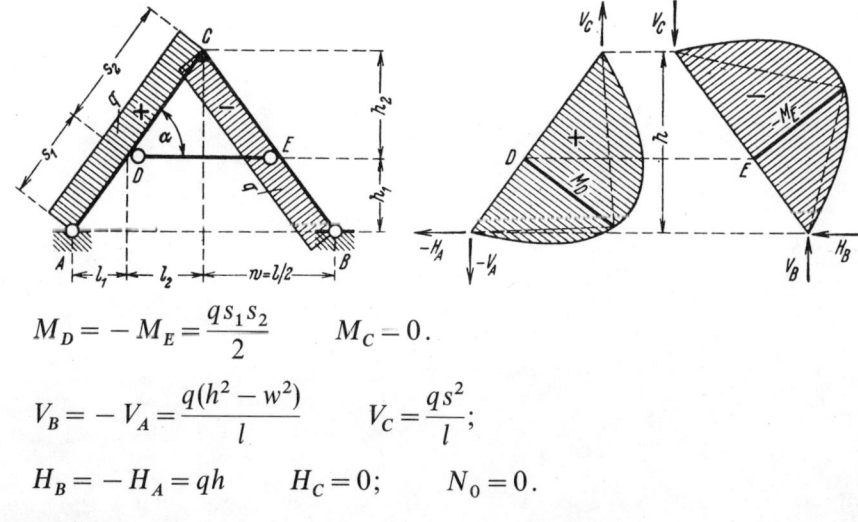

$$M_D = -M_E = \frac{qs_1 s_2}{2} \qquad M_C = 0.$$

$$V_B = -V_A = \frac{q(h^2 - w^2)}{l} \qquad V_C = \frac{qs^2}{l};$$

$$H_B = -H_A = qh \qquad H_C = 0; \qquad N_0 = 0.$$

Längskräfte:

$$N_3 = N_4 = -N_1 = -N_2 = -\frac{qsh}{l}$$

Rahmenform 9 Festwerte usw. siehe Seite 30

Fall 9/9: *Symmetrische* Anordnung von Einzellasten

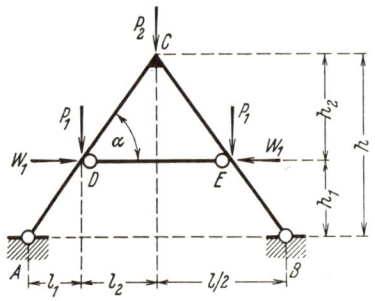

Biegemomente treten nicht auf.

$(M_C = M_D = M_E = 0).$

$$V_A = V_B = P_1 + \frac{P_2}{2} \qquad V_C = 0.$$

$$H_A = H_B = V_A \cdot \cot\alpha \qquad H_C = \frac{P_2}{2} \cdot \cot\alpha; \qquad -N_0 = P_1 \cdot \cot\alpha + W_1.$$

Längskräfte:

$$N_1 = N_3 = \frac{-V_A}{\sin\alpha} \qquad N_2 = N_4 = \frac{-P_2}{2\sin\alpha}.$$

Bemerkung: Das waagereche Lastenpaar W_1 wirkt sich nur als zusätzliche Längskraft im gelenkigen Druckstab aus.

Fall 9/10: *Antimetrische* Anordnung von Einzellasten

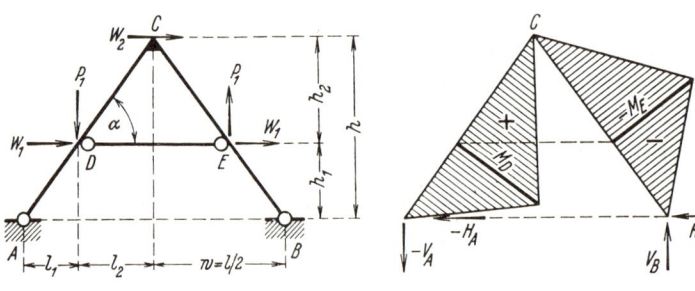

$$M_D = -M_E = (P_1 l_1 + W_1 h_1)\beta_2 \qquad M_C = 0.$$

$$V_C = \frac{P_1 l_1 + W_1 h_1}{w} + \frac{W_2 h}{l} \qquad V_B = -V_A = V_C - P_1;$$

$$H_B = -H_A = W_1 + \frac{W_2}{2} \qquad H_C = 0; \qquad N_0 = 0.$$

Längskräfte:

$$N_3 = -N_1 = -V_B \cdot \sin\alpha - H_B \cdot \cos\alpha \qquad N_4 = -N_2 = -V_C \cdot \sin\alpha - \frac{W_2}{2} \cdot \cos\alpha.$$

Bemerkung: Infolge W_2 allein treten keine Biegemomente auf.

Festwerte usw. siehe Seite 30 — **Rahmenform 9**

Fall 9/11: *Unsymmetrische* Anordnung von Einzellasten

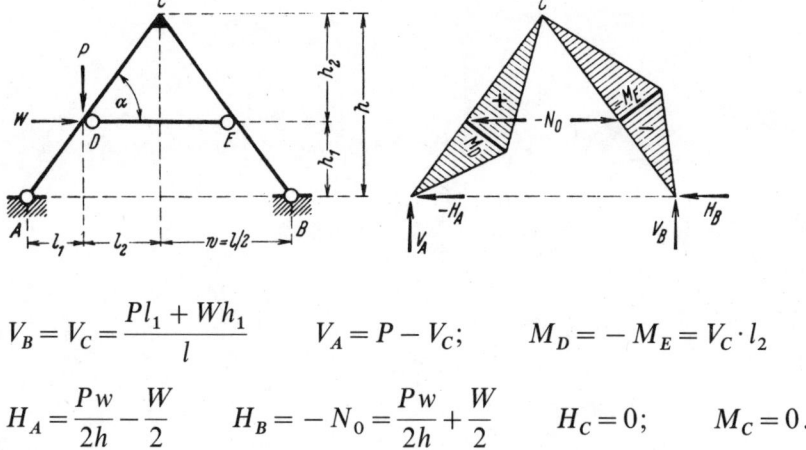

$$V_B = V_C = \frac{Pl_1 + Wh_1}{l} \qquad V_A = P - V_C; \qquad M_D = -M_E = V_C \cdot l_2$$

$$H_A = \frac{Pw}{2h} - \frac{W}{2} \qquad H_B = -N_0 = \frac{Pw}{2h} + \frac{W}{2} \qquad H_C = 0; \qquad M_C = 0.$$

Längskräfte:

$$N_1 = -V_A \cdot \sin\alpha - H_A \cdot \cos\alpha \qquad N_4 = -V_C \cdot \sin\alpha$$
$$N_2 = +V_C \cdot \sin\alpha; \qquad N_3 = -V_B \cdot \sin\alpha - H_B \cdot \cos\alpha.$$

Fall 9/12: Gleichmäßige Wärme**zu**nahme des Druckstabes DE allein um t_0 Grad

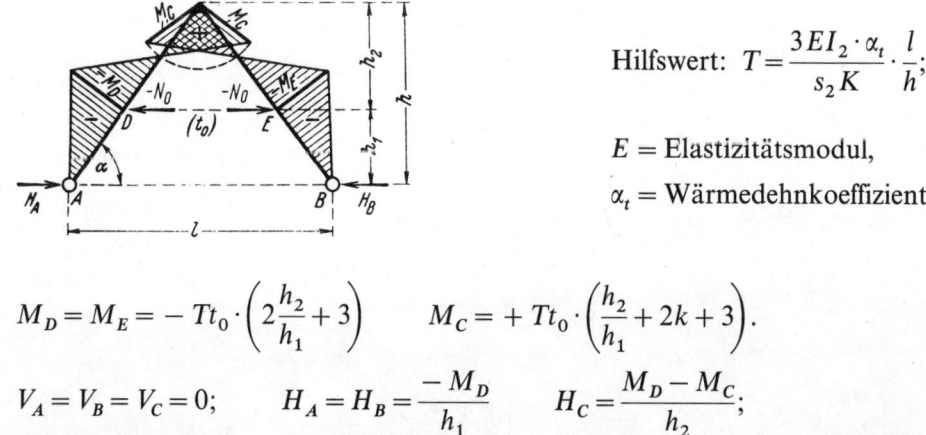

Hilfswert: $T = \dfrac{3EI_2 \cdot \alpha_t}{s_2 K} \cdot \dfrac{l}{h}$;

E = Elastizitätsmodul,

α_t = Wärmedehnkoeffizient.

$$M_D = M_E = -Tt_0 \cdot \left(2\frac{h_2}{h_1} + 3\right) \qquad M_C = +Tt_0 \cdot \left(\frac{h_2}{h_1} + 2k + 3\right).$$

$$V_A = V_B = V_C = 0; \qquad H_A = H_B = \frac{-M_D}{h_1} \qquad H_C = \frac{M_D - M_C}{h_2};$$

$$-N_0 = H_A - H_C. \qquad N_1 = N_3 = -H_A \cdot \cos\alpha \qquad N_2 = N_4 = -H_C \cdot \cos\alpha.$$

Bemerkung: Bei Wärme**ab**nahme kehren alle Momente und Kräfte ihren Wirkungssinn um.

Rahmenform 9 Festwerte usw. siehe Seite 30

Fall 9/13: Gleichmäßige Wärmezunahme der unteren Schrägstäbe um t_1 Grad bzw. der oberen Schrägstäbe um t_2 Grad (Symmetrischer Lastfall)

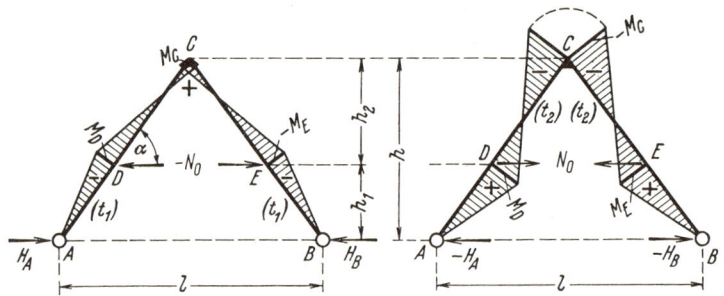

Hilfswert T sowie E und α_t genau wie bei Fall 9/12, Seite 39.

$$M_D = M_E = T \cdot [-2t_1 + 3t_2] \qquad M_C = T \cdot [+t_1 - (2k+3)t_2].$$

Formeln für alle V-, H- und N-Kräfte genau wie beim Fall 9/12.

Fall 9/14: Unsymmetrischer Wärmezunahmefall

Wenn die Schrägstäbe nur einer *Rahmenhälfte* (der linken *oder* der rechten) einer Wärmezunahme um t_1 bzw. t_2 unterworfen sind, so werden alle Momente und Kräfte halb so groß wie beim Fall 9/13. (Der Momentenverlauf bleibt symmetrisch.)

Fall 9/15: Gleichmäßige Wärmezunahme des ganzen Rahmens (einschließlich Druckstab DE) um t Grad

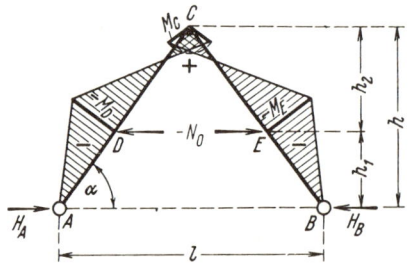

E = Elastizitätsmodul,
α_t = Wärmedehnkoeffizient

$$M_D = M_E = -\frac{6EI_2 \cdot \alpha_t}{s_2 K} \cdot \frac{l}{h_1} \cdot t$$

$$M_C = \frac{-M_D}{2}.$$

Formeln für alle V-, H- und N-Kräfte genau wie beim Fall 9/12.

Bemerkung: Bei Wärme**ab**nahme kehren alle Momente und Kräfte ihren Wirkungssinn um.

Rahmenform 10

Symmetrischer Dreieck-Dreigelenkbinder mit in beliebiger Höhenlage gelenkig angeschlossenem starrem Druckstab und mit verschiedenen am Druckstabanschluß sich sprunghaft ändernden Trägheitsmomenten[1]) (Kehlbalkenbinder)

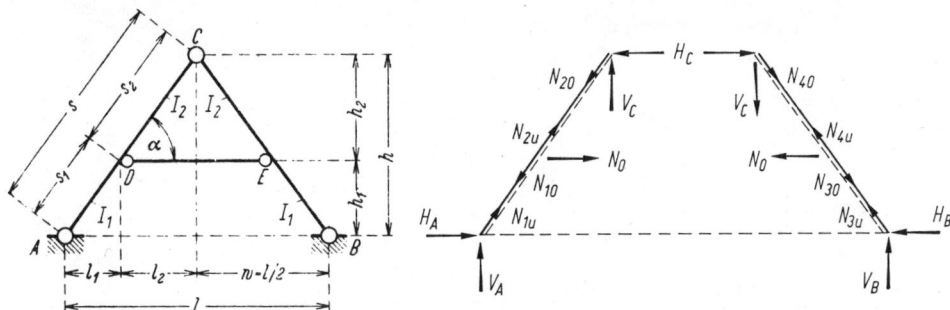

Rahmenform, Abmessungen und Bezeichnungen

Festlegung der positiven Richtung aller Stützkräfte, Schnittkräfte im First und Längskräfte[2])

Festwerte:

$$k = \frac{I_2}{I_1} \cdot \frac{s_1}{s_2}^{1)}; \qquad \left(\frac{s_1}{s_2} = \frac{l_1}{l_2} = \frac{h_1}{h_2}\right); \qquad \beta_1 = \frac{l_1}{w} = \frac{h_1}{h}; \qquad \beta_2 = 1 - \beta_1.$$

Achtung! Die einzelnen Fälle der Rahmenform 10 sind in Anlehnung an Rahmenform 9 benannt worden. Hierbei konnte auf die Wiedergabe der folgenden Fälle verzichtet werden, weil diese mit den entsprechenden Fällen der Rahmenform 9 wegen $M_C = 0$ genau übereinstimmen:

Fall 10/3: Ganzer Rahmen beliebig senkrecht, aber *antimetrisch* belastet; wie Fall 9/3, Seite 33

Fall 10/4: Ganzer Rahmen beliebig waagerecht, aber *antimetrisch* belastet; wie Fall 9/4, Seite 34

Fall 10/9: *Symmetrische* Anordnung von Einzellasten; wie Fall 9/9, Seite 38

Fall 10/10: *Antimetrische* Anordnung von Einzellasten; wie Fall 9/10, Seite 38

Fall 10/11: *Unsymmetrische* Anordnung von Einzellasten; wie Fall 9/11, Seite 39

Bemerkung: Die Momentenbilder der Fälle 10/1, 2, 3, 5 und 6 entsprechen mit der Annahme $I_1 = I_2$ jeweils dem zugehörigen Sonderfall b mit $q_1 = q_2$.

---

[1]) Für konstantes Trägheitsmoment I des ganzen Stabes s, also für $(I_1 = I_2) = I$, ist einfach $k = s_1/s_2$.
[2]) Positive Biegemomente M erzeugen an der gestrichelten Stabseite Zug. Positive Längskräfte N erzeugen im Stab Zug.

Rahmenform 10 Festwerte usw. siehe Seite 41

Fall 10/7: Gleichmäßig verteilte *symmetrische* Vollast, rechtwinklig zu den Schrägstäben wirkend

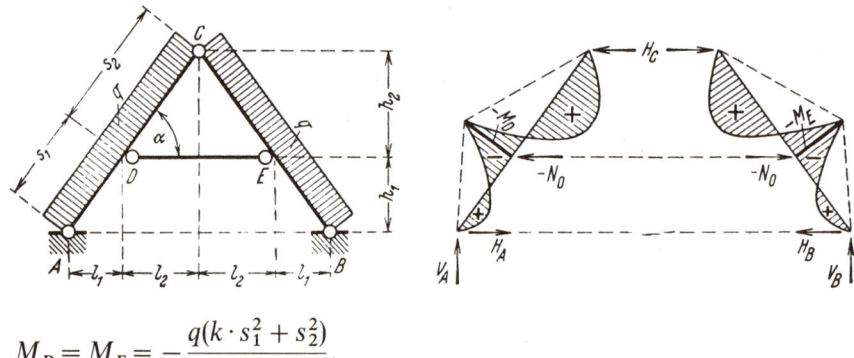

$$M_D = M_E = -\frac{q(k \cdot s_1^2 + s_2^2)}{8(k+1)}.$$

$$H_A = H_B = \frac{q(ll_1 - s_1^2)}{2h_1} - \frac{M_D}{h_1} \qquad H_C = \frac{qs_2^2}{2h_2} + \frac{M_D}{h_2};$$

$$V_A = V_B = qw \qquad V_C = 0; \qquad -N_0 = qh + H_A - H_C.$$

Längskräfte:

$$N_1 = N_3 = -V_A \cdot \sin\alpha - H_A \cdot \cos\alpha \qquad N_2 = N_4 = -H_C \cdot \cos\alpha.$$

Fall 10/7a: Gleichmäßig verteilte *symmetrische* Vollast, in Richtung der Schrägstäbe in deren Achse wirkend

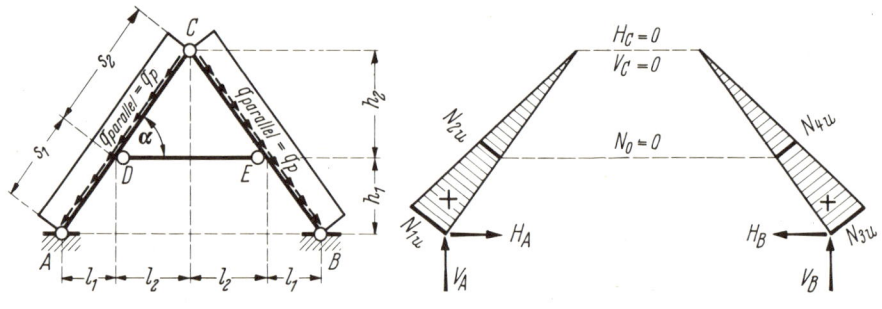

$$M_D = M_E = H_C = V_C = N_0 = 0$$

$$H_A = H_B = q_p \cdot s \cdot \cos\alpha; \quad V_A = V_B = q_p \cdot s \cdot \sin\alpha$$

Längskräfte:

$$N_{2u} = N_{4u} = -q_p \cdot s_2; \quad N_{1u} = N_{3u} = -q_p \cdot s.$$

Bemerkung: Eine senkrechte gleichmäßig verteilte Belastung q an dem unter a geneigten Stab läßt sich zerlegen in die Anteile $q_{\text{senkrecht}} = q \cdot \cos^2 a$ (siehe Lastfall 10/7 bzw. 10/8) und $q_{\text{parallel}} = q \cdot \cos\alpha \cdot \sin\alpha$ (siehe Lastfall 10/7a bzw. 10/8a).

Festwerte usw. siehe Seite 41 **Rahmenform 10**

Fall 10/8: Gleichmäßig verteilte *antimetrische* Vollast, rechtwinklig zu den Schrägstäben wirkend (Druck und Sog)

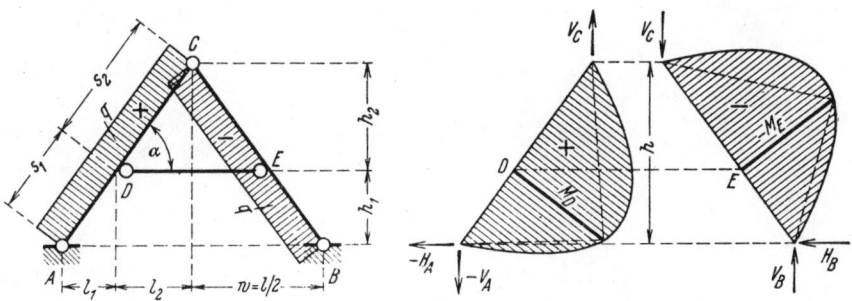

$$M_D = -M_E = \frac{qs_1s_2}{2}. \qquad V_B = -V_A = \frac{q(h^2 - w^2)}{l} \qquad V_C = \frac{qs^2}{l};$$

$$H_B = -H_A = qh \qquad H_C = 0; \qquad N_0 = 0;$$

Längskräfte:

$$N_3 = N_4 = -N_1 = -N_2 = -\frac{qsh}{l}.$$

Fall 10/8a: Gleichmäßig verteilte *antimetrische* Vollast, in Richtung der Schrägstäbe in deren Achse wirkend.

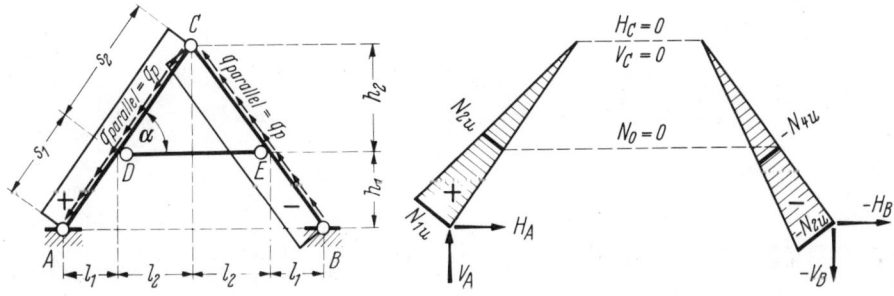

$$M_D = M_E = H_C = V_C = N_0 = 0$$

$$H_A = -H_B = q_p \cdot s \cdot \cos\alpha; \quad V_A = -V_B = q_p \cdot s \cdot \sin\alpha$$

Längskräfte:

$$N_{2u} = -N_{4u} = -q_p \cdot s_2; \quad N_{1u} = -N_{3u} = -q_p \cdot s.$$

Bemerkung zur Belastung siehe vorige Seite.

Rahmenform 10 Festwerte usw. siehe Seite 41

Siehe hierzu den Abschnitt „**Belastungsglieder**"

Fall 10/1: Ganzer Rahmen beliebig senkrecht, aber *symmetrisch* belastet

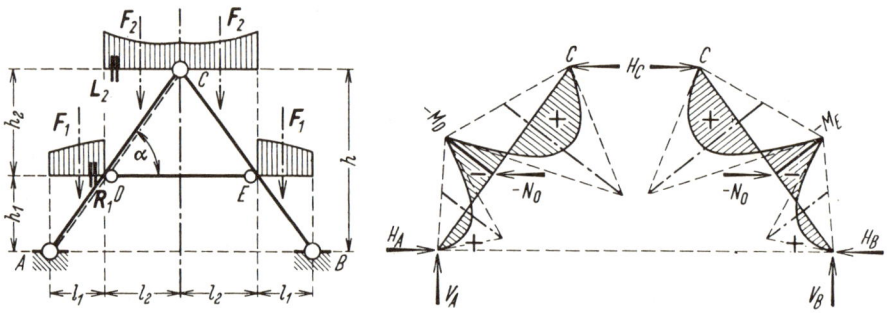

Momente, Stütz- und Schnittkräfte:

$$M_D = M_E = -\frac{R_1 k + L_2}{2(k+1)}. \qquad H_A = H_B = \frac{S_{l1} + F_2 l_1 - M_D}{h_1}$$

$$H_C = \frac{S_{l2} + M_D}{h_2}; \qquad -N_0 = H_A - H_C. \qquad V_A = V_B = F_1 + F_2 \qquad V_C = 0.$$

Längskräfte:

$$N_{1u} = N_{3u} = -V_A \cdot \sin\alpha - H_A \cdot \cos\alpha \qquad N_{2o} = N_{4o} = -H_C \cdot \cos\alpha$$

$$N_{1o} = N_{3o} = -F_2 \cdot \sin\alpha - H_A \cdot \cos\alpha \qquad N_{2u} = N_{4u} = -H_C \cdot \cos\alpha - F_2 \cdot \sin\alpha.$$

Bemerkung: Alle Belastungsglieder sind auf die *linke* Rahmenhälfte bezogen.

Sonderfall 10/1a: Symmetrische Feldlasten (**R = L**)

$$H_A = H_B = \left(\frac{F_1}{2} + F_2\right) \cdot \cot\alpha - \frac{M_D}{h_1} \qquad H_C = \frac{F_2}{2} \cdot \cot\alpha + \frac{M_D}{h_2}.$$

Alle übrigen Formeln lauten wie vor.

Sonderfall 10/1b: Gleichmäßig verteilte Feldlasten q_1 und q_2

In vorstehende Formeln werden eingesetzt:

$$F_1 = q_1 l_1 \qquad F_2 = q_2 l_2; \qquad L_1 = \frac{F_1 l_1}{4} \qquad L_2 = \frac{F_2 l_2}{4}.$$

Festwerte usw. siehe Seite 41 **Rahmenform 10**

Siehe hierzu den Abschnitt „**Belastungsglieder**"

Fall 10/2: Ganzer Rahmen beliebig waagerecht, aber *symmetrisch* belastet

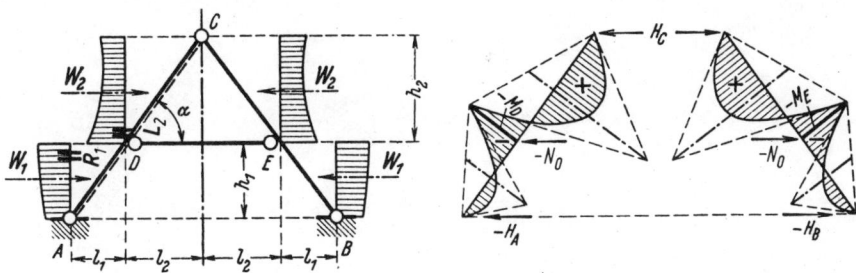

Momente, Stütz- und Schnittkräfte:

$$M_D = M_E = -\frac{R_1 k + L_2}{2(k+1)}. \qquad H_A = H_B = -\frac{S_{r1} + M_D}{h_1}$$

$$H_C = \frac{S_{l2} + M_D}{h_2}; \qquad -N_0 = W_1 + W_2 + H_A - H_C; \qquad V_A = V_B = V_C = 0$$

Längskräfte:

$$N_{1u} = N_{3u} = -H_A \cdot \cos\alpha \qquad N_{2o} = N_{4o} = -H_C \cdot \cos\alpha$$

$$N_{1o} = N_{3o} = -(H_A + W_1) \cdot \cos\alpha; \qquad N_{2u} = N_{4u} = -(H_C - W_2) \cdot \cos\alpha.$$

Bemerkung: Alle Belastungsglieder sind auf die *linke* Rahmenhälfte bezogen.

Sonderfall 10/2a: Symmetrische Feldlasten $(R = L)$

$$H_A = H_B = -\frac{W_1}{2} - \frac{M_D}{h_1} \qquad H_C = \frac{W_2}{2} + \frac{M_D}{h_2}.$$

Alle übrigen Formeln lauten wie vor.

Sonderfall 10/2b: Gleichmäßig verteilte Feldlasten q_1 und q_2

In vorstehende Formeln werden eingesetzt:

$$W_1 = q_1 h_1 \qquad W_2 = q_2 h_2; \qquad L_1 = \frac{W_1 h_1}{4} \qquad L_2 = \frac{W_2 h_2}{4}.$$

Rahmenform 10 Festwerte usw. siehe Seite 41

Siehe hierzu den Abschnitt „**Belastungsglieder**"

Fall 10/5: Linke Rahmenhälfte beliebig senkrecht belastet*)

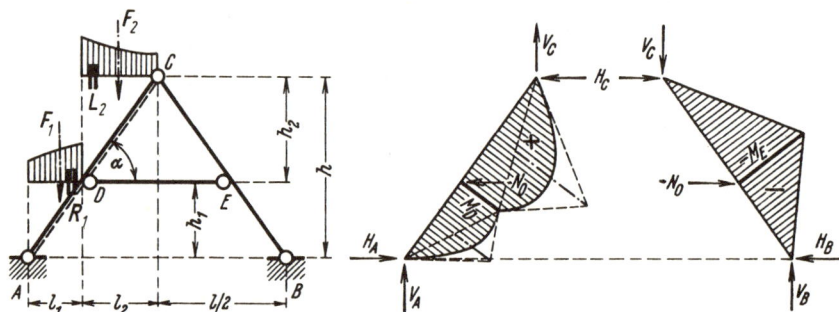

Momente:
$$\left.\begin{array}{c}M_D\\M_E\end{array}\right\} = -\frac{R_1 k + L_2}{4(k+1)} \pm \frac{S_{l1}\cdot\beta_2 + S_{r2}\cdot\beta_1}{2}.$$

Stütz- und Schnittkräfte:
$$V_B = V_C = \frac{S_{l1} + F_2 l_1 + S_{l2}}{l} \qquad V_A = F_1 + F_2 - V_B;$$

$$H_A = H_B = \frac{V_B \cdot l_1 - M_E}{h_1} \qquad H_C = \frac{V_C \cdot l_2 + M_E}{h_2}; \qquad -N_0 = H_B - H_C.$$

Längskräfte:
$$N_{1u} = -V_A \cdot \sin\alpha - H_A \cdot \cos\alpha \qquad N_{2o} = +V_C \cdot \sin\alpha - H_C \cdot \cos\alpha$$
$$N_{1o} = N_{1u} + F_1 \cdot \sin\alpha; \qquad N_{2u} = N_{2o} - F_2 \cdot \sin\alpha;$$
$$N_3 = -V_B \cdot \sin\alpha - H_B \cdot \cos\alpha \qquad N_4 = -V_C \cdot \sin\alpha - H_C \cdot \cos\alpha.$$

Sonderfall 10/5a: Symmetrische Feldlasten ($R = L$)
$$\left.\begin{array}{c}M_D\\M_E\end{array}\right\} = -\frac{L_1 k + L_2}{4(k+1)} \pm \frac{(F_1 + F_2) l_1 l_2}{2l}; \qquad V_B = V_C = \frac{F_1 \cdot \beta_1 + F_2(1 + \beta_1)}{4}.$$

Alle übrigen Formeln lauten wie vor.

Sonderfall 10/5b: Gleichmäßig verteilte Feldlasten q_1 und q_2.
In vorstehende Formeln werden eingesetzt:
$$F_1 = q_1 l_1 \qquad F_2 = q_2 l_2; \qquad (L_1 = F_1 l_1/4 \quad L_2 = F_2 l_2/4).$$

---

*) Für den Fall 10/5 könnten auch *alle Kräfte* nach dem B-U-Verfahren aus den Fällen 10/1 und (10/3 = 9/3) gebildet werden, wie es hier nur teilweise geschehen ist.

Festwerte usw. siehe Seite 41 **Rahmenform 10**

Siehe hierzu den Abschnitt „**Belastungsglieder**"

Fall 10/6: Linke Rahmenhälfte beliebig waagerecht belastet*)

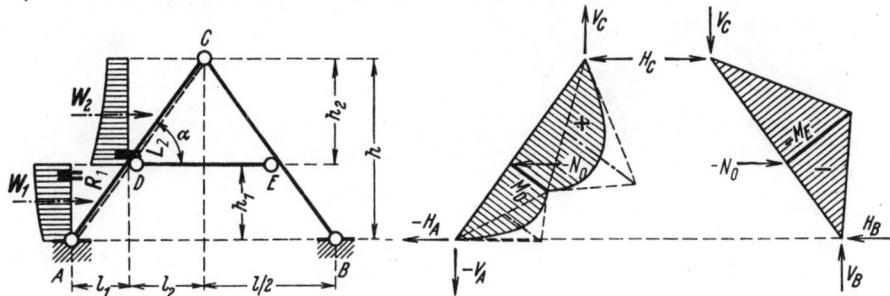

Momente:
$$\left.\begin{array}{r}M_D \\ M_E\end{array}\right\} = -\frac{R_1 k + L_2}{4(k+1)} \pm \frac{S_{l1} \cdot \beta_2 + S_{r2} \cdot \beta_1}{2}$$

Stütz- und Schnittkräfte:

$$V_B = V_C = -V_A = \frac{S_{l1} + W_2 h_1 + S_{l2}}{l} \qquad H_C = \frac{V_C \cdot l_2 + M_E}{h_2}$$

$$H_B = \frac{V_B \cdot l_1 - M_E}{h_1} \qquad H_A = -W_1 - W_2 + H_B; \qquad -N_0 = H_B - H_C.$$

Längskräfte:

$$N_{1u} = -V_A \cdot \sin\alpha - H_A \cdot \cos\alpha \qquad N_{2o} = +V_C \cdot \sin\alpha - H_C \cdot \cos\alpha$$
$$N_{1o} = N_{1u} - W_1 \cdot \cos\alpha; \qquad N_{2u} = N_{2o} + W_2 \cdot \cos\alpha;$$
$$N_3 = -V_B \cdot \sin\alpha - H_B \cdot \cos\alpha \qquad N_4 = -V_C \cdot \sin\alpha - H_C \cdot \cos\alpha.$$

Sonderfall 10/6a: Symmetrische Feldlasten $(R = L)$

$$\left.\begin{array}{r}M_D \\ M_E\end{array}\right\} = -\frac{L_1 k + L_2}{4(k+1)} \pm \frac{(W_1 + W_2)h_1 h_2}{4h}; \quad V_B = V_C = -V_A = \frac{W_1 h_1 + W_2(h + h_1)}{2l}.$$

Alle übrigen Formeln lauten wie vor.

Sonderfall 10/6b: Gleichmäßig verteilte Feldlasten q_1 und q_2.
In vorstehende Formeln werden eingesetzt:

$$W_1 = q_1 h_1 \qquad W_2 = q_2 h_2; \qquad (L_1 = W_1 h_1/4 \quad L_2 = W_2 h_2/4).$$

---

*) Für den Fall 10/6 könnten auch *alle Kräfte* nach dem *B-U*-Verfahren aus den Fällen 10/2 und (10/4 = 9/4) gebildet werden, wie es hier nur teilweise geschehen ist.

Rahmenform 10 Festwerte usw. siehe Seite 41

Fall 10/12: Gleichmäßige Wärmezunahme des Druckstabes DE allein um t_0 Grad*)

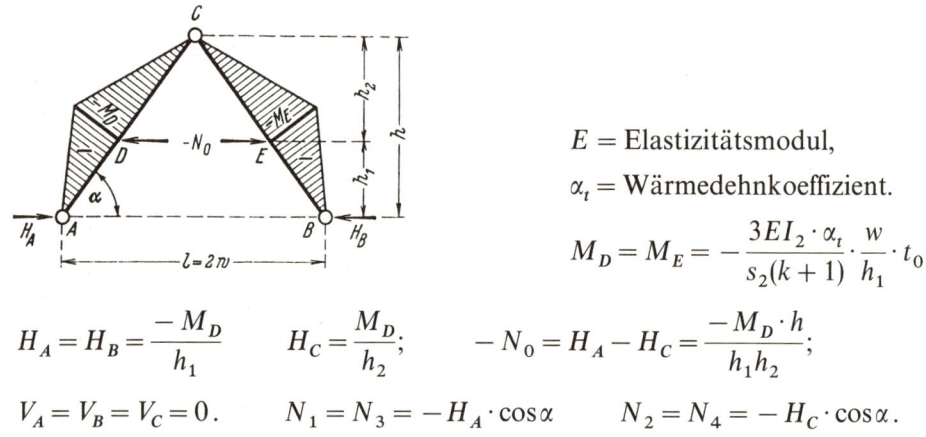

E = Elastizitätsmodul,
α_t = Wärmedehnkoeffizient.

$$M_D = M_E = -\frac{3EI_2 \cdot \alpha_t}{s_2(k+1)} \cdot \frac{w}{h_1} \cdot t_0;$$

$H_A = H_B = \dfrac{-M_D}{h_1}$ $H_C = \dfrac{M_D}{h_2};$ $-N_0 = H_A - H_C = \dfrac{-M_D \cdot h}{h_1 h_2};$

$V_A = V_B = V_C = 0.$ $N_1 = N_3 = -H_A \cdot \cos\alpha$ $N_2 = N_4 = -H_C \cdot \cos\alpha.$

Fall 10/13: Gleichmäßige Wärmezunahme der unteren Schrägstäbe um t_1 Grad bzw. der oberen Schrägstäbe um t_2 Grad (symmetrischer Lastfall)*)

$$M_D = M_E = \frac{3EI_2 \cdot \alpha_t}{s_2(k+1)} \cdot \frac{l_1}{h_1} \cdot (t_2 - t_1)**); \qquad E \text{ und } \alpha_t \text{ wie vor.}$$

Alle übrigen Formeln lauten wie beim Fall 10/12.

Momentenbilder, unter Beachtung der Vorzeichen, der Form nach wie beim Fall 10/12.

Fall 10/14: Unsymmetrischer Wärmezunahmefall*)

Wenn die Schrägstäbe nur einer *Rahmenhälfte* (der linken *oder* der rechten) einer Wärmezunahme um t_1 bzw. t_2 Grad unterworfen sind, so werden alle Momente und Kräfte halb so groß wie beim Fall 10/13. (Der Momentenverlauf bleibt symmetrisch.)

Fall 10/15: Gleichmäßige Wärmezunahme des ganzen Rahmens (einschließlich Druckstab DE) um t Grad*)

$$M_D = M_E = -\frac{3EI_2 \cdot \alpha_t}{s_2(k+1)} \cdot \frac{w}{h_1} \cdot t.$$

Alle übrigen Formeln lauten wie beim Fall 10/12.

---

*) Bei Wärme**ab**nahme kehren alle Momente und Kräfte ihren Wirkungssinn um.
**) Bei gleichzeitiger Wirkung von $(t_1 = t_2) = t$ wird $M_D = M_E = 0$.

Rahmenform 10a   Ergänzung zu Rahmenform 10

Kehlbalkenbinder wie Rahmenform 10, jedoch mit seitlicher Festhaltung in Höhe des Kehlbalkens

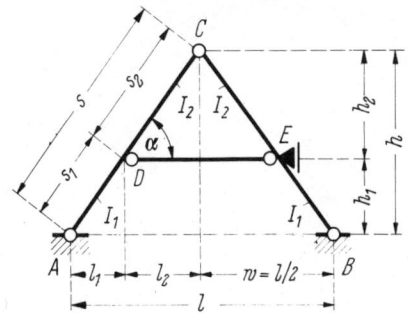
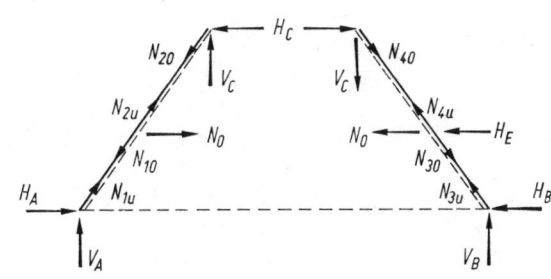

Rahmenform, Abmessungen und Bezeichnungen

Festlegung der positiven Richtung aller Stützkräfte, Schnittkräfte im First und Längskräfte[2])

Festwerte: (wie bei Rahmenform 10)

$$k = \frac{I_2}{I_1} \cdot \frac{s_1}{s_2}{}^1); \qquad \left(\frac{s_1}{s_2} = \frac{l_1}{l_2} = \frac{h_1}{h_2}\right); \qquad \beta_1 = \frac{l_1}{w} = \frac{h_1}{h}; \qquad \beta_2 = 1 - \beta_1.$$

Achtung! Die einzelnen Fälle der Rahmenform 10 sind in Anlehnung an Rahmenform 10 bzw. 9 benannt worden. Die symmetrischen Lastfälle sind wegen $H_E = 0$ genau wie bei Rahmenform 10.

Fall 10a/8a: Gleichmäßig verteilte *antimetrische* Vollast, in Richtung der Schrägstäbe in deren Achse wirkend
$H_E = 0$; die anderen Schnittgrößen wie bei Lastfall 10/8a

---

[1]) Für konstantes Trägheitsmoment I des ganzen Stabes s, also für $(I_1 = I_2) = I$, ist einfach $k = s_1/s_2$.
[2]) Positive Biegemomente M erzeugen an der gestrichelten Stabseite Zug. Positive Längskräfte N erzeugen im Stab Zug.

Rahmenform 10a   Festwerte usw. siehe Seite 49

Fall 10a/8: Gleichmäßig verteilte *antimetrische* Vollast, rechtwinklig zu den Schrägstäben wirkend

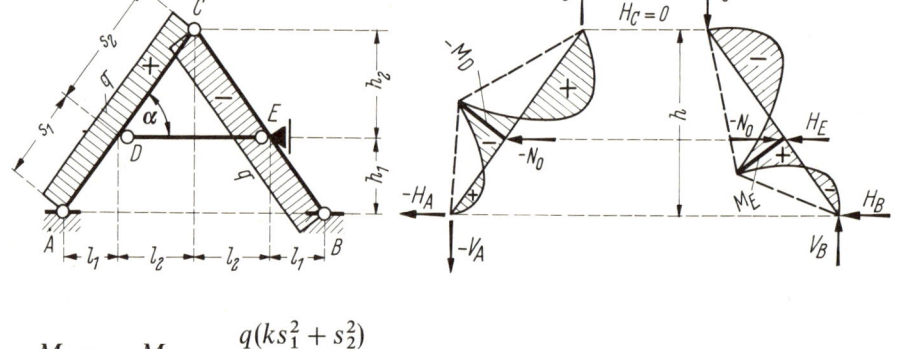

$$M_D = -M_E = -\frac{q(ks_1^2 + s_2^2)}{8(k+1)}$$

$$V_B = -V_A = \frac{q \cdot l}{4}(1 + \beta_1 + \beta_2 \tan^2 \alpha) - \frac{M_D}{l_2} \qquad V_C = \frac{qss_2}{l} + \frac{M_D}{l_2}$$

$$H_B = -H_A = qh \cdot \left(\frac{s^2}{2h^2} - 1\right) - \frac{M_D}{\beta_1 h_2} \qquad H_C = 0 \qquad H_E = \frac{qs^2}{h} - \frac{2M_D}{\beta_1 h_2} \qquad N_0 = -\frac{H_E}{2}$$

Längskräfte: $N_3 = -N_1 = -V_A \cdot \sin\alpha - H_A \cdot \cos\alpha \qquad N_4 = -N_2 = -V_C \cdot \frac{h}{s}$

Fall 10a/10: *Antimetrische* Anordnung von Einzellasten

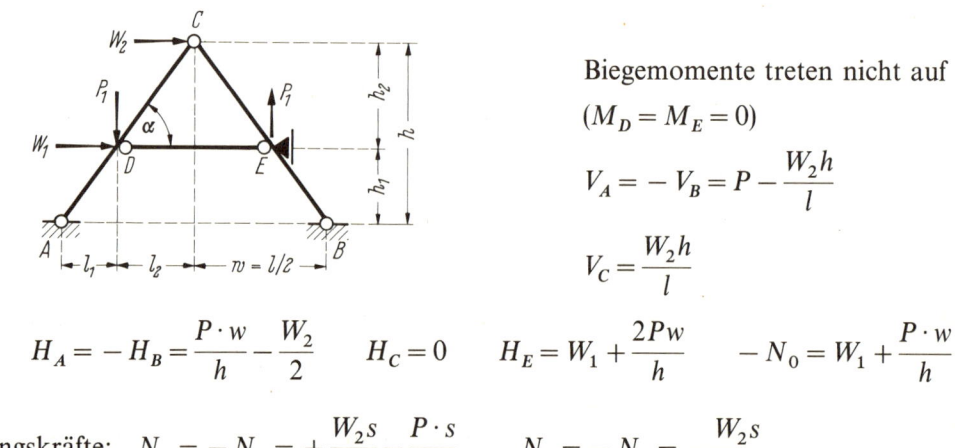

Biegemomente treten nicht auf
$(M_D = M_E = 0)$

$$V_A = -V_B = P - \frac{W_2 h}{l}$$

$$V_C = \frac{W_2 h}{l}$$

$$H_A = -H_B = \frac{P \cdot w}{h} - \frac{W_2}{2} \qquad H_C = 0 \qquad H_E = W_1 + \frac{2Pw}{h} \qquad -N_0 = W_1 + \frac{P \cdot w}{h}$$

Längskräfte: $N_1 = -N_3 = +\frac{W_2 s}{l} - \frac{P \cdot s}{h} \qquad N_2 = -N_4 = -\frac{W_2 s}{l}$

Rahmenform 11

Symmetrischer, eingespannter Dreieckrahmen

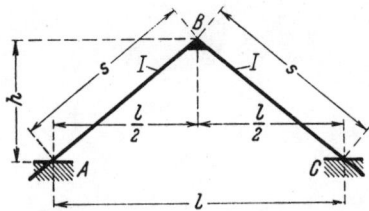

Rahmenform, Abmessungen und Bezeichnungen

$\dfrac{l}{2} = w.$

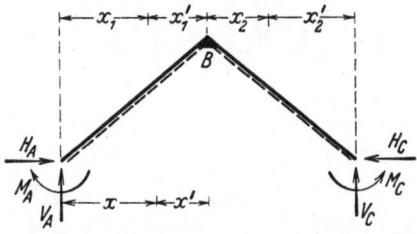

Festlegung der positiven Richtung aller Stützkräfte und der Koordinaten beliebiger Stabpunkte. Bei symmetrischer Rahmenlast wird x und x' verwendet. Positive Biegemomente erzeugen an der gestrichelten Stabseite Zug

---

Fall 11/1: Gleichmäßige Wärme**zu**nahme im ganzen Rahmen

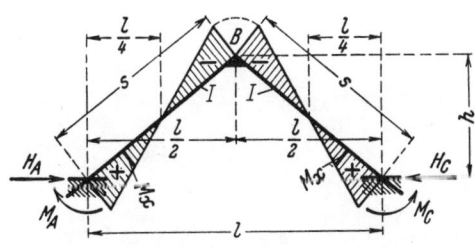

$E = $ Elastizitätsmodul,

$\alpha_t = $ Wärmedehnkoeffizient,

$t = $ Wärmeänderung in Grad.

$$M_A = M_C = -M_B = \frac{3EI\alpha_t t}{s} \cdot \frac{l}{h}$$

$$H_A = H_C = \frac{2M_A}{h} \qquad M_x = \frac{M_A}{w}(x' - x).$$

Bemerkung: Bei Wärme**ab**nahme kehren alle Kräfte ihren Pfeilsinn um und alle Momente erhalten entgegengesetztes Vorzeichen.

Rahmenform 11 Siehe hierzu Titel-Seite 51

Siehe hierzu den Abschnitt „**Belastungsglieder**"

Fall 11/2: Beide Stäbe beliebig senkrecht, aber gleich und *symmetrisch* zur Rahmen-Symmetrieachse belastet

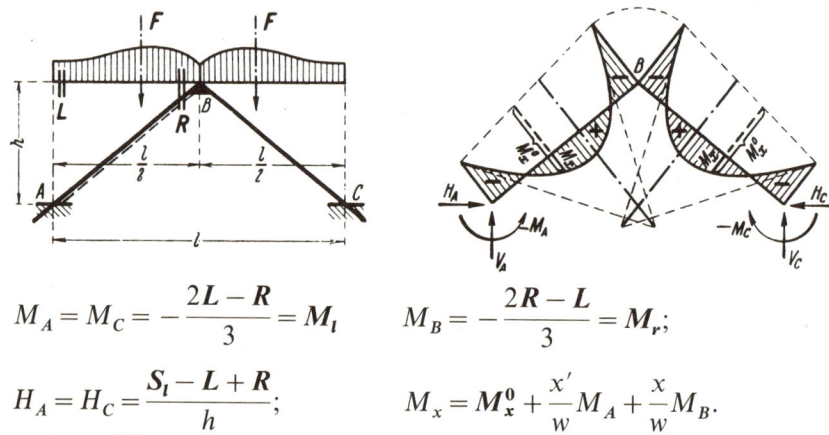

$$M_A = M_C = -\frac{2L-R}{3} = M_l \qquad M_B = -\frac{2R-L}{3} = M_r;$$

$$H_A = H_C = \frac{S_l - L + R}{h}; \qquad M_x = M_x^0 + \frac{x'}{w}M_A + \frac{x}{w}M_B.$$

Bemerkung: Alle Belastungsglieder sind auf den linken Stab bezogen.

Fall 11/4: Beide Stäbe beliebig senkrecht, aber gleich und *antimetrisch* zur Rahmen-Symmetrieachse belastet

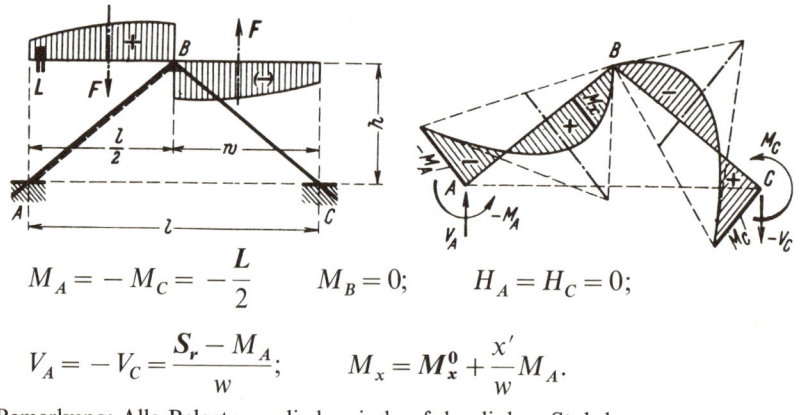

$$M_A = -M_C = -\frac{L}{2} \qquad M_B = 0; \qquad H_A = H_C = 0;$$

$$V_A = -V_C = \frac{S_r - M_A}{w}; \qquad M_x = M_x^0 + \frac{x'}{w}M_A.$$

Bemerkung: Alle Belastungsglieder sind auf den linken Stab bezogen.

Fall 11/6: Senkrechte Einzellast im Firstpunkt

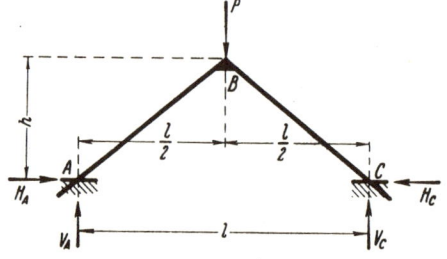

Es treten keine Biegemomente auf.

$$V_A = V_C = \frac{P}{2}$$

$$H_A = H_C = \frac{Pl}{4h}.$$

Siehe hierzu Titel-Seite 51　　　　　　　　　　　　　　　　**Rahmenform 11**

Siehe hierzu den Abschnitt „**Belastungsglieder**"

Fall 11/3: Beide Stäbe beliebig waagerecht, aber gleich belastet

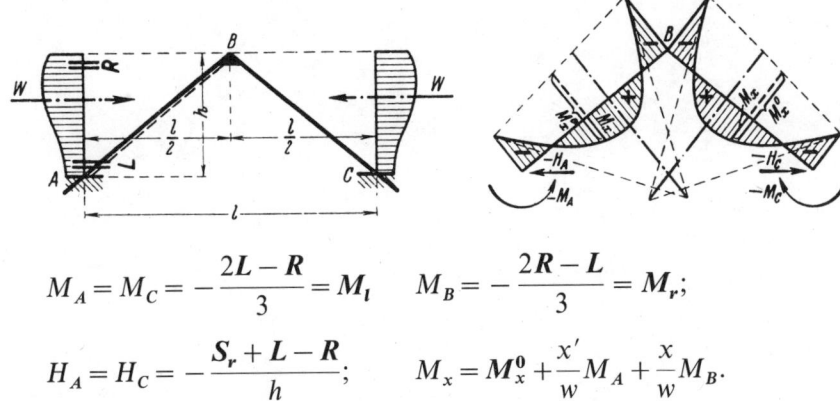

$$M_A = M_C = -\frac{2L - R}{3} = M_l, \quad M_B = -\frac{2R - L}{3} = M_r;$$

$$H_A = H_C = -\frac{S_r + L - R}{h}; \quad M_x = M_x^0 + \frac{x'}{w} M_A + \frac{x}{w} M_B.$$

Bemerkung: Alle Belastungsglieder sind auf den linken Stab bezogen.

Fall 11/5: Beide Stäbe beliebig waagerecht, aber gleich und *antimetrisch* zur Rahmen-Symmetrieachse belastet

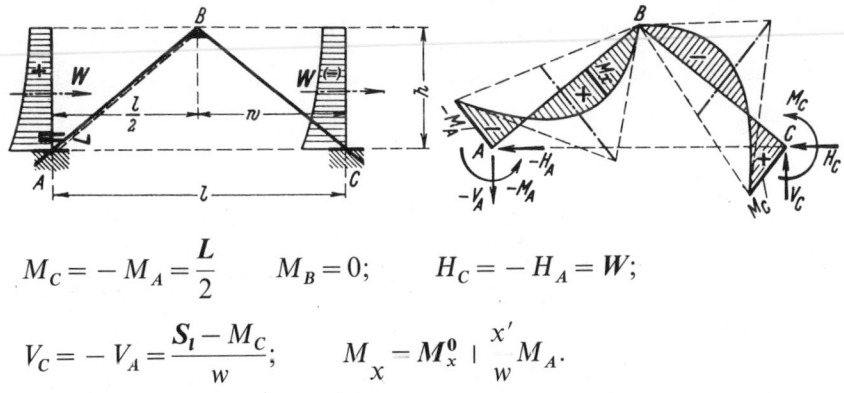

$$M_C = -M_A = \frac{L}{2} \quad M_B = 0; \quad H_C = -H_A = W;$$

$$V_C = -V_A = \frac{S_l - M_C}{w}; \quad M_x = M_x^0 + \frac{x'}{w} M_A.$$

Bemerkung: Alle Belastungsglieder sind auf den linken Stab bezogen.

Fall 11/7: Waagerechte Einzellast am Firstpunkt

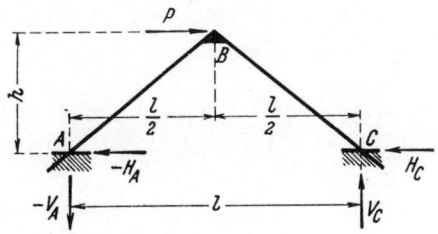

Es treten keine Biegemomente auf.

$$H_C = -H_A = \frac{P}{2}$$

$$V_C = -V_A = \frac{Ph}{l}.$$

Rahmenform 11 Siehe hierzu Titel-Seite 51

Siehe hierzu den Abschnitt „**Belastungsglieder**"

Fall 11/8: Linker Stab beliebig senkrecht belastet

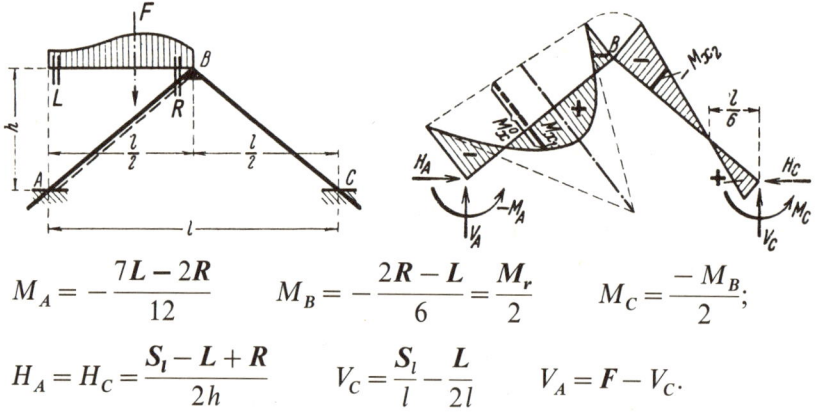

$$M_A = -\frac{7L - 2R}{12} \qquad M_B = -\frac{2R - L}{6} = \frac{M_r}{2} \qquad M_C = \frac{-M_B}{2};$$

$$H_A = H_C = \frac{S_l - L + R}{2h} \qquad V_C = \frac{S_l}{l} - \frac{L}{2l} \qquad V_A = F - V_C.$$

Sonderfall 11/8a: Symmetrische Feldlast ($R = L$)

$$M_A = -\frac{5L}{12} \qquad M_B = -\frac{L}{6} \qquad M_C = +\frac{L}{12};$$

$$H_A = H_C = \frac{Fl}{8h} \qquad V_C = \frac{F}{4} - \frac{L}{2l} \qquad V_A = F - V_C.$$

Fall 11/9: Linker Stab beliebig waagerecht belastet

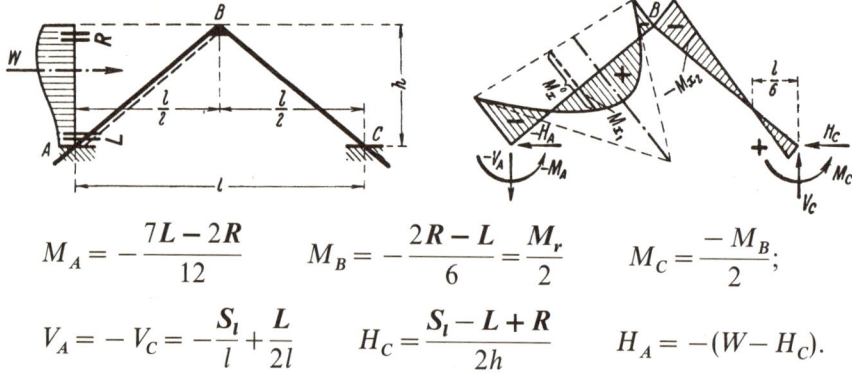

$$M_A = -\frac{7L - 2R}{12} \qquad M_B = -\frac{2R - L}{6} = \frac{M_r}{2} \qquad M_C = \frac{-M_B}{2};$$

$$V_A = -V_C = -\frac{S_l}{l} + \frac{L}{2l} \qquad H_C = \frac{S_l - L + R}{2h} \qquad H_A = -(W - H_C).$$

Sonderfall 11/9a: Symmetrische Feldlast ($R = L$)

$$M_A = -\frac{5L}{12} \qquad M_B = -\frac{L}{6} \qquad M_C = +\frac{L}{12};$$

$$V_C = -V_A = \frac{Wh - L}{2l} \qquad H_C = \frac{W}{4} \qquad H_A = -\frac{3W}{4}.$$

Siehe hierzu Titel-Seite 51   **Rahmenform 11**

Fall 11/10: Rechteck-Vollast auf dem linken Stab

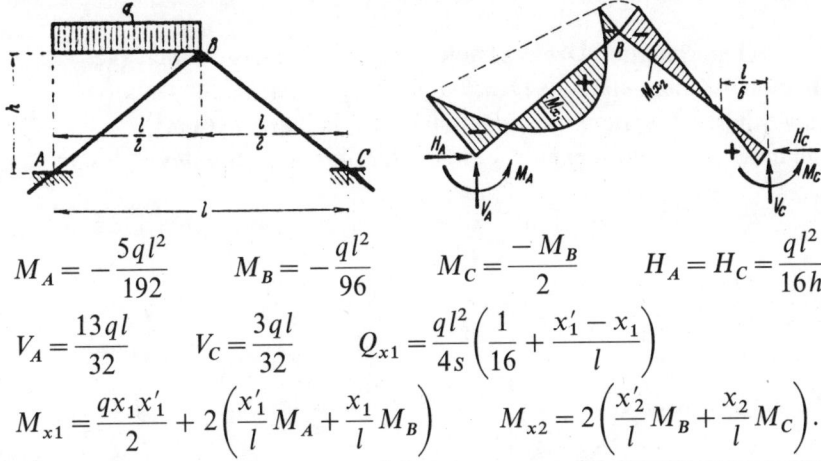

$$M_A = -\frac{5ql^2}{192} \qquad M_B = -\frac{ql^2}{96} \qquad M_C = \frac{-M_B}{2} \qquad H_A = H_C = \frac{ql^2}{16h}$$

$$V_A = \frac{13ql}{32} \qquad V_C = \frac{3ql}{32} \qquad Q_{x1} = \frac{ql^2}{4s}\left(\frac{1}{16} + \frac{x_1' - x_1}{l}\right)$$

$$M_{x1} = \frac{qx_1 x_1'}{2} + 2\left(\frac{x_1'}{l}M_A + \frac{x_1}{l}M_B\right) \qquad M_{x2} = 2\left(\frac{x_2'}{l}M_B + \frac{x_2}{l}M_C\right).$$

Fall 11/11: Rechteck-Vollast über dem ganzen Rahmen

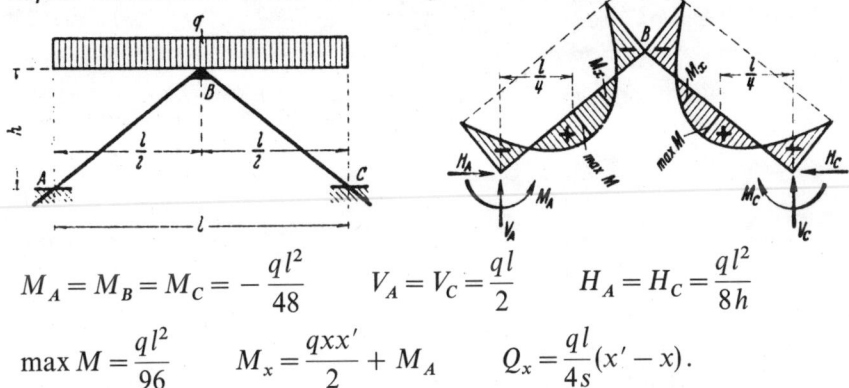

$$M_A = M_B = M_C = -\frac{ql^2}{48} \qquad V_A = V_C = \frac{ql}{2} \qquad H_A = H_C = \frac{ql^2}{8h}$$

$$\max M = \frac{ql^2}{96} \qquad M_x = \frac{qxx'}{2} + M_A \qquad Q_x = \frac{ql}{4s}(x' - x).$$

Fall 11/12: Waagerechte Rechteck-Vollast von links her

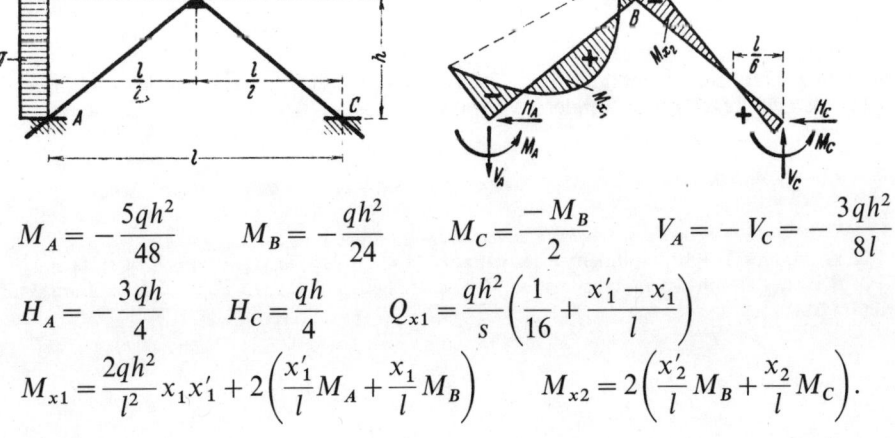

$$M_A = -\frac{5qh^2}{48} \qquad M_B = -\frac{qh^2}{24} \qquad M_C = \frac{-M_B}{2} \qquad V_A = -V_C = -\frac{3qh^2}{8l}$$

$$H_A = -\frac{3qh}{4} \qquad H_C = \frac{qh}{4} \qquad Q_{x1} = \frac{qh^2}{s}\left(\frac{1}{16} + \frac{x_1' - x_1}{l}\right)$$

$$M_{x1} = \frac{2qh^2}{l^2}x_1 x_1' + 2\left(\frac{x_1'}{l}M_A + \frac{x_1}{l}M_B\right) \qquad M_{x2} = 2\left(\frac{x_2'}{l}M_B + \frac{x_2}{l}M_C\right).$$

Rahmenform 12

Symmetrischer eingespannter Dreieckbinder mit in beliebiger Höhenlage gelenkig angeschlossenem starrem Druckstab und mit verschiedenen am Druckstabanschluß sich sprunghaft ändernden Trägheitsmomenten[1]).
(Kehlbalkenbinder mit eingespannten Fußpunkten und biegungssteifer Firstecke)

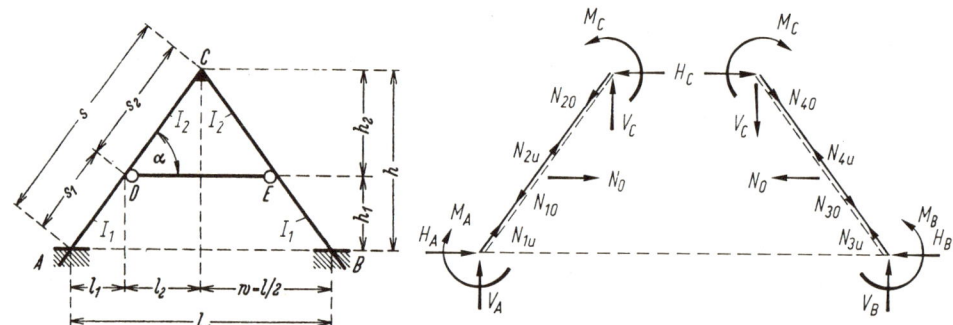

Rahmenform, Abmessungen und Bezeichnungen

Festlegung der positiven Richtung aller Stützkräfte, Schnittkräfte im First und Längskräfte[2])

Festwerte:

$$k = \frac{I_2}{I_1} \cdot \frac{s_1}{s_2}\,^1); \qquad \left(\frac{s_1}{s_2} = \frac{l_1}{l_2} = \frac{h_1}{h_2}\right); \qquad \beta_1 = \frac{l_1}{w} = \frac{h_1}{h} \qquad \beta_2 = 1 - \beta_1.$$

$$K_1 = k + 2\beta_2(k+1) \qquad K_2 = k(2 + \beta_2); \qquad G = K_1 \beta_2 + K_2$$

Bemerkung: Die Momentenbilder der Fälle 12/1 bis 12/6 entsprechen mit der Annahme $I_1 = I_2$ jeweils dem zugehörigen Sonderfall b mit $q_1 = q_2$.

---

[1]) Für konstantes Trägheitsmoment I des ganzen Stabes s, also für $(I_1 = I_2) = I$, ist einfach $k = s_1/s_2$.
[2]) Positive Biegemomente M erzeugen an der gestrichelten Stabseite Zug. Positive Längskräfte N erzeugen im Stab Zug.

Festwerte usw. siehe Seite 56 **Rahmenform 12**

Siehe hierzu den Abschnitt **„Belastungsglieder"**

Fall 12/1: Ganzer Rahmen beliebig senkrecht, aber *symmetrisch* belastet.

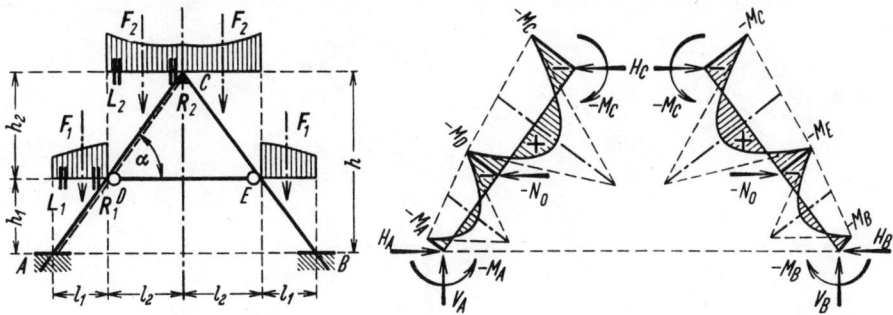

Hilfswert und Momente: $$X = \frac{(2R_1 - L_1)k + (2L_2 - R_2)}{3(k+1)} = -\frac{M_{r1}k - M_{l2}}{k+1};$$

$$M_A = M_B = \frac{-L_1 + X}{2} \qquad M_D = M_E = -X \qquad M_C = \frac{-R_2 + X}{2}.$$

Stütz- und Schnittkräfte:

$$H_A = H_B = \frac{S_{l1} + F_2 l_1 + M_A - M_D}{h_1} \qquad H_C = \frac{S_{l2} - M_C + M_D}{h_2};$$

$$V_A = V_B = F_1 + F_2 \qquad V_C = 0; \qquad -N_0 = H_A - H_C.$$

Längskräfte:

$$N_{1u} = N_{3u} = -V_A \cdot \sin\alpha - H_A \cdot \cos\alpha \qquad N_{2o} = N_{4o} = -H_C \cdot \cos\alpha$$
$$N_{1o} = N_{3o} = -F_2 \cdot \sin\alpha - H_A \cdot \cos\alpha; \qquad N_{2u} = N_{4u} = -H_C \cdot \cos\alpha - F_2 \cdot \sin\alpha.$$

Bemerkung: Alle Belastungsglieder sind auf die linke Rahmenhälfte bezogen.

Sonderfall 12/1a: Symmetrische Feldlasten $(R = L)$

$$H_A = H_B = \left(\frac{F_1}{2} + F_2\right) \cdot \cot\alpha + \frac{M_A - M_D}{h_1} \qquad H_C = \frac{F_2}{2} \cdot \cot\alpha + \frac{M_D - M_C}{h_2};$$

$$X = \frac{L_1 k + L_2}{3(k+1)}. \qquad \text{Alle übrigen Formeln lauten wie vor.}$$

Sonderfall 12/1b: Gleichmäßig verteilte Feldlasten q_1 und q_2

In vorstehende Formeln werden eingesetzt:

$$F_1 = q_1 l_1 \qquad F_2 = q_2 l_2; \qquad L_1 = \frac{F_1 l_1}{4} \qquad L_2 = \frac{F_2 l_2}{4}$$

Rahmenform 12 Festwerte usw. siehe Seite 56

Siehe hierzu den Abschnitt „**Belastungsglieder**"

Fall 12/2: Ganzer Rahmen beliebig waagerecht, aber *symmetrisch* belastet

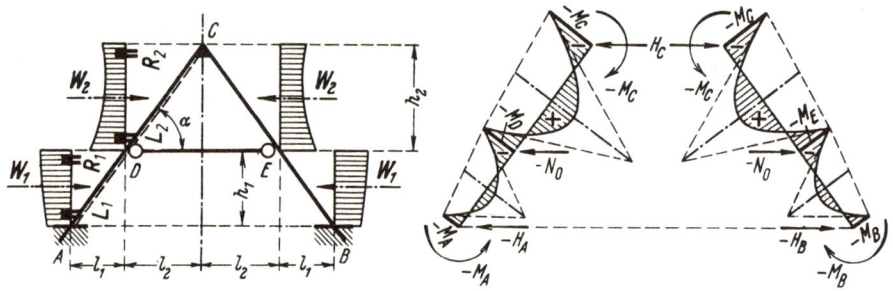

Hilfswert und Momente:
$$X = \frac{(2R_1 - L_1)k + (2L_2 - R_2)}{3(k+1)} = -\frac{M_{r1}k + M_{l2}}{k+1};$$

$$M_A = M_B = \frac{-L_1 + X}{2} \qquad M_D = M_E = -X \qquad M_C = \frac{-R_2 + X}{2}.$$

Stütz- und Schnittkräfte:
$$H_A = H_B = \frac{-S_{r1} + M_A - M_D}{h_1} \qquad H_C = \frac{S_{l2} - M_C + M_D}{h_2};$$

$$V_A = V_B = 0 \qquad V_C = 0; \qquad -N_0 = W_1 + W_2 + H_A - H_C.$$

Längskräfte:
$$N_{1u} = N_{3u} = -H_A \cdot \cos\alpha \qquad N_{2o} = N_{4o} = -H_C \cdot \cos\alpha$$
$$N_{1o} = N_{3o} = -(H_A + W_1) \cdot \cos\alpha; \qquad N_{2u} = N_{4u} = -(H_C - W_2) \cdot \cos\alpha.$$

Bemerkung: Alle Belastungsglieder sind auf die linke Rahmenhälfte bezogen.

Sonderfall 12/2a: Symmetrische Feldlasten ($R = L$)

$$H_A = H_B = -\frac{W_1}{2} + \frac{M_A - M_D}{h_1} \qquad H_C = \frac{W_2}{2} + \frac{M_D - M_C}{h_2};$$

$$X = \frac{L_1 k + L_2}{3(k+1)}. \qquad \text{Alle übrigen Formeln lauten wie vor.}$$

Sonderfall 12/2b: Gleichmäßig verteilte Feldlasten q_1 und q_2
In vorstehende Formeln werden eingesetzt:

$$W_1 = q_1 h_1 \qquad W_2 = q_2 h_2; \qquad L_1 = \frac{W_1 h_1}{4} \qquad L_2 = \frac{W_2 h_2}{4}.$$

Festwerte usw. siehe Seite 56 **Rahmenform 12**

Siehe hierzu den Abschnitt „**Belastungsglieder**"

Fall 12/3: Ganzer Rahmen beliebig senkrecht, aber antimetrisch belastet

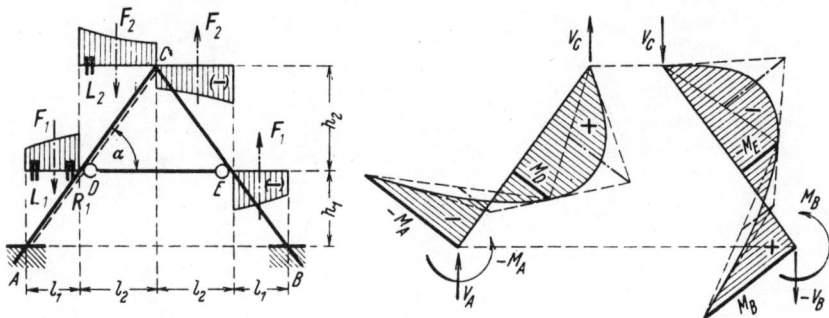

Hilfswerte und Momente:

$$S = S_{l1} \cdot \beta_2 + S_{r2} \cdot \beta_1 \qquad B = (L_1 + R_1\beta_2)k + L_2\beta_2;$$

$$M_A = -M_B = -\frac{S \cdot K_1 + B}{G} \qquad M_D = -M_E = \frac{S \cdot K_2 - B \cdot \beta_2}{G} \qquad M_C = 0.$$

Stütz- und Schnittkräfte:

$$V_A = -V_B = \frac{S_{r1} + F_1 l_2 + S_{r2} - M_A}{w} \qquad V_C = F_1 + F_2 - V_A;$$

$$H_A = H_B = 0 \qquad H_C = 0; \qquad N_0 = 0.$$

Längskräfte:

$$N_{1u} = -N_{3u} = -V_A \cdot \sin\alpha \qquad N_{2o} = -N_{4o} = +V_C \cdot \sin\alpha$$
$$N_{1o} = -N_{3o} = -(V_A - F_1)\sin\alpha = N_{2u} = -N_{4u} = -(F_2 - V_C)\sin\alpha.$$

Bemerkung: Alle Belastungsglieder sind auf die linke Rahmenhälfte bezogen.

Sonderfall 12/3a: Symmetrische Feldlasten ($R = L$)

$$S = \frac{(F_1 + F_2)l_1 l_2}{l} \qquad B = L_1 k(1 + \beta_2) + L_2\beta_2;$$

$$V_A = -V_B = \frac{F_1(1 + \beta_2) + F_2\beta_2}{2} - \frac{M_A}{w}. \qquad \text{Alle übrigen Formeln lauten wie vor.}$$

Sonderfall 12/3b: Gleichmäßig verteilte Feldlasten q_1 und q_2
In vorstehende Formeln werden eingesetzt:

$$F_1 = q_1 l_1 \qquad F_2 = q_2 l_2; \qquad L_1 = \frac{F_1 l_1}{4} \qquad L_2 = \frac{F_2 l_2}{4}.$$

Rahmenform 12 Festwerte usw. siehe Seite 56

Siehe hierzu den Abschnitt „**Belastungsglieder**"

Fall 12/4: Ganzer Rahmen beliebig waagerecht, aber antimetrisch belastet

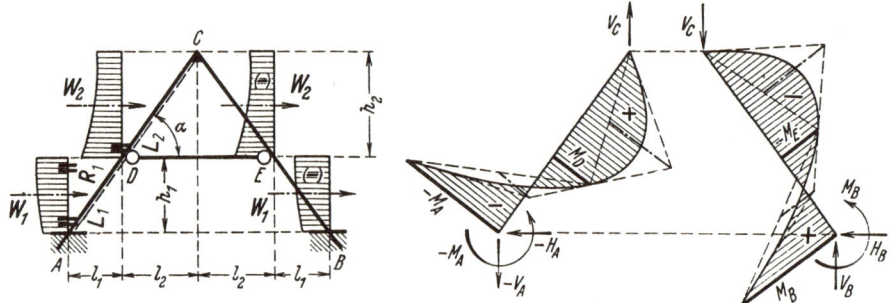

Hilfswerte und Momente:

$$S = S_{l1} \cdot \beta_2 + S_{r2} \cdot \beta_1 \qquad B = (L_1 + R_1\beta_2)k + L_2\beta_2;$$

$$M_A = -M_B = -\frac{S \cdot K_1 + B}{G} \qquad M_D = -M_E = \frac{S \cdot K_2 - B \cdot \beta_2}{G} \qquad M_C = 0.$$

Stütz- und Schnittkräfte:

$$V_B = V_C = -V_A = \frac{S_{l1} + W_2 h_1 + S_{l2} + M_A}{w}$$

$$H_B = -H_A = W_1 + W_2 \qquad H_C = 0; \qquad N_0 = 0.$$

Längskräfte:

$$N_{3u} = -N_{1u} = -V_B \cdot \sin\alpha - H_B \cdot \cos\alpha \qquad N_{4o} = -N_{2o} = -V_C \cdot \sin\alpha$$

$$N_{3o} = -N_{1o} = N_{3u} + W_1 \cdot \cos\alpha = N_{4u} = -N_{2u} = -V_C \cdot \sin\alpha - W_2 \cdot \cos\alpha.$$

Bemerkung: Alle Belastungsglieder sind auf die linke Rahmenhälfte bezogen.

Sonderfall 12/4a: Symmetrische Feldlasten ($R = L$)

$$S = \frac{(W_1 + W_2)h_1 h_2}{2h} \qquad B = L_1 k(1 + \beta_2) + L_2 \beta_2;$$

$$V_B = V_C = -V_A = \frac{W_1 h_1 + W_2(h + h_1)}{l} + \frac{M_A}{w}. \qquad \text{Alle übrigen Formeln lauten wie vor.}$$

Sonderfall 12/4b: Gleichmäßig verteilte Feldlasten q_1 und q_2
In vorstehende Formeln werden eingesetzt:

$$W_1 = q_1 h_1 \qquad W_2 = q_2 h_2; \qquad L_1 = \frac{W_1 h_1}{4} \qquad L_2 = \frac{W_2 h_2}{4}.$$

Rahmenform 12

Festwerte usw. siehe Seite 56

Siehe hierzu den Abschnitt „**Belastungsglieder**"

Fall 12/5: Linke Rahmenhälfte beliebig senkrecht belastet*)

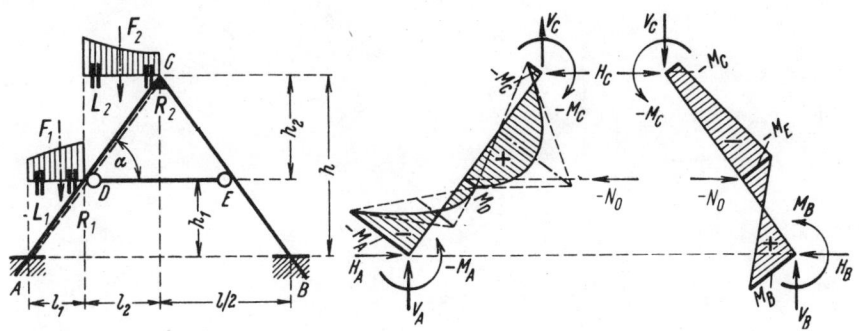

Momente:

Hilfswerte X sowie S und B wie beim Fall 12/1 bzw. 12/3.

$$M_C = \frac{-R_2 + X}{4}$$

$$\left.\begin{matrix}M_A \\ M_B\end{matrix}\right\} = \frac{-L_1 + X}{4} \mp \frac{S \cdot K_1 + B}{2G} \qquad \left.\begin{matrix}M_D \\ M_E\end{matrix}\right\} = -\frac{X}{2} \pm \frac{S \cdot K_2 - B \cdot \beta_2}{2G}.$$

Stütz- und Schnittkräfte:

$$V_B = V_C = \frac{S_{l1} + F_2 l_1 + S_{l2}}{l} + \frac{M_A - M_B}{l} \qquad V_A = F_1 + F_2 - V_B;$$

$$H_A = H_B = \frac{V_B \cdot l_1 + M_B - M_E}{h_1} \qquad H_C = \frac{V_B \cdot l_2 - M_C + M_E}{h_2}; \qquad -N_0 = H_B - H_C.$$

Längskräfte:

$$N_{1u} = -V_A \cdot \sin\alpha - H_A \cdot \cos\alpha \qquad N_{2o} = +V_C \cdot \sin\alpha - H_C \cdot \cos\alpha$$
$$N_{1o} = N_{1u} + F_1 \cdot \sin\alpha; \qquad N_{2u} = N_{2o} - F_2 \cdot \sin\alpha;$$
$$N_3 = -V_B \cdot \sin\alpha - H_B \cdot \cos\alpha \qquad N_4 = -V_C \cdot \sin\alpha - H_C \cdot \cos\alpha.$$

Sonderfall 12/5a: Symmetrische Feldlasten ($R = L$)

Hilfswerte X sowie S und B wie beim Sonderfall 12/1a bzw. 12/3a.

$$V_B = V_C = \frac{F_1 \cdot \beta_1 + F_2(1 + \beta_1)}{4} + \frac{M_A - M_B}{l}. \qquad \text{Alle übrigen Formeln lauten wie vor.}$$

Sonderfall 12/5b: Vgl. die Sonderfälle 12/1b und 12/3b

---

*) Für den Fall 12/5 könnten auch *alle Kräfte* nach dem *B-U*-Verfahren aus den Fällen 12/1 und 12/3 gebildet werden, wie es hier nur teilweise geschehen ist.

Rahmenform 12 Festwerte usw. siehe Seite 56

Siehe hierzu den Abschnitt „**Belastungsglieder**"

Fall 12/6: Linke Rahmenhälfte beliebig waagerecht belastet*)

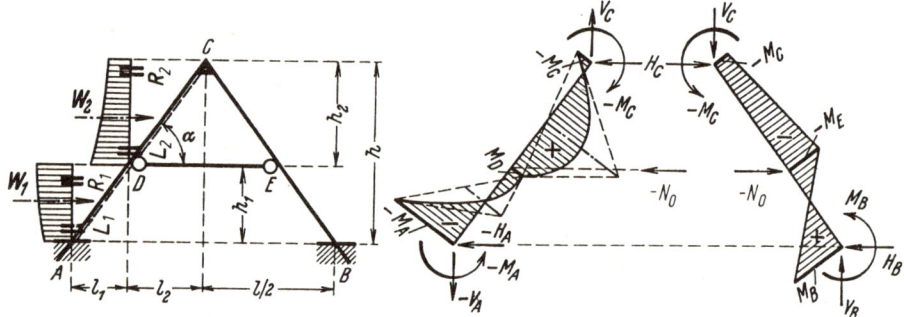

Momente:

Hilfswerte X sowie S und B wie beim Fall 12/2 bzw. 12/4.

$$M_C = \frac{-R_2 + X}{4}$$

$$\left.\begin{array}{c}M_A\\M_B\end{array}\right\} = \frac{-L_1 + X}{4} \mp \frac{S \cdot K_1 + B}{2G}$$

$$\left.\begin{array}{c}M_D\\M_E\end{array}\right\} = -\frac{X}{2} \pm \frac{S \cdot K_2 - B \cdot \beta_2}{2G}.$$

Stütz- und Schnittkräfte:

$$V_B = V_C = -V_A = \frac{S_{l1} + W_2 h_1 + S_{l2}}{l} + \frac{M_A - M_B}{l}; \qquad -N_0 = H_B - H_C;$$

$$H_B = \frac{V_B \cdot l_1 + M_B - M_E}{h_1} \qquad H_C = \frac{V_B \cdot l_2 - M_C + M_E}{h_2} \qquad H_A = -W_1 - W_2 + H_B.$$

Längskräfte:

$$N_{1u} = -V_A \cdot \sin\alpha - H_A \cdot \cos\alpha \qquad N_{2o} = +V_C \cdot \sin\alpha - H_C \cdot \cos\alpha$$
$$N_{1o} = N_{1u} - W_1 \cdot \cos\alpha; \qquad N_{2u} = N_{2o} + W_2 \cdot \cos\alpha;$$
$$N_3 = -V_B \cdot \sin\alpha - H_B \cdot \cos\alpha \qquad N_4 = -V_C \cdot \sin\alpha - H_C \cdot \cos\alpha.$$

Sonderfall 12/6a: Symmetrische Feldlasten ($R = L$)

Hilfswerte X sowie S und B wie beim Sonderfall 12/2a bzw. 12/4a.

$$V_B = V_C = -V_A = \frac{W_1 l_1 + W_2(h + h_1)}{2l} + \frac{M_A - M_B}{l}.$$ Alle übrigen Formeln lauten wie vor.

Sonderfall 12/6b: Vgl. die Sonderfälle 12/2b und 12/4b

---

*) Für den Fall 12/6 könnten auch *alle Kräfte* nach dem *B-U*-Verfahren aus den Fällen 12/2 und 12/4 gebildet werden, wie es hier nur teilweise geschehen ist.

Festwerte usw. siehe Seite 56 **Rahmenform 12**

Fall 12/7: Gleichmäßig verteilte *symmetrische* Vollast, rechtwinklig zu den Schrägstäben wirkend

$$M_D = M_E = -\frac{q(k \cdot s_1^2 + s_2^2)}{12(k+1)} \quad M_A = M_B = -\frac{qs_1^2}{8} - \frac{M_D}{2} \quad M_C = -\frac{qs_2^2}{8} - \frac{M_D}{2};$$

$$H_A = H_B = \frac{q(ll_1 - s_1^2)}{2h_1} + \frac{M_A - M_D}{h_1} \quad H_C = \frac{qs_2^2}{2h_2} + \frac{M_D - M_C}{h_2};$$

$$V_A = V_B = qw \quad V_C = 0; \quad -N_0 = qh + H_A - H_C.$$

Längskräfte: $\quad N_1 = N_3 = -V_A \cdot \sin\alpha - H_A \cdot \cos\alpha \quad N_2 = N_4 = -H_C \cdot \cos\alpha.$

Fall 12/8: Gleichmäßig verteilte *antimetrische* Vollast, rechtwinklig zu den Schrägstäben wirkend (Druck und Sog)

$$S = \frac{qs_1 s_2}{2} \quad B = \frac{qs_1^2}{4}\left[k(1+\beta_2) + \frac{s_2^2}{s_1^2}\cdot\beta_2\right];$$

$$M_B = -M_A = \frac{S\cdot K_1 + B}{G} \quad M_D = -M_E = \frac{S\cdot K_2 - B\cdot\beta_2}{G} \quad M_C = 0.$$

$$V_B = -V_A = \frac{q(h^2 - w^2)}{l} - \frac{M_B}{w} \quad V_C = \frac{qs^2}{l} - \frac{M_B}{w};$$

$$H_B = -H_A = qh \quad H_C = 0; \quad N_0 = 0.$$

Längskräfte: $\quad N_3 = N_4 = -N_1 = -N_2 = -\dfrac{qsh}{l}.$

Rahmenform 12   Festwerte usw. siehe Seite 56

Fall 12/9: *Symmetrische* Anordnung von Einzellasten

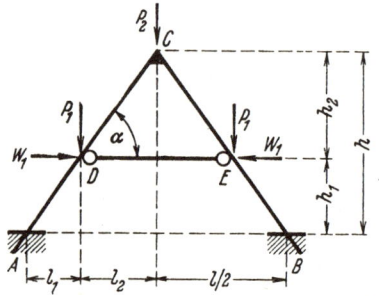

Biegemomente treten nicht auf.

$(M_A = M_B = M_C = M_D = M_E = 0.)$

$V_A = V_B = P_1 + \dfrac{P_2}{2} \qquad V_C = 0.$

$H_A = H_B = V_A \cdot \cot \alpha \qquad H_C = \dfrac{P_2}{2} \cdot \cot \alpha; \qquad -N_0 = P_1 \cdot \cot \alpha + W_1.$

Längskräfte: $\qquad N_1 = N_3 = \dfrac{-V_A}{\sin \alpha} \qquad N_2 = N_4 = \dfrac{-P_2}{2 \sin \alpha}.$

Bemerkung: Das waagerechte Lastenpaar W_1 wirkt sich nur als zusätzliche Längskraft im gelenkigen Druckstab aus.

Fall 12/10: *Antimetrische* Anordnung von Einzellasten

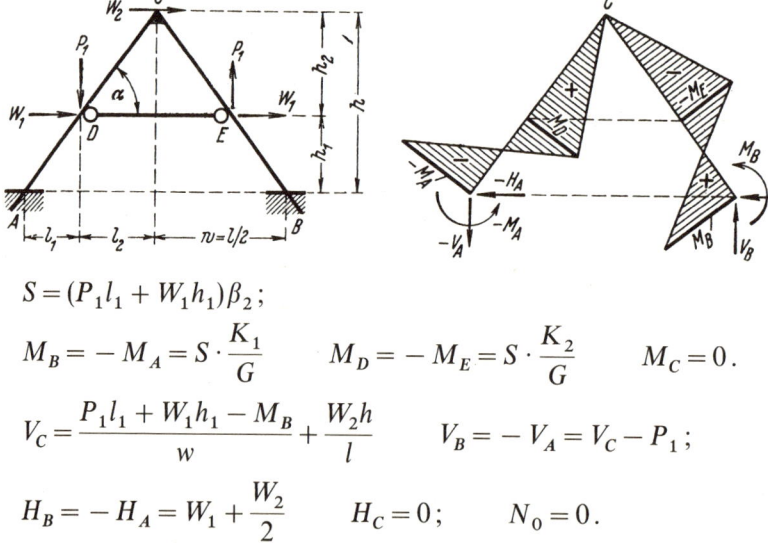

$S = (P_1 l_1 + W_1 h_1)\beta_2;$

$M_B = -M_A = S \cdot \dfrac{K_1}{G} \qquad M_D = -M_E = S \cdot \dfrac{K_2}{G} \qquad M_C = 0.$

$V_C = \dfrac{P_1 l_1 + W_1 h_1 - M_B}{w} + \dfrac{W_2 h}{l} \qquad V_B = -V_A = V_C - P_1;$

$H_B = -H_A = W_1 + \dfrac{W_2}{2} \qquad H_C = 0; \qquad N_0 = 0.$

Längskräfte:

$\qquad N_3 = -N_1 = -V_B \cdot \sin \alpha - H_B \cdot \cos \alpha \qquad N_4 = -N_2 = -V_C \cdot \sin \alpha - \dfrac{W_2}{2} \cdot \cos \alpha.$

Bemerkung: Infolge W_2 allein treten keine Biegemomente auf.

Festwerte usw. siehe Seite 56 **Rahmenform 12**

Fall 12/11: *Unsymmetrische* Anordnung von Einzellasten

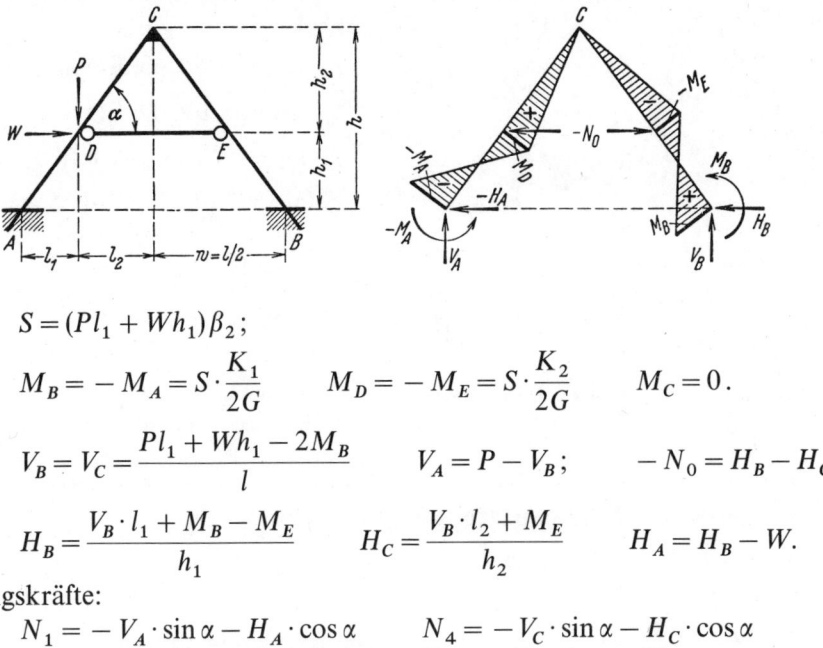

$S = (Pl_1 + Wh_1)\beta_2;$

$M_B = -M_A = S \cdot \dfrac{K_1}{2G} \qquad M_D = -M_E = S \cdot \dfrac{K_2}{2G} \qquad M_C = 0.$

$V_B = V_C = \dfrac{Pl_1 + Wh_1 - 2M_B}{l} \qquad V_A = P - V_B; \qquad -N_0 = H_B - H_C.$

$H_B = \dfrac{V_B \cdot l_1 + M_B - M_E}{h_1} \qquad H_C = \dfrac{V_B \cdot l_2 + M_E}{h_2} \qquad H_A = H_B - W.$

Längskräfte:
$N_1 = -V_A \cdot \sin\alpha - H_A \cdot \cos\alpha \qquad N_4 = -V_C \cdot \sin\alpha - H_C \cdot \cos\alpha$
$N_2 = +V_C \cdot \sin\alpha - H_C \cdot \cos\alpha \qquad N_3 = -V_B \cdot \sin\alpha - H_B \cdot \cos\alpha.$

Fall 12/12: Gleichmäßige Wärmezunahme des Druckstabes DE allein um t_0 Grad

$E =$ Elastizitätsmodul,
$\alpha_t =$ Wärmedehnkoeffizient.

Hilfswert: $T = \dfrac{3EI_2 \cdot \alpha_t}{s_2(k+1)} \cdot \dfrac{w}{h}.$

$M_A = M_B = +Tt_0\left[\left(\dfrac{1}{k}+2\right)\dfrac{h_2}{h_1}+1\right] \qquad M_D = M_E = -2Tt_0\left[\dfrac{h_2}{h_1}+1\right]$

$M_C = +Tt_0\left[\dfrac{h_2}{h_1}+k+2\right]. \qquad V_A = V_B = V_C = 0;$

$H_A = H_B = \dfrac{M_A - M_D}{h_1} \qquad H_C = \dfrac{M_D - M_C}{h_2}; \qquad -N_0 = H_A - H_C.$

Längskräfte: $\qquad N_1 = N_3 = -H_A \cdot \cos\alpha \qquad N_2 = N_4 = -H_C \cdot \cos\alpha.$

Bemerkung: Bei Wärme**ab**nahme kehren alle Momente und Kräfte ihren Wirkungssinn um.

Rahmenform 12   Festwerte usw. siehe Seite 56

Fall 12/13: *Symmetrische* Wärmezunahme der Schrägstäbe

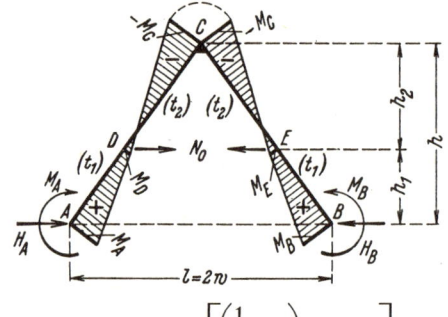

t_1 in Grad für die Stäbe s_1,

t_2 in Grad für die Stäbe s_2.

Hilfswert T sowie E und α_t wie beim Fall 12/12, Seite 65.

$$M_C = T[+t_1 - (k+2)t_2]$$

$$M_A = M_B = T\left[\left(\frac{1}{k}+2\right)t_1 - t_2\right] \qquad M_D = M_E = 2T[-t_1 + t_2].$$

Formeln für alle *V*-, *H*- und *N*-Kräfte wie beim Fall 12/12.

Bemerkung: Für den Sonderfall $t_1 = t_2$ werden $M_D = M_E = 0$ und es verhalten sich $M_A : (-M_C) = 1 : k$.

Fall 12/14: *Antimetrischer* Wärmeänderungsfall der Schrägstäbe

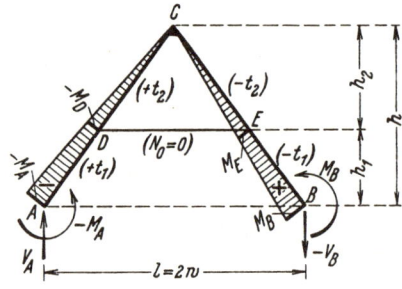

t_1 und t_2 wie vor, jedoch für die rechte Rahmenhälfte negativ.

E und α_t wie beim Fall 12/12.

$$H_A = H_B = H_C = 0; \qquad N_0 = 0.$$

$$M_E = -M_D = \beta_2 \cdot M_B \qquad M_C = 0;$$

$$M_B = -M_A = \frac{6EI_2 \cdot \alpha_t}{s_2 G} \cdot \frac{h}{w}(\beta_1 t_1 + \beta_2 t_2); \quad V_A = -V_B = -V_C = \frac{M_B}{w}.$$

Längskräfte: $N_1 = N_2 = -N_3 = -N_4 = -V_A \cdot \sin\alpha$.

Fall 12/15: Gleichmäßige Wärmezunahme des ganzen Rahmens
(einschließlich Druckstab *DE*) um t Grad

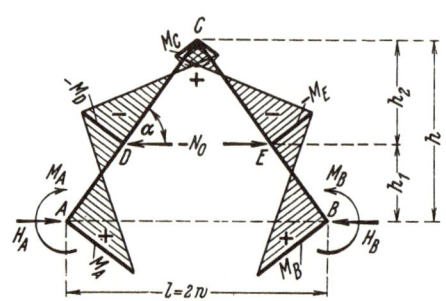

E und α_t wie beim Fall 12/12.

$$M_D = M_E = -\frac{3EI_2 \cdot \alpha_t}{s_2(k+1)} \cdot \frac{l}{h_1} \cdot t$$

$$M_A = M_B = \frac{-M_D}{2}\left(\frac{1}{k}+2\right) \quad M_C = \frac{-M_D}{2}$$

Formeln für alle *V*-, *H*- und *N*-Kräfte wie beim Fall 12/12.

Rahmenform 13

Symmetrischer Dreieck-Eingelenkbinder mit in beliebiger Höhenlage gelenkig angeschlossenem starrem Druckstab mit verschiedenen am Druckstabanschluß sich sprunghaft ändernden Trägheitsmomenten[1])
(Kehlbalkenbinder mit eingespannten Fußpunkten)

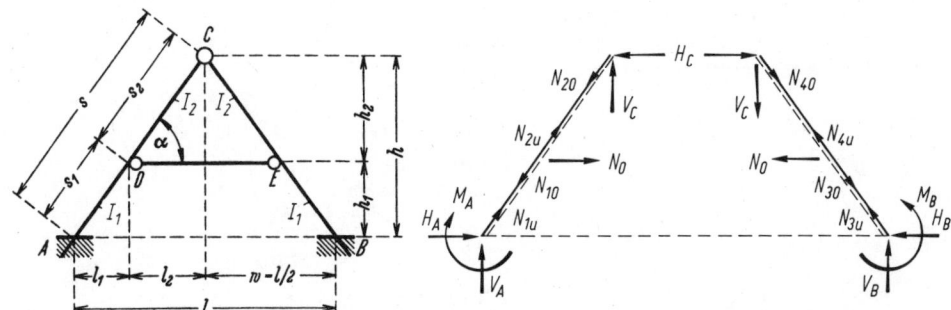

Rahmenform, Abmessungen und Bezeichnungen

Festlegung der positiven Richtung aller Stützkräfte im First und Längskräfte[1])

Festwerte:

$$k = \frac{I_2}{I_1} \cdot \frac{s_1}{s_2}\,^{1)}; \qquad \left(\frac{s_1}{s_2} = \frac{l_1}{l_2} = \frac{h_1}{h_2}\right); \qquad \beta_1 = \frac{l_1}{w} = \frac{h_1}{h} \qquad \beta_2 = \frac{l_2}{w} = \frac{h_2}{h};$$

$$C = 3k + 4. \qquad\qquad (\beta_1 + \beta_2 = 1).$$

$$K_1 = k + 2\beta_2(k+1) \qquad K_2 = k(2 + \beta_2); \qquad G = K_1\beta_2 + K_2.$$

Achtung! Die einzelnen Fälle der Rahmenform 13 sind in Anlehnung an Rahmenform 12 benannt worden. Hierbei konnte auf die Wiedergabe der Fälle 13/3, 4, 9, 10, 11 und 14 verzichtet werden, weil dieselben mit den entsprechenden Fällen 12/3, 4, 9, 10, 11 und 14 wegen $M_C = 0$ genau übereinstimmen.

Bemerkung: Die Momentenbilder der Fälle 13/1, 2, 5 und 6 entsprechen mit der Annahme $I_1 = I_2$ jeweils dem zugehörigen Sonderfall b mit $q_1 = q_2$.

---

[1]) Für konstantes Trägheitsmoment I des ganzen Stabes s, also für $(I_1 = I_2) = I$, ist einfach $k = s_1/s_2$.
[2]) Positive Biegemomente M erzeugen an der gestrichelten Stabseite Zug. Positive Längskräfte N erzeugen im Stab Zug.

Rahmenform 13 — Festwerte usw. siehe Seite 67

Fall 13/7: Gleichmäßig verteilte *symmetrische* Vollast, rechtwinklig zu den Schrägstäben wirkend

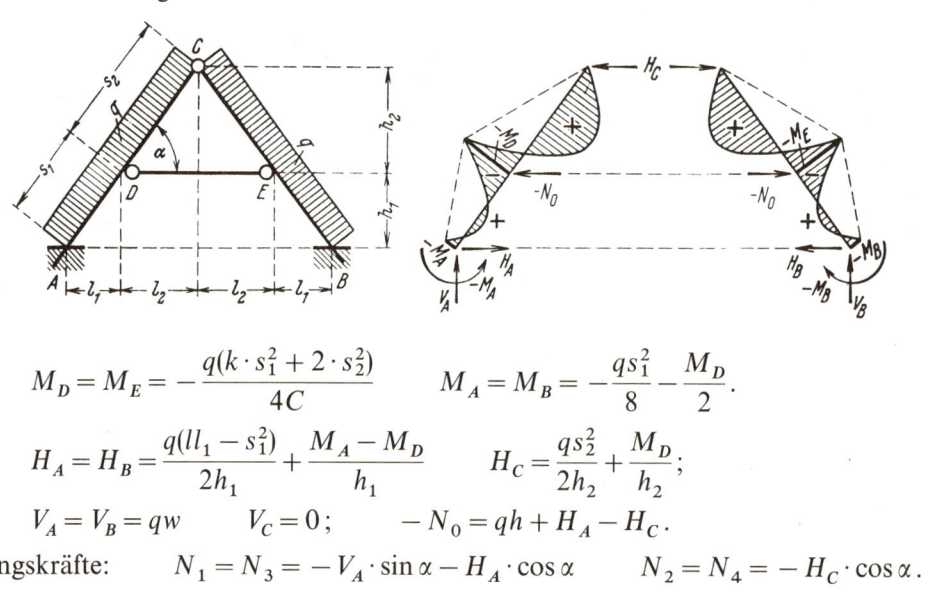

$$M_D = M_E = -\frac{q(k \cdot s_1^2 + 2 \cdot s_2^2)}{4C} \qquad M_A = M_B = -\frac{qs_1^2}{8} - \frac{M_D}{2}.$$

$$H_A = H_B = \frac{q(ll_1 - s_1^2)}{2h_1} + \frac{M_A - M_D}{h_1} \qquad H_C = \frac{qs_2^2}{2h_2} + \frac{M_D}{h_2};$$

$$V_A = V_B = qw \qquad V_C = 0; \qquad -N_0 = qh + H_A - H_C.$$

Längskräfte: $\qquad N_1 = N_3 = -V_A \cdot \sin\alpha - H_A \cdot \cos\alpha \qquad N_2 = N_4 = -H_C \cdot \cos\alpha.$

Fall 13/8: Gleichmäßig verteilte *antimetrische* Vollast, rechtwinklig zu den Schrägstäben wirkend (Druck und Sog)

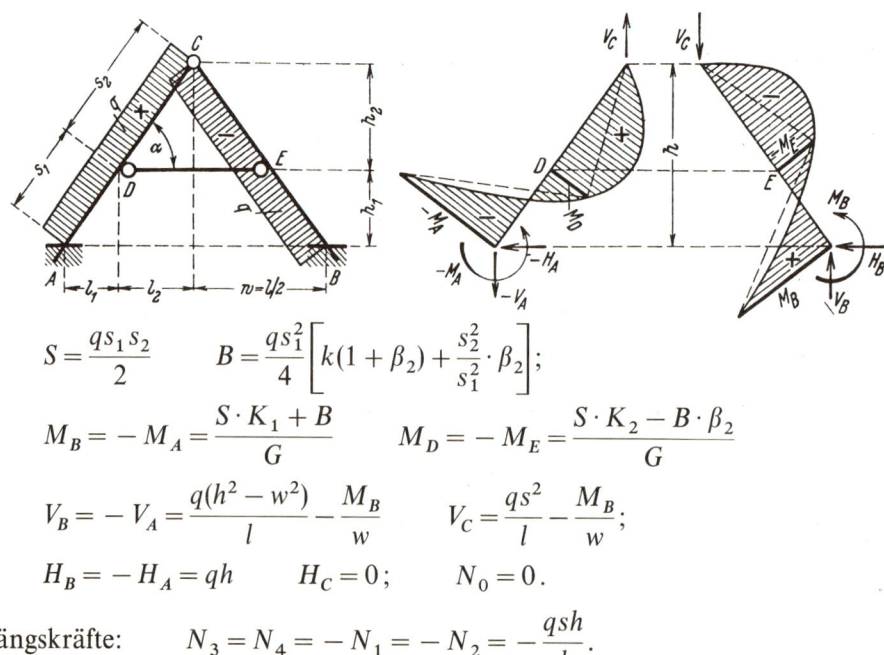

$$S = \frac{qs_1 s_2}{2} \qquad B = \frac{qs_1^2}{4}\left[k(1 + \beta_2) + \frac{s_2^2}{s_1^2} \cdot \beta_2\right];$$

$$M_B = -M_A = \frac{S \cdot K_1 + B}{G} \qquad M_D = -M_E = \frac{S \cdot K_2 - B \cdot \beta_2}{G}$$

$$V_B = -V_A = \frac{q(h^2 - w^2)}{l} - \frac{M_B}{w} \qquad V_C = \frac{qs^2}{l} - \frac{M_B}{w};$$

$$H_B = -H_A = qh \qquad H_C = 0; \qquad N_0 = 0.$$

Längskräfte: $\qquad N_3 = N_4 = -N_1 = -N_2 = -\dfrac{qsh}{l}.$

Festwerte usw. siehe Seite 67   **Rahmenform 13**

Siehe hierzu den Abschnitt „**Belastungsglieder**"

Fall 13/1: Ganzer Rahmen beliebig senkrecht, aber *symmetrisch* belastet

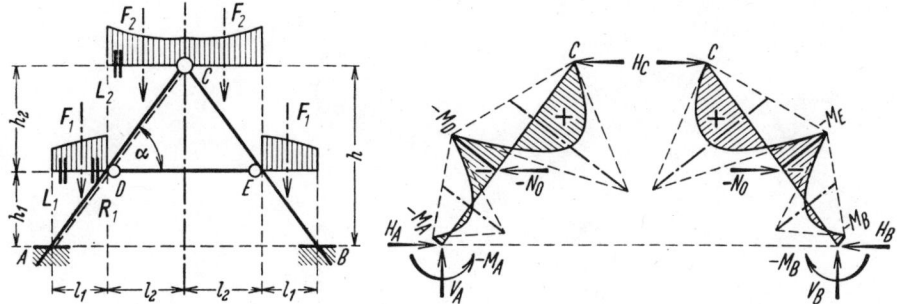

Hilfswert und Momente:

$$X = \frac{(2R_1 - L_1)k + 2L_2}{C}; \qquad M_A = M_B = \frac{-L_1 + X}{2} \qquad M_D = M_E = -X.$$

Stütz- und Schnittkräfte:

$$H_A = H_B = \frac{S_{l1} + F_2 l_1 + M_A - M_D}{h_1} \qquad H_C = \frac{S_{l2} + M_D}{h_2};$$

$$V_A = V_B = F_1 + F_2 \qquad V_C = 0; \qquad -N_0 = H_A - H_C.$$

Längskräfte:

$$N_{1u} = N_{3u} = -V_A \cdot \sin\alpha - H_A \cdot \cos\alpha \qquad N_{2o} = N_{4o} = -H_C \cdot \cos\alpha$$

$$N_{1o} = N_{3o} = -F_2 \cdot \sin\alpha - H_A \cdot \cos\alpha; \qquad N_{2u} = N_{4u} = -H_C \cdot \cos\alpha - F_2 \cdot \sin\alpha.$$

Bemerkung: Alle Belastungsglieder sind auf die linke Rahmenhälfte bezogen.

Sonderfall 13/1a: Symmetrische Feldlasten ($R = L$)

$$H_A = H_B = \left(\frac{F_1}{2} + F_2\right) \cdot \cot\alpha + \frac{M_A - M_D}{h_1} \qquad H_C = \frac{F_2}{2} \cdot \cot\alpha + \frac{M_D}{h_2};$$

$$X = \frac{L_1 k + 2L_2}{C} \qquad \text{Alle übrigen Formeln lauten wie vor.}$$

Sonderfall 13/1b: Gleichmäßig verteilte Feldlasten q_1 und q_2
In vorstehende Formeln werden eingesetzt:

$$F_1 = q_1 l_1 \qquad F_2 = q_2 l_2; \qquad L_1 = \frac{F_1 l_1}{4} \qquad L_2 = \frac{F_2 l_2}{4}$$

Rahmenform 13 Festwerte usw. siehe Seite 67

Siehe hierzu den Abschnitt „**Belastungsglieder**"

Fall 13/2: Ganzer Rahmen beliebig waagerecht, aber *symmetrisch* belastet

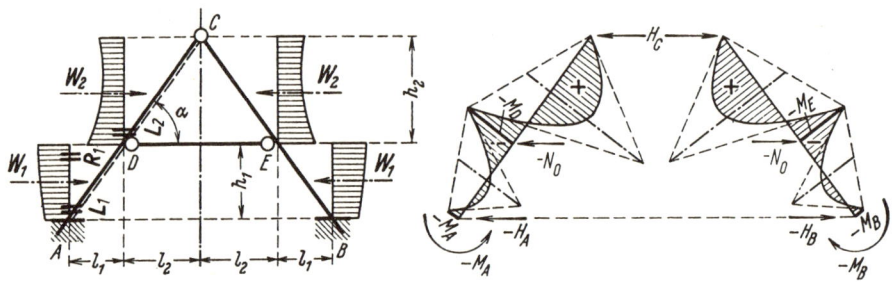

Hilfswert und Momente:

$$X = \frac{(2R_1 - L_2)k + 2L_2}{C}; \qquad M_A = M_B = \frac{-L_1 + X}{2} \qquad M_D = M_E = -X.$$

Stütz- und Schnittkräfte:

$$H_A = H_B = \frac{-S_{r1} + M_A - M_D}{h_1} \qquad H_C = \frac{S_{l2} + M_D}{h_2};$$

$$V_A = V_B = 0 \qquad V_C = 0; \qquad -N_0 = W_1 + W_2 + H_A - H_C.$$

Längskräfte:

$$N_{1u} = N_{3u} = -H_A \cdot \cos\alpha \qquad N_{2o} = N_{4o} = -H_C \cdot \cos\alpha$$
$$N_{1o} = N_{3o} = -(H_A + W_1)\cdot \cos\alpha; \qquad N_{2u} = N_{4u} = -(H_C - W_2)\cos\alpha.$$

Bemerkung: Alle Belastungsglieder sind auf die linke Rahmenhälfte bezogen.

Sonderfall 13/2a: Symmetrische Feldlasten ($R = L$)

$$X = \frac{L_1 k + 2L_2}{C} \qquad H_A = H_B = -\frac{W_1}{2} + \frac{M_A - M_D}{h_1} \qquad H_C = \frac{W_2}{2} + \frac{M_D}{h_2}.$$

Alle übrigen Formeln lauten wie vor.

Sonderfall 13/2b: Gleichmäßig verteilte Feldlasten q_1 und q_2
In vorstehende Formeln werden eingesetzt:

$$W_1 = q_1 h_1 \qquad W_2 = q_2 h_2; \qquad L_1 = \frac{W_1 h_1}{4} \qquad L_2 = \frac{W_2 h_2}{4}$$

Festwerte usw. siehe Seite 67 — **Rahmenform 13**

Siehe hierzu den Abschnitt „**Belastungsglieder**"

Fall 13/5: Linke Rahmenhälfte beliebig senkrecht belastet*)

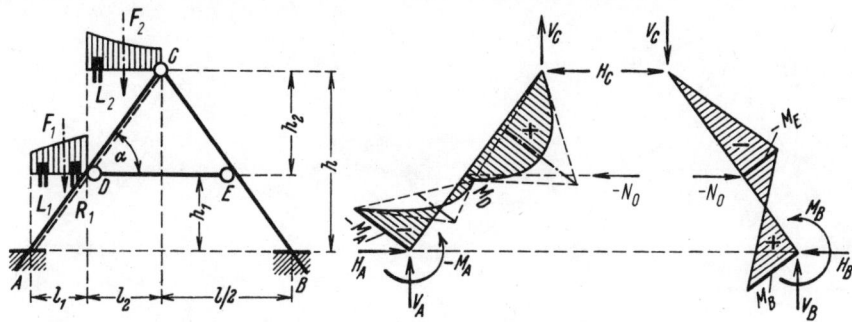

Hilfswerte und Momente: $S = S_{l1} \cdot \beta_2 + S_{r2} \cdot \beta_1$

$$X = \frac{(2R_1 - L_1)k + 2L_2}{C}; \qquad B = (L_1 + R_1\beta_2)k + L_2\beta_2.$$

$$\left.\begin{array}{l} M_A \\ M_B \end{array}\right\} = \frac{-L_1 + X}{4} \mp \frac{S \cdot K_1 + B}{2G} \qquad \left.\begin{array}{l} M_D \\ M_E \end{array}\right\} = -\frac{X}{2} \pm \frac{S \cdot K_2 - B \cdot \beta_2}{2G}.$$

Stütz- und Schnittkräfte:

$$V_B = V_C = \frac{S_{l1} + F_2 l_1 + S_{l2}}{l} + \frac{M_A - M_B}{l} \qquad V_A = F_1 + F_2 - V_B;$$

$$H_A \doteq H_B = \frac{V_B \cdot l_1 + M_B - M_E}{h_1} \qquad H_C = \frac{V_B \cdot l_2 + M_E}{h_2}; \qquad -N_0 = H_B - H_C.$$

Längskräfte:

$$N_{1u} = -V_A \cdot \sin\alpha - H_A \cdot \cos\alpha \qquad N_{2o} = +V_C \cdot \sin\alpha - H_C \cdot \cos\alpha$$
$$N_{1o} = N_{1u} + F_1 \cdot \sin\alpha; \qquad N_{2u} = N_{2o} - F_2 \cdot \sin\alpha;$$
$$N_3 = -V_B \cdot \sin\alpha - H_B \cdot \cos\alpha \qquad N_4 = -V_C \cdot \sin\alpha - H_C \cdot \cos\alpha.$$

Sonderfall 13/5a: Symmetrische Feldlasten ($R = L$)

$$X = \frac{L_1 k + 2L_2}{C}; \qquad S = \frac{(F_1 + F_2) l_1 l_2}{l} \qquad B = L_1 k(1 + \beta_2) + L_2 \beta_2.$$

$$V_B = V_C = \frac{F_1 \cdot \beta_1 + F_2 (1 + \beta_1)}{4} + \frac{M_A - M_B}{l} \qquad \text{Alle übrigen Formeln lauten wie vor.}$$

Sonderfall 13/5b: Anschriebe genau wie beim Sonderfall 13/1b

---

*) Für den Fall 13/5 könnten auch *alle Kräfte* nach dem *B-U*-Verfahren aus den Fällen 13/1 und (13/3 = 12/3) gebildet werden, wie es hier nur teilweise geschehen ist.

Rahmenform 13   Festwerte usw. siehe Seite 67

Siehe hierzu den Abschnitt „**Belastungsglieder**"

Fall 13/6: Linke Rahmenhälfte beliebig waagerecht belastet*)

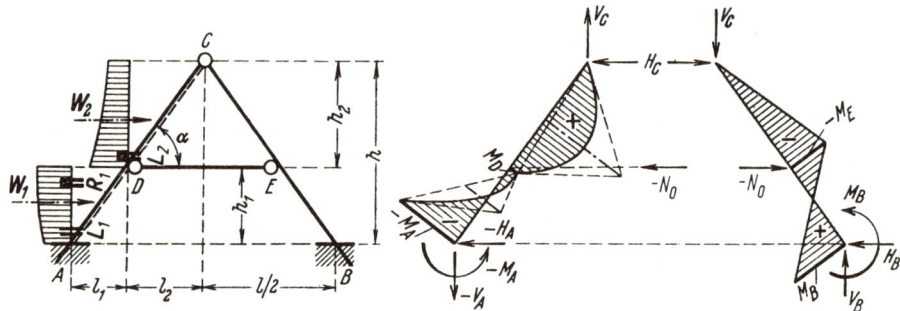

Hilfswerte und Momente: $S = S_{l1} \cdot \beta_2 + S_{r2} \cdot \beta_1$

$$X = \frac{(2R_1 - L_1)k + 2L_2}{C}; \qquad B = (L_1 + R_1\beta_2)k + L_2\beta_2.$$

$$\left.\begin{matrix}M_A\\M_B\end{matrix}\right\} = \frac{-L_1 + X}{4} \mp \frac{S \cdot K_1 + B}{2G} \qquad \left.\begin{matrix}M_D\\M_E\end{matrix}\right\} = -\frac{X}{2} \pm \frac{S \cdot K_2 - B \cdot \beta_2}{2G}.$$

Stütz- und Schnittkräfte:

$$V_B = V_C = -V_A = \frac{S_{l1} + W_2 h_1 + S_{l2}}{l} + \frac{M_A - M_B}{l}; \qquad -N_0 = H_B - H_C;$$

$$H_B = \frac{V_B \cdot l_1 + M_B - M_E}{h_1} \qquad H_C = \frac{V_B \cdot l_2 + M_E}{h_2} \qquad H_A = -W_1 - W_2 + H_B.$$

Längskräfte:

$$N_{1u} = -V_A \cdot \sin\alpha - H_A \cdot \cos\alpha \qquad N_{2o} = +V_C \cdot \sin\alpha - H_C \cdot \cos\alpha$$
$$N_{1o} = N_{1u} - W_1 \cdot \cos\alpha; \qquad N_{2u} = N_{2o} + W_2 \cdot \cos\alpha;$$
$$N_3 = -V_B \cdot \sin\alpha - H_B \cdot \cos\alpha \qquad N_4 = -V_C \cdot \sin\alpha - H_C \cdot \cos\alpha.$$

Sonderfall 13/6a: Symmetrische Feldlasten ($R = L$)

$$X = \frac{L_1 k + 2L_2}{C}; \qquad S = \frac{(W_1 + W_2)h_1 h_2}{2h} \qquad B = L_1 k(1 + \beta_2) + L_2\beta_2;$$

$$V_B = V_C = -V_A = \frac{W_1 l_1 + W_2(h + h_2)}{2l} + \frac{M_A - M_B}{l}. \qquad \text{Alle übrigen Formeln lauten wie vor}$$

Sonderfall 13/6b: Anschriebe genau wie beim Sonderfall 13/2b

---

*) Für den Fall 13/6 könnten auch *alle Kräfte* nach dem *B-U*-Verfahren aus den Fällen 13/2 und (13/4 = 12/4) gebildet werden, wie es hier nur teilweise geschehen ist.

Festwerte usw. siehe Seite 67 — **Rahmenform 13**

Fall 13/12: Gleichmäßige Wärmezunahme des Druckstabes DE allein um t_0 Grad*)

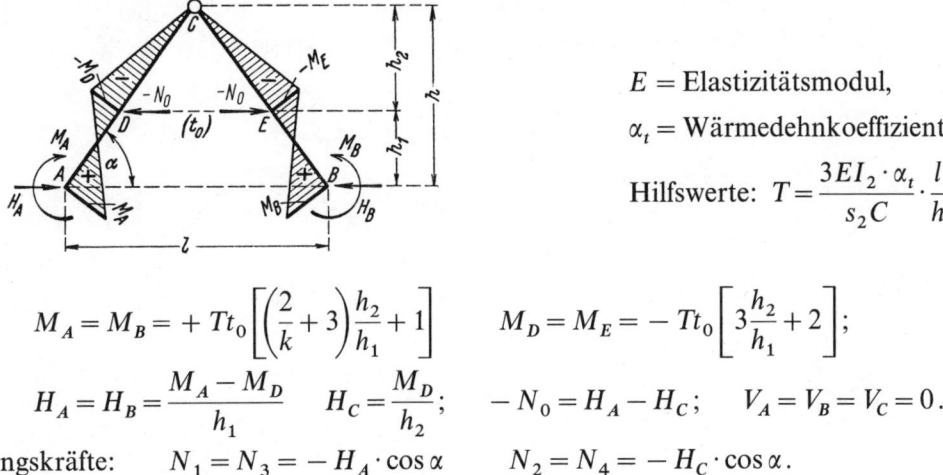

E = Elastizitätsmodul,

α_t = Wärmedehnkoeffizient.

Hilfswerte: $T = \dfrac{3EI_2 \cdot \alpha_t}{s_2 C} \cdot \dfrac{l}{h}$.

$M_A = M_B = + T t_0 \left[\left(\dfrac{2}{k} + 3\right)\dfrac{h_2}{h_1} + 1\right]$ $M_D = M_E = - T t_0 \left[3\dfrac{h_2}{h_1} + 2\right]$;

$H_A = H_B = \dfrac{M_A - M_D}{h_1}$ $H_C = \dfrac{M_D}{h_2}$; $-N_0 = H_A - H_C$; $V_A = V_B = V_C = 0$.

Längskräfte: $N_1 = N_3 = -H_A \cdot \cos\alpha$ $N_2 = N_4 = -H_C \cdot \cos\alpha$.

Fall 13/13: *Symmetrische* Wärmezunahme der Schrägstäbe*)

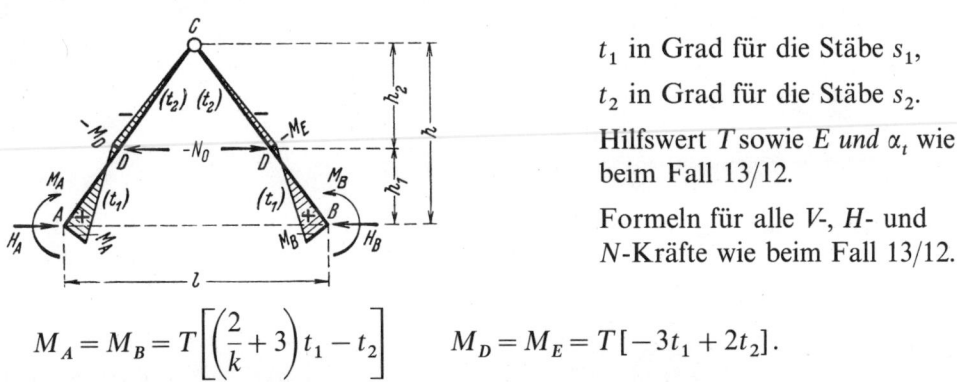

t_1 in Grad für die Stäbe s_1,

t_2 in Grad für die Stäbe s_2.

Hilfswert T sowie E und α_t wie beim Fall 13/12.

Formeln für alle V-, H- und N-Kräfte wie beim Fall 13/12.

$M_A = M_B = T\left[\left(\dfrac{2}{k} + 3\right)t_1 - t_2\right]$ $M_D = M_E = T[-3t_1 + 2t_2]$.

Fall 13/15: Gleichmäßige Wärmezunahme des ganzen Rahmens (einschließlich Druckstab DE) um t Grad*)

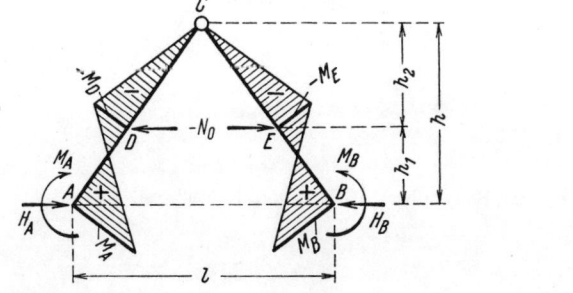

E und α_t siehe beim Fall 13/12.

$M_D = M_E = -\dfrac{9EI_2 \cdot \alpha_t}{s_2 C} \cdot \dfrac{l}{h_1} \cdot t$

$M_A = M_B = -M_D \cdot \left(\dfrac{2}{3k} + 1\right)$.

Formeln für alle V-, H- und N-Kräfte wie beim Fall 13/12.

*) Bei Wärmeabnahme kehren alle Momente und Kräfte ihren Wirkungssinn um.

Rahmenform 14

Unsymmetrischer Dreieckrahmen mit Fußgelenken in gleicher Höhenlage

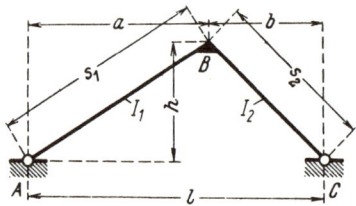

Rahmenform, Abmessungen und Bezeichnungen

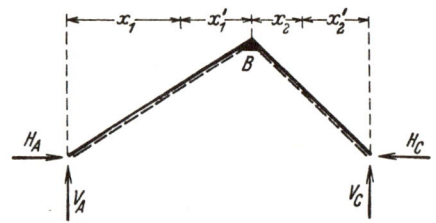

Festlegung der positiven Richtung aller Stützkräfte und der Koordinaten beliebiger Stabpunkte. Positive Biegemomente erzeugen an der gestrichelten Stabseite Zug

Festwerte:

$$k = \frac{I_1}{I_2} \cdot \frac{s_2}{s_1} \qquad N = 1 + k: \qquad \alpha = \frac{a}{l} \qquad \beta = \frac{b}{l} \qquad (\alpha + \beta = 1).$$

Fall 14/1: Gleichmäßige Wärmezunahme im ganzen Rahmen

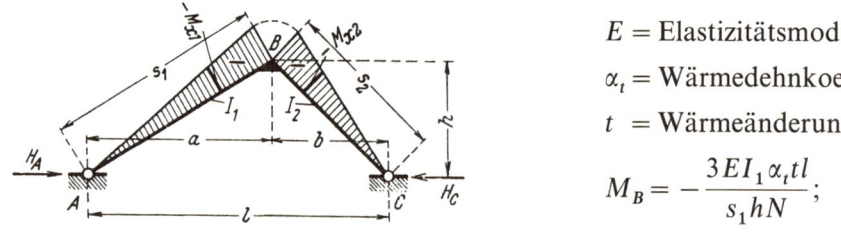

E = Elastizitätsmodul,
α_t = Wärmedehnkoeffizient,
t = Wärmeänderung in Grad.

$$M_B = -\frac{3EI_1 \alpha_t t l}{s_1 h N};$$

$$H_A = H_C = \frac{-M_B}{h}; \qquad M_{x1} = \frac{x_1}{a} M_B \qquad M_{x2} = \frac{x_2'}{b} M_B.$$

Bemerkung: Bei Wärme**ab**nahme kehren alle Kräfte ihren Pfeilsinn um und alle Momente erhalten entgegengesetztes Vorzeichen.

Festwerte usw. siehe Seite 74   **Rahmenform 14**

Siehe hierzu den Abschnitt „Belastungsglieder"

Fall 14/2: Linker Stab beliebig senkrecht belastet

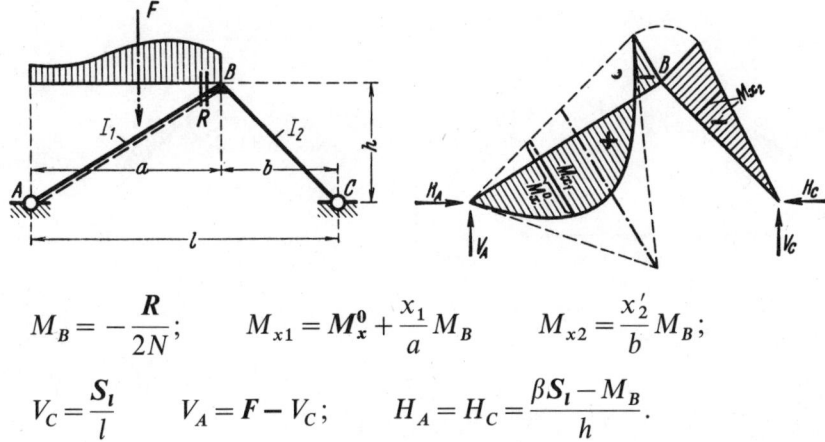

$$M_B = -\frac{R}{2N}; \qquad M_{x1} = M_x^0 + \frac{x_1}{a} M_B \qquad M_{x2} = \frac{x_2'}{b} M_B;$$

$$V_C = \frac{S_l}{l} \qquad V_A = F - V_C; \qquad H_A = H_C = \frac{\beta S_l - M_B}{h}.$$

Fall 14/4: Rechter Stab beliebig senkrecht belastet

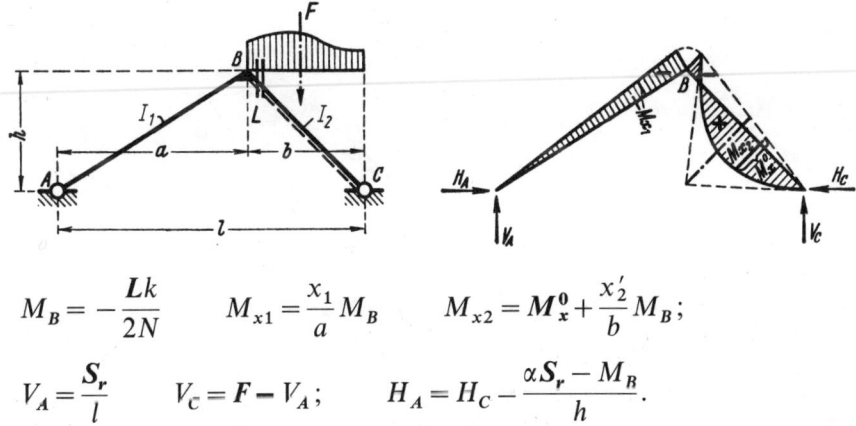

$$M_B = -\frac{Lk}{2N} \qquad M_{x1} = \frac{x_1}{a} M_B \qquad M_{x2} = M_x^0 + \frac{x_2'}{b} M_B;$$

$$V_A = \frac{S_r}{l} \qquad V_C = F - V_A; \qquad H_A = H_C - \frac{\alpha S_r - M_B}{h}.$$

Fall 14/6: Senkrechte Einzellast im Firstpunkt B

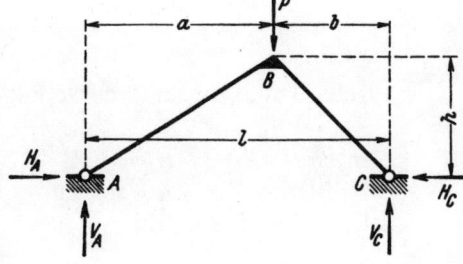

Es treten keine Biegemomente auf.

$$V_A = \beta P \qquad V_C = \alpha P;$$

$$H_A = H_C = \frac{Pab}{lh}.$$

Rahmenform 14 Festwerte siehe Seite 74

Siehe hierzu den Abschnitt „**Belastungsglieder**"

Fall 14/3: Linker Stab beliebig waagerecht belastet

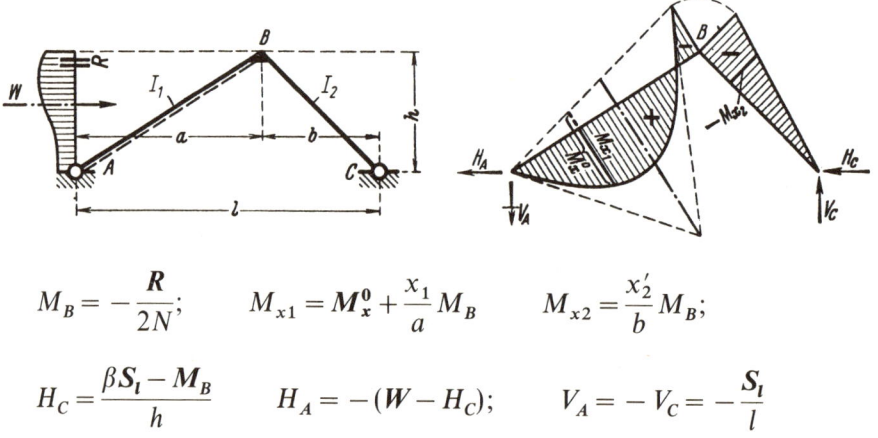

$$M_B = -\frac{R}{2N}; \qquad M_{x1} = M_x^0 + \frac{x_1}{a} M_B \qquad M_{x2} = \frac{x_2'}{b} M_B;$$

$$H_C = \frac{\beta S_l - M_B}{h} \qquad H_A = -(W - H_C); \qquad V_A = -V_C = -\frac{S_l}{l}$$

Fall 14/5: Rechter Stab beliebig waagerecht belastet

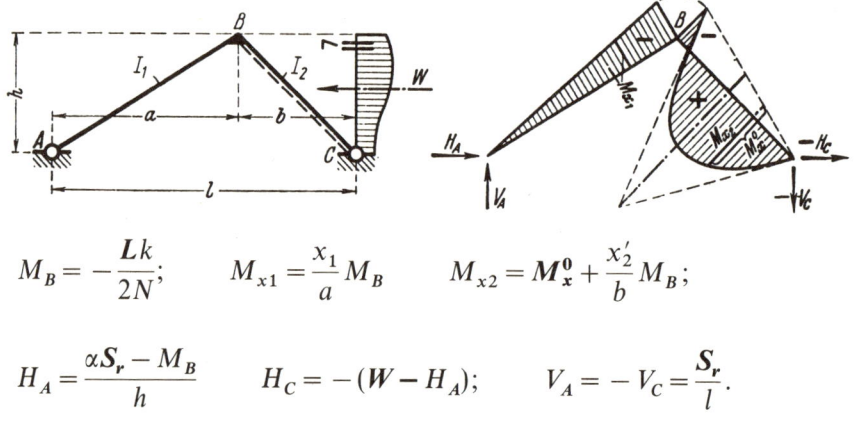

$$M_B = -\frac{Lk}{2N}; \qquad M_{x1} = \frac{x_1}{a} M_B \qquad M_{x2} = M_x^0 + \frac{x_2'}{b} M_B;$$

$$H_A = \frac{\alpha S_r - M_B}{h} \qquad H_C = -(W - H_A); \qquad V_A = -V_C = \frac{S_r}{l}.$$

Fall 14/7: Waagerechte Einzellast am Firstpunkt B

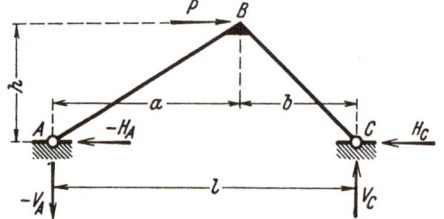

Es treten keine Biegemomente auf.

$$H_A = -\alpha P \qquad H_C = \beta P;$$

$$V_A = -V_C = -\frac{Ph}{l}.$$

Festwerte siehe Seite 74   **Rahmenform 14**

Fall 14/8: Rechteck-Vollast auf dem linken Stab

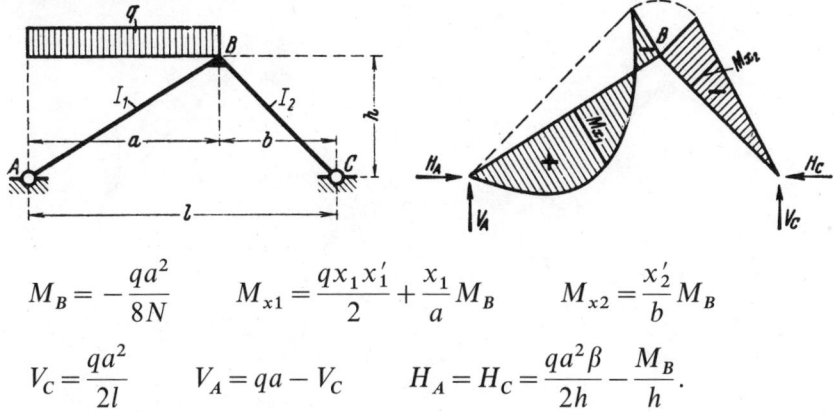

$$M_B = -\frac{qa^2}{8N} \qquad M_{x1} = \frac{qx_1 x_1'}{2} + \frac{x_1}{a} M_B \qquad M_{x2} = \frac{x_2'}{b} M_B$$

$$V_C = \frac{qa^2}{2l} \qquad V_A = qa - V_C \qquad H_A = H_C = \frac{qa^2\beta}{2h} - \frac{M_B}{h}.$$

Fall 14/9: Rechteck-Vollast auf dem rechten Stab

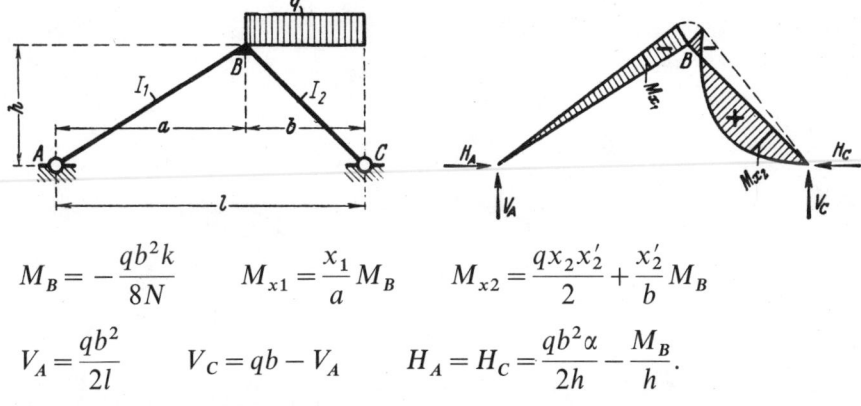

$$M_B = -\frac{qb^2 k}{8N} \qquad M_{x1} = \frac{x_1}{a} M_B \qquad M_{x2} = \frac{qx_2 x_2'}{2} + \frac{x_2'}{b} M_B$$

$$V_A = \frac{qb^2}{2l} \qquad V_C = qb - V_A \qquad H_A = H_C = \frac{qb^2\alpha}{2h} - \frac{M_B}{h}.$$

Fall 14/10: Momentenangriff im Firstpunkt B

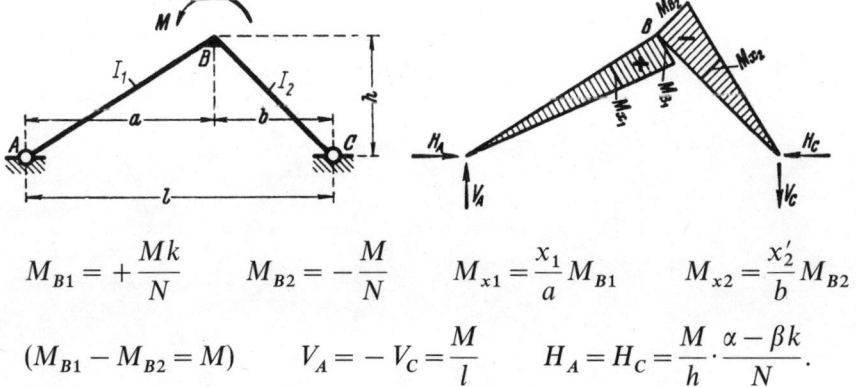

$$M_{B1} = +\frac{Mk}{N} \qquad M_{B2} = -\frac{M}{N} \qquad M_{x1} = \frac{x_1}{a} M_{B1} \qquad M_{x2} = \frac{x_2'}{b} M_{B2}$$

$$(M_{B1} - M_{B2} = M) \qquad V_A = -V_C = \frac{M}{l} \qquad H_A = H_C = \frac{M}{h} \cdot \frac{\alpha - \beta k}{N}.$$

Rahmenform 14 Festwerte siehe Seite 74

Fall 14/11: Rechteck-Vollast von links her

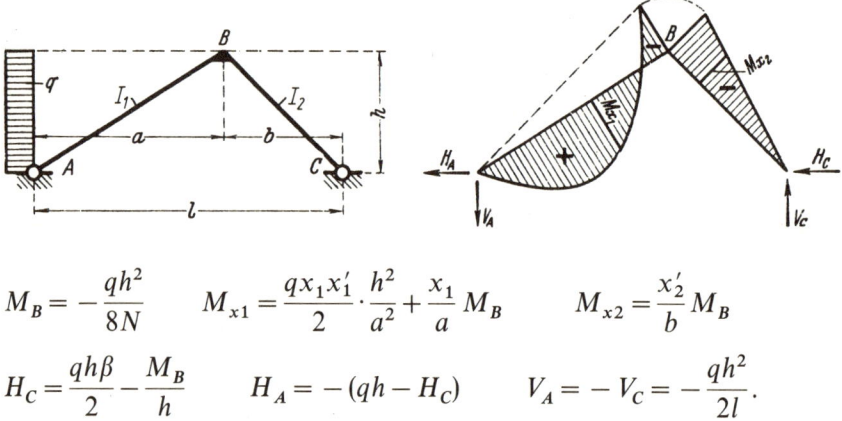

$$M_B = -\frac{qh^2}{8N} \qquad M_{x1} = \frac{qx_1 x_1'}{2} \cdot \frac{h^2}{a^2} + \frac{x_1}{a} M_B \qquad M_{x2} = \frac{x_2'}{b} M_B$$

$$H_C = \frac{qh\beta}{2} - \frac{M_B}{h} \qquad H_A = -(qh - H_C) \qquad V_A = -V_C = -\frac{qh^2}{2l}.$$

Fall 14/12: Rechteck-Vollast von rechts her

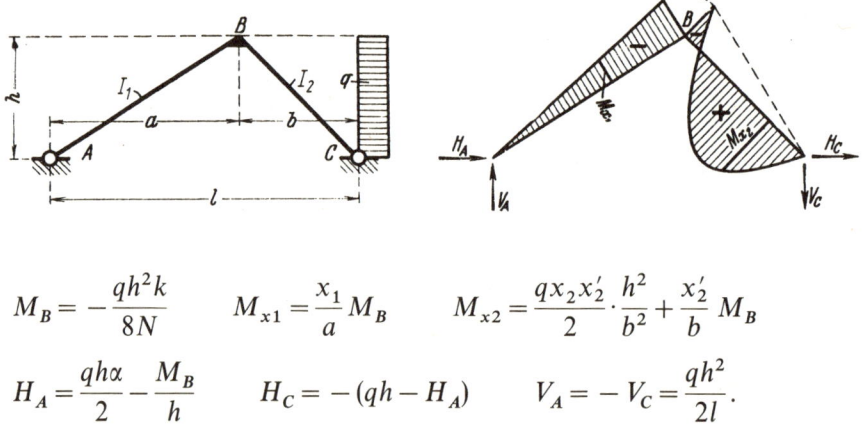

$$M_B = -\frac{qh^2 k}{8N} \qquad M_{x1} = \frac{x_1}{a} M_B \qquad M_{x2} = \frac{qx_2 x_2'}{2} \cdot \frac{h^2}{b^2} + \frac{x_2'}{b} M_B$$

$$H_A = \frac{qh\alpha}{2} - \frac{M_B}{h} \qquad H_C = -(qh - H_A) \qquad V_A = -V_C = \frac{qh^2}{2l}.$$

Rahmenform 15

Unsymmetrischer Dreieckrahmen mit einem Fußgelenk und einem waagerecht beweglichen Auflager, verbunden durch ein waagerechtes, elastisches Zugband

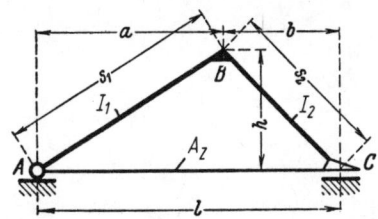

Rahmenform, Abmessungen und Bezeichnungen

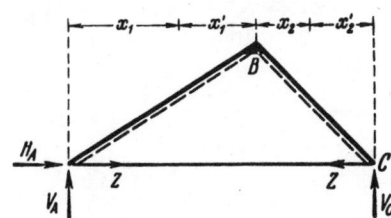

Festlegung der positiven Richtung aller Stützkräfte und der Koordinaten beliebiger Stabpunkte. Positive Biegemomente erzeugen an der gestrichelten Stabseite Zug

Festwerte:

$$k = \frac{I_1}{I_2} \cdot \frac{s_2}{s_1}; \qquad \alpha = \frac{a}{l} \qquad \beta = \frac{b}{l} \qquad (\alpha + \beta = 1);$$

$$N = 1 + k \qquad L_Z = \frac{3 I_1}{h^2 A_Z} \cdot \frac{l}{s_1} \cdot \frac{E}{E_Z} \qquad N_Z = N + L_Z.$$

$E\ \ $ = Elastizitätsmodul des Rahmenbaustoffes,
E_Z = Elastizitätsmodul des Zugbandstoffes,
A_Z = Querschnittsfläche des Zugbandes.

Formeln zu Fall 15/3 von Seite 80:

$$Z = \frac{R + 2N\beta S_l}{2hN_Z}; \qquad H_A = -W \qquad V_A = -V_C = -\frac{S_l}{l}; \qquad M_{x2} = \frac{x_2'}{b} M_B$$

$$M_B = \beta S_l - Zh = \frac{2L_Z \beta S_l - R}{2N_Z}; \qquad M_{x1} = M_x^0 + \frac{x_1}{a} M_B$$

Rahmenform 15   Festwerte siehe Seite 79

Siehe hierzu den Abschnitt **„Belastungsglieder"**

Fall 15/1: Linker Stab beliebig senkrecht belastet

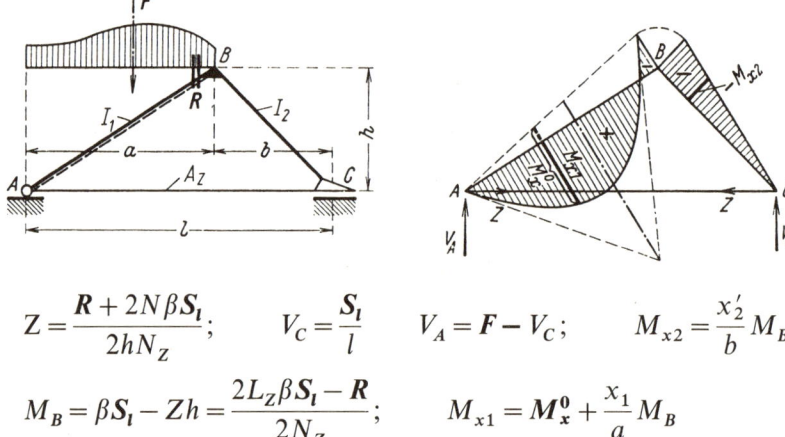

$$Z = \frac{R + 2N\beta S_l}{2hN_z}; \qquad V_C = \frac{S_l}{l} \qquad V_A = F - V_C; \qquad M_{x2} = \frac{x_2'}{b} M_B$$

$$M_B = \beta S_l - Zh = \frac{2L_z \beta S_l - R}{2N_z}; \qquad M_{x1} = M_x^0 + \frac{x_1}{a} M_B$$

Fall 15/2: Rechter Stab beliebig senkrecht belastet

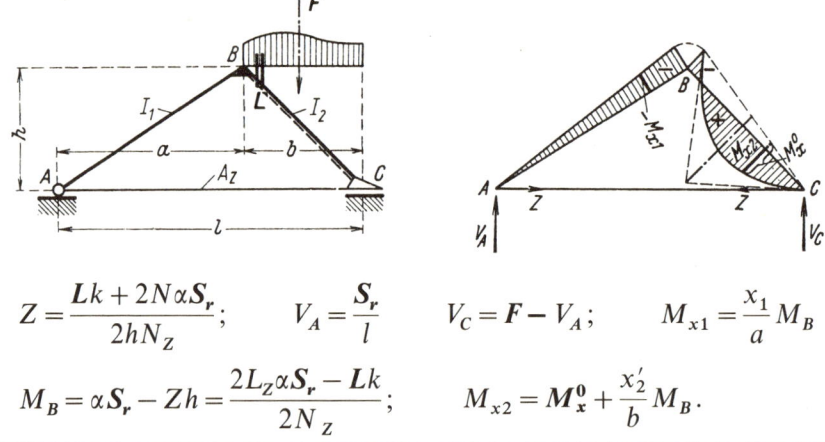

$$Z = \frac{Lk + 2N\alpha S_r}{2hN_z}; \qquad V_A = \frac{S_r}{l} \qquad V_C = F - V_A; \qquad M_{x1} = \frac{x_1}{a} M_B$$

$$M_B = \alpha S_r - Zh = \frac{2L_z \alpha S_r - Lk}{2N_z}; \qquad M_{x2} = M_x^0 + \frac{x_2'}{b} M_B.$$

Fall 15/3: Linker Stab beliebig waagerecht belastet

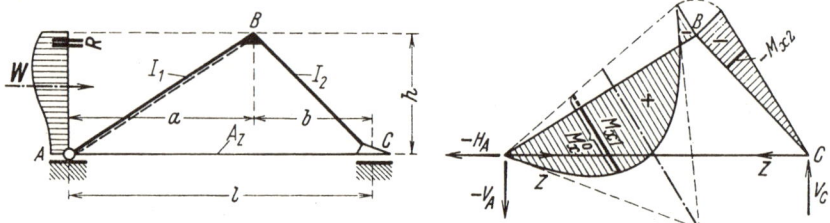

Formeln zu Fall 15/3 siehe Seite 79, unten.

Festwerte siehe Seite 79　　　　　　　　　　　　　　　　　　　**Rahmenform 15**

Fall 15/4: Senkrechte Einzellast im Firstpunkt B

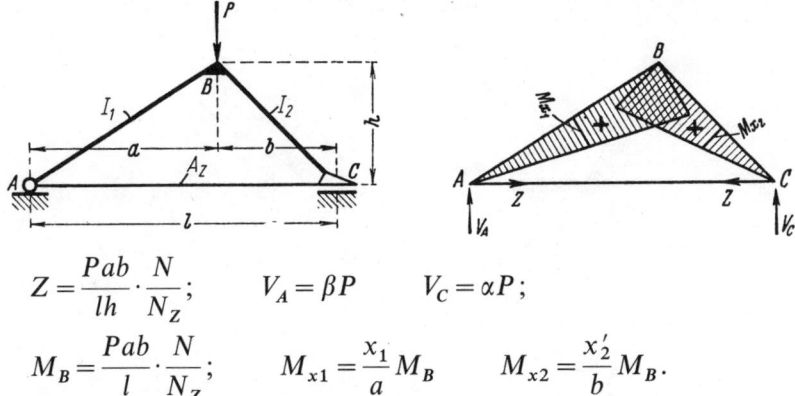

$$Z = \frac{Pab}{lh} \cdot \frac{N}{N_Z}; \qquad V_A = \beta P \qquad V_C = \alpha P;$$

$$M_B = \frac{Pab}{l} \cdot \frac{N}{N_Z}; \qquad M_{x1} = \frac{x_1}{a} M_B \qquad M_{x2} = \frac{x_2'}{b} M_B.$$

Fall 15/5: Waagerechte Einzellast von links her am Firstpunkt B

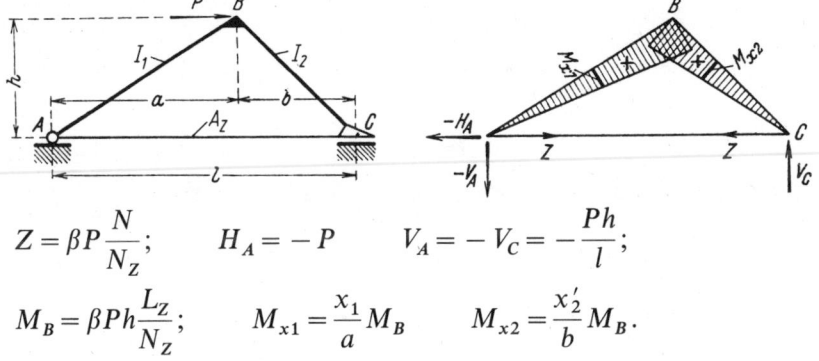

$$Z = \beta P \frac{N}{N_Z}; \qquad H_A = -P \qquad V_A = -V_C = -\frac{Ph}{l};$$

$$M_B = \beta Ph \frac{L_Z}{N_Z}; \qquad M_{x1} = \frac{x_1}{a} M_B \qquad M_{x2} = \frac{x_2'}{b} M_B.$$

Fall 15/6: Gleichmäßige Wärmezunahme im ganzen Rahmen

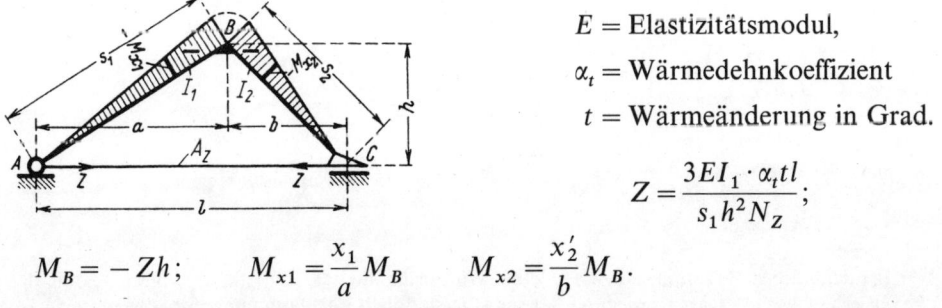

E = Elastizitätsmodul,
α_t = Wärmedehnkoeffizient
t = Wärmeänderung in Grad.

$$Z = \frac{3EI_1 \cdot \alpha_t t l}{s_1 h^2 N_Z};$$

$$M_B = -Zh; \qquad M_{x1} = \frac{x_1}{a} M_B \qquad M_{x2} = \frac{x_2'}{b} M_B.$$

Bemerkung: Bei Wärme**ab**nahme kehren alle Kräfte ihren Pfeilsinn um und alle Momente erhalten entgegengesetztes Vorzeichen*).

---

*) Siehe hierzu die Fußnote Seite 82.

Rahmenform 15   Festwerte siehe Seite 79

Fall 15/7: Rechter Stab beliebig waagerecht belastet
(Siehe hierzu den Abschnitt „**Belastungsglieder**")

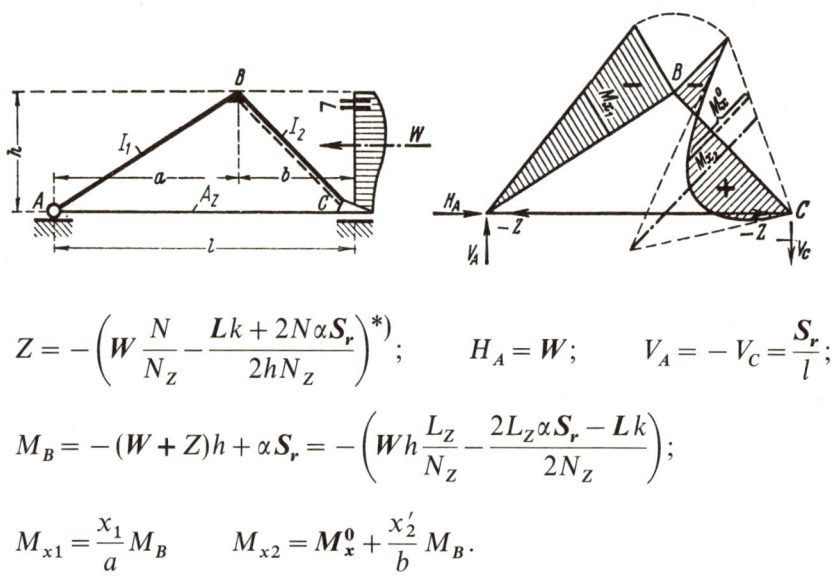

$$Z = -\left(W\frac{N}{N_Z} - \frac{Lk + 2N\alpha S_r}{2hN_Z}\right)^{*)}; \qquad H_A = W; \qquad V_A = -V_C = \frac{S_r}{l};$$

$$M_B = -(W+Z)h + \alpha S_r = -\left(Wh\frac{L_Z}{N_Z} - \frac{2L_Z\alpha S_r - Lk}{2N_Z}\right);$$

$$M_{x1} = \frac{x_1}{a}M_B \qquad M_{x2} = M_x^0 + \frac{x_2'}{b}M_B.$$

Fall 15/8: Waagerechte Einzellast von rechts her am Firstpunkt B

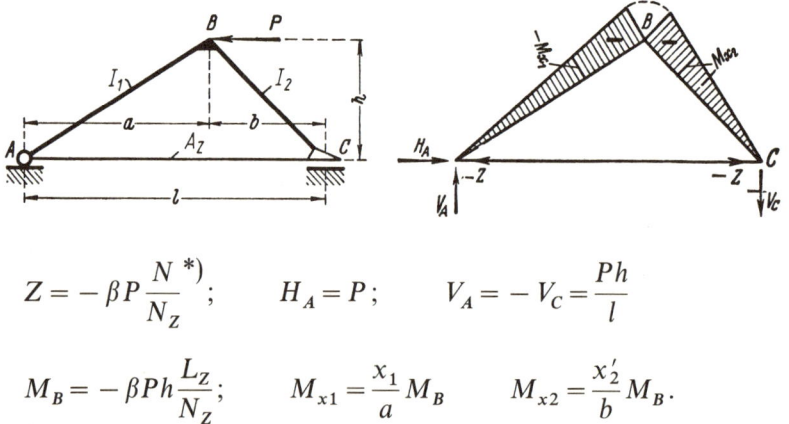

$$Z = -\beta P\frac{N}{N_Z}^{*)}; \qquad H_A = P; \qquad V_A = -V_C = \frac{Ph}{l};$$

$$M_B = -\beta Ph\frac{L_Z}{N_Z}; \qquad M_{x1} = \frac{x_1}{a}M_B \qquad M_{x2} = \frac{x_2'}{b}M_B.$$

---

*) Bei den obigen Belastungsfällen sowie bei Wärme**ab**nahme (s. S. 81) wird Z negativ, d. h. das Zugband erhält Druck. Dieser Umstand hat selbstverständlich nur dann einen Sinn, wenn die Druckkraft kleiner bleibt als die Zugkraft aus ständiger Last, so daß stets ein Rest Zugkraft im Zugbande verbleibt.

Rahmenform 16

Unsymmetrischer Dreieckrahmen mit einer Fußeinspannung und einem Fußgelenk in gleicher Höhenlage

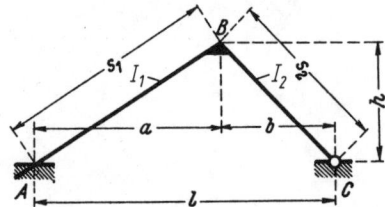

Rahmenform, Abmessungen und Bezeichnungen

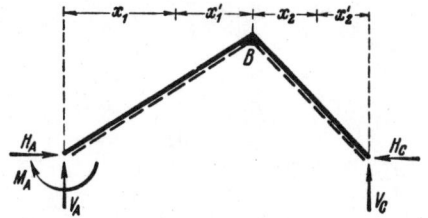

Festlegung der positiven Richtung aller Stützkräfte und der Koordinaten beliebiger Stabpunkte. Positive Biegemomente erzeugen an der gestrichelten Stabseite Zug

Festwerte: $\quad k = \dfrac{I_1}{I_2} \cdot \dfrac{s_2}{s_1} \quad N = 3 + 4k \quad \alpha = \dfrac{a}{l} \quad \beta = \dfrac{b}{l} \quad (\alpha + \beta = 1)$

Fall 16/1: Gleichmäßige Wärmezunahme im ganzen Rahmen

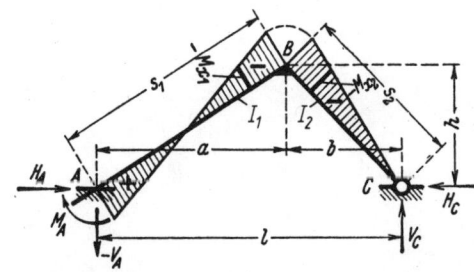

E = Elastizitätsmodul,
α_t = Wärmedehnkoeffizient,
t = Wärmeänderung in Grad.

Hilfswert: $\quad T = \dfrac{6EI_1 \alpha_t t}{s_1 N}.$

$$M_A = +T \cdot \dfrac{2(1+k)b + l}{h} \qquad M_B = -T \cdot \dfrac{2l + b}{h}; \qquad M_{x2} = \dfrac{x_2'}{b} M_B$$

$$V_C = -V_A = \dfrac{M_A}{l} \qquad H_A = H_C = \dfrac{bM_A - lM_B}{lh}; \qquad M_{x1} = \dfrac{x_1'}{a} M_A + \dfrac{x_1}{a} M_B.$$

Bemerkung: Bei Wärmeabnahme kehren alle Kräfte ihren Pfeilsinn um und alle Momente erhalten entgegengesetztes Vorzeichen.

Rahmenform 16   Festwerte siehe Seite 83

Siehe hierzu den Abschnitt „**Belastungsglieder**"

Fall 16/2: Linker Stab beliebig senkrecht belastet

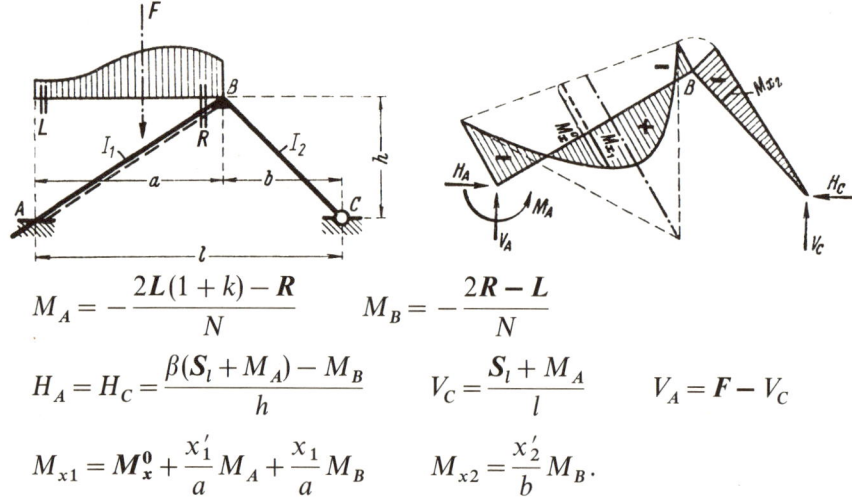

$$M_A = -\frac{2L(1+k) - R}{N} \qquad M_B = -\frac{2R - L}{N}$$

$$H_A = H_C = \frac{\beta(S_l + M_A) - M_B}{h} \qquad V_C = \frac{S_l + M_A}{l} \qquad V_A = F - V_C$$

$$M_{x1} = M_x^0 + \frac{x_1'}{a} M_A + \frac{x_1}{a} M_B \qquad M_{x2} = \frac{x_2'}{b} M_B.$$

Fall 16/3: Rechter Stab beliebig senkrecht belastet

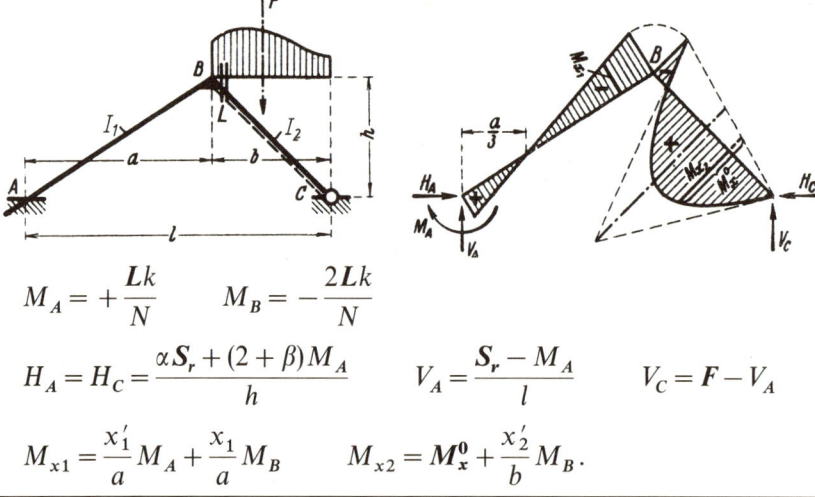

$$M_A = +\frac{Lk}{N} \qquad M_B = -\frac{2Lk}{N}$$

$$H_A = H_C = \frac{\alpha S_r + (2+\beta) M_A}{h} \qquad V_A = \frac{S_r - M_A}{l} \qquad V_C = F - V_A$$

$$M_{x1} = \frac{x_1'}{a} M_A + \frac{x_1}{a} M_B \qquad M_{x2} = M_x^0 + \frac{x_2'}{b} M_B.$$

Fall 16/4: Senkrechte Einzellast am Firstpunkt B

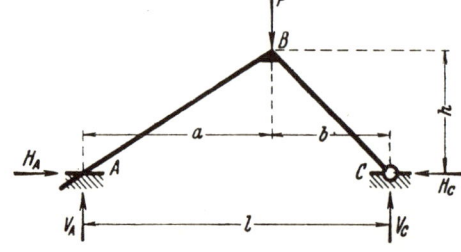

Es treten keine Biegemomente auf

$$V_A = \beta P \qquad V_C = \alpha P$$

$$H_A = H_C = \frac{Pab}{lh}.$$

Festwerte usw. siehe Seite 83   **Rahmenform 16**

Siehe hierzu den Abschnitt „**Belastungsglieder**"

Fall 16/5: Linker Stab beliebig waagerecht belastet

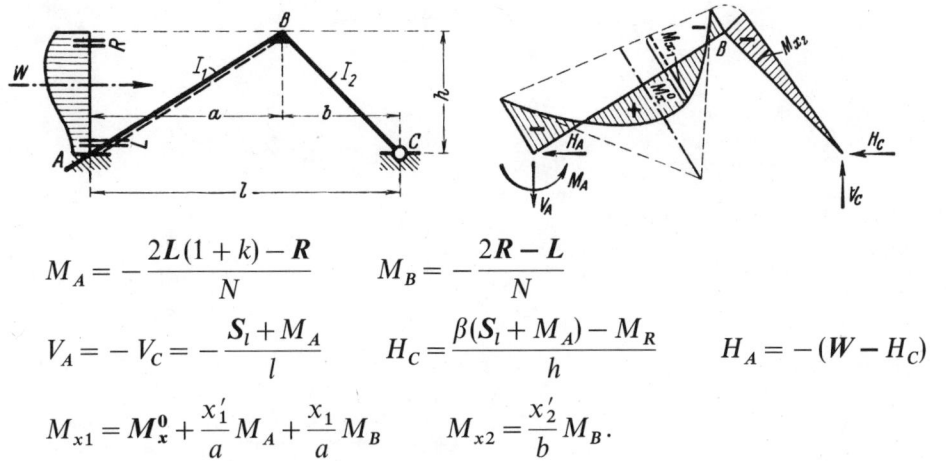

$$M_A = -\frac{2L(1+k)-R}{N} \qquad M_B = -\frac{2R-L}{N}$$

$$V_A = -V_C = -\frac{S_l + M_A}{l} \qquad H_C = \frac{\beta(S_l + M_A) - M_R}{h} \qquad H_A = -(W - H_C)$$

$$M_{x1} = M_x^0 + \frac{x_1'}{a}M_A + \frac{x_1}{a}M_B \qquad M_{x2} = \frac{x_2'}{b}M_B.$$

Fall 16/6: Rechter Stab beliebig waagerecht belastet

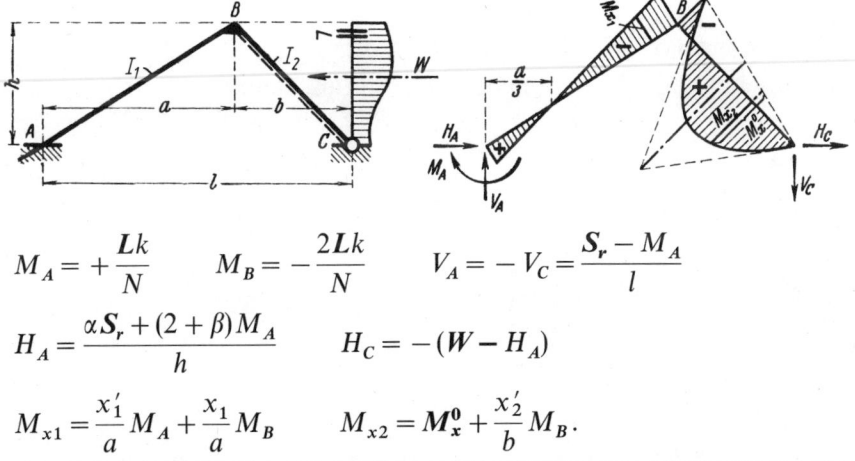

$$M_A = +\frac{Lk}{N} \qquad M_B = -\frac{2Lk}{N} \qquad V_A = -V_C = \frac{S_r - M_A}{l}$$

$$H_A = \frac{\alpha S_r + (2+\beta)M_A}{h} \qquad H_C = -(W - H_A)$$

$$M_{x1} = \frac{x_1'}{a}M_A + \frac{x_1}{a}M_B \qquad M_{x2} = M_x^0 + \frac{x_2'}{b}M_B.$$

Fall 16/7: Waagerechte Einzellast von links her am Firstpunkt B

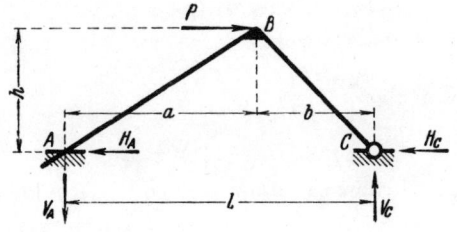

Es treten keine Biegemomente auf

$$H_A = -\alpha P \qquad H_C = \beta P$$

$$V_A = -V_C = -\frac{Ph}{l}.$$

Rahmenform 17

Unsymmetrischer Dreieckrahmen mit Fußeinspannungen in gleicher Höhenlage

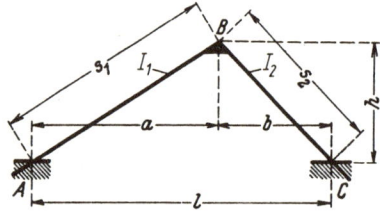

Rahmenform, Abmessungen und Bezeichnungen

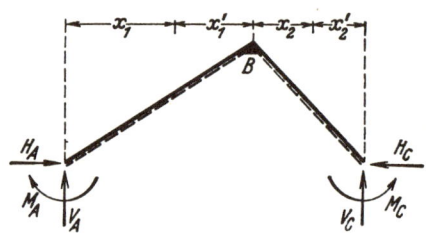

Festlegung der positiven Richtung aller Stützkräfte und der Koordinaten beliebiger Stabpunkte. Positive Biegemomente erzeugen an der gestrichelten Stabseite Zug

Festwerte: $\quad k = \dfrac{I_1}{I_2} \cdot \dfrac{s_2}{s_1} \qquad N = 1 + k \qquad \alpha = \dfrac{a}{l} \qquad \beta = \dfrac{b}{l} \qquad (\alpha + \beta = 1)$

Fall 17/1: Gleichmäßige Wärmezunahme im ganzen Rahmen

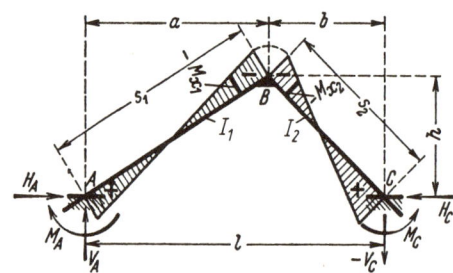

E = Elastizitätsmodul,
α_t = Wärmedehnkoeffizient,
t = Wärmeänderung in Grad.

Hilfswert: $\quad T = \dfrac{3 E I_1 \alpha_t t}{s_1 N}.$

$$M_A = + T \cdot \dfrac{Nb+l}{h} \qquad M_B = -2T \cdot \dfrac{l}{h}; \qquad M_C = +T \cdot \dfrac{l + a \cdot N/k}{h}$$

$$V_A = -V_C = \dfrac{M_C - M_A}{l} \qquad H_A = H_C = \dfrac{bM_A - lM_B + aM_C}{lh};$$

$$M_{x1} = \dfrac{x_1'}{a} M_A + \dfrac{x_1}{a} M_B \qquad M_{x2} = \dfrac{x_2'}{b} M_B + \dfrac{x_2}{b} M_C.$$

Bemerkung: Bei Wärme**ab**nahme kehren alle Kräfte ihren Pfeilsinn um und alle Momente erhalten entgegengesetztes Vorzeichen.

Festwerte siehe Seite 86 **Rahmenform 17**

Siehe hierzu den Abschnitt „**Belastungsglieder**"

Fall 17/2: Linker Stab beliebig senkrecht belastet

$$M_A = -\frac{L(4+3k)-2R}{6N} \qquad M_B = -\frac{2R-L}{3N} \qquad M_C = \frac{-M_B}{2}$$

$$V_C = \frac{S_l + M_A - M_C}{l} \qquad V_A = F - V_C$$

$$H_A = H_C = \frac{\beta(S_l + M_A) - M_B + \alpha M_C}{h}$$

$$M_{x1} = M_x^0 + \frac{x_1'}{a} M_A + \frac{x_1}{a} M_B \qquad M_{x2} = \frac{x_2'}{b} M_B + \frac{x_2}{b} M_C.$$

Fall 17/3: Rechter Stab beliebig senkrecht belastet

$$M_C = -\frac{R(3+4k)-2Lk}{6N} \qquad M_B = -\frac{(2L-R)k}{3N} \qquad M_A - \frac{-M_B}{2}$$

$$V_A = \frac{S_r - M_A + M_C}{l} \qquad V_C = F - V_A$$

$$H_A = H_C = \frac{\alpha(S_r + M_C) + \beta M_A - M_B}{h}$$

$$M_{x1} = \frac{x_1'}{a} M_A + \frac{x_1}{a} M_B \qquad M_{x2} = M_x^0 + \frac{x_2'}{b} M_B + \frac{x_2}{b} M_C.$$

Rahmenform 17 Festwerte siehe Seite 86

Siehe hierzu den Abschnitt „**Belastungsglieder**"

Fall 17/4: Linker Stab beliebig waagerecht belastet

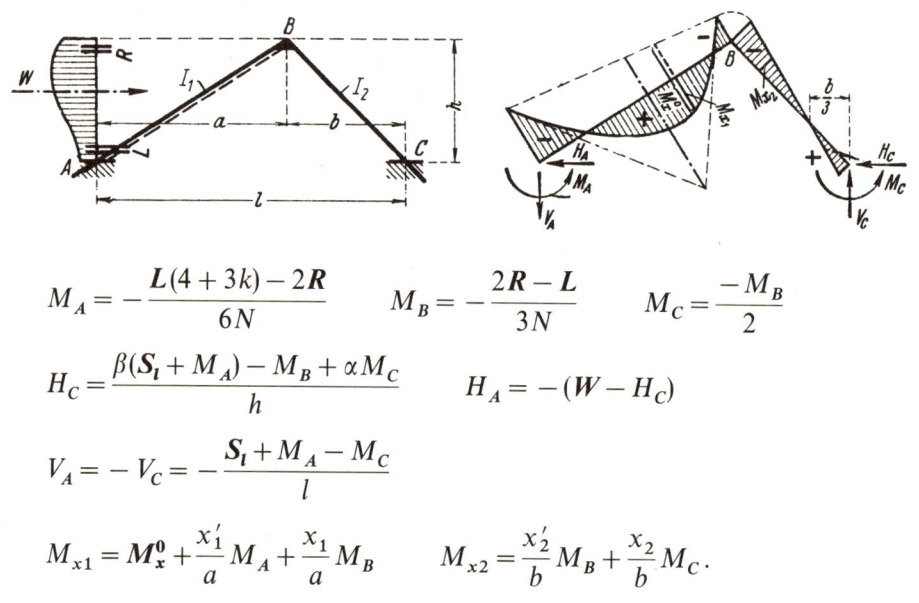

$$M_A = -\frac{L(4+3k)-2R}{6N} \qquad M_B = -\frac{2R-L}{3N} \qquad M_C = \frac{-M_B}{2}$$

$$H_C = \frac{\beta(S_l + M_A) - M_B + \alpha M_C}{h} \qquad H_A = -(W - H_C)$$

$$V_A = -V_C = -\frac{S_l + M_A - M_C}{l}$$

$$M_{x1} = M_x^0 + \frac{x_1'}{a}M_A + \frac{x_1}{a}M_B \qquad M_{x2} = \frac{x_2'}{b}M_B + \frac{x_2}{b}M_C.$$

Fall 17/5: Rechter Stab beliebig waagerecht belastet

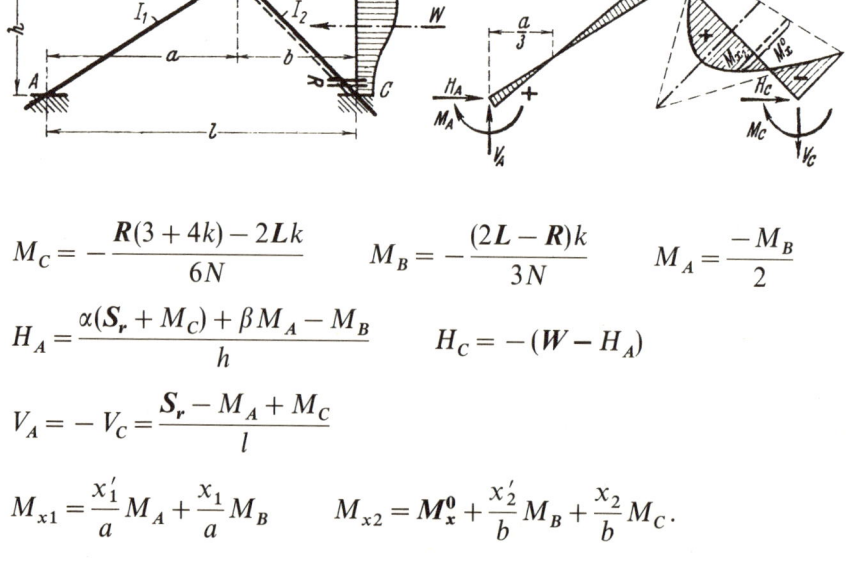

$$M_C = -\frac{R(3+4k)-2Lk}{6N} \qquad M_B = -\frac{(2L-R)k}{3N} \qquad M_A = \frac{-M_B}{2}$$

$$H_A = \frac{\alpha(S_r + M_C) + \beta M_A - M_B}{h} \qquad H_C = -(W - H_A)$$

$$V_A = -V_C = \frac{S_r - M_A + M_C}{l}$$

$$M_{x1} = \frac{x_1'}{a}M_A + \frac{x_1}{a}M_B \qquad M_{x2} = M_x^0 + \frac{x_2'}{b}M_B + \frac{x_2}{b}M_C.$$

Rahmenform 18

Dreieckrahmen mit einem schrägen und einem senkrechten Stab und mit Fußgelenken in gleicher Höhenlage

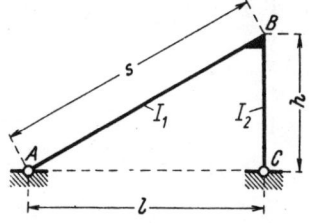

Rahmenform, Abmessungen und Bezeichnungen

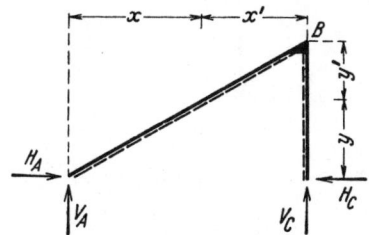

Festlegung der positiven Richtung aller Stützkräfte und der Koordinaten beliebiger Stabpunkte. Positive Biegemomente erzeugen an der gestrichelten Stabseite Zug

Festwerte: $\quad k = \dfrac{I_1}{I_2} \cdot \dfrac{h}{s} \qquad N = 1 + k.$

Fall 18/1: Gleichmäßige Wärmezunahme im ganzen Rahmen

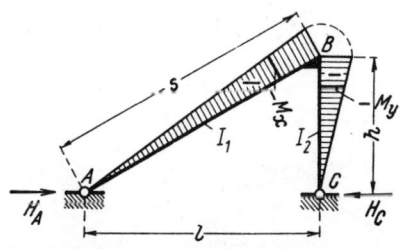

E = Elastizitätsmodul,
α_t = Wärmedehnkoeffizient,
t = Wärmeänderung in Grad.

$$M_B = -\frac{3EI_1\alpha_t tl}{shN};$$

$$H_A = H_C = \frac{-M_B}{h}; \qquad M_x = \frac{x}{l} M_B \qquad M_y = \frac{y}{h} M_B.$$

Bemerkung: Bei Wärme**ab**nahme kehren alle Kräfte ihren Pfeilsinn um und alle Momente erhalten entgegengesetztes Vorzeichen.

Rahmenform 18 Festwerte siehe Seite 89

Siehe hierzu den Abschnitt **„Belastungsglieder"**

Fall 18/2: Schrägstab beliebig senkrecht belastet

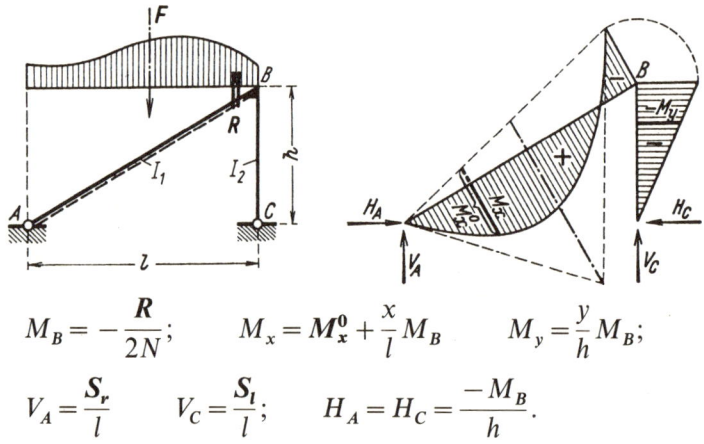

$$M_B = -\frac{R}{2N}; \qquad M_x = M_x^0 + \frac{x}{l} M_B \qquad M_y = \frac{y}{h} M_B;$$

$$V_A = \frac{S_r}{l} \qquad V_C = \frac{S_l}{l}; \qquad H_A = H_C = \frac{-M_B}{h}.$$

Fall 18/3: Schrägstab beliebig waagerecht belastet

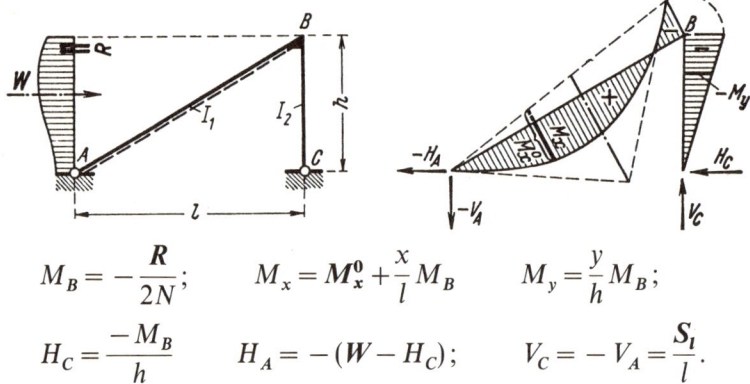

$$M_B = -\frac{R}{2N}; \qquad M_x = M_x^0 + \frac{x}{l} M_B \qquad M_y = \frac{y}{h} M_B;$$

$$H_C = \frac{-M_B}{h} \qquad H_A = -(W - H_C); \qquad V_C = -V_A = \frac{S_l}{l}.$$

Fall 18/4: Stiel beliebig waagerecht belastet

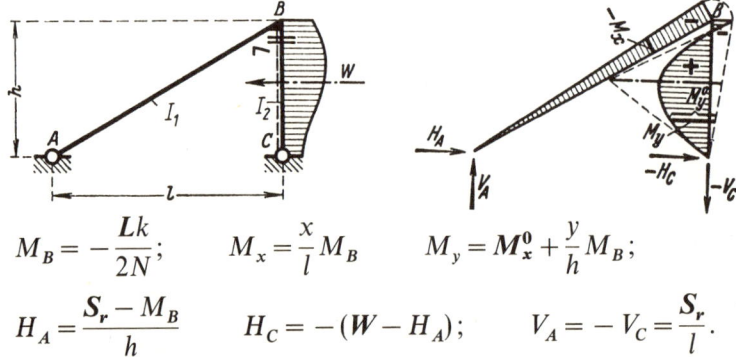

$$M_B = -\frac{Lk}{2N}; \qquad M_x = \frac{x}{l} M_B \qquad M_y = M_x^0 + \frac{y}{h} M_B;$$

$$H_A = \frac{S_r - M_B}{h} \qquad H_C = -(W - H_A); \qquad V_A = -V_C = \frac{S_r}{l}.$$

Rahmenform 18

Fall 18/5: Rechteck-Vollast von oben

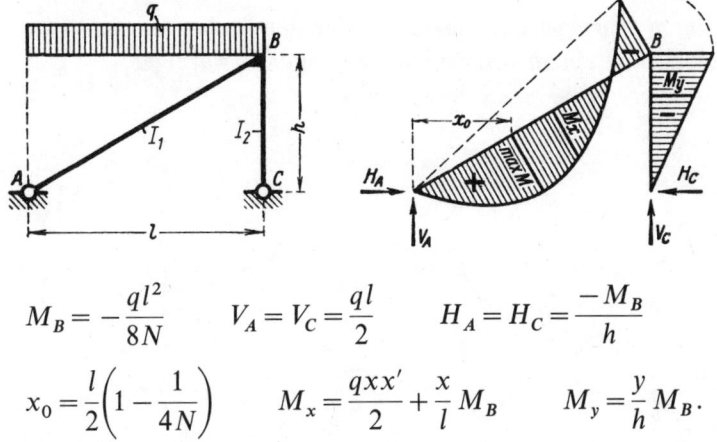

$$M_B = -\frac{ql^2}{8N} \qquad V_A = V_C = \frac{ql}{2} \qquad H_A = H_C = \frac{-M_B}{h}$$

$$x_0 = \frac{l}{2}\left(1 - \frac{1}{4N}\right) \qquad M_x = \frac{qxx'}{2} + \frac{x}{l}M_B \qquad M_y = \frac{y}{h}M_B.$$

Fall 18/6: Rechteck-Vollast von links

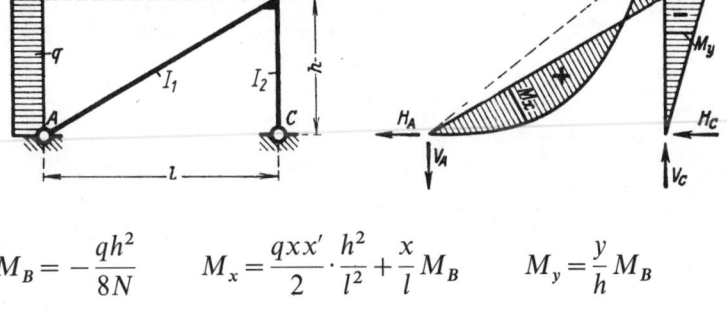

$$M_B = -\frac{qh^2}{8N} \qquad M_x = \frac{qxx'}{2} \cdot \frac{h^2}{l^2} + \frac{x}{l}M_B \qquad M_y = \frac{y}{h}M_B$$

$$H_C = \frac{-M_B}{h} \qquad H_A = -(qh - H_C) \qquad V_A = -V_C = -\frac{qh^2}{2l}.$$

Fall 18/7: Rechteck-Vollast von rechts

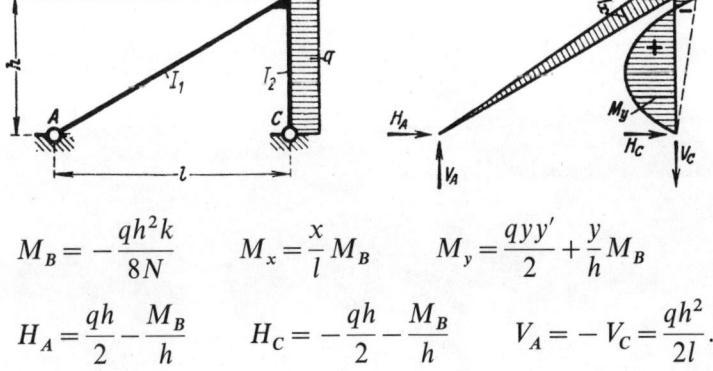

$$M_B = -\frac{qh^2 k}{8N} \qquad M_x = \frac{x}{l}M_B \qquad M_y = \frac{qyy'}{2} + \frac{y}{h}M_B$$

$$H_A = \frac{qh}{2} - \frac{M_B}{h} \qquad H_C = -\frac{qh}{2} - \frac{M_B}{h} \qquad V_A = -V_C = \frac{qh^2}{2l}.$$

Rahmenform 19

Dreieckrahmen mit einem schrägen und einem senkrechten Stab
und mit einem Fußgelenk und einem waagerecht beweglichen Auflager,
verbunden durch ein waagerechtes, elastisches Zugband

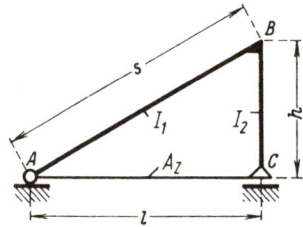

Rahmenform, Abmessungen und
Bezeichnungen

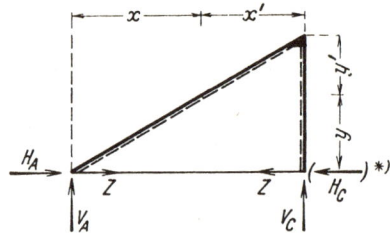

Festlegung der positiven Richtung aller Stützkräfte und der Koordinaten beliebiger Stabpunkte. Positive Biegemomente erzeugen an der gestrichelten Stabseite Zug

Festwerte:

$$k = \frac{I_1}{I_2} \cdot \frac{h}{s}; \qquad L_Z = \frac{3 I_1}{h^2 A_Z} \cdot \frac{l}{s} \cdot \frac{E}{E_Z} \qquad N = 1 + k; \qquad N_Z = N + L_Z.$$

E = Elastizitätsmodul des Rahmenbaustoffes,
E_Z = Elastizitätsmodul des Zugbandstoffes,
A_Z = Querschnittsfläche des Zugbandes.

---

*) H_C tritt auf, wenn das feste Gelenk bei C ist.

Festwerte siehe Seite 92   **Rahmenform 19**

Siehe hierzu den Abschnitt „**Belastungsglieder**"

Fall 19/1: Schrägstab beliebig senkrecht belastet (Festes Gelenk bei A oder C)

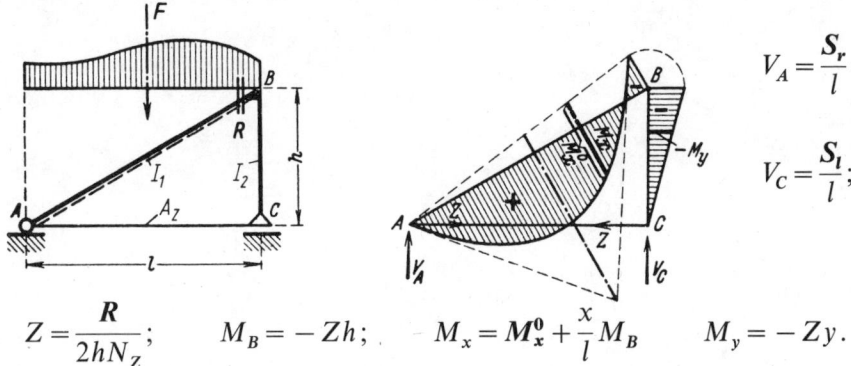

$$Z = \frac{R}{2hN_Z}; \qquad M_B = -Zh; \qquad M_x = M_x^0 + \frac{x}{l} M_B \qquad M_y = -Zy.$$

$$V_A = \frac{S_r}{l}$$

$$V_C = \frac{S_l}{l};$$

Fall 19/2: Schrägstab beliebig waagerecht belastet (Festes Gelenk bei A)

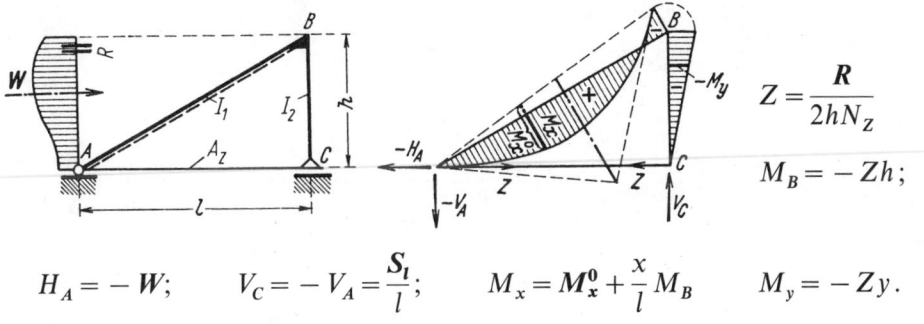

$$Z = \frac{R}{2hN_Z}$$

$$M_B = -Zh;$$

$$H_A = -W; \qquad V_C = -V_A = \frac{S_l}{l}; \qquad M_x = M_x^0 + \frac{x}{l} M_B \qquad M_y = -Zy.$$

Fall 19/3: Stiel beliebig waagerecht belastet (Festes Gelenk bei C)

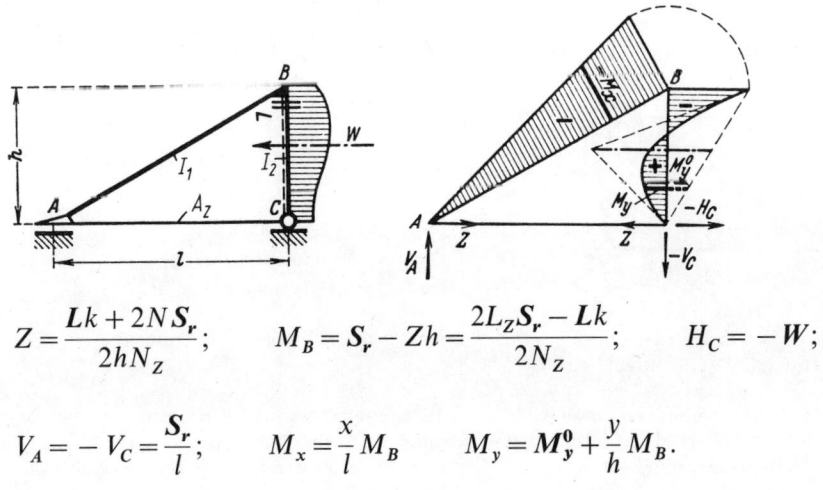

$$Z = \frac{Lk + 2NS_r}{2hN_Z}; \qquad M_B = S_r - Zh = \frac{2L_Z S_r - Lk}{2N_Z}; \qquad H_C = -W;$$

$$V_A = -V_C = \frac{S_r}{l}; \qquad M_x = \frac{x}{l} M_B \qquad M_y = M_y^0 + \frac{y}{h} M_B.$$

Rahmenform 19 Festwerte siehe Seite 92

Siehe hierzu den Abschnitt „**Belastungsglieder**"

Fall 19/4: Schrägstab beliebig waagerecht belastet
(Festes Gelenk bei C)

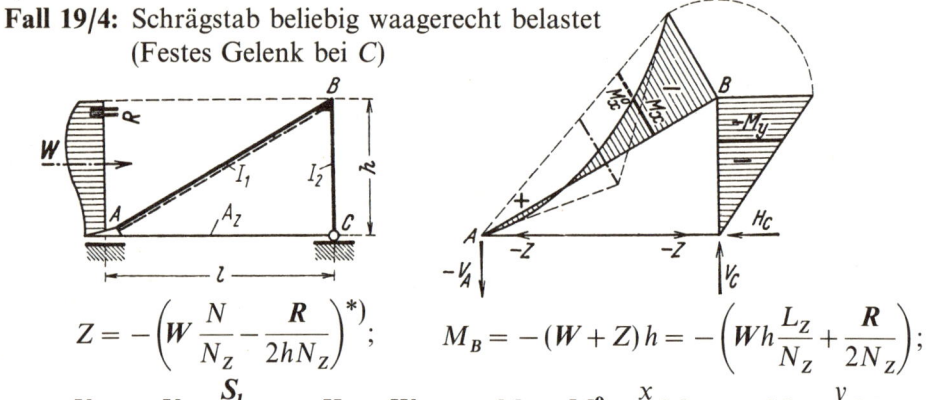

$$Z = -\left(W\frac{N}{N_Z} - \frac{R}{2hN_Z}\right)^{*)}; \quad M_B = -(W+Z)h = -\left(Wh\frac{L_Z}{N_Z} + \frac{R}{2N_Z}\right);$$

$$V_C = -V_A = \frac{S_l}{l}; \quad H_C = W; \quad M_x = M_x^0 + \frac{x}{l}M_B \quad M_y = \frac{y}{h}M_B.$$

Fall 19/5: Stiel beliebig waagerecht belastet
(Festes Gelenk bei A)

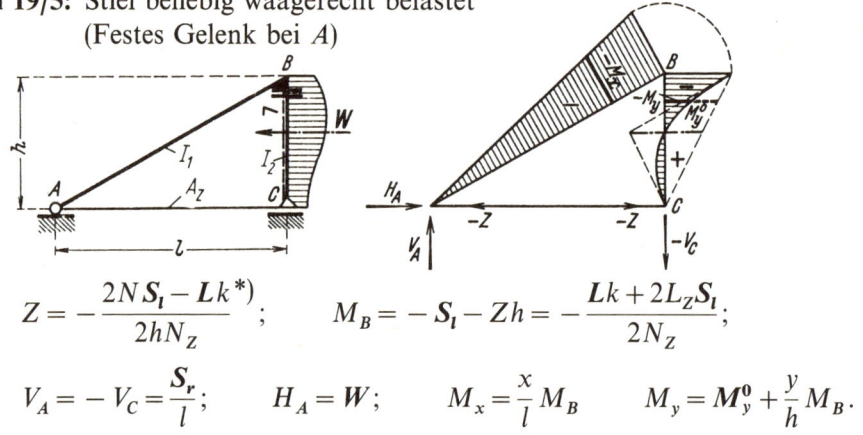

$$Z = -\frac{2NS_l - Lk^{*)}}{2hN_Z}; \quad M_B = -S_l - Zh = -\frac{Lk + 2L_Z S_l}{2N_Z};$$

$$V_A = -V_C = \frac{S_r}{l}; \quad H_A = W; \quad M_x = \frac{x}{l}M_B \quad M_y = M_y^0 + \frac{y}{h}M_B.$$

Fall 19/6: Gleichmäßige Wärmezunahme im ganzen Rahmen

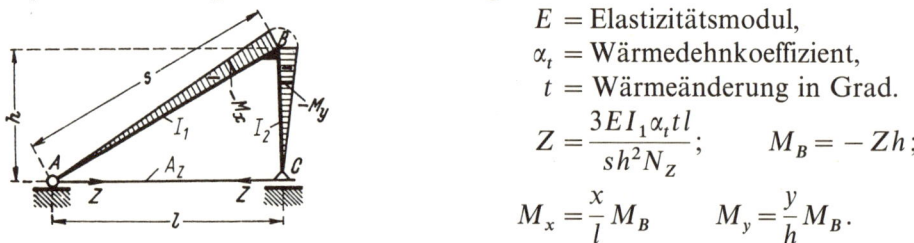

E = Elastizitätsmodul,
α_t = Wärmedehnkoeffizient,
t = Wärmeänderung in Grad.

$$Z = \frac{3EI_1 \alpha_t t l}{sh^2 N_Z}; \quad M_B = -Zh;$$

$$M_x = \frac{x}{l}M_B \quad M_y = \frac{y}{h}M_B.$$

Bemerkung: Bei Wärme**ab**nahme kehren alle Kräfte ihren Pfeilsinn um und alle Momente erhalten entgegengesetztes Vorzeichen*).

---

*) Bei obigen Belastungsfällen einschließlich bei Wärme**ab**nahme wird Z negativ, d. h. das Zugband erhält Druck. Dieser Umstand hat selbstverständlich nur dann einen Sinn, wenn die Druckkraft kleiner bleibt als die Zugkraft aus ständiger Last, so daß stets ein Rest Zugkraft im Zugbande verbleibt.

Rahmenform 20

Dreieckrahmen mit einem schrägen und einem senkrechten Stab und mit Fußeinspannungen in gleicher Höhenlage

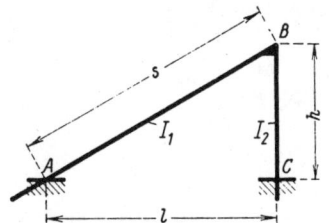

Rahmenform, Abmessungen und Bezeichnungen

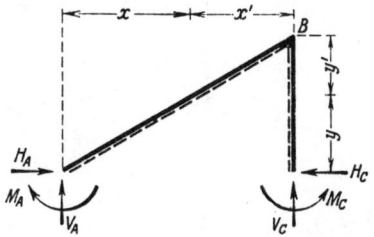

Festlegung der positiven Richtung aller Stützkräfte und der Koordinaten beliebiger Stabpunkte. Positive Biegemomente erzeugen an der gestrichelten Stabseite Zug

Festwerte: $\quad k = \dfrac{I_1}{I_2} \cdot \dfrac{h}{s} \qquad N = 1 + k.$

Fall 20/1: Gleichmäßige Wärmezunahme im ganzen Rahmen

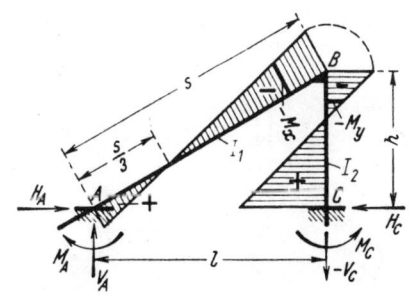

E = Elastizitätsmodul,
α_t = Wärmedehnkoeffizient,
t = Wärmeänderung in Grad.

Hilfswert: $\quad T = \dfrac{3EI_1 \alpha_t t l}{shN}.$

$$M_A = +T \qquad M_B = -2T \qquad M_C = +T\dfrac{1+2k}{k}; \qquad H_A = H_C = \dfrac{M_C - M_B}{h};$$

$$V_A = -V_C = \dfrac{M_C - M_A}{l}; \qquad M_x = \dfrac{x'}{l}M_A + \dfrac{x}{l}M_B \qquad M_y = \dfrac{y}{h}M_B + \dfrac{y'}{h}M_C.$$

Bemerkung: Bei Wärmeabnahme kehren alle Kräfte ihren Pfeilsinn um und alle Momente erhalten entgegengesetztes Vorzeichen.

Rahmenform 20   Festwerte siehe Seite 95

Siehe hierzu den Abschnitt „**Belastungsglieder**"

Fall 20/2: Schrägstab beliebig waagerecht belastet

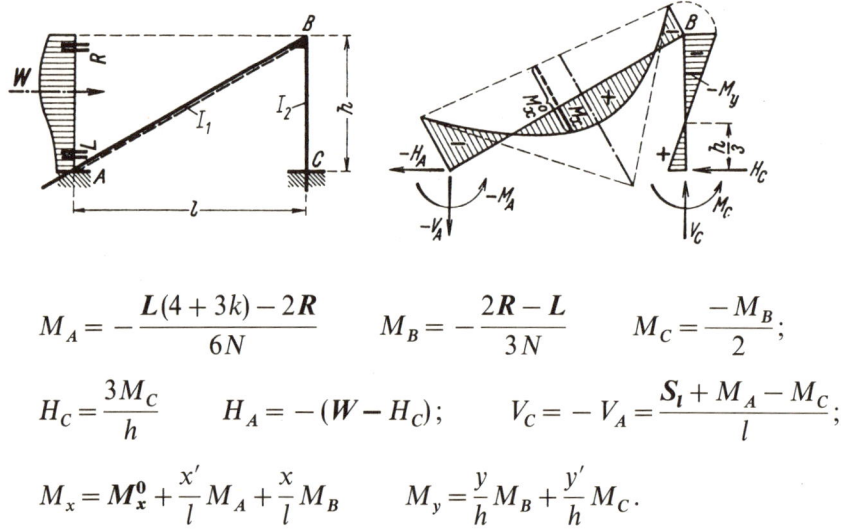

$$M_A = -\frac{L(4+3k)-2R}{6N} \qquad M_B = -\frac{2R-L}{3N} \qquad M_C = \frac{-M_B}{2};$$

$$H_C = \frac{3M_C}{h} \qquad H_A = -(W-H_C); \qquad V_C = -V_A = \frac{S_l + M_A - M_C}{l};$$

$$M_x = M_x^0 + \frac{x'}{l}M_A + \frac{x}{l}M_B \qquad M_y = \frac{y}{h}M_B + \frac{y'}{h}M_C.$$

Fall 20/3: Stiel beliebig waagerecht belastet

$$M_C = -\frac{R(3+4k)-2Lk}{6N} \qquad M_B = -\frac{(2L-R)k}{3N} \qquad M_A = \frac{-M_B}{2};$$

$$H_A = \frac{S_r - M_B + M_C}{h} \qquad H_C = -(W-H_A);$$

$$V_A = -V_C = \frac{S_r - M_A + M_C}{l};$$

$$M_x = \frac{x'}{l}M_A + \frac{x}{l}M_B \qquad M_y = M_y^0 + \frac{y}{h}M_B + \frac{y'}{h}M_C.$$

Festwerte siehe Seite 95   **Rahmenform 20**

Siehe hierzu den Abschnitt „**Belastungsglieder**"

Fall 20/4: Schrägstab beliebig senkrecht belastet

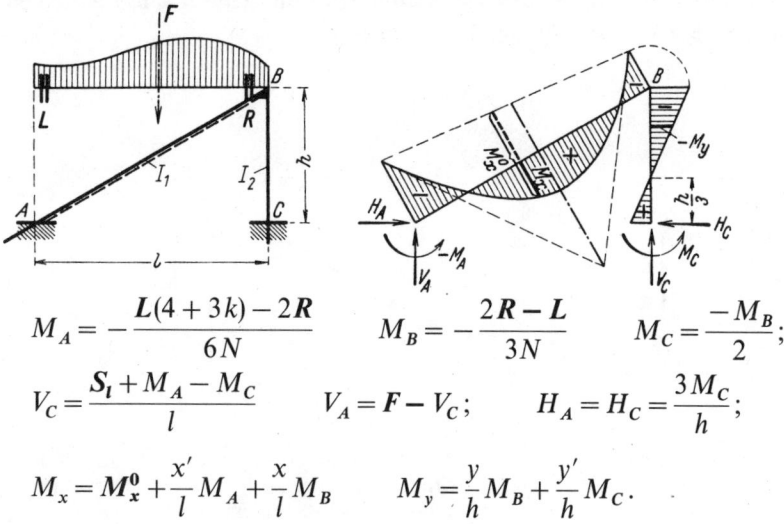

$$M_A = -\frac{L(4+3k)-2R}{6N} \qquad M_B = -\frac{2R-L}{3N} \qquad M_C = \frac{-M_B}{2};$$

$$V_C = \frac{S_l + M_A - M_C}{l} \qquad V_A = F - V_C; \qquad H_A = H_C = \frac{3M_C}{h};$$

$$M_x = M_x^0 + \frac{x'}{l}M_A + \frac{x}{l}M_B \qquad M_y = \frac{y}{h}M_B + \frac{y'}{h}M_C.$$

Fall 20/5: Momentenangriff am Eckpunkt B

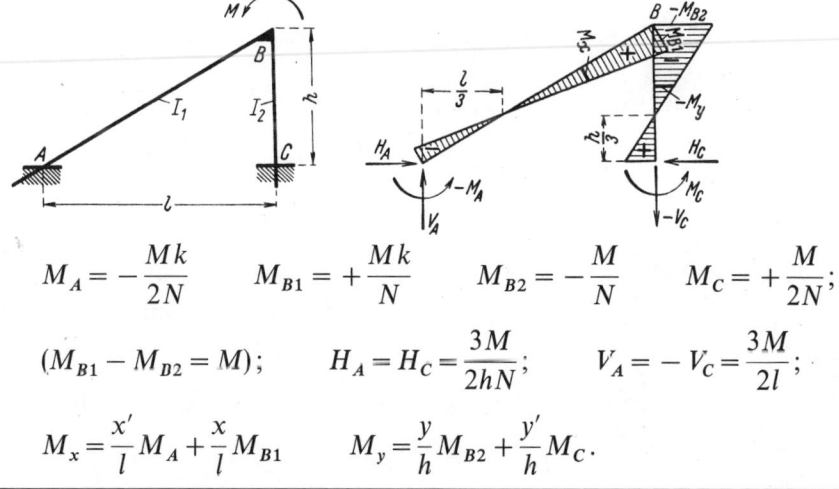

$$M_A = -\frac{Mk}{2N} \qquad M_{B1} = +\frac{Mk}{N} \qquad M_{B2} = -\frac{M}{N} \qquad M_C = +\frac{M}{2N};$$

$$(M_{B1} - M_{B2} = M); \qquad H_A = H_C = \frac{3M}{2hN}; \qquad V_A = -V_C = \frac{3M}{2l};$$

$$M_x = \frac{x'}{l}M_A + \frac{x}{l}M_{B1} \qquad M_y = \frac{y}{h}M_{B2} + \frac{y'}{h}M_C.$$

Fall 20/6: Waagerechte Einzellast am Eckpunkt B

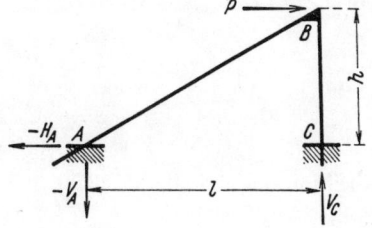

Es treten keine Biegemomente auf.

$$V_C = -V_A = \frac{Ph}{l} \qquad H_A = -P.$$

Rahmenform 21

Dreieckrahmen mit einem schrägen, eingespannten Stab und einem senkrechten Stab mit Fußgelenk in gleicher Höhenlage der Einspannung

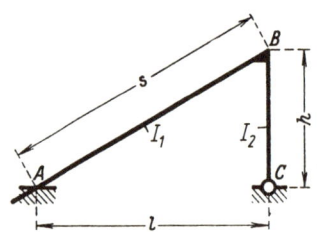

Rahmenform, Abmessungen und Bezeichnungen

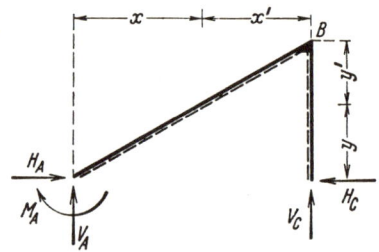

Festlegung der positiven Richtung aller Stützkräfte und der Koordinaten beliebiger Stabpunkte. Positive Biegemomente erzeugen an der gestrichelten Stabseite Zug

Festwerte: $\quad k = \dfrac{I_1}{I_2} \cdot \dfrac{h}{s} \qquad N = 3 + 4k.$

Fall 21/1: Gleichmäßige Wärmezunahme im ganzen Rahmen

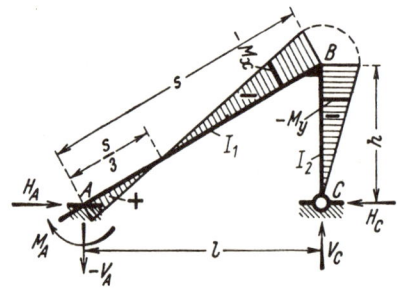

E = Elastizitätsmodul,
α_t = Wärmedehnkoeffizient,
t = Wärmeänderung in Grad.

$$M_A = \frac{6EI_1\alpha_t tl}{shN} \qquad M_B = -2M_A; \qquad V_C = -V_A = \frac{M_A}{l};$$

$$H_A = H_C = \frac{-M_B}{h}; \qquad M_x = \frac{x'}{l}M_A + \frac{x}{l}M_B \qquad M_y = \frac{y}{h}M_B.$$

Bemerkung: Bei Wärmeabnahme kehren alle Kräfte ihren Pfeilsinn um und alle Momente erhalten entgegengesetztes Vorzeichen.

Festwerte siehe Seite 98   **Rahmenform 21**

Siehe hierzu den Abschnitt „**Belastungsglieder**"

Fall 21/2: Schrägstab beliebig senkrecht belastet

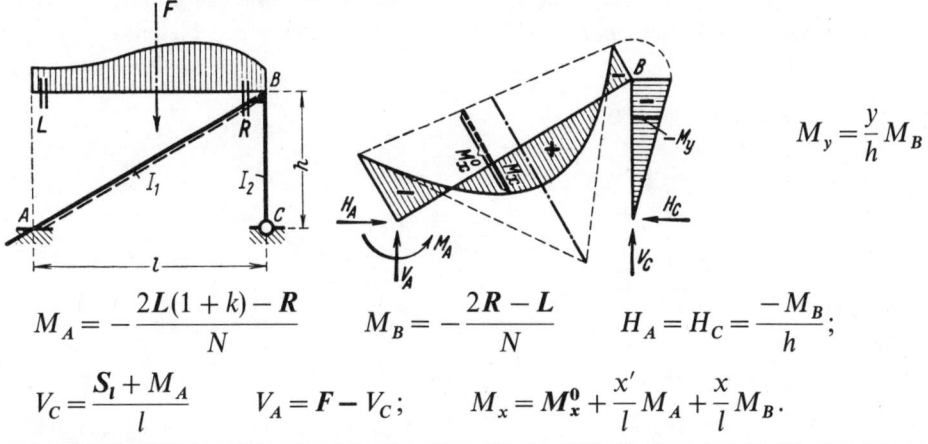

$$M_y = \frac{y}{h} M_B$$

$$M_A = -\frac{2L(1+k) - R}{N} \qquad M_B = -\frac{2R - L}{N} \qquad H_A = H_C = \frac{-M_B}{h};$$

$$V_C = \frac{S_l + M_A}{l} \qquad V_A = F - V_C; \qquad M_x = M_x^0 + \frac{x'}{l} M_A + \frac{x}{l} M_B.$$

Fall 21/3: Schrägstab beliebig waagerecht belastet

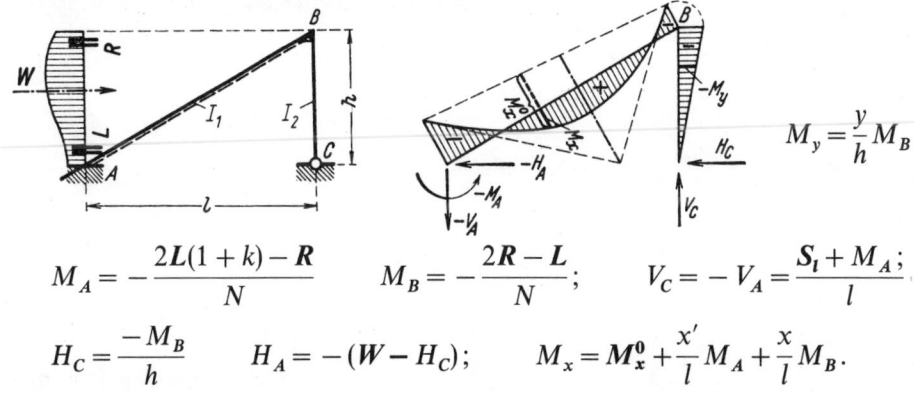

$$M_y = \frac{y}{h} M_B$$

$$M_A = -\frac{2L(1+k) - R}{N} \qquad M_B = -\frac{2R - L}{N}; \qquad V_C = -V_A = \frac{S_l + M_A}{l};$$

$$H_C = \frac{-M_B}{h} \qquad H_A = -(W - H_C); \qquad M_x = M_x^0 + \frac{x'}{l} M_A + \frac{x}{l} M_B.$$

Fall 21/4: Stiel beliebig waagerecht belastet

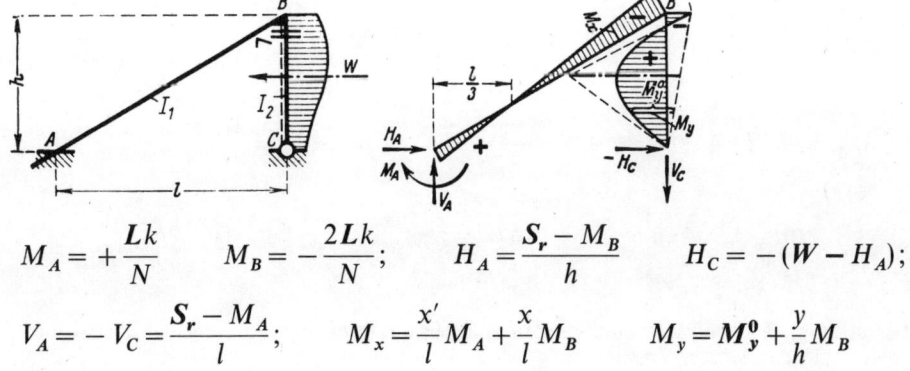

$$M_A = +\frac{Lk}{N} \qquad M_B = -\frac{2Lk}{N}; \qquad H_A = \frac{S_r - M_B}{h} \qquad H_C = -(W - H_A);$$

$$V_A = -V_C = \frac{S_r - M_A}{l}; \qquad M_x = \frac{x'}{l} M_A + \frac{x}{l} M_B \qquad M_y = M_y^0 + \frac{y}{h} M_B$$

Rahmenform 22

Dreieckrahmen mit einem schrägen, gelenkig gelagerten Stab und einem senkrechten Stab mit Fußeinspannung in gleicher Höhenlage des Gelenkes

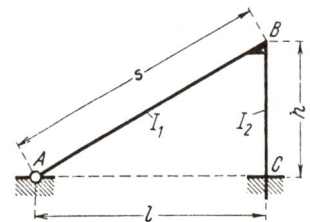
Rahmenform, Abmessungen und Bezeichnungen

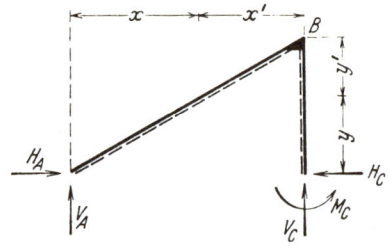
Festlegung der positiven Richtung aller Stützkräfte und der Koordinaten beliebiger Stabpunkte. Positive Biegemomente erzeugen an der gestrichelten Stabseite Zug

Festwerte: $\quad k = \dfrac{I_1}{I_2} \cdot \dfrac{h}{s} \qquad N = 4 + 3k.$

Fall 22/1: Gleichmäßige Wärme**zu**nahme im ganzen Rahmen

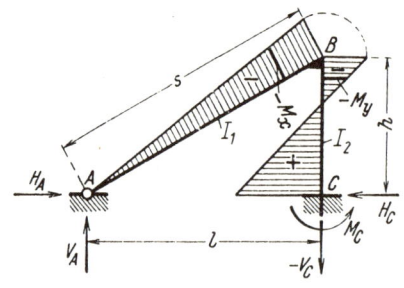

E = Elastizitätsmodul,
α_t = Wärmedehnkoeffizient,
t = Wärmeänderung in Grad.

Hilfswert: $\quad T = \dfrac{6EI_1 \alpha_t t l}{shN}.$

$$M_B = -3T \qquad M_C = +T\,\dfrac{3k+2}{k}; \qquad V_A = -V_C = \dfrac{M_C}{l}$$

$$H_A = H_C = \dfrac{M_C - M_B}{h}; \qquad M_x = \dfrac{x}{l} M_B \qquad M_y = \dfrac{y}{h} M_B + \dfrac{y'}{h} M_C.$$

Bemerkung: Bei Wärme**ab**nahme kehren alle Kräfte ihren Pfeilsinn um und alle Momente erhalten entgegengesetztes Vorzeichen.

Festwerte siehe Seite 100 **Rahmenform 22**

Siehe hierzu den Abschnitt **„Belastungsglieder"**

Fall 22/2: Schrägstab beliebig senkrecht belastet

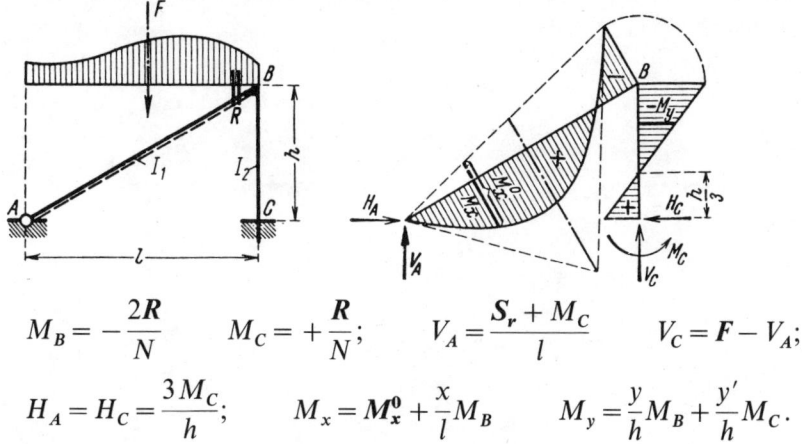

$$M_B = -\frac{2R}{N} \qquad M_C = +\frac{R}{N}; \qquad V_A = \frac{S_r + M_C}{l} \qquad V_C = F - V_A;$$

$$H_A = H_C = \frac{3M_C}{h}; \qquad M_x = M_x^0 + \frac{x}{l} M_B \qquad M_y = \frac{y}{h} M_B + \frac{y'}{h} M_C.$$

Fall 22/3: Schrägstab beliebig waagerecht belastet

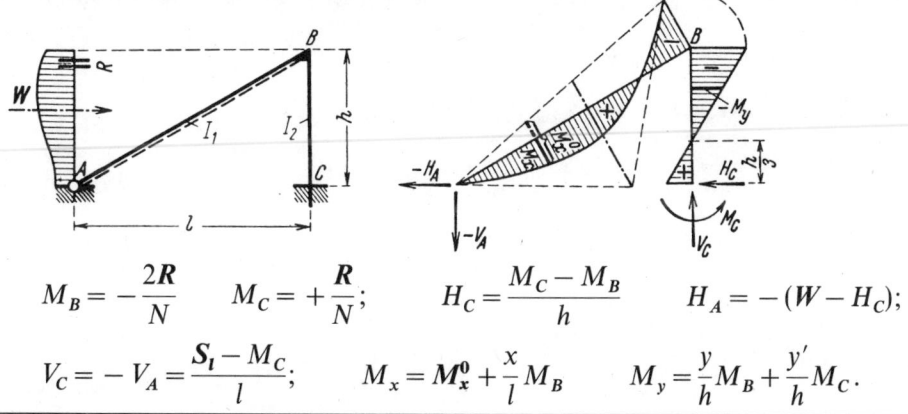

$$M_B = -\frac{2R}{N} \qquad M_C = +\frac{R}{N}; \qquad H_C = \frac{M_C - M_B}{h} \qquad H_A = -(W - H_C);$$

$$V_C = -V_A = \frac{S_l - M_C}{l}; \qquad M_x = M_x^0 + \frac{x}{l} M_B \qquad M_y = \frac{y}{h} M_B + \frac{y'}{h} M_C.$$

Fall 22/4: Stiel beliebig waagerecht belastet

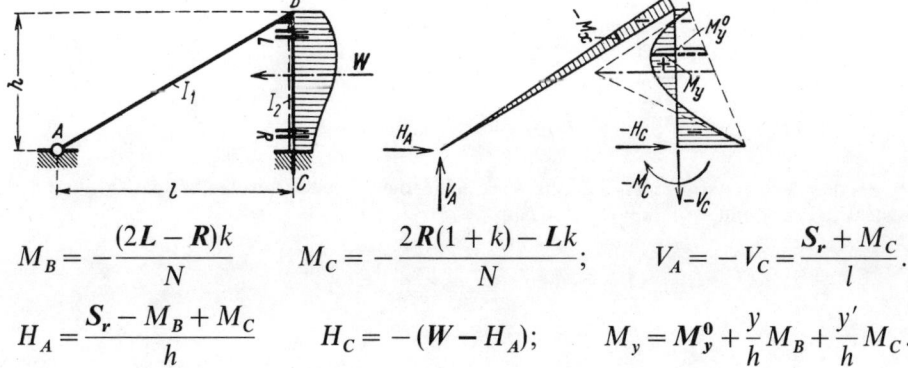

$$M_B = -\frac{(2L - R)k}{N} \qquad M_C = -\frac{2R(1 + k) - Lk}{N}; \qquad V_A = -V_C = \frac{S_r + M_C}{l}.$$

$$H_A = \frac{S_r - M_B + M_C}{h} \qquad H_C = -(W - H_A); \qquad M_y = M_y^0 + \frac{y}{h} M_B + \frac{y'}{h} M_C.$$

Rahmenform 23

Einhüftiger Zweigelenkrahmen mit senkrechtem Stiel, waagerechtem Riegel und schrägem Eckstab

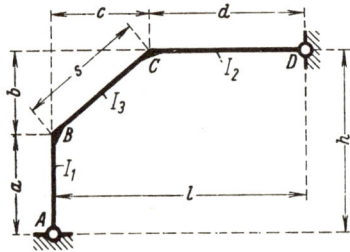
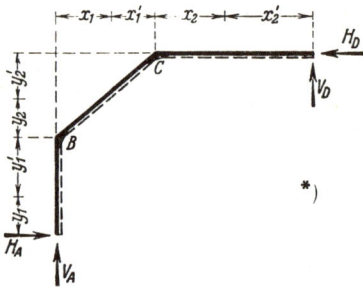

Rahmenform, Abmessungen und Bezeichnungen

Festlegung der positiven Richtung aller Stützkräfte und der Koordinaten beliebiger Stabpunkte. Positive Biegemomente erzeugen an der gestrichelten Stabseite Zug

Festwerte:

$$k_1 = \frac{I_3}{I_1} \cdot \frac{a}{s} \qquad \alpha = \frac{a}{h} \qquad \beta = \frac{b}{h} \qquad (\alpha + \beta = 1)$$

$$k_2 = \frac{I_3}{I_2} \cdot \frac{d}{s} \qquad \gamma = \frac{c}{l} \qquad \delta = \frac{d}{l} \qquad (\gamma + \delta = 1);$$

$$B = 2\alpha(k_1 + 1) + \delta \qquad C = \alpha + 2\delta(1 + k_2); \qquad N = \alpha B + C\delta.$$

---

*) Bei dem Schrägstab werden die x für senkrechte, die y für waagerechte Stablast benutzt. Es besteht die Beziehung $y_2 : x_1 = y'_2 : x'_1 = b : c$.

Festwerte siehe Seite 102 **Rahmenform 23**

Siehe hierzu den Abschnitt „**Belastungsglieder**"

Fall 23/1: Schrägstab beliebig senkrecht belastet

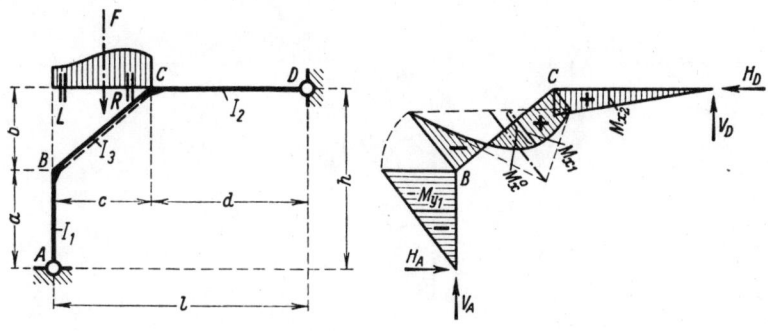

Hilfswert: $\quad X = \dfrac{\alpha L + \delta R + \delta C S_l}{N}$

$M_B = -\alpha X \qquad M_C = \delta(S_l - X);$

$V_D = \dfrac{S_l - X}{l} \qquad V_A = F - V_D; \qquad H_A = H_D = \dfrac{X}{h};$

$M_{y1} = \dfrac{y_1}{a} M_B \qquad M_{x1} = M_x^0 + \dfrac{x_1'}{c} M_B + \dfrac{x_1}{c} M_C \qquad M_{x2} = \dfrac{x_2'}{d} M_C.$

Fall 23/2: Riegel beliebig senkrecht belastet

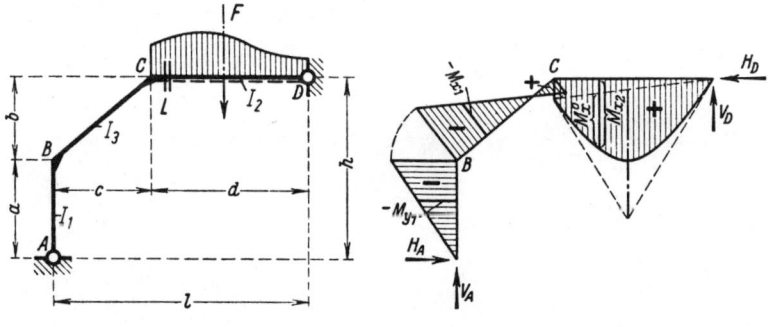

Hilfswert: $\quad X = \dfrac{\delta L k_2 + \gamma C S_r}{N}.$

$M_B = -\alpha X \qquad M_C = \gamma S_r - \delta X;$

$V_A = \dfrac{S_r + X}{l} \qquad V_D = F - V_A; \qquad H_A = H_D = \dfrac{X}{h};$

$M_{y1} = \dfrac{y_1}{a} M_B \qquad M_{x1} = \dfrac{x_1'}{c} M_B + \dfrac{x_1}{c} M_C \qquad M_{x2} = M_x^0 + \dfrac{x_2'}{d} M_C.$

Rahmenform 23 Festwerte siehe Seite 102

Siehe hierzu den Abschnitt „**Belastungsglieder**"

Fall 23/3: Schrägstab beliebig waagerecht belastet

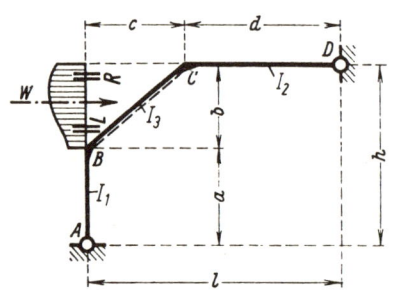 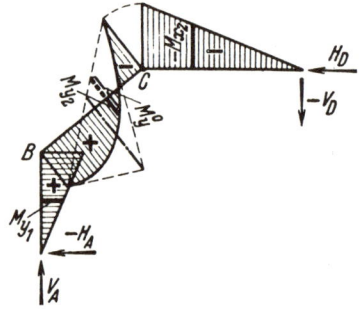

Hilfswert: $X = \dfrac{\alpha L + \delta R + \alpha B S_r}{N}$.

$M_B = \alpha(S_r - X) \qquad M_C = -\delta X;$

$H_A = -\dfrac{S_r - X}{h} \qquad H_D = W + H_A; \qquad V_A = -V_D = \dfrac{X}{l};$

$M_{y1} = \dfrac{y_1}{a} M_B \qquad M_{y2} = M_y^0 + \dfrac{y_2'}{b} M_B + \dfrac{y_2}{b} M_C \qquad M_{x2} = \dfrac{x_2'}{d} M_C.$

Fall 23/4: Stiel beliebig waagerecht belastet

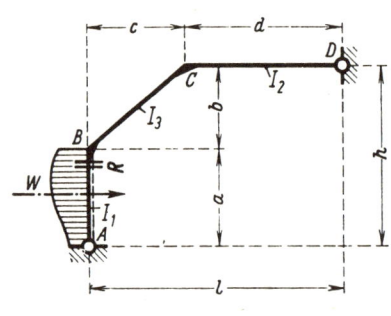 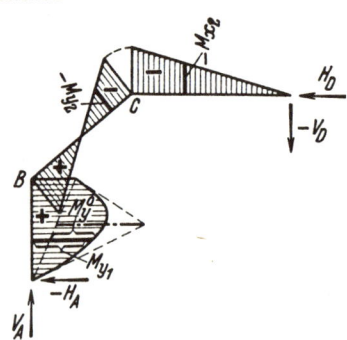

Hilfswert: $X = \dfrac{\alpha R k_1 + \beta B S_l}{N}$.

$M_B = \beta S_l - \alpha X \qquad M_C = -\delta X;$

$H_D = \dfrac{S_l + X}{h} \qquad H_A = -(W - H_D); \qquad V_A = -V_D = \dfrac{X}{l};$

$M_{y1} = M_y^0 + \dfrac{y_1}{a} M_B \qquad M_{y2} = \dfrac{y_2'}{b} M_B + \dfrac{y_2}{b} M_C \qquad M_{x2} = \dfrac{x_2'}{d} M_C.$

Festwerte siehe Seite 102 **Rahmenform 23**

Fall 23/5: Gleichmäßige Wärmezunahme im ganzen Rahmen

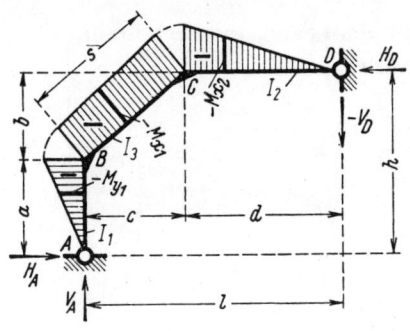

E = Elastizitätsmodul,
α_t = Wärmedehnkoeffizient
t = Wärmeänderung in Grad.

Hilfswert:
$$X = \frac{6EI_3\alpha_t t}{sN}\left(\frac{h}{l}+\frac{l}{h}\right).$$

$M_B = -\alpha X \qquad M_C = -\delta X; \qquad H_A = H_D = \frac{X}{h}; \qquad V_A = -V_D = \frac{X}{l};$

$M_{y1} = \frac{y_1}{a} M_B \qquad M_{x1} = \frac{x'_1}{c} M_B + \frac{x_1}{c} M_C \qquad M_{x2} = \frac{x'_2}{d} M_C.$

Bemerkung: Bei Wärme**ab**nahme kehren alle Kräfte ihren Pfeilsinn um und alle Momente erhalten entgegengesetztes Vorzeichen.

Fall 23/6: Momentenangriff im Eckpunkt B

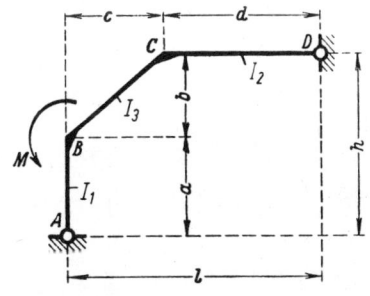 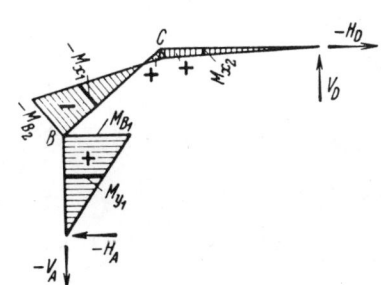

Hilfswert: $\qquad X = \frac{M}{N}[\alpha(B-2)-\delta].$

$H_A = H_D = -\frac{M-X}{h} \qquad V_A = -V_D = \frac{X}{l};$

$M_{B1} = \alpha(M-X) \qquad M_{B2} = -M + M_{B1} \qquad M_C = -\delta X;$

$M_{y1} = \frac{y_1}{a} M_{B1} \qquad M_{x1} = \frac{x'_1}{c} M_{B2} + \frac{x_1}{c} M_C \qquad M_{x2} = \frac{x'_2}{d} M_C.$

Rahmenform 24

Einhüftiger Rahmen mit senkrechtem, eingespanntem Stiel, waagerechtem, gelenkig gelagertem Riegel und schrägem Eckstab

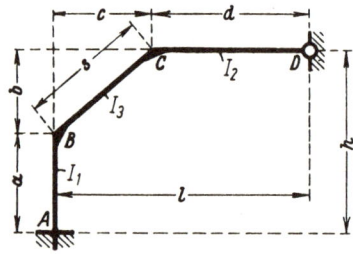

Rahmenform, Abmessungen und Bezeichnungen

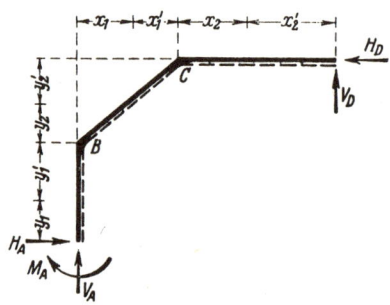

Festlegung der positiven Richtung aller Stützkräfte und der Koordinaten beliebiger Stabpunkte. Positive Biegemomente erzeugen an der gestrichelten Stabseite Zug

Festwerte: $\quad k_1 = \dfrac{I_3}{I_1} \cdot \dfrac{a}{s} \quad k_2 = \dfrac{I_3}{I_2} \cdot \dfrac{d}{s};$

$\alpha = \dfrac{a}{h} \quad \beta = 1 - \alpha \quad \delta = \dfrac{d}{l} \quad \gamma = 1 - \delta;$

$B_1 = 3k_1 + 2 + \delta \qquad C_1 = 1 + 2\delta(1 + k_2)$

$B_2 = 2\alpha(k_1 + 1) + \delta \qquad C_2 = \alpha + 2\delta(1 + k_2);$

$R_1 = 3k_1 + B_1 + \delta C_1 \qquad R_2 = \alpha B_2 + \delta C_2 \qquad K = \alpha B_1 + \delta C_1;$

$N = R_1 R_2 - K^2;$

$n_{11} = \dfrac{R_2}{N} \qquad n_{12} = n_{21} = \dfrac{K}{N} \qquad n_{22} = \dfrac{R_1}{N}.$

Festwerte siehe Seite 106   **Rahmenform 24**

Siehe hierzu den Abschnitt **„Belastungsglieder"**

Fall 24/1: Schrägstab beliebig senkrecht belastet

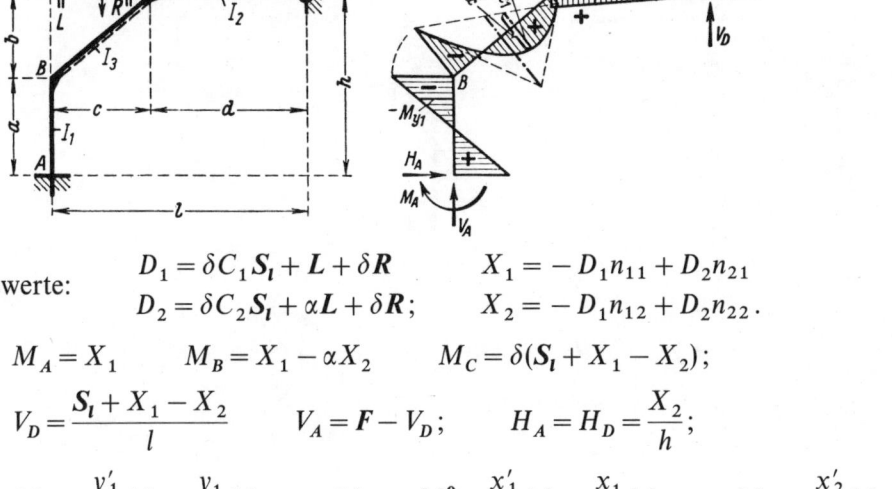

Hilfswerte:
$$D_1 = \delta C_1 S_l + L + \delta R$$
$$D_2 = \delta C_2 S_l + \alpha L + \delta R;$$

$$X_1 = -D_1 n_{11} + D_2 n_{21}$$
$$X_2 = -D_1 n_{12} + D_2 n_{22}.$$

$$M_A = X_1 \qquad M_B = X_1 - \alpha X_2 \qquad M_C = \delta(S_l + X_1 - X_2);$$

$$V_D = \frac{S_l + X_1 - X_2}{l} \qquad V_A = F - V_D; \qquad H_A = H_D = \frac{X_2}{h};$$

$$M_{y1} = \frac{y'_1}{a} M_A + \frac{y_1}{a} M_B \qquad M_{x1} = M_x^0 + \frac{x'_1}{c} M_B + \frac{x_1}{c} M_C \qquad M_{x2} = \frac{x'_2}{d} M_C.$$

Fall 24/2: Riegel beliebig senkrecht belastet

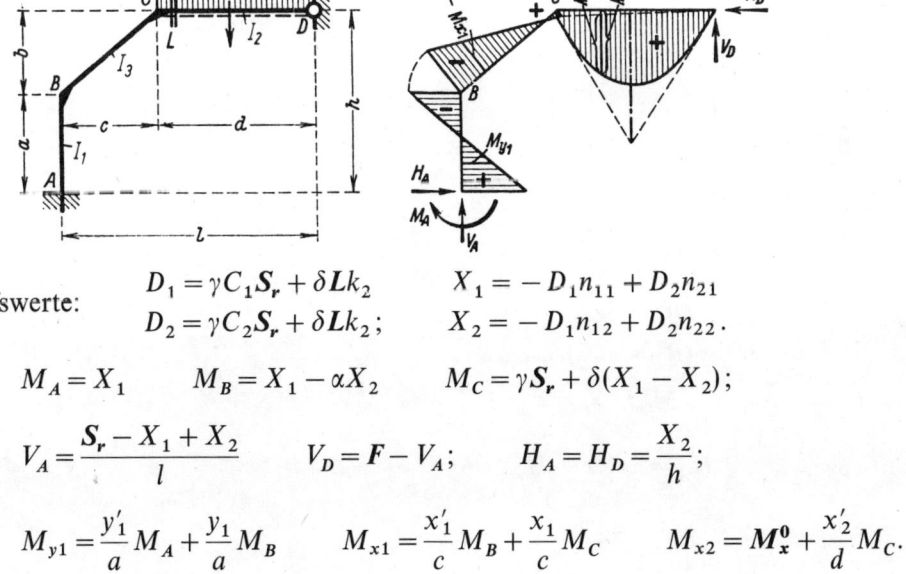

Hilfswerte:
$$D_1 = \gamma C_1 S_r + \delta L k_2$$
$$D_2 = \gamma C_2 S_r + \delta L k_2;$$

$$X_1 = -D_1 n_{11} + D_2 n_{21}$$
$$X_2 = -D_1 n_{12} + D_2 n_{22}.$$

$$M_A = X_1 \qquad M_B = X_1 - \alpha X_2 \qquad M_C = \gamma S_r + \delta(X_1 - X_2);$$

$$V_A = \frac{S_r - X_1 + X_2}{l} \qquad V_D = F - V_A; \qquad H_A = H_D = \frac{X_2}{h};$$

$$M_{y1} = \frac{y'_1}{a} M_A + \frac{y_1}{a} M_B \qquad M_{x1} = \frac{x'_1}{c} M_B + \frac{x_1}{c} M_C \qquad M_{x2} = M_x^0 + \frac{x'_2}{d} M_C.$$

Rahmenform 24 Festwerte siehe Seite 106

Siehe hierzu den Abschnitt **„Belastungsglieder"**

Fall 24/3: Schrägstab beliebig waagerecht belastet

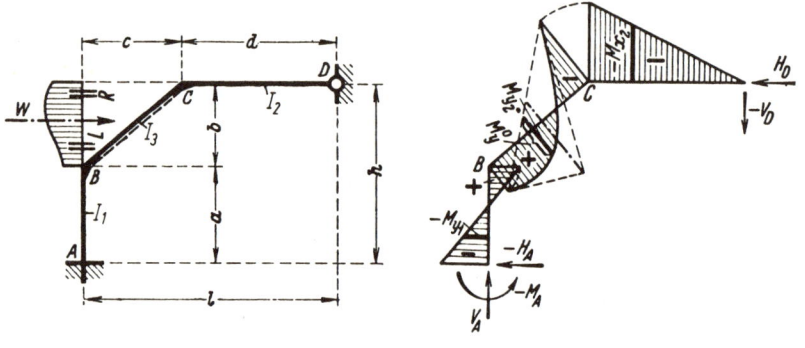

Hilfswerte:
$$D_1 = \delta C_1 S_r - (L + \delta R)$$
$$D_2 = \delta C_2 S_r - (\alpha L + \delta R);$$
$$X_1 = -D_1 n_{11} + D_2 n_{21}$$
$$X_2 = -D_1 n_{12} + D_2 n_{22}.$$

$M_A = -X_1 \qquad M_B = \alpha X_2 - X_1 \qquad M_C = -\delta(S_r + X_1 - X_2);$

$H_A = -\dfrac{X_2}{h} \qquad H_D = W + H_A; \qquad V_A = -V_D = \dfrac{S_r + X_1 - X_2}{l};$

$M_{y1} = \dfrac{y'_1}{a} M_A + \dfrac{y_1}{a} M_B \qquad M_{y2} = M_y^0 + \dfrac{y'_2}{b} M_B + \dfrac{y_2}{b} M_C \qquad M_{x2} = \dfrac{x'_2}{d} M_C.$

Fall 24/4: Stiel beliebig waagerecht belastet

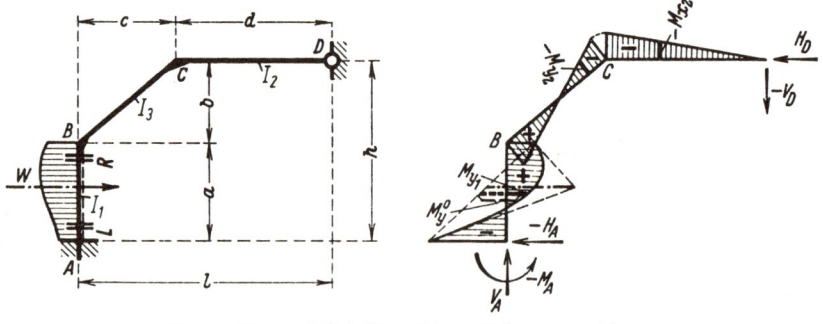

Hilfswerte:
$$D_1 = (B_1 + \delta C_1) S_l + (L + R) k_1$$
$$D_2 = (B_2 + \delta C_2) S_l + \alpha R k_1;$$
$$X_1 = +D_1 n_{11} - D_2 n_{21}$$
$$X_2 = -D_1 n_{12} + D_2 n_{22}.$$

$M_A = -X_1 \qquad M_B = S_l - X_1 - \alpha X_2 \qquad M_C = \delta(S_l - X_1 - X_2);$

$H_D = \dfrac{X_2}{h} \qquad H_A = -(W - H_D); \qquad V_A = -V_D = -\dfrac{S_l - X_1 - X_2}{l};$

$M_{y1} = M_y^0 + \dfrac{y'_1}{a} M_A + \dfrac{y_1}{a} M_B \qquad M_{y2} = \dfrac{y'_2}{b} M_B + \dfrac{y_2}{b} M_C \qquad M_{x2} = \dfrac{x'_2}{d} M_C.$

Festwerte siehe Seite 106　　　　　　　　　　　　　　　　　　　**Rahmenform 24**

Fall 24/5: Gleichmäßige Wärmezunahme im ganzen Rahmen

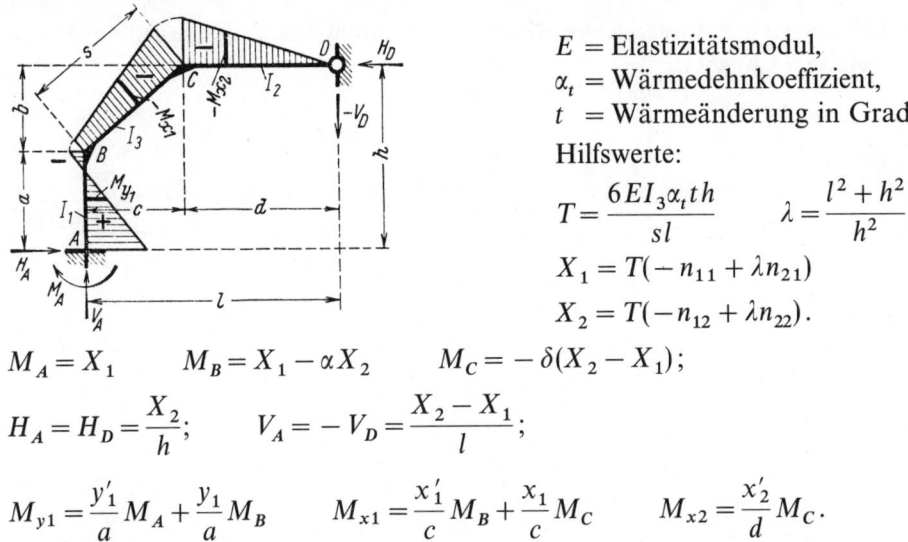

E = Elastizitätsmodul,
α_t = Wärmedehnkoeffizient,
t = Wärmeänderung in Grad.

Hilfswerte:
$$T = \frac{6EI_3\alpha_t t h}{sl} \qquad \lambda = \frac{l^2 + h^2}{h^2};$$
$$X_1 = T(-n_{11} + \lambda n_{21})$$
$$X_2 = T(-n_{12} + \lambda n_{22}).$$

$M_A = X_1 \qquad M_B = X_1 - \alpha X_2 \qquad M_C = -\delta(X_2 - X_1);$

$H_A = H_D = \dfrac{X_2}{h}; \qquad V_A = -V_D = \dfrac{X_2 - X_1}{l};$

$M_{y1} = \dfrac{y'_1}{a} M_A + \dfrac{y_1}{a} M_B \qquad M_{x1} = \dfrac{x'_1}{c} M_B + \dfrac{x_1}{c} M_C \qquad M_{x2} = \dfrac{x'_2}{d} M_C.$

Bemerkung: Bei Wärme**ab**nahme kehren alle Kräfte ihren Pfeilsinn um und alle Momente erhalten entgegengesetztes Vorzeichen.

Fall 24/6: Senkrechte Einzellast im Eckpunkt C

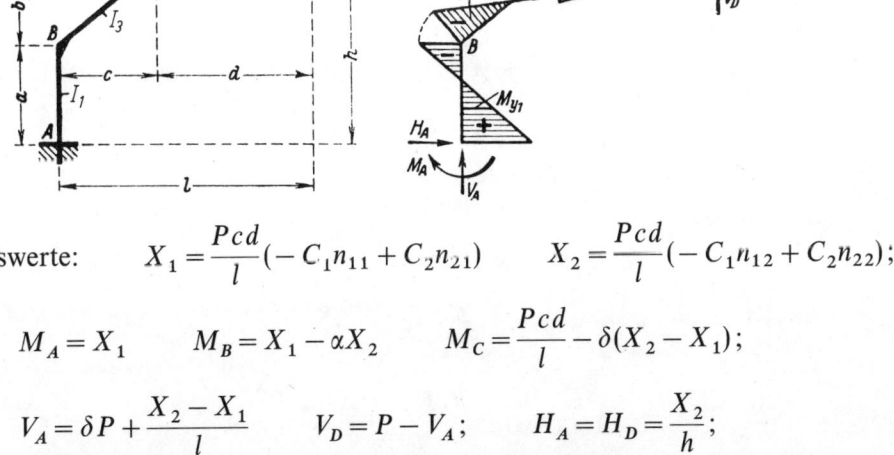

Hilfswerte:　　$X_1 = \dfrac{Pcd}{l}(-C_1 n_{11} + C_2 n_{21}) \qquad X_2 = \dfrac{Pcd}{l}(-C_1 n_{12} + C_2 n_{22});$

$M_A = X_1 \qquad M_B = X_1 - \alpha X_2 \qquad M_C = \dfrac{Pcd}{l} - \delta(X_2 - X_1);$

$V_A = \delta P + \dfrac{X_2 - X_1}{l} \qquad V_D = P - V_A; \qquad H_A = H_D = \dfrac{X_2}{h};$

$M_{y1} = \dfrac{y'_1}{a} M_A + \dfrac{y_1}{a} M_B \qquad M_{x1} = \dfrac{x'_1}{c} M_B + \dfrac{x_1}{c} M_C \qquad M_{x2} = \dfrac{x'_2}{d} M_C.$

Rahmenform 25

Einhüftiger eingespannter Rahmen mit senkrechtem Stiel, waagerechtem Riegel und schrägem Eckstab

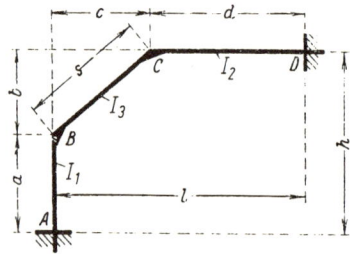

Rahmenform, Abmessungen und Bezeichnungen

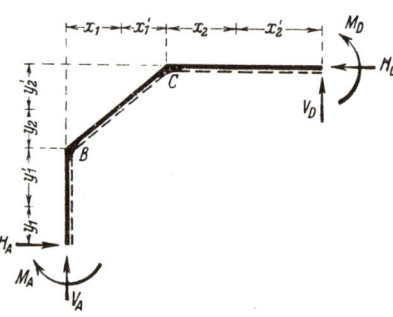

Festlegung der positiven Richtung aller Stützkräfte und der Koordinaten beliebiger Stabpunkte. Positive Biegemomente erzeugen an der gestrichelten Stabseite Zug

Festwerte: $\quad k_1 = \dfrac{I_3}{I_1} \cdot \dfrac{a}{s} \qquad k_2 = \dfrac{I_3}{I_2} \cdot \dfrac{d}{s};$

$\alpha = \dfrac{a}{h} \qquad \beta = 1 - \alpha \qquad \delta = \dfrac{d}{l} \qquad \gamma = 1 - \delta;$

$B_1 = 3k_1 + 2 + \delta \qquad B_3 = 2\alpha(k_1 + 1) + \delta;$

$C_1 = 1 + 2\delta(1 + k_2) \qquad C_2 = 2\gamma(1 + k_2) + k_2 \qquad C_3 = \alpha + 2\delta(1 + k_2)$

$R_1 = 3k_1 + B_1 + \delta C_1 \qquad K_1 = \alpha\gamma + \delta C_2$

$R_2 = (\gamma + 2)k_2 + \gamma C_2 \qquad K_2 = \alpha B_1 + \delta C_1$

$R_3 = \alpha B_3 + \delta C_3 \qquad K_3 = \gamma + \delta C_2;$

$N = R_1 R_2 R_3 + 2K_1 K_2 K_3 - R_1 K_1^2 - R_2 K_2^2 - R_3 K_3^2;$

$n_{11} = \dfrac{R_2 R_3 - K_1^2}{N} \qquad n_{12} = n_{21} = \dfrac{K_1 K_2 - R_3 K_3}{N}$

$n_{22} = \dfrac{R_1 R_3 - K_2^2}{N} \qquad n_{13} = n_{31} = \dfrac{R_2 K_2 - K_1 K_3}{N}$

$n_{33} = \dfrac{R_1 R_2 - K_3^2}{N} \qquad n_{23} = n_{32} = \dfrac{R_1 K_1 - K_2 K_3}{N}$

Festwerte siehe Seite 110   **Rahmenform 25**

Siehe hierzu den Abschnitt „**Belastungsglieder**"

Fall 25/1: Schrägstab beliebig senkrecht belastet

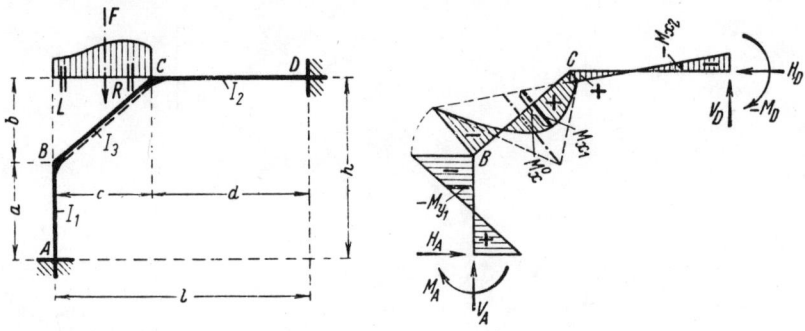

Hilfswerte:

$D_1 = \delta C_1 S_l + L + \delta R$ $X_1 = -D_1 n_{11} - D_2 n_{21} + D_3 n_{31}$

$D_2 = \delta C_2 S_l + \gamma R$ $X_2 = +D_1 n_{12} + D_2 n_{22} - D_3 n_{32}$

$D_3 = \delta C_3 S_l + \alpha L + \delta R;$ $X_3 = -D_1 n_{13} - D_2 n_{23} + D_3 n_{33}.$

$M_A = X_1$ $M_C = \delta(S_l + X_1 - X_3) - \gamma X_2$

$M_B = X_1 - \alpha X_3$ $M_D = -X_2;$

$V_D = \dfrac{S_l + X_1 + X_2 - X_3}{l}$ $V_A = F - V_D;$ $H_A = H_D = \dfrac{X_3}{h}.$

Formeln für die M_y und M_x wie beim Fall 25/5, plus M_x^0 bei M_{x1}.

Fall 25/2: Riegel beliebig senkrecht belastet

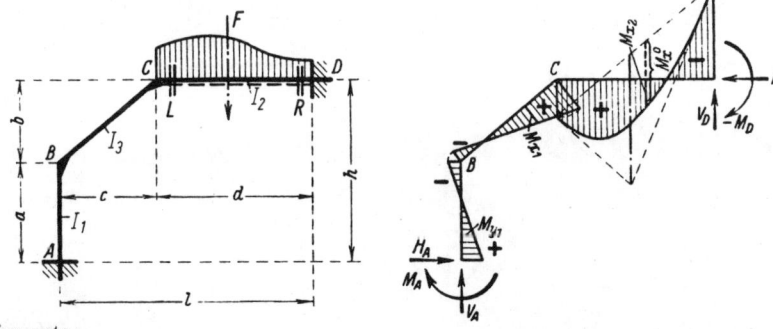

Hilfswerte:

$D_1 = \gamma C_1 S_r + \delta L k_2$ $X_1 = -D_1 n_{11} - D_2 n_{21} + D_3 n_{31}$

$D_2 = \gamma C_2 S_r + (\gamma L + R) k_2$ $X_2 = +D_1 n_{12} + D_2 n_{22} - D_3 n_{32}$

$D_3 = \gamma C_3 S_r + \delta L k_2;$ $X_3 = -D_1 n_{13} - D_2 n_{23} + D_3 n_{33}.$

$M_A = X_1$ $M_C = \gamma(S_r - X_2) + \delta(X_1 - X_3)$

$M_B = X_1 - \alpha X_3$ $M_D = -X_2;$

$V_A = \dfrac{S_r - X_1 - X_2 + X_3}{l}$ $V_D = F - V_A;$ $H_A = H_D = \dfrac{X_3}{h}.$

Formeln für die M_y und M_x wie beim Fall 25/5, plus M_x^0 bei M_{x2}.

Rahmenform 25 Festwerte siehe Seite 110

Siehe hierzu den Abschnitt „**Belastungsglieder**"

Fall 25/3: Schrägstab beliebig waagerecht belastet

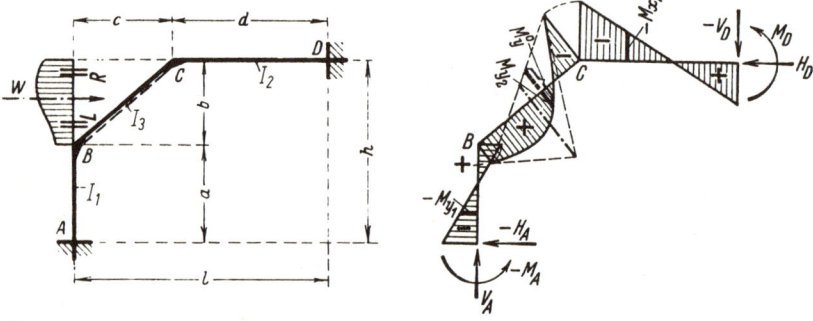

Hilfswerte:
$$D_1 = \delta C_1 S_r - (L + \delta R)$$
$$D_2 = \delta C_2 S_r - \gamma R$$
$$D_3 = \delta C_3 S_r - (\alpha L + \delta R);$$
$$X_1 = -D_1 n_{11} - D_2 n_{21} + D_3 n_{31}$$
$$X_2 = +D_1 n_{12} + D_2 n_{22} - D_3 n_{32}$$
$$X_3 = -D_1 n_{13} - D_2 n_{23} + D_3 n_{33}.$$
$$M_A = -X_1 \qquad M_C = -\delta(S_r + X_1 - X_3) + \gamma X_2$$
$$M_B = \alpha X_3 - X_1 \qquad M_D = X_2;$$
$$H_A = -\frac{X_3}{h} \qquad H_D = W + H_A; \qquad V_A = -V_D = \frac{S_r + X_1 + X_2 - X_3}{l}.$$

Formeln für die M_y und M_x wie beim Fall 25/5, plus M_y^0 bei M_{y2}.

Fall 25/4: Stiel beliebig waagerecht belastet

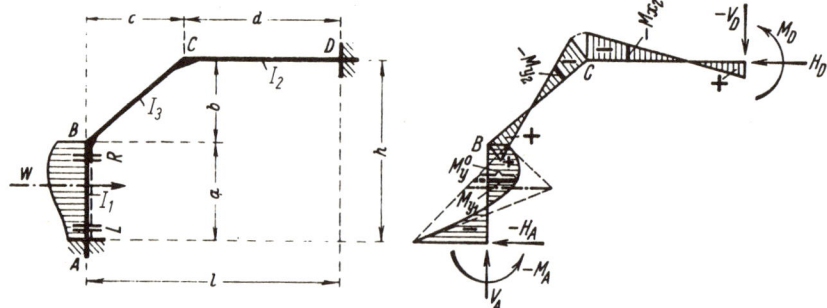

Hilfswerte:
$$D_1 = (B_1 + \delta C_1) S_l + (L + R) k_1$$
$$D_2 = (\gamma + \delta C_2) S_l$$
$$D_3 = (B_3 + \delta C_3) S_l + \alpha R k_1;$$
$$X_1 = +D_1 n_{11} + D_2 n_{21} - D_3 n_{31}$$
$$X_2 = -D_1 n_{12} - D_2 n_{22} + D_3 n_{32}$$
$$X_3 = -D_1 n_{13} - D_2 n_{23} + D_3 n_{33}.$$
$$M_A = -X_1 \qquad M_C = \delta(S_l - X_1 - X_3) + \gamma X_2$$
$$M_B = S_l - X_1 - \alpha X_3 \qquad M_D = X_2;$$
$$V_A = -V_D = \frac{X_1 + X_2 + X_3 - S_l}{l}; \qquad H_D = \frac{X_3}{h} \qquad H_A = -(W - H_D).$$

Formeln für die M_y und M_x wie beim Fall 25/5, plus M_y^0 bei M_{y1}.

Rahmenform 25

Festwerte siehe Seite 110

Fall 25/5: Gleichmäßige Wärmezunahme im ganzen Rahmen

E = Elastizitätsmodul,
α_t = Wärmedehnkoeffizient,
t = Wärmeänderung in Grad.

Hilfswerte:

$$T = \frac{6EI_3\alpha_t th}{sl} \qquad \lambda = \frac{l^2 + h^2}{h^2};$$

$X_1 = T(-n_{11} + n_{21} + \lambda n_{31})$
$X_2 = T(-n_{12} + n_{22} + \lambda n_{32})$
$X_3 = T(-n_{13} + n_{23} + \lambda n_{33})$

$M_A = X_1 \qquad M_D = X_2 \qquad M_B = X_1 - \alpha X_3 \qquad M_C = \delta(X_1 - X_3) + \gamma X_2;$

$H_A = H_D = \dfrac{X_3}{h}; \qquad V_A = -V_D = \dfrac{X_3 + X_2 - X_1}{l};$

$M_{y1} = \dfrac{y_1'}{a} M_A + \dfrac{y_1}{a} M_B \qquad M_{x1} = \dfrac{x_1'}{c} M_B + \dfrac{x_1}{c} M_C \qquad M_{x2} = \dfrac{x_2'}{d} M_C + \dfrac{x_2}{d} M_D.$

Bemerkung: Bei Wärme**ab**nahme kehren alle Kräfte ihren Pfeilsinn um und alle Momente erhalten entgegengesetztes Vorzeichen.

Fall 25/6: Senkrechte Einzellast am Eckpunkt C

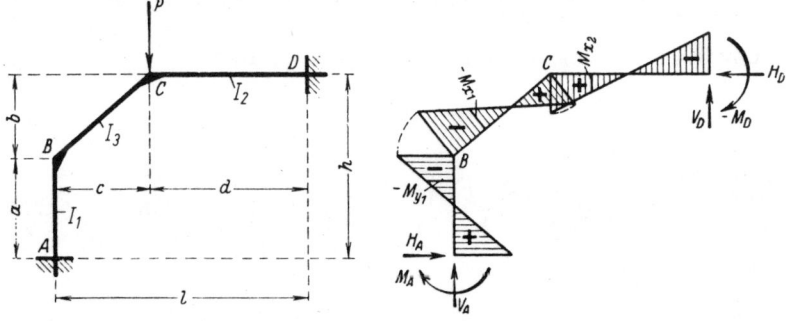

Hilfswerte:

$X_1 = \dfrac{Pcd}{l}(-C_1 n_{11} - C_2 n_{21} + C_3 n_{31}) \qquad M_A = X_1 \qquad M_D = -X_2$

$X_2 = \dfrac{Pcd}{l}(+C_1 n_{12} + C_2 n_{22} - C_3 n_{32}) \qquad M_B = X_1 - \alpha X_3$

$X_3 = \dfrac{Pcd}{l}(-C_1 n_{13} - C_2 n_{23} + C_3 n_{33}). \qquad M_C = \dfrac{Pcd}{l} + \delta(X_1 - X_3) - \gamma X_2;$

$V_A = \delta P + \dfrac{X_3 - X_2 - X_1}{l} \qquad V_D = P - V_A; \qquad H_A = H_D = \dfrac{X_3}{h}.$

Formeln für die M_y und M_x wie vor.

Rahmenform 26

Einhüftiger Zweigelenkrahmen mit senkrechtem Stiel und satteldachförmig geknicktem Riegel

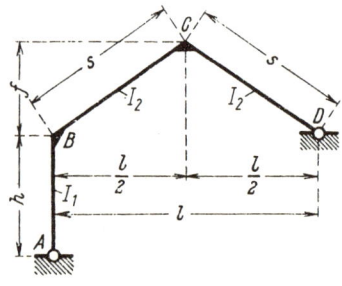
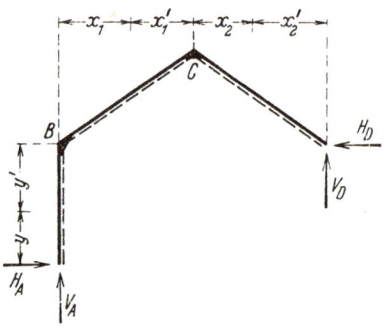

Rahmenform, Abmessungen und Bezeichnungen

Festlegung der positiven Richtung aller Stützkräfte und der Koordinaten beliebiger Stabpunkte. Positive Biegemomente erzeugen an der gestrichelten Stabseite Zug

Festwerte: $k = \dfrac{I_2}{I_1} \cdot \dfrac{h}{s}$; $\quad \varphi = \dfrac{f}{h} \quad \gamma = \dfrac{1}{2} + \varphi;$

$B = 2k + \dfrac{5}{2} + \varphi \quad C = \dfrac{3}{2} + 2\varphi; \quad N = B + 2\gamma C.$

Fall 26/1: Gleichmäßige Wärmezunahme im ganzen Rahmen

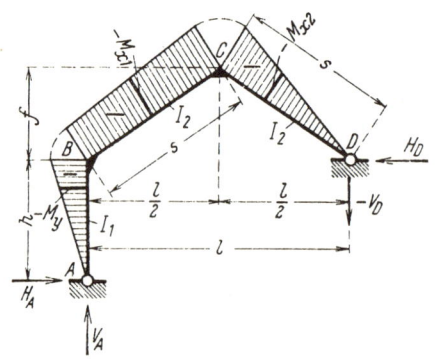

E = Elastizitätsmodul,
α_t = Wärmedehnkoeffizient,
t = Wärmeänderung in Grad.

Hilfswert:

$$X = \dfrac{6EI_2 \alpha_t t}{sN} \left(\dfrac{h}{l} + \dfrac{l}{h} \right).$$

$M_B = -X \quad M_C = -\gamma X; \quad V_C = -V_D = \dfrac{X}{l}; \quad H_A = H_D = \dfrac{X}{h};$

$M_y = \dfrac{y}{h} M_B \quad M_{x1} = \dfrac{2x'_1}{l} M_B + \dfrac{2x_1}{l} M_C \quad M_{x2} = \dfrac{2x'_2}{l} M_C.$

Bemerkung: Bei Wärme**ab**nahme kehren alle Kräfte ihren Pfeilsinn um und alle Momente erhalten entgegengesetztes Vorzeichen.

Rahmenform 26

Festwerte siehe Seite 114

Siehe hierzu den Abschnitt „**Belastungsglieder**"

Fall 26/2: Beide Riegelhälften beliebig senkrecht belastet

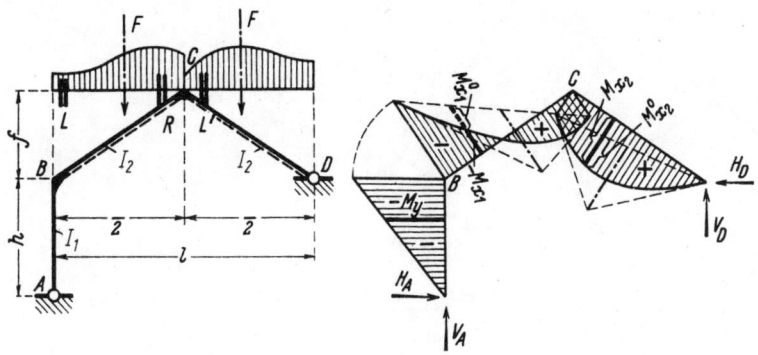

Hilfswert: $\quad X = \dfrac{C(S_l + S'_r) + L + \gamma(R + L')}{N}.$

$M_B = -X \qquad M_C = \dfrac{S_l + S'_r}{2} - \gamma X; \qquad H_A = H_D = \dfrac{X}{h};$

$V_A = \left(F - \dfrac{S_l}{l}\right) + \dfrac{S'_r}{l} + \dfrac{X}{l} \qquad V_D = \dfrac{S_l}{l} + \left(F' - \dfrac{S'_r}{l}\right) - \dfrac{X}{l};$

$M_y = \dfrac{y}{h} M_B \qquad M_{x1} = M^0_{x1} + \dfrac{2x'_1}{l} M_B + \dfrac{2x_1}{l} M_C \qquad M_{x2} = M^0_{x2} + \dfrac{2x'_2}{l} M_C.$

Fall 26/3: Stiel beliebig waagerecht belastet

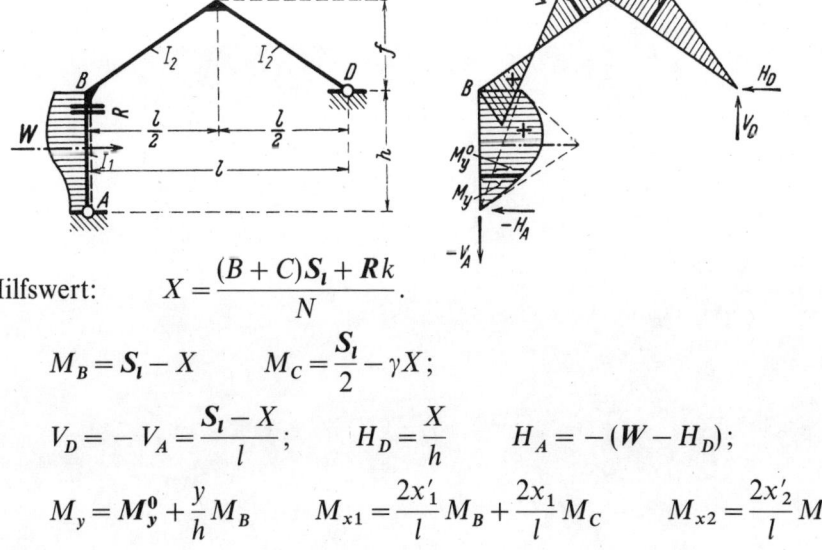

Hilfswert: $\quad X = \dfrac{(B + C)S_l + Rk}{N}.$

$M_B = S_l - X \qquad M_C = \dfrac{S_l}{2} - \gamma X;$

$V_D = -V_A = \dfrac{S_l - X}{l}; \qquad H_D = \dfrac{X}{h} \qquad H_A = -(W - H_D);$

$M_y = M^0_y + \dfrac{y}{h} M_B \qquad M_{x1} = \dfrac{2x'_1}{l} M_B + \dfrac{2x_1}{l} M_C \qquad M_{x2} = \dfrac{2x'_2}{l} M_C.$

Rahmenform 26   Festwerte siehe Seite 114

Siehe hierzu den Abschnitt **„Belastungsglieder"**

Fall 26/4: Linke Riegelhälfte beliebig waagerecht belastet

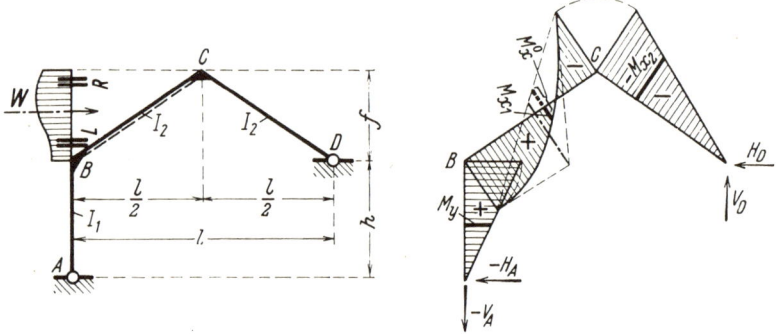

Hilfswert: $X = \dfrac{C(S_l + 2S_r) - L - \gamma R}{N}$.

$M_B = +X \qquad M_C = -\dfrac{S_l + 2S_r}{2} + \gamma X;$

$V_D = -V_A = \dfrac{S_l + X}{l}; \qquad H_A = -\dfrac{X}{h} \qquad H_D = W + H_A;$

$M_y = \dfrac{y}{h} M_B \qquad M_{x1} = M_x^0 + \dfrac{2x_1'}{l} M_B + \dfrac{2x_1}{l} M_C \qquad M_{x2} = \dfrac{2x_2'}{l} M_C.$

Fall 26/5: Rechte Riegelhälfte beliebig waagerecht belastet

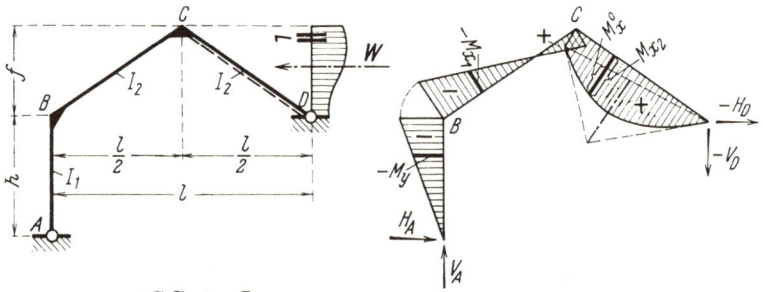

Hilfswert: $X = \dfrac{CS_r + \gamma L}{N}$.

$M_B = -X \qquad M_C = \dfrac{S_r}{2} - \gamma X;$

$V_A = -V_D = \dfrac{S_r + X}{l}; \qquad H_A = \dfrac{X}{h} \qquad H_D = -(W - H_A);$

$M_y = \dfrac{y}{h} M_B \qquad M_{x1} = \dfrac{2x_1'}{l} M_B + \dfrac{2x_1}{l} M_C \qquad M_{x2} = M_x^0 + \dfrac{2x_2'}{l} M_C.$

Rahmenform 27

Symmetrischer eingespannter Rechteckrahmen mit gelenkig eingefügtem Riegel

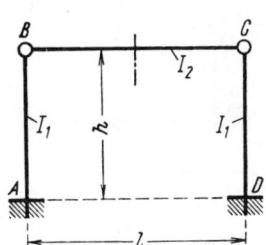

Rahmenform, Abmessungen und Bezeichnungen

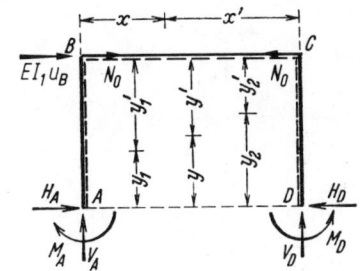

Festlegung der positiven Richtung aller Stützkräfte und der Längskraft im Riegel[1])

Fall 27/1: Gleichmäßige Wärmezunahme des Riegels um t Grad[2])[3])

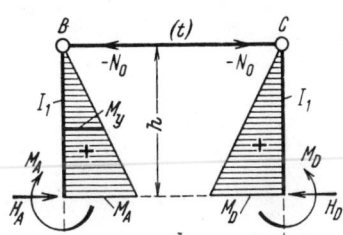

E = Elastizitätsmodul,
α_t = Wärmedehnkoeffizient.

$$M_A = M_D = \frac{3EI_1 l \alpha_t t}{2h^2};$$

$$M_y = \frac{y'}{h} M_A; \quad H_A = H_D = -N_0 = \frac{M_A}{h}$$

Bemerkung: Bei Wärme**ab**nahme kehren alle Momente und Kräfte ihren Wirkungssinn um.

Fall 27/2: Beliebige Belastung des Riegels

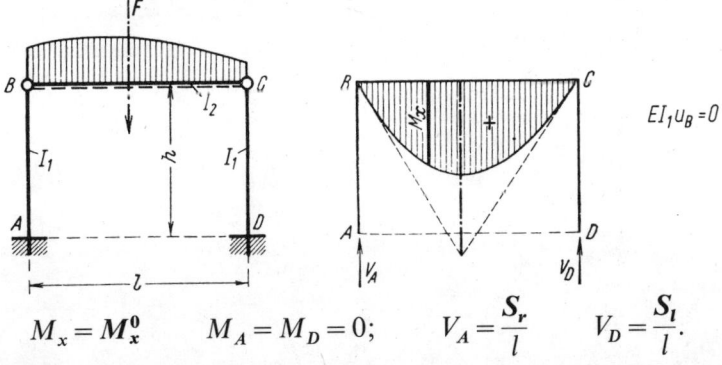

$EI_1 u_B = 0$

$$M_x = M_x^0 \qquad M_A = M_D = 0; \qquad V_A = \frac{S_r}{l} \qquad V_D = \frac{S_l}{l}.$$

---

[1]) Positive Biegemomente M erzeugen an der gestrichelten Stabseite Zug. Positive Längskräfte N erzeugen im Stab Zug.

[2]) Wärmeänderung der Stiele hat keinen statischen Einfluß.

[3]) Bei einer Riegelverkürzung Δl ist $\Delta l/l$ anstatt $\alpha_t \cdot t$ in die Formeln für Wärme**ab**nahme einzusetzen.

Rahmenform 27 Siehe hierzu Titelseite 117

Siehe hierzu den Abschnitt „**Belastungsglieder**"

Fall 27/3: Beide Stiele beliebig von außen her, aber gleich belastet
(Symmetrischer Lastfall)

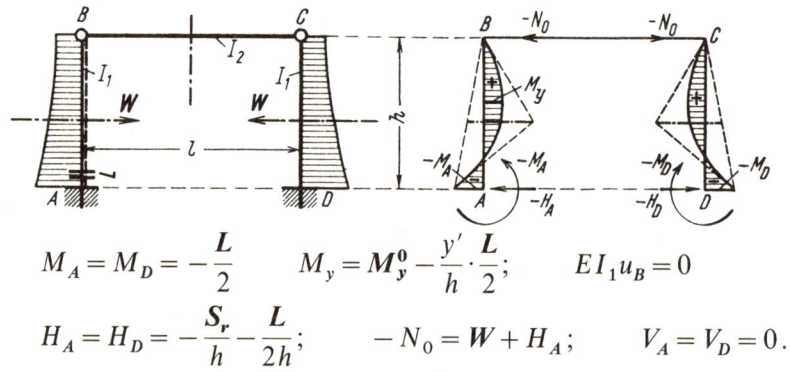

$$M_A = M_D = -\frac{L}{2} \qquad M_y = M_y^0 - \frac{y'}{h} \cdot \frac{L}{2}; \qquad EI_1 u_B = 0$$

$$H_A = H_D = -\frac{S_r}{h} - \frac{L}{2h}; \qquad -N_0 = W + H_A; \qquad V_A = V_D = 0.$$

Bemerkung: Alle Belastungsglieder sind auf den linken Stiel bezogen.

Fall 27/4: Beide Stiele beliebig von links her, aber gleich belastet
(Antimetrischer Lastfall)

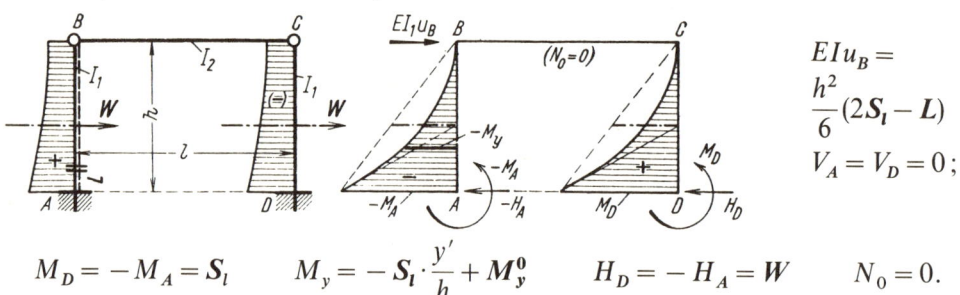

$$EIu_B = \frac{h^2}{6}(2S_l - L)$$

$$V_A = V_D = 0;$$

$$M_D = -M_A = S_l \qquad M_y = -S_l \cdot \frac{y'}{h} + M_y^0 \qquad H_D = -H_A = W \qquad N_0 = 0.$$

Bemerkung: Alle Belastungsglieder sind auf den linken Stiel bezogen.

Fall 27/5: Linker Stiel beliebig belastet

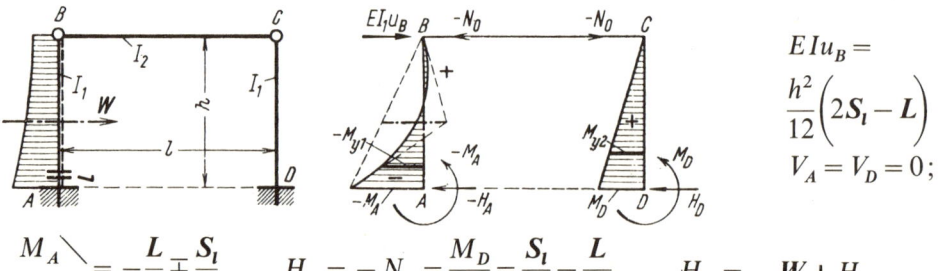

$$EIu_B = \frac{h^2}{12}\left(2S_l - L\right)$$

$$V_A = V_D = 0;$$

$$\left.\begin{matrix}M_A\\M_D\end{matrix}\right\} = -\frac{L}{4} \mp \frac{S_l}{2} \qquad H_D = -N_0 = \frac{M_D}{h} = \frac{S_l}{2h} - \frac{L}{4h} \qquad H_A = -W + H_D.$$

Sonderfall 27/5: Rechtecklast $W = qh$

$$M_A = -\frac{5qh^2}{16} \qquad M_D = +\frac{3qh^2}{16}; \qquad H_A = -\frac{13qh}{16} \qquad H_D = -N_0 = \frac{3qh}{16}.$$

Rahmenform 28

Symmetrischer elastisch eingespannter Rechteckrahmen

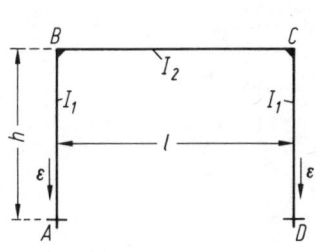

Rahmenform, Abmessungen und Bezeichnungen

Festlegung der positiven Richtung aller Stützkräfte und der Koordinaten beliebiger Stabpunkte. Bei symmetrischer Rahmenlast wird y und y' verwendet. Positive Biegemomente erzeugen an der gestrichelten Stabseite Zug.

Die horizontalen Riegelverschiebungen sind bei symmetrischer Belastung gleich Null.

Festwerte: $\quad k = \dfrac{I_2}{I_1} \cdot \dfrac{h}{l} \qquad N_1 = (2 - \varepsilon)k + 3 \qquad N_2 = k + \varepsilon(4k + 1)$

Die Festpunkt- oder Momentenfortleitungszahl ε wird als bekannt vorausgesetzt. Sie liegt zwischen 0 (freie Drehbarkeit, Gelenk) und 0,5 (volle Einspannung). Weitere Hinweise hierzu siehe im Anhang Seite 479.

für $\varepsilon = 0$ gilt die Rahmenform 29, Seite 131;
für $\varepsilon = 0,5$ gilt die Rahmenform 30, Seite 145.

Fall 28/1: Gleichmäßige Wärmezunahme im ganzen Rahmen*)

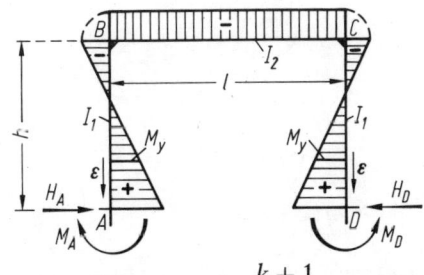

E = Elastizitätsmodul,
α_t = Wärmedehnkoeffizient,
t = Wärmeänderung in Grad.

Hilfswert: $T = \dfrac{3 E I_2 \alpha_t t}{h N_1}$

$$M_A = M_D = +3 \varepsilon T \frac{k+1}{k} \qquad M_B = M_C = -(1+\varepsilon)T$$

$$M_y = M_A - H_A y \qquad H_A = H_D = \frac{T}{h} \cdot \frac{N_2 + 2\varepsilon}{k}$$

Bemerkung: Bei Wärme**ab**nahme kehren alle Kräfte ihren Pfeilsinn um und alle Momente erhalten entgegengesetztes Vorzeichen.

---

*) Siehe Fußnote Seite 131.

Rahmenform 28 Festwerte siehe Seite 119

Fall 28/2: Rechteck-Vollast auf dem Riegel (*Symmetrischer* Lastfall)

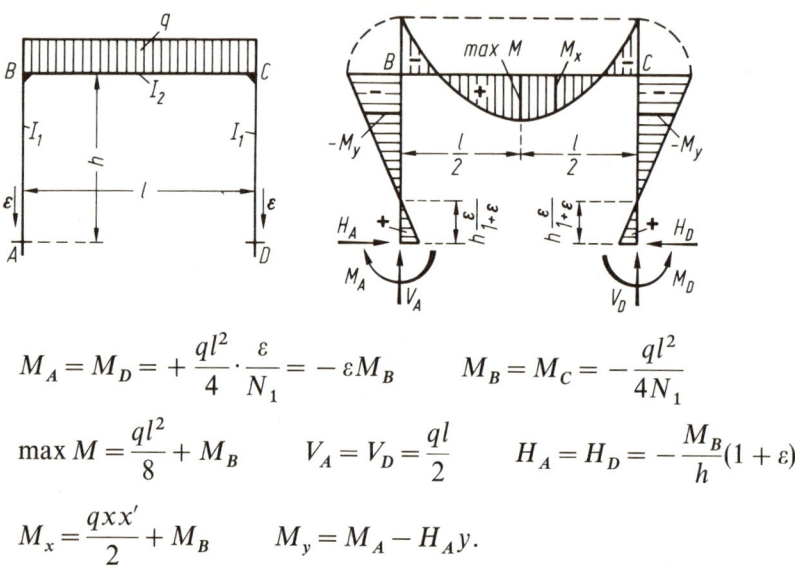

$$M_A = M_D = +\frac{ql^2}{4} \cdot \frac{\varepsilon}{N_1} = -\varepsilon M_B \qquad M_B = M_C = -\frac{ql^2}{4N_1}$$

$$\max M = \frac{ql^2}{8} + M_B \qquad V_A = V_D = \frac{ql}{2} \qquad H_A = H_D = -\frac{M_B}{h}(1+\varepsilon)$$

$$M_x = \frac{qxx'}{2} + M_B \qquad M_y = M_A - H_A y.$$

Fall 28/3: Rechteck-Streckenlast von links her auf dem Riegel

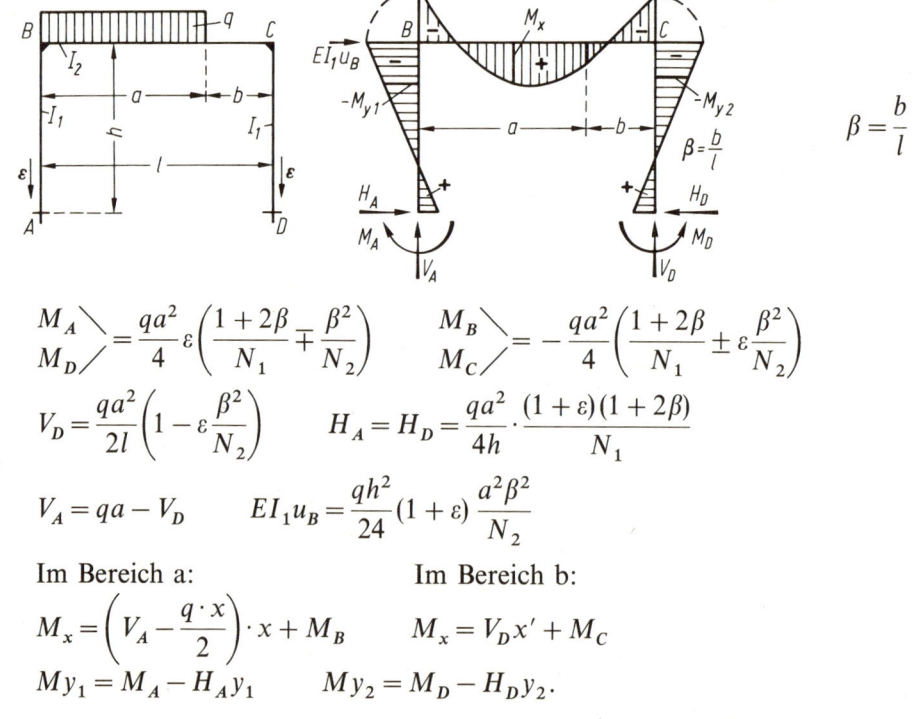

$$\beta = \frac{b}{l}$$

$$\left.\begin{array}{c} M_A \\ M_D \end{array}\right\} = \frac{qa^2}{4}\varepsilon\left(\frac{1+2\beta}{N_1} \mp \frac{\beta^2}{N_2}\right) \qquad \left.\begin{array}{c} M_B \\ M_C \end{array}\right\} = -\frac{qa^2}{4}\left(\frac{1+2\beta}{N_1} \pm \varepsilon\frac{\beta^2}{N_2}\right)$$

$$V_D = \frac{qa^2}{2l}\left(1 - \varepsilon\frac{\beta^2}{N_2}\right) \qquad H_A = H_D = \frac{qa^2}{4h} \cdot \frac{(1+\varepsilon)(1+2\beta)}{N_1}$$

$$V_A = qa - V_D \qquad EI_1 u_B = \frac{qh^2}{24}(1+\varepsilon)\frac{a^2\beta^2}{N_2}$$

Im Bereich a: Im Bereich b:

$$M_x = \left(V_A - \frac{q \cdot x}{2}\right) \cdot x + M_B \qquad M_x = V_D x' + M_C$$

$$M_{y_1} = M_A - H_A y_1 \qquad M_{y_2} = M_D - H_D y_2.$$

Festwerte siehe Seite 119   **Rahmenform 28**

Fall 28/4: Einzellast an beliebiger Stelle des Riegels

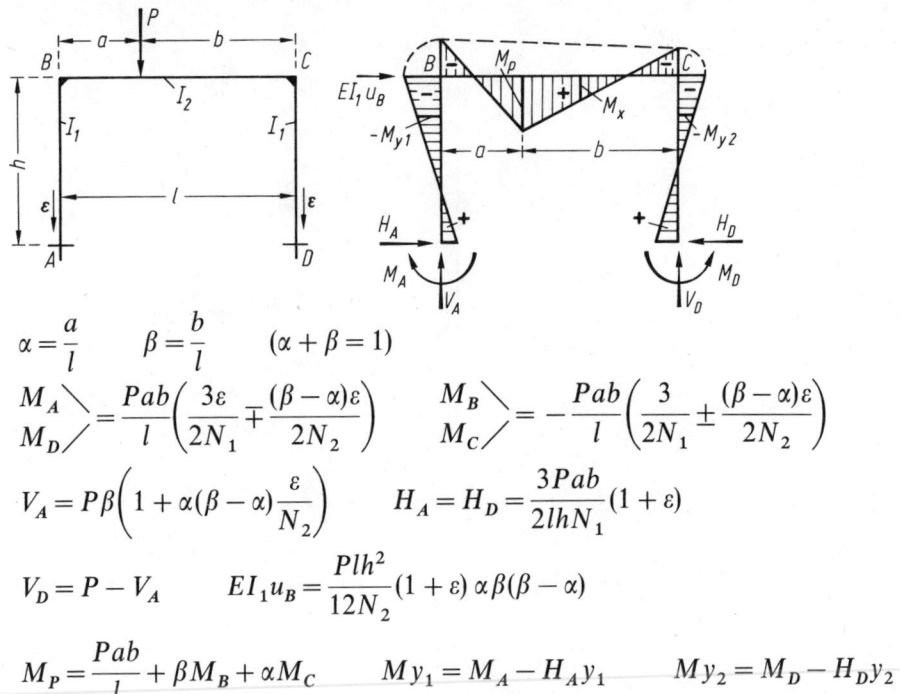

$$\alpha = \frac{a}{l} \qquad \beta = \frac{b}{l} \qquad (\alpha + \beta = 1)$$

$$\left.\begin{array}{c}M_A \\ M_D\end{array}\right\} = \frac{Pab}{l}\left(\frac{3\varepsilon}{2N_1} \mp \frac{(\beta-\alpha)\varepsilon}{2N_2}\right) \qquad \left.\begin{array}{c}M_B \\ M_C\end{array}\right\} = -\frac{Pab}{l}\left(\frac{3}{2N_1} \pm \frac{(\beta-\alpha)\varepsilon}{2N_2}\right)$$

$$V_A = P\beta\left(1 + \alpha(\beta-\alpha)\frac{\varepsilon}{N_2}\right) \qquad H_A = H_D = \frac{3Pab}{2lhN_1}(1+\varepsilon)$$

$$V_D = P - V_A \qquad EI_1 u_B = \frac{Plh^2}{12N_2}(1+\varepsilon)\,\alpha\beta(\beta-\alpha)$$

$$M_P = \frac{Pab}{l} + \beta M_B + \alpha M_C \qquad My_1 = M_A - H_A y_1 \qquad My_2 = M_D - H_D y_2$$

Im Bereich a: $M_x = V_A x + M_B$; Im Bereich b: $M_x = V_D x' + M_C$.

Fall 28/5: Zwei gleiche Einzellasten in beliebiger aber *symmetrischer* Stellung auf dem Riegel

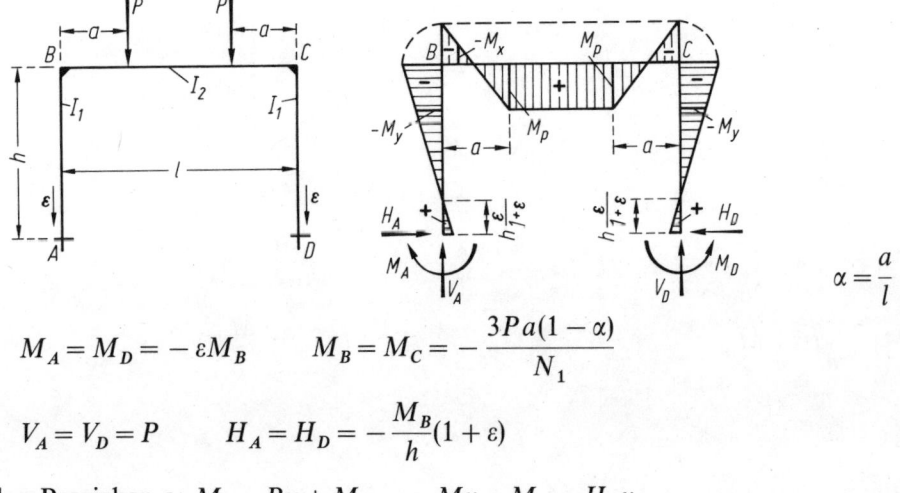

$$\alpha = \frac{a}{l}$$

$$M_A = M_D = -\varepsilon M_B \qquad M_B = M_C = -\frac{3Pa(1-\alpha)}{N_1}$$

$$V_A = V_D = P \qquad H_A = H_D = -\frac{M_B}{h}(1+\varepsilon)$$

In den Bereichen a: $M_x = Px + M_B \qquad My = M_A - H_A y$.

Rahmenform 28   Festwerte siehe Seite 119

Fall 28/6: Einzellast in der Mitte des Riegels (*Symmetrischer* Lastfall)

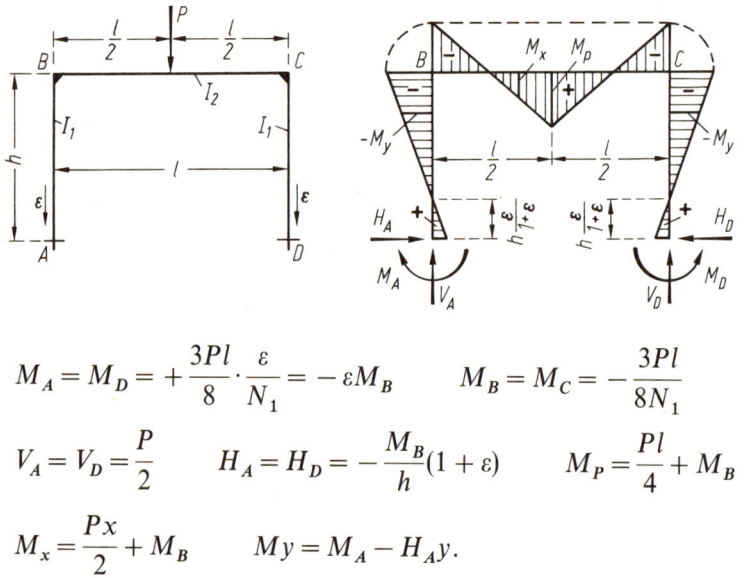

$$M_A = M_D = +\frac{3Pl}{8} \cdot \frac{\varepsilon}{N_1} = -\varepsilon M_B \qquad M_B = M_C = -\frac{3Pl}{8N_1}$$

$$V_A = V_D = \frac{P}{2} \qquad H_A = H_D = -\frac{M_B}{h}(1+\varepsilon) \qquad M_P = \frac{Pl}{4} + M_B$$

$$M_x = \frac{Px}{2} + M_B \qquad My = M_A - H_A y.$$

Fall 28/7: Drei gleiche Einzellasten in den Viertelspunkten (*Symmetrischer* Lastfall)

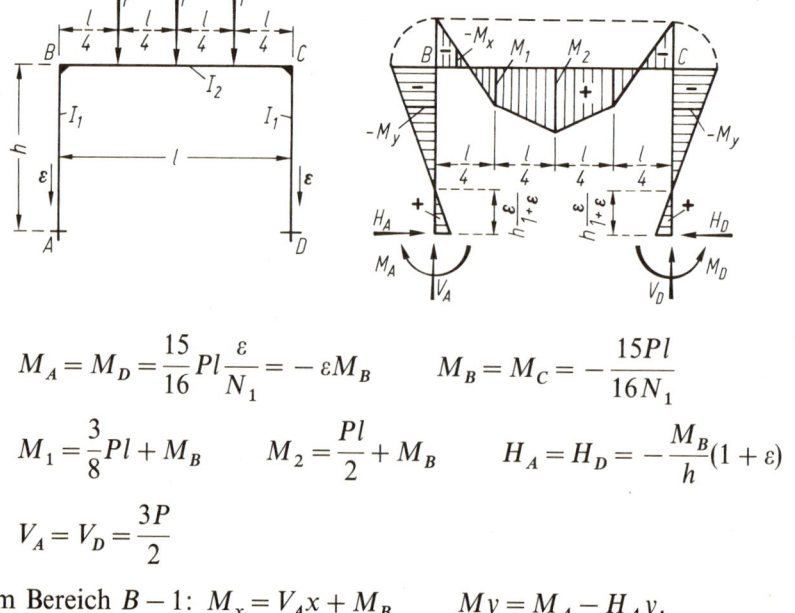

$$M_A = M_D = \frac{15}{16} Pl \frac{\varepsilon}{N_1} = -\varepsilon M_B \qquad M_B = M_C = -\frac{15 Pl}{16 N_1}$$

$$M_1 = \frac{3}{8} Pl + M_B \qquad M_2 = \frac{Pl}{2} + M_B \qquad H_A = H_D = -\frac{M_B}{h}(1+\varepsilon)$$

$$V_A = V_D = \frac{3P}{2}$$

Im Bereich $B-1$: $M_x = V_A x + M_B$ $My = M_A - H_A y.$

Festwerte siehe Seite 119   **Rahmenform 28**

Siehe hierzu den Abschnitt „**Belastungsglieder**"

Fall 28/8: Riegel beliebig senkrecht belastet

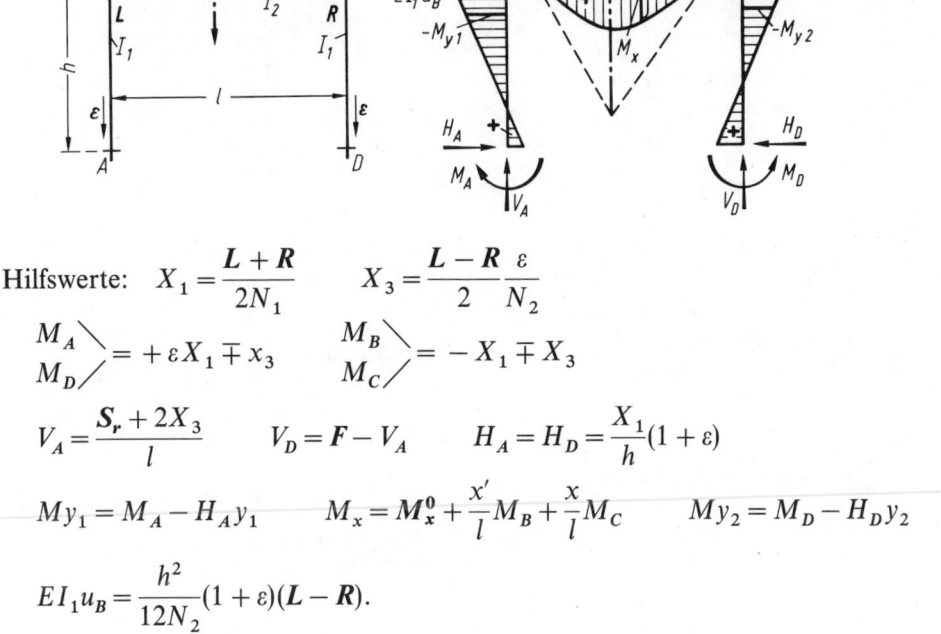

Hilfswerte: $X_1 = \dfrac{L+R}{2N_1}$ $X_3 = \dfrac{L-R}{2}\dfrac{\varepsilon}{N_2}$

$\left.\begin{array}{l}M_A\\M_D\end{array}\right\} = +\varepsilon X_1 \mp x_3$ $\left.\begin{array}{l}M_B\\M_C\end{array}\right\} = -X_1 \mp X_3$

$V_A = \dfrac{S_r + 2X_3}{l}$ $V_D = F - V_A$ $H_A = H_D = \dfrac{X_1}{h}(1+\varepsilon)$

$My_1 = M_A - H_A y_1$ $M_x = M_x^0 + \dfrac{x'}{l}M_B + \dfrac{x}{l}M_C$ $My_2 = M_D - H_D y_2$

$EI_1 u_B = \dfrac{h^2}{12N_2}(1+\varepsilon)(L-R).$

Fall 28/9: Riegel beliebig senkrecht, aber *symmetrisch* belastet

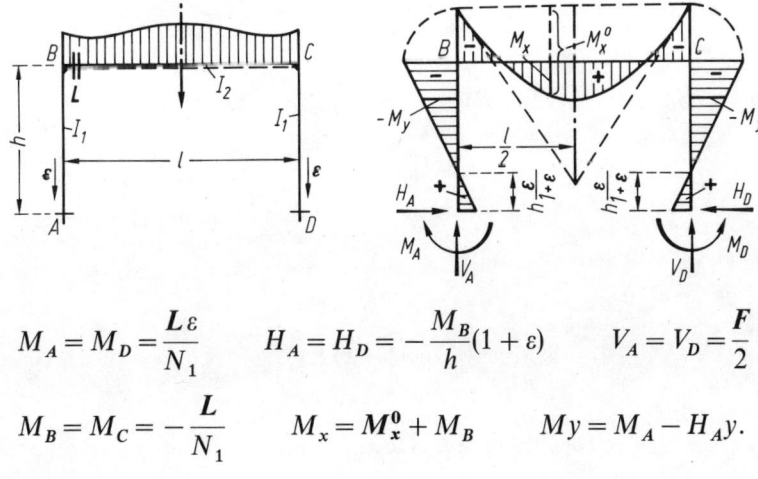

$M_A = M_D = \dfrac{L\varepsilon}{N_1}$ $H_A = H_D = -\dfrac{M_B}{h}(1+\varepsilon)$ $V_A = V_D = \dfrac{F}{2}$

$M_B = M_C = -\dfrac{L}{N_1}$ $M_x = M_x^0 + M_B$ $My = M_A - H_A y.$

Rahmenform 28   Festwerte siehe Seite 119

Siehe hierzu den Abschnitt **„Belastungsglieder"**

Fall 28/10: Beide Stiele beliebig von außen her, aber gleich belastet
(*Symmetrischer* Lastfall)*)

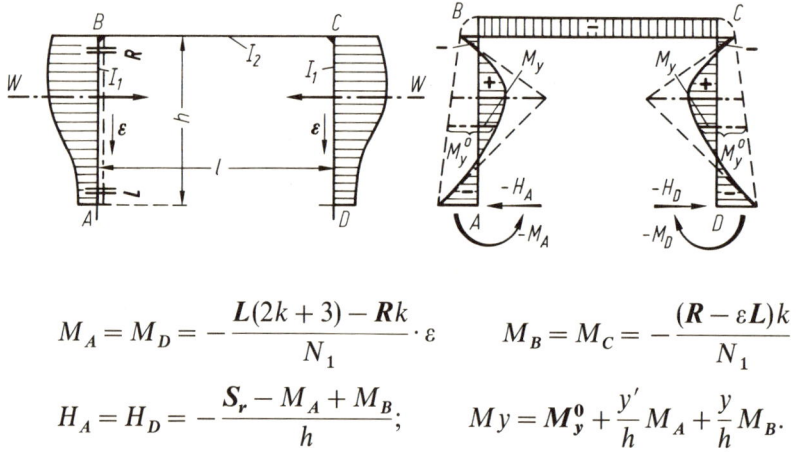

$$M_A = M_D = -\frac{L(2k+3) - Rk}{N_1} \cdot \varepsilon \qquad M_B = M_C = -\frac{(R - \varepsilon L)k}{N_1}$$

$$H_A = H_D = -\frac{S_r - M_A + M_B}{h}; \qquad My = M_y^0 + \frac{y'}{h}M_A + \frac{y}{h}M_B.$$

Fall 28/11: Beide Stiele beliebig von links her, aber gleich belastet
(*Antimetrischer* Lastfall)*)

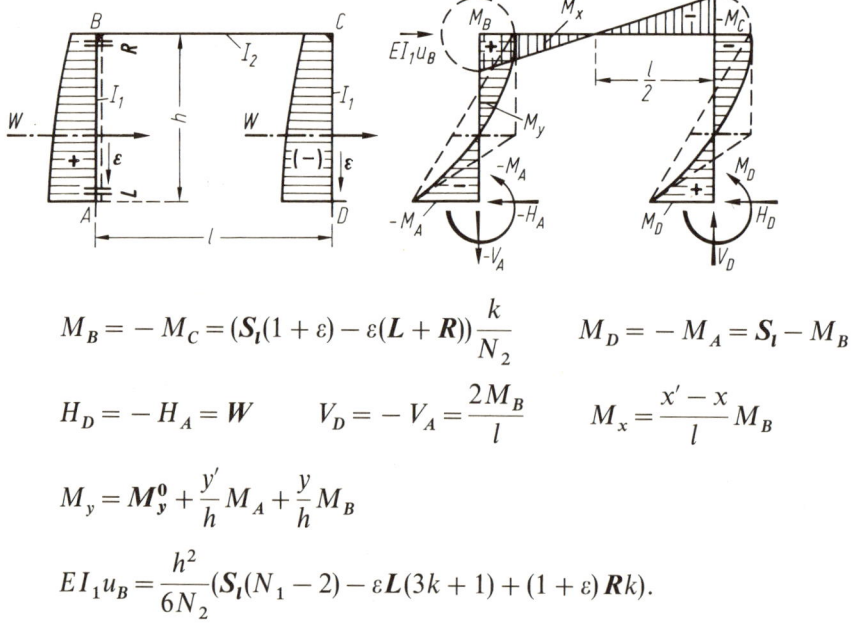

$$M_B = -M_C = (S_l(1+\varepsilon) - \varepsilon(L+R))\frac{k}{N_2} \qquad M_D = -M_A = S_l - M_B$$

$$H_D = -H_A = W \qquad V_D = -V_A = \frac{2M_B}{l} \qquad M_x = \frac{x'-x}{l}M_B$$

$$M_y = M_y^0 + \frac{y'}{h}M_A + \frac{y}{h}M_B$$

$$EI_1 u_B = \frac{h^2}{6N_2}(S_l(N_1 - 2) - \varepsilon L(3k+1) + (1+\varepsilon)Rk).$$

---

*) Alle Belastungsglieder sind auf den linken Stiel bezogen.

Festwerte siehe Seite 119 — Rahmenform 28

Fall 28/12: Linker Stiel beliebig waagerecht belastet (Siehe hierzu den Abschnitt „Belastungsglieder")

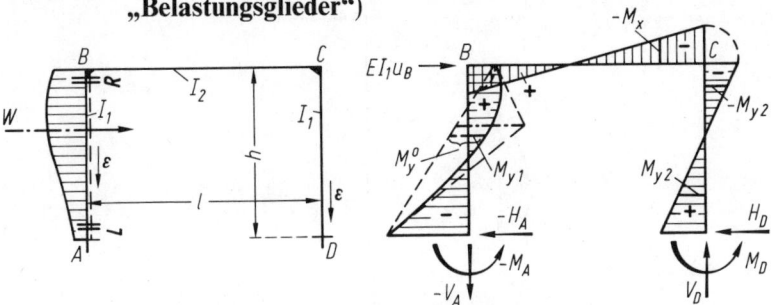

Hilfswerte:

$$X_1 = \frac{L(2k+3) - Rk}{2} \cdot \frac{\varepsilon}{N_1} \qquad X_2 = \frac{R - \varepsilon L}{2} \cdot \frac{k}{N_1} \qquad X_3 = \frac{(1+\varepsilon)S_l - \varepsilon(L+R)}{2} \cdot \frac{k}{N_2}$$

$$\left.\begin{array}{c} M_A \\ M_D \end{array}\right\} = -X_1 \mp \left(\frac{S_l}{2} - X_3\right) \qquad \left.\begin{array}{c} M_B \\ M_C \end{array}\right\} = -X_2 \pm X_3$$

$$H_D = \frac{S_l}{2h} - \frac{X_1 - X_2}{h} \qquad H_A = -(W - H_D) \qquad V_D = -V_A = \frac{2X_3}{l}$$

$$M_{y1} = M_y^0 + \frac{y_1'}{h}M_A + \frac{y_1}{h}M_B \qquad M_x = M_C + V_D x' \qquad M_{y2} = M_D - H_D y_2$$

$$EI_1 u_B = \frac{h^2}{12 N_2}(S_l(N_1 - 2) - \varepsilon L(3k+1) + (1+\varepsilon)Rk).$$

Fall 28/13: Waagerechte Einzellast in Riegelhöhe

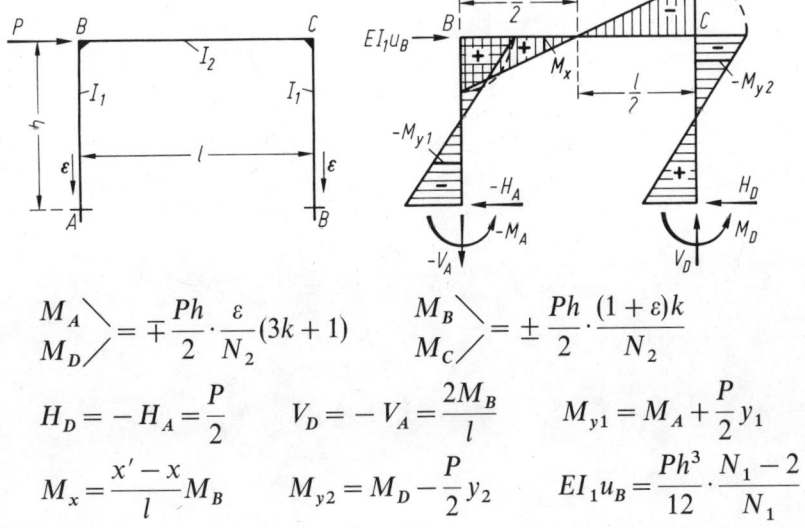

$$\left.\begin{array}{c} M_A \\ M_D \end{array}\right\} = \mp \frac{Ph}{2} \cdot \frac{\varepsilon}{N_2}(3k+1) \qquad \left.\begin{array}{c} M_B \\ M_C \end{array}\right\} = \pm \frac{Ph}{2} \cdot \frac{(1+\varepsilon)k}{N_2}$$

$$H_D = -H_A = \frac{P}{2} \qquad V_D = -V_A = \frac{2M_B}{l} \qquad M_{y1} = M_A + \frac{P}{2}y_1$$

$$M_x = \frac{x' - x}{l}M_B \qquad M_{y2} = M_D - \frac{P}{2}y_2 \qquad EI_1 u_B = \frac{Ph^3}{12} \cdot \frac{N_1 - 2}{N_1}.$$

Rahmenform 28 Festwerte siehe Seite 119

Fall 28/14: Einzellast an beliebiger Stelle des linken Stieles

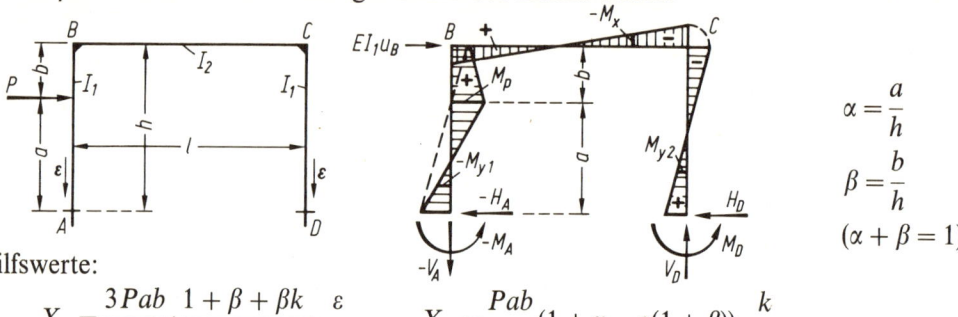

$$\alpha = \frac{a}{h}$$
$$\beta = \frac{b}{h}$$
$$(\alpha + \beta = 1)$$

Hilfswerte:

$$X_1 = \frac{3Pab}{h} \cdot \frac{1+\beta+\beta k}{2} \cdot \frac{\varepsilon}{N_1} \qquad X_2 = \frac{Pab}{h}(1+\alpha-\varepsilon(1+\beta))\frac{k}{2N_1}$$

$$X_3 = Pa(1+\varepsilon-3\varepsilon\beta)\frac{k}{2N_2}$$

$$\left.\begin{array}{c} M_A \\ M_D \end{array}\right\} = -X_1 \mp \left(\frac{Pa}{2}-X_3\right) \qquad \left.\begin{array}{c} M_B \\ M_C \end{array}\right\} = -X_2 \pm X_3$$

$$H_D = \frac{Pa}{2h} - \frac{X_1 - X_2}{h} \qquad H_A = -(P - H_D) \qquad V_A = -V_D = -\frac{2X_3}{l}$$

$$M_P = \frac{Pab}{h} + \beta M_A + \alpha M_B \qquad M_x = M_C + V_D x' \qquad M_{y2} = M_D - H_D y_2$$

Im Bereich a: $M_{y1} = M_A - H_A y_1$;   im Bereich b: $M_{y1} = M_B + H_D y'_1$

$$EI_1 u_B = \frac{h^2}{6}\left(X_1 + X_2 \frac{2k+3}{k} + X_3 \frac{3k+1}{k} - \frac{Pa}{2}\right).$$

Fall 28/15: Rechteck-Vollast am linken Stiel

$$\left.\begin{array}{c} M_A \\ M_D \end{array}\right\} = \frac{qh^2\varepsilon}{4}\left(-\frac{k+3}{2N_1} \mp \frac{4k+1}{N_2}\right) \qquad \left.\begin{array}{c} M_B \\ M_C \end{array}\right\} = \frac{qh^2 k}{4}\left(-\frac{1-\varepsilon}{2N_1} \pm \frac{1}{N_2}\right)$$

$$H_D = \frac{qh}{8N_1}(5k+6-\varepsilon(4k+3)) \qquad H_A = -(qh-H_D) \qquad V_D = -V_A = \frac{qh^2}{2l} \cdot \frac{k}{N_2}$$

$$M_{y1} = \frac{qy_1 y'_1}{2} + \frac{y'_1}{h} M_A + \frac{y_1}{h} M_B \qquad M_x = M_C + V_D x' \qquad M_{y2} = M_D - H_D y_2$$

$$EI_1 u_B = \frac{qh^4}{48 N_2}(6k+2-N_2).$$

Festwerte siehe Seite 119 **Rahmenform 28**

Fall 28/16: Rechteck-Vollast an beiden Stielen (*Symmetrischer* Lastfall)

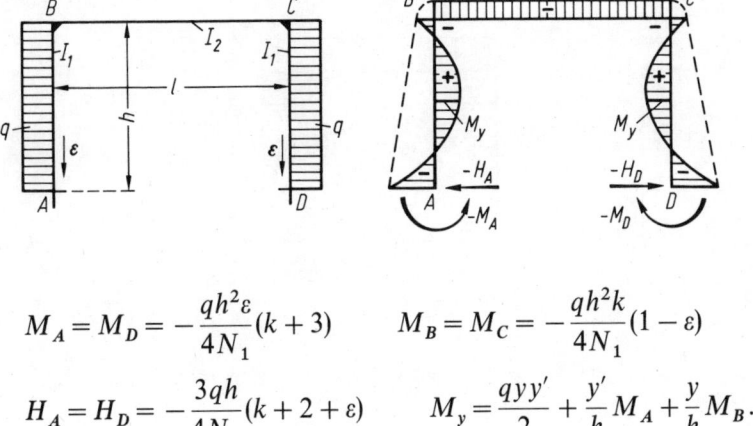

$$M_A = M_D = -\frac{qh^2\varepsilon}{4N_1}(k+3) \qquad M_B = M_C = -\frac{qh^2 k}{4N_1}(1-\varepsilon)$$

$$H_A = H_D = -\frac{3qh}{4N_1}(k+2+\varepsilon) \qquad M_y = \frac{qyy'}{2} + \frac{y'}{h}M_A + \frac{y}{h}M_B.$$

Fall 28/17: Dreiecklast an beiden Stielen (*Symmetrischer* Lastfall)

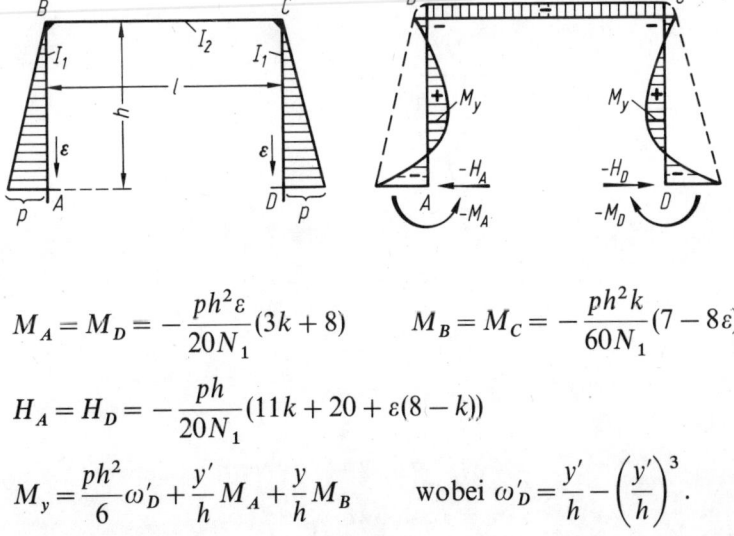

$$M_A = M_D = -\frac{ph^2\varepsilon}{20N_1}(3k+8) \qquad M_B = M_C = -\frac{ph^2 k}{60N_1}(7-8\varepsilon)$$

$$H_A = H_D = -\frac{ph}{20N_1}(11k+20+\varepsilon(8-k))$$

$$M_y = \frac{ph^2}{6}\omega'_D + \frac{y'}{h}M_A + \frac{y}{h}M_B \qquad \text{wobei } \omega'_D = \frac{y'}{h} - \left(\frac{y'}{h}\right)^3.$$

Rahmenform 28 Festwerte siehe Seite 119

Fall 28/18: *Symmetrisches* Drehmomentenpaar an den Rahmenecken

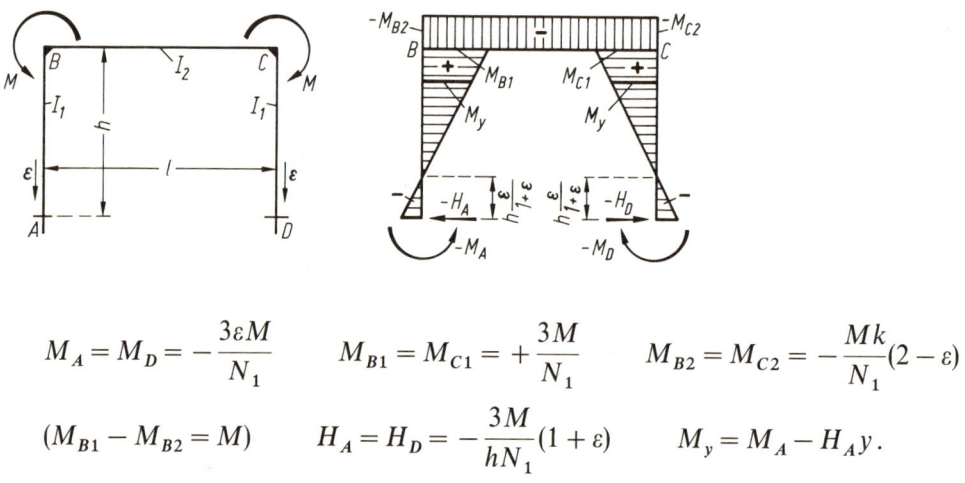

$$M_A = M_D = -\frac{3\varepsilon M}{N_1} \qquad M_{B1} = M_{C1} = +\frac{3M}{N_1} \qquad M_{B2} = M_{C2} = -\frac{Mk}{N_1}(2-\varepsilon)$$

$$(M_{B1} - M_{B2} = M) \qquad H_A = H_D = -\frac{3M}{hN_1}(1+\varepsilon) \qquad M_y = M_A - H_A y.$$

Fall 28/19: Drehmoment am Eckpunkt B

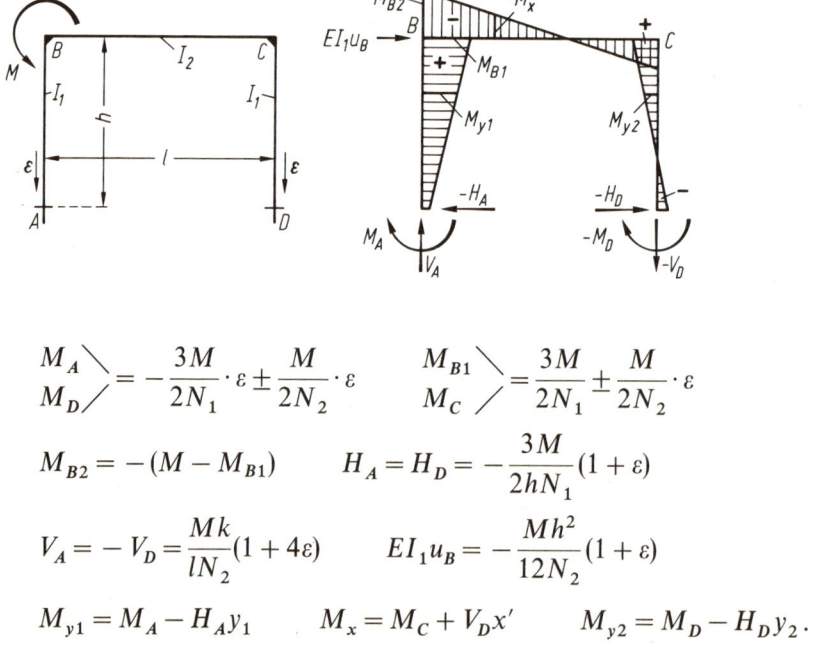

$$\left.\begin{array}{c}M_A\\M_D\end{array}\right\} = -\frac{3M}{2N_1}\cdot\varepsilon \pm \frac{M}{2N_2}\cdot\varepsilon \qquad \left.\begin{array}{c}M_{B1}\\M_C\end{array}\right\} = \frac{3M}{2N_1} \pm \frac{M}{2N_2}\cdot\varepsilon$$

$$M_{B2} = -(M - M_{B1}) \qquad H_A = H_D = -\frac{3M}{2hN_1}(1+\varepsilon)$$

$$V_A = -V_D = \frac{Mk}{lN_2}(1+4\varepsilon) \qquad EI_1 u_B = -\frac{Mh^2}{12N_2}(1+\varepsilon)$$

$$M_{y1} = M_A - H_A y_1 \qquad M_x = M_C + V_D x' \qquad M_{y2} = M_D - H_D y_2.$$

Rahmenform 28

Fall 28/20: Konsollast am linken Stiel

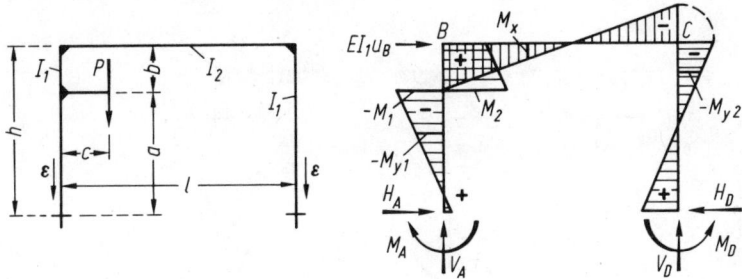

$$\alpha = \frac{a}{h} \qquad \beta = \frac{b}{h} \qquad (\alpha + \beta = 1)$$

Hilfswerte:

$$X_1 = \frac{3Pc}{2N_1}\varepsilon(1 + 2\beta k - 3\beta^2(k+1)) \qquad X_3 = \frac{Pck}{2N_2}(1 + 2\varepsilon(3\alpha - 1))$$

$$X_2 = \frac{Pck}{2N_1}(3\alpha^2(1+\varepsilon) - 2\varepsilon(3\alpha - 1) - 1)$$

$$\begin{matrix} M_A \\ M_D \end{matrix} = +X_1 \mp \left(\frac{Pc}{2} - X_3\right) \qquad \begin{matrix} M_B \\ M_C \end{matrix} = +X_2 \pm X_3$$

$$H_A = H_D = \frac{Pc}{2h} + \frac{X_1 - X_2}{h} \qquad V_D = \frac{2X_3}{l} \qquad V_A = P - V_D$$

$$M_1 = M_A - H_A a \qquad M_2 = M_B + H_D b \qquad (M_2 - M_1 = Pc)$$

Im Bereich a: $M_{y1} = M_A - H_A y_1 \qquad M_x = M_C + V_D x'$

Im Bereich b: $M_{y1} = M_B + H_D y'_1 \qquad M_{y2} = M_D - H_D y_2$

$$EI_1 u_B = \frac{h^2}{6}\left(X_3 \frac{3k+1}{k} - X_2 \frac{2k+3}{k} - X_1 - \frac{Pc}{2}\right).$$

Rahmenform 28   Festwerte siehe Seite 119

Fall 28/21: Gleiche Konsollasten an den Stielen (*Symmetrischer* Lastfall)

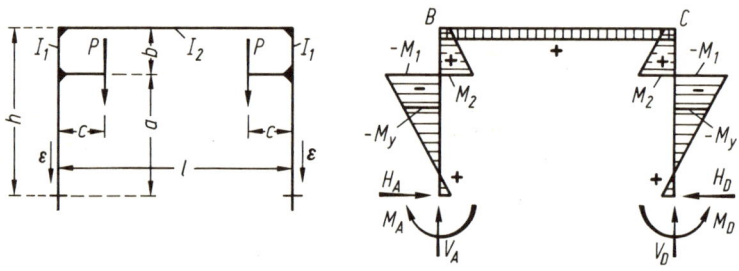

$$\alpha = \frac{a}{h} \qquad \beta = \frac{b}{h} \qquad (\alpha + \beta = 1)$$

$$M_A = M_D = \frac{3Pc}{N_1}\varepsilon(1 + 2\beta k - 3\beta^2(k+1)) = 2X_1{}^*)$$

$$M_B = M_C = \frac{Pck}{N_1}(3\alpha^2(1+\varepsilon) + 2\varepsilon(1-3\alpha) - 1) = 2X_2{}^*)$$

$$V_A = V_D = P \qquad H_A = H_D = \frac{Pc + M_A - M_B}{h}$$

$$M_1 = M_A - H_A a \qquad M_2 = M_B + H_D b \qquad (M_2 - M_1 = Pc)$$

Im Bereich a: $My = M_A - H_A y$

Im Bereich b: $My = M_B + H_D y'$.

---

*) X_1 und X_2 wie Seite 129.

Rahmenform 29

Symmetrischer rechteckiger Zweigelenkrahmen

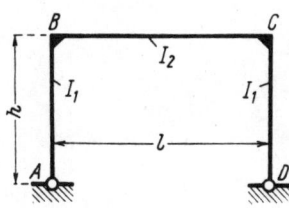

Rahmenform, Abmessungen und Bezeichnungen

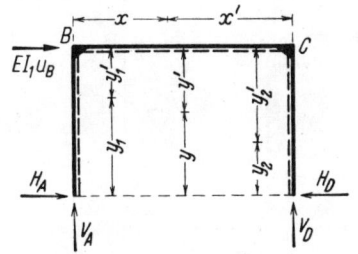

Festlegung der positiven Richtung aller Stützkräfte und der Koordinaten beliebiger Stabpunkte. Bei symmetrischer Rahmenlast wird y und y' verwendet. Positive Biegemomente erzeugen an der gestrichelten Stabseite Zug

Die horizontalen Riegelverschiebungen u_B sind bei symmetrischer Belastung gleich Null.

Festwerte:

$$k = \frac{I_2}{I_1} \cdot \frac{h}{l} \qquad N = 2k + 3.$$

Fall 29/1: Gleichmäßige Wärmezunahme im ganzen Rahmen*)

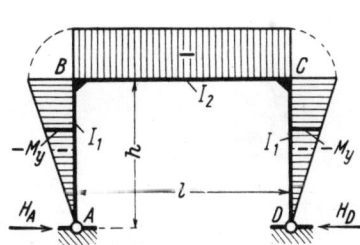

E = Elastizitätsmodul,
α_t = Wärmedehnkoeffizient,
t = Wärmeänderung in Grad.

$$M_B = M_C = -\frac{3EI_2\alpha_t t}{hN};$$

$$H_A = H_D = \frac{-M_B}{h}; \qquad M_y = \frac{y}{h} M_B.$$

Bemerkung: Bei Wärmeabnahme kehren alle Kräfte ihren Pfeilsinn um und alle Momente erhalten entgegengesetztes Vorzeichen.

---

*) Bei einer Riegelverkürzung Δl (z. B. aus Vorspannung) ist $\Delta l/l$ anstatt $\alpha_t \cdot t$ in die Formel für Wärmeabnahme einzusetzen: $M_B = M_C = +\dfrac{3EI_2 \cdot \Delta l}{h \cdot N \cdot l}$

Rahmenform 29 Festwerte siehe Seite 131

Fall 29/2: Rechteck-Vollast auf dem Riegel (*Symmetrischer* Lastfall)

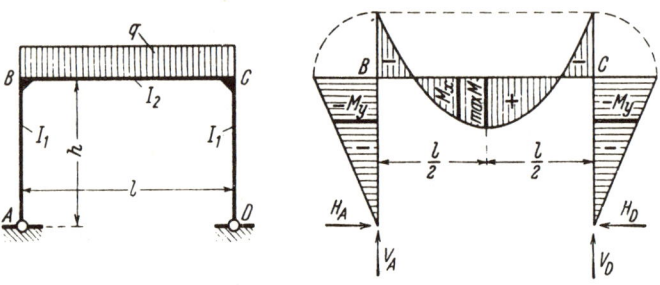

$$M_B = M_C = -\frac{ql^2}{4N} \qquad \max M = \frac{ql^2}{8} + M_B \qquad M_x = \frac{qxx'}{2} + M_B;$$

$$V_A = V_D = \frac{ql}{2} \qquad H_A = H_D = \frac{-M_B}{h}; \qquad M_y = \frac{y}{h} M_B.$$

Fall 29/3: Rechteck-Streckenlast von links her auf dem Riegel

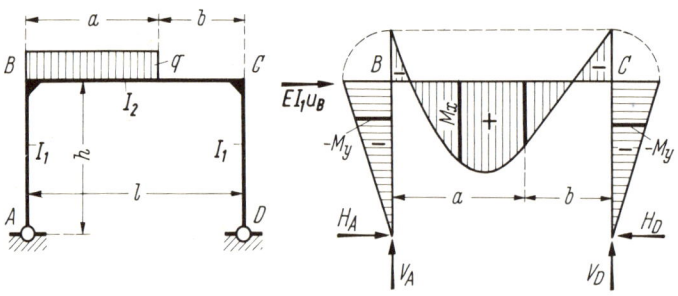

$$\beta = \frac{b}{l} \qquad V_D = \frac{qa^2}{2l} \qquad EI_1 u_B = \frac{qa^2 h^2}{24k} \cdot \beta^2$$

$$M_B = M_C = -\frac{qa^2(1+2\beta)}{4N} \qquad H_A = H_D = \frac{-M_B}{h} \qquad V_A = qa - V_D$$

Im Bereich a: \qquad Im Bereich b:

$$M_x = \left(V_A - \frac{qx}{2}\right)x + M_B \qquad M_x = V_D x' + M_C \qquad M_y = \frac{y}{h} M_B.$$

Rahmenform 29

Fall 29/4: *Symmetrische* Rechteck-Streckenlasten vom Rand her

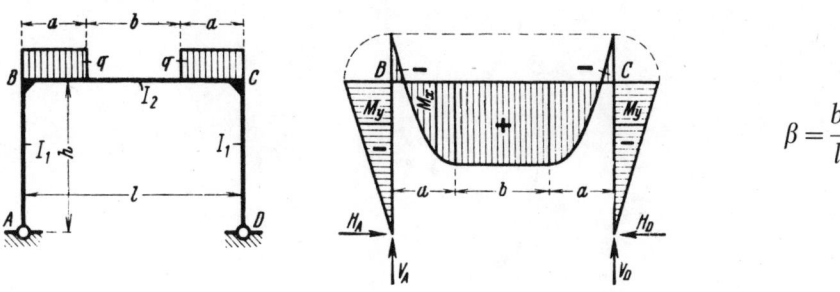

$$\beta = \frac{b}{l}$$

$$M_B = M_C = -\frac{qa^2(2+\beta)}{2N} \qquad \max M = \frac{qa^2}{2} + M_B \qquad V_A = V_D = qa$$

$$H_A = H_D = \frac{-M_B}{h} \qquad M_x = qx\left(a - \frac{x}{2}\right) + M_B \qquad M_y = \frac{y}{h} M_B.$$

Fall 29/5: *Symmetrische* Rechteck-Streckenlast in mittiger Lage

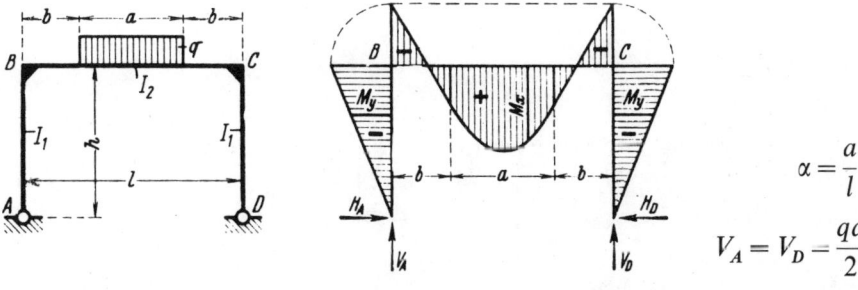

$$\alpha = \frac{a}{l}$$

$$V_A = V_D = \frac{qa}{2}$$

$$M_B = M_C = -\frac{qal(3-\alpha^2)}{8N} \qquad \max M = \frac{qa(l+2b)}{8} + M_B \qquad M_y = \frac{y}{h} M_B$$

Im Bereich b: \qquad Im Bereich a:

$$M_x = V_A x + M_B \qquad M_x = V_A x - \frac{q(x-b)^2}{2} + M_B \qquad H_A = H_D = \frac{-M_B}{h}.$$

Rahmenform 29 Festwerte siehe Seite 131

Fall 29/6: Einzellast an beliebiger Stelle des Riegels

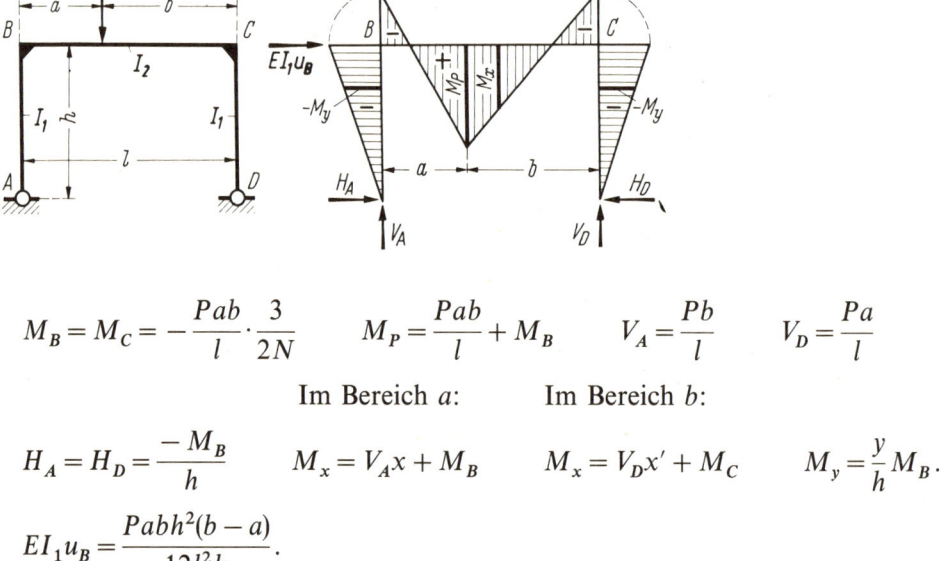

$$M_B = M_C = -\frac{Pab}{l} \cdot \frac{3}{2N} \qquad M_P = \frac{Pab}{l} + M_B \qquad V_A = \frac{Pb}{l} \qquad V_D = \frac{Pa}{l}$$

Im Bereich a: Im Bereich b:

$$H_A = H_D = \frac{-M_B}{h} \qquad M_x = V_A x + M_B \qquad M_x = V_D x' + M_C \qquad M_y = \frac{y}{h} M_B.$$

$$EI_1 u_B = \frac{Pabh^2(b-a)}{12l^2 k}.$$

Fall 29/7: Zwei gleiche Einzellasten in beliebiger aber *symmetrischer* Stellung auf dem Riegel

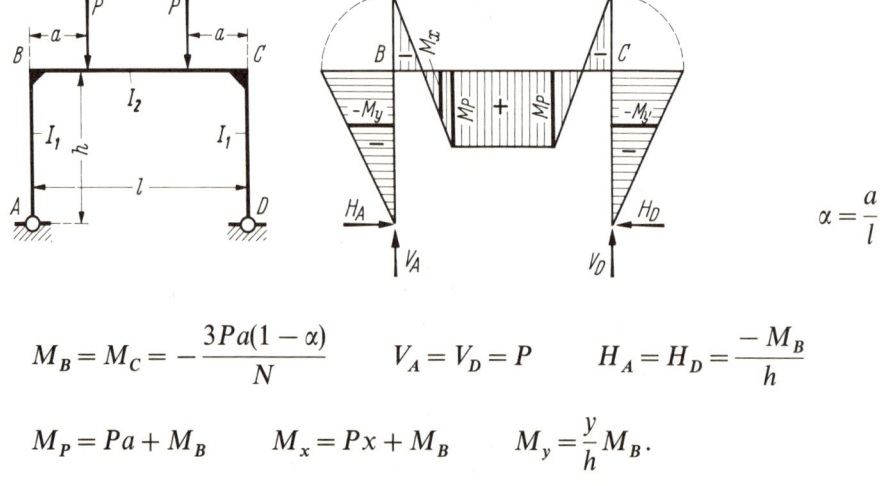

$$\alpha = \frac{a}{l}$$

$$M_B = M_C = -\frac{3Pa(1-\alpha)}{N} \qquad V_A = V_D = P \qquad H_A = H_D = \frac{-M_B}{h}$$

$$M_P = Pa + M_B \qquad M_x = Px + M_B \qquad M_y = \frac{y}{h} M_B.$$

Festwerte siehe Seite 131   Rahmenform 29

Fall 29/8: Einzellast in der Mitte des Riegels (*Symmetrischer* Lastfall)

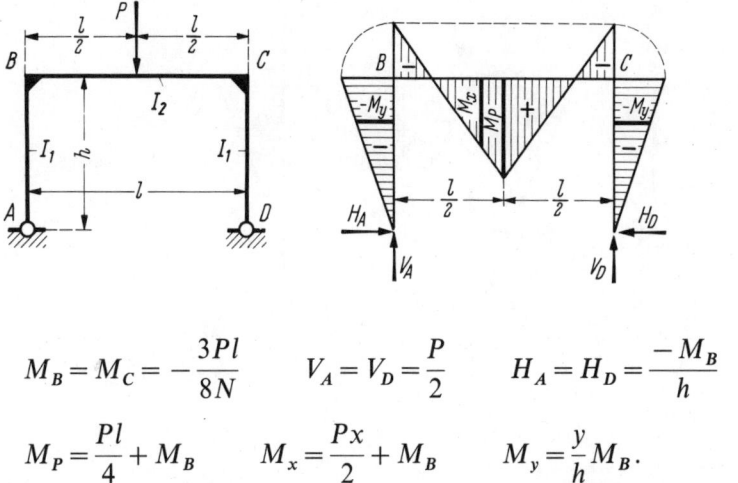

$$M_B = M_C = -\frac{3Pl}{8N} \qquad V_A = V_D = \frac{P}{2} \qquad H_A = H_D = \frac{-M_B}{h}$$

$$M_P = \frac{Pl}{4} + M_B \qquad M_x = \frac{Px}{2} + M_B \qquad M_y = \frac{y}{h} M_B.$$

Fall 29/9: Drei gleiche Einzellasten in den Viertelspunkten des Riegels (*Symmetrischer* Lastfall)

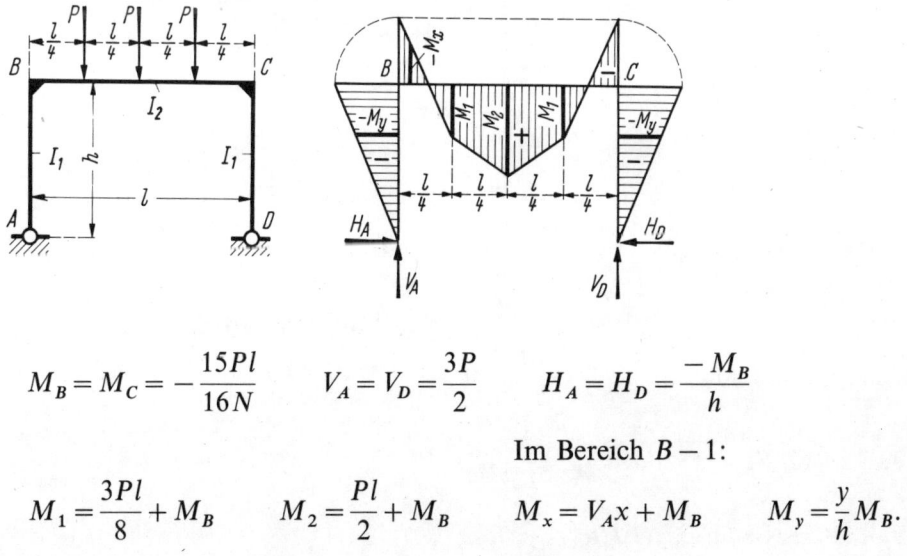

$$M_B = M_C = -\frac{15Pl}{16N} \qquad V_A = V_D = \frac{3P}{2} \qquad H_A = H_D = \frac{-M_B}{h}$$

Im Bereich $B-1$:

$$M_1 = \frac{3Pl}{8} + M_B \qquad M_2 = \frac{Pl}{2} + M_B \qquad M_x = V_A x + M_B \qquad M_y = \frac{y}{h} M_B.$$

Rahmenform 29   Festwerte siehe Seite 131

Fall 29/10: Zwei gleiche Einzellasten in den Drittelspunkten des Riegels
(*Symmetrischer* Lastfall)

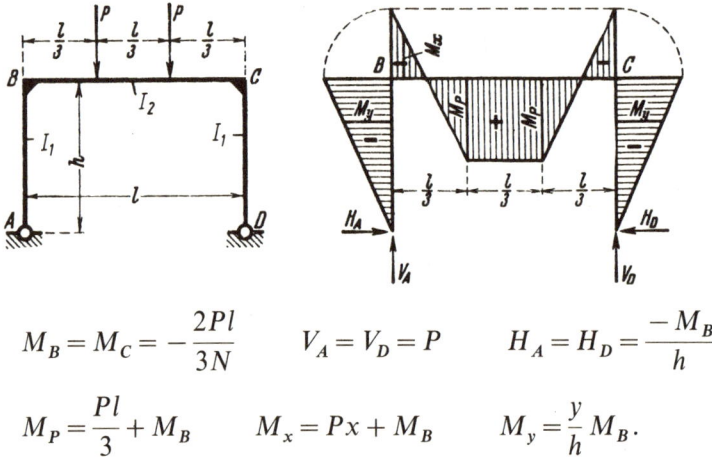

$$M_B = M_C = -\frac{2Pl}{3N} \qquad V_A = V_D = P \qquad H_A = H_D = \frac{-M_B}{h}$$

$$M_P = \frac{Pl}{3} + M_B \qquad M_x = Px + M_B \qquad M_y = \frac{y}{h} M_B.$$

Fall 29/11: Vier gleiche Einzellasten in den Fünftelspunkten des Riegels
(*Symmetrischer* Lastfall)

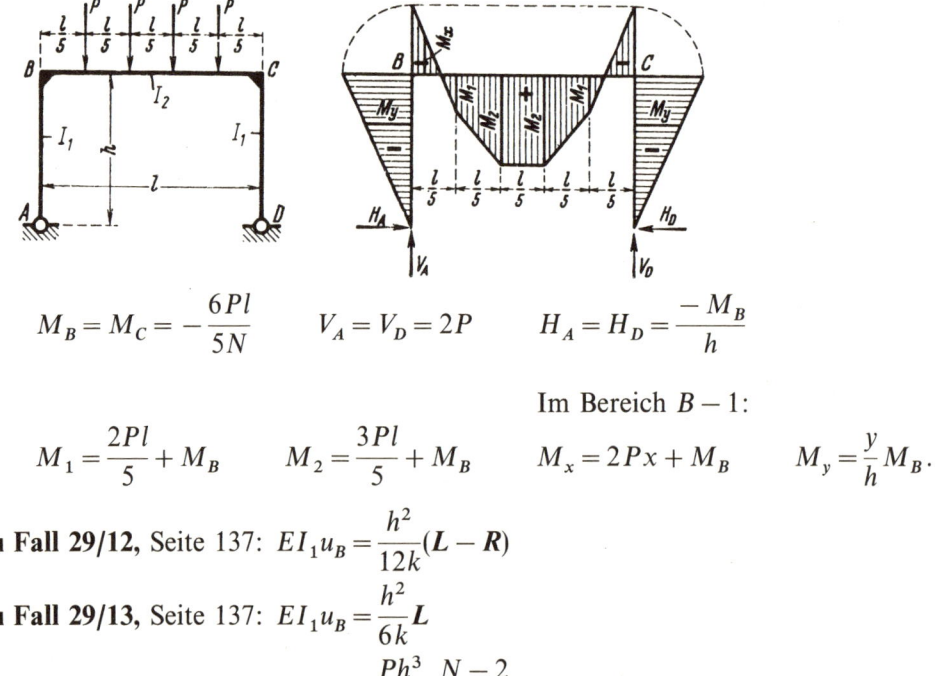

$$M_B = M_C = -\frac{6Pl}{5N} \qquad V_A = V_D = 2P \qquad H_A = H_D = \frac{-M_B}{h}$$

Im Bereich $B - 1$:

$$M_1 = \frac{2Pl}{5} + M_B \qquad M_2 = \frac{3Pl}{5} + M_B \qquad M_x = 2Px + M_B \qquad M_y = \frac{y}{h} M_B.$$

Zu Fall 29/12, Seite 137: $EI_1 u_B = \dfrac{h^2}{12k}(L - R)$

Zu Fall 29/13, Seite 137: $EI_1 u_B = \dfrac{h^2}{6k} L$

Zu Fall 29/14, Seite 137: $EI_1 u_B = \dfrac{Ph^3}{12} \cdot \dfrac{N-2}{k}$

Festwerte siehe Seite 131   **Rahmenform 29**

Zu Seite 137 und 138 siehe den Abschnitt „**Belastungsglieder**"

Fall 29/12: Riegel beliebig senkrecht belastet

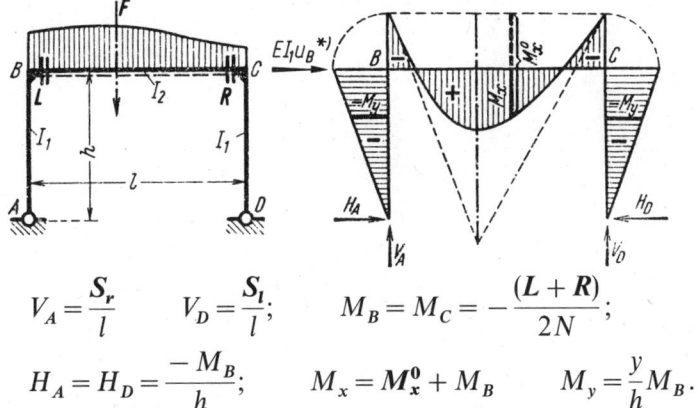

$$V_A = \frac{S_r}{l} \qquad V_D = \frac{S_l}{l}; \qquad M_B = M_C = -\frac{(L+R)}{2N};$$

$$H_A = H_D = \frac{-M_B}{h}; \qquad M_x = M_x^0 + M_B \qquad M_y = \frac{y}{h} M_B.$$

Sonderfall 29/12a: Symmetrische Feldlast ($R = L$)

$$V_A = V_D = F/2; \qquad M_B = M_C = -L/N.$$

Fall 29/13: Riegel beliebig antimetrisch belastet ($R = -L$)

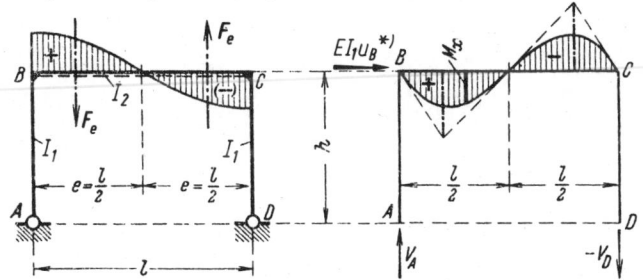

$$V_A = -V_D = \frac{S_r}{l};$$
$$M_B = M_C = 0;$$
$$H_A = H_D = 0.$$

Fall 29/14: Waagerechte Einzellast in Riegelhöhe

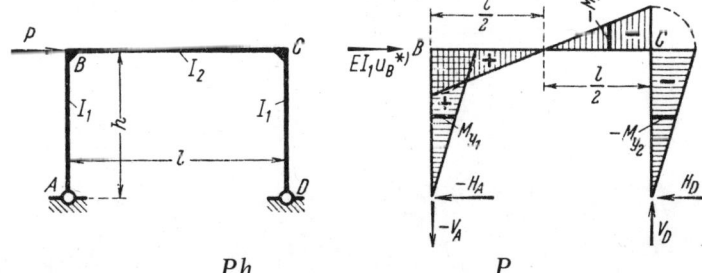

$$V_D = -V_A = \frac{Ph}{l}; \qquad H_D = -H_A = \frac{P}{2};$$

$$M_B = -M_C = +\frac{Ph}{2}; \qquad M_x = Ph\left(\frac{1}{2} - \frac{x}{l}\right) \qquad M_{y1} = -M_{y2} = \frac{P}{2}y.$$

*) siehe Seite 136

Rahmenform 29 Festwerte siehe Seite 131

Fall 29/15: Beide Stiele beliebig von außen her, aber gleich belastet (Symmetrischer Lastfall)*)

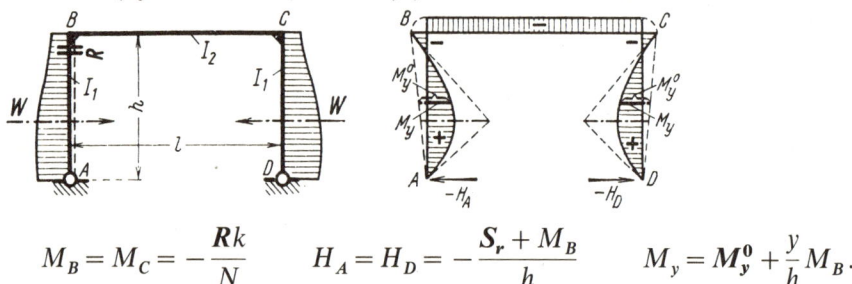

$$M_B = M_C = -\frac{Rk}{N} \qquad H_A = H_D = -\frac{S_r + M_B}{h} \qquad M_y = M_y^0 + \frac{y}{h} M_B.$$

Fall 29/16: Beide Stiele beliebig von links her, aber gleich belastet (Antimetrischer Lastfall)*)

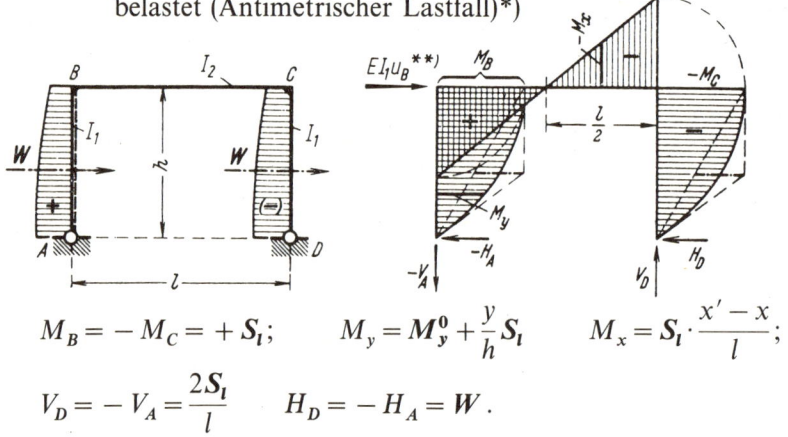

$$M_B = -M_C = +S_l; \qquad M_y = M_y^0 + \frac{y}{h} S_l \qquad M_x = S_l \cdot \frac{x'-x}{l};$$

$$V_D = -V_A = \frac{2S_l}{l} \qquad H_D = -H_A = W.$$

Fall 29/17: Linker Stiel beliebig waagerecht belastet

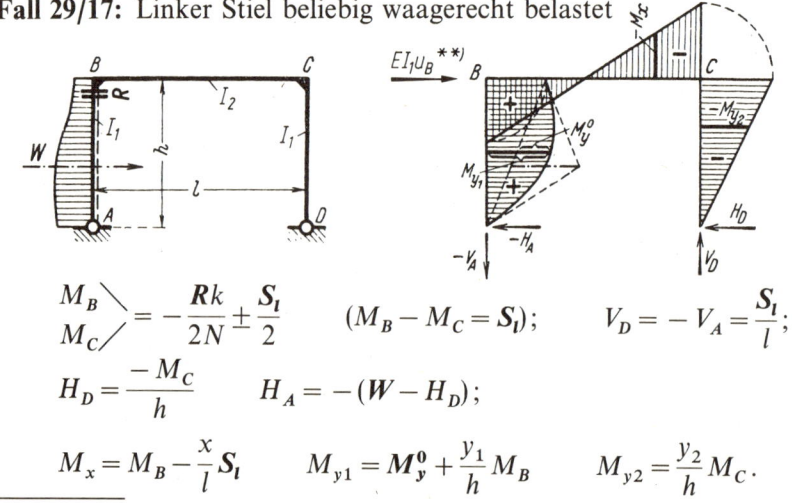

$$\left.\begin{array}{l}M_B \\ M_C\end{array}\right\} = -\frac{Rk}{2N} \pm \frac{S_l}{2} \qquad (M_B - M_C = S_l); \qquad V_D = -V_A = \frac{S_l}{l};$$

$$H_D = \frac{-M_C}{h} \qquad H_A = -(W - H_D);$$

$$M_x = M_B - \frac{x}{l} S_l \qquad M_{y1} = M_y^0 + \frac{y_1}{h} M_B \qquad M_{y2} = \frac{y_2}{h} M_C.$$

---

*) Alle Belastungsglieder sind auf den *linken* Stiel bezogen.
**) siehe Seite 142.

Rahmenform 29

Fall 29/18: Einzellast an beliebiger Stelle des linken Stieles

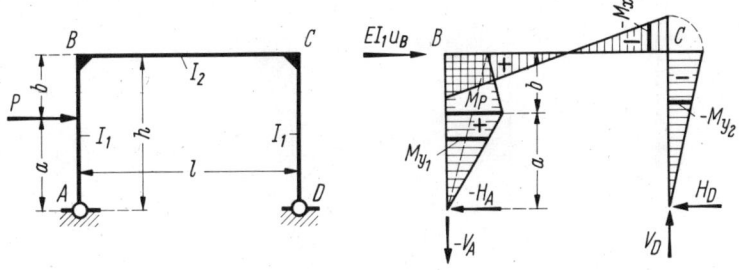

$$\alpha = \frac{a}{h} \qquad \beta = \frac{b}{h} \qquad (\alpha + \beta = 1)$$

$$\left.\begin{array}{c} M_B \\ M_C \end{array}\right\} = \frac{Pa}{2}\left[-\frac{(1+\alpha)\beta k}{N} \pm 1\right] \qquad M_P = \alpha(Pb + M_B)$$

$$H_D = \frac{-M_C}{h} \qquad H_A = -(P - H_D) \qquad V_A = -V_D = -\frac{Pa}{l}$$

Im Bereich a: \qquad Im Bereich b:

$$M_{y1} = (-H_A)y_1 \qquad M_{y1} = Pa - H_D y_1 \qquad M_x = M_C + V_D x' \qquad M_{y2} = -H_D y_2.$$

$$EI_1 u_B = \frac{Ph^3}{12}\alpha\left(\beta(1+\alpha) + \frac{N-2}{k}\right)$$

Fall 29/19: Rechteck-Vollast an beiden Seiten (*Symmetrischer Lastfall*)

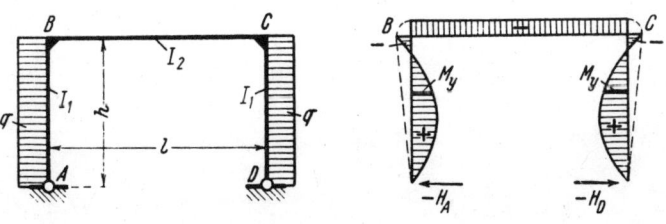

$$M_B = M_C = -\frac{qh^2 k}{4N} \qquad M_y = \frac{qyy'}{2} + \frac{y}{h}M_B; \qquad H_A = H_D = -\left(\frac{qh}{2} + \frac{M_B}{h}\right).$$

Rahmenform 29 Festwerte siehe Seite 131

Fall 29/20: Rechteck-Vollast am linken Stiel

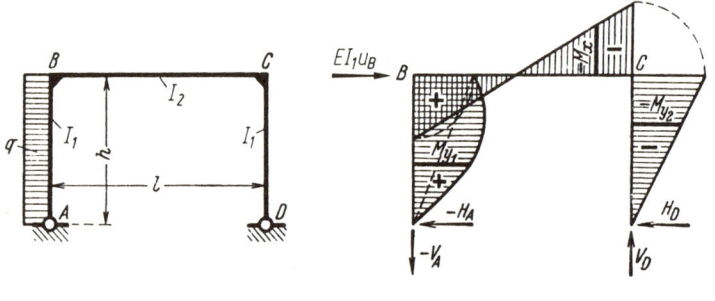

$$\left.\begin{array}{c} M_B \\ M_C \end{array}\right\} = \frac{qh^2}{4}\left[-\frac{k}{2N} \pm 1\right]; \qquad EI_1 u_B = \frac{qh^4}{48} \cdot \frac{5k+2}{k}$$

$$H_D = \frac{-M_C}{h} \qquad H_A = -(qh - H_D); \qquad V_D = -V_A = \frac{qh^2}{2l};$$

$$M_{y1} = \frac{qy_1 y_1'}{2} + \frac{y_1}{h} M_B \qquad M_x = M_C + V_D x' \qquad M_{y2} = -H_D y_2$$

Fall 29/21: Rechteck-Streckenlast von unten her am linken Stiel

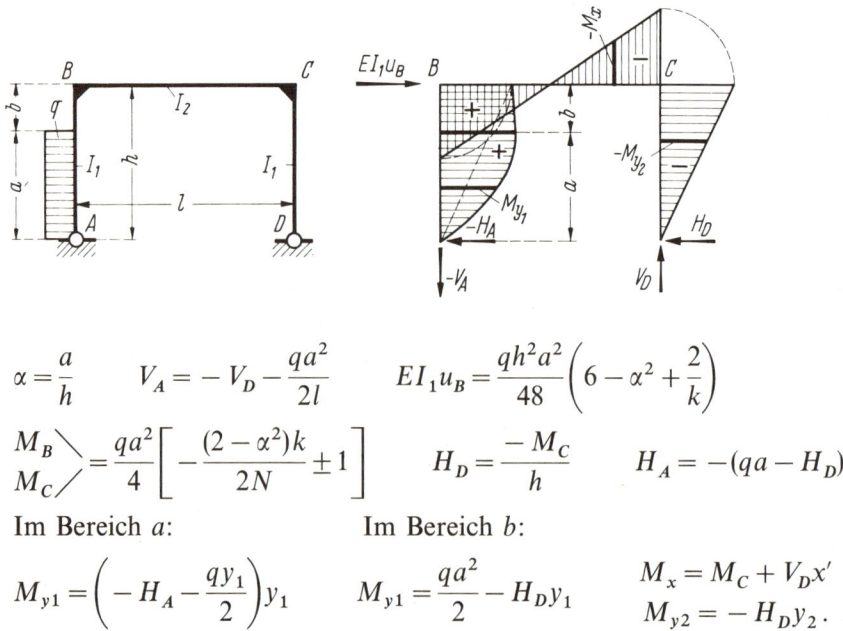

$$\alpha = \frac{a}{h} \qquad V_A = -V_D - \frac{qa^2}{2l} \qquad EI_1 u_B = \frac{qh^2 a^2}{48}\left(6 - \alpha^2 + \frac{2}{k}\right)$$

$$\left.\begin{array}{c} M_B \\ M_C \end{array}\right\} = \frac{qa^2}{4}\left[-\frac{(2-\alpha^2)k}{2N} \pm 1\right] \qquad H_D = \frac{-M_C}{h} \qquad H_A = -(qa - H_D)$$

Im Bereich a: Im Bereich b:

$$M_{y1} = \left(-H_A - \frac{qy_1}{2}\right) y_1 \qquad M_{y1} = \frac{qa^2}{2} - H_D y_1 \qquad \begin{array}{c} M_x = M_C + V_D x' \\ M_{y2} = -H_D y_2. \end{array}$$

Festwerte siehe Seite 131　　　　　　　　　　　　　　　　　　　　**Rahmenform 29**

Fall 29/22: Rechteck-Streckenlasten von unten her an beiden Stielen (*Symmetrischer* Lastfall)

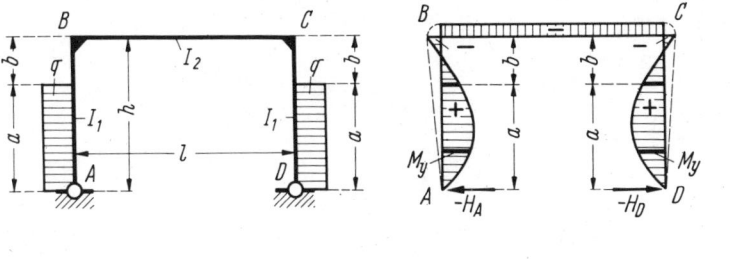

$$\alpha = \frac{a}{h} \qquad \beta = \frac{b}{h} \qquad (\alpha + \beta = 1)$$

$$M_B = M_C = -\frac{qa^2(2-\alpha^2)k}{4N} \qquad H_A = H_D = -\left[\frac{qa(1+\beta)}{2} + \frac{M_B}{h}\right]$$

Im Bereich a: $M_y = \left(-H_A - \dfrac{qy}{2}\right)y$　　Im Bereich b: $M_y = \dfrac{qa^2}{2h}y' + \dfrac{y}{h}M_B$.

Fall 29/23: Dreiecklast an beiden Stielen (*Symmetrischer* Lastfall)

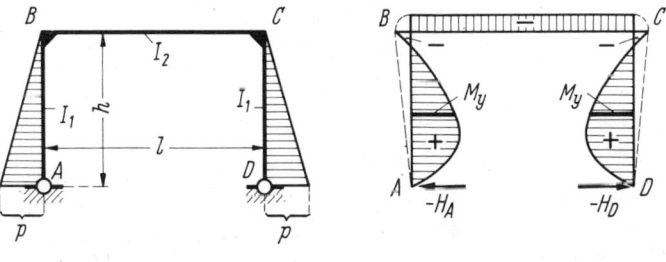

$$M_B = M_C = -\frac{7ph^2 k}{60 N} \qquad H_A = H_D = -\left(\frac{ph}{3} + \frac{M_B}{h}\right)$$

$$M_y = \frac{ph^2}{6} \cdot \omega'_D + \frac{y}{h} M_B \qquad \text{wobei} \qquad \omega'_D = \frac{y'}{h} - \left(\frac{y'}{h}\right)^3.$$

Rahmenform 29 Festwerte siehe Seite 131

Fall 29/24: Dreiecklast am linken Stiel

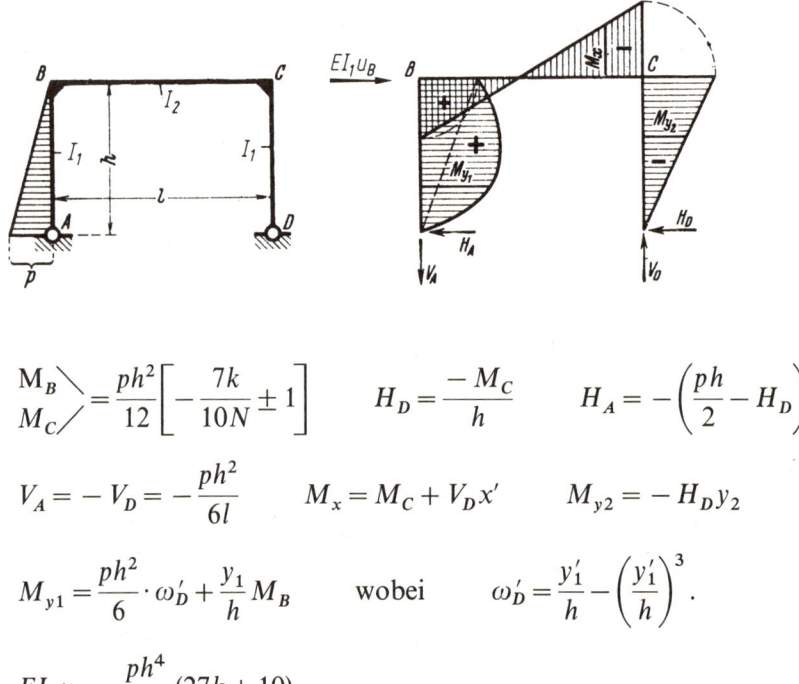

$$\left.\begin{array}{l}M_B\\M_C\end{array}\right\} = \frac{ph^2}{12}\left[-\frac{7k}{10N} \pm 1\right] \qquad H_D = \frac{-M_C}{h} \qquad H_A = -\left(\frac{ph}{2} - H_D\right)$$

$$V_A = -V_D = -\frac{ph^2}{6l} \qquad M_x = M_C + V_D x' \qquad M_{y2} = -H_D y_2$$

$$M_{y1} = \frac{ph^2}{6}\cdot\omega'_D + \frac{y_1}{h}M_B \qquad \text{wobei} \qquad \omega'_D = \frac{y'_1}{h} - \left(\frac{y'_1}{h}\right)^3.$$

$$EI_1 u_B = \frac{ph^4}{720k}(27k + 10)$$

Zu Fall 29/16, Seite 138:

$$EI_1 u_B = \frac{h^2}{6k}(S_l(2k+1) + Rk)$$

Zu Fall 29/17, Seite 138:

$$EI_1 u_B = \frac{h^2}{12k}(S_l(2k+1) + Rk)$$

Zu Fall 29/26, Seite 143:

$$EI_1 u_B = -\frac{Mh^2}{6k}$$

Zu Fall 29/27, Seite 143:

$$EI_1 u_B = -\frac{Mh^2}{12k}$$

Festwerte siehe Seite 131   Rahmenform 29

Fall 29/25: *Symmetrisches* Drehmomentenpaar an den Rahmenecken

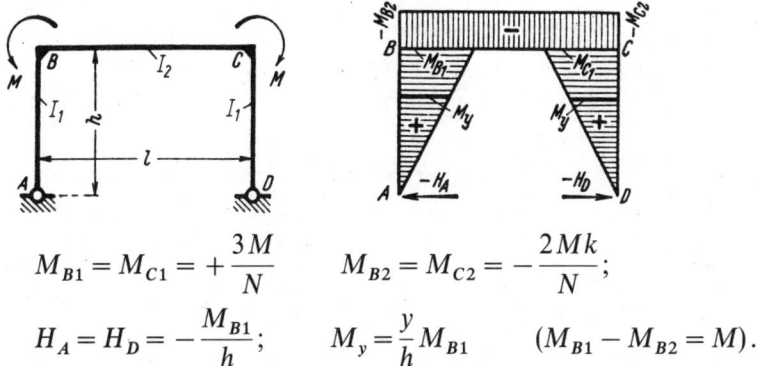

$$M_{B1} = M_{C1} = +\frac{3M}{N} \qquad M_{B2} = M_{C2} = -\frac{2Mk}{N};$$

$$H_A = H_D = -\frac{M_{B1}}{h}; \qquad M_y = \frac{y}{h}M_{B1} \qquad (M_{B1} - M_{B2} = M).$$

Fall 29/26: *Antimetrisches* Drehmomentenpaar an den Rahmenecken

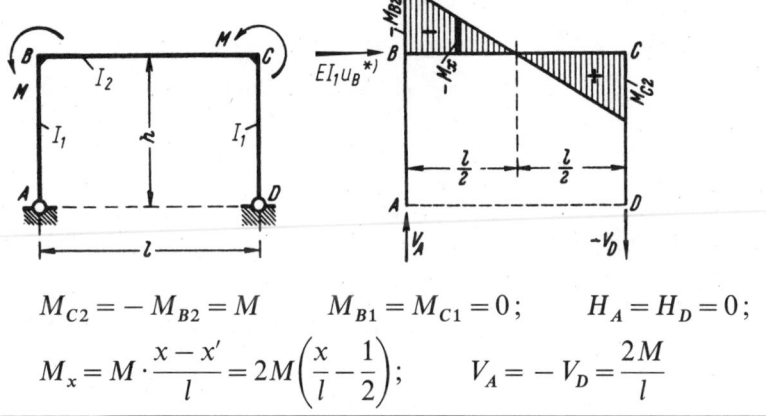

$$M_{C2} = -M_{B2} = M \qquad M_{B1} = M_{C1} = 0; \qquad H_A = H_D = 0;$$

$$M_x = M \cdot \frac{x - x'}{l} = 2M\left(\frac{x}{l} - \frac{1}{2}\right); \qquad V_A = -V_D = \frac{2M}{l}$$

Fall 29/27: Drehmoment am Eckpunkt B

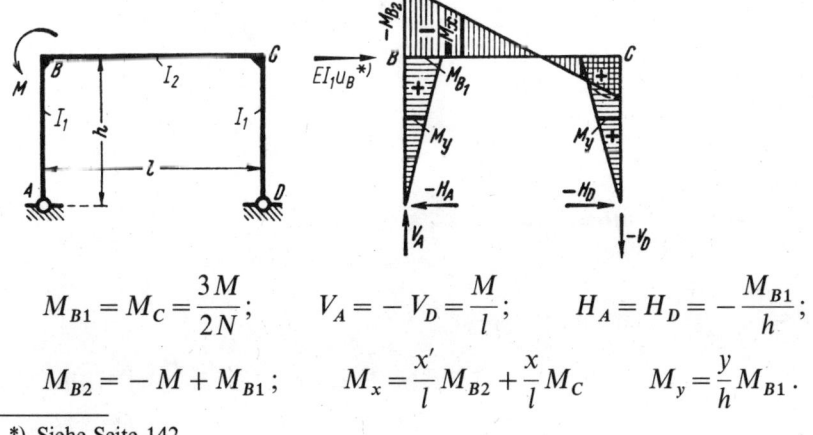

$$M_{B1} = M_C = \frac{3M}{2N}; \qquad V_A = -V_D = \frac{M}{l}; \qquad H_A = H_D = -\frac{M_{B1}}{h};$$

$$M_{B2} = -M + M_{B1}; \qquad M_x = \frac{x'}{l}M_{B2} + \frac{x}{l}M_C \qquad M_y = \frac{y}{h}M_{B1}.$$

*) Siehe Seite 142.

Rahmenform 29   Festwerte siehe Seite 131

Festwerte: $\quad k = \dfrac{I_2}{I_1} \cdot \dfrac{h}{l} \qquad N = 2k + 3.$

Fall 29/28: Konsollast am linken Stiel

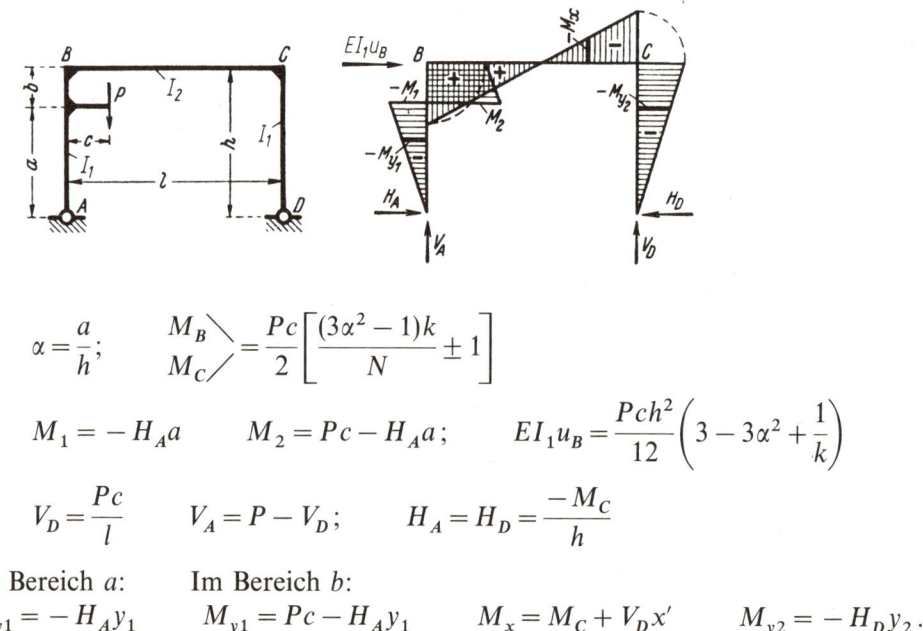

$$\alpha = \frac{a}{h}; \qquad \left.\begin{matrix} M_B \\ M_C \end{matrix}\right\} = \frac{Pc}{2}\left[\frac{(3\alpha^2 - 1)k}{N} \pm 1\right]$$

$$M_1 = -H_A a \qquad M_2 = Pc - H_A a; \qquad EI_1 u_B = \frac{Pch^2}{12}\left(3 - 3\alpha^2 + \frac{1}{k}\right)$$

$$V_D = \frac{Pc}{l} \qquad V_A = P - V_D; \qquad H_A = H_D = \frac{-M_C}{h}$$

Im Bereich a: Im Bereich b:

$M_{y1} = -H_A y_1 \qquad M_{y1} = Pc - H_A y_1 \qquad M_x = M_C + V_D x' \qquad M_{y2} = -H_D y_2.$

Fall 29/29: Gleiche Konsollasten an den Stielen (*Symmetrischer* Lastfall)

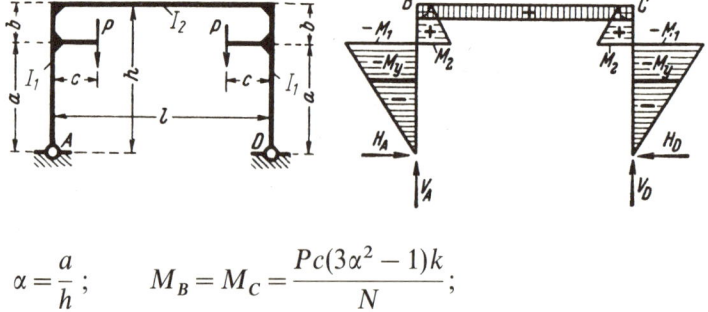

$$\alpha = \frac{a}{h}; \qquad M_B = M_C = \frac{Pc(3\alpha^2 - 1)k}{N};$$

$$H_A = H_D = \frac{Pc - M_B}{h}; \qquad V_A = V_D = P.$$

                                                                       Im Bereich a: Im Bereich b:

$M_1 = -H_A a \qquad M_2 = Pc - H_A a; \qquad M_y = -H_A y \qquad M_y = Pc - H_A y.$

Rahmenform 30

Symmetrischer eingespannter Rechteckrahmen

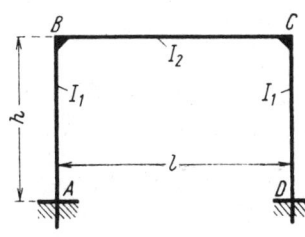

Rahmenform, Abmessungen und Bezeichnungen

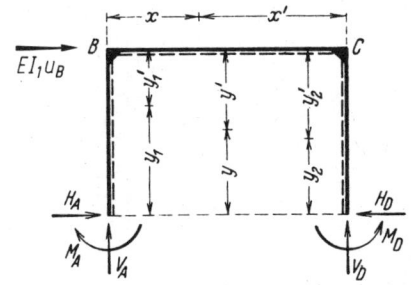

Festlegung der positiven Richtung aller Stützkräfte und der Koordinaten beliebiger Stabpunkte. Für symmetrische Lastfälle werden y und y' verwendet. Positive Biegemomente erzeugen an der gestrichelten Stabseite Zug

Die horizontalen Riegelverschiebungen u_B sind bei symmetrischer Belastung gleich Null.

Festwerte: $k = \dfrac{I_2}{I_1} \cdot \dfrac{h}{l}$ $\quad N_1 = k+2 \quad N_2 = 6k+1$.

Fall 30/1: Gleichmäßige Wärmezunahme im ganzen Rahmen*)

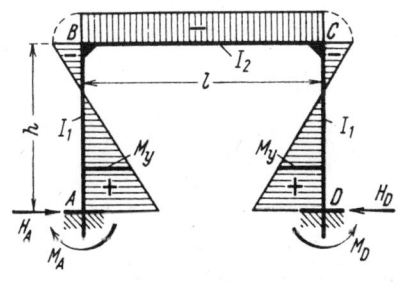

E = Elastizitätsmodul,

α_t = Wärmedehnkoeffizient

t = Wärmeänderung in Grad.

Hilfswert: $T = \dfrac{3EI_2 \alpha_t t}{h N_1}$

$M_A = M_D = +T \cdot \dfrac{k+1}{k} \qquad M_B = M_C = -T$

$M_y = M_A - H_A y; \qquad H_A = H_D = \dfrac{T}{h} \cdot \dfrac{2k+1}{k}$.

Bemerkung: Bei Wärme**ab**nahme kehren alle Kräfte ihren Pfeilsinn um und alle Momente erhalten entgegengesetztes Vorzeichen.

*) Einen statischen Einfluß liefert nur die Wärmeänderung des Riegels. Bei einer Riegelverkürzung Δl ist $\Delta l/l$ anstatt $\alpha_t \cdot t$ in die Formeln für Wärme**ab**nahme einzusetzen. – Für den **antimetrischen Wärmeänderungsfall** (d. h. linker Stiel mit $+t$ rechter mit $-t$) ist in den Formeln der Fußnote Seite 151 zu setzen $L = 12 E I_2 h \alpha_t t / l^2$, sowie $S_r = 0$.

Rahmenform 30　　　　　　　　　　　　　　　　　　　　　Festwerte siehe Seite 145

Fall 30/2: Rechteck-Vollast auf dem Riegel (*Symmetrischer* Lastfall)

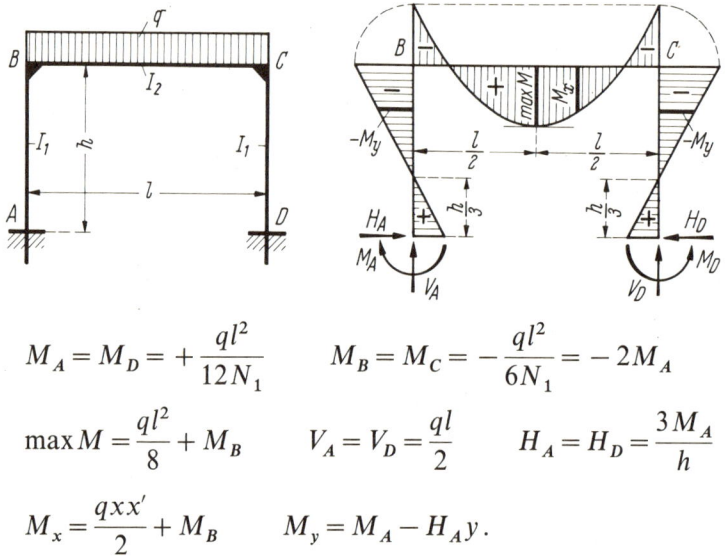

$$M_A = M_D = +\frac{ql^2}{12N_1} \qquad M_B = M_C = -\frac{ql^2}{6N_1} = -2M_A$$

$$\max M = \frac{ql^2}{8} + M_B \qquad V_A = V_D = \frac{ql}{2} \qquad H_A = H_D = \frac{3M_A}{h}$$

$$M_x = \frac{qxx'}{2} + M_B \qquad M_y = M_A - H_A y.$$

Fall 30/3: Rechteck-Streckenlast von links her auf dem Riegel

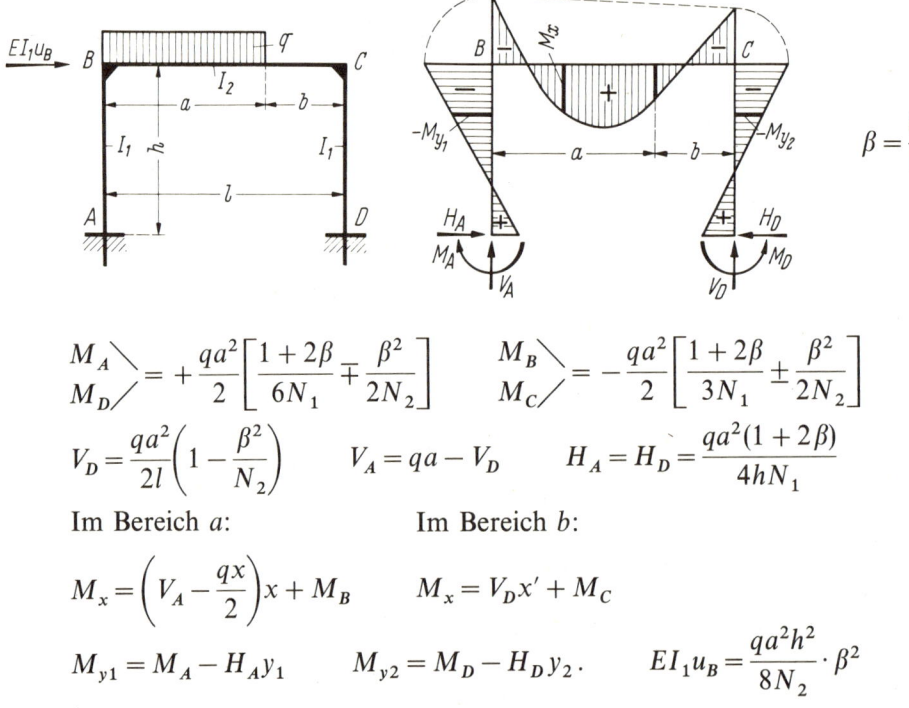

$$\left.\begin{matrix}M_A\\M_D\end{matrix}\right\} = +\frac{qa^2}{2}\left[\frac{1+2\beta}{6N_1} \mp \frac{\beta^2}{2N_2}\right] \qquad \left.\begin{matrix}M_B\\M_C\end{matrix}\right\} = -\frac{qa^2}{2}\left[\frac{1+2\beta}{3N_1} \pm \frac{\beta^2}{2N_2}\right]$$

$$V_D = \frac{qa^2}{2l}\left(1 - \frac{\beta^2}{N_2}\right) \qquad V_A = qa - V_D \qquad H_A = H_D = \frac{qa^2(1+2\beta)}{4hN_1}$$

Im Bereich a:　　　　　　　　Im Bereich b:

$$M_x = \left(V_A - \frac{qx}{2}\right)x + M_B \qquad M_x = V_D x' + M_C$$

$$M_{y_1} = M_A - H_A y_1 \qquad M_{y_2} = M_D - H_D y_2. \qquad EI_1 u_B = \frac{qa^2 h^2}{8N_2} \cdot \beta^2$$

Festwerte siehe Seite 145   **Rahmenform 30**

Fall 30/4: *Symmetrische* Rechteck-Streckenlasten vom Rand her

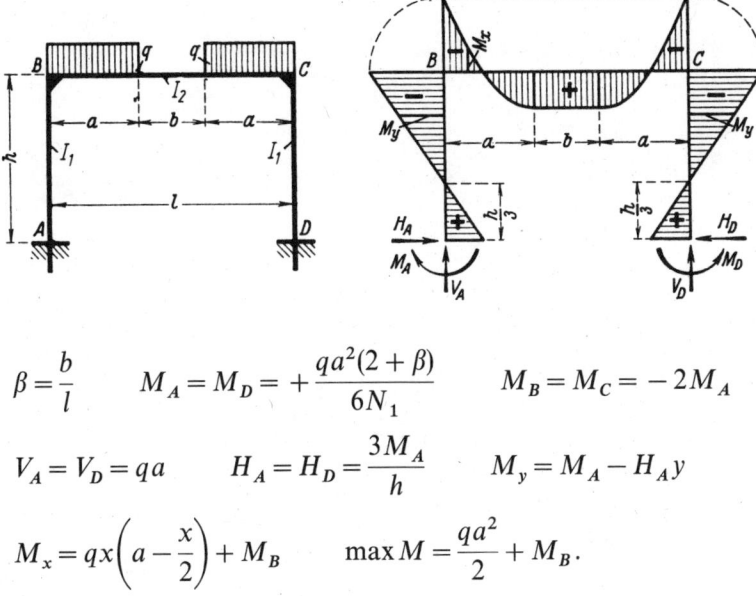

$$\beta = \frac{b}{l} \qquad M_A = M_D = +\frac{qa^2(2+\beta)}{6N_1} \qquad M_B = M_C = -2M_A$$

$$V_A = V_D = qa \qquad H_A = H_D = \frac{3M_A}{h} \qquad M_y = M_A - H_A y$$

$$M_x = qx\left(a - \frac{x}{2}\right) + M_B \qquad \max M = \frac{qa^2}{2} + M_B.$$

Fall 30/5: *Symmetrische* Rechteck-Streckenlast in mittiger Lage

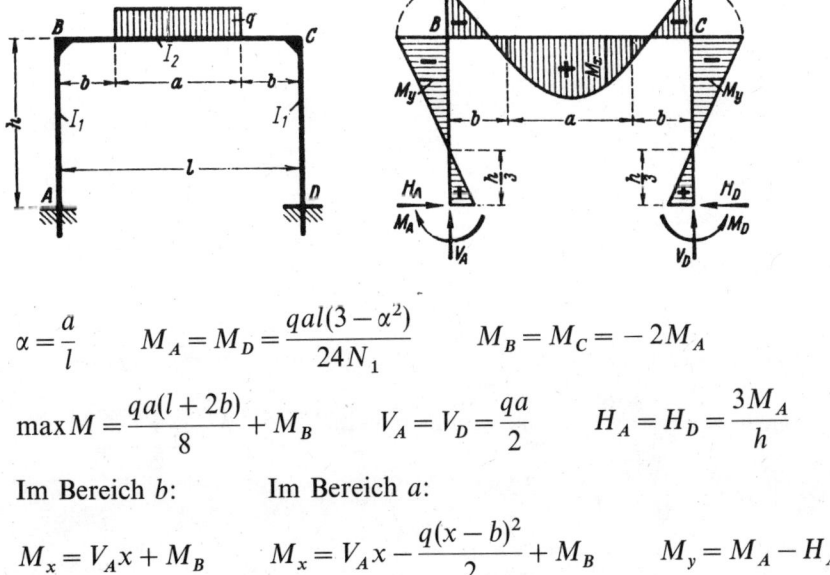

$$\alpha = \frac{a}{l} \qquad M_A = M_D = \frac{qal(3-\alpha^2)}{24N_1} \qquad M_B = M_C = -2M_A$$

$$\max M = \frac{qa(l+2b)}{8} + M_B \qquad V_A = V_D = \frac{qa}{2} \qquad H_A = H_D = \frac{3M_A}{h}$$

Im Bereich b: Im Bereich a:

$$M_x = V_A x + M_B \qquad M_x = V_A x - \frac{q(x-b)^2}{2} + M_B \qquad M_y = M_A - H_A y.$$

Rahmenform 30   Festwerte siehe Seite 145

Fall 30/6: Einzellast an beliebiger Stelle des Riegels

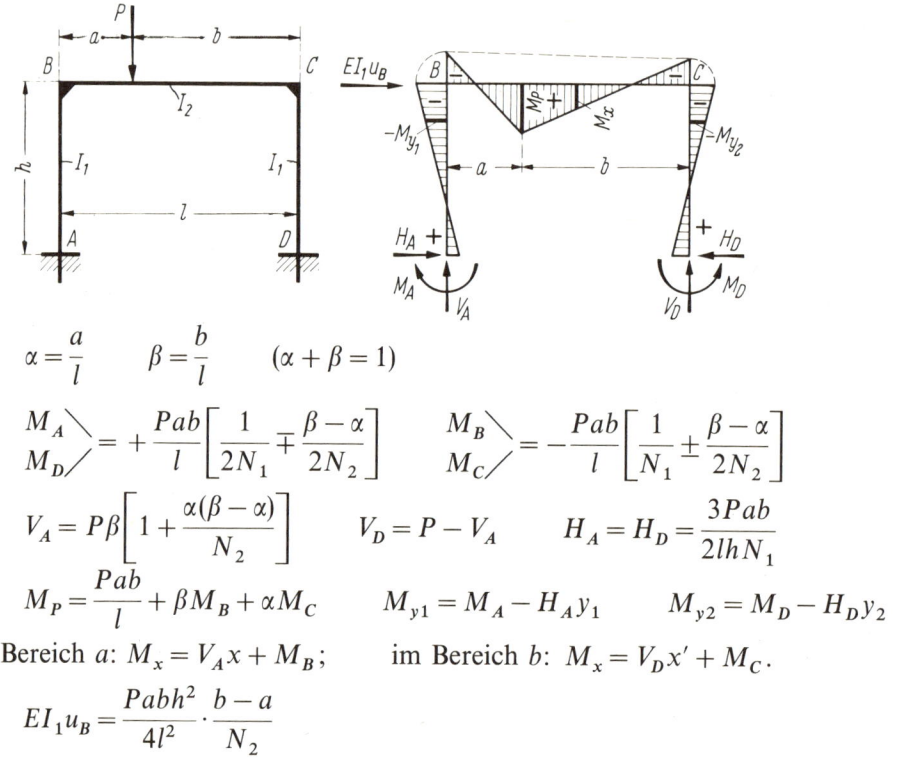

$$\alpha = \frac{a}{l} \qquad \beta = \frac{b}{l} \qquad (\alpha + \beta = 1)$$

$$\left.\begin{array}{c} M_A \searrow \\ M_D \nearrow \end{array}\right\} = +\frac{Pab}{l}\left[\frac{1}{2N_1} \mp \frac{\beta-\alpha}{2N_2}\right] \qquad \left.\begin{array}{c} M_B \searrow \\ M_C \nearrow \end{array}\right\} = -\frac{Pab}{l}\left[\frac{1}{N_1} \pm \frac{\beta-\alpha}{2N_2}\right]$$

$$V_A = P\beta\left[1 + \frac{\alpha(\beta-\alpha)}{N_2}\right] \qquad V_D = P - V_A \qquad H_A = H_D = \frac{3Pab}{2lhN_1}$$

$$M_P = \frac{Pab}{l} + \beta M_B + \alpha M_C \qquad M_{y1} = M_A - H_A y_1 \qquad M_{y2} = M_D - H_D y_2$$

Im Bereich a: $M_x = V_A x + M_B$;   im Bereich b: $M_x = V_D x' + M_C$.

$$EI_1 u_B = \frac{Pabh^2}{4l^2} \cdot \frac{b-a}{N_2}$$

Fall 30/7: Zwei gleiche Einzellasten in beliebiger aber *symmetrischer* Stellung auf dem Riegel

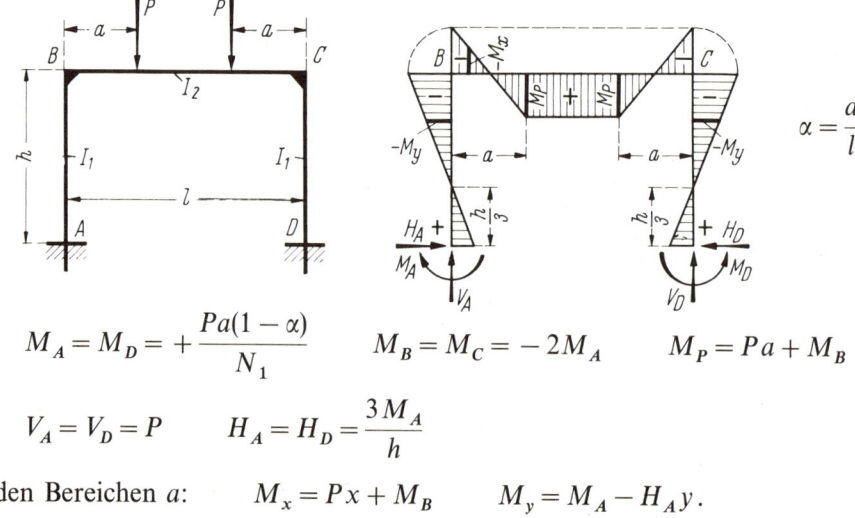

$$\alpha = \frac{a}{l}$$

$$M_A = M_D = +\frac{Pa(1-\alpha)}{N_1} \qquad M_B = M_C = -2M_A \qquad M_P = Pa + M_B$$

$$V_A = V_D = P \qquad H_A = H_D = \frac{3M_A}{h}$$

In den Bereichen a: $M_x = Px + M_B$ $M_y = M_A - H_A y$.

Festwerte siehe Seite 145 — **Rahmenform 30**

Fall 30/8: Einzellast in der Mitte des Riegels (*Symmetrischer* Lastfall)

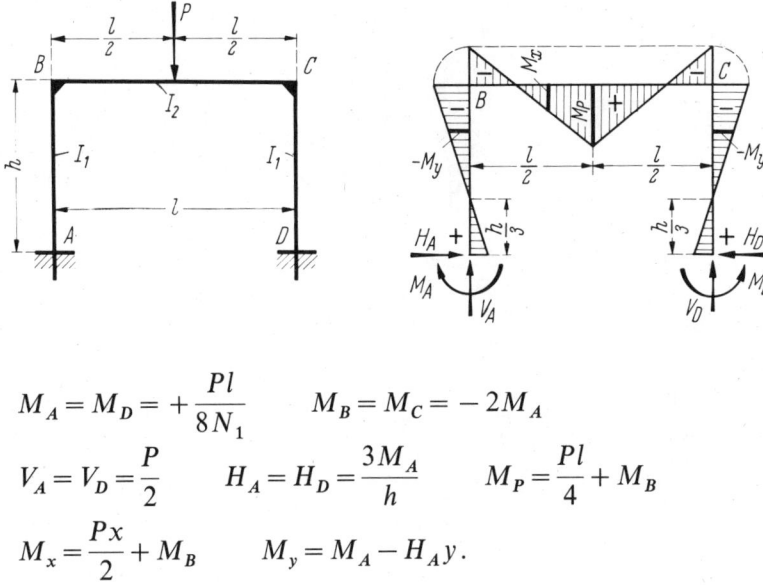

$$M_A = M_D = +\frac{Pl}{8N_1} \qquad M_B = M_C = -2M_A$$

$$V_A = V_D = \frac{P}{2} \qquad H_A = H_D = \frac{3M_A}{h} \qquad M_P = \frac{Pl}{4} + M_B$$

$$M_x = \frac{Px}{2} + M_B \qquad M_y = M_A - H_A y.$$

Fall 30/9: Drei gleiche Einzellasten in den Viertelspunkten (*Symmetrischer* Lastfall)

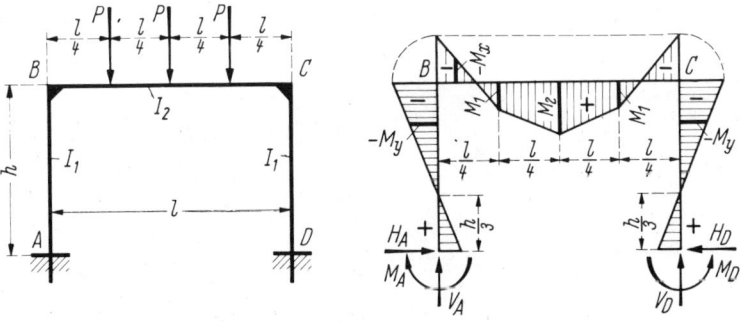

$$M_A = M_D = +\frac{5Pl}{16N_1} \qquad M_B = M_C = -2M_A \qquad H_A = H_D = \frac{3M_A}{h}$$

$$M_1 = \frac{3Pl}{8} + M_B \qquad M_2 = \frac{Pl}{2} + M_B \qquad V_A = V_D = \frac{3P}{2}$$

Im Bereich $B-1$: $\qquad M_x = V_A x + M_B \qquad M_y = M_A - H_A y.$

Rahmenform 30 Festwerte siehe Seite 145

Fall 30/10: Zwei gleiche Einzellasten in den Drittelspunkten des Riegels
(*Symmetrischer* Lastfall)

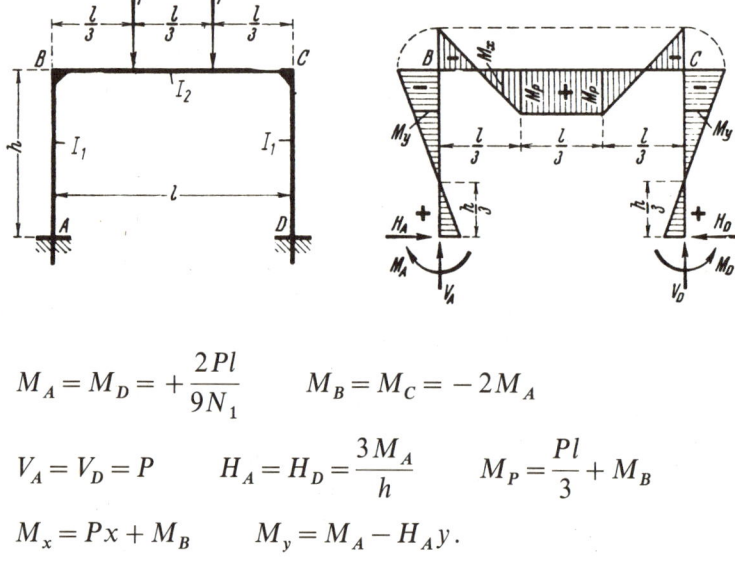

$$M_A = M_D = +\frac{2Pl}{9N_1} \qquad M_B = M_C = -2M_A$$

$$V_A = V_D = P \qquad H_A = H_D = \frac{3M_A}{h} \qquad M_P = \frac{Pl}{3} + M_B$$

$$M_x = Px + M_B \qquad M_y = M_A - H_A y.$$

Fall 30/11: Vier gleiche Einzellasten in den Fünftelspunkten des Riegels
(*Symmetrischer* Lastfall)

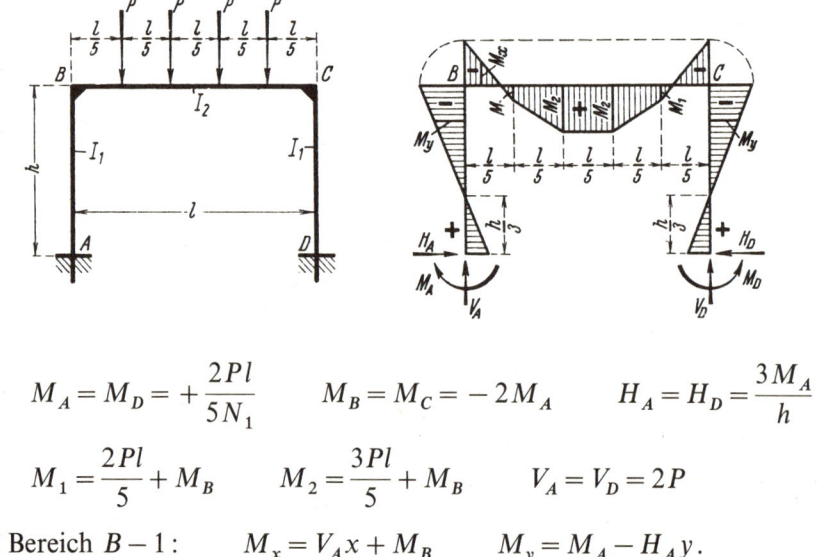

$$M_A = M_D = +\frac{2Pl}{5N_1} \qquad M_B = M_C = -2M_A \qquad H_A = H_D = \frac{3M_A}{h}$$

$$M_1 = \frac{2Pl}{5} + M_B \qquad M_2 = \frac{3Pl}{5} + M_B \qquad V_A = V_D = 2P$$

Im Bereich $B - 1$: $\qquad M_x = V_A x + M_B \qquad M_y = M_A - H_A y.$

Festwerte siehe Seite 145 **Rahmenform 30**

Siehe hierzu den Abschnitt „**Belastungsglieder**"

Fall 30/12: Riegel beliebig senkrecht belastet*)

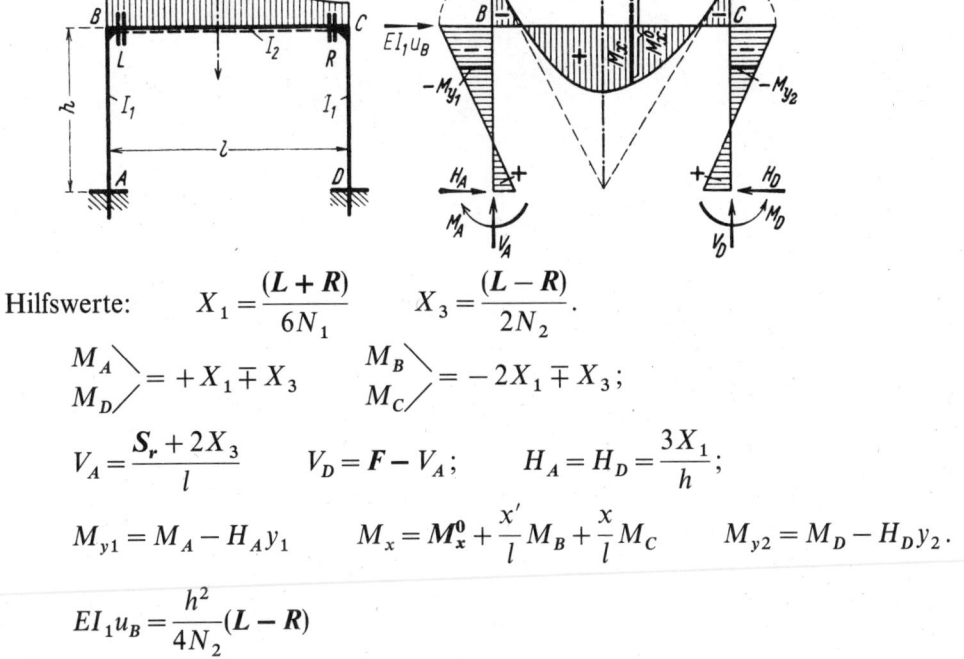

Hilfswerte: $\quad X_1 = \dfrac{(L+R)}{6N_1} \quad X_3 = \dfrac{(L-R)}{2N_2}.$

$\left.\begin{array}{l} M_A \\ M_D \end{array}\right\} = +X_1 \mp X_3 \qquad \left.\begin{array}{l} M_B \\ M_C \end{array}\right\} = -2X_1 \mp X_3;$

$V_A = \dfrac{S_r + 2X_3}{l} \qquad V_D = F - V_A; \qquad H_A = H_D = \dfrac{3X_1}{h};$

$M_{y1} = M_A - H_A y_1 \qquad M_x = M_x^0 + \dfrac{x'}{l} M_B + \dfrac{x}{l} M_C \qquad M_{y2} = M_D - H_D y_2.$

$EI_1 u_B = \dfrac{h^2}{4N_2}(L - R)$

Fall 30/13: Riegel beliebig senkrecht, aber *symmetrisch* belastet

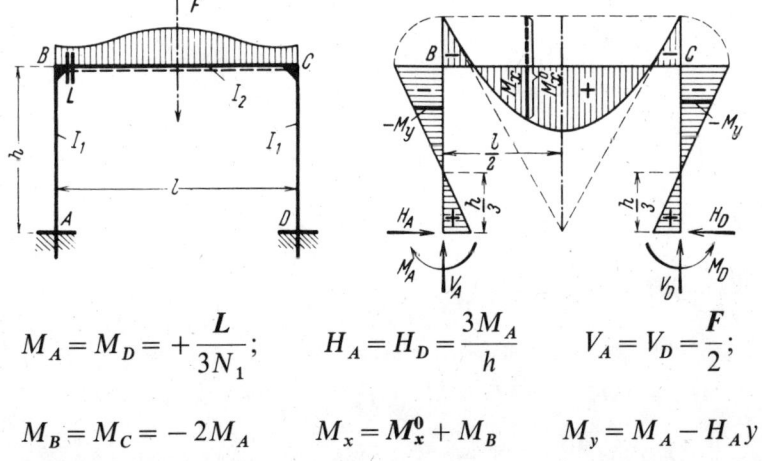

$M_A = M_D = +\dfrac{L}{3N_1}; \qquad H_A = H_D = \dfrac{3M_A}{h} \qquad V_A = V_D = \dfrac{F}{2};$

$M_B = M_C = -2M_A \qquad M_x = M_x^0 + M_B \qquad M_y = M_A - H_A y.$

---

*) Bei *antimetrischer* Riegellast ($R = -L$) werden $X_1 = 0$ und $X_3 = L/N_2$; somit weiter $M_D = M_C = -M_A = -M_B = L/N_2$ und $H_A = H_D = 0$.

Rahmenform 30   Festwerte siehe Seite 145

Fall 30/14: Waagerechte Einzellast in Riegelhöhe

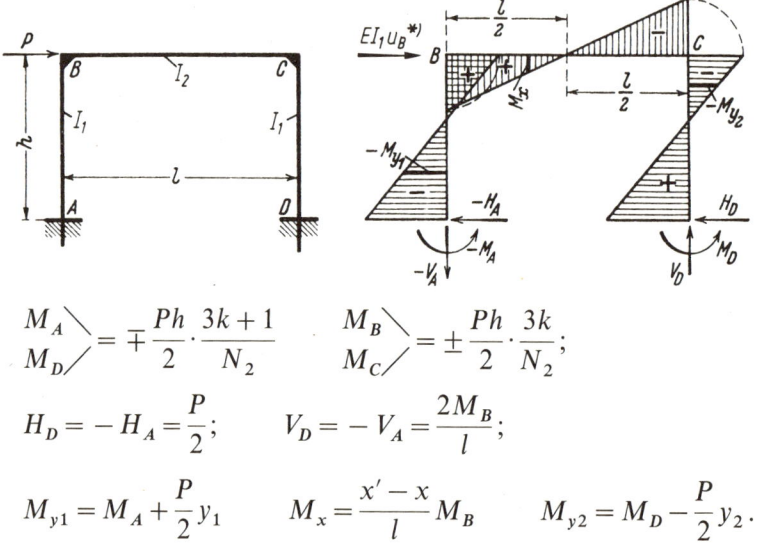

$$\left.\begin{array}{l}M_A\\M_D\end{array}\right\} = \mp\frac{Ph}{2}\cdot\frac{3k+1}{N_2} \qquad \left.\begin{array}{l}M_B\\M_C\end{array}\right\} = \pm\frac{Ph}{2}\cdot\frac{3k}{N_2};$$

$$H_D = -H_A = \frac{P}{2}; \qquad V_D = -V_A = \frac{2M_B}{l};$$

$$M_{y1} = M_A + \frac{P}{2}y_1 \qquad M_x = \frac{x'-x}{l}M_B \qquad M_{y2} = M_D - \frac{P}{2}y_2.$$

Fall 30/15: Einzellast an beliebiger Stelle des linken Stieles

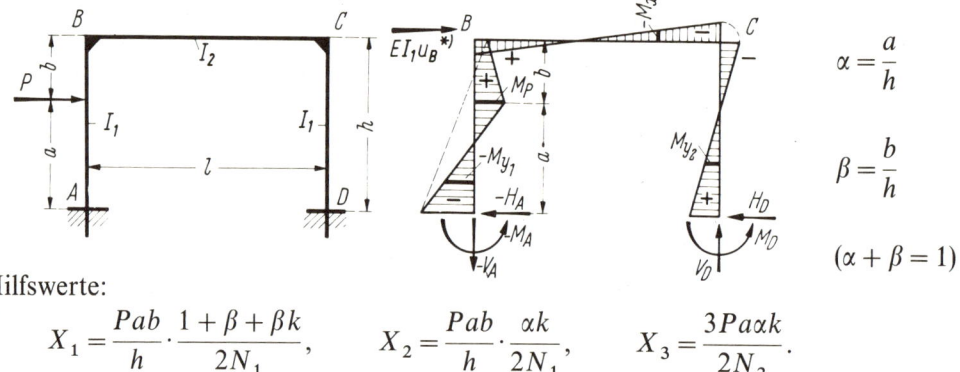

$$\alpha = \frac{a}{h}$$

$$\beta = \frac{b}{h}$$

$$(\alpha + \beta = 1)$$

Hilfswerte:

$$X_1 = \frac{Pab}{h}\cdot\frac{1+\beta+\beta k}{2N_1}, \qquad X_2 = \frac{Pab}{h}\cdot\frac{\alpha k}{2N_1}, \qquad X_3 = \frac{3Pa\alpha k}{2N_2}.$$

$$\left.\begin{array}{l}M_A\\M_D\end{array}\right\} = -X_1 \mp \left(\frac{Pa}{2} - X_3\right) \qquad \left.\begin{array}{l}M_B\\M_C\end{array}\right\} = -X_2 \pm X_3$$

$$H_D = \frac{Pa}{2h} - \frac{X_1 - X_2}{h} \qquad H_A = -(P - H_D) \qquad V_A = -V_D = -\frac{2X_3}{l}$$

$$M_P = \frac{Pab}{h} + \beta M_A + \alpha M_B \qquad M_x = M_C + V_D x' \qquad M_{y2} = M_D - H_D y_2$$

Im Bereich a: $M_{y1} = M_A - H_A y_1$;   im Bereich b: $M_{y1} = M_B + H_D y'_1$.

---

*) Siehe Seite 154.

Festwerte siehe Seite 145 — **Rahmenform 30**

Siehe hierzu den Abschnitt „**Belastungsglieder**"

Fall 30/16: Beide Stiele beliebig von außen her, aber gleich belastet (*Symmetrischer* Lastfall)*)

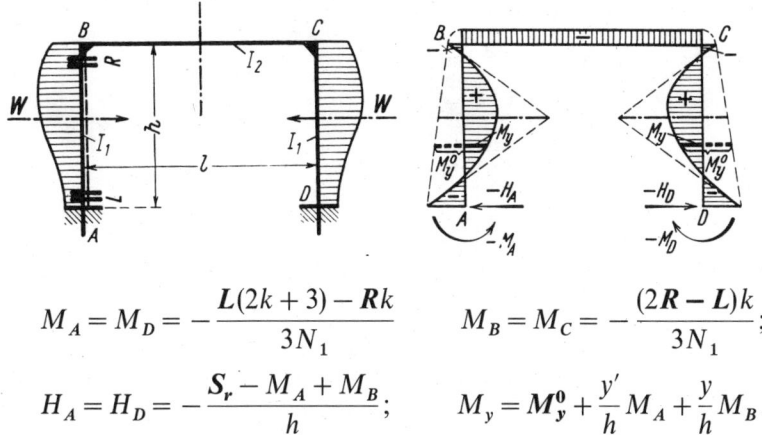

$$M_A = M_D = -\frac{L(2k+3) - Rk}{3N_1} \qquad M_B = M_C = -\frac{(2R-L)k}{3N_1};$$

$$H_A = H_D = -\frac{S_r - M_A + M_B}{h}; \qquad M_y = M_y^0 + \frac{y'}{h}M_A + \frac{y}{h}M_B.$$

Fall 30/17: Beide Stiele beliebig von links her, aber gleich belastet (*Antimetrischer* Lastfall)*)

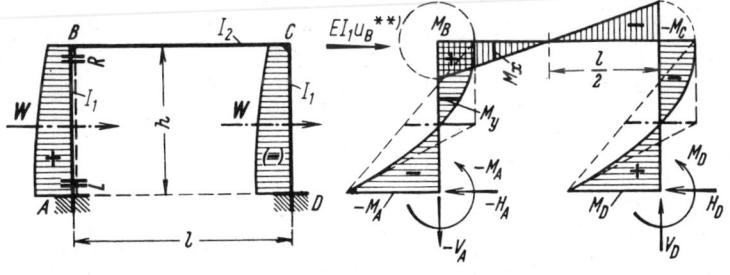

$$M_B = -M_C = [3S_l - (L+R)]\frac{k}{N_2} \qquad M_D = -M_A = S_l - M_B; \qquad H_D = -H_A = W;$$

$$V_D = -V_A = \frac{2M_B}{l} \qquad M_y = M_y^0 + \frac{y'}{h}M_A + \frac{y}{h}M_B \qquad M_x = \frac{x'-x}{l} \cdot M_B.$$

Sonderfall 30/17a: Gleichmäßig verteilte Vollasten $W = qh$

$$M_B = -M_C = qh^2 \cdot \frac{k}{N_2} \qquad M_D = -M_A = \frac{qh^2}{2} \cdot \frac{4k+1}{N_2} \qquad M_y^0 = \frac{qyy'}{2}.$$

Alle übrigen Formeln lauten wie vor.

---

*) Alle Belastungsglieder sind auf den linken Stiel bezogen.
**) Siehe Seite 154.

Rahmenform 30 Festwerte siehe Seite 145

(Siehe hierzu den Abschnitt „**Belastungsglieder**")

Fall 30/18: Linker Stiel beliebig waagerecht belastet

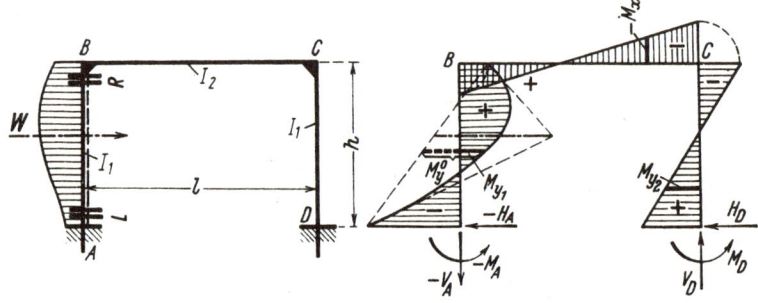

Hilfswerte:

$$X_1 = \frac{L(2k+3) - Rk}{6N_1} \qquad X_2 = \frac{(2R-L)k}{6N_1} \qquad X_3 = \frac{[3S_l - (L+R)]k}{2N_2}$$

$$\left.\begin{matrix}M_A\\M_D\end{matrix}\right\} = -X_1 \mp \left(\frac{S_l}{2} - X_3\right) \qquad \left.\begin{matrix}M_B\\M_C\end{matrix}\right\} = -X_2 \pm X_3;$$

$$H_D = \frac{S_l}{2h} - \frac{X_1 - X_2}{h} \qquad H_A = -(W - H_D) \qquad V_D = -V_A = \frac{2X_3}{l};$$

$$M_{y1} = M_y^0 + \frac{y_1'}{h}M_A + \frac{y_1}{h}M_B \qquad M_x = M_C + V_D x' \qquad M_{y2} = M_D - H_D y_2$$

$$EI_1 u_B = \frac{h^2}{12N_2}(S_l(3k+2) - L(3k+1) + 3Rk).$$

Zu Fall 30/14, Seite 152:

$$EI_1 u_B = \frac{Ph^3}{12} \cdot \frac{3k+2}{N_2}$$

Zu Fall 30/15, Seite 152:

$$EI_1 u_B = \frac{Ph^2 a}{12}\alpha\left(3 \cdot \frac{3k+1}{N_2} - \alpha\right)$$

Zu Fall 30/17, Seite 153:

$EI_1 u_B$ ist doppelt so groß wie bei **Fall 30/18** oben.

Zu Fall 30/20, Seite 155:

$$EI_1 u_B = \frac{qh^4}{48}\left(1 + \frac{2}{N_2}\right)$$

Zu Fall 30/21, Seite 156:

$$EI_1 u_B = \frac{ph^4}{240N_2}(9k+4).$$

Rahmenform 30

Festwerte siehe Seite 145

Fall 30/19: Rechteck-Vollast an beiden Stielen (*Symmetrischer* Lastfall)

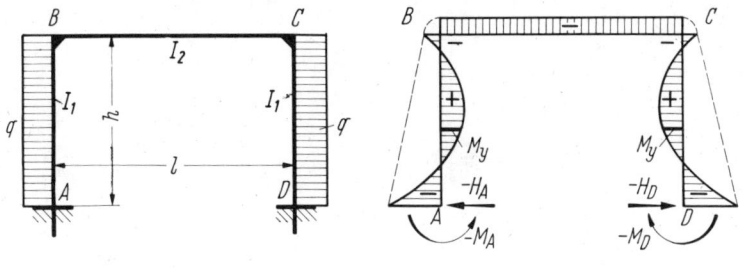

$$M_A = M_D = -\frac{qh^2}{12} \cdot \frac{k+3}{N_1} \qquad M_B = M_C = -\frac{qh^2}{12} \cdot \frac{k}{N_1}$$

$$H_A = H_D = -\frac{qh}{4} \cdot \frac{2k+5}{N_1} \qquad M_y = \frac{qyy'}{2} + \frac{y'}{h}M_A + \frac{y}{h}M_B.$$

Fall 30/20: Gleichmäßig verteilte Vollast am linken Stiel

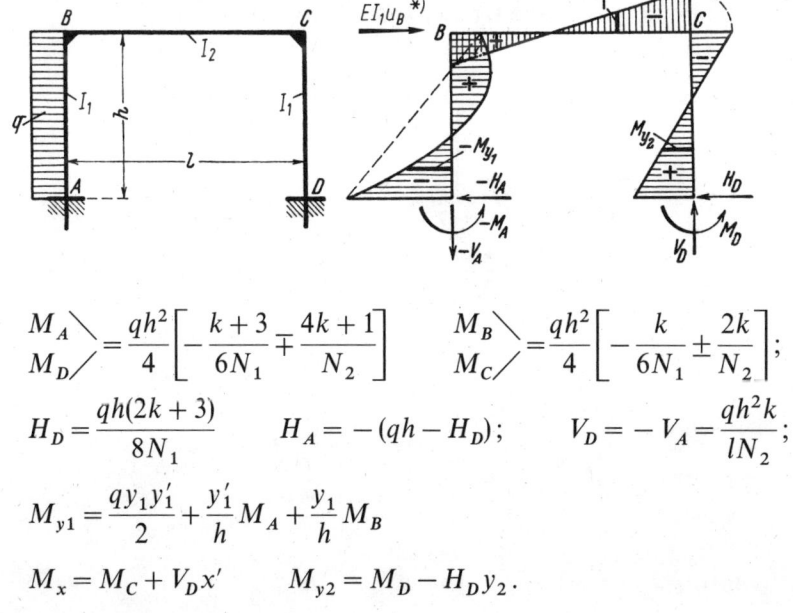

$$\left.\begin{array}{c}M_A\\M_D\end{array}\right\} = \frac{qh^2}{4}\left[-\frac{k+3}{6N_1} \mp \frac{4k+1}{N_2}\right] \qquad \left.\begin{array}{c}M_B\\M_C\end{array}\right\} = \frac{qh^2}{4}\left[-\frac{k}{6N_1} \pm \frac{2k}{N_2}\right];$$

$$H_D = \frac{qh(2k+3)}{8N_1} \qquad H_A = -(qh - H_D); \qquad V_D = -V_A = \frac{qh^2 k}{lN_2};$$

$$M_{y1} = \frac{qy_1 y_1'}{2} + \frac{y_1'}{h}M_A + \frac{y_1}{h}M_B$$

$$M_x = M_C + V_D x' \qquad M_{y2} = M_D - H_D y_2.$$

---

*) Siehe Seite 154.

Rahmenform 30   Festwerte siehe Seite 145

Fall 30/21: Dreiecklast am linken Stiel

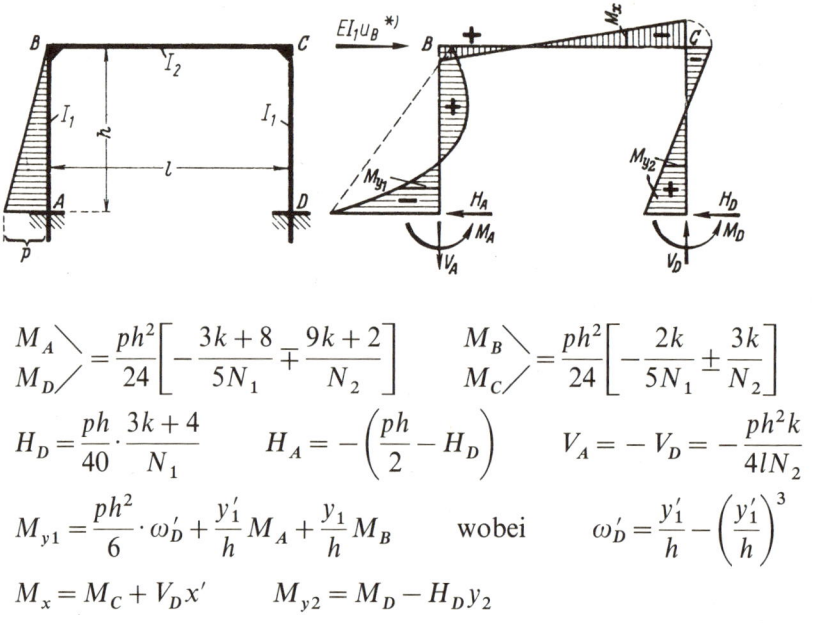

$$\left.\begin{array}{c}M_A \\ M_D\end{array}\right\} = \frac{ph^2}{24}\left[-\frac{3k+8}{5N_1} \mp \frac{9k+2}{N_2}\right] \qquad \left.\begin{array}{c}M_B \\ M_C\end{array}\right\} = \frac{ph^2}{24}\left[-\frac{2k}{5N_1} \pm \frac{3k}{N_2}\right]$$

$$H_D = \frac{ph}{40} \cdot \frac{3k+4}{N_1} \qquad H_A = -\left(\frac{ph}{2} - H_D\right) \qquad V_A = -V_D = -\frac{ph^2 k}{4lN_2}$$

$$M_{y1} = \frac{ph^2}{6} \cdot \omega'_D + \frac{y'_1}{h} M_A + \frac{y_1}{h} M_B \qquad \text{wobei} \qquad \omega'_D = \frac{y'_1}{h} - \left(\frac{y'_1}{h}\right)^3$$

$$M_x = M_C + V_D x' \qquad M_{y2} = M_D - H_D y_2$$

Fall 30/22: Dreiecklast an beiden Seiten (*Symmetrischer* Lastfall)

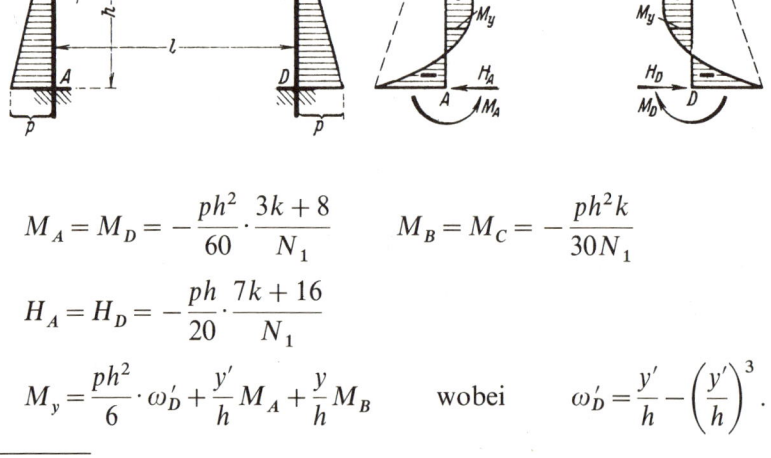

$$M_A = M_D = -\frac{ph^2}{60} \cdot \frac{3k+8}{N_1} \qquad M_B = M_C = -\frac{ph^2 k}{30 N_1}$$

$$H_A = H_D = -\frac{ph}{20} \cdot \frac{7k+16}{N_1}$$

$$M_y = \frac{ph^2}{6} \cdot \omega'_D + \frac{y'}{h} M_A + \frac{y}{h} M_B \qquad \text{wobei} \qquad \omega'_D = \frac{y'}{h} - \left(\frac{y'}{h}\right)^3.$$

---

*) Siehe Seite 154.

Festwerte siehe Seite 145 **Rahmenform 30**

Fall 30/23: *Symmetrisches* Drehmomentenpaar an den Rahmenecken

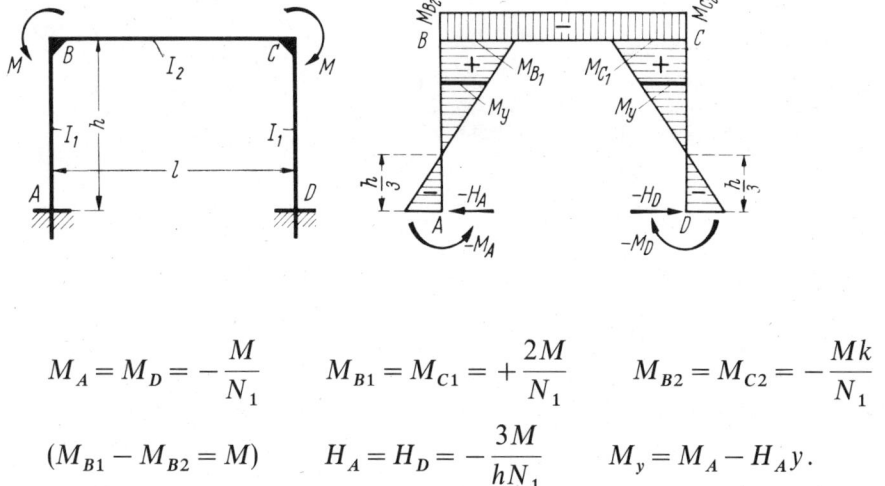

$$M_A = M_D = -\frac{M}{N_1} \qquad M_{B1} = M_{C1} = +\frac{2M}{N_1} \qquad M_{B2} = M_{C2} = -\frac{Mk}{N_1}$$

$$(M_{B1} - M_{B2} = M) \qquad H_A = H_D = -\frac{3M}{hN_1} \qquad M_y = M_A - H_A y.$$

Fall 30/24: Drehmoment am Eckpunkt B

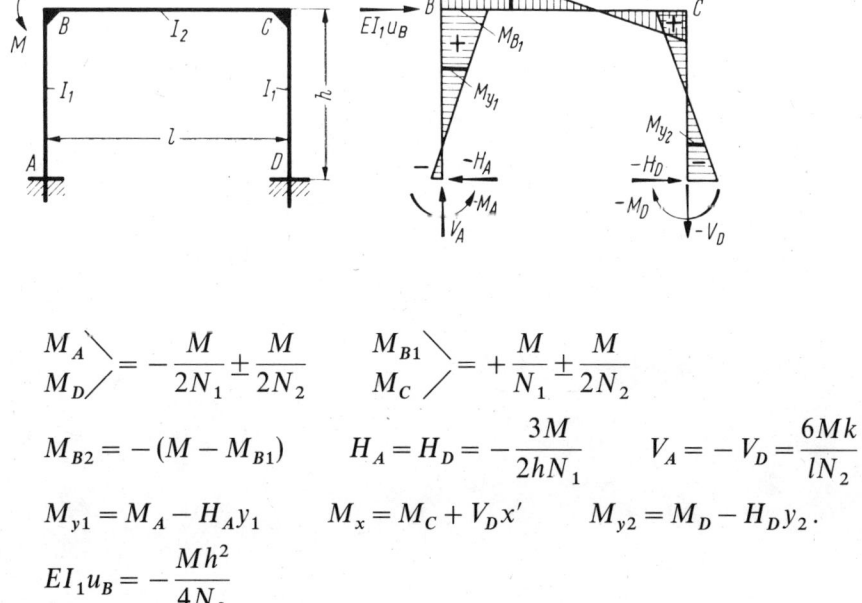

$$\left.\begin{matrix}M_A\\M_D\end{matrix}\right\} = -\frac{M}{2N_1} \pm \frac{M}{2N_2} \qquad \left.\begin{matrix}M_{B1}\\M_C\end{matrix}\right\} = +\frac{M}{N_1} \pm \frac{M}{2N_2}$$

$$M_{B2} = -(M - M_{B1}) \qquad H_A = H_D = -\frac{3M}{2hN_1} \qquad V_A = -V_D = \frac{6Mk}{lN_2}$$

$$M_{y1} = M_A - H_A y_1 \qquad M_x = M_C + V_D x' \qquad M_{y2} = M_D - H_D y_2.$$

$$EI_1 u_B = -\frac{Mh^2}{4N_2}$$

Rahmenform 30 Festwerte siehe Seite 145

Fall 30/25: Konsollast am linken Stiel

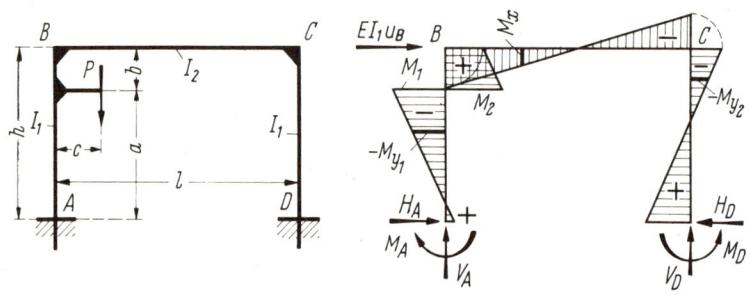

$$\alpha = \frac{a}{h} \qquad \beta = \frac{b}{h} \qquad (\alpha + \beta = 1)$$

Hilfswerte:

$$X_1 = \frac{Pc}{2N_1}[1 + 2\beta k - 3\beta^2(k+1)], \qquad X_2 = \frac{Pck\alpha(3\alpha - 2)}{2N_1},$$

$$X_3 = \frac{3Pck\alpha}{N_2}. \qquad \begin{matrix} M_A \\ M_D \end{matrix} \Big\rangle = +X_1 \mp \left(\frac{Pc}{2} - X_3\right) \qquad \begin{matrix} M_B \\ M_C \end{matrix} \Big\rangle = +X_2 \pm X_3$$

$$H_A = H_D = \frac{Pc}{2h} + \frac{X_1 - X_2}{h} \qquad V_D = \frac{2X_3}{l} \qquad V_A = P - V_D$$

$$M_1 = M_A - H_A a \qquad M_2 = M_B + H_D b \qquad (M_2 - M_1 = Pc)$$

Im Bereich a: $M_{y1} = M_A - H_A y_1 \qquad M_x = M_C + V_D x'$

Im Bereich b: $M_{y1} = M_B + H_D y_1' \qquad M_{y2} = M_D - H_D y_2.$

$$EI_1 u_B = \frac{Pch^2}{4}\alpha\left(1 - \alpha + \frac{1}{N_2}\right)$$

Fall 30/26: Gleiche Konsollasten an den Stielen (*Symmetrischer* Lastfall)

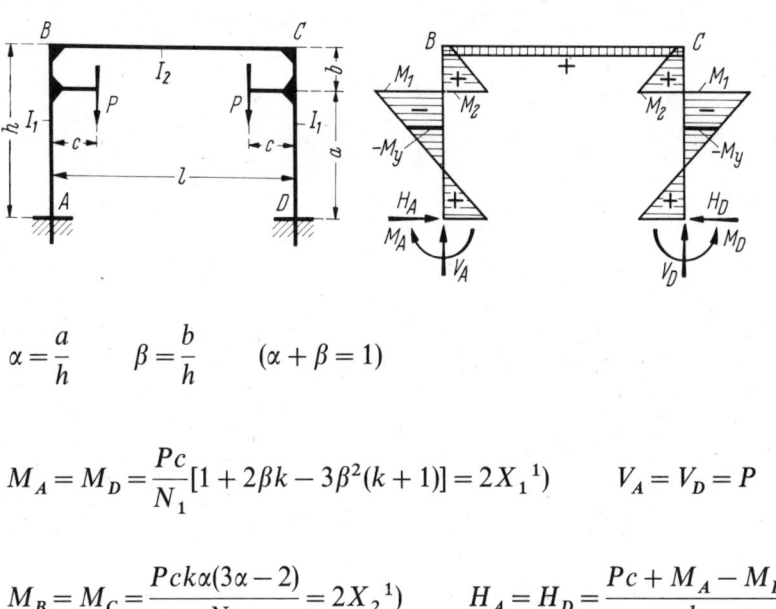

$$\alpha = \frac{a}{h} \qquad \beta = \frac{b}{h} \qquad (\alpha + \beta = 1)$$

$$M_A = M_D = \frac{Pc}{N_1}[1 + 2\beta k - 3\beta^2(k+1)] = 2X_1{}^1) \qquad V_A = V_D = P$$

$$M_B = M_C = \frac{Pck\alpha(3\alpha - 2)}{N_1} = 2X_2{}^1) \qquad H_A = H_D = \frac{Pc + M_A - M_B}{h}$$

$$M_1 = M_A - H_A a \qquad M_2 = M_B + H_D b \qquad (M_2 - M_1 = Pc)$$

Im Bereich a: $M_y = M_A - H_A y$;   Im Bereich b: $M_y = M_B + H_D y'$.

---

[1]) X_1 und X_2 wie Seite 158.

Rahmenform 31

Symmetrischer Rechteckrahmen mit einem festen Fußgelenk und einem waagerecht beweglichen Auflager, verbunden durch ein elastisches Zugband

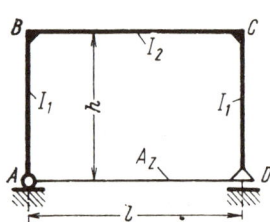

Rahmenform, Abmessungen und Bezeichnungen

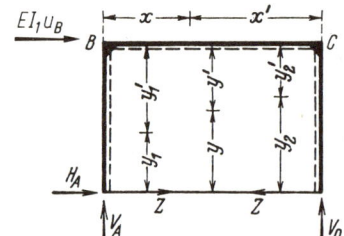

Festlegung der positiven Richtung aller Stützkräfte und der Koordinaten beliebiger Stabpunkte. Bei symmetrischer Rahmenlast wird y und y' verwendet. Positive Biegemomente erzeugen an der gestrichelten Stabseite Zug

Festwerte:

$$k = \frac{I_2}{I_1} \cdot \frac{h}{l} \qquad L_Z = \frac{3 I_2}{h^2 A_Z} \cdot \frac{E}{E_Z} \qquad N = 2k + 3 \qquad N_Z = N + L_Z$$

E = Elastizitätsmodul des Rahmenbaustoffes,
E_Z = Elastizitätsmodul des Zugbandstoffes,
A_Z = Querschnittsfläche des Zugbandes.

Fall 31/1: Gleichmäßige Wärmezunahme im ganzen Rahmen[1])

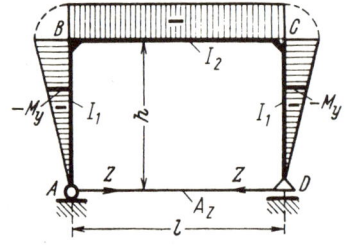

E = Elastizitätsmodul,
α_t = Wärmedehnkoeffizient,
t = Wärmeänderung in Grad.

$$Z = \frac{3 E I_2 \alpha_t t}{h^2 N_Z};$$

$$M_B = M_C = -Zh \qquad M_y = -Zy$$

Bemerkung: Bei Wärmeabnahme kehren alle Kräfte ihren Pfeilsinn um und alle Momente erhalten entgegengesetztes Vorzeichen[2]).

---
[1]) Bei einer Riegelverkürzung Δl ist $\Delta l/l$ anstatt $\alpha_t \cdot t$ in die Formeln für Wärmeabnahme einzusetzen.
[2]) Siehe hierzu die Fußnote Seite 162.

Festwerte siehe Seite 160   **Rahmenform 31**

Siehe hierzu den Abschnitt „**Belastungsglieder**"

Fall 31/2: Riegel beliebig senkrecht belastet

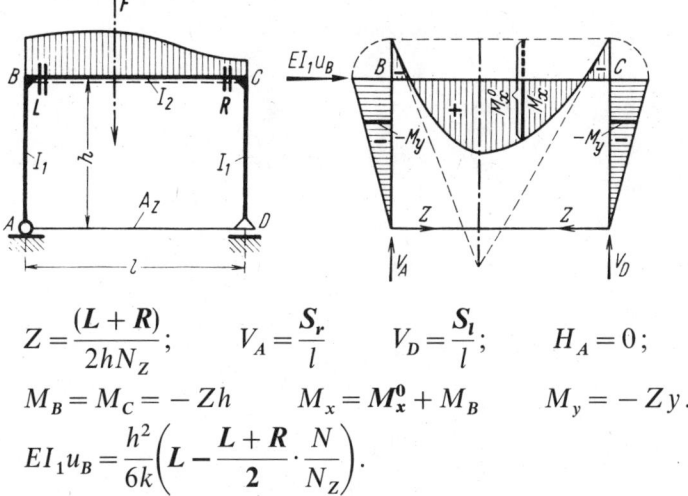

$$Z = \frac{(L+R)}{2hN_Z}; \quad V_A = \frac{S_r}{l} \quad V_D = \frac{S_l}{l}; \quad H_A = 0;$$

$$M_B = M_C = -Zh \quad M_x = M_x^0 + M_B \quad M_y = -Zy.$$

$$EI_1 u_B = \frac{h^2}{6k}\left(L - \frac{L+R}{2} \cdot \frac{N}{N_Z}\right).$$

Fall 31/3: Linker Stiel beliebig waagerecht belastet

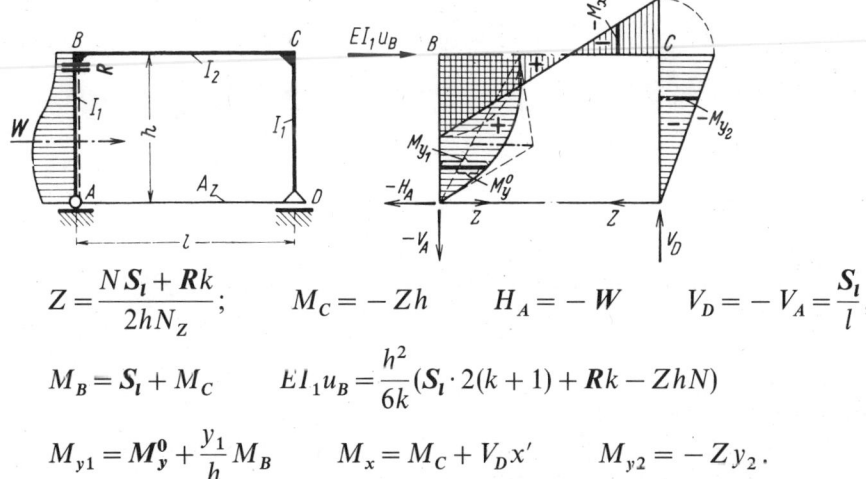

$$Z = \frac{NS_l + Rk}{2hN_Z}; \quad M_C = -Zh \quad H_A = -W \quad V_D = -V_A = \frac{S_l}{l};$$

$$M_B = S_l + M_C \quad EI_1 u_B = \frac{h^2}{6k}(S_l \cdot 2(k+1) + Rk - ZhN)$$

$$M_{y1} = M_y^0 + \frac{y_1}{h}M_B \quad M_x = M_C + V_D x' \quad M_{y2} = -Zy_2.$$

Sonderfall 31/3a: Nur waagerechte Einzellast P in Riegelhöhe

$$(W = P; \quad S_l = Ph; \quad R = 0). \quad EI_1 u_B = -\frac{Ph^3}{6k}\left(N - 1 - \frac{N^2}{2N_Z}\right)$$

$$Z = \frac{P}{2} \cdot \frac{N}{N_Z}; \quad V_D = -V_A = \frac{Ph}{l}; \quad M_B = (P-Z)h \quad M_C = -Zh;$$

$$H_A = -P; \quad M_{y1} = (P-Z)y_1 \quad M_x = M_C + V_D x' \quad M_{y2} = -Zy_2.$$

Rahmenform 31 — Festwerte siehe Seite 160

(Siehe hierzu den Abschnitt „**Belastungsglieder**")

Fall 31/4: Beide Stiele beliebig, aber gleich belastet

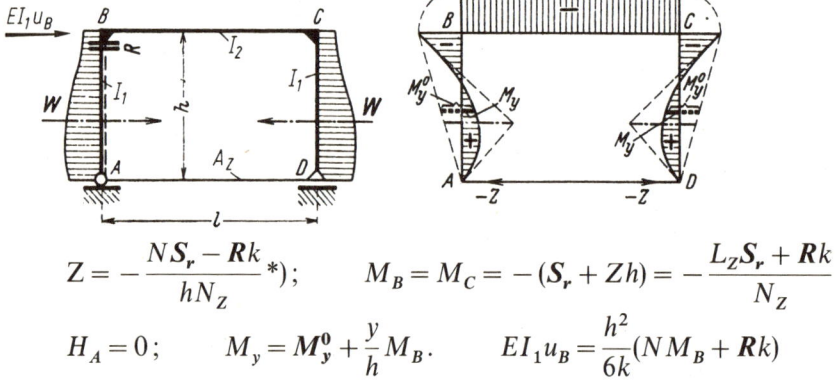

$$Z = -\frac{NS_r - Rk}{hN_Z}\text{*})\,; \qquad M_B = M_C = -(S_r + Zh) = -\frac{L_Z S_r + Rk}{N_Z}$$

$$H_A = 0\,; \qquad M_y = M_y^0 + \frac{y}{h}M_B\,. \qquad EI_1 u_B = \frac{h^2}{6k}(NM_B + Rk)$$

Fall 31/5: Rechter Stiel beliebig waagerecht belastet

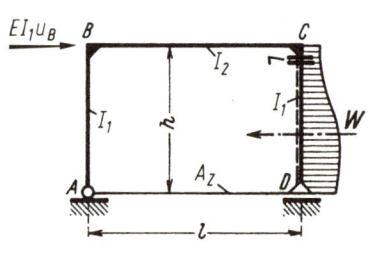
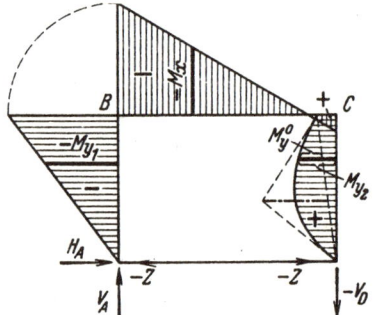

$$Z = -\frac{(Wh + S_l)N - Lk}{2hN_Z}\text{*}) \qquad H_A = W \qquad V_A = -V_D = \frac{S_r}{l}\,;$$

$$M_B = -(W + Z)h \qquad M_C = S_r + M_B \qquad EI_1 u_B = \frac{h^2}{6k}(NM_B + S_r)$$

$$M_{y1} = \frac{y}{h}M_B \qquad M_x = M_B + V_A x \qquad M_{y2} = M_y^0 + \frac{y}{h}M_C\,.$$

Sonderfall 31/5a: Nur waagerechte Einzellast P in Riegelhöhe
($W = P\,; \qquad S_l = 0 \qquad S_r = Ph \qquad L = 0$).

$$Z = -\frac{P}{2}\cdot\frac{N}{N_Z}\text{*}) \qquad V_A = -V_D = \frac{Ph}{l}\,; \qquad H_A = P\,;$$

$$M_B = -(P + Z)h \qquad M_C = (-Z)h \qquad EI_1 u_B = \frac{Ph^3}{6k}\left(N - 1 - \frac{N^2}{2N_Z}\right)$$

$$M_{y1} = -(P + Z)y_1 \qquad M_x = M_B + V_A x \qquad M_{y2} = (-Z)y_2\,.$$

---

*) Bei obigen drei Belastungsfällen sowie bei Wärmeabnahme (s. S. 160 unten) wird Z negativ, d. h. das Zugband erhält Druck. Dieser Umstand hat selbstverständlich nur dann einen Sinn, wenn die Druckkraft kleiner bleibt als die Zugkraft aus ständiger Last, so daß stets ein Rest Zugkraft im Zugbande verbleibt.

Rahmenform 32

Rechteckiger Zweigelenkrahmen mit verschiedenen Stiel-Trägheitsmomenten

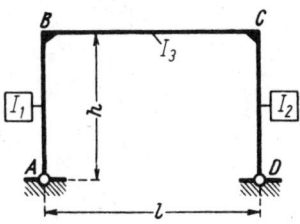

Rahmenform, Abmessungen und Bezeichnungen

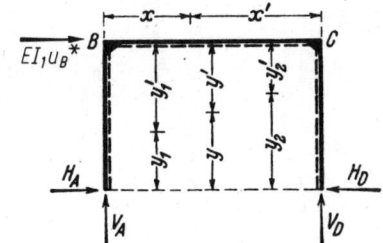

Festlegung der positiven Richtung aller Stützkräfte und der Koordinaten beliebiger Stabpunkte. Für die Fälle mit gleichen Stielmomenten werden y und y' verwendet. Positive Biegemomente erzeugen an der gestrichelten Stabseite Zug

Festwerte:

$$k_1 = \frac{I_3}{I_1} \cdot \frac{h}{l} \qquad k_2 = \frac{I_3}{I_2} \cdot \frac{h}{l};$$

$$B = 2k_1 + 3 \qquad C = 2k_2 + 3; \qquad N = B + C.$$

Bemerkung: Die Momentenflächenbilder dieser Rahmenform entsprechen einer Annahme $I_2 > I_1$.

Formeln zu Fall 32/3 von Seite 164:

$$M_B = -\frac{S_r C + L k_2}{N} \qquad M_C = S_r + M_B;$$

$$H_A = \frac{-M_B}{h} \qquad H_D = -(W - H_A) \qquad V_A = -V_D = \frac{S_r}{l};$$

$$M_{y1} = -H_A y_1 \qquad M_x = M_B + V_A x \qquad M_{y2} = M_y^0 + \frac{y_2}{h} M_C.$$

---

*) Siehe Seite 172.

Rahmenform 32 Festwerte siehe Seite 163

(Siehe hierzu den Abschnitt **„Belastungsglieder"**)

Fall 32/1: Riegel beliebig senkrecht belastet

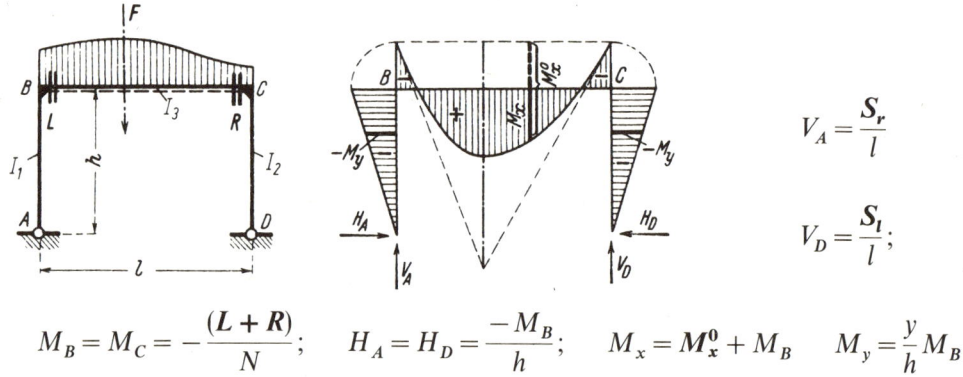

$$M_B = M_C = -\frac{(L+R)}{N}; \quad H_A = H_D = \frac{-M_B}{h}; \quad M_x = M_x^0 + M_B \quad M_y = \frac{y}{h} M_B$$

$$V_A = \frac{S_r}{l}$$

$$V_D = \frac{S_l}{l};$$

Fall 32/2: Linker Stiel beliebig waagerecht belastet

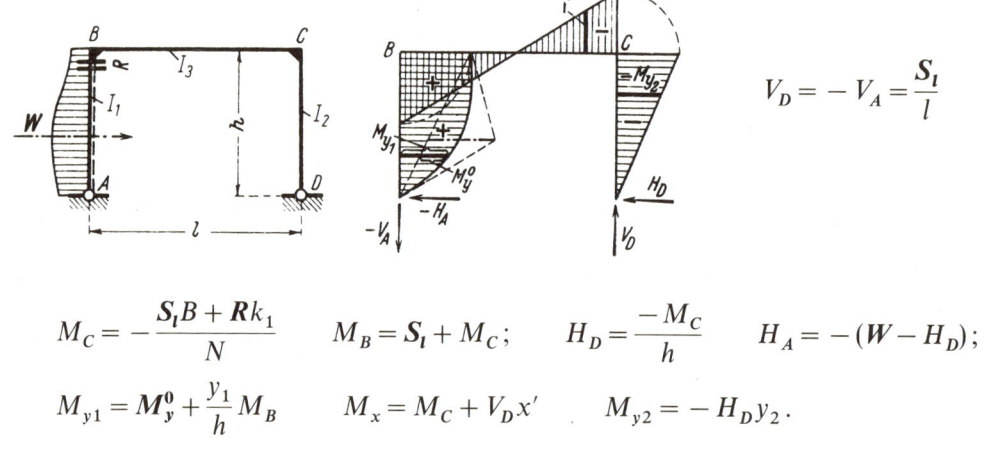

$$V_D = -V_A = \frac{S_l}{l}$$

$$M_C = -\frac{S_l B + R k_1}{N} \quad M_B = S_l + M_C; \quad H_D = \frac{-M_C}{h} \quad H_A = -(W - H_D);$$

$$M_{y1} = M_y^0 + \frac{y_1}{h} M_B \quad M_x = M_C + V_D x' \quad M_{y2} = -H_D y_2.$$

Fall 32/3: Rechter Stiel beliebig waagerecht belastet

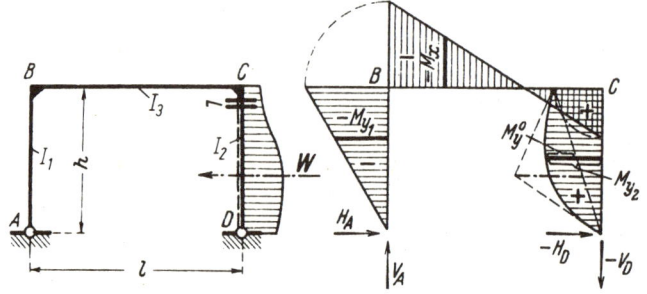

Formeln zu Fall 32/3 siehe Seite 163.

Festwerte siehe Seite 163 **Rahmenform 32**

Fall 32/4: Beide Stiele beliebig, aber gleich belastet[1])
(Siehe hierzu den Abschnitt „**Belastungsglieder**")

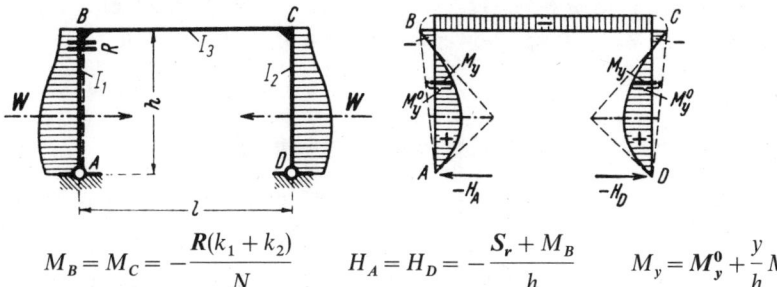

$$M_B = M_C = -\frac{R(k_1 + k_2)}{N} \qquad H_A = H_D = -\frac{S_r + M_B}{h} \qquad M_y = M_y^0 + \frac{y}{h} M_B.$$

Bemerkung: Alle Belastungsglieder sind auf den linken Stiel bezogen.

Fall 32/5: Waagerechte Einzellast in Riegelhöhe

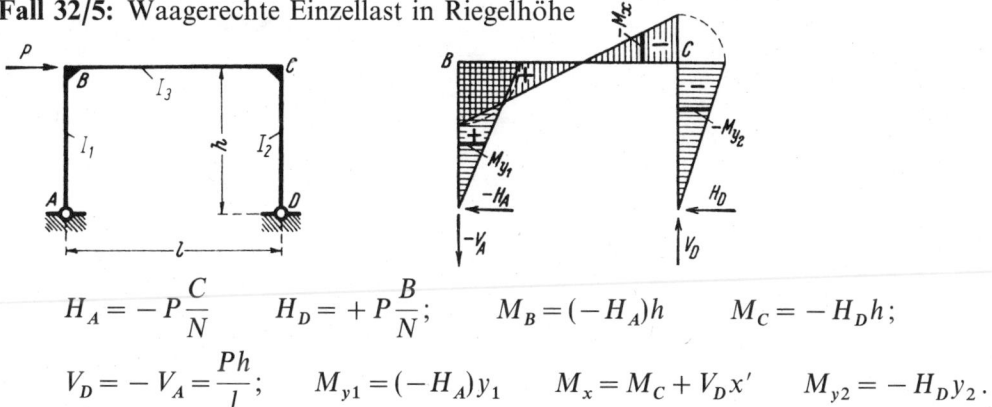

$$H_A = -P\frac{C}{N} \qquad H_D = +P\frac{B}{N}; \qquad M_B = (-H_A)h \qquad M_C = -H_D h;$$

$$V_D = -V_A = \frac{Ph}{l}; \qquad M_{y1} = (-H_A)y_1 \qquad M_x = M_C + V_D x' \qquad M_{y2} = -H_D y_2.$$

Fall 32/6: Gleichmäßige Wärmezunahme im ganzen Rahmen[2])

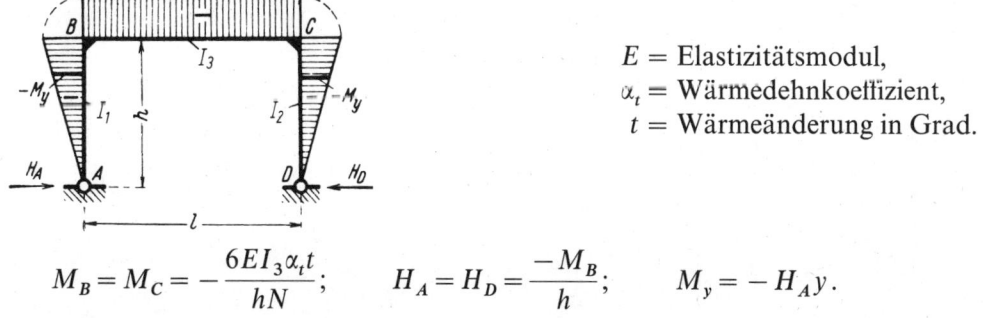

E = Elastizitätsmodul,
α_t = Wärmedehnkoeffizient,
t = Wärmeänderung in Grad.

$$M_B = M_C = -\frac{6EI_3\alpha_t t}{hN}; \qquad H_A = H_D = \frac{-M_B}{h}; \qquad M_y = -H_A y.$$

Bemerkung: Bei Wärme**ab**nahme kehren alle Kräfte ihren Pfeilsinn um und alle Momente erhalten entgegengesetztes Vorzeichen.

[1]) Symmetrischer Belastungsfall. Auch der Momentenverlauf ist symmetrisch – trotz Verschiedenheit der Stielträgheitsmomente.
[2]) Bei einer Riegelverkürzung Δl ist $\Delta l/l$ anstatt $\alpha_t \cdot t$ in die Formeln für Wärme**ab**nahme einzusetzen.

Rahmenform 33

Rechteckrahmen mit verschiedenen Stiel-Trägheitsmomenten und mit einem festen Fußgelenk und einem waagerecht beweglichen Auflager, verbunden durch ein elastisches Zugband

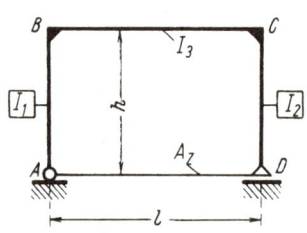

Rahmenform, Abmessungen und Bezeichnungen

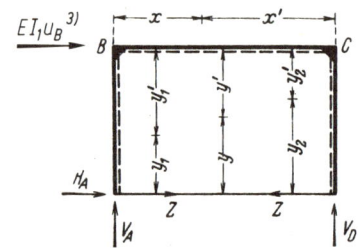

Festlegung der positiven Richtung aller Stützkräfte und der Koordinaten beliebiger Stabpunkte. Für die Fälle mit gleichen Stielmomenten werden y und y' benutzt. Positive Biegemomente erzeugen an der gestrichelten Stabseite Zug

Festwerte:

$$k_1 = \frac{I_3}{I_1} \cdot \frac{h}{l} \qquad k_2 = \frac{I_3}{I_2} \cdot \frac{h}{l}; \qquad B = 2k_1 + 3 \qquad C = 3 + 2k_2;$$

$$N = B + C \qquad L_Z = \frac{6I_3}{h^2 A_Z} \cdot \frac{E}{E_Z}; \qquad N_Z = N + L_Z.$$

E = Elastizitätsmodul des Rahmenbaustoffes,
E_Z = Elastizitätsmodul des Zugbandstoffes,
A_Z = Querschnittsfläche des Zugbandes.

Bemerkung: Die Momentenflächenbilder dieser Rahmenform entsprechen einer Annahme $I_2 > I_1$.

Fall 33/1: Gleichmäßige Wärmezunahme im ganzen Rahmen[1])

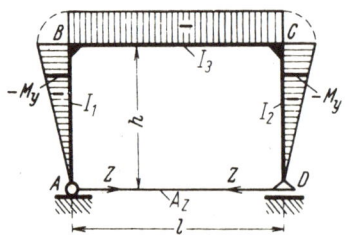

E = Elastizitätsmodul,
α_t = Wärmedehnkoeffizient,
t = Wärmeänderung in Grad.

$$Z = \frac{6EI_3\alpha_t t}{h^2 N_Z};$$

$$M_B = M_C = -Zh \qquad M_y = -Zy.$$

Bemerkung: Bei Wärmeabnahme kehren alle Kräfte ihren Pfeilsinn um und alle Momente erhalten entgegengesetztes Vorzeichen[2]).

[1]) Bei einer Riegelverkürzung Δl ist $\Delta l/l$ anstatt $\alpha_t \cdot t$ in die Formeln für Wärmeabnahme einzusetzen.
[2]) Siehe hierzu die Fußnote Seite 168.
[3]) Siehe Seite 172.

Festwerte siehe Seite 166   **Rahmenform 33**

Zu den Fällen Seite 167/168 siehe den Abschnitt „**Belastungsglieder**"

Fall 33/2: Riegel beliebig senkrecht belastet

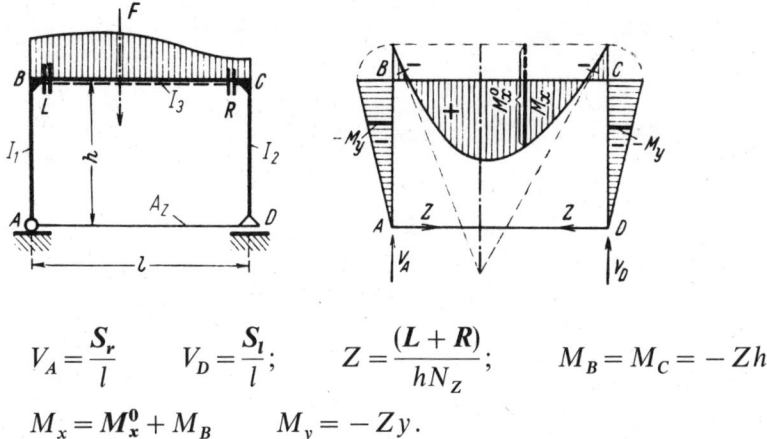

$$V_A = \frac{S_r}{l} \quad V_D = \frac{S_l}{l}; \quad Z = \frac{(L+R)}{hN_Z}; \quad M_B = M_C = -Zh$$

$$M_x = M_x^0 + M_B \quad M_y = -Zy.$$

Fall 33/3: Linker Stiel beliebig waagerecht belastet

$$V_D = -V_A = \frac{S_l}{l}; \quad H_A = -W; \quad Z = \frac{BS_l + Rk_1}{hN_Z}; \quad M_C = -Zh$$

$$M_B = S_l - Zh \quad M_{y1} = M_y^0 + \frac{y_1}{h} M_B \quad M_x = M_C + V_D x' \quad M_{y2} = -Zy_2.$$

Sonderfall 33/3a: Nur waagerechte Einzellast P in Riegelhöhe

$$(W = P; \quad S_l = Ph; \quad R = 0; \quad M_y^0 = 0).$$

$$Z = P\frac{B}{N_Z}; \quad V_D = -V_A = \frac{Ph}{l}; \quad M_B = (P-Z)h \quad M_C = -Zh;$$

$$H_A = -P; \quad M_{y1} = (P-Z)y_1 \quad M_x = M_C + V_D x' \quad M_{y2} = -Zy_2.$$

Rahmenform 33 Festwerte siehe Seite 166

Fall 33/4: Beide Stiele beliebig, aber gleich belastet**)

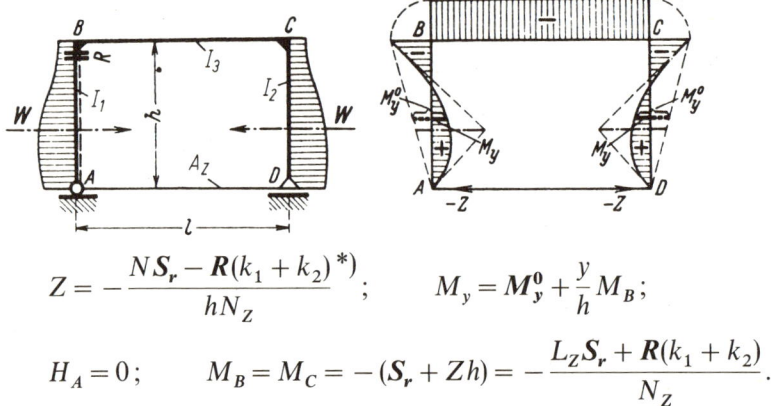

$$Z = -\frac{NS_r - R(k_1 + k_2)\,{}^*)}{hN_Z}; \qquad M_y = M_y^0 + \frac{y}{h}M_B;$$

$$H_A = 0; \qquad M_B = M_C = -(S_r + Zh) = -\frac{L_Z S_r + R(k_1 + k_2)}{N_Z}.$$

Fall 33/5: Rechter Stiel beliebig waagerecht belastet

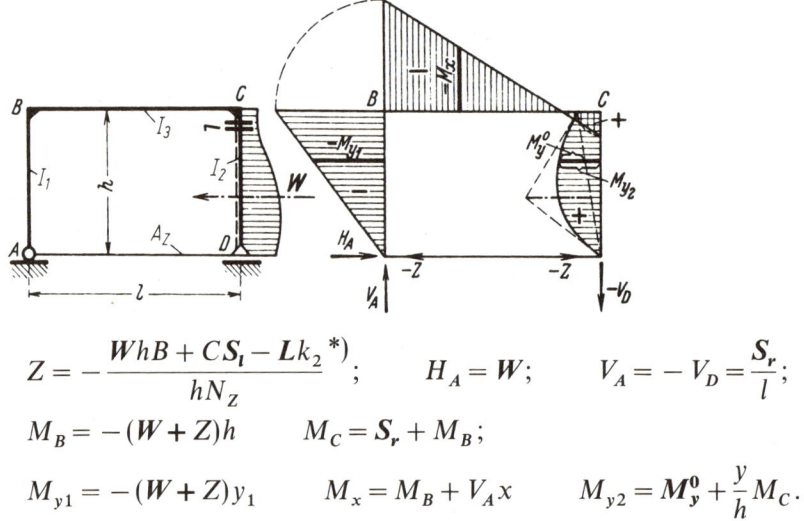

$$Z = -\frac{WhB + CS_l - Lk_2\,{}^*)}{hN_Z}; \qquad H_A = W; \qquad V_A = -V_D = \frac{S_r}{l};$$

$$M_B = -(W + Z)h \qquad M_C = S_r + M_B;$$

$$M_{y1} = -(W + Z)y_1 \qquad M_x = M_B + V_A x \qquad M_{y2} = M_y^0 + \frac{y}{h}M_C.$$

Sonderfall 33/5a: Nur waagerechte Einzellast P in Riegelhöhe

$(W = P; \qquad S_l = 0; \qquad S_r = Ph; \qquad L = 0; \qquad M_y^0 = 0).$

$$Z = -P\frac{B}{N_Z}\,{}^*); \qquad V_A = -V_D = \frac{Ph}{l}; \qquad \begin{array}{l} M_B = -(P + Z)h \\ M_C = (-Z)h; \end{array}$$

$$H_A = P; \qquad M_{y1} = -(P + Z)y_1 \qquad M_x = M_B + V_A x \qquad M_{y2} = (-Z)y_2.$$

---

*) Bei den obigen drei Belastungsfällen sowie bei Wärme**ab**nahme (s. S. 166 unten) wird Z negativ, d. h. das Zugband erhält Druck. Dieser Umstand hat selbstverständlich nur dann einen Sinn, wenn die Druckkraft kleiner bleibt als die Zugkraft aus ständiger Last, so daß stets ein Rest Zugkraft im Zugbande verbleibt.

**) Siehe hierzu die erste Fußnote von Seite 165.

Rahmenform 34

Eingespannter Rechteckrahmen mit verschiedenen Stiel-Trägheitsmomenten

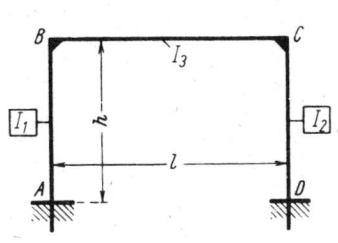

Rahmenform, Abmessungen und Bezeichnungen

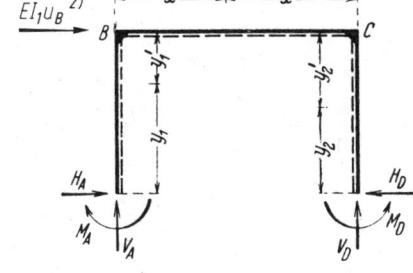

Festlegung der positiven Richtung aller Stützkräfte und der Koordinaten beliebiger Stabpunkte. Positive Biegemomente erzeugen an der gestrichelten Stabseite Zug

Alle **Festwerte** sind wie bei Rahmenform 38 (siehe Seite 183) zu berechnen mit folgenden Vereinfachungen:

$(h_1 = h_2) = h \qquad n = 1 \qquad (v = 0)$.

Fall 34/1: Gleichmäßige Wärme**zu**nahme im ganzen Rahmen[1])

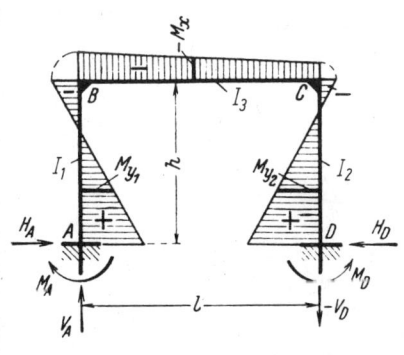

E = Elastizitätsmodul,
α_t = Wärmedehnkoeffizient,
t = Wärmeänderung in Grad.

Hilfswerte:

$$T = \frac{6EI_3 \alpha_t t}{h} \qquad X_1 = Tn_{31}$$

$$X_2 = Tn_{32} \qquad X_3 = Tn_{33}.$$

$$M_A = X_3 - X_1 \qquad M_B = -X_1$$

$$M_C = -X_2 \qquad M_D = X_3 - X_2;$$

$$V_A = -V_D = \frac{X_1 - X_2}{l} \qquad H_A = H_D = \frac{X_3}{h};$$

$$M_{y1} = \frac{y_1'}{h} M_A + \frac{y_1}{h} M_B \qquad M_x = \frac{x'}{l} M_B + \frac{x}{l} M_C \qquad M_{y2} = \frac{y_2}{h} M_C + \frac{y_2'}{h} M_D.$$

Bemerkung: Bei Wärme**ab**nahme kehren alle Kräfte ihren Pfeilsinn um und alle Momente erhalten entgegengesetztes Vorzeichen.

---

[1]) Bei einer Riegelverkürzung Δl ist $\Delta l/l$ anstatt $\alpha_t \cdot t$ in die Formeln für Wärme**ab**nahme einzusetzen.
[2]) Siehe Seite 172.

Rahmenform 34 Festwerte siehe Seite 169

Fall 34/2: Rechteck-Vollast auf dem Riegel

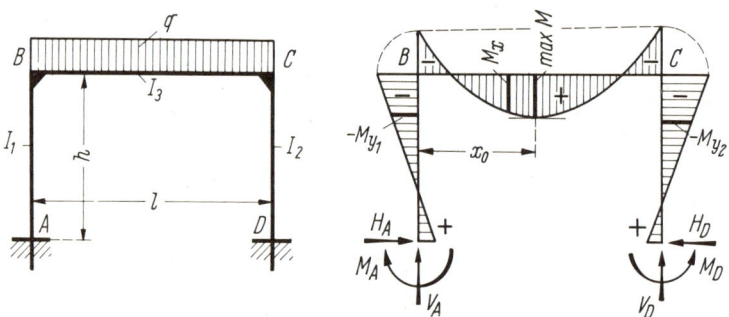

Hilfswerte:

$$X_1 = \frac{ql^2}{4}(n_{11} + n_{21}), \qquad X_2 = \frac{ql^2}{4}(n_{12} + n_{22}), \qquad X_3 = \frac{ql^2}{4}(n_{13} + n_{23}).$$

$$M_A = X_3 - X_1 \qquad M_B = -X_1 \qquad M_C = -X_2 \qquad M_D = X_3 - X_2$$

$$V_A = \frac{ql}{2} + \frac{X_1 - X_2}{l} \qquad V_D = \frac{ql}{2} - \frac{X_1 - X_2}{l} \qquad x_0 = \frac{V_A}{q} \qquad H_A = H_D = \frac{X_3}{h}$$

$$M_{y1} = \frac{y_1'}{h}M_A + \frac{y_1}{h}M_B \qquad M_x = \frac{qxx'}{2} + \frac{x'}{l}M_B + \frac{x}{l}M_C \qquad M_{y2} = \frac{y_2}{h}M_C + \frac{y_2'}{h}M_D$$

Fall 34/3: Waagerechte Einzellast in Riegelhöhe

$$M_B = +\frac{3Phk_1k_2(2+k_2)}{N} \qquad M_C = -\frac{3Phk_1k_2(k_1+2)}{N}$$

$$H_D = \frac{Pk_1(2k_1 + 6k_1k_2 + 2 + 11k_2)}{N} \qquad H_A = -(P - H_D)$$

$$V_A = -V_D = -\frac{M_B - M_C}{l} \qquad M_A = H_A h + M_B \qquad M_D = H_D h + M_C$$

$$M_{y1} = \frac{y_1'}{h}M_A + \frac{y_1}{h}M_B \qquad M_x = \frac{x'}{l}M_B + \frac{x}{l}M_C \qquad M_{y2} = \frac{y_2}{h}M_C + \frac{y_2'}{h}M_D$$

Festwerte siehe Seite 169 **Rahmenform 34**

Fall 34/4: Rechteck-Vollast am linken Stiel

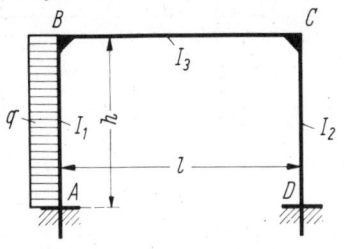
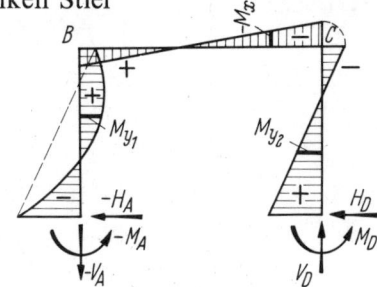

Hilfswerte:

$$X_1 = \frac{qh^2 k_1}{4}(+4n_{11} - 3n_{31}), \qquad M_A = -\frac{qh^2}{2} + X_1 + X_3$$

$$X_2 = \frac{qh^2 k_1}{4}(-4n_{12} + 3n_{32}), \qquad M_B = X_1 \qquad M_C = -X_2$$

$$X_3 = \frac{qh^2 k_1}{4}(-4n_{13} + 3n_{33}). \qquad M_D = X_3 - X_2$$

$$V_A = -V_D = -\frac{X_1 + X_2}{l} \qquad H_D = \frac{X_3}{h} \qquad H_A = -(qh - H_D)$$

$$M_{y1} = \frac{qy_1 y_1'}{2} + \frac{y_1'}{h} M_A + \frac{y_1}{h} M_B \qquad M_x = \frac{x'}{l} M_B + \frac{x}{l} M_C \qquad M_{y2} = \frac{y_2}{h} M_C + \frac{y_2'}{h} M_D.$$

Fall 34/5: Rechteck-Vollast am rechten Stiel

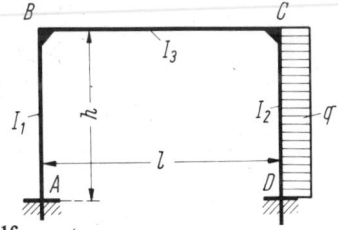

Hilfswerte:

$$X_1 = \frac{qh^2 k_2}{4}(-4n_{21} + 3n_{31}), \qquad M_A = X_3 - X_1$$

$$X_2 = \frac{qh^2 k_2}{4}(+4n_{22} - 3n_{32}), \qquad M_B = -X_1 \qquad M_C = X_2$$

$$X_3 = \frac{qh^2 k_2}{4}(-4n_{23} + 3n_{33}). \qquad M_D = -\frac{qh^2}{2} + X_2 + X_3$$

$$V_A = -V_D = \frac{X_1 + X_2}{l} \qquad H_A = \frac{X_3}{h} \qquad H_D = -(qh - H_A)$$

$$M_{y1} = \frac{y_1'}{h} M_A + \frac{y_1}{h} M_B \qquad M_x = \frac{x'}{l} M_B + \frac{x}{l} M_C \qquad M_{y2} = \frac{qy_2 y_2'}{2} + \frac{y_2}{h} M_C + \frac{y_2'}{h} M_D.$$

Bemerkung: **Alle Formeln für allgemeine äußere Belastung** lauten wie bei Rahmenform 38 (s. Seite 183) mit folgenden Vereinfachungen:

$(h_1 = h_2) = h \qquad n = 1 \qquad (v' = 0)$

Rahmenformen 32, 33, 34 (Seiten 163, 166, 169)

Horizontale Riegelverschiebungen $EI_1 u_B$

Zu Fall 32/1: $\quad EI_1 u_B = \dfrac{h^2}{6k_1 N}(LC - RB)$

Zu Fall 32/2: $\quad EI_1 u_B = -\dfrac{h^2}{6k_1}(S_l + CM_C)$

Zu Fall 32/3: $\quad EI_1 u_B = \dfrac{h^2}{6k_1}(S_r + BM_B)$

Zu Fall 32/5: $\quad EI_1 u_B = \dfrac{Ph^3}{6k_1 N}(2C(k_1+1) - B)$.

Zu Fall 33/2: $\quad EI_1 u_B = \dfrac{h^2}{6k_1}(L + BM_B)$

Zu Fall 33/3: $\quad EI_1 u_B = \dfrac{h^2}{6k_1}(S_l \cdot 2(k_1+1) + Rk_1 - ZhB)$

Zu Sonderfall 33/3a: $\quad EI_1 u_B = \dfrac{Ph^3}{6k_1}\left(B - 1 - \dfrac{B^2}{N_Z}\right)$

Zu Fall 33/4: $\quad EI_1 u_B = \dfrac{h^2}{6k_1}(BM_B + Rk_1)$

Zu Fall 33/5: $\quad EI_1 u_B = \dfrac{h^2}{6k_1}(BM_B + S_r)$

Zu Sonderfall 33/5a: $\quad EI_1 u_B$ wie bei 33/3a mit umgekehrtem Vorzeichen.

Zu Fall 34/2: $\quad EI_1 u_B = \dfrac{h^2}{6k_1}\left(\dfrac{ql^2}{4} + X_3 k_1 - X_1(3k_1+2) - X_2\right)$

Zu Fall 34/3: $\quad EI_1 u_B = \dfrac{h^2}{6k_1}(H_A h k_1 + M_B(3k_1+2) + M_C)$

Zu Fall 34/4: $\quad EI_1 u_B = \dfrac{h^2}{6k_1}\left(-\dfrac{qh^2}{4}k_1 + X_1(3k_1+2) - X_2 + X_3 k_1\right)$

Zu Fall 34/5: $\quad EI_1 u_B = -\dfrac{h^2}{6k_1}(X_1(3k_1+2) - X_2 - X_3 k_1)$.

(Seiten 174, 176, 183) **Rahmenformen 35, 36, 38**

Horizontale Riegelverschiebungen $EI_1 u_B$

Zu Fall 35/3: $\qquad EI_1 u_B = \dfrac{h_1^2}{6} \alpha (2 S_l - L)$

Zu Fall 35/4: $\qquad EI_1 u_B = -\dfrac{h_1^2}{6} \dfrac{\alpha}{n} (2 S_r - R)$

Zu Fall 36/1: $\qquad EI_1 u_B = \dfrac{P h_1^3}{6} \dfrac{n}{N k_1} (2 C(k_1 + 1) - B)$

Zu Fall 36/2: $\qquad EI_1 u_B = \dfrac{h_1^2}{6} \dfrac{n}{N k_1} (S_l (BC - N) + R k_1 C)$

Zu Fall 36/3: $\qquad EI_1 u_B = -\dfrac{h_1^2}{6} \dfrac{1}{N k_1} (S_r (BC - N) + L k_2 n B)$

Zu Fall 36/4: $\qquad EI_1 u_B = \dfrac{h_1^2}{6 k_1} (L - BX)$

Zu Fall 38/1: $\qquad EI_1 u_B = \dfrac{h_1^2}{6 k_1} (X_1 (3 k_1 + 2) - X_2 + X_3 k_1 - P h_1 k_1)$

Zu Fall 38/2: $\qquad EI_1 u_B = \dfrac{h_1^2}{6 k_1} (X_1 (3 k_1 + 2) + X_2 + X_3 k_1 - (2 M_1 + M_2))$

Zu Fall 38/3: $\qquad EI_1 u_B = \dfrac{h_2^2}{6 k_1} \left(-X_1 \cdot \dfrac{1}{n} + X_2 \dfrac{2 + 3 k_2}{n} - X_3 k_2 \right)$

Zu Fall 38/4: $\qquad EI_1 u_B = -\dfrac{h_1^2}{6 k_1} (X_1 (3 k_1 + 2) - X_2 - X_3 k_1)$

Zu Fall 38/5: $\qquad EI_1 u_B = \dfrac{h_1^2}{6 k_1} (L - X_1 (3 k_1 + 2) - X_2 + X_3 k_1)$

Rahmenform 35

Eingespannter Rahmen mit verschieden hohen senkrechten Stielen und gelenkig eingefügtem waagerechtem Riegel

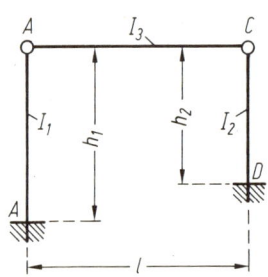
Rahmenform, Abmessungen und Bezeichnungen

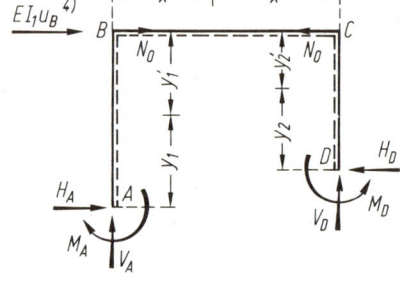
Festlegung der positiven Richtung aller Stützkräfte und der Längskraft im Riegel[1])

Festwerte:

$$K_1 = \frac{I_1}{h_1^3} \qquad K_2 = \frac{I_2}{h_2^3}; \qquad \alpha = \frac{K_1}{K_1 + K_2} \qquad \delta = \frac{K_2}{K_1 + K_2} = 1 - \alpha; \qquad n = \frac{h_2}{h_1}.$$

Fall 35/1: Beliebige senkrechte Belastung des Riegels

Der Riegel verhält sich wie ein einfacher Balken. Formelanschriebe genau wie beim Fall 27/2, Seite 117.

Fall 35/2: Gleichmäßige Wärmezunahme des Riegels um t Grad[2])[3])

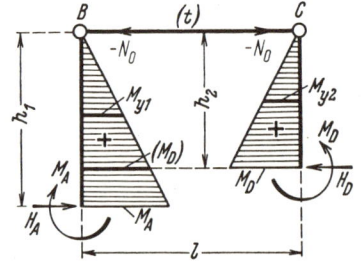

E = Elastizitätsmodul,
α_t = Wärmedehnkoeffizient.

$$H_A = -N_0 = H_D = 3EI \cdot \alpha_t t \cdot \frac{K_1 K_2}{K_1 + K_2};$$

$$M_A = H_A \cdot h_1 \qquad M_D = H_D \cdot h_2.$$

Bemerkung: Bei Wärme**ab**nahme kehren alle Momente und Kräfte ihren Wirkungssinn um.

---

[1]) Positive Biegemomente M erzeugen an der gestrichelten Stabseite Zug. Positive Längskräfte N erzeugen im Stab Zug.
[2]) Wärmeänderung der Stiele hat keinen statischen Einfluß.
[3]) Bei einer Riegelverkürzung Δl ist $\Delta l/l$ anstatt $\alpha_t \cdot t$ in die Formeln für Wärme**ab**nahme einzusetzen.
[4]) Siehe Seite 173.

Festwerte usw. siehe Seite 174 **Rahmenform 35**

Siehe hierzu den Abschnitt „**Belastungsglieder**"

Fall 35/3: Linker Stiel beliebig belastet

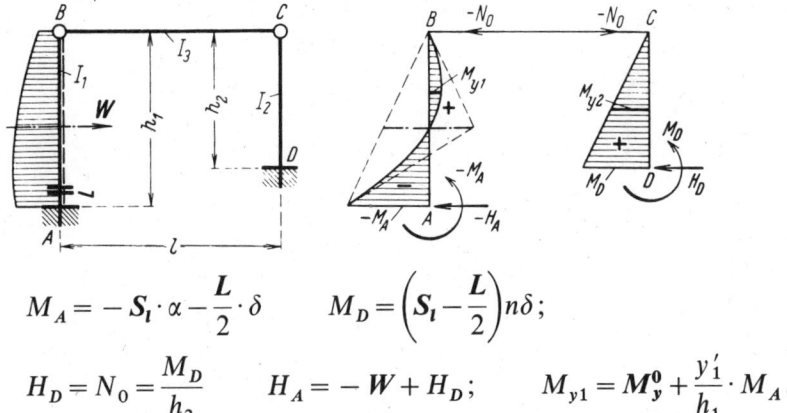

$$M_A = -S_l \cdot \alpha - \frac{L}{2} \cdot \delta \qquad M_D = \left(S_l - \frac{L}{2}\right) n\delta;$$

$$H_D = N_0 = \frac{M_D}{h_2} \qquad H_A = -W + H_D; \qquad M_{y1} = M_y^0 + \frac{y_1'}{h_1} \cdot M_A.$$

Sonderfall 35/3a: Nur waagerechte Einzellast P am Eckpunkt B

$(W = P; \qquad S_l = Ph_1; \qquad L = 0; \qquad M_y^0 = 0).$

$H_A = -P\alpha \qquad H_D = -N_0 = P\delta; \qquad M_A = -P\alpha \cdot h_1 \qquad M_D = +P\delta \cdot h_2.$

Fall 35/4: Rechter Stiel beliebig belastet

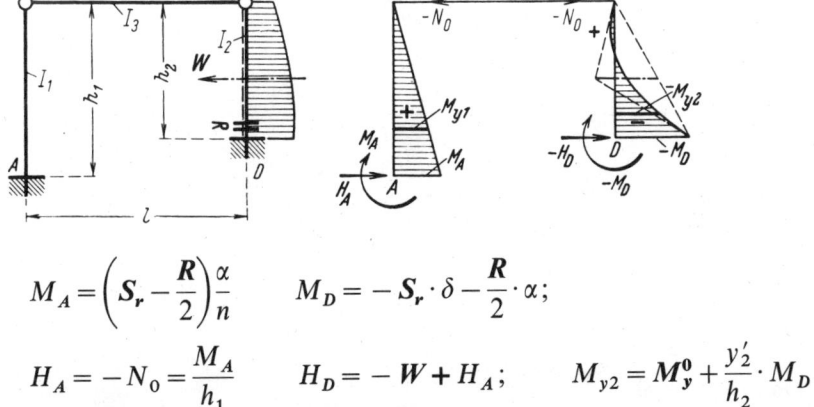

$$M_A = \left(S_r - \frac{R}{2}\right)\frac{\alpha}{n} \qquad M_D = -S_r \cdot \delta - \frac{R}{2} \cdot \alpha;$$

$$H_A = -N_0 = \frac{M_A}{h_1} \qquad H_D = -W + H_A; \qquad M_{y2} = M_y^0 + \frac{y_2'}{h_2} \cdot M_D.$$

Sonderfall 35/4a: Nur waagerechte Einzellast P am Eckpunkt C

$(W = P; \qquad S_r = Ph_2; \qquad R = 0; \qquad M_y^0 = 0).$

$H_A = -N_0 = P\alpha \qquad H_D = -P\delta; \qquad M_A = +P\alpha \cdot h_1 \qquad M_D = -P\delta \cdot h_2.$

Bemerkung: Mit Ausnahme von N_0 ist der Fall 35/4a gleich dem negativen Fall 35/3a.

Rahmenform 36

Zweigelenkrahmen mit waagerechtem Riegel und verschieden hohen senkrechten Stielen

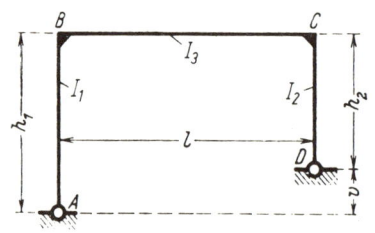
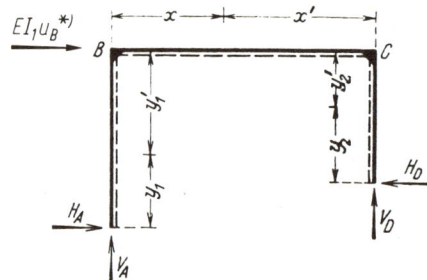

Rahmenform, Abmessungen und Bezeichnungen

Festlegung der positiven Richtung aller Stützkräfte und der Koordinaten beliebiger Stabpunkte. Positive Biegemomente erzeugen an der gestrichelten Stabseite Zug

Festwerte:

$$k_1 = \frac{I_3}{I_1} \cdot \frac{h_1}{l} \qquad k_2 = \frac{I_3}{I_2} \cdot \frac{h_2}{l}; \qquad n = \frac{h_2}{h_1};$$

$$B = 2(k_1 + 1) + n \qquad C = 1 + 2n(1 + k_2); \qquad N = B + nC.$$

Fall 36/1: Waagerechte Einzellast in Riegelhöhe

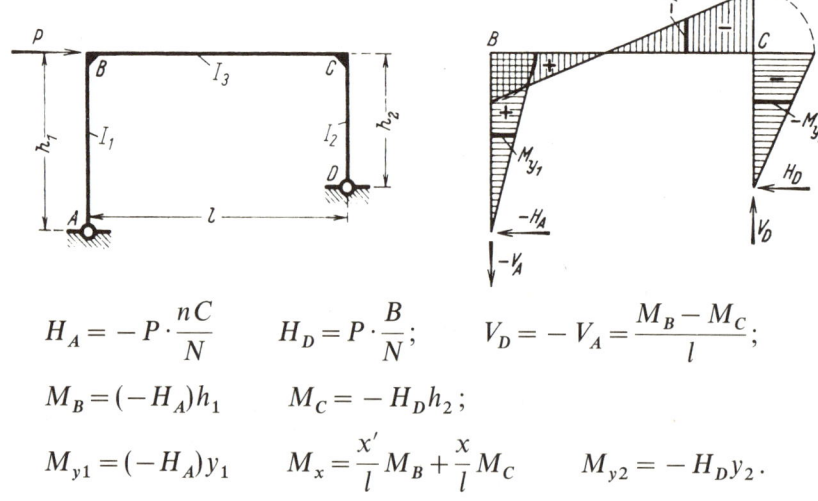

$$H_A = -P \cdot \frac{nC}{N} \qquad H_D = P \cdot \frac{B}{N}; \qquad V_D = -V_A = \frac{M_B - M_C}{l};$$

$$M_B = (-H_A)h_1 \qquad M_C = -H_D h_2;$$

$$M_{y1} = (-H_A)y_1 \qquad M_x = \frac{x'}{l} M_B + \frac{x}{l} M_C \qquad M_{y2} = -H_D y_2.$$

---

*) Siehe Seite 173.

Festwerte siehe Seite 176 **Rahmenform 36**

Siehe hierzu den Abschnitt „**Belastungsglieder**"

Fall 36/2: Linker Stiel beliebig waagerecht belastet

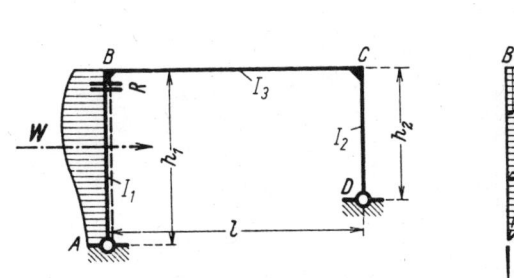 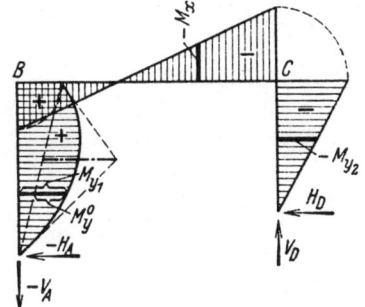

Hilfswert: $X = \dfrac{BS_l + Rk_1}{N}$.

$M_B = S_l - X \qquad M_C = -nX$;

$V_D = -V_A = \dfrac{M_B - M_C}{l}$; $\qquad H_D = \dfrac{X}{h_1} \qquad H_A = -(W - H_D)$;

$M_{y1} = M_y^0 + \dfrac{y_1}{h_1} M_B \qquad M_x = \dfrac{x'}{l} M_B + \dfrac{x}{l} M_C \qquad M_{y2} = \dfrac{y_2}{h_2} M_C$.

Fall 36/3: Rechter Stiel beliebig waagerecht belastet

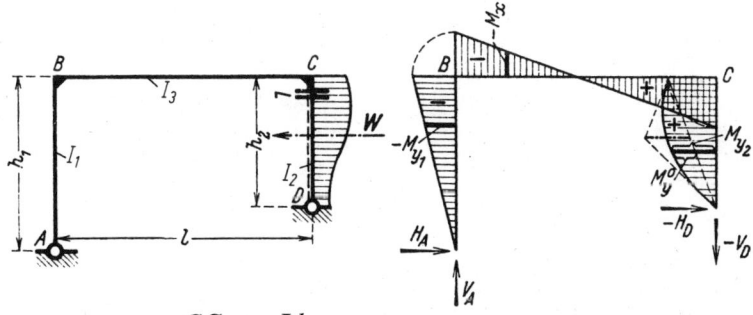

Hilfswert: $X = \dfrac{CS_r + nLk_2}{N}$;

$M_B = -X \qquad M_C = S_r - nX$;

$V_A = -V_D = \dfrac{M_C - M_B}{l}$; $\qquad H_A = \dfrac{X}{h_1} \qquad H_D = -(W - H_A)$;

$M_{y1} = \dfrac{y_1}{h_1} M_B \qquad M_x = \dfrac{x'}{l} M_B + \dfrac{x}{l} M_C \qquad M_{y2} = M_y^0 + \dfrac{y_2}{h_2} M_C$.

Rahmenform 36 — Festwerte siehe Seite 176

Siehe hierzu den Abschnitt **„Belastungsglieder"**

Fall 36/4: Riegel beliebig senkrecht belastet

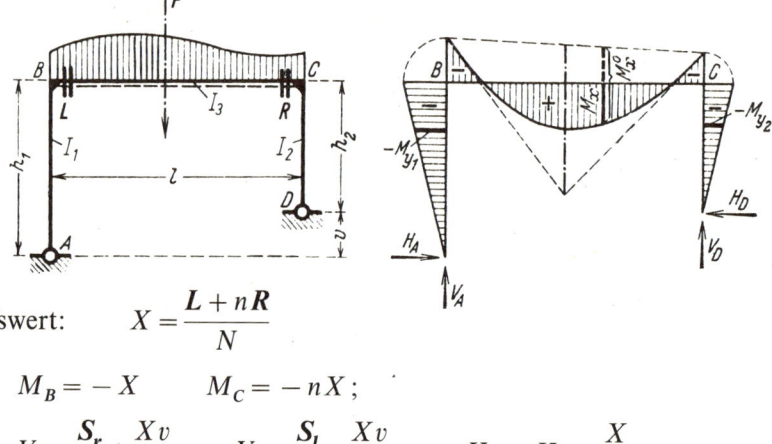

Hilfswert: $X = \dfrac{L + nR}{N}$

$M_B = -X \qquad M_C = -nX;$

$V_A = \dfrac{S_r}{l} + \dfrac{Xv}{h_1 l} \qquad V_D = \dfrac{S_l}{l} - \dfrac{Xv}{h_1 l}; \qquad H_A = H_D = \dfrac{X}{h_1};$

$M_{y1} = \dfrac{y_1}{h_1} M_B \qquad M_x = M_x^0 + \dfrac{x'}{l} M_B + \dfrac{x}{l} M_C \qquad M_{y2} = \dfrac{y_2}{h_2} M_C.$

Fall 36/5: Gleichmäßige Wärme**zu**nahme im ganzen Rahmen[1])

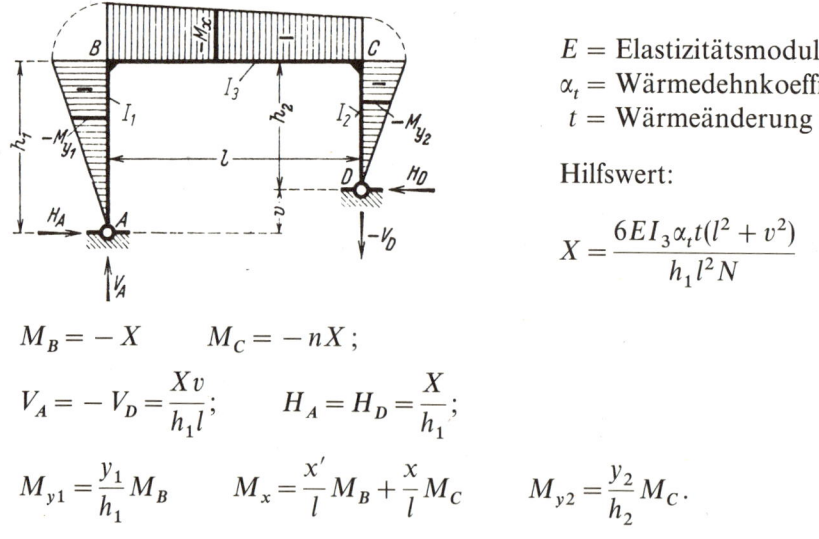

E = Elastizitätsmodul,
α_t = Wärmedehnkoeffizient,
t = Wärmeänderung in Grad.

Hilfswert:

$X = \dfrac{6EI_3 \alpha_t t(l^2 + v^2)}{h_1 l^2 N}$

$M_B = -X \qquad M_C = -nX;$

$V_A = -V_D = \dfrac{Xv}{h_1 l}; \qquad H_A = H_D = \dfrac{X}{h_1};$

$M_{y1} = \dfrac{y_1}{h_1} M_B \qquad M_x = \dfrac{x'}{l} M_B + \dfrac{x}{l} M_C \qquad M_{y2} = \dfrac{y_2}{h_2} M_C.$

Bemerkung: Bei Wärme**ab**nahme kehren alle Kräfte ihren Pfeilsinn um und alle Momente erhalten entgegengesetztes Vorzeichen.

---

[1]) Bei einer Riegelverkürzung Δl wird $X = \dfrac{6EI_3 \Delta l}{h_1 l N}$.

Rahmenform 37

Rahmen mit waagerechtem Riegel und verschieden hohen senkrechten Stielen mit einem festen Fußgelenk und einem waagerecht beweglichen Auflager, verbunden durch ein schräg liegendes elastisches Zugband

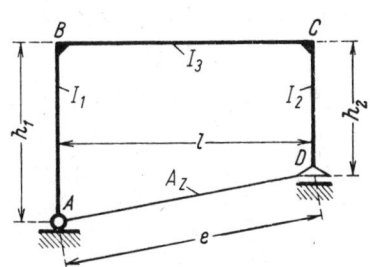

Rahmenform, Abmessungen und Bezeichnungen

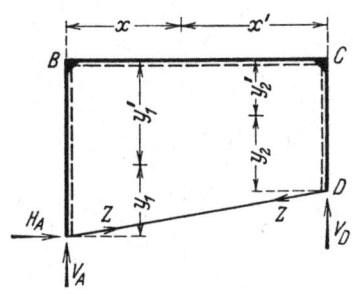

Festlegung der positiven Richtung aller Stützkräfte und der Koordinaten beliebiger Stabpunkte. Positive Biegemomente erzeugen an der gestrichelten Stabseite Zug

Festwerte:

$$k_1 = \frac{I_3}{I_1} \cdot \frac{h_1}{l} \qquad k_2 = \frac{I_3}{I_2} \cdot \frac{h_2}{l}; \qquad n = \frac{h_2}{h_1};$$

$$B = 2(k_1 + 1) + n \qquad C = 1 + 2n(1 + k_2);$$

$$N = B + nC \qquad L_z = \frac{6 I_3}{h_1^2 A_z} \cdot \frac{E}{E_z}; \qquad N_z = N\frac{l}{e} + L_z \frac{e^2}{l^2}.$$

E = Elastizitätsmodul des Rahmenbaustoffes,
E_z = Elastizitätsmodul des Zugbandstoffes,
A_z = Querschnittsfläche des Zugbandes.

Rahmenform 37   Festwerte siehe Seite 179

Siehe hierzu den Abschnitt „Belastungsglieder"

Fall 37/1: Riegel beliebig senkrecht belastet

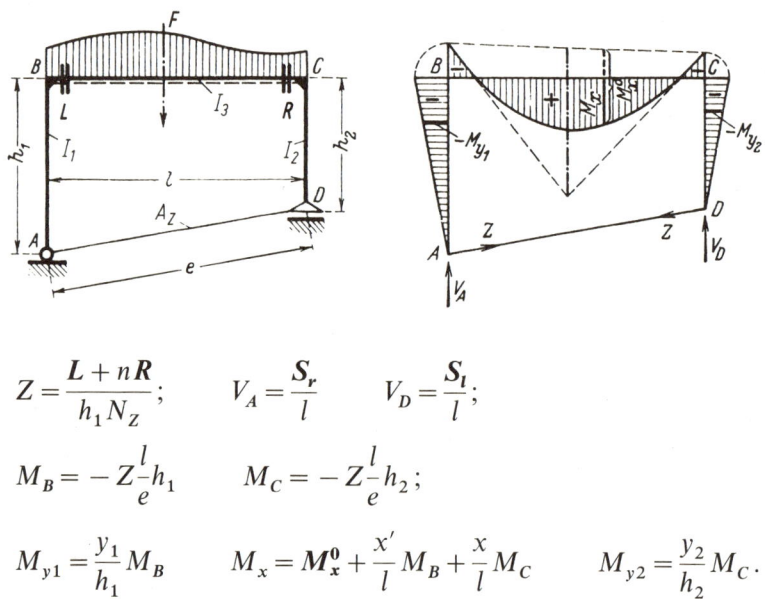

$$Z = \frac{L + nR}{h_1 N_Z}; \qquad V_A = \frac{S_r}{l} \qquad V_D = \frac{S_l}{l};$$

$$M_B = -Z\frac{l}{e}h_1 \qquad M_C = -Z\frac{l}{e}h_2;$$

$$M_{y1} = \frac{y_1}{h_1} M_B \qquad M_x = M_x^0 + \frac{x'}{l} M_B + \frac{x}{l} M_C \qquad M_{y2} = \frac{y_2}{h_2} M_C.$$

Fall 37/2: Linker Stiel beliebig waagerecht belastet

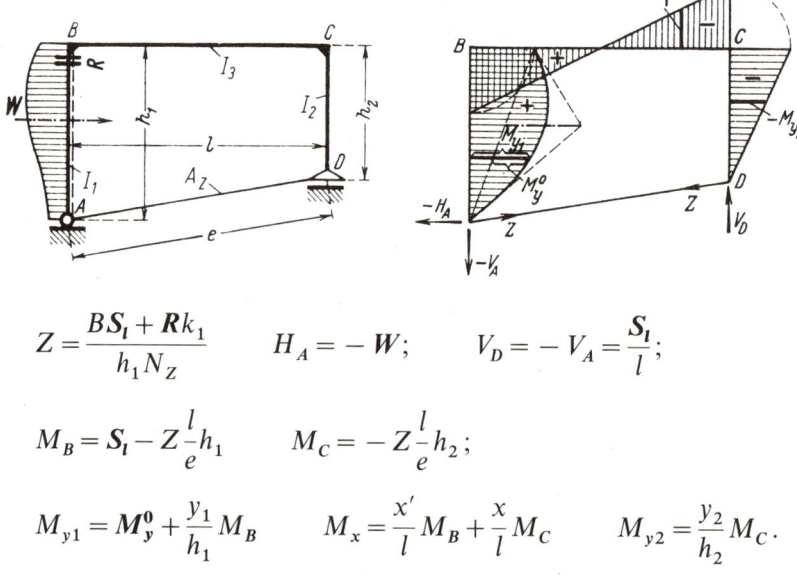

$$Z = \frac{BS_l + Rk_1}{h_1 N_Z} \qquad H_A = -W; \qquad V_D = -V_A = \frac{S_l}{l};$$

$$M_B = S_l - Z\frac{l}{e}h_1 \qquad M_C = -Z\frac{l}{e}h_2;$$

$$M_{y1} = M_y^0 + \frac{y_1}{h_1} M_B \qquad M_x = \frac{x'}{l} M_B + \frac{x}{l} M_C \qquad M_{y2} = \frac{y_2}{h_2} M_C.$$

Festwerte siehe Seite 179　　　　　　　　　　　　　　　　　　　　　**Rahmenform 37**

Siehe hierzu den Abschnitt **„Belastungsglieder"**

Fall 37/3: Rechter Stiel beliebig waagerecht belastet

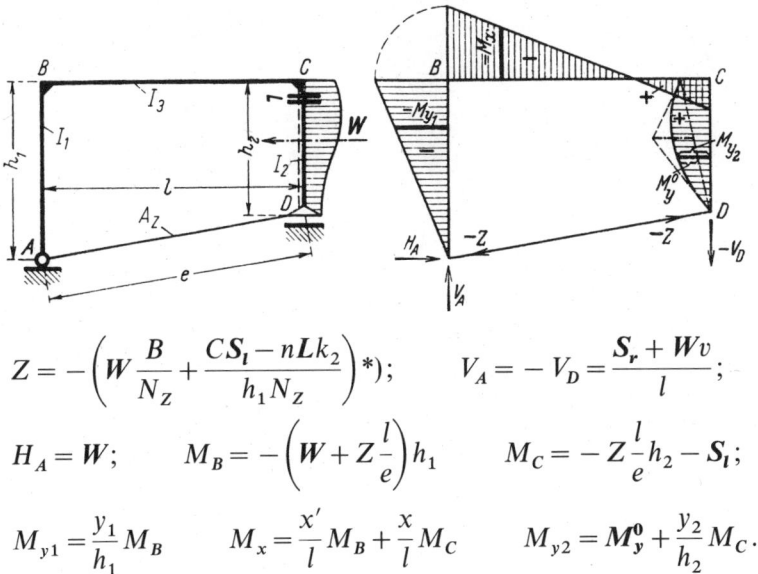

$$Z = -\left(W\frac{B}{N_Z} + \frac{CS_l - nLk_2}{h_1 N_Z}\right)*); \qquad V_A = -V_D = \frac{S_r + Wv}{l};$$

$$H_A = W; \qquad M_B = -\left(W + Z\frac{l}{e}\right)h_1 \qquad M_C = -Z\frac{l}{e}h_2 - S_l;$$

$$M_{y1} = \frac{y_1}{h_1}M_B \qquad M_x = \frac{x'}{l}M_B + \frac{x}{l}M_C \qquad M_{y2} = M_y^0 + \frac{y_2}{h_2}M_C.$$

Fall 37/4: Gleichmäßige Wärmezunahme im ganzen Rahmen

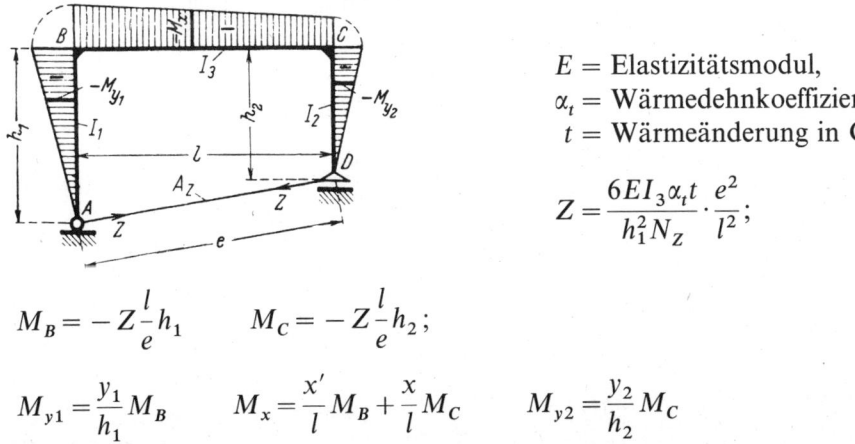

E = Elastizitätsmodul,
α_t = Wärmedehnkoeffizient,
t = Wärmeänderung in Grad.

$$Z = \frac{6EI_3\alpha_t t}{h_1^2 N_Z} \cdot \frac{e^2}{l^2};$$

$$M_B = -Z\frac{l}{e}h_1 \qquad M_C = -Z\frac{l}{e}h_2;$$

$$M_{y1} = \frac{y_1}{h_1}M_B \qquad M_x = \frac{x'}{l}M_B + \frac{x}{l}M_C \qquad M_{y2} = \frac{y_2}{h_2}M_C$$

Bemerkung: Bei Wärmeabnahme kehren alle Kräfte ihren Pfeilsinn um und alle Momente erhalten entgegengesetztes Vorzeichen.

---

*) Bei dem obigen Lastfall, bei Wärmeabnahme sowie bei dem Lastfall 37/6, Seite 182, wird Z negativ, d. h. das Zugband erhält Druck. Dieser Umstand hat selbstverständlich nur dann einen Sinn wenn die Druckkraft kleiner bleibt als die Zugkraft aus ständiger Last, so daß stets ein Rest Zugkraft im Zugbande verbleibt.

Rahmenform 37 Festwerte siehe Seite 179

Fall 37/5: Waagerechte Einzellast in Riegelhöhe

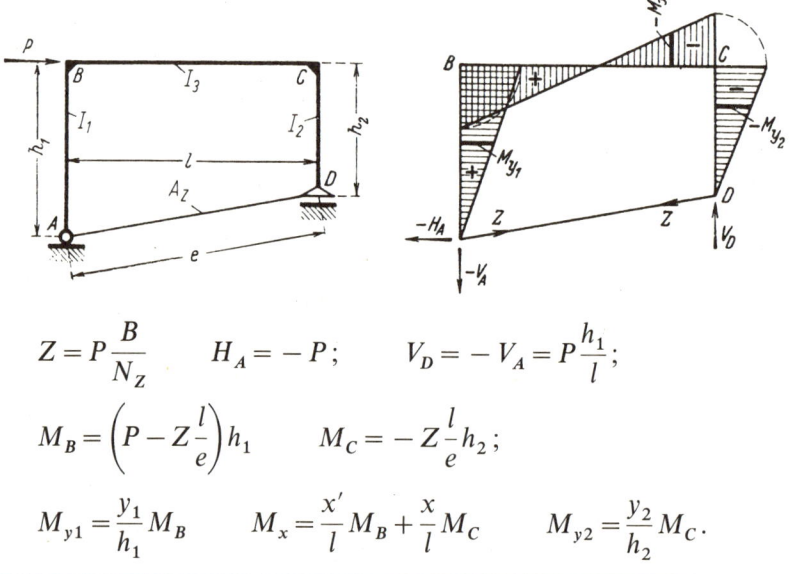

$$Z = P\frac{B}{N_Z} \qquad H_A = -P; \qquad V_D = -V_A = P\frac{h_1}{l};$$

$$M_B = \left(P - Z\frac{l}{e}\right)h_1 \qquad M_C = -Z\frac{l}{e}h_2;$$

$$M_{y1} = \frac{y_1}{h_1}M_B \qquad M_x = \frac{x'}{l}M_B + \frac{x}{l}M_C \qquad M_{y2} = \frac{y_2}{h_2}M_C.$$

Fall 37/6: Verschiedene Drehmomente in den Eckpunkten B und C

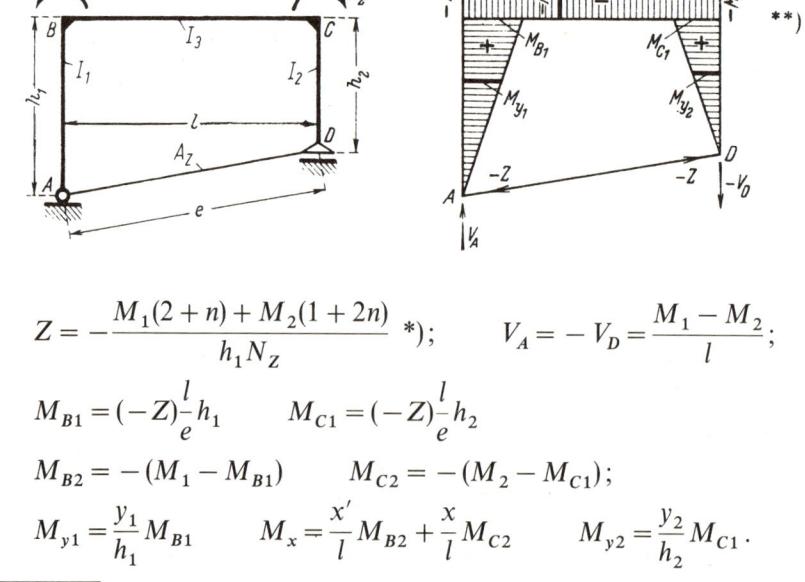

**)

$$Z = -\frac{M_1(2+n) + M_2(1+2n)}{h_1 N_Z} \text{ *)}; \qquad V_A = -V_D = \frac{M_1 - M_2}{l};$$

$$M_{B1} = (-Z)\frac{l}{e}h_1 \qquad M_{C1} = (-Z)\frac{l}{e}h_2$$

$$M_{B2} = -(M_1 - M_{B1}) \qquad M_{C2} = -(M_2 - M_{C1});$$

$$M_{y1} = \frac{y_1}{h_1}M_{B1} \qquad M_x = \frac{x'}{l}M_{B2} + \frac{x}{l}M_{C2} \qquad M_{y2} = \frac{y_2}{h_2}M_{C1}.$$

*) Siehe hierzu die Fußnote Seite 181.
**) Das Momentenflächenbild entspricht einer Annahme $M_1 > M_2$.

Rahmenform 38

Eingespannter Rahmen mit waagerechtem Riegel und verschieden hohen senkrechten Stielen

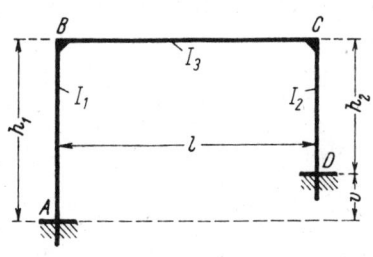

Rahmenform, Abmessungen und Bezeichnungen

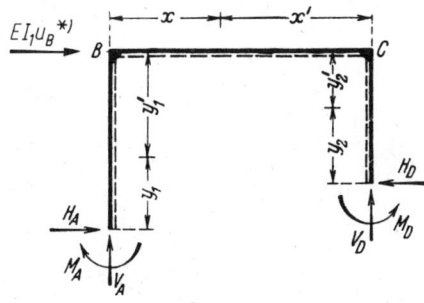

Festlegung der positiven Richtung aller Stützkräfte und der Koordinaten beliebiger Stabpunkte. Positive Biegemomente erzeugen an der gestrichelten Stabseite Zug

Festwerte:

$$k_1 = \frac{I_3}{I_1} \cdot \frac{h_1}{l} \qquad k_2 = \frac{I_3}{I_2} \cdot \frac{h_2}{l}; \qquad n = \frac{h_2}{h_1};$$

$$R_1 = 2(3k_1 + 1) \qquad R_2 = 2(1 + 3k_2) \qquad R_3 = 2(k_1 + n^2 k_2);$$

$$N = R_3(k_1 + 1 + k_2) + 6k_1 k_2(k_1 + 1 + n + n^2 + n^2 k_2)$$

$$n_{11} = \frac{R_2 R_3 - 9n^2 k_2^2}{3N} \qquad n_{12} = n_{21} = \frac{9nk_1 k_2 - R_3}{3N}$$

$$n_{22} = \frac{R_1 R_3 - 9k_1^2}{3N} \qquad n_{13} = n_{31} = \frac{k_1 R_2 - nk_2}{N}$$

$$n_{33} = \frac{R_1 R_2 - 1}{3N} \qquad n_{23} = n_{32} = \frac{nk_2 R_1 - k_1}{N}$$

---

*) Siehe Seite 173.

Rahmenform 38 Festwerte siehe Seite 183

Fall 38/1: Waagerechte Einzellast in Riegelhöhe

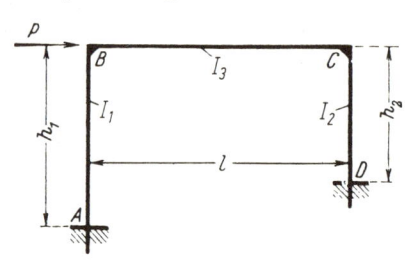
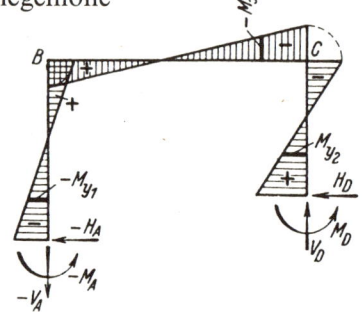

Hilfswerte:

$$X_1 = Ph_1 k_1(+3n_{11} - 2n_{31})$$
$$X_2 = Ph_1 k_1(-3n_{12} + 2n_{32})$$
$$X_3 = Ph_1 k_1(-3n_{13} + 2n_{33}).$$

$$M_A = -Ph_1 + X_1 + X_3$$
$$M_B = X_1 \qquad M_C = -X_2$$
$$M_D = nX_3 - X_2;$$

$$V_D = -V_A = \frac{X_1 + X_2}{l}; \qquad H_D = \frac{X_3}{h_1} \qquad H_A = -(P - H_D);$$

$$M_{y1} = \frac{y_1'}{h_1} M_A + \frac{y_1}{h_1} M_B \qquad M_x = \frac{x'}{l} M_B + \frac{x}{l} M_C \qquad M_{y2} = \frac{y_2}{h_2} M_C + \frac{y_2'}{h_2} M_D.$$

Fall 38/2: Verschieden große Drehmomente in den Eckpunkten B und C

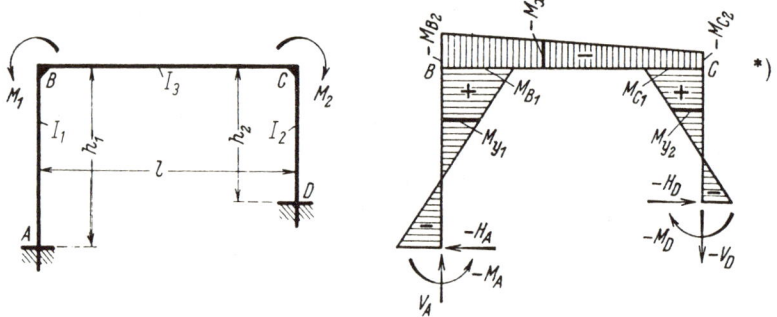

*)

Hilfswerte:

$$X_1 = +M_1(2n_{11} + n_{21}) + M_2(n_{11} + 2n_{21})$$
$$X_2 = +M_1(2n_{12} + n_{22}) + M_2(n_{12} + 2n_{22})$$
$$X_3 = -M_1(2n_{13} + n_{23}) - M_2(n_{13} + 2n_{23}).$$

$$M_A = X_1 + X_3$$
$$M_{B1} = X_1 \qquad M_{C1} = X_2$$
$$M_{B2} = -(M_1 - X_1)$$
$$M_{C2} = -(M_2 - X_2)$$

$$V_A = -V_D = \frac{M_{C2} - M_{B2}}{l}; \qquad H_A = H_D = \frac{X_3}{h_1}; \qquad M_D = X_2 + nX_3;$$

$$M_{y1} = \frac{y_1'}{h_1} M_A + \frac{y_1}{h_1} M_{B1} \qquad M_x = \frac{x'}{l} M_{B2} + \frac{x}{l} M_{C2} \qquad M_{y2} = \frac{y_2}{h_2} M_{C1} + \frac{y_2'}{h_2} M_D.$$

*) Das Momentenflächenbild entspricht einer Annahme $M_1 > M_2$.

Festwerte siehe Seite 183   **Rahmenform 38**

Siehe hierzu den Abschnitt „**Belastungsglieder**"

Fall 38/3: Linker Stiel beliebig waagerecht belastet

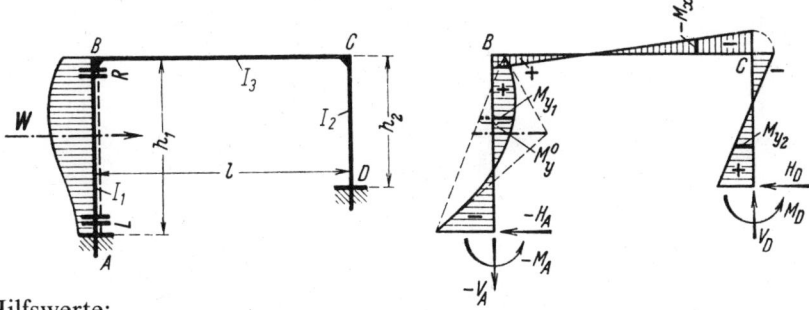

Hilfswerte:

$B_1 = [3S_l - (L + R)]k_1$ $X_1 = +B_1 n_{11} - B_3 n_{31}$
$B_3 = [2S_l - L]k_1;$ $X_2 = -B_1 n_{12} + B_3 n_{32}$
$X_3 = -B_1 n_{13} + B_3 n_{33}.$

$M_A = -S_l + X_1 + X_3$ $M_B = X_1$ $M_C = -X_2$ $M_D = nX_3 - X_2;$

$V_D = -V_A = \dfrac{X_1 + X_2}{l};$ $H_D = \dfrac{X_3}{h_1}$ $H_A = -(W - H_D);$

$M_{y1} = M_y^0 + \dfrac{y_1'}{h_1} M_A + \dfrac{y_1}{h_1} M_B$ $M_x = \dfrac{x'}{l} M_B + \dfrac{x}{l} M_C$ $M_{y2} = \dfrac{y_2}{h_2} M_C + \dfrac{y_2'}{h_2} M_D.$

Fall 38/4: Rechter Stiel beliebig waagerecht belastet

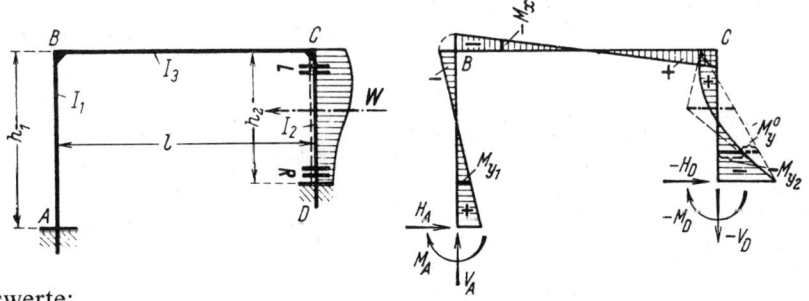

Hilfswerte:

$B_2 = [3S_r - (L + R)]k_2$ $X_1 = -B_2 n_{21} + B_3 n_{31}$
$B_3 = [2S_r - R]nk_2;$ $X_2 = +B_2 n_{22} - B_3 n_{32}$
$X_3 = -B_2 n_{23} + B_3 n_{33}.$

$M_A = X_3 - X_1$ $M_B = -X_1$ $M_C = X_2$ $M_D = -S_r + X_2 + nX_3;$

$V_A = -V_D = \dfrac{X_1 + X_2}{l};$ $H_A = \dfrac{X_3}{h_1}$ $H_D = -(W - H_A);$

$M_{y1} = \dfrac{y_1'}{h_1} M_A + \dfrac{y_1}{h_1} M_B$ $M_x = \dfrac{x'}{l} M_B + \dfrac{x}{l} M_C$ $M_{y2} = M_y^0 + \dfrac{y_2}{h_2} M_C + \dfrac{y_2'}{h_2} M_D.$

Rahmenform 38 Festwerte siehe Seite 183

Siehe hierzu den Abschnitt „**Belastungsglieder**"

Fall 38/5: Riegel beliebig senkrecht belastet

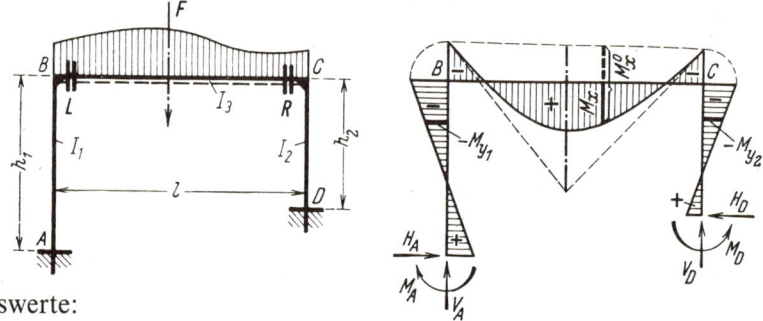

Hilfswerte:

$$X_1 = L n_{11} + R n_{21}$$
$$X_2 = L n_{12} + R n_{22}$$
$$X_3 = L n_{13} + R n_{23}.$$

$$M_A = X_3 - X_1$$
$$M_B = -X_1 \qquad M_C = -X_2$$
$$M_D = n X_3 - X_2;$$

$$V_A = \frac{S_r + X_1 - X_2}{l} \qquad V_D = F - V_A; \qquad M_x = M_x^0 + \frac{x'}{l} M_B + \frac{x}{l} M_C$$

$$H_A = H_D = \frac{X_3}{h_1}; \qquad M_{y1} = \frac{y_1'}{h_1} M_A + \frac{y_1}{h_1} M_B \qquad M_{y2} = \frac{y_2}{h_2} M_C + \frac{y_2'}{h_2} M_D.$$

Fall 38/6: Gleichmäßige Wärme**zu**nahme im ganzen Rahmen

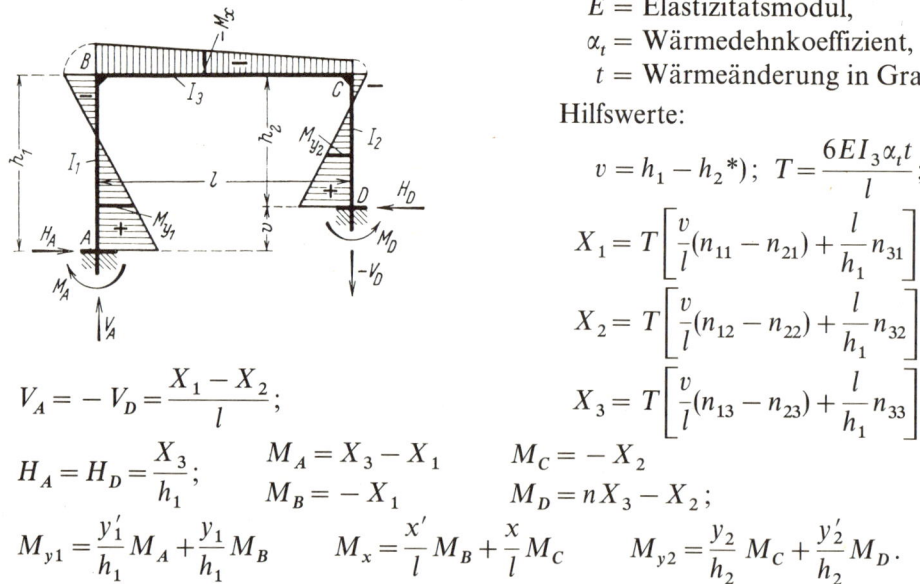

E = Elastizitätsmodul,
α_t = Wärmedehnkoeffizient,
t = Wärmeänderung in Grad.

Hilfswerte:

$$v = h_1 - h_2 {}^*); \quad T = \frac{6 E I_3 \alpha_t t}{l};$$

$$X_1 = T \left[\frac{v}{l}(n_{11} - n_{21}) + \frac{l}{h_1} n_{31} \right]$$

$$X_2 = T \left[\frac{v}{l}(n_{12} - n_{22}) + \frac{l}{h_1} n_{32} \right]$$

$$X_3 = T \left[\frac{v}{l}(n_{13} - n_{23}) + \frac{l}{h_1} n_{33} \right]$$

$$V_A = -V_D = \frac{X_1 - X_2}{l};$$

$$H_A = H_D = \frac{X_3}{h_1}; \qquad M_A = X_3 - X_1 \qquad M_C = -X_2$$
$$M_B = -X_1 \qquad M_D = n X_3 - X_2;$$

$$M_{y1} = \frac{y_1'}{h_1} M_A + \frac{y_1}{h_1} M_B \qquad M_x = \frac{x'}{l} M_B + \frac{x}{l} M_C \qquad M_{y2} = \frac{y_2}{h_2} M_C + \frac{y_2'}{h_2} M_D.$$

Bemerkung: Bei Wärme**ab**nahme kehren alle Kräfte ihren Pfeilsinn um und alle Momente erhalten entgegengesetztes Vorzeichen.

*) Für $h_2 > h_1$ wird v negativ!

Rahmenform 39

Rahmen mit waagerechtem Riegel und verschieden hohen senkrechten Stielen mit einer Fußeinspannung und einem Fußgelenk

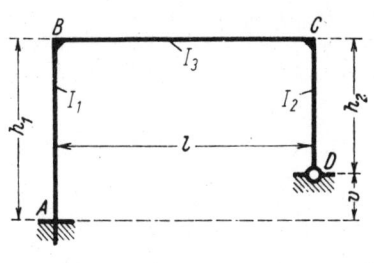

Rahmenform, Abmessungen und Bezeichnungen

Festlegung der positiven Richtung aller Stützkräfte und der Koordinaten beliebiger Stabpunkte. Positive Biegemomente erzeugen an der gestrichelten Stabseite Zug

Festwerte:

$$k_1 = \frac{I_3}{I_1} \cdot \frac{h_1}{l} \qquad k_2 = \frac{I_3}{I_2} \cdot \frac{h_2}{l}; \qquad m = \frac{h_1}{h_2};$$

$$N = 3(mk_1 + 1)^2 + 4k_1(3 + m^2) + 4k_2(3k_1 + 1);$$

$$n_{11} = \frac{2(m^2 k_1 + 1 + k_2)}{N} \qquad n_{22} = \frac{2(3k_1 + 1)}{N}$$

$$n_{12} = n_{21} = \frac{3mk_1 - 1}{N}$$

Rahmenform 39 Festwerte siehe Seite 187

Siehe hierzu den Abschnitt „**Belastungsglieder**"

Fall 39/1: Linker Stiel beliebig waagerecht belastet

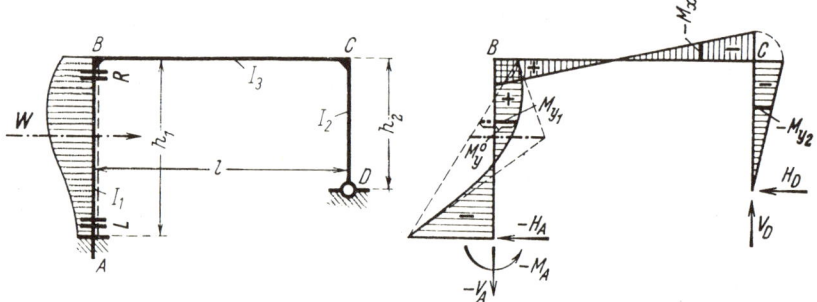

Hilfswerte:

$B_1 = [3S_l - (L+R)]k_1$ $X_1 = +B_1 n_{11} - B_2 n_{21}$
$B_2 = [2S_l - L]mk_1;$ $X_2 = -B_1 n_{12} + B_2 n_{22}.$

$M_A = -S_l + X_1 + mX_2$ $M_B = X_1$ $M_C = -X_2;$

$V_D = -V_A = \dfrac{X_1 + X_2}{l};$ $H_D = \dfrac{X_2}{h_2}$ $H_A = -(W - H_D);$

$M_{y1} = M_y^0 + \dfrac{y_1'}{h_1}M_A + \dfrac{y_1}{h_1}M_B$ $M_x = \dfrac{x'}{l}M_B + \dfrac{x}{l}M_C$ $M_{y2} = \dfrac{y_2}{h_2}M_C.$

Fall 39/2: Rechter Stiel beliebig waagerecht belastet

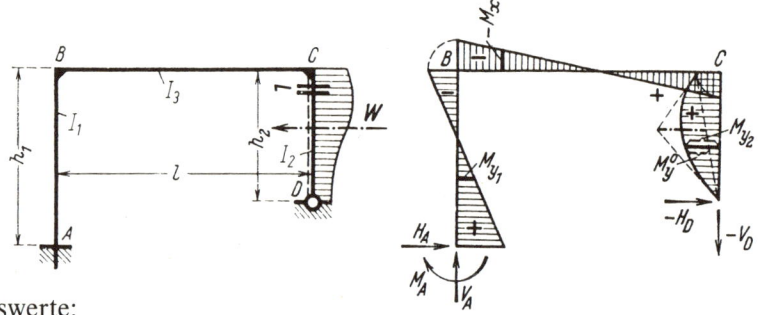

Hilfswerte:

$B_1 = 3mS_r k_1$ $X_1 = +B_1 n_{11} - B_2 n_{21}$
$B_2 = 2m^2 S_r k_1 - Lk_2;$ $X_2 = -B_1 n_{12} + B_2 n_{22}.$

$M_A = m(S_r - X_2) - X_1$ $M_B = -X_1$ $M_C = X_2;$

$V_A = -V_D = \dfrac{X_1 + X_2}{l};$ $H_A = \dfrac{S_r - X_2}{h_2}$ $H_D = -(W - H_A);$

$M_{y1} = \dfrac{y_1'}{h_1}M_A + \dfrac{y_1}{h_1}M_B$ $M_x = \dfrac{x'}{l}M_B + \dfrac{x}{l}M_C$ $M_{y2} = M_y^0 + \dfrac{y_2}{h_2}M_C.$

Festwerte siehe Seite 187   **Rahmenform 39**

Siehe hierzu den Abschnitt „**Belastungsglieder**"

Fall 39/3: Riegel beliebig senkrecht belastet

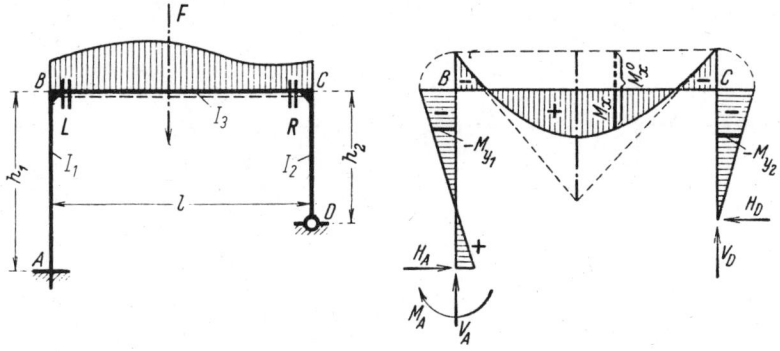

Hilfswerte: $X_1 = Ln_{11} + Rn_{21}$ $X_2 = Ln_{12} + Rn_{22}$.

$M_A = mX_2 - X_1$ $M_B = -X_1$ $M_C = -X_2$;

$$V_A = \frac{S_r}{l} + \frac{X_1 - X_2}{l} \qquad V_D = \frac{S_l}{l} - \frac{X_1 - X_2}{l}; \qquad H_A = H_D = \frac{X_2}{h_2};$$

$$M_{y1} = \frac{y_1'}{h_1}M_A + \frac{y_1}{h_1}M_B \qquad M_x = M_x^0 + \frac{x'}{l}M_B + \frac{x}{l}M_C \qquad M_{y2} = \frac{y_2}{h_2}M_C.$$

Fall 39/4: Gleichmäßige Wärmezunahme im ganzen Rahmen

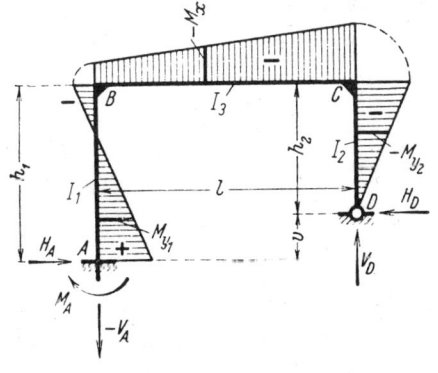

E = Elastizitätsmodul,
α_t = Wärmedehnkoeffizient,
t = Wärmeänderung in Grad.

Hilfswerte: $T = \dfrac{6EI_3\alpha_t t}{l}$;

$$X_1 = T\left[\frac{v}{l}(n_{11} - n_{21}) + \frac{l}{h_2}n_{21}\right]$$

$$X_2 = T\left[\frac{v}{l}(n_{12} - n_{22}) + \frac{l}{h_2}n_{22}\right]$$

$M_A = mX_2 - X_1$ $M_B = -X_1$ $M_C = -X_2$;

$$V_A = -V_D = \frac{X_1 - X_2}{l}; \qquad H_A = H_D = \frac{X_2}{h_2};$$

$$M_{y1} = \frac{y_1'}{h_1}M_A + \frac{y_1}{h_1}M_B \qquad M_x = \frac{x'}{l}M_B + \frac{x}{l}M_C \qquad M_{y2} = \frac{y_2}{h_2}M_C.$$

Bemerkung: Bei Wärmeabnahme kehren alle Kräfte ihren Pfeilsinn um und alle Momente erhalten entgegengesetztes Vorzeichen.

Rahmenform 40

Symmetrischer rechteckiger Zweigelenkrahmen mit elastischem Zugband in halber Stielhöhe *)

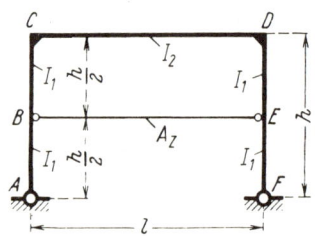

Rahmenform, Abmessungen und Bezeichnungen

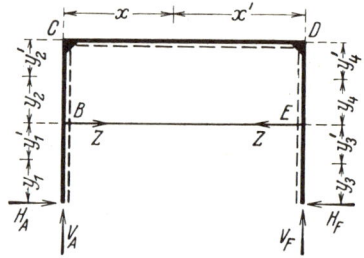

Festlegung der positiven Richtung aller Stützkräfte und der Koordinaten beliebiger Stabpunkte. Positive Biegemomente erzeugen an der gestrichelten Stabseite Zug

Festwerte:

$$\left(v = \frac{h}{2}\right), \qquad k = \frac{I_2}{I_1} \cdot \frac{h}{l} \qquad L_Z = \frac{6 I_2}{v^2 A_Z} \cdot \frac{E}{E_Z} \; {}^{*)};$$

$$K_1 = 7k + 24 \qquad K_2 = 5k + 12 \qquad K_3 = 2k + 6;$$

$$N = K_1 + 8(2k + 3) \cdot \frac{L_Z}{k}.$$

E = Elastizitätsmodul des Rahmenbaustoffes,
E_Z = Elastizitätsmodul des Zugbandstoffes,
A_Z = Querschnittsfläche des Zugbandes.

Bemerkung: Bei den Fällen 40/1, 3, 5, 5a, 7, 8, 12 und 13 wird die Zugbandkraft Z negativ, d. h. das Zugband erhält Druck. Wenn das Zugband (z. B. als schlaffes Gebilde) nicht imstande ist, Druck aufzunehmen, so hat dieser Umstand selbstverständlich nur dann einen Sinn, wenn die Gesamtdruckkraft kleiner bleibt als die Zugkraft aus ständiger Last, so daß stets ein Rest Zugkraft im Zugbande verbleibt.

---

*) Mit dem Sonderwert $L_Z = 0$ gelten alle Formeln der Rahmenform 40 auch für die gleiche Rahmenform mit *starrem Zugband* bzw. mit gelenkig eingefügtem *starrem Druckstab*.

Festwerte siehe Seite 190 — **Rahmenform 40**

Siehe hierzu den Abschnitt „**Belastungsglieder**"

Fall 40/1: Beide obere Stielhälften beliebig von außen her, aber gleich belastet (Symmetrischer Lastfall)

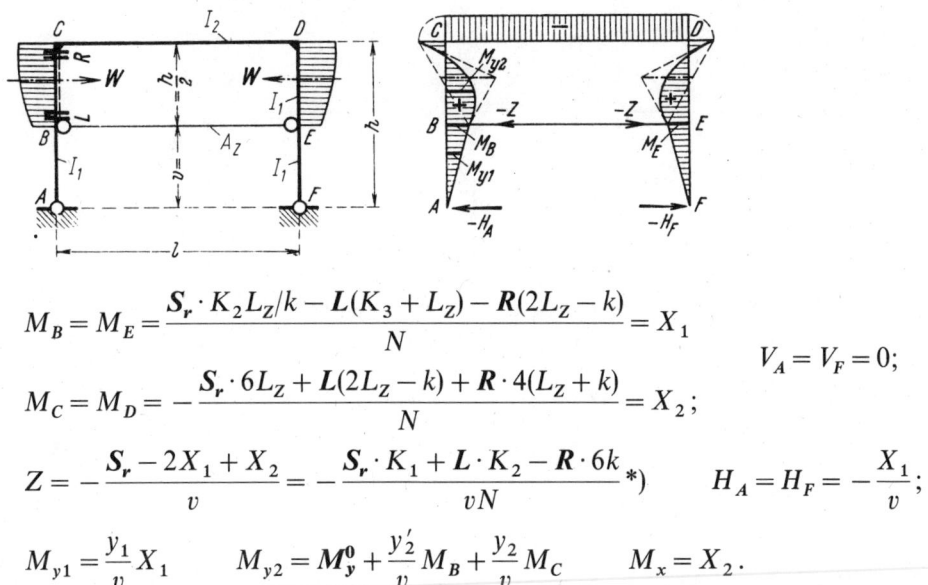

$$M_B = M_E = \frac{S_r \cdot K_2 L_Z/k - L(K_3 + L_Z) - R(2L_Z - k)}{N} = X_1$$

$$M_C = M_D = -\frac{S_r \cdot 6L_Z + L(2L_Z - k) + R \cdot 4(L_Z + k)}{N} = X_2;$$

$$V_A = V_F = 0;$$

$$Z = -\frac{S_r - 2X_1 + X_2}{v} = -\frac{S_r \cdot K_1 + L \cdot K_2 - R \cdot 6k}{vN} \text{ *)} \qquad H_A = H_F = -\frac{X_1}{v};$$

$$M_{y1} = \frac{y_1}{v} X_1 \qquad M_{y2} = M_y^0 + \frac{y_2'}{v} M_B + \frac{y_2}{v} M_C \qquad M_x = X_2.$$

Fall 40/2: Beide obere Stielhälften beliebig von links her, aber gleich belastet (Antimetrischer Lastfall)

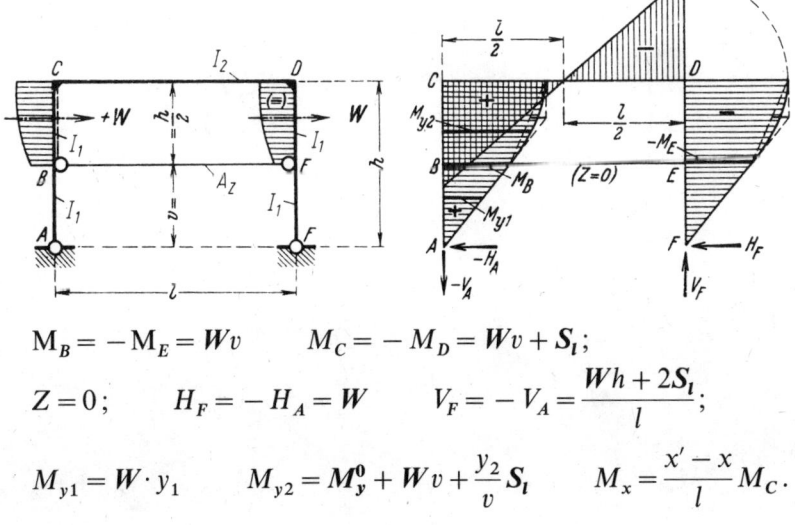

$$M_B = -M_E = Wv \qquad M_C = -M_D = Wv + S_l;$$

$$Z = 0; \qquad H_F = -H_A = W \qquad V_F = -V_A = \frac{Wh + 2S_l}{l};$$

$$M_{y1} = W \cdot y_1 \qquad M_{y2} = M_y^0 + Wv + \frac{y_2}{v} S_l \qquad M_x = \frac{x' - x}{l} M_C.$$

---

*) Wegen Z negativ siehe die Bemerkung Seite 190.

Rahmenform 40 Festwerte siehe Seite 190

Siehe hierzu den Abschnitt „**Belastungsglieder**"

Fall 40/3: Linke obere Stielhälfte beliebig belastet

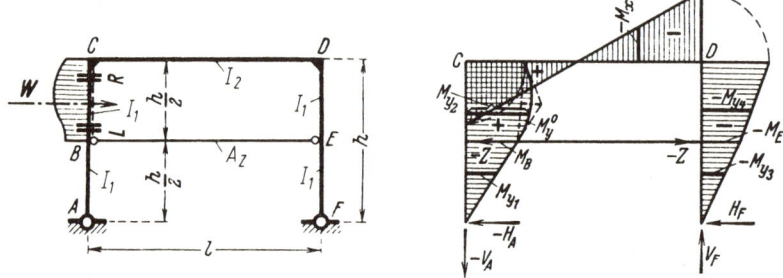

Hilfswerte X_1 und X_2 genau wie beim Fall 40/1, Seite 191.

$$\left.\begin{array}{l}M_B\\M_E\end{array}\right\} = \frac{X_1}{2} \pm \frac{Wv}{2} \qquad \left.\begin{array}{l}M_C\\M_D\end{array}\right\} = \frac{X_2}{2} \pm \frac{Wv + S_l}{2}; \qquad \left.\begin{array}{l}H_A\\H_F\end{array}\right\} = -\frac{X_1}{h} \mp \frac{W}{2};$$

$$Z = -\frac{S_r - 2X_1 + X_2}{h} = -\frac{S_r \cdot K_1 + L \cdot K_2 - R \cdot 6k}{hN}\,^*); \qquad V_F = -V_A = \frac{Wv + S_l}{l};$$

$$M_{y1} = (-H_A)y_1 \qquad M_{y3} = -H_F \cdot y_3 \qquad M_{y4} = -H_F \cdot v - (H_F + Z)y_4$$

$$M_{y2} = M_y^0 + \frac{y_2'}{v}M_B + \frac{y_2}{v}M_C \qquad M_x = \frac{x'}{l}M_C + \frac{x}{l}M_D.$$

Fall 40/4: Waagerechte Einzellast in Riegelhöhe

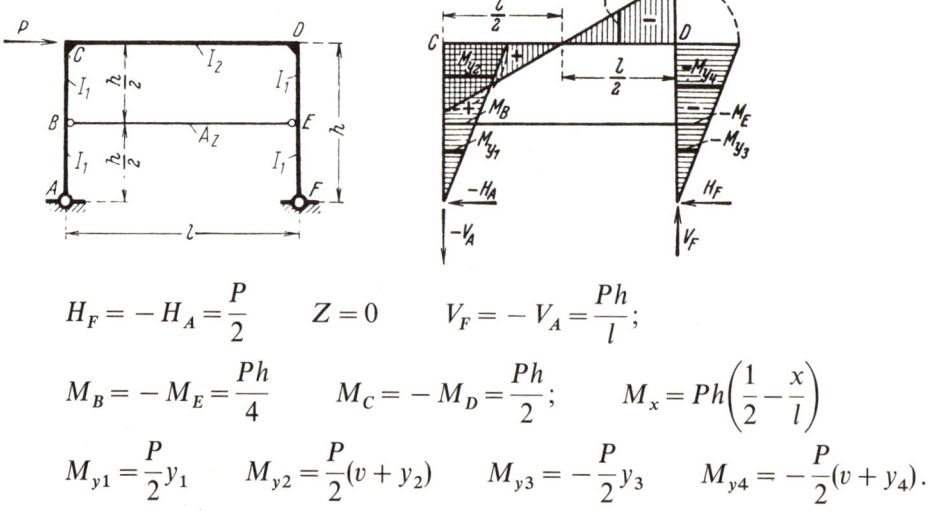

$$H_F = -H_A = \frac{P}{2} \qquad Z = 0 \qquad V_F = -V_A = \frac{Ph}{l};$$

$$M_B = -M_E = \frac{Ph}{4} \qquad M_C = -M_D = \frac{Ph}{2}; \qquad M_x = Ph\left(\frac{1}{2} - \frac{x}{l}\right)$$

$$M_{y1} = \frac{P}{2}y_1 \qquad M_{y2} = \frac{P}{2}(v + y_2) \qquad M_{y3} = -\frac{P}{2}y_3 \qquad M_{y4} = -\frac{P}{2}(v + y_4).$$

---

*) Wegen Z negativ siehe die Bemerkung Seite 190. Z beim Fall 40/3 ist halb so groß wie Z beim Fall 40/1.

Festwerte usw. siehe Seite 190 **Rahmenform 40**

Siehe hierzu den Abschnitt **„Belastungsglieder"**

Fall 40/5: Beide untere Stielhälften beliebig von außen her, aber gleich belastet
(Symmetrischer Lastfall)

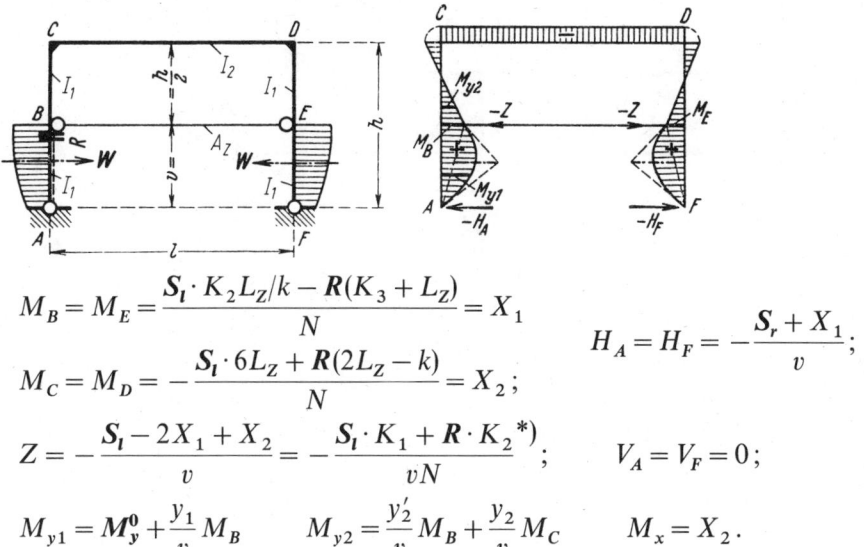

$$M_B = M_E = \frac{S_l \cdot K_2 L_Z/k - R(K_3 + L_Z)}{N} = X_1$$

$$M_C = M_D = -\frac{S_l \cdot 6L_Z + R(2L_Z - k)}{N} = X_2;$$

$$H_A = H_F = -\frac{S_r + X_1}{v};$$

$$Z = -\frac{S_l - 2X_1 + X_2}{v} = -\frac{S_l \cdot K_1 + R \cdot K_2 {}^*)}{vN}; \qquad V_A = V_F = 0;$$

$$M_{y1} = M_y^0 + \frac{y_1}{v} M_B \qquad M_{y2} = \frac{y_2'}{v} M_B + \frac{y_2}{v} M_C \qquad M_x = X_2.$$

Sonderfall 40/5a: Nur symmetrisches waagerechtes Einzellasten-Paar von außen
her in Zugbandhöhe ($S_l = Wv$; $S_r = 0$; $R = 0$; $M_y^0 = 0$)

$$X_1 = \frac{Wv \cdot K_2 L_Z}{kN} \qquad X_2 = -\frac{Wv \cdot 6L_Z}{N}; \qquad Z = -W \cdot \frac{K_1{}^*)}{N} \qquad H_A = H_F = -\frac{X_1}{v}.$$

Alle übrigen Formeln lauten wie vor.

Fall 40/6: Beide untere Stielhälften beliebig von links her, aber gleich belastet
(Antimetrischer Lastfall)

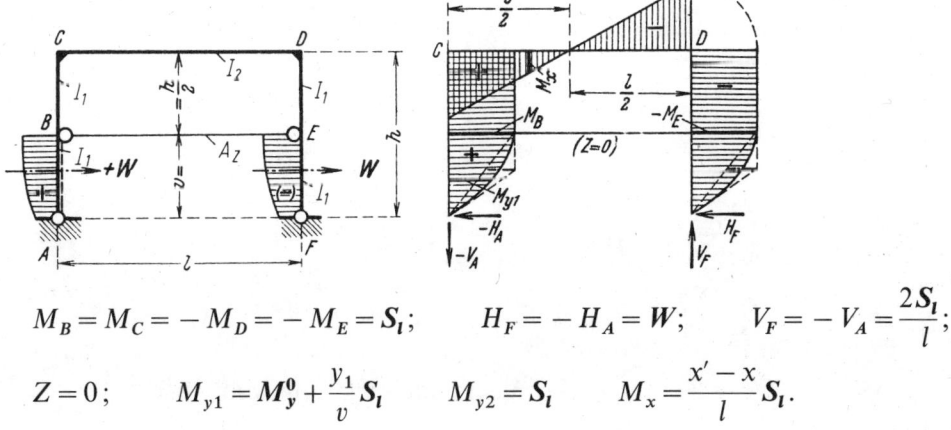

$$M_B = M_C = -M_D = -M_E = S_l; \qquad H_F = -H_A = W; \qquad V_F = -V_A = \frac{2S_l}{l};$$

$$Z = 0; \qquad M_{y1} = M_y^0 + \frac{y_1}{v} S_l \qquad M_{y2} = S_l \qquad M_x = \frac{x'-x}{l} S_l.$$

---

*) Wegen Z negativ siehe die Bemerkung Seite 190.

Rahmenform 40 Festwerte usw. siehe Seite 190

Siehe hierzu den Abschnitt **„Belastungsglieder"**

Fall 40/7: Linke untere Stielhälfte beliebig belastet

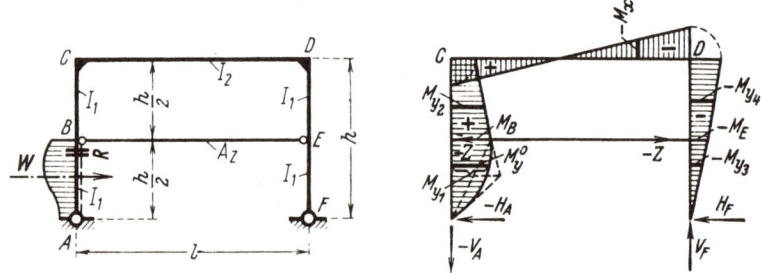

Hilfswerte X_1 und X_2 genau wie beim Fall 40/5, Seite 193.

$$\left.\begin{array}{c}M_B\\M_E\end{array}\right\} = \frac{X_1}{2} \pm \frac{S_l}{2} \qquad \left.\begin{array}{c}M_C\\M_D\end{array}\right\} = \frac{X_2}{2} \pm \frac{S_l}{2}; \qquad \left.\begin{array}{c}H_A\\H_F\end{array}\right\} = -\frac{S_r + X_1}{h} \mp \frac{W}{2};$$

$$Z = -\frac{S_l - 2X_1 + X_2}{h} = -\frac{S_l \cdot K_1 + R \cdot K_2}{hN}\text{*}) \qquad V_F = -V_A = \frac{S_l}{l};$$

$$M_{y1} = M_y^0 + \frac{y_1}{v}M_B \qquad M_{y2} = \frac{y_2'}{v}M_B + \frac{y_2}{v}M_C \qquad M_x = \frac{x'}{l}M_C + \frac{x}{l}M_D$$

$$M_{y3} = -H_F \cdot y_3 \qquad M_{y4} = -H_F \cdot v - (H_F + Z)y_4.$$

Fall 40/8: Waagerechte Einzellast von links her in Zugbandhöhe

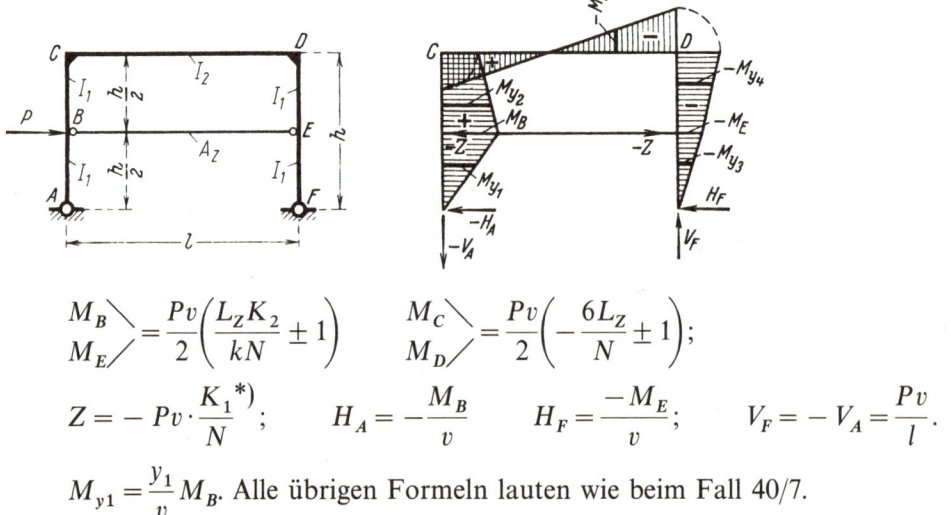

$$\left.\begin{array}{c}M_B\\M_E\end{array}\right\} = \frac{Pv}{2}\left(\frac{L_Z K_2}{kN} \pm 1\right) \qquad \left.\begin{array}{c}M_C\\M_D\end{array}\right\} = \frac{Pv}{2}\left(-\frac{6L_Z}{N} \pm 1\right);$$

$$Z = -Pv \cdot \frac{K_1}{N}\text{*}); \qquad H_A = -\frac{M_B}{v} \qquad H_F = \frac{-M_E}{v}; \qquad V_F = -V_A = \frac{Pv}{l}.$$

$M_{y1} = \frac{y_1}{v}M_B$. Alle übrigen Formeln lauten wie beim Fall 40/7.

---

*) Wegen Z negativ siehe die Bemerkung Seite 190. Z beim Fall 40/7 ist halb so groß wie beim Fall 40/5.

Festwerte usw. siehe Seite 190   **Rahmenform 40**

Siehe hierzu den Abschnitt „**Belastungsglieder**"

Fall 40/9: Riegel beliebig senkrecht belastet

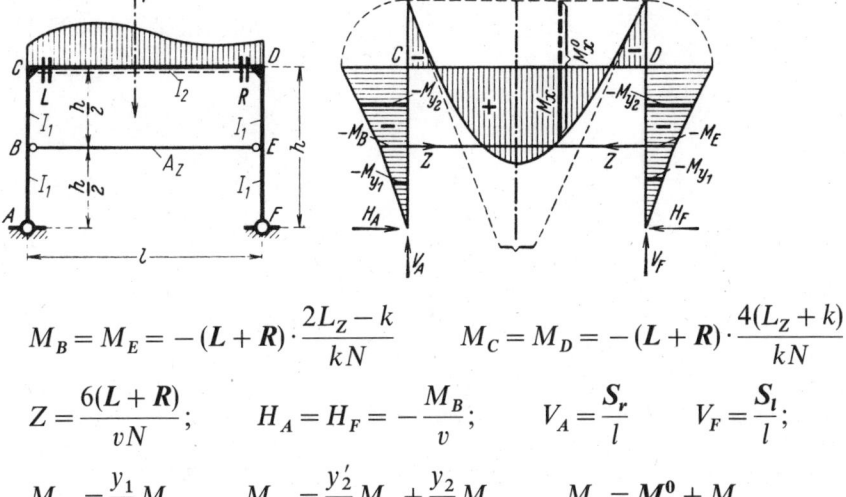

$$M_B = M_E = -(L+R) \cdot \frac{2L_z - k}{kN} \qquad M_C = M_D = -(L+R) \cdot \frac{4(L_z + k)}{kN};$$

$$Z = \frac{6(L+R)}{vN}; \qquad H_A = H_F = -\frac{M_B}{v}; \qquad V_A = \frac{S_r}{l} \qquad V_F = \frac{S_l}{l};$$

$$M_{y1} = \frac{y_1}{v} M_B \qquad M_{y2} = \frac{y'_2}{v} M_B + \frac{y_2}{v} M_C \qquad M_x = M_x^0 + M_C.$$

Sonderfall 40/9a: Symmetrische Feldlast

$R = L \qquad (L+R) = 2L.$ Alle Formeln wie vor.

Sonderfall 40/9b: Antimetrische Feldlast

$R = -L \qquad (L+R) = 0; \qquad M_B = M_C = M_D = M_E = 0; \qquad Z = 0.$

Bemerkung: Dieser Fall ist identisch mit Fall 29/13, Seite 137.

Fall 40/10: Riegel beliebig senkrecht belastet – jedoch für den Rahmen mit *starrem Zugband* ($L_Z = 0$)

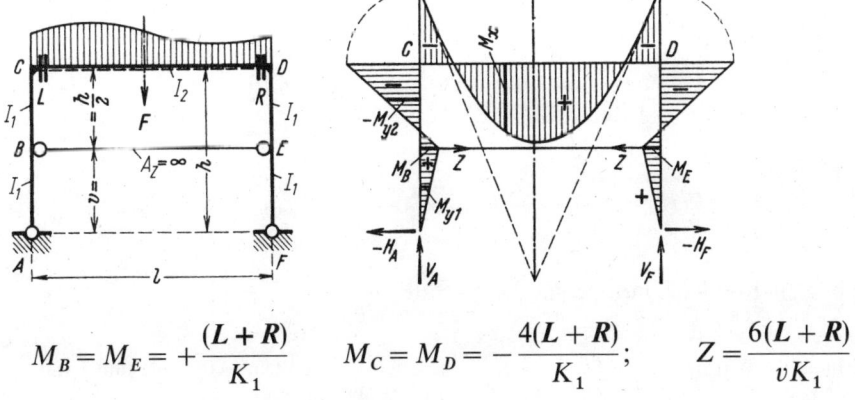

$$M_B = M_E = +\frac{(L+R)}{K_1} \qquad M_C = M_D = -\frac{4(L+R)}{K_1}; \qquad Z = \frac{6(L+R)}{vK_1}.$$

Alle übrigen Formeln lauten wie beim Fall 40/9.

Rahmenform 40 Festwerte usw. siehe Seite 190

Fall 40/11: Gleichmäßige Wärmezunahme des Riegels[1])

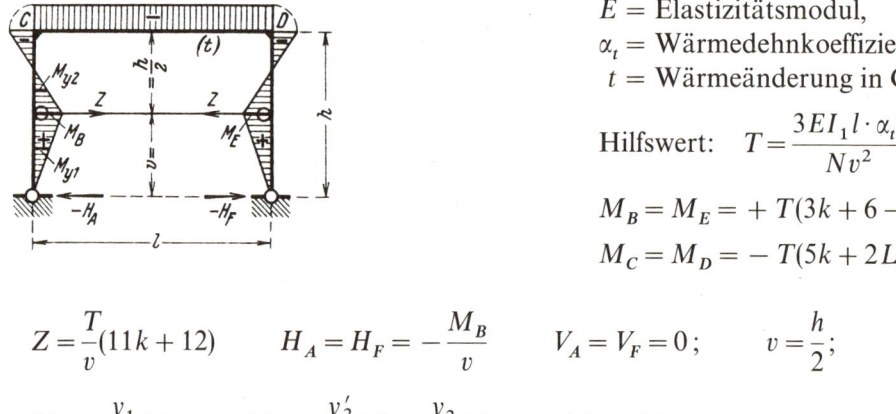

E = Elastizitätsmodul,
α_t = Wärmedehnkoeffizient,
t = Wärmeänderung in Grad.

Hilfswert: $T = \dfrac{3EI_1 l \cdot \alpha_t t}{Nv^2}$.

$M_B = M_E = + T(3k + 6 - L_Z)$
$M_C = M_D = - T(5k + 2L_Z);$

$Z = \dfrac{T}{v}(11k + 12) \qquad H_A = H_F = -\dfrac{M_B}{v} \qquad V_A = V_F = 0; \qquad v = \dfrac{h}{2};$

$M_{y1} = \dfrac{y_1}{v} M_B \qquad M_{y2} = \dfrac{y_2'}{v} M_B + \dfrac{y_2}{v} M_C \qquad M_x = M_C.$

Fall 40/12: Gleichmäßige Wärmezunahme des Zugbandes[1])

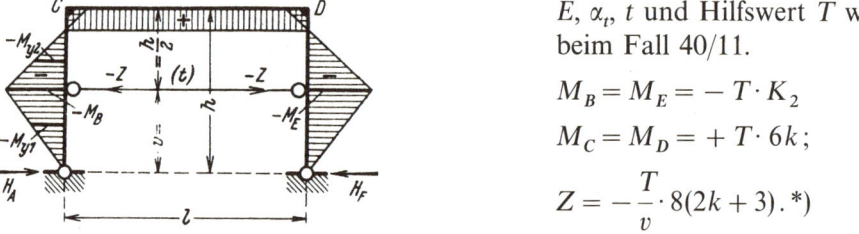

E, α_t, t und Hilfswert T wie beim Fall 40/11.

$M_B = M_E = - T \cdot K_2$
$M_C = M_D = + T \cdot 6k;$

$Z = -\dfrac{T}{v} \cdot 8(2k + 3).\;\text{*})$

Alle übrigen Formeln lauten wie beim Fall 40/11.

Fall 40/13: Gleichmäßige Wärmezunahme des ganzen Rahmens[1])
(Überlagerung der Fälle 40/11 und 40/12)

$M_B = M_C = - T(K_3 + L_Z) \qquad M_C = M_D = - T(2L_Z - k); \qquad Z = -\dfrac{T}{v} \cdot K_2\;\text{*}).$

Alle übrigen Formeln lauten wie beim Fall 40/11.

---

[1]) Gleichmäßige Wärmeänderung eines oder beider Stiele erzeugt keine Momente und Kräfte. – Bei Wärme**ab**nahme kehren alle Momente und Kräfte ihren Wirkungssinn um.
*) Wegen Z negativ siehe die Bemerkung Seite 190.

Rahmenform 41

Rechteckiger Zweigelenkrahmen mit elastischem Zugband in beliebiger Höhe und mit verschiedenen, in Zugbandhöhe sich sprunghaft ändernden Stiel-Trägheitsmomenten *)

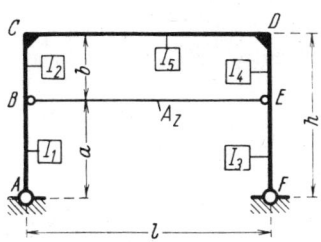

Rahmenform, Abmessungen und Bezeichnungen

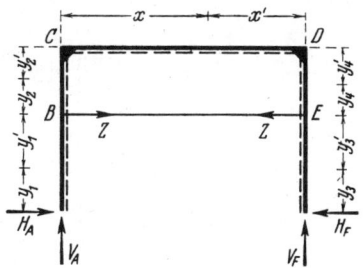

Festlegung der positiven Richtung aller Stützkräfte und der Koordinaten beliebiger Stabpunkte. Positive Biegemomente erzeugen an der gestrichelten Stabseite Zug

Festwerte:

$$k_1 = \frac{I_5}{I_1} \cdot \frac{a}{l} \qquad k_2 = \frac{I_5}{I_2} \cdot \frac{b}{l} \qquad k_3 = \frac{I_5}{I_3} \cdot \frac{a}{l} \qquad k_4 = \frac{I_5}{I_4} \cdot \frac{b}{l};$$

$$\alpha = \frac{a}{h} \qquad \beta = \frac{b}{h} \qquad (\alpha + \beta = 1); \qquad L_Z = \frac{6 I_5}{b^2 A_Z} \cdot \frac{E_R}{E_Z}\,^{*)};$$

$$B = 2\alpha(k_1 + k_2) + k_2 \qquad D = 3 + (2 + \alpha)k_4$$
$$C = (\alpha + 2)k_2 + 3 \qquad E = k_4 + 2\alpha(k_3 + k_4)$$
$$R_1 = 2(k_2 + 3 + k_4) + L_Z \qquad R_2 = \alpha(B + E) + (C + D)$$
$$K = C + D; \qquad N = R_1 R_2 - K^2 = \alpha^2 \cdot G + R_2 \cdot L_Z;$$
$$G = 4(k_1 + k_3)(k_2 + 3 + k_4) + 3(k_2 + k_4)(k_2 + 4 + k_4).$$

E_R = Elastizitätsmodul des Rahmenbaustoffes*),
E_Z = Elastizitätsmodul des Zugbandstoffes,
A_Z = Querschnittsfläche des Zugbandes.

Bemerkung: Die Momentenflächenbilder dieser Rahmenform entsprechen einer Annahme $I_3, I_4 > I_1, I_2$.

---

*) Um einer Verwechslung mit dem *Festwert E* vorzubeugen, wurde bei vorliegender Rahmenform dem *Elastizitätsmodul E* der Zeiger *R* beigegeben. – Mit dem Sonderwert $L_Z = 0$ gelten alle Formeln der Rahmenform 41 auch für die gleiche Rahmenform mit *starrem Zugband* bzw. mit gelenkig eingefügtem *starren Druckstab* (siehe z. B. Fall 41/2, Seite 198).

Rahmenform 41   Festwerte usw. siehe Seite 197

Siehe hierzu den Abschnitt „**Belastungsglieder**"

Fall 41/1: Riegel beliebig senkrecht belastet

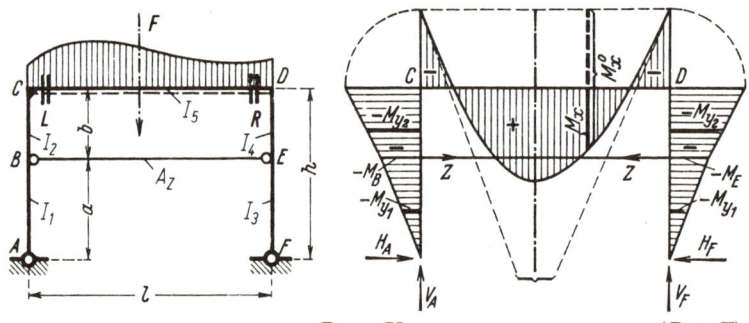

Hilfswerte: $\quad X_1 = (L+R) \cdot \dfrac{R_1 - K}{N} \quad X_2 = (L+R) \cdot \dfrac{\alpha(B+E)}{N}$.

$M_B = M_E = -\alpha X_1 \quad M_C = M_D = -(X_1 + X_2);$

$V_A = \dfrac{S_r}{l} \quad V_F = \dfrac{S_l}{l} \quad H_A = H_F = \dfrac{X_1}{h} \quad Z = \dfrac{X_2}{b};$

$M_{y1} = H_A y_1 \quad M_{y2} = M_B - (H_A + Z) y_2 \quad M_x = M_x^0 + M_C.$

Sonderfall 41/1a: Symmetrische Feldlast

$R = L \quad (L+R) = 2L.$ Alle Formeln wie vor.

Sonderfall 41/1b: Antimetrische Feldlast

$R = -L \quad (L+R) = 0; \quad M_B = M_C = M_D = M_E = 0; \quad Z = 0.$

Bemerkung: Dieser Fall gleicht dem Fall 29/13, Seite 137; die Verschiedenheit der Stielträgheitsmomente tritt nicht in Erscheinung.

Fall 41/2: Riegel beliebig senkrecht belastet — jedoch für den Rahmen mit *starrem Zugband* ($L_Z = 0$)

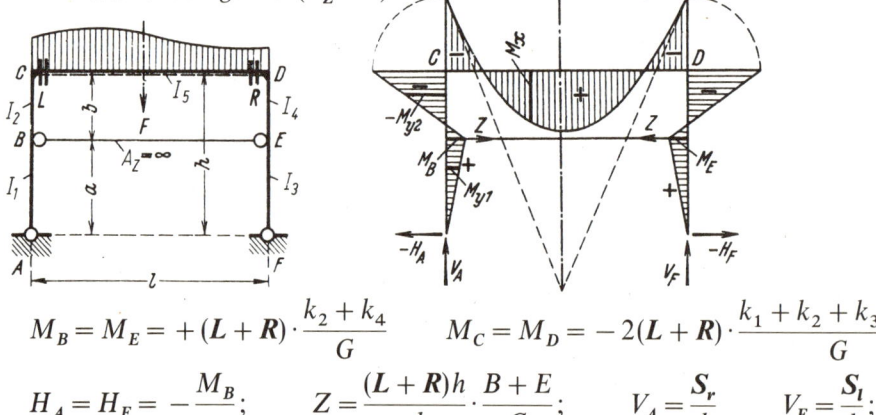

$M_B = M_E = +(L+R) \cdot \dfrac{k_2 + k_4}{G} \quad M_C = M_D = -2(L+R) \cdot \dfrac{k_1 + k_2 + k_3 + k_4}{G};$

$H_A = H_F = -\dfrac{M_B}{a}; \quad Z = \dfrac{(L+R)h}{ab} \cdot \dfrac{B+E}{G}; \quad V_A = \dfrac{S_r}{l} \quad V_F = \dfrac{S_l}{l};$

$M_{y1} = (-H_A) y_1 \quad M_{y2} = M_B - (H_A + Z) y_2 \quad M_x = M_x^0 + M_C.$

Festwerte usw. siehe Seite 197 **Rahmenform 41**

Siehe hierzu den Abschnitt **„Belastungsglieder"**

Fall 41/3: Linker Stiel oberhalb des Zugbandes beliebig waagerecht belastet

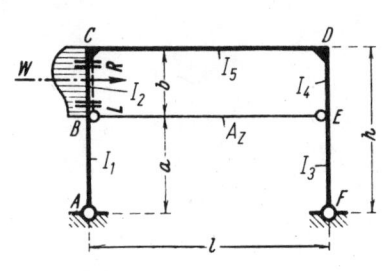 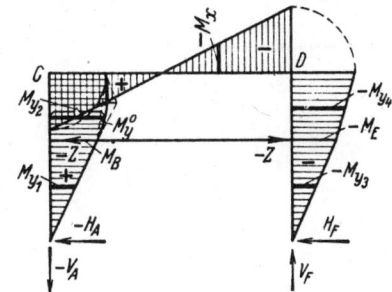

Hilfswerte:

$$F_1 = Wa(B+C) + S_l C + (\alpha L + R)k_2$$
$$F_2 = 3Wa(k_2+1) + S_l(2k_2+3) + Rk_2$$

$$X_1 = \frac{+F_1 R_1 - F_2 K}{N}$$
$$X_2 = \frac{-F_1 K + F_2 R_2}{N}.$$

$$V_F = -V_A = \frac{Wa + S_l}{l} \qquad H_F = \frac{X_1}{h} \qquad H_A = -(W - H_F) \qquad Z = \frac{X_2}{b}\text{*});$$

$$M_B = Wa - \alpha X_1 \qquad M_C = Wa + S_l - (X_1 + X_2) \qquad M_D = -(X_1 + X_2)$$

$$M_E = -\alpha X_1 \qquad M_{y3} = -H_F y_3 \qquad M_{y4} = -H_F a - (H_F + Z) y_4$$

$$M_{y1} = (-H_A) y_1 \qquad M_{y2} = M_y^0 + \frac{y_2'}{b} M_B + \frac{y_2}{b} M_C \qquad M_x = \frac{x'}{l} M_C + \frac{x}{l} M_D.$$

Fall 41/4: Linker Stiel unterhalb des Zugbandes beliebig waagerecht belastet

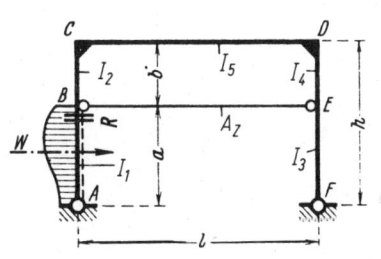 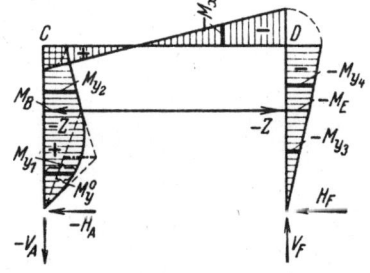

Hilfswerte: $\quad F_1 = S_l(B+C) + \alpha R k_1 \qquad F_2 = 3S_l(k_2+1).$

Die Formeln für X_1 und X_2 lauten genau wie oben.

$$V_F = -V_A = \frac{S_l}{l} \qquad M_B = S_l - \alpha X_1 \qquad M_C = S_l - (X_1 + X_2)$$

$$M_{y1} = M_y^0 + \frac{y_1}{a} M_B \qquad M_{y2} = \frac{y_2'}{b} M_B + \frac{y_2}{b} M_C.$$

Die Formeln für H_F, H_A, Z*), M_D, M_E, M_x, M_{y3} und M_{y4} lauten genau wie oben.

---

*) Siehe hierzu die Fußnote 2 Seite 203.

Rahmenform 41 Festwerte usw. siehe Seite 197

Siehe hierzu den Abschnitt **„Belastungsglieder"**

Fall 41/5: Rechter Stiel oberhalb des Zugbandes beliebig waagerecht belastet

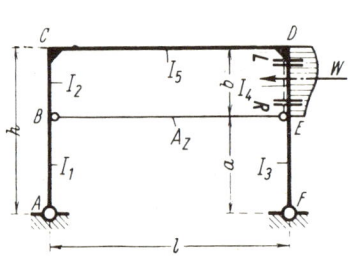
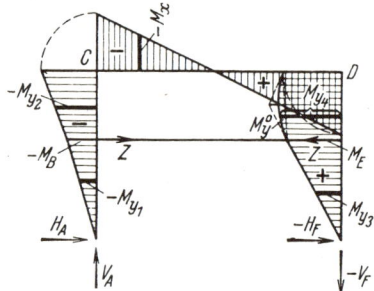

Hilfswerte:
$$F_1 = Wa(D + E) + S_r D + (L + \alpha R)k_4$$
$$F_2 = 3Wa(1 + k_4) + S_r(3 + 2k_4) + Lk_4$$

$$X_1 = \frac{+F_1 R_1 - F_2 K}{N}$$
$$X_2 = \frac{-F_1 K + F_2 R_2}{N}.$$

$$V_A = -V_F = \frac{Wa + S_r}{l} \qquad H_A = \frac{X_1}{h} \qquad H_F = -(W - H_A) \qquad Z = \frac{X_2}{b}^{*)}:$$

$$M_B = -\alpha X_1 \qquad M_C = -(X_1 + X_2) \qquad M_D = Wa + S_r - (X_1 + X_2)$$
$$M_E = Wa - \alpha X_1 \qquad M_{y1} = -H_A y_1 \qquad M_{y2} = -H_A a - (H_A + Z)y_2$$
$$M_x = \frac{x'}{l}M_C + \frac{x}{l}M_D \qquad M_{y3} = (-H_F)y_3 \qquad M_{y4} = M_y^0 + \frac{y_4}{b}M_D + \frac{y_4'}{b}M_E.$$

Fall 41/6: Rechter Stiel unterhalb des Zugbandes beliebig waagerecht belastet

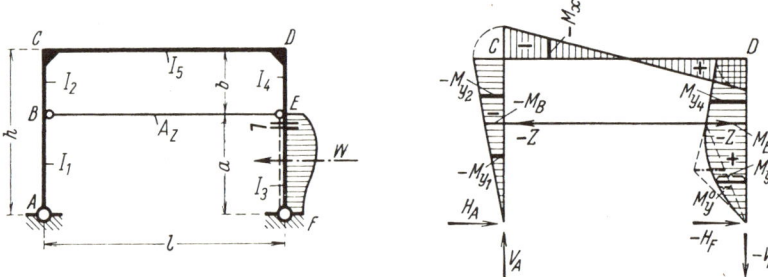

Hilfswerte: $F_1 = S_r(D + E) + \alpha L k_3 \qquad F_2 = 3S_r(1 + k_4).$

Die Formeln für X_1 und X_2 lauten genau wie oben.

$$V_A = -V_F = \frac{S_r}{l} \qquad M_D = S_r - (X_1 + X_2) \qquad M_E = S_r - \alpha X_1$$

$$M_{y3} = M_y^0 + \frac{y_3}{a}M_E \qquad M_{y4} = \frac{y_4}{b}M_D + \frac{y_4'}{b}M_E.$$

Die Formeln für H_A, H_F, $Z^*)$, M_B, M_C, M_{y1}, M_{y2} und M_x lauten genau wie oben.

---

*) Siehe hierzu die Fußnote 2 Seite 203.

Fall 41/7: Gleichmäßig verteilte Vollast auf dem Riegel

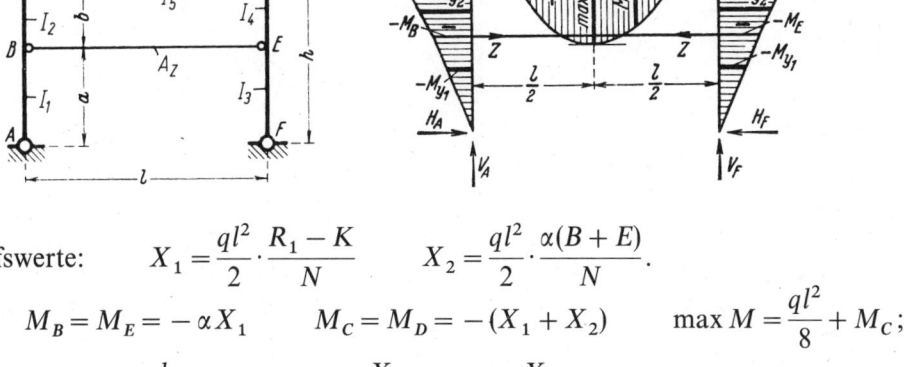

Hilfswerte: $\quad X_1 = \dfrac{ql^2}{2} \cdot \dfrac{R_1 - K}{N} \qquad X_2 = \dfrac{ql^2}{2} \cdot \dfrac{\alpha(B+E)}{N}.$

$M_B = M_E = -\alpha X_1 \qquad M_C = M_D = -(X_1 + X_2) \qquad \max M = \dfrac{ql^2}{8} + M_C;$

$V_A = V_F = \dfrac{ql}{2} \qquad H_A = H_F = \dfrac{X_1}{h} \qquad Z = \dfrac{X_2}{b};$

$M_{y1} = -H_A y_1 \qquad M_{y2} = -(H_A + Z)y_2 + M_B \qquad M_x = \dfrac{qxx'}{2} + M_C.$

Fall 41/8: Waagerechte Einzellast in Riegelhöhe

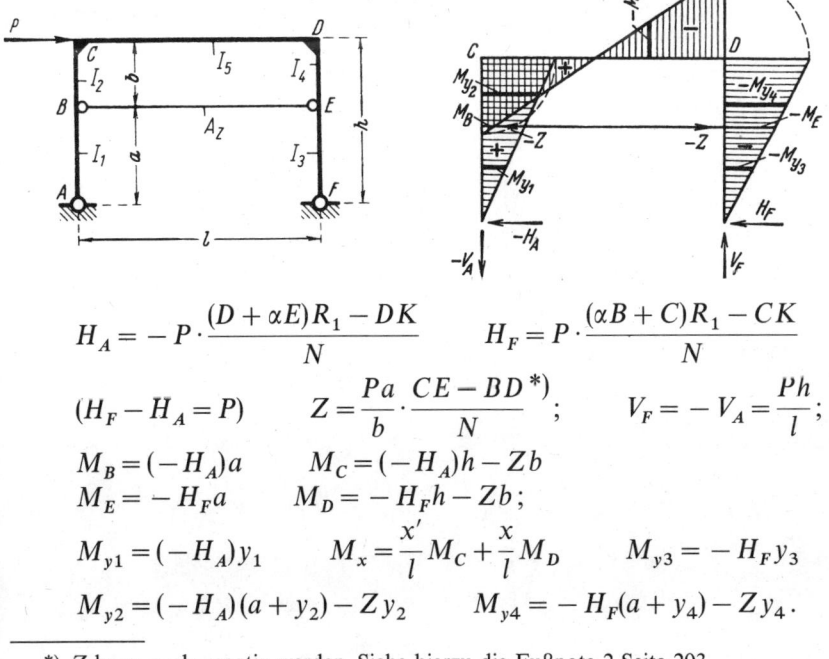

$H_A = -P \cdot \dfrac{(D+\alpha E)R_1 - DK}{N} \qquad H_F = P \cdot \dfrac{(\alpha B + C)R_1 - CK}{N}$

$(H_F - H_A = P) \qquad Z = \dfrac{Pa}{b} \cdot \dfrac{CE - BD}{N}\text{*});\qquad V_F = -V_A = \dfrac{Ph}{l};$

$M_B = (-H_A)a \qquad M_C = (-H_A)h - Zb$
$M_E = -H_F a \qquad M_D = -H_F h - Zb;$

$M_{y1} = (-H_A)y_1 \qquad M_x = \dfrac{x'}{l} M_C + \dfrac{x}{l} M_D \qquad M_{y3} = -H_F y_3$

$M_{y2} = (-H_A)(a + y_2) - Zy_2 \qquad M_{y4} = -H_F(a + y_4) - Zy_4.$

---

*) Z kann auch negativ werden. Siehe hierzu die Fußnote 2 Seite 203.

Rahmenform 41 Festwerte usw. siehe Seite 197

Fall 41/9: Waagerechte Einzellast von links her in Zugbandhöhe

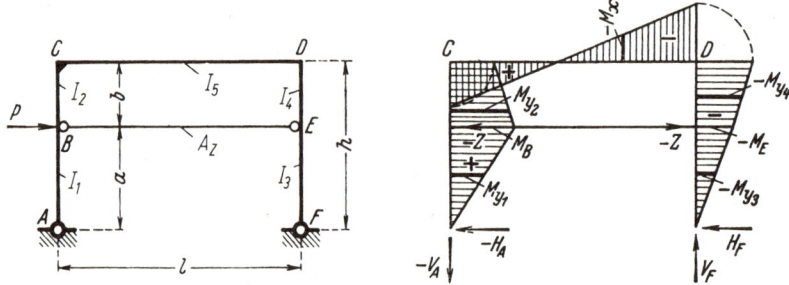

Hilfswerte:
$$X_1 = Pa \cdot \frac{(B+C)R_1 - 3(k_2+1)K}{N} \qquad X_2 = Pa \cdot \frac{3(k_2+1)R_2 - (B+C)K}{N}.$$

$V_F = -V_A = \frac{Pa}{l} \qquad H_F = \frac{X_1}{h} \qquad Z = \frac{X_2}{b}{}^*); \qquad M_x = \frac{x'}{l}M_C + \frac{x}{l}M_D;$

$H_A = -(P - H_F); \qquad M_B = Pa - \alpha X_1 \qquad M_C = Pa - (X_1 + X_2)$

$M_D = -(X_1 + X_2) \qquad M_E = -\alpha X_1; \qquad M_{y1} = (-H_A)y_1 \qquad M_{y3} = -H_F y_3$

$M_{y2} = (P - H_F)a - (H_F + Z)y_2 \qquad M_{y4} = -H_F a - (H_F + Z)y_4.$

Fall 41/10: Waagerechte Einzellast von rechts her in Zugbandhöhe

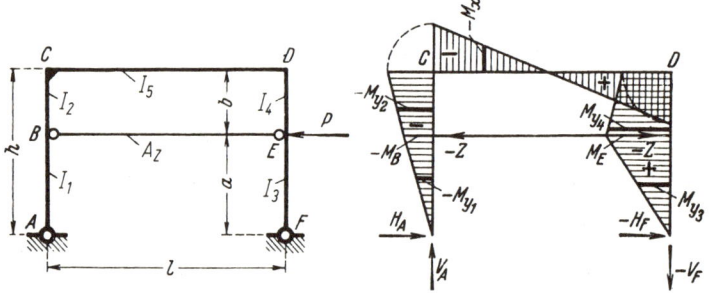

Hilfswerte:
$$X_1 = Pa \cdot \frac{(D+E)R_1 - 3(1+k_4)K}{N} \qquad X_2 = Pa \cdot \frac{3(1+k_4)R_2 - (D+E)K}{N}$$

$V_A = -V_F = \frac{Pa}{l} \qquad H_A = \frac{X_1}{h} \qquad Z = \frac{X_2}{b}{}^*); \qquad M_x = \frac{x'}{l}M_C + \frac{x}{l}M_D;$

$H_F = -(P - H_A); \qquad M_E = Pa - \alpha X_1 \qquad M_D = Pa - (X_1 + X_2)$

$M_B = -\alpha X_1 \qquad M_C = -(X_1 + X_2); \qquad M_{y1} = -H_A y_1 \qquad M_{y3} = (-H_F)y_3$

$M_{y2} = -H_A a - (H_A + Z)y_2 \qquad M_{y4} = (P - H_A)a - (H_A + Z)y_4.$

---

*) Siehe hierzu die Fußnote 2 Seite 203.

Festwerte siehe Seite 197   **Rahmenform 41**

Fall 41/11: Gleichmäßige Wärmezunahme des Riegels[1])

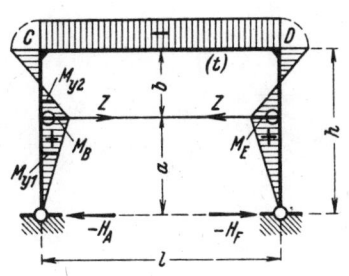

E_R = Elastizitätsmodul,

α_t = Wärmedehnkoeffizient,

t = Wärmeänderung in Grad.

Hilfswerte: $\quad T = \dfrac{6 E_R I_5 \alpha_t t}{hN};$

$$X_1 = T\left(R_1 - \frac{K}{\beta}\right)$$

$$X_2 = T\left(\frac{R_2}{\beta} - K\right).$$

$M_B = M_E = -\alpha X_1 \qquad M_C = M_D = -(X_1 + X_2); \qquad H_A = H_F = \dfrac{X_1}{h};$

$Z = \dfrac{X_2}{b}; \qquad M_{y1} = -H_A y_1 \qquad M_{y2} = -(H_A + Z) y_2 + M_B.$

Fall 41/12: Gleichmäßige Wärmezunahme des Zugbandes[1])

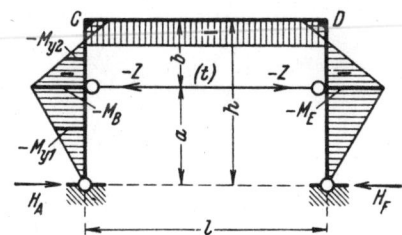

E_R, α_t, t und Hilfswert T wie beim Fall 41/11.

$X_1 = + T \cdot \dfrac{K}{\beta} \qquad X_2 = - T \cdot \dfrac{R_2}{\beta}.$

Alle übrigen Formeln lauten wie beim Fall 41/11.[2])

Fall 41/13: Gleichmäßige Wärmezunahme des ganzen Rahmens[1])
(Überlagerung der Fälle 41/11 und 41/12)

$X_1 = + T \cdot R_1 \qquad X_2 = - T \cdot K.$ Alle übrigen Formeln lauten wie beim Fall 41/11.

---

[1]) Gleichmäßige Wärmeänderung eines oder beider Stiele erzeugt keine Momente und Kräfte. – Bei Wärmeabnahme kehren alle Momente und Kräfte ihren Wirkungssinn um.

[2]) Beim Fall 41/12 sowie bei den Fällen 41/3, 4, 5, 6, 9 und 10 wird die Zugbandkraft Z negativ, und bei den Fällen 41/8 und 13 kann dieselbe negativ werden, d. h. das Zugband erhält Druck. Wenn das Zugband (z. B. als schlaffes Gebilde) nicht imstande ist, Druck aufzunehmen, so hat dieser Umstand selbstverständlich nur dann einen Sinn, wenn die Gesamtdruckkraft kleiner bleibt als die Zugkraft aus ständiger Last, so daß stets ein Rest Zugkraft im Zugbande verbleibt.

Rahmenform 42

Zweigelenkrahmen mit geneigtem Riegel und senkrechten Stielen mit Fußpunkten in gleicher Höhenlage

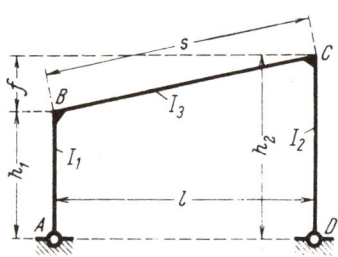

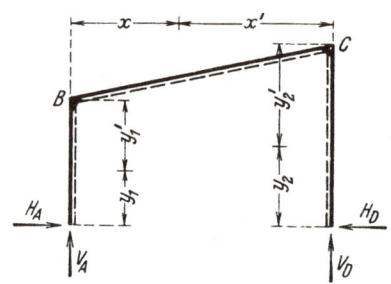

Rahmenform, Abmessungen und Bezeichnungen	Festlegung der positiven Richtung aller Stützkräfte und der Koordinaten beliebiger Stabpunkte. Positive Biegemomente erzeugen an der gestrichelten Stabseite Zug

Festwerte:

$$k_1 = \frac{I_3}{I_1} \cdot \frac{h_1}{s} \qquad k_2 = \frac{I_3}{I_2} \cdot \frac{h_2}{s}; \qquad n = \frac{h_2}{h_1};$$

$$B = 2(k_1 + 1) + n \qquad C = 1 + 2n(1 + k_2); \qquad N = B + nC.$$

Fall 42/1: Gleichmäßige Wärmezunahme im ganzen Rahmen

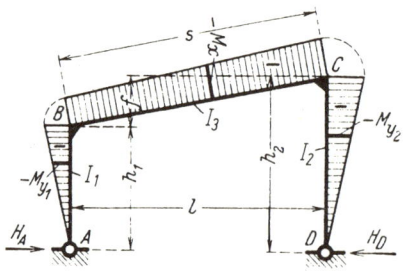

E = Elastizitätsmodul,
α_t = Wärmedehnkoeffizient,
t = Wärmeänderung in Grad.

Hilfswert: $\quad X = \dfrac{6EI_3\alpha_t t l}{sh_1 N}.$

$$M_B = -X \qquad M_C = -nX; \qquad H_A = H_D = \frac{X}{h_1};$$

$$M_{y1} = \frac{y_1}{h_1} M_B \qquad M_x = \frac{x'}{l} M_B + \frac{x}{l} M_C \qquad M_{y2} = \frac{y_2}{h_2} M_C.$$

Bemerkung: Bei Wärme**ab**nahme kehren alle Kräfte ihren Pfeilsinn um und alle Momente erhalten entgegengesetztes Vorzeichen.

Festwerte siehe Seite 204   **Rahmenform 42**

Fall 42/2: Senkrechte Rechteck-Vollast auf dem Riegel

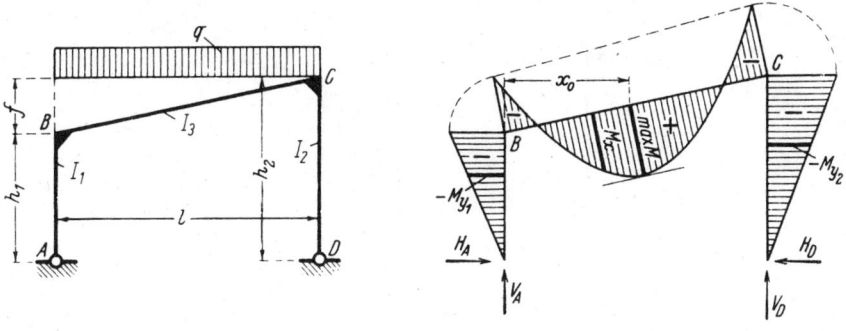

Hilfswert: $\quad X = \dfrac{ql^2}{4} \cdot \dfrac{1+n}{N} \qquad M_B = -X \qquad M_C = -nX;$

$$V_A = V_D = \dfrac{ql}{2}; \qquad H_A = H_D = \dfrac{X}{h_1}; \qquad x_0 = \dfrac{l}{2} - \dfrac{X(n-1)}{ql};$$

$$M_{y1} = \dfrac{y_1}{h_1} M_B \qquad M_x = \dfrac{qxx'}{2} + \dfrac{x'}{l} M_B + \dfrac{x}{l} M_C \qquad M_{y2} = \dfrac{y_2}{h_2} M_C.$$

Fall 42/3: Waagerechte Rechteck-Vollast auf dem Riegel

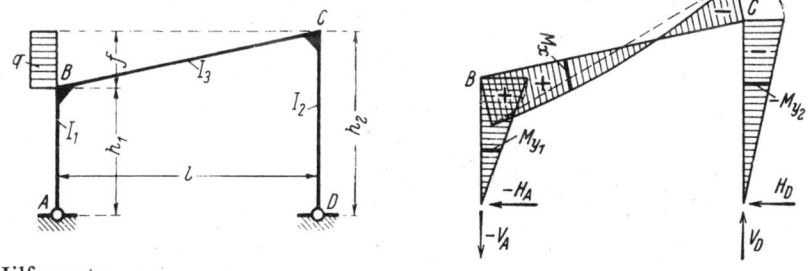

Hilfswerte:

$$\varphi = \dfrac{h_1}{f}; \qquad X = \dfrac{qf^2}{4} \cdot \dfrac{4B\varphi + 1 + n}{N} \qquad M_B = qfh_1 - X \qquad M_C = -nX;$$

$$V_D = -V_A = \dfrac{qf^2(2\varphi + 1)}{2l}; \qquad H_D = \dfrac{X}{h_1} \qquad H_A = -(qf - H_D);$$

$$M_{y1} = \dfrac{y_1}{h_1} M_B \qquad M_x = \dfrac{qxx'}{2} \cdot \dfrac{f^2}{l^2} + \dfrac{x'}{l} M_B + \dfrac{x}{l} M_C \qquad M_{y2} = \dfrac{y_2}{h_2} M_C.$$

Fall 42/4: Schräge Rechteck-Vollast qs auf dem Riegel, rechtwinklig zur Stabachse s (Windlast)

Überlagerung der beiden Fälle 42/2 und 42/3 für die gleiche Einheitslast q.

Rahmenform 42 Festwerte siehe Seite 204

Fall 42/5: Rechteck-Vollast am linken Stiel

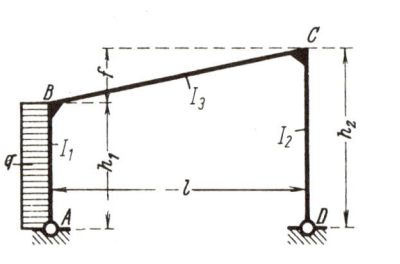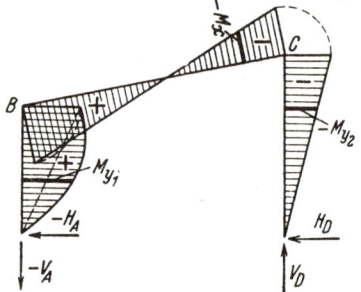

Hilfswert: $\quad X = \dfrac{qh_1^2}{4} \cdot \dfrac{2B+k_1}{N}. \qquad M_B = \dfrac{qh_1^2}{2} - X \qquad M_C = -nX;$

$V_D = -V_A = \dfrac{qh_1^2}{2l}; \qquad H_D = \dfrac{X}{h_1} \qquad H_A = -(qh_1 - H_D);$

$M_{y1} = \dfrac{qy_1 y_1'}{2} + \dfrac{y_1}{h_1} M_B \qquad M_x = \dfrac{x'}{l} M_B + \dfrac{x}{l} M_C \qquad M_{y2} = \dfrac{y_2}{h_2} M_C.$

Fall 42/6: Rechteck-Vollast am rechten Stiel

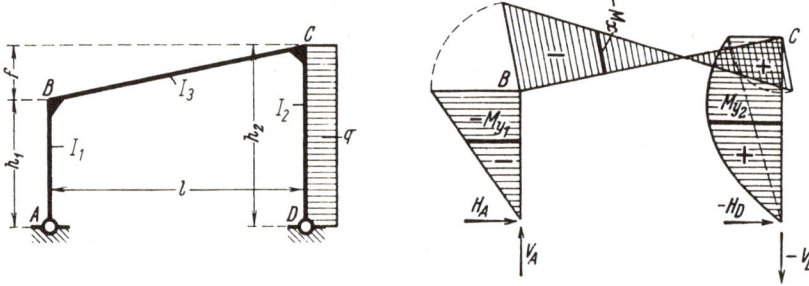

Hilfswert: $\quad X = \dfrac{qh_2^2}{4} \cdot \dfrac{2C + nk_2}{N}. \qquad M_B = -X \qquad M_C = \dfrac{qh_2^2}{2} - nX;$

$V_A = -V_D = \dfrac{qh_2^2}{2l} \qquad H_A = \dfrac{X}{h_1} \qquad H_D = -(qh_2 - H_A);$

$M_{y1} = \dfrac{y_1}{h_1} M_B \qquad M_x = \dfrac{x'}{l} M_B + \dfrac{x}{l} M_C \qquad M_{y2} = \dfrac{qy_2 y_2'}{2} + \dfrac{y_2}{h_2} M_C.$

Bemerkung betreffend beliebige Stablasten:

Die Fälle 44/2 und 44/3, Seite 213, sowie 44/4 und 44/5, Seite 214, gelten für Rahmenform 42 mit der Vereinfachung $r = 0$ (wegen $v = 0$).

Rahmenform 43

Rahmen mit geneigtem Riegel und senkrechten Stielen mit einem festen Fußgelenk und einem waagerecht beweglichen Auflager, verbunden durch ein elastisches Zugband

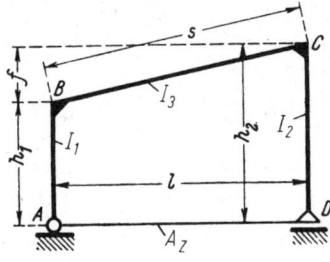

Rahmenform, Abmessungen und Bezeichnungen

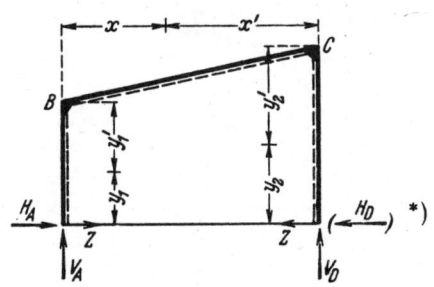

Festlegung der positiven Richtung aller Stützkräfte und der Koordinaten beliebiger Stabpunkte. Positive Biegemomente erzeugen an der gestrichelten Stabseite Zug

Festwerte:

$$k_1 = \frac{I_3}{I_1} \cdot \frac{h_1}{s} \qquad k_2 = \frac{I_3}{I_2} \cdot \frac{h_2}{s}; \qquad n = \frac{h_2}{h_1};$$

$$B = 2(k_1 + 1) + n \qquad C = 1 + 2n(1 + k_2); \qquad N = B + nC;$$

$$L_Z = \frac{6 I_3}{h_1^2 A_Z} \cdot \frac{E}{E_Z} \cdot \frac{l}{s}; \qquad N_Z = N + L_Z.$$

E = Elastizitätsmodul des Rahmenbaustoffes,
E_Z = Elastizitätsmodul des Zugbandstoffes,
A_Z = Querschnittsfläche des Zugbandes.

---

*) H_D tritt auf, wenn das feste Gelenk bei D ist.

Rahmenform 43   Festwerte siehe Seite 207

Siehe hierzu den Abschnitt „**Belastungsglieder**"

Fall 43/1: Riegel beliebig senkrecht belastet (Festes Gelenk bei A oder D)

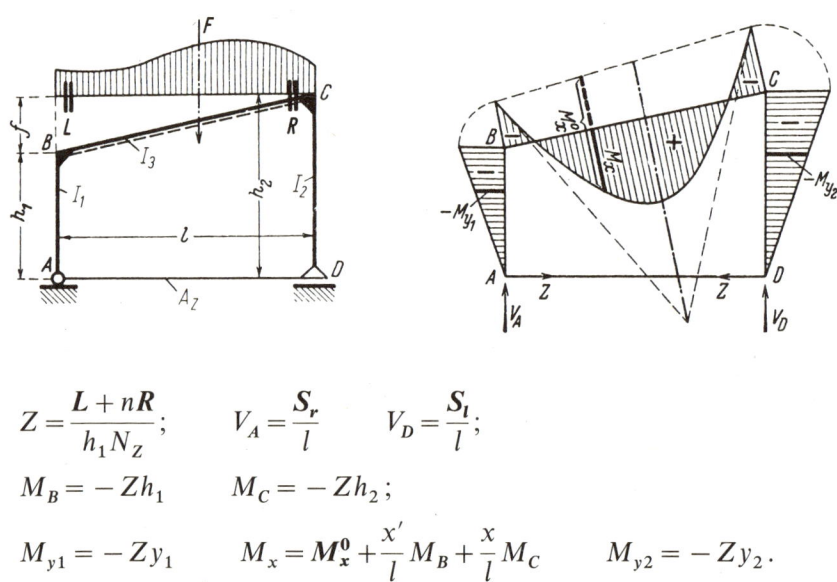

$$Z = \frac{L + nR}{h_1 N_z}; \quad V_A = \frac{S_r}{l} \quad V_D = \frac{S_l}{l};$$

$$M_B = -Zh_1 \quad M_C = -Zh_2;$$

$$M_{y1} = -Zy_1 \quad M_x = M_x^0 + \frac{x'}{l}M_B + \frac{x}{l}M_C \quad M_{y2} = -Zy_2.$$

Fall 43/2: Riegel beliebig waagerecht belastet (Festes Gelenk bei A)

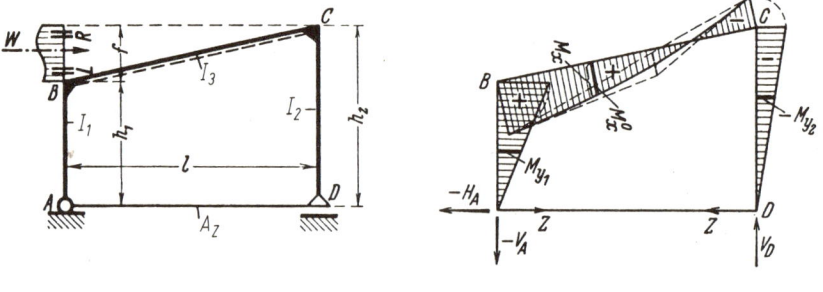

$$Z = W\frac{B}{N_z} + \frac{L + nR}{h_1 N_z}; \quad V_D = -V_A = \frac{Wh_1 + S_l}{l};$$

$$H_A = -W; \quad M_B = (W - Z)h_1 \quad M_C = -Zh_2;$$

$$M_{y1} = (W - Z)y_1 \quad M_x = M_x^0 + \frac{x'}{l}M_B + \frac{x}{l}M_C \quad M_{y2} = -Zy_2.$$

Festwerte siehe Seite 207 **Rahmenform 43**

Siehe hierzu den Abschnitt „**Belastungsglieder**"

Fall 43/3: Linker Stiel beliebig waagerecht belastet (Festes Gelenk bei A)

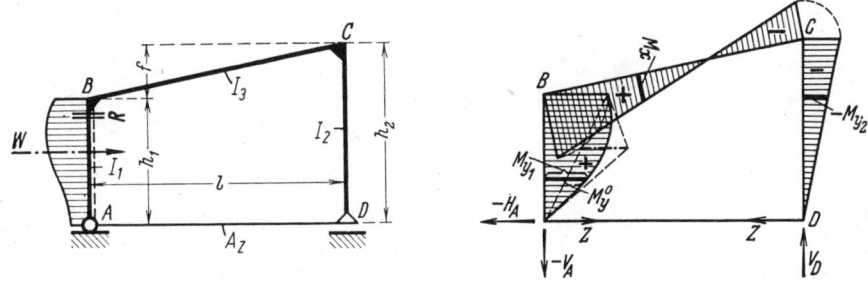

$$Z = \frac{BS_l + Rk_1}{h_1 N_Z}; \qquad V_D = -V_A = \frac{S_l}{l};$$

$$H_A = -W; \qquad M_B = S_l - Zh_1 \qquad M_C = -Zy_2.$$

$$M_{y1} = M_y^0 + \frac{y_1}{h_1} M_B \qquad M_x = \frac{x'}{l} M_B + \frac{x}{l} M_C \qquad M_{y2} = -Zy_2.$$

Fall 43/4: Rechter Stiel beliebig waagerecht belastet (Festes Gelenk bei D)

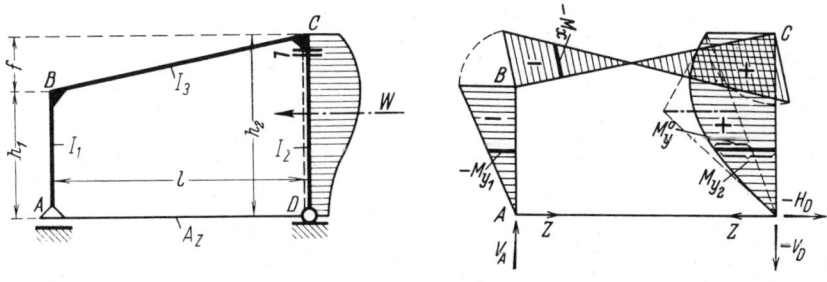

$$Z = \frac{CS_r + nLk_2}{h_1 N_Z}; \qquad V_A = -V_D = \frac{S_r}{l};$$

$$H_D = -W; \qquad M_B = -Zh_1 \qquad M_C = S_r - Zh_2;$$

$$M_{y1} = -Zy_1 \qquad M_x = \frac{x'}{l} M_B + \frac{x}{l} M_C \qquad M_{y2} = M_y^0 + \frac{y_2}{h_2} M_C.$$

Rahmenform 43   Festwerte siehe Seite 207

Siehe hierzu den Abschnitt **„Belastungsglieder"**

Fall 43/5: Linker Stiel beliebig waagerecht belastet (Festes Gelenk bei D)

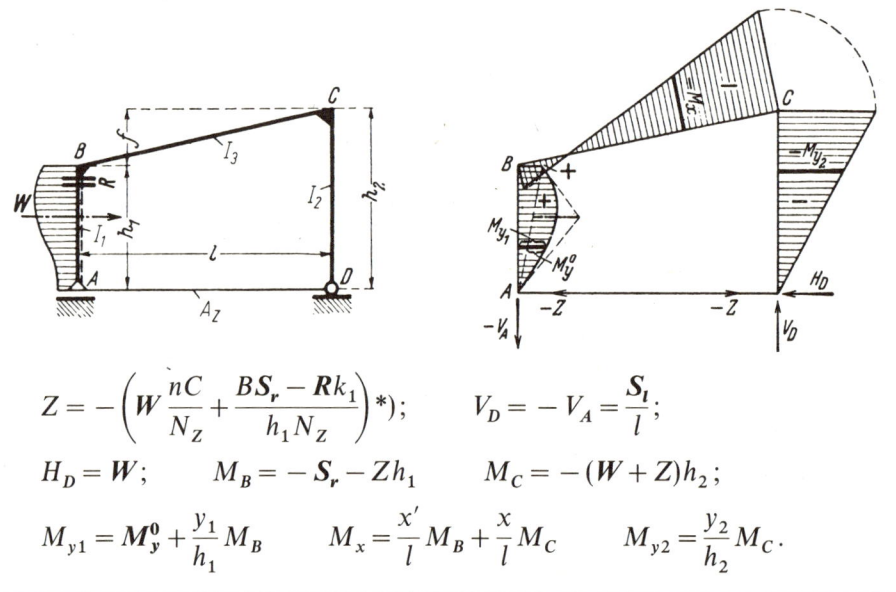

$$Z = -\left(W\frac{nC}{N_Z} + \frac{BS_r - Rk_1}{h_1 N_Z}\right)*);\qquad V_D = -V_A = \frac{S_l}{l};$$

$$H_D = W;\qquad M_B = -S_r - Zh_1\qquad M_C = -(W+Z)h_2;$$

$$M_{y1} = M_y^0 + \frac{y_1}{h_1}M_B\qquad M_x = \frac{x'}{l}M_B + \frac{x}{l}M_C\qquad M_{y2} = \frac{y_2}{h_2}M_C.$$

Fall 43/6: Rechter Stiel beliebig waagerecht belastet (Festes Gelenk bei A)

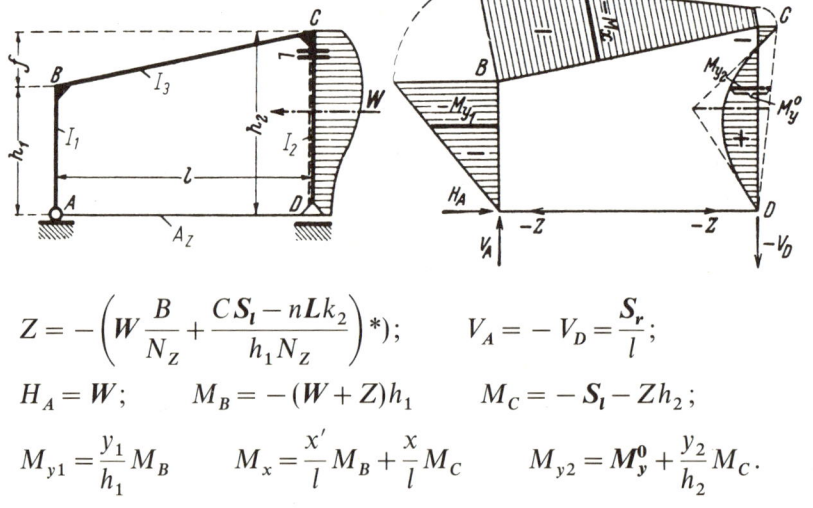

$$Z = -\left(W\frac{B}{N_Z} + \frac{CS_l - nLk_2}{h_1 N_Z}\right)*);\qquad V_A = -V_D = \frac{S_r}{l};$$

$$H_A = W;\qquad M_B = -(W+Z)h_1\qquad M_C = -S_l - Zh_2;$$

$$M_{y1} = \frac{y_1}{h_1}M_B\qquad M_x = \frac{x'}{l}M_B + \frac{x}{l}M_C\qquad M_{y2} = M_y^0 + \frac{y_2}{h_2}M_C.$$

---

*) Bei den obigen zwei Belastungsfällen sowie beim Fall 43/7, Seite 211, oben und bei Wärme**ab**nahme (s. S. 211 unten) wird Z negativ, d. h. das Zugband erhält Druck. Dieser Umstand hat selbstverständlich nur dann einen Sinn, wenn die Druckkraft kleiner bleibt als die Zugkraft aus ständiger Last, so daß stets ein Rest Zugkraft im Zugbande verbleibt.

Festwerte siehe Seite 207   **Rahmenform 43**

Siehe hierzu den Abschnitt „**Belastungsglieder**"

Fall 43/7: Riegel beliebig waagerecht belastet (Festes Gelenk bei D)

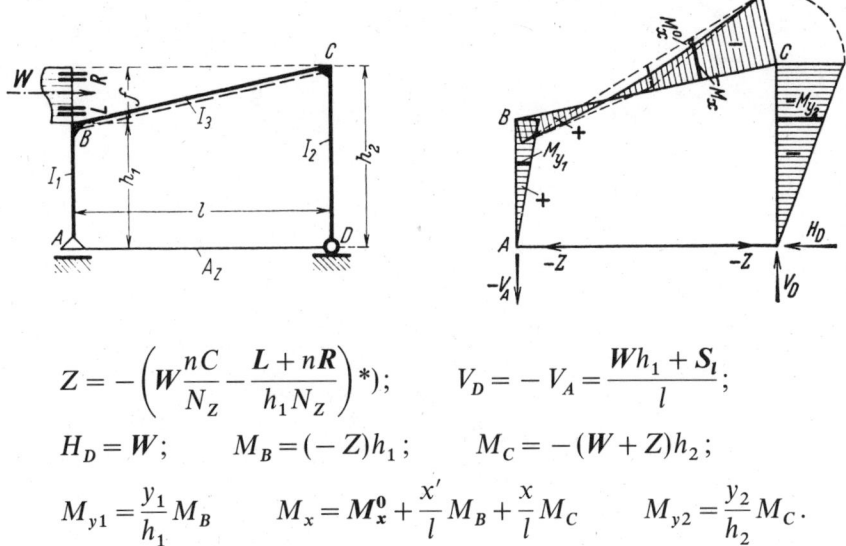

$$Z = -\left(W\frac{nC}{N_Z} - \frac{L+nR}{h_1 N_Z}\right)*); \qquad V_D = -V_A = \frac{Wh_1 + S_l}{l};$$

$$H_D = W; \qquad M_B = (-Z)h_1; \qquad M_C = -(W+Z)h_2;$$

$$M_{y1} = \frac{y_1}{h_1} M_B \qquad M_x = M_x^0 + \frac{x'}{l} M_B + \frac{x}{l} M_C \qquad M_{y2} = \frac{y_2}{h_2} M_C.$$

Fall 43/8: Gleichmäßige Wärmezunahme im ganzen Rahmen
(Festes Gelenk bei A oder D)

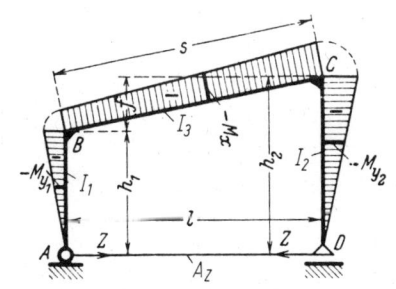

$E = $ Elastizitätsmodul,
$\alpha_t = $ Wärmedehnkoeffizient,
$t = $ Wärmeänderung in Grad.

$$Z = \frac{6EI_3 \alpha_t t}{h_1^2 N_Z} \cdot \frac{l}{s};$$

$$M_B = -Zh_1 \qquad M_C = -Zh_2;$$

$$M_{y1} = -Zy_1 \qquad M_x = \frac{x'}{l} M_B + \frac{x}{l} M_C \qquad M_{y2} = -Zy_2.$$

Bemerkung: Bei Wärmeabnahme kehren alle Kräfte ihren Pfeilsinn um und alle Momente erhalten entgegengesetztes Vorzeichen*).

---

*) Siehe hierzu die Fußnote Seite 210.

Rahmenform 44

Zweigelenkrahmen mit geneigtem Riegel und verschieden hohen senkrechten Stielen

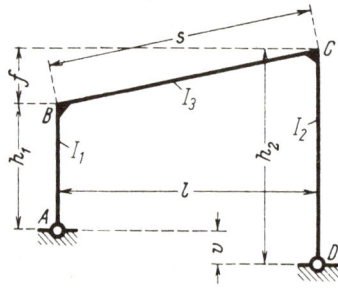
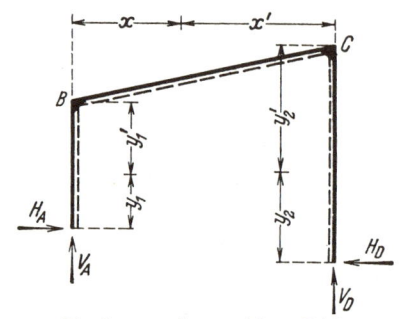

Rahmenform, Abmessungen und Bezeichnungen

Festlegung der positiven Richtung aller Stützkräfte und der Koordinaten beliebiger Stabpunkte. Positive Biegemomente erzeugen an der gestrichelten Stabseite Zug

Festwerte:
$$v = h_2 - (h_1 + f)\,{}^*);$$
$$k_1 = \frac{I_3}{I_1} \cdot \frac{h_1}{s} \qquad k_2 = \frac{I_3}{I_2} \cdot \frac{h_2}{s}; \qquad n = \frac{h_2}{h_1} \qquad r = \frac{v}{h_1}\,{}^*);$$
$$B = 2(k_1 + 1) + n \qquad C = 1 + 2n(1 + k_2); \qquad N = B + nC.$$

Fall 44/1: Gleichmäßige Wärmezunahme im ganzen Rahmen

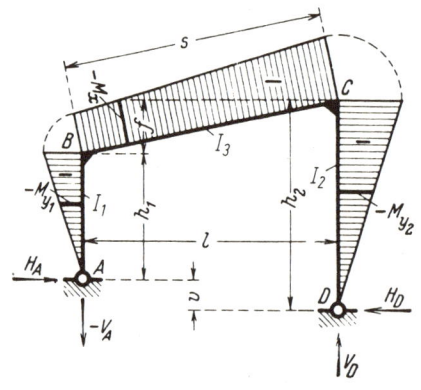

E = Elastizitätsmodul,
α_t = Wärmedehnkoeffizient,
t = Wärmeänderung in Grad.

Hilfswert:

$$X = \frac{6EI_3\alpha_t t(l^2 + v^2)}{slh_1 N}$$

$$M_B = -X \qquad M_C = -nX; \qquad V_D = -V_A = \frac{rX}{l}; \qquad H_A = H_D = \frac{X}{h_1};$$

$$M_{y1} = \frac{y_1}{h_1} M_B \qquad M_x = \frac{x'}{l} M_B + \frac{x}{l} M_C \qquad M_{y2} = \frac{y_2}{h_2} M_C.$$

Bemerkung: Bei Wärme**ab**nahme kehren alle Kräfte ihren Pfeilsinn um und alle Momente erhalten entgegengesetztes Vorzeichen.

---

*) Für $(h_1 + f) > h_2$ wird v und somit auch r negativ!

Festwerte siehe Seite 212   **Rahmenform 44**

Siehe hierzu den Abschnitt „Belastungsglieder"

Fall 44/2: Riegel beliebig senkrecht belastet

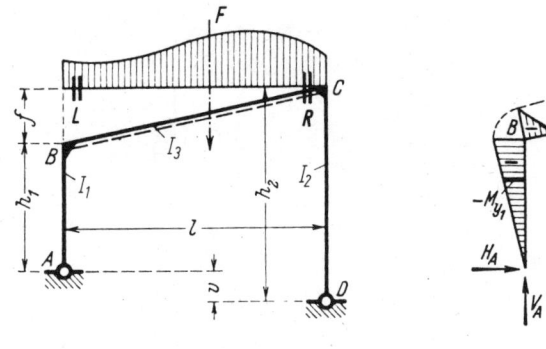

Hilfswert: $X = \dfrac{L + nR}{N}.$ $M_B = -X$ $M_C = -nX;$

$V_A = \dfrac{S_r - rX\,^*)}{l}$ $V_D = \dfrac{S_l + rX\,^*)}{l};$ $H_A = H_D = \dfrac{X}{h_1};$

$M_{y1} = \dfrac{y_1}{h_1} M_B$ $M_x = M_x^0 + \dfrac{x'}{l} M_B + \dfrac{x}{l} M_C$ $M_{y2} = \dfrac{y_2}{h_2} M_C.$

Fall 44/3: Riegel beliebig waagerecht belastet

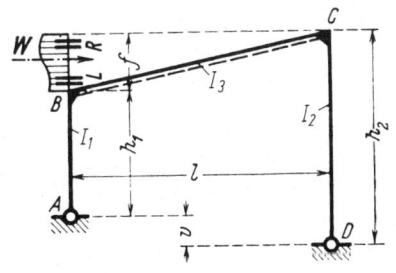 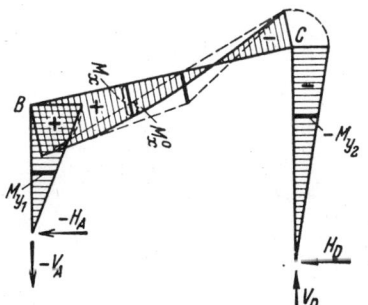

Hilfswert: $X = \dfrac{Wh_1 B + L + nR}{N}.$

$M_B = Wh_1 - X$ $M_C = -nX;$ $H_A = -(W - H_D);$

$V_D = -V_A = \dfrac{Wh_1 + S_l + rX\,^*)}{l};$ $H_D = \dfrac{X}{h_1};$

$M_{y1} = \dfrac{y_1}{h_1} M_B$ $M_x = M_x^0 + \dfrac{x'}{l} M_B + \dfrac{x}{l} M_C$ $M_{y2} = \dfrac{y_2}{h_2} M_C.$

---

*) Siehe hierzu die Fußnote Seite 214.

Rahmenform 44   Festwerte siehe Seite 212

Siehe hierzu den Abschnitt „**Belastungsglieder**"

Fall 44/4: Linker Stiel beliebig waagerecht belastet

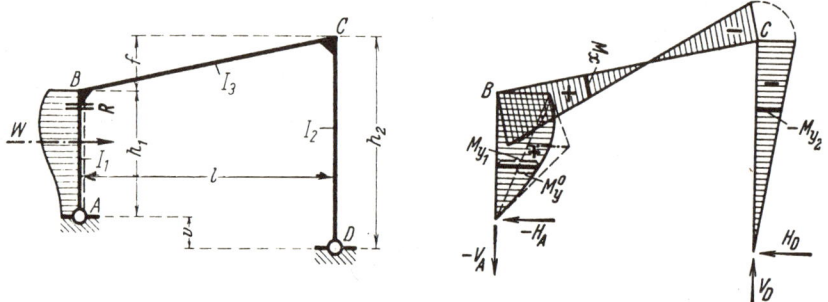

Hilfswert: $\quad X = \dfrac{BS_l + Rk_1}{N}.\qquad M_B = S_l - X \qquad M_C = -nX;$

$V_D = -V_A = \dfrac{S_l + rX\,^*)}{l};\qquad H_D = \dfrac{X}{h_1}\qquad H_A = -(W - H_D);$

$M_{y1} = M_y^0 + \dfrac{y_1}{h_1} M_B \qquad M_x = \dfrac{x'}{l} M_B + \dfrac{x}{l} M_C \qquad M_{y2} = \dfrac{y_2}{h_2} M_C.$

Fall 44/5: Rechter Stiel beliebig waagerecht belastet

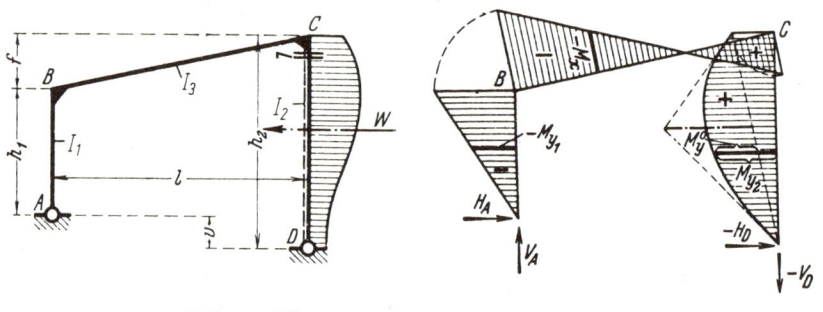

Hilfswert: $\quad X = \dfrac{CS_r + nLk_2}{N}.\qquad M_B = -X \qquad M_C = S_r - nX;$

$V_A = -V_D = \dfrac{S_r - rX\,^*)}{l};\qquad H_A = \dfrac{X}{h_1}\qquad H_D = -(W - H_A);$

$M_{y1} = \dfrac{y_1}{h_1} M_B \qquad M_x = \dfrac{x'}{l} M_B + \dfrac{x}{l} M_C \qquad M_{y2} = M_y^0 + \dfrac{y_2}{h_2} M_C.$

---

*) Bei gleich hoch liegenden Fußgelenken A und D wird $v = 0$ und somit auch $r = 0$, so daß der Anteil von X in den Formeln für V_A und V_D verschwindet. Vgl. hierzu **Rahmenform 42**, besonders die Bemerkung Seite 206.

Festwerte siehe Seite 212   **Rahmenform 44**

Fall 44/6: Waagerechte Einzellast am Eckpunkt B *)

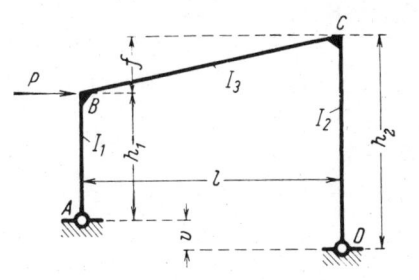 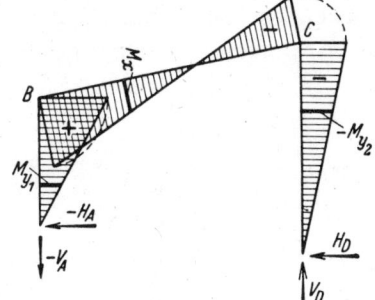

$$H_A = -P\frac{nC}{N} \qquad H_D = P\frac{B}{N}; \qquad V_D = -V_A = \frac{Ph_1 + H_D v}{l};$$

$$M_B = (-H_A)h_1 \qquad M_C = -H_D h_2;$$

$$M_{y1} = \frac{y_1}{h_1} M_B \qquad M_x = \frac{x'}{l} M_B + \frac{x}{l} M_C \qquad M_{y2} = \frac{y_2}{h_2} M_C.$$

Sonderfall 44/6a: Fußgelenke gleich hoch ($v = 0$; Rahmenform 42)

$V_D = -V_A = Ph_1/l.$ Alle übrigen Formeln bleiben wie vor.

Fall 44/7: Waagerechte Einzellast am Eckpunkt C *)

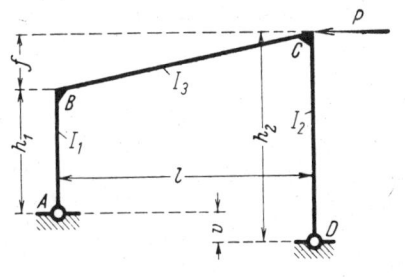 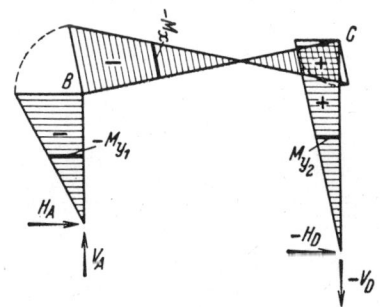

$$H_A = P\frac{nC}{N} \qquad H_D = -P\frac{B}{N}; \qquad V_A = -V_D = \frac{Ph_2 - H_A v}{l};$$

$$M_B = -H_A h_1 \qquad M_C = (-H_D)h_2.$$

Sonderfall 44/7a: Fußgelenke gleich hoch ($v = 0$; Rahmenform 42)

$V_A = -V_D = Ph_2/l.$ Alle übrigen Formeln bleiben wie vor.

---

*) Abgesehen von dem entgegengesetzten Vorzeichen aller Momente und Querkräfte sind die beiden vorstehenden Lastfälle nur in den V-Kräften verschieden. Der absolute Unterschied beträgt $\Delta V = \frac{Pf}{l}$. Diese Verschiedenheit der V-Kräfte wirkt sich auch in einer Verschiedenheit der Stab-*Längs*kräfte aus.

Rahmenform 45

Rahmen mit geneigtem Riegel und verschieden hohen senkrechten Stielen mit einer Fußeinspannung und einem Fußgelenk

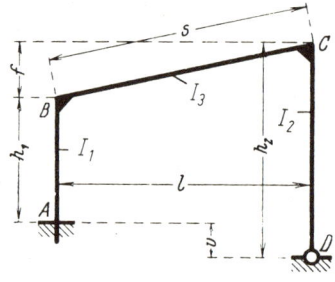

Rahmenform, Abmessungen und Bezeichnungen

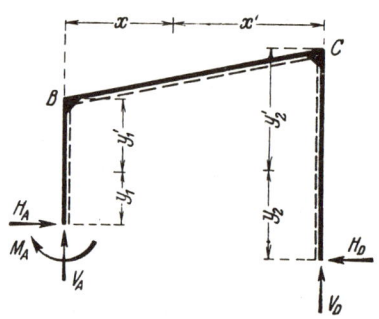

Festlegung der positiven Richtung aller Stützkräfte und der Koordinaten beliebiger Stabpunkte. Positive Biegemomente erzeugen an der gestrichelten Stabseite Zug

Festwerte:

$$k_1 = \frac{I_3}{I_1} \cdot \frac{h_1}{s} \qquad k_2 = \frac{I_3}{I_2} \cdot \frac{h_2}{s}; \qquad m = \frac{h_1}{h_2} \qquad \varphi = \frac{f}{h_2};$$

$$N = 3(mk_1 + 1)^2 + 4k_1(3 + m^2) + 4k_2(3k_1 + 1);$$

$$n_{11} = \frac{2(m^2 k_1 + 1 + k_2)}{N} \qquad n_{22} = \frac{2(3k_1 + 1)}{N}$$

$$n_{12} = n_{21} = \frac{3mk_1 - 1}{N}.$$

Festwerte siehe Seite 216

Rahmenform 45

Siehe hierzu den Abschnitt „Belastungsglieder"

Fall 45/1: Riegel beliebig senkrecht belastet

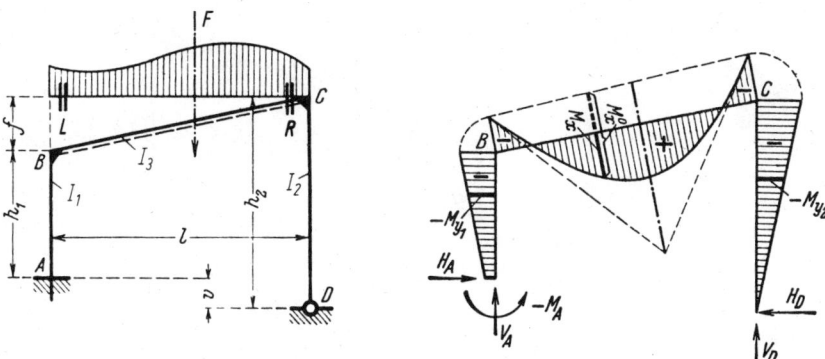

Hilfswerte: $\quad X_1 = Ln_{11} + Rn_{21} \qquad X_2 = Ln_{12} + Rn_{22}$.

$M_A = mX_2 - X_1 \qquad M_B = -X_1 \qquad M_C = -X_2;$

$V_A = \dfrac{S_r + X_1 - (1-\varphi)X_2}{l} \qquad V_D = F - V_A; \qquad H_A = H_D = \dfrac{X_2}{h_2};$

$M_{y1} = \dfrac{y_1'}{h_1} M_A + \dfrac{y_1}{h_1} M_B \qquad M_x = M_x^0 + \dfrac{x'}{l} M_B + \dfrac{x}{l} M_C \qquad M_{y2} = \dfrac{y_2}{h_2} M_C.$

Fall 45/2: Riegel beliebig waagerecht belastet

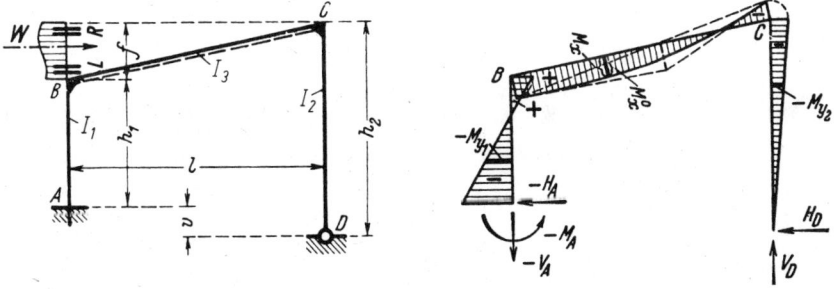

Hilfswerte:

$B_1 = 3Wh_1k_1 - L \qquad X_1 = +B_1n_{11} - B_2n_{21}$

$B_2 = 2mWh_1k_1 - R; \qquad X_2 = -B_1n_{12} + B_2n_{22}.$

$M_A = -Wh_1 + X_1 + mX_2 \qquad M_B = X_1 \qquad M_C = -X_2;$

$V_D = -V_A = \dfrac{S_l + X_1 + (1-\varphi)X_2}{l}; \qquad H_D = \dfrac{X_2}{h_2} \qquad H_A = -(W - H_D);$

$M_{y1} = \dfrac{y_1'}{h_1} M_A + \dfrac{y_1}{h_1} M_B \qquad M_x = M_x^0 + \dfrac{x'}{l} M_B + \dfrac{x}{l} M_C \qquad M_{y2} = \dfrac{y_2}{h_2} M_C.$

Rahmenform 45 Festwerte siehe Seite 216

Siehe hierzu den Abschnitt „**Belastungsglieder**"

Fall 45/3: Linker Stiel beliebig waagerecht belastet

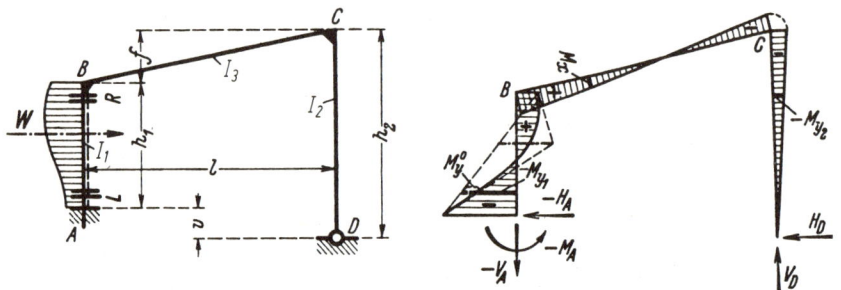

Hilfswerte: $B_1 = [3S_l - (L+R)]k_1$ $X_1 = +B_1 n_{11} - B_2 n_{21}$
$B_2 = [2S_l - L]mk_1$; $X_2 = -B_1 n_{12} + B_2 n_{22}$.
$M_A = -S_l + X_1 + mX_2$ $M_B = X_1$ $M_C = -X_2$;
$V_D = -V_A = \dfrac{X_1 + (1-\varphi)X_2}{l}$; $H_D = \dfrac{X_2}{h_2}$ $H_A = -(W - H_D)$;
$M_{y1} = M_y^0 + \dfrac{y_1'}{h_1} M_A + \dfrac{y_1}{h_1} M_B$ $M_x = \dfrac{x'}{l} M_B + \dfrac{x}{l} M_C$ $M_{y2} = \dfrac{y_2}{h_2} M_C$.

Fall 45/4: Rechter Stiel beliebig waagerecht belastet

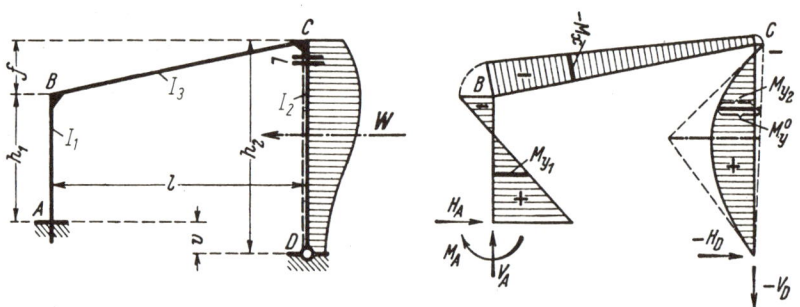

Hilfswerte: $B_1 = 3mS_r k_1$ $X_1 = +B_1 n_{11} - B_2 n_{21}$
$B_2 = 2m^2 S_r k_1 - Lk_2$; $X_2 = -B_1 n_{12} + B_2 n_{22}$.
$M_A = m(S_r - X_2) - X_1$ $M_B = -X_1$ $M_C = X_2$;
$V_A = -V_D = \dfrac{\varphi S_r + X_1 + (1-\varphi)X_2}{l}$; $H_A = \dfrac{S_r - X_2}{h_2}$ $H_D = -(W - H_A)$;
$M_{y1} = \dfrac{y_1'}{h_1} M_A + \dfrac{y_1}{h_1} M_B$ $M_x = \dfrac{x'}{l} M_B + \dfrac{x}{l} M_C$ $M_{y2} = M_y^0 + \dfrac{y_2}{h_2} M_C$.

Festwerte siehe Seite 216   **Rahmenform 45**

Fall 45/5: Gleichmäßige Wärme**zu**nahme im ganzen Rahmen

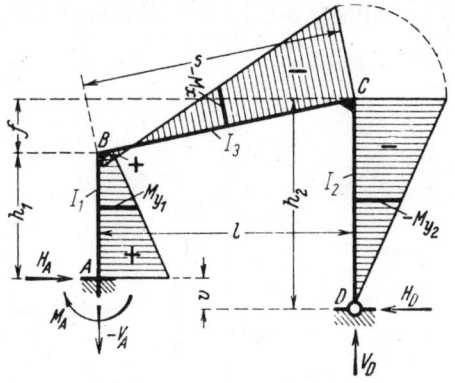

E = Elastizitätsmodul,
α_t = Wärmedehnkoeffizient,
t = Wärmeänderung in Grad.

Hilfswerte:

$v = h_2 - (h_1 + f)\,{}^*)$;

$T = \dfrac{6EI_3\alpha_t t}{s}$;

$$X_1 = T\left[-\frac{v}{l}n_{11} + \left(\frac{l}{h_2} + \frac{(1-\varphi)v}{l}\right)n_{21}\right]$$

$$X_2 = T\left[-\frac{v}{l}n_{12} + \left(\frac{l}{h_2} + \frac{(1-\varphi)v}{l}\right)n_{22}\right].$$

$M_A = mX_2 - X_1 \qquad M_B = -X_1 \qquad M_C = -X_2$;

$V_D = -V_A = \dfrac{(1-\varphi)X_2 - X_1}{l}$; $\qquad H_A = H_D = \dfrac{X_2}{h_2}$;

$M_{y1} = \dfrac{y_1'}{h_1}M_A + \dfrac{y_1}{h_1}M_B \qquad M_x = \dfrac{x'}{l}M_B + \dfrac{x}{l}M_C \qquad M_{y2} = \dfrac{y_2}{h_2}M_C.$

Bemerkung: Bei Wärme**ab**nahme kehren alle Kräfte ihren Pfeilsinn um und alle Momente erhalten entgegengesetztes Vorzeichen.

Sonderfall (Rahmenform 46, s. S. 220);

$v = 0$ (Fußpunkte auf gleicher Höhe).

Hilfswerte: $\qquad T' = \dfrac{6EI_3\alpha_t t}{s} \cdot \dfrac{l}{h_2}$;

$X_1 = T'n_{21} \qquad X_2 = T'n_{22}$.

Alle anderen Anschriebe genau wie oben.

---

*) Für $(h_1 + f) > h_2$ wird v negativ!

Rahmenform 46

Rahmen mit geneigtem Riegel und senkrechten Stielen mit einer Fußeinspannung und einem festen Gelenk in gleicher Höhenlage

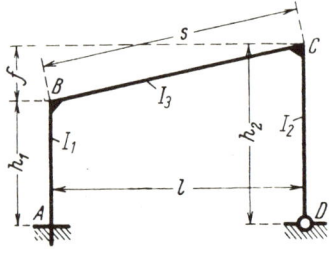

Rahmenform, Abmessungen und Bezeichnungen

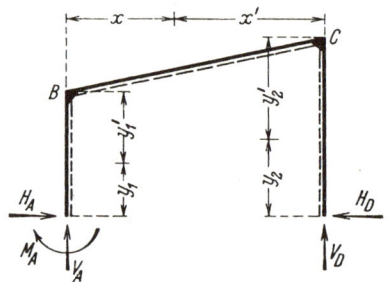

Festlegung der positiven Richtung aller Stützkräfte und der Koordinaten beliebiger Stabpunkte. Positive Biegemomente erzeugen an der gestrichelten Stabseite Zug

Alle **Festwerte** und **Formeln für äußere Belastung** lauten genau wie für Rahmenform 45. Siehe hierzu die Seiten 216, 217 und 218.

Die Formeln für **gleichmäßige Wärmeänderung** siehe Seite 219, Sonderfall.

Rahmenform 47

Rahmen mit geneigtem Riegel und verschieden hohen senkrechten Stielen mit einem Fußgelenk und einer Fußeinspannung

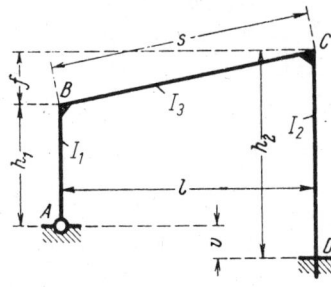

Rahmenform, Abmessungen und Bezeichnungen

Festlegung der positiven Richtung aller Stützkräfte und der Koordinaten beliebiger Stabpunkte. Positive Biegemomente erzeugen an der gestrichelten Stabseite Zug

Festwerte:

$$k_1 = \frac{I_3}{I_1} \cdot \frac{h_1}{s} \qquad k_2 = \frac{I_3}{I_2} \cdot \frac{h_2}{s}; \qquad n = \frac{h_2}{h_1} \qquad \varphi = \frac{f}{h_1};$$

$$N = 3(1 + nk_2)^2 + 4k_1(1 + 3k_2) + 4k_2(3 + n^2);$$

$$n_{11} = \frac{2(1 + 3k_2)}{N} \qquad n_{22} = \frac{2(k_1 + 1 + n^2 k_2)}{N}$$

$$n_{12} = n_{21} = \frac{3nk_2 - 1}{N}.$$

Rahmenform 47   Festwerte siehe Seite 221

Fall 47/1: Gleichmäßige Wärme**zu**nahme im ganzen Rahmen

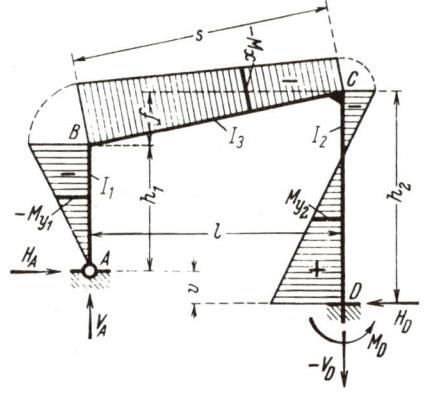

E = Elastizitätsmodul,
α_t = Wärmedehnkoeffizient,
t = Wärmeänderung in Grad.

Hilfswerte:

$v = h_2 - (h_1 + f)\,^*)$;

$T = \dfrac{6EI_3 \alpha_t t}{s}$;

$$X_1 = T\left[\left(\dfrac{l}{h_1} - \dfrac{(1+\varphi)v}{l}\right)n_{11} + \dfrac{v}{l}n_{21}\right]$$

$$X_2 = T\left[\left(\dfrac{l}{h_1} - \dfrac{(1+\varphi)v}{l}\right)n_{12} + \dfrac{v}{l}n_{22}\right].$$

$M_B = -X_1 \qquad M_C = -X_2 \qquad M_D = nX_1 - X_2;$

$V_A = -V_D = \dfrac{(1+\varphi)X_1 - X_2}{l};\qquad H_A = H_D = \dfrac{X_1}{h_1};$

$M_{y1} = \dfrac{y_1}{h_1} M_B \qquad M_x = \dfrac{x'}{l} M_B + \dfrac{x}{l} M_C \qquad M_{y2} = \dfrac{y_2}{h_2} M_C + \dfrac{y'_2}{h_2} M_D.$

Bemerkung: Bei Wärme**ab**nahme kehren alle Kräfte ihren Pfeilsinn um und alle Momente erhalten entgegengesetztes Vorzeichen.

Sonderfall Rahmenform 48, (s. S. 225);

$v = 0$ (Fußpunkte auf gleicher Höhe).

Hilfswerte: $T' = \dfrac{6EI_3 \alpha_t}{s} \cdot \dfrac{l}{h_1};\qquad X_1 = T' n_{11} \qquad X_2 = T' n_{12}.$

Alle anderen Anschriebe genau wie oben.

---

*) Für $(h_1 + f) > h_2$ wird v negativ!

Festwerte siehe Seite 221 **Rahmenform 47**

Siehe hierzu den Abschnitt „**Belastungsglieder**"

Fall 47/2: Riegel beliebig senkrecht belastet

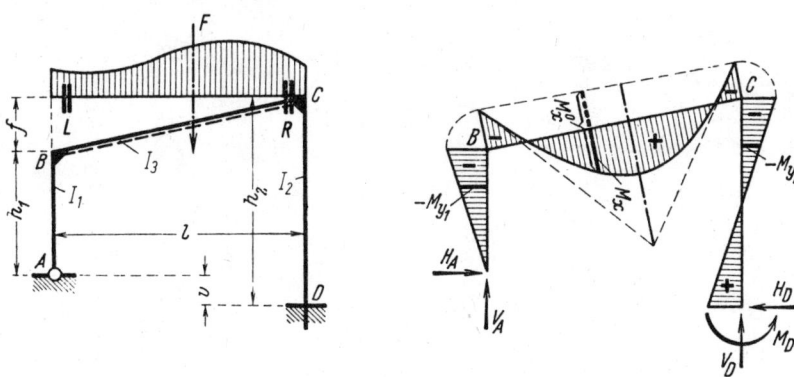

Hilfswerte: $\quad X_1 = L n_{11} + R n_{21} \quad\quad M_B = -X_1 \quad\quad M_C = -X_2$
$X_2 = L n_{12} + R n_{22}. \quad\quad M_D = n X_1 - X_2;$
$V_A = \dfrac{S_r + (1+\varphi) X_1 - X_2}{l} \quad\quad V_D = F - V_A; \quad\quad H_A = H_D = \dfrac{X_1}{h_1};$
$M_{y1} = \dfrac{y_1}{h_1} M_B \quad\quad M_x = M_x^0 + \dfrac{x'}{l} M_B + \dfrac{x}{l} M_C \quad\quad M_{y2} = \dfrac{y_2}{h_2} M_C + \dfrac{y_2'}{h_2} M_D.$

Fall 47/3: Riegel beliebig waagerecht belastet

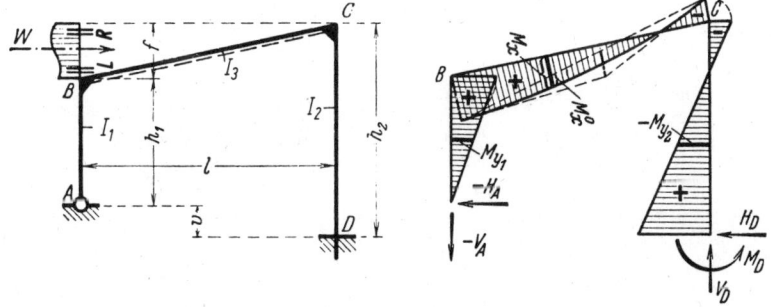

Hilfswerte: $\quad B_1 = 2 n W h_2 k_2 - L \quad\quad X_1 = + B_1 n_{11} - B_2 n_{21}$
$B_2 = 3 W h_2 k_2 + R; \quad\quad X_2 = - B_1 n_{12} + B_2 n_{22}.$
$M_B = X_1 \quad\quad M_C = -X_2 \quad\quad M_D = W h_2 - n X_1 - X_2;$
$V_A = -V_D = \dfrac{S_r - (1+\varphi) X_1 - X_2}{l}; \quad\quad H_A = -\dfrac{X_1}{h_1} \quad\quad H_D = W - \dfrac{X_1}{h_1};$
$M_{y1} = \dfrac{y_1}{h_1} M_B \quad\quad M_x = M_x^0 + \dfrac{x'}{l} M_B + \dfrac{x}{l} M_C \quad\quad M_{y2} = \dfrac{y_2}{h_2} M_C + \dfrac{y_2'}{h_2} M_D.$

Rahmenform 47 Festwerte siehe Seite 221

Siehe hierzu den Abschnitt **„Belastungsglieder"**

Fall 47/4: Linker Stiel beliebig waagerecht belastet

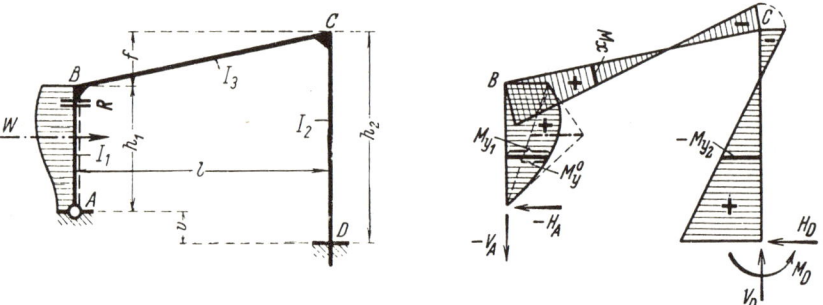

Hilfswerte: $B_1 = 2n^2 S_l k_2 - R k_1$ $X_1 = + B_1 n_{11} - B_2 n_{21}$
$B_2 = 3n S_l k_2$; $X_2 = - B_1 n_{12} + B_2 n_{22}$.
$M_B = X_1$ $M_C = -X_2$ $M_D = n(S_l - X_1) - X_2$;
$V_D = -V_A = \dfrac{(1+\varphi)X_1 + X_2 - \varphi S_l}{l}$; $H_D = \dfrac{S_l - X_1}{h_1}$ $H_A = -(W - H_D)$;
$M_{y1} = M_y^0 + \dfrac{y_1}{h_1} M_B$ $M_x = \dfrac{x'}{l} M_B + \dfrac{x}{l} M_C$ $M_{y2} = \dfrac{y_2}{h_2} M_C + \dfrac{y_2'}{h_2} M_D$.

Fall 47/5: Rechter Stiel beliebig waagerecht belastet

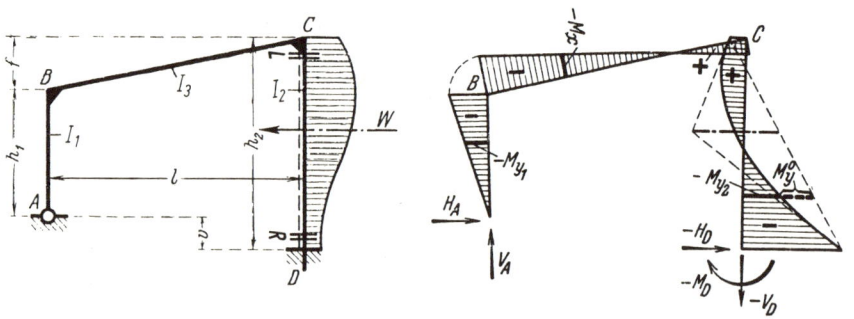

Hilfswerte: $B_1 = [2S_r - R] n k_2$ $X_1 = + B_1 n_{11} - B_2 n_{21}$
$B_2 = [3S_r - (L+R)] k_2$; $X_2 = -B_1 n_{12} + B_2 n_{22}$.
$M_B = -X_1$ $M_C = X_2$ $M_D = -S_r + n X_1 + X_2$;
$V_A = -V_D = \dfrac{(1+\varphi)X_1 + X_2}{l}$; $H_A = \dfrac{X_1}{h_1}$ $H_D = -(W - H_A)$;
$M_{y1} = \dfrac{y_1}{h_1} M_B$ $M_x = \dfrac{x'}{l} M_B + \dfrac{x}{l} M_C$ $M_{y2} = M_y^0 + \dfrac{y_2}{h_2} M_C + \dfrac{y_2'}{h_2} M_D$

Rahmenform 48

Rahmen mit geneigtem Riegel und senkrechten Stielen mit einem Fußgelenk und einer Fußeinspannung in gleicher Höhenlage

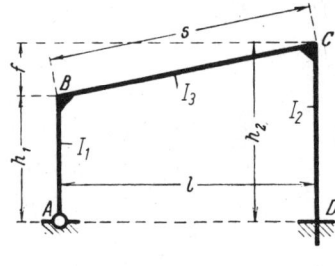

Rahmenform, Abmessungen und Bezeichnungen

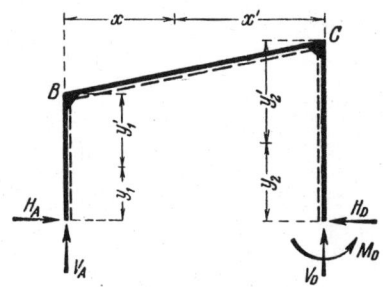

Festlegung der positiven Richtung aller Stützkräfte und der Koordinaten beliebiger Stabpunkte. Positive Biegemomente erzeugen an der gestrichelten Stabseite Zug

Alle **Festwerte** und **Formeln für äußere Belastung** lauten genau wie für Rahmenform 47. Siehe hierzu die Seiten 221, 223 und 224.

Die Formeln für **gleichmäßige Wärmeänderung** siehe Seite 222, Sonderfall.

Rahmenform 49

Eingespannter Rahmen mit geneigtem Riegel und senkrechten Stielen mit Fußpunkten in verschiedener Höhenlage

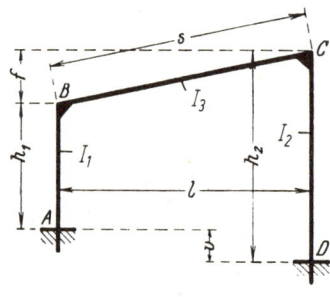 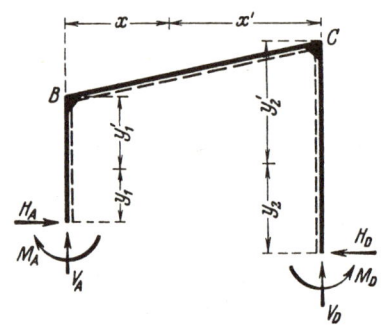

Rahmenform, Abmessungen und Bezeichnungen

Festlegung der positiven Richtung aller Stützkräfte und der Koordinaten beliebiger Stabpunkte. Positive Biegemomente erzeugen an der gestrichelten Stabseite Zug

Festwerte:

$$k_1 = \frac{I_3}{I_1} \cdot \frac{h_1}{s} \qquad k_2 = \frac{I_3}{I_2} \cdot \frac{h_2}{s}; \qquad n = \frac{h_2}{h_1} \qquad \varphi = \frac{f}{h_1};$$

$$R_1 = 2(3k_1 + 1) \qquad R_2 = 2(1 + 3k_2) \qquad R_3 = 2(k_1 + n^2 k_2);$$

$$N = R_3(k_1 + 1 + k_2) + 6k_1 k_2 (k_1 + 1 + n + n^2 + n^2 k_2);$$

$$n_{11} = \frac{R_2 R_3 - 9n^2 k_2^2}{3N} \qquad n_{12} = n_{21} = \frac{9n k_1 k_2 - R_3}{3N}$$

$$n_{22} = \frac{R_1 R_3 - 9k_1^2}{3N} \qquad n_{13} = n_{31} = \frac{k_1 R_2 - n k_2}{N}$$

$$n_{33} = \frac{R_1 R_2 - 1}{3N} \qquad n_{23} = n_{32} = \frac{n k_2 R_1 - k_1}{N}$$

Festwerte siehe Seite 226 **Rahmenform 49**

Siehe hierzu den Abschnitt „**Belastungsglieder**"

Fall 49/1: Riegel beliebig senkrecht belastet

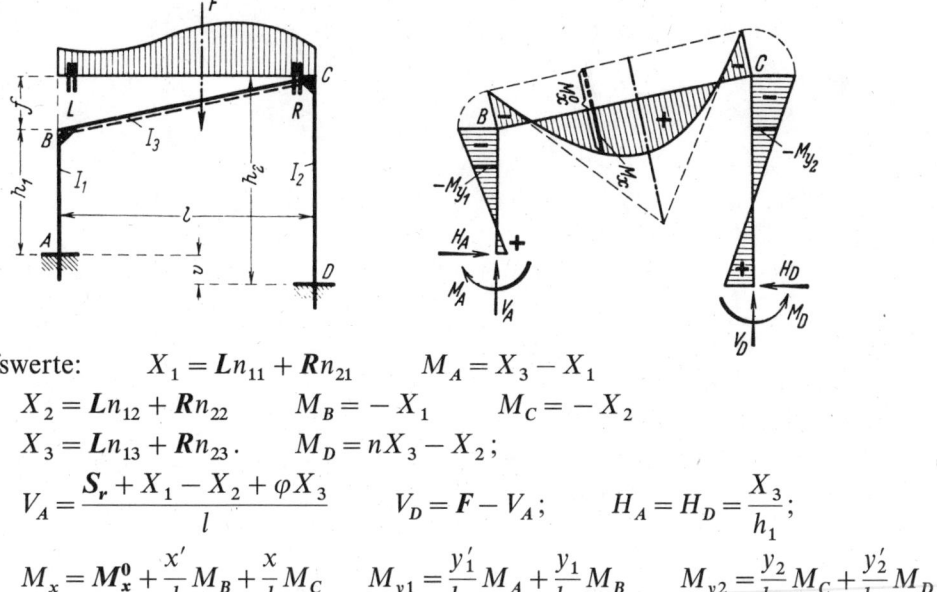

Hilfswerte:
$$X_1 = Ln_{11} + Rn_{21} \qquad M_A = X_3 - X_1$$
$$X_2 = Ln_{12} + Rn_{22} \qquad M_B = -X_1 \qquad M_C = -X_2$$
$$X_3 = Ln_{13} + Rn_{23}. \qquad M_D = nX_3 - X_2;$$
$$V_A = \frac{S_r + X_1 - X_2 + \varphi X_3}{l} \qquad V_D = F - V_A; \qquad H_A = H_D = \frac{X_3}{h_1};$$
$$M_x = M_x^0 + \frac{x'}{l}M_B + \frac{x}{l}M_C \qquad M_{y1} = \frac{y_1'}{h_1}M_A + \frac{y_1}{h_1}M_B \qquad M_{y2} = \frac{y_2}{h_2}M_C + \frac{y_2'}{h_2}M_D.$$

Fall 49/2: Riegel beliebig waagerecht belastet

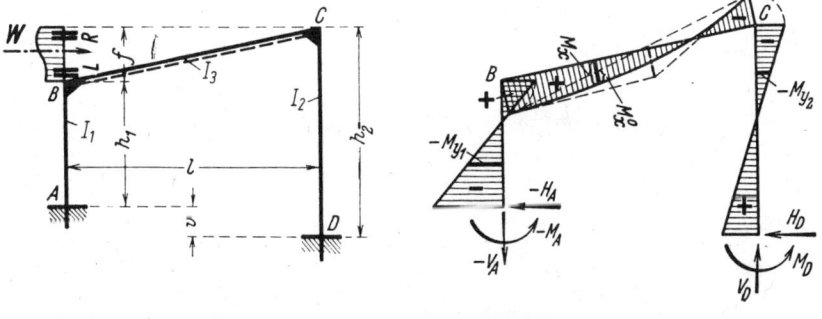

Hilfswerte:
$$X_1 = +B_1 n_{11} - Rn_{21} - B_3 n_{31}$$
$$B_1 = 3Wh_1 k_1 - L \qquad X_2 = -B_1 n_{12} + Rn_{22} + B_3 n_{32}$$
$$B_3 = 2Wh_1 k_1; \qquad X_3 = -B_1 n_{13} + Rn_{23} + B_3 n_{33}.$$
$$M_A = -Wh_1 + X_1 + X_3 \qquad M_B = +X_1 \qquad M_C = -X_2 \qquad M_D = nX_3 - X_2;$$
$$V_D = -V_A = \frac{S_l + X_1 + X_2 - \varphi X_3}{l}; \qquad H_D = \frac{X_3}{h_1} \qquad H_A = -(W - H_D);$$
$$M_x = M_x^0 + \frac{x'}{l}M_B + \frac{x}{l}M_C \qquad M_{y1} = \frac{y_1'}{h_1}M_A + \frac{y_1}{h_1}M_B \qquad M_{y2} = \frac{y_2}{h_2}M_C + \frac{y_2'}{h_2}M_D.$$

Rahmenform 49 Festwerte siehe Seite 226

Siehe hierzu den Abschnitt „**Belastungsglieder**"

Fall 49/3: Linker Stiel beliebig waagerecht belastet

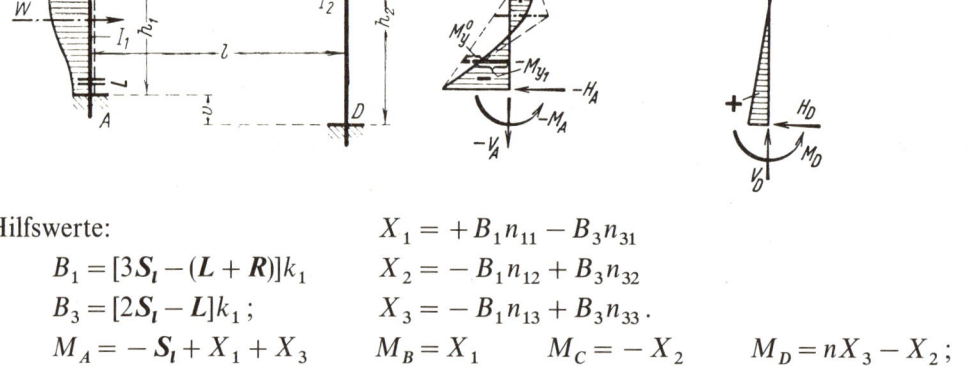

Hilfswerte:
$$X_1 = +B_1 n_{11} - B_3 n_{31}$$
$B_1 = [3S_l - (L+R)]k_1$ $\quad X_2 = -B_1 n_{12} + B_3 n_{32}$
$B_3 = [2S_l - L]k_1;$ $\quad X_3 = -B_1 n_{13} + B_3 n_{33}.$

$M_A = -S_l + X_1 + X_3 \quad M_B = X_1 \quad M_C = -X_2 \quad M_D = nX_3 - X_2;$

$V_D = -V_A = \dfrac{X_1 + X_2 - \varphi X_3}{l}; \qquad H_D = \dfrac{X_3}{h_1} \qquad H_A = -(W - H_D);$

$M_x = \dfrac{x'}{l}M_B + \dfrac{x}{l}M_C \quad M_{y1} = M_y^0 + \dfrac{y_1'}{h_1}M_A + \dfrac{y_1}{h_1}M_B \quad M_{y2} = \dfrac{y_2}{h_2}M_C + \dfrac{y_2'}{h_2}M_D.$

Fall 49/4: Rechter Stiel beliebig waagerecht belastet

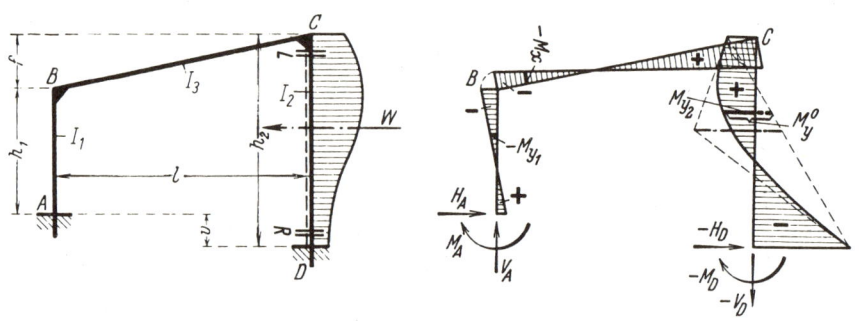

Hilfswerte:
$$X_1 = -B_2 n_{21} + B_3 n_{31}$$
$B_2 = [3S_r - (L+R)]k_2$ $\quad X_2 = +B_2 n_{22} - B_3 n_{32}$
$B_3 = [2S_r - R]nk_2;$ $\quad X_3 = -B_2 n_{23} + B_3 n_{33}.$

$M_A = X_3 - X_1 \quad M_B = -X_1 \quad M_C = X_2 \quad M_D = -S_r + X_2 + nX_3;$

$V_A = -V_D = \dfrac{X_1 + X_2 + \varphi X_3}{l}; \qquad H_A = \dfrac{X_3}{h_1} \qquad H_D = -(W - H_A);$

$M_x = \dfrac{x'}{l}M_B + \dfrac{x}{l}M_C \quad M_{y1} = \dfrac{y_1'}{h_1}M_A + \dfrac{y_1}{h_1}M_B \quad M_{y2} = M_y^0 + \dfrac{y_2}{h_2}M_C + \dfrac{y_2'}{h_2}M_D.$

Festwerte siehe Seite 226 **Rahmenform 49**

Fall 49/5: Gleichmäßige Wärmezunahme im ganzen Rahmen

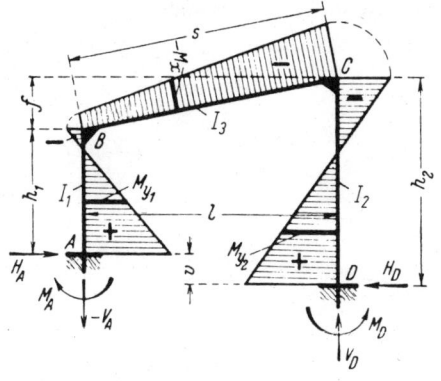

E = Elastizitätsmodul,
α_t = Wärmedehnkoeffizient,
t = Wärmeänderung in Grad.

Hilfswerte:

$v = h_2 - (h_1 + f)\,{}^*);$

$T = \dfrac{6EI_3\alpha_t t}{s};$

$$X_1 = T\left[\dfrac{v}{l}(-n_{11} + n_{21}) + \left(\dfrac{l}{h_1} - \dfrac{\varphi v}{l}\right)n_{31}\right]$$

$$X_2 = T\left[\dfrac{v}{l}(-n_{12} + n_{22}) + \left(\dfrac{l}{h_1} - \dfrac{\varphi v}{l}\right)n_{32}\right]$$

$$X_3 = T\left[\dfrac{v}{l}(-n_{13} + n_{23}) + \left(\dfrac{l}{h_1} - \dfrac{\varphi v}{l}\right)n_{33}\right]$$

$M_A = X_3 - X_1 \qquad M_B = -X_1 \qquad M_C = -X_2 \qquad M_D = nX_3 - X_2;$

$V_A = -V_D = \dfrac{X_1 - X_2 + \varphi X_3}{l}; \qquad H_A = H_D = \dfrac{X_3}{h_1};$

$M_{y_1} = \dfrac{y_1'}{h_1}M_A + \dfrac{y_1}{h_1}M_B \qquad M_{y_2} = \dfrac{y_2}{h_2}M_C + \dfrac{y_2'}{h_2}M_D \qquad M_x = \dfrac{x'}{l}M_B + \dfrac{x}{l}M_C.$

Bemerkung: Bei Wärme**ab**nahme kehren alle Kräfte ihren Pfeilsinn um und alle Momente erhalten entgegengesetztes Vorzeichen.

Sonderfall (Rahmenform 50, s. S. 230);

$v = 0$ (Fußpunkte auf gleicher Höhe).

Hilfswerte: $\quad T' = \dfrac{6EI_3\alpha_t t}{s}\cdot\dfrac{l}{h_1}; \qquad X_1 = T'\cdot n_{31} \qquad X_2 = T'\cdot n_{32} \qquad X_3 = T'\cdot n_{33}.$

Alle anderen Anschriebe genau wie oben.

---

*) Für $(h_1 + f) > h_2$ wird v negativ!

Rahmenform 50

Eingespannter Rahmen mit geneigtem Riegel und senkrechten Stielen mit Fußpunkten in gleicher Höhenlage

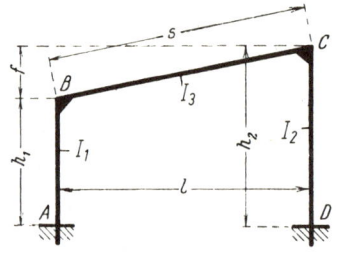 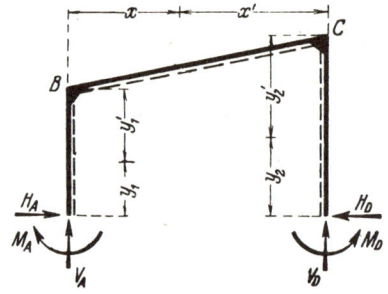

Rahmenform, Abmessungen und Bezeichnungen

Festlegung der positiven Richtung aller Stützkräfte und der Koordinaten beliebiger Stabpunkte. Positive Biegemomente erzeugen an der gestrichelten Stabseite Zug

Alle **Festwerte** und **Formeln für äußere Belastung** lauten genau wie für Rahmenform 49. Siehe hierzu die Seiten 226, 227 und 228.

Die Formeln für **gleichmäßige Wärmeänderung** siehe Seite 229, Sonderfall.

Rahmenform 51

Zweigelenkrahmen mit einseitig abgeschrägtem waagerechtem Riegel und senkrechten Stielen mit Fußpunkten in verschiedener Höhenlage

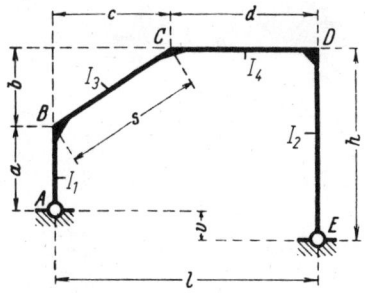

Rahmenform, Abmessungen und Bezeichnungen

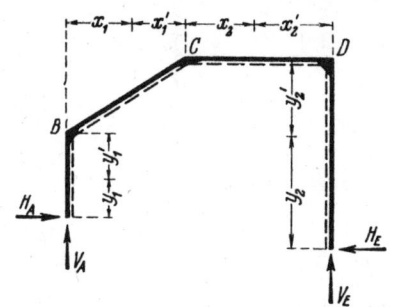

Festlegung der positiven Richtung aller Stützkräfte und der Koordinaten beliebiger Stabpunkte. Positive Biegemomente erzeugen an der gestrichelten Stabseite Zug

Festwerte:

$$k_1 = \frac{I_4}{I_1} \cdot \frac{a}{d} \qquad k_2 = \frac{I_4}{I_2} \cdot \frac{h}{d} \qquad k_3 = \frac{I_4}{I_3} \cdot \frac{s}{d};$$

$$\alpha = \frac{a}{h} \qquad \gamma = \frac{c}{l} \qquad \delta = \frac{d}{l} \qquad (\gamma + \delta = 1);$$

$$v = h - (a+b)\,^*) \qquad n = \frac{v}{h}\,^*) \qquad m = 1 - \delta n;$$

$$B = 2\alpha(k_1 + k_3) + mk_3 \qquad C = \alpha k_3 + 2m(k_3 + 1) + 1$$
$$D = m + 2(1 + k_2); \qquad N = \alpha B + mC + D.$$

Anschriebe für die Momente in beliebigen Stabpunkten aller nicht direkt belasteten Stäbe für alle Lastfälle der Rahmenform 51

$$M_{x1} = \frac{x_1'}{c} \cdot M_B + \frac{x_1}{c} \cdot M_C \qquad M_{x2} = \frac{x_2'}{d} \cdot M_C + \frac{x_2}{d} \cdot M_D$$

$$M_{y1} = \frac{y_1}{a} \cdot M_B \qquad M_{y2} = \frac{y_2}{h} \cdot M_D.$$

---

*) Für $(a+b) > h$ wird v und somit auch n negativ!

Rahmenform 51 Festwerte usw. siehe Seite 231

Siehe hierzu den Abschnitt „**Belastungsglieder**"

Fall 51/1: Schrägstab beliebig senkrecht belastet

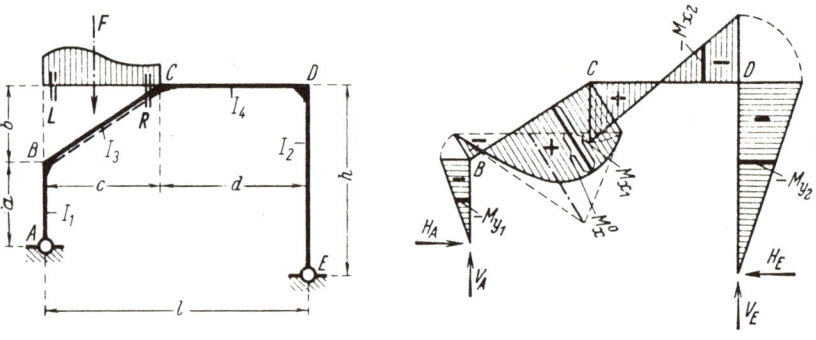

Hilfswert: $\quad X = \dfrac{C\delta S_l + (\alpha L + mR)k_3}{N}$. $\quad M_{x1} = M_x^0 + \dfrac{x_1'}{c}M_B + \dfrac{x_1}{c}M_C;$

$M_B = -\alpha X \qquad M_C = \delta S_l - mX \qquad M_D = -X;$

$V_E = \dfrac{S_l + nX}{l} \qquad V_A = F - V_E; \qquad H_A = H_E = \dfrac{X}{h}.$

Fall 51/2: Riegel beliebig senkrecht belastet

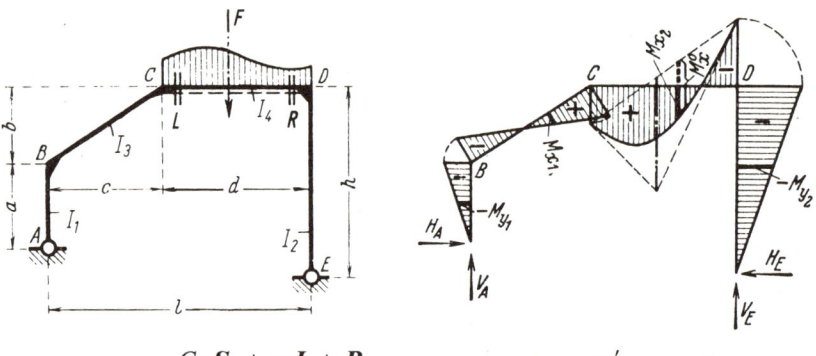

Hilfswert: $\quad X = \dfrac{C\gamma S_r + mL + R}{N}$. $\quad M_{x2} = M_x^0 + \dfrac{x_2'}{d}M_C + \dfrac{x_2}{d}M_D;$

$M_B = -\alpha X \qquad M_C = \gamma S_r - mX \qquad M_D = -X;$

$V_A = \dfrac{S_r - nX}{l} \qquad V_E = F - V_A; \qquad H_A = H_E = \dfrac{X}{h}.$

Fall 51/3: Senkrechte Einzellast P am Eckpunkt C

In Fall 51/1 ist zu setzen:
$\quad F = P \qquad S_l = Pc; \qquad L = R = 0 \qquad M_x^0 = 0;$
oder in Fall 51/2 ist zu setzen:
$\quad F = P \qquad S_r = Pd; \qquad L = R = 0 \qquad M_x^0 = 0.$

Festwerte usw. siehe Seite 231   **Rahmenform 51**

Siehe hierzu den Abschnitt „**Belastungsglieder**"

Fall 51/4: Schrägstab beliebig waagerecht belastet

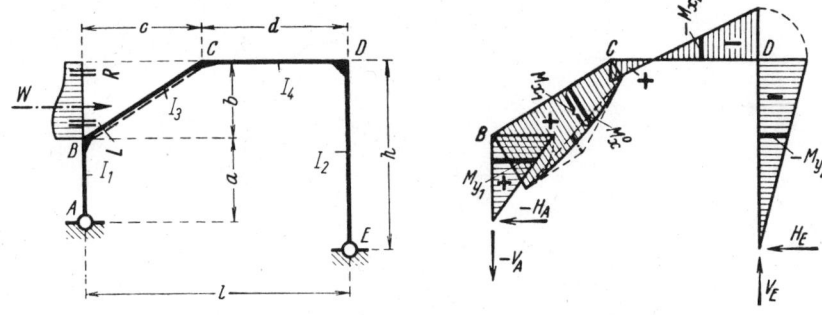

Hilfswert: $\quad X = \dfrac{Wa(B+\delta C) + \delta C S_l + (\alpha L + mR)k_3}{N}$.

$M_B = Wa - \alpha X \qquad M_C = (Wa + S_l)\delta - mX \qquad M_D = -X;$

$V_E = -V_A = \dfrac{Wa + S_l + nX}{l}; \qquad H_E = \dfrac{X}{h} \qquad H_A = -(W - H_E);$

$M_{x1} = M_x^0 + \dfrac{x_1'}{c} M_B + \dfrac{x_1}{c} M_C.$

Fall 51/5: Linker Stiel beliebig waagerecht belastet

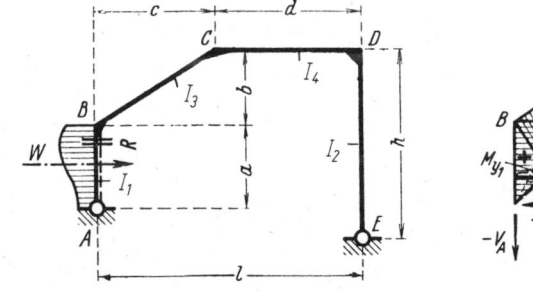 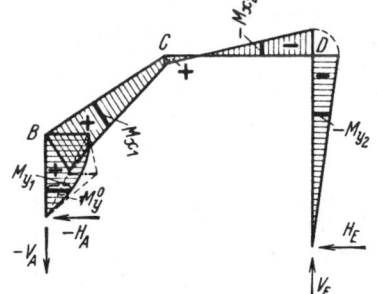

Hilfswert: $\quad X = \dfrac{S_l(B+\delta C) + \alpha R k_1}{N}. \qquad M_{y1} = M_y^0 + \dfrac{y_1}{a} M_B;$

$M_B = S_l - \alpha X \qquad M_C = \delta S_l - mX \qquad M_D = -X;$

$V_E = -V_A = \dfrac{S_l + nX}{l}; \qquad H_E = \dfrac{X}{h} \qquad H_A = -(W - H_E).$

Fall 51/6: Waagerechte Einzellast P am Eckpunkt B

In Fall 51/4 ist zu setzen:

$W = P; \qquad S_l = 0 \qquad L = R = 0 \qquad M_x^0 = 0;$

oder in Fall 51/5 ist zu setzen:

$W = P \qquad S_l = Pa; \qquad R = 0 \qquad M_y^0 = 0.$

Rahmenform 51 Festwerte usw. siehe Seite 231

Siehe hierzu den Abschnitt „**Belastungsglieder**"

Fall 51/7: Rechter Stiel beliebig waagerecht belastet

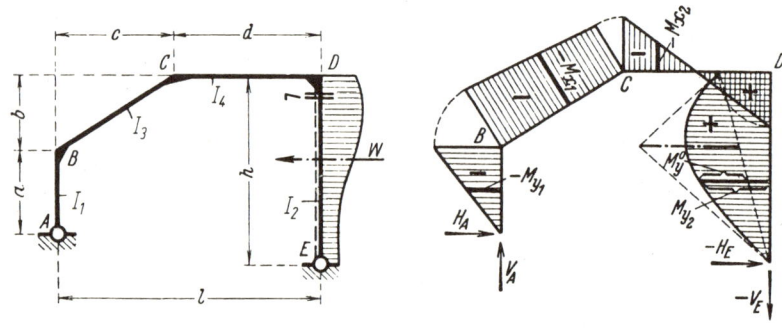

Hilfswert: $\quad X = \dfrac{S_r(\gamma C + D) + L k_2}{N} \qquad M_{y2} = M_y^0 + \dfrac{y_2}{h} M_D;$

$M_B = -\alpha X \qquad M_C = \gamma S_r - mX \qquad M_D = S_r - X;$

$V_A = -V_E = \dfrac{S_r - nX}{l}; \qquad H_A = \dfrac{X}{h} \qquad H_E = -(W - H_A).$

Fall 51/8: Waagerechte Einzellast P am Eckpunkt D
In Fall 51/7 ist zu setzen:
$W = P \qquad S_r = Ph; \qquad L = 0 \qquad M_y^0 = 0.$

Fall 51/9: Gleichmäßige Wärmezunahme im ganzen Rahmen

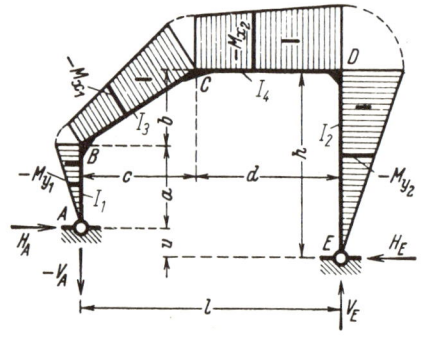

E = Elastizitätsmodul,
α_t = Wärmedehnkoeffizient,
t = Wärmeänderung in Grad.

Hilfswert:

$$X = \dfrac{6EI_4 \alpha_t t(l^2 + v^2)}{dhlN}.$$

$M_B = -\alpha X \qquad M_C = -mX \qquad M_D = -X;$

$V_E = -V_A = \dfrac{nX}{l} \qquad H_A = H_E = \dfrac{X}{h}.$

Bemerkung: Bei Wärme**ab**nahme kehren alle Kräfte ihren Pfeilsinn um und alle Momente erhalten entgegengesetztes Vorzeichen.

Rahmenform 52

Rechteckförmiger Rahmen mit einer abgeschrägten Ecke, einem festen Fußgelenk und einem waagerecht beweglichen Auflager, verbunden durch ein elastisches Zugband

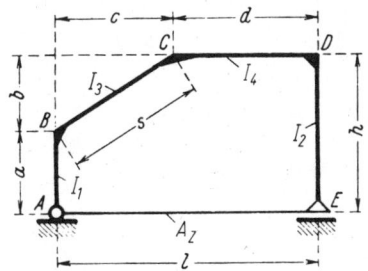

Rahmenform, Abmessungen und Bezeichnungen

Festlegung der positiven Richtung aller Stützkräfte und der Koordinaten beliebiger Stabpunkte. Positive Biegemomente erzeugen an der gestrichelten Stabseite Zug

Festwerte:

$$k_1 = \frac{I_4}{I_1} \cdot \frac{a}{d} \qquad k_2 = \frac{I_4}{I_2} \cdot \frac{h}{d} \qquad k_3 = \frac{I_4}{I_3} \cdot \frac{s}{d};$$

$$\alpha = \frac{a}{h} \qquad \beta = 1 - \alpha \qquad \delta = \frac{d}{l} \qquad \gamma = 1 - \delta;$$

$$B = 2\alpha(k_1 + k_3) + k_3 \qquad C = (\alpha + 2)k_3 + 3 \qquad D = 3 + 2k_2;$$

$$N = \alpha B + C + D \qquad L_Z = \frac{6 I_4}{h^2 A_Z} \cdot \frac{E}{E_Z} \cdot \frac{l}{d}; \qquad N_Z = N + L_Z.$$

E = Elastizitätsmodul des Rahmenbaustoffes,
E_Z = Elastizitätsmodul des Zugbandstoffes,
A_Z = Querschnittsfläche des Zugbandes.

---

*) H_E tritt auf, wenn das feste Gelenk bei E ist.

Rahmenform 52 Festwerte siehe Seite 235

Siehe hierzu den Abschnitt „Belastungsglieder"

Fall 52/1: Schrägstab und Riegel beliebig senkrecht belastet
(Festes Gelenk bei A oder E)

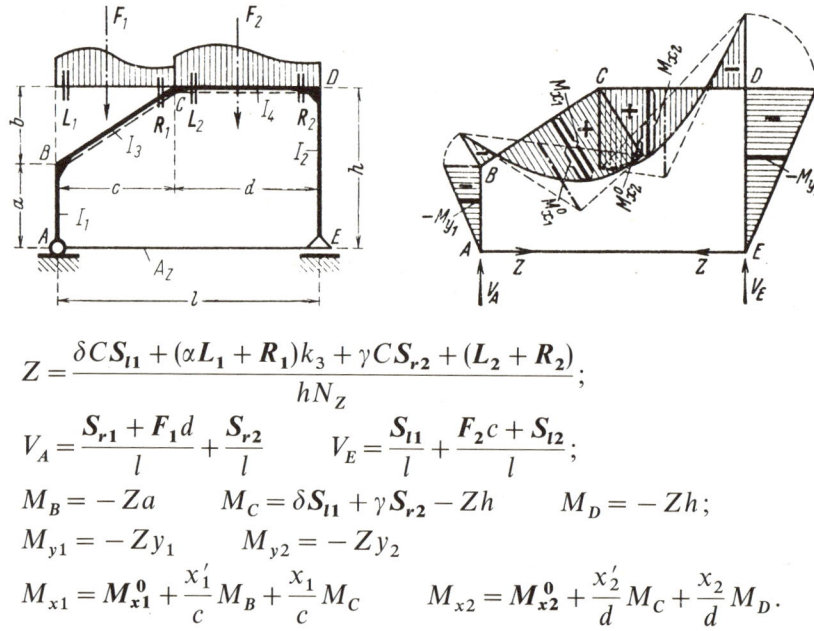

$$Z = \frac{\delta C S_{l1} + (\alpha L_1 + R_1) k_3 + \gamma C S_{r2} + (L_2 + R_2)}{h N_Z};$$

$$V_A = \frac{S_{r1} + F_1 d}{l} + \frac{S_{r2}}{l} \qquad V_E = \frac{S_{l1}}{l} + \frac{F_2 c + S_{l2}}{l};$$

$$M_B = -Za \qquad M_C = \delta S_{l1} + \gamma S_{r2} - Zh \qquad M_D = -Zh;$$

$$M_{y1} = -Z y_1 \qquad M_{y2} = -Z y_2$$

$$M_{x1} = M_{x1}^0 + \frac{x_1'}{c} M_B + \frac{x_1}{c} M_C \qquad M_{x2} = M_{x2}^0 + \frac{x_2'}{d} M_C + \frac{x_2}{d} M_D.$$

Fall 52/2: Gleichmäßige Wärmezunahme im ganzen Rahmen außer im Zugband
(Festes Gelenk bei A oder E)

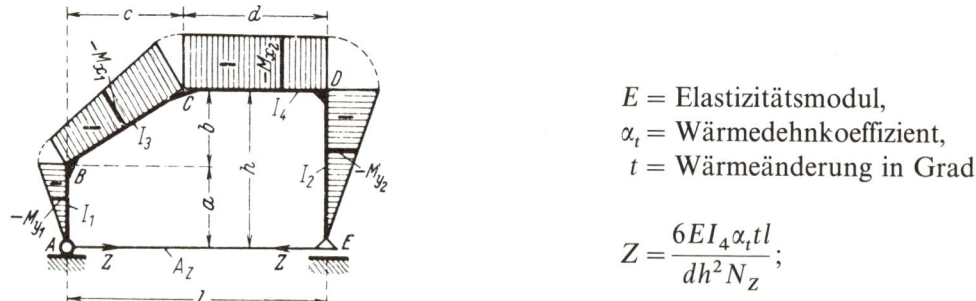

$E =$ Elastizitätsmodul,
$\alpha_t =$ Wärmedehnkoeffizient,
$t =$ Wärmeänderung in Grad.

$$Z = \frac{6 E I_4 \alpha_t t l}{d h^2 N_Z};$$

$$M_B = -Za \qquad M_C = M_D = -Zh; \qquad M_{y1} = -Z y_1 \qquad M_{y2} = -Z y_2$$

$$M_{x1} = \frac{x_1'}{c} M_B + \frac{x_1}{c} M_C \qquad M_{x2} = M_C.$$

Bemerkung: Bei Wärmeabnahme kehren alle Kräfte ihren Pfeilsinn um und alle Momente erhalten entgegengesetztes Vorzeichen*).

---

*) Siehe hierzu die Fußnote Seite 239.

Festwerte siehe Seite 235   **Rahmenform 52**

Siehe hierzu den Abschnitt „**Belastungsglieder**"

Fall 52/3: Schrägstab beliebig waagerecht belastet (Festes Gelenk bei A)

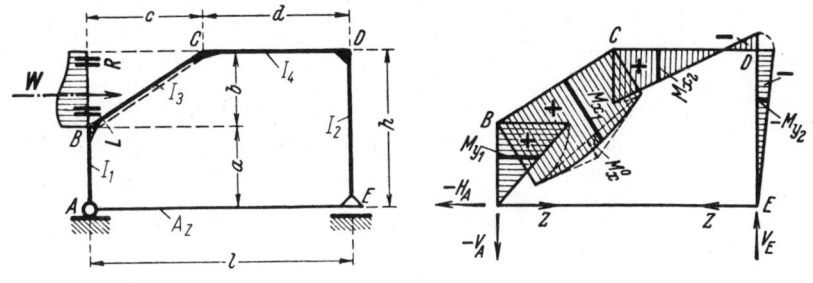

$$Z = \frac{Wa(B + \delta C) + \delta C S_l + (\alpha L + R)k_3}{hN_Z};$$

$$M_B = (W - Z)a \qquad M_C = (Wa + S_l)\delta - Zh \qquad M_D = -Zh;$$

$$V_E = -V_A = \frac{Wa + S_l}{l}; \qquad H_A = -W; \qquad M_{y1} = (W - Z)y_1$$

$$M_{x1} = M_x^0 + \frac{x_1'}{c}M_B + \frac{x_1}{c}M_C \qquad M_{x2} = \frac{x_2'}{d}M_C + \frac{x_2}{d}M_D \qquad M_{y2} = -Zy_2$$

Fall 52/4: Linker Stiel beliebig waagerecht belastet (Festes Gelenk bei A)

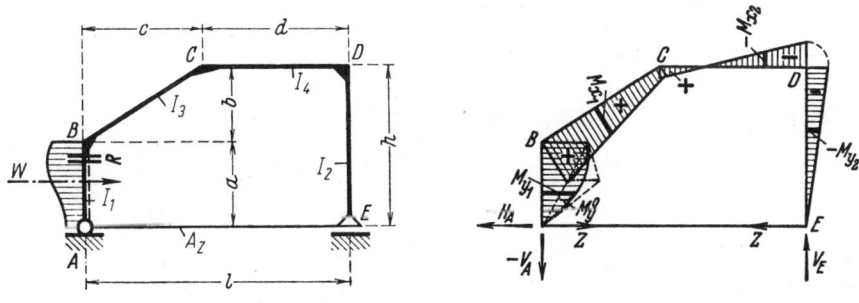

$$Z = \frac{S_l(B + \delta C) + \alpha R k_1}{hN_Z};$$

$$M_B = S_l - Za \qquad M_C = \delta S_l - Zh \qquad M_D = -Zh;$$

$$V_E = -V_A = \frac{S_l}{l}; \qquad H_A = -W; \qquad M_{y2} = -Zy_2$$

$$M_{y1} = M_y^0 + \frac{y_1}{a}M_B \qquad M_{x1} = \frac{x_1'}{c}M_B + \frac{x_1}{c}M_C \qquad M_{x2} = \frac{x_2'}{d}M_C + \frac{x_2}{d}M_D.$$

Rahmenform 52   Festwerte siehe Seite 235

Siehe hierzu den Abschnitt **„Belastungsglieder"**

Fall 52/5: Rechter Stiel beliebig waagerecht belastet (Festes Gelenk bei E)

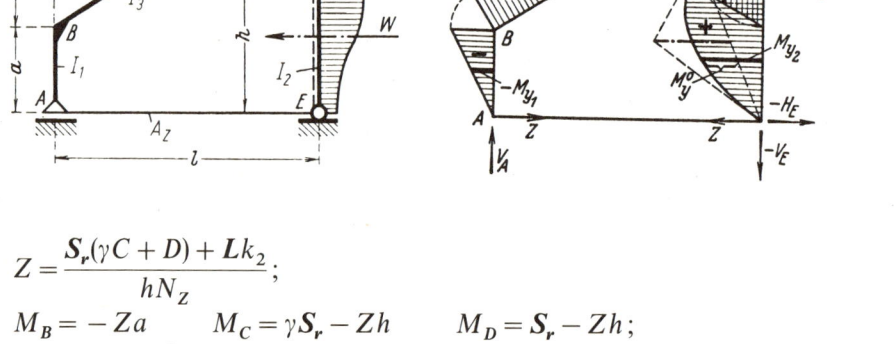

$$Z = \frac{S_r(\gamma C + D) + L k_2}{h N_Z};$$

$M_B = -Za \qquad M_C = \gamma S_r - Zh \qquad M_D = S_r - Zh;$

$V_A = -V_E = \dfrac{S_r}{l}; \qquad H_E = -W; \qquad M_{y1} = -Z y_1$

$M_{x1} = \dfrac{x'_1}{c} M_B + \dfrac{x_1}{c} M_C \qquad M_{x2} = \dfrac{x'_2}{d} M_C + \dfrac{x_2}{d} M_D \qquad M_{y2} = M_x^0 + \dfrac{y_2}{h} M_D.$

Fall 52/6: Rechter Stiel beliebig waagerecht belastet (Festes Gelenk bei A)

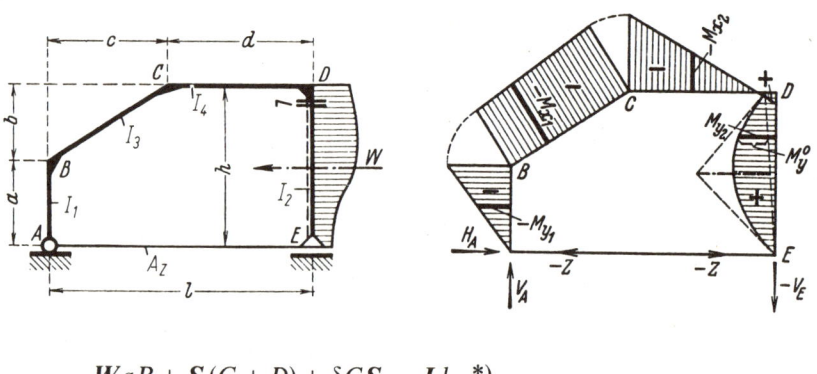

$$Z = -\frac{WaB + S_l(C + D) + \delta C S_r - L k_2 \,{}^*)}{h N_Z};$$

$M_B = -(W + Z)a \qquad M_C = -(S_l + \delta S_r) - Zh \qquad M_D = -S_l - Zh;$

$V_A = -V_E = \dfrac{S_r}{l}; \qquad H_A = W; \qquad M_{y1} = -(W + Z) y_1.$

Anschriebe für M_{x1}, M_{x2} und M_{y2} genau wie oben.

---

*) Siehe hierzu die Fußnote Seite 239.

Festwerte siehe Seite 235   **Rahmenform 52**

Siehe hierzu den Abschnitt „**Belastungsglieder**"

Fall 52/7: Schrägstab beliebig waagerecht belastet (Festes Gelenk bei E)

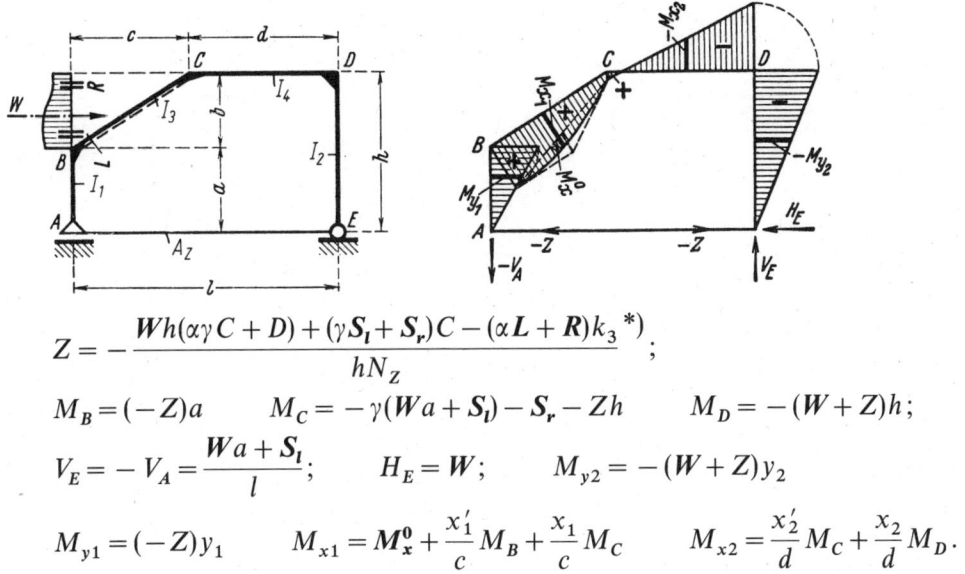

$$Z = -\frac{Wh(\alpha\gamma C + D) + (\gamma S_l + S_r)C - (\alpha L + R)k_3 \,{}^*)}{hN_Z};$$

$$M_B = (-Z)a \qquad M_C = -\gamma(Wa + S_l) - S_r - Zh \qquad M_D = -(W+Z)h;$$

$$V_E = -V_A = \frac{Wa + S_l}{l}; \qquad H_E = W; \qquad M_{y2} = -(W+Z)y_2$$

$$M_{y1} = (-Z)y_1 \qquad M_{x1} = M_x^0 + \frac{x_1'}{c}M_B + \frac{x_1}{c}M_C \qquad M_{x2} = \frac{x_2'}{d}M_C + \frac{x_2}{d}M_D.$$

Fall 52/8: Linker Stiel beliebig waagerecht belastet (Festes Gelenk bei E)

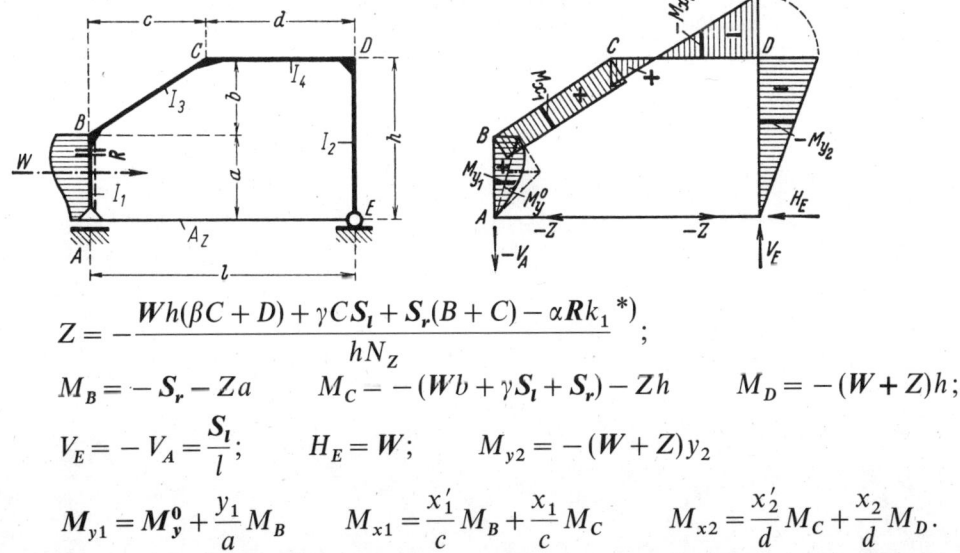

$$Z = -\frac{Wh(\beta C + D) + \gamma C S_l + S_r(B+C) - \alpha R k_1 \,{}^*)}{hN_Z};$$

$$M_B = -S_r - Za \qquad M_C = -(Wb + \gamma S_l + S_r) - Zh \qquad M_D = -(W+Z)h;$$

$$V_E = -V_A = \frac{S_l}{l}; \qquad H_E = W; \qquad M_{y2} = -(W+Z)y_2$$

$$M_{y1} = M_y^0 + \frac{y_1}{a}M_B \qquad M_{x1} = \frac{x_1'}{c}M_B + \frac{x_1}{c}M_C \qquad M_{x2} = \frac{x_2'}{d}M_C + \frac{x_2}{d}M_D.$$

---

*) Bei den obigen zwei Belastungsfällen sowie bei dem Fall 52/6, Seite 238, unten und bei Wärmeabnahme (s. S. 236 unten) wird Z negativ, d. h. das Zugband erhält Druck. Dieser Umstand hat selbstverständlich nur dann einen Sinn, wenn die Druckkraft kleiner bleibt als die Zugkraft aus ständiger Last, so daß stets ein Rest Zugkraft im Zugbande verbleibt.

Rahmenform 53

Rechteckförmiger Zweigelenkrahmen mit einer abgeschrägten Ecke

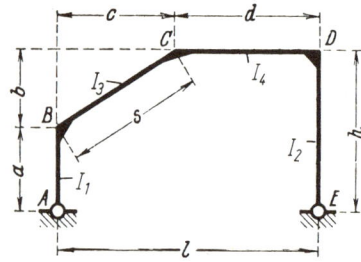

Rahmenform, Abmessungen und Bezeichnungen

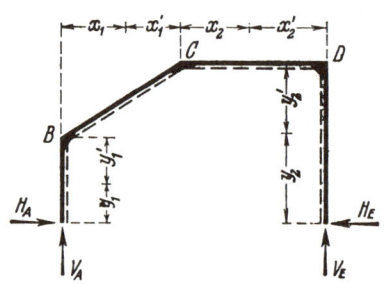

Festlegung der positiven Richtung aller Stützkräfte und der Koordinaten beliebiger Stabpunkte. Positive Biegemomente erzeugen an der gestrichelten Stabseite Zug

Für alle **Festwerte** und **Formeln für äußere Belastung** der Rahmenform 53 gelten die Angaben der Rahmenform 51 mit folgenden Vereinfachungen:

$$v = 0 \quad n = 0 \quad m = 1.$$

Bemerkung: Für Rahmenform 53 können aber auch die Angaben der Rahmenform 52 verwendet werden mit der Maßgabe $L_Z = 0$, also $N_Z = N$ (starres Zugband). Es ist dann lediglich zu beachten, daß die Horizontalkräfte H_A und H_E (siehe obiges rechtes Titelbild) unter sinngemäßem Einschluß der Zugbandkraft Z zu bilden sind.

Fall 53/1: Gleichmäßige Wärme**zu**nahme im ganzen Rahmen

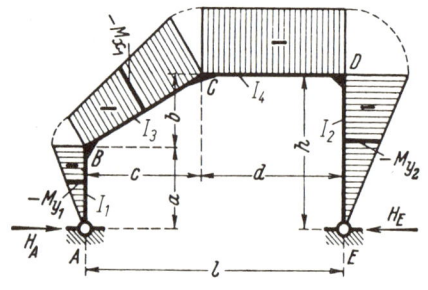

E = Elastizitätsmodul,
α_t = Wärmedehnkoeffizient,
t = Wärmeänderung in Grad.

Hilfswert:

$$X = \frac{6EI_4 \alpha_t l}{dhN}.$$

$$M_B = -\alpha X \qquad M_C = M_D = -X; \qquad H_A = H_E = \frac{X}{h};$$

$$M_{y1} = \frac{y_1}{a} M_B \qquad M_{x1} = \frac{x'_1}{c} M_B + \frac{x_1}{c} M_C \qquad M_{y2} = \frac{y_2}{h} M_D.$$

Bemerkung: Bei Wärme**ab**nahme kehren alle Kräfte ihren Pfeilsinn um und alle Momente erhalten entgegengesetztes Vorzeichen.

Rahmenform 54

Eingespannter Rahmen mit senkrechten Stielen mit Fußpunkten in verschiedener Höhenlage, waagerechtem Riegel und einer abgeschrägten Ecke

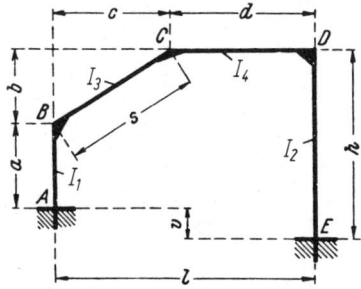

Rahmenform, Abmessungen und Bezeichnungen

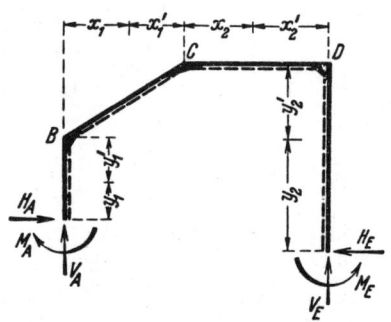

Festlegung der positiven Richtung aller Stützkräfte und der Koordinaten beliebiger Stabpunkte. Positive Biegemomente erzeugen an der gestrichelten Stabseite Zug

Festwerte:

$$k_1 = \frac{I_4}{I_1} \cdot \frac{a}{d} \qquad k_2 = \frac{I_4}{I_2} \cdot \frac{h}{d} \qquad k_3 = \frac{I_4}{I_3} \cdot \frac{s}{d};$$

$$\alpha = \frac{a}{h} \qquad \beta = \frac{b}{h} \qquad \gamma = \frac{c}{l} \qquad \delta = \frac{d}{l} \qquad (\gamma + \delta = 1);$$

$$C_1 = k_3 + 2\delta(k_3 + 1) \qquad C_2 = 2\gamma(k_3 + 1) + 1 \qquad C_3 = 2\beta\delta(k_3 + 1);$$

$$R_1 = 6k_1 + (2+\delta)k_3 + \delta C_1 \qquad K_1 = 3k_2 - \beta\delta C_2$$

$$R_2 = \gamma(C_2 + 1) + 2(1 + 3k_2) \qquad K_2 = 3\alpha k_1 - \beta\delta C_1$$

$$R_3 = 2(\alpha^2 k_1 + k_2) + \beta\delta C_3; \qquad K_3 = \gamma C_1 + \delta;$$

$$N = R_1 R_2 R_3 + 2K_1 K_2 K_3 - R_1 K_1^2 - R_2 K_2^2 - R_3 K_3^2;$$

$$n_{11} = \frac{R_2 R_3 - K_1^2}{N} \qquad n_{12} = n_{21} = \frac{-R_3 K_3 + K_1 K_2}{N}$$

$$n_{22} = \frac{R_1 R_3 - K_2^2}{N} \qquad n_{13} = n_{31} = \frac{+R_2 K_2 - K_1 K_3}{N}$$

$$n_{33} = \frac{R_1 R_2 - K_3^2}{N} \qquad n_{23} = n_{32} = \frac{+R_1 K_1 - K_2 K_3}{N}.$$

Rahmenform 54 Festwerte siehe Seite 241

Siehe hierzu den Abschnitt **„Belastungsglieder"**

Fall 54/1: Schrägstab beliebig senkrecht belastet*)

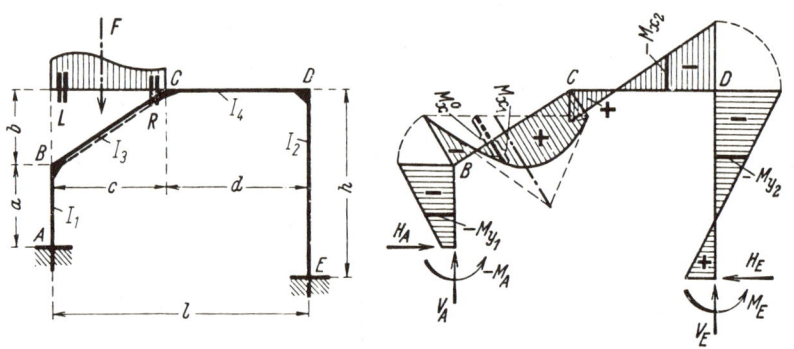

Hilfswerte:
$B_1 = C_1 \delta S_l + (L + \delta R) k_3$ $X_1 = B_1 n_{11} + B_2 n_{21} + B_3 n_{31}$
$B_2 = C_2 \delta S_l + \gamma R k_3$ $X_2 = B_1 n_{12} + B_2 n_{22} + B_3 n_{32}$
$B_3 = C_3 \delta S_l + \beta \delta R k_3$ $X_3 = B_1 n_{13} + B_2 n_{23} + B_3 n_{33}$
$M_A = \alpha X_3 - X_1$ $M_B = -X_1$ $M_D = -X_2$ $M_E = X_3 - X_2$
$M_C = (S_l - X_1 - \beta X_3)\delta - \gamma X_2;$
$V_E = \dfrac{S_l - X_1 + X_2 - \beta X_3}{l}$ $V_A = F - V_E;$ $H_A = H_E = \dfrac{X_3}{h}.$

Fall 54/2: Riegel beliebig senkrecht belastet*)

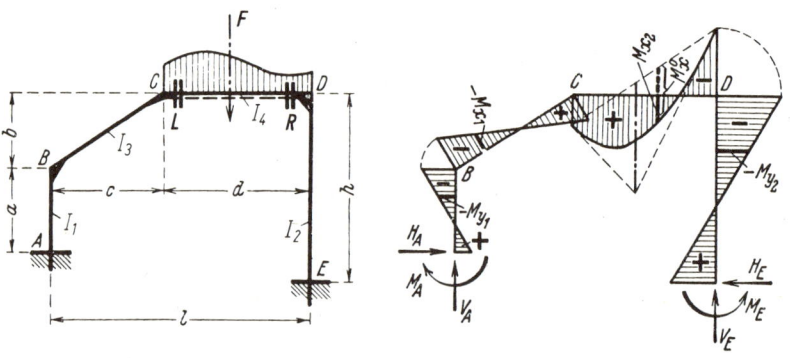

Hilfswerte:
$B_1 = C_1 \gamma S_r + \delta L$ $X_1 = B_1 n_{11} + B_2 n_{21} + B_3 n_{31}$
$B_2 = C_2 \gamma S_r + \gamma L + R$ $X_2 = B_1 n_{12} + B_2 n_{22} + B_3 n_{32}$
$B_3 = C_3 \gamma S_r + \beta \delta L;$ $X_3 = B_1 n_{13} + B_2 B_{23} + B_3 n_{33}.$
$M_A = \alpha X_3 - X_1$ $M_B = -X_1$ $M_D = -X_2$ $M_E = X_3 - X_2$
$M_C = (S_r - X_2)\gamma - (X_1 + \beta X_3)\delta;$
$V_A = \dfrac{S_r + X_1 - X_2 + \beta X_3}{l}$ $V_E = F - V_A;$ $H_A = H_E = \dfrac{X_3}{h}.$

---

*) Wegen M_x und M_y siehe Seite 246.

Festwerte siehe Seite 241 **Rahmenform 54**

Siehe hierzu den Abschnitt „**Belastungsglieder**"

Fall 54/3: Schrägstab beliebig waagerecht belastet*)

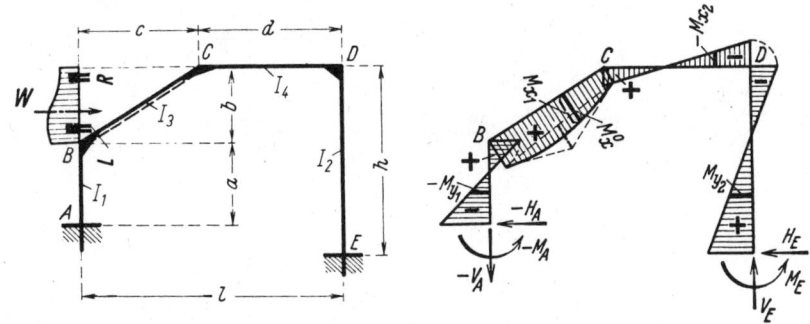

Hilfswerte: $B_1 = 3Wak_1 - C_1\delta S_l - (L + \delta R)k_3$ $\quad X_1 = + B_1 n_{11} - B_2 n_{21} - B_3 n_{31}$
$B_2 = C_2 \delta S_l + \gamma R k_3$ $\quad\quad X_2 = - B_1 n_{12} + B_2 n_{22} + B_3 n_{32}$
$B_3 = 2Wa\alpha k_1 + C_3 \delta S_l + \beta \delta R k_3;$ $\quad X_3 = - B_1 n_{13} + B_2 n_{23} + B_3 n_{33}.$
$M_A = -Wa + X_1 + \alpha X_3$ $\quad M_B = X_1 \quad M_D = -X_2$
$M_C = (S_l + X_1 - \beta X_3)\delta - \gamma X_2$ $\quad M_E = X_3 - X_2;$
$V_E = -V_A = \dfrac{S_l + X_1 + X_2 - \beta X_3}{l};$ $\quad H_E = \dfrac{X_3}{h} \quad H_A = -(W - H_E).$

Fall 54/4: Linker Stiel beliebig waagerecht belastet*)

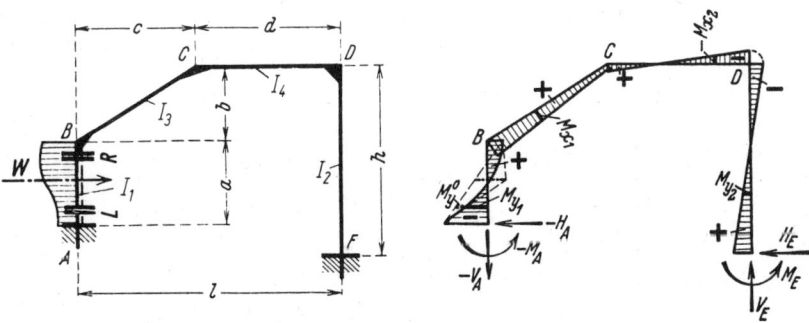

Hilfswerte: $\quad\quad\quad X_1 = + B_1 n_{11} - B_3 n_{31}$
$B_1 = [3S_l - (L + R)]k_1$ $\quad X_2 = - B_1 n_{12} + B_3 n_{32}$
$B_3 = [2S_l - L]\alpha k_1;$ $\quad X_3 = - B_1 n_{13} + B_3 n_{33}.$
$M_A = -S_l + X_1 + \alpha X_3$ $\quad M_B = X_1 \quad M_D = -X_2$
$M_C = (X_1 - \beta X_3)\delta - \gamma X_2$ $\quad M_E = X_3 - X_2;$
$V_E = -V_A = \dfrac{X_1 + X_2 - \beta X_3}{l};$ $\quad H_E = \dfrac{X_3}{h} \quad H_A = -(W - H_E).$

---

*) Wegen M_x und M_y siehe Seite 246.

Rahmenform 54   Festwerte siehe Seite 241

Siehe hierzu den Abschnitt „**Belastungsglieder**"

Fall 54/5: Rechter Stiel beliebig waagerecht belastet*)

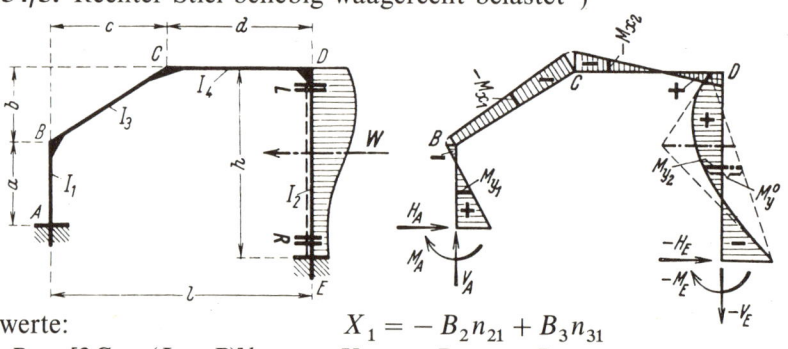

Hilfswerte:
$$B_2 = [3S_r - (L + R)]k_2$$
$$B_3 = [2S_r - R]k_2;$$

$$X_1 = -B_2 n_{21} + B_3 n_{31}$$
$$X_2 = +B_2 n_{22} - B_3 n_{32}$$
$$X_3 = -B_2 n_{23} + B_3 n_{33}.$$

$$M_A = \alpha X_3 - X_1 \quad M_B = -X_1 \quad M_E = -S_r + X_2 + X_3$$
$$M_C = -(X_1 + \beta X_3)\delta + \gamma X_2 \quad M_D = X_2;$$
$$V_A = -V_E = \frac{X_1 + X_2 + \beta X_3}{l}; \quad H_A = \frac{X_3}{h} \quad H_E = -(W - H_A).$$

Fall 54/6: Gleichmäßige Wärme**zu**nahme im ganzen Rahmen*)

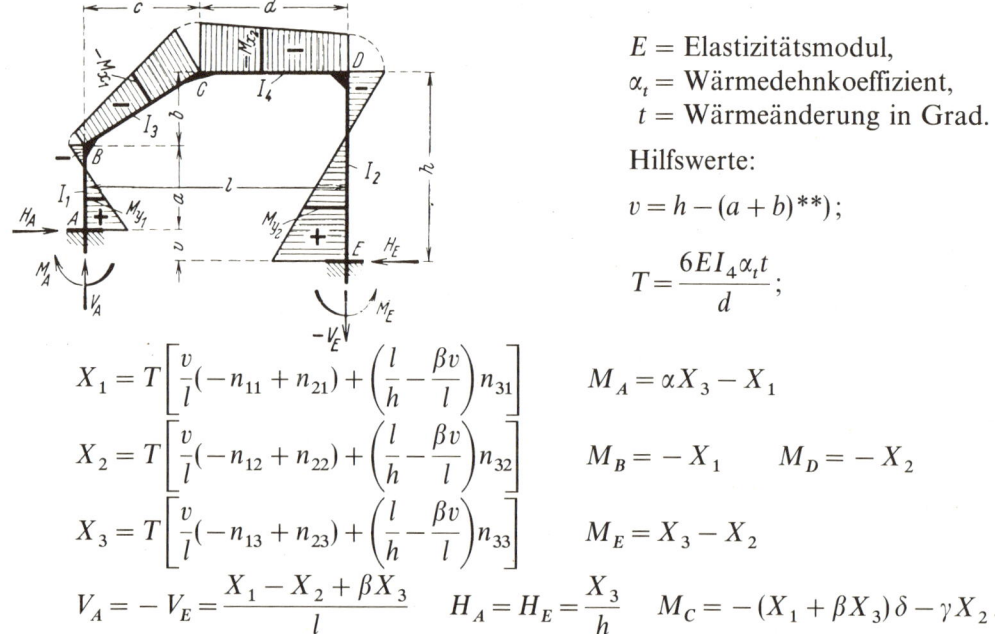

E = Elastizitätsmodul,
α_t = Wärmedehnkoeffizient,
t = Wärmeänderung in Grad.

Hilfswerte:
$$v = h - (a + b)**);$$

$$T = \frac{6EI_4 \alpha_t t}{d};$$

$$X_1 = T\left[\frac{v}{l}(-n_{11} + n_{21}) + \left(\frac{l}{h} - \frac{\beta v}{l}\right)n_{31}\right] \quad M_A = \alpha X_3 - X_1$$

$$X_2 = T\left[\frac{v}{l}(-n_{12} + n_{22}) + \left(\frac{l}{h} - \frac{\beta v}{l}\right)n_{32}\right] \quad M_B = -X_1 \quad M_D = -X_2$$

$$X_3 = T\left[\frac{v}{l}(-n_{13} + n_{23}) + \left(\frac{l}{h} - \frac{\beta v}{l}\right)n_{33}\right] \quad M_E = X_3 - X_2$$

$$V_A = -V_E = \frac{X_1 - X_2 + \beta X_3}{l} \quad H_A = H_E = \frac{X_3}{h} \quad M_C = -(X_1 + \beta X_3)\delta - \gamma X_2.$$

Bemerkung: Bei Wärme**ab**nahme kehren alle Kräfte ihren Pfeilsinn um und alle Momente erhalten entgegengesetztes Vorzeichen.

---

*) Wegen M_x und M_y siehe Seite 246.   **) Für $(a + b) > h$ wird v negativ!

Festwerte siehe Seite 241   **Rahmenform 54**

Fall 54/7: Waagerechte Einzellast am Eckpunkt B*)

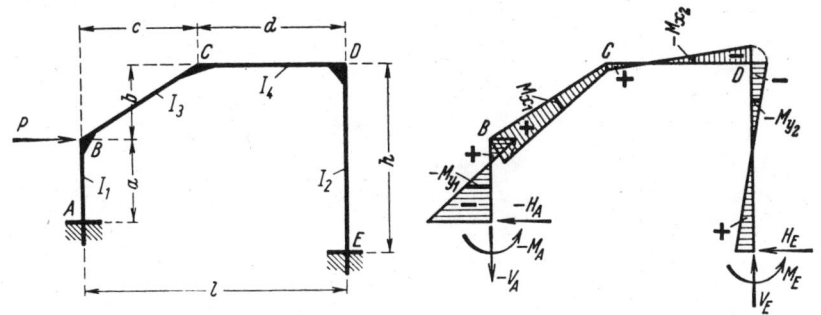

Hilfswerte: $X_1 = Pak_1(+3n_{11} - 2\alpha n_{31})$ $M_B = X_1$
$X_2 = Pak_1(-3n_{12} + 2\alpha n_{32})$ $M_D = -X_2$
$X_3 = Pak_1(-3n_{13} + 2\alpha n_{33})$. $M_E = X_3 - X_2$
$M_A = -Pa + X_1 + \alpha X_3$ $M_C = (X_1 - \beta X_3)\delta - \gamma X_2$;
$V_E = -V_A = \dfrac{X_1 + X_2 - \beta X_3}{l}$; $H_E = \dfrac{X_3}{h}$ $H_A = -(P - H_E)$.

Fall 54/8: Waagerechte Einzellast am Eckpunkt D*)

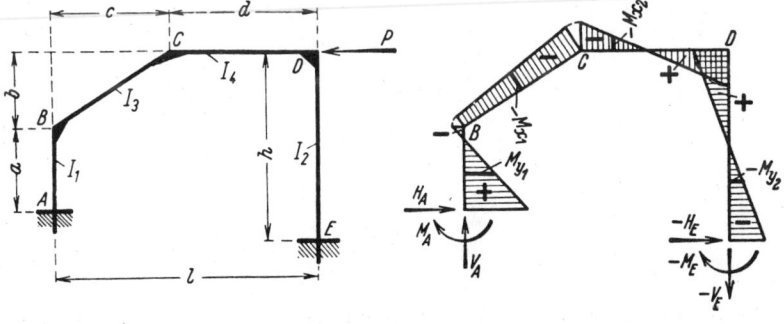

Hilfswerte: $X_1 = Phk_2(-3n_{21} + 2n_{31})$ $M_A = \alpha X_3 - X_1$
$X_2 = Phk_2(+3n_{22} - 2n_{32})$ $M_B = -X_1$
$X_3 = Phk_2(-3n_{23} + 2n_{33})$. $M_D = X_2$
$M_C = -(X_1 + \beta X_3)\delta + \gamma X_2$ $M_E = -Ph + X_2 + X_3$;
$V_A = -V_E = \dfrac{X_1 + X_2 + \beta X_3}{l}$; $H_A = \dfrac{X_3}{h}$ $H_E = -(P - H_A)$.

Bemerkung: Bei einer von links nach rechts gerichteten waagerechten Last P, am Eckpunkt C angreifend, gelten vorstehende Formeln mit der Maßgabe, daß alle Momente und Kräfte umgekehrtes Vorzeichen erhalten.

---

*) Wegen M_x und M_y siehe Seite 246.

Rahmenform 54   Festwerte siehe Seite 241

Fall 54/9: Senkrechte Einzellast am Eckpunkt C

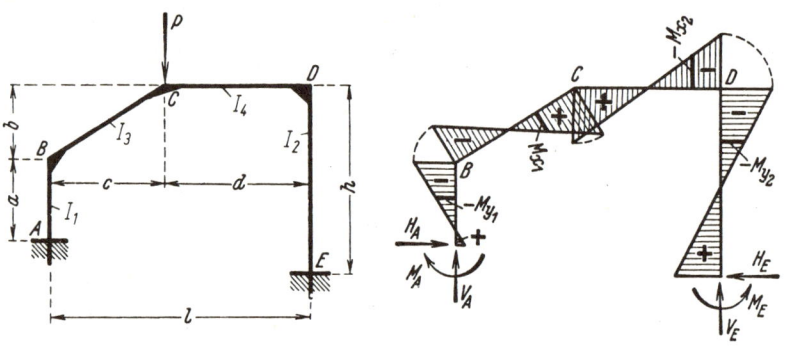

Hilfswerte:

$$X_1 = \frac{Pcd}{l}(C_1 n_{11} + C_2 n_{21} + C_3 n_{31})$$

$$X_2 = \frac{Pcd}{l}(C_1 n_{12} + C_2 n_{22} + C_3 n_{32})$$

$$X_3 = \frac{Pcd}{l}(C_1 n_{13} + C_2 n_{23} + C_3 n_{33})$$

$$M_A = \alpha X_3 - X_1 \quad\quad M_B = -X_1 \quad\quad M_D = -X_2 \quad\quad M_E = X_3 - X_2$$

$$M_C = \frac{Pcd}{l} - (X_1 + \beta X_3)\delta - \gamma X_2;$$

$$V_A = \frac{Pd + X_1 - X_2 + \beta X_3}{l} \quad\quad V_E = P - V_A; \quad\quad H_A = H_E = \frac{X_3}{h}.$$

Anschriebe für die Momente in beliebigen Stabpunkten für alle Belastungsfälle der Rahmenform 54

Anteile aus den Einspann- und Eckmomenten allein:

$$M_{y1} = \frac{y_1'}{a} M_A + \frac{y_1}{a} M_B \quad\quad M_{y2} = \frac{y_2}{h} M_D + \frac{y_2'}{h} M_E$$

$$M_{x1} = \frac{x_1'}{c} M_B + \frac{x_1}{c} M_C \quad\quad M_{x2} = \frac{x_2'}{d} M_C + \frac{x_2}{d} M_D.$$

Zu diesen Werten kommt für die direkt belasteten Stäbe jeweils das Glied M_y^0 bzw. M_x^0 hinzu.

Rahmenform 55

Eingespannter Rechteckrahmen mit einer abgeschrägten Ecke

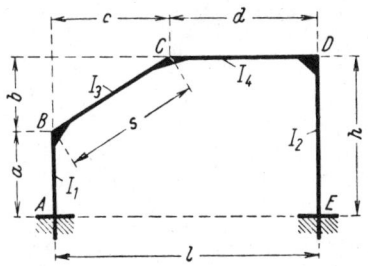

Rahmenform, Abmessungen und Bezeichnungen

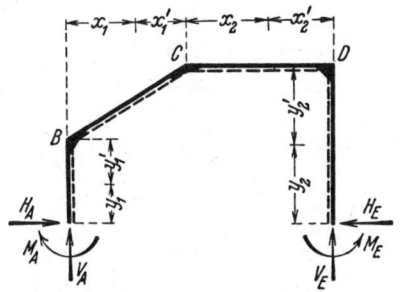

Festlegung der positiven Richtung aller Stützkräfte und der Koordinaten beliebiger Stabpunkte. Positive Biegemomente erzeugen an der gestrichelten Stabseite Zug

Alle **Festwerte** und **Formeln für äußere Belastung** lauten genau wie für Rahmenform 54. Siehe hierzu die Seiten 241 bis 246.

Für **gleichmäßige Wärmeänderung** vereinfachen sich (wegen $v = 0$) die „Hilfswerte" auf Seite 244 unten wie folgt:

$$T' = \frac{6EI_4 \alpha_t t}{d} \cdot \frac{l}{h};$$

$$X_1 = T' \cdot n_{31} \qquad X_2 = T' \cdot n_{32} \qquad X_3 = T' \cdot n_{33}.$$

Rahmenform 56

Zweigelenk-Shedrahmen

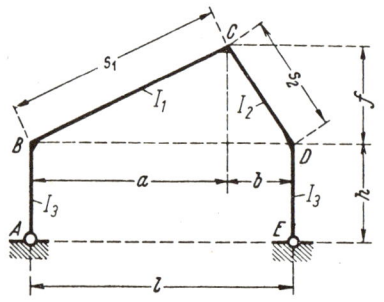
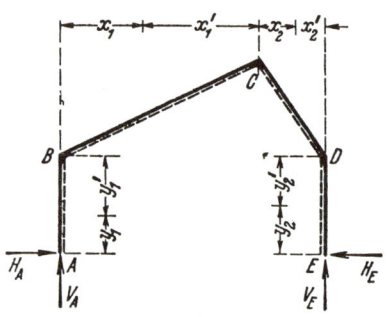

Rahmenform, Abmessungen und Bezeichnungen

Festlegung der positiven Richtung aller Stützkräfte und der Koordinaten beliebiger Stabpunkte

Festwerte:

$$k_1 = \frac{I_3}{I_1} \cdot \frac{s_1}{h} \qquad k_2 = \frac{I_3}{I_2} \cdot \frac{s_2}{h}; \qquad \alpha = \frac{a}{l} \qquad \beta = \frac{b}{l} \qquad (\alpha + \beta = 1);$$

$$\varphi = \frac{f}{h} \qquad m = 1 + \varphi; \qquad \begin{aligned} B &= 2 + (2 + m)k_1 \\ C &= (1 + 2m)(k_1 + k_2) \\ D &= 2 + (2 + m)k_2; \end{aligned}$$

$$N = B + mC + D = 4 + 2(1 + m + m^2)(k_1 + k_2).$$

Anschriebe für die Momente in beliebigen Stabpunkten aller nicht direkt belasteten Stäbe für alle Lastfälle der Rahmenform 56

$$M_{x1} = \frac{x_1'}{a} \cdot M_B + \frac{x_1}{a} \cdot M_C \qquad M_{x2} = \frac{x_2'}{b} \cdot M_C + \frac{x_2}{b} \cdot M_D$$

$$M_{y1} = \frac{y_1}{h} \cdot M_B \qquad M_{y2} = \frac{y_2}{h} \cdot M_D.$$

Bemerkung: Zu diesen Werten kommt für die direkt belasteten Stäbe jeweils das Glied M_x^0 bzw. M_y^0 hinzu.

Festwerte usw. siehe Seite 248   **Rahmenform 56**

Siehe hierzu den Abschnitt „**Belastungsglieder**"

Fall 56/1: Linker Schrägstab beliebig waagerecht belastet

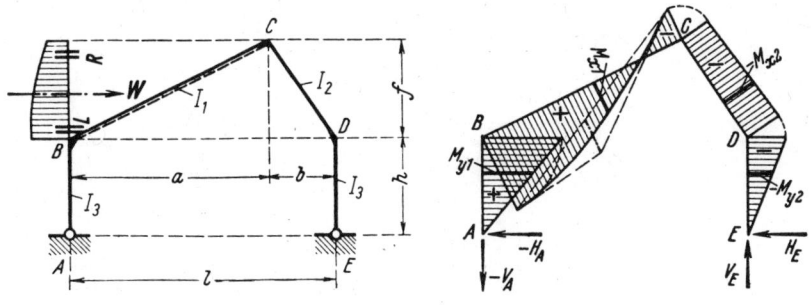

Hilfswert: $$X = \frac{Wh(B + \beta C) + S_l \cdot \beta C + (L + mR)k_1}{N}.$$

$$M_B = Wh - X \qquad M_C = \beta(Wh + S_l) - mX \qquad M_D = -X;$$

$$V_E = -V_A = \frac{Wh + S_l}{l}; \qquad H_E = \frac{X}{h} \qquad H_A = -(W - H_E).$$

Fall 56/2: Linker Stiel beliebig waagerecht belastet

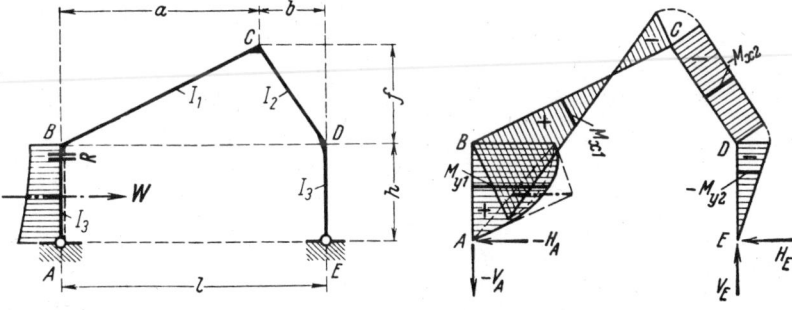

Hilfswert: $$X = \frac{S_l(B + \beta C) + R}{N}. \qquad M_{y1} = M_y^0 + \frac{y_1}{h} \cdot M_B;$$

$$M_B = S_l - X \qquad M_C = \beta S_l - mX \qquad M_D = -X;$$

$$V_E = -V_A = \frac{S_l}{l}; \qquad H_E = \frac{X}{h} \qquad H_A = -(W - H_E).$$

Fall 56/3: Waagerechte Einzellast P am Eckpunkt B*)

$$X = Ph \cdot \frac{B + \beta C}{N}. \qquad M_B = Ph - X \qquad M_C = Ph \cdot \beta - mX \qquad M_D = -X;$$

$$V_E = -V_A = \frac{Ph}{l}; \qquad H_E = \frac{X}{h} \qquad H_A = -P + \frac{X}{h}.$$

---

*) Folgt aus Fall 56/1 für $W = P$, oder aus Fall 56/2 für $W = P$ und $S_l = Ph$, während alle übrigen Belastungsglieder verschwinden.

Rahmenform 56 Festwerte usw. siehe Seite 248

Siehe hierzu den Abschnitt „**Belastungsglieder**"

Fall 56/4: Rechter Schrägstab beliebig waagerecht belastet

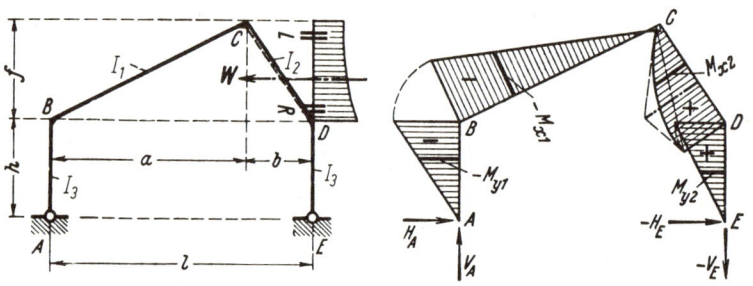

Hilfswert: $\quad X = \dfrac{Wh(\alpha C + D) + S_r \cdot \alpha C + (mL + R)k_2}{N}$.

$M_B = -X \qquad M_C = \alpha(Wh + S_r) - mX \qquad M_D = Wh - X;$

$V_A = -V_E = \dfrac{Wh + S_r}{l}; \qquad H_A = \dfrac{X}{h} \qquad H_E = -(W - H_A).$

Fall 56/5: Rechter Stiel beliebig waagerecht belastet

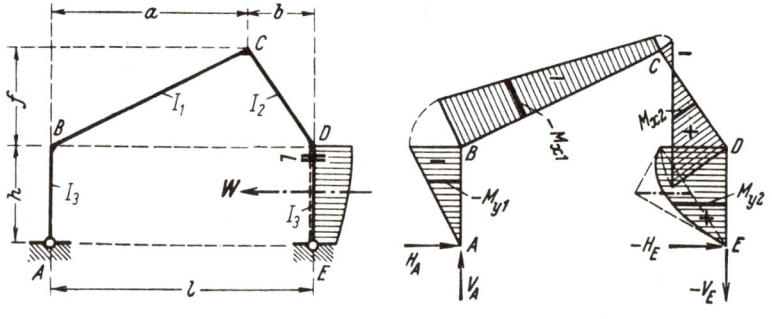

Hilfswert: $\quad X = \dfrac{S_r(\alpha C + D) + L}{N}. \qquad M_{y2} = M_y^0 + \dfrac{y_2}{h} \cdot M_D;$

$M_B = -X \qquad M_C = \alpha S_r - mX \qquad M_D = S_r - X;$

$V_A = -V_E = \dfrac{S_r}{l}; \qquad H_A = \dfrac{X}{h} \qquad H_E = -(W - H_A).$

Fall 56/6: Waagerechte Einzellast P am Eckpunkt D*)

$X = Ph \cdot \dfrac{\alpha C + D}{N}. \qquad M_B = -X \qquad M_C = Ph \cdot \alpha - mX \qquad M_D = Ph - X;$

$V_A = -V_E = \dfrac{Ph}{l}; \qquad H_A = \dfrac{X}{h} \qquad H_E = -P + \dfrac{X}{h}.$

---

*) Folgt aus Fall 56/4 für $W = P$, oder aus Fall 56/5 für $W = P$ und $S_r = Ph$, während alle übrigen Belastungsglieder verschwinden.

Festwerte usw. siehe Seite 248   **Rahmenform 56**

Siehe hierzu den Abschnitt „**Belastungsglieder**"

Fall 56/7: Linker Schrägstab beliebig senkrecht belastet

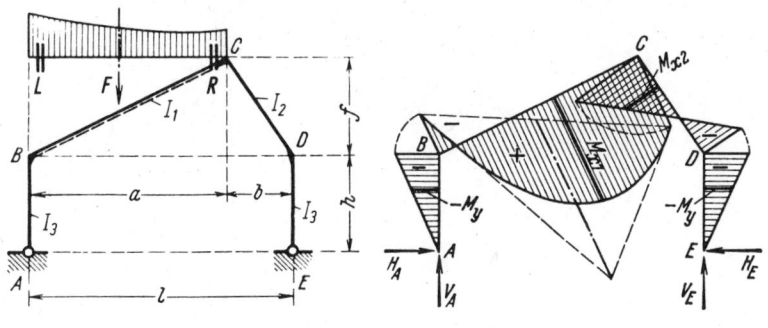

Hilfswert: $\quad X = \dfrac{S_l \cdot \beta C + (L + mR)k_1}{N}. \qquad H_A = H_E = \dfrac{X}{h};$

$M_B = M_D = -X \qquad M_C = \beta S_l - mX; \qquad V_E = \dfrac{S_l}{l} \qquad V_A = F - V_E.$

Fall 56/8: Rechter Schrägstab beliebig senkrecht belastet

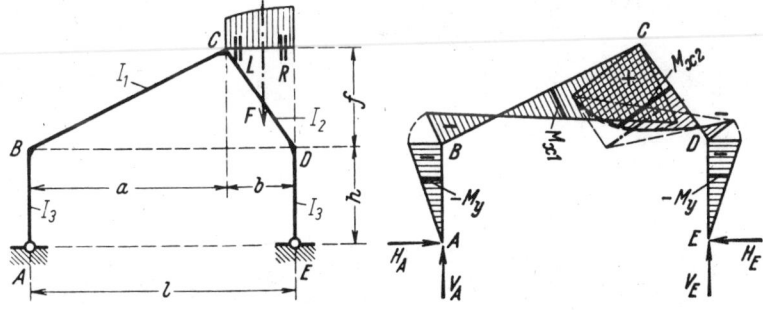

Hilfswert: $\quad X = \dfrac{S_r \cdot \alpha C + (mL + R)k_2}{N}. \qquad H_A = H_E = \dfrac{X}{h};$

$M_B = M_D = -X \qquad M_C = \alpha S_r - mX; \qquad V_A = \dfrac{S_r}{l} \qquad V_E = F - V_A.$

Fall 56/9: Senkrechte Einzellast P am Punkt C*)

$M_B = M_D = -\dfrac{Pab}{l} \cdot \dfrac{C}{N} \qquad M_C = +\dfrac{Pab}{l} \cdot \dfrac{B+D}{N};$

$V_A = \dfrac{Pb}{l} \qquad V_E = \dfrac{Pa}{l}; \qquad H_A = H_E = \dfrac{-M_B}{h}.$

*) Folgt aus Fall 56/7 für $F = P$ und $S_l = Pa$, oder aus Fall 56/8 für $F = P$ und $S_r = Pb$, während alle übrigen Belastungsglieder verschwinden.

Rahmenform 56 Festwerte usw. siehe Seite 248

Fall 56/10: Waagerechte Einzellast am Firstpunkt C

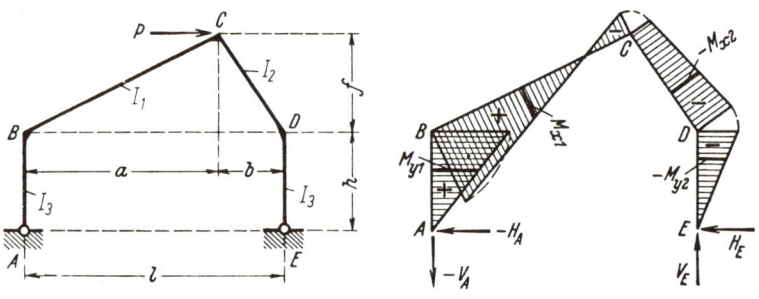

$$M_B = +Ph \cdot \frac{\alpha mC + D}{N} \qquad M_D = -Ph \cdot \frac{B + \beta mC}{N}; \qquad V_E = -V_A = P \cdot \frac{h+f}{l};$$

$$M_C = P(h+f) \cdot \frac{\beta D - \alpha B}{N}; \qquad H_A = -\frac{M_B}{h} \qquad H_E = \frac{-M_D}{h}.$$

Bemerkung: Fall 56/10 folgt aus Fall 56/1 für $W = P$ und $S_l = Pf$, oder aus Fall 56/4 für $W = -P$ und $S_r = -Pf$, während alle übrigen Belastungsglieder verschwinden.

Fall 56/11: Gleichmäßige Wärmezunahme im ganzen Rahmen*)

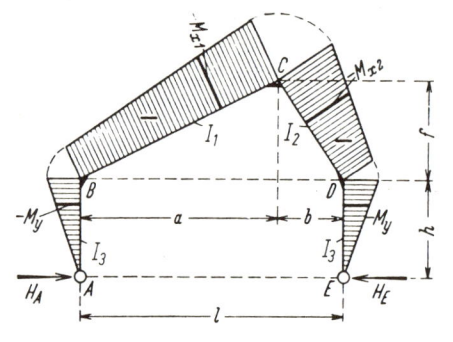

$E = $ Elastizitätsmodul,
$\alpha_t = $ Wärmedehnkoeffizient,
$t = $ Wärmeänderung in Grad.

Hilfswert: $T = \dfrac{6EI_3 l \cdot \alpha_t t}{h^2 N}$.

$$M_B = M_D = -T \qquad M_C = -mT; \qquad H_A = H_E = \frac{T}{h}.$$

Bemerkung: Bei Wärme**ab**nahme kehren alle Momente und Kräfte ihren Wirkungssinn um.

Fall 56/12: Gleichmäßige Wärmezunahme nur des Schrägstabes s_1 oder
nur des Schrägstabes s_2

In Fall 56/11 tritt an Stelle des Hilfswertes T der Wert

$$T_1 = \alpha \cdot T \qquad \text{oder} \qquad T_2 = \beta \cdot T.$$

---

*) Gleichmäßige Wärmeänderung eines oder beider Stiele erzeugt keine Momente und Kräfte.

Rahmenform 57

Shedrahmen mit einem festen Fußgelenk und einem waagerecht beweglichen Auflager, verbunden durch ein elastisches Zugband

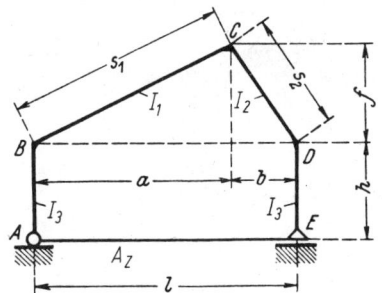

Rahmenform, Abmessungen und Bezeichnungen

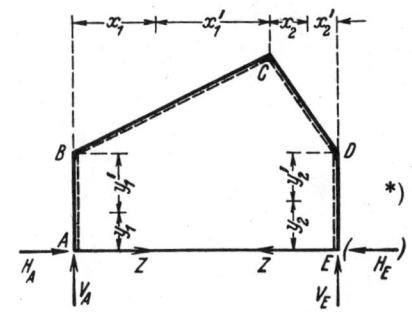

Festlegung der positiven Richtung aller Stützkräfte und der Koordinaten beliebiger Stabpunkte

Festwerte:

$$k_1 = \frac{I_3}{I_1} \cdot \frac{s_1}{h} \qquad k_2 = \frac{I_3}{I_2} \cdot \frac{s_2}{h}; \qquad \alpha = \frac{a}{l} \qquad \beta = \frac{b}{l} \qquad (\alpha + \beta = 1);$$

$$\varphi = \frac{f}{h} \qquad m = 1 + \varphi; \qquad \begin{aligned} B &= 2 + (2+m)k_1 \\ C &= (1+2m)(k_1 + k_2) \\ D &= 2 + (2+m)k_2; \end{aligned}$$

$$N = B + mC + D = 4 + 2(1 + m + m^2)(k_1 + k_2);$$

$$L_Z = \frac{6I_3 l}{h^3 A_Z} \cdot \frac{E}{E_Z}; \qquad N_Z = N + L_Z.$$

E = Elastizitätsmodul des Rahmenbaustoffes,
E_Z = Elastizitätsmodul des Zugbandstoffes,
A_Z = Querschnittsfläche des Zugbandes.

Bemerkung: Die Anschriebe für die Momente in beliebigen Stabpunkten lauten genau wie für Rahmenform 56, siehe Seite 248.

---

*) H_E tritt auf wenn das feste Gelenk bei E ist.

Rahmenform 57 Festwerte siehe Seite 253

Siehe hierzu den Abschnitt „**Belastungsglieder**"

Fall 57/1: Beide Schrägstäbe beliebig senkrecht belastet (Festes Gelenk bei A oder E)

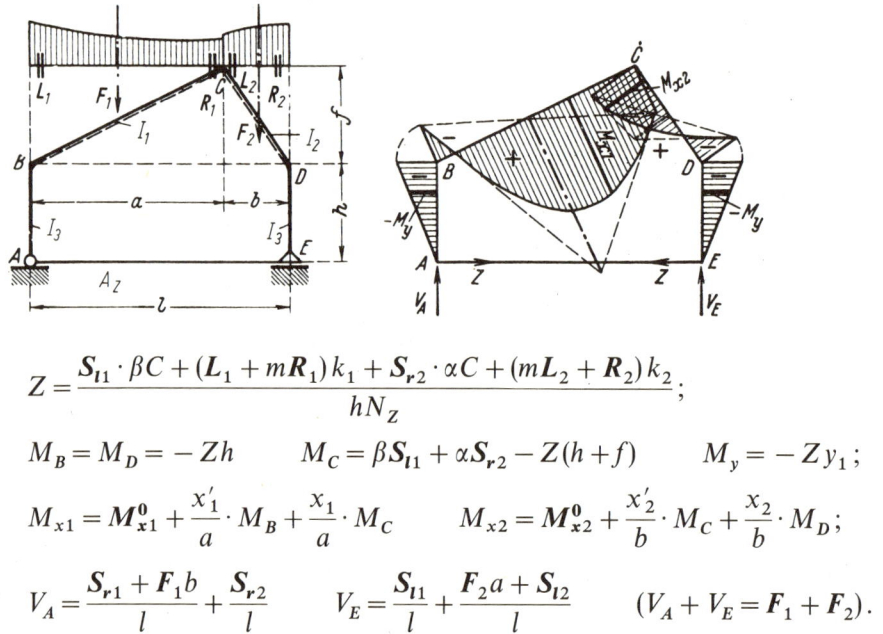

$$Z = \frac{S_{l1} \cdot \beta C + (L_1 + mR_1)k_1 + S_{r2} \cdot \alpha C + (mL_2 + R_2)k_2}{hN_Z};$$

$$M_B = M_D = -Zh \qquad M_C = \beta S_{l1} + \alpha S_{r2} - Z(h+f) \qquad M_y = -Zy_1;$$

$$M_{x1} = M_{x1}^0 + \frac{x_1'}{a} \cdot M_B + \frac{x_1}{a} \cdot M_C \qquad M_{x2} = M_{x2}^0 + \frac{x_2'}{b} \cdot M_C + \frac{x_2}{b} \cdot M_D;$$

$$V_A = \frac{S_{r1} + F_1 b}{l} + \frac{S_{r2}}{l} \qquad V_E = \frac{S_{l1}}{l} + \frac{F_2 a + S_{l2}}{l} \qquad (V_A + V_E = F_1 + F_2).$$

Fall 57/2: Gleichmäßige Wärmezunahme im ganzen Rahmen

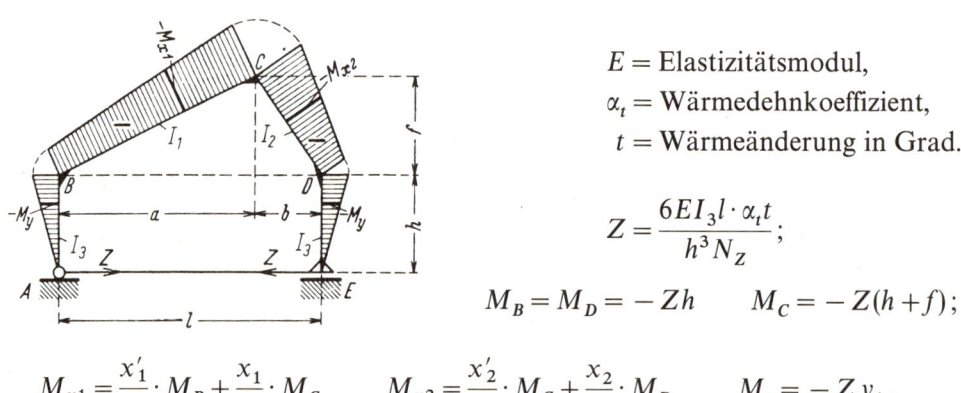

E = Elastizitätsmodul,
α_t = Wärmedehnkoeffizient,
t = Wärmeänderung in Grad.

$$Z = \frac{6EI_3 l \cdot \alpha_t t}{h^3 N_Z};$$

$$M_B = M_D = -Zh \qquad M_C = -Z(h+f);$$

$$M_{x1} = \frac{x_1'}{a} \cdot M_B + \frac{x_1}{a} \cdot M_C \qquad M_{x2} = \frac{x_2'}{b} \cdot M_C + \frac{x_2}{b} \cdot M_D \qquad M_y = -Zy_1.$$

Bemerkungen: Gleichmäßige Wärmezunahme eines oder beider *Stiele* erzeugt keine Momente und Kräfte. – Bei gleichmäßiger Wärmezunahme nur des *Schrägstabes* s_1 oder nur des *Schrägstabes* s_2 ist in der Formel für Z die Länge l durch die Teillänge a bzw. b zu ersetzen. – Bei Wärme**ab**nahme kehren alle Momente und Kräfte ihren Wirkungssinn um*).

---

*) Bei Wärme**ab**nahme wird $Z = -Z'$, wobei Z' eine *Druckkraft* ist. Siehe hierzu die Fußnote Seite 256.

Festwerte siehe Seite 253   **Rahmenform 57**

Siehe hierzu den Abschnitt „Belastungsglieder"

Fall 57/3: Linker Schrägstab beliebig waagerecht belastet (Festes Gelenk bei A)

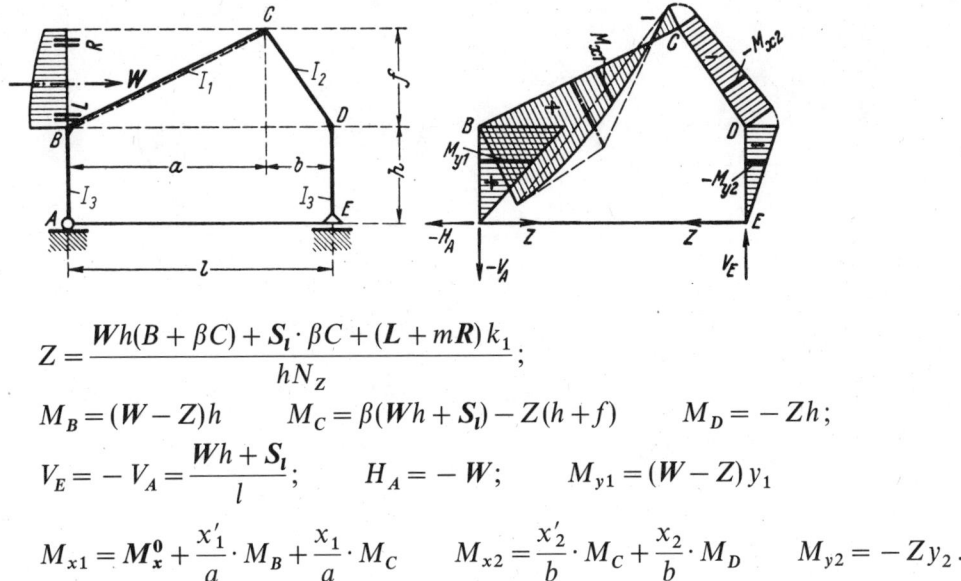

$$Z = \frac{Wh(B + \beta C) + S_l \cdot \beta C + (L + mR)k_1}{hN_Z};$$

$$M_B = (W - Z)h \qquad M_C = \beta(Wh + S_l) - Z(h + f) \qquad M_D = -Zh;$$

$$V_E = -V_A = \frac{Wh + S_l}{l}; \qquad H_A = -W; \qquad M_{y1} = (W - Z)y_1$$

$$M_{x1} = M_x^0 + \frac{x_1'}{a} \cdot M_B + \frac{x_1}{a} \cdot M_C \qquad M_{x2} = \frac{x_2'}{b} \cdot M_C + \frac{x_2}{b} \cdot M_D \qquad M_{y2} = -Zy_2.$$

Fall 57/4: Linker Stiel beliebig waagerecht belastet (Festes Gelenk bei A)

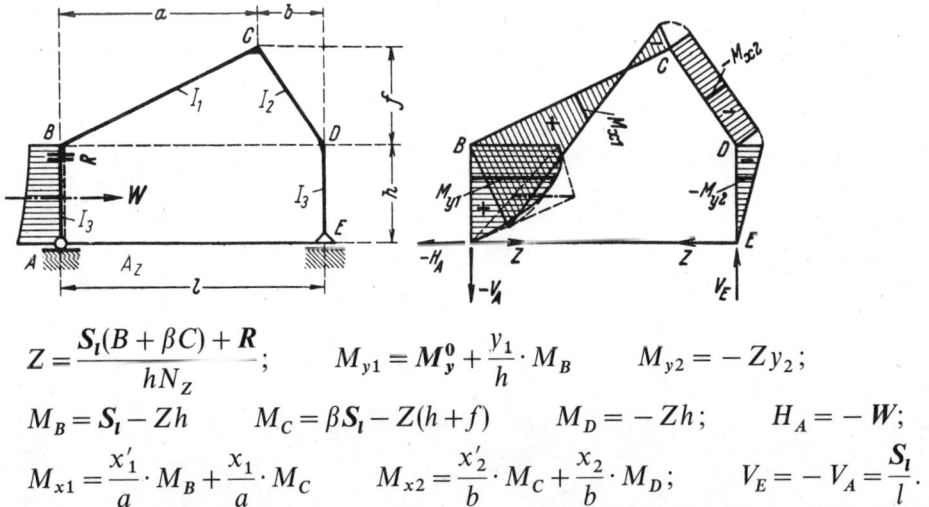

$$Z = \frac{S_l(B + \beta C) + R}{hN_Z}; \qquad M_{y1} = M_y^0 + \frac{y_1}{h} \cdot M_B \qquad M_{y2} = -Zy_2;$$

$$M_B = S_l - Zh \qquad M_C = \beta S_l - Z(h + f) \qquad M_D = -Zh; \qquad H_A = -W;$$

$$M_{x1} = \frac{x_1'}{a} \cdot M_B + \frac{x_1}{a} \cdot M_C \qquad M_{x2} = \frac{x_2'}{b} \cdot M_C + \frac{x_2}{b} \cdot M_D; \qquad V_E = -V_A = \frac{S_l}{l}.$$

Fall 57/5: Waagerechte Einzellast P am Eckpunkt B (Festes Gelenk bei A)

Die Formeln ergeben sich aus Fall 57/3 für $W = P$, oder aus Fall 57/4 für $W = P$ und $S_l = Ph$, während alle übrigen Belastungsglieder verschwinden.

Rahmenform 57 Festwerte siehe Seite 253

Siehe hierzu den Abschnitt „Belastungsglieder"

Fall 57/6: Linker Schrägstab beliebig waagerecht belastet (Festes Gelenk bei E)

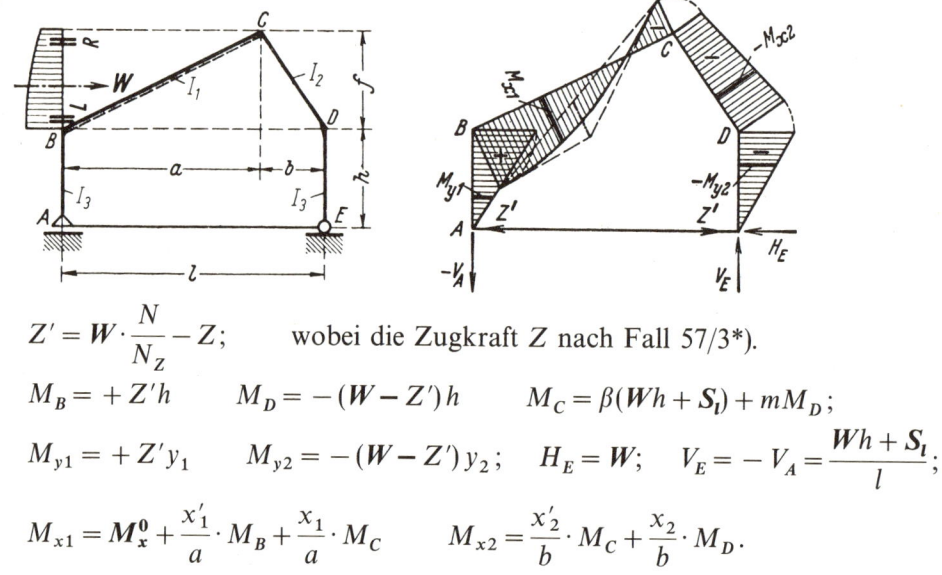

$Z' = W \cdot \dfrac{N}{N_Z} - Z;$ wobei die Zugkraft Z nach Fall 57/3*).

$M_B = + Z'h \qquad M_D = -(W - Z')h \qquad M_C = \beta(Wh + S_l) + mM_D;$

$M_{y1} = + Z'y_1 \qquad M_{y2} = -(W - Z')y_2; \qquad H_E = W; \qquad V_E = -V_A = \dfrac{Wh + S_l}{l};$

$M_{x1} = M_x^0 + \dfrac{x_1'}{a} \cdot M_B + \dfrac{x_1}{a} \cdot M_C \qquad M_{x2} = \dfrac{x_2'}{b} \cdot M_C + \dfrac{x_2}{b} \cdot M_D.$

Fall 57/7: Linker Stiel beliebig waagerecht belastet (Festes Gelenk bei E).

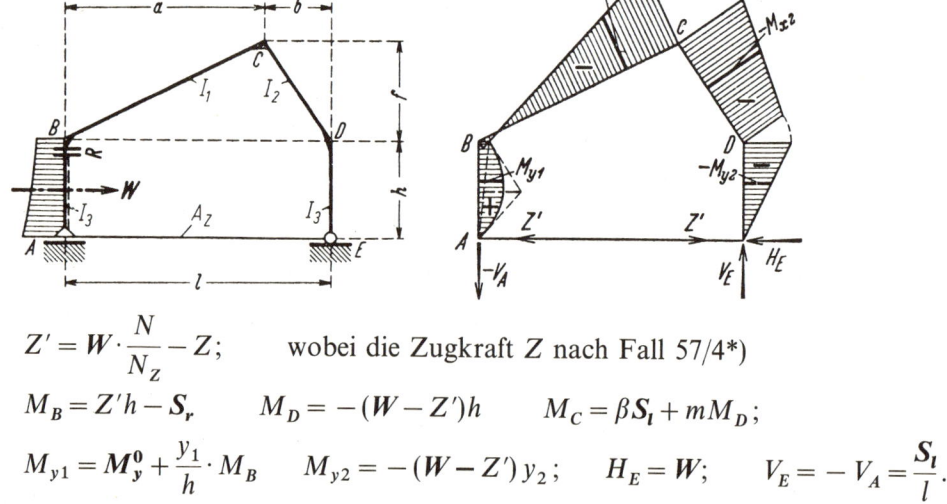

$Z' = W \cdot \dfrac{N}{N_Z} - Z;$ wobei die Zugkraft Z nach Fall 57/4*)

$M_B = Z'h - S_r \qquad M_D = -(W - Z')h \qquad M_C = \beta S_l + mM_D;$

$M_{y1} = M_y^0 + \dfrac{y_1}{h} \cdot M_B \qquad M_{y2} = -(W - Z')y_2; \qquad H_E = W; \qquad V_E = -V_A = \dfrac{S_l}{l}.$

---

*) Die Zugbandkraft Z' ist bei obigen 2 Fällen eine *Druckkraft*. Dieser Umstand hat selbstverständlich nur dann einen Sinn, wenn diese Druckkraft kleiner bleibt als die Zugkraft aus ständiger Last, so daß stets ein Rest Zugkraft im Zugbande verbleibt. Das gleiche gilt für die Fälle 57/11 und 12 Seite 258, sowie für den Fall der Wärmeabnahme, siehe Seite 254.

Festwerte siehe Seite 253 **Rahmenform 57**

Siehe hierzu den Abschnitt „**Belastungsglieder**"

Fall 57/8: Rechter Schrägstab beliebig waagerecht belastet (Festes Gelenk bei E)

$$Z = \frac{Wh(\alpha C + D) + S_r \cdot \alpha C + (mL + R)k_2}{hN_Z};$$

$$M_B = -Zh \qquad M_C = a(Wh + S_r) - Z(h+f) \qquad M_D = (W-Z)h;$$

$$V_A = -V_E = \frac{Wh + S_r}{l}; \qquad H_E = -W; \qquad M_{y2} = (W-Z)y_2$$

$$M_{x1} = \frac{x'_1}{a} \cdot M_B + \frac{x_1}{a} \cdot M_C \qquad M_{x2} = M_x^0 + \frac{x'_2}{b} \cdot M_C + \frac{x_2}{b} \cdot M_D \qquad M_{y1} = -Zy_1.$$

Fall 57/9: Rechter Stiel beliebig waagerecht belastet (Festes Gelenk bei E)

$$Z = \frac{S_r(\alpha C + D) + L}{hN_Z}; \qquad M_{y1} = -Zy_1 \qquad M_{y2} = M_y^0 + \frac{y_2}{h} \cdot M_D;$$

$$M_B = -Zh \qquad M_C = \alpha S_r - Z(h+f) \qquad M_D = S_r - Zh; \qquad H_E = -W;$$

$$M_{x1} = \frac{x'_1}{a} \cdot M_B + \frac{x_1}{a} \cdot M_C \qquad M_{x2} = \frac{x'_2}{b} \cdot M_C + \frac{x_2}{b} \cdot M_D; \qquad V_A = -V_E = \frac{S_r}{l}.$$

Fall 57/10: Waagerechte Einzellast P am Eckpunkt D (Festes Gelenk bei E)

Die Formeln ergeben sich aus Fall 57/8 für $W = P$, oder aus Fall 57/9 für $W = P$ und $S_r = Ph$, während alle übrigen Belastungsglieder verschwinden.

Rahmenform 57   Festwerte siehe Seite 253

Siehe hierzu den Abschnitt **„Belastungsglieder"**

Fall 57/11: Rechter Schrägstab beliebig waagerecht belastet (Festes Gelenk bei A)

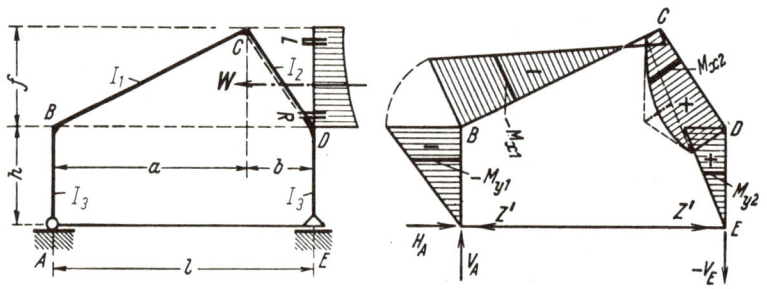

$Z' = W \cdot \dfrac{N}{N_Z} - Z;$ wobei die Zugkraft Z nach Fall 57/8*).

$M_B = -(W - Z')h \qquad M_C = \alpha(Wh + S_r) + mM_B \qquad M_D = +Z'h;$

$M_{y1} = -(W - Z')y_1 \qquad M_{y2} = +Z' y_2; \qquad H_A = W; \qquad V_A = -V_E = \dfrac{Wh + S_r}{l};$

$M_{x1} = \dfrac{x'_1}{a} \cdot M_B + \dfrac{x_1}{a} \cdot M_C \qquad M_{x2} = M_x^0 + \dfrac{x'_2}{b} \cdot M_C + \dfrac{x_2}{b} \cdot M_D.$

Fall 57/12: Rechter Stiel beliebig waagerecht belastet (Festes Gelenk bei A)

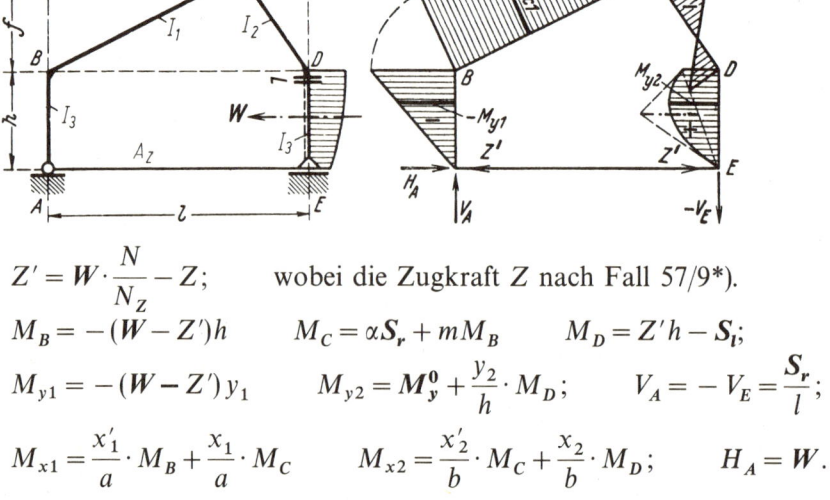

$Z' = W \cdot \dfrac{N}{N_Z} - Z;$ wobei die Zugkraft Z nach Fall 57/9*).

$M_B = -(W - Z')h \qquad M_C = \alpha S_r + mM_B \qquad M_D = Z'h - S_l;$

$M_{y1} = -(W - Z')y_1 \qquad M_{y2} = M_y^0 + \dfrac{y_2}{h} \cdot M_D; \qquad V_A = -V_E = \dfrac{S_r}{l};$

$M_{x1} = \dfrac{x'_1}{a} \cdot M_B + \dfrac{x_1}{a} \cdot M_C \qquad M_{x2} = \dfrac{x'_2}{b} \cdot M_C + \dfrac{x_2}{b} \cdot M_D; \qquad H_A = W.$

---

*) Die Zugbandkraft Z' ist bei obigen 2 Fällen eine *Druckkraft*. Siehe hierzu die Fußnote Seite 256.

Rahmenform 58

Zweigelenk-Shedrahmen mit elastischem Zugband in Traufenhöhe

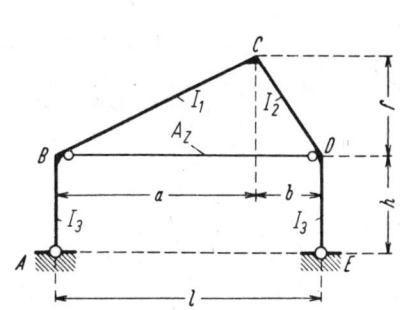

Rahmenform, Abmessungen und Bezeichnungen

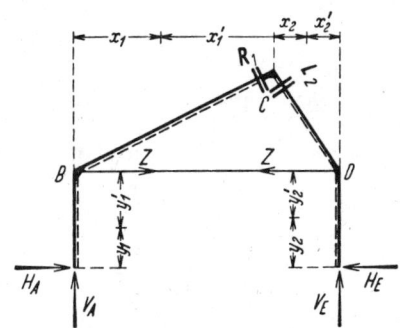

Festlegung der positiven Richtung aller Stützkräfte und der Koordinaten beliebiger Stabpunkte

Allgemeines

Die Rahmenform 58 (mit Zugband) wird am zweckmäßigsten als Erweiterung der Rahmenform 56 (ohne Zugband) aufgefaßt und behandelt. Es läßt sich dadurch der Einfluß des elastischen Zugbandes übersichtlich verfolgen.

Rechnungsgang

Erster Schritt: Für jeden zu behandelnden Lastfall werden die Eckmomente M_B, M_C, M_D und die Auflagerkräfte H_A, H_E, V_A, V_E nach Rahmenform 56 (siehe die Seiten 248 bis 252) zahlenmäßig errechnet.

Zweiter Schritt:

a) Zusätzliche Festwerte für Rahmenform 58

$$\gamma = \frac{B+D}{N} \qquad \delta = \frac{C}{N} \qquad (\gamma + m\delta = 1); \qquad G = \frac{[8+3(k_1+k_2)](k_1+k_2)}{N}$$

$$L_Z = \frac{6 I_3}{f^2 A_Z} \cdot \frac{l}{h} \cdot \frac{E}{E_Z} \qquad N_Z = G + L_Z.$$

E = Elastizitätsmodul des Rahmenbaustoffes,
E_Z = Elastizitätsmodul des Zugbandstoffes,
A_Z = Querschnittsfläche des Zugbandes.

Bemerkung: Für starres Zugband ist $L_Z = 0$, also $N_Z = G$ zu setzen.

Rahmenform 58

b) Zugbandkraft

$$Z \cdot f = \frac{M_B k_1 + 2M_C(k_1 + k_2) + M_D k_2 + R_1 k_1 + L_2 k_2}{N_Z} *).$$

Bemerkung: Die in der Formel für $Z \cdot f$ auftretenden Belastungsglieder R_1 und L_2 beziehen sich auf die im rechten Titelbild (siehe Seite 259) gekennzeichneten Stabstellen und sind der jeweiligen Stabbelastung entsprechend wie üblich einzusetzen**).

Dritter Schritt:

a) Eckmomente und Auflagerkräfte der Rahmenform 58

$$\bar{M}_B = M_B + \delta \cdot Zf \qquad \bar{M}_C = M_C - \gamma \cdot Zf \qquad \bar{M}_D = M_D + \delta \cdot Zf;$$
$$\bar{H}_A = H_A - \varphi\delta \cdot Z \qquad \bar{H}_E = H_E - \varphi\delta \cdot Z; \qquad \bar{V}_A = V_A \qquad \bar{V}_E = V_E.$$

Bemerkung: Zwecks Unterscheidung wurden die Momente und Kräfte für Rahmenform 58 überstrichen.

b) Momente an beliebigen Stabpunkten der Rahmenform 58.

Die Anschriebe für die $\bar{M}_x$ und $\bar{M}_y$ lauten genau wie für Rahmenform 56, nur müssen für M_B, M_C, M_D die neuen Werte $\bar{M}_B, \bar{M}_C, \bar{M}_D$ eingesetzt werden.

---

*) Bei verschiedenen Lastfällen wird Z negativ, d. h. das Zugband erhält Druck. Dieser Umstand hat selbstverständlich nur dann einen Sinn, wenn die Druckkraft kleiner bleibt als die Zugkraft aus ständiger Last, so daß stets ein Rest Zugkraft im Zugbande verbleibt.

**) Bei Verwendung der Lastfälle der Rahmenform 56 ist in obige Zf-Formel für die Belastungsglieder R_1 und L_2 im einzelnen folgendes einzusetzen:

Fall 56/1: $R_1 = R; \quad L_2 = 0;$ **Fall 56/4:** $R_1 = 0; \quad L_2 = L;$
Fall 56/7: $R_1 = R; \quad L_2 = 0;$ **Fall 56/8:** $R_1 = 0; \quad L_2 = L;$
Fall 56/11: $R_1 k_1 + L_2 k_2 = 6EI_3 \cdot \alpha_t t \cdot l/hf;$
Fall 56/12: $R_1 k_1 + L_2 k_2 = 6EI_3 \cdot \alpha_t (a \cdot t_1 + b \cdot t_2)/hf.$

Für alle übrigen Lastfälle, einschließlich des „Falles der gleichmäßigen Wärmeänderung im ganzen Rahmen einschließlich im Zugband", ist in der Zf-Formel $R_1 = L_2 = 0$ zu setzen.

Rahmenform 59

Eingespannter Shedrahmen

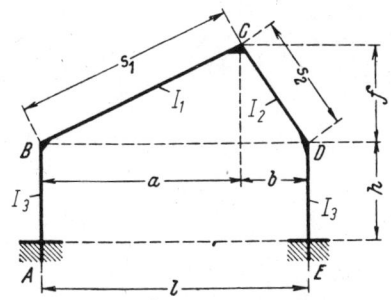
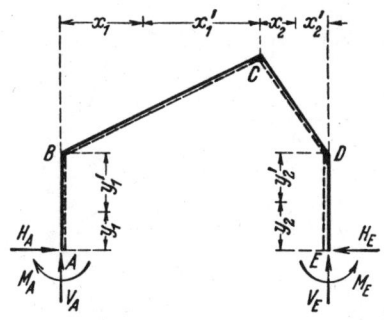

Rahmenform, Abmessungen und Bezeichnungen

Festlegung der positiven Richtung aller Stützkräfte und der Koordinaten beliebiger Stabpunkte

Festwerte:

$$k_1 = \frac{I_3}{I_1} \cdot \frac{s_1}{h} \qquad k_2 = \frac{I_3}{I_2} \cdot \frac{s_2}{h}; \qquad \alpha = \frac{a}{l} \qquad \beta = \frac{b}{l}; \qquad \varphi = \frac{f}{h};$$

$$C_1 = 2\beta(k_1 + k_2) + k_1 \qquad C_2 = 2\alpha(k_1 + k_2) + k_2 \qquad C_3 = 2\varphi(k_1 + k_2);$$

$$R_1 = 6 + \beta C_1 + (2 + \beta)k_1 \qquad K_1 = 3 - \varphi C_2$$

$$R_2 = 6 + \alpha C_2 + (2 + \alpha)k_2 \qquad K_2 = 3 - \varphi C_1$$

$$R_3 = 4 + \varphi C_3; \qquad K_3 = \alpha C_1 + \beta k_2 = \beta C_2 + \alpha k_1;$$

$$N = R_1 R_2 R_3 + 2K_1 K_2 K_3 - R_1 K_1^2 - R_2 K_2^2 - R_3 K_3^2 =$$
$$= 6[6 + 3(k_1 + k_2)(3 + 6\varphi + 4\varphi^2) + 2k_1(2\alpha^2 + 3\beta) +$$
$$+ 2k_2(3\alpha + 2\beta^2) + k_1 k_2(8 + 9\varphi + 8\varphi^2) + 2(\alpha k_1 - \beta k_2)^2 +$$
$$+ 3\varphi k_1^2(\alpha + \varphi) + 3\varphi k_2^2(\beta + \varphi) + \varphi^2 k_1 k_2(k_1 + k_2)].$$

$$n_{11} = \frac{R_2 R_3 - K_1^2}{N} \qquad n_{12} = n_{21} = \frac{R_3 K_3 - K_1 K_2}{N}$$

$$n_{22} = \frac{R_1 R_3 - K_2^2}{N} \qquad n_{13} = n_{31} = \frac{R_2 K_2 - K_1 K_3}{N}$$

$$n_{33} = \frac{R_1 R_2 - K_3^2}{N} \qquad n_{23} = n_{32} = \frac{R_1 K_1 - K_2 K_3}{N}$$

Rahmenform 59 Festwerte siehe Seite 261

Siehe hierzu den Abschnitt „**Belastungsglieder**"

Fall 59/1: Linker Schrägstab beliebig senkrecht belastet

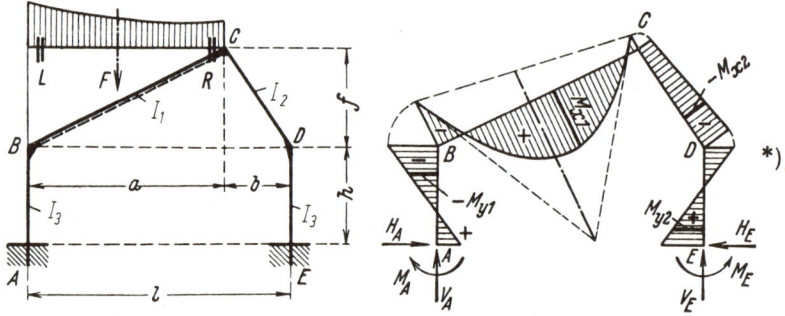

*)

Hilfswerte:
$$B_1 = \beta C_1 S_l + (L + \beta R) k_1 \qquad X_1 = + B_1 n_{11} - B_2 n_{21} + B_3 n_{31}$$
$$B_2 = \beta C_2 S_l + \alpha R k_1 \qquad X_2 = - B_1 n_{12} + B_2 n_{22} + B_3 n_{32}$$
$$B_3 = \beta C_3 S_l + \varphi R k_1; \qquad X_3 = + B_1 n_{13} + B_2 n_{23} + B_3 n_{33}.$$
$$M_B = - X_1 \qquad M_C = \beta S_l - \beta X_1 - \alpha X_2 - \varphi X_3 \qquad M_D = - X_2$$
$$M_A = X_3 - X_1 \qquad M_E = X_3 - X_2;$$
$$V_E = \frac{S_l - X_1 + X_2}{l} \qquad V_A = F - V_E; \qquad H_A = H_E = \frac{X_3}{h}.$$

Fall 59/2: Rechter Schrägstab beliebig senkrecht belastet

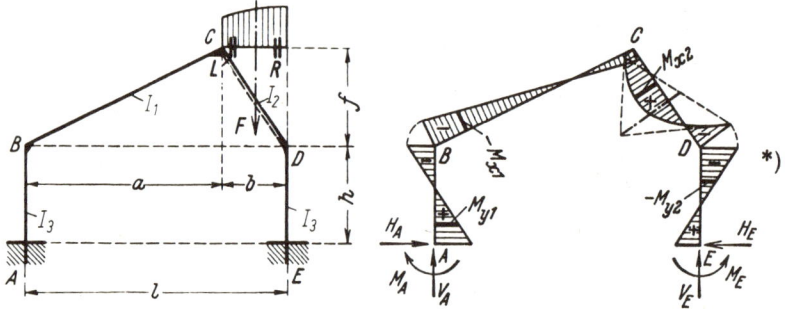

*)

Hilfswerte:
$$B_1 = \alpha C_1 S_r + \beta L k_2 \qquad X_1 = + B_1 n_{11} - B_2 n_{21} + B_3 n_{31}$$
$$B_2 = \alpha C_2 S_r + (\alpha L + R) k_2 \qquad X_2 = - B_1 n_{12} + B_2 n_{22} + B_3 n_{32}$$
$$B_3 = \alpha C_3 S_r + \varphi L k_2; \qquad X_3 = + B_1 n_{13} + B_2 n_{23} + B_3 n_{33}.$$
$$M_B = - X_1 \qquad M_C = \alpha S_r - \beta X_1 - \alpha X_2 - \varphi X_3 \qquad M_D = - X_2$$
$$M_A = X_3 - X_1 \qquad M_E = X_3 - X_2;$$
$$V_A = \frac{S_r + X_1 - X_2}{l} \qquad V_E = F - V_A; \qquad H_A = H_E = \frac{X_3}{h}.$$

---

*) Wegen M_x und M_y siehe Seite 266.

Festwerte siehe Seite 261   **Rahmenform 59**

Siehe hierzu den Abschnitt „**Belastungsglieder**"

Fall 59/3: Linker Schrägstab beliebig waagerecht belastet

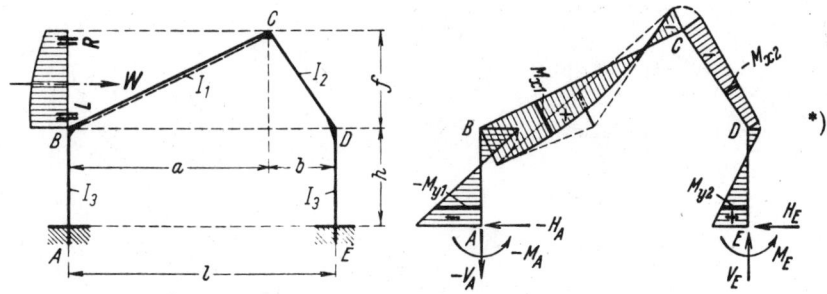

Hilfswerte:

$B_1 = 3Wh - \beta C_1 S_l - (L + \beta R)k_1$ $X_1 = + B_1 n_{11} + B_2 n_{21} - B_3 n_{31}$
$B_2 = \beta C_2 S_l + \alpha R k_1$ $X_2 = + B_1 n_{12} + B_2 n_{22} + B_3 n_{32}$
$B_3 = 2Wh + \beta C_3 S_l + \varphi R k_1;$ $X_3 = - B_1 n_{13} + B_2 n_{23} + B_3 n_{33}.$
$M_B = + X_1$ $M_C = \beta S_l + \beta X_1 - \alpha X_2 - \varphi X_3$ $M_D = - X_2$
$M_A = - Wh + X_1 + X_3$ $M_E = X_3 - X_2;$
$V_E = - V_A = \dfrac{S_l + X_1 + X_2}{l};$ $H_E = \dfrac{X_3}{h}$ $H_A = -(W - H_E).$

Fall 59/4: Linker Stiel beliebig waagerecht belastet

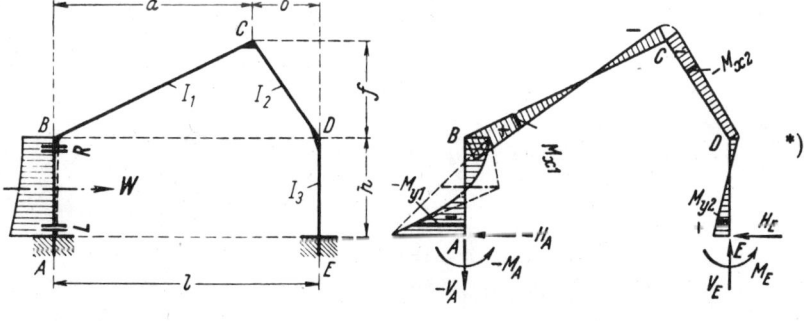

Hilfswerte: $X_1 = + B_1 n_{11} - B_3 n_{31}$
$B_1 = 3S_l - (L + R)$ $X_2 = + B_1 n_{12} + B_3 n_{32}$
$B_3 = 2S_l - L;$ $X_3 = - B_1 n_{13} + B_3 n_{33}.$
$M_B = + X_1$ $M_C = \beta X_1 - \alpha X_2 - \varphi X_3$ $M_D = - X_2$
$M_A = - S_l + X_1 + X_3$ $M_E = X_3 - X_2;$
$V_E = - V_A = \dfrac{X_1 + X_2}{l};$ $H_E = \dfrac{X_3}{h}$ $H_A = -(W - H_E).$

*) Wegen M_x und M_y siehe Seite 266.

Rahmenform 59 Festwerte siehe Seite 261

Siehe hierzu den Abschnitt „**Belastungsglieder**"

Fall 59/5: Rechter Schrägstab beliebig waagerecht belastet

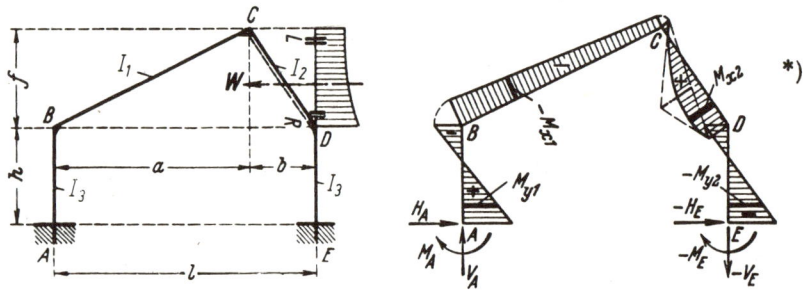

Hilfswerte:
$B_1 = \alpha C_1 S_r + \beta L k_2$ $X_1 = B_1 n_{11} + B_2 n_{21} + B_3 n_{31}$
$B_2 = 3Wh - \alpha C_2 S_r - (\alpha L + R)k_2$ $X_2 = B_1 n_{12} + B_2 n_{22} - B_3 n_{32}$
$B_3 = 2Wh + \alpha C_3 S_r + \varphi L k_2;$ $X_3 = B_1 n_{13} - B_2 n_{23} + B_3 n_{33}.$
$M_B = -X_1$ $M_C = \alpha S_r - \beta X_1 + \alpha X_2 - \varphi X_3$ $M_D = +X_2$
$M_A = X_3 - X_1$ $M_E = -Wh + X_2 + X_3.$
$V_A = -V_E = \dfrac{S_r + X_1 + X_2}{l};$ $H_A = \dfrac{X_3}{h}$ $H_E = -(W - H_A).$

Fall 59/6: Rechter Stiel beliebig waagerecht belastet

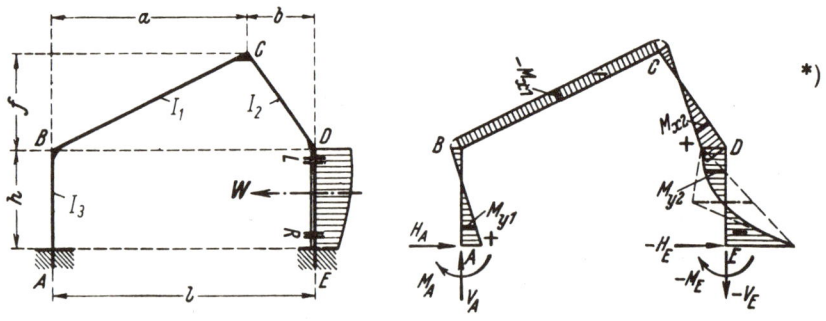

Hilfswerte: $X_1 = +B_2 n_{21} + B_3 n_{31}$
$B_2 = 3S_r - (L + R)$ $X_2 = +B_2 n_{22} - B_3 n_{32}$
$B_3 = 2S_r - R;$ $X_3 = -B_2 n_{23} + B_3 n_{33}.$
$M_B = -X_1$ $M_C = -\beta X_1 + \alpha X_2 - \varphi X_3$ $M_D = +X_2$
$M_A = X_3 - X_1$ $M_E = -S_r + X_2 + X_3.$
$V_A = -V_E = \dfrac{X_1 + X_2}{l};$ $H_A = \dfrac{X_3}{h}$ $H_E = -(W - H_A).$

*) Wegen M_x und M_y siehe Seite 266.

Festwerte siehe Seite 261   **Rahmenform 59**

Fall 59/7: Waagerechte Einzellast am Firstpunkt C*)

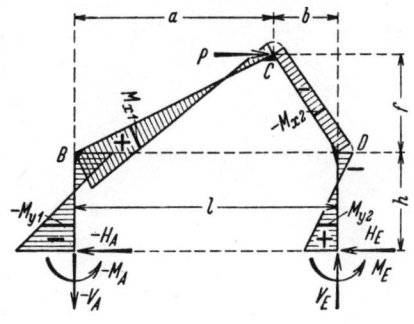

Hilfswerte: $B_1 = Ph(3 - \varphi\beta C_1)$
$B_2 = Pf \cdot \beta C_2 \qquad B_3 = Ph(2 + \varphi\beta C_3);$
$X_1 = +B_1 n_{11} + B_2 n_{21} - B_3 n_{31}$
$X_2 = +B_1 n_{12} + B_2 n_{22} + B_3 n_{32}$
$X_3 = -B_1 n_{13} + B_2 n_{23} + B_3 n_{33}.$
$M_B = +X_1 \qquad M_D = -X_2$
$M_C = Pf \cdot \beta + \beta X_1 - \alpha X_2 - \varphi X_3$
$M_A = -Ph + X_1 + X_3$
$M_E = X_3 - X_2;$

$V_E = -V_A = \dfrac{Pf}{l} + \dfrac{X_1 + X_2}{l}; \qquad H_E = \dfrac{X_3}{h} \qquad H_A = -P + \dfrac{X_3}{h}.$

Fall 59/8: Waagerechte Einzellast am Eckpunkt B

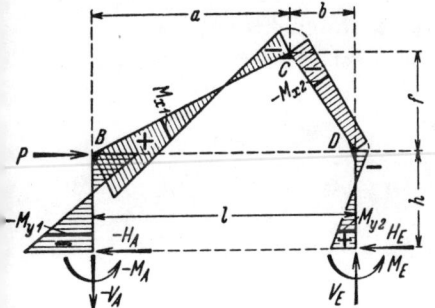

Hilfswerte: $X_1 = Ph(+3n_{11} - 2n_{31})$
$X_2 = Ph(+3n_{12} + 2n_{32})$
$X_3 = Ph(-3n_{13} + 2n_{33}).$
$M_B = +X_1 \qquad M_C = \beta X_1 - \alpha X_2 - \varphi X_3$
$M_D = -X_2 \qquad M_A = -Ph + X_1 + X_3;$

$V_E = -V_A = \dfrac{X_1 + X_2}{l}; \qquad H_E = \dfrac{X_3}{h}$

$H_A = -P + \dfrac{X_3}{h}; \qquad M_E = X_3 - X_2.$

Fall 59/9: Waagerechte Einzellast am Eckpunkt D

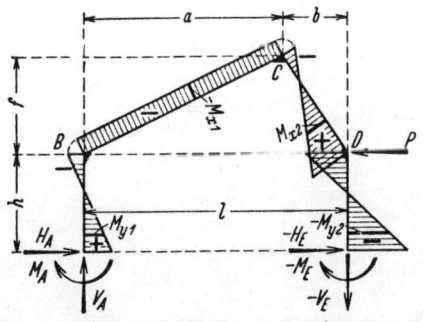

Hilfswerte: $X_1 = Ph(+3n_{21} + 2n_{31})$
$X_2 = Ph(+3n_{22} - 2n_{32})$
$X_3 = Ph(-3n_{23} + 2n_{33}).$
$M_B = -X_1 \qquad M_C = -\beta X_1 + \alpha X_2 - \varphi X_3$
$M_D = +X_2 \qquad M_E = -Ph + X_2 + X_3;$

$V_A = -V_E = \dfrac{X_1 + X_2}{l}; \qquad H_A = \dfrac{X_3}{h}$

$H_E = -P + \dfrac{X_3}{h}; \qquad M_A = X_3 - X_1.$

---

*) Die Formeln für Fall 59/7 haben sich aus Fall 59/3 ergeben für $W = P$, $S_l = Pf$ und $L = R = 0$. Zur Kontrolle könnte ein entsprechender Formelsatz aus Fall 59/5 gewonnen werden für $W = -P$, $S_r = -Pf$ und $L = R = 0$.

Rahmenform 59 Festwerte siehe Seite 261

Fall 59/10: Senkrechte Einzellast am Firstpunkt C

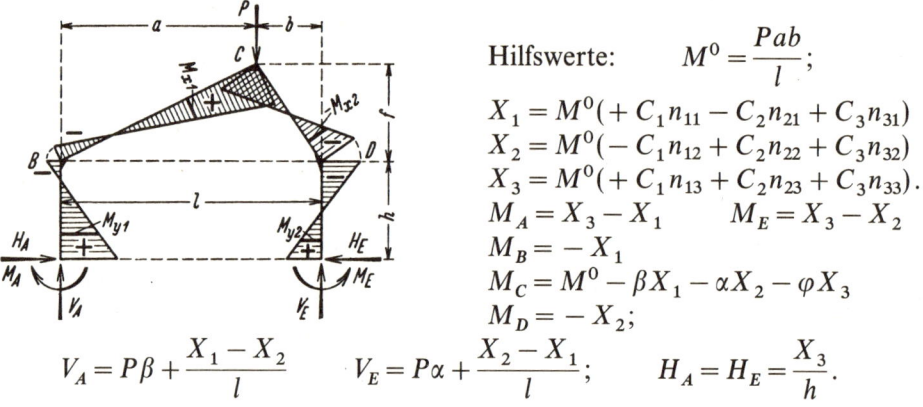

Hilfswerte: $M^0 = \dfrac{Pab}{l}$;

$X_1 = M^0(+C_1 n_{11} - C_2 n_{21} + C_3 n_{31})$
$X_2 = M^0(-C_1 n_{12} + C_2 n_{22} + C_3 n_{32})$
$X_3 = M^0(+C_1 n_{13} + C_2 n_{23} + C_3 n_{33})$.
$M_A = X_3 - X_1 \qquad M_E = X_3 - X_2$
$M_B = -X_1$
$M_C = M^0 - \beta X_1 - \alpha X_2 - \varphi X_3$
$M_D = -X_2$;

$V_A = P\beta + \dfrac{X_1 - X_2}{l} \qquad V_E = P\alpha + \dfrac{X_2 - X_1}{l}; \qquad H_A = H_E = \dfrac{X_3}{h}$.

Fall 59/11: Gleichmäßige Wärmezunahme im ganzen Rahmen*)

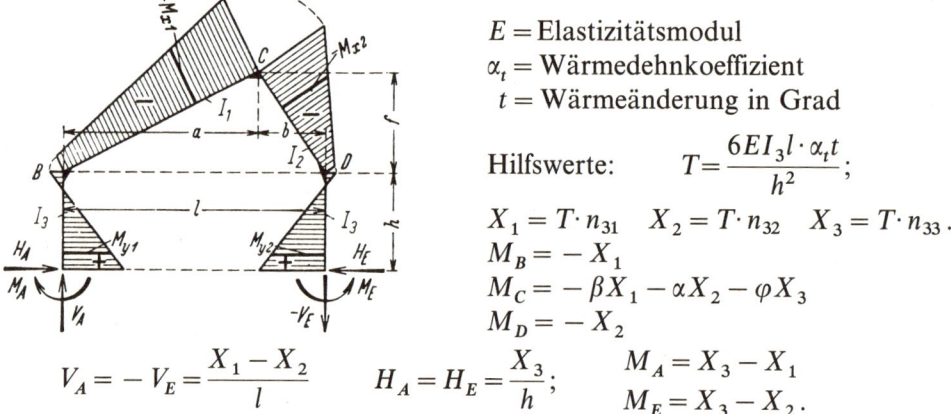

E = Elastizitätsmodul
α_t = Wärmedehnkoeffizient
t = Wärmeänderung in Grad

Hilfswerte: $T = \dfrac{6 E I_3 l \cdot \alpha_t t}{h^2}$;

$X_1 = T \cdot n_{31} \qquad X_2 = T \cdot n_{32} \qquad X_3 = T \cdot n_{33}$.
$M_B = -X_1$
$M_C = -\beta X_1 - \alpha X_2 - \varphi X_3$
$M_D = -X_2$

$V_A = -V_E = \dfrac{X_1 - X_2}{l} \qquad H_A = H_E = \dfrac{X_3}{h}; \qquad \begin{array}{l} M_A = X_3 - X_1 \\ M_E = X_3 - X_2 \end{array}$.

Bemerkung: Bei Wärme**ab**nahme kehren alle Momente und Kräfte ihren Wirkungssinn um.

Anschriebe für die Momente in beliebigen Stabpunkten für alle Belastungsfälle der Rahmenform 59

Anteile aus den Einspann- und Eckmomenten allein:

$M_{y1} = \dfrac{y_1'}{h} M_A + \dfrac{y_1}{h} M_B \qquad M_{y2} = \dfrac{y_2}{h} M_D + \dfrac{y_2'}{h} M_E$

$M_{x1} = \dfrac{x_1'}{a} M_B + \dfrac{x_1}{a} M_C \qquad M_{x2} = \dfrac{x_2'}{b} M_C + \dfrac{x_2}{b} M_D$.

Zu diesen Werten kommt für die direkt belasteten Stäbe jeweils das Glied M_y^0 bzw. M_x^0 hinzu.

---

*) Gleichmäßige Wärmeänderung beider Stiele gleichzeitig erzeugt keine Momente und Kräfte.

Rahmenform 60

Eingespannter Shedrahmen mit elastischem Zugband in Traufhöhe

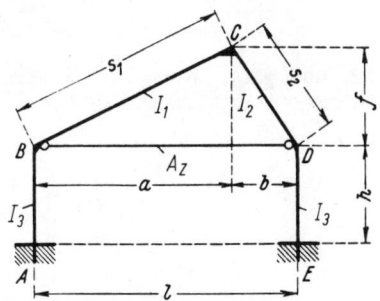

Rahmenform, Abmessungen und Bezeichnungen

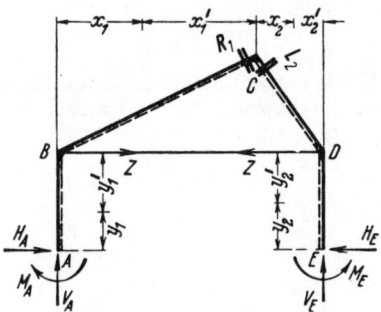

Festlegung der positiven Richtung aller Stützkräfte und der Koordinaten beliebiger Stabpunkte

Allgemeines

Die Rahmenform 60 (mit Zugband) wird am zweckmäßigsten als Erweiterung der Rahmenform 59 (ohne Zugband) aufgefaßt und behandelt. Es läßt sich dadurch der Einfluß des elastischen Zugbandes übersichtlich verfolgen.

Rechnungsgang

Erster Schritt: Für jeden zu behandelnden Lastfall werden die Einspann- und Eckmomente M_A, M_B, M_C, M_D, M_E und die Auflagerkräfte H_A, H_E, V_A, V_E nach Rahmenform 59 (siehe die Seiten 261 bis 266) zahlenmäßig errechnet.

Zweiter Schritt:

a) Zusätzliche Festwerte für Rahmenform 60

$$m_1 = +3n_{11} - 3n_{21} - 4n_{31} \qquad m_a = 1 - m_3 - m_1$$
$$m_2 = -3n_{12} + 3n_{22} - 4n_{32} \qquad m_e = 1 - m_3 - m_2$$
$$m_3 = -3n_{13} - 3n_{23} + 4n_{33} \qquad m_c = \varphi m_3 - \beta m_1 - \alpha m_2.$$
$$L_Z = \frac{6 I_3}{h^2 A_Z} \cdot \frac{l}{f} \cdot \frac{E}{E_Z} \qquad G = 2 m_c (k_1 + k_2) - m_1 k_1 - m_2 k_2 \qquad N_Z = G + L_Z.$$

E = Elastizitätsmodul des Rahmenbaustoffes,
E_Z = Elastizitätsmodul des Zugbandstoffes,
A_Z = Querschnittsfläche des Zugbandes.

Bemerkung: Für *starres* Zugband ist $L_Z = 0$, also $N_Z = G$ zu setzen.

Rahmenform 60

b) Zugbandkraft

$$Z \cdot h = \frac{M_B k_1 + 2M_C(k_1 + k_2) + M_D k_2 + R_1 k_1 + L_2 k_2}{N_Z} *).$$

Bemerkung: Die in der Formel für $Z \cdot h$ auftretenden Belastungsglieder R_1 und L_2 beziehen sich auf die im rechten Titelbild (siehe Seite 267) gekennzeichneten Stabstellen und sind der jeweiligen Stabbelastung entsprechend wie üblich einzusetzen**).

Dritter Schritt:

a) Eck- und Einspannmomente sowie Auflagerkräfte der Rahmenform 60

$\bar{M}_B = M_B + Zh \cdot m_1 \qquad \bar{M}_C = M_C - Zh \cdot m_c \qquad \bar{M}_D = M_D + Zh \cdot m_2$
$\bar{M}_A = M_A - Zh \cdot m_a \qquad \bar{M}_E = M_E - Zh \cdot m_e;$
$\bar{H}_A = H_A - Z(1 - m_3) \qquad \bar{H}_E = H_E - Z(1 - m_3); \qquad \bar{V}_A = V_A \qquad \bar{V}_E = V_E.$

Bemerkung: Zwecks Unterscheidung wurden die Momente und Kräfte für Rahmenform 60 überstrichen.

b) Momente an beliebigen Stabpunkten der Rahmenform 60.

Die Anschriebe für die $\bar{M}_x$ und $\bar{M}_y$ lauten genau wie die Rahmenformen 59, nur müssen für M_A bis M_E die neuen Werte $\bar{M}_A$ bis $\bar{M}_E$ eingesetzt werden.

---

*) Bei verschiedenen Lastfällen wird Z negativ, d. h. das Zugband erhält Druck. Dieser Umstand hat selbstverständlich nur dann einen Sinn, wenn diese Druckkraft kleiner bleibt als die Zugkraft aus ständiger Last, so daß stets ein Rest Zugkraft im Zugbande verbleibt.

**) Bei Verwendung der Lastfälle der Rahmenform 59 ist in obige Zh-Formel für die Belastungsglieder R_1 und L_2 im einzelnen folgendes einzusetzen:

Fall 59/1: $R_1 = R; \qquad L_2 = 0 \qquad$ **Fall 59/2:** $R_1 = 0; \qquad L_2 = L;$
Fall 59/3: $R_1 = R; \qquad L_2 = 0 \qquad$ **Fall 59/5:** $R_1 = 0; \qquad L_2 = L;$
Fall 59/11: $R_1 k_1 + L_2 k_2 = 6EI_3 \cdot \alpha_t t \cdot l/hf.$

Für alle übrigen Lastfälle, einschließlich des „Falles der gleichmäßigen Wärmeänderung im ganzen Rahmen einschließlich im Zugband", ist in der Zh-Formel $R_1 = L_2 = 0$ zu setzen.

Rahmenform 61

Symmetrischer Trapez-Zweigelenkrahmen

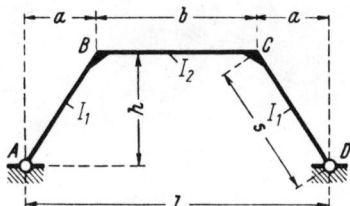

Rahmenform, Abmessungen und Bezeichnungen

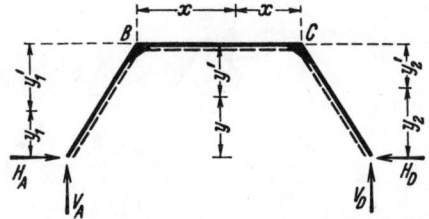

Festlegung der positiven Richtung aller Stützkräfte und der Koordinaten beliebiger Stabpunkte. Für symmetrische Lastfälle werden y und y' verwendet. Positive Biegemomente erzeugen an der gestrichelten Stabseite Zug.

Festwerte:

$$k = \frac{I_2}{I_1} \cdot \frac{s}{b}; \quad \alpha = \frac{a}{l} \quad \beta = \frac{b}{l}; \quad N = 2k + 3.$$

Bemerkung: Die Formelanschriebe für Momente in beliebigen Stabpunkten lauten genau wie bei den entsprechenden Fällen der Rahmenform 62, siehe Seite 276 bis 280 – oder auch wie bei Rahmenform 64, siehe Seite 289, mit der Maßgabe $(h_1 = h_2) = h$.

Fall 61/1: Gleichmäßige Wärmezunahme im ganzen Rahmen

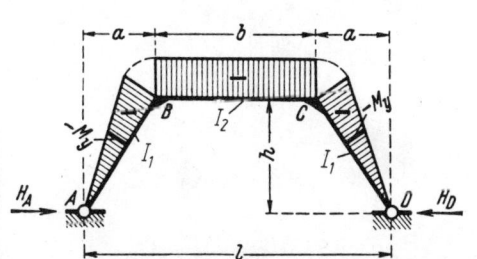

E = Elastizitätsmodul,
α_t = Wärmedehnkoeffizient,
t = Wärmeänderung in Grad.

$$M_B = M_C = -\frac{3EI_2\alpha_t t l}{bhN};$$

$$H_A = H_D = \frac{-M_B}{h}; \quad M_y = -H_A y.$$

Bemerkung: Bei Wärme**ab**nahme kehren alle Kräfte ihren Pfeilsinn um und alle Momente erhalten entgegengesetztes Vorzeichen.

Rahmenform 61 Festwerte siehe Seite 269

Siehe hierzu den Abschnitt **„Belastungsglieder"**

Fall 61/2: Riegel beliebig senkrecht belastet

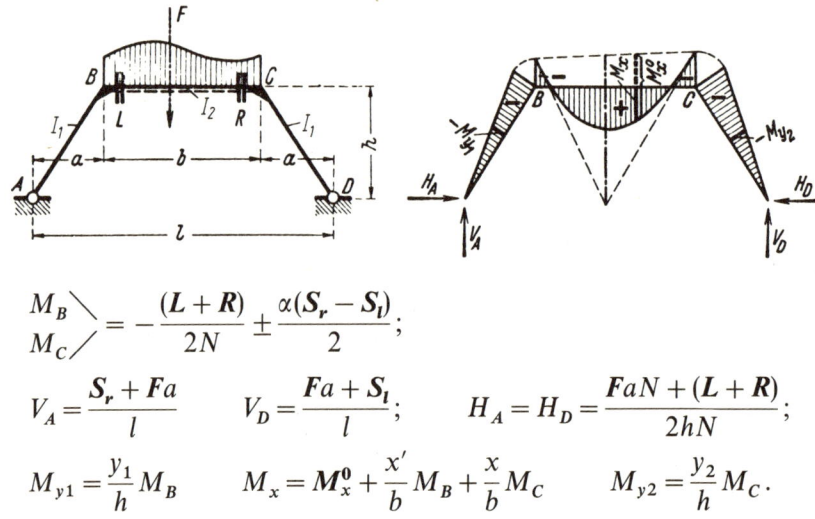

$$\left.\begin{array}{c}M_B\\M_C\end{array}\right\} = -\frac{(L+R)}{2N} \pm \frac{\alpha(S_r - S_l)}{2};$$

$$V_A = \frac{S_r + Fa}{l} \qquad V_D = \frac{Fa + S_l}{l}; \qquad H_A = H_D = \frac{FaN + (L+R)}{2hN};$$

$$M_{y1} = \frac{y_1}{h} M_B \qquad M_x = M_x^0 + \frac{x'}{b} M_B + \frac{x}{b} M_C \qquad M_{y2} = \frac{y_2}{h} M_C.$$

Sonderfall 61/2 a: Symmetrische Riegellast ($R = L$; $S_l = S_r$)

$$M_B = M_C = -\frac{L}{N} \qquad M_y = \frac{y}{h} M_B \qquad M_x = M_x^0 + M_B;$$

$$V_A = V_D = \frac{F}{2}; \qquad H_A = H_D = \frac{Fa}{2h} + \frac{L}{Nh}.$$

Fall 61/3: Riegel beliebig antimetrisch belastet ($R = -L$; $S_l = -S_r$)

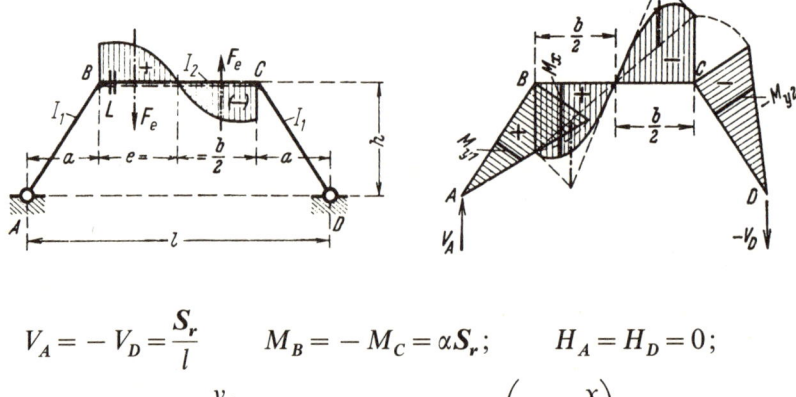

$$V_A = -V_D = \frac{S_r}{l} \qquad M_B = -M_C = \alpha S_r; \qquad H_A = H_D = 0;$$

$$M_{y1} = -M_{y2} = \frac{y_1}{h} \cdot M_B \qquad M_x = M_x^0 + \left(1 - 2\frac{x}{b}\right) \cdot M_B.$$

Festwerte siehe Seite 269   **Rahmenform 61**

Siehe hierzu den Abschnitt „**Belastungsglieder**"

Fall 61/4: Linker Stiel beliebig senkrecht belastet

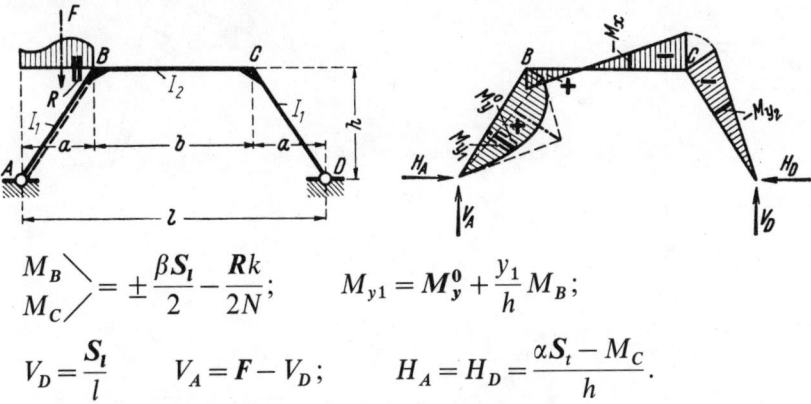

$$\left.\begin{array}{l}M_B \\ M_C\end{array}\right\} = \pm\frac{\beta S_t}{2} - \frac{Rk}{2N}; \qquad M_{y1} = M_y^0 + \frac{y_1}{h}M_B;$$

$$V_D = \frac{S_t}{l} \qquad V_A = F - V_D; \qquad H_A = H_D = \frac{\alpha S_t - M_C}{h}.$$

Fall 61/5: Beide Stiele beliebig senkrecht, aber gleich und *symmetrisch* zur Rahmen-Symmetrieachse belastet

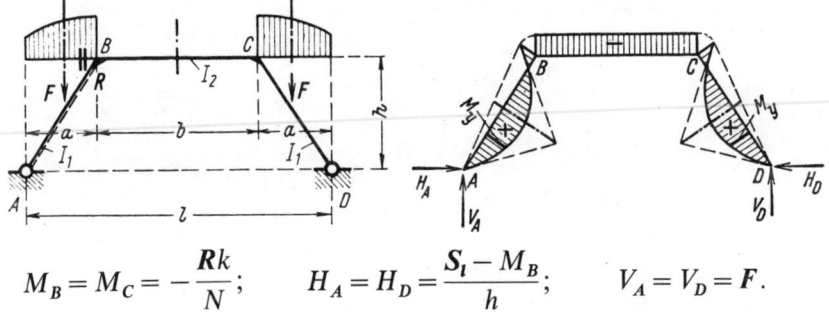

$$M_B = M_C = -\frac{Rk}{N}; \qquad H_A = H_D = \frac{S_t - M_B}{h}; \qquad V_A = V_D = F.$$

Bemerkung: Alle Belastungsglieder sind auf den *linken* Stiel bezogen.

Fall 61/6: Beide Stiele beliebig senkrecht, aber gleich und *antimetrisch* zur Rahmen-Symmetrieachse belastet

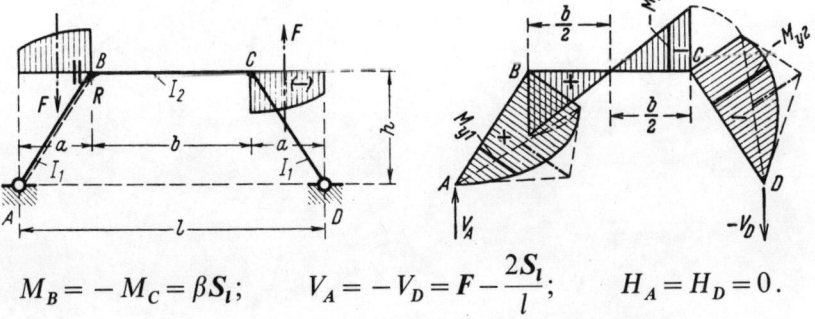

$$M_B = -M_C = \beta S_t; \qquad V_A = -V_D = F - \frac{2S_t}{l}; \qquad H_A = H_D = 0.$$

Bemerkung: Alle Belastungsglieder sind auf den *linken* Stiel bezogen.

Rahmenform 61 Festwerte siehe Seite 269

Siehe hierzu den Abschnitt „**Belastungsglieder**"

Fall 61/7: Linker Stiel beliebig waagerecht belastet

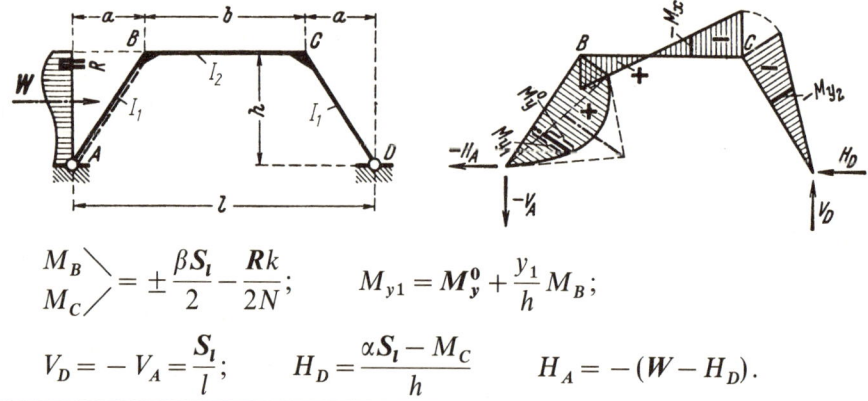

$$\left.\begin{array}{l}M_B \searrow \\ M_C \nearrow\end{array}\right\} = \pm \frac{\beta S_l}{2} - \frac{Rk}{2N}; \qquad M_{y1} = M_y^0 + \frac{y_1}{h} M_B;$$

$$V_D = -V_A = \frac{S_l}{l}; \qquad H_D = \frac{\alpha S_l - M_C}{h} \qquad H_A = -(W - H_D).$$

Fall 61/8: Beide Stiele beliebig waagerecht, aber gleich und *symmetrisch* zur Rahmen-Symmetrieachse belastet

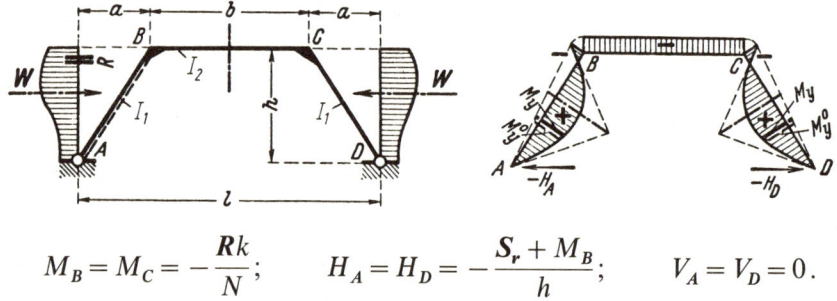

$$M_B = M_C = -\frac{Rk}{N}; \qquad H_A = H_D = -\frac{S_r + M_B}{h}; \qquad V_A = V_D = 0.$$

Bemerkung: Alle Belastungsglieder sind auf den *linken* Stiel bezogen.

Fall 61/9: Beide Stiele beliebig waagerecht, aber gleich und *antimetrisch* zur Rahmen-Symmetrieachse belastet

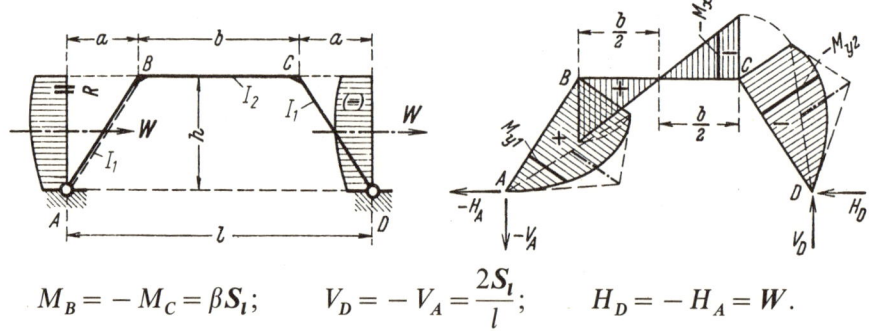

$$M_B = -M_C = \beta S_l; \qquad V_D = -V_A = \frac{2 S_l}{l}; \qquad H_D = -H_A = W.$$

Bemerkung: Alle Belastungsglieder sind auf den *linken* Stiel bezogen.

Festwerte siehe Seite 269 **Rahmenform 61**

Fall 61/10: Zwei gleiche senkrechte Einzellasten in den Eckpunkten B und C

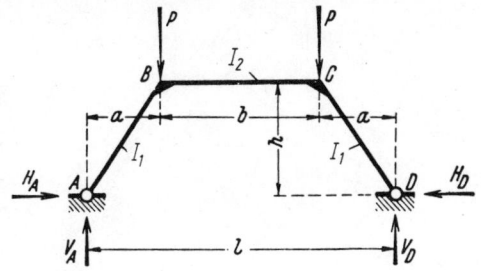

Es treten keine Biegemomente auf.

$V_A = V_D = P$

$H_A = H_D = \dfrac{Pa}{h}$.

Fall 61/11: Senkrechte Einzellast am Eckpunkt B

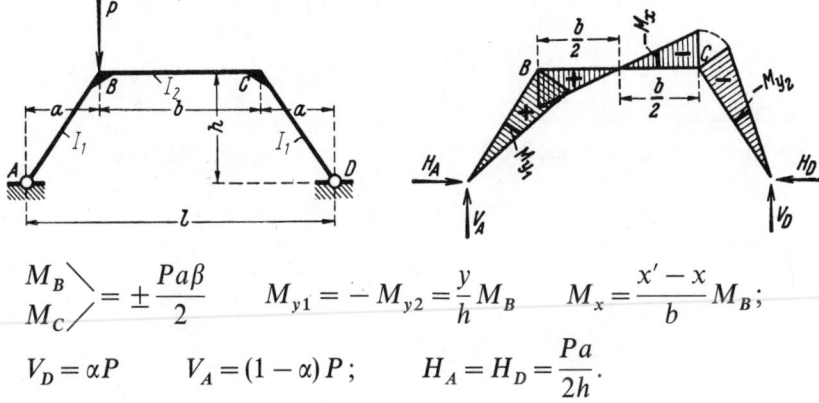

$\left.\begin{array}{l} M_B \\ M_C \end{array}\right\} = \pm \dfrac{Pa\beta}{2}$ $M_{y1} = -M_{y2} = \dfrac{y}{h} M_B$ $M_x = \dfrac{x'-x}{b} M_B$;

$V_D = \alpha P$ $V_A = (1-\alpha) P$; $H_A = H_D = \dfrac{Pa}{2h}$.

Bemerkung: Der Momentenverlauf ist *antimetrisch*.

Fall 61/12 und 13: Senkrechtes Kräftepaar Pb an den Eckpunkten B und C, und waagerechte Einzellast W in Riegelhöhe (*antimetrischer* Lastfall)

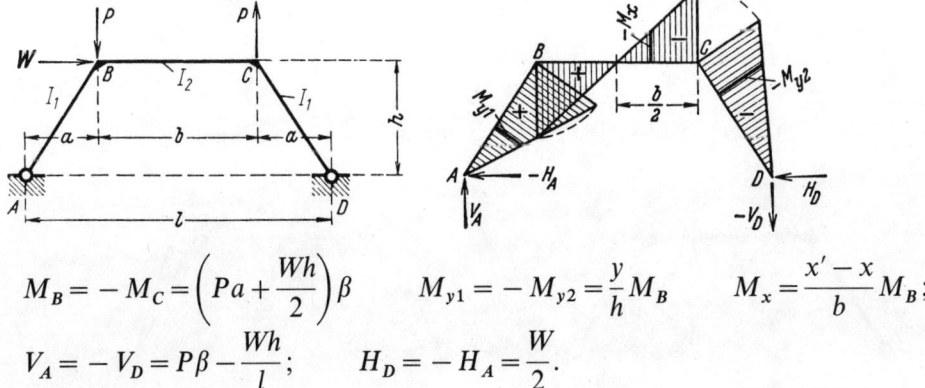

$M_B = -M_C = \left(Pa + \dfrac{Wh}{2}\right)\beta$ $M_{y1} = -M_{y2} = \dfrac{y}{h} M_B$ $M_x = \dfrac{x'-x}{b} M_B$;

$V_A = -V_D = P\beta - \dfrac{Wh}{l}$; $H_D = -H_A = \dfrac{W}{2}$.

Bemerkung: Der Momentenverlauf ist dem von Fall 61/11 affin.

Rahmenform 61 Festwerte siehe Seite 269

Fall 61/14: Senkrechte Rechteck-Vollast am linken Schrägstab

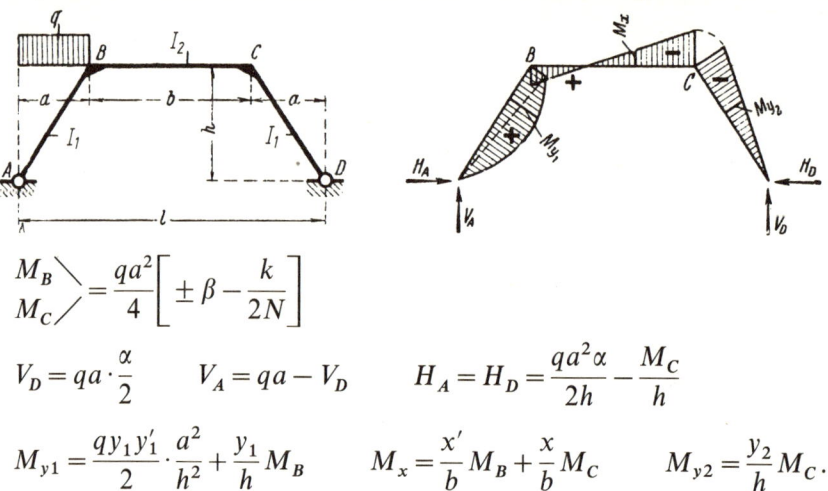

$$\left.\begin{array}{l}M_B \\ M_C\end{array}\right\} = \frac{qa^2}{4}\left[\pm\beta - \frac{k}{2N}\right]$$

$$V_D = qa \cdot \frac{\alpha}{2} \qquad V_A = qa - V_D \qquad H_A = H_D = \frac{qa^2\alpha}{2h} - \frac{M_C}{h}$$

$$M_{y1} = \frac{qy_1 y_1'}{2} \cdot \frac{a^2}{h^2} + \frac{y_1}{h} M_B \qquad M_x = \frac{x'}{b} M_B + \frac{x}{b} M_C \qquad M_{y2} = \frac{y_2}{h} M_C.$$

Fall 61/15: *Symmetrische* Rechteck-Vollasten über dem ganzen Rahmen

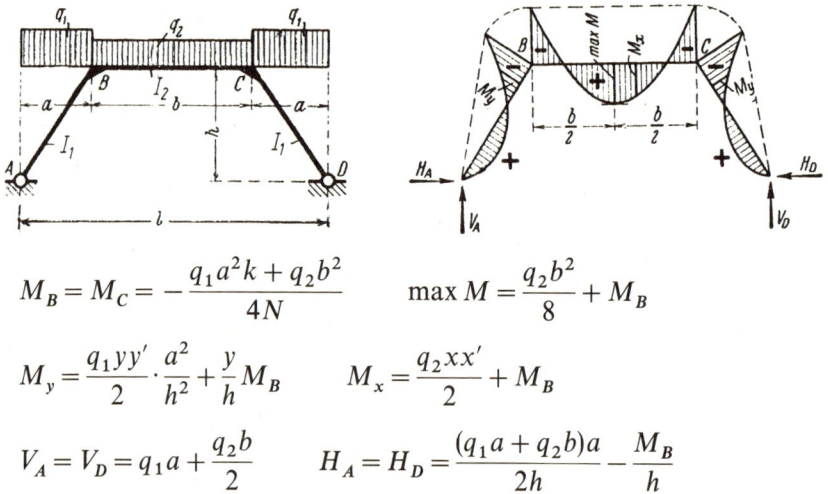

$$M_B = M_C = -\frac{q_1 a^2 k + q_2 b^2}{4N} \qquad \max M = \frac{q_2 b^2}{8} + M_B$$

$$M_y = \frac{q_1 y y'}{2} \cdot \frac{a^2}{h^2} + \frac{y}{h} M_B \qquad M_x = \frac{q_2 x x'}{2} + M_B$$

$$V_A = V_D = q_1 a + \frac{q_2 b}{2} \qquad H_A = H_D = \frac{(q_1 a + q_2 b)a}{2h} - \frac{M_B}{h}$$

Fall 61/16: Senkrechte Einzellast an beliebiger Stelle des Riegels

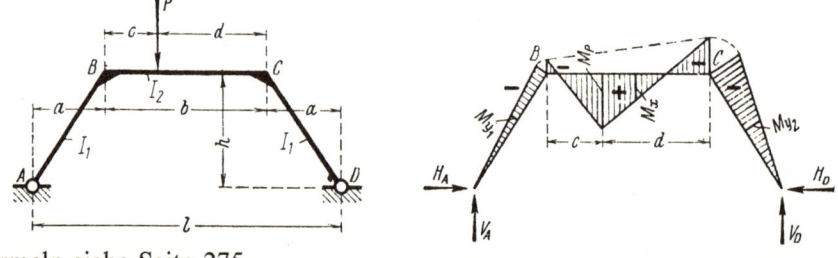

Formeln siehe Seite 275

Festwerte siehe Seite 269   Rahmenform 61

Fall 61/17: Waagerechte Rechteck-Vollast am linken Schrägstab

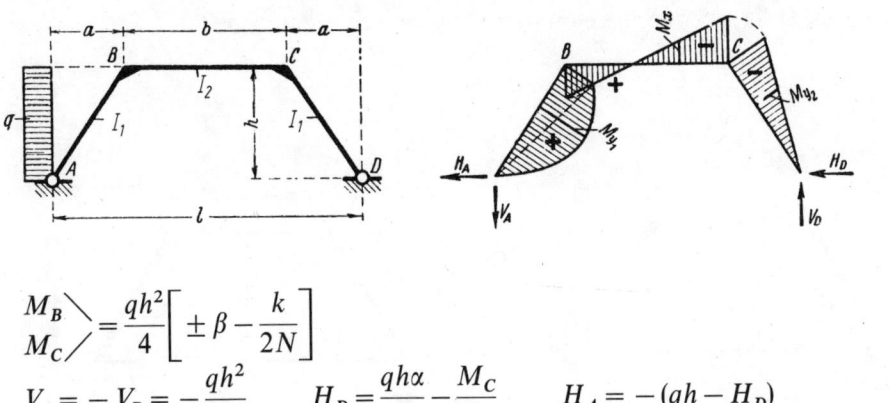

$$\left.\begin{array}{c}M_B \searrow \\ M_C \nearrow\end{array}\right\} = \frac{qh^2}{4}\left[\pm\beta - \frac{k}{2N}\right]$$

$$V_A = -V_D = -\frac{qh^2}{2l} \qquad H_D = \frac{qh\alpha}{2} - \frac{M_C}{h} \qquad H_A = -(qh - H_D)$$

$$M_{y1} = \frac{qy_1 y_1'}{2} + \frac{y_1}{h} M_B \qquad M_x = \frac{x'}{b} M_B + \frac{x}{b} M_C \qquad M_{y2} = \frac{y_2}{h} M_C.$$

Fall 61/18: Rechteck-Vollast an beiden Seiten (*Symmetrischer* Lastfall)

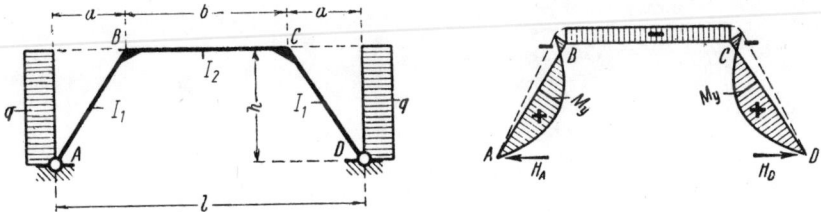

$$M_B = M_C = -\frac{qh^2 k}{4N} \qquad H_A = H_D = -\frac{qh}{2} - \frac{M_B}{h} \qquad M_y = \frac{qyy'}{2} + \frac{y}{h} M_B.$$

Formeln zu Fall 61/16:

$$\left.\begin{array}{c}M_B \searrow \\ M_C \nearrow\end{array}\right\} = \frac{P}{2}\left[-\frac{3cd}{bN} \pm \alpha(d-c)\right]$$

$$V_A = \frac{P(a+d)}{l} \qquad V_D = P - V_A \qquad H_A = H_D = \frac{P}{2h}\left(a + \frac{3cd}{bN}\right)$$

$$M_P = \frac{Pcd}{b} + \frac{M_B d + M_C c}{b} \qquad M_{y1} = \frac{y_1}{h} M_B \qquad M_{y2} = \frac{y_2}{h} M_C$$

Im Bereich c: Im Bereich d:
$$M_x = V_A(a+x) - H_A h \qquad M_x = V_D(a+x') - H_D h.$$

Rahmenform 62

Symmetrischer Trapezrahmen mit einem festen Gelenk und einem waagerecht beweglichen Auflager, verbunden durch ein elastisches Zugband

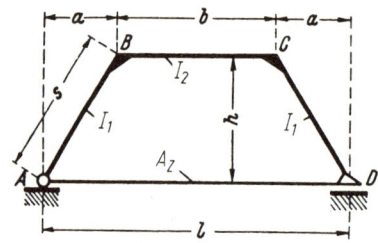

Rahmenform, Abmessungen und Bezeichnungen

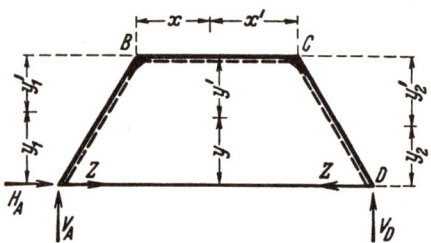

Festlegung der positiven Richtung aller Stützkräfte und der Koordinaten beliebiger Stabpunkte. Für symmetrische Lastfälle werden y und y' verwendet. Positive Biegemomente erzeugen an der gestrichelten Stabseite Zug.

Festwerte:

$$k = \frac{I_2}{I_1} \cdot \frac{s}{b}; \qquad \alpha = \frac{a}{l} \qquad \beta = \frac{b}{l};$$

$$N = 2k + 3 \qquad L_z = \frac{3 I_2}{h^2 A_z} \cdot \frac{E}{E_z} \cdot \frac{l}{b}; \qquad N_z = N + L_z.$$

E = Elastizitätsmodul des Rahmenbaustoffes,
E_z = Elastizitätsmodul des Zugbandstoffes,
A_z = Querschnittsfläche des Zugbandes.

Festwerte siehe Seite 276 **Rahmenform 62**

Siehe hierzu den Abschnitt **„Belastungsglieder"**

Fall 62/1: Ganzer Rahmen beliebig senkrecht, aber symmetrisch belastet

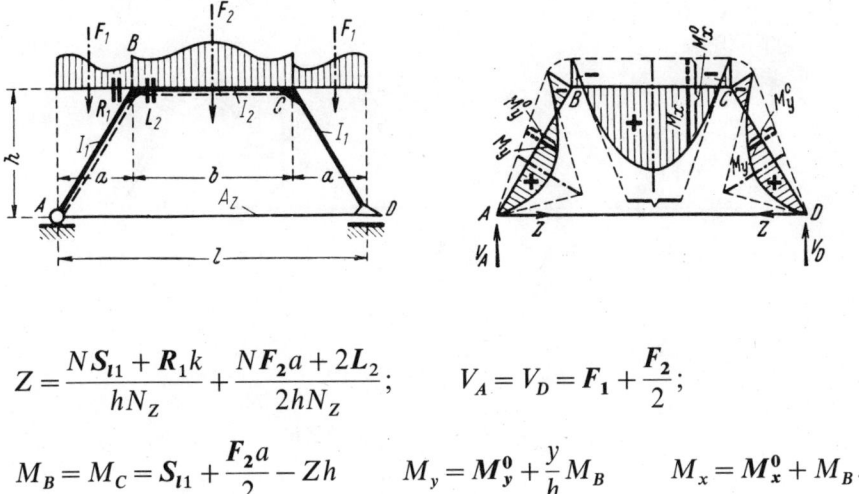

$$Z = \frac{NS_{l1} + R_1 k}{hN_Z} + \frac{NF_2 a + 2L_2}{2hN_Z}; \qquad V_A = V_D = F_1 + \frac{F_2}{2};$$

$$M_B = M_C = S_{l1} + \frac{F_2 a}{2} - Zh \qquad M_y = M_y^0 + \frac{y}{h} M_B \qquad M_x = M_x^0 + M_B.$$

Bemerkung: Die Belastungsglieder mit dem Zeiger 1 sind auf den *linken* Stiel bezogen.

Fall 62/3: Linker Stiel beliebig waagerecht belastet

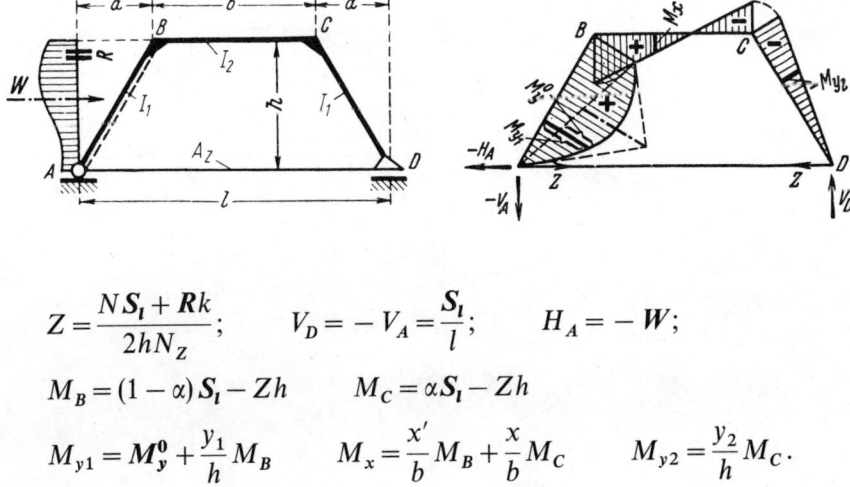

$$Z = \frac{NS_l + Rk}{2hN_Z}; \qquad V_D = -V_A = \frac{S_l}{l}; \qquad H_A = -W;$$

$$M_B = (1-\alpha) S_l - Zh \qquad M_C = \alpha S_l - Zh$$

$$M_{y1} = M_y^0 + \frac{y_1}{h} M_B \qquad M_x = \frac{x'}{b} M_B + \frac{x}{b} M_C \qquad M_{y2} = \frac{y_2}{h} M_C.$$

Rahmenform 62 Festwerte siehe Seite 276

Siehe hierzu den Abschnitt **„Belastungsglieder"**

Fall 62/2: Riegel beliebig senkrecht belastet

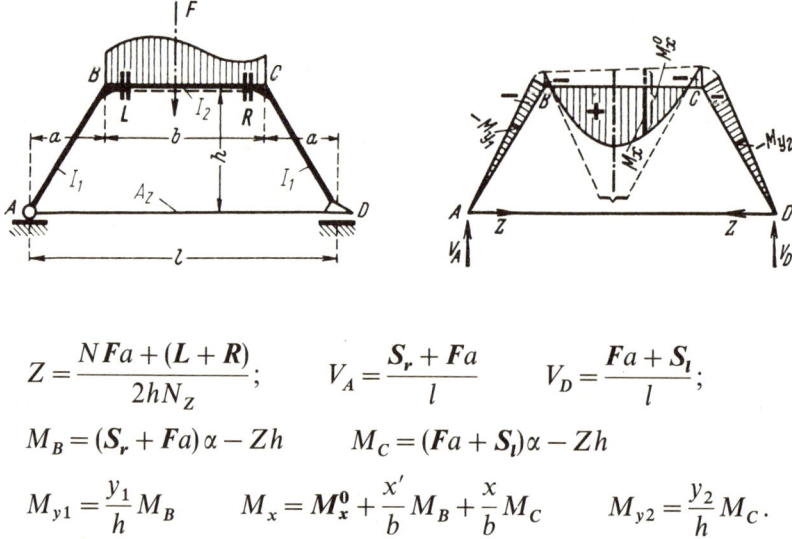

$$Z = \frac{NFa + (L+R)}{2hN_Z}; \qquad V_A = \frac{S_r + Fa}{l} \qquad V_D = \frac{Fa + S_l}{l};$$

$$M_B = (S_r + Fa)\alpha - Zh \qquad M_C = (Fa + S_l)\alpha - Zh$$

$$M_{y1} = \frac{y_1}{h} M_B \qquad M_x = M_x^0 + \frac{x'}{b} M_B + \frac{x}{b} M_C \qquad M_{y2} = \frac{y_2}{h} M_C.$$

Fall 62/4: Linker Stiel beliebig senkrecht belastet

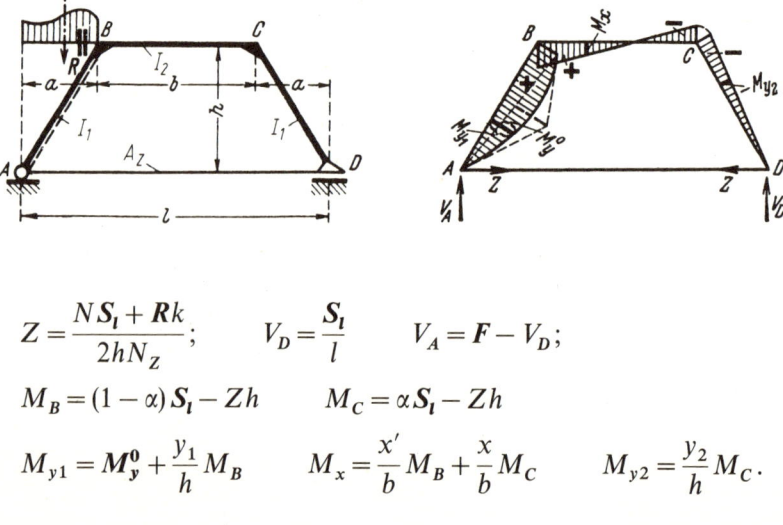

$$Z = \frac{NS_l + Rk}{2hN_Z}; \qquad V_D = \frac{S_l}{l} \qquad V_A = F - V_D;$$

$$M_B = (1-\alpha)S_l - Zh \qquad M_C = \alpha S_l - Zh$$

$$M_{y1} = M_y^0 + \frac{y_1}{h} M_B \qquad M_x = \frac{x'}{b} M_B + \frac{x}{b} M_C \qquad M_{y2} = \frac{y_2}{h} M_C.$$

Festwerte siehe Seite 276 Rahmenform 62

Siehe hierzu den Abschnitt „**Belastungsglieder**"

Fall 62/5: Rechter Stiel beliebig waagerecht belastet

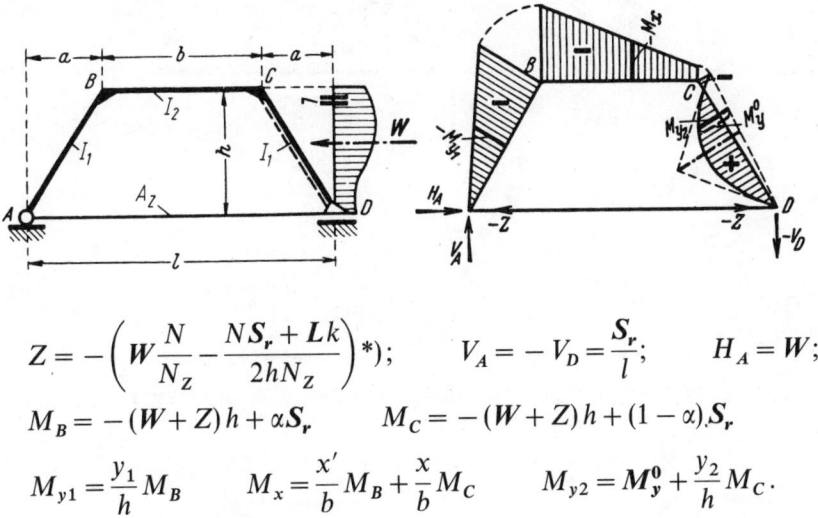

$$Z = -\left(W\frac{N}{N_Z} - \frac{NS_r + Lk}{2hN_Z}\right)*);\quad V_A = -V_D = \frac{S_r}{l};\quad H_A = W;$$

$$M_B = -(W+Z)h + \alpha S_r \qquad M_C = -(W+Z)h + (1-\alpha)S_r$$

$$M_{y1} = \frac{y_1}{h}M_B \qquad M_x = \frac{x'}{b}M_B + \frac{x}{b}M_C \qquad M_{y2} = M_y^0 + \frac{y_2}{h}M_C.$$

Fall 62/6: Beide Stiele beliebig waagerecht, aber gleich belastet (Symmetriefall)

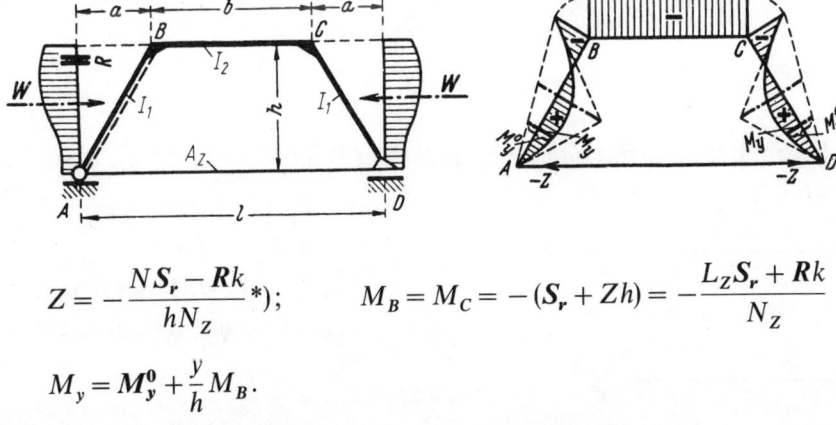

$$Z = -\frac{NS_r - Rk}{hN_Z}*);\qquad M_B = M_C = -(S_r + Zh) = -\frac{L_Z S_r + Rk}{N_Z}$$

$$M_y = M_y^0 + \frac{y}{h}M_B.$$

Bemerkung: Alle Belastungsglieder sind auf den *linken* Stiel bezogen.

---

*) Bei obigen zwei Belastungsfällen sowie bei Wärme**ab**nahme (s. S. 280 unten) wird Z negativ, d. h. das Zugband erhält Druck. Dieser Umstand hat selbstverständlich nur dann einen Sinn, wenn die Druckkraft kleiner bleibt als die Zugkraft aus ständiger Last, so daß stets ein Rest Zugkraft im Zugbande verbleibt.

Rahmenform 62   Festwerte siehe Seite 276

Fall 62/7: Waagerechte Einzellast in Riegelhöhe

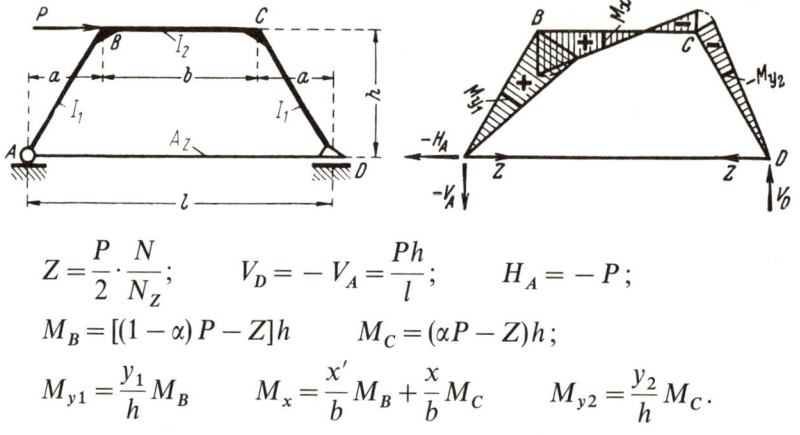

$$Z = \frac{P}{2} \cdot \frac{N}{N_Z}; \qquad V_D = -V_A = \frac{Ph}{l}; \qquad H_A = -P;$$

$$M_B = [(1-\alpha)P - Z]h \qquad M_C = (\alpha P - Z)h;$$

$$M_{y1} = \frac{y_1}{h} M_B \qquad M_x = \frac{x'}{b} M_B + \frac{x}{b} M_C \qquad M_{y2} = \frac{y_2}{h} M_C.$$

Fall 62/8: Zwei gleiche senkrechte Einzellasten in den Eckpunkten B und C

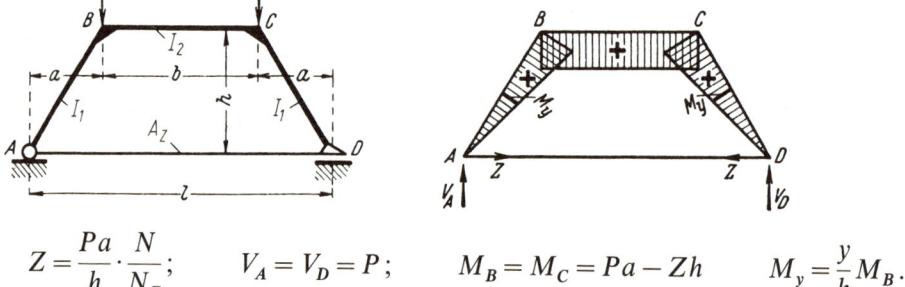

$$Z = \frac{Pa}{h} \cdot \frac{N}{N_Z}; \qquad V_A = V_D = P; \qquad M_B = M_C = Pa - Zh \qquad M_y = \frac{y}{h} M_B.$$

Fall 62/9: Gleichmäßige Wärmezunahme im ganzen Rahmen

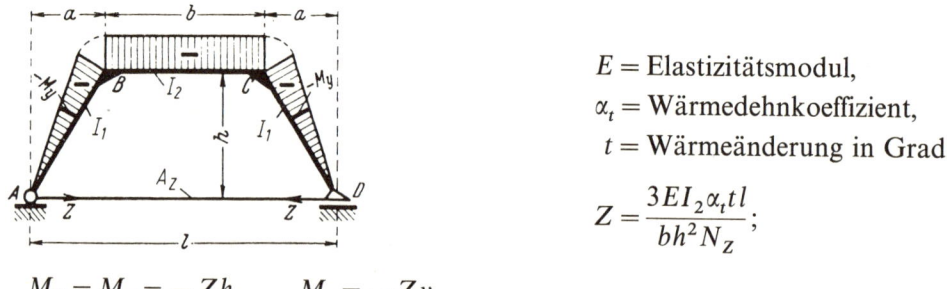

E = Elastizitätsmodul,
α_t = Wärmedehnkoeffizient,
t = Wärmeänderung in Grad.

$$Z = \frac{3EI_2 \alpha_t t l}{bh^2 N_Z};$$

$$M_B = M_C = -Zh \qquad M_y = -Zy.$$

Bemerkung: Bei Wärme**ab**nahme kehren alle Kräfte ihren Pfeilsinn um und alle Momente erhalten entgegengesetztes Vorzeichen*).

---

*) Siehe hier die Fußnote zu Seite 279.

Rahmenform 63

Symmetrischer eingespannter Trapezrahmen

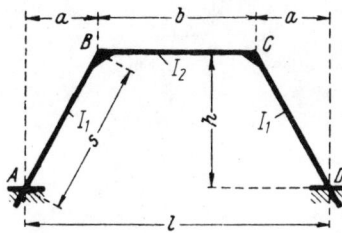

Rahmenform, Abmessungen und Bezeichnungen

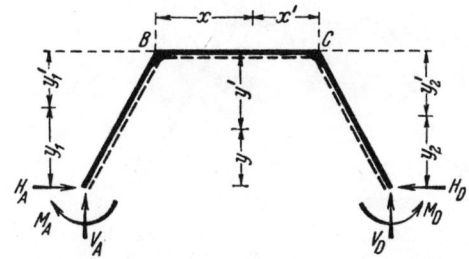

Festlegung der positiven Richtung aller Stützkräfte und der Koordinaten beliebiger Stabpunkte. Für symmetrische Lastfälle werden y und y' verwendet. Positive Biegemomente erzeugen an der gestrichelten Stabseite Zug.

Festwerte:

$$k = \frac{I_2}{I_1} \cdot \frac{s}{b}; \quad \alpha = \frac{a}{l} \quad \beta = \frac{b}{l};$$

$$K_1 = 2k + 3 \quad K_2 = k(1+\beta) + \beta(1+k);$$

$$N_1 = k + 2 \quad N_2 = 2(1 + \beta + \beta^2)k + \beta^2.$$

Fall 63/1: Gleichmäßige Wärmezunahme im ganzen Rahmen

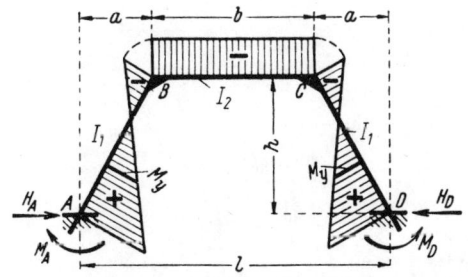

E = Elastizitätsmodul,
α_t = Wärmedehnkoeffizient,
t = Wärmeänderung in Grad.

Hilfswert: $\quad T = \dfrac{3EI_1 l \cdot \alpha_t t}{sh N_1}$

$$M_A = M_D = + T(k+1) \quad M_B = M_C = -Tk; \quad V_A = V_D = 0$$

$$H_A = H_D = \frac{M_A - M_B}{h}; \quad M_y = \frac{y'}{h} M_A + \frac{y}{h} M_B.$$

Bemerkung: Bei Wärme**ab**nahme kehren alle Kräfte ihren Pfeilsinn um und alle Momente erhalten entgegengesetztes Vorzeichen.

Rahmenform 63   Festwerte siehe Seite 281

Siehe hierzu den Abschnitt „**Belastungsglieder**"

Fall 63/2: Riegel beliebig senkrecht belastet

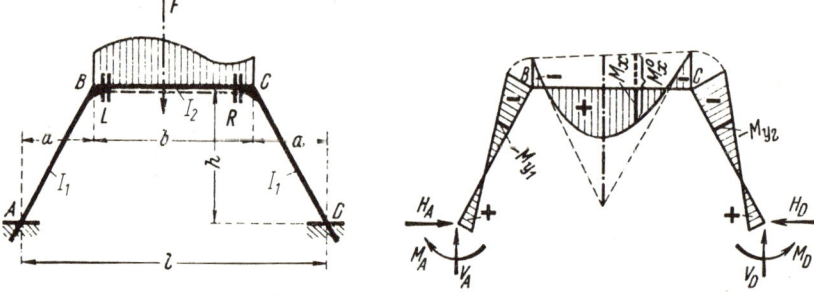

Hilfswerte: $\quad X_1 = \dfrac{(L+R)}{6N_1} \qquad X_3 = \dfrac{\alpha(S_r - S_l)K_2 + \beta(L-R)}{2N_2}$

$\left.\begin{array}{l} M_A \\ M_D \end{array}\right\} = +X_1 \mp X_3 \qquad \left.\begin{array}{l} M_B \\ M_C \end{array}\right\} = -2X_1 \pm \left[\dfrac{\alpha(S_r - S_l)}{2} - \beta X_3\right];$

$H_A = H_D = \dfrac{Fa}{2h} + \dfrac{3X_1}{h}; \qquad \left.\begin{array}{l} V_A \\ V_D \end{array}\right\} = \dfrac{F}{2} \pm \left[\dfrac{(S_r - S_l)}{2l} + \dfrac{2X_3}{l}\right];$

$M_x = M_x^0 + \dfrac{x'}{b} M_B + \dfrac{x}{b} M_C.$

Sonderfall 63/2a: Symmetrische Riegellast ($R = L$; $S_l = S_r$)

$M_A = M_D = +\dfrac{L}{3N_1} \qquad M_y = M_A \cdot \left(1 - 3\dfrac{y}{h}\right); \qquad V_A = V_D = \dfrac{F}{2}$

$M_B = M_C = -\dfrac{2L}{3N_1}; \qquad M_x = M_x^0 + M_B, \qquad H_A = H_D = \dfrac{Fa}{2h} + \dfrac{L}{hN_1}.$

Fall 63/3: Riegel beliebig antimetrisch belastet ($R = -L$; $S_l = -S_r$)

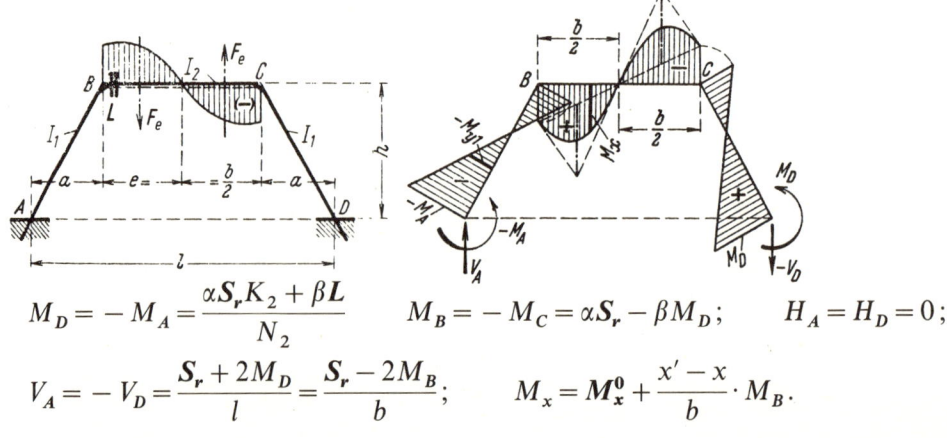

$M_D = -M_A = \dfrac{\alpha S_r K_2 + \beta L}{N_2} \qquad M_B = -M_C = \alpha S_r - \beta M_D; \qquad H_A = H_D = 0;$

$V_A = -V_D = \dfrac{S_r + 2M_D}{l} = \dfrac{S_r - 2M_B}{b}; \qquad M_x = M_x^0 + \dfrac{x'-x}{b} \cdot M_B.$

Festwerte siehe Seite 281 — **Rahmenform 63**

Siehe hierzu den Abschnitt „**Belastungsglieder**"

Fall 63/4: Linker Stiel beliebig senkrecht belastet

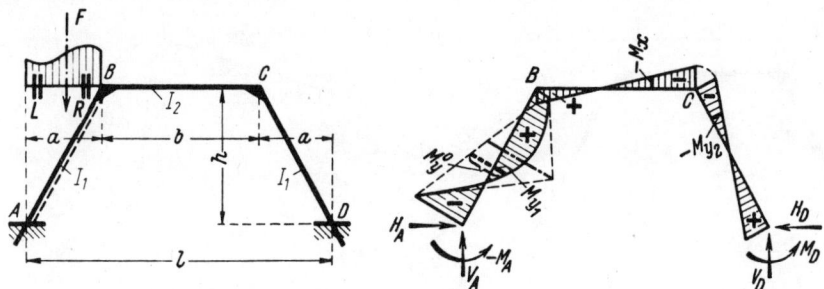

Hilfswerte:

$$X_1 = \frac{LK_1 - Rk}{6N_1} \qquad X_2 = \frac{(2R - L)k}{6N_1} \qquad X_3 = \frac{\beta S_l K_2 + (L + \beta R)k}{2N_2}.$$

$$\left.\begin{array}{c}M_A \\ M_D\end{array}\right\} = -X_1 \mp X_3 \qquad \left.\begin{array}{c}M_B \\ M_C\end{array}\right\} = -X_2 \pm \beta\left(\frac{S_l}{2} - X_3\right);$$

$$H_A = H_D = \frac{S_l}{2h} - \frac{X_1 - X_2}{h}; \qquad V_D = \frac{S_l - 2X_3}{l} \qquad V_A = F - V_D;$$

$$M_{y1} = M_y^0 + \frac{y_1'}{h}M_A + \frac{y_1}{h}M_B \qquad M_{y2} = \frac{y_2}{h}M_C + \frac{y_2'}{h}M_D \qquad M_x = \frac{x'}{b}M_B + \frac{x}{b}M_C.$$

Fall 63/5: Beide Stiele beliebig senkrecht, aber gleich und symmetrisch zur Rahmen-Symmetrieachse belastet

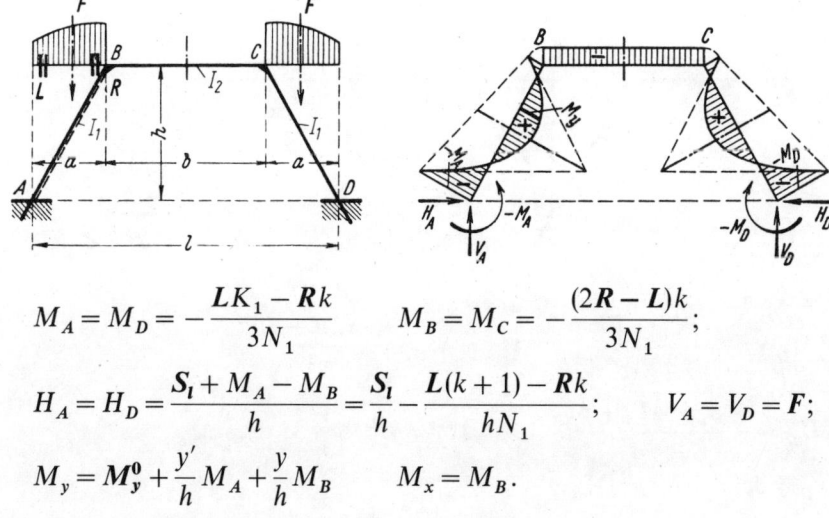

$$M_A = M_D = -\frac{LK_1 - Rk}{3N_1} \qquad M_B = M_C = -\frac{(2R - L)k}{3N_1};$$

$$H_A = H_D = \frac{S_l + M_A - M_B}{h} = \frac{S_l}{h} - \frac{L(k+1) - Rk}{hN_1}; \qquad V_A = V_D = F;$$

$$M_y = M_y^0 + \frac{y'}{h}M_A + \frac{y}{h}M_B \qquad M_x = M_B.$$

Bemerkung: Alle Belastungsglieder sind auf den *linken* Stiel bezogen.

Rahmenform 63 Festwerte siehe Seite 281

Siehe hierzu den Abschnitt **„Belastungsglieder"**

Fall 63/6: Linker Stiel beliebig waagerecht belastet

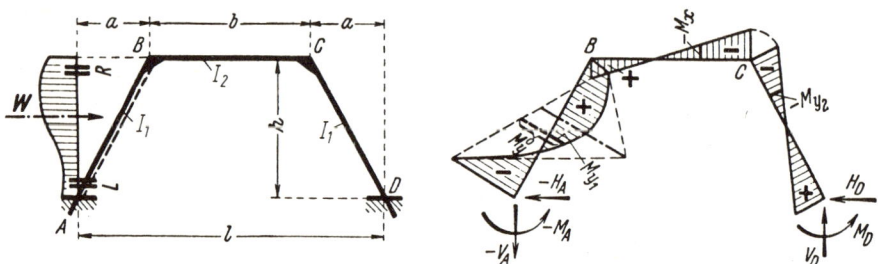

Hilfswerte:

$$X_1 = \frac{LK_1 - Rk}{6N_1} \qquad X_2 = \frac{(2R-L)k}{6N_1} \qquad X_3 = \frac{\beta S_l K_2 + (L+\beta R)k}{2N_2}.$$

$$\left.\begin{matrix}M_A\\M_D\end{matrix}\right\} = -X_1 \mp X_3 \qquad \left.\begin{matrix}M_B\\M_C\end{matrix}\right\} = -X_2 \pm \beta\left(\frac{S_l}{2} - X_3\right);$$

$$H_D = \frac{S_l}{2h} - \frac{X_1 - X_2}{h} \qquad H_A = -(W - H_D); \qquad V_D = -V_A = \frac{S_l - 2X_3}{l};$$

$$M_{y1} = M_y^0 + \frac{y_1'}{h}M_A + \frac{y_1}{h}M_B \qquad M_{y2} = \frac{y_2}{h}M_C + \frac{y_2'}{h}M_D \qquad M_x = \frac{x'}{b}M_B + \frac{x}{b}M_C.$$

Fall 63/7: Beide Stiele beliebig waagerecht, aber gleich und *symmetrisch* zur Rahmen-Symmetrieachse belastet

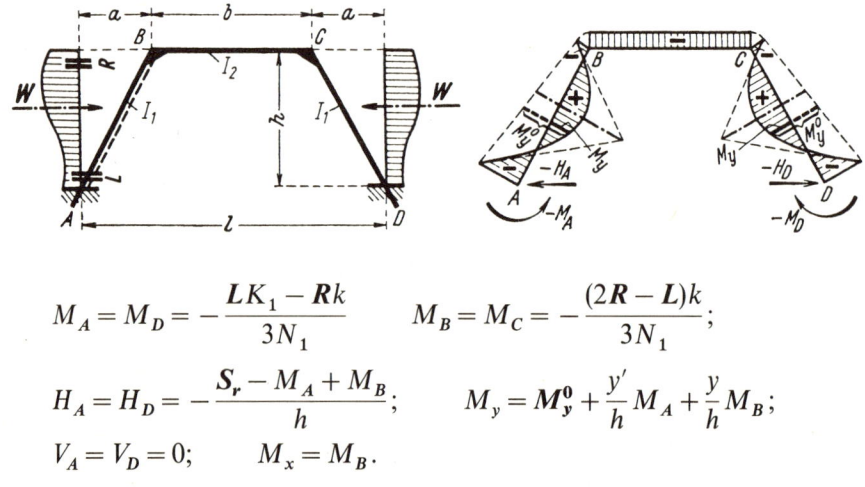

$$M_A = M_D = -\frac{LK_1 - Rk}{3N_1} \qquad M_B = M_C = -\frac{(2R-L)k}{3N_1};$$

$$H_A = H_D = -\frac{S_r - M_A + M_B}{h}; \qquad M_y = M_y^0 + \frac{y'}{h}M_A + \frac{y}{h}M_B;$$

$$V_A = V_D = 0; \qquad M_x = M_B.$$

Bemerkung: Alle Belastungsglieder sind auf den *linken* Stiel bezogen.

Festwerte siehe Seite 281   **Rahmenform 63**

Siehe hierzu den Abschnitt „**Belastungsglieder**"

Fall 63/8: Beide Stiele beliebig senkrecht, aber gleich und *antimetrisch* zur Rahmen-Symmetrieachse belastet

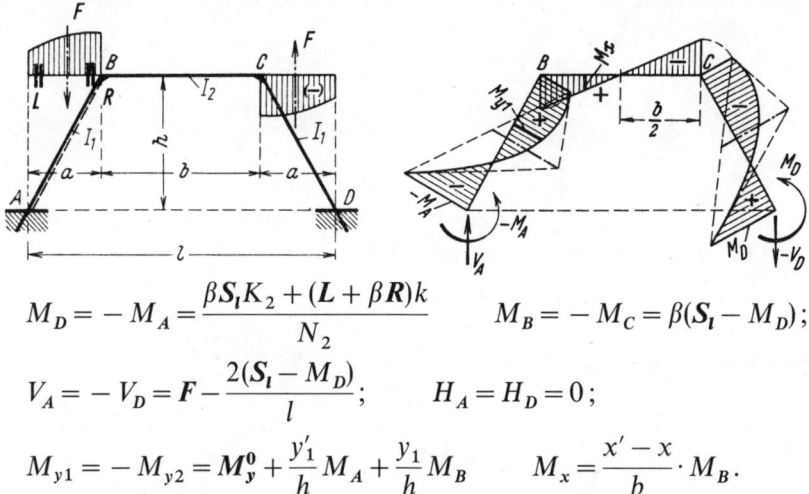

$$M_D = -M_A = \frac{\beta S_l K_2 + (L + \beta R)k}{N_2} \qquad M_B = -M_C = \beta(S_l - M_D);$$

$$V_A = -V_D = F - \frac{2(S_l - M_D)}{l}; \qquad H_A = H_D = 0;$$

$$M_{y1} = -M_{y2} = M_y^0 + \frac{y_1'}{h} M_A + \frac{y_1}{h} M_B \qquad M_x = \frac{x' - x}{b} \cdot M_B.$$

Bemerkung: Alle Belastungsglieder sind auf den *linken* Stiel bezogen.

Fall 63/9: Senkrechtes Kräftepaar Pb an den Eckpunkten B und C (vgl. Lastbild Fall 61/12, Seite 273)

In Fall 63/8 ist zu setzen:

$$F = P \qquad S_l = Pa; \qquad L = R = 0 \qquad M_y^0 = 0.$$

Fall 63/10: Beide Stiele beliebig waagerecht, aber gleich und *antimetrisch* zur Rahmen-Symmetrieachse belastet

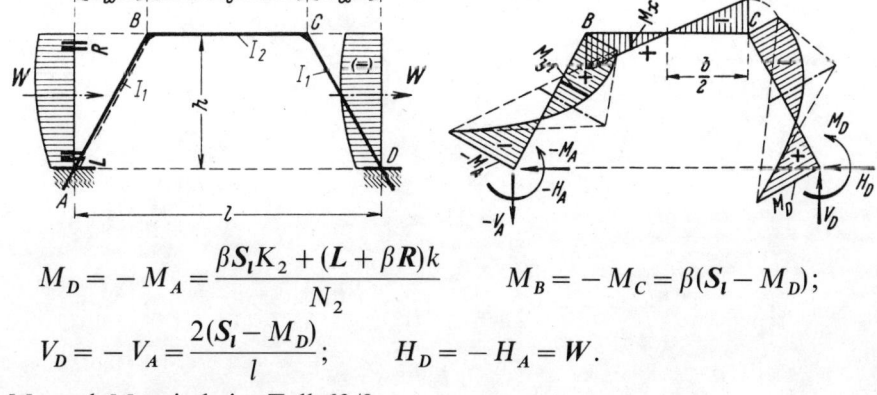

$$M_D = -M_A = \frac{\beta S_l K_2 + (L + \beta R)k}{N_2} \qquad M_B = -M_C = \beta(S_l - M_D);$$

$$V_D = -V_A = \frac{2(S_l - M_D)}{l}; \qquad H_D = -H_A = W.$$

M_y und M_x wie beim Fall 63/8.

Bemerkung: Alle Belastungsglieder sind auf den *linken* Stiel bezogen.

Rahmenform 63 Festwerte siehe Seite 281

Fall 63/11: Zwei gleiche senkrechte Einzellasten in den Eckpunkten B und C

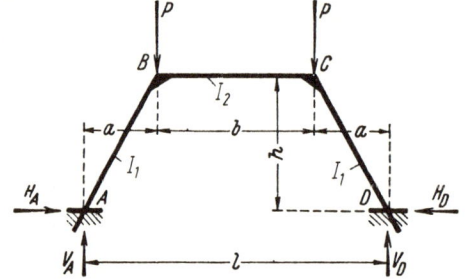

Es treten keine Biegemomente auf.

$$V_A = V_D = P;$$
$$H_A = H_D = \frac{Pa}{h}.$$

Fall 63/12: Senkrechte Einzellast am Eckpunkt B

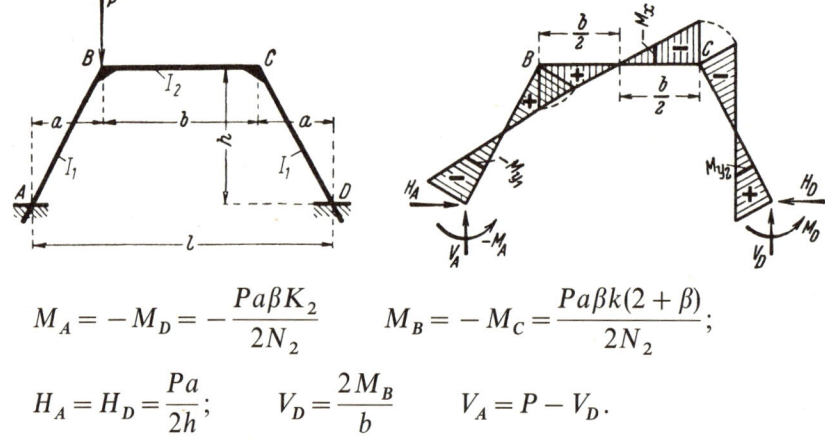

$$M_A = -M_D = -\frac{Pa\beta K_2}{2N_2} \qquad M_B = -M_C = \frac{Pa\beta k(2+\beta)}{2N_2};$$

$$H_A = H_D = \frac{Pa}{2h}; \qquad V_D = \frac{2M_B}{b} \qquad V_A = P - V_D.$$

Bemerkung: Der Momentenverlauf ist *antimetrisch*.

Fall 63/13: Waagerechte Einzellast in Riegelhöhe

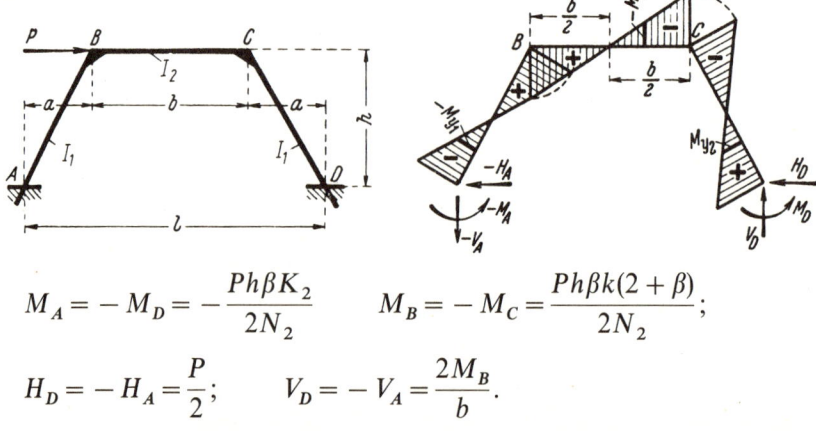

$$M_A = -M_D = -\frac{Ph\beta K_2}{2N_2} \qquad M_B = -M_C = \frac{Ph\beta k(2+\beta)}{2N_2};$$

$$H_D = -H_A = \frac{P}{2}; \qquad V_D = -V_A = \frac{2M_B}{b}.$$

Bemerkung: Der Momentenverlauf ist *antimetrisch* und dem von Fall 63/12 affin.

Festwerte siehe Seite 281   **Rahmenform 63**

Fall 63/14: Waagerechte Rechteck-Vollast am linken Schrägstab

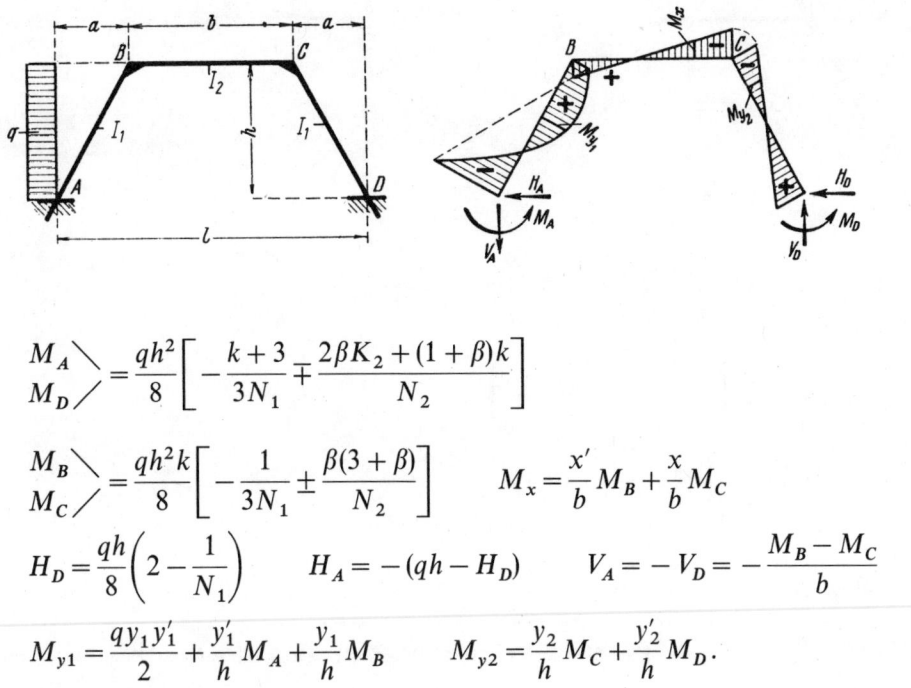

$$\begin{matrix}M_A\searrow\\M_D\nearrow\end{matrix} = \frac{qh^2}{8}\left[-\frac{k+3}{3N_1} \mp \frac{2\beta K_2+(1+\beta)k}{N_2}\right]$$

$$\begin{matrix}M_B\searrow\\M_C\nearrow\end{matrix} = \frac{qh^2 k}{8}\left[-\frac{1}{3N_1} \pm \frac{\beta(3+\beta)}{N_2}\right] \qquad M_x = \frac{x'}{b}M_B + \frac{x}{b}M_C$$

$$H_D = \frac{qh}{8}\left(2-\frac{1}{N_1}\right) \qquad H_A = -(qh-H_D) \qquad V_A = -V_D = -\frac{M_B-M_C}{b}$$

$$M_{y1} = \frac{qy_1 y_1'}{2} + \frac{y_1'}{h}M_A + \frac{y_1}{h}M_B \qquad M_{y2} = \frac{y_2}{h}M_C + \frac{y_2'}{h}M_D.$$

Fall 63/15: Rechteck-Vollast an beiden Seiten (*Symmetrischer* Lastfall)

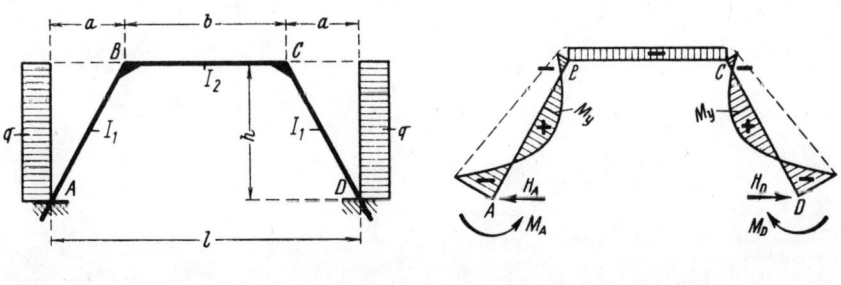

$$M_A = M_D = -\frac{qh^2(k+3)}{12N_1} \qquad M_B = M_C = -\frac{qh^2 k}{12N_1}$$

$$H_A = H_D = -\frac{qh}{4}\left(2+\frac{1}{N_1}\right) \qquad M_y = \frac{qyy'}{2} + \frac{y'}{h}M_A + \frac{y}{h}M_B.$$

Rahmenform 63   Festwerte siehe Seite 281

Fall 63/16: Senkrechte Rechteck-Vollast am linken Schrägstab

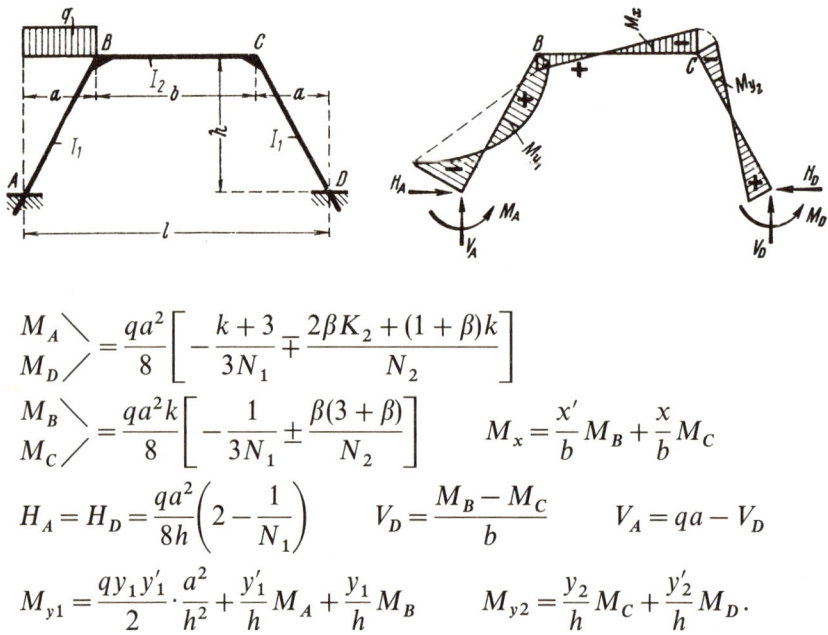

$$\left.\begin{array}{c}M_A \\ M_D\end{array}\right\} = \frac{qa^2}{8}\left[-\frac{k+3}{3N_1} \mp \frac{2\beta K_2 + (1+\beta)k}{N_2}\right]$$

$$\left.\begin{array}{c}M_B \\ M_C\end{array}\right\} = \frac{qa^2 k}{8}\left[-\frac{1}{3N_1} \pm \frac{\beta(3+\beta)}{N_2}\right] \qquad M_x = \frac{x'}{b}M_B + \frac{x}{b}M_C$$

$$H_A = H_D = \frac{qa^2}{8h}\left(2 - \frac{1}{N_1}\right) \qquad V_D = \frac{M_B - M_C}{b} \qquad V_A = qa - V_D$$

$$M_{y1} = \frac{qy_1 y'_1}{2} \cdot \frac{a^2}{h^2} + \frac{y'_1}{h}M_A + \frac{y_1}{h}M_B \qquad M_{y2} = \frac{y_2}{h}M_C + \frac{y'_2}{h}M_D.$$

Fall 63/17: *Symmetrische* Rechteck-Vollast über dem ganzen Rahmen

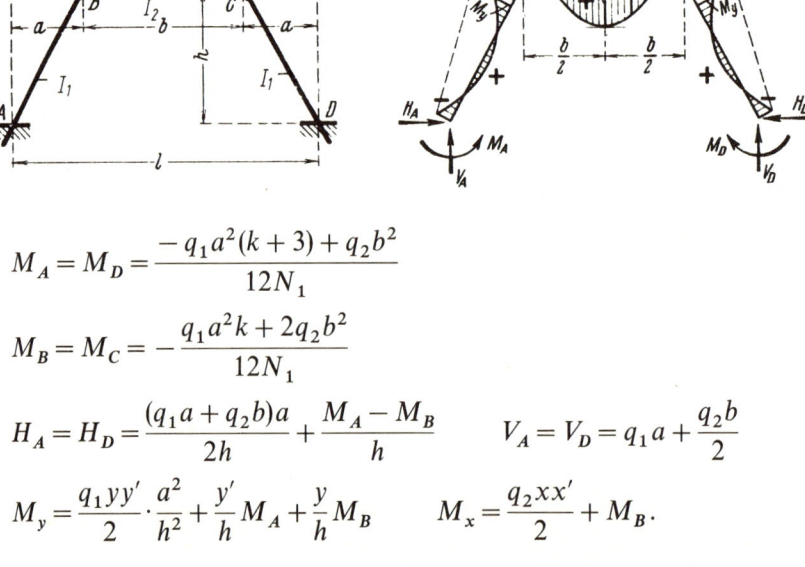

$$M_A = M_D = \frac{-q_1 a^2(k+3) + q_2 b^2}{12 N_1}$$

$$M_B = M_C = -\frac{q_1 a^2 k + 2 q_2 b^2}{12 N_1}$$

$$H_A = H_D = \frac{(q_1 a + q_2 b)a}{2h} + \frac{M_A - M_B}{h} \qquad V_A = V_D = q_1 a + \frac{q_2 b}{2}$$

$$M_y = \frac{q_1 y y'}{2} \cdot \frac{a^2}{h^2} + \frac{y'}{h}M_A + \frac{y}{h}M_B \qquad M_x = \frac{q_2 x x'}{2} + M_B.$$

Rahmenform 64

Trapezförmiger Zweigelenkrahmen mit waagerechtem Riegel und ungleich hohen Stielen mit verschiedener Neigung

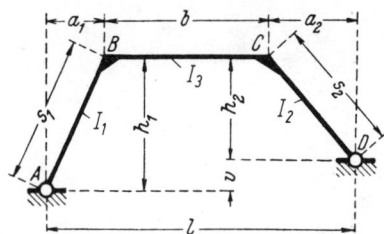
Rahmenform, Abmessungen und Bezeichnungen

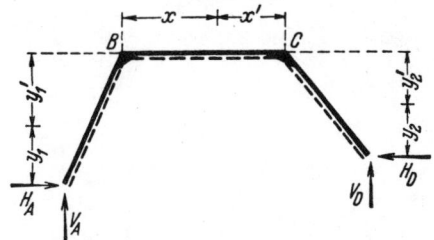
Festlegung der positiven Richtung aller Stützkräfte und der Koordinaten beliebiger Stabpunkte. Positive Biegemomente erzeugen an der gestrichelten Stabseite Zug.

Festwerte:

$$k_1 = \frac{I_3}{I_1} \cdot \frac{s_1}{b} \qquad k_2 = \frac{I_3}{I_2} \cdot \frac{s_2}{b}; \qquad n = \frac{h_2}{h_1}; \qquad v = h_1 - h_2 {}^*);$$

$$\alpha_1 = \frac{a_1}{l} \qquad \beta_1 = 1 - \alpha_1 \qquad \alpha_2 = \frac{a_2}{l} \qquad \beta_2 = 1 - \alpha_2; \qquad r = \frac{v}{h}{}^*);$$

$$m_1 = n\alpha_1 + \beta_1 \qquad B = 2m_1(k_1 + 1) + m_2 \qquad K_1 = \beta_1 B + \alpha_2 C$$

$$m_2 = \alpha_2 + n\beta_2; \qquad C = m_1 + 2m_2(1 + k_2) \qquad K_2 = \alpha_1 B + \beta_2 C;$$

$$N = m_1 B + m_2 C = K_1 + n K_2.$$

Anschriebe für die Momente in beliebigen Stabpunkten für alle Lastfälle der Rahmenform 64

Anteile aus den Eckmomenten allein:

$$M_{y1} = \frac{y_1}{h_1} M_B \qquad M_x = \frac{x'}{b} M_B + \frac{x}{b} M_C \qquad M_{y2} = \frac{y_2}{h_2} M_C.$$

Zu diesen Werten kommt für den jeweils direkt belasteten Stab das Glied M_y^0 bzw. M_x^0 hinzu.

---

*) Für $h_2 > h_1$ wird v und somit auch r negativ!

Rahmenform 64 Festwerte siehe Seite 289

Siehe hierzu den Abschnitt **„Belastungsglieder"**

Fall 64/1: Riegel beliebig senkrecht belastet

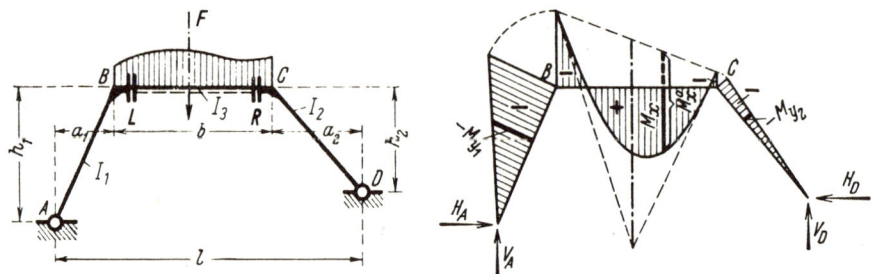

Hilfswerte:

$$a = \frac{a_1 a_2}{l}; \qquad X = \frac{L m_1 + S_r \alpha_1 B + F a (B + C) + S_l \alpha_2 C + R m_2}{N}$$

$$M_B = \alpha_1 S_r + F a - m_1 X \qquad M_C = F a + \alpha_2 S_l - m_2 X;$$

$$V_A = \frac{S_r + F a_2 + r X}{l} \qquad V_D = F - V_A; \qquad H_A = H_D = \frac{X}{h_1}.$$

Sonderfall 64/1a: Symmetrische Riegellast ($R = L$; $S_l = S_r$)

$$X = \frac{L(m_1 + m_2) + (Fl/2)[B \alpha_1 (\beta_1 + \alpha_2) + C \alpha_2 (\alpha_1 + \beta_2)]}{N}$$

$$M_B = F \alpha_1 \left(\frac{b}{2} + a_2\right) - m_1 X \qquad M_C = F \alpha_2 \left(a_1 + \frac{b}{2}\right) - m_2 X;$$

$$V_A = \frac{F}{l}\left(\frac{b}{2} + a_2\right) + \frac{rX}{l} \qquad V_D = \frac{F}{l}\left(a_1 + \frac{b}{2}\right) - \frac{rX}{l} = F - V_A.$$

Fall 64/2: Gleichmäßige Wärmezunahme im ganzen Rahmen

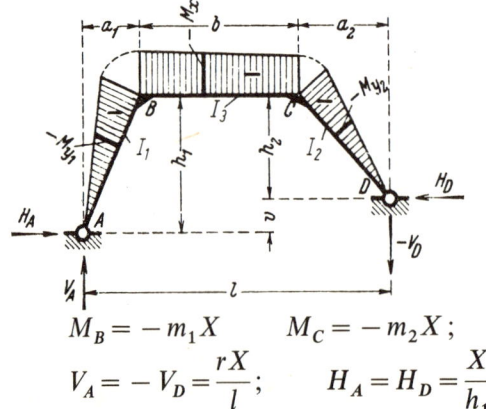

E = Elastizitätsmodul,
α_t = Wärmedehnkoeffizient,
t = Wärmeänderung in Grad.

Hilfswert: $\qquad X = \dfrac{6 E I_3 \alpha_t t (l^2 + v^2)}{l b h_1 N}$

$$M_B = - m_1 X \qquad M_C = - m_2 X;$$

$$V_A = - V_D = \frac{rX}{l}; \qquad H_A = H_D = \frac{X}{h_1}.$$

Bemerkung: Bei Wärme**ab**nahme kehren alle Kräfte ihren Pfeilsinn um und alle Momente erhalten entgegengesetztes Vorzeichen.

Festwerte siehe Seite 289   **Rahmenform 64**

Siehe hierzu den Abschnitt „**Belastungsglieder**"

Fall 64/3: Linker Stiel beliebig senkrecht belastet

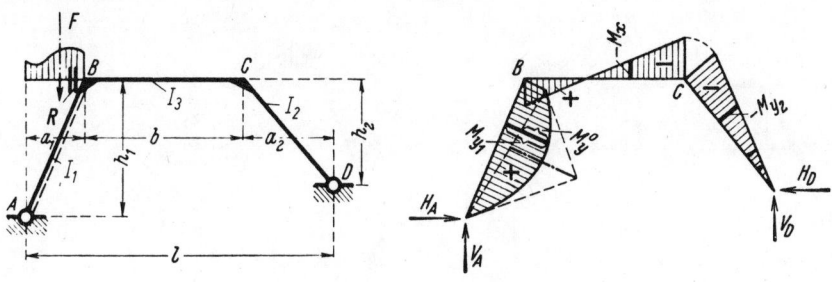

Hilfswert: $X = \dfrac{S_l K_1 + R k_1 m_1}{N}.$ $\quad M_B = \beta_1 S_l - m_1 X$
$\quad M_C = \alpha_2 S_l - m_2 X;$

$V_D = \dfrac{S_l - rX}{l} \quad V_A = F - V_D; \quad H_A = H_D = \dfrac{X}{h_1}.$

Sonderfall 64/3a: Senkrechte Einzellast am Eckpunkt B

$M_B = +\dfrac{Pb\alpha_1 nC}{N} \quad M_C = -\dfrac{Pb\alpha_1 nB}{N};$

$V_D = \dfrac{M_B - M_C}{b} \quad V_A = P - V_D; \quad H_A = H_D = \dfrac{Pa_1 K_1}{h_1 N}$

Fall 64/4: Linker Stiel beliebig waagerecht belastet

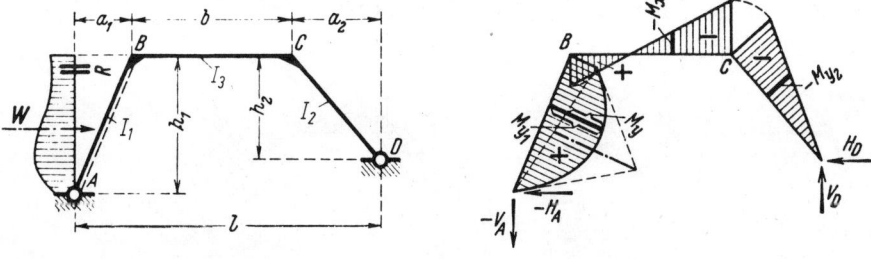

Hilfswert: $X = \dfrac{S_l K_1 + R k_1 m_1}{N}.$ $\quad M_B = \beta_1 S_l - m_1 X$
$\quad M_C = \alpha_2 S_l - m_2 X;$

$V_D = -V_A = \dfrac{S_l - rX}{l}; \quad H_D = \dfrac{X}{h_1} \quad H_A = -(W - H_D).$

Sonderfall 64/4a: Waagerechte Einzellast am Eckpunkt B

$M_B = +\dfrac{Ph_2 bC}{lN} \quad M_C = -\dfrac{Ph_2 bB}{lN};$

$V_D = -V_A = \dfrac{M_B - M_C}{b}; \quad H_A = -\dfrac{PnK_2}{N} \quad H_D = \dfrac{PK_1}{N}.$

Rahmenform 64   Festwerte siehe Seite 289

Siehe hierzu den Abschnitt „Belastungsglieder"

Fall 64/5: Rechter Stiel beliebig senkrecht belastet

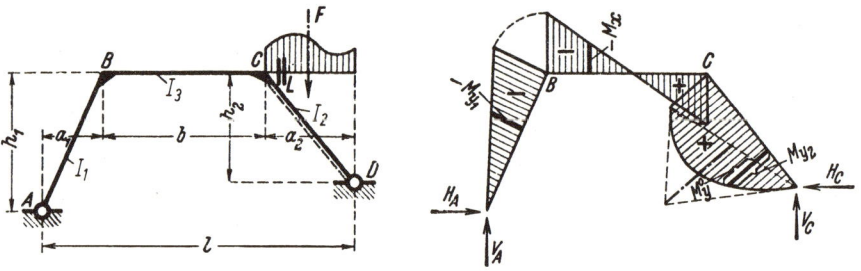

Hilfswert: $X = \dfrac{S_r K_2 + L k_2 m_2}{N}$. $\begin{aligned} M_B &= \alpha_1 S_r - m_1 X \\ M_C &= \beta_2 S_r - m_2 X \end{aligned}$;

$V_A = \dfrac{S_r + rX}{l}$ $V_D = F - V_A$; $H_A = H_D = \dfrac{X}{h_1}$.

Sonderfall 64/5a: Senkrechte Einzellast am Eckpunkt C

$M_B = -\dfrac{Pb\alpha_2 C}{N}$ $M_C = +\dfrac{Pb\alpha_2 B}{N}$;

$V_A = \dfrac{M_C - M_B}{b}$ $V_D = P - V_A$; $H_A = H_D = \dfrac{Pa_2 K_2}{h_1 N}$.

Fall 64/6: Rechter Stiel beliebig waagerecht belastet

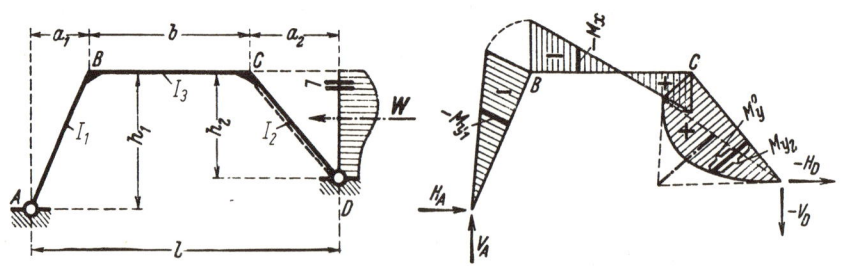

Hilfswert: $X = \dfrac{S_r K_2 + L k_2 m_2}{N}$. $\begin{aligned} M_B &= \alpha_1 S_r - m_1 X \\ M_C &= \beta_2 S_r - m_2 X \end{aligned}$;

$V_A = -V_D = \dfrac{S_r + rX}{l}$; $H_A = \dfrac{X}{h_1}$ $H_D = -(W - H_A)$.

Sonderfall 64/6a: Waagerechte Einzellast am Eckpunkt C

Formeln wie beim Sonderfall 64/4a, jedoch mit umgekehrten Vorzeichen.

Rahmenform 65

Trapezrahmen mit waagerechtem Riegel und verschieden geneigten Stielen mit einem festen Fußgelenk und einem waagerecht beweglichen Auflager, verbunden durch ein elastisches Zugband

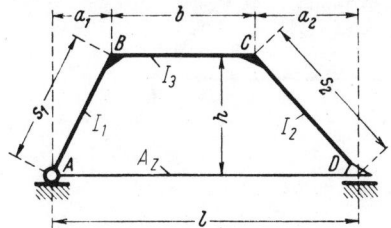

Rahmenform, Abmessungen und Bezeichnungen

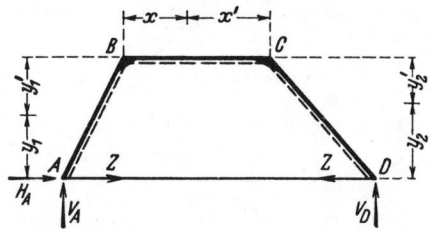

Festlegung der positiven Richtung aller Stützkräfte und der Koordinaten beliebiger Stabpunkte. Positive Biegemomente erzeugen an der gestrichelten Stabseite Zug.

Festwerte: $\quad k_1 = \dfrac{I_3}{I_1} \cdot \dfrac{s_1}{b} \quad k_2 = \dfrac{I_3}{I_2} \cdot \dfrac{s_2}{b};$

$$\alpha_1 = \frac{a_1}{l} \quad \beta_1 = 1 - \alpha_1 \quad \alpha_2 = \frac{a_2}{l} \quad \beta_2 = 1 - \alpha_2;$$

$$\begin{aligned} B &= 2k_1 + 3 & K_1 &= \beta_1 B + \alpha_2 C \\ C &= 3 + 2k_2 & K_2 &= \alpha_1 B + \beta_2 C; \\ N &= B + C = K_1 + K_2 & N_Z &= N + L_Z. \end{aligned} \qquad L_Z = \frac{6 I_3}{h^2 A_Z} \cdot \frac{E}{E_Z} \cdot \frac{l}{b};$$

E = Elastizitätsmodul des Rahmenbaustoffes,
E_Z = Elastizitätsmodul des Zugbandstoffes,
A_Z = Querschnittsfläche des Zugbandes.

Anschriebe für die Momente in beliebigen Stabpunkten für alle Lastfälle der Rahmenform 65

Anteile aus den Eckmomenten allein:

$$M_{y1} = \frac{y_1}{h} M_B \qquad M_x = \frac{x'}{b} M_B + \frac{x}{b} M_C \qquad M_{y2} = \frac{y_2}{h} M_C.$$

Zu diesen Werten kommt für den jeweils direkt belasteten Stab das Glied M_y^0 bzw. M_x^0 hinzu.

Rahmenform 65 Festwerte siehe Seite 293

Siehe hierzu den Abschnitt **„Belastungsglieder"**

Fall 65/1: Riegel beliebig senkrecht belastet

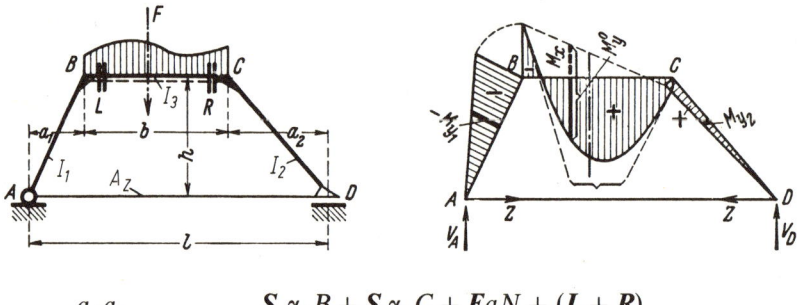

$$a = \frac{a_1 a_2}{l}; \qquad Z = \frac{S_r \alpha_1 B + S_l \alpha_2 C + FaN + (L+R)}{hN_Z};$$

$$V_A = \frac{S_r}{l} + Fa_2 \qquad V_D = Fa_1 + \frac{S_l}{l} \qquad (V_A + V_D = F);$$

$$M_B = \alpha_1 S_r + Fa - Zh \qquad M_C = Fa + \alpha_2 S_l - Zh.$$

Sonderfall 65/1a: Symmetrische Riegellast ($R = L$; $S_l = S_r$)

$$Z = \frac{2L + (Fl/2)[B\alpha_1(\beta_1 + \alpha_2) + C\alpha_2(\alpha_1 + \beta_2)]}{hN_Z};$$

$$V_A = \frac{F}{l}\left(\frac{b}{2} + a_2\right) \qquad V_D = \frac{F}{l}\left(a_1 + \frac{b}{2}\right) \qquad (V_A + V_D = F);$$

$$M_B = F\alpha_1\left(\frac{b}{2} + a_2\right) - Zh \qquad M_C = F\alpha_2\left(a_1 + \frac{b}{2}\right) - Zh.$$

Fall 65/2: Gleichmäßige Wärmezunahme im ganzen Rahmen

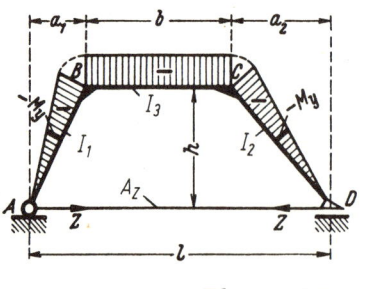

E = Elastizitätsmodul,
α_t = Wärmedehnkoeffizient,
t = Wärmeänderung in Grad.

$$Z = \frac{6EI_3 \alpha_t t l}{bh^2 N_Z};$$

$$M_B = M_C = -Zh \qquad M_y = -Zy_1.$$

Bemerkung: Bei Wärmeabnahme kehren alle Kräfte ihren Pfeilsinn um und alle Momente erhalten entgegengesetzte Vorzeichen*).

---
*) Siehe hierzu die Fußnote Seite 296.

Festwerte siehe Seite 293 — **Rahmenform 65**

Siehe hierzu den Abschnitt „**Belastungsglieder**"

Fall 65/3: Linker Stiel beliebig senkrecht belastet

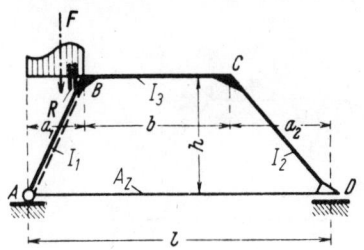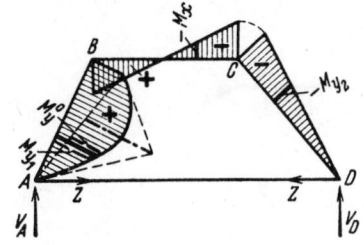

$$Z = \frac{S_l K_1 + R k_1}{h N_Z}; \qquad V_D = \frac{S_l}{l} \qquad V_A = F - V_D;$$

$$M_B = \beta_1 S_l - Zh \qquad M_C = \alpha_2 S_l - Zh.$$

Sonderfall 65/3a: Senkrechte Einzellast am Eckpunkt B

$$Z = \frac{P a_1}{h} \cdot \frac{K_1}{N_Z}; \qquad V_D = \alpha_1 \cdot P \qquad V_A = \beta_1 \cdot P = P - V_D;$$

$$M_B = P a_1 \cdot \beta_1 - Zh \qquad M_C = P a_1 \cdot \alpha_2 - Zh.$$

Fall 65/4: Rechter Stiel beliebig senkrecht belastet

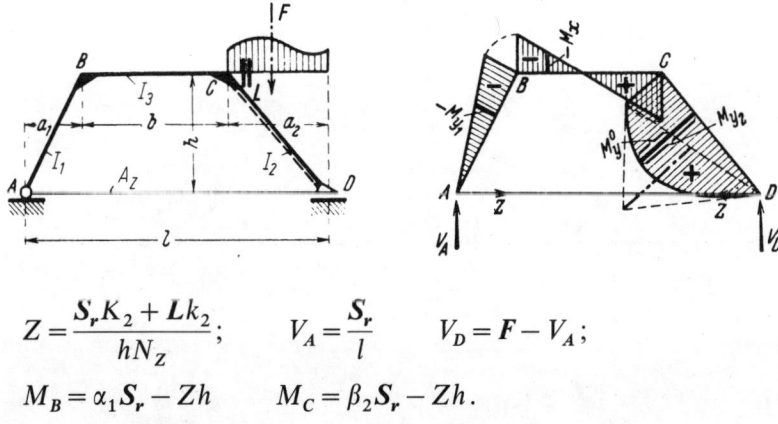

$$Z = \frac{S_r K_2 + L k_2}{h N_Z}; \qquad V_A = \frac{S_r}{l} \qquad V_D = F - V_A;$$

$$M_B = \alpha_1 S_r - Zh \qquad M_C = \beta_2 S_r - Zh.$$

Sonderfall 65/4a: Senkrechte Einzellast am Eckpunkt C

$$Z = \frac{P a_2}{h} \cdot \frac{K_2}{N_Z}; \qquad V_A = \alpha_2 \cdot P \qquad V_D = \beta_2 \cdot P = P - V_A;$$

$$M_B = P a_2 \cdot \alpha_1 - Zh \qquad M_C = P a_2 \cdot \beta_2 - Zh.$$

Rahmenform 65   Festwerte siehe Seite 293

Siehe hierzu den Abschnitt **„Belastungsglieder"**

Fall 65/5: Linker Stiel beliebig waagerecht belastet

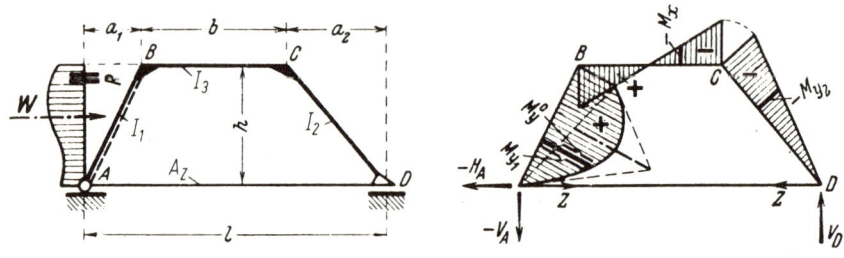

$$Z = \frac{S_l K_1 + R k_1}{h N_Z}; \qquad V_D = -V_A = \frac{S_l}{l}; \qquad H_A = -W;$$

$$M_B = \beta_1 S_l - Zh \qquad M_C = \alpha_2 S_l - Zh.$$

Sonderfall 65/5a: Waagerechte Einzellast am Eckpunkt B

$$Z = P \cdot \frac{K_1}{N_Z}; \qquad M_B = (\beta_1 P - Z)h \qquad V_D = -V_A = \frac{Ph}{l}.$$
$$\phantom{Z = P \cdot \frac{K_1}{N_Z};} \qquad M_C = (\alpha_2 P - Z)h$$

Fall 65/6: Rechter Stiel beliebig waagerecht belastet

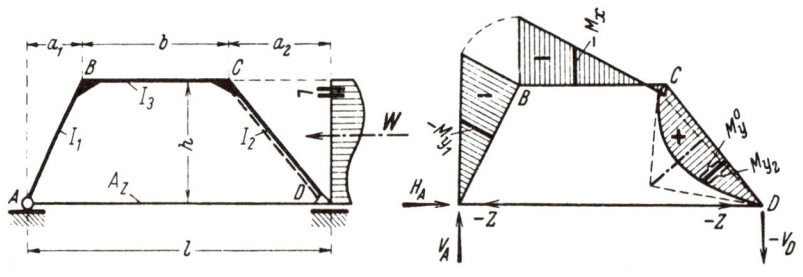

$$Z = -\left(W \frac{N}{N_Z} - \frac{S_r K_2 + L k_2}{h N_Z}\right)^{*)}; \qquad V_A = -V_D = \frac{S_r}{l}; \qquad H_A = W;$$

$$M_B = -(W+Z)h + \alpha_1 S_r \qquad M_C = -(W+Z)h + \beta_2 S_r.$$

---

*) Bei dem obigen Belastungsfall sowie bei Wärme**ab**nahme (s. S. 294 unten) wird Z negativ, d. h. das Zugband erhält Druck. Dieser Umstand hat selbstverständlich nur dann einen Sinn, wenn die Druckkraft kleiner bleibt als die Zugkraft aus ständiger Last, so daß stets ein Rest Zugkraft im Zugbande verbleibt.

Rahmenform 66

Trapez-Zweigelenkrahmen mit waagerechtem Riegel und verschieden geneigten Stielen

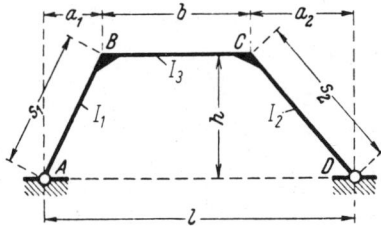

Rahmenform, Abmessungen und Bezeichnungen

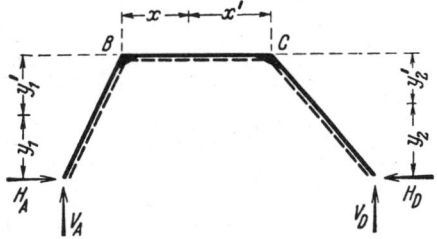

Festlegung der positiven Richtung aller Stützkräfte und der Koordinaten beliebiger Stabpunkte. Positive Biegemomente erzeugen an der gestrichelten Stabseite Zug.

Für alle **Festwerte** und **Formeln für äußere Belastung** der Rahmenform 66 gelten die Angaben der Rahmenform 64 mit den Vereinfachungen $(h_1 = h_2) = h$, $v = 0$, $n = 1$, $r = 0$, $(m_1 = m_2) = 1$. Es werden somit:

$$B = 2k_1 + 3 \qquad K_1 = \beta_1 B + \alpha_2 C$$
$$C = 3 + 2k_2 \qquad K_2 = \alpha_1 B + \beta_2 C \qquad N = B + C = K_1 + K_2.$$

Bemerkung: Für Rahmenform 66 können aber auch die Angaben der Rahmenform 65 verwendet werden mit der Maßgabe $L_Z = 0$, also $N_Z = N$ (starres Zugband). Es ist dann lediglich zu beachten, daß die Horizontalkräfte H_A und H_D (siehe obiges rechtes Titelbild) unter sinngemäßem Einschluß der Zugbandkraft Z zu bilden sind.

Fall 66/1: Gleichmäßige Wärmezunahme im ganzen Rahmen

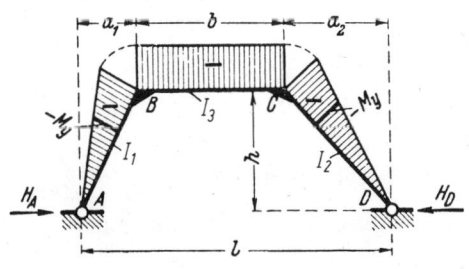

E = Elastizitätsmodul,
α_t = Wärmedehnkoeffizient,
t = Wärmeänderung in Grad.

$$M_B = M_C = -\frac{6EI_3\alpha_t t l}{bhN}$$

$$H_A = H_D = \frac{-M_B}{h}; \qquad M_y = \frac{y_1}{h} M_B.$$

Bemerkung: Bei Wärmeabnahme kehren alle Kräfte ihren Pfeilsinn um und alle Momente erhalten entgegengesetztes Vorzeichen.

Rahmenform 67

Trapezförmiger Rahmen mit waagerechtem Riegel und ungleich hohen Stielen mit verschiedener Neigung, mit einem Fußgelenk und einer Fußeinspannung

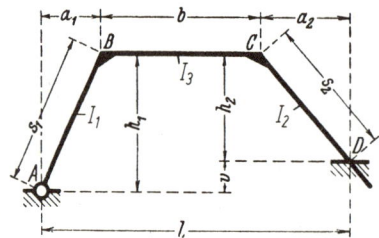

Rahmenform, Abmessungen und Bezeichnungen

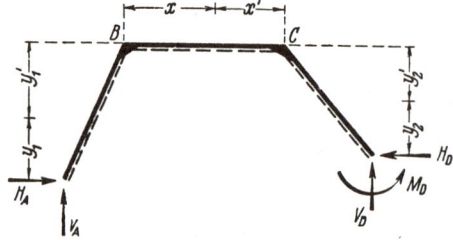

Festlegung der positiven Richtung aller Stützkräfte und der Koordinaten beliebiger Stabpunkte. Positive Biegemomente erzeugen an der gestrichelten Stabseite Zug.

Festwerte:

$$k_1 = \frac{I_3}{I_1} \cdot \frac{s_1}{b} \qquad k_2 = \frac{I_3}{I_2} \cdot \frac{s_2}{b}; \qquad n = \frac{h_2}{h_1}; \qquad \alpha_1 = \frac{a_1}{b} \qquad \alpha_2 = \frac{a_2}{b};$$

$$\beta = \delta n + \alpha_2 \qquad \gamma = n\alpha_1 + 1 + \alpha_2 \qquad \delta = \alpha_1 + 1;$$

$$D = (1 + 2\gamma)k_2 \qquad R_1 = 2(k_1 + 1 + \beta^2 k_2)$$

$$K = \beta D - 1 \qquad R_2 = 2(1 + k_2) + \gamma(k_2 + D);$$

$$N = R_1 R_2 - K^2; \qquad n_{11} = \frac{R_2}{N} \qquad n_{12} = n_{21} = \frac{K}{N} \qquad n_{22} = \frac{R_1}{N}.$$

Festwerte siehe Seite 298 **Rahmenform 67**

Siehe hierzu den Abschnitt „**Belastungsglieder**"

Fall 67/1: Linker Stiel beliebig senkrecht belastet

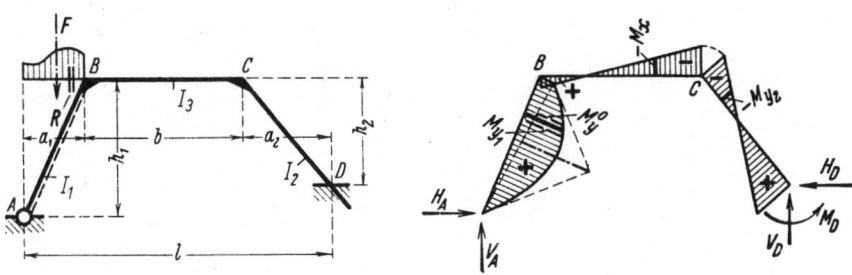

Hilfswerte:

$$B_1 = 2nS_l\beta k_2 - Rk_1 \qquad X_1 = +B_1 n_{11} - B_2 n_{21}$$
$$B_2 = nS_l D; \qquad X_2 = -B_1 n_{12} + B_2 n_{22}.$$
$$M_B = X_1 \qquad M_C = -X_2 \qquad M_D = nS_l - \beta X_1 - \gamma X_2;$$
$$V_D = \frac{X_1 + X_2}{b} \qquad V_A = F - V_D; \qquad H_A = H_D = \frac{S_l - \delta X_1 - \alpha_1 X_2}{h_1};$$
$$M_{y1} = M_y^0 + \frac{y_1}{h_1} M_B \qquad M_x = \frac{x'}{b} M_B + \frac{x}{b} M_C \qquad M_{y2} = \frac{y_2}{h_2} M_C + \frac{y_2'}{h_2} M_D.$$

Fall 67/2: Linker Stiel beliebig waagerecht belastet

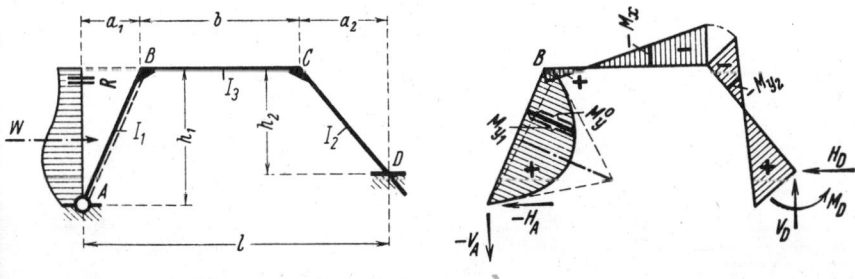

Alle Anschriebe lauten genau wie oben, mit Ausnahme derjenigen für die V- und H-Kräfte:

$$V_D = -V_A = \frac{X_1 + X_2}{b}; \qquad H_D = \frac{S_l - \delta X_1 - \alpha_1 X_2}{h_1} \qquad H_A = -(W - H_D).$$

Rahmenform 67   Festwerte siehe Seite 298

Siehe hierzu den Abschnitt „**Belastungsglieder**"

Fall 67/3: Rechter Stiel beliebig senkrecht belastet

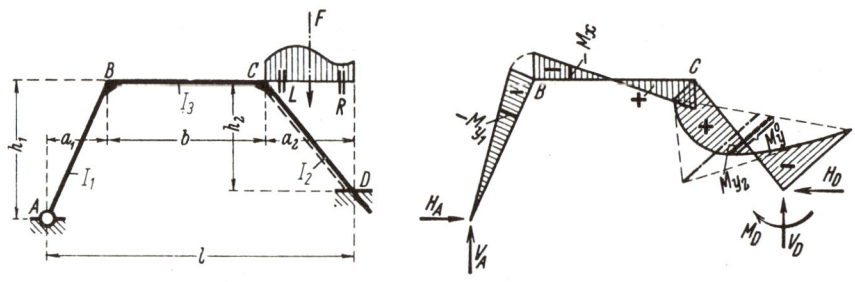

Hilfswerte:

$$B_1 = (2S_r - R)\beta k_2 \qquad X_1 = + B_1 n_{11} - B_2 n_{21}$$

$$B_2 = S_r D - (L + \gamma R) k_2; \qquad X_2 = - B_1 n_{12} + B_2 n_{22}.$$

$$M_B = -X_1 \qquad M_C = X_2 \qquad M_D = -S_r + \beta X_1 + \gamma X_2;$$

$$V_A = \frac{X_1 + X_2}{b} \qquad V_D = F - V_A; \qquad H_A = H_D = \frac{\delta X_1 + \alpha_1 X_2}{h_1};$$

$$M_{y1} = \frac{y_1}{h_1} M_B \qquad M_x = \frac{x'}{b} M_B + \frac{x}{b} M_C \qquad M_{y2} = M_y^0 + \frac{y_2}{h_2} M_C + \frac{y_2'}{h_2} M_D.$$

Fall 67/4: Rechter Stiel beliebig waagerecht belastet

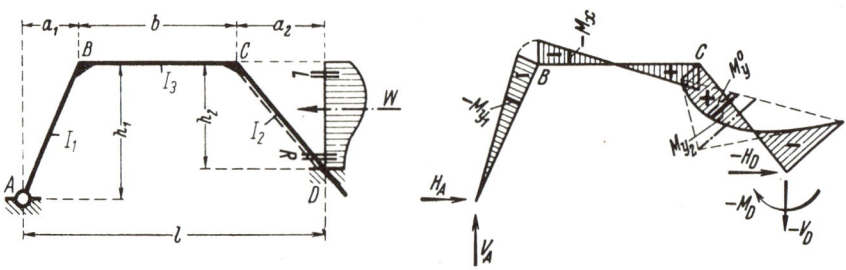

Alle Anschriebe lauten genau wie oben, mit Ausnahme derjenigen für die V- und H-Kräfte:

$$V_A = -V_D = \frac{X_1 + X_2}{b}; \qquad H_A = \frac{\delta X_1 + \alpha_1 X_2}{h_1} \qquad H_D = -(W - H_A).$$

Festwerte siehe Seite 298 **Rahmenform 67**

Siehe hierzu den Abschnitt „**Belastungsglieder**"

Fall 67/5: Riegel beliebig senkrecht belastet

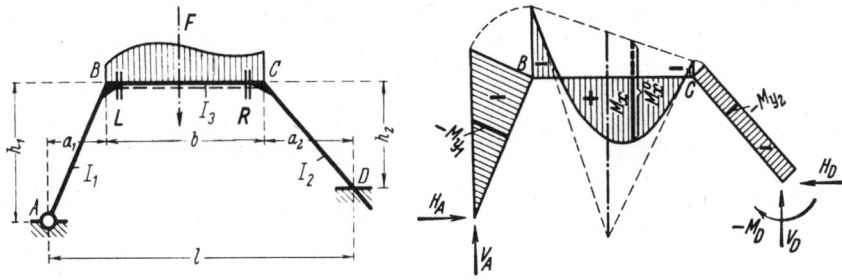

Hilfswerte:
$$B_1 = L + 2(\alpha_2 S_l - n\alpha_1 S_r)\beta k_2 \qquad X_1 = B_1 n_{11} + B_2 n_{21}$$
$$B_2 = R - D(\alpha_2 S_l - n\alpha_1 S_r); \qquad X_2 = B_1 n_{12} + B_2 n_{22}.$$
$$M_B = -X_1 \qquad M_C = -X_2 \qquad M_D = -(\alpha_2 S_l - n\alpha_1 S_r) + \beta X_1 - \gamma X_2;$$
$$V_A = \frac{S_r + X_1 - X_2}{b} \qquad V_D = F - V_A; \qquad H_A = H_D = \frac{\alpha_1(S_r - X_2) + \delta X_1}{h_1};$$
$$M_{y1} = \frac{y_1}{h_1} M_B \qquad M_x = M_x^0 + \frac{x'}{b} M_B + \frac{x}{b} M_C \qquad M_{y2} = \frac{y_2}{h_2} M_C + \frac{y'_2}{h_2} M_D.$$

Fall 67/6: Gleichmäßige Wärmezunahme im ganzen Rahmen

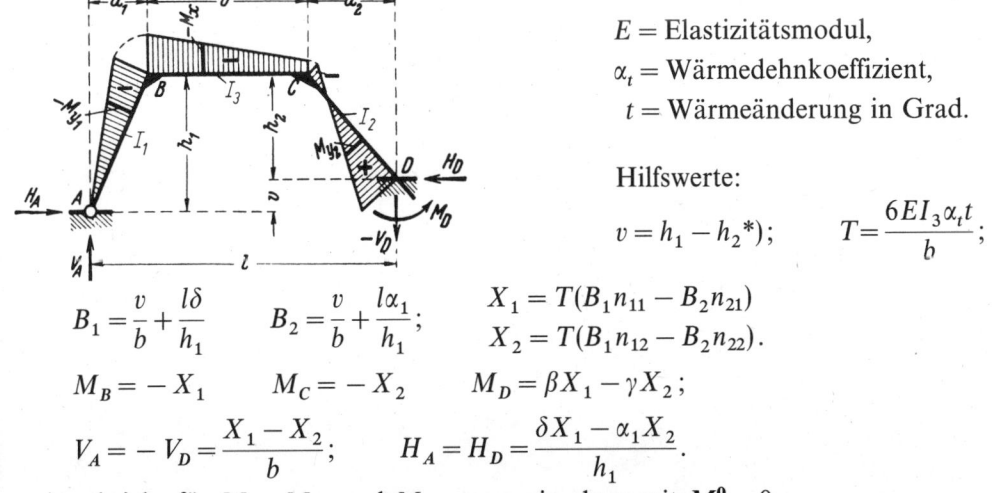

E = Elastizitätsmodul,
α_t = Wärmedehnkoeffizient,
t = Wärmeänderung in Grad.

Hilfswerte:
$$v = h_1 - h_2{}^*); \qquad T = \frac{6EI_3 \alpha_t t}{b};$$

$$B_1 = \frac{v}{b} + \frac{l\delta}{h_1} \qquad B_2 = \frac{v}{b} + \frac{l\alpha_1}{h_1}; \qquad \begin{aligned} X_1 &= T(B_1 n_{11} - B_2 n_{21}) \\ X_2 &= T(B_1 n_{12} - B_2 n_{22}). \end{aligned}$$
$$M_B = -X_1 \qquad M_C = -X_2 \qquad M_D = \beta X_1 - \gamma X_2;$$
$$V_A = -V_D = \frac{X_1 - X_2}{b}; \qquad H_A = H_D = \frac{\delta X_1 - \alpha_1 X_2}{h_1}.$$

Anschriebe für M_{y1}, M_{y2} und M_x genau wie oben, mit $M_x^0 = 0$.

Bemerkung: Bei Wärme**ab**nahme kehren alle Kräfte ihren Pfeilsinn um und alle Momente erhalten entgegengesetztes Vorzeichen.

---

*) Für $h_2 > h_1$ wird v negativ!

Rahmenform 68

Eingespannter trapezförmiger Rahmen mit waagerechtem Riegel und ungleich hohen Stielen mit verschiedener Neigung

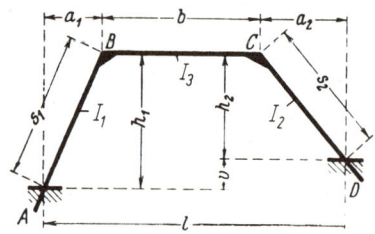

Rahmenform, Abmessungen und Bezeichnungen

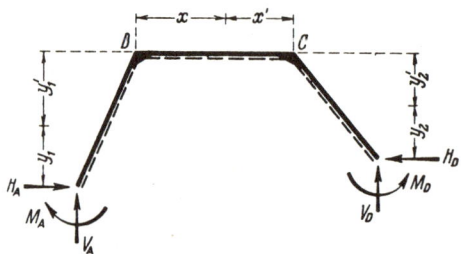

Festlegung der positiven Richtung aller Stützkräfte und der Koordinaten beliebiger Stabpunkte. Positive Biegemomente erzeugen an der gestrichelten Stabseite Zug

Festwerte:

$$k_1 = \frac{I_3}{I_1} \cdot \frac{s_1}{b} \qquad k_2 = \frac{I_3}{I_2} \cdot \frac{s_2}{b}; \qquad n = \frac{h_2}{h_1}; \qquad \alpha_1 = \frac{a_1}{b} \qquad \alpha_2 = \frac{a_2}{b};$$

$$A = (2\alpha_1 + 3)k_1 \qquad D = (3 + 2\alpha_2)k_2; \qquad \beta_1 = \alpha_1 + 1 \qquad \beta_2 = 1 + \alpha_2;$$

$$R_1 = 2(A + \alpha_1\beta_1 k_1 + 1 + \alpha_1^2 k_2) \qquad K_1 = nD - 2\alpha_1 k_1$$

$$R_2 = 2(\alpha_1^2 k_1 + 1 + \alpha_2\beta_2 k_2 + D) \qquad K_2 = A - 2\alpha_2 n k_2$$

$$R_3 = 2(k_1 + n^2 k_2); \qquad K_3 = \alpha_1 A + \alpha_2 D - 1;$$

$$N = R_1 R_2 R_3 - 2K_1 K_2 K_3 - R_1 K_1^2 - R_2 K_2^2 - R_3 K_3^2;$$

$$n_{11} = \frac{R_2 R_3 - K_1^2}{N} \qquad n_{12} = n_{21} = \frac{K_1 K_2 + R_3 K_3}{N}$$

$$n_{22} = \frac{R_1 R_3 - K_2^2}{N} \qquad n_{13} = n_{31} = \frac{K_1 K_3 + R_2 K_2}{N}$$

$$n_{33} = \frac{R_1 R_2 - K_3^2}{N} \qquad n_{23} = n_{32} = \frac{K_2 K_3 + R_1 K_1}{N}.$$

Bemerkung: Die Anschriebe für die Momente an beliebigen Stabpunkten für alle Lastfälle der Rahmenform 68 siehe Seite 306 unten.

Festwerte siehe Seite 302 **Rahmenform 68**

Siehe hierzu den Abschnitt „**Belastungsglieder**"

Fall 68/1: Linker Stiel beliebig senkrecht belastet

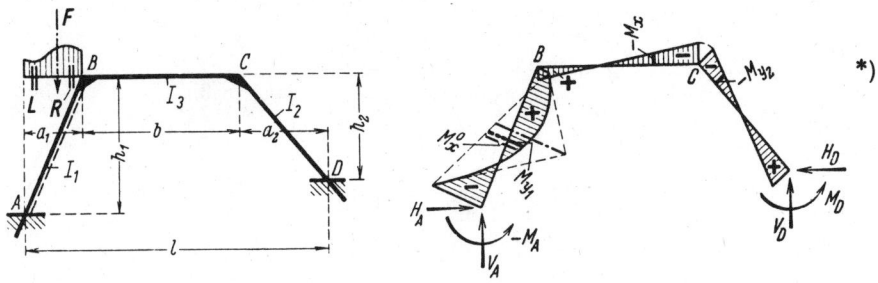

Hilfswerte:

$$B_1 = S_l A - (\beta_1 L + R)k_1 \qquad X_1 = + B_1 n_{11} - B_2 n_{21} - B_3 n_{31}$$
$$B_2 = (2S_l - L)\alpha_1 k_1 \qquad X_2 = - B_1 n_{12} + B_2 n_{22} + B_3 n_{32}$$
$$B_3 = (2S_l - L)k_1; \qquad X_3 = - B_1 n_{13} + B_2 n_{23} + B_3 n_{33}.$$
$$M_A = - S_l + \beta_1 X_1 + \alpha_1 X_2 + X_3 \qquad M_B = X_1$$
$$M_C = - X_2 \qquad M_D = - \alpha_2 X_1 - \beta_2 X_2 + n X_3;$$
$$V_D = \frac{X_1 + X_2}{b} \qquad V_A = F - V_D; \qquad H_A = H_D = \frac{X_3}{h_1}.$$

Fall 68/2: Linker Stiel beliebig waagerecht belastet

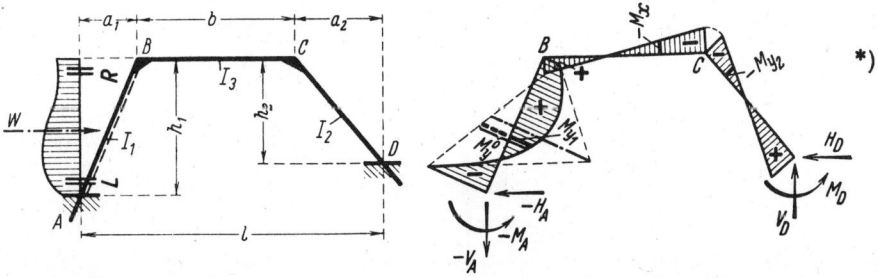

Alle Anschriebe lauten genau wie oben, mit Ausnahme derjenigen für die V- und H-Kräfte:

$$V_D = - V_A = \frac{X_1 + X_2}{b}; \qquad H_D = \frac{X_3}{h_1} \qquad H_A = -(W - H_D).$$

---

*) Wegen M_y und M_x siehe Seite 306 unten.

Rahmenform 68 Festwerte siehe Seite 302

Siehe hierzu den Abschnitt „**Belastungsglieder**"

Fall 68/3: Rechter Stiel beliebig senkrecht belastet

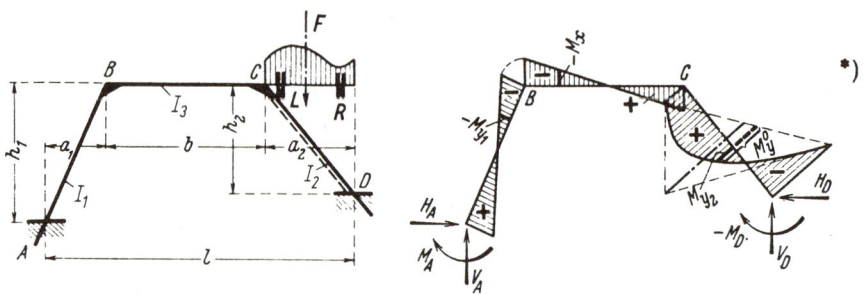

Hilfswerte:

$$B_1 = (2S_r - R)\alpha_2 k_2 \qquad X_1 = +B_1 n_{11} - B_2 n_{21} + B_3 n_{31}$$
$$B_2 = S_r D - (L + \beta_2 R) k_2 \qquad X_2 = -B_1 n_{12} + B_2 n_{22} - B_3 n_{32}$$
$$B_3 = (2S_r - R) n k_2; \qquad X_3 = +B_1 n_{13} - B_2 n_{23} + B_3 n_{33}.$$
$$M_A = X_3 - \beta_1 X_1 - \alpha_1 X_2 \qquad M_B = -X_1$$
$$M_C = X_2 \qquad M_D = -S_r + \alpha_2 X_1 + \beta_2 X_2 + n X_3;$$
$$V_A = \frac{X_1 + X_2}{b} \qquad V_D = F - V_A; \qquad H_A = H_D = \frac{X_3}{h_1}.$$

Fall 68/4: Rechter Stiel beliebig waagerecht belastet

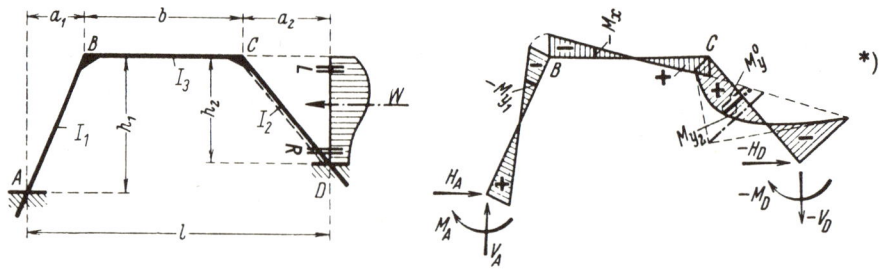

Alle Anschriebe lauten genau wie oben, mit Ausnahme derjenigen für die V- und H-Kräfte:

$$V_A = -V_D = \frac{X_1 + X_2}{b}; \qquad H_A = \frac{X_3}{h_1} \qquad H_D = -(W - H_A).$$

---

*) Wegen M_y und M_x siehe Seite 306 unten.

Festwerte siehe Seite 302   **Rahmenform 68**

Siehe hierzu den Abschnitt „**Belastungsglieder**"

Fall 68/5: Riegel beliebig senkrecht belastet

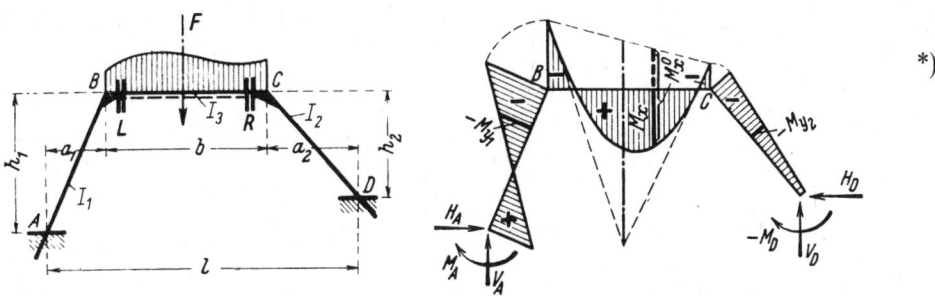

*)

Hilfswerte:

$B_1 = S_r \alpha_1 A - 2S_l \alpha_2^2 k_2 - L$ $\quad X_1 = -B_1 n_{11} - B_2 n_{21} + B_3 n_{31}$
$B_2 = S_l \alpha_2 D - 2S_r \alpha_1^2 k_1 - R$ $\quad X_2 = -B_1 n_{12} - B_2 n_{22} + B_3 n_{32}$
$B_3 = 2(S_r \alpha_1 k_1 + nS_l \alpha_2 k_2);$ $\quad X_3 = -B_1 n_{13} - B_2 n_{23} + B_3 n_{33}.$
$M_A = -\alpha_1(S_r - X_2) - \beta_1 X_1 + X_3$ $\quad M_B = -X_1$
$M_D = -\alpha_2(S_l - X_1) - \beta_2 X_2 + nX_3$ $\quad M_C = -X_2;$
$V_A = \dfrac{S_r + X_1 - X_2}{b}$ $\quad V_D = F - V_A;$ $\quad H_A = H_D = \dfrac{X_3}{h_1}.$

Fall 68/6: Gleichmäßige Wärmezunahme im ganzen Rahmen

E = Elastizitätsmodul,
α_t = Wärmedehnkoeffizient,
t = Wärmeänderung in Grad.

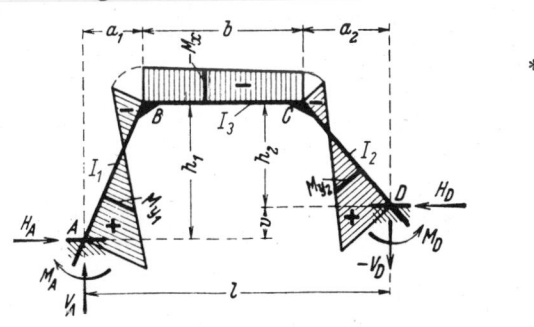

*)

Hilfswerte:

$v = h_1 - h_2 \text{**});$ $\quad T = \dfrac{6EI_3 \alpha_t t}{b};$

$X_1 = T\left[\dfrac{v}{b}(n_{11} - n_{21}) + \dfrac{l}{h}n_{31}\right]$ $\quad V_A = -V_D = \dfrac{X_1 - X_2}{b};$ $\quad M_B = -X_1$

$X_2 = T\left[\dfrac{v}{b}(n_{12} - n_{22}) + \dfrac{l}{h_1}n_{32}\right]$ $\quad H_A = H_D = \dfrac{X_3}{h_1};$ $\quad M_C = -X_2$

$X_3 = T\left[\dfrac{v}{b}(n_{13} - n_{23}) + \dfrac{l}{h_1}n_{33}\right].$ $\quad M_A = -\beta_1 X_1 + \alpha_1 X_2 + X_3$
$\quad M_D = \alpha_2 X_1 - \beta_2 X_2 + nX_3.$

Bemerkung: Bei Wärme**ab**nahme kehren alle Kräfte ihren Pfeilsinn um und alle Momente erhalten entgegengesetztes Vorzeichen.

---

*) Wegen M_y und M_x siehe Seite 306 unten.
**) Für $h_2 > h_1$ wird v negativ!

Rahmenform 69

Eingespannter Trapezrahmen mit waagerechtem Riegel und verschieden geneigten Stielen

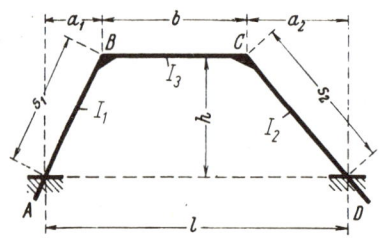

Rahmenform, Abmessungen und Bezeichnungen

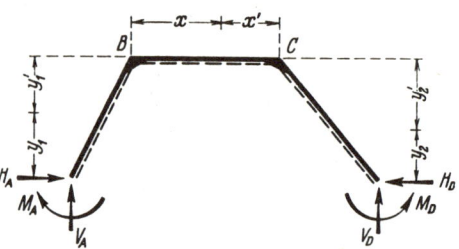

Festlegung der positiven Richtung aller Stützkräfte und der Koordinaten beliebiger Stabpunkte. Positive Biegemomente erzeugen an der gestrichelten Stabseite Zug

Es gelten alle **Festwerte** und **Formeln für äußere Belastung** der Rahmenform 68 mit der Maßgabe, daß $n = 1$ zu setzen ist (wegen $h_1 = h_2 = h$). Siehe hierzu die Seiten 302 bis 305.

Für **gleichmäßige Wärmeänderung** vereinfachen sich (wegen $v = 0$) die Hilfswerte von Seite 305 unten wie folgt:

$$T = \frac{6EI_3\alpha_t t}{b} \cdot \frac{l}{h};$$

$$X_1 = Tn_{31}, \qquad X_2 = Tn_{32}, \qquad X_3 = Tn_{33}.$$

Anschriebe für die Momente an beliebigen Stabpunkten für alle Lastfälle der Rahmenform 68 (siehe Seite 303 bis 305)

Anteile aus den Einspann- und Eckmomenten allein:

$$M_{y1} = \frac{y_1'}{h_1}M_A + \frac{y_1}{h_1}M_B \qquad M_x = \frac{x'}{b}M_B + \frac{x}{b}M_C \qquad M_{y2} = \frac{y_2}{h_2}M_C + \frac{y_2'}{h_2}M_D.$$

Zu diesen Werten kommt für den jeweils direkt belasteten Stab das Glied M_y^0 bzw. M_x^0 hinzu.

Rahmenform 70

Zweigelenkrahmen mit waagerechtem Riegel, einem schrägen und einem senkrechten Stiel

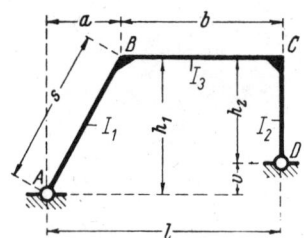
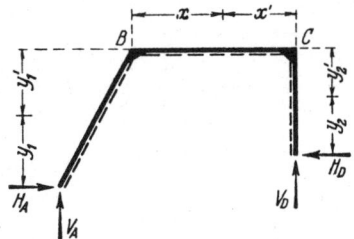

Rahmenform, Abmessungen und Bezeichnungen

Festlegung der positiven Richtung aller Stützkräfte und der Koordinaten beliebiger Stabpunkte. Positive Biegemomente erzeugen an der gestrichelten Stabseite Zug

Festwerte:

$$k_1 = \frac{I_3}{I_1} \cdot \frac{s}{b} \qquad k_2 = \frac{I_3}{I_2} \cdot \frac{h_2}{b}; \qquad n = \frac{h_2}{h_1}; \qquad \alpha = \frac{a}{l} \qquad \beta = \frac{b}{l};$$

$$m = \alpha n + \beta; \qquad B = 2m(k_1 + 1) + n \qquad C = m + 2n(1 + k_2);$$

$$K = \alpha B + C; \qquad N = mB + nC = \beta B + nK;$$

$$v = h_1 - h_2 {*}) \qquad r = \frac{v}{h_1} {*}).$$

Fall 70/1: Gleichmäßige Wärmezunahme im ganzen Rahmen

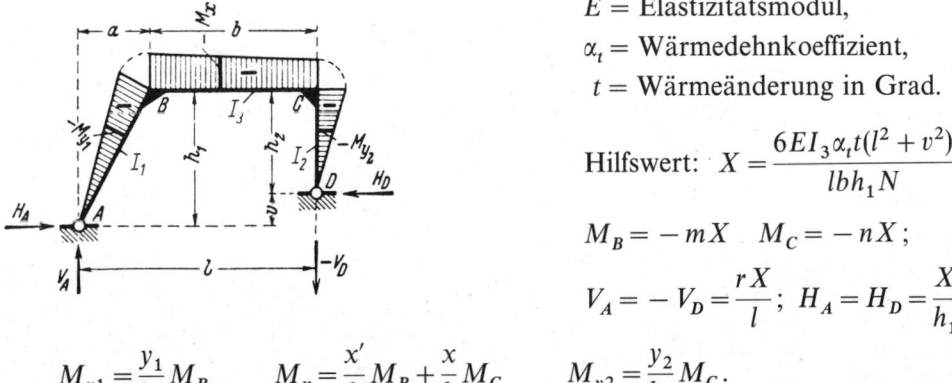

E = Elastizitätsmodul,
α_t = Wärmedehnkoeffizient,
t = Wärmeänderung in Grad.

Hilfswert: $X = \dfrac{6EI_3 \alpha_t t(l^2 + v^2)}{lbh_1 N}$

$M_B = -mX \qquad M_C = -nX;$

$V_A = -V_D = \dfrac{rX}{l}; \quad H_A = H_D = \dfrac{X}{h_1}.$

$M_{y1} = \dfrac{y_1}{h_1} M_B \qquad M_x = \dfrac{x'}{b} M_B + \dfrac{x}{b} M_C \qquad M_{y2} = \dfrac{y_2}{h_2} M_C.$

Bemerkung: Bei Wärme**ab**nahme kehren alle Kräfte ihren Pfeilsinn um und alle Momente erhalten entgegengesetztes Vorzeichen.

---
*) Für $h_2 > h_1$ wird v und somit auch r negativ!

Rahmenform 70   Festwerte siehe Seite 307

Siehe hierzu den Abschnitt „**Belastungsglieder**"

Fall 70/2: Linker Stiel beliebig senkrecht belastet

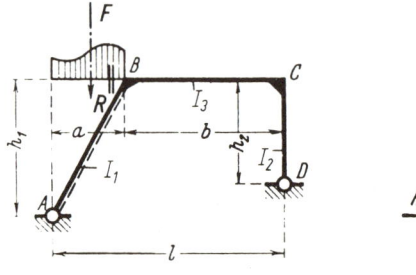

Hilfswert: $\quad X = \dfrac{\beta B S_l + R k_1 m}{N}$ $\qquad M_B = \beta S_l - m X$
$\qquad\qquad\qquad\qquad\qquad\qquad\qquad M_C = -nX;$

$V_D = \dfrac{S_l - rX}{l} \qquad V_A = F - V_D; \qquad H_A = H_D = \dfrac{X}{h_1}.$

Die M_y und M_x wie beim Fall 70/1, plus M_y^0 bei M_{y1}.

Sonderfall 70/2a: Senkrechte Einzellast P am Eckpunkt B

$M_B = + \dfrac{Pab}{l} \cdot \dfrac{nC}{N} \qquad M_C = - \dfrac{Pab}{l} \cdot \dfrac{nB}{N};$

$V_D = \dfrac{M_B - M_C}{b} \qquad V_A = P - V_D \qquad H_A = H_D = \dfrac{Pab}{lh_1} \cdot \dfrac{B}{N}.$

Die M_y und M_x wie beim Fall 70/1.

Fall 70/3: Riegel beliebig senkrecht belastet

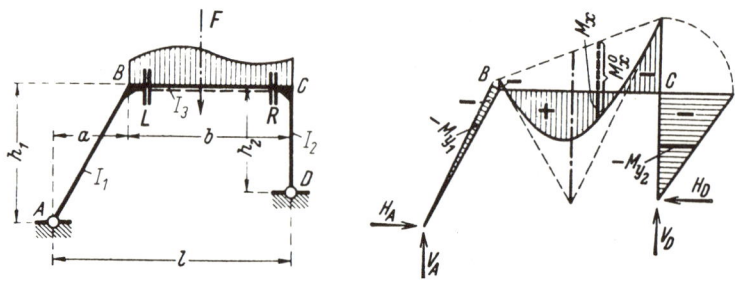

Hilfswert: $\quad X = \dfrac{\alpha B S_r + L m + R n}{N}$ $\qquad M_B = \alpha S_r - m X$
$\qquad\qquad\qquad\qquad\qquad\qquad\qquad\; M_C = -nX;$

$V_A = \dfrac{S_r + rX}{l} \qquad V_D = F - V_A; \qquad H_A = H_D = \dfrac{X}{h_1}.$

Die M_y und M_x wie beim Fall 70/1, plus M_x^0 bei M_x.

Festwerte siehe Seite 307   **Rahmenform 70**

Siehe hierzu den Abschnitt „**Belastungsglieder**"

Fall 70/4: Linker Stiel beliebig waagerecht belastet

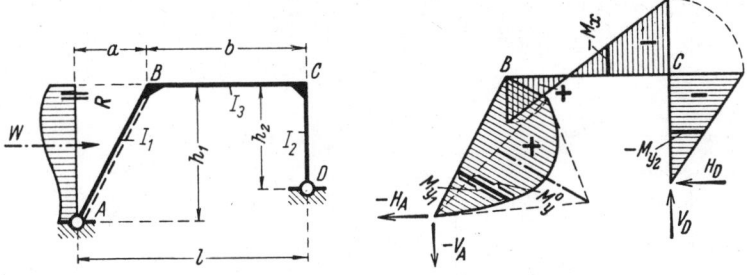

Hilfswert: $X = \dfrac{\beta B S_l + R k_1 m}{N}.$ $\quad M_B = \beta S_l - mX$
$\quad M_C = -nX;$

$V_D = -V_A = \dfrac{S_l - rX}{l};\quad H_D = \dfrac{X}{h_1} \quad H_A = -(W - H_D).$

Die M_y und M_x wie beim Fall 70/1, plus M_y^0 bei M_{y1}.

Sonderfall 70/4a: Waagerechte Einzellast P am Eckpunkt B

$M_B = +\dfrac{Ph_2 \beta C}{N} \quad M_C = -\dfrac{Ph_2 \beta B}{N};$

$V_D = -V_A = \dfrac{M_B - M_C}{b};\quad H_A = -\dfrac{PnK}{N} \quad H_D = \dfrac{P\beta B}{N}.$

Die M_y und M_x wie beim Fall 70/1.

Fall 70/5: Rechter Stiel beliebig waagerecht belastet

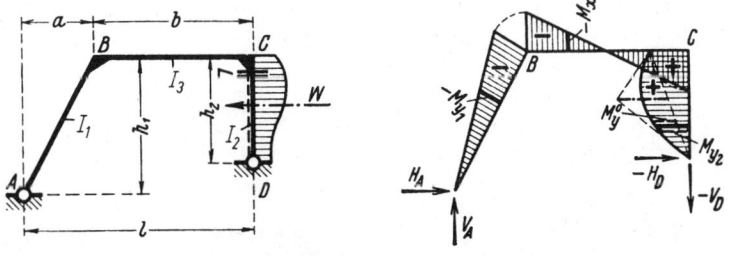

Hilfswert: $X = \dfrac{S_r K + L k_2 n}{N}.$ $\quad M_B = \alpha S_r - mX$
$\quad M_C = S_r - nX;$

$V_A = -V_D = \dfrac{S_r + rX}{l};\quad H_A = \dfrac{X}{h_1} \quad H_D = -(W - H_A).$

Die M_y und M_x wie beim Fall 70/1, plus M_y^0 bei M_{y2}.

Rahmenform 71

Trapezrahmen mit waagerechtem Riegel, einem schrägen und einem senkrechten Stiel mit einem festen Fußgelenk und einem waagerecht beweglichen Auflager, verbunden durch ein elastisches Zugband

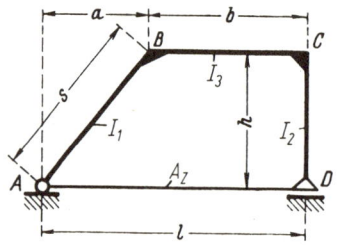

Rahmenform, Abmessungen und Bezeichnungen

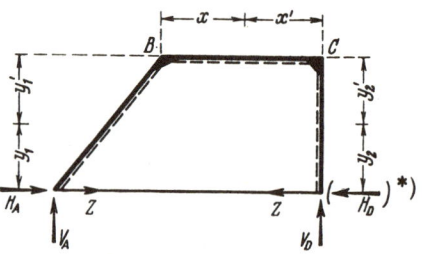

Festlegung der positiven Richtung aller Stützkräfte und der Koordinaten beliebiger Stabpunkte. Positive Biegemomente erzeugen an der gestrichelten Stabseite Zug

Festwerte:

$$k_1 = \frac{I_3}{I_1} \cdot \frac{s}{b} \qquad k_2 = \frac{I_3}{I_2} \cdot \frac{h}{b}; \qquad \alpha = \frac{a}{l} \qquad \beta = \frac{b}{l}$$

$$B = 2k_1 + 3 \qquad C = 3 + 2k_2 \qquad K = \alpha B + C$$

$$N = B + C \qquad L_Z = \frac{6I_3}{h^2 A_Z} \cdot \frac{E}{E_Z} \cdot \frac{l}{b} \qquad N_Z = N + L_Z.$$

E = Elastizitätsmodul des Rahmenbaustoffes,
E_Z = Elastizitätsmodul des Zugbandstoffes,
A_Z = Querschnittsfläche des Zugbandes.

Fall 71/1: Gleichmäßige Wärmezunahme im ganzen Rahmen

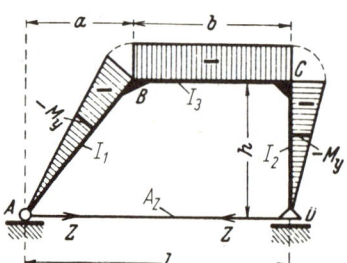

E = Elastizitätsmodul,
α_t = Wärmedehnkoeffizient,
t = Wärmeänderung in Grad.

$$Z = \frac{6EI_3 \alpha_t t l}{b h^2 N_Z};$$

$$M_B = M_C = -Zh \qquad M_y = -Zy_1.$$

Bemerkung: Bei Wärmeabnahme kehren alle Kräfte ihren Pfeilsinn um und alle Momente erhalten entgegengesetztes Vorzeichen (siehe hierzu auch die Fußnote Seite 312).

---

*) H_D tritt auf, wenn das feste Gelenk bei D ist.

Festwerte siehe Seite 310   **Rahmenform 71**

Siehe hierzu den Abschnitt „**Belastungsglieder**"

Fall 71/2: Linker Stiel beliebig waagerecht belastet (Festes Gelenk bei A)

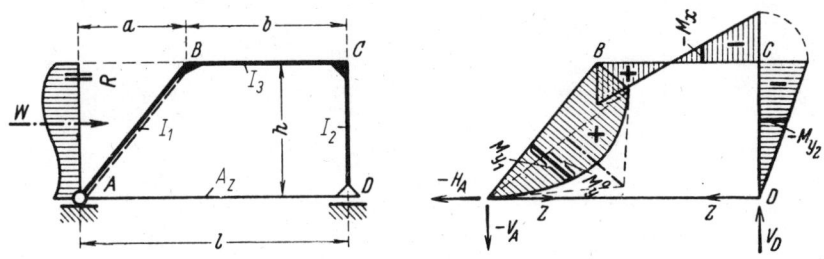

$$Z = \frac{\beta B S_l + R k_1}{h N_Z}; \qquad V_D = -V_A = \frac{S_l}{l}; \qquad H_A = -W;$$

$$M_B = \beta S_l - Zh \qquad M_C = -Zh; \qquad M_{y1} = M_y^0 + \frac{y_1}{h} M_B.$$

Sonderfall 71/2a: Waagerechte Einzellast P am Eckpunkt B

$$Z = P \cdot \frac{\beta B}{N_Z}; \qquad V_D = -V_A = \frac{Ph}{l}; \qquad H_A = -P;$$

$$M_B = (\beta P - Z)h \qquad M_C = -Zh. \qquad (M_y^0 = 0).$$

Fall 71/3: Rechter Stiel beliebig waagerecht belastet (Festes Gelenk bei D)

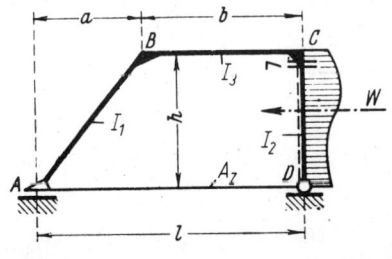 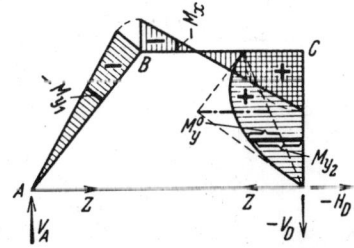

$$Z = \frac{S_r K + L k_2}{h N_Z} \qquad V_A = -V_D = \frac{S_r}{l} \qquad H_D = -W$$

$$M_B = \alpha S_r - Zh \qquad M_C = S_r - Zh \qquad M_{y2} = M_y^0 + \frac{y_2}{h} M_C.$$

Rahmenform 71   Festwerte siehe Seite 310

Siehe hierzu den Abschnitt „**Belastungsglieder**"

Fall 71/4: Linker Stiel beliebig waagerecht belastet (Festes Gelenk bei *D*)

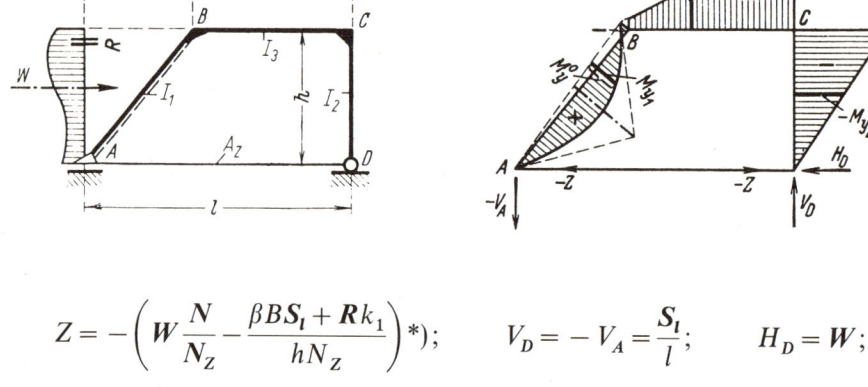

$$Z = -\left(W\frac{N}{N_Z} - \frac{\beta BS_l + Rk_1}{hN_Z}\right)*);\qquad V_D = -V_A = \frac{S_l}{l};\qquad H_D = W;$$

$$M_B = -(W+Z)h + \beta S_l \qquad M_C = -(W+Z)h;$$

$$M_{y1} = M_y^0 + \frac{y_1}{h}M_B \qquad M_x = \frac{x'}{b}M_B + \frac{x}{b}M_C \qquad M_{y2} = \frac{y_2}{h}M_C.$$

Fall 71/5: Rechter Stiel beliebig waagerecht belastet (Festes Gelenk bei *A*)

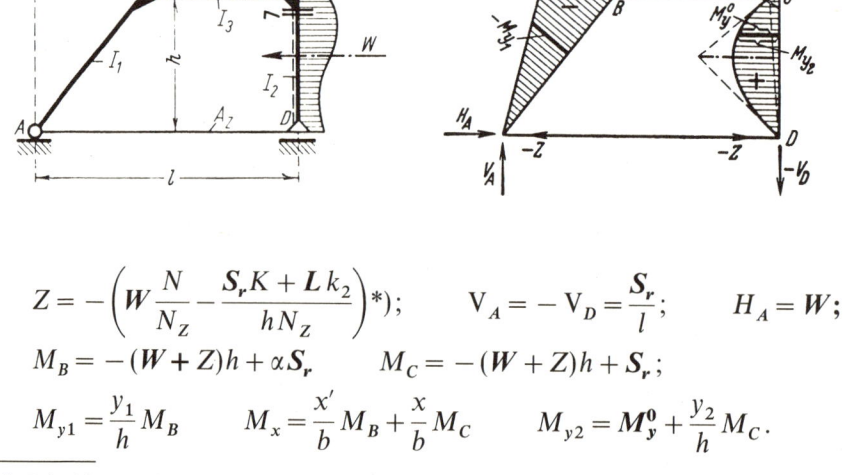

$$Z = -\left(W\frac{N}{N_Z} - \frac{S_r K + Lk_2}{hN_Z}\right)*);\qquad V_A = -V_D = \frac{S_r}{l};\qquad H_A = W;$$

$$M_B = -(W+Z)h + \alpha S_r \qquad M_C = -(W+Z)h + S_r;$$

$$M_{y1} = \frac{y_1}{h}M_B \qquad M_x = \frac{x'}{b}M_B + \frac{x}{b}M_C \qquad M_{y2} = M_y^0 + \frac{y_2}{h}M_C.$$

---

*) Bei obigen Belastungsfällen sowie bei Wärmeabnahme (s. S. 310 unten) wird Z negativ, d. h. das Zugband erhält Druck. Dieser Umstand hat selbstverständlich nur dann einen Sinn, wenn die Druckkraft kleiner bleibt als die Zugkraft aus ständiger Last, so daß stets ein Rest Zugkraft im Zugbande verbleibt.

Festwerte siehe Seite 310   **Rahmenform 71**

Siehe hierzu den Abschnitt „**Belastungsglieder**"

Fall 71/6: Linker Stiel beliebig senkrecht belastet (Festes Gelenk bei A oder D)

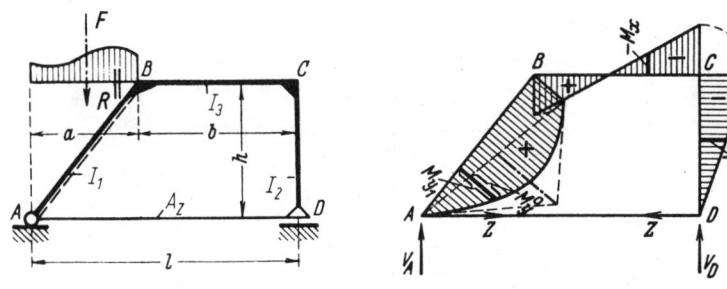

$$Z = \frac{\beta B S_l + R k_1}{h N_Z}; \qquad V_D = \frac{S_l}{l} \qquad V_A = F - V_D;$$

$$M_B = \beta S_l - Zh \qquad M_C = -Zh; \qquad M_{y1} = M_y^0 + \frac{y_1}{h} M_B.$$

Sonderfall 71/6a: Senkrechte Einzellast P am Eckpunkt B

$$Z \cdot h = \frac{Pab}{l} \cdot \frac{\beta B}{N_Z}; \qquad V_A = \beta P \qquad V_D = \alpha P;$$

$$M_B = \frac{Pab}{l} - Zh \qquad M_C = -Zh. \qquad (M_y^0 = 0).$$

Fall 71/7: Riegel beliebig senkrecht belastet (Festes Gelenk bei A oder D)

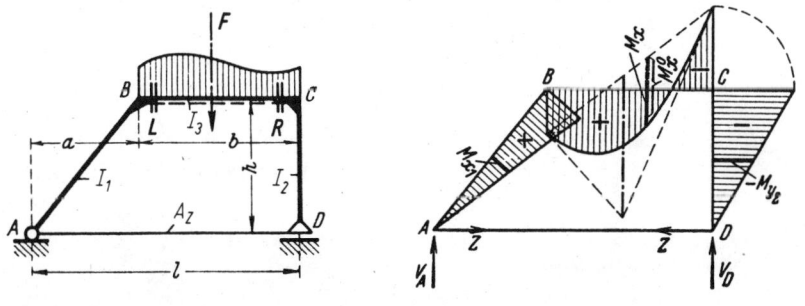

$$Z = \frac{\alpha B S_r + (L+R)}{h N_Z}; \qquad V_A = \frac{S_r}{l} \qquad V_D = F - V_A;$$

$$M_B = \alpha S_r - Zh \qquad M_C = -Zh; \qquad M_x = M_x^0 + \frac{x'}{b} M_B + \frac{x}{b} M_C.$$

Rahmenform 72

Trapez-Zweigelenkrahmen mit waagerechtem Riegel, einem schrägen und einem senkrechten Stiel

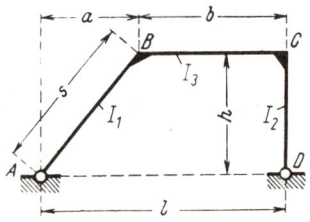

Rahmenform, Abmessungen und Bezeichnungen

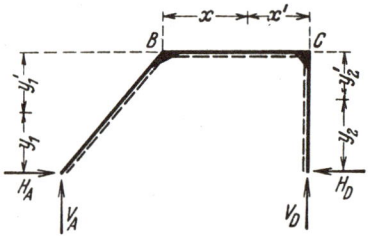

Festlegung der positiven Richtung aller Stützkräfte und der Koordinaten beliebiger Stabpunkte. Positive Biegemomente erzeugen an der gestrichelten Stabseite Zug

Für alle **Festwerte** und **Formeln für äußere Belastung** der Rahmenform 72 gelten die Angaben der Rahmenform 70 mit den Vereinfachungen $(h_1 = h_2) = h$, $v = 0$, $n = m = 1$, $r = 0$. Es werden somit:

$$B = 2k_1 + 3 \qquad C = 3 + 2k_2 \qquad K = \alpha B + C \qquad N = B + C = \beta B + K.$$

Bemerkung: Für Rahmenform 72 können aber auch die Angaben der Rahmenform 71 verwendet werden mit der Maßgabe $L_Z = 0$, also $N_Z = N$ (starres Zugband). Es ist dann lediglich zu beachten, daß die Horizontalkräfte H_A und H_D (siehe obiges rechtes Titelbild) unter sinngemäßem Einschluß der Zugbandkraft Z zu bilden sind.

Fall 72/1: Gleichmäßige Wärme**zu**nahme im ganzen Rahmen

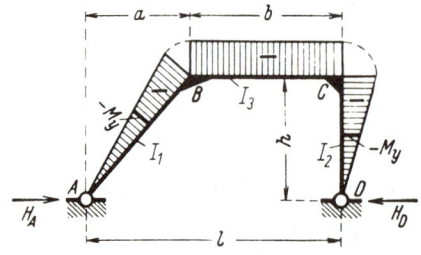

E = Elastizitätsmodul,
α_t = Wärmedehnkoeffizient,
t = Wärmeänderung in Grad.

$$M_B = M_C = -\frac{6EI_3 \alpha_t t l}{bhN};$$

$$H_A = H_D = \frac{-M_B}{h} \qquad M_y = \frac{y_1}{h} M_B.$$

Bemerkung: Bei Wärme**ab**nahme kehren alle Kräfte ihren Pfeilsinn um und alle Momente erhalten entgegengesetztes Vorzeichen.

Rahmenform 73

Trapezförmiger Rahmen mit waagerechtem Riegel, einem senkrechten, gelenkig gelagerten Stiel und einem schrägen, eingespannten Stiel mit Fußpunkten in verschiedener Höhenlage

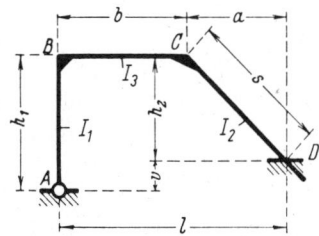

Rahmenform, Abmessungen und Bezeichnungen

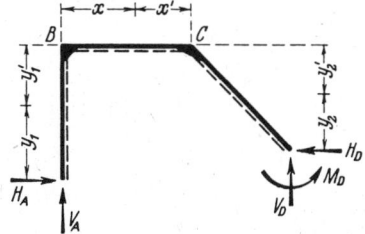

Festlegung der positiven Richtung aller Stützkräfte und der Koordinaten beliebiger Stabpunkte. Positive Biegemomente erzeugen an der gestrichelten Stabseite Zug

Festwerte:

$$k_1 = \frac{I_3}{I_1} \cdot \frac{h_1}{b} \qquad k_2 = \frac{I_3}{I_2} \cdot \frac{s}{b}; \qquad n = \frac{h_2}{h_1} \qquad \alpha = \frac{a}{b}$$

$$\beta = n + \alpha \qquad \lambda = \frac{l}{b}; \qquad D = (1 + 2\lambda)k_2;$$

$$R_1 = 2(k_1 + 1 + \beta^2 k_2) \qquad K = \beta D - 1$$

$$R_2 = 2(1 + k_2) + \lambda(k_2 + D); \qquad N = R_1 R_2 - K^2;$$

$$n_{11} = \frac{R_2}{N} \qquad n_{12} = n_{21} = \frac{K}{N} \qquad n_{22} = \frac{R_1}{N}.$$

Rahmenform 73 Festwerte siehe Seite 315

Fall 73/1: Senkrechte und waagerechte Einzellast am Eckpunkt C

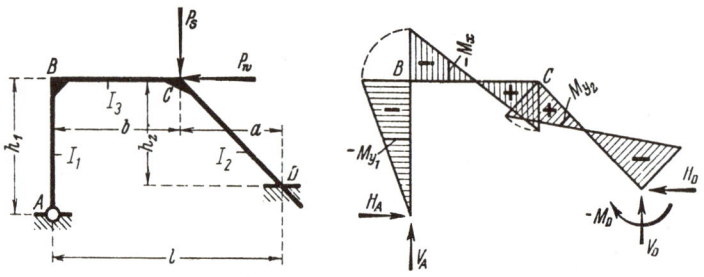

Hilfswerte:
$$X_1 = (P_s a + P_w h_2)(+2\beta k_2 n_{11} - D n_{21})$$
$$X_2 = (P_s a + P_w h_2)(-2\beta k_2 n_{12} + D n_{22}).$$
$$M_B = -X_1 \qquad M_C = X_2 \qquad M_D = -(P_s a + P_w h_2) + \beta X_1 + \lambda X_2;$$
$$V_A = \frac{X_1 + X_2}{b} \qquad V_D = P_S - V_A; \qquad H_A = \frac{X_1}{h_1} \qquad H_D = -(P_w - H_A);$$
$$M_{y1} = \frac{y_1}{h_1} M_B \qquad M_x = \frac{x'}{b} M_B + \frac{x}{b} M_C \qquad M_{y2} = \frac{y_2}{h_2} M_C + \frac{y_2'}{h_2} M_D.$$

Fall 73/2: Gleichmäßige Wärme**zu**nahme im ganzen Rahmen

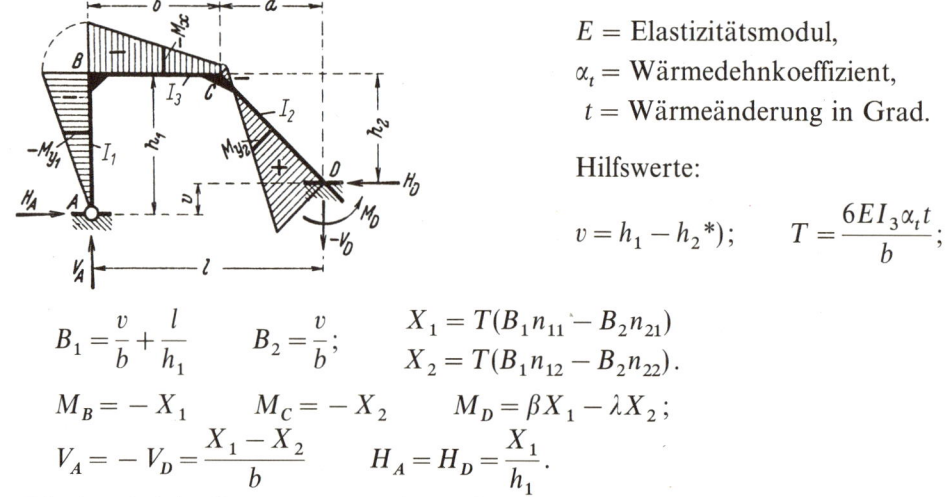

$E = $ Elastizitätsmodul,
$\alpha_t = $ Wärmedehnkoeffizient,
$t = $ Wärmeänderung in Grad.

Hilfswerte:
$$v = h_1 - h_2\text{*)}; \qquad T = \frac{6 E I_3 \alpha_t t}{b};$$

$$B_1 = \frac{v}{b} + \frac{l}{h_1} \qquad B_2 = \frac{v}{b}; \qquad \begin{matrix} X_1 = T(B_1 n_{11} - B_2 n_{21}) \\ X_2 = T(B_1 n_{12} - B_2 n_{22}). \end{matrix}$$
$$M_B = -X_1 \qquad M_C = -X_2 \qquad M_D = \beta X_1 - \lambda X_2;$$
$$V_A = -V_D = \frac{X_1 - X_2}{b} \qquad H_A = H_D = \frac{X_1}{h_1}.$$

Die Anschriebe für M_{y1}, M_x und M_{y2} lauten genau wie oben.

Bemerkung: Bei Wärme**ab**nahme kehren alle Kräfte ihren Pfeilsinn um und alle Momente erhalten entgegengesetztes Vorzeichen.

---

*) Für $h_2 > h_1$ wird v negativ!

Festwerte siehe Seite 315   Rahmenform 73

Siehe hierzu den Abschnitt „Belastungsglieder"

Fall 73/3: Riegel beliebig senkrecht belastet

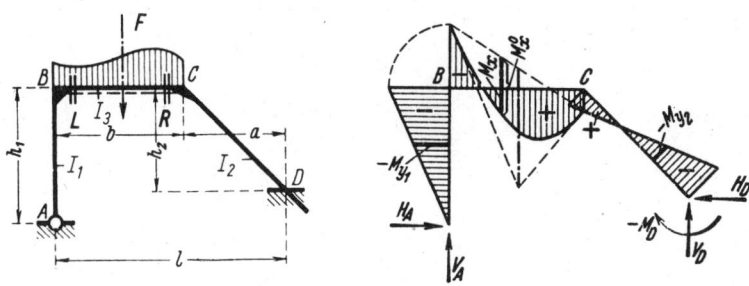

Hilfswerte:

$$B_1 = L + 2\alpha\beta k_2 S_l \qquad X_1 = B_1 n_{11} + B_2 n_{21}$$
$$B_2 = R - \alpha D S_l; \qquad X_2 = B_1 n_{12} + B_2 n_{22}.$$

$$M_B = -X_1 \qquad M_C = -X_2 \qquad M_D = -\alpha S_l + \beta X_1 - \lambda X_2;$$

$$V_A = \frac{S_r + X_1 - X_2}{b} \qquad V_D = F - V_A; \qquad H_A = H_D = \frac{X_1}{h_1};$$

$$M_{y1} = \frac{y_1}{h_1} M_B \qquad M_x = M_x^0 + \frac{x'}{b} M_B + \frac{x}{b} M_C \qquad M_{y2} = \frac{y_2}{h_2} M_C + \frac{y_2'}{h_2} M_D.$$

Fall 73/4: Linker Stiel beliebig waagerecht belastet

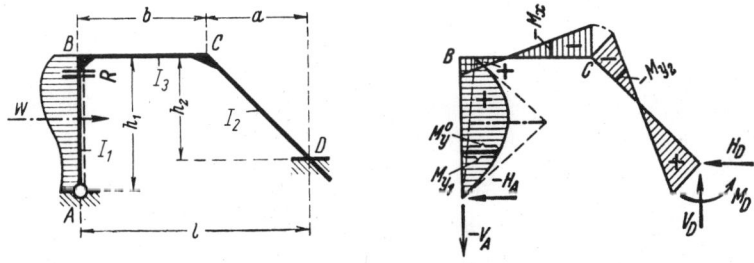

Hilfswerte:

$$B_1 = 2nS_l\beta k_2 - Rk_1 \qquad X_1 = +B_1 n_{11} - B_2 n_{21}$$
$$B_2 = nS_l D; \qquad X_2 = -B_1 n_{12} + B_2 n_{22}.$$

$$M_B = X_1 \qquad M_C = -X_2 \qquad M_D = nS_l - \beta X_1 - \lambda X_2;$$

$$V_D = -V_A = \frac{X_1 + X_2}{b}; \qquad H_D = \frac{S_l - X_1}{h_1} \qquad H_A = -(W - H_D);$$

$$M_{y1} = M_y^0 + \frac{y_1}{h_1} M_B \qquad M_x = \frac{x'}{b} M_B + \frac{x}{b} M_C \qquad M_{y2} = \frac{y_2}{h_2} M_C + \frac{y_2'}{h_2} M_D.$$

Rahmenform 73   Festwerte siehe Seite 315

Siehe hierzu den Abschnitt „**Belastungsglieder**"

Fall 73/5: Rechter Stiel beliebig senkrecht belastet

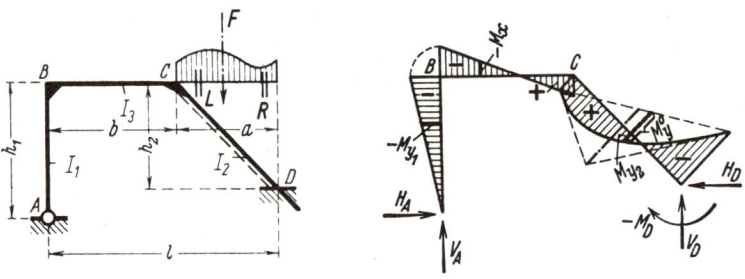

Hilfswerte:

$$B_1 = (2S_r - R)\beta k_2 \qquad X_1 = +B_1 n_{11} - B_2 n_{21}$$
$$B_2 = S_r D - (L + \lambda R)k_2; \qquad X_2 = -B_1 n_{12} + B_2 n_{22}.$$

$$M_B = -X_1 \qquad M_C = X_2 \qquad M_D = -S_r + \beta X_1 + \lambda X_2;$$

$$V_A = \frac{X_1 + X_2}{b} \qquad V_D = F - V_A; \qquad H_A = H_D = \frac{X_1}{h_1};$$

$$M_{y1} = \frac{y_1}{h_1} M_B \qquad M_x = \frac{x'}{b} M_B + \frac{x}{b} M_C \qquad M_{y2} = M_y^0 + \frac{y_2}{h_2} M_C + \frac{y_2'}{h_2} M_D.$$

Fall 73/6: Rechter Stiel beliebig waagerecht belastet

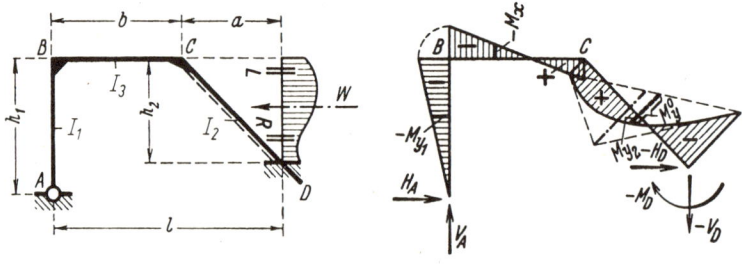

Alle Anschriebe lauten genau wie oben, mit Ausnahme derjenigen für die V- und H-Kräfte:

$$V_A = -V_D = \frac{X_1 + X_2}{b}; \qquad H_A = \frac{X_1}{h_1} \qquad H_D = -(W - H_A).$$

Rahmenform 74

Trapezförmiger Rahmen mit waagerechtem Riegel, einem schrägen, gelenkig gelagerten Stiel und einem senkrechten, eingespannten Stiel mit Fußpunkten in verschiedener Höhenlage

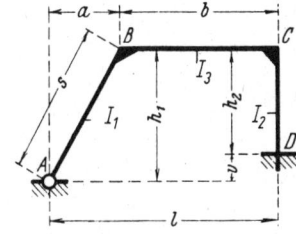

Rahmenform, Abmessungen und Bezeichnungen

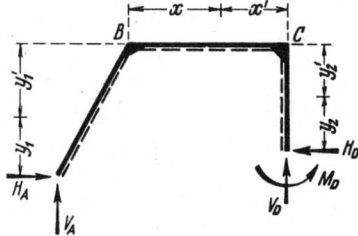

Festlegung der positiven Richtung aller Stützkräfte und der Koordinaten beliebiger Stabpunkte. Positive Biegemomente erzeugen an der gestrichelten Stabseite Zug

Festwerte:

$$k_1 = \frac{I_3}{I_1} \cdot \frac{s}{b} \qquad k_2 = \frac{I_3}{I_2} \cdot \frac{h_2}{b}; \qquad n = \frac{h_2}{h_1} \qquad \alpha = \frac{a}{b}$$

$$\gamma = 1 + \alpha n \qquad \lambda = \frac{l}{b}; \qquad D = (1 + 2\gamma)k_2;$$

$$R_1 = 2(k_1 + 1 + n^2\lambda^2 k_2) \qquad K = \lambda n D - 1$$

$$R_2 = 2(1 + k_2) + \gamma(k_2 + D); \qquad N = R_1 R_2 - K^2;$$

$$n_{11} = \frac{R_2}{N} \qquad n_{12} = n_{21} = \frac{K}{N} \qquad n_{22} = \frac{R_1}{N}.$$

Rahmenform 74 Festwerte siehe Seite 319

Siehe hierzu den Abschnitt **„Belastungsglieder"**

Fall 74/1: Riegel beliebig senkrecht belastet

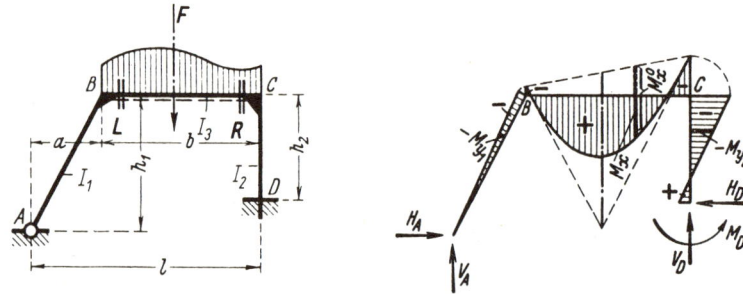

Hilfswerte:

$$B_1 = L - 2\alpha\lambda n^2 k_2 S_r \qquad X_1 = B_1 n_{11} + B_2 n_{21}$$
$$B_2 = R + \alpha n D S_r \qquad X_2 = B_1 n_{12} + B_2 n_{22}.$$

$$M_B = -X_1 \qquad M_C = -X_2 \qquad M_D = n(\alpha S_r + \lambda X_1) - \gamma X_2;$$

$$V_A = \frac{S_r + X_1 - X_2}{b} \qquad V_D = F - V_A; \qquad H_A = H_D = \frac{\alpha(S_r - X_2) + \lambda X_1}{h_1};$$

$$M_{y1} = \frac{y_1}{h_1} M_B \qquad M_x = M_x^0 + \frac{x'}{b} M_B + \frac{x}{b} M_C \qquad M_{y2} = \frac{y_2}{h_2} M_C + \frac{y_2'}{h_2} M_D.$$

Alle anderen Belastungsfälle lauten formelmäßig wie bei Rahmenform 67, mit der Maßgabe: $\alpha_1 = \alpha$ und $\beta = \lambda n$.

Im einzelnen:

beliebige senkrechte Belastung des linken Stieles: siehe Fall 67/1, Seite 299;

beliebige waagerechte Belastung des linken Stieles: siehe Fall 67/2, Seite 299;

beliebige waagerechte Belastung des rechten Stieles: siehe Fall 67/4, Seite 300;

gleichmäßige Wärmezunahme im ganzen Rahmen: siehe Fall 67/6, Seite 301;

Rahmenform 75

Eingespannter trapezförmiger Rahmen mit waagerechtem Riegel, einem schrägen und einem senkrechten Stiel mit Fußpunkten in verschiedener Höhenlage

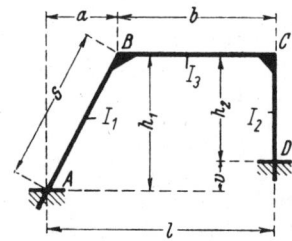

Rahmenform, Abmessungen und Bezeichnungen

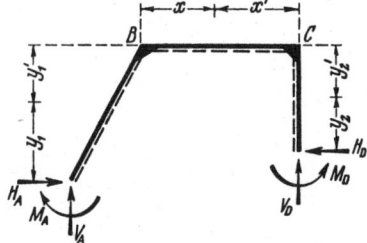

Festlegung der positiven Richtung aller Stützkräfte und der Koordinaten beliebiger Stabpunkte. Positive Biegemomente erzeugen an der gestrichelten Stabseite Zug

Festwerte:

$$k_1 = \frac{I_3}{I_1} \cdot \frac{s}{b} \qquad k_2 = \frac{I_3}{I_2} \cdot \frac{h_2}{b}; \qquad n = \frac{h_2}{h_1} \qquad \alpha = \frac{a}{b} \qquad \lambda = \frac{l}{b};$$

$$K_1 = 3nk_2 - 2\alpha k_1 \qquad R_1 = 2(K_2 + \alpha\lambda k_1 + 1)$$

$$K_2 = (2\alpha + 3)k_1 \qquad R_2 = 2(\alpha^2 k_1 + 1 + 3k_2)$$

$$K_3 = \alpha K_2 - 1; \qquad R_3 = 2(k_1 + n^2 k_2);$$

$$N = R_1 R_2 R_3 - 2K_1 K_2 K_3 - R_1 K_1^2 - R_2 K_2^2 - R_3 K_3^2;$$

$$n_{11} = \frac{R_2 R_3 - K_1^2}{N} \qquad n_{12} = n_{21} = \frac{K_1 K_2 + R_3 K_3}{N}$$

$$n_{22} = \frac{R_1 R_3 - K_2^2}{N} \qquad n_{13} = n_{31} = \frac{K_1 K_3 + R_2 K_2}{N}$$

$$n_{33} = \frac{R_1 R_2 - K_3^2}{N} \qquad n_{23} = n_{32} = \frac{K_2 K_3 + R_1 K_1}{N}.$$

Rahmenform 75   Festwerte siehe Seite 321

Fall 75/1: Gleichmäßige Wärmezunahme im ganzen Rahmen

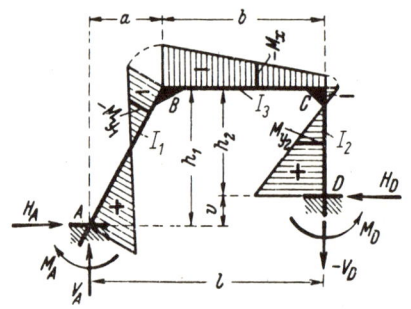

E = Elastizitätsmodul,
α_t = Wärmedehnkoeffizient,
t = Wärmeänderung in Grad.

Hilfswerte:
$$X_1 = T\left[\frac{v}{b}(n_{11} - n_{21}) + \frac{l}{h_1}n_{31}\right]$$

$v = h_1 - h_2$ *);
$$X_2 = T\left[\frac{v}{b}(n_{12} - n_{22}) + \frac{l}{h_1}n_{32}\right]$$

$$T = \frac{6EI_3\alpha_t t}{b};\qquad X_3 = T\left[\frac{v}{b}(n_{13} - n_{23}) + \frac{l}{h_1}n_{33}\right].$$

$M_A = \alpha X_2 - \lambda X_1 + X_3 \qquad M_B = -X_1$

$M_D = nX_3 - X_2 \qquad M_C = -X_2;$

$$V_A = -V_D = \frac{X_1 - X_2}{b};\qquad H_A = H_D = \frac{X_3}{h_1}.$$

Bemerkung: Bei Wärme**ab**nahme kehren die Kräfte ihren Pfeilsinn um und alle Momente erhalten entgegengesetztes Vorzeichen.

Anschriebe für die Momente in beliebigen Stabpunkten für alle Lastfälle der Rahmenform 75

Anteile aus den Einspann- und Eckmomenten allein:

$$M_x = \frac{x'}{b}M_B + \frac{x}{b}M_C$$

$$M_{y1} = \frac{y'_1}{h_1}M_A + \frac{y_1}{h_1}M_B \qquad M_{y2} = \frac{y_2}{h_2}M_C + \frac{y'_2}{h_2}M_D.$$

Zu diesen Werten kommt für den jeweils direkt belasteten Stab das Glied M_x^0 bzw. M_y^0 hinzu.

---

*) Für $h_2 > h_1$ wird v negativ!

Festwerte siehe Seite 321   **Rahmenform 75**

Siehe hierzu den Abschnitt „**Belastungsglieder**"

Fall 75/2: Linker Stiel beliebig senkrecht belastet

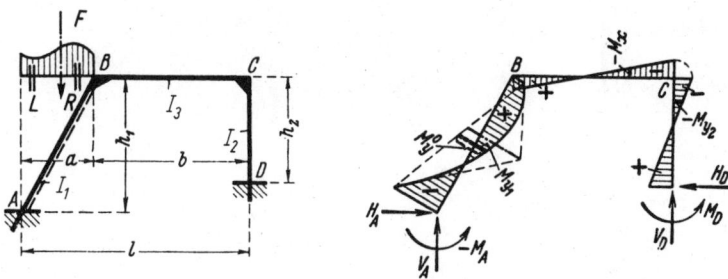

Hilfswerte:

$B_1 = S_l K_2 - (\lambda L + R) k_1 \qquad X_1 = + B_1 n_{11} - B_2 n_{21} - B_3 n_{31}$
$B_2 = (2 S_l - L) \alpha k_1 \qquad X_2 = - B_1 n_{12} + B_2 n_{22} + B_3 n_{32}$
$B_3 = (2 S_l - L) k_1; \qquad X_3 = - B_1 n_{13} + B_2 n_{23} + B_3 n_{33}.$
$M_A = - S_l + \lambda X_1 + \alpha X_2 + X_3 \qquad M_B = X_1$
$M_C = - X_2 \qquad M_D = n X_3 - X_2;$

$V_D = \dfrac{X_1 + X_2}{b} \qquad V_A = F - V_D; \qquad H_A = H_D = \dfrac{X_3}{h_1}.$

Fall 75/3: Linker Stiel beliebig waagerecht belastet

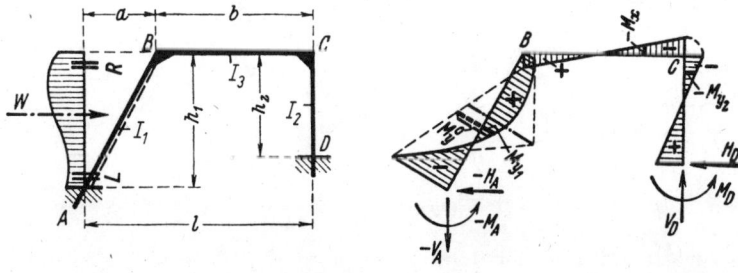

Alle Anschriebe lauten genau wie oben, mit Ausnahme derjenigen für die V- und H-Kräfte:

$V_D = - V_A = \dfrac{X_1 + X_2}{b}; \qquad H_D = \dfrac{X_3}{h_1} \qquad H_A = - (W - H_D).$

Rahmenform 75 Festwerte siehe Seite 321

Siehe hierzu den Abschnitt **„Belastungsglieder"**

Fall 75/4: Riegel beliebig senkrecht belastet

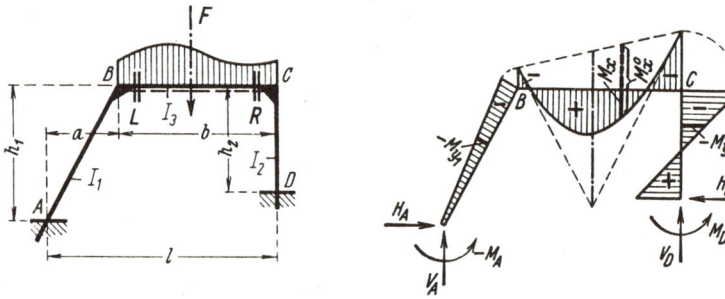

Hilfswerte:

$$B_1 = S_r \alpha K_2 - L \qquad X_1 = -B_1 n_{11} + B_2 n_{21} + B_3 n_{31}$$
$$B_2 = 2 S_r \alpha^2 k_1 + R \qquad X_2 = -B_1 n_{12} + B_2 n_{22} + B_3 n_{32}$$
$$B_3 = 2 S_r \alpha k_1; \qquad X_3 = -B_1 n_{13} + B_2 n_{23} + B_3 n_{33}.$$
$$M_A = -\alpha(S_r - X_2) - \lambda X_1 + X_3 \qquad M_B = -X_1$$
$$M_D = n X_3 - X_2 \qquad M_C = -X_2;$$
$$V_A = \frac{S_r + X_1 - X_2}{b} \qquad V_D = F - V_A; \qquad H_A = H_D = \frac{X_3}{h_1}.$$

Fall 75/5: Senkrechte Einzellast am Eckpunkt B

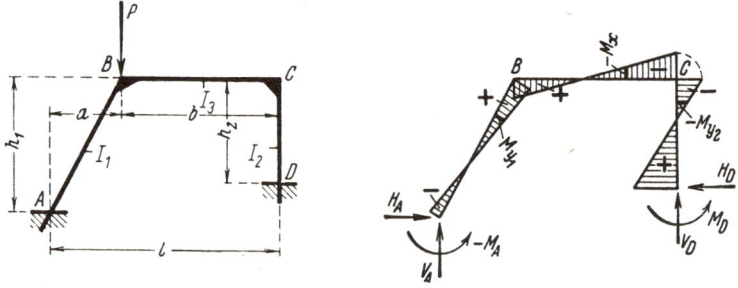

Hilfswerte:

$$X_1 = P a k_1 [+(2\alpha + 3) n_{11} - 2(\alpha n_{21} + n_{31})]$$
$$X_2 = P a k_1 [-(2\alpha + 3) n_{12} + 2(\alpha n_{22} + n_{32})] \qquad M_B = X_1$$
$$X_3 = P a k_1 [-(2\alpha + 3) n_{13} + 2(\alpha n_{23} + n_{33})]. \qquad M_C = -X_2$$
$$M_A = -Pa + \lambda X_1 + \alpha X_2 + X_3 \qquad M_D = n X_3 - X_2;$$
$$V_D = \frac{X_1 + X_2}{b} \qquad V_A = P - V_D; \qquad H_A = H_D = \frac{X_3}{h_1}.$$

Festwerte siehe Seite 321   Rahmenform 75

Siehe hierzu den Abschnitt „**Belastungsglieder**"

Fall 75/6: Rechter Stiel beliebig waagerecht belastet

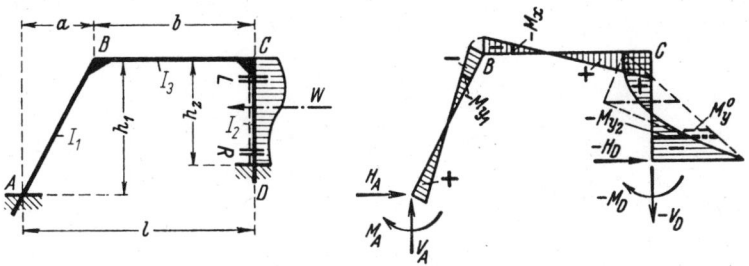

Hilfswerte:

$B_2 = [3S_r - (L+R)]k_2$ $X_1 = -B_2 n_{21} + B_3 n_{31}$

$B_3 = (2S_r - R)nk_2;$ $X_2 = +B_2 n_{22} - B_3 n_{32}$

$M_A = X_3 - \lambda X_1 - \alpha X_2$ $X_3 = -B_2 B_{23} + B_3 n_{33}$

$M_C = X_2$ $M_B = -X_1$

$M_D = -S_r + X_2 + nX_3;$

$H_A = \dfrac{X_3}{h_1}$ $H_D = -(W - H_A);$ $V_A = -V_D = \dfrac{X_1 + X_2}{b}.$

Fall 75/7: Waagerechte Einzellast am Eckpunkt C

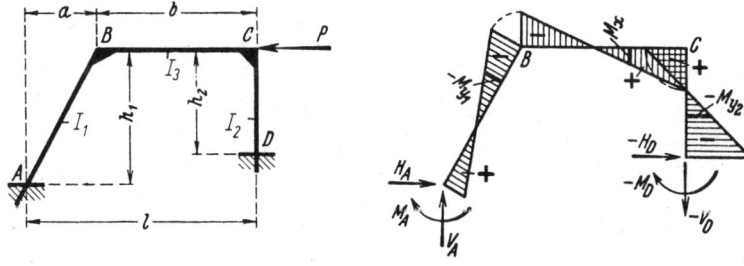

Hilfswerte:

$X_1 = Ph_2 k_2(-3n_{21} + 2nn_{31})$

$X_2 = Ph_2 k_2(+3n_{22} - 2nn_{32})$ $M_B = -X_1$

$M_C = X_2$

$X_3 = Ph_2 k_2(-3n_{23} + 2nn_{33}).$

$M_A = X_3 - \lambda X_1 - \alpha X_2$ $M_D = -Ph_2 + X_2 + nX_3;$

$H_A = \dfrac{X_3}{h_1}$ $H_D = -(P - H_A);$ $V_A = -V_D = \dfrac{X_1 + X_2}{b}.$

Rahmenform 76

Eingespannter Trapezrahmen mit waagerechtem Riegel, einem schrägen und einem senkrechten Stiel

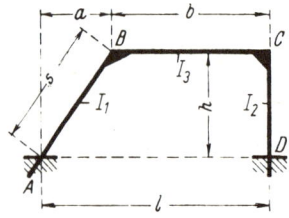

Rahmenform, Abmessungen und Bezeichnungen

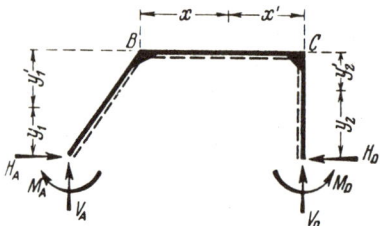

Festlegung der positiven Richtung aller Stützkräfte und der Koordinaten beliebiger Stabpunkte. Positive Biegemomente erzeugen an der gestrichelten Stabseite Zug

Es gelten alle **Festwerte** und **Formeln für äußere Belastung** der Rahmenform 75 – siehe die Seiten 321 bis 325 – mit folgenden Vereinfachungen:

$$(h_1 = h_2) = h \qquad n = 1.$$

Für **gleichmäßige Wärmeänderung** vereinfachen sich (wegen $v = 0$) die Hilfswerte von Seite 322 wie folgt:

$$T' = \frac{6EI_3 \alpha_t t}{b} \cdot \frac{l}{h};$$

$$X_1 = T' n_{31} \qquad X_2 = T' n_{32} \qquad X_3 = T' n_{33}.$$

Rahmenform 77

Symmetrischer, elastisch eingespannter Hallenrahmen mit senkrechten Stielen und gebrochenem Riegel

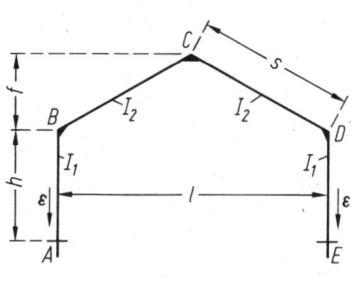

Rahmenform, Abmessungen und Bezeichnungen

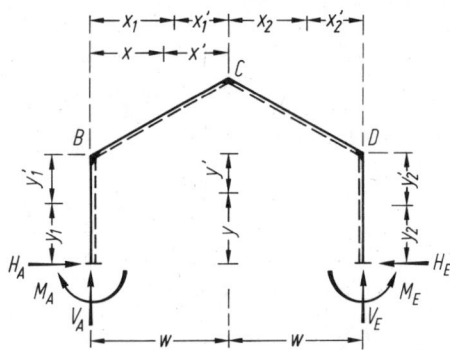

Festlegung der positiven Richtung aller Stützkräfte und der Koordinaten beliebiger Stabpunkte. Bei symmetrischen Lastfällen werden x, x' und y, y' benutzt. Positive Biegemomente erzeugen an der gestrichelten Stabseite Zug

Festwerte: $\quad k = \dfrac{I_2}{I_1} \cdot \dfrac{h}{s} \qquad \varphi = \dfrac{f}{h} \qquad m = 1 + \varphi \qquad B = 3k + 2$

$C = 1 + 2m \qquad K_1 = 2(k + 1 + m + m^2) \qquad K_2 = k + 2\varepsilon\varphi^2$

$r = \varphi C - k \qquad N_1 = K_1 K_2 - \varepsilon r^2 \qquad N_2 = k + \varepsilon(4k + 2)$

Die Festpunkt- oder Momentenfortleitungszahl ε wird als bekannt vorausgesetzt. Sie liegt zwischen 0 (freie Drehbarkeit, Gelenk) und 0,5 (volle Einspannung). Weitere Hinweise hierzu siehe im Anhang Seite 479.
Für $\varepsilon = 0$ gilt die Rahmenform 78, Seite 335; für $\varepsilon = 0,5$ gilt die Rahmenform 81, Seite 351.

Formeln für die Momente in beliebigen Stabpunkten der nicht direkt belasteten Stäbe für alle Lastfälle der Rahmenform 77

$$M_{y1} = \frac{y_1'}{h} M_A + \frac{y_1}{h} M_B \qquad M_{y2} = \frac{y_2}{h} M_D + \frac{y_2'}{h} M_E$$

$$M_{x1} = \frac{x_1'}{w} M_B + \frac{x_1}{w} M_C \qquad M_{x2} = \frac{x_2'}{w} M_C + \frac{x_2}{w} M_D.$$

---

*) $w = \dfrac{l}{2}$ wird lediglich eingeführt zwecks einfacher und übersichtlicher Darstellung der Momente M_x an beliebiger Stelle des Riegels.

Rahmenform 77 Festwerte usw. siehe Seite 327

Siehe hierzu den Abschnitt **„Belastungsglieder"**

Fall 77/1: Linker Riegel beliebig senkrecht belastet

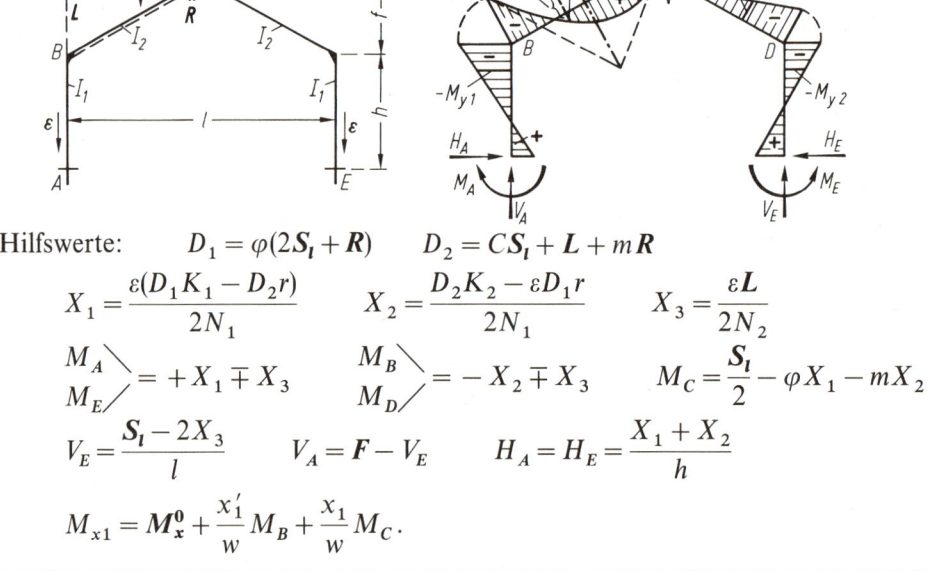

Hilfswerte: $\quad D_1 = \varphi(2S_l + R) \quad D_2 = CS_l + L + mR$

$$X_1 = \frac{\varepsilon(D_1 K_1 - D_2 r)}{2N_1} \qquad X_2 = \frac{D_2 K_2 - \varepsilon D_1 r}{2N_1} \qquad X_3 = \frac{\varepsilon L}{2N_2}$$

$$\left.\begin{array}{l}M_A \\ M_E\end{array}\right\} = +X_1 \mp X_3 \qquad \left.\begin{array}{l}M_B \\ M_D\end{array}\right\} = -X_2 \mp X_3 \qquad M_C = \frac{S_l}{2} - \varphi X_1 - m X_2$$

$$V_E = \frac{S_l - 2X_3}{l} \qquad V_A = F - V_E \qquad H_A = H_E = \frac{X_1 + X_2}{h}$$

$$M_{x1} = M_x^0 + \frac{x_1'}{w} M_B + \frac{x_1}{w} M_C.$$

Fall 77/2: Beide Riegel beliebig senkrecht, aber gleich und *symmetrisch* zur Rahmenmitte belastet

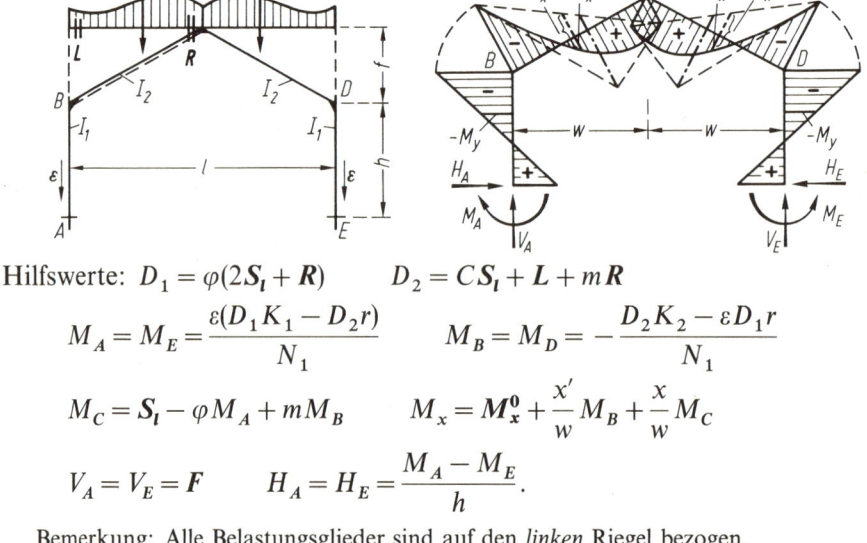

Hilfswerte: $D_1 = \varphi(2S_l + R) \qquad D_2 = CS_l + L + mR$

$$M_A = M_E = \frac{\varepsilon(D_1 K_1 - D_2 r)}{N_1} \qquad M_B = M_D = -\frac{D_2 K_2 - \varepsilon D_1 r}{N_1}$$

$$M_C = S_l - \varphi M_A + m M_B \qquad M_x = M_x^0 + \frac{x'}{w} M_B + \frac{x}{w} M_C$$

$$V_A = V_E = F \qquad H_A = H_E = \frac{M_A - M_E}{h}.$$

Bemerkung: Alle Belastungsglieder sind auf den *linken* Riegel bezogen.

Festwerte usw. siehe Seite 327 **Rahmenform 77**

Siehe hierzu den Abschnitt „**Belastungsglieder**"

Fall 77/3: Beide Riegel beliebig senkrecht, aber gleich und *antimetrisch* zur Rahmenmitte belastet

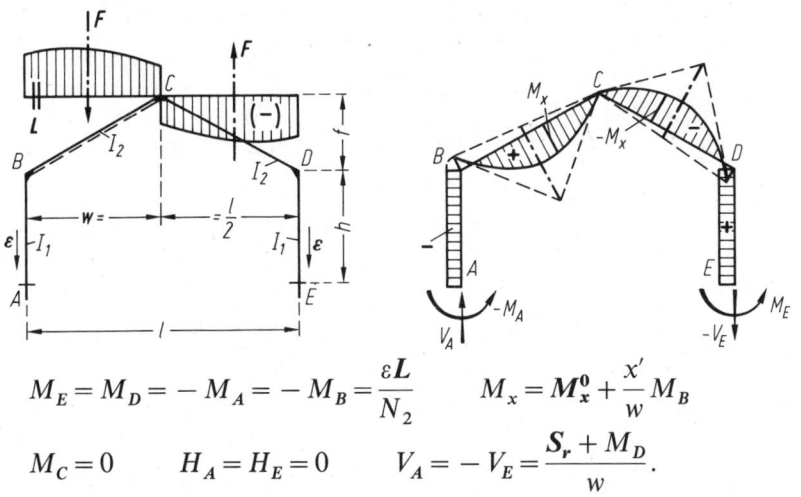

$$M_E = M_D = -M_A = -M_B = \frac{\varepsilon L}{N_2} \qquad M_x = M_x^0 + \frac{x'}{w} M_B$$

$$M_C = 0 \qquad H_A = H_E = 0 \qquad V_A = -V_E = \frac{S_r + M_D}{w}.$$

Fall 77/4: Linker Riegel beliebig waagerecht belastet

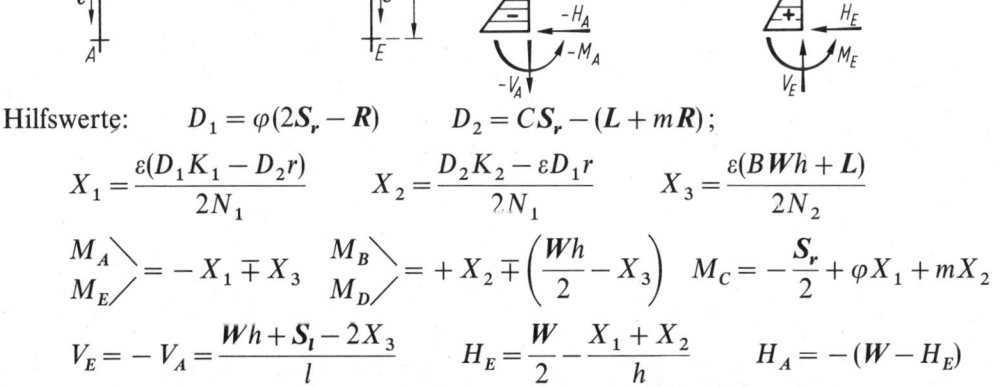

Hilfswerte: $\quad D_1 = \varphi(2S_r - R) \qquad D_2 = CS_r - (L + mR);$

$$X_1 = \frac{\varepsilon(D_1 K_1 - D_2 r)}{2N_1} \qquad X_2 = \frac{D_2 K_2 - \varepsilon D_1 r}{2N_1} \qquad X_3 = \frac{\varepsilon(BWh + L)}{2N_2}$$

$$\left.\begin{array}{l} M_A \\ M_E \end{array}\right\} = -X_1 \mp X_3 \qquad \left.\begin{array}{l} M_B \\ M_D \end{array}\right\} = +X_2 \mp \left(\frac{Wh}{2} - X_3\right) \qquad M_C = -\frac{S_r}{2} + \varphi X_1 + m X_2$$

$$V_E = -V_A = \frac{Wh + S_l - 2X_3}{l} \qquad H_E = \frac{W}{2} - \frac{X_1 + X_2}{h} \qquad H_A = -(W - H_E)$$

Sonderfall **77/4a:** Waagerechte Einzellast am Firstpunkt C

$$M_A = -M_E = -\frac{\varepsilon PhB}{2N_2} \qquad M_B = -M_D = (1+\varepsilon)\frac{Phk}{2N_2} \qquad M_C = 0$$

$$V_E = -V_A = \frac{P(h+f) + 2M_A}{l} \qquad H_E = -H_A = \frac{P}{2}.$$

Rahmenform 77 Festwerte usw. siehe Seite 327

Siehe hierzu den Abschnitt **"Belastungsglieder"**

Fall 77/5: Beide Riegel beliebig waagerecht, aber gleich und *symmetrisch* zur Rahmenmitte belastet

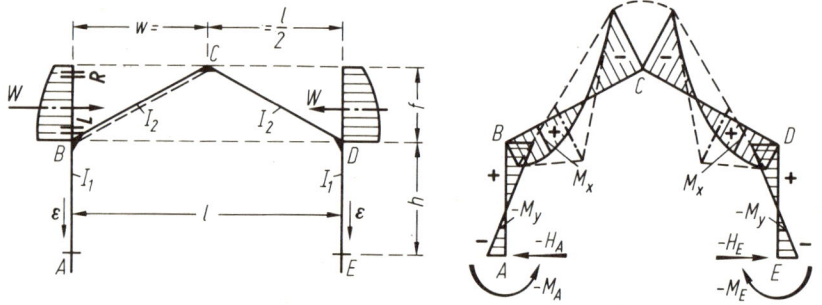

Hilfswerte: $\quad D_1 = \varphi(2S_r - R) \quad D_2 = CS_r - (L + mR)$

$$M_A = M_E = -\frac{\varepsilon(D_1 K_1 - D_2 r)}{N_1} \qquad M_B = M_D = \frac{D_2 K_2 - \varepsilon D_1 r}{N_1}$$

$$M_C = -S_r - \varphi M_A + m M_B \qquad M_x = M_x^0 + \frac{x'}{w} M_B + \frac{x}{w} M_C$$

$$H_A = H_E = -\frac{M_B - M_A}{h} \qquad V_A = V_E = 0.$$

Bemerkung: Alle Belastungsglieder sind auf den *linken* Riegel bezogen.

Fall 77/6: Beide Riegel beliebig waagerecht, aber gleich und *antimetrisch* zur Rahmenmitte belastet

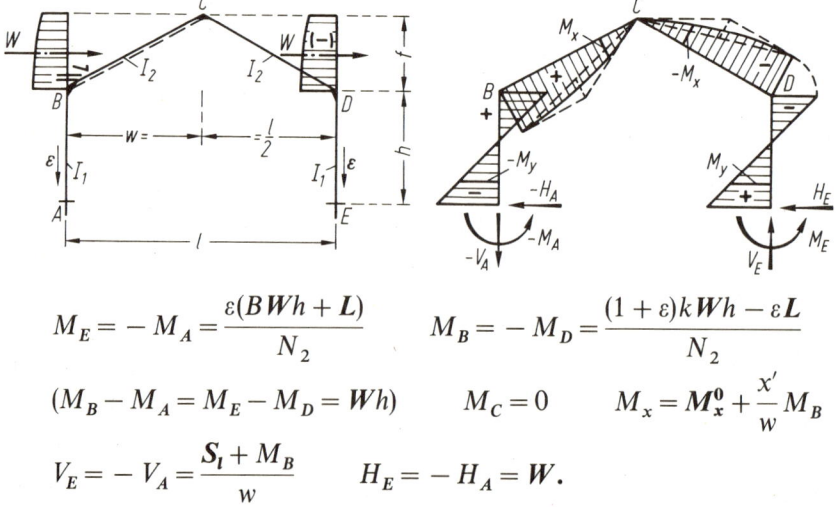

$$M_E = -M_A = \frac{\varepsilon(BWh + L)}{N_2} \qquad M_B = -M_D = \frac{(1+\varepsilon)kWh - \varepsilon L}{N_2}$$

$$(M_B - M_A = M_E - M_D = Wh) \qquad M_C = 0 \qquad M_x = M_x^0 + \frac{x'}{w} M_B$$

$$V_E = -V_A = \frac{S_l + M_B}{w} \qquad H_E = -H_A = W.$$

Bemerkung: Alle Belastungsglieder sind auf den *linken* Riegel bezogen.

Festwerte siehe Seite 327   **Rahmenform 77**

Siehe hierzu den Abschnitt „**Belastungsglieder**"

Fall 77/7: Linker Stiel beliebig waagerecht belastet

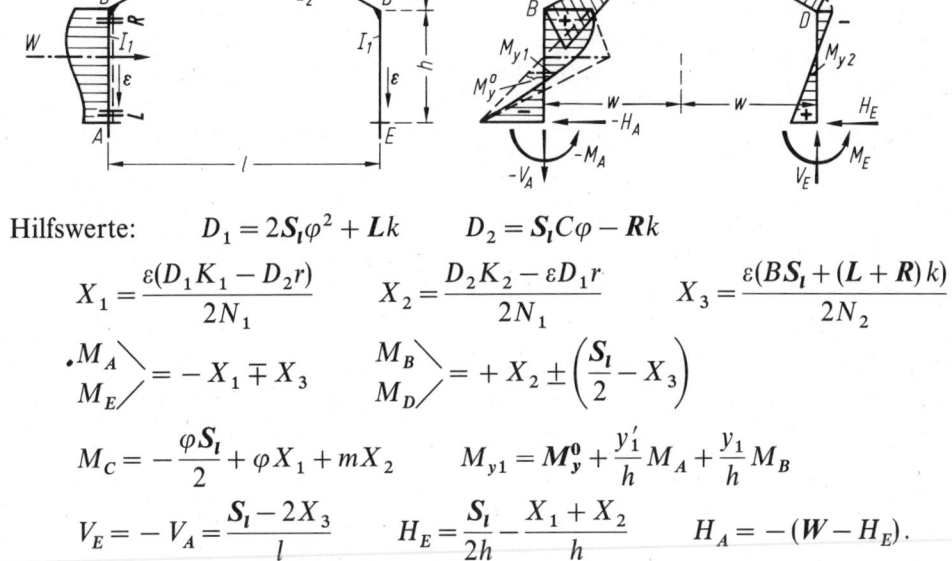

Hilfswerte: $D_1 = 2S_l\varphi^2 + Lk$ $D_2 = S_l C\varphi - Rk$

$$X_1 = \frac{\varepsilon(D_1 K_1 - D_2 r)}{2N_1} \qquad X_2 = \frac{D_2 K_2 - \varepsilon D_1 r}{2N_1} \qquad X_3 = \frac{\varepsilon(BS_l + (L+R)k)}{2N_2}$$

$$\left.\begin{matrix}M_A\\M_E\end{matrix}\right\} = -X_1 \mp X_3 \qquad \left.\begin{matrix}M_B\\M_D\end{matrix}\right\} = +X_2 \pm \left(\frac{S_l}{2} - X_3\right)$$

$$M_C = -\frac{\varphi S_l}{2} + \varphi X_1 + m X_2 \qquad M_{y1} = M_y^0 + \frac{y_1'}{h}M_A + \frac{y_1}{h}M_B$$

$$V_E = -V_A = \frac{S_l - 2X_3}{l} \qquad H_E = \frac{S_l}{2h} - \frac{X_1 + X_2}{h} \qquad H_A = -(W - H_E).$$

Fall 77/8: Beide Stiele beliebig waagerecht, aber gleich und *antimetrisch* zur Rahmenmitte belastet

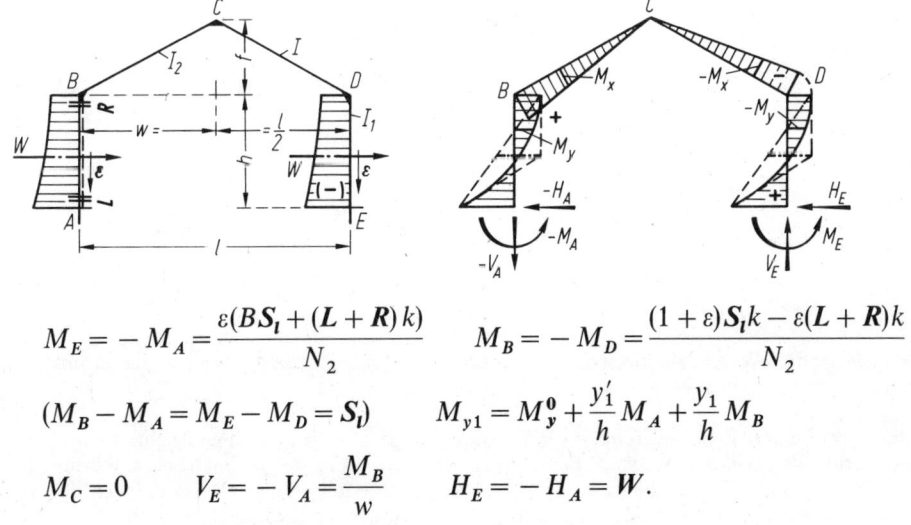

$$M_E = -M_A = \frac{\varepsilon(BS_l + (L+R)k)}{N_2} \qquad M_B = -M_D = \frac{(1+\varepsilon)S_l k - \varepsilon(L+R)k}{N_2}$$

$$(M_B - M_A = M_E - M_D = S_l) \qquad M_{y1} = M_y^0 + \frac{y_1'}{h}M_A + \frac{y_1}{h}M_B$$

$$M_C = 0 \qquad V_E = -V_A = \frac{M_B}{w} \qquad H_E = -H_A = W.$$

Bemerkung: Alle Belastungsglieder sind auf den *linken* Stiel bezogen.

Rahmenform 77 Festwerte usw. siehe Seite 327

Siehe hierzu den Abschnitt **„Belastungsglieder"**

Fall 77/9: Beide Stiele beliebig waagerecht, aber gleich und *symmetrisch* zur Rahmenmitte belastet

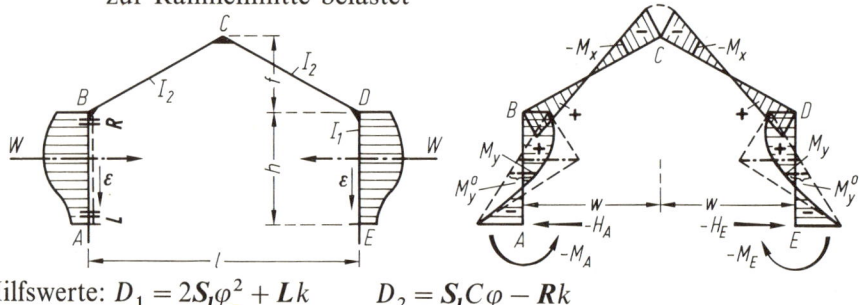

Hilfswerte: $D_1 = 2S_l\varphi^2 + Lk$ $D_2 = S_l C\varphi - Rk$

$$M_A = M_E = -\frac{\varepsilon(D_1 K_1 - D_2 r)}{N_1} \qquad M_B = M_D = \frac{D_2 K_2 - \varepsilon D_1 r}{N_1}$$

$$M_C = -\varphi(S_l + M_A) + m M_B \qquad M_y = M_y^0 + \frac{y'}{h} M_A + \frac{y}{h} M_B$$

$$H_A = H_E = -\frac{S_r - M_A + M_B}{h} \qquad V_A = V_E = 0.$$

Bemerkung: Alle Belastungsglieder sind auf den *linken* Stiel bezogen.

Fall 77/10: Gleichmäßige Wärmezunahme im ganzen Rahmen (Symmetrischer Lastfall) *)

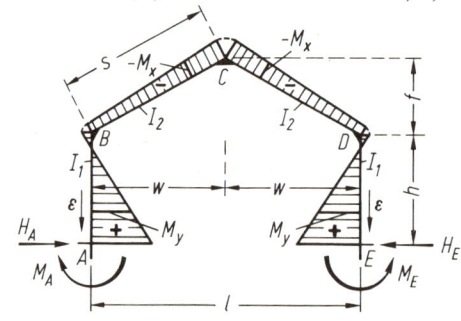

E = Elastizitätsmodul,
α_t = Wärmedehnkoeffizient,
t = Wärmeänderung in Grad.

Hilfswert: $\qquad T = \dfrac{3 E I_2 \alpha_t t l}{h s N_1}$

$$M_A = M_E = 3\varepsilon T(k + 2 + \varphi) \qquad M_B = M_D = -T(k(1+\varepsilon) - 3\varepsilon\varphi)$$

$$M_C = -\varphi M_A + m M_B \qquad H_A = H_E = \frac{M_A - M_B}{h} \qquad V_A = V_E = 0.$$

Bemerkung: Bei Wärme**ab**nahme kehren alle Kräfte ihren Pfeilsinn um und alle Momente erhalten entgegengesetztes Vorzeichen.

---

*) Einen statischen Einfluß liefert nur die Wärmeänderung der zwei Regelstäbe. Gleichzeitige und gleiche Wärmeänderung der beiden Stiele geht spannungslos vor sich. – Für den **antimetrischen Wärmeänderungsfall** (d.h. linke Rahmenhälfte mit $+t_1$ und $+t_2$, rechte mit $-t_1$ und $-t_2$) ist in Fall 77/3 zu setzen $L = 12 E I_2 \alpha_t (h t_1 + f t_2)/(sl)$, während alle übrigen Belastungsglieder verschwinden ($S_r = 0$, $M_x^0 = 0$).

Festwerte siehe Seite 327 **Rahmenform 77**

Fall 77/11: Senkrechte Einzellast am Firstpunkt C

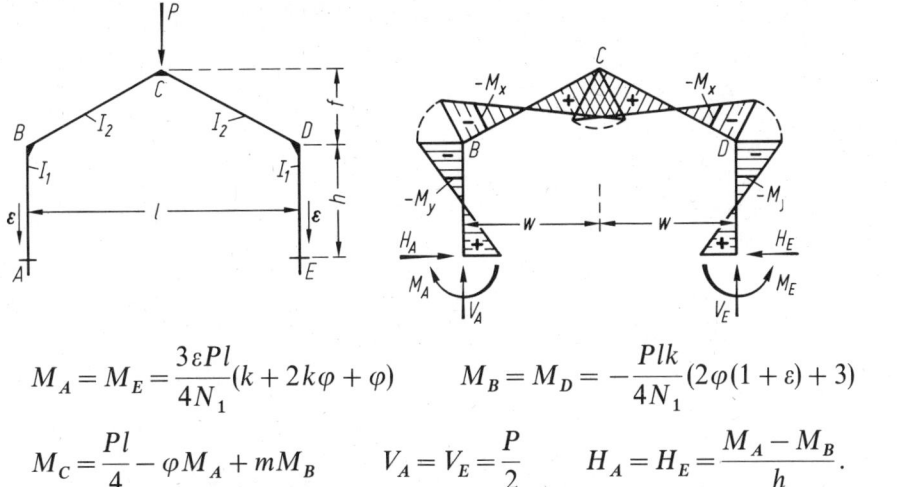

$$M_A = M_E = \frac{3\varepsilon Pl}{4N_1}(k + 2k\varphi + \varphi) \qquad M_B = M_D = -\frac{Plk}{4N_1}(2\varphi(1+\varepsilon) + 3)$$

$$M_C = \frac{Pl}{4} - \varphi M_A + mM_B \qquad V_A = V_E = \frac{P}{2} \qquad H_A = H_E = \frac{M_A - M_B}{h}.$$

Fall 77/12: Waagerechte Einzellast am Traufpunkt B

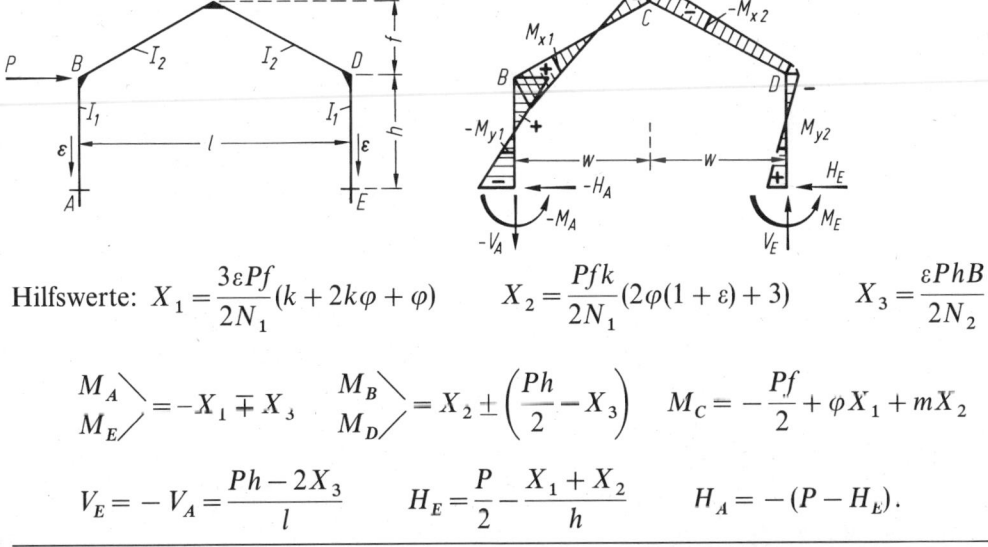

Hilfswerte: $X_1 = \dfrac{3\varepsilon Pf}{2N_1}(k + 2k\varphi + \varphi) \qquad X_2 = \dfrac{Pfk}{2N_1}(2\varphi(1+\varepsilon) + 3) \qquad X_3 = \dfrac{\varepsilon PhB}{2N_2}$

$$\left.\begin{matrix}M_A\\M_E\end{matrix}\right\} = -X_1 \mp X_3 \qquad \left.\begin{matrix}M_B\\M_D\end{matrix}\right\} = X_2 \pm \left(\frac{Ph}{2} - X_3\right) \qquad M_C = -\frac{Pf}{2} + \varphi X_1 + mX_2$$

$$V_E = -V_A = \frac{Ph - 2X_3}{l} \qquad H_E = \frac{P}{2} - \frac{X_1 + X_2}{h} \qquad H_A = -(P - H_E).$$

Fall 77/13: Gleichmäßig verteilte Windlasten in Form von Druck (p = positiv) und Sog (p = negativ) rechtwinklig zu den Stabachsen wirkend. **Belastungsbild** siehe bei Fall 78/17 (Seite 343) oder bei Fall 81/16 (Seite 359) – Dieser allgemeine Wind-Lastfall läßt sich zerlegen in einen *symmetrischen* – siehe Fall 77/14 – und in einen *antimetrischen* – siehe Fall 77/15 –; bzw. dieser allgemeine Wind-Lastfall wird erhalten durch Überlagerung der beiden Fälle 77/14 und 15.

Rahmenform 77   Festwerte siehe Seite 227

Fall 77/14: Der ganze Rahmen gleichmäßig verteilt von außen her rechtwinklig zu den Stabachsen und *symmetrisch* zur Rahmenmitte belastet.

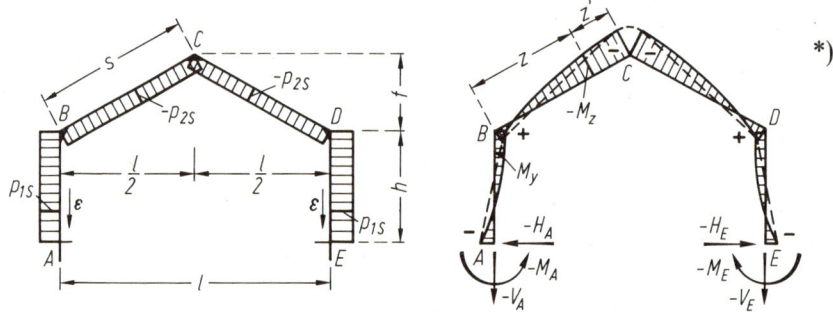

Mit Bezug auf Fall 77/13 ist $p_{1S} = \dfrac{p_1 + p_3}{2}$ $p_{2S} = \dfrac{p_2 + p_4}{2}$. Die Hilfswerte D_1 und D_2 lauten genau wie bei Fall 81/17, Seite 360

$$M_A = M_E = \frac{\varepsilon(-D_1 K_1 + D_2 r)}{N_1} \qquad M_B = M_D = \frac{-\varepsilon D_1 r + D_2 K_2}{N_1} \qquad V_A = V_E = \frac{p_{2S} l}{2}$$

$$M_C = -\frac{p_{1S} h f}{2} + \frac{p_{2S}(w^2 - f^2)}{2} - \varphi M_A + m M_B \qquad H_A = H_E = -\frac{p_{1S} h}{2} + \frac{M_A - M_B}{h}.$$

Fall 77/15: Der ganze Rahmen gleichmäßig verteilt rechtwinklig zu den Stabachsen belastet, und zwar die linke Rahmenhälfte von außen her, die rechte von innen her – im ganzen *antimetrisch* zur Rahmenmitte.

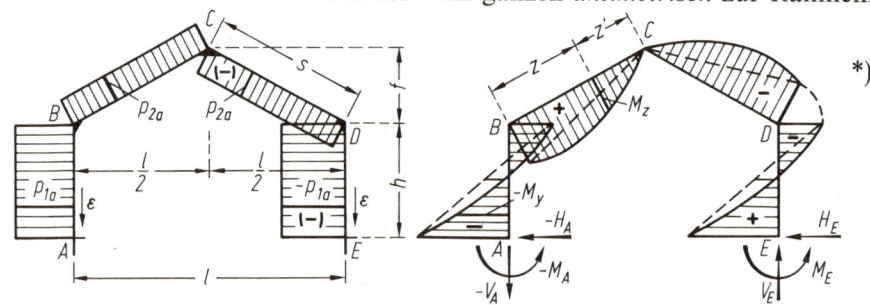

Mit Bezug auf Fall 77/13 ist $p_{1a} = \dfrac{p_1 - p_3}{2}$ $p_{2a} = \dfrac{p_2 - p_4}{2}$.

$$M_B = -M_D = \frac{p_{1a} h^2 k}{2N_2} + \frac{p_{2a}}{4N_2}(4(1+\varepsilon)fhk - \varepsilon s^2)$$

$$M_E = -M_A = \frac{\varepsilon}{N_2}\left(p_{1a} h^2 (2k+1) + p_{2a}\left(Bfh + \frac{s^2}{4}\right)\right) \qquad M_C = 0$$

$$V_E = -V_A = \frac{p_{1a} h^2}{l} + \frac{p_{2a}(2mfh - s^2)}{l} - \frac{M_E}{w} \qquad H_E = -H_A = p_{1a} h + p_{2a} f.$$

*) Die Formeln für M_z und Q_z lauten für Fall 77/14 wie bei Fall 78/18, für Fall 77/15 wie bei Fall 78/19, Seite 344.

Rahmenform 78

Symmetrischer Hallen-Zweigelenkrahmen mit senkrechten Stielen und gebrochenem Riegel

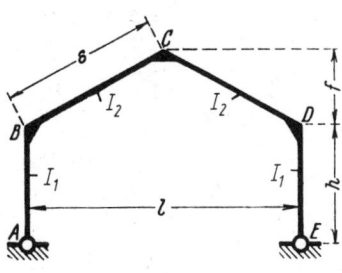

Rahmenform, Abmessungen und Bezeichnungen

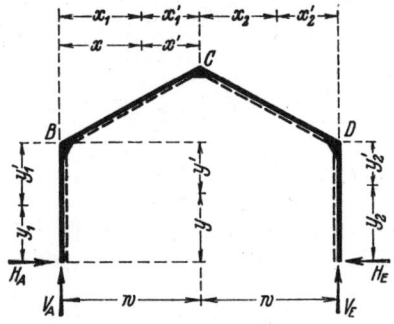

Festlegung der positiven Richtung aller Stützkräfte und der Koordinaten beliebiger Stabpunkte. Bei symmetrischen Lastfällen werden x, x' und y, y' benutzt. Positive Biegemomente erzeugen an der gestrichelten Stabseite Zug

Festwerte: $\quad k = \dfrac{I_2}{I_1} \cdot \dfrac{h}{s} \qquad \varphi = \dfrac{f}{h} \qquad m = 1 + \varphi;$

$B = 2(k+1) + m \qquad C = 1 + 2m; \qquad N = B + mC.$

Anschriebe für die Momente in beliebigen Stabpunkten für alle Lastfälle der Rahmenform 78

a) Für unsymmetrische Lastfälle:

$$M_{x1} = M_x^0 + \frac{x'}{w} M_B + \frac{x_1}{w} M_C \qquad M_{x2} = \frac{x_2'}{w} M_C + \frac{x_2}{w} M_D$$

$$M_{y1} = M_y^0 + \frac{y_1}{h} M_B \qquad M_{y2} = \frac{y_2}{h} M_D; \qquad \left(w = \frac{l}{2}\right).$$

b) Für symmetrische Lastfälle:

$$M_x = M_x^0 + \frac{x'}{w} M_B + \frac{x}{w} M_C \qquad M_y = M_y^0 + \frac{y}{h} M_B.$$

c) Für antimetrische Lastfälle ist $M'_{x2} = -M_{x1};\ M_{y2} = -M_{y1}.$

Bemerkung: Bei nicht direkt belastetem Schrägstab oder Stiel entfällt das Glied M_x^0 bzw. M_y^0.

Rahmenform 78 Festwerte usw. siehe Seite 335

Fall 78/1: Rechteck-Vollast auf dem linken Riegel

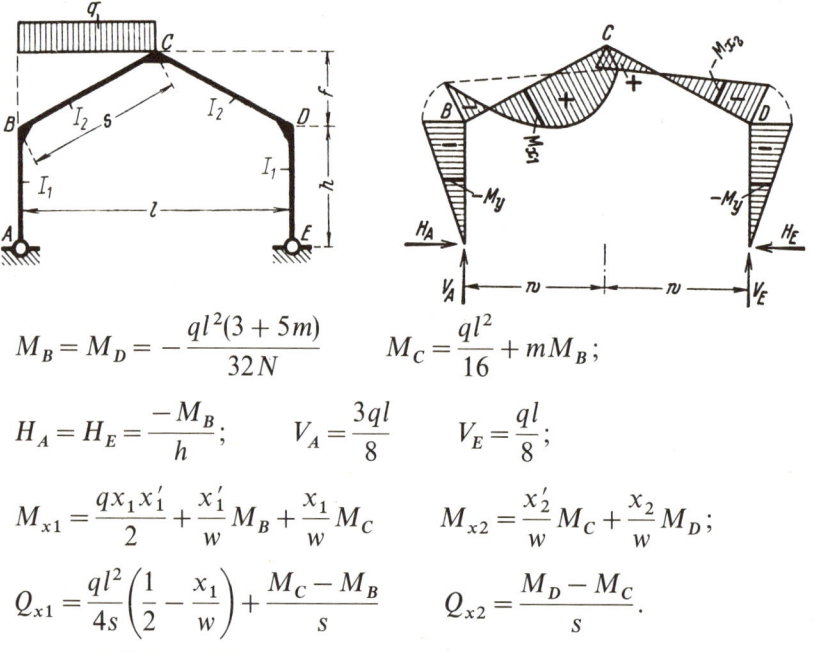

$$M_B = M_D = -\frac{ql^2(3+5m)}{32N} \qquad M_C = \frac{ql^2}{16} + mM_B;$$

$$H_A = H_E = \frac{-M_B}{h}; \qquad V_A = \frac{3ql}{8} \qquad V_E = \frac{ql}{8};$$

$$M_{x1} = \frac{qx_1 x_1'}{2} + \frac{x_1'}{w} M_B + \frac{x_1}{w} M_C \qquad M_{x2} = \frac{x_2'}{w} M_C + \frac{x_2}{w} M_D;$$

$$Q_{x1} = \frac{ql^2}{4s}\left(\frac{1}{2} - \frac{x_1}{w}\right) + \frac{M_C - M_B}{s} \qquad Q_{x2} = \frac{M_D - M_C}{s}.$$

Fall 78/2: Rechteck-Vollast über beide Riegel

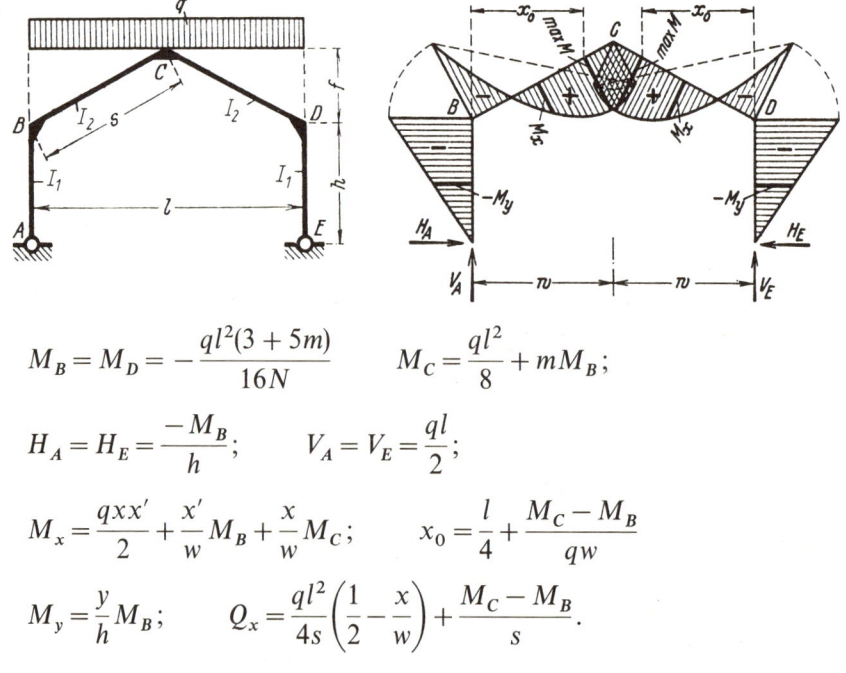

$$M_B = M_D = -\frac{ql^2(3+5m)}{16N} \qquad M_C = \frac{ql^2}{8} + mM_B;$$

$$H_A = H_E = \frac{-M_B}{h}; \qquad V_A = V_E = \frac{ql}{2};$$

$$M_x = \frac{qxx'}{2} + \frac{x'}{w} M_B + \frac{x}{w} M_C; \qquad x_0 = \frac{l}{4} + \frac{M_C - M_B}{qw}$$

$$M_y = \frac{y}{h} M_B; \qquad Q_x = \frac{ql^2}{4s}\left(\frac{1}{2} - \frac{x}{w}\right) + \frac{M_C - M_B}{s}.$$

Festwerte usw. siehe Seite 335 — **Rahmenform 78**

Siehe hierzu den Abschnitt „**Belastungsglieder**"

Fall 78/3: Linker Riegel beliebig senkrecht belastet

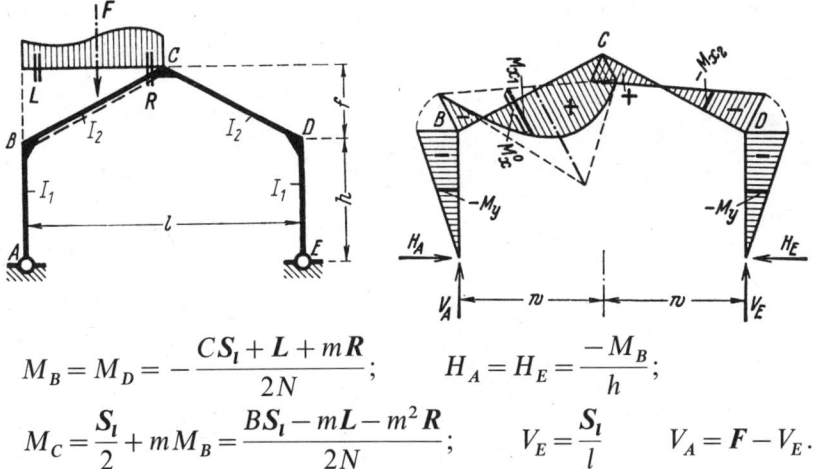

$$M_B = M_D = -\frac{CS_l + L + mR}{2N}; \qquad H_A = H_E = \frac{-M_B}{h};$$

$$M_C = \frac{S_l}{2} + mM_B = \frac{BS_l - mL - m^2R}{2N}; \qquad V_E = \frac{S_l}{l} \qquad V_A = F - V_E.$$

Fall 78/4: Beide Riegel beliebig senkrecht, aber gleich und *symmetrisch* zur Rahmenmitte belastet

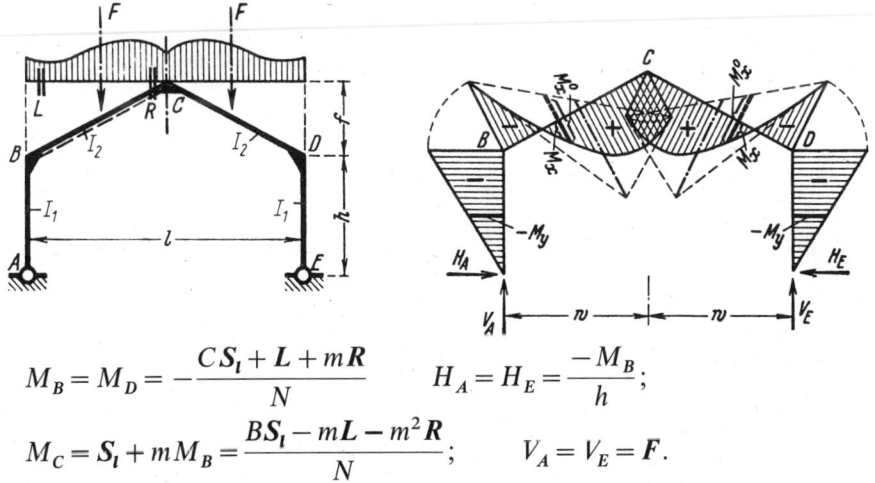

$$M_B = M_D = -\frac{CS_l + L + mR}{N} \qquad H_A = H_E = \frac{-M_B}{h};$$

$$M_C = S_l + mM_B = \frac{BS_l - mL - m^2R}{N}; \qquad V_A = V_E = F.$$

Bemerkung: Alle Belastungsglieder sind auf den *linken* Riegel bezogen. – Alle Eckmomente sind doppelt so groß wie beim Fall 78/3.

Sonderfall 78/4a: Senkrechte Einzellast P im Firstpunkt C

$(S_l = Pw/2; \quad F = P/2).$

$$M_B = M_D = -\frac{Pl}{4} \cdot \frac{C}{N} \qquad M_C = +\frac{Pl}{4} \cdot \frac{B}{N}; \qquad V_A = V_E = \frac{P}{2}; \qquad H_A = H_E = \frac{-M_B}{h}.$$

Rahmenform 78 Festwerte usw. siehe Seite 335

Siehe hierzu den Abschnitt **„Belastungsglieder"**

Fall 78/5: Beide Riegel beliebig senkrecht, aber gleich und *antimetrisch* zur Rahmenmitte belastet

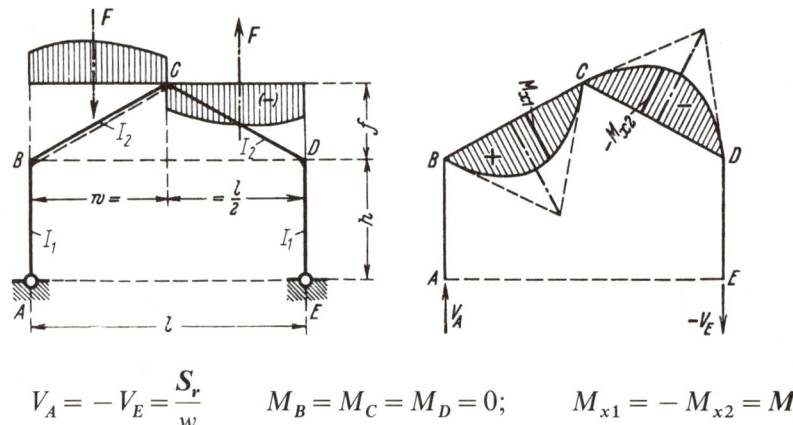

$$V_A = -V_E = \frac{S_r}{w} \qquad M_B = M_C = M_D = 0; \qquad M_{x1} = -M_{x2} = M_x^0.$$

Bemerkung: Alle Belastungsglieder (S_r und M_x^0) sind auf den *linken* Riegel bezogen.

Fall 78/6: Linker Riegel beliebig waagerecht belastet

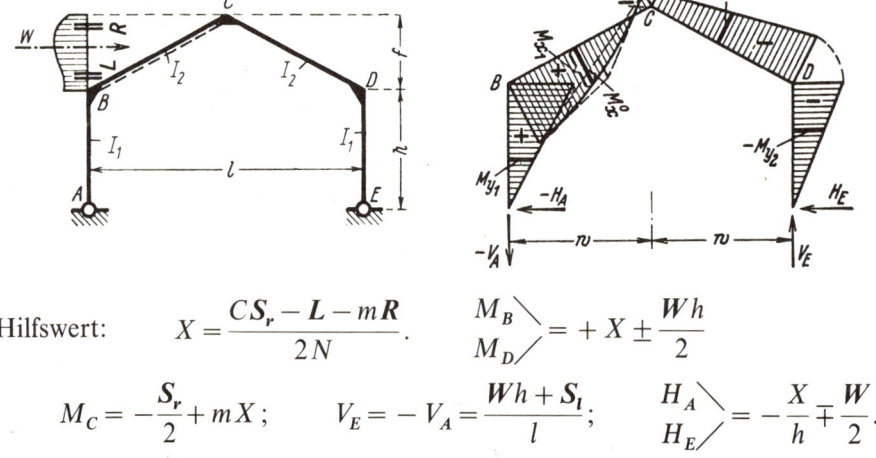

Hilfswert: $\qquad X = \dfrac{CS_r - L - mR}{2N}. \qquad \begin{matrix}M_B\\M_D\end{matrix}\Big\} = +X \pm \dfrac{Wh}{2}$

$$M_C = -\frac{S_r}{2} + mX; \qquad V_E = -V_A = \frac{Wh + S_l}{l}; \qquad \begin{matrix}H_A\\H_E\end{matrix}\Big\} = -\frac{X}{h} \mp \frac{W}{2}.$$

Sonderfall 78/6a: Waagerechte Einzellast P am Eckpunkt B

$(W = P; \qquad S_r = Pf; \qquad S_l = 0; \qquad L = R = 0).$

$$M_D = -\frac{Ph(B+C)}{2N} \qquad M_B = Ph + M_D \qquad M_C = \frac{Ph}{2} + mM_D;$$

$$V_E = -V_A = \frac{Ph}{l}; \qquad H_E = \frac{-M_D}{h} \qquad H_A = -(P - H_E).$$

Festwerte usw. siehe Seite 335　　　　　　　　　　　　　　　　**Rahmenform 78**

Siehe hierzu den Abschnitt „**Belastungsglieder**"

Fall 78/7: Beide Riegel beliebig waagerecht, aber gleich und *symmetrisch* zur Rahmenmitte belastet

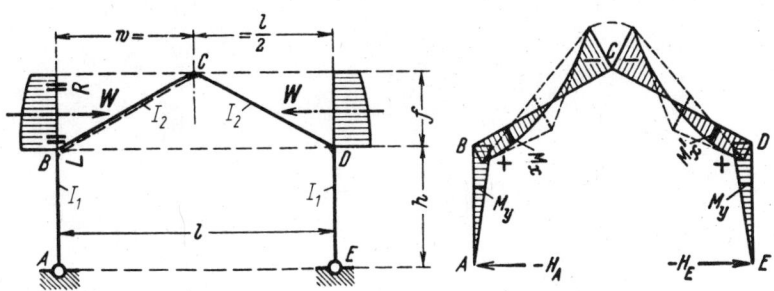

$$M_B = M_D = \frac{CS_r - L - mR}{N}; \qquad H_A = H_E = -\frac{M_B}{h};$$

$$M_C = -S_r + mM_B = -\frac{BS_r + mL + m^2R}{N}; \qquad V_A = V_E = 0.$$

Bemerkung: Alle Belastungsglieder sind auf den *linken* Riegel bezogen.

Fall 78/8: Beide Riegel beliebig waagerecht, aber gleich und *antimetrisch* zur Rahmenmitte belastet

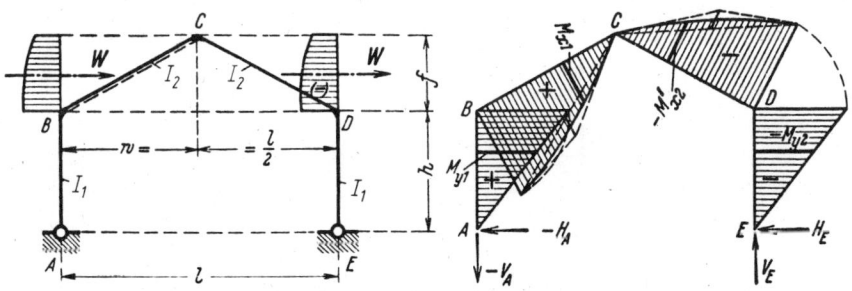

$$M_B = -M_D = Wh \qquad M_C = 0; \qquad V_E = -V_A = \frac{Wh + S_l}{w}; \qquad H_E = -H_A = W$$

Bemerkung: Die Belastungsglieder W und S_l sind auf den *linken* Riegel bezogen.

Sonderfall 78/8a: Waagerechte Einzellast P am Firstpunkt C
$(W = P/2; \quad S_l = Pf/2)$

$$M_B = -M_D = \frac{Ph}{2} \qquad M_C = 0; \qquad V_E = -V_A = \frac{Phm}{l}; \qquad H_E = -H_A = \frac{P}{2}.$$

Rahmenform 78   Festwerte usw. siehe Seite 335

Siehe hierzu den Abschnitt **„Belastungsglieder"**

Fall 78/9: Linker Stiel beliebig waagerecht belastet

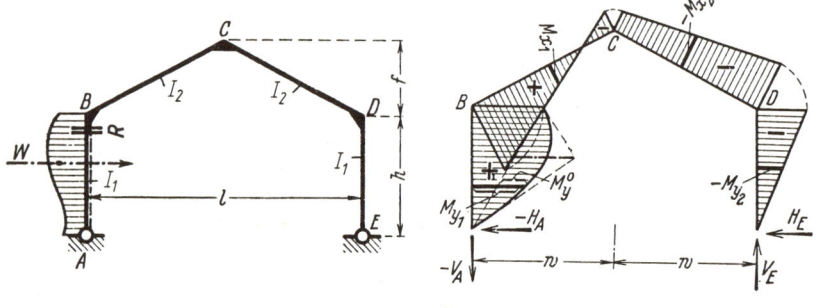

Hilfswert: $X = \dfrac{S_l(B+C) + Rk}{2N}$.

$M_B = S_l - X$ $M_D = -X$ $M_C = \dfrac{S_l}{2} - mX$;

$V_E = -V_A = \dfrac{S_l}{l}$; $H_E = \dfrac{X}{h}$ $H_A = -(W - H_E)$.

Fall 78/10: Beide Stiele beliebig waagerecht, aber gleich und *symmetrisch* zur Rahmenmitte belastet

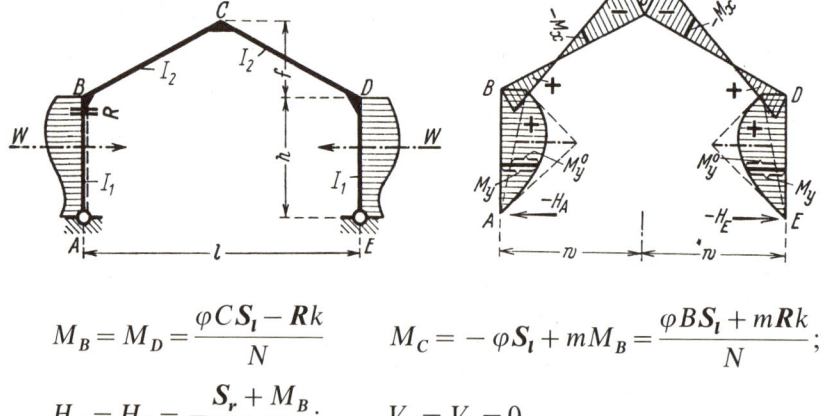

$M_B = M_D = \dfrac{\varphi C S_l - Rk}{N}$ $M_C = -\varphi S_l + m M_B = \dfrac{\varphi B S_l + m Rk}{N}$;

$H_A = H_E = -\dfrac{S_r + M_B}{h}$; $V_A = V_E = 0$.

Bemerkung: Alle Belastungsglieder sind auf den *linken* Stiel bezogen.

Sonderfall 78/10a: Zwei gleiche waagerechte Einzellasten P von außen her an den Eckpunkten B und D

$(S_l = Ph; \quad S_r = 0; \quad R = 0)$.

$M_B = M_D = +Pf \cdot \dfrac{C}{N}$ $M_C = -Pf \cdot \dfrac{B}{N}$; $H_A = H_E = -\dfrac{M_B}{h} = -P \cdot \dfrac{\varphi C}{N}$.

Festwerte usw. siehe Seite 335   **Rahmenform 78**

Fall 78/11: Waagerechte Rechteck-Vollast am linken Riegel

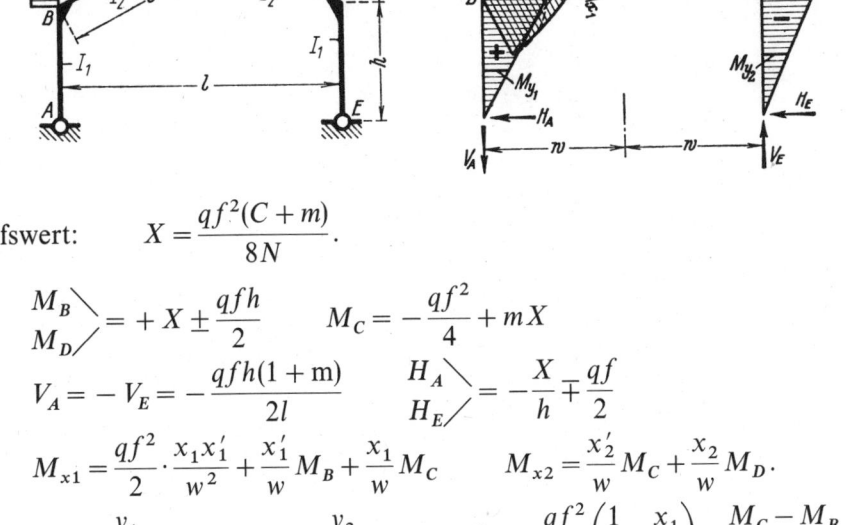

Hilfswert: $\quad X = \dfrac{qf^2(C+m)}{8N}$.

$\left.\begin{array}{c}M_B \\ M_D\end{array}\right\} = +X \pm \dfrac{qfh}{2} \qquad M_C = -\dfrac{qf^2}{4} + mX$

$V_A = -V_E = -\dfrac{qfh(1+m)}{2l} \qquad \left.\begin{array}{c}H_A \\ H_E\end{array}\right\} = -\dfrac{X}{h} \mp \dfrac{qf}{2}$

$M_{x1} = \dfrac{qf^2}{2} \cdot \dfrac{x_1 x_1'}{w^2} + \dfrac{x_1'}{w} M_B + \dfrac{x_1}{w} M_C \qquad M_{x2} = \dfrac{x_2'}{w} M_C + \dfrac{x_2}{w} M_D$

$M_{y1} = \dfrac{y_1}{h} M_B \qquad M_{y2} = \dfrac{y_2}{h} M_D \qquad Q_{x1} = \dfrac{qf^2}{sw^2}\left(\dfrac{1}{2} - \dfrac{x_1}{w}\right) + \dfrac{M_C - M_B}{s}$

Fall 78/12: Rechteck-Vollast am linken Stiel

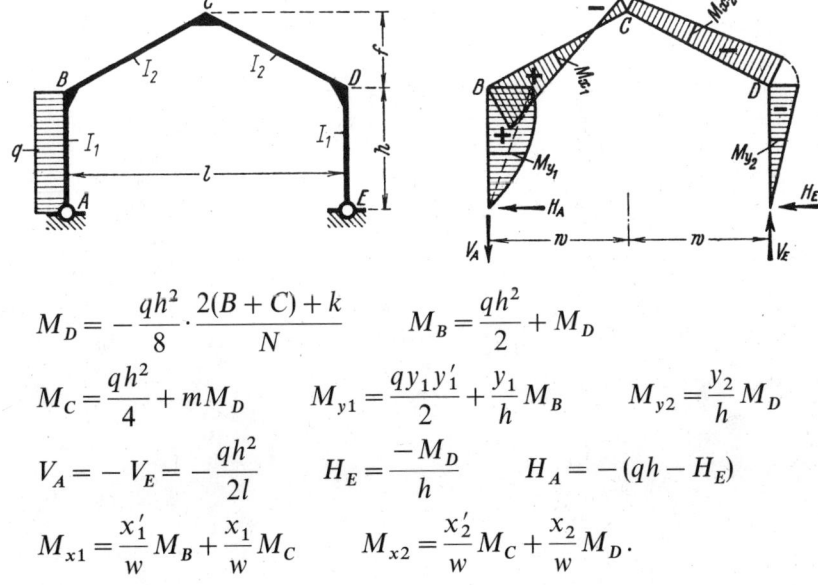

$M_D = -\dfrac{qh^2}{8} \cdot \dfrac{2(B+C)+k}{N} \qquad M_B = \dfrac{qh^2}{2} + M_D$

$M_C = \dfrac{qh^2}{4} + mM_D \qquad M_{y1} = \dfrac{qy_1 y_1'}{2} + \dfrac{y_1}{h} M_B \qquad M_{y2} = \dfrac{y_2}{h} M_D$

$V_A = -V_E = -\dfrac{qh^2}{2l} \qquad H_E = \dfrac{-M_D}{h} \qquad H_A = -(qh - H_E)$

$M_{x1} = \dfrac{x_1'}{w} M_B + \dfrac{x_1}{w} M_C \qquad M_{x2} = \dfrac{x_2'}{w} M_C + \dfrac{x_2}{w} M_D$.

Rahmenform 78   Festwerte usw. siehe Seite 335

Fall 78/13: Konsollast am linken Stiel

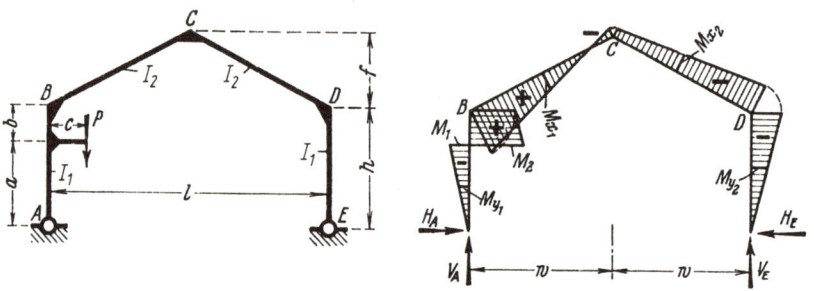

Hilfswerte: $\alpha = \dfrac{a}{h},\qquad X = \dfrac{Pc}{2}\cdot\dfrac{B+C-k(3\alpha^2-1)}{N}.$

$M_B = Pc - X \qquad M_D = -X \qquad M_1 = -\alpha X \qquad M_2 = Pc - \alpha X$

$M_C = \dfrac{Pc}{2} - mX \qquad V_E = \dfrac{Pc}{l} \qquad V_A = P - V_E \qquad H_A = H_E = \dfrac{X}{h}$

Im Bereich a: \qquad Im Bereich b:

$M_{y1} = \dfrac{y_1}{h} M_D \qquad M_{y1} = Pc + \dfrac{y_1}{h} M_D \qquad M_{y2} = \dfrac{y_2}{h} M_D$

$M_{x1} = \dfrac{x_1'}{w} M_B + \dfrac{x_1}{w} M_C \qquad M_{x2} = \dfrac{x_2'}{w} M_C + \dfrac{x_2}{w} M_D.$

Fall 78/14: Konsollast an beiden Stielen

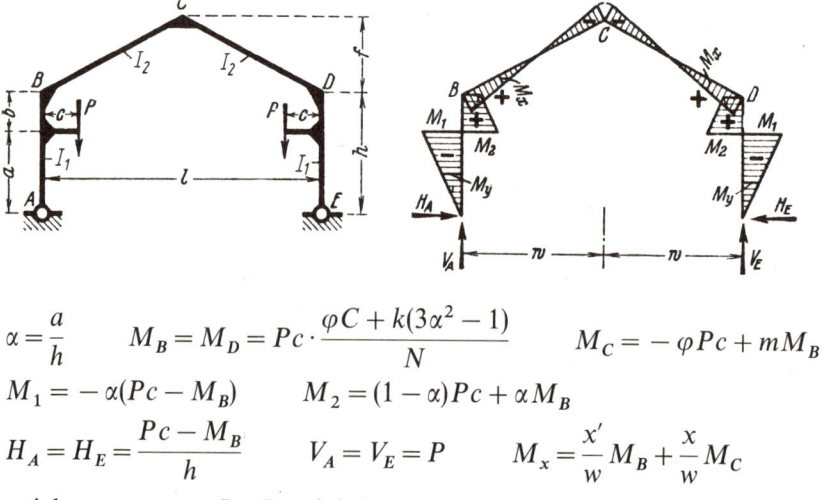

$\alpha = \dfrac{a}{h} \qquad M_B = M_D = Pc \cdot \dfrac{\varphi C + k(3\alpha^2 - 1)}{N} \qquad M_C = -\varphi Pc + m M_B$

$M_1 = -\alpha(Pc - M_B) \qquad M_2 = (1 - \alpha)Pc + \alpha M_B$

$H_A = H_E = \dfrac{Pc - M_B}{h} \qquad V_A = V_E = P \qquad M_x = \dfrac{x'}{w} M_B + \dfrac{x}{w} M_C$

Im Bereich a: \qquad Im Bereich b:

$M_y = -H_A y \qquad M_y = Pc - H_A y.$

Festwerte usw. siehe Seite 335   **Rahmenform 78**

Siehe hierzu den Abschnitt „**Belastungsglieder**"

Fall 78/15: Beide Stiele beliebig waagerecht, aber gleich und *antimetrisch* zur Rahmenmitte belastet

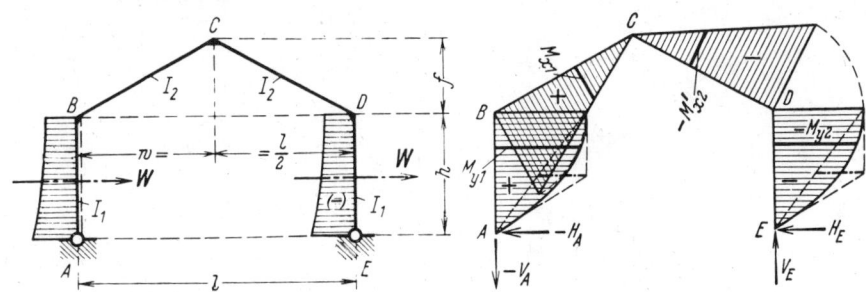

$$M_B = -M_D = S_l \qquad M_C = 0; \qquad V_E = -V_A = S_l/w; \qquad H_E = -H_A = W.$$

Bemerkung: Die Belastungsglieder S_l und W sind auf den *linken* Stiel bezogen.

Sonderfall 78/15a: Zwei gleiche waagerechte Einzellasten P von links her an den Eckpunkten B und D. ($S_l = Ph; \quad W = P$).

$$M_B = -M_D = Ph \qquad M_C = 0; \qquad V_E = -V_A = Ph/w; \qquad H_E = -H_A = P.$$

Fall 78/16: Gleichmäßige Wärme*zu*nahme im ganzen Rahmen – s. S. 345!

Fall 78/17: Gleichmäßig verteilte Windlasten in Form von Druck (p = positiv) und Sog (p = negativ) rechtwinklig zu den Stabachsen wirkend

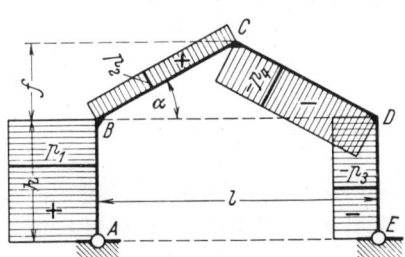

Dieser allgemeine Wind-Lastfall läßt sich praktisch zerlegen in einen *symmetrischen* – siehe Fall 78/18 – und in einen *antimetrischen* – siehe Fall 78/19 –; bzw. dieser allgemeine Wind-Lastfall wird erhalten durch Überlagerung der beiden Fälle 78/18 und 19.

Bemerkung: Bei flachen Dächern wird auch p_2 negativ.

Formeln zum **Fall 78/19** von Seite 344

Mit Bezug auf Fall 78/17 ist $\qquad p_{1a} = \dfrac{p_1 - p_3}{2} \qquad p_{2a} = \dfrac{p_2 - p_4}{2}.$

$$M_B = -M_D = \frac{p_{1a} h^2}{2} + p_{2a} f h \qquad M_C = 0; \qquad M_y = \frac{p_{1a} \cdot yy'}{2} + \frac{y}{h} \cdot M_B$$

$$M_z = \frac{p_{2a} \cdot zz'}{2} + \frac{z'}{s} \cdot M_B; \qquad V_E = -V_A = \frac{p_{1a} h^2}{l} + \frac{p_{2a}(2m \cdot fh - s^2)}{l};$$

$$H_E = -H_A = p_{1a} h + p_{2a} f; \qquad Q_z = p_{2a} s \left(\frac{1}{2} - \frac{z}{s}\right) - \frac{M_B}{s}.$$

Rahmenform 78 Festwerte usw. siehe Seite 335

Fall 78/18: Der ganze Rahmen gleichmäßig verteilt von außen her rechtwinklig zu den Stabachsen und *symmetrisch* zur Rahmenmitte belastet (*Symmetrischer* Anteil aus Windlast – nur Druck)

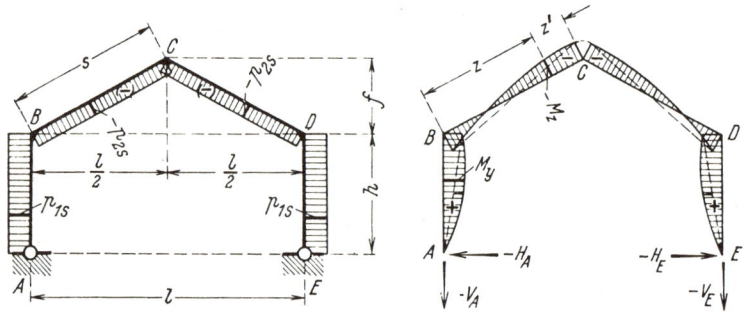

Mit Bezug auf Fall 78/17 ist $\quad p_{1s} = \dfrac{p_1 + p_3}{2} \quad p_{2s} = \dfrac{p_2 + p_4}{2}.$

$$M_B = M_D = \frac{p_{1s} h^2 (2\varphi C - k)}{4N} - \frac{p_{2s}[l^2 C - s^2(C + m)]}{4N};$$

$$M_C = -\frac{p_{1s} h f}{2} + \frac{p_{2s}(w^2 - f^2)}{2} + m M_B; \qquad H_A = H_E = -\frac{p_{1s} h}{2} - \frac{M_B}{h};$$

$$M_y = \frac{p_{1s} \cdot y y'}{2} + \frac{y}{h} \cdot M_B \qquad M_z = \frac{p_{2s} \cdot z z'}{2} + \frac{z'}{s} \cdot M_B + \frac{z}{s} \cdot M_C;$$

$$V_A = V_E = \frac{p_{2s} l}{2}; \qquad Q_z = p_{2s} s \left(\frac{1}{2} - \frac{z}{s} \right) + \frac{M_C - M_B}{s}.$$

Bemerkung: Für flache Dachneigung wird $M_B = M_D$ negativ.

Fall 78/19: Der ganze Rahmen gleichmäßig verteilt rechtwinklig zu den Stabachsen belastet, und zwar die linke Rahmenhälfte von außen her, die rechte von innen her – im ganzen *antimetrisch* zur Rahmenmitte (*Antimetrischer* Anteil aus Windlast – Druck und Sog)

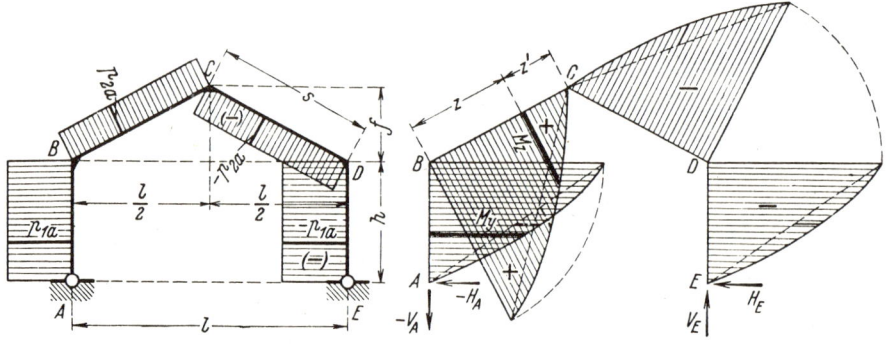

Formeln zu Fall 78/19 siehe Seite 343 unten!

Rahmenform 79

Symmetrischer Hallenrahmen mit gebrochenem Riegel und senkrechten Stielen mit einem festen Gelenk und einem waagerecht beweglichen Auflager, verbunden durch ein elastisches Zugband

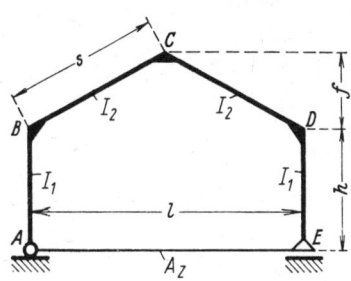

Rahmenform, Abmessungen und Bezeichnungen

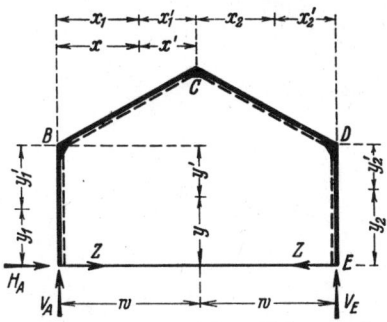

Festlegung der positiven Richtung aller Stützkräfte und der Koordinaten beliebiger Stabpunkte. Bei symmetrischen Lastfällen werden x, x' und y, y' benutzt. Positive Biegemomente erzeugen an der gestrichelten Stabseite Zug

Festwerte:

$$k = \frac{I_2}{I_1} \cdot \frac{h}{s}; \quad \varphi = \frac{f}{h}; \quad L_Z = \frac{3I_2}{h^2 A_Z} \cdot \frac{E}{E_Z} \cdot \frac{l}{s}; \quad w = \frac{l}{2};$$

$$m = 1 + \varphi; \quad B = 2(k+1) + m \quad C = 1 + 2m;$$

$$N = B + mC; \quad N_Z = N + L_Z.$$

E = Elastizitätsmodul des Rahmenbaustoffes,
E_Z = Elastizitätsmodul des Zugbandstoffes,
A_Z = Querschnittsfläche des Zugbandes.

Noch zu Rahmenform 78 gehörend:
Fall 78/16: Gleichmäßige Wärme**zu**nahme im ganzen Rahmen *)

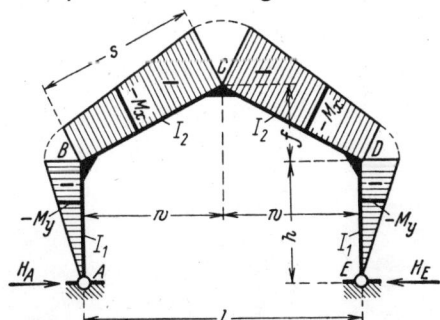

E = Elastizitätsmodul,
α_t = Wärmedehnkoeffizient,
t = Wärmeänderung in Grad.

$$M_B = M_D = -\frac{3EI_2 l \cdot \alpha_t t}{shN}$$

$$M_C = mM_B; \quad H_A = H_E = \frac{-M_B}{h}.$$

Bemerkung: Bei Wärme**ab**nahme kehren alle Kräfte ihren Pfeilsinn um und alle Momente erhalten entgegengesetztes Vorzeichen.

*) Einen statischen Einfluß liefern nur die zwei Riegelstäbe. – Bei Wärme**zu**nahme nur *eines* Riegelstabes werden alle Momente und Kräfte halb so groß.

Rahmenform 79   Festwerte siehe Seite 345

Siehe hierzu den Abschnitt „**Belastungsglieder**"

Fall 79/1: Beide Halbriegel beliebig senkrecht belastet

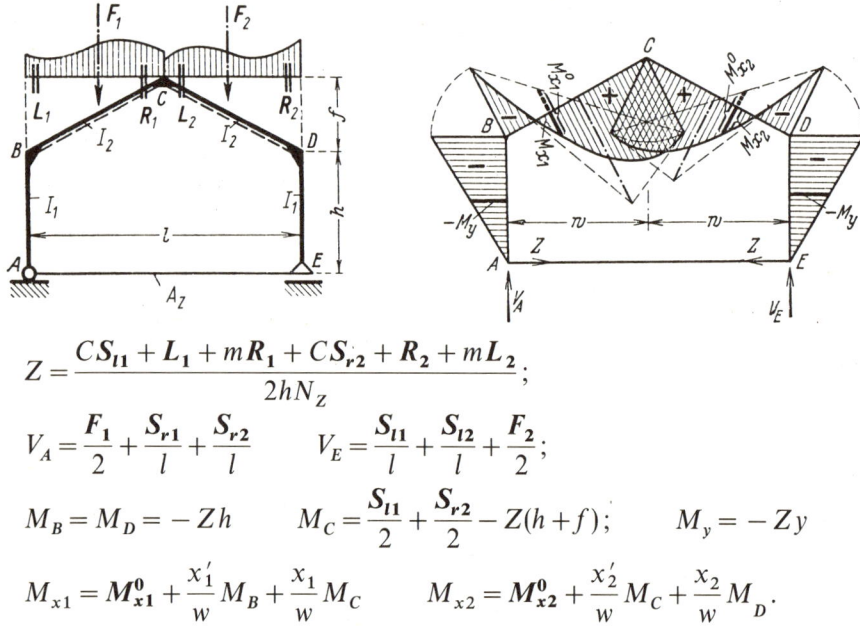

$$Z = \frac{CS_{l1} + L_1 + mR_1 + CS_{r2} + R_2 + mL_2}{2hN_Z};$$

$$V_A = \frac{F_1}{2} + \frac{S_{r1}}{l} + \frac{S_{r2}}{l} \qquad V_E = \frac{S_{l1}}{l} + \frac{S_{l2}}{l} + \frac{F_2}{2};$$

$$M_B = M_D = -Zh \qquad M_C = \frac{S_{l1}}{2} + \frac{S_{r2}}{2} - Z(h+f); \qquad M_y = -Zy$$

$$M_{x1} = M_{x1}^0 + \frac{x_1'}{w}M_B + \frac{x_1}{w}M_C \qquad M_{x2} = M_{x2}^0 + \frac{x_2'}{w}M_C + \frac{x_2}{w}M_D.$$

Bemerkung: Für in bezug auf Punkt C symmetrische Riegellast ist $R_2 = L_1$, $L_2 = R_1$, $S_{r2} = S_{l1}$ und $V_A = V_E = F_1 = F_2$.

Fall 79/2: Gleichmäßige Wärmezunahme im ganzen Rahmen

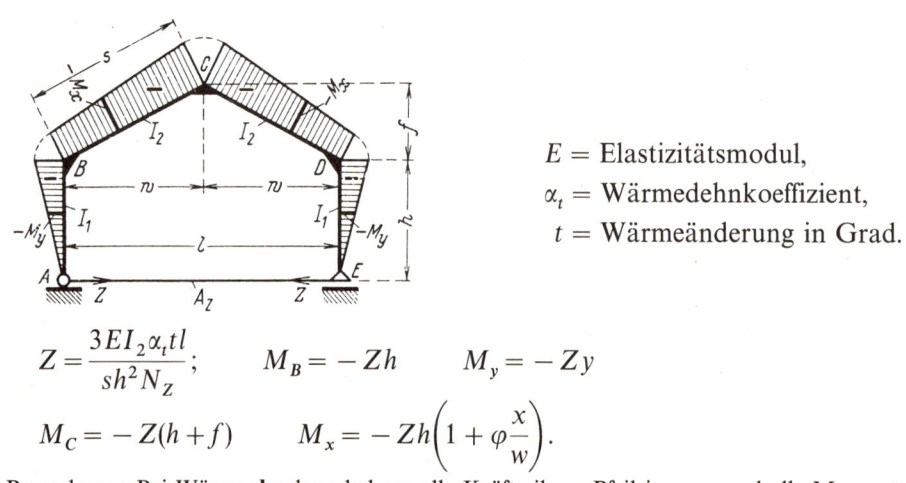

E = Elastizitätsmodul,
α_t = Wärmedehnkoeffizient,
t = Wärmeänderung in Grad.

$$Z = \frac{3EI_2\alpha_t tl}{sh^2 N_Z}; \qquad M_B = -Zh \qquad M_y = -Zy$$

$$M_C = -Z(h+f) \qquad M_x = -Zh\left(1 + \varphi\frac{x}{w}\right).$$

Bemerkung: Bei Wärme**ab**nahme kehren alle Kräfte ihren Pfeilsinn um und alle Momente erhalten entgegengesetztes Vorzeichen*).

---

*) Siehe hierzu die Fußnote Seite 348.

Festwerte siehe Seite 345   Rahmenform 79

Siehe hierzu den Abschnitt „**Belastungsglieder**"

Fall 79/3: Linker Riegel beliebig waagerecht belastet

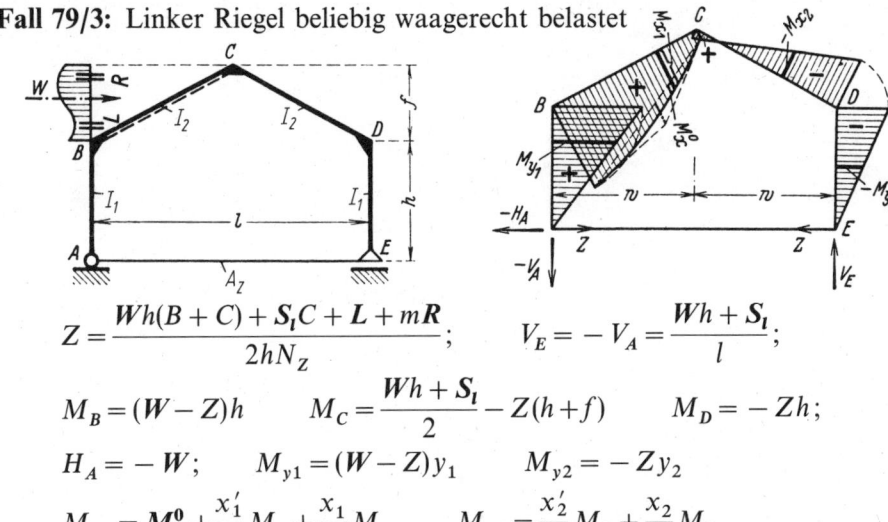

$$Z = \frac{Wh(B+C) + S_l C + L + mR}{2hN_Z}; \qquad V_E = -V_A = \frac{Wh + S_l}{l};$$

$$M_B = (W-Z)h \qquad M_C = \frac{Wh + S_l}{2} - Z(h+f) \qquad M_D = -Zh;$$

$$H_A = -W; \qquad M_{y1} = (W-Z)y_1 \qquad M_{y2} = -Zy_2$$

$$M_{x1} = M_x^0 + \frac{x_1'}{w}M_B + \frac{x_1}{w}M_C \qquad M_{x2} = \frac{x_2'}{w}M_C + \frac{x_2}{w}M_D.$$

Sonderfall 79/3a: Waagerechte Einzellast P am Firstpunkt C

$(W = P; \qquad S_l = Pf; \qquad M_x^0 = 0).$

$$Z = \frac{P}{2} \cdot \frac{N}{N_Z}; \qquad V_E = -V_A = \frac{P(h+f)}{l}; \qquad M_C = \frac{PL_Z(h+f)}{2N_Z}$$

$$M_B = (P-Z)h \qquad M_D = -Zh \qquad M_{y1} = (P-Z)y_1; \qquad H_A = -P.$$

Fall 79/4: Linker Stiel beliebig waagerecht belastet

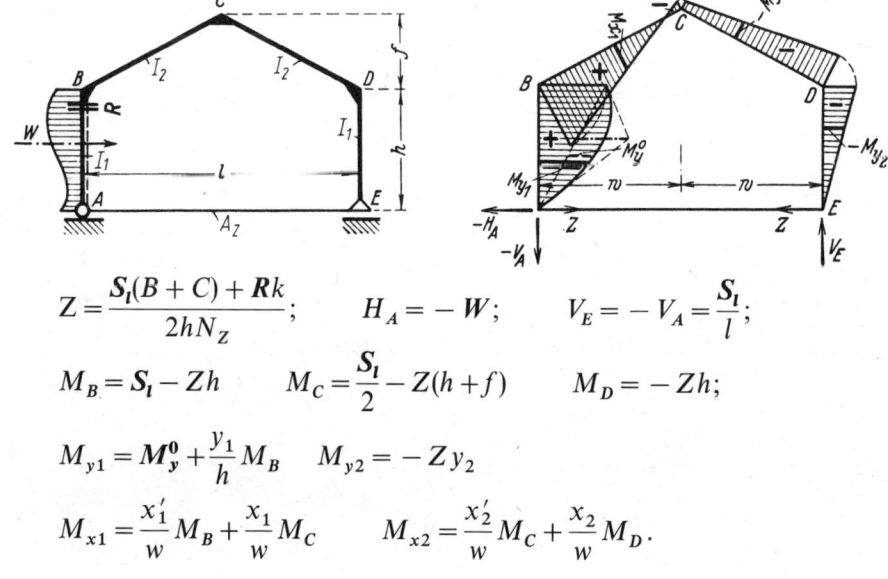

$$Z = \frac{S_l(B+C) + Rk}{2hN_Z}; \qquad H_A = -W; \qquad V_E = -V_A = \frac{S_l}{l};$$

$$M_B = S_l - Zh \qquad M_C = \frac{S_l}{2} - Z(h+f) \qquad M_D = -Zh;$$

$$M_{y1} = M_y^0 + \frac{y_1}{h}M_B \qquad M_{y2} = -Zy_2$$

$$M_{x1} = \frac{x_1'}{w}M_B + \frac{x_1}{w}M_C \qquad M_{x2} = \frac{x_2'}{w}M_C + \frac{x_2}{w}M_D.$$

Rahmenform 79 Festwerte siehe Seite 345

Siehe hierzu den Abschnitt **„Belastungsglieder"**

Fall 79/5: Rechter Riegel beliebig waagerecht belastet

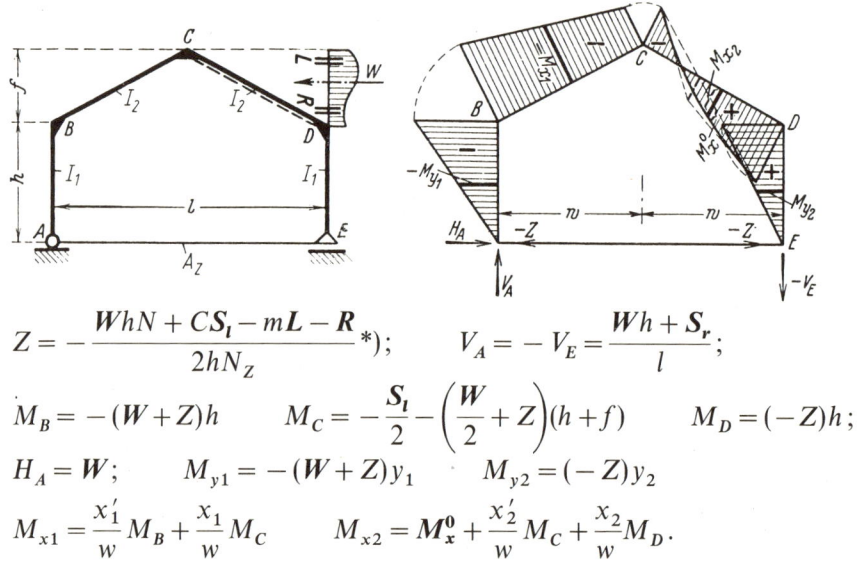

$$Z = -\frac{WhN + CS_l - mL - R}{2hN_Z} *);\qquad V_A = -V_E = \frac{Wh + S_r}{l};$$

$$M_B = -(W+Z)h \qquad M_C = -\frac{S_l}{2} - \left(\frac{W}{2} + Z\right)(h+f) \qquad M_D = (-Z)h;$$

$$H_A = W;\qquad M_{y1} = -(W+Z)y_1 \qquad M_{y2} = (-Z)y_2$$

$$M_{x1} = \frac{x_1'}{w}M_B + \frac{x_1}{w}M_C \qquad M_{x2} = M_x^0 + \frac{x_2'}{w}M_C + \frac{x_2}{w}M_D.$$

Fall 79/6: Rechter Stiel beliebig waagerecht belastet

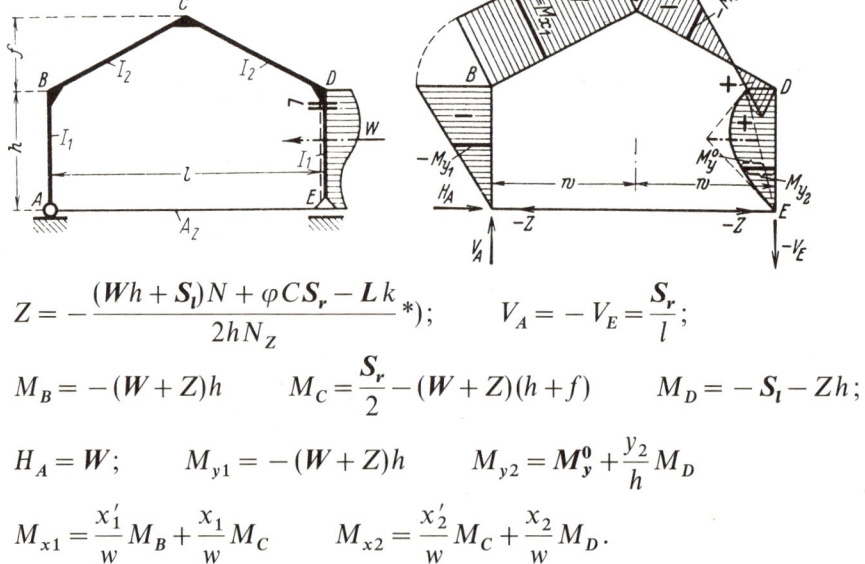

$$Z = -\frac{(Wh + S_l)N + \varphi CS_r - Lk}{2hN_Z} *);\qquad V_A = -V_E = \frac{S_r}{l};$$

$$M_B = -(W+Z)h \qquad M_C = \frac{S_r}{2} - (W+Z)(h+f) \qquad M_D = -S_l - Zh;$$

$$H_A = W;\qquad M_{y1} = -(W+Z)h \qquad M_{y2} = M_y^0 + \frac{y_2}{h}M_D$$

$$M_{x1} = \frac{x_1'}{w}M_B + \frac{x_1}{w}M_C \qquad M_{x2} = \frac{x_2'}{w}M_C + \frac{x_2}{w}M_D.$$

---

*) Bei obigen 2 Lastfällen sowie bei Wärme**ab**nahme (s. S. 346) wird Z negativ, d.h. das Zugband erhält Druck. Dieser Umstand hat selbstverständlich nur dann einen Sinn, wenn die Druckkraft kleiner bleibt als die Zugkraft aus ständiger Last, so daß stets ein Rest Zugkraft im Zugbande verbleibt.

Rahmenform 80

Symmetrischer Hallen-Zweigelenkrahmen mit senkrechten Stielen, gebrochenem Riegel und einem elastischen Zugband in Stielhöhe

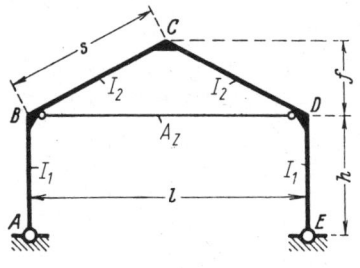 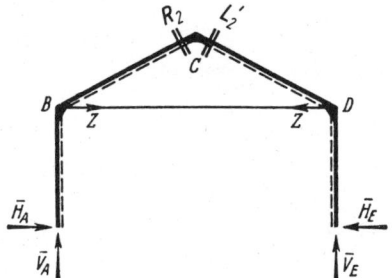

Rahmenform, Abmessungen und Bezeichnungen

Festlegung der positiven Richtung aller Stützkräfte. Koordinaten beliebiger Stabpunkte genau wie bei Rahmenform 78 (s. S. 335). Positive Biegemomente erzeugen an der gestrichelten Stabseite Zug

Allgemeines

Die Rahmenform 80 (*mit* Zugband) wird am zweckmäßigsten als Erweiterung der Rahmenform 78 (*ohne* Zugband) aufgefaßt und behandelt. Es läßt sich dadurch der Einfluß des elastischen Zugbandes übersichtlich verfolgen.

Rechnungsgang

Erster Schritt: Für jeden zu behandelnden Lastfall werden die Eckmomente M_B, M_C, M_D und die Auflagerkräfte H_A, H_E, V_A, V_E nach Rahmenform 78 (siehe die Seiten 335 bis 344) zahlenmäßig errechnet.

Zweiter Schritt:

a) Zusätzliche Festwerte für Rahmenform 80

$$\beta = \frac{B}{N} \qquad \gamma = \frac{C}{N}; \qquad L_Z = \frac{3 I_2}{f^2 A_Z} \cdot \frac{E}{E_Z} \cdot \frac{l}{s}; \qquad N_Z = \frac{4k+3}{N} + L_Z.$$

E = Elastizitätsmodul des Rahmenbaustoffes,
E_Z = Elastizitätsmodul des Zugbandstoffes,
A_Z = Querschnittsfläche des Zugbandes.

Bemerkung: Für *starres* Zugband ist $L_Z = 0$ zu setzen.

Rahmenform 80

b) Zugbandkraft

$$Z = \frac{M_B + M_D + 4M_C + R_2 + L_2'}{2fN_Z} *).$$

Bemerkung: Die in der Formel für Z auftretenden Belastungsglieder R_2 und L_2' beziehen sich auf die in der rechten Titelabbildung (s. S. 349) gekennzeichneten Riegelstellen und sind der jeweiligen Riegelbelastung entsprechend wie üblich einzusetzen**).

Dritter Schritt:

a) Eckmomente und Auflagerkräfte der Rahmenform 80

$$\bar{M}_B = M_B + \gamma Zf \qquad \bar{M}_C = M_C - \beta Zf \qquad \bar{M}_D = M_D + \gamma Zf$$
$$\bar{H}_A = H_A - \varphi \gamma Z \qquad \bar{H}_E = H_E - \varphi \gamma Z \qquad \bar{V}_A = V_A \qquad \bar{V}_E = V_E.$$

Bemerkung: Zwecks Unterscheidung wurden die Momente und Kräfte für Rahmenform 80 überstrichen.

b) Momente in beliebigen Stabpunkten der Rahmenform 80.

Die Anschriebe für die $\bar{M}_x$ und $\bar{M}_y$ lauten genau wie für Rahmenform 78, nur müssen für M_B, M_C, M_D die neuen Werte $\bar{M}_B$, $\bar{M}_C$, $\bar{M}_D$ eingesetzt werden.

---

*) Bei verschiedenen Belastungsfällen wird Z negativ, d. h. das Zugband erhält Druck. Dieser Umstand hat selbstverständlich nur dann einen Sinn, wenn die Druckkraft kleiner bleibt als die Zugkraft aus ständiger Last, so daß stets ein Rest Zugkraft im Zugbande verbleibt.

**) Bei Verwendung der Lastfälle der Rahmenform 78 ist in die *Z-Formel* für die Belastungsglieder R_2 und L_2' im einzelnen folgendes einzusetzen:

Fall 78/1: $R_2 = \dfrac{ql^2}{16}$; $L_2' = 0$; Fall 78/2: $R_2 + L_2' = \dfrac{ql^2}{8}$;

Fall 78/3: $R_2 = R$; $L_2' = 0$; Fall 78/4: $R_2 + L_2' = 2R$;

Fall 78/6: $R_2 = R$; $L_2' = 0$; Fall 78/7: $R_2 + L_2' = 2R$; Fall 78/11: $R_2 = \dfrac{qf^2}{4} L_2' = 0$;

Fall 78/16: $R_2 + L_2' = \dfrac{6EI_2 l \cdot \alpha_t t}{sf}$; Fall 78/18: $R_2 + L_2' = \dfrac{p_{2s} \cdot s^2}{2}$.

Für alle übrigen Lastfälle, einschließlich des „Falles der gleichmäßigen Wärmeänderung im ganzen Rahmen einschließlich im Zugband" ist in der Z-Formel $R_2 = L_2' = 0$ zu setzen. Alle *antimetrischen* Lastfälle der Rahmenform 78 (Fälle 78/5, 8, 15 und 19) gelten unverändert auch für Rahmenform 80, weil bei denselben die Zugbandkraft Z verschwindet.

Rahmenform 81

Symmetrischer, eingespannter Hallenrahmen mit senkrechten Stielen und gebrochenem Riegel

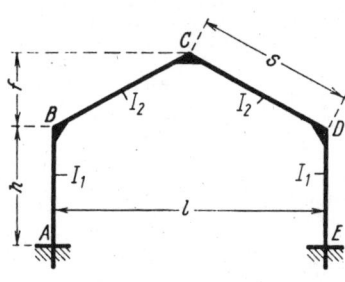

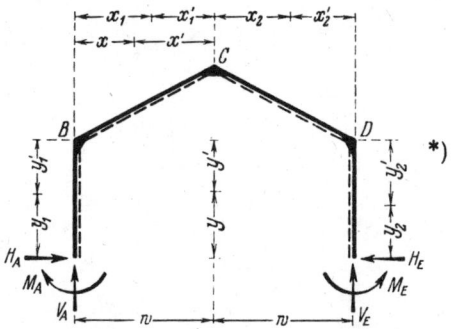

Rahmenform, Abmessungen und Bezeichnungen

Festlegung der positiven Richtung aller Stützkräfte und der Koordinaten beliebiger Stabpunkte. Bei symmetrischen Lastfällen werden x, x' und y, y' benutzt. Positive Biegemomente erzeugen an der gestrichelten Stabseite Zug.

Festwerte:

$$k = \frac{I_2}{I_1} \cdot \frac{h}{s} \qquad \varphi = \frac{f}{h} \qquad m = 1 + \varphi \qquad B = 3k + 2 \qquad C = 1 + 2m$$

$$K_1 = 2(k + 1 + m + m^2) \qquad K_2 = 2(k + \varphi^2) \qquad r = \varphi C - k$$

$$N_1 = K_1 K_2 - r^2 \qquad N_2 = 6k + 2.$$

Anschriebe für die Momente in beliebigen Stabpunkten der nicht direkt belasteten Stäbe für alle Belastungsfälle der Rahmenform 81

$$M_{y1} = \frac{y'_1}{h} M_A + \frac{y_1}{h} M_B \qquad M_{y2} = \frac{y_2}{h} M_D + \frac{y'_2}{h} M_E$$

$$M_{x1} = \frac{x'_1}{w} M_B + \frac{x_1}{w} M_C \qquad M_{x2} = \frac{x'_2}{w} M_C + \frac{x_2}{w} M_D.$$

---

*) $w = \dfrac{l}{2}$ wird lediglich eingeführt zwecks einfacher und übersichtlicher Darstellung der Momente M_x an beliebiger Stelle des Riegels.

Rahmenform 81 Festwerte usw. siehe Seite 351

Siehe hierzu den Abschnitt „**Belastungsglieder**"

Fall 81/1: Linker Riegel beliebig senkrecht belastet

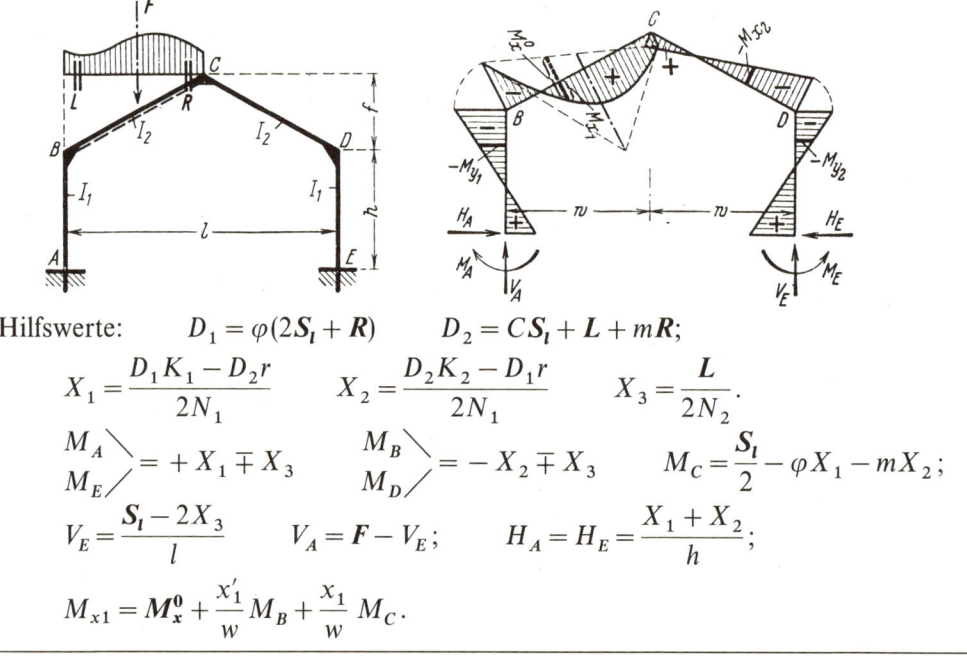

Hilfswerte: $\quad D_1 = \varphi(2S_l + R) \quad D_2 = CS_l + L + mR;$

$$X_1 = \frac{D_1 K_1 - D_2 r}{2N_1} \quad X_2 = \frac{D_2 K_2 - D_1 r}{2N_1} \quad X_3 = \frac{L}{2N_2}.$$

$$\left.\begin{matrix}M_A\\M_E\end{matrix}\right\} = +X_1 \mp X_3 \quad \left.\begin{matrix}M_B\\M_D\end{matrix}\right\} = -X_2 \mp X_3 \quad M_C = \frac{S_l}{2} - \varphi X_1 - mX_2;$$

$$V_E = \frac{S_l - 2X_3}{l} \quad V_A = F - V_E; \quad H_A = H_E = \frac{X_1 + X_2}{h};$$

$$M_{x1} = M_x^0 + \frac{x'_1}{w}M_B + \frac{x_1}{w}M_C.$$

Fall 81/2: Beide Riegel beliebig senkrecht, aber gleich und *symmetrisch* zur Rahmenmitte belastet

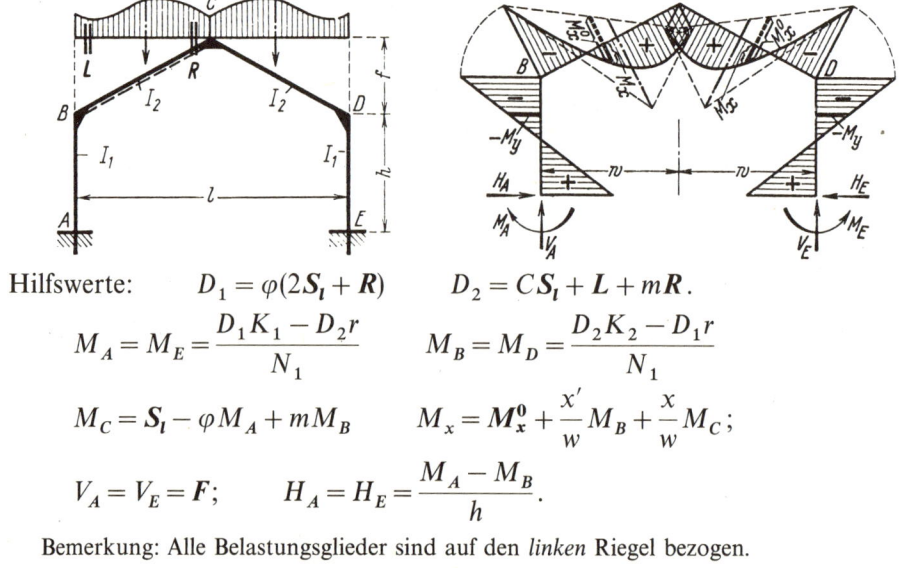

Hilfswerte: $\quad D_1 = \varphi(2S_l + R) \quad D_2 = CS_l + L + mR.$

$$M_A = M_E = \frac{D_1 K_1 - D_2 r}{N_1} \quad M_B = M_D = \frac{D_2 K_2 - D_1 r}{N_1}$$

$$M_C = S_l - \varphi M_A + mM_B \quad M_x = M_x^0 + \frac{x'}{w}M_B + \frac{x}{w}M_C;$$

$$V_A = V_E = F; \quad H_A = H_E = \frac{M_A - M_B}{h}.$$

Bemerkung: Alle Belastungsglieder sind auf den *linken* Riegel bezogen.

Festwerte usw. siehe Seite 351 **Rahmenform 81**

Fall 81/3: Beide Riegel beliebig senkrecht, aber gleich und *antimetrisch* zur Rahmenmitte belastet

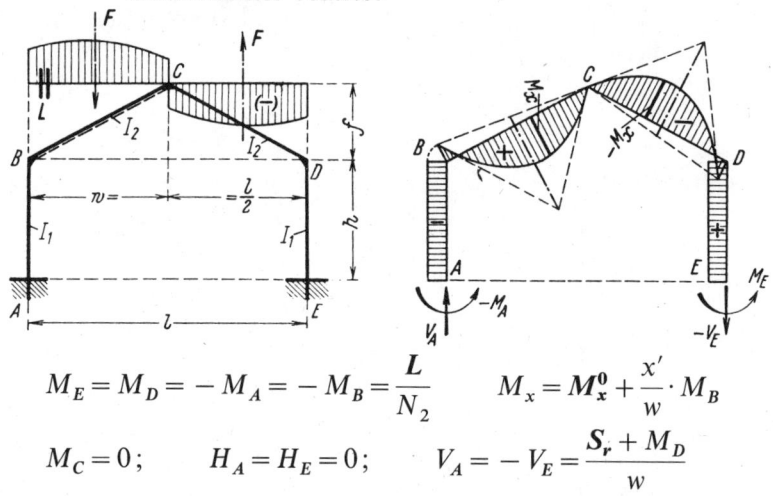

$$M_E = M_D = -M_A = -M_B = \frac{L}{N_2} \qquad M_x = M_x^0 + \frac{x'}{w} \cdot M_B$$

$$M_C = 0; \qquad H_A = H_E = 0; \qquad V_A = -V_E = \frac{S_r + M_D}{w}$$

Bemerkung: Alle Belastungsglieder sind auf den *linken* Riegel bezogen.

Fall 81/4: Linker Riegel beliebig waagerecht belastet*)

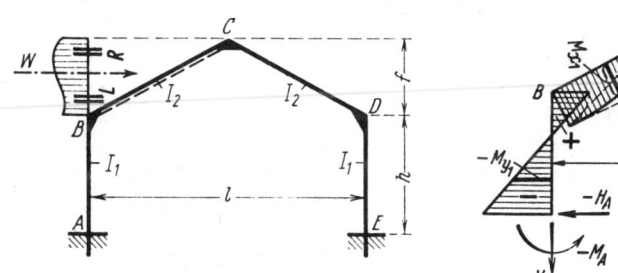

Hilfswerte: $\quad D_1 = \varphi(2S_r - R) \quad D_2 = CS_r - (L + mR);$

$$X_1 = \frac{D_1 K_1 - D_2 r}{2N_1} \qquad X_2 = \frac{D_2 K_2 - D_1 r}{2N_1} \qquad X_3 = \frac{WhB + L}{2N_2}.$$

$$\left.\begin{array}{l}M_A\\M_E\end{array}\right\} = -X_1 \mp X_3 \quad \left.\begin{array}{l}M_B\\M_D\end{array}\right\} = +X_2 \pm \left(\frac{Wh}{2} - X_3\right) \quad M_C = -\frac{S_r}{2} + \varphi X_1 + m X_2;$$

$$V_E = -V_A = \frac{Wh + S_l - 2X_3}{l} \qquad H_E = \frac{W}{2} - \frac{X_1 + X_2}{h} \qquad H_A = -(W - H_E).$$

Sonderfall 81/4a: Waagerechte Einzellast P am Firstpunkt C

$$M_A = -M_E = -\frac{PhB}{2N_2} \qquad M_B = -M_D = +\frac{3Phk}{2N_2} \qquad M_C = 0;$$

$$V_E = -V_A = \frac{P(h+f) + 2M_A}{l} \qquad H_E = -H_A = \frac{P}{2}.$$

---

*) Formel für M_{x_1} wie M_x bei Fall 81/5 mit x_1' und x_1.

Rahmenform 81 Festwerte siehe Seite 351

Zu den Fällen Seite 353/354 siehe den Abschnitt **„Belastungsglieder"**

Fall 81/5: Beide Riegel beliebig waagerecht, aber gleich und *symmetrisch* zur Rahmenmitte belastet.

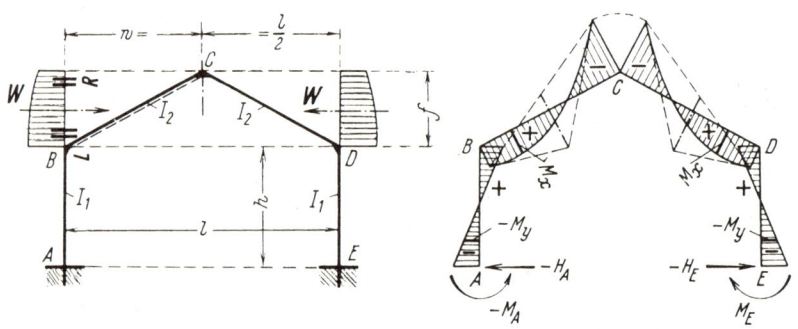

Hilfswerte: $\quad D_1 = \varphi(2S_r - R) \quad\quad D_2 = CS_r - (L + mR).$

$$M_A = M_E = -\frac{D_1 K_1 - D_2 r}{N_1} \quad\quad M_B = M_D = +\frac{D_2 K_2 - D_1 r}{N_1}$$

$$M_C = -S_r - \varphi M_A + m M_B \quad\quad M_x = M_x^0 + \frac{x'}{w} M_B + \frac{x}{w} M_C;$$

$$H_A = H_E = -\frac{M_B - M_A}{h} \quad\quad V_A = V_E = 0.$$

Bemerkung: Alle Belastungsglieder sind auf den *linken* Riegel bezogen.

Fall 81/6: Beide Riegel beliebig waagerecht, aber gleich und *antimetrisch* zur Rahmenmitte belastet

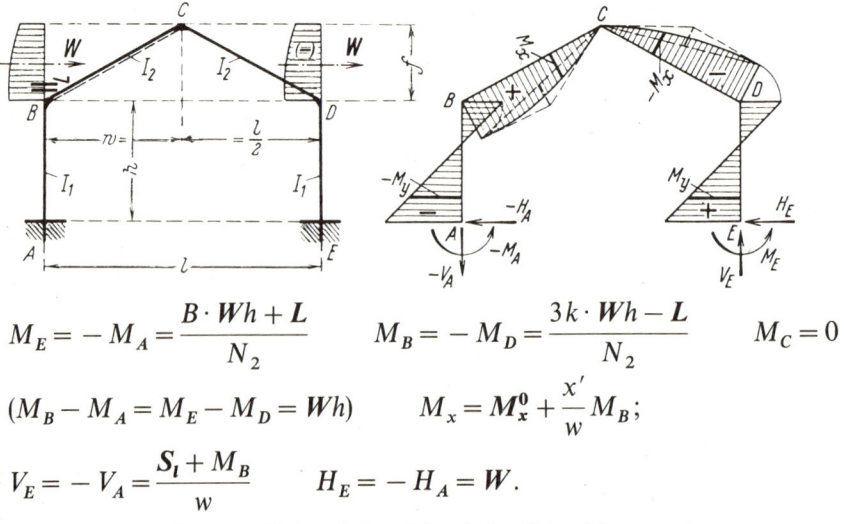

$$M_E = -M_A = \frac{B \cdot Wh + L}{N_2} \quad\quad M_B = -M_D = \frac{3k \cdot Wh - L}{N_2} \quad\quad M_C = 0$$

$$(M_B - M_A = M_E - M_D = Wh) \quad\quad M_x = M_x^0 + \frac{x'}{w} M_B;$$

$$V_E = -V_A = \frac{S_l + M_B}{w} \quad\quad H_E = -H_A = W.$$

Bemerkung: Alle Belastungsglieder sind auf den *linken* Riegel bezogen.

Festwerte usw. siehe Seite 351 **Rahmenform 81**

Siehe hierzu den Abschnitt „**Belastungsglieder**"

Fall 81/7: Linker Stiel beliebig waagerecht belastet

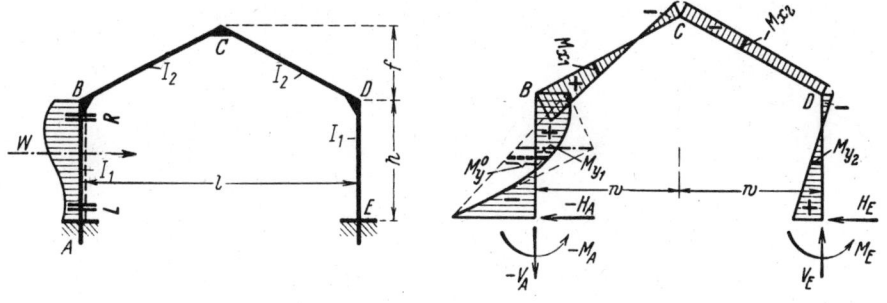

Hilfswerte:
$$D_1 = Lk + 2\varphi^2 S_l \qquad D_2 = \varphi S_l C - Rk;$$

$$X_1 = \frac{D_1 K_1 - D_2 r}{2N_1} \qquad X_2 = \frac{D_2 K_2 - D_1 r}{2N_1} \qquad X_3 = \frac{BS_l + (L+R)k}{2N_2}$$

$$\begin{matrix}M_A\\M_E\end{matrix} = -X_1 \mp X_3 \qquad \begin{matrix}M_B\\M_D\end{matrix} = +X_2 \pm \left(\frac{S_l}{2} - X_3\right)$$

$$M_C = -\frac{\varphi S_l}{2} + \varphi X_1 + m X_2 \qquad M_{y1} = M_y^0 + \frac{y_1'}{h} M_A + \frac{y_1}{h} M_B;$$

$$V_E = -V_A = \frac{S_l - 2X_3}{l}; \qquad H_E = \frac{S_l}{2h} - \frac{X_1 + X_2}{h} \qquad H_A = -(W - H_E).$$

Fall 81/8: Beide Stiele beliebig waagerecht, aber gleich und *antimetrisch* zur Rahmenmitte belastet

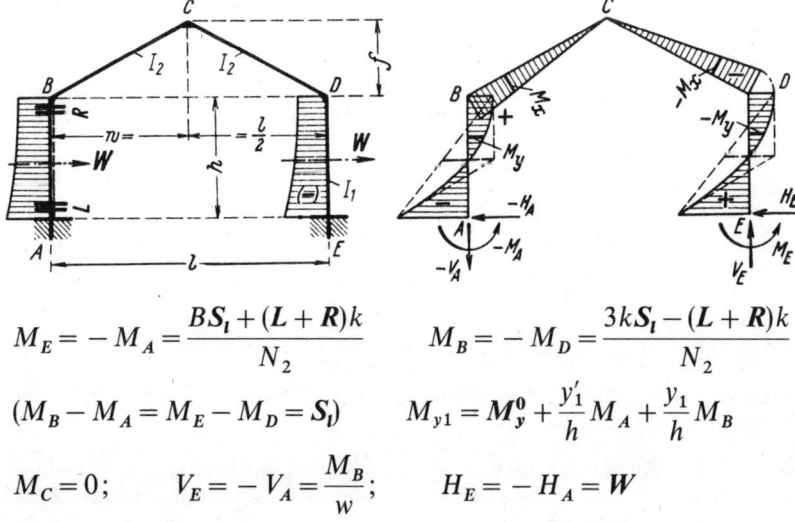

$$M_E = -M_A = \frac{BS_l + (L+R)k}{N_2} \qquad M_B = -M_D = \frac{3kS_l - (L+R)k}{N_2}$$

$$(M_B - M_A = M_E - M_D = S_l) \qquad M_{y1} = M_y^0 + \frac{y_1'}{h} M_A + \frac{y_1}{h} M_B$$

$$M_C = 0; \qquad V_E = -V_A = \frac{M_B}{w}; \qquad H_E = -H_A = W$$

Bemerkung: Alle Belastungsglieder sind auf den *linken* Stiel bezogen.

Rahmenform 81   Festwerte usw. siehe Seite 351

Siehe hierzu den Abschnitt „**Belastungsglieder**"

Fall 81/9: Beide Stiele beliebig waagerecht, aber gleich und *symmetrisch* zur Rahmenmitte belastet

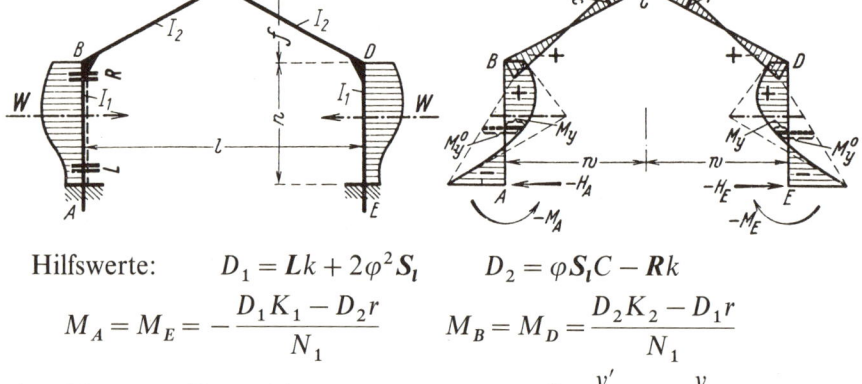

Hilfswerte: $\quad D_1 = Lk + 2\varphi^2 S_l \quad\quad D_2 = \varphi S_l C - Rk$

$$M_A = M_E = -\frac{D_1 K_1 - D_2 r}{N_1} \quad\quad M_B = M_D = \frac{D_2 K_2 - D_1 r}{N_1}$$

$$M_C = -\varphi(S_l + M_A) + mM_B \quad\quad M_y = M_y^0 + \frac{y'}{h}M_A + \frac{y}{h}M_B;$$

$$H_A = H_E = -\frac{S_r - M_A + M_B}{h}; \quad\quad V_A = V_E = 0.$$

Bemerkung: Alle Belastungsglieder sind auf den linken Stiel bezogen.

Fall 81/10: Gleichmäßige Wärme**zu**nahme im ganzen Rahmen (Symmetrischer Lastfall)*)

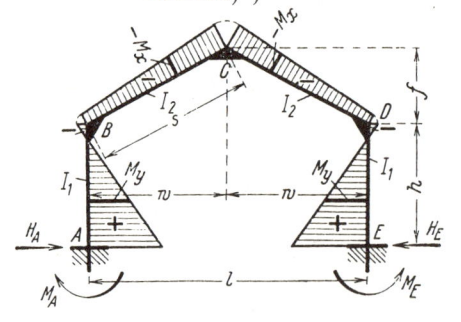

E = Elastizitätsmodul,
α_t = Wärmedehnkoeffizient,
t = Wärmeänderung in Grad.

Hilfswert: $\quad T = \dfrac{9EI_2 \alpha_t tl}{hsN_1}.$

$$M_A = M_E = +T(k + 2 + \varphi) \quad\quad M_B = M_D = -T(k - \varphi)$$

$$M_C = -\varphi M_A + mM_B; \quad\quad H_A = H_E = \frac{M_A - M_B}{h}; \quad\quad V_A = V_E = 0.$$

Bemerkung: Bei Wärme**ab**nahme kehren alle Kräfte ihren Pfeilsinn um und alle Momente erhalten entgegengesetztes Vorzeichen.

---

*) Einen statischen Einfluß liefert nur die Wärmeänderung der zwei Riegelstäbe. Gleichzeitige und gleiche Wärmeänderung der beiden Stiele geht spannungslos vor sich. – Für den **antimetrischen Wärmeänderungsfall** (d. h. linke Rahmenhälfte mit $+t_1$ und t_2, rechte mit $-t_1$ und $-t_2$) ist in Fall 81/3 zu setzen $L = 12EI_2\alpha_t(ht_1 + ft_2)/sl$, während alle übrigen Belastungsglieder verschwinden ($S_r = 0; M_x^0 = 0$).

Festwerte siehe Seite 351 — Rahmenform 81

Fall 81/11: Senkrechte Einzellast am Firstpunkt C

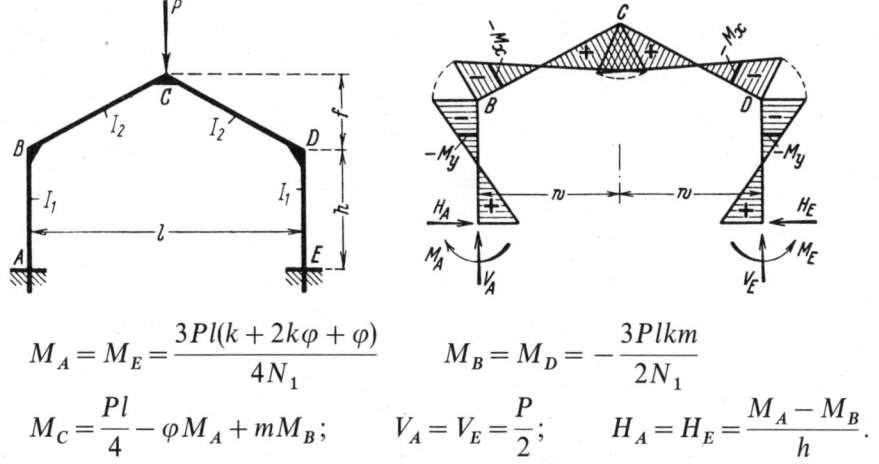

$$M_A = M_E = \frac{3Pl(k + 2k\varphi + \varphi)}{4N_1} \qquad M_B = M_D = -\frac{3Plkm}{2N_1}$$

$$M_C = \frac{Pl}{4} - \varphi M_A + m M_B; \qquad V_A = V_E = \frac{P}{2}; \qquad H_A = H_E = \frac{M_A - M_B}{h}.$$

Fall 81/12: Waagerechte Einzellast am Traufpunkt B

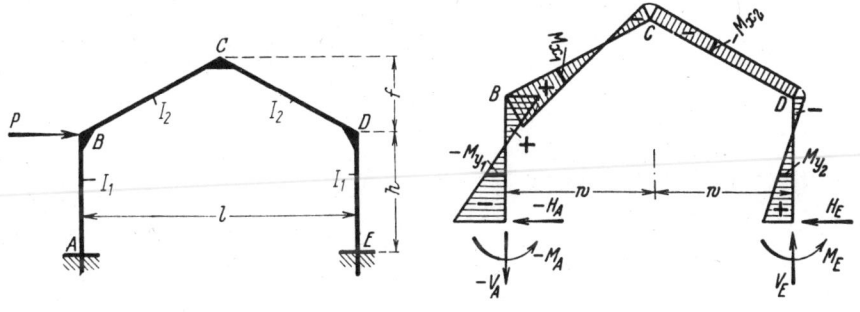

Hilfswerte: $\quad X_1 = \dfrac{3Pf(k + 2\varphi k + \varphi)}{2N_1} \qquad X_2 = \dfrac{3Pfmk}{N_1} \qquad X_3 = \dfrac{PhB}{2N_2}.$

$$\begin{matrix} M_A \\ M_E \end{matrix} \Big\rangle = -X_1 \mp X_3 \qquad \begin{matrix} M_B \\ M_D \end{matrix} \Big\rangle = X_2 \pm \left(\frac{Ph}{2} - X_3\right) \qquad M_C = -\frac{Pf}{2} + \varphi X_1 + m X_2;$$

$$V_E = -V_A = \frac{Ph - 2X_3}{l}; \qquad H_E = \frac{P}{2} - \frac{X_1 + X_2}{h} \qquad H_A = -(P - H_E).$$

Formeln zum Fall 81/18 von Seite 360

Mit Bezug auf Fall 81/16 (s. S. 359) ist $\qquad p_{1a} = \dfrac{p_1 - p_3}{2} \qquad p_{2a} = \dfrac{p_2 - p_4}{2}.$

$$M_B = -M_D = \frac{p_{1a}h^2 \cdot k}{N_2} + \frac{p_{2a}(12k \cdot fh - s^2)}{4N_2} \qquad M_C = 0$$

$$M_E = -M_A = \frac{p_{1a}h^2(2k + 1)}{N_2} + \frac{p_{2a}(4B \cdot fh + s^2)}{4N_2};$$

$$V_E = -V_A = \frac{p_{1a}h^2}{l} + \frac{p_{2a}(2m \cdot fh - s^2)}{l} - \frac{M_E}{w}; \qquad H_E = -H_A = p_{1a}h + p_{2a}f.$$

Rahmenform 81 Festwerte siehe Seite 351

Fall 81/13: Rechteck-Vollast am linken Stiel

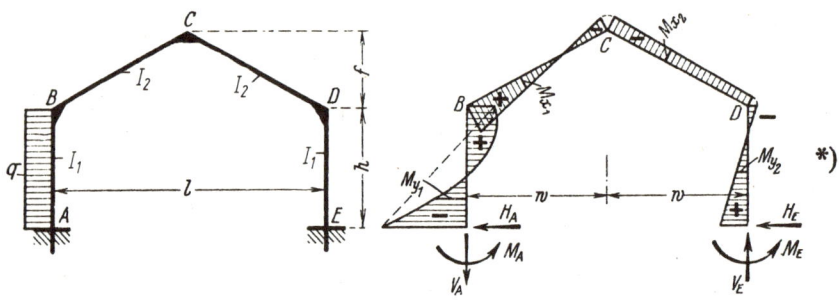

Hilfswerte: $\quad X_1 = \dfrac{qh^2}{8} \cdot \dfrac{k(k+6)+k\varphi(15+16\varphi)+6\varphi^2}{N_1},$

$$X_2 = \dfrac{qh^2 k(9\varphi + 8\varphi^2 - k)}{8 N_1}, \qquad X_3 = \dfrac{qh^2(2k+1)}{2 N_2}.$$

$\left.\begin{array}{l} M_A \\ M_E \end{array}\right\} = -X_1 \mp X_3 \qquad \left.\begin{array}{l} M_B \\ M_D \end{array}\right\} = +X_2 \pm \left(\dfrac{qh^2}{4} - X_3\right) \qquad M_C = -\dfrac{qhf}{4} + \varphi X_1 + m X_2$

$M_{y1} = \dfrac{q y_1 y'_1}{2} + \dfrac{y'_1}{h} M_A + \dfrac{y_1}{h} M_B \qquad V_A = -V_E = -\dfrac{qh^2}{2l} + \dfrac{2 X_3}{l}$

$H_E = \dfrac{qh}{4} - \dfrac{X_1 + X_2}{h} \qquad H_A = -(qh - H_E).$

Fall 81/14: Rechteck-Vollast über beide Riegel

$M_A = M_E = \dfrac{ql^2}{16} \cdot \dfrac{k(8+15\varphi)+\varphi(6-\varphi)}{N_1}$

$M_B = M_D = -\dfrac{ql^2}{16} \cdot \dfrac{k(16+15\varphi)+\varphi^2}{N_1} \qquad M_C = \dfrac{ql^2}{8} - \varphi M_A + m M_B$

$V_A = V_E = \dfrac{ql}{2} \qquad H_A = H_E = \dfrac{M_A - M_B}{h} \qquad M_x = \dfrac{q x x'}{2} + \dfrac{x'}{w} M_B + \dfrac{x}{w} M_C$

$M_y = \dfrac{y'}{h} M_A + \dfrac{y}{h} M_B \qquad x_0 = \dfrac{l}{4} + \dfrac{M_C - M_B}{qw} \qquad Q_x = \dfrac{ql^2}{4s}\left(\dfrac{1}{2} - \dfrac{x}{w}\right) + \dfrac{M_C - M_B}{s}.$

---

*) Wegen M_x und M_y für die nicht unmittelbar belasteten Stäbe siehe Seite 351.

Festwerte siehe Seite 351   **Rahmenform 81**

Fall 81/15: Waagerechte Rechteck-Vollast am linken Riegel

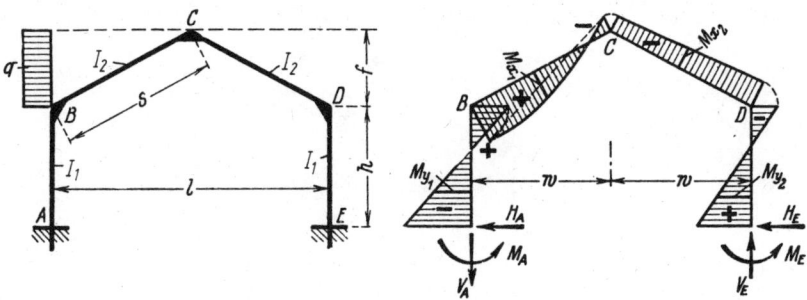

Hilfswerte: $\quad X_1 = \dfrac{qf^2}{8} \cdot \dfrac{k(9\varphi + 4) + \varphi(6 + \varphi)}{N_1},$

$X_2 = \dfrac{qf^2}{8} \cdot \dfrac{k(8 + 9\varphi) - \varphi^2}{N_1}, \qquad X_3 = \dfrac{qfh}{8} \cdot \dfrac{4B + \varphi}{N_2}.$

$\left.\begin{array}{c} M_A \\ M_E \end{array}\right\} = -X_1 \mp X_3 \qquad \left.\begin{array}{c} M_B \\ M_D \end{array}\right\} = +X_2 \pm \left(\dfrac{qfh}{2} - X_3\right)$

$M_C = -\dfrac{qf^2}{4} + \varphi X_1 + m X_2$

$M_{x1} = \dfrac{qf^2}{2} \cdot \dfrac{x_1 x_1'}{w^2} + \dfrac{x_1'}{w} M_B + \dfrac{x_1}{w} M_C \qquad H_E = \dfrac{qf}{2} - \dfrac{X_1 + X_2}{h}$

$V_A = -V_E = -\dfrac{qfh(2+q)}{2l} + \dfrac{2X_3}{l} \qquad H_A = -(qf - H_E).$

Fall 81/16: Gleichmäßig verteilte Windlasten in Form von Druck (p = positiv) und Sog (p = negativ) rechtwinklig zu den Stabachsen wirkend

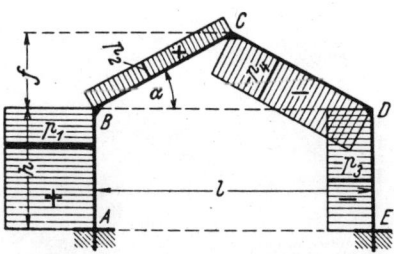

Dieser allgemeine Wind-Lastfall läßt sich praktisch zerlegen in einen *symmetrischen* – siehe Fall 81/17 – und in einen *antimetrischen* – siehe Fall 81/18 –; bzw. dieser allgemeine Wind-Lastfall wird erhalten durch Überlagerung der beiden Fälle 81/17 und 18.

Bemerkung: Bei flachen Dächern wird auch p_2 negativ.

Rahmenform 81　　　　　　　　　　　　　　　　Festwerte usw. siehe Seite 351

Fall 81/17: Der ganze Rahmen gleichmäßig verteilt von außen her rechtwinklig zu den Stabachsen und *symmetrisch* zur Rahmenmitte belastet (*Symmetrischer* Anteil aus Windlast – nur Druck)

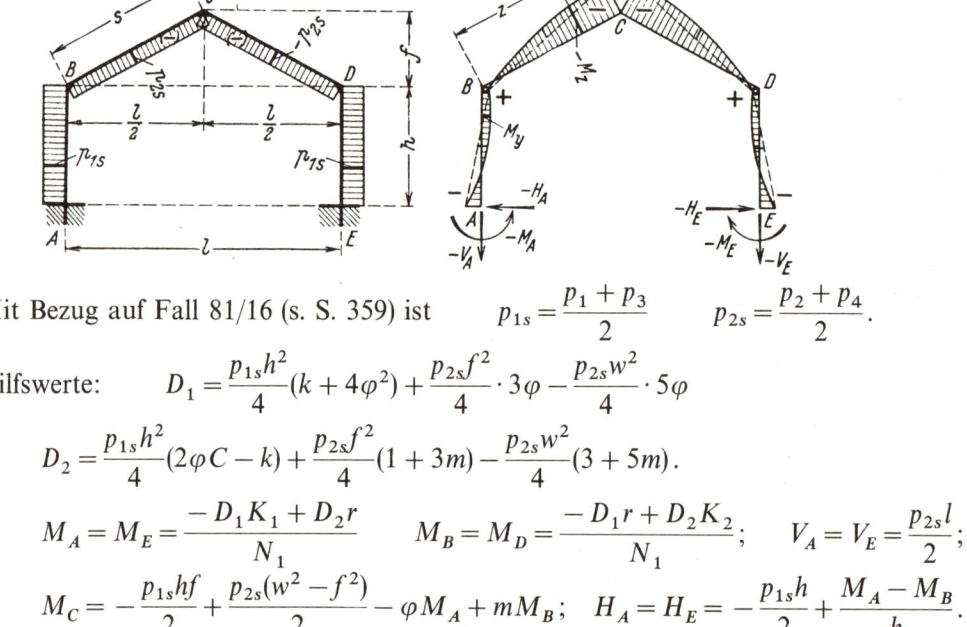

Mit Bezug auf Fall 81/16 (s. S. 359) ist $\quad p_{1s} = \dfrac{p_1 + p_3}{2} \quad p_{2s} = \dfrac{p_2 + p_4}{2}$.

Hilfswerte:　$D_1 = \dfrac{p_{1s}h^2}{4}(k + 4\varphi^2) + \dfrac{p_{2s}f^2}{4} \cdot 3\varphi - \dfrac{p_{2s}w^2}{4} \cdot 5\varphi$

$D_2 = \dfrac{p_{1s}h^2}{4}(2\varphi C - k) + \dfrac{p_{2s}f^2}{4}(1 + 3m) - \dfrac{p_{2s}w^2}{4}(3 + 5m)$.

$M_A = M_E = \dfrac{-D_1 K_1 + D_2 r}{N_1} \quad M_B = M_D = \dfrac{-D_1 r + D_2 K_2}{N_1}; \quad V_A = V_E = \dfrac{p_{2s}l}{2};$

$M_C = -\dfrac{p_{1s}hf}{2} + \dfrac{p_{2s}(w^2 - f^2)}{2} - \varphi M_A + m M_B; \quad H_A = H_E = -\dfrac{p_{1s}h}{2} + \dfrac{M_A - M_B}{h}$.

Bemerkung: Für flache Dachneigung wird $M_B = M_D$ negativ.

Fall 81/18: Der ganze Rahmen gleichmäßig verteilt rechtwinklig zu den Stabachsen belastet, und zwar die linke Rahmenhälfte von außen her, die rechte von innen her – im ganzen *antimetrisch* zur Rahmenmitte (*Antimetrischer* Anteil aus Windlast – Druck und Sog)

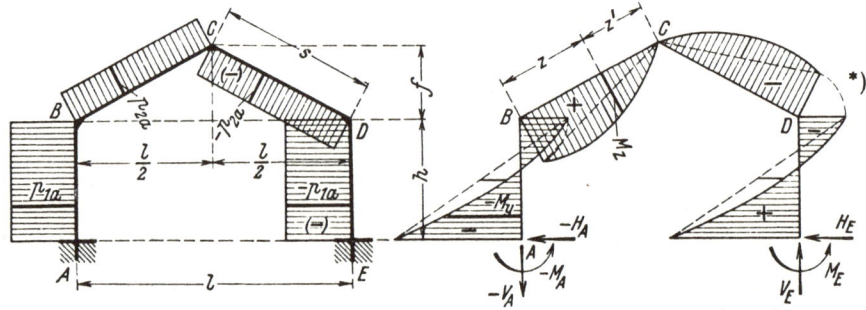

Formeln zu Fall 81/18 siehe Seite 357 unten.

---

*) Die Formeln für M_z und Q_z lauten für Fall 81/17 wie bei Fall 78/18, für Fall 81/18 wie bei Fall 78/19 Seite 344.

Rahmenform 82

Symmetrischer, eingespannter Hallenrahmen mit senkrechten Stielen, gebrochenem Riegel und einem elastischen Zugband in Stielhöhe

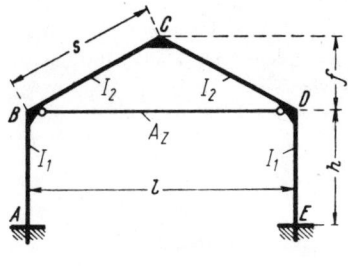 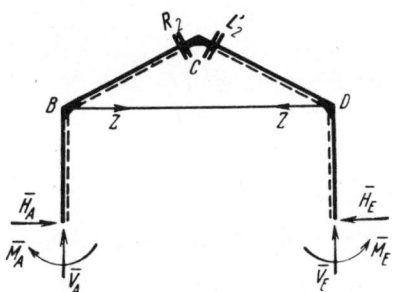

Rahmenform, Abmessungen und Bezeichnungen

Festlegung der positiven Richtung aller Stützkräfte. Koordinaten beliebiger Stabpunkte genau wie bei der Rahmenform 81 (s. S. 351). Positive Biegemomente erzeugen an der gestrichelten Stabseite Zug

Allgemeines

Die Rahmenform 82 (*mit* Zugband) wird am zweckmäßigsten als Erweiterung der Rahmenform 81 (*ohne* Zugband) aufgefaßt und behandelt. Es läßt sich dadurch der Einfluß des elastischen Zugbandes übersichtlich verfolgen.

Rechnungsgang

Erster Schritt: Für jeden zu behandelnden Lastfall werden die Einspann- und Eckmomente M_A, M_B, M_C, M_D, M_E und die Auflagerkräfte H_A, H_E, V_A, V_E nach Rahmenform 81 (siehe die Seiten 351 bis 360) zahlenmäßig errechnet.

Zweiter Schritt:

a) Zusätzliche Festwerte für Rahmenform 82

$$\alpha = \frac{3(mk + \varphi k + \varphi)}{N_1} \qquad \beta = \frac{6mk}{N_1} \qquad \gamma = \frac{3k(k+1+m)}{N_1}$$

$$L_Z = \frac{3 I_2}{f^2 A_Z} \cdot \frac{E}{E_Z} \cdot \frac{l}{s} \qquad N_Z = 2\gamma - \beta + L_Z.$$

E = Elastizitätsmodul des Rahmenbaustoffes,
E_Z = Elastizitätsmodul des Zugbandstoffes,
A_Z = Querschnittsfläche des Zugbandes.

Bemerkung: Für *starres* Zugband ist $L_Z = 0$ zu setzen.

Rahmenform 82

b) Zugbandkraft

$$Z = \frac{M_B + M_D + 4M_C + R_2 + L'_2}{2fN_Z} *).$$

Bemerkung: Die in der Formel für Z auftretenden Belastungsglieder R_2 und L'_2 beziehen sich auf die in der rechten Titelabbildung (s. S. 361) gekennzeichneten Riegelstellen und sind der jeweiligen Riegelbelastung entsprechend wie üblich einzusetzen**).

Dritter Schritt:

a) Einspann- und Eckmomente sowie Auflagerkräfte der Rahmenform 82

$$\bar{M}_B = M_B + \beta Zf \qquad \bar{M}_C = M_C - \gamma Zf \qquad \bar{M}_D = M_D + \beta Zf$$

$$\bar{M}_A = M_A - \alpha Zf \qquad \bar{M}_E = M_E - \alpha Zf$$

$$\bar{H}_A = H_A - \varphi(\alpha + \beta)Z \qquad \bar{H}_E = H_E - \varphi(\alpha + \beta)Z \qquad \bar{V}_A = V_A \qquad \bar{V}_E = V_E.$$

Bemerkung: Zwecks Unterscheidung wurden die Momente und Kräfte für Rahmenform 82 überstrichen.

b) Momente an beliebigen Stabpunkten der Rahmenform 82.

Die Anschriebe für $\bar{M}_x$ und $\bar{M}_y$ lauten genau wie für Rahmenform 81, nur müssen für M_A, M_B, M_C, M_D, M_E die neuen Werte $\bar{M}_A, \bar{M}_B, \bar{M}_C, \bar{M}_D, \bar{M}_E$ eingesetzt werden.

---

*) Bei verschiedenen Belastungsfällen wird Z negativ, d. h., das Zugband erhält Druck. Dieser Umstand hat selbstverständlich nur dann einen Sinn, wenn die Druckkraft kleiner bleibt als die Zugkraft aus ständiger Last, so daß stets ein Rest Zugkraft im Zugbande verbleibt.
**) Bei Verwendung der Lastfälle der Rahmenform 81 ist in die Z-Formel für die Belastungsglieder R_2 und L'_2 im einzelnen folgendes einzusetzen:

Fall 81/1: $R_2 = R$; $L'_2 = 0$;   Fall 81/2: $R_2 + L'_2 = 2R$;

Fall 81/4: $R_2 = R$; $L'_2 = 0$;   Fall 81/5: $R_2 + L'_2 = 2R$;   Fall 81/15: $R_2 = \dfrac{qf^2}{4}$; $L'_2 = 0$.

Fall 81/10: $R_2 + L'_2 = \dfrac{6EI_2 l \cdot \alpha_t t}{sf}$;   Fall 81/17: $R_2 + L'_2 = \dfrac{p_{2s} \cdot s^2}{2}$.

Für alle übrigen Lastfälle, einschließlich des „Falles der gleichmäßigen Wärmeänderung im ganzen Rahmen einschließlich im Zugband" ist in der Z-Formel $R_2 = L'_2 = 0$ zu setzen. Alle *antimetrischen* Lastfälle der Rahmenform 81 (Fälle 81/3, 6, 8 und 18) gelten unverändert auch für Rahmenform 82, weil bei denselben die Zugkraft Z verschwindet.

Rahmenform 83

Symmetrischer Hallen-Zweigelenkrahmen mit schrägen Stielen und gebrochenem Riegel

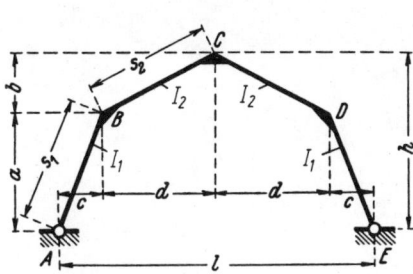

Rahmenform, Abmessungen und Bezeichnungen

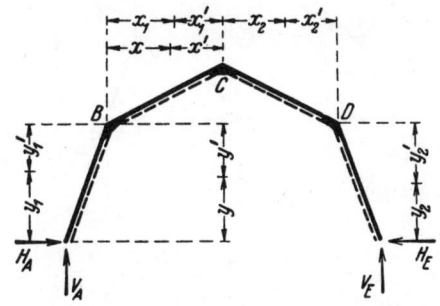

Festlegung der positiven Richtung aller Stützkräfte und der Koordinaten beliebiger Stabpunkte. Bei symmetrischen Lastfällen werden x, x' und y, y' benutzt. Positive Biegemomente erzeugen an der gestrichelten Stabseite Zug.

Festwerte:

$$k = \frac{I_2}{I_1} \cdot \frac{s_1}{s_2}; \qquad \varphi = \frac{b}{a} \qquad m = \frac{h}{a}; \qquad \gamma = \frac{c}{l} \qquad \delta = \frac{d}{l}$$

$$B = 2(k+1) + m \qquad C = 1 + 2m; \qquad N = B + mC.$$

Anschriebe der Momente an beliebiger Stelle der nicht direkt belasteten Stäbe für alle Belastungsfälle der Rahmenform 83

$$M_{y1} = \frac{y_1}{a} M_B \qquad M_{x1} = \frac{x'_1}{d} M_B + \frac{x_1}{d} M_C$$

$$M_{y2} = \frac{y_2}{a} M_D \qquad M_{x2} = \frac{x'_2}{d} M_C + \frac{x_2}{d} M_D.$$

Bemerkung: An Stelle der obigen Formen mit y und x können selbstverständlich auch die Formen mit z benutzt werden – siehe die Fälle 83/13 und 14, Seite 370 mit 369.

Rahmenform 83   Festwerte usw. siehe Seite 363

Fall 83/1: Senkrechte Einzellasten an den Eckpunkten B, C, D, *symmetrisch* zur Rahmenmitte*)

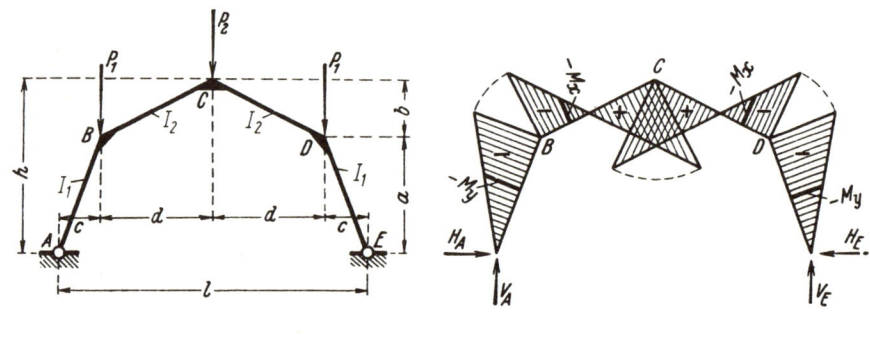

Hilfswert: $\quad X = \dfrac{(2P_1 + P_2)(B+C)c + P_2 C d}{2N}.$

$$M_B = M_D = \left(P_1 + \frac{P_2}{2}\right)c - X \qquad M_C = P_1 c + \frac{P_2 l}{4} - mX;$$

$$V_A = V_E = P_1 + \frac{P_2}{2}; \qquad H_A = H_E = \frac{X}{a};$$

$$M_y = \frac{y}{a} M_B \qquad M_x = \frac{x'}{d} M_B + \frac{x}{d} M_C.$$

Fall 83/2: Waagerechte Einzellast P am Firstpunkt C (Antimetrischer Lastfall)

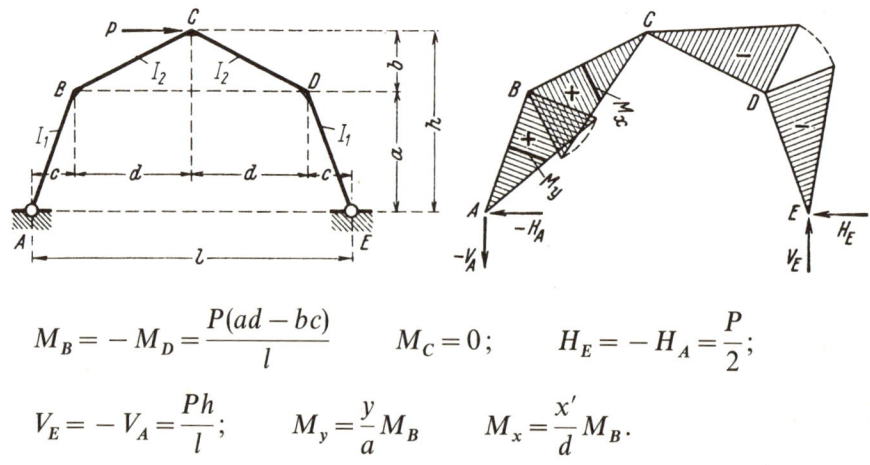

$$M_B = -M_D = \frac{P(ad - bc)}{l} \qquad M_C = 0; \qquad H_E = -H_A = \frac{P}{2};$$

$$V_E = -V_A = \frac{Ph}{l}; \qquad M_y = \frac{y}{a} M_B \qquad M_x = \frac{x'}{d} M_B.$$

---

*) Das Momentenflächenbild entspricht einer Annahme $P_2 > P_1$.

Festwerte usw. siehe Seite 363   **Rahmenform 83**

Siehe hierzu den Abschnitt „**Belastungsglieder**"

Fall 83/3: Linker Stiel beliebig senkrecht belastet

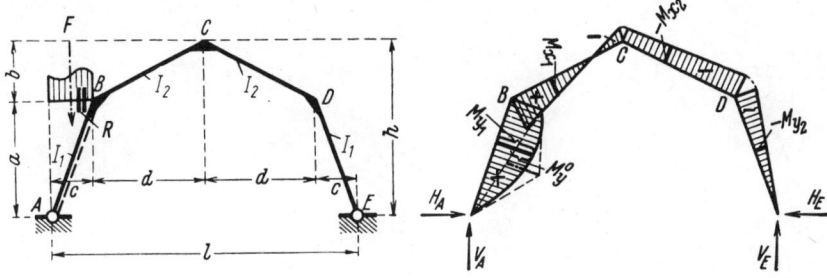

Hilfswert: $\quad X = \dfrac{S_l(B+C) + Rk}{2N}.$

$M_B = (1-\gamma)S_l - X \qquad M_D = -X + \gamma S_l$

$M_C = -mX + \dfrac{S_l}{2}; \qquad M_{y1} = M_y^0 + \dfrac{y_1}{a} M_B;$

$V_E = \dfrac{S_l}{l} \qquad V_A = F - V_E; \qquad H_A = H_E = \dfrac{X}{a}.$

Fall 83/4: Linker Riegel beliebig senkrecht belastet

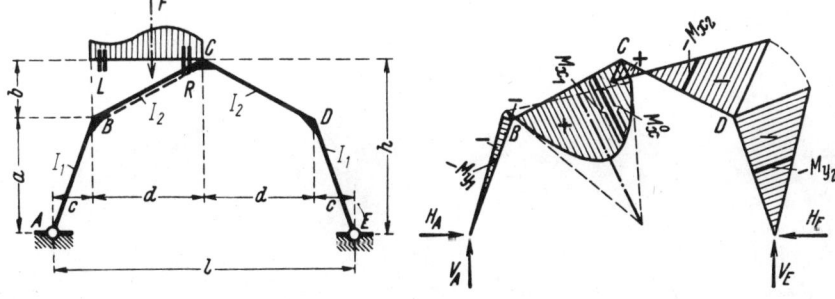

Hilfswert: $\quad X = \dfrac{Fc(B+C) + S_l C + L + mR}{2N}.$

$M_B = \gamma S_r + \dfrac{Fc}{2} - X \qquad M_D = -X + \gamma(Fc + S_l)$

$M_C = \dfrac{Fc + S_l}{2} - mX; \qquad M_{x1} = M_x^0 + \dfrac{x_1'}{d} M_B + \dfrac{x_1}{d} M_C;$

$V_E = \dfrac{Fc + S_l}{l} \qquad V_A = F - V_E; \qquad H_A = H_E = \dfrac{X}{a}.$

Rahmenform 83 Festwerte usw. siehe Seite 363

Siehe hierzu den Abschnitt „**Belastungsglieder**"

Fall 83/5: Linker Riegel beliebig waagerecht belastet

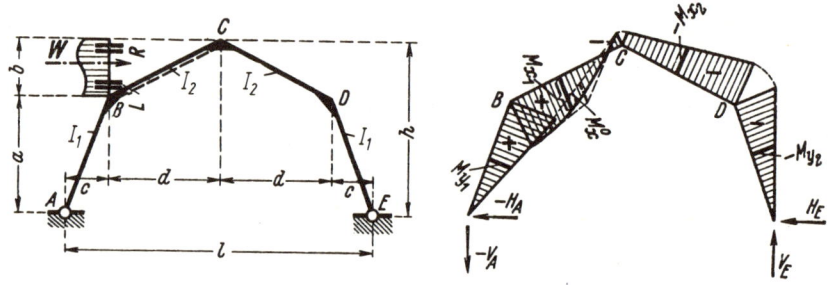

Hilfswert: $\quad X = \dfrac{WaN - S_r C + L + mR}{2N}$.

$M_B = (1-\gamma)Wa - \gamma S_l - X \qquad M_D = -X + \gamma(Wa + S_l)$

$M_C = -mX + \dfrac{Wa + S_l}{2}; \qquad M_{x1} = M_x^0 + \dfrac{x_1'}{d}M_B + \dfrac{x_1}{d}M_C;$

$V_E = -V_A = \dfrac{Wa + S_l}{l}; \qquad H_E = \dfrac{X}{a} \qquad H_A = -(W - H_E).$

Fall 83/6: Linker Stiel beliebig waagerecht belastet

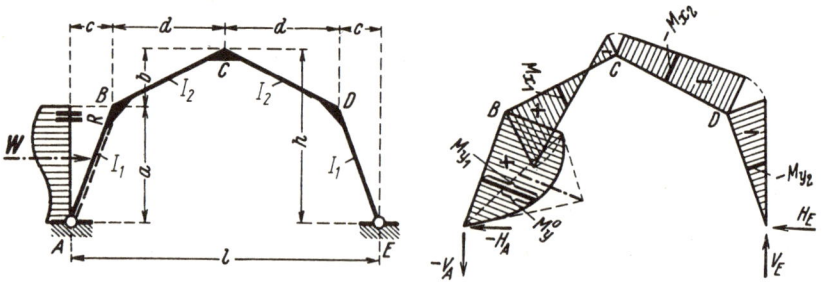

Hilfswert: $\quad X = \dfrac{S_l(B+C) + Rk}{2N}$.

$M_B = (1-\gamma)S_l - X \qquad M_D = -X + \gamma S_l$

$M_C = -mX + \dfrac{S_l}{2}; \qquad M_{y1} = M_y^0 + \dfrac{y_1}{a}M_B;$

$V_E = -V_A = \dfrac{S_l}{l} \qquad H_E = \dfrac{X}{a} \qquad H_A = -(W - H_E).$

Festwerte usw. siehe Seite 363 **Rahmenform 83**

Siehe hierzu den Abschnitt „**Belastungsglieder**"

Fall 83/7: Ganzer Rahmen beliebig senkrecht, aber *symmetrisch* zur Rahmenmitte belastet

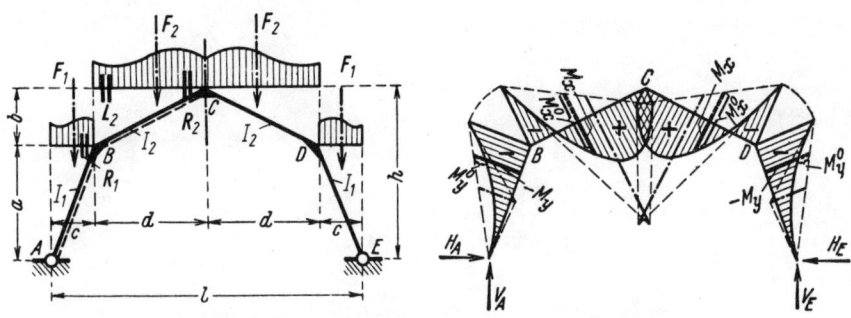

Hilfswert: $$X = \frac{(S_{l1} + F_2 c)(B + C) + S_{l2} C + R_1 k + L_2 + m R_2}{N}.$$

$$M_B = M_D = S_{l1} + F_2 c - X \qquad M_C = S_{l1} + F_2 c + S_{l2} - mX;$$

$$V_A = V_E = F_1 + F_2; \qquad H_A = H_E = \frac{X}{a};$$

$$M_y = M_y^0 + \frac{y}{a} M_B \qquad M_x = M_x^0 + \frac{x'}{d} M_B + \frac{x}{d} M_C.$$

Bemerkung: Alle Belastungsglieder sind auf die *linke* Rahmenhälfte bezogen.

Fall 83/8: Ganzer Rahmen beliebig senkrecht, aber *antimetrisch* zur Rahmenmitte belastet

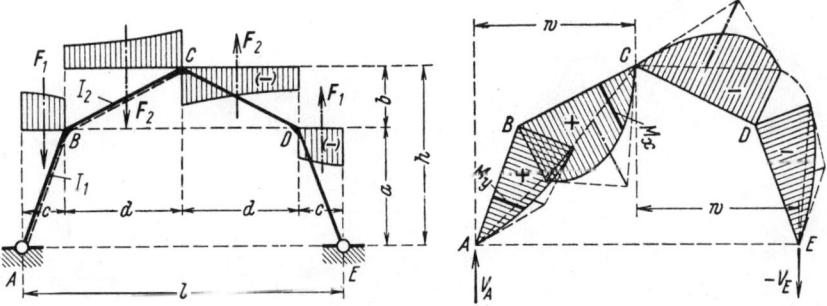

$$M_B = - M_D = S_{l1} \cdot 2\delta + S_{r2} \cdot 2\gamma \qquad M_C = 0; \qquad H_A = H_E = 0;$$

$$M_y = M_y^0 + \frac{y}{a} M_B \qquad M_x = M_x^0 + \frac{x'}{d} M_B; \qquad V_A = -V_E = \frac{S_{r1} + F_1 d + S_{r2}}{w}.$$

Bemerkung: Alle Belastungsglieder sind auf die *linke* Rahmenhälfte bezogen.

Sonderfall 83/8a: Senkrechtes Kräftepaar P an den Eckpunkten B und D
Alle Belastungsglieder verschwinden bis auf $F_1 = P$ und $S_{l1} = Pc$.

Rahmenform 83   Festwerte usw. siehe Seite 363

Siehe hierzu den Abschnitt „**Belastungsglieder**"

Fall 83/9: Ganzer Rahmen beliebig waagerecht von außen her, aber *symmetrisch* zur Rahmenmitte belastet*)

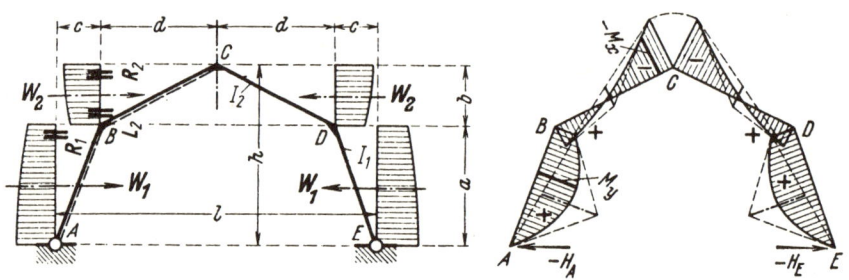

Hilfswert: $\quad X = \dfrac{(S_{l1} + W_2 a)(B + C) + S_{l2} C + R_1 k + L_2 + m R_2}{N}.$

$M_B = M_D = S_{l1} + W_2 a - X \qquad M_C = S_{l1} + W_2 a + S_{l2} - mX;$

$H_A = H_E = -(W_1 + W_2) + \dfrac{X}{a}; \qquad V_A = V_E = 0.$

Sonderfall 83/9a: Zwei gleiche waagerechte Einzellasten P von außen her an den Eckpunkten B und D

Alle Belastungsglieder verschwinden bis auf $W_1 = P$; $S_{l1} = Pa$.

Fall 83/10: Ganzer Rahmen beliebig waagerecht von links her, aber *antimetrisch* zur Rahmenmitte belastet*)

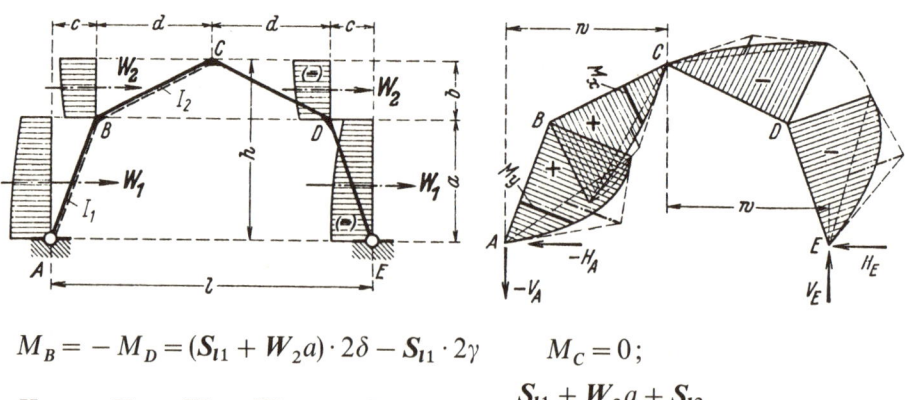

$M_B = -M_D = (S_{l1} + W_2 a) \cdot 2\delta - S_{l1} \cdot 2\gamma \qquad M_C = 0;$

$H_E = -H_A = W_1 + W_2; \qquad V_E = -V_A = \dfrac{S_{l1} + W_2 a + S_{l2}}{w}.$

Sonderfall 83/10a: Zwei gleiche waagerechte Einzellasten P von links her an den Eckpunkten B und D

Alle Belastungsglieder verschwinden bis auf $W_1 = P$ und $S_{l1} = Pa$.

---

*) Alle Belastungsglieder sind auf die *linke* Rahmenhälfte bezogen. – Formeln für M_x und M_y wie beim gegenüberliegenden Fall 83/7 bzw. 83/8.

Festwerte usw. siehe Seite 363 **Rahmenform 83**

Fall 83/11: Gleichmäßige Wärmezunahme im ganzen Rahmen

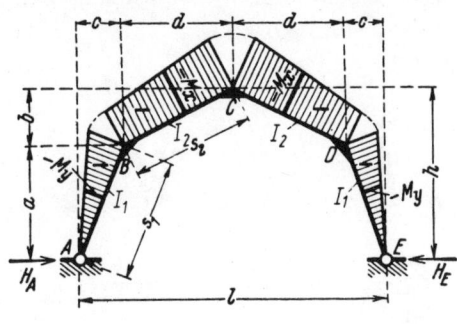

E = Elastizitätsmodul,
α_t = Wärmedehnkoeffizient,
t = Wärmeänderung in Grad.

Hilfswert: $T = \dfrac{3EI_2 \alpha_t t l}{s_2 a N}$. *)

$$M_B = M_D = -T \qquad M_C = -mT \qquad H_A = H_E = \dfrac{T}{a}.$$

Bemerkung: Bei Wärmeabnahme kehren alle Kräfte ihren Pfeilsinn um und alle Momente erhalten entgegengesetztes Vorzeichen.

Fall 83/12: Gleichmäßig verteilte Windlasten in Form von Druck (p = positiv) und Sog (p = negativ) rechtwinklig zu den Stabachsen wirkend

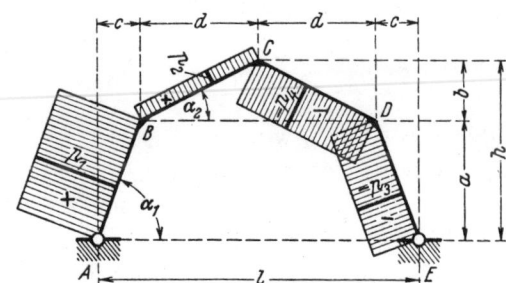

Dieser allgemeine Wind-Lastfall läßt sich praktisch zerlegen in einen *symmetrischen* – siehe Fall 83/13 – und in einen *antimetrischen* – siehe Fall 83/14 –; bzw. dieser allgemeine Wind-Lastfall wird erhalten durch Überlagerung der beiden Fälle 83/13 und 14, Seite 370.

Bemerkung: Bei flachen Dächern wird auch p_2 negativ.

Momente und Querkräfte in beliebigen Stabpunkten der *linken* Rahmenhälfte bei den Fällen 83/13 und 14, Seite 370

$$M_{z1} = \dfrac{p_{1s} \cdot z_1 z'_1}{2} + \dfrac{z_1}{s_1} \cdot M_B \qquad M_{z2} = \dfrac{p_{2s} \cdot z_2 z'_2}{2} + \dfrac{z'_2}{s_2} \cdot M_B + \dfrac{z_2}{s_2} \cdot M_C;$$

$$Q_{z1} = p_{1s} s_1 \left(\dfrac{1}{2} - \dfrac{z_1}{s_1} \right) + \dfrac{M_B}{s_1} \qquad Q_{z2} = p_{2s} s_2 \left(\dfrac{1}{2} - \dfrac{z_2}{s_2} \right) + \dfrac{M_C - M_B}{s_2}.$$

Bemerkung: Bei Fall 83/14 ist sinngemäß p_{1a} und p_{2a} sowie $M_C = 0$ zu setzen.

---

*) Der Hilfswert läßt sich aufspalten zu $T = \dfrac{3EI_2 \alpha_t (2c \cdot t_1 + 2d \cdot t_2)}{s_2 a N}$, wobei t_1 zum Stabpaar s_1 und t_2 zum Stabpaar s_2 gehört. – Bei Wärmezunahme nur *einer* Rahmenhälfte (bzw. nur *eines* Schrägstabes) wird T nur halb so groß. Der Momentenverlauf bleibt stets symmetrisch.

Rahmenform 83 Festwerte usw. siehe Seite 363

Fall 83/13: Der ganze Rahmen gleichmäßig verteilt von außen her rechtwinklig zu den Stabachsen und *symmetrisch* zur Rahmenmitte belastet (Symmetrischer Anteil aus Windlast – nur Druck)

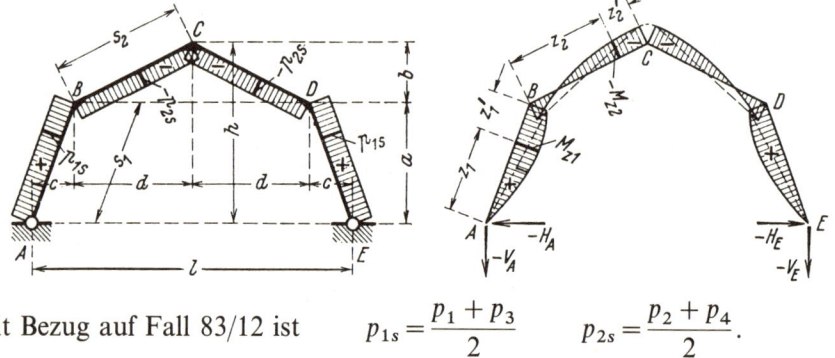

Mit Bezug auf Fall 83/12 ist $\quad p_{1s} = \dfrac{p_1 + p_3}{2} \quad p_{2s} = \dfrac{p_2 + p_4}{2}$.

$$M_B = M_D = \frac{p_{1s} s_1^2 (2\varphi C - k)}{4N} + \frac{p_{2s}[(ab+cd) \cdot 4\varphi C - s_2^2 (3+5m)]}{4N}$$

$$M_C = -\frac{p_{1s} s_1^2 \cdot \varphi}{2} + p_{2s}\left[\frac{s_2^2}{2} - (ab+cd)\varphi\right] + m M_B;$$

$$V_A = V_E = p_{1s} c + p_{2s} d; \qquad H_A = H_E = -\frac{p_{1s}(a^2 - c^2)}{2a} + \frac{p_{2s} cd}{a} - \frac{M_B}{a}.$$

Formeln für M_z und Q_z siehe Seite 369 unten.

Fall 83/14: Der ganze Rahmen gleichmäßig verteilt rechtwinklig zu den Stabachsen belastet, und zwar die linke Rahmenhälfte von außen her, die rechte von innen her – im ganzen *antimetrisch* zur Rahmenmitte (*Antimetrischer* Anteil aus Windlast – Druck und Sog)

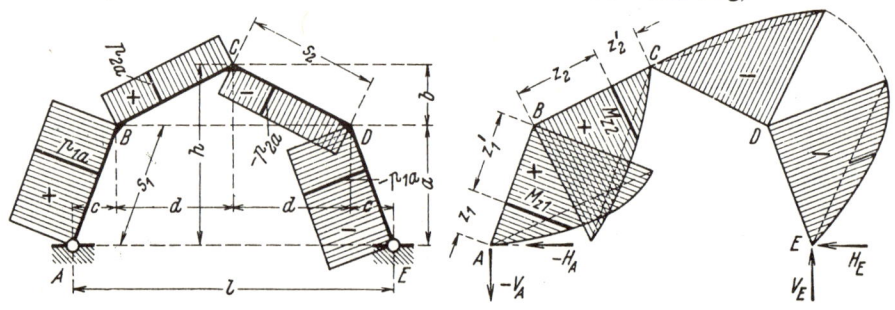

Mit Bezug auf Fall 83/12 ist $\quad p_{1a} = \dfrac{p_1 - p_3}{2} \quad p_{2a} = \dfrac{p_2 - p_4}{2}$.

$$M_B = -M_D = p_{1a} s_1^2 \cdot \delta + p_{2a}[2\delta \cdot ab + \gamma(d^2 - b^2)] \qquad M_C = 0;$$

$$H_E = -H_A = p_{1a} a + p_{2a} b; \qquad V_E = -V_A = \frac{p_{1a}(s_1^2 - lc)}{w} + \frac{p_{2a}(2hb - s_2^2)}{w}.$$

Formel für M_z und Q_z siehe Seite 369 unten.

Rahmenform 84

Symmetrischer Hallenrahmen mit gebrochenem Riegel und schrägen Stielen mit einem festen Fußgelenk und einem waagerecht beweglichen Auflager, verbunden durch ein elastisches Zugband

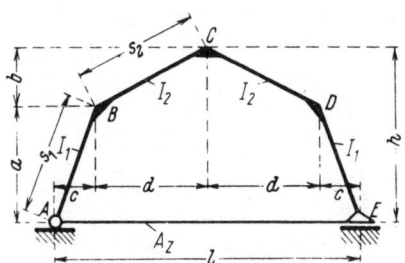

Rahmenform, Abmessungen und Bezeichnungen

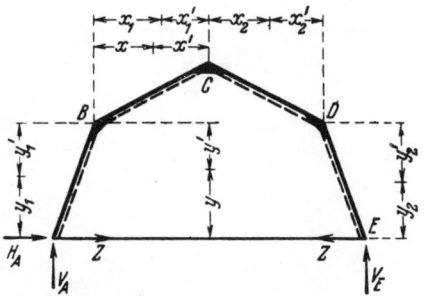

Festlegung der positiven Richtung aller Stützkräfte und der Koordinaten beliebiger Stabpunkte. Positive Biegemomente erzeugen an der gestrichelten Stabseite Zug.

Festwerte: Wie bei Rahmenform 83, Seite 363

Zusätzliche Festwerte:

$$L_Z = \frac{3 I_2}{a^2 A_Z} \cdot \frac{E}{E_Z} \cdot \frac{l}{s_2} \qquad N_Z = N + L_Z.$$

E = Elastizitätsmodul des Rahmenbaustoffes,
E_Z = Elastizitätsmodul des Zugbandstoffes,
A_Z = Querschnittsfläche des Zugbandes.

Für Rahmenform 84 gelten die Fälle 83/1, 3, 4, 5, 6, 7 und 11 (siehe Seite 364 bis 369) mit der Maßgabe, daß der „Nenner N" durch den „Nenner N_Z" zu ersetzen ist. Für die Fälle 83/1, 3, 4, 7 und 11 ist dann $(H_A = H_E) = Z$, während für die Fälle 83/5 und 6 gilt $H_E = Z$ und $H_A = -W$. Die restlichen Fälle 83 sind für Rahmenform 84 nicht ohne weiteres verwendbar. Indessen kann unter Zuhilfenahme der nachstehenden Fälle 84/1 und 2 jeder beliebige zusammengesetzte Lastfall gebildet werden.

Rahmenform 84   Festwerte usw. siehe Seite 371

Siehe hierzu den Abschnitt „**Belastungsglieder**"

Fall 84/1: Rechter Riegel beliebig waagerecht belastet

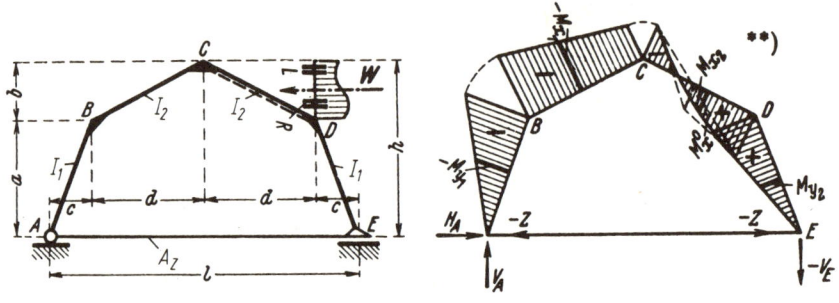

Hilfswert: $\quad X = \dfrac{WaN + S_l C - mL - R}{2N_Z}.$

$M_B = -Wa(1-\gamma) + \gamma S_r + X \qquad M_D = -\gamma(Wa + S_r) + X$

$M_C = -\dfrac{Wh + S_l}{2} + mX; \qquad M_{x2} = M_x^0 + \dfrac{x_2'}{d} M_C + \dfrac{x_2}{d} M_D;$

$Z = -\dfrac{X}{a} *); \qquad H_A = W; \qquad V_A = -V_E = \dfrac{Wa + S_r}{l}.$

Fall 84/2: Rechter Stiel beliebig waagerecht belastet

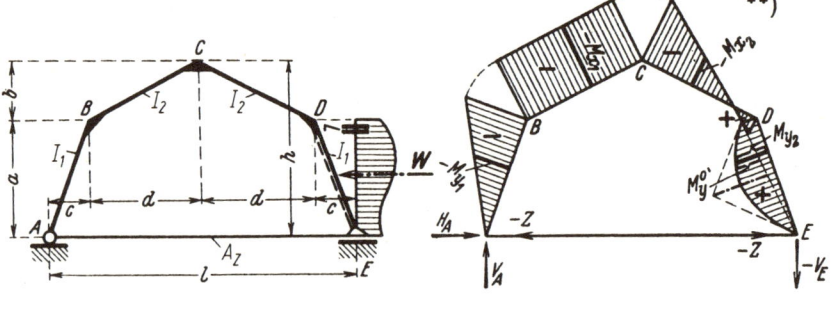

Hilfswert: $\quad X = \dfrac{Wa(N + m C) + S_l B - S_r C - Lk}{2N_Z}.$

$M_B = -Wa + \gamma S_r + X \qquad M_D = -S_l - \gamma S_r + X$

$M_C = -Wh + \dfrac{S_r}{2} + mX; \qquad M_{y2} = M_y^0 + \dfrac{y_2}{a} M_D;$

$Z = -\dfrac{X}{a} *); \qquad H_A = W; \qquad V_A = -V_E = \dfrac{S_r}{l}.$

---

*) Bei obigen Lastfällen wird Z negativ, d. h. das Zugband erhält Druck. Dieser Umstand hat selbstverständlich nur dann einen Sinn, wenn die Druckkraft kleiner bleibt als die Zugkraft aus ständiger Last, so daß stets ein Rest Zugkraft im Zugbande verbleibt.

**) Die Anschriebe von M_x und M_y für alle nicht unmittelbar belasteten Stäbe siehe Seite 363.

Rahmenform 85

Symmetrischer Hallen-Zweigelenkrahmen mit schrägen Stielen, gebrochenem Riegel und einem elastischen Zugband in Stielhöhe

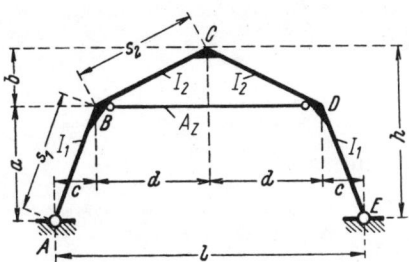

Rahmenform, Abmessungen und Bezeichnungen

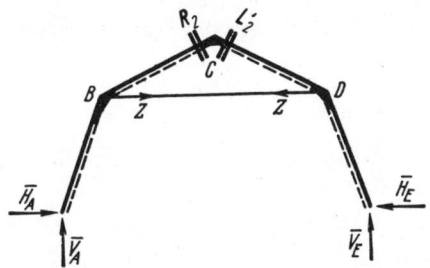

Festlegung der positiven Richtung aller Stützkräfte. Koordinaten beliebiger Stabpunkte genau wie bei der Rahmenform 83 (s. S. 363). Positive Biegemomente erzeugen an der gestrichelten Stabseite Zug.

Allgemeines

Die Rahmenform 85 (*mit* Zugband) wird am zweckmäßigsten als Erweiterung der Rahmenform 83 (*ohne* Zugband) aufgefaßt und behandelt. Es läßt sich dadurch der Einfluß des elastischen Zugbandes übersichtlich verfolgen.

Rechnungsgang

Erster Schritt: Für jeden zu behandelnden Lastfall werden die Eckmomente M_B, M_C, M_D und die Auflagerkräfte H_A, H_E, V_A, V_E nach Rahmenform 83 (siehe die Seiten 363 bis 370) zahlenmäßig errechnet.

Zweiter Schritt:

a) Zusätzliche Festwerte für Rahmenform 85

$$\beta_1 = \frac{B}{N} \qquad \gamma_1 = \frac{C}{N}; \qquad L_Z = \frac{6I_2}{b^2 A_Z} \cdot \frac{E}{E_Z} \cdot \frac{d}{s_2}; \qquad N_Z = \frac{4k+3}{N} + L_Z.$$

E = Elastizitätsmodul des Rahmenbaustoffes,
E_Z = Elastizitätsmodul des Zugbandstoffes,
A_Z = Querschnittsfläche des Zugbandes.

Bemerkung: Für *starres* Zugband ist $L_Z = 0$ zu setzen.

Rahmenform 85

b) Zugbandkraft

$$Z = \frac{M_B + M_D + 4M_C + R_2 + L'_2}{2bN_Z} *).$$

Bemerkung: Die in der Formel für Z auftretenden Belastungsglieder R_2 und L'_2 beziehen sich auf die in der rechten Titelabbildung (s. S. 373) gekennzeichneten Riegelstellen und sind der jeweiligen Riegelbelastung entsprechend wie üblich einzusetzen**).

Dritter Schritt:

a) Eckmomente und Auflagerkräfte der Rahmenform 85

$$\bar{M}_B = M_B + \gamma_1 Z b \qquad \bar{M}_C = M_C - \beta_1 Z b \qquad \bar{M}_D = M_D + \gamma_1 Z b$$
$$\bar{H}_A = H_A - \varphi \gamma_1 Z \qquad \bar{H}_E = H_E - \varphi \gamma_1 Z \qquad \bar{V}_A = V_A \qquad \bar{V}_E = V_E.$$

Bemerkung: Zwecks Unterscheidung wurden die Momente und Kräfte für Rahmenform 85 überstrichen.

b) Momente an beliebigen Stabpunkten der Rahmenform 85.

Die Anschriebe für die $\bar{M}_x$ und $\bar{M}_y$ lauten genau wie für Rahmenform 83, nur müssen für M_B, M_C, M_D die neuen Werte $\bar{M}_B$, $\bar{M}_C$, $\bar{M}_D$ eingesetzt werden.

---

*) Bei verschiedenen Belastungsfällen wird Z negativ, d. h. das Zugband erhält Druck. Dieser Umstand hat selbstverständlich nur dann einen Sinn, wenn die Druckkraft kleiner bleibt als die Zugkraft aus ständiger Last, so daß stets ein Rest Zugkraft im Zugbande verbleibt.

**) Bei Verwendung der Lastfälle der Rahmenform 83 ist in die Z-Formel für die Belastungsglieder R_2 und L'_2 im einzelnen folgendes einzusetzen:

Fall 83/4: $R_2 = R$; $\quad L'_2 = 0$; $\quad$ Fall 83/5: $R_2 = R$; $\quad L'_2 = 0$;

Fall 83/7: $R_2 + L'_2 = 2R_2$; $\quad$ Fall 83/9: $R_2 + L'_2 = 2R_2$;

Fall 83/11: $R_2 + L'_2 = \dfrac{12EI_2 d \cdot \alpha_t t}{s_2 b}$; $\quad$ Fall 83/13: $R_2 + L'_2 = \dfrac{p_{2s} \cdot s_2^2}{2}$.

Für alle übrigen Lastfälle, einschließlich des „Falles der gleichmäßigen Wärmeänderung im ganzen Rahmen einschließlich im Zugband" ist in der Z-Formel $R_2 = L'_2 = 0$ zu setzen. Alle *antimetrischen* Lastfälle der Rahmenform 83 (Fälle 83/2, 8, 10 und 14) gelten unverändert auch für Rahmenform 85, weil bei denselben die Zugbandkraft Z verschwindet.

Rahmenform 86

Symmetrischer, eingespannter Hallenrahmen mit schrägen Stielen und gebrochenem Riegel

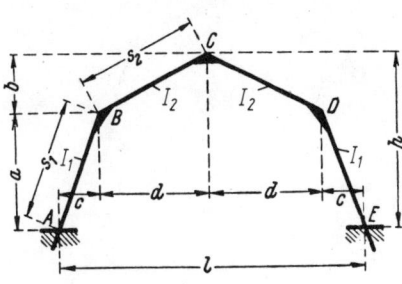

Rahmenform, Abmessungen und Bezeichnungen

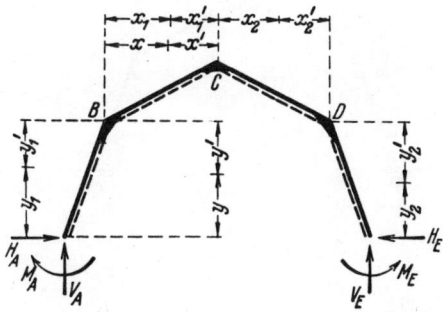

Festlegung der positiven Richtung aller Stützkräfte und der Koordinaten beliebiger Stabpunkte. Bei symmetrischen Lastfällen werden x, x' und y, y' benutzt. Positive Biegemomente erzeugen an der gestrichelten Stabseite Zug.

Festwerte:

$$k = \frac{I_2}{I_1} \cdot \frac{s_1}{s_2}; \qquad \varphi = \frac{b}{a} \qquad m = \frac{h}{a} = 1 + \varphi; \qquad \gamma = \frac{2c}{l} \qquad \delta = \frac{2d}{l};$$

$$B = k + 2\delta(k+1) \qquad C = 1 + 2m$$

$$K_1 = 2(k + 1 + m + m^2) \qquad K_2 = 2(k + \varphi^2) \qquad r = \varphi C - k;$$

$$N_1 = K_1 K_2 - r^2 \qquad N_2 = k(2 + \delta) + \delta B.$$

Anschriebe für die Momente an beliebigen Stabpunkten für alle Belastungsfälle der Rahmenform 86

Die Anteile aus den Einspann- und Eckmomenten allein lauten wie folgt[*]):

$$M_{y1} = \frac{y'_1}{a} M_A + \frac{y_1}{a} M_B \qquad M_{y2} = \frac{y_2}{a} M_D + \frac{y'_2}{a} M_E$$

$$M_{x1} = \frac{x'_1}{d} M_B + \frac{x_1}{d} M_C \qquad M_{x2} = \frac{x'_2}{d} M_C + \frac{x_2}{d} M_D.$$

Zu diesen Werten kommen für die direkt belasteten Stäbe jeweils das Glied M_y^0 bzw. M_x^0 hinzu.

---

[*]) An Stelle der nachstehenden Formen mit y und x können selbstverständlich auch die Formen mit z benutzt werden – siehe die Fälle 86/13 und 14, Seite 382 mit 381.

Rahmenform 86 Festwerte usw. siehe Seite 375

Siehe hierzu den Abschnitt „**Belastungsglieder**"

Fall 86/1: Linker Stiel beliebig senkrecht belastet

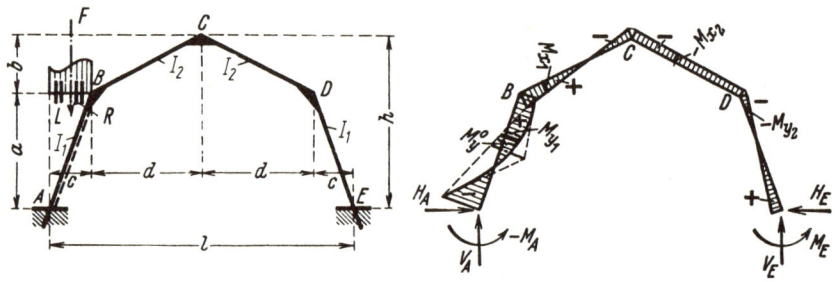

Hilfswerte:

$$D_1 = 2\varphi^2 S_l + Lk \qquad D_2 = \varphi S_l C - Rk \qquad D_3 = \delta S_l B + (L + \delta R)k;$$

$$X_1 = \frac{D_1 K_1 - D_2 r}{2N_1} \qquad X_2 = \frac{D_2 K_2 - D_1 r}{2N_1} \qquad X_3 = \frac{D_3}{2N_2}.$$

$$\left.\begin{array}{l} M_A \\ M_E \end{array}\right\} = -X_1 \mp X_3 \qquad \left.\begin{array}{l} M_B \\ M_D \end{array}\right\} = +X_2 \pm \delta\left(\frac{S_l}{2} - X_3\right)$$

$$M_C = -\frac{\varphi S_l}{2} + \varphi X_1 + mX_2;$$

$$V_E = \frac{S_l - 2X_3}{l} \qquad V_A = F - V_E; \qquad H_A = H_E = \frac{S_l}{2a} - \frac{X_1 + X_2}{a}.$$

Fall 86/2: Linker Stiel beliebig waagerecht belastet

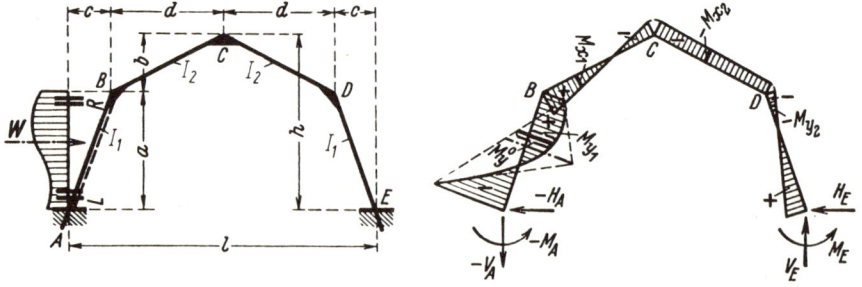

Alle Anschriebe lauten genau wie oben mit Ausnahme derjenigen für die V- und H-Kräfte:

$$V_E = -V_A = \frac{S_l - 2X_3}{l}; \qquad H_E = \frac{S_l}{2a} - \frac{X_1 + X_2}{a} \qquad H_A = -(W - H_E).$$

Festwerte usw. siehe Seite 375 **Rahmenform 86**

Siehe hierzu den Abschnitt „**Belastungsglieder**"

Fall 86/3: Linker Riegel beliebig waagerecht belastet

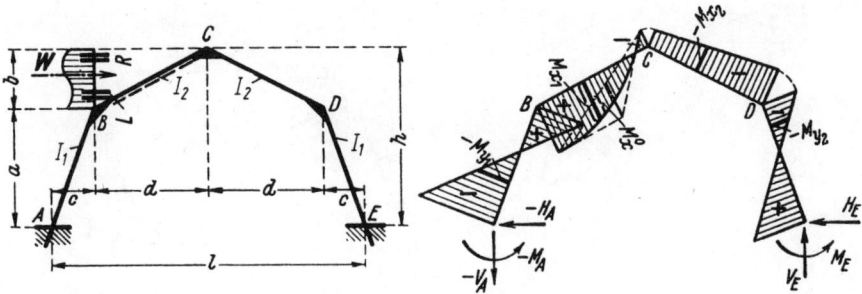

Hilfswerte:

$$D_1 = \varphi(2S_r - R) \qquad D_2 = CS_r - (L + mR) \qquad D_3 = (\delta Wa - \gamma S_l)B + \delta L;$$

$$X_1 = \frac{D_1 K_1 - D_2 r}{2N_1} \qquad X_2 = \frac{D_2 K_2 - D_1 r}{2N_1} \qquad X_3 = \frac{D_3}{2N_2}.$$

$$\left.\begin{array}{c} M_A \\ M_E \end{array}\right\} = -X_1 \mp X_3 \qquad \left.\begin{array}{c} M_B \\ M_D \end{array}\right\} = +X_2 \pm \left(\frac{\delta Wa - \gamma S_l}{2} - \delta X_3\right)$$

$$M_C = -\frac{S_r}{2} + \varphi X_1 + m X_2; \qquad V_E = -V_A = \frac{Wa + S_l - 2X_3}{l};$$

$$H_E = \frac{W}{2} - \frac{X_1 + X_2}{a} \qquad H_A = -(W - H_E).$$

Fall 86/4: Waagerechte Einzellast am Firstpunkt C

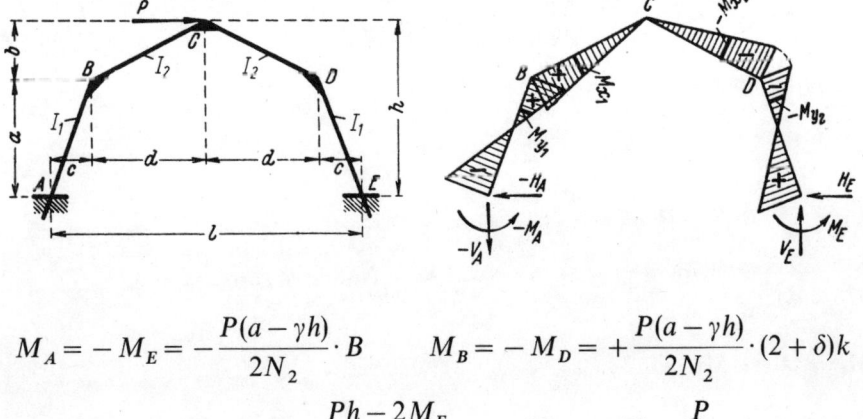

$$M_A = -M_E = -\frac{P(a - \gamma h)}{2N_2} \cdot B \qquad M_B = -M_D = +\frac{P(a - \gamma h)}{2N_2} \cdot (2 + \delta)k$$

$$M_C = 0; \qquad V_E = -V_A = \frac{Ph - 2M_E}{l}; \qquad H_E = -H_A = \frac{P}{2}.$$

Rahmenform 86 Festwerte usw. siehe Seite 375

Siehe hierzu den Abschnitt **„Belastungsglieder"**

Fall 86/5: Linker Riegel beliebig senkrecht belastet

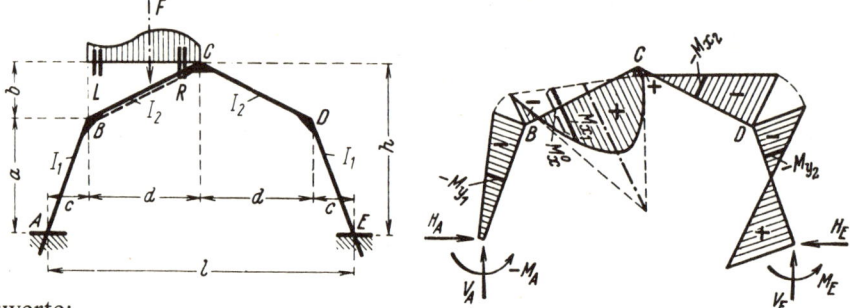

Hilfswerte:
$$D_1 = \varphi[2(S_l - \varphi Fc) + R] \qquad D_2 = C(S_l - \varphi Fc) + L + mR;$$
$$X_1 = \frac{D_1 K_1 - D_2 r}{2N_1} \qquad X_2 = \frac{D_2 K_2 - D_1 r}{2N_1} \qquad X_3 = \frac{\gamma S_r B + \delta L}{2N_2}.$$
$$\left.\begin{array}{c}M_A\\M_E\end{array}\right\} = +X_1 \mp X_3 \qquad \left.\begin{array}{c}M_B\\M_D\end{array}\right\} = -X_2 \pm \left(\frac{\gamma S_r}{2} - \delta X_3\right)$$
$$M_C = \frac{S_l - \varphi Fc}{2} - \varphi X_1 - m X_2;$$
$$V_E = \frac{Fc + S_l - 2X_3}{l} \qquad V_A = F - V_E; \qquad H_A = H_E = \frac{Fc}{2a} + \frac{X_1 + X_2}{a}.$$

Fall 86/6: Senkrechte Einzellasten an den Eckpunkten B, C, D, *symmetrisch zur Rahmenmitte*

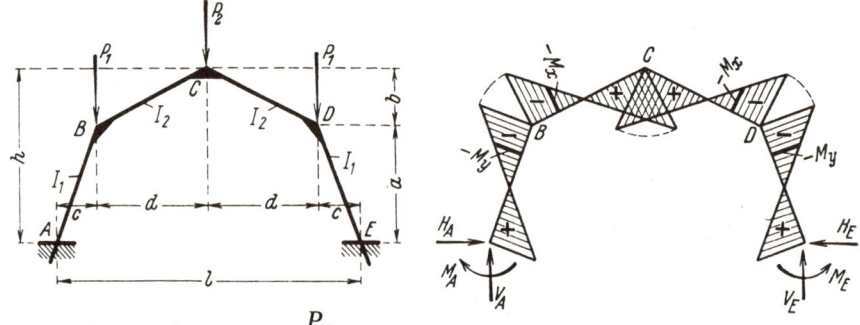

Hilfswert: $\quad D = -P_1 \varphi c + \dfrac{P_2}{2}(d - \varphi c).$

$$M_A = M_E = \frac{3D(k + 2k\varphi + \varphi)}{N_1} \qquad M_B = M_D = -\frac{6Dkm}{N_1}$$
$$M_C = D - \varphi M_A + m M_B;$$
$$V_A = V_E = P_1 + \frac{P_2}{2}; \qquad H_A = H_E = \frac{V_A c + M_A - M_B}{a}.$$

Festwerte usw. siehe Seite 375 **Rahmenform 86**

Siehe hierzu den Abschnitt **„Belastungsglieder"**

Fall 86/7: Ganzer Rahmen beliebig senkrecht, aber *symmetrisch* zur Rahmenmitte belastet

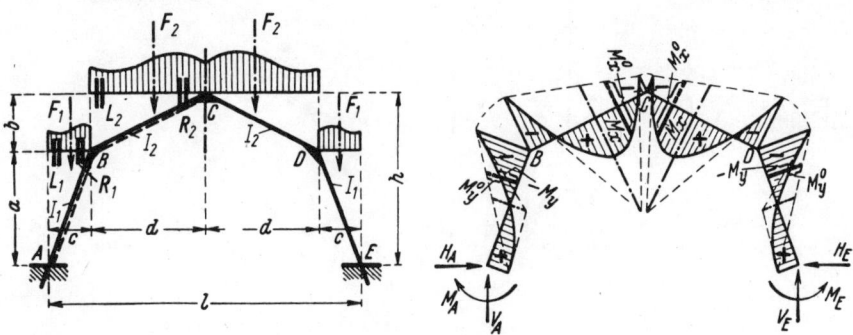

Hilfswerte:
$$D_1 = -[2\varphi^2 S_{l1} + L_1 k] + \varphi[2(S_{l2} - \varphi F_2 c) + R_2]$$
$$D_2 = [\varphi S_{l1} C - R_1 k] - [C(S_{l2} - \varphi F_2 c) + L_2 + m R_2].$$
$$M_A = M_E = \frac{D_1 K_1 + D_2 r}{N_1} \qquad M_B = M_D = \frac{D_2 K_2 - D_1 r}{N_1};$$
$$M_C = -\varphi S_{l1} + (S_{l2} - \varphi F_2 c) - \varphi M_A + m M_B;$$
$$V_A = V_E = F_1 + F_2; \qquad H_A = H_E = \frac{S_{l1} + F_2 c + M_A - M_B}{a}.$$

Bemerkung: Alle Belastungsglieder sind auf die *linke* Rahmenhälfte bezogen.

Fall 86/8: Ganzer Rahmen beliebig senkrecht, aber *antimetrisch* zur Rahmenmitte belastet

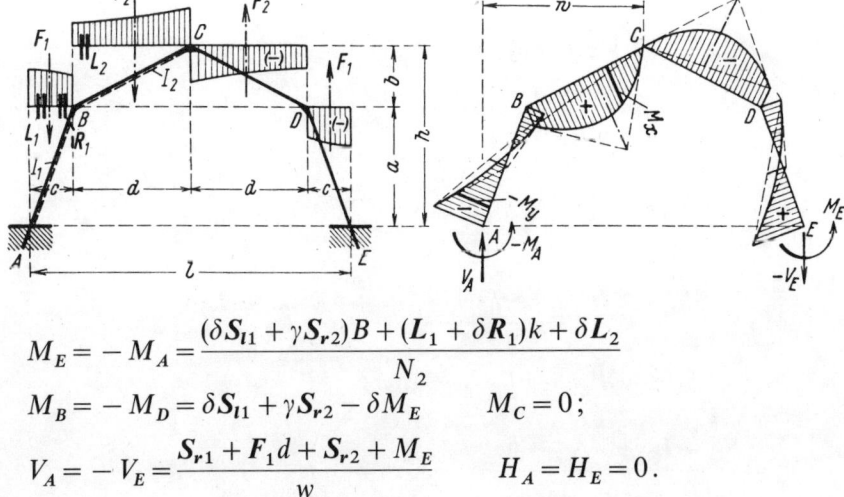

$$M_E = -M_A = \frac{(\delta S_{l1} + \gamma S_{r2}) B + (L_1 + \delta R_1) k + \delta L_2}{N_2}$$
$$M_B = -M_D = \delta S_{l1} + \gamma S_{r2} - \delta M_E \qquad M_C = 0;$$
$$V_A = -V_E = \frac{S_{r1} + F_1 d + S_{r2} + M_E}{w} \qquad H_A = H_E = 0.$$

Bemerkung: Alle Belastungsglieder sind auf die *linke* Rahmenhälfte bezogen.

Rahmenform 86 Festwerte usw. siehe Seite 375

Siehe hierzu den Abschnitt **„Belastungsglieder"**

Fall 86/9: Ganzer Rahmen beliebig waagerecht von außen her, aber *symmetrisch* zur Rahmenmitte belastet

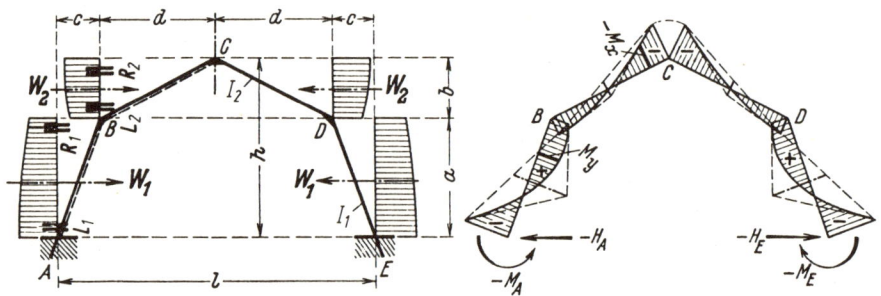

Hilfswerte: $\quad D_1 = [2\varphi^2 S_{l1} + L_1 k] + \varphi[2S_{r2} - R_2]$
$D_2 = [\varphi C S_{l1} - R_1 k] + [C S_{r2} - (L_2 + m R_2)].$
$M_A = M_E = \dfrac{D_2 r - D_1 K_1}{N_1} \qquad M_B = M_D = \dfrac{D_2 K_2 - D_1 r}{N_1}$
$M_C = -\varphi S_{l1} - S_{r2} - \varphi M_A + m M_B;$
$H_A = H_E = -\dfrac{S_{r1}}{a} + \dfrac{M_A - M_B}{a} \qquad V_A = V_E = 0.$

Bemerkung: Alle Belastungsglieder sind auf die *linke* Rahmenhälfte bezogen.

Fall 86/10: Ganzer Rahmen beliebig waagerecht von links her, aber *antimetrisch* zur Rahmenmitte belastet

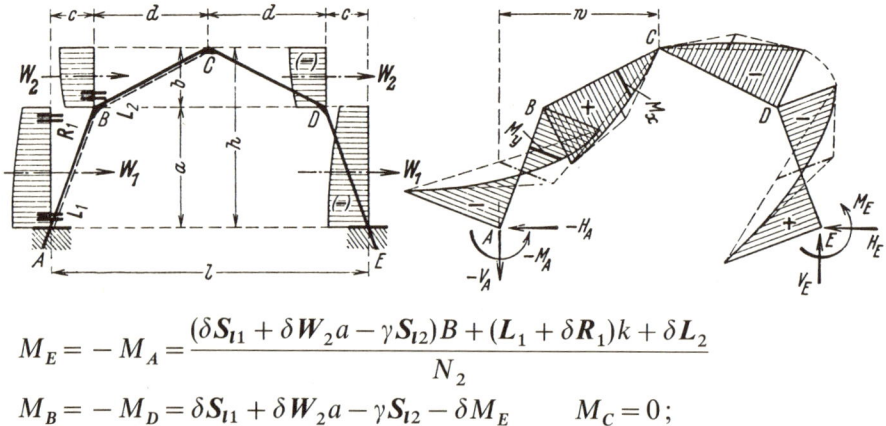

$M_E = -M_A = \dfrac{(\delta S_{l1} + \delta W_2 a - \gamma S_{l2})B + (L_1 + \delta R_1)k + \delta L_2}{N_2}$
$M_B = -M_D = \delta S_{l1} + \delta W_2 a - \gamma S_{l2} - \delta M_E \qquad M_C = 0;$
$V_E = -V_A = \dfrac{S_{l1} + W_2 a + S_{l2} - M_E}{w} \qquad H_E = -H_A = W_1 + W_2.$

Bemerkung: Alle Belastungsglieder sind auf die *linke* Rahmenhälfte bezogen.

Festwerte usw. siehe Seite 375 **Rahmenform 86**

Fall 86/11: Gleichmäßige Wärmezunahme im ganzen Rahmen*)

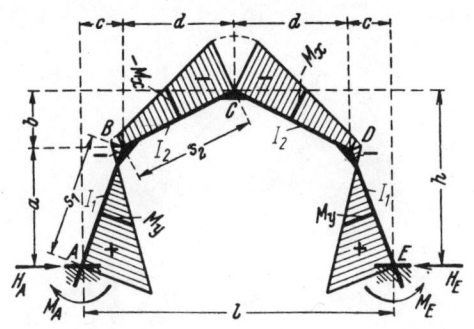

E = Elastizitätsmodul,
α_t = Wärmedehnkoeffizient,
t = Wärmeänderung in Grad.

Hilfswert: $\quad T = \dfrac{3EI_2 \alpha_t t l}{s_2 a N_1}$.

$M_A = M_E = +T(K_1 - r)$

$M_B = M_D = -T(K_2 - r)$

$M_C = -\varphi M_A + m M_B;$

$H_A = H_E = \dfrac{M_A - M_B}{a}$.

Bemerkung: Bei Wärme**ab**nahme kehren alle Momente und Kräfte ihren Wirkungssinn um.

Fall 86/12: Gleichmäßig verteilte Windlasten in Form von Druck (p = positiv) und Sog (p = negativ) rechtwinklig zu den Stabachsen wirkend

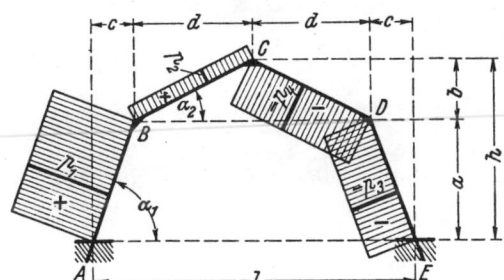

Dieser allgemeine Wind-Lastfall läßt sich praktisch zerlegen in einen *symmetrischen* – siehe Fall 86/13 – und in einen *antimetrischen* – siehe Fall 86/14 –; bzw. dieser allgemeine Wind-Lastfall wird erhalten durch Überlagerung der beiden Fälle 86/13 und 14, Seite 382.

Bemerkung: Bei flachen Dächern wird auch p_2 negativ.

Momente und Querkräfte in beliebigen Stabpunkten der *linken* Rahmenhälfte bei den Fällen 86/13 und 14, Seite 382

$M_{z1} = \dfrac{p_{1s} \cdot z_1 z'_1}{2} + \dfrac{z'_1}{s_1} M_A + \dfrac{z_1}{s_1} M_B \qquad M_{z2} = \dfrac{p_{2s} \cdot z_2 z'_2}{2} + \dfrac{z'_2}{s_2} M_B + \dfrac{z_2}{s_2} M_C.$

$Q_{z1} = p_{1s} s_1 \left(\dfrac{1}{2} - \dfrac{z_1}{s_1} \right) + \dfrac{M_B - M_A}{s_1} \qquad Q_{z2} = p_{2s} s_2 \left(\dfrac{1}{2} - \dfrac{z_2}{s_2} \right) + \dfrac{M_C - M_B}{s_2}.$

Bemerkung: Bei Fall 86/14 ist sinngemäß p_{1a} und p_{2a} sowie $M_C = 0$ zu setzen.

---

*) Der Hilfswert läßt sich aufspalten zu $T = 3EI_2 \alpha_t (2c \cdot t_1 + 2d \cdot t_2)/s_2 a N_1$, wobei t_1 zum Stabpaar s_1 und t_2 zum Stabpaar s_2 gehört. – Für den **antimetrischen Wärmeänderungsfall** (d. h. linke Rahmenhälfte mit $+t_1$ und $+t_2$, rechte mit $-t_1$ und $-t_2$) ist in Fall 86/8 zu setzen $\delta L_2 = 12EI_2 \alpha_t (at_1 + bt_2)/s_2 l$, während alle übrigen Belastungsglieder verschwinden.

Rahmenform 86   Festwerte usw. siehe Seite 375

Fall 86/13: Der ganze Rahmen gleichmäßig verteilt von außen her rechtwinklig zu den Stabachsen und *symmetrisch* zur Rahmenmitte belastet (*Symmetrischer* Anteil aus Windlast, d. h. nur Druck)*)

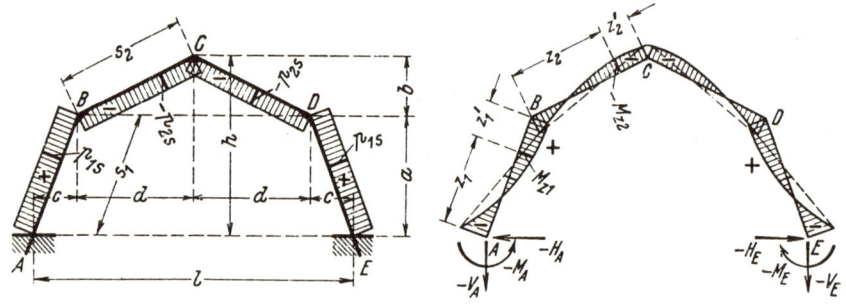

Mit Bezug auf Fall 86/12 ist $\quad p_{1s} = \dfrac{p_1 + p_3}{2} \quad p_{2s} = \dfrac{p_2 + p_4}{2}$

Hilfswerte:
$$D_1 = p_{1s}s_1^2(4\varphi^2 + k) + \varphi p_{2s}[8\varphi(ab + cd) - 5s_2^2]$$
$$D_2 = p_{1s}s_1^2(2\varphi C - k) + p_{2s}[4\varphi C(ab + cd) - s_2^2(3 + 5m)].$$

$$M_A = M_E = \frac{-D_1 K_1 + D_2 r}{4N_1} \qquad M_B = M_D = \frac{-D_1 r + D_2 K_2}{4N_1}$$

$$M_C = -\frac{p_{1s}s_1^2}{2}\cdot\varphi + p_{2s}\left[\frac{s_2}{2} - \varphi(ab + cd)\right] - \varphi M_A + mM_B;$$

$$V_A = V_E = p_{1s}c + p_{2s}d; \qquad H_A = H_E = -\frac{p_{1s}(a^2 - c^2)}{2a} + \frac{p_{2s}cd}{a} + \frac{M_A - M_B}{a}.$$

Fall 86/14: Der ganze Rahmen gleichmäßig verteilt rechtwinklig zu den Stabachsen belastet, und zwar die linke Rahmenhälfte von außen her, die rechte von innen her – im ganzen antimetrisch zur Rahmenmitte (Antimetrischer Anteil aus Windlast, d. h. Druck und Sog)*)

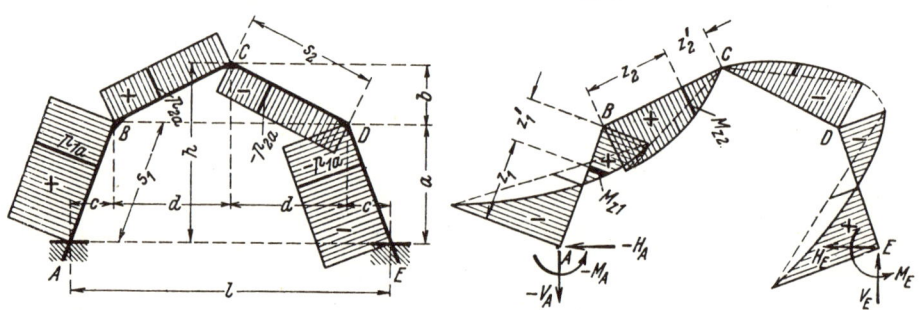

Formeln für Fall 86/14 siehe 383 unten.

---

*) Formeln für M_z (und Q_z) siehe Seite 381.

Rahmenform 87

Symmetrischer, eingespannter Hallenrahmen mit schrägen Stielen, gebrochenem Riegel und einem elastischen Zugband in Stielhöhe

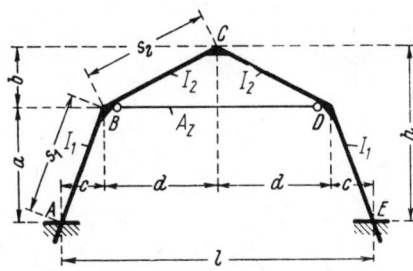

Rahmenform, Abmessungen und Bezeichnungen

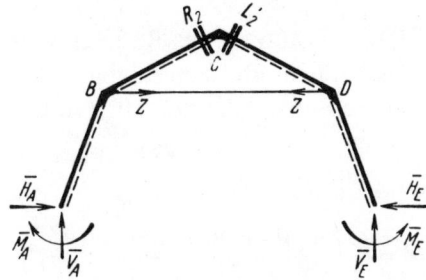

Festlegung der positiven Richtung aller Stützkräfte. Koordinaten beliebiger Stabpunkte genau wie bei Rahmenform 86 (s. S. 375). Positive Biegemomente erzeugen an der gestrichelten Stabseite Zug

Allgemeines

Die Rahmenform 87 (*mit* Zugband) wird am zweckmäßigsten als Erweiterung der Rahmenform 86 (*ohne* Zugband) aufgefaßt und behandelt. Es läßt sich dadurch der Einfluß des elastischen Zugbandes übersichtlich verfolgen.

Rechnungsgang

Erster Schritt: Für jeden zu behandelnden Lastfall werden die Eck- und Einspannmomente M_A, M_B, M_C, M_D, M_E sowie die Auflagerkräfte H_A, H_E, V_A, V_E nach Rahmenform 86 (siehe die Seiten 375 bis 382) zahlenmäßig errechnet. (Fortsetzung Rahmenform 87 siehe Seite 384)

Noch zu Rahmenform 86 gehörend. **Formeln zu Fall 86/14, Seite 382:**

Mit Bezug auf Fall 86/12 ist $\quad p_{1a} = \dfrac{p_1 - p_3}{2} \quad p_{2a} = \dfrac{p_2 - p_4}{2}.$

$$M_E = -M_A = \frac{p_{1a} s_1^2}{4 N_2}[2\delta B + (1+\delta)k] + \frac{p_{2a}}{4 N_2}[\delta s_2^2 + 2\gamma B(d^2 - b^2) + 4\delta B \cdot ab]$$

$$M_B = -M_D = \frac{p_{1a} s_1^2}{2} \cdot \delta + \frac{p_{2a}}{2}[\gamma(d^2 - b^2) + 2\delta \cdot ab] - \delta M_E \qquad M_C = 0;$$

$$V_E = -V_A = \frac{p_{1a}(s_1^2 - lc)}{l} + \frac{p_{2a}(2hb - s_2^2)}{l} - \frac{M_E}{w}; \qquad H_E = -H_A = p_{1a}a + p_{2a}b.$$

Rahmenform 87

Zweiter Schritt:

a) Zusätzliche Festwerte für Rahmenform 87

$$\alpha_1 = \frac{3(mk + \varphi k + \varphi)}{N_1} \qquad \beta_1 = \frac{6mk}{N_1} \qquad \gamma_1 = \frac{3k(k + 1 + m)}{N_1};$$

$$L_Z = \frac{6I_2}{b^2 A_Z} \cdot \frac{E}{E_Z} \cdot \frac{d}{s_2} \qquad N_Z = 2\gamma_1 - \beta_1 + L_Z.$$

E = Elastizitätsmodul des Rahmenbaustoffes,
E_Z = Elastizitätsmodul des Zugbandstoffes,
A_Z = Querschnittsfläche des Zugbandes.

Bemerkung: Für *starres* Zugband ist $L_Z = 0$ zu setzen.

b) Zugbandkraft

$$Z = \frac{M_B + M_D + 4M_C + R_2 + L'_2}{2bN_Z}*).$$

Bemerkung: Die in der Formel für Z auftretenden Belastungsglieder R_2 und L'_2 beziehen sich auf die in der rechten Titelabbildung (s. S. 383) gekennzeichneten Riegelstellen und sind der jeweiligen Riegelbelastung entsprechend wie üblich einzusetzen**).

Dritter Schritt:

a) Eck- und Einspannmomente sowie Auflagerkräfte der Rahmenform 87

$$\bar{M}_B = M_B + \beta_1 Zb \qquad \bar{M}_C = M_C - \gamma_1 Zb \qquad \bar{M}_D = M_D + \beta_1 Zb$$
$$\bar{M}_A = M_A - \alpha_1 Zb \qquad \bar{M}_E = M_E - \alpha_1 Zb$$
$$\bar{H}_A = H_A - \varphi(\alpha_1 + \beta_1)Z \qquad \bar{H}_E = H_E - \varphi(\alpha_1 + \beta_1)Z \qquad \bar{V}_A = V_A \qquad \bar{V}_E = V_E.$$

Bemerkung: Zwecks Unterscheidung wurden die Momente und Kräfte für Rahmenform 87 überstrichen.

b) Momente an beliebigen Stabpunkten der Rahmenform 87.

Die Anschriebe für $\bar{M}_x$ und $\bar{M}_y$ lauten genau wie für Rahmenform 86, nur müssen für M_A, M_B, M_C, M_D, M_E die neuen Werte $\bar{M}_A$, $\bar{M}_B$, $\bar{M}_C$, $\bar{M}_D$, $\bar{M}_E$ eingesetzt werden.

---

*) Bei verschiedenen Belastungsfällen wird Z negativ, d. h. das Zugband erhält Druck. Dieser Umstand hat selbstverständlich nur dann einen Sinn, wenn die Druckkraft kleiner bleibt als die Zugkraft aus ständiger Last, so daß stets ein Rest Zugkraft im Zugbande verbleibt.

**) Bei Verwendung der Lastfälle der Rahmenform 86 ist in die Z-Formel für die Belastungsglieder R_2 und L'_2 im einzelnen folgendes einzusetzen.

Fall 86/3: $R_2 = R$; $L'_2 = 0$; Fall 86/5: $R_2 = R$; $L'_2 = 0$;

Fall 86/7: $R_2 + L'_2 = 2R_2$; Fall 86/9: $R_2 + L'_2 = 2R_2$;

Fall 86/11: $R_2 + L'_2 = \dfrac{12EI_2 d\alpha_t t}{s_2 b}$; Fall 86/13: $R_2 + L'_2 = \dfrac{p_{2s} \cdot s_2^2}{2}$.

Für alle übrigen Lastfälle, einschließlich des „Falles der gleichmäßigen Wärmeänderung im ganzen Rahmen einschließlich im Zugband" ist in der Z-Formel $R_2 = L'_2 = 0$ zu setzen. Alle *antimetrischen* Lastfälle der Rahmenform 86 (Fälle 86/4, 8, 10 und 14) gelten unverändert auch für Rahmenform 87, weil bei denselben die Zugkraft Z verschwindet.

Rahmenform 88

Symmetrischer Zweigelenk-Rechteckrahmen mit abgeschrägten Ecken

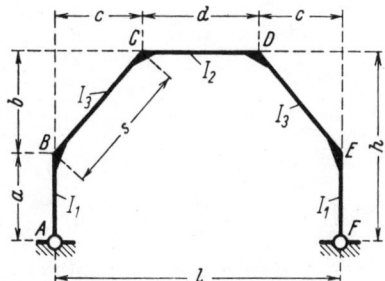

Rahmenform, Abmessungen und Bezeichnungen

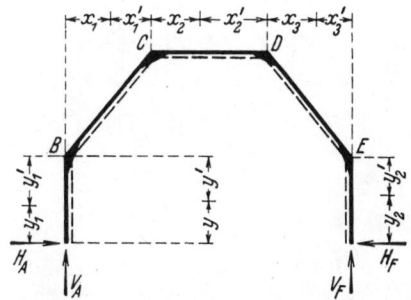

Festlegung der positiven Richtung aller Stützkräfte und der Koordinaten beliebiger Stabpunkte. Bei symmetrischen Lastfällen werden y und y' benutzt. Positive Biegemomente erzeugen an der gestrichelten Stabseite Zug.

Festwerte:

$$k_1 = \frac{I_3}{I_1} \cdot \frac{a}{s} \qquad k_2 = \frac{I_3}{I_2} \cdot \frac{d}{s}; \qquad \alpha = \frac{a}{h} \qquad \gamma = \frac{c}{l} \qquad \delta = \frac{d}{l};$$

$$B = 2\alpha(k_1 + 1) + 1 \qquad C = \alpha + 2 + 3k_2; \qquad N = \alpha B + C.$$

Anschriebe der Momente an beliebiger Stelle der nicht direkt belasteten Stäbe für alle Belastungsfälle der Rahmenform 88

$$M_{x1} = \frac{x'_1}{c} M_B + \frac{x_1}{c} M_C \qquad M_{x2} = \frac{x'_2}{d} M_C + \frac{x_2}{d} M_D$$

$$M_{x3} = \frac{x'_3}{c} M_D + \frac{x_3}{c} M_E \qquad M_{y1} = \frac{y_1}{a} M_B \qquad M_{y2} = \frac{y_2}{a} M_E.$$

Rahmenform 88   Festwerte usw. siehe Seite 385

Fall 88/1: Gleichmäßige Wärmezunahme im ganzen Rahmen

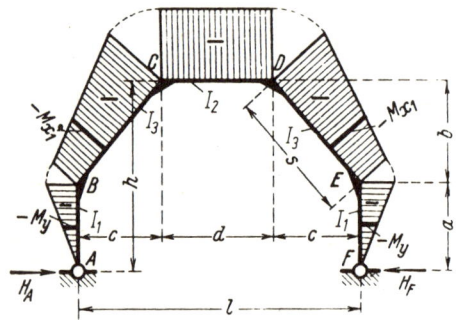

E = Elastizitätsmodul,
α_t = Wärmedehnkoeffizient,
t = Wärmeänderung in Grad.

Hilfswert: $\quad T = \dfrac{3EI_3 \alpha_t t l}{shN}$.

$$M_B = M_E = -\alpha T \qquad M_C = M_D = -T; \qquad H_A = H_F = \dfrac{T}{h}.$$

Bemerkung: Bei Wärme**ab**nahme kehren alle Kräfte ihren Pfeilsinn um und alle Momente erhalten entgegengesetztes Vorzeichen.

Allgemeiner Fall 88/1a: Der Hilfswert T läßt sich aufspalten in

$$T = \dfrac{3EI_3 \alpha_t}{shN}(c \cdot t_1 + d \cdot t_2 + c \cdot t_3),$$

wobei t_1 zum linken Schrägstab, t_2 zum Riegel, und t_3 zum rechten Schrägstab gehören.

Bemerkung: Etwaige Wärmeänderung eines oder beider Stiele liefert keinen statischen Beitrag.

Fall 88/2: Waagerechte Einzellast in Riegelhöhe

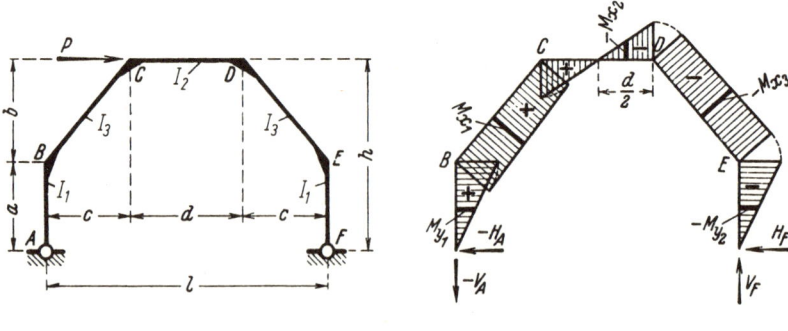

$$M_B = -M_E = \dfrac{Pa}{2} \qquad M_D = -M_D = \dfrac{Phd}{2l};$$

$$H_F = -H_A = \dfrac{P}{2} \qquad V_F = -V_A = \dfrac{Ph}{l}.$$

Festwerte usw. siehe Seite 385　　　　　　　　　　　　　　　　　**Rahmenform 88**

Siehe hierzu den Abschnitt „**Belastungsglieder**"

Fall 88/3: Linker Schrägstab beliebig senkrecht belastet

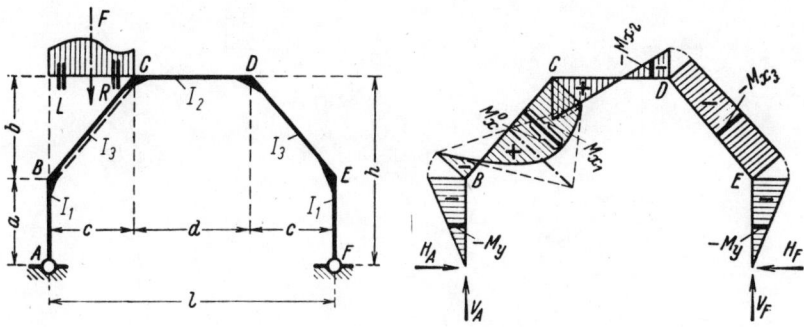

Hilfswert:　　$X = \dfrac{CS_l + \alpha L + R}{2N}.$　　　$M_{x1} = M_x^0 + \dfrac{x_1'}{c} M_B + \dfrac{x_1}{c} M_C;$

$M_B = M_E = -\alpha X$　　　$M_C = (1-\gamma)S_l - X$　　　$M_D = \gamma S_l - X;$

$V_F = \dfrac{S_l}{l}$　　$V_A = F - V_F;$　　$H_A = H_F = \dfrac{X}{h}.$

Sonderfall 88/3a: Senkrechte Einzellast P im Eckpunkt C

Es ist zu setzen $S_l = Pc$; sowie $L = R = 0$ und $M_x^0 = 0$.

Fall 88/4: Riegel beliebig senkrecht belastet

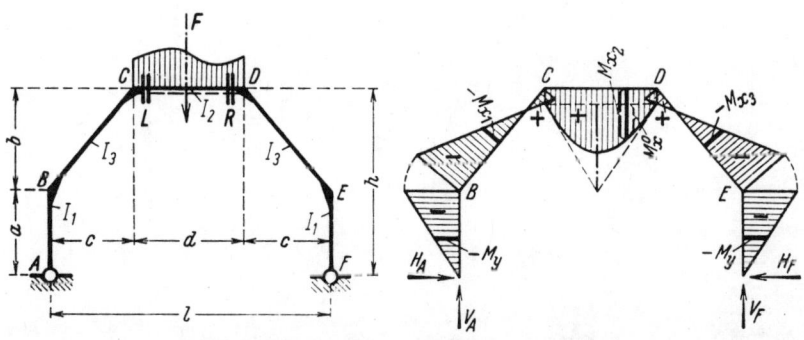

Hilfswert:　　$X = \dfrac{FcC + (L+R)k_2}{2N}.$　　　$M_{x2} = M_x^0 + \dfrac{x_2'}{d} M_C + \dfrac{x_2}{d} M_D;$

$M_B = M_E = -\alpha X$　　　$M_C = \gamma(S_r + Fc) - X$　　　$M_D = \gamma(Fc + S_l) - X;$

$V_A = \dfrac{S_r + Fc}{l}$　　$V_F = \dfrac{Fc + S_l}{l};$　　$H_A = H_F = \dfrac{X}{h}.$

Rahmenform 88 Festwerte usw. siehe Seite 385

Siehe hierzu den Abschnitt „**Belastungsglieder**"

Fall 88/5: Linker Schrägstab beliebig waagerecht belastet

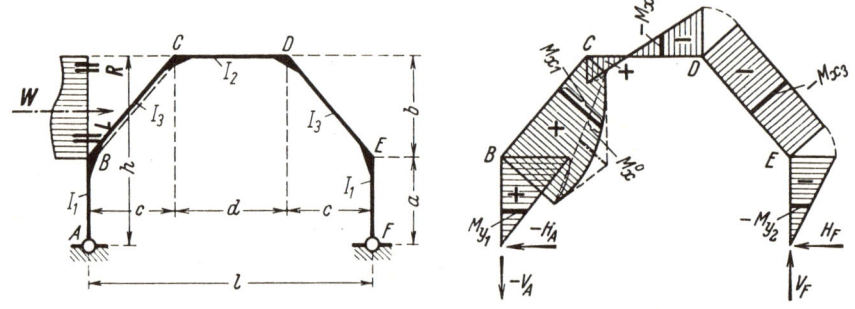

Hilfswert: $X = \dfrac{Wa(B+C) + S_l C + \alpha L + R}{2N}$. $\quad M_B = Wa - \alpha X$
$\quad M_E = -\alpha X$

$M_C = (1-\gamma)(Wa + S_l) - X$
$M_D = \gamma(Wa + S_l) - X;$ $\quad M_{x1} = M_x^0 + \dfrac{x_1'}{c} M_B + \dfrac{x_1}{c} M_C;$

$V_F = -V_A = \dfrac{Wa + S_l}{l};$ $\quad H_F = \dfrac{X}{h}$ $\quad H_A = -(W - H_F).$

Fall 88/6: Linker Stiel beliebig waagerecht belastet

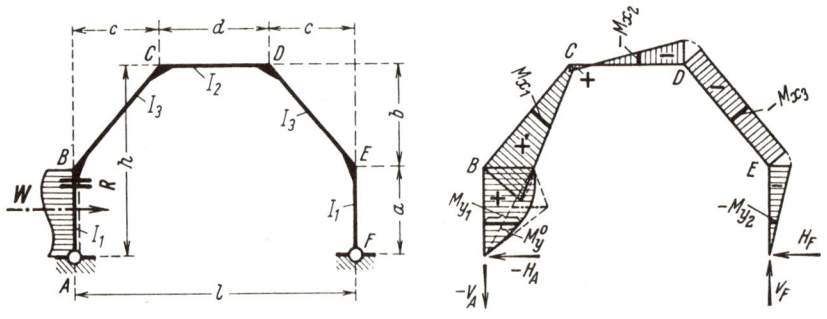

Hilfswert: $X = \dfrac{S_l(B+C) + \alpha R k_1}{2N}$.

$M_B = S_l - \alpha X$ $\quad M_E = -\alpha X$
$M_C = (1-\gamma) S_l - X$ $\quad M_D = \gamma S_l - X;$ $\quad M_{y1} = M_y^0 + \dfrac{y_1}{a} M_B;$

$V_F = -V_A = \dfrac{S_l}{l};$ $\quad H_F = \dfrac{X}{h}$ $\quad H_A = -(W - H_F).$

Sonderfall 88/6a: Waagerechte Einzellast am Eckpunkt B

Es ist zu setzen $S_l = Pa$ und $W = P$; sowie $R = 0$ und $M_y^0 = 0$.

Festwerte usw. siehe Seite 385   **Rahmenform 88**

Siehe hierzu den Abschnitt „**Belastungsglieder**"

Fall 88/7: Der ganze Rahmen beliebig senkrecht, aber *symmetrisch* zur Rahmenmitte belastet

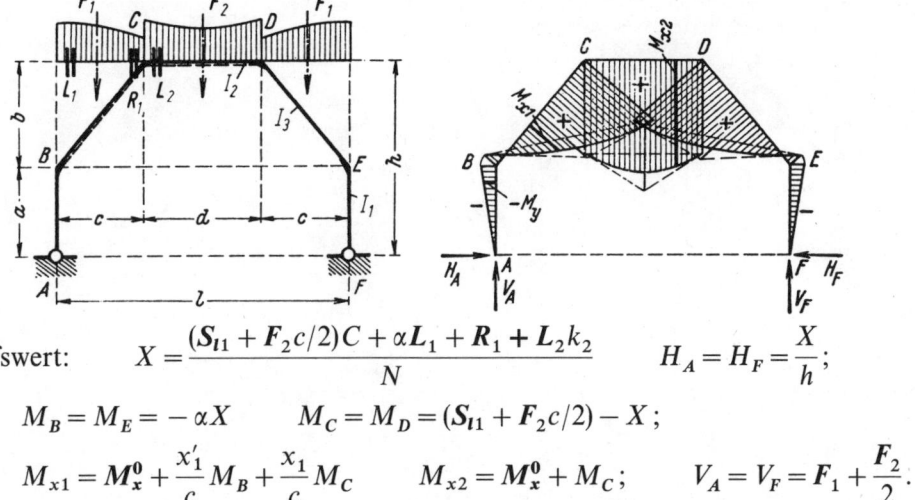

Hilfswert: $\quad X = \dfrac{(S_{l1} + F_2 c/2)C + \alpha L_1 + R_1 + L_2 k_2}{N} \qquad H_A = H_F = \dfrac{X}{h};$

$M_B = M_E = -\alpha X \qquad M_C = M_D = (S_{l1} + F_2 c/2) - X;$

$M_{x1} = M_x^0 + \dfrac{x_1'}{c} M_B + \dfrac{x_1}{c} M_C \qquad M_{x2} = M_x^0 + M_C; \qquad V_A = V_F = F_1 + \dfrac{F_2}{2}.$

Bemerkung: Alle Belastungsglieder sind auf die *linke* Rahmenhälfte bezogen.

Sonderfall 88/7a: Zwei gleiche senkrechte Einzellasten P über C und D

Es ist zu setzen $F_1 = P$ und $S_{l1} = Pc$, während alle übrigen Belastungsglieder verschwinden.

Fall 88/8: Der ganze Rahmen beliebig senkrecht, aber *antimetrisch* belastet

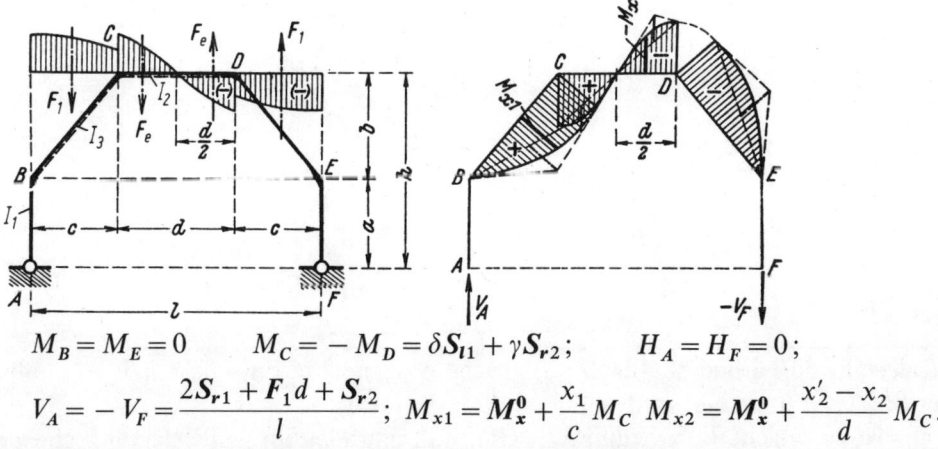

$M_B = M_E = 0 \qquad M_C = -M_D = \delta S_{l1} + \gamma S_{r2}; \qquad H_A = H_F = 0;$

$V_A = -V_F = \dfrac{2 S_{r1} + F_1 d + S_{r2}}{l}; \quad M_{x1} = M_x^0 + \dfrac{x_1}{c} M_C \quad M_{x2} = M_x^0 + \dfrac{x_2' - x_2}{d} M_C.$

Bemerkung: Alle Belastungsglieder sind auf die *linke* Rahmenhälfte bezogen.

Sonderfall 88/8a: Senkrechtes Kräftepaar P in den Eckpunkten C und D

$M_B = M_E = 0 \qquad M_C = -M_D = \delta Pc; \qquad V_A = -V_F = \delta P; \qquad M_x^0 = 0.$

Rahmenform 88   Festwerte usw. siehe Seite 385

Siehe hierzu den Abschnitt „**Belastungsglieder**"

Fall 88/9: Der ganze Rahmen beliebig waagerecht von außen her, aber *symmetrisch* zur Rahmenmitte belastet*)

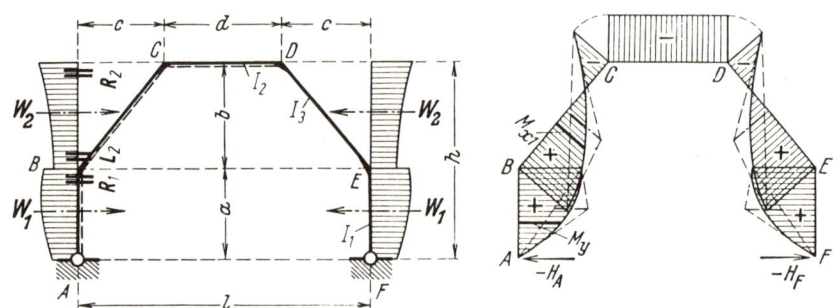

Hilfswert: $\quad X = \dfrac{S_{l1}(B+C) + \alpha R_1 k_1}{N} + \dfrac{W_2 a(B+C) + S_{l2}C + \alpha L_2 + R_2}{N}.$

$M_B = M_E = S_{l1} + W_2 a - \alpha X \qquad M_C = M_D = S_{l1} + W_2 a + S_{l2} - X.$

$H_A = H_E = -W_1 - W_2 + \dfrac{X}{h}; \qquad V_A = V_F = 0.$

Fall 88/10: Der ganze Rahmen beliebig waagerecht von links her, aber *antimetrisch* zur Rahmenmitte belastet*)

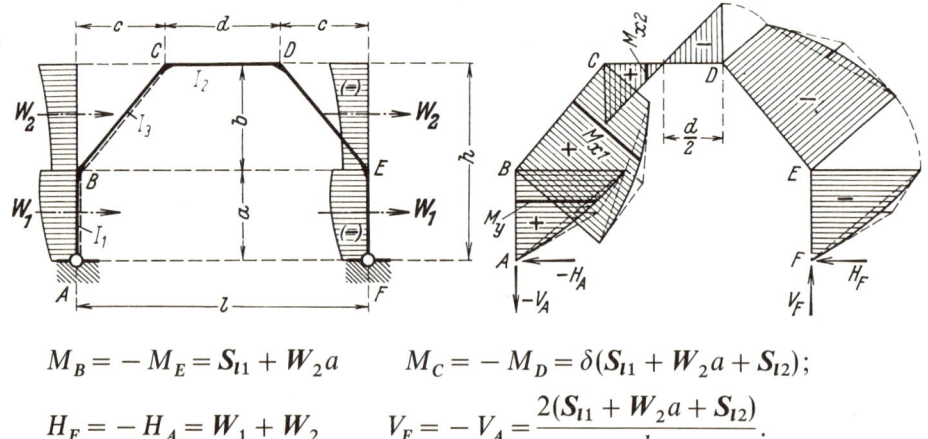

$M_B = -M_E = S_{l1} + W_2 a \qquad M_C = -M_D = \delta(S_{l1} + W_2 a + S_{l2});$

$H_F = -H_A = W_1 + W_2 \qquad V_F = -V_A = \dfrac{2(S_{l1} + W_2 a + S_{l2})}{l}.$

Sonderfälle 88/9a und 88/10a: Zwei gleiche waagerechte Einzellasten P von außen her bzw. von links her an den Eckpunkten B und E.

Es ist zu setzen $W_1 = P$ und $S_{l1} = Pa$, während alle übrigen Belastungsglieder verschwinden.

---

*) Alle Belastungsglieder sind auf die *linke* Rahmenhälfte bezogen. – Ferner lauten M_{y1} wie bei Fall 88/6 und M_{x1} wie bei Fall 88/5.

Rahmenform 89

Symmetrischer Rechteckrahmen mit abgeschrägten Ecken, mit einem festen Fußgelenk und einem waagerecht beweglichen Auflager, verbunden durch ein elastisches Zugband

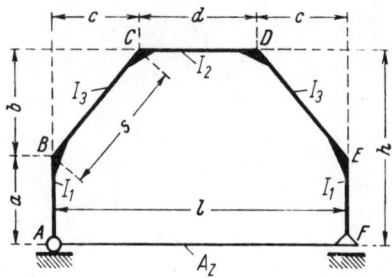

Rahmenform, Abmessungen und Bezeichnungen

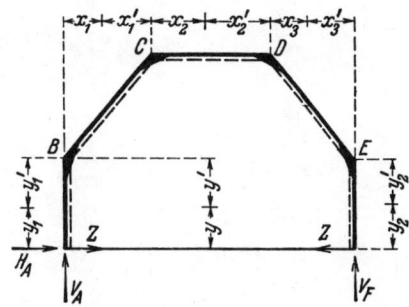

Festlegung der positiven Richtung aller Stützkräfte und der Koordinaten beliebiger Stabpunkte. Bei symmetrischen Lastfällen werden y und y' benutzt. Positive Biegemomente erzeugen an der gestrichelten Stabseite Zug.

Festwerte: Wie bei Rahmenform 88, Seite 385

Zusätzliche Festwerte:

$$L_Z = \frac{3 I_3}{h^2 A_Z} \cdot \frac{E}{E_Z} \cdot \frac{l}{s} \qquad N_Z = N + L_Z.$$

E = Elastizitätsmodul des Rahmenbaustoffes,
E_Z = Elastizitätsmodul des Zugbandstoffes,
A_Z = Querschnittsfläche des Zugbandes.

Für Rahmenform 89 gelten die Fälle 88/1, 3, 4, 5, 6 und 7 (siehe Seite 386 bis 389) mit der Maßgabe, daß N durch N_Z zu ersetzen ist. Für die Fälle 88/1, 3, 4 und 7 ist dann $(H_A = H_F) = Z$, während für die Fälle 88/5 und 6 gilt $H_F = Z$ und $H_A = -W$. Die restlichen Fälle 88 sind für Rahmenform 89 nicht ohne weiteres verwendbar. Indessen kann unter Zuhilfenahme der nachstehenden Fälle 89/1 und 2 jeder beliebige zusammengesetzte Lastfall gebildet werden.
Für den Fall einer waagerechten Einzellast in Riegelhöhe (vgl. Fall 88/2 Seite 386) gilt für Rahmenform 89 folgendes:

$$Z = \frac{P}{2} \cdot \frac{N}{N_Z}; \qquad M_B = (P-Z)a \qquad M_C = (1-\gamma)Ph - Zh$$
$$M_E = -Za \qquad M_D = \gamma Ph - Zh.$$

Rahmenform 89 Festwerte siehe Seite 391

Siehe hierzu den Abschnitt „Belastungsglieder"

Fall 89/1: Rechter Schrägstab beliebig waagerecht belastet

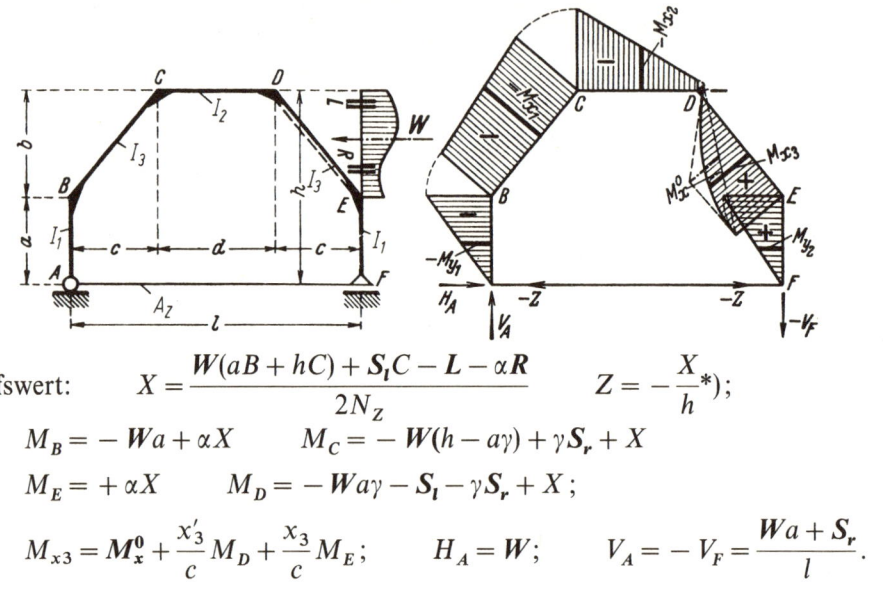

Hilfswert: $X = \dfrac{W(aB + hC) + S_l C - L - \alpha R}{2N_Z}$ $Z = -\dfrac{X}{h}*)$;

$M_B = -Wa + \alpha X$ $M_C = -W(h - a\gamma) + \gamma S_r + X$

$M_E = +\alpha X$ $M_D = -Wa\gamma - S_l - \gamma S_r + X$;

$M_{x3} = M_x^0 + \dfrac{x_3'}{c} M_D + \dfrac{x_3}{c} M_E$; $H_A = W$; $V_A = -V_F = \dfrac{Wa + S_r}{l}$.

Fall 89/2: Rechter Stiel beliebig waagerecht belastet

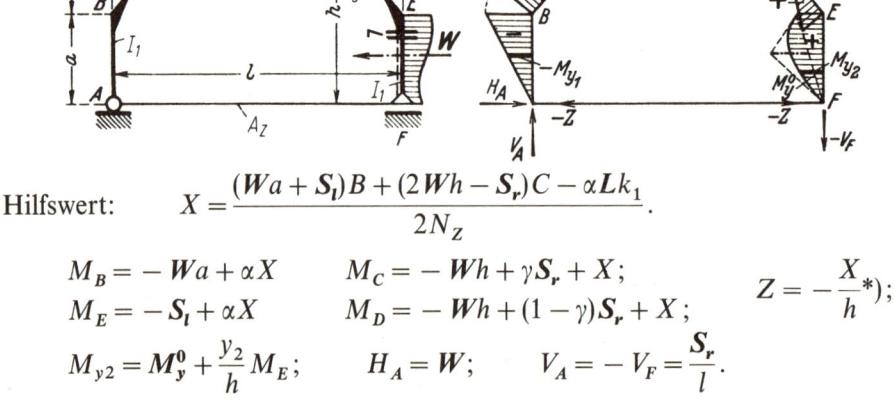

Hilfswert: $X = \dfrac{(Wa + S_l)B + (2Wh - S_r)C - \alpha L k_1}{2N_Z}$.

$M_B = -Wa + \alpha X$ $M_C = -Wh + \gamma S_r + X$;

$M_E = -S_l + \alpha X$ $M_D = -Wh + (1-\gamma)S_r + X$; $Z = -\dfrac{X}{h}*)$;

$M_{y2} = M_y^0 + \dfrac{y_2}{h} M_E$; $H_A = W$; $V_A = -V_F = \dfrac{S_r}{l}$.

---

*) Bei obigen Lastfällen wird Z negativ, d. h. das Zugband erhält Druck. Dieser Umstand hat selbstverständlich nur dann einen Sinn, wenn die Druckkraft kleiner bleibt als die Zugkraft aus ständiger Last, so daß stets ein Rest Zugkraft im Zugbande verbleibt.

**) Die Anschriebe von M_x und M_y für alle nicht direkt belasteten Stäbe s. S. 385.

Rahmenform 90

Symmetrischer eingespannter Rechteckrahmen mit abgeschrägten Ecken

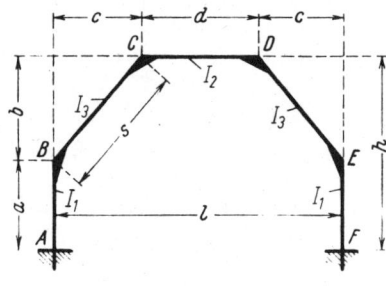

Rahmenform, Abmessungen und Bezeichnungen

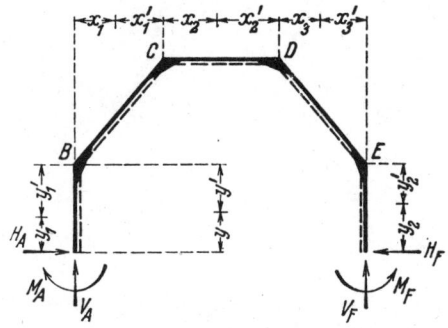

Festlegung der positiven Richtung aller Stützkräfte und der Koordinaten beliebiger Stabpunkte. Bei symmetrischen Lastfällen werden y und y' benutzt. Positive Biegemomente erzeugen an der gestrichelten Stabseite Zug.

Festwerte:

$$k_1 = \frac{I_3}{I_1} \cdot \frac{a}{s} \qquad k_2 = \frac{I_3}{I_2} \cdot \frac{d}{s}; \qquad \gamma = \frac{c}{l} \qquad \delta = \frac{d}{l};$$

$$\varphi = \frac{b}{a} \qquad m = \frac{h}{a} = 1 + \varphi; \qquad (2\gamma + \delta = 1);$$

$$C_1 = \varphi(2 + 3k_2) \qquad K_1 = 2(k_1 + 1) + m(1 + C_2)$$

$$C_2 = 1 + m(2 + 3k_2) \qquad K_2 = 2k_1 + \varphi C_1$$

$$r = \varphi C_2 - k_1; \qquad N_1 = K_1 K_2 - r^2;$$

$$B = 3k_1 + 2 + \delta \qquad C_3 = 1 + \delta(2 + k_2); \qquad N_2 = 3k_1 + B + \delta C_3.$$

Anschriebe für die Momente an beliebigen Stabpunkten für alle Belastungsfälle der Rahmenform 90

Die Anteile aus den Einspann- und Eckmomenten allein lauten wie folgt:

$$M_{x1} = \frac{x_1'}{c} M_B + \frac{x_1}{c} M_C \qquad M_{x2} = \frac{x_2'}{d} M_C + \frac{x_2}{d} M_D \qquad M_{x3} = \frac{x_3'}{c} M_D + \frac{x_3}{c} M_E$$

$$M_{y1} = \frac{y_1'}{a} M_A + \frac{y_1}{a} M_B \qquad M_{y2} = \frac{y_2}{a} M_E + \frac{y_2'}{a} M_F.$$

Zu diesen Werten kommt für die unmittelbar belasteten Stäbe jeweils das Glied M_x^0 bzw. M_y^0 hinzu.

Rahmenform 90   Festwerte usw. siehe Seite 393

Fall 90/1: Gleichmäßige Wärmezunahme im ganzen Rahmen (Symmetrischer Lastfall)

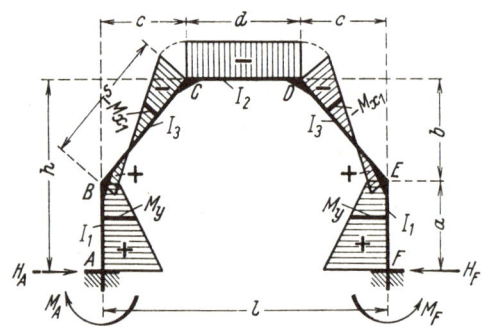

E = Elastizitätsmodul,
α_t = Wärmedehnkoeffizient,
t = Wärmeänderung in Grad.

Hilfswert: $\quad T = \dfrac{3EI_3\alpha_t t l}{asN_1}$.

$M_A = M_F = T(K_1 - r)$
$M_B = M_E = T(r - K_2)$
$M_C = M_D = -\varphi M_A + m M_B;$
$H_A = H_F = \dfrac{M_A - M_B}{a}.$

Bemerkung: Bei Wärmeabnahme kehren alle Kräfte ihren Pfeilsinn um und alle Momente erhalten entgegengesetztes Vorzeichen.

Allgemeiner Fall 90/1a: Der Hilfswert T läßt sich aufspalten zu

$$T = \frac{3EI_3\alpha_t}{asN_1}(2c \cdot t_3 + d \cdot t_2)\text{*})$$

wobei t_3 zum Schrägstabpaar s und t_2 zum Riegel d gehört.

Antimetrischer Wärmeänderungsfall 90/1b: Linker Stiel mit $+t_1$, rechter mit $-t_1$; linker Schrägstab mit $+t_3$, rechter mit $-t_3$**).

$$M_F = M_E = -M_B = -M_A = \frac{12EI_3\alpha_t}{slN_2}(a \cdot t_1 + b \cdot t_3) \qquad M_D = -M_C = \delta M_F.$$

Fall 90/2: Waagerechte Einzellast in Riegelhöhe

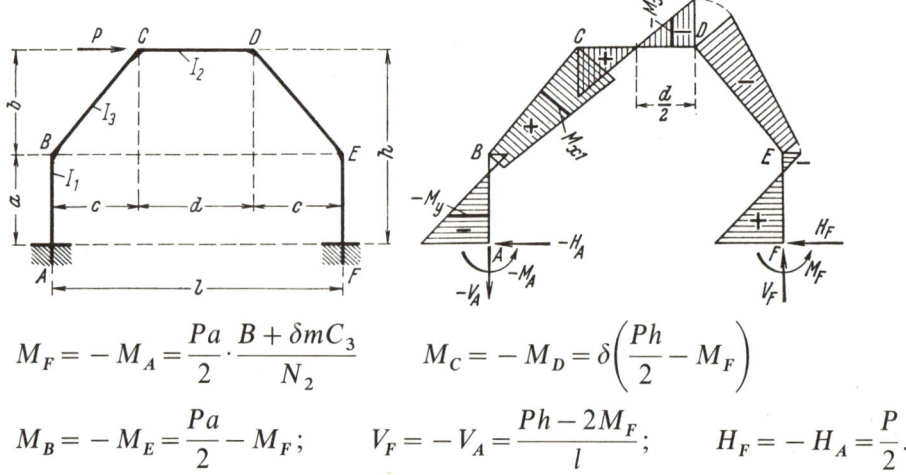

$M_F = -M_A = \dfrac{Pa}{2} \cdot \dfrac{B + \delta m C_3}{N_2} \qquad M_C = -M_D = \delta\left(\dfrac{Ph}{2} - M_F\right)$

$M_B = -M_E = \dfrac{Pa}{2} - M_F; \qquad V_F = -V_A = \dfrac{Ph - 2M_F}{l}; \qquad H_F = -H_A = \dfrac{P}{2}.$

---

*) Das Stielpaar a mit der Wärmezunahme t_1 liefert keinen statischen Beitrag.
**) Bei Antimetrie liefert der Riegel d keinen Beitrag.

Rahmenform 90

Festwerte usw. siehe Seite 393

Zu den Seiten 395/396 siehe den Abschnitt „**Belastungsglieder**"

Fall 90/3: Linker Schrägstab beliebig senkrecht belastet

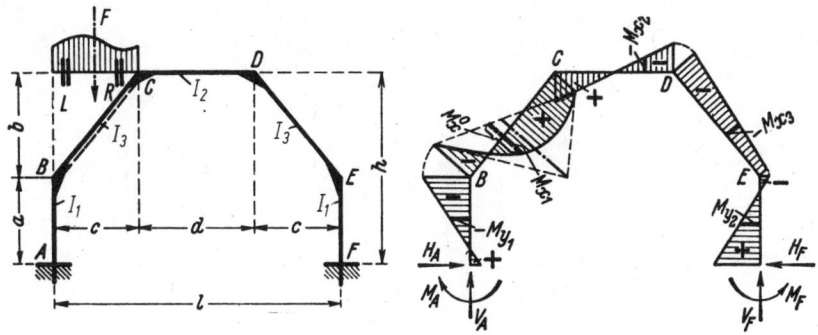

Hilfswerte: $\quad D_1 = C_1 S_l + \varphi R \qquad D_2 = C_2 S_l + L + mR.$
$D_3 = \delta C_3 S_l + L + \delta R;$

$$X_1 = \frac{D_1 K_1 - D_2 r}{2N_1} \qquad X_2 = \frac{D_2 K_2 - D_1 r}{2N_1} \qquad X_3 = \frac{D_3}{2N_2}.$$

$$\begin{matrix} M_A \\ M_F \end{matrix} = +X_1 \mp X_3 \qquad \begin{matrix} M_B \\ M_E \end{matrix} = -X_2 \mp X_3$$

$$\begin{matrix} M_C \\ M_D \end{matrix} = +\frac{S_l}{2} - \varphi X_1 - m X_2 \pm \frac{\delta}{2}(S_l - 2X_3);$$

$$V_F = \frac{S_l - 2X_3}{l} \qquad V_A = F - V_F \qquad H_A = H_F = \frac{X_1 + X_2}{a}.$$

Fall 90/4: Beide Schrägstäbe beliebig senkrecht, aber gleich und symmetrisch zur Rahmenmitte belastet

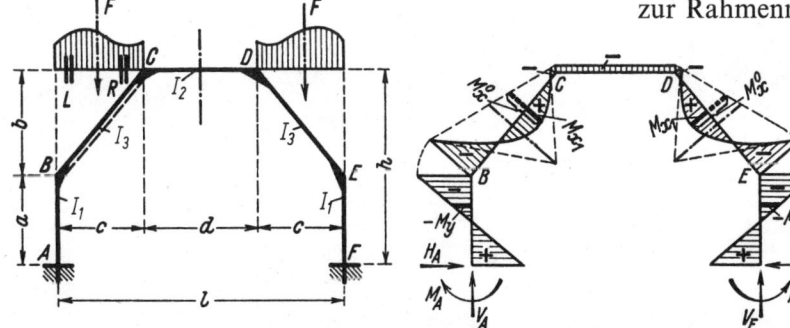

Hilfswerte: $\quad D_1 = C_1 S_l + \varphi R \qquad D_2 = C_2 S_l + L + mR.$

$$M_A = M_F = \frac{D_1 K_1 - D_2 r}{N_1} \qquad M_B = M_E = -\frac{D_2 K_2 - D_1 r}{N_1}$$

$$M_C = M_D = S_l - \varphi M_A + m M_B; \qquad V_A = V_F = F \qquad H_A = H_F = \frac{M_A - M_B}{a}.$$

Bemerkung: Alle Belastungsglieder sind auf den *linken* Schrägstab bezogen.

Rahmenform 90   Festwerte usw. siehe Seite 393

Fall 90/5: Riegel beliebig senkrecht belastet

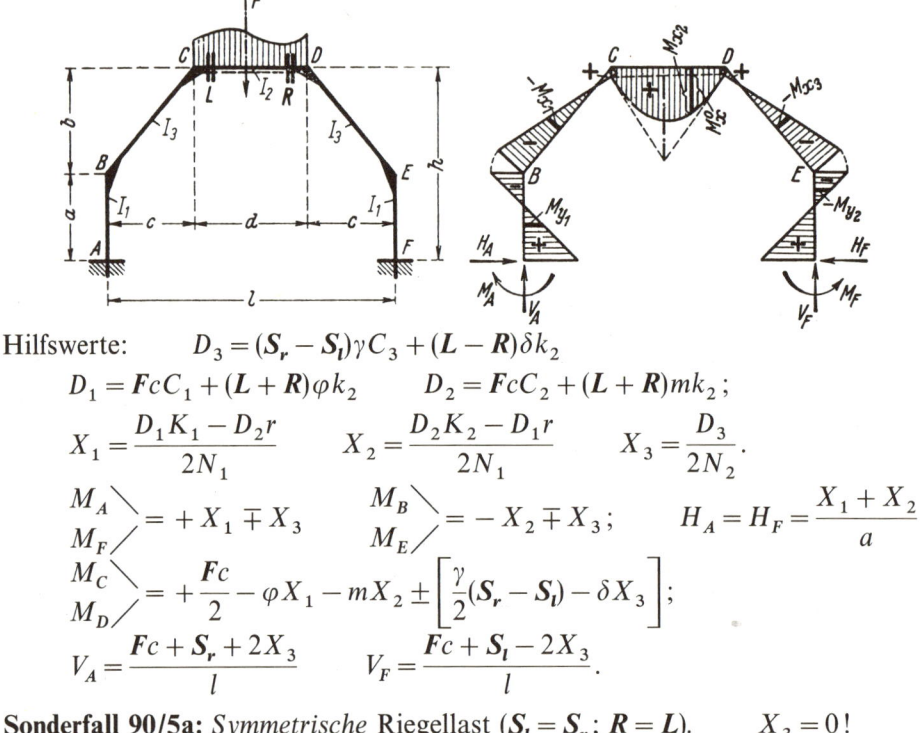

Hilfswerte: $D_3 = (S_r - S_l)\gamma C_3 + (L - R)\delta k_2$

$D_1 = FcC_1 + (L + R)\varphi k_2$ $D_2 = FcC_2 + (L + R)mk_2$;

$$X_1 = \frac{D_1 K_1 - D_2 r}{2N_1} \qquad X_2 = \frac{D_2 K_2 - D_1 r}{2N_1} \qquad X_3 = \frac{D_3}{2N_2}.$$

$\left.\begin{array}{l} M_A \\ M_F \end{array}\right\} = +X_1 \mp X_3$ $\left.\begin{array}{l} M_B \\ M_E \end{array}\right\} = -X_2 \mp X_3$; $H_A = H_F = \dfrac{X_1 + X_2}{a}$

$\left.\begin{array}{l} M_C \\ M_D \end{array}\right\} = +\dfrac{Fc}{2} - \varphi X_1 - mX_2 \pm \left[\dfrac{\gamma}{2}(S_r - S_l) - \delta X_3\right]$;

$V_A = \dfrac{Fc + S_r + 2X_3}{l}$ $V_F = \dfrac{Fc + S_l - 2X_3}{l}$.

Sonderfall 90/5a: *Symmetrische* Riegellast ($S_l = S_r$; $R = L$). $X_3 = 0$!

Fall 90/6: Ganzer Rahmen beliebig senkrecht, aber *antimetrisch* zur Rahmenmitte belastet

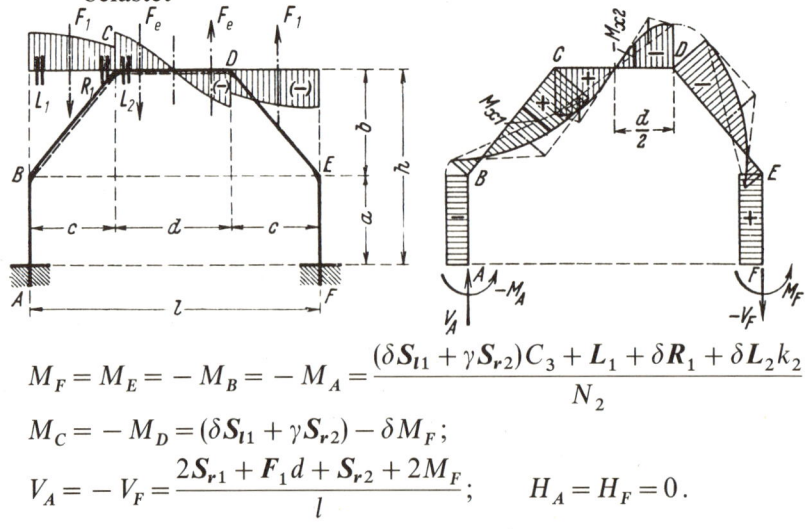

$M_F = M_E = -M_B = -M_A = \dfrac{(\delta S_{l1} + \gamma S_{r2})C_3 + L_1 + \delta R_1 + \delta L_2 k_2}{N_2}$

$M_C = -M_D = (\delta S_{l1} + \gamma S_{r2}) - \delta M_F$;

$V_A = -V_F = \dfrac{2S_{r1} + F_1 d + S_{r2} + 2M_F}{l}$; $H_A = H_F = 0$.

Bemerkung: Alle Belastungsglieder sind auf die *linke* Rahmenhälfte bezogen.

Festwerte usw. siehe Seite 393 **Rahmenform 90**

Zu den Seiten 397/398 siehe den Abschnitt „**Belastungsglieder**"

Fall 90/7: Ganzer Rahmen beliebig waagerecht von außen her, aber *symmetrisch* zur Rahmenmitte belastet

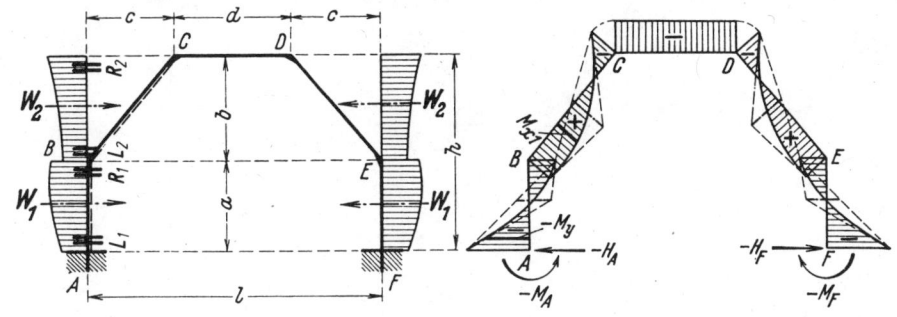

Hilfswerte:
$$D_1 = \varphi C_1 S_{l1} + L_1 k_1 + C_1 S_{r2} - \varphi R_2$$
$$D_2 = \varphi C_2 S_{l1} - R_1 k_1 + C_2 S_{r2} - L_2 - m R_2.$$
$$M_A = M_F = -\frac{D_1 K_1 - D_2 r}{N_1} \qquad M_B = M_E = \frac{D_2 K_2 - D_1 r}{N_1};$$
$$M_C = M_D = -\varphi S_{l1} - S_{r2} - \varphi M_A + m M_B;$$
$$H_A = H_F = -\frac{S_{l1}}{\alpha} + \frac{M_A - M_B}{a}; \qquad V_A = V_F = 0.$$

Bemerkung: Alle Belastungsglieder sind auf die *linke* Rahmenhälfte bezogen.

Fall 90/8: Ganzer Rahmen beliebig waagerecht von links her, aber *antimetrisch* zur Rahmenmitte belastet

$$M_F = -M_A = \frac{(S_{l1} + W_2 a)(B + \delta C_3) + \delta C_3 S_{l2} + (L_1 + R_1)k_1 + L_2 + \delta R_2}{N_2}$$
$$M_B = -M_E = S_{l1} + W_2 a + M_A \qquad M_C = -M_D = \delta(S_{l1} + W_2 a + S_{l2} + M_A);$$
$$V_F = -V_A = \frac{S_{l1} + W_2 a + S_{l2} + M_A}{l/2}; \qquad H_F = -H_A = W_1 + W_2.$$

Bemerkung: Alle Belastungsglieder sind auf die *linke* Rahmenhälfte bezogen.

Rahmenform 90   Festwerte usw. siehe Seite 393

Fall 90/9: Linker Schrägstab beliebig waagerecht belastet

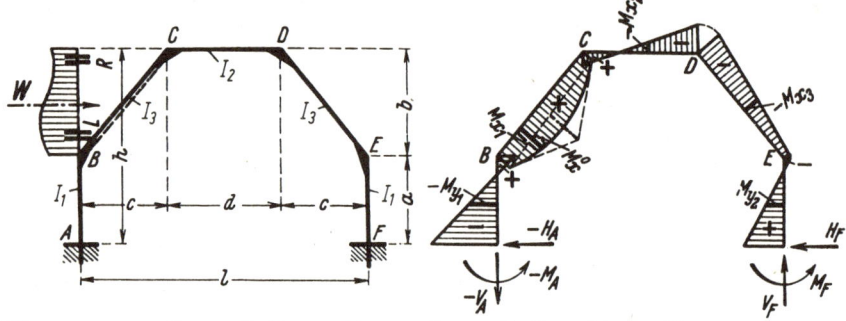

Hilfswerte: $\quad D_1 = C_1 S_r - \varphi R \qquad D_2 = C_2 S_r - (L + mR)$
$D_3 = Wa(B + \delta C_3) + \delta C_3 S_l + L + \delta R;$

$$X_1 = \frac{D_1 K_1 - D_2 r}{2 N_1} \qquad X_2 = \frac{D_2 K_2 - D_1 r}{2 N_1} \qquad X_3 = \frac{D_3}{2 N_2}.$$

$$\left.\begin{array}{c} M_A \\ M_F \end{array}\right\} = -X_1 \mp X_3 \qquad \left.\begin{array}{c} M_B \\ M_E \end{array}\right\} = +X_2 \pm \left(\frac{Wa}{2} - X_3\right)$$

$$\left.\begin{array}{c} M_C \\ M_D \end{array}\right\} = -\frac{S_r}{2} + \varphi X_1 + m X_2 \pm \frac{\delta}{2}(Wa + S_l - 2X_3);$$

$$V_F = -V_A = \frac{Wa + S_l - 2X_3}{l}; \qquad H_F = \frac{W}{2} - \frac{X_1 + X_2}{a} \qquad H_A = -(W - H_F).$$

Fall 90/10: Linker Stiel beliebig waagerecht belastet

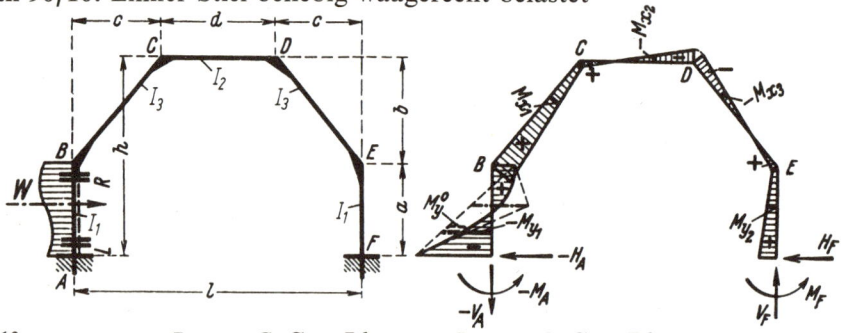

Hilfswerte: $\quad D_1 = \varphi C_1 S_l + L k_1 \qquad D_2 = \varphi C_2 S_l - R k_1$
$D_3 = S_l(B + \delta C_3) + (L + R) k_1;$

die Anschriebe für X_1, X_2 und X_3 lauten genau wie oben.

$$\left.\begin{array}{c} M_A \\ M_F \end{array}\right\} = -X_1 \mp X_3 \qquad \left.\begin{array}{c} M_B \\ M_E \end{array}\right\} = +X_2 \pm \left(\frac{S_l}{2} - X_3\right)$$

$$\left.\begin{array}{c} M_C \\ M_D \end{array}\right\} = -\frac{\varphi S_l}{2} + \varphi X_1 + m X_2 \pm \delta\left(\frac{S_l}{2} - X_3\right);$$

$$V_F = -V_A = \frac{S_l - 2X_3}{l}; \qquad H_F = \frac{S_l}{2a} - \frac{X_1 + X_2}{a} \qquad H_A = -(W - H_F).$$

Rahmenform 91

Symmetrischer Zweigelenkrahmen mit senkrechten Stielen und parabolisch gekrümmtem Riegel

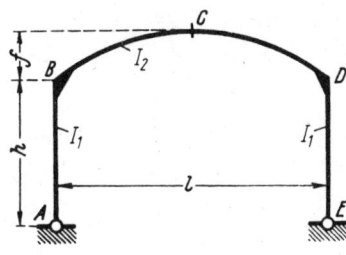

Rahmenform, Abmessungen und Bezeichnungen

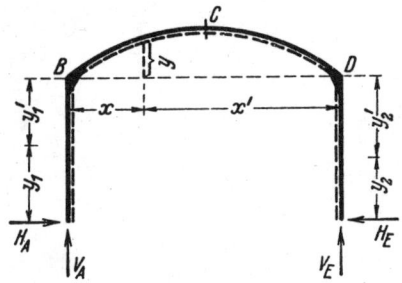

Festlegung der positiven Richtung aller Stützkräfte und der Koordinaten beliebiger Stabpunkte. Positive Biegemomente erzeugen an der gestrichelten Stabseite Zug.

Festwerte:

$$k = \frac{I_2}{I_1} \cdot \frac{h}{l}; \qquad \varphi = \frac{f}{h};$$

$$B = 2k + 3 + 2\varphi \qquad C = 2\varphi\left(1 + \frac{4}{5}\varphi\right); \qquad N = B + C.$$

Gleichung des parabolischen Riegels: $\quad y = \frac{4f}{l^2}xx' = 4f \cdot \omega_R\,{}^1).$

Die Formeln der Rahmenform 91 gelten praktisch genau nur für Rahmen mit **flach** gekrümmtem Riegel, weil der Einfachheit wegen bei der Berechnung für den Riegel $ds = dx$ gesetzt wurde[2]. Aus diesem Grunde sind die Riegelmomentenflächen nicht an die Parabel, sondern an deren Sehne BD angetragen worden.

Da für die hier in Frage kommenden kleinen Werte des Pfeilverhältnisses $f:l$ der Kreisbogen nur wenig von der Parabel abweicht, so gelten die Formeln der Rahmenform 91 praktisch genau auch für Rahmen mit **kreisförmig** gekrümmtem Riegel.

---

[1] Zahlentafeln für die Omega-Funktion $\omega_R = \xi - \xi^2 = \xi\xi'$ siehe in „Kleinlogel u. Haselbach, **Belastungsglieder**", 9. Aufl.

[2] anstatt $ds = dx/\cos a_x$

Rahmenform 91   Festwerte siehe Seite 399

Siehe hierzu den Abschnitt „**Belastungsglieder**"

Fall 91/1: Riegel beliebig senkrecht belastet

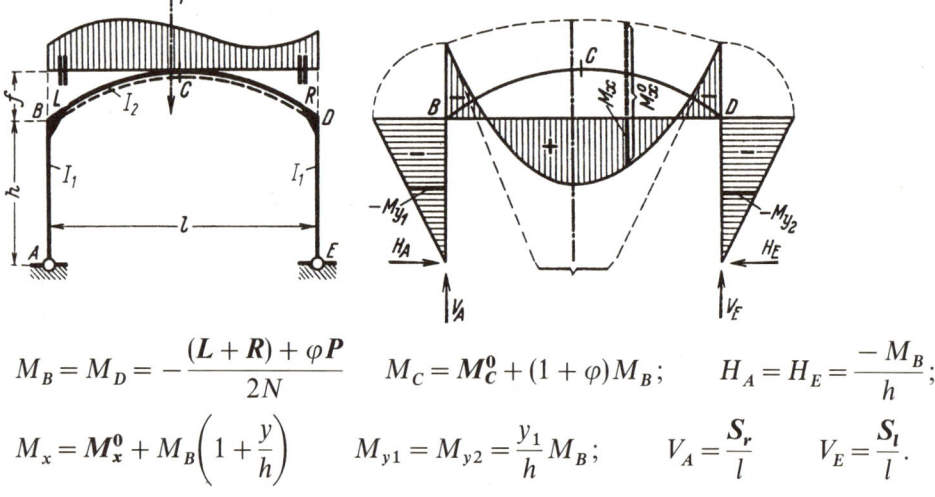

$$M_B = M_D = -\frac{(L+R)+\varphi P}{2N} \qquad M_C = M_C^0 + (1+\varphi)M_B; \qquad H_A = H_E = \frac{-M_B}{h};$$

$$M_x = M_x^0 + M_B\left(1+\frac{y}{h}\right) \qquad M_{y1} = M_{y2} = \frac{y_1}{h}M_B; \qquad V_A = \frac{S_r}{l} \qquad V_E = \frac{S_l}{l}.$$

Bemerkung: Die nur für parabolisch gekrümmte Stäbe geltenden Belastungsglieder **P** sind für die wichtigsten Belastungsfälle auf Seite 405 zusammengestellt. M_C^0 ist das Moment des einfachen Balkens BD in Feldmitte.

Sonderfall 91/1a: *Symmetrische* Riegellast ($R = L$; $S_l = S_r$).

$$M_B = M_D = -\frac{2L+\varphi P}{2N}; \qquad V_A = V_E = \frac{F}{2}.$$

Sonderfall 91/1b: Senkrechte Einzellast P im Scheitelpunkt C

$$M_B = M_D = -\frac{Pl}{16} \cdot \frac{6+5\varphi}{N}; \qquad M_C^0 = \frac{Pl}{4}; \qquad V_A = V_E = \frac{P}{2}.$$

Fall 91/2: Riegel beliebig senkrecht, aber *antimetrisch* belastet
($R = -L$; $S_l = -S_r$; $P = 0$).

$$M_B = M_C = M_D = 0 \qquad M_x = M_x^0; \qquad V_A = -V_E = \frac{S_r}{l}; \qquad H_A = H_E = 0.$$

Bemerkung: Bei diesem Lastfall wird der Riegel zum statisch bestimmten einfachen Balken.

Festwerte siehe Seite 399   **Rahmenform 91**

Siehe hierzu den Abschnitt „**Belastungsglieder**"

Fall 91/3: Linker Stiel beliebig waagerecht belastet

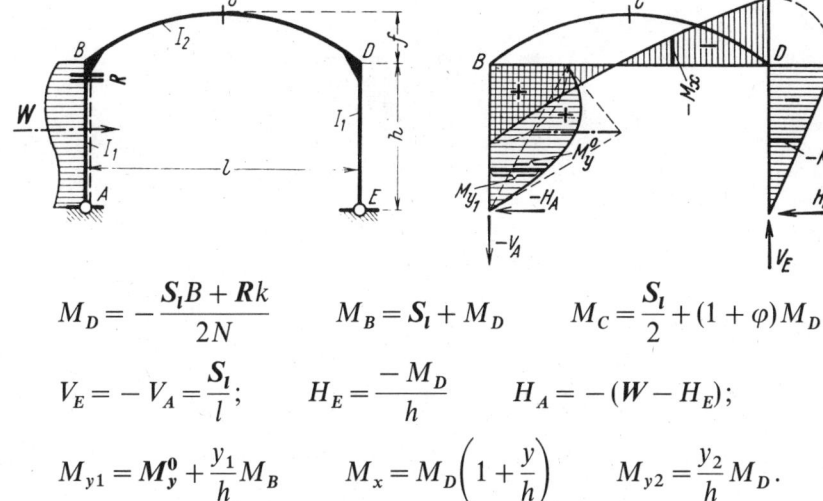

$$M_D = -\frac{S_l B + Rk}{2N} \qquad M_B = S_l + M_D \qquad M_C = \frac{S_l}{2} + (1+\varphi)M_D;$$

$$V_E = -V_A = \frac{S_l}{l}; \qquad H_E = \frac{-M_D}{h} \qquad H_A = -(W - H_E);$$

$$M_{y1} = M_y^0 + \frac{y_1}{h} M_B \qquad M_x = M_D \left(1 + \frac{y}{h}\right) \qquad M_{y2} = \frac{y_2}{h} M_D.$$

Sonderfall 91/3a: Waagerechte Einzellast P am Eckpunkt B

Es ist zu setzen: $W = P \qquad S_l = Ph; \qquad R = 0 \qquad M_y^0 = 0.$

Fall 91/4: Beide Stiele beliebig waagerecht von außen her, aber gleich und *symmetrisch* zur Rahmenmitte belastet

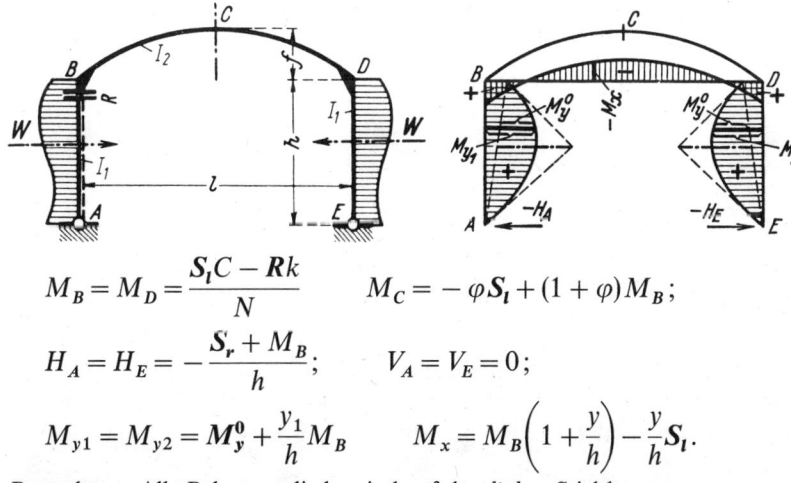

$$M_B = M_D = \frac{S_l C - Rk}{N} \qquad M_C = -\varphi S_l + (1+\varphi)M_B;$$

$$H_A = H_E = -\frac{S_r + M_B}{h}; \qquad V_A = V_E = 0;$$

$$M_{y1} = M_{y2} = M_y^0 + \frac{y_1}{h} M_B \qquad M_x = M_B \left(1 + \frac{y}{h}\right) - \frac{y}{h} S_l.$$

Bemerkung: Alle Belastungslieder sind auf den *linken* Stiel bezogen.

Sonderfall 91/4a: Zwei waagerechte Einzellasten P von außen her an den Eckpunkten B und D

Es ist zu setzen: $S_l = Ph; \qquad S_r = 0 \qquad R = 0 \qquad M_y^0 = 0.$

Rahmenform 91 Festwerte siehe Seite 399

Fall 91/5: Beide Stiele beliebig waagerecht von links her, aber gleich belastet (Antimetriefall)

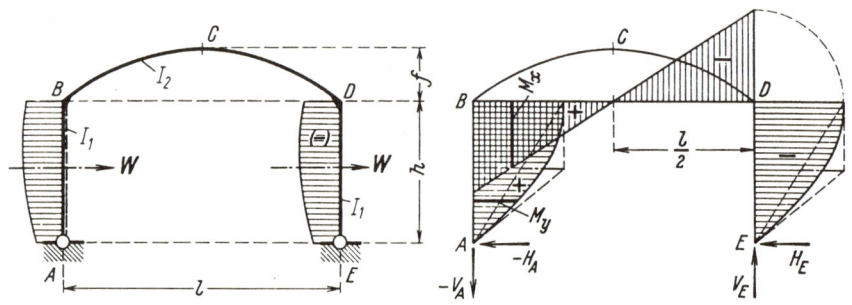

$$M_B = -M_D = +S_l \qquad M_C = 0; \qquad V_E = -V_A = \frac{2S_l}{l};$$

$$H_E = -H_A = W; \qquad M_y = M_y^0 + \frac{y_1}{h} M_B \qquad M_x = \frac{x'-x}{l} M_B.$$

Bemerkung: Alle Belastungsglieder sind auf den *linken* Stiel bezogen.

Fall 91/6: Waagerechte Rechteck-Vollast von links her auf den Riegel wirkend

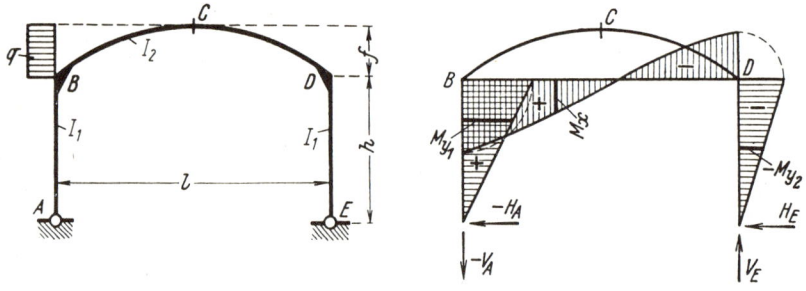

Hilfswert: $\quad X = \dfrac{2qf^2(7+6\varphi)}{35N}$

$$M_B = +\frac{qfh}{2} + X \qquad M_D = -\frac{qfh}{2} + X \qquad M_C = -\frac{qf^2}{4} + (1+\varphi)X;$$

$$V_E = -V_A = \frac{qfh(2+\varphi)}{2l}; \qquad H_A = -\frac{M_B}{h} \qquad H_E = \frac{-M_D}{h};$$

Im Bereich BC: $\qquad M_x = M_B\left(1+\dfrac{y}{h}\right) - V_E \cdot x - \dfrac{qy^2}{2}$

Im Bereich DC: $\qquad M'_x = M_D\left(1+\dfrac{y}{h}\right) + V_E \cdot x';$

$$M_{y1} = \frac{y_1}{h} M_B = (-H_A) \cdot y_1 \qquad M_{y2} = \frac{y_2}{h} M_D = -H_E \cdot y_2.$$

Rahmenform 91

Fall 91/7: Zwei gleiche waagerechte Rechteck-Vollasten von außen her auf den Riegel wirkend (Symmetriefall)

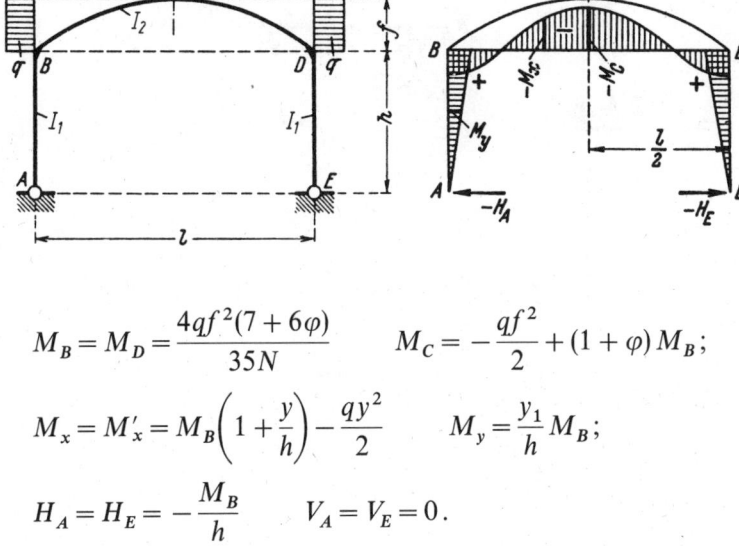

$$M_B = M_D = \frac{4qf^2(7+6\varphi)}{35N} \qquad M_C = -\frac{qf^2}{2} + (1+\varphi)M_B;$$

$$M_x = M'_x = M_B\left(1+\frac{y}{h}\right) - \frac{qy^2}{2} \qquad M_y = \frac{y_1}{h} M_B;$$

$$H_A = H_E = -\frac{M_B}{h} \qquad V_A = V_E = 0.$$

Fall 91/8: Zwei gleiche waagerechte Rechteck-Vollasten von links her auf den Riegel wirkend (Druck und Sog; Antimetriefall)

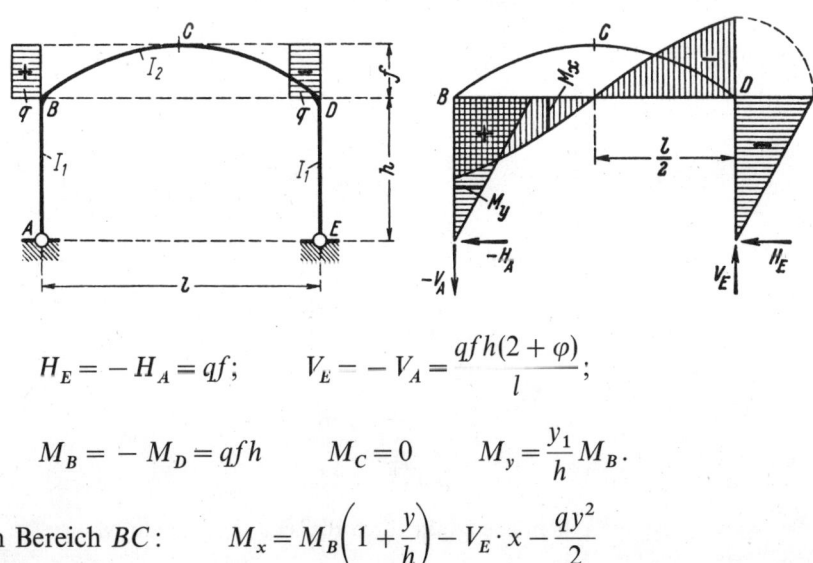

$$H_E = -H_A = qf; \qquad V_E = -V_A = \frac{qfh(2+\varphi)}{l};$$

$$M_B = -M_D = qfh \qquad M_C = 0 \qquad M_y = \frac{y_1}{h} M_B.$$

Im Bereich BC: $\qquad M_x = M_B\left(1+\dfrac{y}{h}\right) - V_E \cdot x - \dfrac{qy^2}{2}$

Im Bereich DC: $\qquad M'_x = M_D\left(1+\dfrac{y}{h}\right) + V_E \cdot x' + \dfrac{qy^2}{2}.$

Rahmenform 91   Festwerte siehe Seite 399

Fall 91/9: Waagerechte Einzellast am Scheitelpunkt C

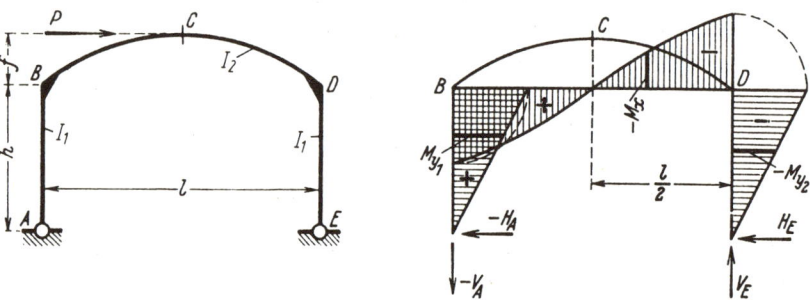

$$H_E = -H_A = \frac{P}{2}; \qquad V_E = -V_A = \frac{P(h+f)}{l};$$

$$M_B = -M_D = \frac{Ph}{2} \qquad M_C = 0 \qquad M_{y1} = -M_{y2} = \frac{P}{2}y_1$$

Im Bereich BC: $\qquad M_x = +\frac{P}{2}(h+y) - V_E \cdot x$

Im Bereich DC: $\qquad M'_x = -\frac{P}{2}(h+y) + V_E \cdot x'$.

Fall 91/10: Gleichmäßige Wärme**zu**nahme im ganzen Rahmen*)

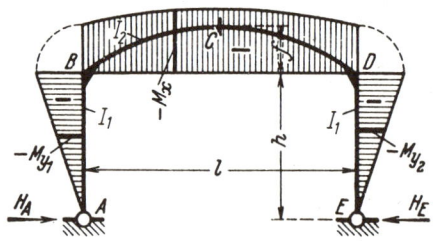

E = Elastizitätsmodul,
α_t = Wärmedehnkoeffizient,
t = Wärmeänderung in Grad.

$$M_B = M_D = -\frac{3EI_2 \alpha_t t}{hN}$$

$$M_C = (1+\varphi)M_B \qquad M_x = M_B\left(1+\frac{y}{h}\right)$$

$$H_A = H_E = \frac{-M_B}{h}; \qquad M_{y1} = M_{y2} = \frac{y_1}{h}M_B.$$

Bemerkung: Bei Wärme**ab**nahme kehren alle Kräfte ihren Pfeilsinn um und alle Momente erhalten entgegengesetztes Vorzeichen.

---

*) Einen statischen Beitrag liefert nur die Wärmeänderung des Riegels. Gleichmäßige Wärmeänderung eines oder beider Stiele erzeugt keine Momente und Kräfte.

Hilfstafel zu den Rahmenformen 91 bis 94

Belastungsglieder P für parabolisch gekrümmte Stäbe für die wichtigsten Lastfälle

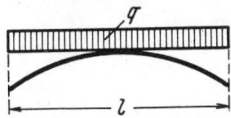	$P = \dfrac{2}{5}ql^2$	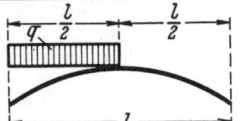	$P = \dfrac{1}{5}ql^2$
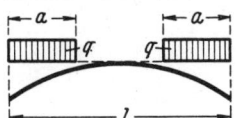	$\alpha = \dfrac{a}{l}$		$P = \dfrac{2}{5}qa^2(5 - 5\alpha^2 + 2\alpha^3)$
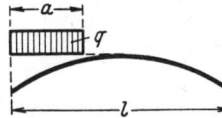	$\alpha = \dfrac{a}{l}$		$P = \dfrac{1}{5}qa^2(5 - 5\alpha^2 + 2\alpha^3)$
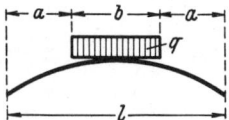	$\beta = \dfrac{b}{l}$		$P = \dfrac{1}{40}qbl(5 - \beta^2)^2$
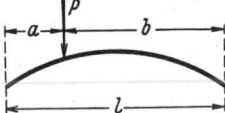	$\alpha = \dfrac{a}{l}$	$\beta = \dfrac{b}{l}$	$P = 2\dfrac{Pab}{l}(1 + \alpha\beta)$
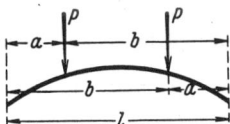	$\alpha = \dfrac{a}{l}$	$\beta = \dfrac{b}{l}$	$P = 4\dfrac{Pab}{l}(1 + \alpha\beta)$
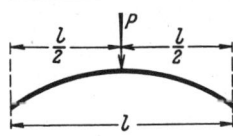	$P = \dfrac{5}{8}Pl$	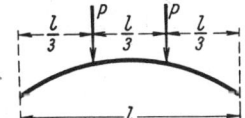	$P = \dfrac{88}{81}Pl$
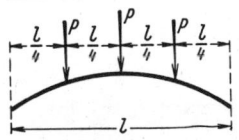	$P = \dfrac{97}{64}Pl$	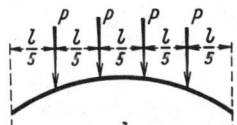	$P = \dfrac{1208}{625}Pl$
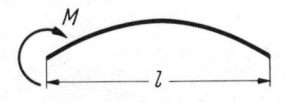	$P = 2M$	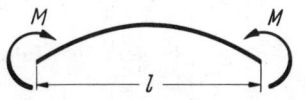	$P = 4M$

Bemerkung: Für *antimetrische* Lastfälle wird $P = 0$.

Zahlentafel für η_P

ξ	ξ'	η_P
0,00	1,00	0,0000
01	99	0200
02	98	0400
03	97	0599
04	96	0797
05	95	0995
06	94	1192
07	93	1387
08	92	1580
09	91	1772
0,10	0,90	0,1962
11	89	2150
12	88	2335
13	87	2518
14	86	2698
15	85	2875
16	84	3049
17	83	3220
18	82	3388
19	81	3552
0,20	0,80	0,3712
21	79	3868
22	78	4021
23	77	4169
24	76	4313
25	75	4453
26	74	4588
27	73	4719
28	72	4845
29	71	4966
0,30	0,70	0,5082
31	69	5193
32	68	5299
33	67	5400
34	66	5495
35	65	5585
36	64	5670
37	63	5749
38	62	5822
39	61	5890
0,40	0,60	0,5952
41	59	6008
42	58	6059
43	57	6103
44	56	6142
45	55	6175
46	54	6202
47	53	6223
48	52	6238
49	51	6247
0,50	0,50	0,6250

Faktor l

Der allgemeine Ausdruck für P lautet

$$P = 6 \cdot \int_0^l M_x^0 \eta \, d\xi; \text{ mit } \eta = 4\xi\xi' = 4\omega_R$$

$$P = 24 \cdot \int_0^l M_x^0 \omega_R \, d\xi.$$

P hat wie die Belastungsglieder L und R die Dimension eines Biegemomentes (kNm).

Für eine wandernde Einzellast „1" erhält man aus dem vorstehenden Integral die *Einflußlinie*

$$\eta_P = 2l\xi\xi'(1+\xi\xi') = 2l\omega_R(1+\omega_R).$$

Die Ordinaten η_P sind in der nebenstehenden Tabelle für die Schrittweite 0,01 angegeben. Die Tabellenwerte sind noch mit l zu multiplizieren.

Die Auswertung der Einflußlinie ergibt

für n Einzellasten P: $$P = \sum_0^n P_i \cdot \eta_{Pi},$$

für eine Streckenlast $p(x)$

$$P = \int_0^l p(x) \eta_P \, dx$$

Falls $p(x)$ nicht formelmäßig darstellbar, oder das Integral nicht direkt lösbar ist, kann ein numerisches Verfahren angewandt werden, z. B. die Simpson'sche Regel. Sie liefert bei Unterteilung des Integrationsbereiches l in m Teile

$$P = \int_0^l p\eta \, dx = \int_0^l y \, dx =$$
$$= \frac{l}{3m} \cdot (y_0 + 4y_1 + 2y_2 + 4y_3 \ldots + y_m)$$

mit m gerade und $y_i = p_i \eta_i$

Ein anderer Weg zur Bestimmung von P ist die direkte oder numerische Auswertung des obenstehenden allgemeinen Ausdrucks für P.

Bemerkung: Zahlentafeln für die Omega-Funktion $\omega_R = \xi - \xi^2 = \xi\xi'$ siehe in *Kleinlogel* und *Haselbach*, „**Belastungsglieder**", 9. Aufl. Die Belastungsglieder P sind auch in *Kleinlogel* und *Haselbach*, „Mehrfeldrahmen", 7. Aufl., Band II. eingeführt.

Rahmenform 92

Symmetrischer Hallenrahmen mit parabolisch gekrümmtem Riegel und senkrechten Stielen mit einem festen Gelenk und einem waagerecht beweglichen Auflager, verbunden durch ein elastisches Zugband

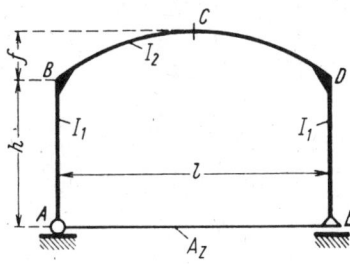

Rahmenform, Abmessungen und Bezeichnungen

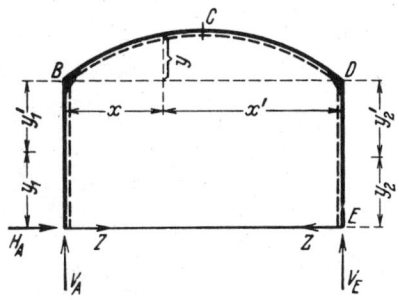

Festlegung der positiven Richtung aller Stützkräfte und der Koordinaten beliebiger Stabpunkte. Positive Biegemomente erzeugen an der gestrichelten Stabseite Zug

Festwerte und Gleichung des parabolischen Riegels wie bei Rahmenform 91, Seite 399*).

Zusätzliche Festwerte:

$$L_Z = \frac{3I_2}{h^2 A_Z} \cdot \frac{E}{E_Z} \qquad N_Z = N + L_Z.$$

E = Elastizitätsmodul des Rahmenbaustoffes,
E_Z = Elastizitätsmodul des Zugbandstoffes,
A_Z = Querschnittsfläche des Zugbandes.

Für Rahmenform 92 gelten die Fälle 91/1, 3, 6 und 10 (siehe Seite 400 bis 404) mit der Maßgabe, daß N durch N_Z zu ersetzen ist. Für die Fälle 91/1 und 10 ist dann $(H_A = H_E) = Z$, während für die Fälle 91/3 und 6 gilt $H_E = Z$ und $H_A = -W$, bzw. $H_A = -qf$. Die restlichen Fälle 91 sind für Rahmenform 92 nicht ohne weiteres verwendbar. Siehe hierfür die nachstehenden Fälle 92/1 bis 4.

---

*) Im übrigen gilt betreffend die Riegelkrümmung auch für Rahmenform 92 das auf Seite 399 Gesagte.

Rahmenform 92 Festwerte siehe Seite 407

Siehe hierzu den Abschnitt „**Belastungsglieder**"

Fall 92/1: Rechter Stiel beliebig waagerecht belastet

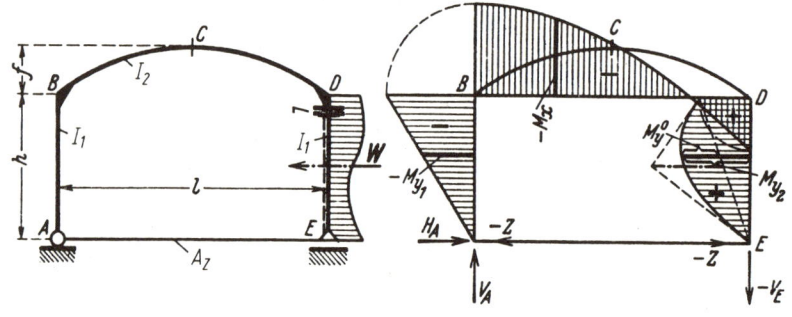

Hilfswert: $X = \dfrac{Wh(N+C) + S_l B - Lk}{2N_z}$. $M_B = -Wh + X$

$M_C = -W(h+f) + \dfrac{S_r}{2} + (1+\varphi)X$ $M_D = -S_l + X$

$M_x = \dfrac{x'}{l} M_B + \dfrac{x}{l} M_D - \left(W - \dfrac{X}{h}\right) y$ $M_{y2} = M_y^0 + \dfrac{y_2}{h} M_D$

$M_{y1} = \dfrac{y_1}{h} M_B$; $V_A = -V_E = \dfrac{S_r}{l}$; $Z = -\dfrac{X}{h}$*) $H_A = +W$

Fall 92/2: Beide Stiele beliebig waagerecht, aber gleich belastet (Symmetriefall)

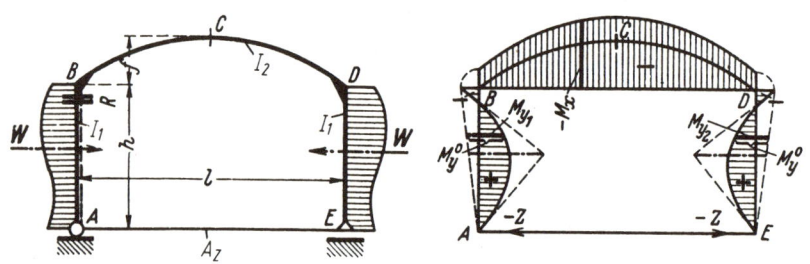

Hilfswert: $X = \dfrac{S_r B + WhC - Rk}{N_z}$ $Z = -\dfrac{X}{h}$*);

$M_B = M_D = -S_r + X$ $M_C = -S_r - Wf + (1+\varphi)X$

$M_{y1} = M_{y2} = M_y^0 + \dfrac{y_1}{h} M_B$ $M_x = -S_r - Wy + \left(1 + \dfrac{y}{h}\right) X$.

Bemerkung: Alle Belastungsglieder sind auf den *linken* Stiel bezogen.

---

*) Bei obigen zwei Lastfällen sowie bei dem Fall 92/3, Seite 409 oben, wird Z negativ, d. h. das Zugband erhält Druck. Dieser Umstand hat selbstverständlich nur dann einen Sinn, wenn die Druckkraft kleiner bleibt als die Zugkraft aus ständiger Last, so daß stets ein Rest Zugkraft im Zugbande verbleibt.

Festwerte siehe Seite 407   Rahmenform 92

Fall 92/3: Waagerechte Rechteck-Vollast von rechts her auf den Riegel wirkend

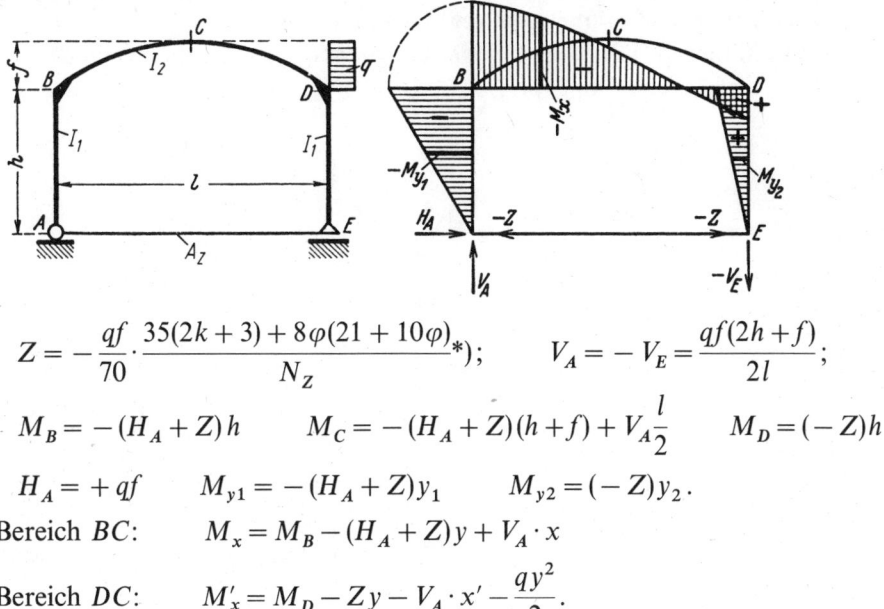

$$Z = -\frac{qf}{70} \cdot \frac{35(2k+3) + 8\varphi(21 + 10\varphi)}{N_Z} *); \qquad V_A = -V_E = \frac{qf(2h+f)}{2l};$$

$$M_B = -(H_A + Z)h \qquad M_C = -(H_A + Z)(h+f) + V_A \frac{l}{2} \qquad M_D = (-Z)h$$

$$H_A = +qf \qquad M_{y1} = -(H_A + Z)y_1 \qquad M_{y2} = (-Z)y_2.$$

Im Bereich BC: $\quad M_x = M_B - (H_A + Z)y + V_A \cdot x$

Im Bereich DC: $\quad M'_x = M_D - Zy - V_A \cdot x' - \frac{qy^2}{2}.$

Fall 92/4: Waagerechte Einzellast am Scheitelpunkt C

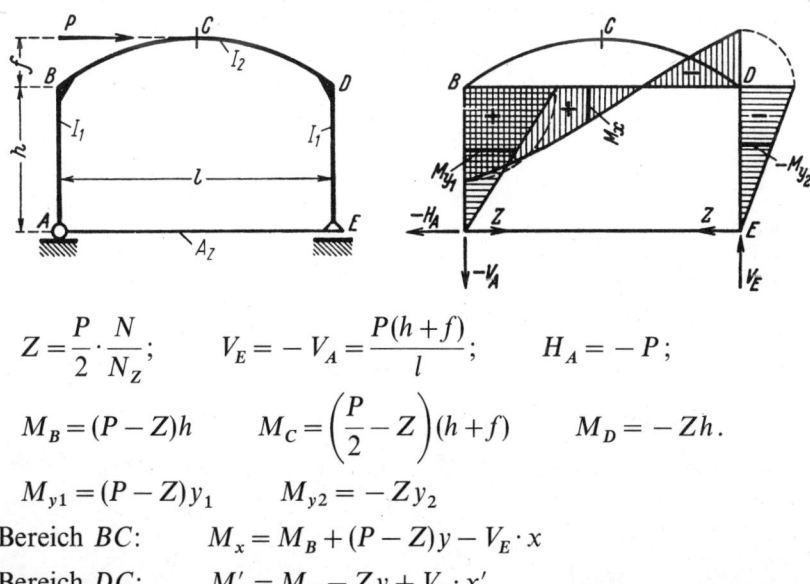

$$Z = \frac{P}{2} \cdot \frac{N}{N_Z}; \qquad V_E = -V_A = \frac{P(h+f)}{l}; \qquad H_A = -P;$$

$$M_B = (P - Z)h \qquad M_C = \left(\frac{P}{2} - Z\right)(h+f) \qquad M_D = -Zh.$$

$$M_{y1} = (P - Z)y_1 \qquad M_{y2} = -Zy_2$$

Im Bereich BC: $\quad M_x = M_B + (P - Z)y - V_E \cdot x$

Im Bereich DC: $\quad M'_x = M_D - Zy + V_E \cdot x'.$

---

*) Siehe hierzu die Fußnote Seite 408.

Rahmenform 93

Symmetrischer Zweigelenkrahmen mit senkrechten Stielen, parabolisch gekrümmtem Riegel und einem elastischen Zugband in Stielhöhe

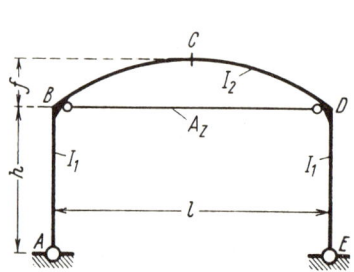

Rahmenform, Abmessungen und Bezeichnungen

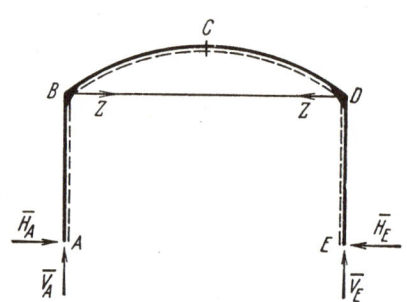

Festlegung der positiven Richtung aller Stützkräfte. Koordinaten beliebiger Stabpunkte genau wie bei Rahmenform 91 (s. S. 399). Positive Biegemomente erzeugen an der gestrichelten Stabseite Zug

Allgemeines

Die Rahmenform 93 (mit Zugband) wird am zweckmäßigsten als Erweiterung der Rahmenform 91 (*ohne* Zugband) aufgefaßt und behandelt. Es läßt sich dadurch der Einfluß des elastischen Zugbandes übersichtlich verfolgen.

Rechnungsgang

Erster Schritt: Für jeden zu behandelnden Lastfall werden die Momente M_B, M_C, M_D und die Auflagerkräfte H_A, H_E, V_A, V_E nach Rahmenform 91 (siehe die Seiten 399 bis 404) zahlenmäßig errechnet.

Zweiter Schritt:

a) Zusätzliche Festwerte für Rahmenform 93

$$\beta = \frac{C}{N} \qquad \gamma = \frac{\varphi B - C}{N} \qquad L_z = \frac{15 I_2}{2 f^2 A_z} \cdot \frac{E}{E_z} \qquad N_z = \frac{2(4k+1)}{N} + L_z.$$

E = Elastizitätsmodul des Rahmenbaustoffes,
E_z = Elastizitätsmodul des Zugbandstoffes,
A_z = Querschnittsfläche des Zugbandes.

Rahmenform 93

b) Zugbandkraft

$$Z = \frac{\dfrac{M_B + M_D}{2} + 4(M_C - M_C^0) + \dfrac{5}{4}P}{fN_Z} \quad *).$$

Bemerkung: Die in der Formel für Z auftretenden Belastungsglieder M_C^0 und P haben die gleiche Bedeutung wie Seite 400.

***Dritter Schritt*:**

a) Eckmomente und Auflagerkräfte der Rahmenform 93

$$\bar{M}_B = M_B + \beta Z h \qquad \bar{M}_C = M_C - \gamma Z h \qquad \bar{M}_D = M_D + \beta Z h$$
$$\bar{H}_A = H_A - \beta Z \qquad \bar{H}_E = H_E - \beta Z \qquad \bar{V}_A = V_A \qquad \bar{V}_E = V_E.$$

Bemerkung: Zwecks Unterscheidung wurden die Momente und Kräfte für Rahmenform 93 überstrichen.

b) Momente in beliebigen Stabpunkten der Rahmenform 93

$$\bar{M}_x = M_x + \beta Z h \left(1 + \frac{y}{h}\right) - Z h$$
$$\bar{M}_{y1} = M_{y1} + \beta Z y_1 \qquad \bar{M}_{y2} = M_{y2} + \beta Z y_2.$$

Schlußbemerkung

Nach dem vorstehend angegebenen Rechnungsgang können die Lastfälle 91/1, 3, 4 und 10, Seite 400, 401, und 404, behandelt werden**).

Die *antimetrischen* Fälle 91/2, 5, 8 und 9 gelten unverändert auch für Rahmenform 93, weil bei diesen Lastfällen die Zugbandkraft Z verschwindet.

Für die Fälle 91/6 und 7, Seite 402/403; sind für den Zugbandfall keine Formeln gegeben. Die Last qf kann aber mit guter Näherung durch zwei waagerechte Einzellasten von je $P = qf/2$ ersetzt werden, welche bei Fall 91/6 in den Punkten B und C, bei Fall 91/7 in den Punkten B und D angreifen.

---

*) Bei verschiedenen Belastungsfällen wird Z negativ, d. h. das Zugband erhält Druck. Dieser Umstand hat selbstverständlich nur dann einen Sinn, wenn die Druckkraft kleiner bleibt als die Zugkraft aus ständiger Last, so daß stets ein Rest Zugkraft im Zugbande verbleibt.

) Für den Fall der gleichmäßigen Wärmezu**nahme im ganzen Rahmen, *außer* im Zugband, ist zu setzen: $P = 6EI_2\alpha_t t/f$. Für den Fall der Wärmeänderung im ganzen Rahmen, *einschließlich* im Zugband, ist $P = 0$ zu setzen.

Rahmenform 94

Symmetrischer, eingespannter Rahmen mit senkrechten Stielen und parabolisch gekrümmtem Riegel

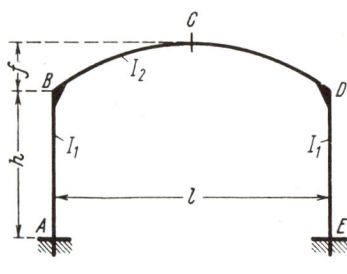

Rahmenform, Abmessungen und Bezeichnungen

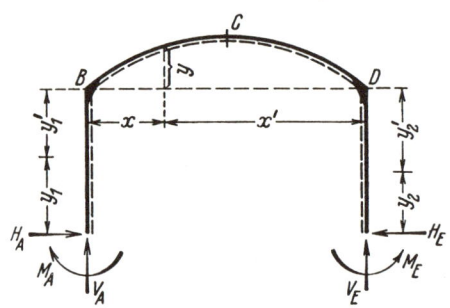

Festlegung der positiven Richtung aller Stützkräfte und der Koordinaten beliebiger Stabpunkte. Positive Biegemomente erzeugen an der gestrichelten Stabseite Zug

Festwerte:

$$k = \frac{I_2}{I_1} \cdot \frac{h}{l}; \qquad \varphi = \frac{f}{h}; \qquad K_1 = 2k + \frac{8}{5}\varphi^2 \qquad K_2 = 3(2k+1)$$

$$r = 3k - 2\varphi; \qquad N_1 = K_1 K_2 - r^2 \qquad N_2 = 6k + 1.$$

Gleichung des parabolischen Riegels: $\qquad y = \dfrac{4f}{l^2} x x' = 4f \cdot \omega_R\,{}^{1)}.$

Die Formeln für Rahmenform 94 gelten praktisch genau nur für Rahmen mit **flach** gekrümmtem Riegel, weil der Einfachheit wegen bei der Berechnung für den Riegel $ds = dx$ gesetzt wurde[2]. Aus diesem Grunde sind die Riegelmomentenflächen nicht an die Parabel, sondern an deren Sehne BD angetragen worden.

Da für die hier in Frage kommenden kleinen Werte des Pfeilverhältnisses $f:l$ der Kreisbogen nur wenig von der Parabel abweicht, so gelten die Formeln der Rahmenform 94 praktisch genau genug auch für Rahmen mit **kreisförmig** gekrümmtem Riegel.

---

[1] Zahlentafeln für die Omega-Funktion $\omega_R = \xi - \xi^2 = \xi\xi'$ siehe in „*Kleinlogel* u. *Haselbach*, **Belastungsglieder**", 9. Aufl.

[2] anstatt $ds = dx/\cos\alpha_x$

Rahmenform 94

Festwerte siehe Seite 412

Siehe hierzu den Abschnitt „**Belastungsglieder**"

Fall 94/1: Riegel beliebig senkrecht belastet

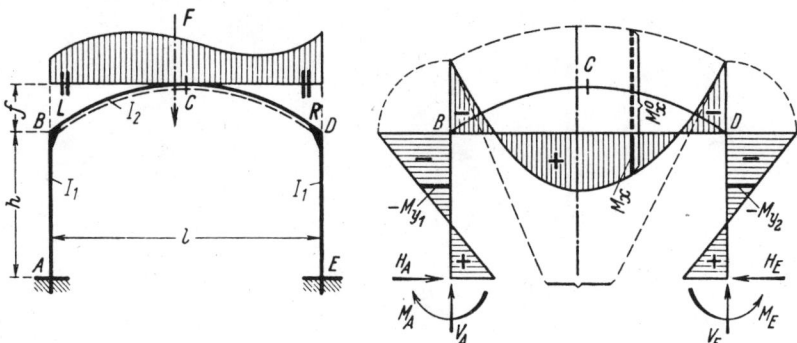

Hilfswerte:

$$X_1 = \frac{(L+R)K_1 + P\varphi r}{2N_1} \qquad X_2 = \frac{(L+R)r + P\varphi K_2}{2N_1} \qquad X_3 = \frac{(L-R)}{2N_2}.$$

$$\left.\begin{array}{l}M_A\\M_E\end{array}\right\} = X_2 - X_1 \mp X_3 \qquad \left.\begin{array}{l}M_B\\M_D\end{array}\right\} = -X_1 \mp X_3$$

$$M_C = M_C^0 - X_1 - \varphi X_2 \,^*); \qquad M_x = M_x^0 + \frac{x'}{l}M_B + \frac{x}{l}M_D - \frac{y}{h}X_2$$

$$M_{y1} = M_A - \frac{y_1}{h}X_2 \qquad M_{y2} = M_E - \frac{y_2}{h}X_2;$$

$$V_A = \frac{S_r + 2X_3}{l} \qquad V_E = F - V_A; \qquad H_A = H_E = \frac{X_2}{h}.$$

Bemerkung: Die nur für parobolisch gekrümmte Stäbe geltenden Belastungsglieder **P** sind für die wichtigsten Belastungsfälle auf Seite 405 zusammengestellt.

Sonderfall 94/1a: *Symmetrische* Riegellast ($R = L$; $S_l = S_r$); ($X_3 = 0$).

$$M_A = M_E = X_2 - X_1 \qquad M_B = M_D = -X_1 \qquad M_C = M_C^0 - X_1 - \varphi X_2;^*)$$

$$V_A = V_E = \frac{F}{2}; \qquad H_A = H_E = \frac{X_2}{h}; \qquad M_x = M_x^0 - X_1 - \frac{y}{h}X_2.$$

Sonderfall 94/1b: *Antimetrische* Riegellast ($R = -L$; $S_l = -S_r$).

$$M_E = M_D = -M_B = -M_A = \frac{L}{N_2} \qquad M_x = M_x^0 - \frac{L}{N_2} \cdot \frac{x'-x}{l}$$

$$M_C = 0; \qquad V_A = -V_E = \frac{S_r + 2M_D}{l}; \qquad H_A = H_E = 0.$$

---
*) M_C^0 ist das Moment des einfachen Balkens *BD* in Feldmitte.

Rahmenform 94   Festwerte siehe Seite 412

Siehe hierzu den Abschnitt „**Belastungsglieder**"

Fall 94/2: Linker Stiel beliebig waagerecht belastet

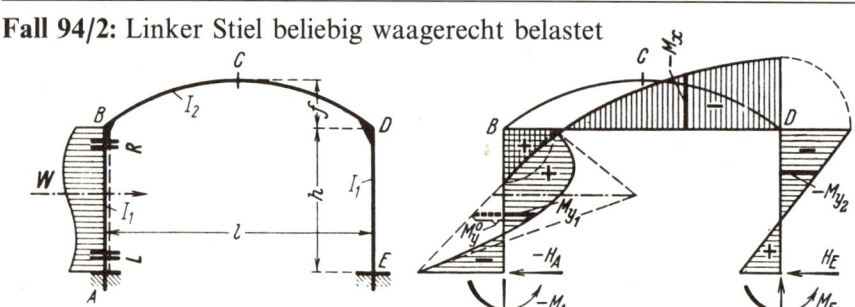

Hilfswerte: $\quad B_1 = [3S_l - (L+R)]k \quad B_2 = [2S_l - L]k;$

$$X_1 = \frac{B_1 K_1 - B_2 r}{2N_1} \qquad X_2 = \frac{B_2 K_2 - B_1 r}{2N_1} \qquad X_3 = \frac{B_1}{2N_2}.$$

$$M_B = +X_1 + X_3 \qquad M_D = +X_1 - X_3 \qquad M_C = +X_1 - \varphi X_2$$

$$M_A = -S_l + X_1 + X_2 + X_3 \qquad M_E = +X_1 + X_2 - X_3;$$

$$V_E = -V_A = \frac{2X_3}{l}; \qquad H_E = +\frac{X_2}{h} \qquad H_A = -(W - H_E);$$

$$M_{y1} = M_y^0 + \frac{y_1'}{h} M_A + \frac{y_1}{h} M_B \qquad M_{y2} = \frac{y_2}{h} M_D + \frac{y_2'}{h} M_E$$

$$M_x = \frac{x'}{l} M_B + \frac{x}{l} M_D - \frac{y}{h} X_2.$$

Fall 94/3: Beide Stiele beliebig waagerecht von außen her, aber gleich und *symmetrisch* zur Rahmenmitte belastet

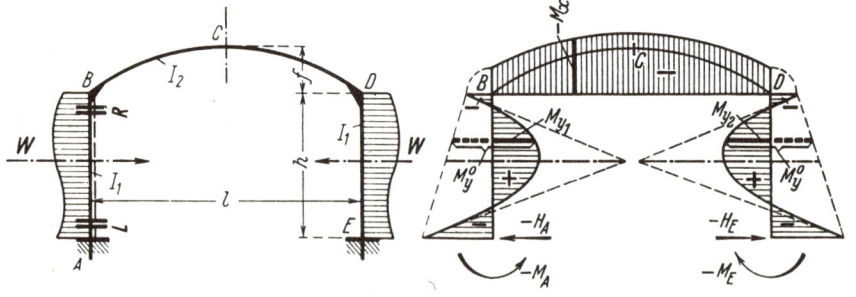

Hilfswerte: $\quad B_1 = [3S_l - (L+R)]k \quad B_2 = [2S_l - L]k;$

$$X_1 = \frac{B_1 K_1 - B_2 r}{N_1} \qquad X_2 = \frac{B_2 K_2 - B_1 r}{N_1}. \qquad H_A = H_E = -W + \frac{X_2}{h};$$

$$M_B = M_D = +X_1 \qquad M_C = +X_1 - \varphi X_2 \qquad M_A = M_E = -S_l + X_1 + X_2$$

$$M_{y1} = M_{y2} = M_y^0 + \frac{y_1'}{h} M_A + \frac{y_1}{h} M_B \qquad M_x = M_B - \frac{y}{h} X_2.$$

Bemerkung: Alle Belastungsglieder sind auf den *linken* Stiel bezogen.

Festwerte siehe Seite 412 **Rahmenform 94**

Fall 94/4: Beide Stiele beliebig waagerecht von links her, aber gleich belastet (Antimetriefall)

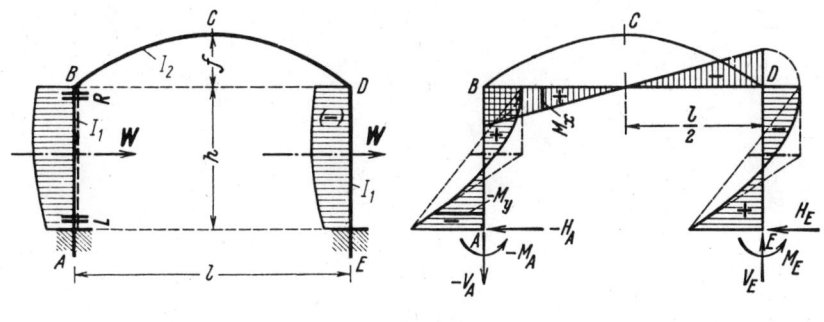

$$M_B = -M_D = [3S_l - (L+R)]\frac{k}{N_2} \qquad M_E = -M_A = S_l - M_B$$

$$M_C = 0; \qquad H_E = -H_A = W; \qquad V_E = -V_A = \frac{2M_B}{l}.$$

Bemerkung: Alle Belastungsglieder sind auf den *linken* Stiel bezogen.

Fall 94/5: Waagerechte Rechteck-Vollast von links her auf den Riegel wirkend

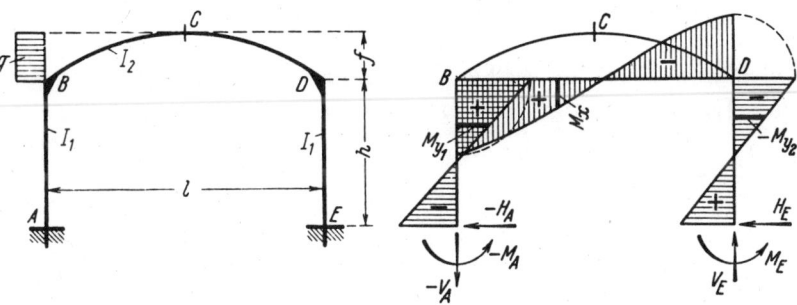

Hilfswerte: $\quad X_1 = \dfrac{2qf^2}{5N_1}\left(K_1 + \dfrac{6}{7}\varphi r\right) \qquad X_2 = \dfrac{2qf^2}{5N_1}\left(r + \dfrac{6}{7}\varphi K_2\right)$

$$X_3 = \frac{qfh(12k-\varphi)}{8N_2}. \qquad M_C = -\frac{qf^2}{4} + X_1 + \varphi X_2$$

$$\left.\begin{array}{c}M_A\\M_E\end{array}\right\} = -(X_2 - X_1) \mp \left(\frac{qfh}{2} - X_3\right) \qquad \left.\begin{array}{c}M_B\\M_D\end{array}\right\} = +X_1 \pm X_3;$$

$$M_{y1} = \frac{y_1'}{h}M_A + \frac{y_1}{h}M_B \qquad M_{y2} = \frac{y_2}{h}M_D + \frac{y_2'}{h}M_E;$$

$$V_E = -V_A = \frac{qf^2}{2l} + \frac{2X_3}{l} \qquad \left.\begin{array}{c}H_A\\H_E\end{array}\right\} = -\frac{X_2}{h} \mp \frac{qf}{2}.$$

Im Bereich BC: $\qquad M_x = M_B + (-H_A)y - V_E \cdot x - \dfrac{qy^2}{2}$

Im Bereich DC: $\qquad M_x' = M_D - H_E \cdot y + V_E \cdot x'.$

Rahmenform 94 Festwerte usw. siehe Seite 412

Fall 94/6: Zwei gleiche waagerechte Rechteck-Vollasten von außen her auf den Riegel wirkend (Symmetriefall)

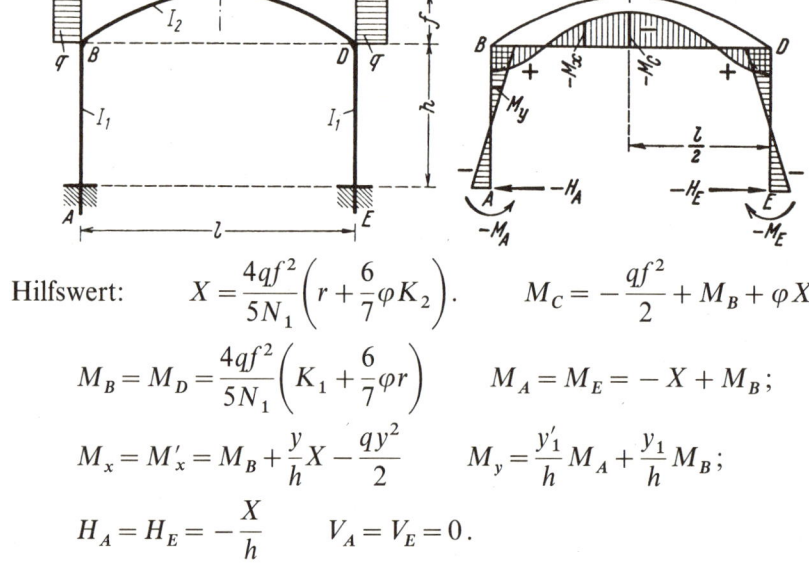

Hilfswert: $X = \dfrac{4qf^2}{5N_1}\left(r + \dfrac{6}{7}\varphi K_2\right).$ $M_C = -\dfrac{qf^2}{2} + M_B + \varphi X$

$M_B = M_D = \dfrac{4qf^2}{5N_1}\left(K_1 + \dfrac{6}{7}\varphi r\right)$ $M_A = M_E = -X + M_B;$

$M_x = M'_x = M_B + \dfrac{y}{h}X - \dfrac{qy^2}{2}$ $M_y = \dfrac{y'_1}{h}M_A + \dfrac{y_1}{h}M_B;$

$H_A = H_E = -\dfrac{X}{h}$ $V_A = V_E = 0.$

Fall 94/7: Zwei gleiche waagerechte Rechteck-Vollasten von links her auf den Riegel wirkend (Druck und Sog; Antimetriefall)

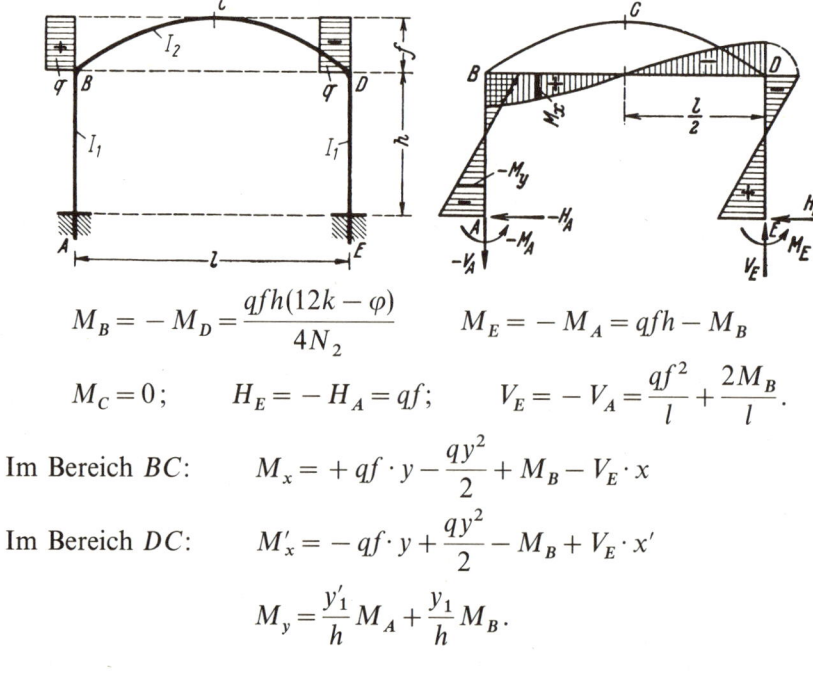

$M_B = -M_D = \dfrac{qfh(12k - \varphi)}{4N_2}$ $M_E = -M_A = qfh - M_B$

$M_C = 0;$ $H_E = -H_A = qf;$ $V_E = -V_A = \dfrac{qf^2}{l} + \dfrac{2M_B}{l}.$

Im Bereich BC: $M_x = +qf \cdot y - \dfrac{qy^2}{2} + M_B - V_E \cdot x$

Im Bereich DC: $M'_x = -qf \cdot y + \dfrac{qy^2}{2} - M_B + V_E \cdot x'$

$M_y = \dfrac{y'_1}{h}M_A + \dfrac{y_1}{h}M_B.$

Festwerte usw. siehe Seite 412 — **Rahmenform 94**

Fall 94/8: Waagerechte Einzellast am Scheitelpunkt C

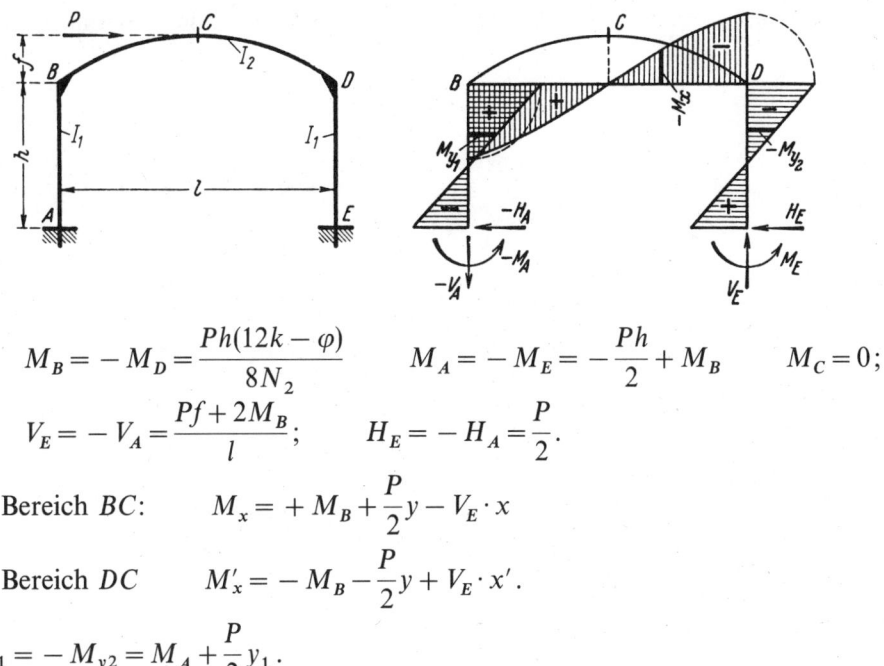

$$M_B = -M_D = \frac{Ph(12k - \varphi)}{8N_2} \qquad M_A = -M_E = -\frac{Ph}{2} + M_B \qquad M_C = 0;$$

$$V_E = -V_A = \frac{Pf + 2M_B}{l}; \qquad H_E = -H_A = \frac{P}{2}.$$

Im Bereich BC: $\qquad M_x = +M_B + \frac{P}{2}y - V_E \cdot x$

Im Bereich DC $\qquad M'_x = -M_B - \frac{P}{2}y + V_E \cdot x'.$

$$M_{y1} = -M_{y2} = M_A + \frac{P}{2}y_1.$$

Fall 94/9: Gleichmäßige Wärmezunahme im ganzen Rahmen*)

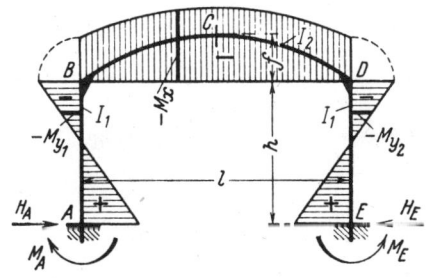

E = Elastizitätsmodul,
α_t = Wärmedehnkoeffizient,
t = Wärmeänderung in Grad.

Hilfswert: $\qquad T = \dfrac{3EI_2\alpha_t t}{hN_1}.$

$$M_A = M_E = +T(K_2 - r) \qquad M_B = M_D = -Tr$$
$$M_C = M_B - TK_2\varphi; \qquad M_{y1} = M_{y2} = M_A - H_A y_1;$$
$$H_A = H_E = \frac{TK_2}{h}; \qquad M_x = M_B - TK_2\frac{y}{h}.$$

Bemerkung: Bei Wärme**ab**nahme kehren alle Kräfte ihren Pfeilsinn um und alle Momente erhalten entgegengesetztes Vorzeichen.

*) Einen statischen Beitrag liefert nur die Wärmeänderung des Riegels. Gleichmäßige und gleichzeitige Wärmeänderung beider Stiele erzeugt keine Momente und Kräfte. – Für den **antimetrischen Wärmeänderungsfall** (d. h. linker Stiel mit $+t$, rechter mit $-t$) ist in den Formeln des Sonderfalles 94/1b, Seite 413, zu setzen $L = 12EI_2 h \cdot \alpha_t t/l^2$ sowie $S_r = 0$ und $M_x^0 = 0$.

Rahmenform 95

Symmetrischer geschlossener Rechteckrahmen mit äußerlich statisch bestimmter Lagerung

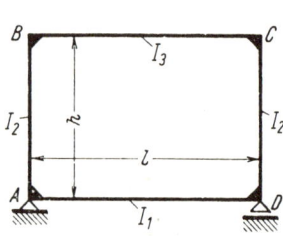

Rahmenform, Abmessungen und Bezeichnungen

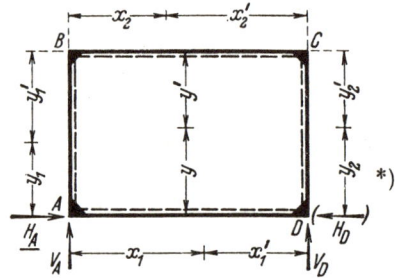

Festlegung der positiven Richtung aller Stützkräfte und der Koordinaten beliebiger Stabpunkte. Bei symmetrischen Lastfällen werden y und y' benutzt. Positive Biegemomente erzeugen an der gestrichelten Stabseite Zug

Festwerte:

$$k_1 = \frac{I_3}{I_1} \qquad k_2 = \frac{I_3}{I_2} \cdot \frac{h}{l};$$

$$K_1 = 2k_2 + 3 \qquad K_2 = 3k_1 + 2k_2 \qquad R_1 = 3k_2 + 1 \qquad R_2 = k_1 + 3k_2;$$

$$F_1 = K_1 K_2 - k_2^2 \qquad F_2 = 1 + k_1 + 6k_2.$$

Bezeichnung der Längskräfte:

    im unteren Riegel N_1 | im linken Stiel N_2
    im oberen Riegel N_3 | im rechten Stiel N'_2.

Bemerkung: Die Längskräfte zählen bei Zug positiv, bei Druck negativ.

Anschriebe für die Momente in beliebigen Stabpunkten der nicht unmittelbar belasteten Stäbe für alle Belastungsfälle der Rahmenform 95

$$M_{x1} = \frac{x'_1}{l} M_A + \frac{x_1}{l} M_D \qquad M_{x2} = \frac{x'_2}{l} M_B + \frac{x_2}{l} M_C$$

$$M_{y1} = \frac{y'_1}{h} M_A + \frac{y_1}{h} M_B \qquad M_{y2} = \frac{y_2}{h} M_C + \frac{y'_2}{h} M_D.$$

---

*) H_D tritt auf, wenn das feste Lager bei D ist.

Festwerte usw. siehe Seite 418   **Rahmenform 95**

Fall 95/1: Rechteck-Vollast auf dem oberen Riegel

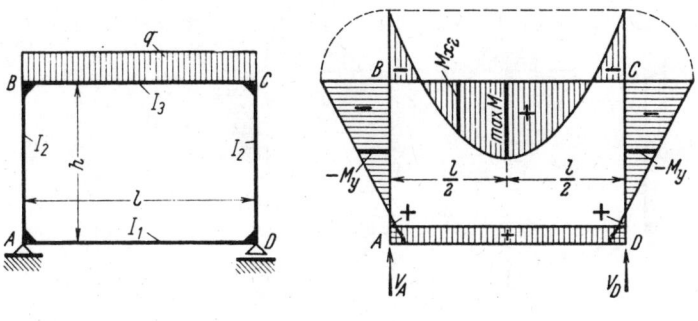

$$M_A = M_D = +\frac{ql^2}{4} \cdot \frac{k_2}{F_1} \qquad M_B = M_C = -\frac{ql^2}{4} \cdot \frac{K_2}{F_1};$$

$$M_{x2} = \frac{qx_2 x'_2}{2} + M_B \qquad \max M = \frac{ql^2}{8} + M_B;$$

$$V_A = V_D = \frac{ql}{2}; \qquad -N_3 = +N_1 = \frac{M_A - M_B}{h} \qquad N_2 = N'_2 = -\frac{ql}{2}.$$

Fall 95/2: Rechteck-Vollast auf dem unteren Riegel

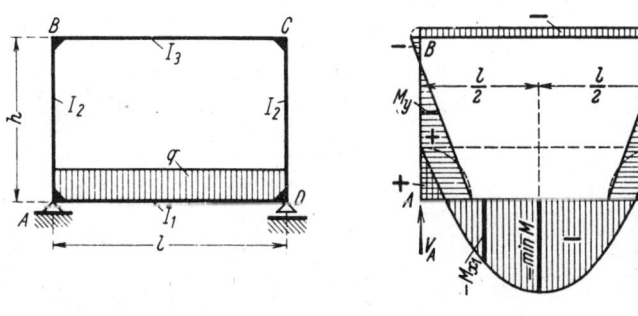

$$M_A = M_D = +\frac{ql^2}{4} \cdot \frac{k_1 K_1}{F_1} \qquad M_B = M_C = -\frac{ql^2}{4} \cdot \frac{k_1 k_2}{F_1};$$

$$M_{x1} = -\frac{qx_1 x'_1}{2} + M_A \qquad \min M = -\frac{ql^2}{8} + M_A;$$

$$V_A = V_D = \frac{ql}{2}; \qquad -N_3 = +N_1 = \frac{M_A - M_B}{h} \qquad N_2 = N'_2 = 0$$

Rahmenform 95 Festwerte usw. siehe Seite 418

Siehe hierzu den Abschnitt „**Belastungsglieder**"

Fall 95/3: Oberer Riegel beliebig senkrecht belastet

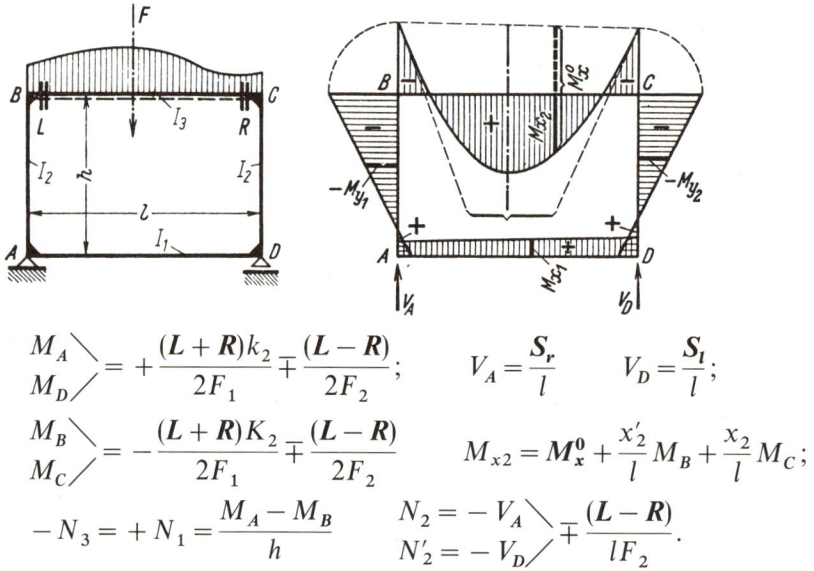

$$\left.\begin{array}{r}M_A\\M_D\end{array}\right\} = +\frac{(L+R)k_2}{2F_1} \mp \frac{(L-R)}{2F_2}; \qquad V_A = \frac{S_r}{l} \qquad V_D = \frac{S_l}{l};$$

$$\left.\begin{array}{r}M_B\\M_C\end{array}\right\} = -\frac{(L+R)K_2}{2F_1} \mp \frac{(L-R)}{2F_2} \qquad M_{x2} = M_x^0 + \frac{x_2'}{l}M_B + \frac{x_2}{l}M_C;$$

$$-N_3 = +N_1 = \frac{M_A - M_B}{h} \qquad \left.\begin{array}{r}N_2 = -V_A\\N_2' = -V_D\end{array}\right\} \mp \frac{(L-R)}{lF_2}.$$

Sonderfall 95/3a: *Symmetrische* Riegellast ($R = L$; $S_l = S_r$).

$$M_A = M_D = +L \cdot \frac{k_2}{F_1} \qquad M_B = M_C = -L \cdot \frac{K_2}{F_1} \qquad M_{x2} = M_x^0 + M_B;$$

$$V_A = V_D = \frac{F}{2}; \qquad -N_3 = +N_1 = \frac{M_A - M_B}{h} \qquad N_2 = N_2' = -\frac{F}{2}.$$

Fall 95/4: Oberer Riegel beliebig *antimetrisch* belastet
(Sonderfall zu Fall 95/3 mit $R = -L$; $S_l = -S_r$).

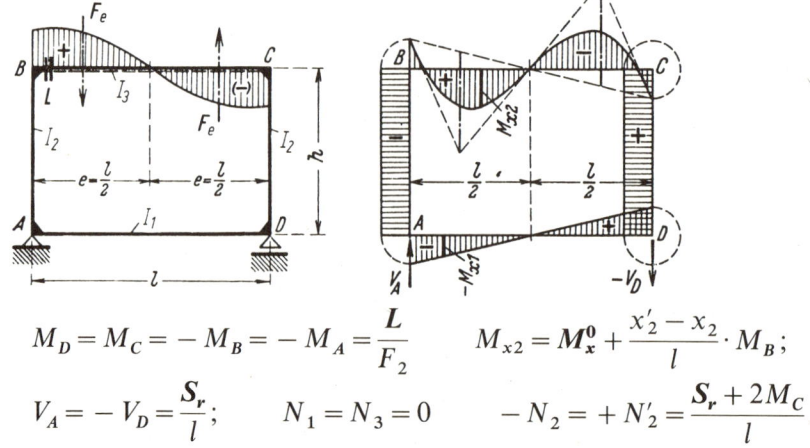

$$M_D = M_C = -M_B = -M_A = \frac{L}{F_2} \qquad M_{x2} = M_x^0 + \frac{x_2' - x_2}{l} \cdot M_B;$$

$$V_A = -V_D = \frac{S_r}{l}; \qquad N_1 = N_3 = 0 \qquad -N_2 = +N_2' = \frac{S_r + 2M_C}{l}.$$

Festwerte usw. siehe Seite 418   **Rahmenform 95**

Siehe hierzu den Abschnitt „**Belastungsglieder**"

Fall 95/5: Unterer Riegel beliebig senkrecht von unten her belastet*)

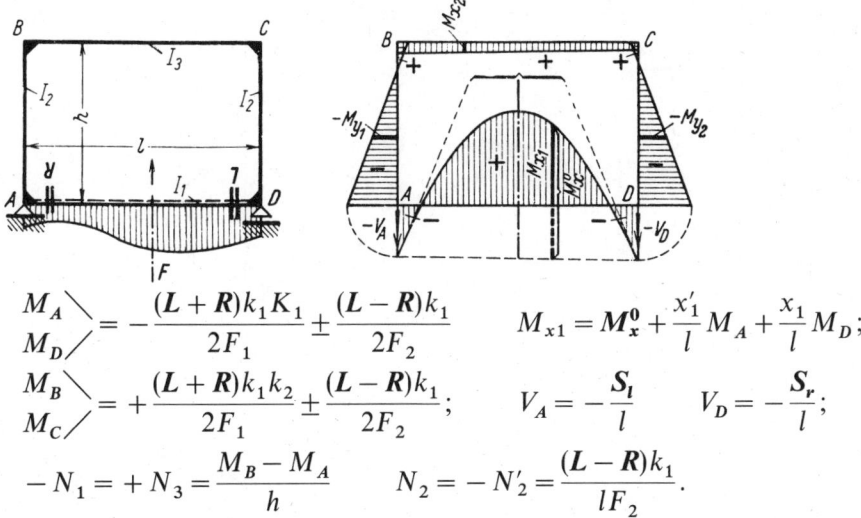

$$M_A \atop M_D = -\frac{(L+R)k_1 K_1}{2F_1} \pm \frac{(L-R)k_1}{2F_2} \qquad M_{x1} = M_x^0 + \frac{x_1'}{l} M_A + \frac{x_1}{l} M_D;$$

$$M_B \atop M_C = +\frac{(L+R)k_1 k_2}{2F_1} \pm \frac{(L-R)k_1}{2F_2}; \qquad V_A = -\frac{S_l}{l} \qquad V_D = -\frac{S_r}{l};$$

$$-N_1 = +N_3 = \frac{M_B - M_A}{h} \qquad N_2 = -N_2' = \frac{(L-R)k_1}{lF_2}.$$

Sonderfall 95/5a: Symmetrische Riegellast ($R = L$; $S_l = S_r$)

$$M_A = M_D = -L \cdot \frac{k_1 K_1}{F_1} \qquad M_B = M_C = +L \cdot \frac{k_1 k_2}{F_1} \qquad M_{x1} = M_x^0 + M_A;$$

$$V_A = V_D = -\frac{F}{2}; \qquad -N_1 = +N_3 = \frac{M_B - M_A}{h} \qquad N_2 = N_2' = 0.$$

Fall 95/6: Unterer Riegel beliebig antimetrisch belastet
(Sonderfall zu Fall 95/5 mit $R = -L$; $S_l = -S_r$).

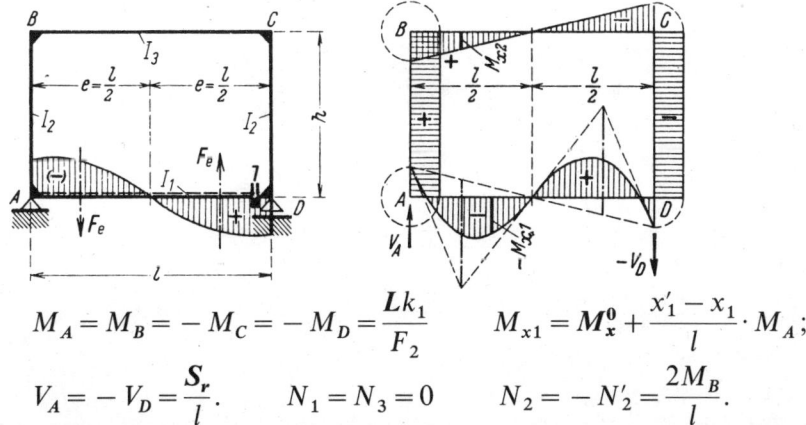

$$M_A = M_B = -M_C = -M_D = \frac{Lk_1}{F_2} \qquad M_{x1} = M_x^0 + \frac{x_1' - x_1}{l} \cdot M_A;$$

$$V_A = -V_D = \frac{S_r}{l}. \qquad N_1 = N_3 = 0 \qquad N_2 = -N_2' = \frac{2M_B}{l}.$$

---

*) Entsprechend der Lage der strichlierten Linie (durchweg an der Innenseite des Rahmens) mußte *positive Belastung* des unteren Riegels von unten nach oben wirkend angesetzt werden. Bei entgegengesetzter Lastrichtung sind L und R sowie S_r und S_l mit negativem Vorzeichen in die Formeln einzusetzen.

Rahmenform 95   Festwerte usw. siehe Seite 418

Siehe hierzu den Abschnitt **„Belastungsglieder"**

Fall 95/7: Linker Stiel beliebig waagerecht belastet

$$\left.\begin{array}{l}M_A \\ M_D\end{array}\right\} = -k_2 \frac{LK_1 - Rk_2}{2F_1} \mp \frac{S_l R_1 + (L+R)k_2}{2F_2} \qquad \underline{H_A = -W}$$

$$\left.\begin{array}{l}M_B \\ M_C\end{array}\right\} = -k_2 \frac{RK_2 - Lk_2}{2F_1} \pm \frac{S_l R_2 - (L+R)k_2}{2F_2}; \qquad (H_D = +W);$$

$$V_D = -V_A = \frac{S_l}{l}; \qquad M_{y1} = M_y^0 + \frac{y_1'}{h}M_A + \frac{y_1}{h}M_B;$$

$$\left.\begin{array}{l}N_3 \\ N_1\end{array}\right\} = \mp \frac{M_D - M_C}{h} \qquad \left(-N_1 = W - \frac{M_D - M_C}{h}\right) \qquad \left.\begin{array}{l}N_2 \\ N_2'\end{array}\right\} = \pm \frac{M_B - M_C}{l}.$$

Bemerkung: Für festes Lager bei D treten an Stelle der unterstrichenen Werte die eingeklammerten.

Fall 95/8: Beide Stiele beliebig waagerecht von außen her, aber gleich und *symmetrisch* zur Rahmenmitte belastet

$$M_A = M_D = -k_2 \frac{LK_1 - Rk_2}{F_1} \qquad M_B = M_C = -k_2 \frac{RK_2 - Lk_2}{F_1}$$

$$M_y = M_y^0 + \frac{y_1'}{h}M_A + \frac{y_1}{h}M_B; \qquad V_A = V_D = 0;$$

$$-N_1 = \frac{S_r}{h} + \frac{M_B - M_A}{h} \qquad -N_3 = \frac{S_l}{h} + \frac{M_A - M_B}{h} \qquad N_2 = N_2' = 0.$$

Bemerkung: Alle Belastungsglieder sind auf den *linken* Stiel bezogen.

Festwerte usw. siehe Seite 418 **Rahmenform 95**

Fall 95/9: Beide Stiele beliebig waagerecht von links her, aber gleich belastet (Antimetrischer Lastfall)

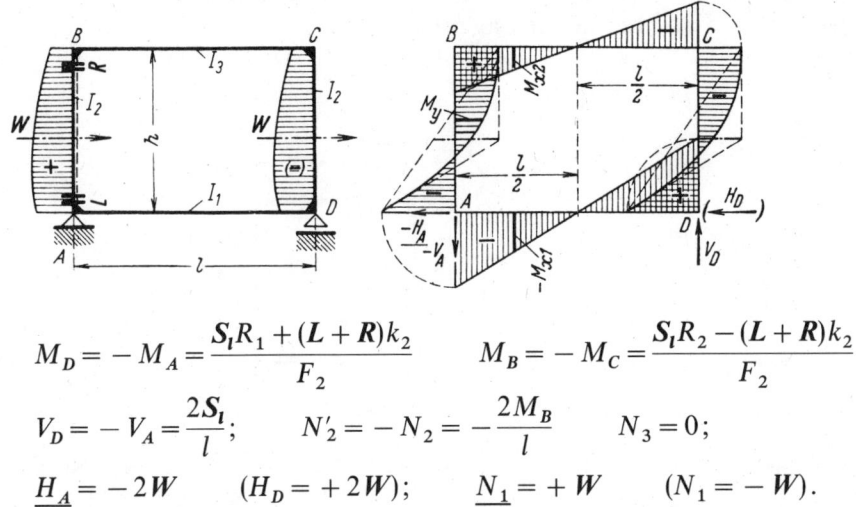

$$M_D = -M_A = \frac{S_l R_1 + (L+R)k_2}{F_2} \qquad M_B = -M_C = \frac{S_l R_2 - (L+R)k_2}{F_2};$$

$$V_D = -V_A = \frac{2S_l}{l}; \qquad N'_2 = -N_2 = -\frac{2M_B}{l} \qquad N_3 = 0;$$

$$\underline{H_A} = -2W \qquad (H_D = +2W); \qquad \underline{N_1} = +W \qquad (N_1 = -W).$$

Bemerkungen: Für festes Lager bei D treten an Stelle der unterstrichenen Werte die eingeklammerten. – Alle Belastungsglieder sind auf den *linken* Stiel bezogen.

Fall 95/10: Waagerechte Einzellast in Höhe des oberen Riegels

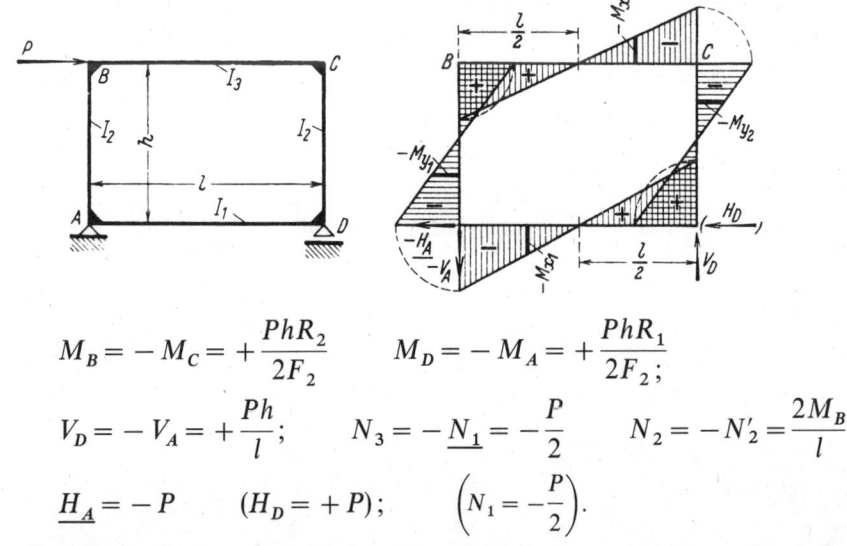

$$M_B = -M_C = +\frac{PhR_2}{2F_2} \qquad M_D = -M_A = +\frac{PhR_1}{2F_2};$$

$$V_D = -V_A = +\frac{Ph}{l}; \qquad N_3 = -\underline{N_1} = -\frac{P}{2} \qquad N_2 = -N'_2 = \frac{2M_B}{l}$$

$$\underline{H_A} = -P \qquad (H_D = +P); \qquad \left(N_1 = -\frac{P}{2}\right).$$

Bemerkung: Für festes Lager bei D treten an Stelle der unterstrichenen Werte die eingeklammerten.

Fall 95/11: Gleichmäßige Wärmeänderung im ganzen Rahmen.
Es werden keine Momente und Kräfte ausgelöst.

Rahmenform 96

Quadratischer geschlossener Rahmen mit gleichen Stabträgheitsmomenten und mit äußerlich statisch bestimmter Lagerung

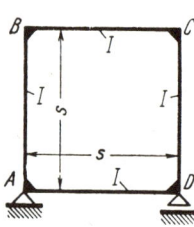

Rahmenform, Abmessungen und Bezeichnungen

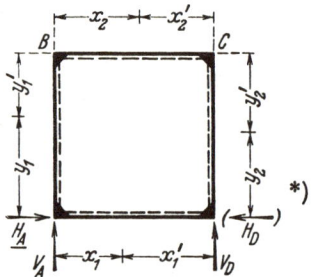

Festlegung der positiven Richtung aller Stützkräfte und der Koordinaten beliebiger Stabpunkte. Positive Biegemomente erzeugen an der gestrichelten Stabseite Zug

Bezeichnung der Längskräfte:

  im unteren Riegel N_1 | im linken Stiel N_2
  im oberen Riegel N_3 | im rechten Stiel N'_2.

Bemerkung: Die Längskräfte zählen bei Zug positiv, bei Druck negativ.

Anschriebe für die Momente an beliebigen Stabpunkten für alle Belastungsfälle der Rahmenform 96

Die Anteile aus den Eckmomenten allein lauten wie folgt:

$$M_{x1} = \frac{x'_1}{s} M_A + \frac{x_1}{s} M_D \qquad M_{x2} = \frac{x'_2}{s} M_B + \frac{x_2}{s} M_C$$

$$M_{y1} = \frac{y'_1}{s} M_A + \frac{y_1}{s} M_B \qquad M_{y2} = \frac{y_2}{s} M_C + \frac{y'_2}{s} M_D.$$

Zu diesen Werten kommt für die unmittelbar belasteten Stäbe jeweils das Glied M_x^0 bzw. M_y^0 hinzu.

---

*) H_D tritt auf, wenn das feste Lager bei D ist.

Siehe Titelblatt Seite 424 **Rahmenform 96**

Siehe hierzu den Abschnitt „**Belastungsglieder**"

Fall 96/1: Oberer Riegel beliebig senkrecht belastet

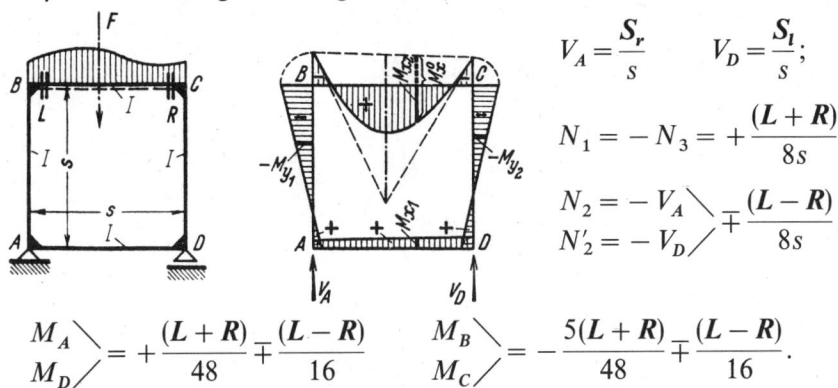

$$V_A = \frac{S_r}{s} \qquad V_D = \frac{S_l}{s};$$

$$N_1 = -N_3 = +\frac{(L+R)}{8s}$$

$$\left.\begin{array}{l}N_2 = -V_A \\ N_2' = -V_D\end{array}\right\} \mp \frac{(L-R)}{8s};$$

$$\left.\begin{array}{l}M_A \\ M_D\end{array}\right\} = +\frac{(L+R)}{48} \mp \frac{(L-R)}{16} \qquad \left.\begin{array}{l}M_B \\ M_C\end{array}\right\} = -\frac{5(L+R)}{48} \pm \frac{(L-R)}{16}.$$

Sonderfall 96/1a: *Symmetrische* Riegellast ($R = L$; $S_l = S_r$).

$$M_A = M_D = +\frac{L}{24} \qquad M_B = M_C = -\frac{5L}{24}; \qquad V_A = V_D = -N_2 = -N_2' = \frac{F}{2}.$$

Sonderfall 96/1b: *Antimetrische* Riegellast ($R = -L$; $S_l = -S_r$).

$$M_D = M_C = -M_B = -M_A = \frac{L}{8}; \qquad V_A = -V_D = \frac{S_r}{s}; \qquad N_2' = -N_2 = \frac{S_r}{s} + \frac{L}{4s}.$$

Fall 96/2: Unterer Riegel beliebig senkrecht von unten her belastet*)

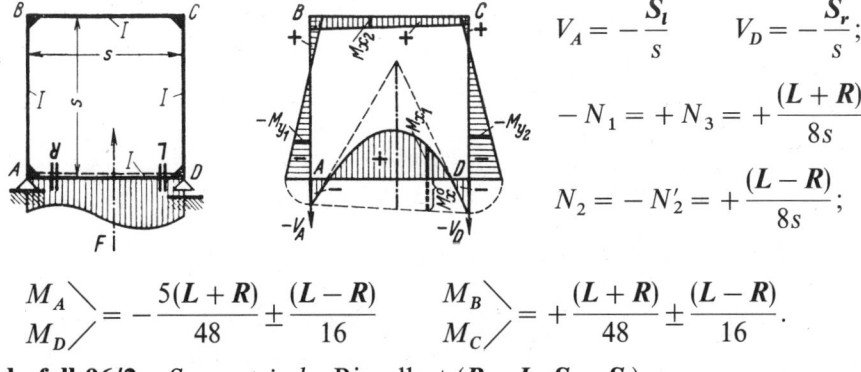

$$V_A = -\frac{S_l}{s} \qquad V_D = -\frac{S_r}{s};$$

$$-N_1 = +N_3 = +\frac{(L+R)}{8s}$$

$$N_2 = -N_2' = +\frac{(L-R)}{8s};$$

$$\left.\begin{array}{l}M_A \\ M_D\end{array}\right\} = -\frac{5(L+R)}{48} \pm \frac{(L-R)}{16} \qquad \left.\begin{array}{l}M_B \\ M_C\end{array}\right\} = +\frac{(L+R)}{48} \pm \frac{(L-R)}{16}.$$

Sonderfall 96/2a: *Symmetrische* Riegellast ($R = L$; $S_l = S_r$).

$$M_A = M_D = -\frac{5L}{24} \qquad M_B = M_C = +\frac{L}{24}; \qquad V_A = V_D = -\frac{F}{2}.$$

Sonderfall 96/2b: *Antimetrische* Riegellast ($R = -L$; $S_l = -S_r$).

$$M_A = M_B = -M_C = -M_D = \frac{L}{8}; \qquad V_A = -V_D = \frac{S_r}{l} \qquad N_2 = -N_2' = \frac{L}{4s}.$$

---

*) Siehe hierzu die Fußnote Seite 421.

Rahmenform 96   Siehe Titelblatt Seite 424

Siehe hierzu den Abschnitt **„Belastungsglieder"**

Fall 96/3: Linker Stiel beliebig waagerecht belastet

$$\left.\begin{matrix}M_A\searrow\\M_D\nearrow\end{matrix}\right\} = -\frac{5L-R}{48} \mp \frac{4S_l+(L+R)}{16} \qquad H_A = -W$$

$$\left.\begin{matrix}M_B\searrow\\M_C\nearrow\end{matrix}\right\} = -\frac{5R-L}{48} \pm \frac{4S_l-(L+R)}{16}; \qquad (H_D = +W);$$

$$V_D = -V_A = \frac{S_l}{s}; \qquad N_3 = -\underline{N_1} = -\frac{M_D - M_C}{s}$$

$$N_2 = -N'_2 = \frac{4S_l - (L+R)}{8s} \qquad \left(-N_1 = W - \frac{M_D - M_C}{s}\right).$$

Bemerkung: Für festes Lager bei D treten an Stelle der unterstrichenen Werte die eingeklammerten.

Fall 96/4: Beide Stiele beliebig waagerecht von außen her, aber *symmetrisch* zur Rahmenmitte belastet

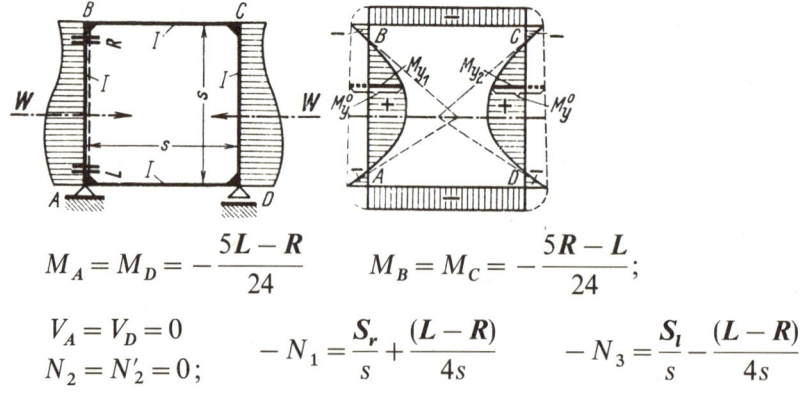

$$M_A = M_D = -\frac{5L-R}{24} \qquad M_B = M_C = -\frac{5R-L}{24};$$

$$\begin{matrix}V_A = V_D = 0\\ N_2 = N'_2 = 0;\end{matrix} \qquad -N_1 = \frac{S_r}{s} + \frac{(L-R)}{4s} \qquad -N_3 = \frac{S_l}{s} - \frac{(L-R)}{4s}$$

Bemerkung: Alle Belastungsglieder sind auf den *linken* Stiel bezogen.

Sonderfall 96/4a: Stiellasten *in sich symmetrisch* ($R = L$)

$$M_A = M_B = M_C = M_D = -\frac{L}{6}; \qquad N_1 = N_3 = -\frac{W}{2}.$$

Siehe Titelblatt Seite 424 **Rahmenform 96**

Fall 96/5: Beide Stiele beliebig waagerecht von links her, aber gleich belastet (Antimetrischer Lastfall)

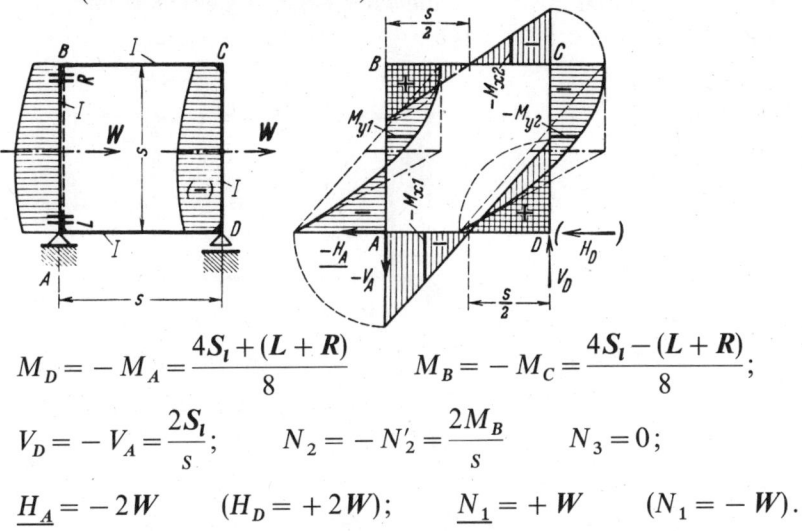

$$M_D = -M_A = \frac{4S_I + (L+R)}{8} \qquad M_B = -M_C = \frac{4S_I - (L+R)}{8};$$

$$V_D = -V_A = \frac{2S_I}{s}; \qquad N_2 = -N'_2 = \frac{2M_B}{s} \qquad N_3 = 0;$$

$$\underline{H_A} = -2W \qquad (H_D = +2W); \qquad \underline{N_1} = +W \qquad (N_1 = -W).$$

Bemerkungen: Für festes Lager bei D treten an Stelle der unterstrichenen Werte die eingeklammerten. – Alle Belastungsglieder sind auf den *linken* Stiel bezogen.

Sonderfall 96/5a: Stiellasten *in sich symmetrisch* ($R = L$).

$$M_D = -M_A = \frac{Ws + L}{4} \qquad M_B = -M_C = \frac{Ws - L}{4}; \qquad V_D = -V_A = W.$$

Fall 96/6: Waagerechte Einzellast in Höhe des oberen Riegels

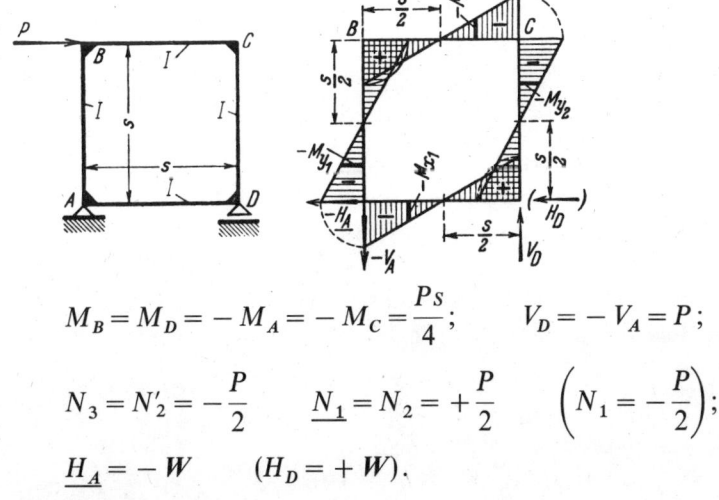

$$M_B = M_D = -M_A = -M_C = \frac{Ps}{4}; \qquad V_D = -V_A = P;$$

$$N_3 = N'_2 = -\frac{P}{2} \qquad \underline{N_1} = N_2 = +\frac{P}{2} \qquad \left(N_1 = -\frac{P}{2}\right);$$

$$\underline{H_A} = -W \qquad (H_D = +W).$$

Bemerkung: Für festes Auflager bei D treten an Stelle der unterstrichenen Werte die eingeklammerten.

Rahmenform 97

Geschlossener Rechteckrahmen mit 4 verschiedenen Stabträgheitsmomenten und mit äußerlich statisch bestimmter Lagerung

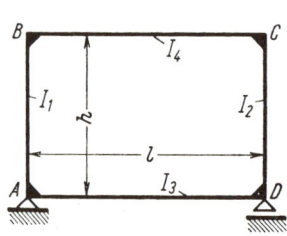

Rahmenform, Abmessungen und Bezeichnungen

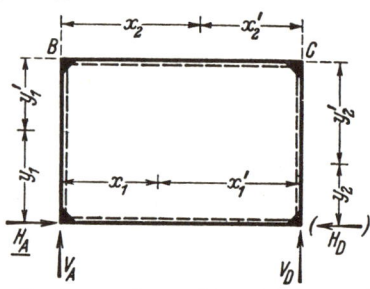

Festlegung der positiven Richtung aller Stützkräfte und der Koordinaten beliebiger Stabpunkte. Positive Biegemomente erzeugen an der gestrichelten Stabseite Zug

Festwerte:

$$k_1 = \frac{I_4}{I_1} \cdot \frac{h}{l} \qquad k = \frac{I_4}{I_3} \qquad k_2 = \frac{I_4}{I_2} \cdot \frac{h}{l}$$

$$r_1 = k_1 + k \qquad r = 1 + k \qquad r_2 = k + k_2$$

$$R_1 = 2(3k_1 + r) \qquad R = 2(r_1 + k + r_2) \qquad R_2 = 2(r + 3k_2);$$

$$F = R(R_1 R_2 - r^2) - 9(R_1 r_2^2 - 2r r_1 r_2 + R_2 r_1^2).$$

$$n_{11} = \frac{R R_2 - 9 r_2^2}{F} \qquad n_{12} = n_{21} = \frac{9 r_1 r_2 - R r}{F}$$

$$n_{22} = \frac{R R_1 - 9 r_1^2}{F} \qquad n_{13} = n_{31} = \frac{3(r_1 R_2 - r r_2)}{F}$$

$$n_{33} = \frac{R_1 R_2 - r^2}{F} \qquad n_{23} = n_{32} = \frac{3(R_1 r_2 - r_1 r)}{F}.$$

Bezeichnung der Längskräfte:

im linken Stiel N_1 | im unteren Riegel N_3
im rechten Stiel N_2 | im oberen Riegel N_4.

Bemerkung: Die Längskräfte zählen bei Zug positiv, bei Druck negativ.

Anschriebe für die Momente an beliebigen Stabpunkten der nicht unmittelbar belasteten Stäbe für alle Belastungsfälle der Rahmenform 97

$$M_{x1} = \frac{x_1'}{l} M_A + \frac{x_1}{l} M_D \qquad M_{x2} = \frac{x_2'}{l} M_B + \frac{x_2}{l} M_C$$

$$M_{y1} = \frac{y_1'}{h} M_A + \frac{y_1}{h} M_B \qquad M_{y2} = \frac{y_2}{h} M_C + \frac{y_2'}{h} M_D.$$

---

*) H_D tritt auf, wenn das feste Lager bei D ist.

Festwerte usw. siehe Seite 428   **Rahmenform 97**

Siehe hierzu den Abschnitt „**Belastungsglieder**"

Fall 97/1: Oberer Riegel beliebig senkrecht belastet

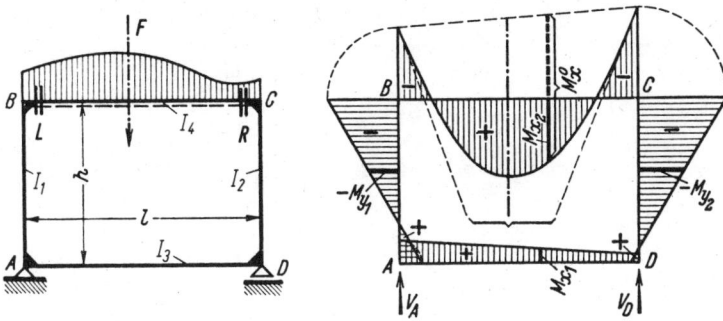

Hilfswerte:
$$X_1 = Ln_{11} + Rn_{21} \qquad X_2 = Ln_{12} + Rn_{22} \qquad X_3 = Ln_{13} + Rn_{23}.$$
$$M_B = -X_1 \qquad M_C = -X_2 \qquad M_A = X_3 - X_1 \qquad M_D = X_3 - X_2;$$
$$M_{x2} = M_x^0 + \frac{x_2'}{l}M_B + \frac{x_2}{l}M_C; \qquad V_A = \frac{S_r}{l} \qquad V_D = \frac{S_l}{l};$$
$$-N_1 = V_A + \frac{X_1 - X_2}{l} \qquad -N_2 = V_D - \frac{X_1 - X_2}{l} \qquad N_3 = -N_4 = \frac{X_3}{h}.$$

Fall 97/2: Unterer Riegel beliebig senkrecht von unten her belastet*)

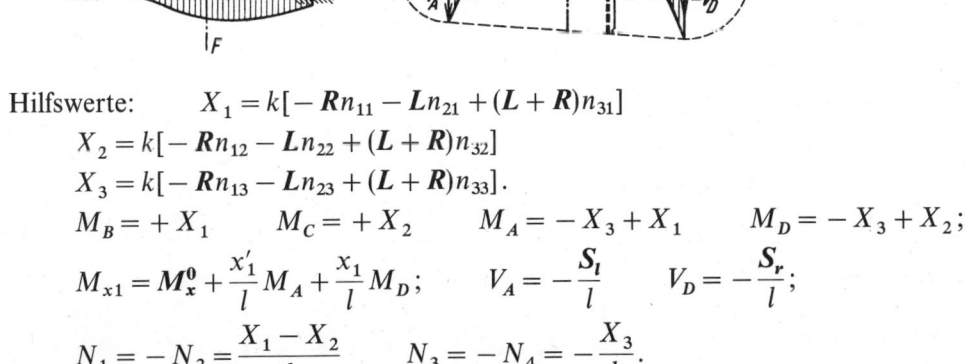

Hilfswerte: $\quad X_1 = k[-Rn_{11} - Ln_{21} + (L+R)n_{31}]$
$$X_2 = k[-Rn_{12} - Ln_{22} + (L+R)n_{32}]$$
$$X_3 = k[-Rn_{13} - Ln_{23} + (L+R)n_{33}].$$
$$M_B = +X_1 \qquad M_C = +X_2 \qquad M_A = -X_3 + X_1 \qquad M_D = -X_3 + X_2;$$
$$M_{x1} = M_x^0 + \frac{x_1'}{l}M_A + \frac{x_1}{l}M_D; \qquad V_A = -\frac{S_l}{l} \qquad V_D = -\frac{S_r}{l};$$
$$N_1 = -N_2 = \frac{X_1 - X_2}{l} \qquad N_3 = -N_4 = -\frac{X_3}{h}.$$

*) Siehe hierzu die Fußnote Seite 421.

Rahmenform 97   Festwerte usw. siehe Seite 428

Siehe hierzu den Abschnitt „**Belastungsglieder**"

Fall 97/3: Linker Stiel beliebig waagerecht belastet

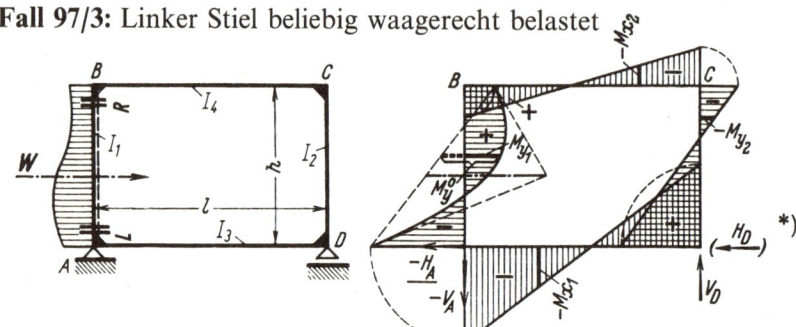

Hilfswerte: $B_1 = S_l(k_1 + 2r_1) - (L + R)k_1$ $X_1 = + B_1 n_{11} + B_2 n_{21} - B_3 n_{31}$
$B_2 = S_l k$ $X_2 = - B_1 n_{12} - B_2 n_{22} + B_3 n_{32}$
$B_3 = S_l(2r_1 + k) - L k_1;$ $X_3 = - B_1 n_{13} - B_2 n_{23} + B_3 n_{33}.$
$M_B = + X_1$ $M_C = - X_2$ $M_A = - S_l + X_1 + X_3$ $M_D = + X_3 - X_2;$
$M_{y1} = M_y^0 + \dfrac{y_1'}{h} M_A + \dfrac{y_1}{h} M_B;$ $V_D = - V_A = \dfrac{S_l}{l};$ $\underline{H_A = - W}$ $(H_D = + W);$
$N_1 = - N_2 = \dfrac{X_1 + X_2}{l}$ $\underline{N_3 = - N_4 = \dfrac{X_3}{h}}$ $\left(- N_3 = W - \dfrac{X_3}{h}\right).$

Fall 97/4: Rechter Stiel beliebig waagerecht belastet

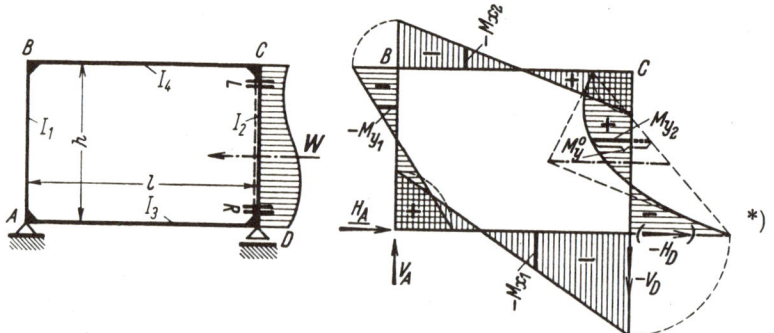

Hilfswerte: $B_1 = S_r k$ $X_1 = - B_1 n_{11} - B_2 n_{21} + B_3 n_{31}$
$B_2 = S_r(2r_2 + k_2) - (L + R)k_2$ $X_2 = + B_1 n_{12} + B_2 n_{22} - B_3 n_{32}$
$B_3 = S_r(k + 2r_2) - R k_2;$ $X_3 = - B_1 n_{13} - B_2 n_{23} + B_3 n_{33}.$
$M_B = - X_1$ $M_C = + X_2$ $M_A = + X_3 - X_1$ $M_D = - S_r + X_2 + X_3;$
$M_{y2} = M_y^0 + \dfrac{y_2}{h} M_C + \dfrac{y_2'}{h} M_D;$ $V_A = - V_D = \dfrac{S_r}{l};$ $\underline{H_A = + W}$ $(H_D = - W);$
$N_1 = - N_2 = -\dfrac{X_1 + X_2}{l}$ $N_4 = - \dfrac{X_3}{h}$ $\underline{N_3 = \dfrac{X_3}{h} - W}$ $\left(N_3 = + \dfrac{X_3}{h}\right).$

*) Für festes Lager bei *D* treten an Stelle der unterstrichenen Werte die eingeklammerten.

Rahmenform 98

Symmetrischer geschlossener Rechteckrahmen mit Flächenlagerung

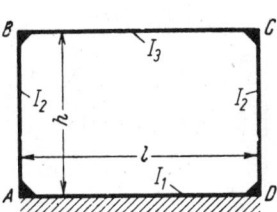

Rahmenform, Abmessungen und Bezeichnungen

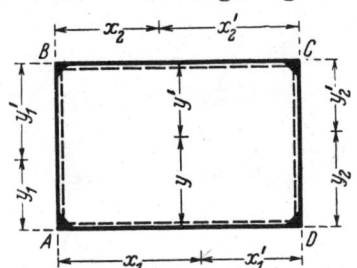

Festlegung der Koordinaten beliebiger Stabpunkte. Für symmetrische Lastfälle werden y und y' verwendet. Positive Biegemomente erzeugen an der gestrichelten Stabseite Zug

Festwerte:

$$k_1 = \frac{I_3}{I_1} \qquad k_2 = \frac{I_3}{I_2} \cdot \frac{h}{l}; \qquad K_1 = 2k_2 + 3 \qquad K_2 = 3k_1 + 2k_2$$

$$K_3 = 3k_2 + 1 - \frac{k_1}{5} \qquad K_4 = \frac{6k_1}{5} + 3k_2; \qquad C_1 = K_1 K_2 - k_2^2 \qquad C_2 = 1 + k_1 + 6k_2.$$

Bezeichnung der Längskräfte:

im unteren Riegel N_1 | im linken Stiel N_2
im oberen Riegel N_3 | im rechten Stiel N_2'

Bemerkung: Die Längskräfte zählen bei Zug positiv, bei Druck negativ.

Zur Beachtung

Die Formeln der Fälle 98/1–13 gelten nur unter Annahme geradliniger Begrenzung des Bodendruckdiagrammes.**) Zu den symmetrischen Fällen 98/14–16 gehört als Bodendruckdiagramm eine hohle symmetrische Trapez-Vollast.

Der bei unsymmetrischen Belastungsfällen auftretende *negative* Bodendruck ist nur dann zulässig, wenn derselbe bei Addition jeder möglichen Gruppe von Belastungsfällen wieder verschwindet.

Anschriebe für die Momente in beliebigen Stabpunkten der nicht unmittelbar belasteten Stäbe für Rahmenform 98

$$M_{y1} = \frac{y_1'}{h} M_A + \frac{y_1}{h} M_B \qquad M_{x2} = \frac{x_2'}{l} M_B + \frac{x_2}{l} M_C \qquad M_{y2} = \frac{y_2}{h} M_C + \frac{y_2'}{h} M_D.$$

Hilfswerte zur Darstellung von M_{x1}:

$$\omega_D' = \frac{x_1'}{l} - \left(\frac{x_1'}{l}\right)^3, \qquad \omega_D = \frac{x_1}{l} - \left(\frac{x_1}{l}\right)^3, \qquad \omega_V = \frac{x_1 x_1'}{l^2} \cdot \frac{x_1' - x_1}{l}.*)$$

---

*) Zahlentafeln für die Omega-Funktionen $\omega_D' = \xi' - \xi'^3$, $\omega_D = \xi - \xi^3$ und $\omega_V = \xi\xi'(\xi' - \xi)$ siehe in „*Kleinlogel* u. *Haselbach,* **Belastungsglieder**", 9. Aufl.

) Für *gekrümmte* Bodendruckdiagramme (z. B. gemäß irgendeinem der Kurven-Lastfälle 86 bis 112 im Hilfsbuch „Belastungsglieder**" ist Rahmenform 95 zu verwenden – wobei die Auflager-Einzelkräfte sinnentsprechend zu eliminieren sind.

Rahmenform 98 Festwerte usw. siehe Seite 431

Siehe hierzu den Abschnitt „**Belastungsglieder**"

Fall 98/1: Oberer Riegel beliebig senkrecht belastet

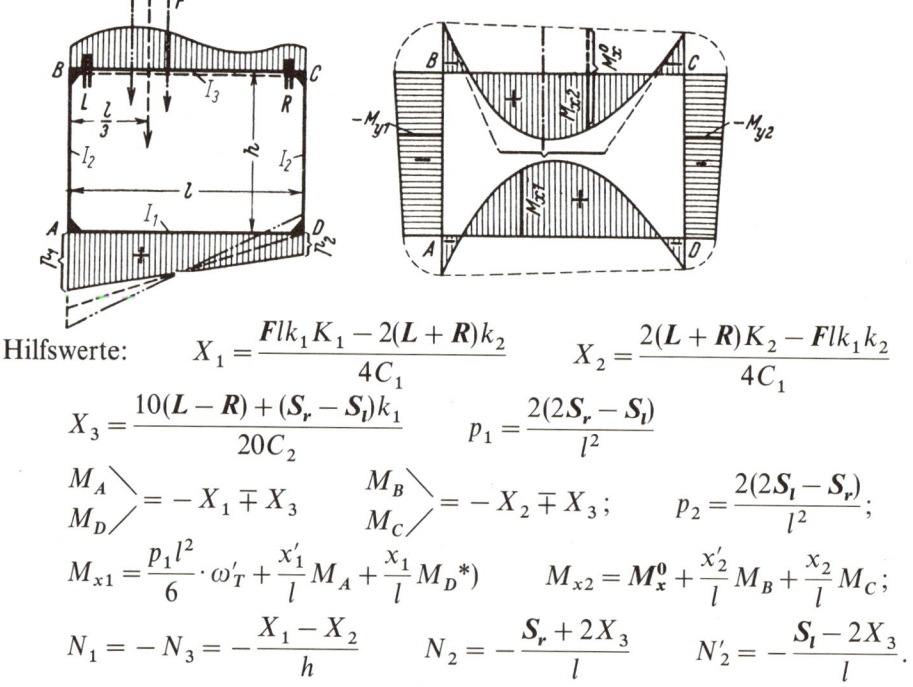

Hilfswerte:
$$X_1 = \frac{Flk_1K_1 - 2(L+R)k_2}{4C_1} \qquad X_2 = \frac{2(L+R)K_2 - Flk_1k_2}{4C_1}$$

$$X_3 = \frac{10(L-R) + (S_r - S_l)k_1}{20C_2} \qquad p_1 = \frac{2(2S_r - S_l)}{l^2}$$

$$\left.\begin{array}{l}M_A\\M_D\end{array}\right\} = -X_1 \mp X_3 \qquad \left.\begin{array}{l}M_B\\M_C\end{array}\right\} = -X_2 \mp X_3; \qquad p_2 = \frac{2(2S_l - S_r)}{l^2};$$

$$M_{x1} = \frac{p_1 l^2}{6} \cdot \omega'_T + \frac{x'_1}{l}M_A + \frac{x_1}{l}M_D\text{*}) \qquad M_{x2} = M_x^0 + \frac{x'_2}{l}M_B + \frac{x_2}{l}M_C;$$

$$N_1 = -N_3 = -\frac{X_1 - X_2}{h} \qquad N_2 = -\frac{S_r + 2X_3}{l} \qquad N'_2 = -\frac{S_l - 2X_3}{l}.$$

Bemerkung: Für F in $l/3$ ist $S_r = 2S_l$ und somit $p_2 = 0$; für F innerhalb $l/3$, also $S_r > 2S_l$ wird p_2 negativ.

Fall 98/2: Oberer Riegel beliebig senkrecht, aber *symmetrisch* belastet

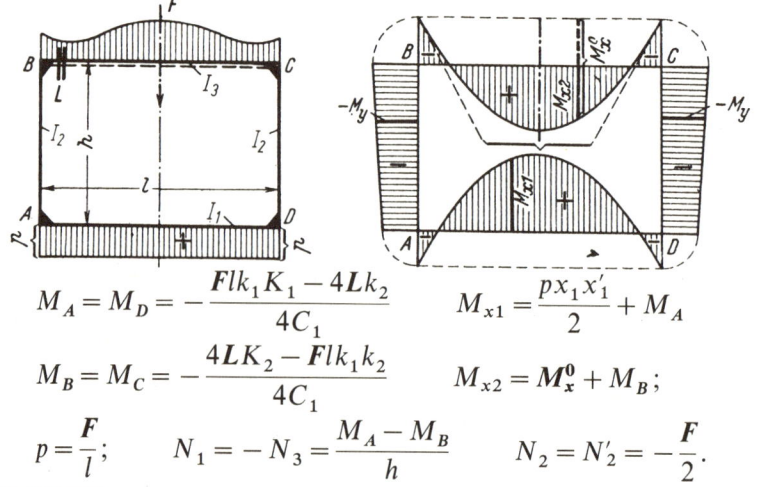

$$M_A = M_D = -\frac{Flk_1K_1 - 4Lk_2}{4C_1} \qquad M_{x1} = \frac{px_1 x'_1}{2} + M_A$$

$$M_B = M_C = -\frac{4LK_2 - Flk_1k_2}{4C_1} \qquad M_{x2} = M_x^0 + M_B;$$

$$p = \frac{F}{l}; \qquad N_1 = -N_3 = \frac{M_A - M_B}{h} \qquad N_2 = N'_2 = -\frac{F}{2}.$$

---
*) Es ist $\omega'_T = \omega'_D + i\omega_D$ mit $i = p_2/p_1$. Zahlentafeln für die Omega-Funktion ω'_T für i von $+1$ bis -1 mit dem Intervall 0,1 für i siehe in dem in der Fußnote Seite 431 genannten Werk.

Festwerte usw. siehe Seite 431   **Rahmenform 98**

Siehe hierzu den Abschnitt „**Belastungsglieder**"

Fall 98/3: Linker Stiel beliebig waagerecht belastet

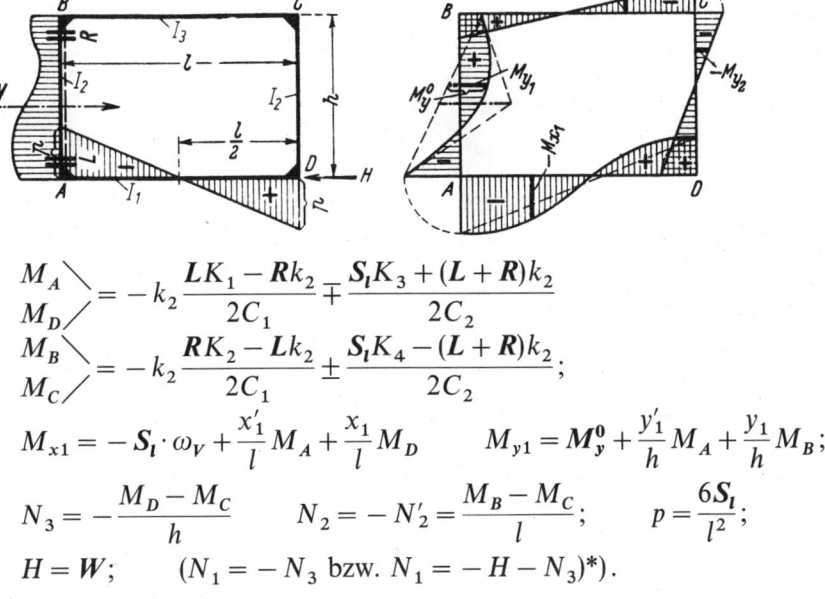

$$\left.\begin{array}{l}M_A\searrow\\ M_D\nearrow\end{array}\right\}=-k_2\frac{LK_1-Rk_2}{2C_1}\mp\frac{S_lK_3+(L+R)k_2}{2C_2}$$

$$\left.\begin{array}{l}M_B\searrow\\ M_C\nearrow\end{array}\right\}=-k_2\frac{RK_2-Lk_2}{2C_1}\pm\frac{S_lK_4-(L+R)k_2}{2C_2};$$

$$M_{x1}=-S_l\cdot\omega_V+\frac{x_1'}{l}M_A+\frac{x_1}{l}M_D \qquad M_{y1}=M_y^0+\frac{y_1'}{h}M_A+\frac{y_1}{h}M_B;$$

$$N_3=-\frac{M_D-M_C}{h} \qquad N_2=-N_2'=\frac{M_B-M_C}{l}; \qquad p=\frac{6S_l}{l^2};$$

$$H=W; \qquad (N_1=-N_3 \text{ bzw. } N_1=-H-N_3)*).$$

Fall 98/4: Beide Stiele beliebig waagerecht von außen her, aber *symmetrisch* zur Rahmenmitte belastet

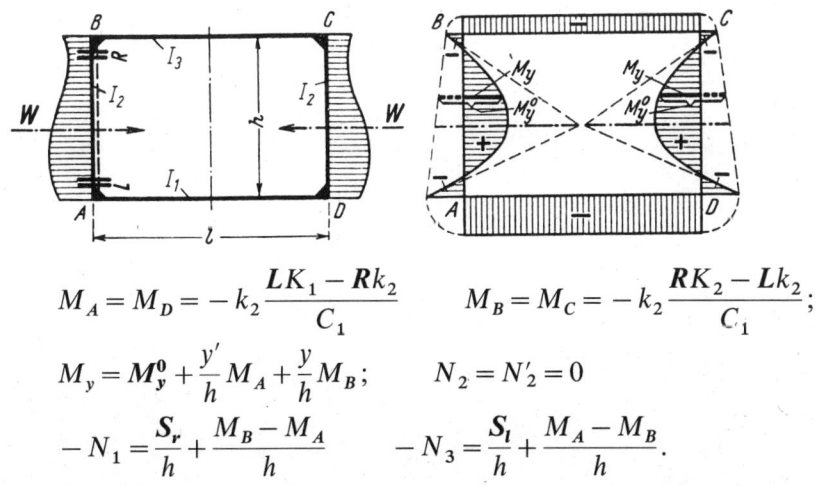

$$M_A=M_D=-k_2\frac{LK_1-Rk_2}{C_1} \qquad M_B=M_C=-k_2\frac{RK_2-Lk_2}{C_1};$$

$$M_y=M_y^0+\frac{y'}{h}M_A+\frac{y}{h}M_B; \qquad N_2=N_2'=0$$

$$-N_1=\frac{S_r}{h}+\frac{M_B-M_A}{h} \qquad -N_3=\frac{S_l}{h}+\frac{M_A-M_B}{h}.$$

Bemerkungen: Alle Belastungsglieder sind auf den *linken* Stiel bezogen. – Es tritt kein Bodendruck auf.

---

*) Die für N_1 angegebenen Größen sind Grenzwerte. Die wirkliche Größe und Verteilung von N_1 hängt von der Art der Übertragung der Schubkraft H ab (z. B. Sohlenreibung).

Rahmenform 98 Festwerte usw. siehe Seite 431

Siehe hierzu den Abschnitt **„Belastungsglieder"**

Fall 98/5: Oberer Riegel beliebig *antimetrisch* belastet (Sonderfall zu Fall 98/1 mit $R = -L$ und $S_l = -S_r$)

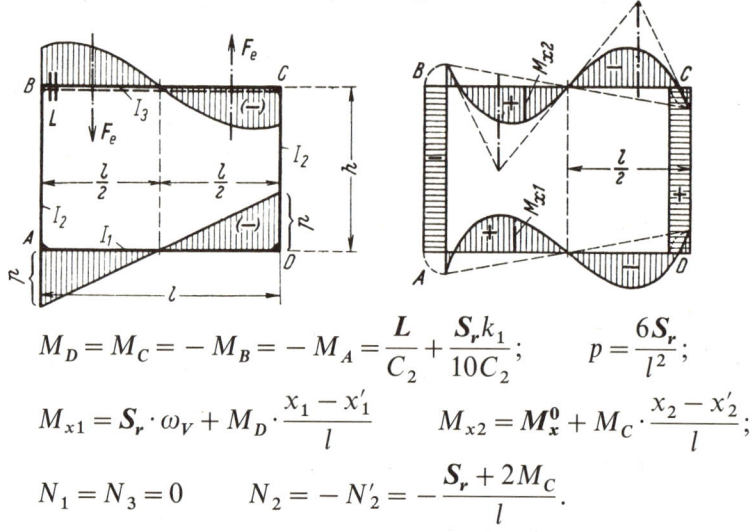

$$M_D = M_C = -M_B = -M_A = \frac{L}{C_2} + \frac{S_r k_1}{10 C_2}; \qquad p = \frac{6 S_r}{l^2};$$

$$M_{x1} = S_r \cdot \omega_V + M_D \cdot \frac{x_1 - x_1'}{l} \qquad M_{x2} = M_x^0 + M_C \cdot \frac{x_2 - x_2'}{l};$$

$$N_1 = N_3 = 0 \qquad N_2 = -N_2' = -\frac{S_r + 2 M_C}{l}.$$

Fall 98/6: Beide Stiele beliebig waagerecht von links her, aber gleich belastet (*Antimetrischer* Lastfall)

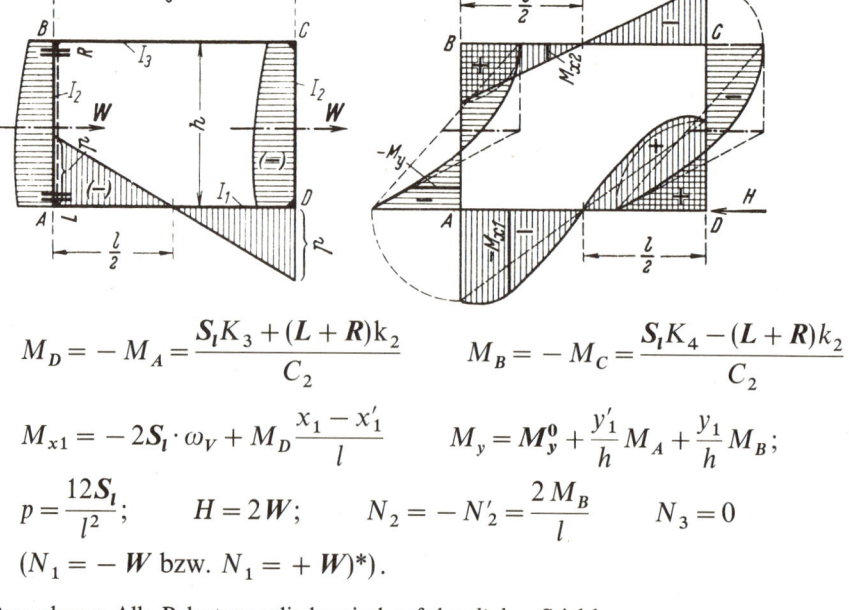

$$M_D = -M_A = \frac{S_l K_3 + (L+R) k_2}{C_2} \qquad M_B = -M_C = \frac{S_l K_4 - (L+R) k_2}{C_2}$$

$$M_{x1} = -2 S_l \cdot \omega_V + M_D \frac{x_1 - x_1'}{l} \qquad M_y = M_y^0 + \frac{y_1'}{h} M_A + \frac{y_1}{h} M_B;$$

$$p = \frac{12 S_l}{l^2}; \qquad H = 2W; \qquad N_2 = -N_2' = \frac{2 M_B}{l} \qquad N_3 = 0$$

$(N_1 = -W$ bzw. $N_1 = +W)$*).

Bemerkung: Alle Belastungsglieder sind auf den *linken* Stiel bezogen.

*) Siehe hierzu die Fußnote Seite 433.

Rahmenform 98

Festwerte usw. siehe Seite 431

Fall 98/7: Senkrechte Einzellast am Eckpunkt B

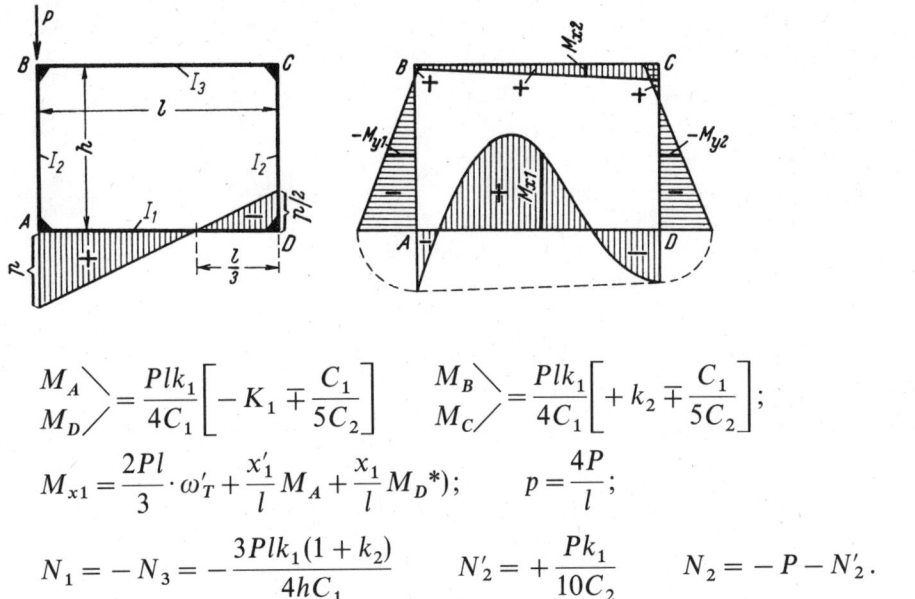

$$\left.\begin{array}{c}M_A\\M_D\end{array}\right\} = \frac{Plk_1}{4C_1}\left[-K_1 \mp \frac{C_1}{5C_2}\right] \qquad \left.\begin{array}{c}M_B\\M_C\end{array}\right\} = \frac{Plk_1}{4C_1}\left[+k_2 \mp \frac{C_1}{5C_2}\right];$$

$$M_{x1} = \frac{2Pl}{3}\cdot\omega'_T + \frac{x'_1}{l}M_A + \frac{x_1}{l}M_D{}^*); \qquad p = \frac{4P}{l};$$

$$N_1 = -N_3 = -\frac{3Plk_1(1+k_2)}{4hC_1} \qquad N'_2 = +\frac{Pk_1}{10C_2} \qquad N_2 = -P - N'_2.$$

Fall 98/8: Senkrechte Einzellasten an den Eckpunkten B und C (*Symmetrischer Lastfall*)

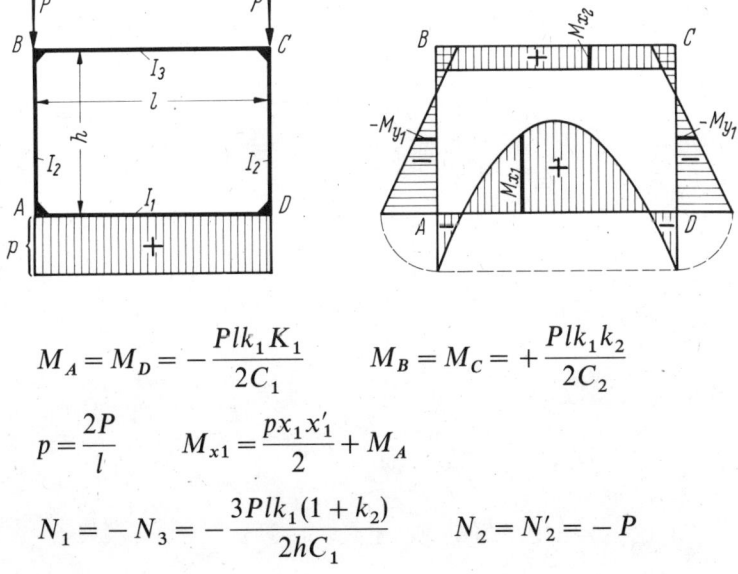

$$M_A = M_D = -\frac{Plk_1 K_1}{2C_1} \qquad M_B = M_C = +\frac{Plk_1 k_2}{2C_2}$$

$$p = \frac{2P}{l} \qquad M_{x1} = \frac{px_1 x'_1}{2} + M_A$$

$$N_1 = -N_3 = -\frac{3Plk_1(1+k_2)}{2hC_1} \qquad N_2 = N'_2 = -P$$

---

*) Es ist $\omega'_T = \omega'_D - i\omega_D$ mit $i = 1/2$. Siehe weiter die Fußnote Seite 432.

Rahmenform 98   Festwerte usw. siehe Seite 431

Fall 98/9: Waagerechte Einzellast am Eckpunkt B

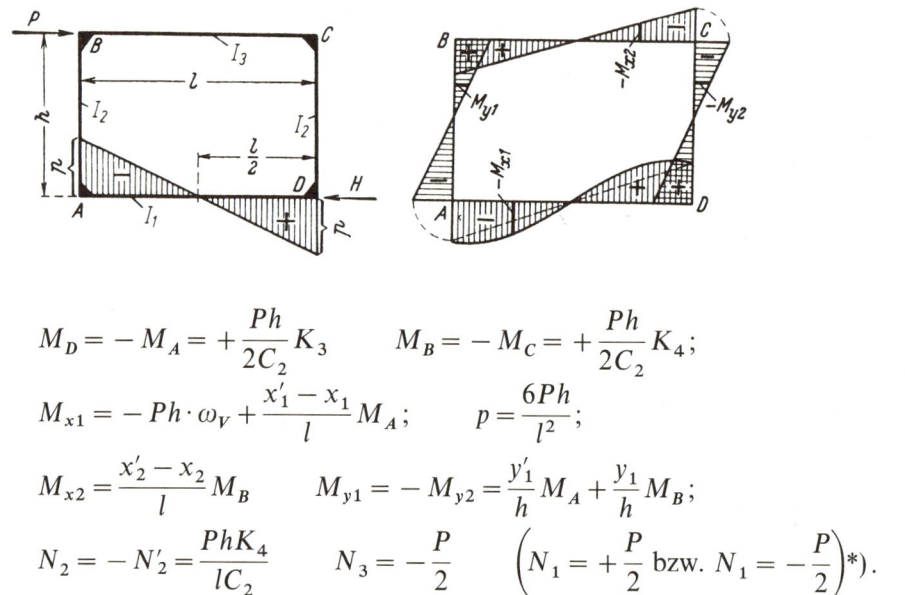

$$M_D = -M_A = +\frac{Ph}{2C_2}K_3 \qquad M_B = -M_C = +\frac{Ph}{2C_2}K_4;$$

$$M_{x1} = -Ph\cdot\omega_V + \frac{x'_1 - x_1}{l}M_A; \qquad p = \frac{6Ph}{l^2};$$

$$M_{x2} = \frac{x'_2 - x_2}{l}M_B \qquad M_{y1} = -M_{y2} = \frac{y'_1}{h}M_A + \frac{y_1}{h}M_B;$$

$$N_2 = -N'_2 = \frac{PhK_4}{lC_2} \qquad N_3 = -\frac{P}{2} \qquad \left(N_1 = +\frac{P}{2} \text{ bzw. } N_1 = -\frac{P}{2}\right)*).$$

Fall 98/10: Oberer Riegel gleichmäßig verteilt belastet

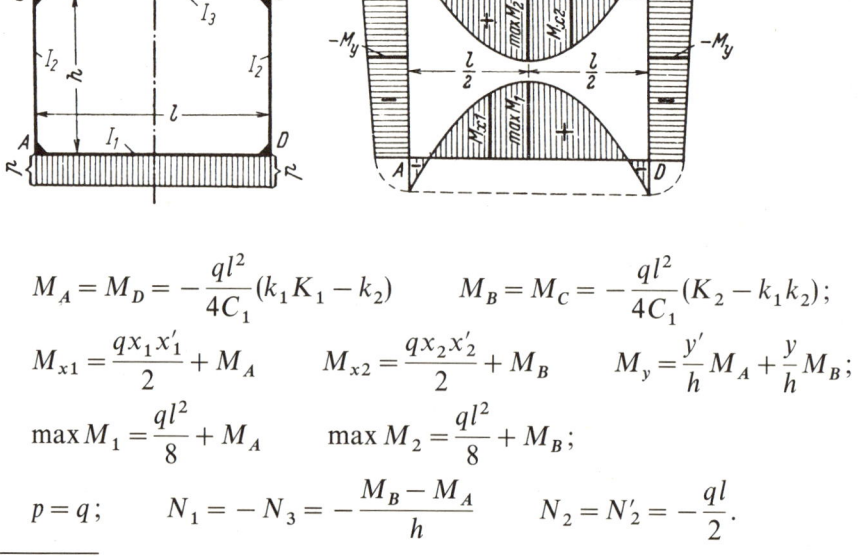

$$M_A = M_D = -\frac{ql^2}{4C_1}(k_1 K_1 - k_2) \qquad M_B = M_C = -\frac{ql^2}{4C_1}(K_2 - k_1 k_2);$$

$$M_{x1} = \frac{qx_1 x'_1}{2} + M_A \qquad M_{x2} = \frac{qx_2 x'_2}{2} + M_B \qquad M_y = \frac{y'}{h}M_A + \frac{y}{h}M_B;$$

$$\max M_1 = \frac{ql^2}{8} + M_A \qquad \max M_2 = \frac{ql^2}{8} + M_B;$$

$$p = q; \qquad N_1 = -N_3 = -\frac{M_B - M_A}{h} \qquad N_2 = N'_2 = -\frac{ql}{2}.$$

*) Siehe hierzu die Fußnote Seite 433.

Rahmenform 98

Festwerte usw. siehe Seite 431

Fall 98/11: Linker Stiel gleichmäßig belastet

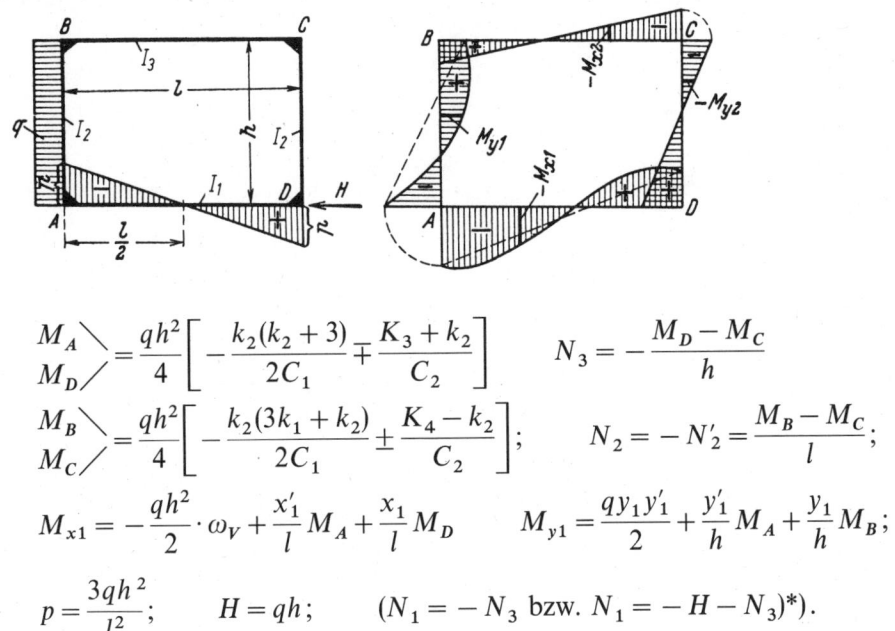

$$\left.\begin{array}{c}M_A \searrow \\ M_D \nearrow\end{array}\right\} = \frac{qh^2}{4}\left[-\frac{k_2(k_2+3)}{2C_1} \mp \frac{K_3+k_2}{C_2}\right] \qquad N_3 = -\frac{M_D-M_C}{h}$$

$$\left.\begin{array}{c}M_B \searrow \\ M_C \nearrow\end{array}\right\} = \frac{qh^2}{4}\left[-\frac{k_2(3k_1+k_2)}{2C_1} \pm \frac{K_4-k_2}{C_2}\right]; \qquad N_2 = -N'_2 = \frac{M_B-M_C}{l};$$

$$M_{x1} = -\frac{qh^2}{2}\cdot\omega_V + \frac{x'_1}{l}M_A + \frac{x_1}{l}M_D \qquad M_{y1} = \frac{qy_1 y'_1}{2} + \frac{y'_1}{h}M_A + \frac{y_1}{h}M_B;$$

$$p = \frac{3qh^2}{l^2}; \qquad H = qh; \qquad (N_1 = -N_3 \text{ bzw. } N_1 = -H-N_3)^*).$$

Fall 98/12: Rechtecklast an beiden Stielen (*Symmetrischer* Lastfall)

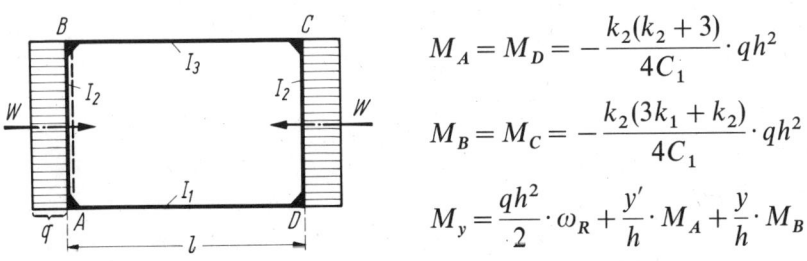

$$M_A = M_D = -\frac{k_2(k_2+3)}{4C_1}\cdot qh^2$$

$$M_B = M_C = -\frac{k_2(3k_1+k_2)}{4C_1}\cdot qh^2$$

$$M_y = \frac{qh^2}{2}\cdot\omega_R + \frac{y'}{h}\cdot M_A + \frac{y}{h}\cdot M_B$$

Fall 98/13: Dreiecklast an beiden Stielen (*Symmetrischer* Lastfall)

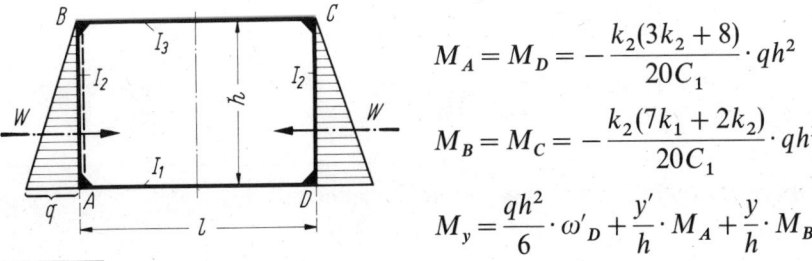

$$M_A = M_D = -\frac{k_2(3k_2+8)}{20C_1}\cdot qh^2$$

$$M_B = M_C = -\frac{k_2(7k_1+2k_2)}{20C_1}\cdot qh^2$$

$$M_y = \frac{qh^2}{6}\cdot\omega'_D + \frac{y'}{h}\cdot M_A + \frac{y}{h}\cdot M_B$$

*) Siehe hierzu die Fußnote Seite 433.

Rahmenform 98   Festwerte usw. siehe Seite 431

Siehe hierzu den Abschnitt „**Belastungsglieder**"

Fälle 98/14–16 mit hohler symmetrischer Trapez-Vollast als Bodendruckdiagramm

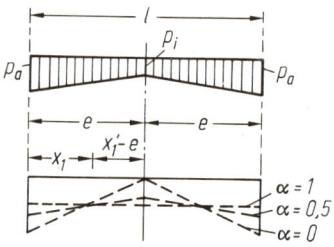

Zusätzliche Festwerte

$$\alpha = \frac{p_i}{p_a} \quad (\alpha \text{ gegeben bzw. anzunehmen: } 0 \leq \alpha \leq 1)$$

$$p_i = \alpha p_a \qquad m = \frac{1}{4} \cdot \frac{3 + 5\alpha}{1 + \alpha}$$

In der linken Hälfte:

$$M_{x1} = \alpha \frac{p_a x_1 x_1'}{2} + (1-\alpha)\frac{p_a l^2}{24}\left(1 - \left(\frac{x_1' - e}{e}\right)^3\right) + M_A$$

Fall 98/14: Oberer Riegel beliebig senkrecht, aber *symmetrisch* belastet

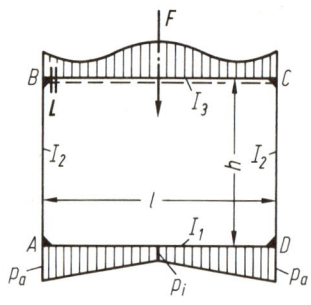

$$M_A = M_D = -\frac{Flk_1 K_1 m - 4Lk_2}{4C_1}$$

$$M_B = M_C = -\frac{4LK_2 - Flk_1 k_2 m}{4C_1}$$

$$p_a = \frac{2F}{l(1+\alpha)}$$

M_{x2} und Längskräfte wie bei Fall 98/2.

Fall 98/15: Senkrechte Einzellasten P an den Eckpunkten B und C

$$M_A = M_D = -\frac{Plk_1 K_1 m}{2C_1} \qquad M_B = M_C = \frac{Plk_1 k_2 m}{2C_1} \qquad p_a = \frac{4P}{l(1+\alpha)}.$$

Fall 98/16: Oberer Riegel gleichmäßig verteilt belastet mit q

$$M_A = M_D = -\frac{ql^2}{4C_1}(k_1 K_1 m - k_2) \qquad M_B = M_C = -\frac{ql^2}{4C_1}(K_2 - k_1 k_2 m) \qquad p_a = \frac{2q}{1+\alpha}.$$

Rahmenform 99

Quadratischer geschlossener Rahmen mit gleichen Stabträgheitsmomenten und mit Flächenlagerung

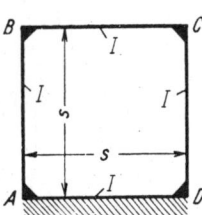

Rahmenform, Abmessungen und Bezeichnungen

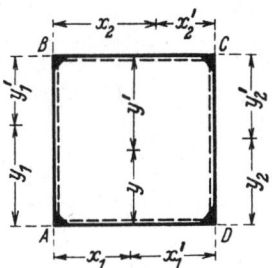

Festlegung der Koordinaten beliebiger Stabpunkte. Für symmetrische Lastfälle werden y und y' verwendet. Positive Biegemomente erzeugen an der gestrichelten Stabseite Zug

Bezeichnung der Längskräfte:
  im unteren Riegel N_1 | im linken Stiel N_2
  im oberen Riegel N_3 | im rechten Stiel N'_2.

Bemerkung: Die Längskräfte zählen bei Zug positiv, bei Druck negativ.

Zur Beachtung

Die Formeln der Fälle 99/1–9 gelten nur unter Annahme geradliniger Begrenzung des Bodendruckdiagrammes.**) Zu den symmetrischen Fällen 99/10–11 gehört als Bodendruckdiagramm eine hohle symmetrische Trapez-Vollast.

Der bei unsymmetrischen Belastungsfällen auftretende *negative* Bodendruck ist nur dann zulässig, wenn derselbe bei Addition jeder möglichen Gruppe von Belastungsfällen wieder verschwindet.

Anschriebe für die Momente an beliebigen Stabpunkten der nicht unmittelbar belasteten Stäbe für Rahmenform 99

$$M_{x2} = \frac{x'_2}{s} M_B + \frac{x_2}{s} M_C$$

$$M_{y1} = \frac{y'_1}{s} M_A + \frac{y_1}{s} M_B \qquad M_{y2} = \frac{y_2}{s} M_C + \frac{y'_2}{s} M_D.$$

Hilfswerte zur Darstellung von M_{x1}:

$$\omega'_D = \frac{x'_1}{s} - \left(\frac{x'_1}{s}\right)^3, \qquad \omega_D = \frac{x_1}{s} - \left(\frac{x_1}{s}\right)^3, \qquad \omega_V = \frac{x_1 x'_1}{s^2} \cdot \frac{x'_1 - x_1}{s}*).$$

---

*) Wegen Zahlentafeln siehe die Fußnote Seite 431.
**) Wegen *krummlinig* begrenzter Bodendruckdiagramme siehe die Fußnote Seite 431.

Rahmenform 99 Siehe Titelblatt Seite 439

Siehe hierzu den Abschnitt „**Belastungsglieder**"

Fall 99/1: Oberer Riegel beliebig senkrecht belastet

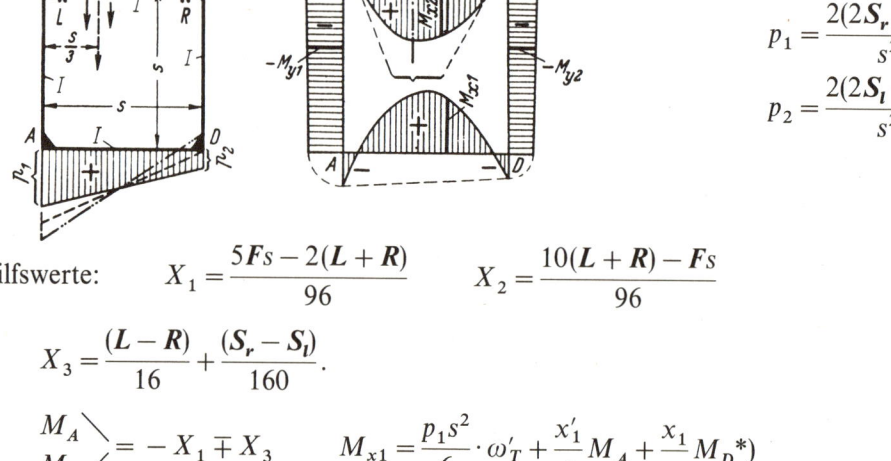

$$p_1 = \frac{2(2S_r - S_l)}{s^2}$$

$$p_2 = \frac{2(2S_l - S_r)}{s^2}.$$

Hilfswerte: $X_1 = \dfrac{5Fs - 2(L+R)}{96}$ $X_2 = \dfrac{10(L+R) - Fs}{96}$

$$X_3 = \frac{(L-R)}{16} + \frac{(S_r - S_l)}{160}.$$

$\left.\begin{array}{l}M_A\\M_D\end{array}\right\} = -X_1 \mp X_3 \qquad M_{x1} = \dfrac{p_1 s^2}{6} \cdot \omega'_T + \dfrac{x'_1}{s} M_A + \dfrac{x_1}{s} M_D\ {}^*)$

$\left.\begin{array}{l}M_B\\M_C\end{array}\right\} = -X_2 \mp X_3 \qquad M_{x2} = M_x^0 + \dfrac{x'_2}{s} M_B + \dfrac{x_2}{s} M_C;$

$N_1 = -N_3 = -\dfrac{X_1 - X_2}{s} \qquad -N_2 = \dfrac{S_r + 2X_3}{s} \qquad -N'_2 = \dfrac{S_l - 2X_3}{s}.$

Bemerkung: Für F in $s/3$ ist $S_r = 2S_l$ und somit $p_2 = 0$; für F innerhalb $s/3$, also $S_r > 2S_l$ wird p_2 negativ.

Fall 99/2: Oberer Riegel beliebig senkrecht, aber *symmetrisch* belastet

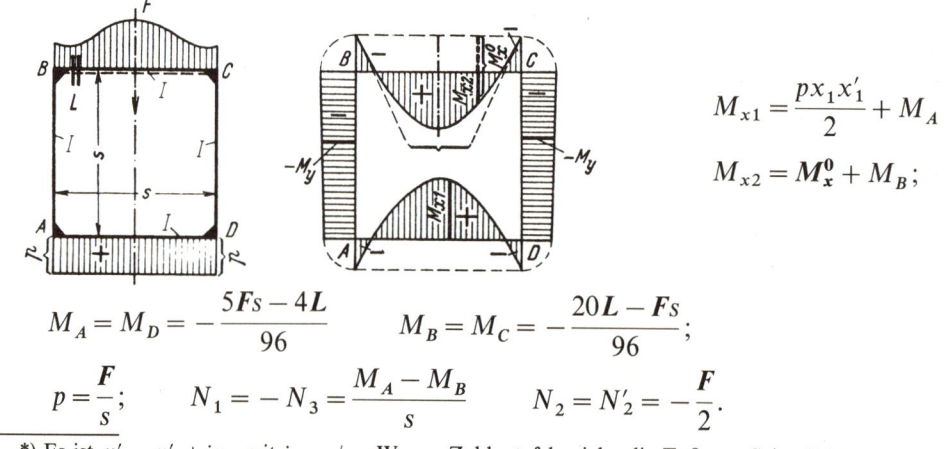

$$M_{x1} = \frac{p x_1 x'_1}{2} + M_A$$

$$M_{x2} = M_x^0 + M_B;$$

$M_A = M_D = -\dfrac{5Fs - 4L}{96} \qquad M_B = M_C = -\dfrac{20L - Fs}{96};$

$p = \dfrac{F}{s}; \qquad N_1 = -N_3 = \dfrac{M_A - M_B}{s} \qquad N_2 = N'_2 = -\dfrac{F}{2}.$

*) Es ist $\omega'_T = \omega'_D + i\omega_D$ mit $i = p_2/p_1$. Wegen Zahlentafeln siehe die Fußnote Seite 432.

Siehe Titelblatt Seite 439 **Rahmenform 99**

Siehe hierzu den Abschnitt „**Belastungsglieder**"

Fall 99/3: Linker Stiel beliebig waagerecht belastet

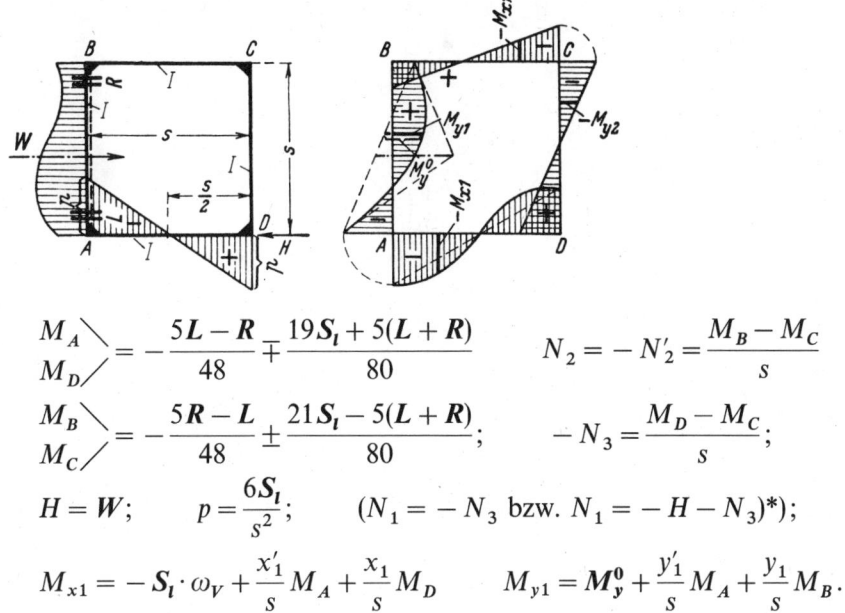

$$\left.\begin{array}{l}M_A\\M_D\end{array}\right\} = -\frac{5L-R}{48} \mp \frac{19S_l + 5(L+R)}{80} \qquad N_2 = -N'_2 = \frac{M_B - M_C}{s}$$

$$\left.\begin{array}{l}M_B\\M_C\end{array}\right\} = -\frac{5R-L}{48} \pm \frac{21S_l - 5(L+R)}{80}; \qquad -N_3 = \frac{M_D - M_C}{s};$$

$$H = W; \qquad p = \frac{6S_l}{s^2}; \qquad (N_1 = -N_3 \text{ bzw. } N_1 = -H - N_3)^*);$$

$$M_{x1} = -S_l \cdot \omega_V + \frac{x'_1}{s} M_A + \frac{x_1}{s} M_D \qquad M_{y1} = M_y^0 + \frac{y'_1}{s} M_A + \frac{y_1}{s} M_B.$$

Fall 99/4: Beide Stiele beliebig waagerecht von außen her, aber symmetrisch zur Rahmenmitte belastet

$$M_A = M_D = -\frac{5L-R}{24} \qquad M_B = M_C = -\frac{5R-L}{24};$$

$$M_y = M_y^0 + \frac{y'}{s} M_A + \frac{y}{s} M_B; \qquad N_2 = N'_2 = 0$$

$$-N_1 = \frac{S_r}{s} + \frac{(L-R)}{4s} \qquad -N_3 = \frac{S_l}{s} - \frac{(L-R)}{4s}.$$

Bemerkungen: Alle Belastungsglieder sind auf den *linken* Stiel bezogen. – Es tritt kein Bodendruck auf.

---

*) Die für N_1 angegebenen Größen sind Grenzwerte. Die wirkliche Größe und Verteilung von N_1 hängt von der Art der Übertragung der Schubkraft H ab (z. B. Sohlenreibung).

Rahmenform 99   Siehe Titelblatt Seite 439

Siehe hierzu den Abschnitt „**Belastungsglieder**"

Fall 99/5: Oberer Riegel beliebig *antimetrisch* belastet
             (Sonderfall zu Fall 99/1 mit $R = -L$ und $S_l = -S_r$)

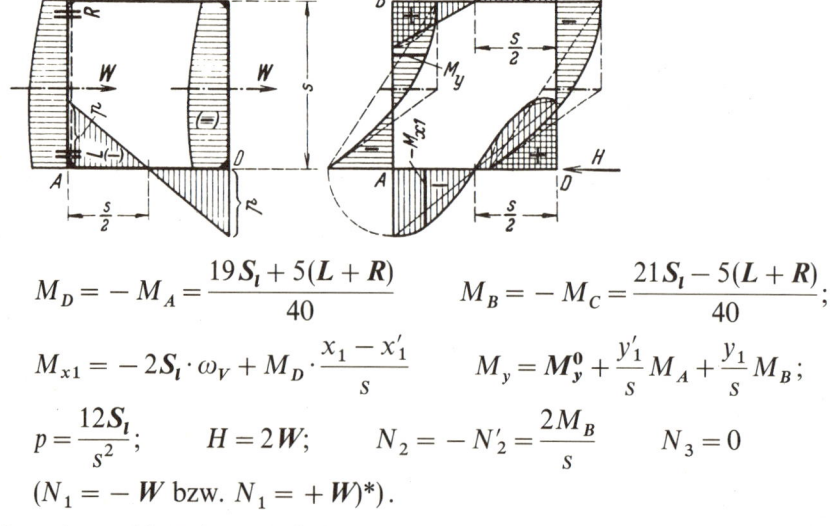

$$M_D = M_C = -M_B = -M_A = \frac{L}{8} + \frac{S_r}{80}; \qquad p = \frac{6S_r}{s^2};$$

$$M_{x1} = S_r \cdot \omega_V + M_D \cdot \frac{x_1 - x'_1}{s} \qquad M_{x2} = M_x^0 + M_C \cdot \frac{x_2 - x'_2}{s}$$

$$N_1 = N_3 = 0 \qquad N'_2 = -N_2 = \frac{S_r + 2M_C}{s}.$$

Fall 99/6: Beide Stiele beliebig waagerecht von links her, aber gleich belastet
             (*Antimetrischer* Lastfall)

$$M_D = -M_A = \frac{19 S_l + 5(L+R)}{40} \qquad M_B = -M_C = \frac{21 S_l - 5(L+R)}{40};$$

$$M_{x1} = -2 S_l \cdot \omega_V + M_D \cdot \frac{x_1 - x'_1}{s} \qquad M_y = M_y^0 + \frac{y'_1}{s} M_A + \frac{y_1}{s} M_B;$$

$$p = \frac{12 S_l}{s^2}; \qquad H = 2W; \qquad N_2 = -N'_2 = \frac{2 M_B}{s} \qquad N_3 = 0$$

$(N_1 = -W$ bzw. $N_1 = +W)^*)$.

Bemerkung: Alle Belastungsglieder sind auf den *linken* Stiel bezogen.

---

*) Siehe hierzu die Fußnote Seite 441.

Rahmenform 99

Fall 99/7: Senkrechte Einzellast am Eckpunkt B

$$M_A = -\frac{14}{240}Ps$$

$$M_B = +\frac{1}{240}Ps$$

$$M_C = +\frac{4}{240}Ps$$

$$M_D = -\frac{11}{240}Ps$$

$$M_{x1} = \frac{2Ps}{3}\cdot\omega'_T + \frac{x'_1}{s}M_A + \frac{x_1}{s}M_D \text{ mit } \omega'_T = \omega'_D - \frac{1}{2}\omega_D;$$

$$p = \frac{4P}{s}; \qquad N_1 = -N_3 = -\frac{P}{16} \qquad N'_2 = +\frac{P}{80} \qquad N_2 = -\frac{81}{80}P.$$

Fall 99/8: Senkrechte Einzellasten an den Eckpunkten B und C
(*Symmetrischer* Lastfall)

$$p = \frac{2P}{s} \qquad N_1 = -N_3 = -\frac{P}{8} \qquad N_2 = N'_2 = -P$$

$$M_A = M_D = -\frac{5}{48}Ps \qquad M_B = M_C = +\frac{1}{48}Ps$$

Bemerkung: Vergleiche die Abbildungen zum Lastfall 98/8, Seite 435.

Fall 99/9: Waagerechte Einzellast am Eckpunkt B

$$M_D = -M_A = \frac{19}{80}Ps$$

$$M_B = -M_C = \frac{21}{80}Ps;$$

$$M_{x1} = -Ps\cdot\omega_V + \frac{x'_1 - x_1}{s}M_A;$$

$$p = \frac{6P}{s};$$

$$M_{x2} = \frac{x'_2 - x_2}{s}M_B \qquad M_{y1} = -M_{y2} = \frac{y'_1}{s}M_A + \frac{y_1}{s}M_B;$$

$$N_2 = -N'_2 = \frac{21}{40}P \qquad N_3 = -\frac{P}{2} \qquad \left(N_1 = +\frac{P}{2} \text{ bzw. } N_1 = -\frac{P}{2}\right).^{*)}$$

*) Siehe hierzu die Fußnote Seite 441.

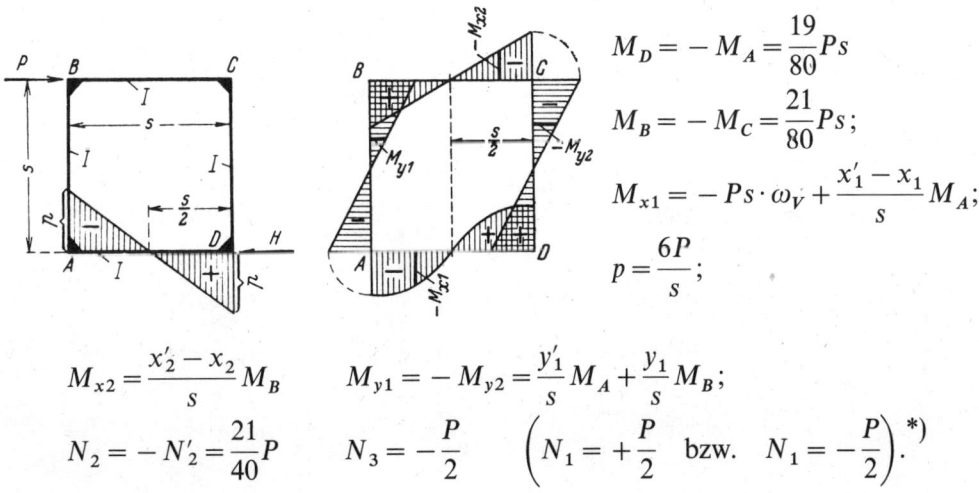

Rahmenform 99 Siehe Titelblatt Seite 439

Siehe hierzu den Abschnitt **„Belastungsglieder"**

Fälle 99/10–11 mit hohler symmetrischer Trapez-Vollast als Bodendruckdiagramm

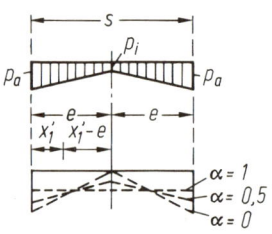

Zusätzliche Festwerte

$\alpha = \dfrac{p_i}{p_a}$ (α gegeben bzw. anzunehmen: $0 \leq \alpha \leq 1$)

$p_i = \alpha p_a \qquad m = \dfrac{1}{4} \cdot \dfrac{3 + 5\alpha}{1 + \alpha}$

In der linken Hälfte:

$$M_{x1} = \alpha \frac{p_a x_1 x_1'}{2} + (1-\alpha) \frac{p_a s^2}{24}\left(1 - \left(\frac{x_1' - e}{e}\right)^3\right) + M_A$$

Fall 99/10: Oberer Riegel beliebig senkrecht, aber *symmetrisch* belastet

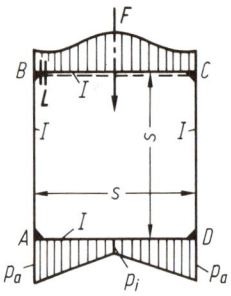

$M_A = M_D = -\dfrac{5Fsm - 4L}{96}$

$M_B = M_C = -\dfrac{20L - Fsm}{96}$

$p_a = \dfrac{2F}{s(1+\alpha)}$

M_{x2} und Längskräfte wie bei Fall 99/2.

Fall 99/11: Senkrechte Einzellasten P an den Eckpunkten B und C

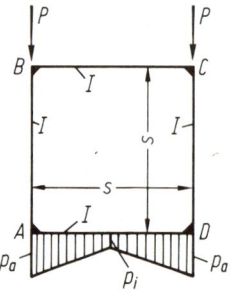

$M_A = M_D = -\dfrac{5Psm}{48}$

$M_B = M_C = \dfrac{Psm}{48}$

$p_a = \dfrac{4P}{s(1+\alpha)}$

Rahmenform 100

Unsymmetrischer geschlossener Dreieckrahmen mit äußerlich statisch bestimmter Lagerung

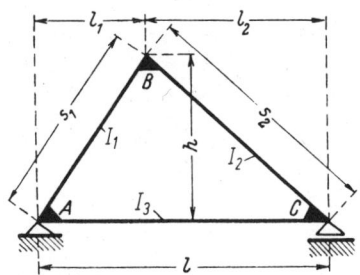

Rahmenform, Abmessungen und Bezeichnungen

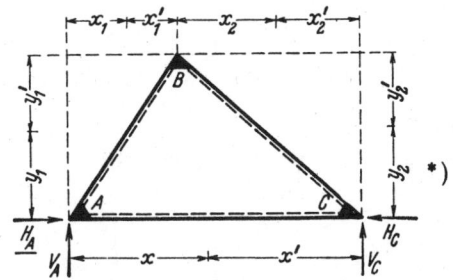

*)

Festlegung der positiven Richtung aller Stützkräfte und der Koordinaten beliebiger Stabpunkte. Positive Biegemomente erzeugen an der gestrichelten Stabseite Zug

Festwerte:

$$k_1 = \frac{I_3}{I_1} \cdot \frac{s_1}{l} \qquad k_2 = \frac{I_3}{I_2} \cdot \frac{s_2}{l}; \qquad K = k_1 + k_1 k_2 + k_2; \qquad F = 6K(k_1 + 1 + k_2);$$

$$n_{11} = \frac{4K + 3k_2^2}{F} \qquad n_{12} = n_{21} = \frac{2K - 3k_2}{F}$$

$$n_{22} = \frac{4K + 3}{F} \qquad n_{13} = n_{31} = \frac{2K - 3k_1 k_2}{F}$$

$$n_{33} = \frac{4K + 3k_1^2}{F} \qquad n_{23} = n_{32} = \frac{2K - 3k_1}{F}.$$

Anschriebe der Momente an beliebiger Stelle der nicht direkt belasteten Stäbe für alle Belastungsfälle der Rahmenform 100

$$M_{x1} = \frac{x_1'}{l_1} M_A + \frac{x_1}{l_1} M_B \qquad M_{x2} = \frac{x_2'}{l_2} M_B + \frac{x_2}{l_2} M_C$$

$$M_x = \frac{x'}{l} M_A + \frac{x}{l} M_C.$$

Bezeichnung der Längskräfte**)

Im linken Schrägstab N_1; im rechten Schrägstab N_2; im waagerechten Stab N_3.
Bemerkung: Die Längskräfte zählen bei Zug positiv, bei Druck negativ.

---

*) H_C tritt auf, wenn das feste Lager bei C ist.
**) Der zusätzliche Zeiger o bzw. u bedeutet: N an *oberen* bzw. am *unteren* Stabende.

Rahmenform 100 Festwerte usw. siehe Seite 445

Anteile der Axialkräfte aus den Eckmomenten allein

Spitzer Winkel bei B   *Stumpfer* Winkel bei B

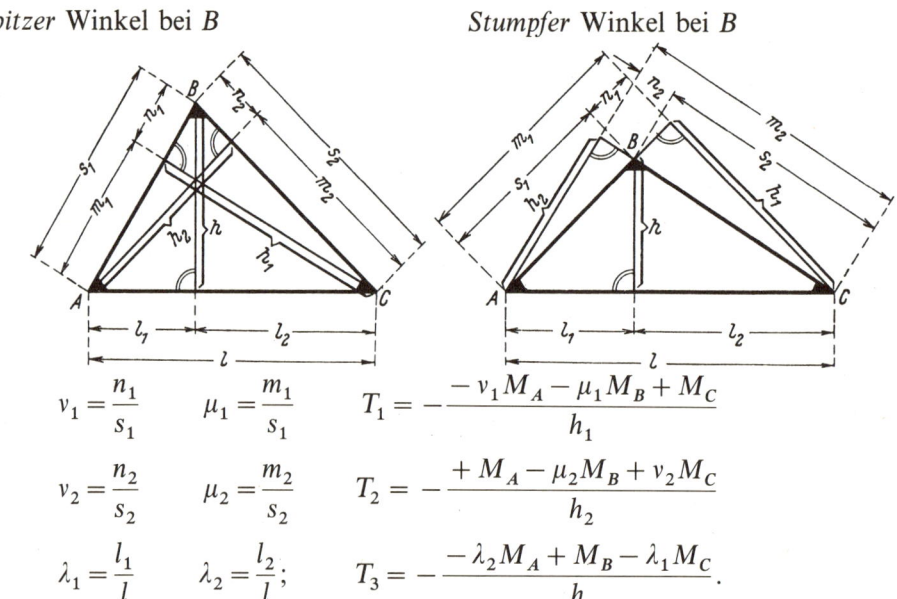

$$v_1 = \frac{n_1}{s_1} \quad \mu_1 = \frac{m_1}{s_1} \quad T_1 = -\frac{-v_1 M_A - \mu_1 M_B + M_C}{h_1}$$

$$v_2 = \frac{n_2}{s_2} \quad \mu_2 = \frac{m_2}{s_2} \quad T_2 = -\frac{+M_A - \mu_2 M_B + v_2 M_C}{h_2}$$

$$\lambda_1 = \frac{l_1}{l} \quad \lambda_2 = \frac{l_2}{l}; \quad T_3 = -\frac{-\lambda_2 M_A + M_B - \lambda_1 M_C}{h}.$$

Für *stumpfen* Winkel bei B sind n_1 und n_2 und somit auch v_1 und v_2 **negativ** zu nehmen.

Lastfall 100/1: Drehmoment M am Firstpunkt B

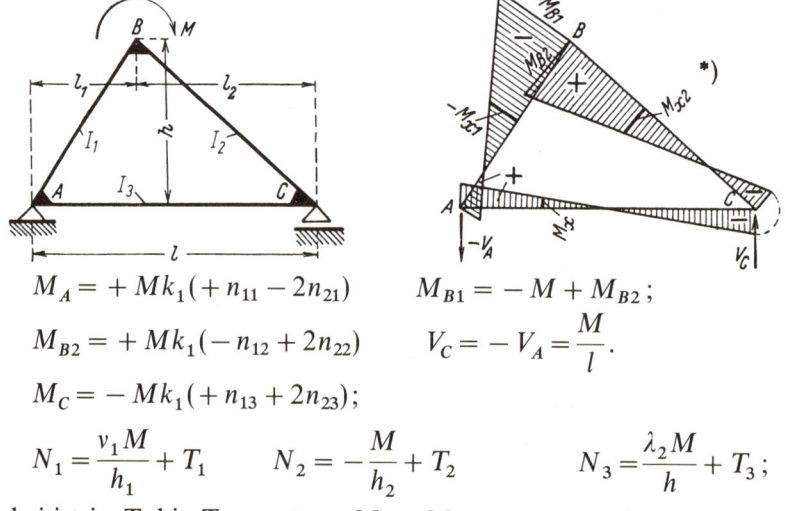

$$M_A = +Mk_1(+n_{11} - 2n_{21}) \qquad M_{B1} = -M + M_{B2};$$

$$M_{B2} = +Mk_1(-n_{12} + 2n_{22}) \qquad V_C = -V_A = \frac{M}{l}.$$

$$M_C = -Mk_1(+n_{13} + 2n_{23});$$

$$N_1 = \frac{v_1 M}{h_1} + T_1 \qquad N_2 = -\frac{M}{h_2} + T_2 \qquad N_3 = \frac{\lambda_2 M}{h} + T_3;$$

hierbei ist in T_1 bis T_3 zu setzen $M_B \triangleq M_{B2}$.

---

*) Die Anschriebe für die M_x siehe Seite 445. Hierbei ist in M_{x1} bzw. M_{x2} entsprechend M_{B1} bzw. M_{B2} einzusetzen.

Festwerte usw. siehe Seite 445   **Rahmenform 100**

Siehe hierzu den Abschnitt „**Belastungsglieder**"

Fall 100/2: Linker Schrägstab beliebig senkrecht belastet

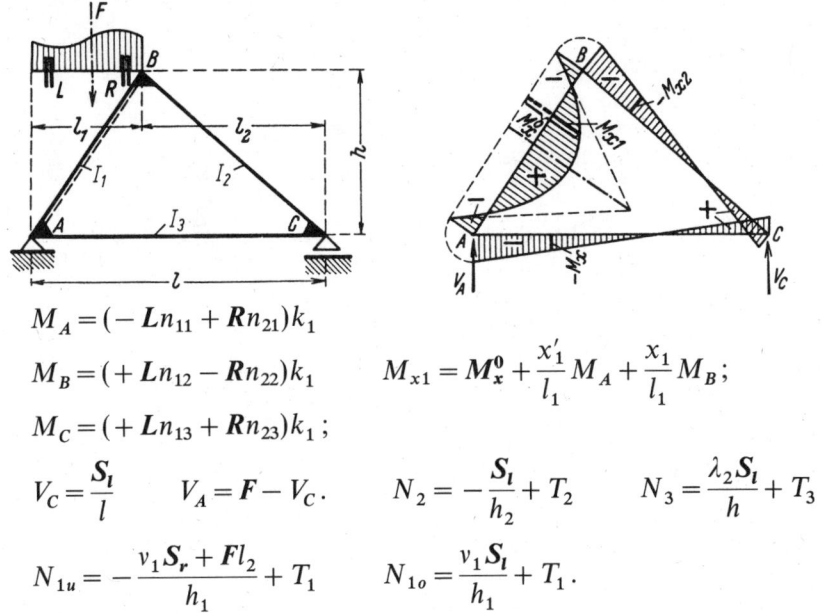

$M_A = (-L n_{11} + R n_{21}) k_1$

$M_B = (+L n_{12} - R n_{22}) k_1 \qquad M_{x1} = M_x^0 + \dfrac{x_1'}{l_1} M_A + \dfrac{x_1}{l_1} M_B;$

$M_C = (+L n_{13} + R n_{23}) k_1;$

$V_C = \dfrac{S_l}{l} \qquad V_A = F - V_C. \qquad N_2 = -\dfrac{S_l}{h_2} + T_2 \qquad N_3 = \dfrac{\lambda_2 S_l}{h} + T_3$

$N_{1u} = -\dfrac{v_1 S_r + F l_2}{h_1} + T_1 \qquad N_{1o} = \dfrac{v_1 S_l}{h_1} + T_1.$

Fall 100/3: Linker Schrägstab beliebig waagerecht belastet

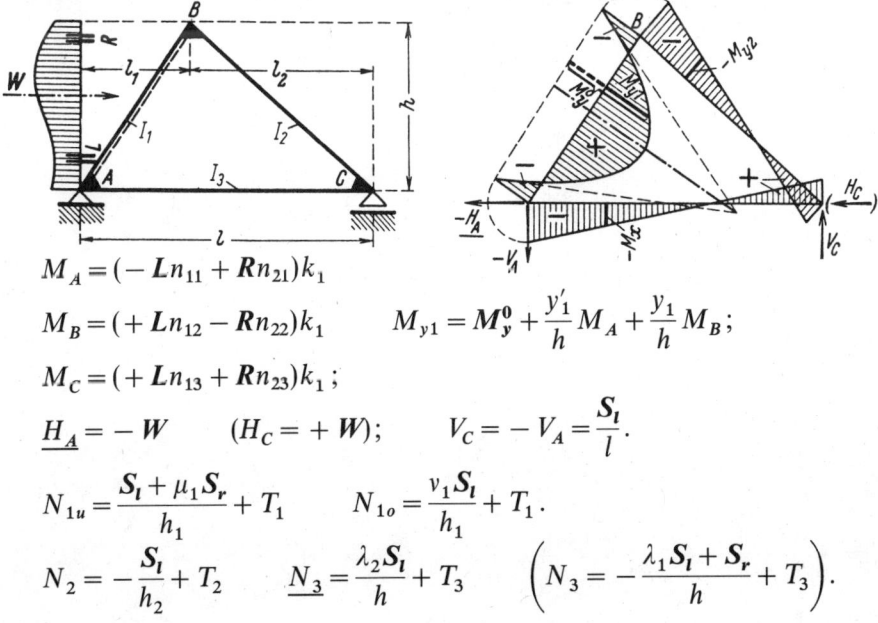

$M_A = (-L n_{11} + R n_{21}) k_1$

$M_B = (+L n_{12} - R n_{22}) k_1 \qquad M_{y1} = M_y^0 + \dfrac{y_1'}{h} M_A + \dfrac{y_1}{h} M_B;$

$M_C = (+L n_{13} + R n_{23}) k_1;$

$\underline{H_A} = -W \qquad (H_C = +W); \qquad V_C = -V_A = \dfrac{S_l}{l}.$

$N_{1u} = \dfrac{S_l + \mu_1 S_r}{h_1} + T_1 \qquad N_{1o} = \dfrac{v_1 S_l}{h_1} + T_1.$

$N_2 = -\dfrac{S_l}{h_2} + T_2 \qquad \underline{N_3} = \dfrac{\lambda_2 S_l}{h} + T_3 \qquad \left(N_3 = -\dfrac{\lambda_1 S_l + S_r}{h} + T_3 \right).$

Bemerkung: Für festes Lager bei C treten an Stelle der unterstrichenen Werte die eingeklammerten.

Rahmenform 100 Festwerte usw. siehe Seite 445

Siehe hierzu den Abschnitt **„Belastungsglieder"**

Fall 100/4: Rechter Schrägstab beliebig senkrecht belastet

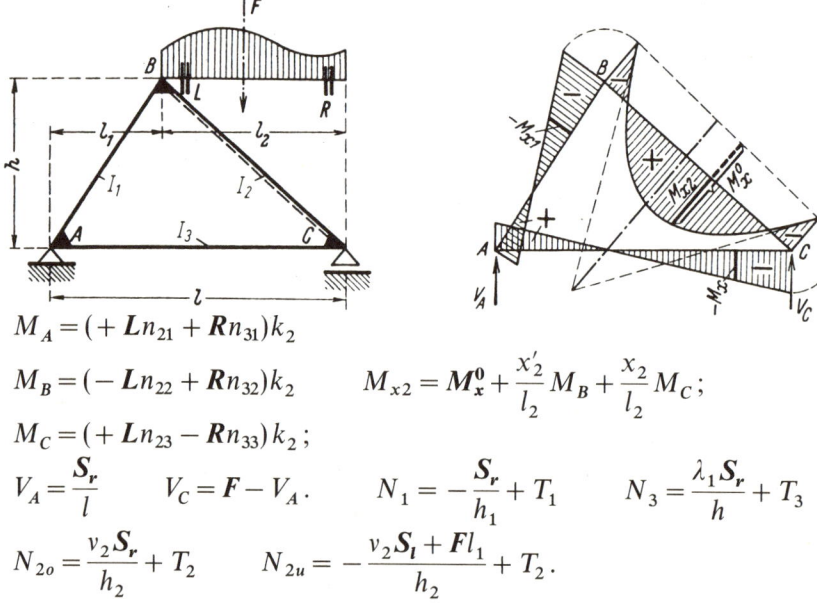

$$M_A = (+Ln_{21} + Rn_{31})k_2$$

$$M_B = (-Ln_{22} + Rn_{32})k_2 \qquad M_{x2} = M_x^0 + \frac{x'_2}{l_2}M_B + \frac{x_2}{l_2}M_C;$$

$$M_C = (+Ln_{23} - Rn_{33})k_2;$$

$$V_A = \frac{S_r}{l} \qquad V_C = F - V_A. \qquad N_1 = -\frac{S_r}{h_1} + T_1 \qquad N_3 = \frac{\lambda_1 S_r}{h} + T_3$$

$$N_{2o} = \frac{v_2 S_r}{h_2} + T_2 \qquad N_{2u} = -\frac{v_2 S_l + Fl_1}{h_2} + T_2.$$

Fall 100/5: Rechter Schrägstab beliebig waagerecht belastet

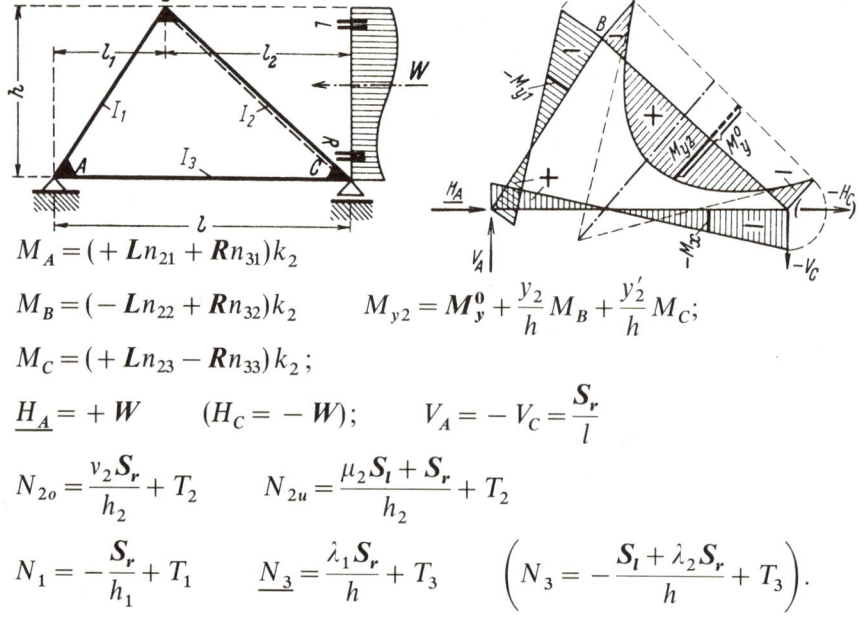

$$M_A = (+Ln_{21} + Rn_{31})k_2$$

$$M_B = (-Ln_{22} + Rn_{32})k_2 \qquad M_{y2} = M_y^0 + \frac{y_2}{h}M_B + \frac{y'_2}{h}M_C;$$

$$M_C = (+Ln_{23} - Rn_{33})k_2;$$

$$\underline{H_A} = +W \qquad (H_C = -W); \qquad V_A = -V_C = \frac{S_r}{l}$$

$$N_{2o} = \frac{v_2 S_r}{h_2} + T_2 \qquad N_{2u} = \frac{\mu_2 S_l + S_r}{h_2} + T_2$$

$$N_1 = -\frac{S_r}{h_1} + T_1 \qquad \underline{N_3} = \frac{\lambda_1 S_r}{h} + T_3 \qquad \left(N_3 = -\frac{S_l + \lambda_2 S_r}{h} + T_3\right).$$

Bemerkung: Für festes Lager bei C treten an Stelle der unterstrichenen Werte die eingeklammerten.

Festwerte usw. siehe Seite 445　　　　　　　　　　　　　　　　**Rahmenform 100**

Siehe hierzu den Abschnitt „**Belastungsglieder**"

Fall 100/6: Waagerechter Stab beliebig senkrecht von oben her belastet

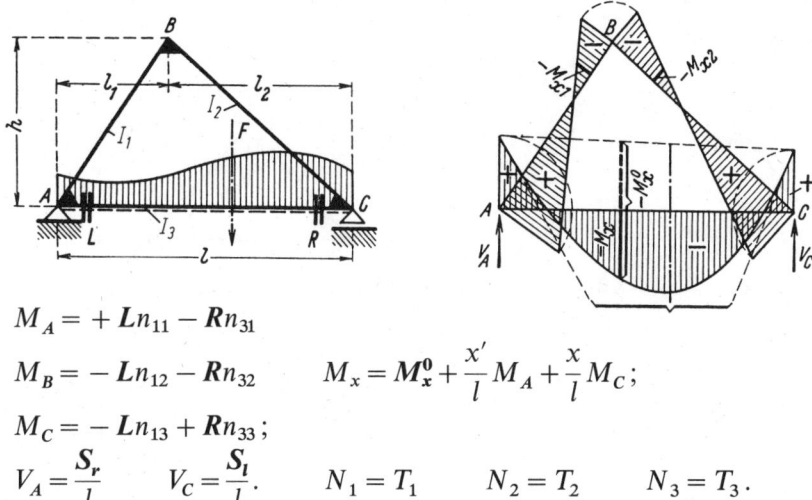

$M_A = + L n_{11} - R n_{31}$

$M_B = - L n_{12} - R n_{32}$ 　　$M_x = M_x^0 + \dfrac{x'}{l} M_A + \dfrac{x}{l} M_C;$

$M_C = - L n_{13} + R n_{33};$

$V_A = \dfrac{S_r}{l}$ 　　$V_C = \dfrac{S_l}{l}.$ 　　$N_1 = T_1$ 　　$N_2 = T_2$ 　　$N_3 = T_3.$

Bemerkung: Um die eindeutige Festlegung der Belastungsglieder L, R, S_r, S_l in bezug auf die gestrichelte Stabseite zu wahren, mußte hier im Belastungsbild konsequenterweise die *untere* Stabseite gestrichelt werden. Für die Momentenvorzeichen gilt jedoch auch hier die Titelfigur Seite 445.

Fall 100/7 und 8: Senkrechte bzw. waagerechte Einzellast am Eckpunkt B

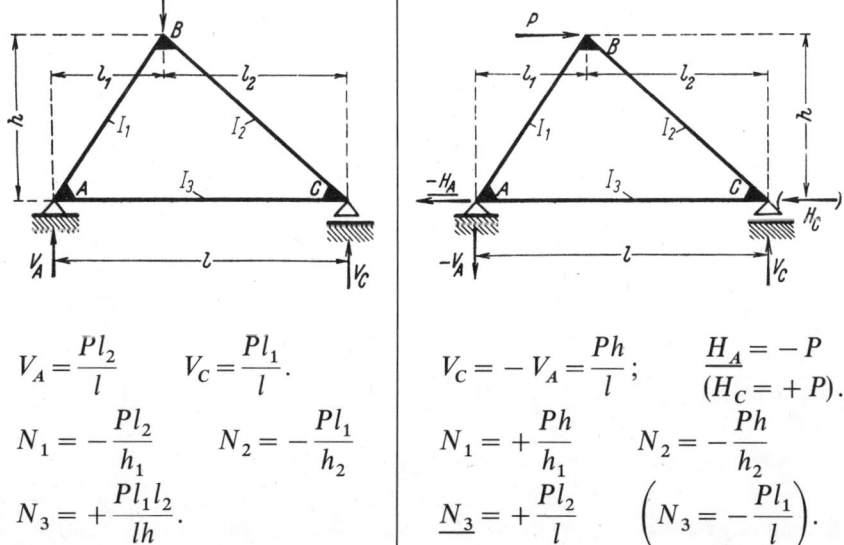

$V_A = \dfrac{P l_2}{l}$ 　　$V_C = \dfrac{P l_1}{l}.$ 　　　$V_C = - V_A = \dfrac{P h}{l};$ 　　$H_A = - P$

$N_1 = - \dfrac{P l_2}{h_1}$ 　　$N_2 = - \dfrac{P l_1}{h_2}$ 　　$N_1 = + \dfrac{P h}{h_1}$ 　　$N_2 = - \dfrac{P h}{h_2}$ 　　$(H_C = + P).$

$N_3 = + \dfrac{P l_1 l_2}{l h}.$ 　　　　　　$\underline{N_3 = + \dfrac{P l_2}{l}}$ 　　$\left(N_3 = - \dfrac{P l_1}{l} \right).$

Bemerkungen: Es treten keine Biegemomente auf. – Beim Fall 100/8 treten für festes Lager bei C an Stelle der unterstrichenen Werte die eingeklammerten.

Rahmenform 101

Symmetrischer geschlossener Dreieckrahmen mit äußerlich statisch bestimmter Lagerung

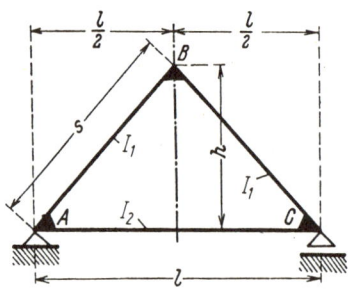

Rahmenform, Abmessungen und Bezeichnungen

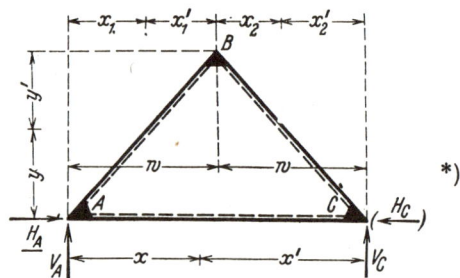

*)

Festlegung der positiven Richtung aller Stützkräfte und der Koordinaten beliebiger Stabpunkte. Positive Biegemomente erzeugen an der gestrichelten Stabseite Zug

Festwerte:

$$k = \frac{I_2}{I_1} \cdot \frac{s}{l}; \qquad C_1 = 2 + k \qquad C_2 = 1 + 2k.$$

Anschriebe der Momente an beliebiger Stelle der nicht direkt belasteten Stäbe für alle Belastungsfälle der Rahmenform 101

$$M_{x1} = \frac{x_1'}{w} M_A + \frac{x_1}{w} M_B \qquad M_{x2} = \frac{x_2'}{w} M_B + \frac{x_2}{w} M_C$$

$$M_x = \frac{x'}{l} M_A + \frac{x}{l} M_C.$$

Bezeichnung der Längskräfte**)

Im linken Schrägstab N_1; im rechten Schrägstab N_2; im waagerechten Stab N.

Bemerkung: Die Längskräfte zählen bei Zug positiv, bei Druck negativ.

---

*) $w = l/2$ wird eingeführt zwecks einfacher und übersichtlicher Darstellung der Momente M_x der Schrägstäbe sowie der Längskräfte bei Last-Symmetrie und -Antimetrie.
H_C tritt auf, wenn das feste Lager bei C ist.
**) Der zusätzliche Zeiger o bzw. u bedeutet: N am *oberen* bzw. am *unteren* Stabende.

Rahmenform 101

Festwerte usw. siehe Seite 450

Anteile der Axialkräfte aus den Eckmomenten allein

Spitzer Winkel bei B   *Stumpfer* Winkel bei B

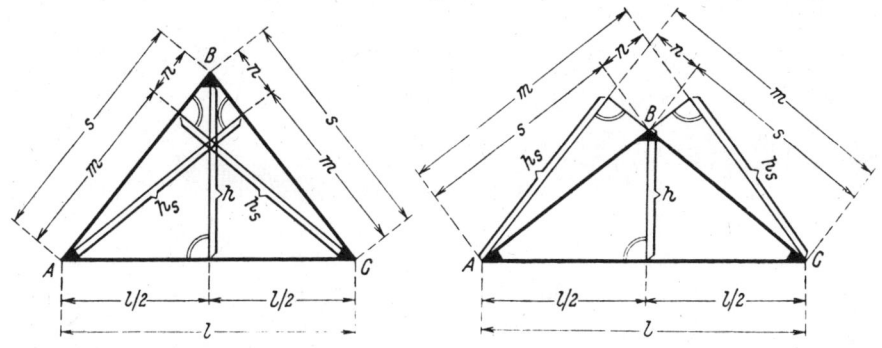

a) Für beliebige *unsymmetrische* Rahmenlast:

$$\mu = \frac{m}{s} \qquad \nu = \frac{n}{s} = 1 - \mu; \qquad T = -\frac{-M_A + 2M_B - M_C}{2h}$$

$$T_1 = -\frac{-\nu M_A - \mu M_B + M_C}{h_s} \qquad T_2 = -\frac{+M_A - \mu M_B - \nu M_C}{h_s}.$$

Bemerkung: Für stumpfen Winkel bei B ist n und somit auch ν **negativ** zu nehmen. Für rechten Winkel bei B werden $(m = h_s) = s$; $\mu = 1$; $\nu = 0$.

b) Für beliebige *symmetrische* Rahmenlast:

$$T' = -\frac{M_B - M_A}{h} \qquad T'_1 = T'_2 = -T' \cdot \frac{w}{s}.$$

Fall 101/1: Drehmoment M am Firstpunkt B

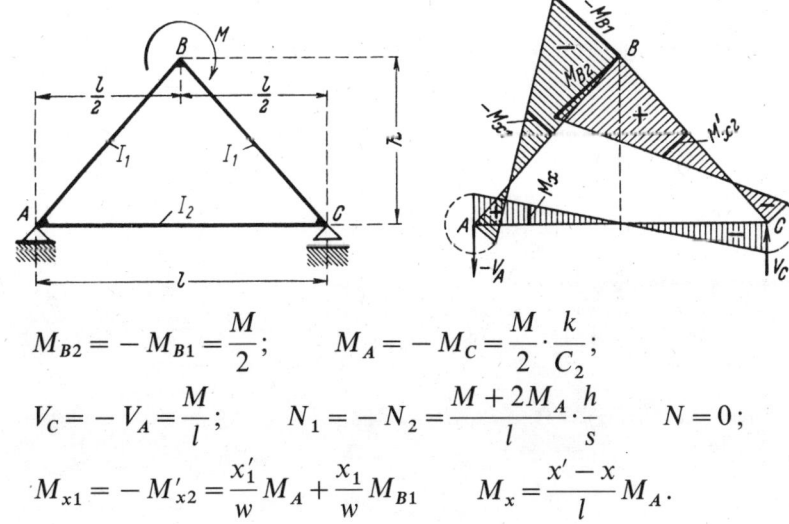

$$M_{B2} = -M_{B1} = \frac{M}{2}; \qquad M_A = -M_C = \frac{M}{2} \cdot \frac{k}{C_2};$$

$$V_C = -V_A = \frac{M}{l}; \qquad N_1 = -N_2 = \frac{M + 2M_A}{l} \cdot \frac{h}{s} \qquad N = 0;$$

$$M_{x1} = -M'_{x2} = \frac{x'_1}{w} M_A + \frac{x_1}{w} M_{B1} \qquad M_x = \frac{x' - x}{l} M_A.$$

Rahmenform 101 Festwerte usw. siehe Seite 450

Fall 101/2: Waagerechter Stab beliebig senkrecht von oben her belastet

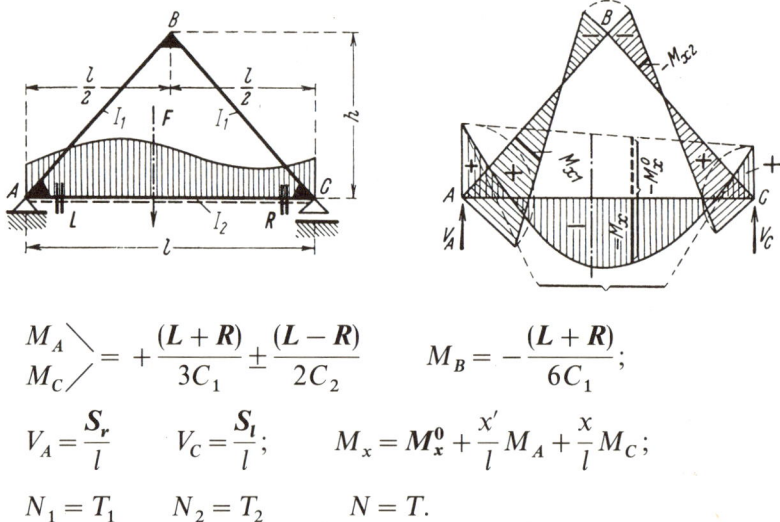

$$\left.\begin{array}{r}M_A\\ M_C\end{array}\right\} = +\frac{(L+R)}{3C_1} \pm \frac{(L-R)}{2C_2} \qquad M_B = -\frac{(L+R)}{6C_1};$$

$$V_A = \frac{S_r}{l} \qquad V_C = \frac{S_l}{l}; \qquad M_x = M_x^0 + \frac{x'}{l}M_A + \frac{x}{l}M_C;$$

$$N_1 = T_1 \qquad N_2 = T_2 \qquad N = T.$$

Bemerkung: Um die eindeutige Festlegung der Belastungsglieder L, R, S_r, S_l in bezug auf die gestrichelte Stabseite zu wahren, mußte hier im Belastungsbild konsequenterweise die *untere* Stabseite gestrichelt werden. Für die Momentenvorzeichen gilt jedoch auch hier die Titelfigur Seite 450.

Sonderfall 101/2a: *Symmetrische* Feldlast ($R = L$; $S_l = S_r$).

$$M_A = M_C = +\frac{2L}{3C_1} \qquad M_B = -\frac{L}{3C_1}; \qquad M_x = M_x^0 + M_A;$$

$$V_A = V_C = \frac{F}{2}; \qquad N_1 = N_2 = T_1' \qquad N = T'$$

Fall 101/3: Waagerechter Stab beliebig antimetrisch belastet (Sonderfall zu Fall 101/2 mit $R = -L$ und $S_l = -S_r$).

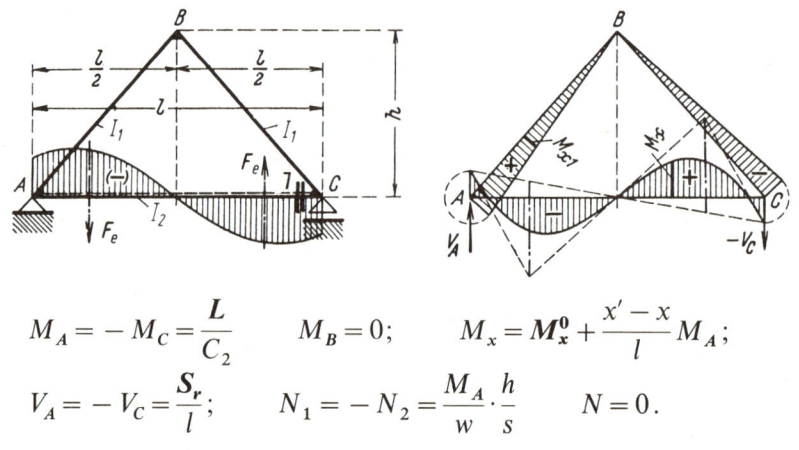

$$M_A = -M_C = \frac{L}{C_2} \qquad M_B = 0; \qquad M_x = M_x^0 + \frac{x'-x}{l}M_A;$$

$$V_A = -V_C = \frac{S_r}{l}; \qquad N_1 = -N_2 = \frac{M_A}{w}\cdot\frac{h}{s} \qquad N = 0.$$

Festwerte usw. siehe Seite 450 — **Rahmenform 101**

Siehe hierzu den Abschnitt „**Belastungsglieder**"

Fall 101/4: Linker Schrägstab beliebig senkrecht belastet

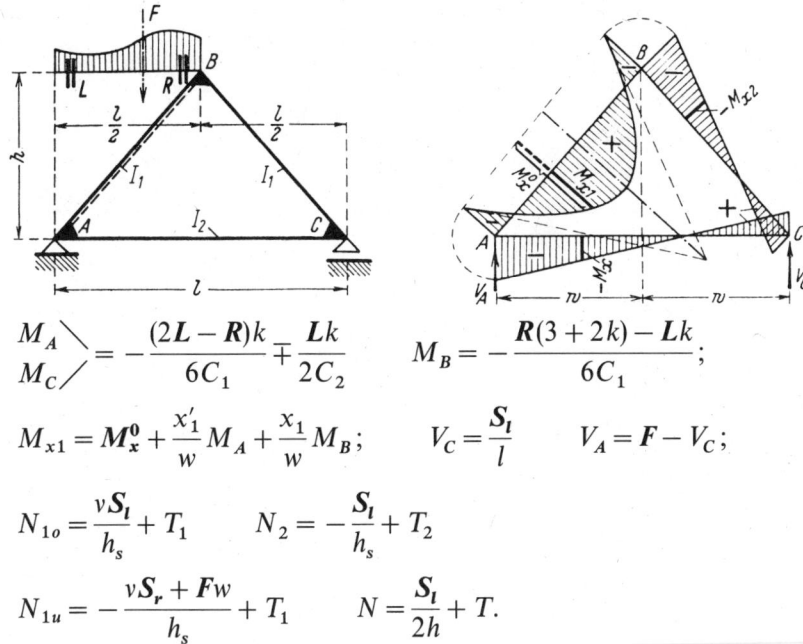

$$\left.\begin{array}{l} M_A \\ M_C \end{array}\right\} = -\frac{(2L-R)k}{6C_1} \mp \frac{Lk}{2C_2} \qquad M_B = -\frac{R(3+2k) - Lk}{6C_1};$$

$$M_{x1} = M_x^0 + \frac{x_1'}{w} M_A + \frac{x_1}{w} M_B; \qquad V_C = \frac{S_l}{l} \qquad V_A = F - V_C;$$

$$N_{1o} = \frac{vS_l}{h_s} + T_1 \qquad N_2 = -\frac{S_l}{h_s} + T_2$$

$$N_{1u} = -\frac{vS_r + Fw}{h_s} + T_1 \qquad N = \frac{S_l}{2h} + T.$$

Fall 101/5: Beide Schrägstäbe beliebig senkrecht, aber *symmetrisch* zur Rahmenmitte belastet

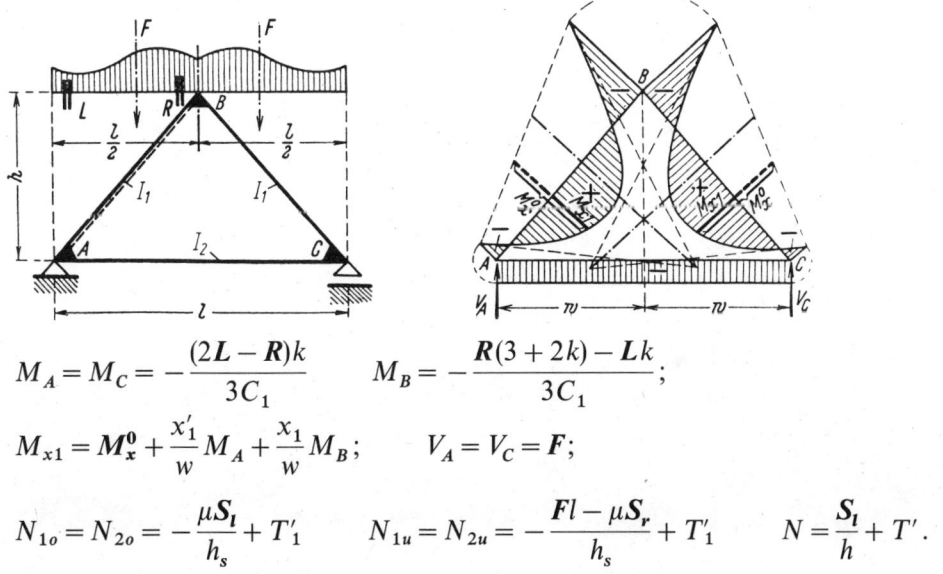

$$M_A = M_C = -\frac{(2L-R)k}{3C_1} \qquad M_B = -\frac{R(3+2k) - Lk}{3C_1};$$

$$M_{x1} = M_x^0 + \frac{x_1'}{w} M_A + \frac{x_1}{w} M_B; \qquad V_A = V_C = F;$$

$$N_{1o} = N_{2o} = -\frac{\mu S_l}{h_s} + T_1' \qquad N_{1u} = N_{2u} = -\frac{Fl - \mu S_r}{h_s} + T_1' \qquad N = \frac{S_l}{h} + T'.$$

Bemerkung: Alle Belastungsglieder sind auf den *linken* Schrägstab bezogen.

Rahmenform 101 Festwerte usw. siehe Seite 450

Siehe hierzu den Abschnitt „**Belastungsglieder**"

Fall 101/6: Linker Schrägstab beliebig waagerecht belastet

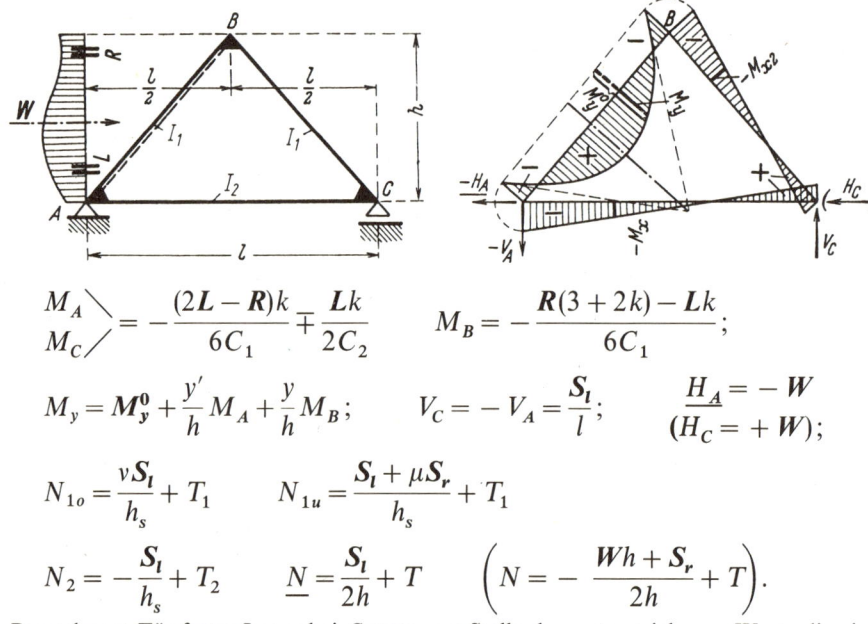

$$\left.\begin{array}{c}M_A \\ M_C\end{array}\right\} = -\frac{(2L-R)k}{6C_1} \mp \frac{Lk}{2C_2} \qquad M_B = -\frac{R(3+2k)-Lk}{6C_1};$$

$$M_y = M_y^0 + \frac{y'}{h}M_A + \frac{y}{h}M_B; \qquad V_C = -V_A = \frac{S_l}{l}; \qquad \begin{array}{c}H_A = -W\\(H_C = +W);\end{array}$$

$$N_{1o} = \frac{\nu S_l}{h_s} + T_1 \qquad N_{1u} = \frac{S_l + \mu S_r}{h_s} + T_1$$

$$N_2 = -\frac{S_l}{h_s} + T_2 \qquad \underline{N = \frac{S_l}{2h} + T} \qquad \left(N = -\frac{Wh + S_r}{2h} + T\right).$$

Bemerkung: Für festes Lager bei C treten an Stelle der unterstrichenen Werte die eingeklammerten.

Fall 101/7: Beide Schrägstäbe beliebig waagerecht, aber *symmetrisch* zur Rahmenmitte belastet

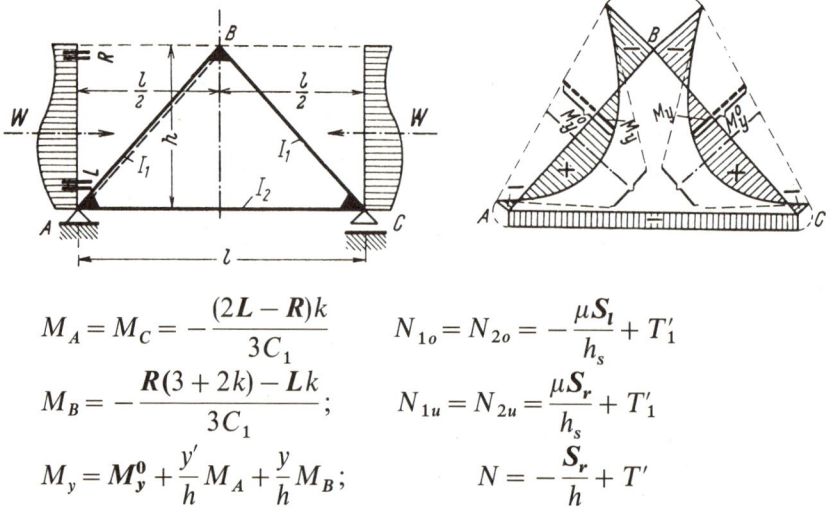

$$M_A = M_C = -\frac{(2L-R)k}{3C_1} \qquad N_{1o} = N_{2o} = -\frac{\mu S_l}{h_s} + T'_1$$

$$M_B = -\frac{R(3+2k)-Lk}{3C_1}; \qquad N_{1u} = N_{2u} = \frac{\mu S_r}{h_s} + T'_1$$

$$M_y = M_y^0 + \frac{y'}{h}M_A + \frac{y}{h}M_B; \qquad N = -\frac{S_r}{h} + T'$$

Bemerkung: Alle Belastungsglieder sind auf den *linken* Schrägstab bezogen.

Festwerte usw. siehe Seite 450   **Rahmenform 101**

Fall 101/8: Beide Schrägstäbe beliebig senkrecht, aber *antimetrisch* zur Rahmenmitte belastet

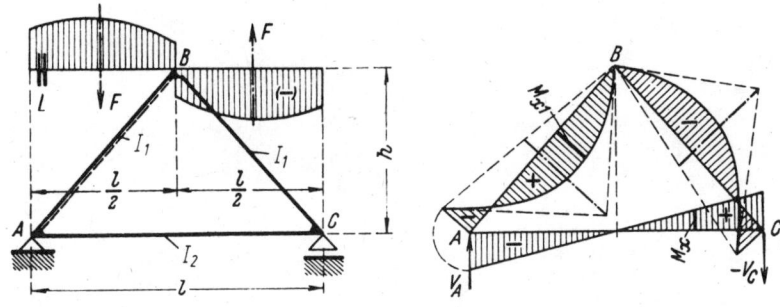

$$M_C = -M_A = \frac{Lk}{C_2} \qquad M_B = 0; \qquad M_{x1} = M_x^0 + \frac{x_1'}{w} M_A; \qquad V_A = -V_C = \frac{S_r}{w};$$

$$N_{1o} = -N_{2o} = \frac{S_l + M_A}{w} \cdot \frac{h}{s} \qquad N_{1u} = -N_{2u} = -\frac{S_r - M_A}{w} \cdot \frac{h}{s} \qquad N = 0.$$

Bemerkung: Alle Belastungsglieder sind auf den *linken* Schrägstab bezogen.

Fall 101/9: Beide Schrägstäbe beliebig waagerecht von links her, aber antimetrisch zur Rahmenmitte belastet

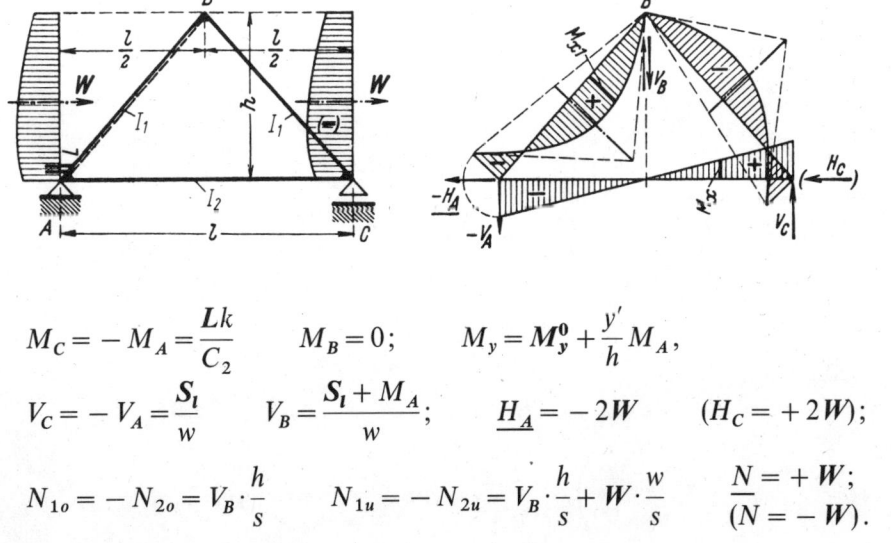

$$M_C = -M_A = \frac{Lk}{C_2} \qquad M_B = 0; \qquad M_y = M_y^0 + \frac{y'}{h} M_A,$$

$$V_C = -V_A = \frac{S_l}{w} \qquad V_B = \frac{S_l + M_A}{w}; \qquad \underline{H_A = -2W} \qquad (H_C = +2W);$$

$$N_{1o} = -N_{2o} = V_B \cdot \frac{h}{s} \qquad N_{1u} = -N_{2u} = V_B \cdot \frac{h}{s} + W \cdot \frac{w}{s} \qquad \begin{array}{l} \underline{N = +W}; \\ (N = -W). \end{array}$$

Bemerkungen: Alle Belastungsglieder sind auf den *linken* Schrägstab bezogen. – Für festes Lager bei C treten an Stelle der unterstrichenen Werte die eingeklammerten.

Rahmenform 101   Festwerte usw. siehe Seite 450

Fall 101/10: Gleichmäßig verteilte *symmetrische* Vollast, rechtwinklig zu den Schrägstäben wirkend

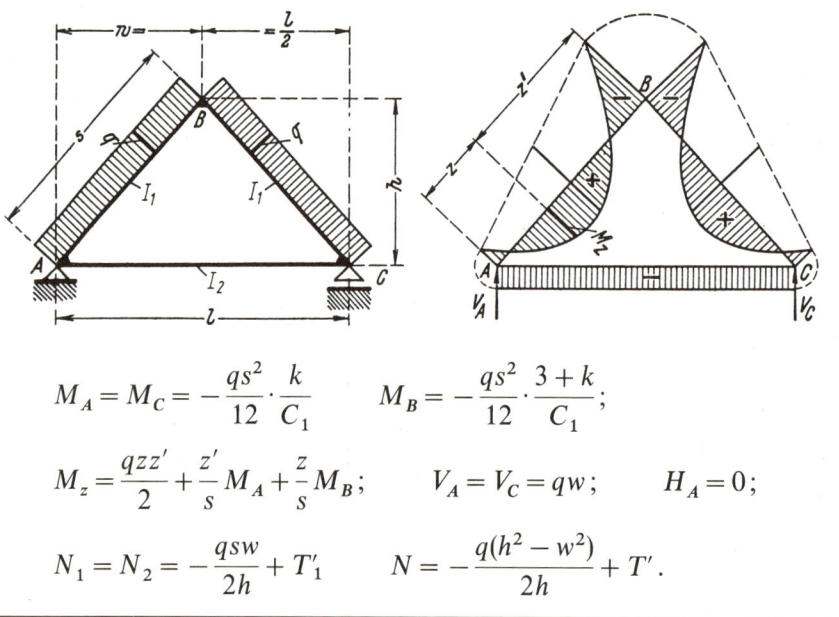

$$M_A = M_C = -\frac{qs^2}{12}\cdot\frac{k}{C_1} \qquad M_B = -\frac{qs^2}{12}\cdot\frac{3+k}{C_1};$$

$$M_z = \frac{qzz'}{2} + \frac{z'}{s}M_A + \frac{z}{s}M_B; \qquad V_A = V_C = qw; \qquad H_A = 0;$$

$$N_1 = N_2 = -\frac{qsw}{2h} + T'_1 \qquad N = -\frac{q(h^2 - w^2)}{2h} + T'.$$

Fall 101/11: Gleichmäßig verteilte *antimetrische* Vollast, rechtwinklig zu den Schrägstäben wirkend (Druck und Sog)

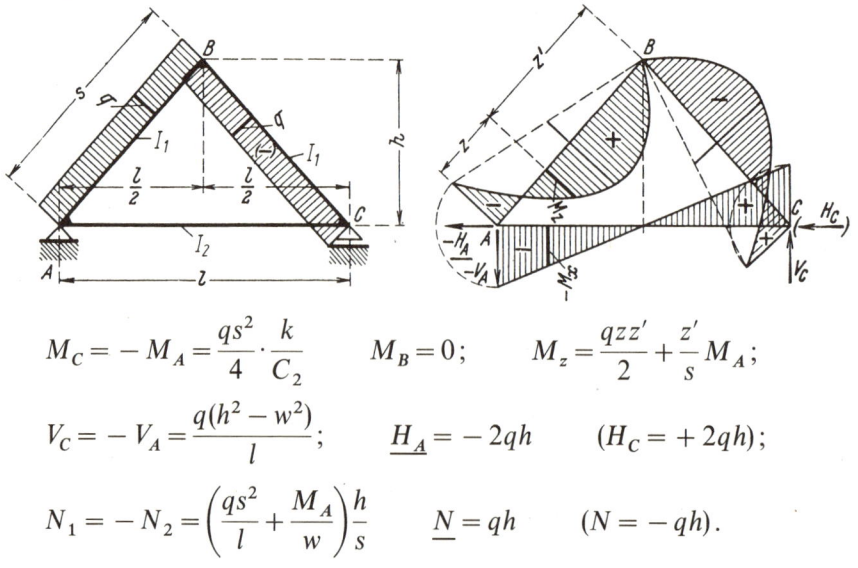

$$M_C = -M_A = \frac{qs^2}{4}\cdot\frac{k}{C_2} \qquad M_B = 0; \qquad M_z = \frac{qzz'}{2} + \frac{z'}{s}M_A;$$

$$V_C = -V_A = \frac{q(h^2 - w^2)}{l}; \qquad \underline{H_A = -2qh} \qquad (H_C = +2qh);$$

$$N_1 = -N_2 = \left(\frac{qs^2}{l} + \frac{M_A}{w}\right)\frac{h}{s} \qquad \underline{N = qh} \qquad (N = -qh).$$

Bemerkung: Für festes Lager bei *C* treten an Stelle der unterstrichenen Werte die eingeklammerten.

Rahmenform 102

Gleichseitiger geschlossener Dreieckrahmen mit gleichen Stabträgheitsmomenten und mit äußerlich statisch bestimmter Lagerung

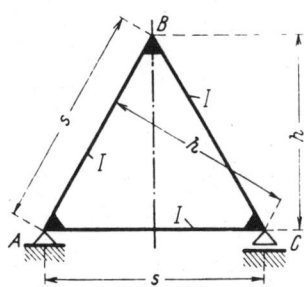

Rahmenform, Abmessungen und Bezeichnungen

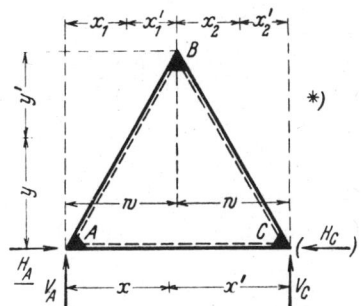

Festlegung der positiven Richtung aller Stützkräfte und der Koordinaten beliebiger Stabpunkte. Positive Biegemomente erzeugen an der gestrichelten Stabseite Zug

Beziehungen zwischen den Rahmenabmessungen

$$h = \frac{s\sqrt{3}}{2} \approx 0{,}8660\,s \qquad s = \frac{2h}{\sqrt{3}} \approx 1{,}1547\,h \qquad w = \frac{s}{2}.$$

Anschriebe der Momente an beliebiger Stelle der nicht direkt belasteten Stäbe für alle Belastungsfälle

$$M_{x1} = \frac{x'_1}{w} M_A + \frac{x_1}{w} M_B \qquad M_{x2} = \frac{x'_2}{w} M_B + \frac{x_2}{w} M_C$$

$$M_x = \frac{x'}{s} M_A + \frac{x}{s} M_C.$$

Bezeichnung der Längskräfte**)

Im linken Schrägstab N_1; im rechten Schrägstab N_2; im waagerechten Stab N.

Bemerkung: Die Längskräfte zählen bei Zug positiv, bei Druck negativ.

---

*) $w = s/2$ wird eingeführt zwecks einfacher und übersichtlicher Darstellung der Momente M_x der Schrägstäbe sowie der Längskräfte bei Last-Symmetrie und -Antimetrie.
H_C tritt auf, wenn das feste Lager bei C ist.
**) Der zusätzliche Zeiger o bzw. u bedeutet: N am *oberen* bzw. am *unteren* Stabende.

Rahmenform 102 — Hierzu Titelblatt Seite 457

Anteile der Axialkräfte aus den Eckmomenten allein

a) Für beliebige *unsymmetrische* Rahmenlast:

$$T_1 = -\frac{2M_C - M_A - M_B}{2h} \qquad T_2 = -\frac{2M_A - M_B - M_C}{2h}$$

$$T = -\frac{2M_B - M_A - M_C}{2h}.$$

b) Für beliebige *symmetrische* Rahmenlast:

$$T'_1 = T'_2 = \frac{M_B - M_A}{2h} \qquad T' = \frac{M_A - M_B}{h}.$$

Fall 102/1: Waagerechter Stab beliebig senkrecht von oben her belastet
(Siehe hierzu den Abschnitt „**Belastungsglieder**")

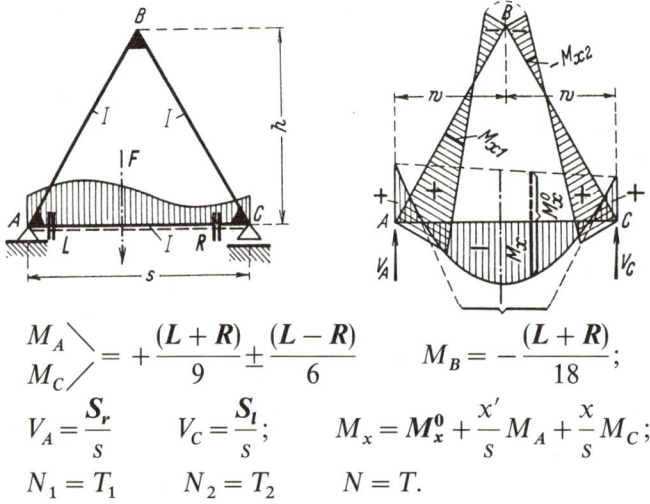

$$\left.\begin{array}{l} M_A \\ M_C \end{array}\right\} = +\frac{(L+R)}{9} \pm \frac{(L-R)}{6} \qquad M_B = -\frac{(L+R)}{18};$$

$$V_A = \frac{S_r}{s} \qquad V_C = \frac{S_l}{s}; \qquad M_x = M_x^0 + \frac{x'}{s}M_A + \frac{x}{s}M_C;$$

$$N_1 = T_1 \qquad N_2 = T_2 \qquad N = T.$$

Bemerkung: Um die eindeutige Festlegung der Belastungsglieder L, R, S_r, S_l in bezug auf die gestrichelte Stabseite zu wahren, mußte hier im Belastungsbild konsequenterweise die *untere* Stabseite gestrichelt werden. Für die Momentenvorzeichen gilt jedoch auch hier die Titelfigur Seite 457.

Sonderfall 102/1a: *Symmetrische* Feldlast ($R = L$; $S_l = S_r$).

$$M_A = M_C = +\frac{2L}{9} \qquad M_B = -\frac{L}{9}; \qquad M_x = M_x^0 + M_A;$$

$$V_A = V_C = \frac{F}{2}; \qquad N_1 = N_2 = -\frac{L}{6h} \qquad N = \frac{L}{3h}.$$

Sonderfall 102/1b: *Antimetrische* Feldlast ($R = -L$; $S_l = -S_r$).

$$M_A = -M_C = \frac{L}{3} \qquad M_B = 0; \qquad M_x = M_x^0 + \frac{x'-x}{s}M_A;$$

$$V_A = -V_C = \frac{S_r}{s} \qquad N_2 = -N_1 = -\frac{L}{2h} \qquad N = 0.$$

Bemerkung: Lastbild und Momentenbild rd. wie beim Fall 101/3, Seite 450.

Hierzu Titelblatt Seite 457 **Rahmenform 102**

Siehe hierzu den Abschnitt „**Belastungsglieder**"

Fall 102/2: Linker Schrägstab beliebig senkrecht belastet

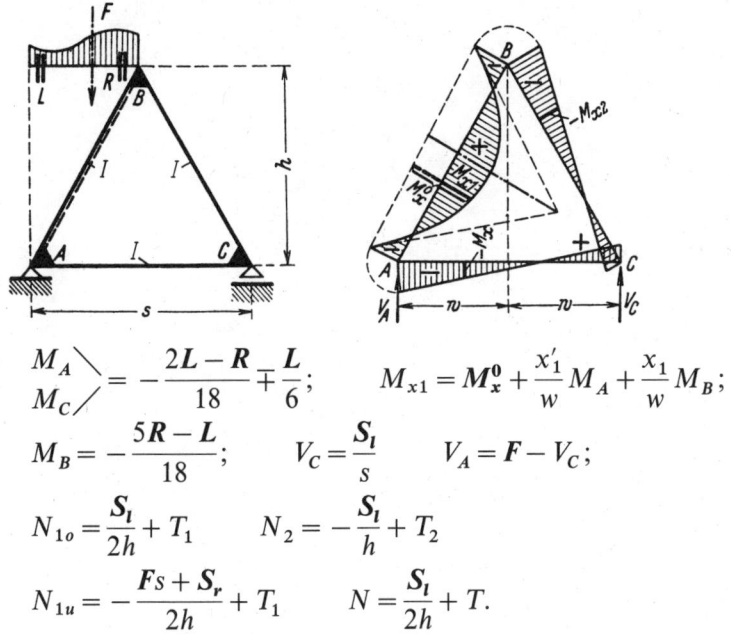

$$\left.\begin{array}{l}M_A\\M_C\end{array}\right\} = -\frac{2L-R}{18} \mp \frac{L}{6}; \qquad M_{x1} = M_x^0 + \frac{x_1'}{w}M_A + \frac{x_1}{w}M_B;$$

$$M_B = -\frac{5R-L}{18}; \qquad V_C = \frac{S_l}{s} \qquad V_A = F - V_C;$$

$$N_{1o} = \frac{S_l}{2h} + T_1 \qquad N_2 = -\frac{S_l}{h} + T_2$$

$$N_{1u} = -\frac{Fs + S_r}{2h} + T_1 \qquad N = \frac{S_l}{2h} + T.$$

Fall 102/3: Beide Schrägstäbe beliebig senkrecht, aber *symmetrisch* zur Rahmenmitte belastet

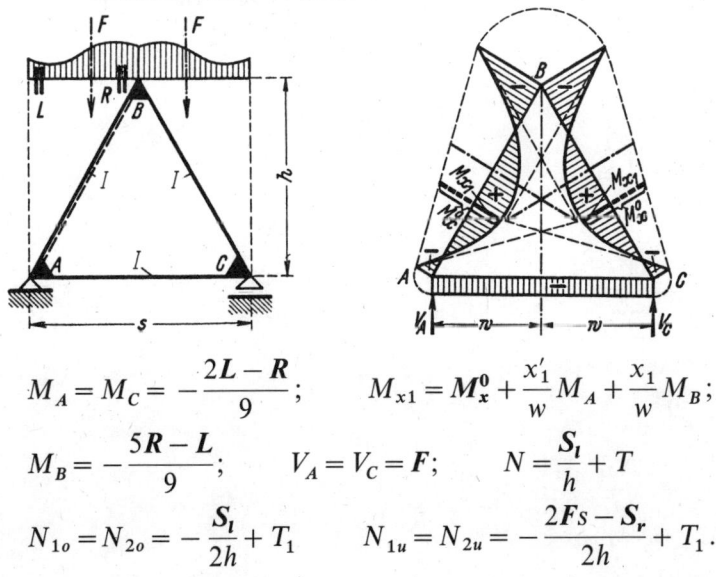

$$M_A = M_C = -\frac{2L-R}{9}; \qquad M_{x1} = M_x^0 + \frac{x_1'}{w}M_A + \frac{x_1}{w}M_B;$$

$$M_B = -\frac{5R-L}{9}; \qquad V_A = V_C = F; \qquad N = \frac{S_l}{h} + T$$

$$N_{1o} = N_{2o} = -\frac{S_l}{2h} + T_1 \qquad N_{1u} = N_{2u} = -\frac{2Fs - S_r}{2h} + T_1.$$

Bemerkung: Alle Belastungsglieder sind auf den *linken* Schrägstab bezogen.

Rahmenform 102   Hierzu Titelblatt Seite 457

Siehe hierzu den Abschnitt „**Belastungsglieder**"

Fall 102/4: Linker Schrägstab beliebig waagerecht belastet

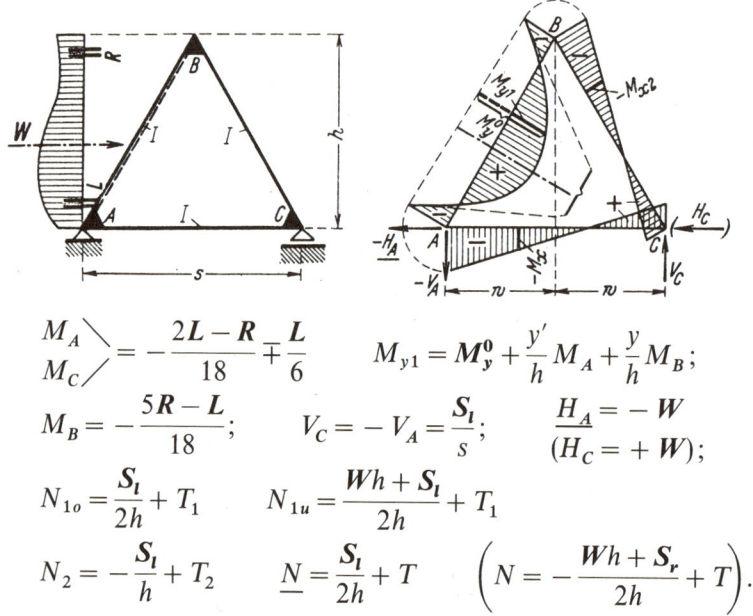

$$\left.\begin{array}{c}M_A\\M_C\end{array}\right\} = -\frac{2L-R}{18} \mp \frac{L}{6} \quad\quad M_{y1} = M_y^0 + \frac{y'}{h}M_A + \frac{y}{h}M_B;$$

$$M_B = -\frac{5R-L}{18}; \quad\quad V_C = -V_A = \frac{S_l}{s}; \quad\quad \underline{H_A = -W}$$
$$(H_C = +W);$$

$$N_{1o} = \frac{S_l}{2h} + T_1 \quad\quad N_{1u} = \frac{Wh + S_l}{2h} + T_1$$

$$N_2 = -\frac{S_l}{h} + T_2 \quad\quad \underline{N = \frac{S_l}{2h} + T} \quad\quad \left(N = -\frac{Wh + S_r}{2h} + T\right).$$

Bemerkung: Für festes Lager bei C treten an Stelle der unterstrichenen Werte die eingeklammerten.

Fall 102/5: Beide Stäbe beliebig waagerecht, aber *symmetrisch* zur Rahmenmitte belastet

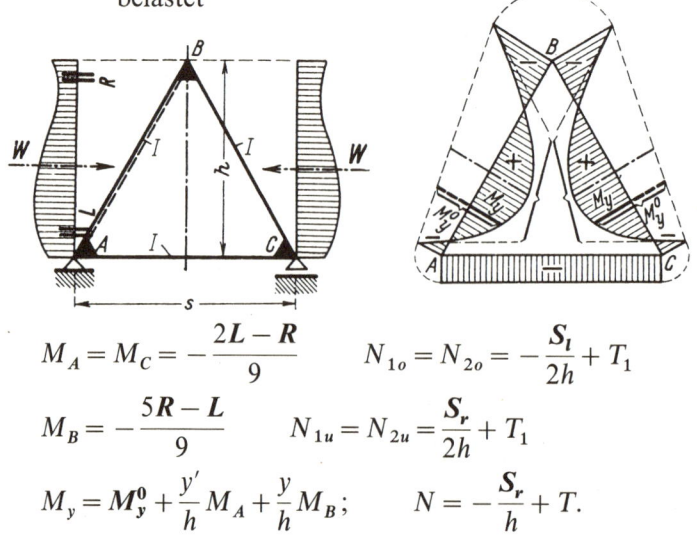

$$M_A = M_C = -\frac{2L-R}{9} \quad\quad N_{1o} = N_{2o} = -\frac{S_l}{2h} + T_1$$

$$M_B = -\frac{5R-L}{9} \quad\quad N_{1u} = N_{2u} = \frac{S_r}{2h} + T_1$$

$$M_y = M_y^0 + \frac{y'}{h}M_A + \frac{y}{h}M_B; \quad\quad N = -\frac{S_r}{h} + T.$$

Bemerkung: Alle Belastungsglieder sind auf den *linken* Schrägstab bezogen.

Hierzu Titelblatt Seite 457 — **Rahmenform 102**

Fall 102/6: Beide Schrägstäbe beliebig senkrecht, aber *antimetrisch* zur Rahmenmitte belastet

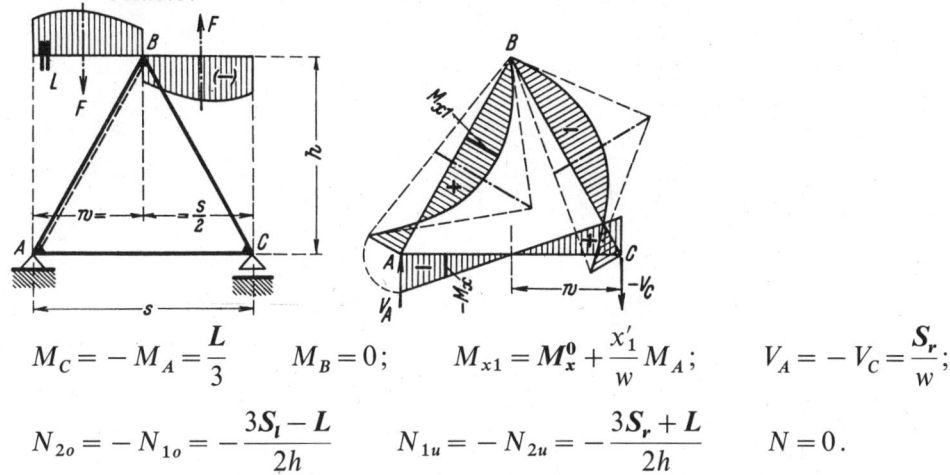

$$M_C = -M_A = \frac{L}{3} \qquad M_B = 0; \qquad M_{x1} = M_x^0 + \frac{x_1'}{w} M_A; \qquad V_A = -V_C = \frac{S_r}{w};$$

$$N_{2o} = -N_{1o} = -\frac{3S_l - L}{2h} \qquad N_{1u} = -N_{2u} = -\frac{3S_r + L}{2h} \qquad N = 0.$$

Bemerkung: Alle Belastungsglieder sind auf den *linken* Schrägstab bezogen.

Fall 102/7: Beide Schrägstäbe beliebig waagerecht von links her, aber *antimetrisch* zur Rahmenmitte belastet

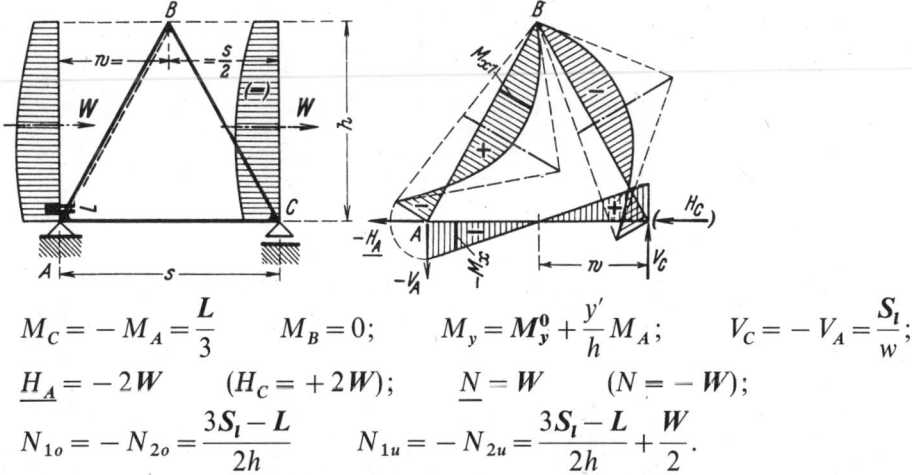

$$M_C = -M_A = \frac{L}{3} \qquad M_B = 0; \qquad M_y = M_y^0 + \frac{y'}{h} M_A; \qquad V_C = -V_A = \frac{S_l}{w};$$

$$\underline{H_A} = -2W \qquad (H_C = +2W); \qquad \underline{N} = W \qquad (N = -W);$$

$$N_{1o} = -N_{2o} = \frac{3S_l - L}{2h} \qquad N_{1u} = -N_{2u} = \frac{3S_l - L}{2h} + \frac{W}{2}.$$

Bemerkungen: Alle Belastungsglieder sind auf den *linken* Schrägstab bezogen. – Für festes Lager bei C treten an Stelle der unterstrichenen Werte die eingeklammerten.

Sonderfall 102/7a: Waagerechte Einzellast P am Firstpunkt B

Es treten keine Biegemomente auf.

$$V_C = -V_A = \frac{P\sqrt{3}}{2} \approx 0{,}8660 \cdot P; \qquad \underline{H_A} = -P \qquad (H_C = +P);$$

$$\underline{N} = \frac{P}{2} \qquad \left(N = -\frac{P}{2}\right) \qquad N_2 = -N_1 = -P.$$

Rahmenform 102   Hierzu Titelblatt Seite 457

Fall 102/8: Gleichmäßig verteilte *symmetrische* Vollast, rechtwinklig zu den Schrägstäben wirkend

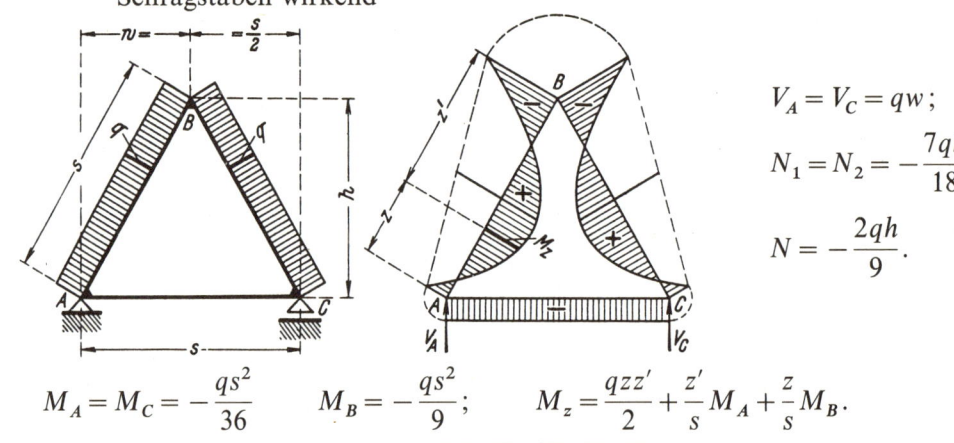

$$V_A = V_C = qw;$$
$$N_1 = N_2 = -\frac{7qh}{18}$$
$$N = -\frac{2qh}{9}.$$

$$M_A = M_C = -\frac{qs^2}{36} \qquad M_B = -\frac{qs^2}{9}; \qquad M_z = \frac{qzz'}{2} + \frac{z'}{s}M_A + \frac{z}{s}M_B.$$

Fall 102/9: Gleichmäßig verteilte *antimetrische* Vollast, rechtwinklig zu den Schrägstäben wirkend (Druck und Sog)

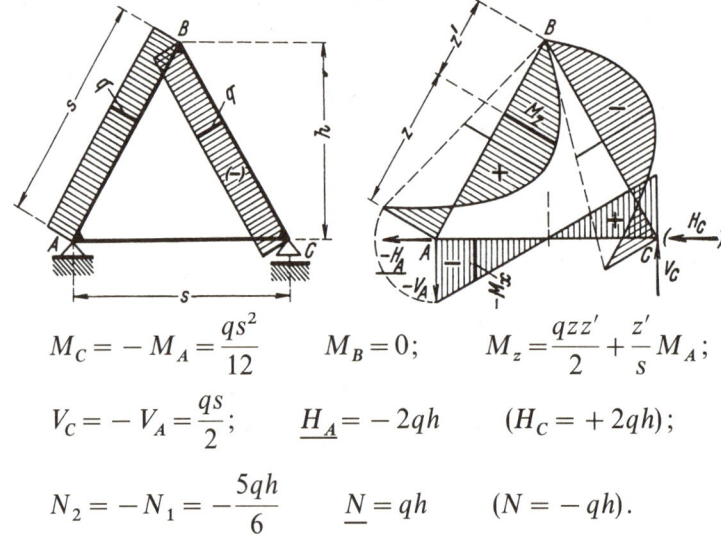

$$M_C = -M_A = \frac{qs^2}{12} \qquad M_B = 0; \qquad M_z = \frac{qzz'}{2} + \frac{z'}{s}M_A;$$

$$V_C = -V_A = \frac{qs}{2}; \qquad \underline{H_A} = -2qh \qquad (H_C = +2qh);$$

$$N_2 = -N_1 = -\frac{5qh}{6} \qquad \underline{N} = qh \qquad (N = -qh).$$

Bemerkung: Für festes Lager bei *C* treten an Stelle der unterstrichenen Werte die eingeklammerten.

Fall 102/10: Drehmoment *M* im Uhrzeigersinne am Eckpunkt *B*

$$M_A = -M_C = \frac{M}{6} \qquad M_{B2} = -M_{B1} = \frac{M}{2}; \qquad V_C = -V_A = \frac{M}{s};$$

$$N_1 = \frac{M}{h} \qquad N_2 = -\frac{M}{h} \qquad N = 0.$$

Bemerkung: Lastbild und Momentenbild rd. wie beim Fall 101/1, Seite 451.

Rahmenform 103

Geschlossene doppelt symmetrische Rechteckrahmen (Zellen) mit starren Zugbändern und nur mit gleichmäßig verteilter Innenbelastung

(Für Behälter, Silos u. dgl.)

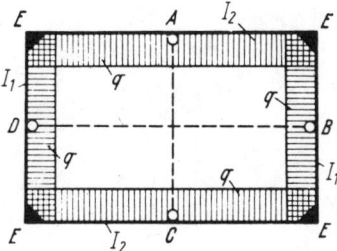

Die Abmessungen und Festwerte sind für jeden einzelnen Fall besonders angegeben.

Bezeichnung der Axialkräfte

In den senkrechten Stäben (mit I_1) N_1
in den waagerechten Stäben (mit I_2) N_2.

Bemerkung: Bei dieser Rahmenform wurde von der Regel, die Momentenflächen stets an der Stabseite anzutragen, an welcher die Momente **Zug** erzeugen, abgewichen, indem die Momentenflächen an der **Druck**seite der Stäbe angetragen wurden. Dies geschah der besseren Darstellungsmöglichkeit wegen. Es bedeutet hier also + außen Zug, – innen Zug. Die Längskräfte werden dann als positiv betrachtet, wenn dieselben **Zug** erzeugen.

Rahmenform 103   Siehe hierzu Titelblatt Seite 463

Fall 103/1: Rechteckzelle ohne Zugband

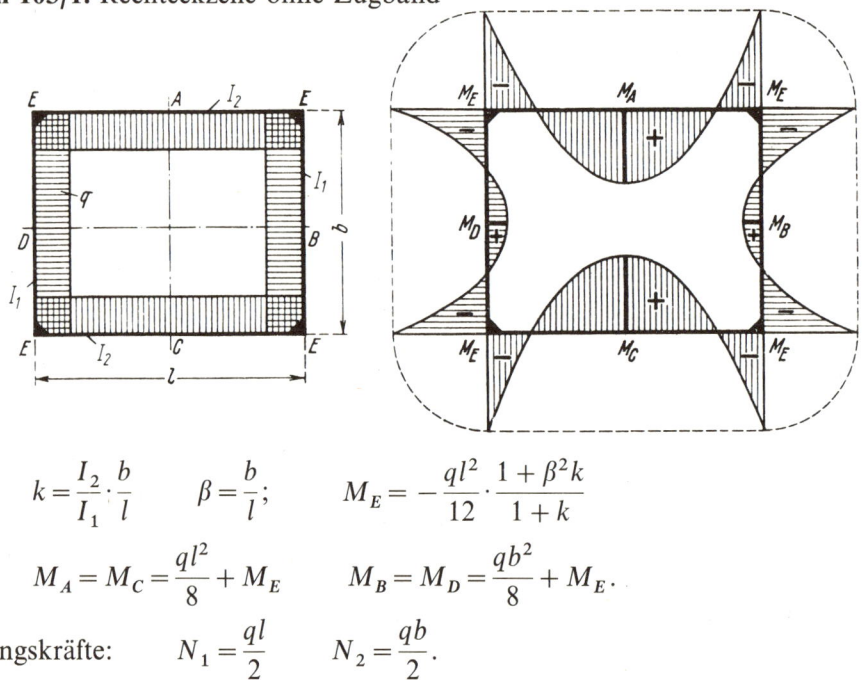

$$k = \frac{I_2}{I_1} \cdot \frac{b}{l} \qquad \beta = \frac{b}{l}; \qquad M_E = -\frac{ql^2}{12} \cdot \frac{1+\beta^2 k}{1+k}$$

$$M_A = M_C = \frac{ql^2}{8} + M_E \qquad M_B = M_D = \frac{qb^2}{8} + M_E.$$

Längskräfte: $\qquad N_1 = \dfrac{ql}{2} \qquad N_2 = \dfrac{qb}{2}.$

Fall 103/2: Rechteckzelle mit einem starren Zugband

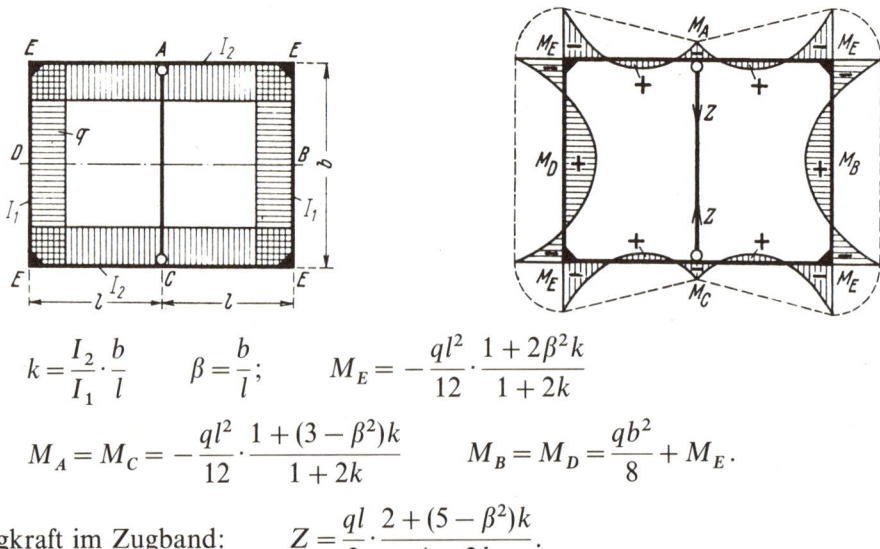

$$k = \frac{I_2}{I_1} \cdot \frac{b}{l} \qquad \beta = \frac{b}{l}; \qquad M_E = -\frac{ql^2}{12} \cdot \frac{1+2\beta^2 k}{1+2k}$$

$$M_A = M_C = -\frac{ql^2}{12} \cdot \frac{1+(3-\beta^2)k}{1+2k} \qquad M_B = M_D = \frac{qb^2}{8} + M_E.$$

Zugkraft im Zugband: $\qquad Z = \dfrac{ql}{2} \cdot \dfrac{2+(5-\beta^2)k}{1+2k}.$

Längskräfte: $\qquad N_1 = ql - \dfrac{Z}{2} \qquad N_2 = \dfrac{qb}{2}.$

Siehe hierzu Titelblatt Seite 463 **Rahmenform 103**

Fall 103/3: Rechteckzelle mit dem Seitenverhältnis 1:2, gleichen Stabträgheitsmomenten und einem starren Zugband zwischen den Langseiten

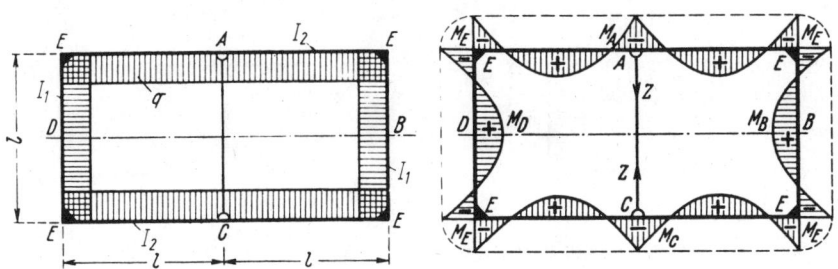

$I_2 = I_1;$ $\quad M_E = M_A = M_C = -\dfrac{ql^2}{12}$

$M_B = M_D = +\dfrac{ql^2}{24};$ $\quad$ Längskräfte: $\quad N_1 = N_2 = \dfrac{ql}{2}.$

Zugkraft im Zugband: $Z = ql$.

Fall 103/4: Rechteckzelle mit 2 starren Zugbändern zwischen den Langseiten

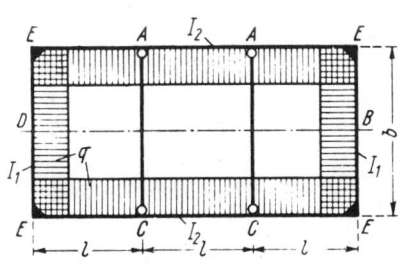 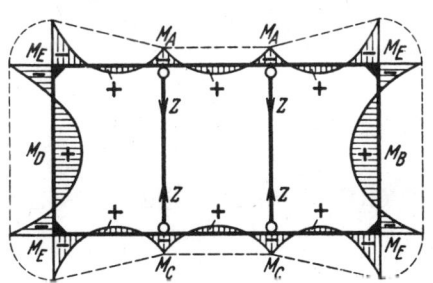

$k = \dfrac{I_2}{I_1} \cdot \dfrac{b}{l}$ $\quad \beta = \dfrac{b}{l};$ $\quad M_E = -\dfrac{ql^2}{12} \cdot \dfrac{3 + 5\beta^2 k}{3 + 5k}$

$M_A = M_C = -\dfrac{ql^2}{12} \cdot \dfrac{3 + (6 - \beta^2)k}{3 + 5k}$ $\quad M_B = M_D = \dfrac{qb^2}{8} + M_E.$

Zugkraft in den Zugbändern: $\quad Z = \dfrac{ql}{2} \cdot \dfrac{6 + (11 - \beta^2)k}{3 + 5k}.$

Längskräfte: $\quad N_1 = \dfrac{3ql}{2} - Z \quad N_2 = \dfrac{qb}{2}.$

Rahmenform 103 Siehe hierzu Titelblatt Seite 463

Fall 103/5: Rechteckzelle mit 2 gekreuzten starren Zugbändern

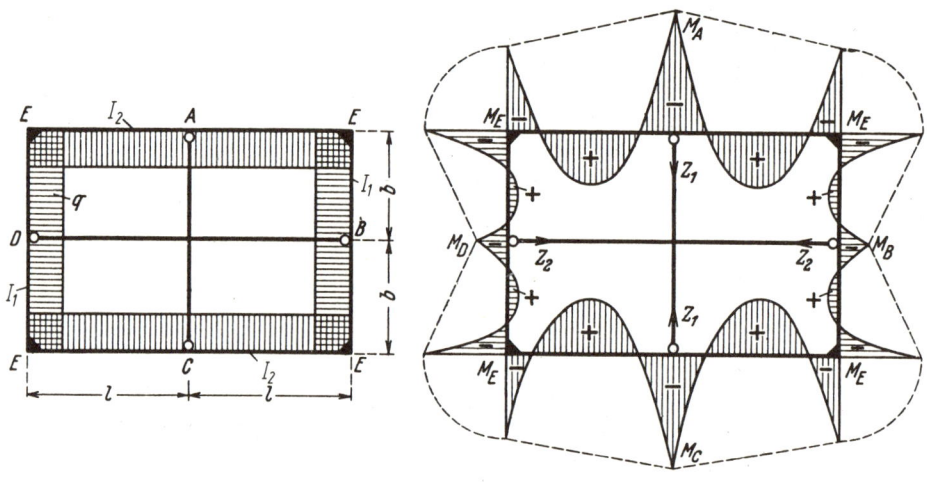

$$k = \frac{I_2}{I_1} \cdot \frac{b}{l} \qquad \beta = \frac{b}{l}; \qquad M_A = M_C = -\frac{ql^2}{24} \cdot \frac{(2+3k) - \beta^2 k}{1+k}$$

$$M_E = -\frac{ql^2}{12} \cdot \frac{1 + \beta^2 k}{1+k} \qquad M_B = M_D = -\frac{ql^2}{24} \cdot \frac{(3+2k)\beta^2 - 1}{1+k}.$$

Zugkräfte in den Zugbändern:

$$AC: \quad Z_1 = \frac{ql}{4} \cdot \frac{(4+5k) - \beta^2 k}{1+k} \qquad BD: \quad Z_2 = \frac{ql}{4\beta} \cdot \frac{(5+4k)\beta^2 - 1}{1+k}.$$

Längskräfte: $\quad N_1 = ql - \dfrac{Z_1}{2} \qquad N_2 = qb - \dfrac{Z_2}{2}.$

Fall 103/6: Quadratzelle mit gleichen Stabträgheitsmomenten und mit 2 gekreuzten starren Zugbändern

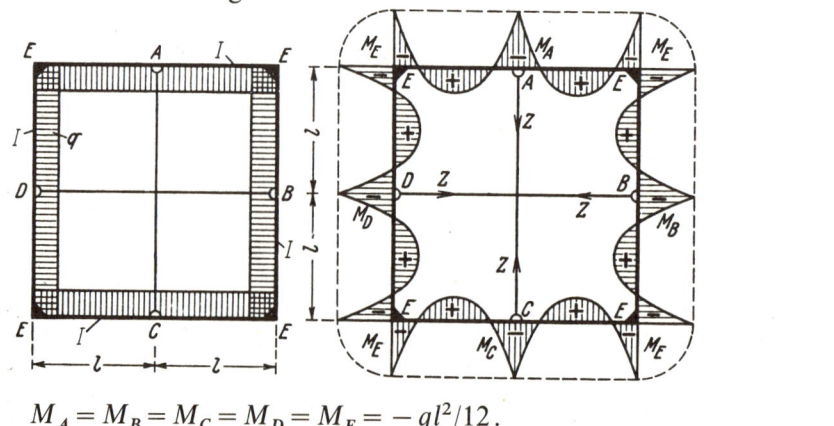

$$Z = ql$$

$$N = \frac{ql}{2}$$

$$M_A = M_B = M_C = M_D = M_E = -ql^2/12.$$

Anhang

1. Belastungsglieder

a) Allgemeines

In den Rahmenformeln für beliebige Stabbelastung treten folgende fettgedruckten Größen auf:

$L, R;\quad S_r, S_l;\quad F, W;\quad M_x^0, M_y^0.$*)

Diese Größen werden allgemein als „*Belastungsglieder*" (im weiteren Sinne) bezeichnet, weil dieselben nur von Form, Größe und Wirkungsweise der äußeren Stabbelastung abhängig sind, nicht aber von Form und Abmessungen des Rahmens.

Bei Anwendung der Belastungsglieder ist jeder Rahmenstab als einfacher Balken aufzufassen, der aus dem Rahmengefüge herausgelöst zu denken ist.

Wegen der Bedeutung der eigentlichen Belastungsglieder L und R (Belastungsglieder im engeren Sinne) siehe den Hinweis in der „Einleitung", Ziff. 6, Seite XXII. Das Vorhandensein der Belastungsglieder in den Belastungsbildern der Rahmenformen ist gekennzeichnet durch Doppelstriche || dicht an den Enden des jeweils belasteten Stabes selbst (siehe Bild 1) oder – bei schrägen Stäben – an den Enden der senkrechten bzw. waagerechten Projektion des Laststabes (siehe den Klammerhinweis in Ziff. 6 der „Einleitung").

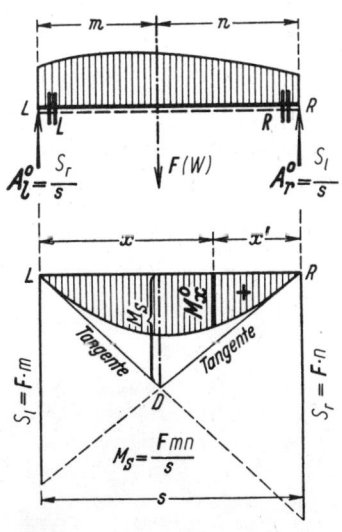

Bild 1

F ist die Lastresultierende der gegebenen äußeren Belastung eines Stabes allgemein. Dieselbe wird aber bei waagerechter Belastung mit W bezeichnet. S_r und S_l sind die statischen Momente der Lastresultierenden F (oder W), bezogen auf den rechten bzw. linken Feldendpunkt. Graphisch stellen diese Werte die Abschnitte dar, welche von den Endtangenten der Momentenlinie des einfachen Balkens auf den Stützenloten abgeschnitten werden. Die Endtangenten bilden das Dreieck LDR (s. Bild 1) mit der Ordinate M_S; das ist die Momentenfläche für F als alleinige Einzellast gedacht.

Das Moment an beliebiger Stelle des einfachen Balkens wird bei senkrechter Last immer mit M_x^0, bei waagerechter Last in der Regel mit M_y^0 bezeichnet. Die Auflagerdrücke A_l^0 und A_r^0 lassen sich formal durch die statischen Momente S_r und S_l ausdrücken (s. Bild 1).

---

*) Bei gleichzeitiger Belastung mehrerer Stäbe erscheinen diese Größen mit zusätzlichem Zahlenzeiger.

Für die eigentlichen Belastungsglieder *L* und *R*, für die statischen Momente der Lastresultierenden S_r und S_l sowie für die Belastungsglieder bei parabolisch gekrümmten Stäben *P* werden nun nicht mehr die alten Frakturbuchstaben 𝔏 und ℜ, 𝔖$_l$ und 𝔖$_r$ bzw. 𝔓 verwendet. Außerdem wurde, um eine Verwechslungsgefahr auszuschließen, die senkrechte Lastresultierende (früher *S*) in *F* umbenannt. Diese Veränderung der Bezeichnung bei den Belastungsgliedern ist in diesem Buch konsequent durchgeführt. Nur dann, wenn andere Formelbücher mit den alten Bezeichnungen mitverwendet werden, ist auf die unterschiedliche Bezeichnungsweise zu achten. Für diejenigen Benutzer, die allgemeine Rahmenbelastungsfälle anwenden, und dazu im Hilfsbuch **„Belastungsglieder"** nachschlagen möchten, sind hier die alten und die neuen Bezeichnungen der verschiedenen Belastungsglieder gegenübergestellt:

Neue Bezeichnung „Rahmenformeln" ab 17. Auflage:			Alte Bezeichnung „Belastungsglieder" „Rahmenformeln" 6.–16. Auflage:	
L	*R*	Eigentliche Belastungsglieder	𝔏	ℜ
S_r	S_l	Statische Momente der Lastresultierenden	𝔖$_r$	𝔖$_l$
F	(*W*)	Lastresultierende	*S*	(*W*)
M_x^0	M_y^0	Moment des einfachen Balkens	M_x^0	M_y^0
P		Parabolische Belastungsglieder	𝔓	
M_l	M_r	Starreinspannmomente	𝔐$_l$	𝔐$_r$

b) Formelsammlung der Belastungsglieder

Die folgenden Seiten enthalten eine Zusammenstellung von Belastungsgliedern für die wichtigsten bzw. häufigsten Stabbelastungsfälle in knapper Form – sozusagen als Notbehelf. Wegen weiterer Angaben für die hier gebotenen Lastfälle, wie Momentenfläche, Querkraftfläche und Querkraftformeln, ferner für Gleichung der Biegelinie und Einzeldurchbiegungen sowie Volleinspannmomente usw. – und vor allem für weitere praktisch vorkommende Lastfälle (im ganzen 115) muß auf das Hilfsbuch „Belastungsglieder"*) verwiesen werden.

Bei den nachstehenden, von 1 bis 32 durchnumerierten „Lastfällen" bedeuten die in eckigen Klammern beigefügten Zahlen die Lastfallnummern im Hilfsbuch „Belastungsglieder". Zu den Lastfällen mit * sind im genannten Hilfsbuch auch noch Zahlentafeln gegeben.

Lastfall 1 [29]: Gleichmäßig verteilte Vollast

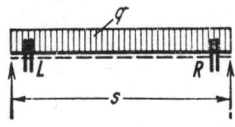

$$L = R = \frac{qs^2}{4} \qquad S_r = S_l = \frac{qs^2}{2}$$

$$F = qs \qquad M_x^0 = \frac{qxx'}{2}$$

Lastfall 2 [31*]: Zwei gleiche gleichmäßig verteilte Streckenlasten von den Stabenden her

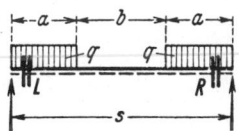

$$\alpha = \frac{a}{s} \qquad \beta = \frac{b}{s} \qquad L = R = \frac{qa^2(2+\beta)}{2}$$

$$S_r = S_l = qas \qquad F = 2qa.$$

Im linken Bereich a: Im Bereich b: Im rechten Bereich a:

$$M_x^0 = qx\left(a - \frac{x}{2}\right) \qquad M_x^0 = \frac{qa^2}{2} \qquad M_x^0 = qx'\left(a - \frac{x'}{2}\right).$$

Lastfall 3 [32*]: Gleichmäßig verteilte Streckenlast in mittiger Lage

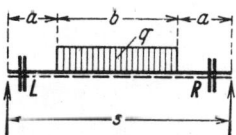

$$\alpha = \frac{a}{s} \qquad \beta = \frac{b}{s} \qquad L = R = \frac{qbs(3-\beta^2)}{8}$$

$$S_r = S_l = \frac{qbs}{2} \qquad F = qb.$$

Im linken Bereich a: Im Bereich b: Im rechten Bereich a:

$$M_x^0 = \frac{qb}{2}x \qquad M_x^0 = \frac{q}{2}[bx - (x-a)^2] \qquad M_x^0 = \frac{qb}{2}x'.$$

---

*) Kleinlogel/Haselbach „**Belastungsglieder**, Statische und elastische Werte für den einfachen und eingespannten Balken als Element von Stabwerken." Neunte Auflage, vollständig neu bearbeitet von Dipl.-Ing. W. Haselbach, Baurat. Berlin/München 1966. Verlag von Wilhelm Ernst & Sohn. XII und 268 Seiten.

Lastfall 4 [26*]: Gleichmäßig verteilte Streckenlast von links her

$$\alpha = \frac{a}{s} \qquad \beta = \frac{b}{s}. \qquad F = qa;$$

$$L = \frac{qa^2(1+\beta)^2}{4} \qquad (L+R) = \frac{qa^2(1+2\beta)}{2}$$

$$R = \frac{qa^2(2-\alpha^2)}{4} \qquad (L-R) = \frac{qa^2\beta^2}{2}; \qquad S_r = \frac{qa(s+b)}{2} \qquad S_l = \frac{qa^2}{2}.$$

Im Bereich a: $M_x^0 = \left(\dfrac{S_r}{s} - \dfrac{qx}{2}\right)x$ $\qquad$ Im Bereich b: $M_x^0 = \dfrac{S_l}{s}x'$.

Lastfall 5 [27*]: Gleichmäßig verteilte Streckenlast von rechts her

$$\alpha = \frac{a}{s} \qquad \beta = \frac{b}{s}. \qquad F = qb;$$

$$L = \frac{qb^2(2-\beta^2)}{4} \qquad (L+R) = \frac{qb^2(1+2\alpha)}{2}$$

$$R = \frac{qb^2(1+\alpha)^2}{4} \qquad (L-R) = -\frac{qb^2\alpha^2}{2}; \qquad S_r = \frac{qb^2}{2} \qquad S_l = \frac{qb(s+a)}{2}.$$

Im Bereich a: $M_x^0 = \dfrac{S_r}{s}x$ $\qquad$ Im Bereich b: $M_x^0 = \left(\dfrac{S_l}{s} - \dfrac{qx'}{2}\right)x'$.

Lastfall 6 [30]: Rechteck-Streckenlast an beliebiger Stelle

$$\alpha = \frac{a}{s} \qquad \beta = \frac{b}{s} \qquad \gamma = \frac{c}{s} \qquad \delta = \frac{d}{s}$$

$$\mu = \frac{m}{s} = \alpha + \delta \qquad \nu = \frac{n}{s} = \gamma + \delta$$

$$M_s = qmn\beta \qquad S_r = qbn \qquad S_l = qbm \qquad F = qb$$

$$L = M_s \cdot \left(1 + \nu - \frac{\delta^2}{\mu}\right) \qquad R = M_s \cdot \left(1 + \mu - \frac{\delta^2}{\nu}\right)$$

$$(L+R) = M_s \cdot \left(3 - \frac{\delta^2}{\mu\nu}\right) \qquad (L-R) = M_s \cdot (\nu - \mu)\left(1 - \frac{\delta^2}{\mu\nu}\right)$$

Im Bereich a: $M_x^0 = qbn\xi$ $\qquad$ Im Bereich c: $M_x^0 = qbm\xi'$

Im Bereich b: $M_x^0 = qbn\alpha\xi'_b + qbm\gamma\xi_b + \dfrac{qb^2}{8}\omega_{Rb}$

wobei $\xi'_b = \dfrac{x'_b}{b} \qquad \xi_b = \dfrac{x_b}{b} \qquad \omega_{Rb} = \xi_b - \xi_b^2$.

Lastfall 7 [4*]: Einzellast an beliebiger Stelle

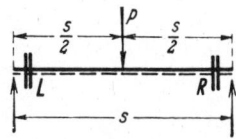

$$\alpha = \frac{a}{s} \qquad \beta = \frac{b}{s}. \qquad \begin{array}{l} L = Pa\beta(1+\beta) \\ R = Pb\alpha(1+\alpha) \end{array}$$

$$(L+R) = \frac{3Pab}{s} \qquad (L-R) = P(b-a)\alpha\beta;$$

$F = P \qquad S_r = Pb \qquad S_l = Pa$.

Im Bereich a: $M_x^0 = P\beta x$ \qquad Im Bereich b: $M_x^0 = Pax'$.

Lastfall 8 [6]: Einzellast in Stabmitte

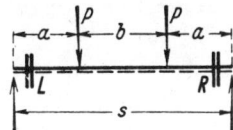

$$L = R = \frac{3}{8}Ps \qquad S_r = S_l = \frac{Ps}{2} \qquad F = P.$$

In der linken Stabhälfte: $M_x^0 = \frac{P}{2}x$.

Lastfall 9 [5*]: 2 gleiche Einzellasten im symmetrischer Stellung

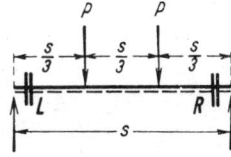

$$\alpha = \frac{a}{s}. \qquad F = 2P$$

$$L = R = 3Pa(1-\alpha) \qquad S_r = S_l = Ps.$$

Im linken Bereich a: $M_x^0 = Px$ \qquad Im Bereich b: $M_x^0 = Pa$.

Lastfall 10 [8]: 2 gleiche Einzellasten in den Drittelpunkten

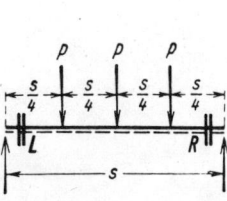

$$L = R = \frac{2}{3}Ps \qquad S_r = S_l = Ps \qquad F = 2P.$$

Im linken Stabdrittel: $M_x^0 = Px$

Im mittleren Stabdrittel: $M_x^0 = \frac{Ps}{3}$.

Lastfall 11 [11]: 3 gleiche Einzellasten in den Viertelpunkten

$$L = R = \frac{15}{16}Ps \qquad S_r = S_l = \frac{3}{2}Ps.$$

Im linken Stabviertel: $M_x^0 = \frac{3}{2}Px;$

Im zweiten Stabviertel: $M_x^0 = P\left(\frac{s}{4} + \frac{x}{2}\right)$.

$F = 3P$.

Lastfall 12 [20]: Einzellasten-Paar an beliebiger Stelle

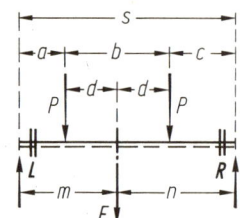

$$\alpha = \frac{a}{s} \qquad \delta = \frac{d}{s} \qquad \gamma = \frac{c}{s} \qquad (\alpha + 2\delta + \gamma = 1)$$

$$\mu = \frac{m}{s} \qquad \nu = \frac{n}{s} \qquad (\mu + \nu = 1)$$

$$L = 2Pn(1 - \nu^2 - 3\delta^2) \qquad S_r = 2Pn \qquad F = 2P$$

$$R = 2Pm(1 - \mu^2 - 3\delta^2) \qquad S_l = 2Pm$$

$$(L + R) = 6Ps(\mu\nu - \delta^2) \qquad (L - R) = 2P(n - m)(\mu\nu - 3\delta^2)$$

Im Bereich a: $M_x^0 = 2Pn\xi$ Im Bereich c: $M_x^0 = 2Pm\xi'$

Im Bereich b: $M_x^0 = Pa + P(n - m)\xi$.

Lastfall 13 [22]: Kräftepaar an beliebiger Stelle

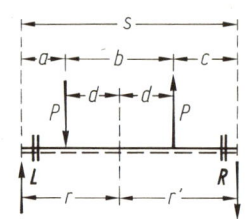

$$\alpha = \frac{a}{s} \qquad \beta = \frac{b}{s} \qquad \gamma = \frac{c}{s} \qquad (\alpha + \beta + \gamma = 1)$$

$$\rho = \frac{r}{s} \qquad \delta = \frac{d}{s} \qquad \rho' = \frac{r'}{s} \qquad (\rho + \rho' = 1)$$

$$L = +Pb(1 - 3\rho'^2 - \delta^2) \qquad S_r = +Pb \qquad F = 0$$

$$R = -Pb(1 - 3\rho^2 - \delta^2) \qquad S_l = -Pb$$

$$(L + R) = 3Pb(\rho - \rho') \qquad (L - R) = Pb(6\rho\rho' - 1 - 2\delta^2)$$

Im Bereich a: $M_x^0 = Pb\xi$.   Im Bereich c: $M_x^0 = -Pb\xi'$

Im Bereich b: $M_x^0 = Ps(\alpha - (1 - \beta)\xi)$.

Lastfall 14 [46]: Dreieck-Vollast mit der Spitze rechts

$$L = \frac{8ps^2}{60} = \frac{2ps^2}{15} \qquad R = \frac{7ps^2}{60}$$

$$(L+R) = \frac{ps^2}{4} \qquad (L-R) = \frac{ps^2}{60}.$$

$$S_r = \frac{ps^2}{3} \qquad S_l = \frac{ps^2}{6} \qquad F = \frac{ps}{2}. \qquad M_x^0 = \frac{ps^2}{6} \cdot \omega_D' \quad \text{wobei} \quad \omega_D' = \frac{x'}{s} - \left(\frac{x'}{s}\right)^3 \ast).$$

Lastfall 15 [45]: Dreieck-Vollast mit der Spitze links

$$L = \frac{7ps^2}{60} \qquad R = \frac{8ps^2}{60} = \frac{2ps^2}{15}$$

$$(L+R) = \frac{ps^2}{4} \qquad (L-R) = -\frac{ps^2}{60};$$

$$S_r = \frac{ps^2}{6} \qquad S_l = \frac{ps^2}{3} \qquad F = \frac{ps}{2}. \qquad M_x^0 = \frac{ps^2}{6} \cdot \omega_D \quad \text{wobei} \quad \omega_D = \frac{x}{s} - \left(\frac{x}{s}\right)^3 \ast).$$

Lastfall 16 [48]: Erhabene symmetrische Dreieck-Vollast

$$L = R = \frac{5ps^2}{32} \qquad S_r = S_l = \frac{ps^2}{4} \qquad F = \frac{ps}{2}$$

In der linken Stabhälfte: $M_x^0 = \dfrac{ps^2}{24}\left(3\dfrac{x}{e} - \left(\dfrac{x}{e}\right)^3\right).$

Lastfall 17 [47*]: Erhabene unsymmetrische Dreieck-Vollast

$$\alpha = \frac{a}{s} \qquad \beta = \frac{b}{s} \qquad (\alpha + \beta = 1)$$

$$m = \frac{s+a}{3} \qquad n = \frac{s+b}{3}$$

$$L = \frac{psn(7-3\beta^2)}{20} \qquad (L+R) = \frac{p(s^2+ab)}{4} \qquad F = \frac{ps}{2} \qquad S_r = \frac{psn}{2}$$

$$R = \frac{psm(7-3\alpha^2)}{20} \qquad (L-R) = \frac{ps(b-a)(1+3\alpha\beta)}{60} \qquad S_l = \frac{psm}{2}$$

Im Bereich a: $M_x^0 = \dfrac{pb}{3} \cdot x + \dfrac{pa^2}{6}\left(\dfrac{x}{a} - \left(\dfrac{x}{a}\right)^3\right)$

Im Bereich b: $M_x^0 = \dfrac{pa}{3} x' + \dfrac{pb^2}{6}\left(\dfrac{x'}{b} - \left(\dfrac{x'}{b}\right)^3\right).$

---

*) Siehe die Fußnote * S. 476.

Lastfall 18 [65*]: Symmetrische Trapezlast mit beliebig langem Mittelstück

$$\alpha = \frac{a}{s} = \frac{a'}{s} \qquad \beta = \frac{b}{s} \qquad (2\alpha + \beta = 1)$$

$$L = R = \frac{ps^2}{32}(1+\beta)(5-\beta^2) \qquad S_r = S_l = \frac{ps(s-a)}{2} \qquad F = p(s-a)$$

Im Bereich a: $M_x^0 = M_1 \cdot \xi_a + \frac{pa^2}{6} \cdot \omega_{Da}$, mit $M_1 = \frac{pas(1+2\beta)}{6}$

wobei $\xi_a = \frac{x}{a}$, $\quad \omega_{Da} = \xi_a - \xi_a^3$

Im Bereich b: $M_x^0 = M_1 + \frac{pb^2}{2}\omega_{Rb}$

wobei $\omega_{Rb} = \frac{x_b}{b} - \left(\frac{x_b}{b}\right)^2$.

Lastfall 19 [59]: Nach rechts ansteigende Dreieck-Streckenlast an beliebiger Stelle

$$\alpha = \frac{a}{s} \qquad \beta = \frac{b}{s} \qquad \gamma = \frac{c}{s} \qquad \delta = \frac{d}{s}$$

$$\mu = \frac{m}{s} = \alpha + 2\delta \qquad \nu = \frac{n}{s} = \gamma + \delta$$

$$(\alpha + \beta + \gamma = 1) \qquad (\mu + \nu = 1)$$

$$M_S = \frac{pbmn}{2s} \qquad S_r = \frac{pbn}{2} \qquad S_l = \frac{pbm}{2} \qquad F = \frac{pb}{2}$$

$$L = M_S\left(1 + \nu - \frac{\beta\delta}{2\mu} - \frac{\delta^3}{5\mu\nu}\right) \qquad R = M_S\left(1 + \mu - \frac{\beta\delta}{2\nu} + \frac{\delta^3}{5\mu\nu}\right)$$

$$(L+R) = M_S\left(3 - \frac{\beta\delta}{2\mu\nu}\right) \qquad (L-R) = M_S\left((\nu-\mu) - \frac{\beta\delta(\nu-\mu)}{2\mu\nu} - \frac{2\delta^3}{5\mu\nu}\right)$$

Im Bereich a: $M_x^0 = \frac{pb}{2}\nu x$ $\qquad$ Im Bereich c: $M_x^0 = \frac{pb}{2}\mu \cdot x'$

Im Bereich b: $M_x^0 = \frac{pbs}{2}(\alpha\nu\xi_b' + \gamma\mu\xi_b) + \frac{pb^2}{6} \cdot \omega_{Db}$

wobei $\xi_b = \frac{x_b}{b}$, $\quad \xi_b' = \frac{x_b'}{b}$, $\quad \omega_{Db} = \xi_b - \xi_b^3$.

Lastfall 20: Nach links ansteigende Dreieck-Streckenlast an beliebiger Stelle

$$\alpha = \frac{a}{s} \qquad \beta = \frac{b}{s} \qquad \gamma = \frac{c}{s} \qquad \delta = \frac{d}{s}$$

$$\mu = \frac{m}{s} = \alpha + \delta \qquad \nu = \frac{n}{s} = \gamma + 2\delta$$

$$(\alpha + \beta + \gamma = 1) \qquad (\mu + \nu = 1)$$

$$M_S = \frac{pbmn}{2s} \qquad S_r = \frac{pbn}{2} \qquad S_l = \frac{pbm}{2} \qquad F = \frac{pb}{2}$$

$$L = M_S\left(1 + \nu - \frac{\beta\delta}{2\mu} + \frac{\delta^3}{5\mu\nu}\right) \qquad R = M_S\left(1 + \mu - \frac{\beta\delta}{2\nu} - \frac{\delta^3}{5\mu\nu}\right)$$

$$(L+R) = M_S\left(3 - \frac{\beta\delta}{2\mu\nu}\right) \qquad (L-R) = M_S\left((\nu - \mu) - \frac{\beta\delta(\nu-\mu)}{2\mu\nu} + \frac{2\delta^3}{5\mu\nu}\right)$$

Im Bereich a: $M_x^0 = \frac{pb}{2}\nu x$ \qquad Im Bereich c: $M_x^0 = \frac{pb}{2}\mu x'$

Im Bereich b: $M_x^0 = \frac{pbs}{2}(\alpha\nu\xi_b' + \gamma\mu\xi_b) + \frac{pb^2}{6}\omega_{Db}'$

wobei $\xi_b = \frac{x_b}{b}$, \qquad $\xi_b' = \frac{x_b'}{b}$, \qquad $\omega_{Db}' = \xi_b' - \xi_b'^3$

Lastfall 21 [66*]: Trapez-Vollast, nach rechts abfallend

$$p_l > p_r > 0 \qquad i = \frac{p_r}{p_l} \qquad q = \frac{p_l + p_r}{2}$$

$$n = \frac{s}{3} \cdot \frac{2+i}{1+i} \qquad m = s - n$$

$$S_r = qsn \qquad S_l = qsm$$

$$L = \frac{p_l s^2}{60}(8 + 7i) \qquad (L+R) = \frac{qs^2}{2} \qquad F = qs$$

$$R = \frac{p_l s^2}{60}(7 + 8i) \qquad (L-R) = \frac{p_l s^2}{60}(1 - i)$$

$$M_x^0 = \frac{p_l s^2}{6}(\omega_D' + i\omega_D) \quad \text{mit} \quad \omega_D' = \frac{x'}{s} - \left(\frac{x'}{s}\right)^3; \qquad \omega_D = \frac{x}{s} - \left(\frac{x}{s}\right)^3.$$

Lastfall 22 [67*]: Trapez-Vollast, nach rechts ansteigend

$$0 < p_l < p_r \qquad i' = \frac{p_l}{p_r} \qquad q = \frac{p_r + p_l}{2}$$

$$m = \frac{s}{3}\frac{2+i'}{1+i'} \qquad n = s - m$$

$$S_r = qsn \qquad S_l = qsm$$

$$L = \frac{p_r s^2}{60}(7 + 8i') \qquad (L+R) = \frac{qs^2}{2} \qquad F = qs$$

$$R = \frac{p_r s^2}{60}(8 + 7i') \qquad (L-R) = -\frac{p_r s^2}{60}(1 - i')$$

$$M_x^0 = \frac{p_r s^2}{6}(\omega_D + i'\omega_D') \quad \text{mit} \quad \omega_D = \frac{x}{s} - \left(\frac{x}{s}\right)^3; \qquad \omega_D' = \frac{x'}{s} - \left(\frac{x'}{s}\right)^3.*)$$

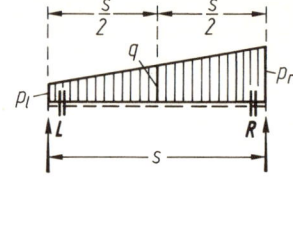

Lastfall 23 [73]: Angriffsmoment am linken Stabende**)	**Lastfall 24** [74]: Angriffsmoment am rechten Stabende**)
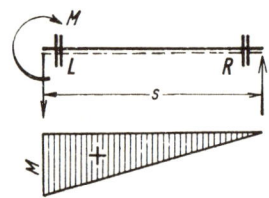	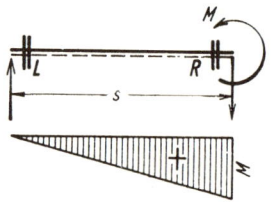
$L = 2M \qquad (L+R) = 3M$ $R = M \qquad (L-R) = M;$ $S_r = -M \qquad S_l = +M.$ $M_x^0 = \frac{x'}{s} M.$	$L = M \qquad (L+R) = 3M$ $R = 2M \qquad (L-R) = -M;$ $S_r = +M \qquad S_l = -M.$ $M_x^0 = \frac{x}{s} M.$

Lastfall 25 [75]: 2 gleiche symmetrisch wirkende Angriffsmomente an den Stabenden**)

$L = R = 3M \qquad S_r = S_l = 0$

$M_x^0 = M.$

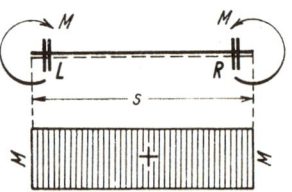

---

*) Tabellen der ω_D'- und ω_D-Zahlen befinden sich im *Hilfsbuch* „**Belastungsglieder**"; siehe die Fußnote Seite XVII.
**) Für alle Momentenangriffe ist $F = 0$.

Lastfälle 26 bis 29: Konsol-Einzellast am senkrechten Rahmenstiel

Allgemein gilt $\quad \alpha = \dfrac{a}{s} \quad \beta = \dfrac{b}{s} \quad (\alpha + \beta = 1); \quad W = 0$.

Lastfall 26 [79]

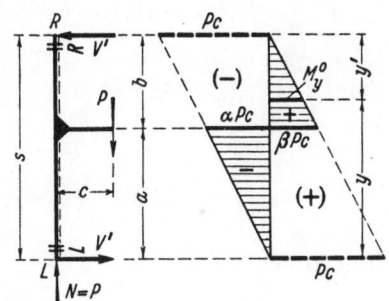

$L = Pc(3\beta^2 - 1) \qquad R = Pc(1 - 3\alpha^2)$
$(L + R) = 3Pc(\beta - \alpha)$
$(L - R) = Pc(1 - 6\alpha\beta);$
$S_r = -Pc \qquad S_l = +Pc.$
Im Bereich a: $\qquad$ Im Bereich b:
$M_y^0 = -\dfrac{y}{s} Pc \qquad M_y^0 = +\dfrac{y'}{s} Pc.$

Lastfall 27 [80]

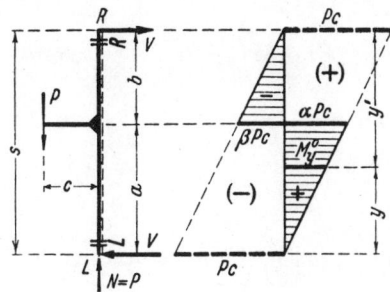

$L = Pc(1 - 3\beta^2) \qquad R = Pc(3\alpha^2 - 1)$
$(L + R) = 3Pc(\alpha - \beta)$
$(L - R) = Pc(6\alpha\beta - 1);$
$S_r = +Pc \qquad S_l = -Pc.$
Im Bereich a: $\qquad$ Im Bereich b:
$M_y^0 = +\dfrac{y}{s} Pc \qquad M_y^0 = -\dfrac{y'}{s} Pc.$

Lastfall 28 [81]

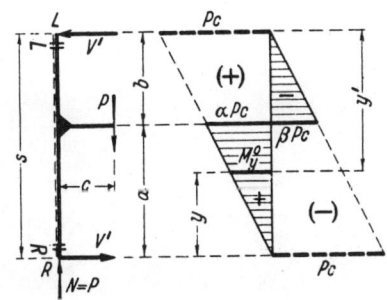

$L = Pc(3\alpha^2 - 1) \qquad R = Pc(1 - 3\beta^2)$
$(L + R) = 3Pc(\alpha - \beta)$
$(L - R) = Pc(1 - 6\alpha\beta);$
$S_r = -Pc \qquad S_l = +Pc.$
Im Bereich a: $\qquad$ Im Bereich b:
$M_y^0 = +\dfrac{y}{s} Pc \qquad M_y^0 = -\dfrac{y'}{s} Pc.$

Lastfall 29 [82]

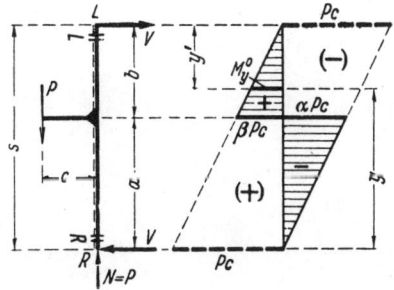

$L = Pc(1 - 3\alpha^2) \qquad R = Pc(3\beta^2 - 1)$
$(L + R) = 3Pc(\beta - \alpha)$
$(L - R) = Pc(6\alpha\beta - 1);$
$S_r = +Pc \qquad S_l = -Pc.$
Im Bereich a: $\qquad$ Im Bereich b:
$M_y^0 = -\dfrac{y}{s} Pc \qquad M_y^0 = +\dfrac{y'}{s} Pc.$

Lastfall 30 [77*]: Drehmoment im Uhrzeigersinn an beliebiger Stelle

$$\alpha = \frac{a}{s} \qquad \beta = \frac{b}{s} \qquad (\alpha + \beta = 1)$$

$$L = M(3\beta^2 - 1) \qquad R = M(1 - 3\alpha^2) \qquad (L + R) = 3M(\beta - \alpha)$$
$$(L - R) = M(1 - 6\alpha\beta) \qquad S_r = -M \qquad S_l = +M \qquad F = 0$$

Im Bereich a: $M_x^0 = -M\xi$ \qquad Im Bereich b: $M_x^0 = +M\xi'$.

Lastfall 31 [113]: Ungleichmäßige Temperaturänderung

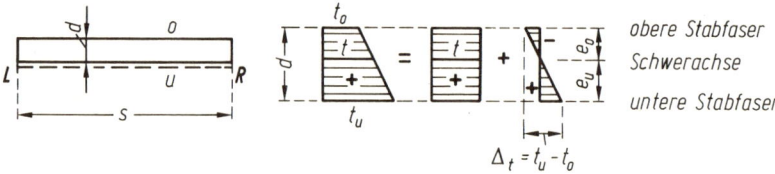

$$L = R = 3k_B \cdot s \cdot \frac{\alpha_t \Delta t}{d} \qquad S_r = S_l = F = M_x^0 = 0$$

mit $k_B = \dfrac{EI}{s}$ (Biegesteifigkeit des Stabes)

$\alpha_t = $ Wärmedehnkoeffizient

Lastfall 32 [114]: Stabdrehwinkel im Uhrzeigersinn

$$\psi = \frac{\delta_r - \delta_l}{s} = \frac{\delta}{s}$$

$$L = -R = 6k_B \psi$$

mit $k_B = \dfrac{EI}{s}$ wie vor. \qquad $S_r = S_l = F = M_x^0 = 0$.

2. Elastische Endeinspannung

a) Allgemeines

Der Bereich der „elastisch-drehbaren" Endeinspannung liegt zwischen den Grenzfällen „feste Einspannung" und „freie Drehbarkeit". Bei der elastischen Einspannung ist die Verdrehung am Stabende proportional dem zugehörigen Stabendmoment; und dies gilt unabhängig davon, wie der Stab selbst belastet ist, wie sein anderes Ende gelagert ist und ob es sich um einen verschieblichen oder unverschieblichen Stab handelt. Für ein Stabende mit elastischer Endeinspannung gilt also

$$(1) \quad \varphi = -\frac{M}{c}.$$

Dabei ist φ der Verdrehungswinkel des Endknotens, M das Stabendmoment in MNm und c die sogenannte „Drehfederkonstante" mit der Dimension MNm/rad bzw. MNm. Das Minuszeichen in (1) gilt dann allgemein, wenn die Vorzeichen von φ und M nach der „Drehregel" festgelegt sind. Das bedeutet, bei positivem Winkel φ dreht sich der Knoten im Uhrzeigersinn, und das positive Stabendmoment greift im Uhrzeigersinn drehend an.

Im Grenzfall der freien Drehbarkeit ist $c = 0$ und für φ ergibt sich wegen $M = 0$ aus (1) der unbestimmte Ausdruck 0/0. Für den anderen Grenzfall der vollen Einspannung muß wegen $\varphi = 0$ und $M \neq 0$ die Federkonstante c gegen unendlich gehen. Der Wertebereich von c liegt also zwischen 0 und ∞.

Die Drehfederkonstante ist demnach zur direkten Anwendung für Rahmenformeln nicht günstig. Sie läßt sich aber leicht durch die bequemere Festpunkt- oder Momentenfortleitungszahl ε ersetzen. In den **„Mehrfeldrahmen"**, Band 1*) ist – mit anderen Bezeichnungen – die Beziehung (2) abgeleitet:

$$(2) \quad \varepsilon = \frac{1}{2 + 6\dfrac{k_B}{c}}.$$

Die Umkehrung von (2) lautet

$$(3) \quad c = \frac{6k_B \varepsilon}{1 - 2\varepsilon}.$$

In (2) und (3) sind $k_B = \dfrac{EI}{l}$ die Biegesteifigkeit des Stabes in MNm und ε die Momentenfortleitungszahl. Bild 2 zeigt die Momentenfortleitung, auch für die Grenzfälle Gelenk ($c = 0$, $\varepsilon = 0$) und Starreinspannung ($c = \infty$, $\varepsilon = 0{,}5$).

---

*) Kleinlogel/Haselbach, Mehrfeldrahmen, Bd. I, Berlin 1959, Verlag von Wilhelm Ernst und Sohn.

Unbelasteter, unverschieblicher Stab mit Endauflager A unten; Momentenfortleitung von M_0 nach unten für:

1. Freie Drehbarkeit, Gelenk (Grenzfall von ε.)
2. Elastische Einspannung
3. Starre Einspannung (Grenzfall von ε)

Bild 2

	1.	2.	3.
$M_A =$	0	$-\varepsilon M_0$	$-0{,}5\,M_0$
$\varepsilon =$	0	$\dfrac{1}{2+6k_B/C}$	$0{,}5$
($C =$	0	$\dfrac{6k_B\varepsilon}{1-2C\varepsilon}$	∞)

Für den allgemeinen, also direkt belasteten und verschieblichen Rahmenstab gilt zwar die dargestellte Momentenfortleitung nicht mehr, aber trotzdem läßt sich der Einfluß elastischer Einspannung auf die Rahmenschnittgrößen mittels ε erfassen. Jede ε-Zahl liegt zwischen 0 und 0,5. Der Mittelwert ε = 0,25 könnte grob als „halbe Einspannung" angesehen werden. Um genauere Ergebnisse zu bekommen, müßte man zunächst die Drehfederkonstante c berechnen. Für ein elastisch eingespanntes Ende eines Rahmenriegels wäre dazu die etwaige Fortsetzung des Tragwerks, für den elastisch eingespannten Fuß eines Rahmenstieles der Einfluß der Gründung zu untersuchen. Aus dem so gefundenen Wert c ist dann mit Formel (2) die Momentenfortleitungszahl ε zu berechnen, die bei der Anwendung der Rahmenformeln als bekannt vorausgesetzt wird.

b) Elastische Einspannung durch den Baugrund

Die Einspannung von Rahmenstielen in Fundamente ist normalerweise nicht starr, sondern mehr oder weniger elastisch. Der Baugrund kann als Drehfeder betrachtet werden, deren Federkonstante c durch die Gleichung (4) erklärt wird

$$(4) \quad c = \frac{M_x}{\alpha}.$$

Hier ist M_x das Fußmoment und α der zugehörige Verdrehungswinkel der Gründungssohle (Bild 3). Dabei ist eine starre Verbindung zwischen Stielfuß und Fundament vorausgesetzt, was für Ortbeton immer, für Montagebauweisen bei guter Ausführung zutrifft. Die Aufgabe, c zu bestimmen, läuft also auf die Berechnung von α hinaus.

Nach Bild 3 geht der sehr kleine Verdrehungswinkel α der Gründungssohle nur aus den Setzungsdifferenzen s_y hervor:

(5) $\quad \alpha \approx \tan\alpha = \dfrac{2s_y}{a}.$

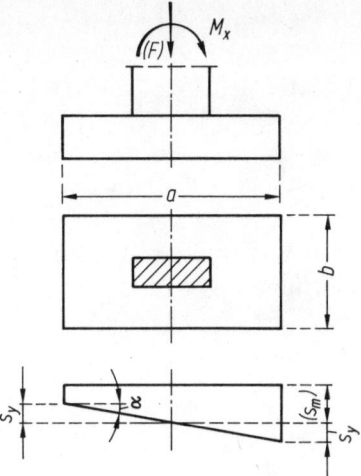

Bild 3

Ist nun der Bettungsmodul $k_s = \dfrac{\sigma}{s}$ [MN/m³] des Baugrundes bekannt, dann ergibt sich s_y aus der Randspannung infolge M_x zu

(6) $\quad s_y = \dfrac{\max \sigma_M}{k_s}.$

Setzt man für $\max \sigma_M = \dfrac{6M_x}{ba^2}$ ein, so folgt aus (5) und (6)

(7) $\quad \alpha = \dfrac{12M_x}{ba^3 k_s},$

und schließlich wird mit [4]

(8) $\quad c = \dfrac{M_x}{\alpha} = \dfrac{ba^3 k_s}{12}.$

Bei der Berechnung von c wird selbstverständlich vorausgesetzt, daß die Bodenfuge nicht reißt.

Es soll nun nicht auf theoretische Grundlagen der Setzungsberechnungen oder der Bestimmung von Bodenwerten eingegangen werden. Vielmehr seien aus der Literatur Quellen angegeben, nach denen sich praktisch brauchbare Werte für c ermitteln lassen. Dies soll anhand eines Zahlenbeispiels gezeigt werden. Es werden die Werte für dicht gelagerten Sand verwendet, und die Fundamentabmessungen seien $a = 3$ m, $b = 1{,}5$ m (Bild 3).

1) Berechnung von c aus k_s nach Gleichung (8).
1.1) k_s aus dem Einheitsbettungsmodul k_{s1}, siehe Beton-Kalender 1982 II, Seite 722,

Tabelle 2.5; Seite 723, Gleichung 2.7:

$$k_{s1} = 200 \text{ MN/m}^3, \qquad k_s = 200 \cdot \left(\frac{1{,}5 + 0{,}3}{2 \cdot 1{,}5}\right)^2 = 72 \text{ MN/m}^2$$

$$c = \frac{1{,}5 \cdot 3^3 \cdot 72}{12} = 243 \text{ MNm}.$$

1.2) k_s aus dem Steifemodul E_s, siehe Betonkalender 1982 II, Seite 703, Tafel 1.3; Seite 723, Gleichung 2.9:

$$E_s = 50 \text{ MN/m}^2$$

$$k_s = \frac{E_s}{f \cdot \sqrt{a \cdot b}} = \frac{50}{0{,}4 \cdot \sqrt{3 \cdot 1{,}5}} = 58{,}9 \text{ MN/m}^2$$

$$c = \frac{1{,}5 \cdot 3^3 \cdot 58{,}9}{12} = 198{,}9 \text{ MNm}.$$

Die beiden für c erhaltenen Werte weichen um mehr als 20 % voneinander ab, da sie aus stark schwankenden, also unsicheren Tabellenwerten abgeleitet sind. Sie könnten, solange keine genaueren Bodenwerte vorliegen, als Näherungswerte für Vorberechnungen verwendet werden.

Es wäre allerdings auch möglich, aus den beiden c-Werten die jeweils zugehörigen Momentenfortleitungszahlen ε zu bestimmen, um dann – durch zweimaliges Einsetzen in die Rahmenformeln – Grenzwerte für die Rahmenschnittgrößen zu berechnen. So kann man bei der Bemessung durchweg auf der sicheren Seite bleiben. –

Der Einfluß der elastischen Einspannung wird jedoch genauer erfaßt, wenn man anstatt der Tabellenwerte (z. B. aus dem Betonkalender) für den Einzelfall ermittelte Bodenwerte zugrundelegt.

2) Kennt man den aus Baugrunduntersuchungen stammenden genauen Wert des Steifemoduls E_s, so ist es sinnvoll, c nach Gleichung (10) direkt zu berechnen. Siehe hierzu Beton-Kalender 1982 II, Seite 713: Mit den Bezeichnungen von Bild 3 gilt

$$s_y = \frac{2M_x}{a^2 E_s} \cdot f_{(s.A)}, \text{ und mit (5) wird}$$

(9) $\quad \alpha = \dfrac{4M_x}{a^3 E_s} \cdot f_{(s.A)}.$

Setzt man (9) in (4) ein, so folgt schließlich

(10) $\quad c = \dfrac{a^3 E_s}{4 \cdot f_{(s.A)}}.$

Der Funktionswert $f_{(s.A)}$ ergibt sich durch Ablesen aus der Kurve für $a/b = 2$ und $z/b = 2$ zu 1,5. Damit wird für die Werte aus 1) mit $E_s = 50\,\text{MN/m}^2$

$$c = \frac{3^3 \cdot 50}{4 \cdot 1,5} = 225\,\text{MNm}.$$

Erwähnt sei noch das von Petersen*) angegebene Verfahren, welches für die oben gewählten Fundamentabmessungen, für die Steifezahl $E_s = 50\,\text{MN/m}^2$ (bei Petersen mit S bezeichnet), $\mu = 0,3$ und die Tiefe $z = 3,0\,\text{m}$, $c = 226,6\,\text{MNm}$ liefert; einen Wert, der mit dem oben ermittelten sehr gut übereinstimmt.

Nun soll noch das Zahlenbeispiel mit der Berechnung der Momentenfortleitungszahl ε in zwei Varianten abgeschlossen werden, wobei für die Stielhöhe des Rahmens $l = 5,0\,\text{m}$ und für die Drehfederkonstante der Gründung $c = 225\,\text{MNm}$ eingesetzt wird:

a) Stahlbetonstütze 40/100 cm, mit

$$E = 0,3 \cdot 10^5\,\text{MN/m}^2, \qquad I = 0,03333\,\text{m}^4,$$

$$k_B = \frac{0,3 \cdot 10^5 \cdot 0,03333}{5,0} = 200\,\text{MNm};$$

$$\varepsilon = \frac{1}{2 + 6 \cdot \dfrac{200}{225}} = 0,136.$$

b) Stahlstütze HE-B (IPB) 400, mit

$$E = 2,1 \cdot 10^5\,\text{MN/m}^2, \qquad I = 57,680 \cdot 10^{-5}\,\text{m}^4$$

$$k_B = \frac{2,1 \cdot 57,68}{5,0} = 24,23\,\text{MNm};$$

$$\varepsilon = \frac{1}{2 + 6 \cdot \dfrac{24,23}{225}} = 0,378.$$

---

*) Petersen, Statik und Stabilität der Baukonstruktionen, 2. Aufl., Braunschweig 1982, S. 912.

3. Momentenangriffe und Kragarmlasten

a) Allgemeines

Unmittelbare Formelanschriebe der statischen Größen für Momentenangriffe und Kragarmlasten sind in diesem Buche nur für einige wichtige bzw. häufige Rahmenformen gegeben. Aber alle diese Belastungsarten lassen sich ja mit Hilfe der Formeln für *beliebige Stabbelastung* erledigen. Die einzige Forderung ist nur, die aus dem Abschnitt „1. Belastungsglieder" zu entnehmenden Werte der Belastungsglieder richtig, d. h. unter Beachtung der gestrichelten Stabseite und der Vorzeichen in die Rahmenformeln einzusetzen. Da hierbei immerhin einiges zu beachten ist, soll für den weniger Geübten die Handhabung im nachfolgenden gezeigt werden. Um auf beschränktem Raum an ein und derselben Rahmenform möglichst viel und vollständig zu zeigen, wird eine einfache Rahmenform mit runden Abmessungszahlen gewählt. Bei jeder schwierigeren Rahmenform ist dann der Rechnungsgang im Prinzip der gleiche.

b) Beispiel: Momentenangriffe und Kragarmlasten bei Rahmenform 39

Für die anzusetzenden Bezeichnungen der Rahmenabmessungen sowie für die Festlegung der positiven Richtung aller Stützkräfte usw. ist das Titelblatt der Rahmenform 39, Seite 187, maßgebend.

Es sollen die in Bild 4 dargestellten 6 Fälle von Momentenangriffen und Kragarmlasten behandelt werden.

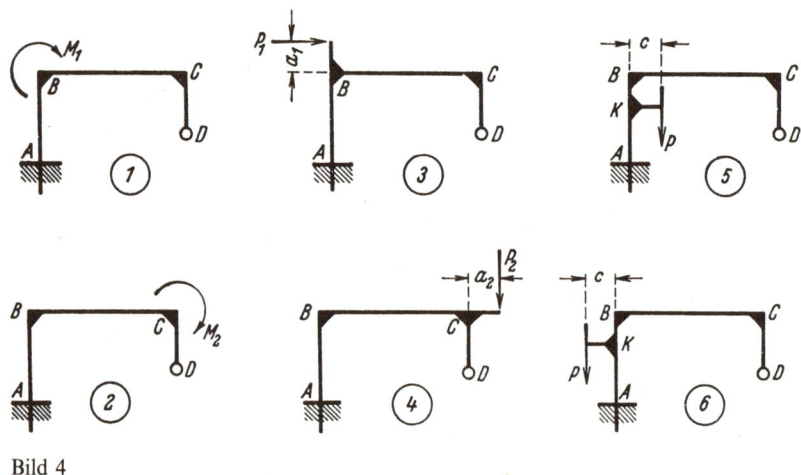

Bild 4

Die Stababmessungen seien gegeben mit:

$l = 10{,}0\,\text{m} \qquad h_1 = 6{,}0\,\text{m} \qquad h_2 = 4{,}0\,\text{m}\,.$

Ferner sei der Einfachheit wegen $k_1 = k_2 = 1$.

Mit diesen Zahlen werden die Festwerte S. 187 wie folgt:

$$m = \frac{6,0}{4,0} = 1,5$$

$$N = 3(1,5 \cdot 1 + 1)^2 + 4 \cdot 1(3 + 1,5^2) + 4 \cdot 1(3 \cdot 1 + 1) = 55,75$$

$$n_{11} = \frac{2(1,5^2 \cdot 1 + 1 + 1)}{55,75} = 0,1525 \qquad n_{22} = \frac{2(3 \cdot 1 + 1)}{55,75} = 0,1435$$

$$n_{12} = n_{21} = \frac{3 \cdot 1,5 \cdot 1 - 1}{55,75} = 0,0628.$$

Lastfall 1: Angriff eines Momentes M_1 im Eckpunkt B

Erste Möglichkeit. Betrachtet man den Momentenangriff M_1 als äußere Belastung des *Riegels*, so kommt der Fall 39/3, Seite 189, „Riegel beliebig senkrecht belastet" in Frage.

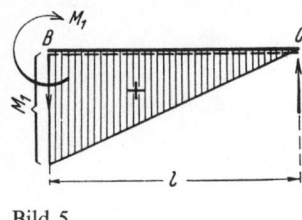

Bild 5

Die Wirkung des Momentenangriffs auf den einfachen Balken l sowie die Belastungsglieder sind zu entnehmen aus dem Abschnitt „Belastungsglieder", Lastfall 23, S. 476. In Bild 5 ist der Riegel als einfacher Balken dargestellt.

Es ist mit $M = M_1$ und $s = l$:

$$L = 2M_1 \qquad R = M_1 \qquad S_r = -M_1 \qquad S_l = +M_1.$$

Nach den Rahmenformeln Fall 39/3 werden nunmehr die Hilfswerte

$$X_1 = Ln_{11} + Rn_{21} = 2M_1 \cdot 0,1525 + M_1 \cdot 0,0628 = 0,3678 M_1$$

$$X_2 = Ln_{12} + Rn_{22} = 2M_1 \cdot 0,0628 + M_1 \cdot 0,1435 = 0,2691 M_1.$$

Weiterhin erhält man die Einspann- und Eckmomente zu

$$M_A = 1,5 \cdot 0,2691 M_1 - 0,3678 M_1 = +0,0359 M_1$$

$$M_B = -0,3678 M_1 \qquad M_C = -0,2691 M_1.$$

Diese Momente, an die Systemachse angetragen, ergeben zunächst den in Bild 6 dargestellten Schlußlinienzug 1 bis 6. Für die Stiele sind die Geraden 1–2 und 5–6 die endgültigen Momentenlinien, da hier ja keine äußere Belastung vorliegt. An die Schlußlinie 3–4 des Riegels muß aber noch die M^0-Fläche aus Bild 5 angetragen werden, so daß für den Riegel die endgültige Momentenlinie 3'–4 entsteht. Das *Riegel*-Eckmoment – hier mit M_{BR} bezeichnet – ergibt sich also zu

$$M_{BR} = M_B + M_1 = -0,3678 M_1 + M_1 = +0,6322 M_1.$$

Der Vollständigkeit wegen kann man das zuerst errechnete Eckmoment M_B, welches ja nur im *Stiel* erscheint, mit M_{BS} bezeichnen.

Schließlich erhält man weiterhin nach Fall 39/3

$$V_A = \frac{-M_1}{10,0} + \frac{0,3678 M_1 - 0,2691 M_1}{10,0} = -0,0901 M_1$$

$$V_D = -V_A = +0,0901 M_1 \qquad H_A = H_D = \frac{0,2691 M_1}{4,0} = 0,0673 M_1.$$

In Bild 6 sind die Pfeile der Auflagerkräfte eingetragen.

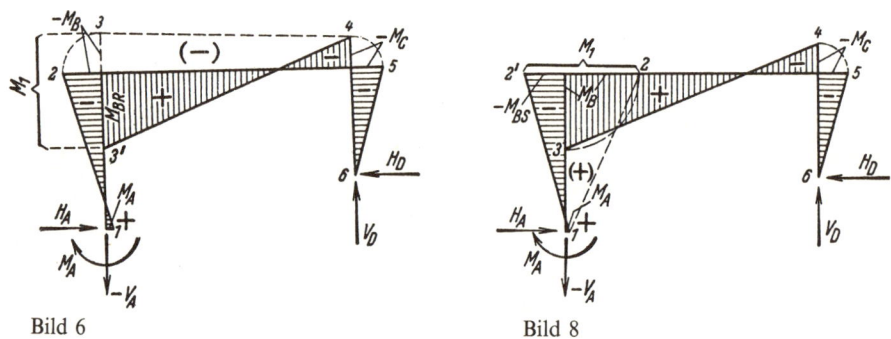

Bild 6 · Bild 8

Zweite Möglichkeit. Ebensogut hätte man den Momentenangriff M_1 als äußere Belastung des *linken Stieles* auffassen können. Es käme dann der etwas umständliche Fall 39/1, Seite 188, „Linker Stiel beliebig waagerecht belastet" in Frage.

Unter Beachtung der Lage des Angriffsmoments M_1 zur gestrichelten Stabseite des linken Stieles h_1 sind die Belastungsglieder nach Lastfall 24, Seite 476, des Abschnitts „Belastungsglieder" anzusetzen. Es ist nur noch zu beachten, daß das Moment M_1 des vorliegenden Beispiels entgegengesetzten Drehsinn hat im Vergleich zu dem Moment M des Lastfalles 24. In Bild 7 ist der Stiel als einfacher Balken samt M^0-Fläche dargestellt.

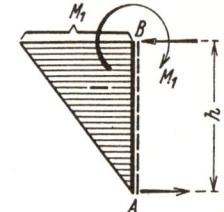

Bild 7

Es ist mit $M = -M_1$ und $s = h_1$:

$$L = -M_1 \qquad R = -2M_1 \qquad (L+R) = -3M_1$$
$$S_r = -M_1 \qquad S_l = -(-M_1) = +M_1 \qquad (W = 0).$$

Nach den Rahmenformeln Fall 39/1 werden nunmehr die Hilfswerte wie folgt:

$$B_1 = [3M_1 - (-3M_1)]1 = 6,0 M_1$$
$$B_2 = [2M_1 - (-M_1)]1,5 \cdot 1 = 4,5 M_1.$$
$$X_1 = M_1(+6,0 \cdot 0,1525 - 4,5 \cdot 0,0628) = +0,6324 M_1$$
$$X_2 = M_1(-6,0 \cdot 0,0628 + 4,5 \cdot 0,1435) = +0,2690 M_1.$$

Weiterhin die Einspann- und Eckmomente

$$M_A = M_1(-1 + 0,6324 + 1,5 \cdot 0,2690) = +0,0359 M_1$$
$$M_B = +0,6324 M_1 \qquad M_C = -0,2690 M_1.$$

Diese Momente, wiederum an die Systemachse angetragen, ergeben zunächst den in Bild 8 dargestellten Schlußlinienzug 1 bis 6. Jetzt sind die Geraden 3–4 und 5–6 die endgültigen Momentenlinien für Riegel und rechten Stiel. An die Schlußlinie 1–2 des linken Stieles muß die M^0-Fläche aus Bild 7 angetragen werden, so daß die endgültige Momentenlinie 1–2' entsteht. Das *Stiel*-Eckmoment M_{BS} ergibt sich mithin zu

$$M_{BS} = M_B - M_1 = +0{,}6324 M_1 - M_1 = -0{,}3676 M_1.$$

Bis auf unwesentliche Abweichungen in der vierten Dezimalstelle stimmen also die Ergebnisse der beiden Rechenmöglichkeiten genau überein.

Schließlich seien noch die Auflagerkräfte auch nach Fall 39/1 angesetzt:

$$V_D = -V_A = \frac{(0{,}6324 + 0{,}2690) M_1}{10{,}0} = 0{,}0901 M_1$$

und, da $W = 0$,

$$H_D = H_A = \frac{0{,}2690 M_1}{4{,}0} = 0{,}0673 M_1.$$

Lastfall 2: Angriff eines Momentes M_2 im Eckpunkt C

Mit dem Hinweis auf die sehr ausführliche Beschreibung beim Lastfall 1 gestaltet sich die Behandlung des Lastfalles 2 kurzgefaßt wie folgt.

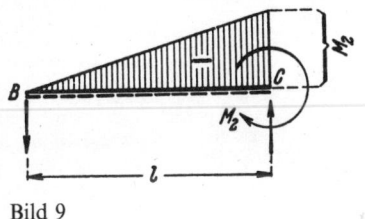

Bild 9

Erste Möglichkeit. Auffassung von M_2 als äußere Belastung des *Riegels*.

Berechnung nach den Rahmenformeln Fall 39/3, S. 189. Belastungsglieder nach Lastfall 24, S. 476. Bild 9 zeigt die Sachlage am einfachen Balken l.

Mit $M = -M_2$ und $s = l$ werden

$$L = -M_2 \qquad R = -2M_2 \qquad S_r = -M_2 \qquad S_l = +M_2.$$

Eingesetzt in die Formeln von Fall 39/3

$$X_1 = -M_2(0{,}1525 + 2 \cdot 0{,}0628) = -0{,}2781 M_2$$
$$X_2 = -M_2(0{,}0628 + 2 \cdot 0{,}1435) = -0{,}3498 M_2$$
$$M_A = M_2(-1{,}5 \cdot 0{,}3498 + 0{,}2781) = -0{,}2466 M_2$$
$$M_B = +0{,}2781 M_2 \qquad M_C = M_{CS} = +0{,}3498 M_2$$
$$M_{CR} = M_{CS} - M_2 = M_2(+0{,}3498 - 1) = -0{,}6502 M_2$$
$$V_A = \frac{M_2(-1 - 0{,}2781 + 0{,}3498)}{10{,}0} = -0{,}0928 M_2 = -V_D$$
$$H_A = H_D = \frac{-0{,}3498 M_2}{4{,}0} = -0{,}0875 M_2.$$

Im Bild 10 ist die endgültige Momentenfläche mit den zugehörigen Auflagerkräften aufgetragen.

Zweite Möglichkeit (zur Kontrolle): Auffassung von M_2 als äußere Belastung des *rechten Stieles*.

Berechnung nach den Rahmenformeln Fall 39/2, S. 188. Belastungsglieder nach Lastfall 23 S. 476, mit $M = +M_2$ (s. Bild 11).

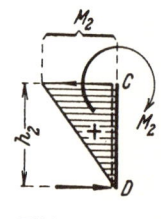

Bild 10

$$L = +2M_2 \qquad S_r = -M_2 \qquad W = 0.$$

Eingesetzt:

$$B_1 = 3 \cdot 1{,}5(-M_2)1 = -4{,}5 M_2$$
$$B_2 = 2 \cdot 1{,}5^2(-M_2) \cdot 1 - 2 M_2 \cdot 1 = -6{,}5 M_2$$
$$X_1 = M_2(-4{,}5 \cdot 0{,}1525 + 6{,}5 \cdot 0{,}0628) = -0{,}2781 M_2$$
$$X_2 = M_2(+4{,}5 \cdot 0{,}0628 - 6{,}5 \cdot 0{,}1435) = -0{,}6502 M_2$$
$$M_A = M_2[1{,}5(-1 + 0{,}6502) + 0{,}2781] = -0{,}2466 M_2$$
$$M_B = +0{,}2781 M_2 \qquad M_C = M_{CR} = -0{,}6502 M_2$$
$$M_{CS} = M_{CR} + M_2 = M_2(-0{,}6502 + 1) = +0{,}3498 M_2$$
$$V_A = -V_D = \frac{M_2(-0{,}2781 - 0{,}6502)}{10{,}0} = -0{,}0928 M_2$$
$$H_A = H_D = \frac{M_2(-1 + 0{,}6502)}{4{,}0} = -0{,}0875 M_2.$$

Bild 11

Die beiden Möglichkeiten zeitigen somit die gleichen Endergebnisse.

Lastfall 3: Angriff einer waagerechten Einzellast P_1 am nach oben verlängerten linken Stiel

Hier liegt ein zusammengesetzter Lastfall vor. Wie in Bild 12 gezeigt ist, läßt sich der Lastfall 3 in die 2 einfachen Lastfälle 3a und 3b zerlegen.

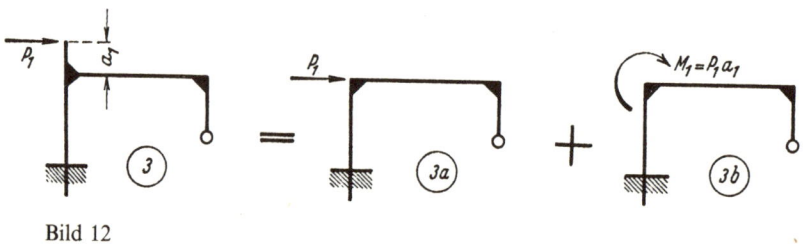

Bild 12

Fall 3a wird nach Fall 39/1, S. 188, berechnet, wobei P_1 als Belastung des linken Stieles aufgefaßt wird.

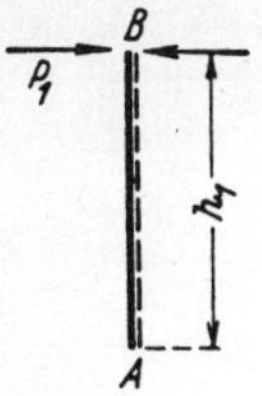

Nach „Belastungsglieder", Lastfall 7, S. 471, ist für eine Belastung gemäß Bild 13 mit $P = P_1$, $s = a = h_1$ und $b = 0$

$$L = R = 0 \qquad S_l = +P_1 h_1 = 6{,}0 P_1 \qquad S_r = 0 \qquad F = W = P_1.$$

In die Formeln von Fall 39/1 eingesetzt:

$$B_1 = [3 \cdot 6{,}0 P_1 - 0] 1 = 18{,}0 P_1$$
$$B_2 = [2 \cdot 6{,}0 P_1 - 0] 1{,}5 \cdot 1 = 18{,}0 P_1.$$

Bild 13

Da zufällig $B_1 = B_2$ geworden ist, so kommt

$$X_1 = 18{,}0 P_1 (+0{,}1525 - 0{,}0628) = 1{,}615 P_1$$
$$X_2 = 18{,}0 P_1 (-0{,}0628 + 0{,}1435) = 1{,}453 P_1$$
$$M_A = P_1 (-6{,}0 + 1{,}615 + 1{,}5 \cdot 1{,}453) = -2{,}206 P_1$$
$$M_B = +1{,}615 P_1 \qquad M_C = -1{,}453 P_1$$
$$V_D = -V_A = \frac{(1{,}615 + 1{,}453) P_1}{10{,}0} = 0{,}307 P_1$$
$$H_D = \frac{1{,}453 P_1}{4{,}0} = 0{,}363 P_1 \qquad H_A = -(P_1 - 0{,}363 P_1) = -0{,}637 P_1.$$

Fall 3b ist genau derselbe wie Lastfall 1, nur ist $M_1 = P_1 a_1$ zu setzen. Mit Bezug auf die Ergebnisse des Lastfalles 1 von S. 485/486 kann also sofort geschrieben werden

$$M_A = +0{,}0359 P_1 a_1 \qquad M_C = -0{,}2691 P_1 a_1$$
$$M_{BS} = -0{,}3678 P_1 a_1 \qquad M_{BR} = +0{,}6322 P_1 a_1$$
$$V_D = -V_A = 0{,}0901 P_1 a_1 \qquad H_A = H_D = 0{,}0673 P_1 a_1.$$

Die Fälle 3a und 3b, zu Fall 3 zusammengesetzt, geben schließlich

$$M_A = (-2{,}206 + 0{,}0359 a_1) P_1 \qquad M_C = -(1{,}453 + 0{,}2691 a_1) P_1$$
$$M_{BS} = (+1{,}615 - 0{,}3678 a_1) P_1 \qquad M_{BR} = +(1{,}615 + 0{,}6322 a_1) P_1$$
$$V_D = -V_A = (0{,}307 + 0{,}0901 a_1) P_1$$
$$H_A = (-0{,}637 + 0{,}0673 a_1) P_1 \qquad H_D = (0{,}363 + 0{,}0673 a_1) P_1.$$

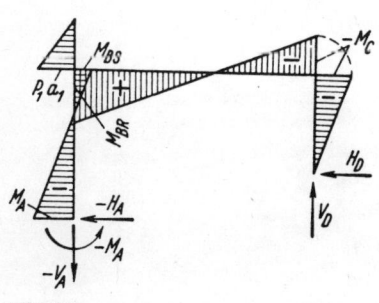

Bild 14

Beispielsweise werden für $P_1 = 1 \text{kN}$ und $a_1 = 2{,}0 \text{m}$ die Momente und Kräfte wie folgt:

$$M_A = -2{,}134 \text{kNm} \qquad M_C = -1{,}991 \text{kNm}$$
$$M_{BS} = +0{,}879 \text{kNm} \qquad M_{BR} = +2{,}879 \text{kNm}$$
$$V_A = -V_D = -0{,}487 \text{kN}.$$
$$H_A = -0{,}502 \text{kN} \qquad H_D = 0{,}498 \text{kN}.$$

In Bild 14 ist der Momentenverlauf dargestellt.

Lastfall 4: Angriff einer senkrechten Einzellast P_2 am nach rechts verlängerten Riegel

Auch dieser Lastfall ist ein zusammengesetzter und läßt sich gemäß Bild 15 in 2 einfache Lastfälle zerlegen.

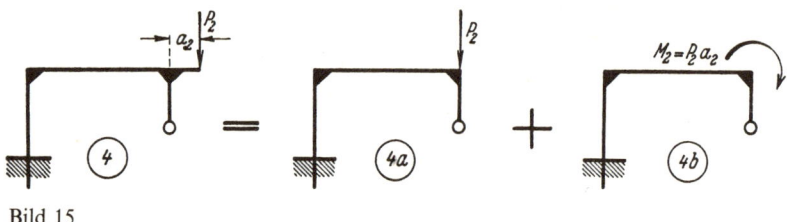

Bild 15

Fall 4a bedarf keiner besonderen Berechnung. P_2 wird unmittelbar als Axialkraft durch den rechten Stiel geleitet und erzeugt lediglich den Auflagerdruck $V_D = P_2$.

Fall 4b ist genau derselbe wie Lastfall 2, nur ist $M_2 = P_2 a_2$ zu setzen.

Lastfall 5: Konsollast an der Innenseite des linken Stieles (s. Bild 4, S. 484)

Dieser Lastfall ließe sich, ähnlich wie Lastfall 4, ebenfalls in 2 einfache Lastfälle zerlegen, nämlich in

Fall 5a: Einzellast P im Punkte K der Stielachse und

Fall 5b: Momentenangriff $M = Pc$ im Punkte K.

Da aber der Fall der Konsollast häufig auftritt (Kranbahnen!), sind hierfür auf S. 477 handgerechte Belastungsglieder gegeben.

Im vorliegenden Lastfall 5 liegt sowohl die gestrichelte Linie als auch die Krankonsole rechts der senkrechten Stielachse. Demnach sind die Belastungsglieder Lastfall 26, S. 477, zu verwenden.

Es sei gegeben $a = 4{,}80$ m, $b = 1{,}20$ m. Dann ist mit $s = h_1 = 6{,}0$ m

$$\alpha = \frac{4{,}80}{6{,}0} = 0{,}8 \qquad \beta = 1 - 0{,}8 = 0{,}2$$

$$L = Pc(3 \cdot 0{,}2^2 - 1) = -0{,}88 Pc \qquad S_r = -Pc$$

$$R = Pc(1 - 3 \cdot 0{,}8^2) = -0{,}92 Pc \qquad S_l = +Pc$$

$$(L + R) = -1{,}80 Pc \qquad W = 0.$$

Die M^0-Fläche hat die in Bild 16 dargestellte Gestalt.

Zur Berechnung der Rahmenmomente kommt der Fall 39/1, S. 188, „Linker Stiel beliebig waagerecht belastet" in Frage. Daß hier keine *waagerechte* Belastung vorliegt, sondern ein Momentenangriff, kommt lediglich darin zum Ausdruck, daß $W = 0$ ist.

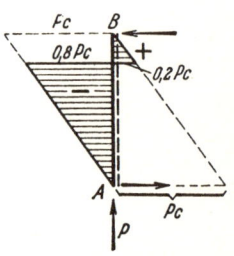

Bild 16

$B_1 = Pc[3 \cdot 1 - (-1{,}80)]1 = 4{,}80Pc$

$B_2 = Pc[2 \cdot 1 - (-0{,}88)]1{,}5 \cdot 1 = 2{,}88Pc$

$X_1 = Pc(+4{,}80 \cdot 0{,}1525 - 2{,}88 \cdot 0{,}0628) = 0{,}551Pc$

$X_2 = Pc(-4{,}80 \cdot 0{,}0628 + 2{,}88 \cdot 0{,}1435) = 0{,}112Pc$

$M_A = Pc[-1 + 0{,}551 + 1{,}5 \cdot 0{,}112] = -0{,}281Pc$

$M_B = +0{,}551Pc \qquad M_C = -0{,}112Pc.$

Bei der Ausrechnung der Auflagerdrücke ist zu beachten, daß der Formelanschrieb für $V_D = -V_A$ bei Fall 49/1 im vorliegenden Fall nur für den Fall 5b, also nur für den Momentenangriff Pc gilt. Der Fall 5a, Einzellast P in der Stielachse, erzeugt für sich allein $V_A = P$ und $V_D = 0$. Unter Beachtung dieses Umstandes kommt also

$V_A = P - \dfrac{0{,}551Pc + 0{,}112Pc}{10{,}0} = (1 - 0{,}066c)P$

$V_D = +0{,}066Pc \qquad H_D = H_A = \dfrac{0{,}112Pc}{4{,}0} = 0{,}028Pc.$

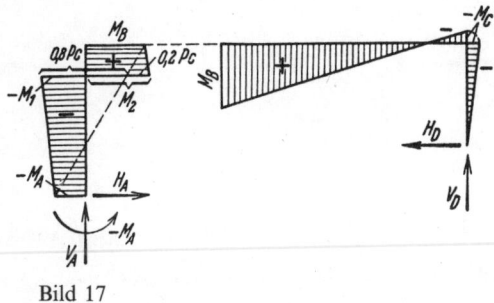

Bild 17

In Bild 17 ist der Momentenverlauf dargestellt. Der Deutlichkeit wegen wurde der linke Stiel vom Rahmen abgetrennt. Die M^0-Fläche Bild 16 ist an die gestrichelte Schlußlinie anzutragen. Die endgültigen Momente am Knotenpunkt K errechnen sich nach der Formel für M_{y1} von Fall 39/1 wie folgt:

$M_1 = -0{,}8Pc + 0{,}2(-0{,}281Pc) + 0{,}8 \cdot 0{,}551Pc = -0{,}415Pc$

$M_2 = M_1 + Pc = +0{,}585Pc.$

Lastfall 6: Konsollast an der Außenseite des linken Stieles

Wenn die gleichen Maße a und b vorliegen wie beim Lastfall 5, so hat jetzt das Moment Pc gegenüber demselben vom Lastfall 5 nur den Drehsinn gewechselt. Das hat zur Folge, daß für den Lastfall 6 der Momentenverlauf des Lastfalles 5 gilt, aber mit durchweg entgegengesetzten Vorzeichen (s. Bild 17). Das gleiche gilt natürlich von den Kräften aus dem Moment Pc. Für V_A ist zu beachten, daß der Teilfall „Einzellast im Punkte K der Stielachse" bei beiden Lastfällen (5 und 6) der gleiche ist. Es ist also für den Lastfall 6

$V_A = (1 + 0{,}066c)P \qquad V_D = -0{,}066Pc.$

Wenn der Lastfall 5 nicht schon fertig vorläge, so müßten für den Lastfall 6 die Belastungsglieder nach S. 477, Lastfall 27, ermittelt werden. Eine Betrachtung dieser Formeln zeigt aber, daß diese die mit -1 multiplizierten Formeln des Lastfalles 26, S. 477, sind.

4. Einflußlinien

a) Allgemeines

Die Verwendung von Einflußlinien kommt praktisch wohl nur für Rahmen mit waagerechtem oder schwach geneigtem Riegel in Frage; also etwa für die Rahmenformen 1 bis 6, 27 bis 50, 61 bis 76 und 95 bis 99.

Alle Einflußlinien-Gleichungen für eine über den Riegel wandernde Einzellast $P = 1$ haben die Grundform

(1) $\quad y = e' \cdot \omega_D' + e \cdot \omega_D$.

Diese Grundform stellt den Einfluß der statisch unbestimmten Riegelendpunktmomente dar. Für alle Eck- und Einspannmomente gilt die Form der Gl. 1 unmittelbar. Bei den Einflußlinien-Gleichungen für Feldmomente, Querkräfte und Auflagerdrücke tritt je noch ein Glied zur Grundform Gl. 1 hinzu als Anteil vom „Riegel als einfacher Balken" (s. später).

Die Größen e' und e sind Rahmen-Festwerte, die natürlich auch mit negativem Vorzeichen auftreten können.

Die ω-Zahlen sind Funktionen der Verhältniszahlen

(2) $\quad \xi = \dfrac{x}{l} \quad \text{und} \quad \xi' = \dfrac{x'}{l}$.

Es ist nämlich

(3) $\quad \omega_D' = \xi' - \xi'^3 \quad \text{und} \quad \omega_D = \xi - \xi^3$.

In Bild 18 ist die Grundform der Einflußlinie dargestellt. t und t' sind die Abschnitte der Endtangenten der Einflußlinie auf den Gegensenkrechten. Nach **„Belastungsglieder"**[1]), Seite 46, Bild 21 ergeben sich sofort

(4) $\quad \begin{cases} t = e' + 2e \quad \text{und} \\ t' = 2e' + e. \end{cases}$

Sind kragarmartige Riegelverlängerungen vorhanden, so setzt sich die Riegel-Einflußlinie geradlinig als Tangente auf die ganze Kragarmlänge fort. Mit Bezug auf Bild 18 werden dann die Kragarm-Endordinaten wie folgt:

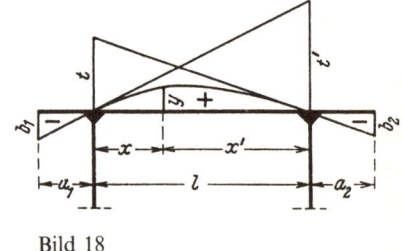

Bild 18

(5) $\quad b_1 = -t'\alpha_1 \quad \text{und} \quad b_2 = -t\alpha_2$.

wobei

(6) $\quad \alpha_1 = \dfrac{a_1}{l} \quad \text{und} \quad \alpha_2 = \dfrac{a_2}{l}$.

Ausgangspunkt für die Aufstellung der Einflußlinien-Gleichungen für eine bestimmte Rahmenform ist jeweils der Lastfall „*Riegel beliebig senkrecht belastet*". In diesen Rahmenformeln ist zu setzen:

---

[1]) Siehe die Fußnote * S. 469.

(7) $\begin{cases} L = l \cdot \omega'_D & R = l \cdot \omega_D \\ S_r = l \cdot \xi' & S_l = l \cdot \xi \quad F = 1. \end{cases}$

Die praktische Anwendung des obigen soll nachstehend an einem Zahlenbeispiel gezeigt werden[2]).

b) Zahlenbeispiel für die Aufstellung von Einflußlinien-Gleichungen

Für den in Bild 19 dargestellten Rahmen der Form 34 sollen die Einflußlinien für eine über den durch beiderseitige Kragarme verlängerten Riegel wandernde Einzellast $P = 1$ für alle statischen Größen errechnet und konstruiert werden.

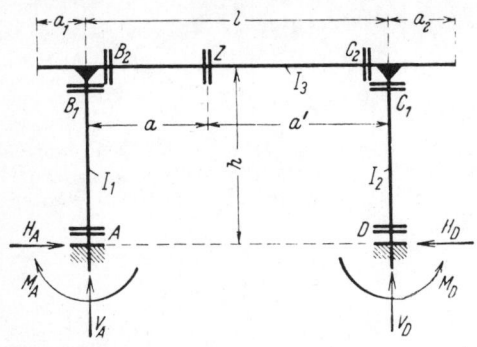

Bild 19

Die Rahmenabmessungen sind folgende:

$l = 8{,}40\,\text{m} \qquad h = 4{,}80\,\text{m}$
$a_1 = 1{,}35\,\text{m} \qquad a_2 = 1{,}80\,\text{m}.$

Die Stabträgheitsmomente wurden wie folgt festgelegt:

$I_1 = 0{,}0072\,\text{m}^4 \quad I_2 = 0{,}0216\,\text{m}^4$
$I_3 = 0{,}0114\,\text{m}^4.$

Zunächst werden die Festwerte nach Titelblatt S. 169 bzw. 183 errechnet.

$$k_1 = \frac{114}{72} \cdot \frac{4{,}80}{8{,}40} = 0{,}905 \qquad k_2 = \frac{114}{216} \cdot \frac{4{,}80}{8{,}40} = 0{,}302$$

$R_1 = 2(3 \cdot 0{,}905 + 1) = 7{,}430 \qquad\qquad k_1^2 = 0{,}819$
$R_2 = 2(1 + 3 \cdot 0{,}302) = 3{,}812 \qquad\qquad k_1 k_2 = 0{,}273$
$R_3 = 2(0{,}905 + 0{,}302) = 2{,}414 \qquad\qquad k_2^2 = 0{,}091$
$N = (6 \cdot 0{,}273 + 2{,}414)(0{,}905 + 1 + 0{,}302) + 12 \cdot 0{,}273 = 12{,}22$

$$n_{11} = \frac{3{,}810 \cdot 2{,}414 - 9 \cdot 0{,}091}{3 \cdot 12{,}22} = 0{,}2286$$

$$n_{22} = \frac{7{,}430 \cdot 2{,}414 - 9 \cdot 0{,}819}{3 \cdot 12{,}22} = 0{,}2884$$

$$n_{33} = \frac{7{,}430 \cdot 3{,}812 - 1}{3 \cdot 12{,}22} = 0{,}7450$$

$$n_{12} = n_{21} = \frac{9 \cdot 0{,}273 - 2{,}414}{3 \cdot 12{,}22} = 0{,}0011$$

$$n_{13} = n_{31} = \frac{0{,}905 \cdot 3{,}812 - 0{,}302}{12{,}22} = 0{,}2574$$

$$n_{23} = n_{32} = \frac{7{,}430 \cdot 0{,}302 - 0{,}905}{12{,}22} = 0{,}1096$$

---

[1]) Eine sehr ausführliche Herleitung der Einflußlinien bzw. Einflußlinien-Gleichungen für den „einfachen Balken als Element des Durchlaufträgers" und für „Durchlaufträger" selbst – welche Herleitungen sinngemäß natürlich auch für „Rahmenriegel" gelten – befindet sich in dem Werk „*Kleinlogel* u. *Haselbach*, **Durchlaufträger**", 7. Auflage, zweiter Band – Abschnitt O, Seite 405 bis 478.

Für die Rahmenform 34 sind keine besonderen Formeln für beliebige Belastung der Einzelstäbe gegeben. Vielmehr ist auf Seite 169 auf die Benutzung der diesbezüglichen Formeln der Rahmenform 38 hingewiesen mit der Maßgabe, daß dort $h_1 = h_2 = h$ und $n = 1$ zu setzen ist. Somit geschieht die weitere Berechnung nach S. 186 **Fall 38/5**: „Riegel beliebig senkrecht belastet".

Es ist nun nach den Formeln 7, S. 493, zu setzen:

$$L = 8{,}40\omega'_D \qquad R = 8{,}40\omega_D \qquad S_r = 8{,}40\xi' \qquad F = 1.$$

Die Hilfswerte X lauten dann:

$$X_1 = 8{,}40(0{,}2286\omega'_D + 0{,}0011\omega_D) = 1{,}920\omega'_D + 0{,}009\omega_D$$
$$X_2 = 8{,}40(0{,}0011\omega'_D + 0{,}2884\omega_D) = 0{,}009\omega'_D + 2{,}423\omega_D$$
$$X_3 = 8{,}40(0{,}2574\omega'_D + 0{,}1096\omega_D) = 2{,}162\omega'_D + 0{,}921\omega_D.$$

Bemerkung: Es bleibt dem Rechnenden überlassen, die Riegellänge $l = 8{,}40$ m entweder gleich von Anfang an mit einzumultiplizieren oder jeweils erst später, wenn die Einflußlinien ausgewertet werden. – Wegen der Darstellungsform der Einflußlinien-Gleichungen mittels ω'_T- und ω_T-Werten muß auf das Buch **„Belastungsglieder"** (a. a. O.) verwiesen werden.

Einflußlinie für das Einspannungsmoment M_A

Nach Fall 38/5 ist $M_A = X_3 - X_1$, also

$$y = (2{,}162 - 1{,}920)\omega'_D + (0{,}921 - 0{,}009)\omega_D = 0{,}242\omega'_D + 0{,}912\omega_D.$$

Die Tangentenabschnitte werden nach Gl. 4, S. 492,

$$t = 0{,}242 + 2 \cdot 0{,}912 = 2{,}066 \text{ m} \qquad t' = 2 \cdot 0{,}242 + 0{,}912 = 1{,}396 \text{ m}.$$

Mit $\quad \alpha_1 = \dfrac{1{,}35}{8{,}40} = 0{,}161 \quad$ und $\quad \alpha_2 = \dfrac{1{,}80}{8{,}40} = 0{,}214$

nach Gl. 6, S. 492, werden nach Gl. 5, S. 492, die Endordinaten der Kragarme

$$b_1 = -1{,}396 \cdot 0{,}161 = -0{,}224 \text{ m} \qquad b_2 = -2{,}066 \cdot 0{,}214 = -0{,}443 \text{ m}.$$

Die Ordinaten y errechnet man am besten tabellarisch. Für vorliegendes Beispiel möge die Ermittlung der Ordinaten in den *Zehntelpunkten* des Riegels genügen. Hierbei werden die ω'_D- und ω_D-Zahlen aus **„Belastungsglieder"** (a. a. O.) S. 233 entnommen.

ξ	ω'_D	ω_D	$0{,}242\omega'_D$	$0{,}912\omega_D$	y (in m)
0,0	0,0	0,0	0,0	0,0	0,0
0,1	0,171	0,099	0,042	0,090	0,132
0,2	0,288	0,192	0,070	0,175	0,245
0,3	0,357	0,273	0,086	0,249	0,335
0,4	0,384	0,336	0,093	0,307	0,400
0,5	0,375	0,375	0,090	0,342	0,432
0,6	0,336	0,384	0,081	0,350	0,431
0,7	0,273	0,357	0,066	0,326	0,392
0,8	0,192	0,288	0,046	0,262	0,308
0,9	0,099	0,171	0,024	0,156	0,180
1,0	0,0	0,0	0,0	0,0	0,0

Die Einflußlinie ist in Bild 20, S. 498, aufgetragen.

Einflußlinie für das Stielkopfmoment M_{B1}

Nach Fall 38/5, Seite 186, ist $M_B = -X_1$; mithin

$$y = -1{,}920\omega'_D - 0{,}009\omega_D.$$

Ferner werden

$$t = -1{,}920 - 2 \cdot 0{,}009 = -1{,}938\,\text{m} \qquad t' = -2 \cdot 1{,}920 - 0{,}009 = -3{,}849\,\text{m}$$
$$b_1 = 3{,}849 \cdot 0{,}161 = +0{,}615\,\text{m} \qquad b_2 = 1{,}938 \cdot 0{,}214 = +0{,}416\,\text{m}.$$

Die Ermittlung der Ordinaten y geht entsprechend vor sich wie für M_A. Im Bild 20 ist die Einflußlinie aufgetragen.

Einflußlinie für das Stützmoment M_{B2}

Diese Einflußlinie ist bis auf den Kragarm a_1 genau wie für M_{B1}. Es wird jetzt

$$b_1 = +0{,}615 - a_1 = +0{,}615 - 1{,}35 = -0{,}735\,\text{m}.$$

Im Bild 20, S. 498, ist die Einflußlinie für M_{B2} mit derjenigen für M_{B1} zusammengelegt. Die Abweichung beim linken Kragarm ist gestrichelt.

Einflußlinie für das Stielkopfmoment M_{C1}

Nach Fall 38/5 ist $M_C = -X_2$; mithin

$$y = -0{,}009\omega'_D - 2{,}423\omega_D.$$
$$t = -0{,}009 - 2 \cdot 2{,}423 = -4{,}855\,\text{m} \qquad t' = -2 \cdot 0{,}009 - 2{,}423 = -2{,}441\,\text{m}$$
$$b_1 = 2{,}441 \cdot 0{,}161 = +0{,}392\,\text{m} \qquad b_2 = 4{,}855 \cdot 0{,}214 = +1{,}037\,\text{m}.$$

In Bild 20 ist die Einflußlinie dargestellt.

Einflußlinie für das Stützmoment M_{C2}

Diese Einflußlinie ist bis auf den Kragarm a_2 genau wie für M_{C1}. Es wird jetzt

$$b_2 = +1{,}037 - 1{,}80 = -0{,}763\,\text{m}.$$

Siehe hierzu die Darstellung in Bild 20.

Einflußlinie für das Einspannmoment M_D

Nach Fall 38/5 ist $M_D = nX_3 - X_2$, also wird mit $n = 1$

$$y = (2{,}162 - 0{,}009)\omega'_D + (0{,}921 - 2{,}423)\omega_D = 2{,}153\omega'_D - 1{,}502\omega_D$$
$$t = 2{,}153 - 2 \cdot 1{,}502 = -0{,}851\,\text{m} \qquad t' = 2 \cdot 2{,}153 - 1{,}502 = +2{,}804\,\text{m}$$
$$b_1 = -2{,}804 \cdot 0{,}161 = -0{,}453\,\text{m} \qquad b_2 = +0{,}851 \cdot 0{,}214 = +0{,}182\,\text{m}.$$

In Bild 20, S. 498, ist die Einflußlinie dargestellt.

Einflußlinie für das Riegel-Feldmoment M_Z

Als Ausgangspunkt für die Aufstellung der Einflußlinien-Gleichung dient die beim Fall 38/5, Seite 186, angegebene Gleichung für das Moment an beliebiger Stelle des Riegels

$$M_x = M_x^0 + \frac{x'}{l}M_B + \frac{x}{l}M_C.$$

Soll die Einflußlinien-Gleichung für den durch a und a' festgelegten Punkt Z (s. Bild 19, S. 493) gebildet werden, so müssen in obiger Gleichung x' durch a' und x durch a ersetzt werden. Es wird gesetzt

(8) $\alpha' = \dfrac{a'}{l}$ und $\alpha = \dfrac{a}{l}$.

Der Ausdruck M_x^0, das ist das Moment des einfachen Balkens, muß etwas näher betrachtet werden. Bewegt sich die Einzellast $P=1$ im Bereich a oder im Bereich a', so ist

$$M_z^0 = \frac{1x}{l}a' = a'\xi \quad \text{bzw.} \quad M_z^0 = \frac{1x'}{l}a = a\xi'.$$

Somit lautet die Einflußlinien-Gleichung zunächst wie folgt:

(9) $\begin{cases} y = a'\xi + \alpha' y_B + \alpha y_C & \text{(für den Bereich } a\text{)} \\ y' = a\xi' + \alpha' y_B + \alpha y_C & \text{(für den Bereich } a'\text{)}. \end{cases}$

Hierin sollen y_B und y_C die bereits aufgestellten Einflußlinien-Gleichungen für die Momente M_B und M_C bedeuten.

Es soll z. B. für $\alpha = 0{,}4$, $\alpha' = 0{,}6$ die Gleichung aufgestellt werden.

Aus den Beziehungen Gl. 8 folgt zunächst

$$a = 0{,}4 \cdot 8{,}40 = 3{,}36 \,\text{m} \qquad a' = 8{,}40 - 3{,}36 = 5{,}04 \,\text{m}.$$

Nach S. 495 war

$$y_B = -1{,}920\omega_D' - 0{,}009\omega_D \qquad y_C = -0{,}009\omega_D' - 2{,}423\omega_D.$$

Somit wird nach Gl. 9:

$$y = 5{,}04\xi - 0{,}6(1{,}920\omega_D' + 0{,}009\omega_D) - 0{,}4(0{,}009\omega_D' + 2{,}423\omega_D)$$
$$y = 5{,}04\xi - 1{,}156\omega_D' - 0{,}975\omega_D$$
$$y' = 3{,}36\xi' - 1{,}156\omega_D' - 0{,}975\omega_D.$$

Die Tangentenabschnitte nach Gl. 4 erhalten je noch ein Zusatzglied. Es wird

(10) $t = a + e' + 2e$ und $t' = a' + 2e' + e$.

Die Zahlen eingesetzt ergibt

$$t = 3{,}36 - 1{,}156 - 2 \cdot 0{,}975 = +0{,}254 \,\text{m}$$
$$t' = 5{,}04 - 2 \cdot 1{,}156 - 0{,}975 = +1{,}753 \,\text{m}.$$

Die Anschriebe für die Endordinaten der Kragarme gelten auch hier gemäß Gl. 5.

$$b_1 = -1{,}753 \cdot 0{,}161 = -0{,}283 \,\text{m} \qquad b_2 = -0{,}254 \cdot 0{,}214 = -0{,}054 \,\text{m}.$$

Die Ausrechnung der Einflußlinien-Gleichung für y und y' geschieht wiederum tabellarisch. In Bild 20 ist die fertige Einflußlinie aufgetragen.

Auf die gleiche Weise wurden die in Bild 20 weiterhin dargestellten Einflußlinien für die Punkte Z in $\alpha = 0{,}5$ und $0{,}6$ gefunden.

Einflußlinie für den Horizontalschub H

Nach Fall 38/5 ist $H_A = H_D = H = \dfrac{X_3}{h}$, mithin

$$y = \dfrac{2{,}162\,\omega'_D + 0{,}921\,\omega_D}{4{,}80} = 0{,}451\,\omega'_D + 0{,}192\,\omega_D.$$

In Bild 20 ist die H-Linie aufgetragen.

Einflußlinie für den Auflagerdruck V_A

Nach Fall 38/5 ist $V_A = \dfrac{S_r + X_1 - X_2}{l}$.

Mit Bezug auf die Anschriebe und Ausrechnungen S. 494 wird

$$y = \xi' + (0{,}2286 - 0{,}0011)\omega'_D + (0{,}0011 - 0{,}2884)\omega_D$$
$$y = \xi' + 0{,}227\,\omega'_D - 0{,}287\,\omega_D.$$

Der Tangentenabschnitt t und die Kragarmordinate b_1 erhalten gegenüber den Ausdrücken der Gl. 4 und 5 noch je ein Zusatzglied. Es wird nämlich

(11) $\quad t = 1 + e' + 2e \qquad b_1 = (1 + \alpha_1) - t'\alpha_1.$

Das gibt jetzt:

$$t = 1 + 0{,}227 - 2 \cdot 0{,}287 = +0{,}653 \qquad t' = 2 \cdot 0{,}227 - 0{,}287 = +0{,}167$$
$$b_1 = 1{,}161 - 0{,}167 \cdot 0{,}161 = +1{,}134 \qquad b_2 = -0{,}653 \cdot 0{,}214 = -0{,}140.$$

In Bild 20 ist die V_A-Linie aufgetragen.

Einflußlinie für den Auflagerdruck V_D

Nach Fall 38/5 ist $V_D = F - V_A$; also wird mit $F = 1$ und der Gleichung für V_A

$$y = \xi - 0{,}227\,\omega'_D + 0{,}287\,\omega_D.$$

Entsprechend lauten jetzt

(12) $\quad t' = 1 + 2e' + e \qquad b_2 = (1 + \alpha_2) - t\alpha_2.$

Somit wird nun

$$t = -0{,}227 + 2 \cdot 0{,}287 = +0{,}347 \qquad t' = 1 - 2 \cdot 0{,}227 + 0{,}287 = +0{,}833$$
$$b_1 = -0{,}833 \cdot 0{,}161 = -0{,}134 \qquad b_2 = 1{,}214 - 0{,}347 \cdot 0{,}214 = +1{,}140.$$

Die V_D-Linie ist als letzte in Bild 20 aufgetragen.

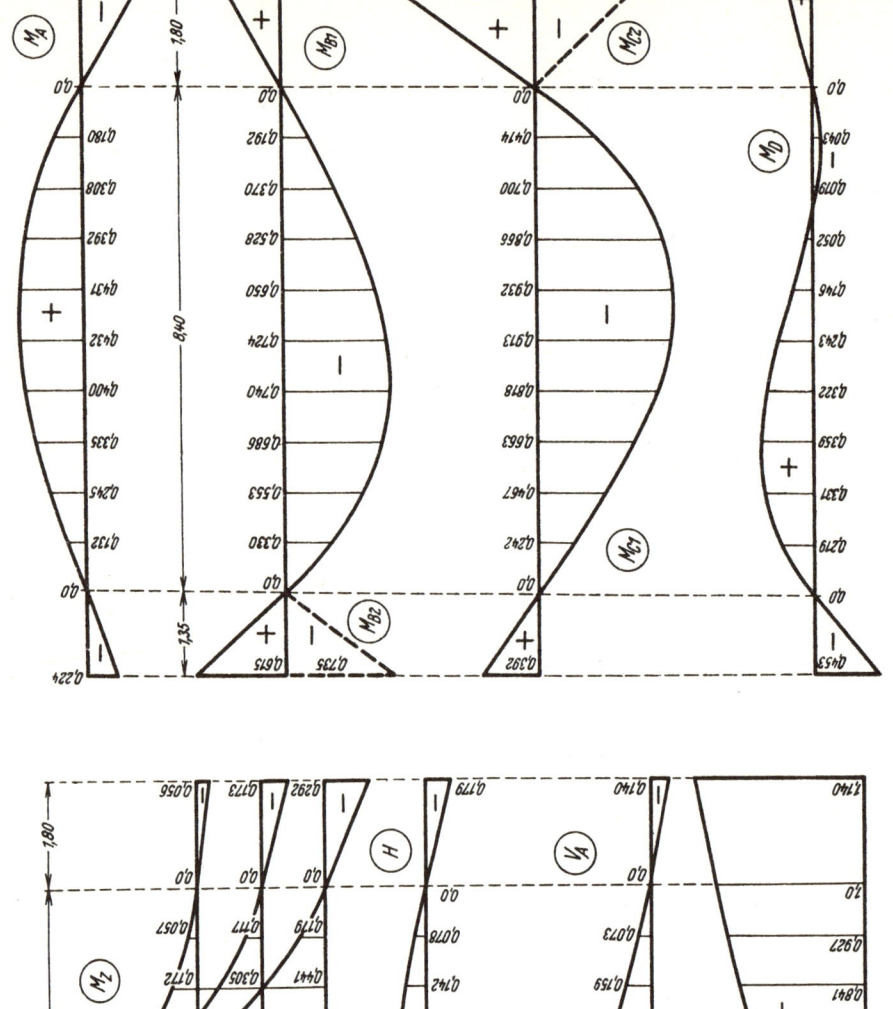

Bild 20. Längenmaßstab 1:125. Momentenmaßstab 20 mm = 1 tm. Kräftemaßstab 20 mm = 1 t.

5. Wärmeänderung einzelner Rahmenstäbe

a) Ungleichmäßige Wärmeänderung

Die unterschiedliche Erwärmung der oberen und der unteren Faser eines Rahmenstabes läßt sich mit den Formeln für *beliebige Stabbelastung* behandeln.

Nach Lastfall 31 der Formelsammlung, Seite 478, sind die folgenden Belastungsglieder für den betreffenden Stab einzusetzen:

$$F = 0; \qquad S_r = S_l = 0, \qquad L = R = 3k_B l \frac{\alpha_t \Delta t}{d}.$$

Hierbei bedeuten: $k_B = \dfrac{EI}{l}$ Biegesteifigkeit des Stabes,

α_t Wärmedehnkoeffizient

$\Delta t = t_u - t_o$ Temperaturdifferenz zwischen unterer und oberer Stabfaser,

d Stabdicke (Stabhöhe).

Ein Anwendungsbeispiel hierzu folgt im Abschnitt c).

b) Gleichmäßige Wärmeänderung

Eine gleichmäßige Erwärmung des ganzen Stabes um t^0 bewirkt bekanntlich die Dehnung $\alpha_t \cdot t$ und auf die Länge l die Stab-Verlängerung $\Delta l = \alpha_t \cdot t \cdot l$. Eine gleichmäßige Abkühlung um t^0 ergibt eine gleichgroße Verkürzung.

An den Stäben der kinematischen Gelenkkette eines Rahmens entstehen dadurch Stabdrehwinkel ψ, die außer von Δl vom geometrischen Aufbau des Rahmensystems abhängen.[1] Für rechtwinklige Rahmenknoten wird hierzu anhand der Rahmenform 39 ein Beispiel gezeigt.

Der Lastfall 32 der Formelsammlung, Seite 478 liefert für einen Stabdrehwinkel ψ, der im Uhrzeigersinn positiv zu rechnen ist:

$$F = 0; \qquad S_r = S_l = 0, \qquad L = -R = 6k_B \psi = \frac{6EI}{l} \cdot \psi.$$

Mit den Formeln für *beliebige Stabbelastung* kann also auch der Fall *Stabdrehwinkel* erledigt werden.

---

[1] Siehe z. B. in „Kleinlogel und Haselbach, **Durchlaufträger**", Siebente Auflage, II. Band, Seite 364.

c) Beispiel: Wärmeänderung des Riegels bei Rahmenform 39

Für die Rahmenform 39 soll nun berechnet werden, welche Schnittgrößen bei Erwärmung des Riegels entstehen. Die Ausgangstemperatur beträgt $+10\,°C$. Der Riegel soll an der Oberseite auf $+30\,°C$ und an der Unterseite auf $+20\,°C$ erwärmt werden, wobei der Temperaturverlauf in dem symmetrisch gedachten Riegel linear sein soll.

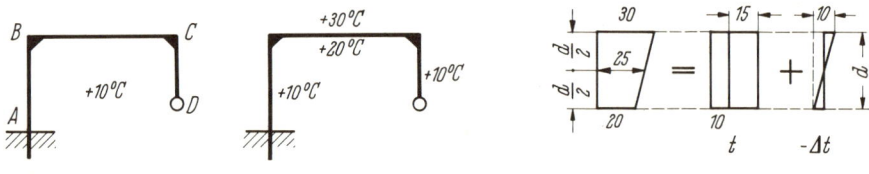

Bild 21

Da der Riegel im Mittel auf $25°$ erwärmt ist, hat er eine *gleichmäßige* Wärmeänderung von $t = 25 - 10 = 15°$ erfahren. Die *ungleichmäßige* Wärmeänderung beträgt

$$\Delta t = t_u - t_o = 20 - 30 = -10°.$$

Die Stababmessungen seien wie beim Beispiel unter 3b), Seite 484

$$l = 10,0\,\text{m} \qquad h_1 = 6,0\,\text{m} \qquad h_2 = 4,0\,\text{m} \qquad k_1 = k_2 = 1.$$

Aus den gewählten k-Werten folgt $I_2 = \dfrac{h_2}{h_1} \cdot I_1 = \dfrac{2}{3} \cdot I_1$.

Die Festwerte können übernommen werden: $\qquad m = 1,5$

$$N = 55,75 \qquad n_{11} = 0,1525 \qquad n_{22} = 0,1435 \qquad n_{12} = n_{21} = 0,0628.$$

Lastfall 1: Gleichmäßige Wärmeänderung des Riegels um $t = 15°$, Verlängerung des Riegels $\Delta l = \alpha_t \cdot t \cdot l = 10^{-5} \cdot 15 \cdot 10 = 0,0015\,\text{m}$

Erste Möglichkeit. Die Verschiebung Δl am Rahmenknoten B angebracht ergibt im linken Stiel einen Stabdrehwinkel

$$\psi_1 = -\frac{\Delta l}{h_1},$$

die zugehörigen Belastungsglieder sind

$$W = 0; \qquad S_l = S_r = 0, \qquad L = -R = \frac{6EI_1}{h_1} \cdot \left(-\frac{\Delta l}{h_1}\right) =$$
$$-\frac{6 \cdot 2,1 \cdot 10^6}{6} \cdot \frac{0,0015}{6} \cdot I_1 = -525 I_1.$$

Bild 22

Nach den Rahmenformeln Fall 39/1 werden die Hilfswerte

$B_1 = 0$ (wegen $S_l = 0$, $L + R = 0$)
$B_2 = -Lmk_1 = +525I_1 \cdot 1{,}5 \cdot 1 = +788I_1$
$X_1 = -B_2 \cdot n_{21} = -788 \cdot I_1 \cdot 0{,}0628 = -49{,}4I_1$
$X_2 = +B_2 \cdot n_{22} = +788I_1 \cdot 0{,}1435 = +113I_1.$

Die Einspann- und Eckmomente werden

$M_A = +X_1 + mX_2 = -49{,}4I_1 + 1{,}5 \cdot 113I_1 = +120{,}1I_1$
$M_B = +X_1 = -49{,}4I_1 \qquad M_C = -X_2 = -113I_1$

Zweite Möglichkeit. Die Verschiebung Δl am Rahmenknoten C angebracht ergibt im rechten Stiel einen Stabdrehwinkel

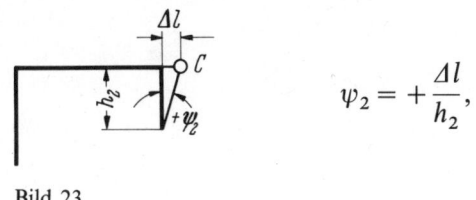

$$\psi_2 = +\frac{\Delta l}{h_2},$$

Bild 23

die zugehörigen Belastungsglieder sind

$$L = -R = \frac{6EI_2 \Delta l}{h_2^2} = \frac{6 \cdot 2{,}1 \cdot 10^6 \cdot 0{,}0015}{16} \cdot I_2 = 1181 I_2$$
$$= 1181 \cdot \frac{2}{3} \cdot I_1 = 788 I_1.$$

Nun ist der Fall 39/2 anzuwenden, und man erhält die Hilfswerte

$B_1 = 0 \quad$ wegen $\quad S_r = 0$
$B_2 = -Lk_2 = -788I_1$
$X_1 = -B_2 \cdot n_{21} = +788I_1 \cdot 0{,}0628 = +49{,}4I_1$
$X_2 = +B_2 \cdot n_{22} = -788I_1 \cdot 0{,}1435 = -113I_1.$

Die Einspann- und Eckmomente werden

$M_A = -mX_2 - X_1 = +1{,}5 \cdot 113I_1 - 49{,}4I_1 = +120{,}1I_1$
$M_B = -X_1 = -49{,}4I_1 \qquad M_C = X_2 = -113I_1.$

Beide Möglichkeiten für den Ansatz der Längenänderung des Riegels liefern also die gleichen Endergebnisse. In Bild 24 ist der Momentenverlauf dargestellt.

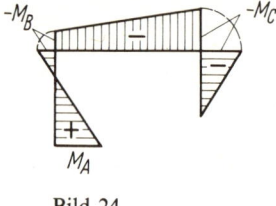

Bild 24

Lastfall 2: Ungleichmäßige Wärmeänderung des Riegels um $\Delta t = -10°$

Die Belastungsglieder sind jetzt

$$L = R = \frac{3EI_3 \alpha_t \Delta t}{d} = \frac{3 \cdot 2{,}1 \cdot 10^6 \cdot 10^{-5} \cdot (-10)}{d} \cdot I_3 = -630 \cdot \frac{I_3}{d}$$

oder, wenn man der Kürze halber $d = 1$ m setzt

$$L = R = -630 I_3.$$

Nach den Rahmenformeln 39/3 ergeben sich nun folgende Hilfswerte:

$$X_1 = L \cdot n_{11} + R \cdot n_{21} = -630 I_3 \cdot (0{,}1525 + 0{,}0628) = -135{,}8 I_3$$
$$X_2 = L \cdot n_{12} + R \cdot n_{22} = -630 I_3 \cdot (0{,}0628 + 0{,}1435) = -130{,}0 I_3.$$

Weiterhin erhält man die Einspann- und Eckmomente

$$M_A = mX_2 - X_1 = -1{,}5 \cdot 130{,}0 I_3 + 135{,}8 I_3 = -59{,}2 I_3$$
$$M_B = -X_1 = +135{,}8 I_3$$
$$M_C = -X_2 = +130{,}0 I_3.$$

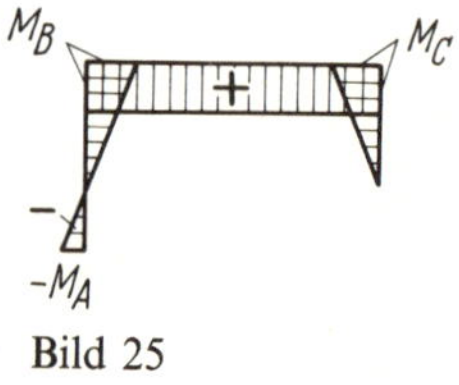

Bild 25 zeigt die errechneten Biegemomente.

Bild 25

6. Näherungsberechnung nach Theorie II. Ordnung

a) Allgemeines

Bei den Rahmenformen 2, 3, 27 bis 36 und 38, die alle senkrechte Stiele und einen horizontalen verschieblichen Riegel haben, sind Formeln zur Berechnung der EI-fachen horizontalen Riegelverschiebung u_B*) angegeben. Diese Rahmen sind geeignet für eine vereinfachte Berechnung nach Theorie II. Ordnung, bei der zusätzlich zur normalen Statik nur der Einfluß der wichtigsten Verformungsgröße u_B auf die Schnittgrößen untersucht wird. Wenn andere Rahmenformen nach Theorie II. Ordnung zu berechnen sind, so werden andere Verfahren benötigt wie z. B. Weggrößenverfahren oder entsprechende Computerprogramme.

Für die Anwendung der Näherungsberechnung nach Theorie II. Ordnung für die angegebenen Rahmenformen wird vorausgesetzt, daß die Rahmenstiele eine gewisse Mindeststeifigkeit haben. Dies trifft für den Stahlbetonbau im allgemeinen zu. Im Stahlbau wird die Stabkennzahl $\varepsilon_s = \sqrt{\dfrac{Nl}{k_B}} = l \cdot \sqrt{\dfrac{N}{EI}}$ zahlenmäßig berechnet und überprüft, ob ein oberer Grenzwert eingehalten ist, dessen Größe sich nach den Genauigkeitsansprüchen bzw. nach der Normung richtet. Bei zu großem ε_s werden genauere Verfahren benötigt, bei denen die Abweichungen der Biegelinie von der Stabsehne berücksichtigt sind. Darauf kann hier nicht eingegangen werden. Für den recht häufig vorkommenden Fall $\varepsilon_s \leq 1$ genügt im allgemeinen auch für Stahlbauten die im folgenden anhand eines Beispiels erläuterte Näherungsberechnung nach Theorie II. Ordnung in Form des „ΔH-Verfahrens".

b) Beispiel: Rahmenform 30

An dem im Bild 26 dargestellten Rahmen mit Pendelstütze sind Lasten angesetzt, die mit einem Sicherheitsbeiwert γ multipliziert sind. Dafür wird zunächst die

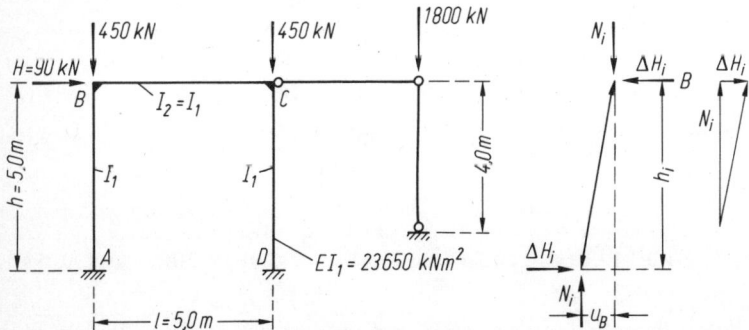

Bild 26. System und Belastung für das Beispiel nach Rahmenform 30 mit Ansatz zum ΔH-Verfahren.

---

*) Bei Rahmenform 4 ist der Stielfuß A verschieblich, also sind die Formeln für EIu_A angegeben.

statische Berechnung durchgeführt: die Festwerte für die Rahmenform 30, Seite 145 sind

$$k = 1, \qquad N_2 = 6 \cdot 1 + 1 = 7.$$

Momente nach Fall 30/14, Seite 152:

$$M_A = -\frac{90 \cdot 5}{2} \cdot \frac{3 \cdot 1 + 1}{7} = -128{,}57 \text{kNm}$$

$$M_B = +\frac{90 \cdot 5}{2} \cdot \frac{3 \cdot 1}{7} = +96{,}43 \text{kNm}.$$

Die horizontale Riegelverschiebung wird

$$u_B = \frac{EI_1 u_B}{EI_1} = \frac{90 \cdot 5^3}{12} \cdot \frac{3 \cdot 1 + 2}{7} \cdot \frac{1}{23650} = 0{,}028315 \text{ m}.$$

Die Stabkennzahl ergibt sich zu

$$\varepsilon_s = 5 \cdot \sqrt{\frac{450}{23650}} = 0{,}6897 < 1.$$

Also genügt die Näherungsberechnung für Theorie II. Ordnung. Anstatt am verformten, um u_B schiefgestellten System weiterzurechnen, kann nun dafür die Zusatzlast ΔH am Knoten B des unverformten Tragwerks angesetzt werden. Nach Bild 26 gilt die Proportion $\Delta H_i / N_i = u_B / h_i$, also wird für einen Stiel $\Delta H_i = N_i \cdot u_B / h_i$. Für alle Stiele, den Pendelstab eingeschlossen, wird

$$\Delta H = \Sigma_i \Delta H_i = \Sigma_i N_i \frac{u_B}{h_i} = u_B \cdot \Sigma_i \frac{N_i}{h_i};$$

$$\Delta H = 0{,}028315 \cdot \left(2 \cdot \frac{450}{5{,}0} + \frac{1800}{4{,}0}\right) = 17{,}838 \text{ kN}.$$

Damit wäre die erste Näherung für die Theorie II. Ordnung gegeben durch $H_{II1} = 90 + 17{,}838 = 107{,}838 \text{kN}$ gegen $H_I = 90 \text{kN}$ oder durch den Faktor $107{,}838/90 = 1{,}1982$. Ermittelt man aus H_{II1} die neuen Momente M_{II1}, so beträgt die Abweichung gegenüber den Endwerten H_{II} und M_{II} nur etwa 4%. Anstelle der sonst erforderlichen Iterationsschritte läßt sich für das vorliegende einfache Beispiel, bei dem die Summe der Längskräfte der Stiele konstant ist, die Endstufe der Theorie II. Ordnung als Summe einer geometrischen Reihe bestimmen:

$$q = \frac{17{,}838}{90} = 0{,}1982; \qquad a = \frac{1}{1-q} = 1{,}247.$$

Die endgültigen Werte II erhält man durch Multiplikation der Ausgangswerte mit a:

$$H_{II} = 1{,}247 \cdot 90 = 112{,}23 \text{ kN}$$
$$M_{AII} = 1{,}247 \cdot (-128{,}57) = -160{,}33 \text{ kNm}$$
$$M_{BII} = 1{,}247 \cdot 96{,}43 = 120{,}25 \text{ kNm}.$$

Die Momentenlinie des Rahmens verläuft antimetrisch.